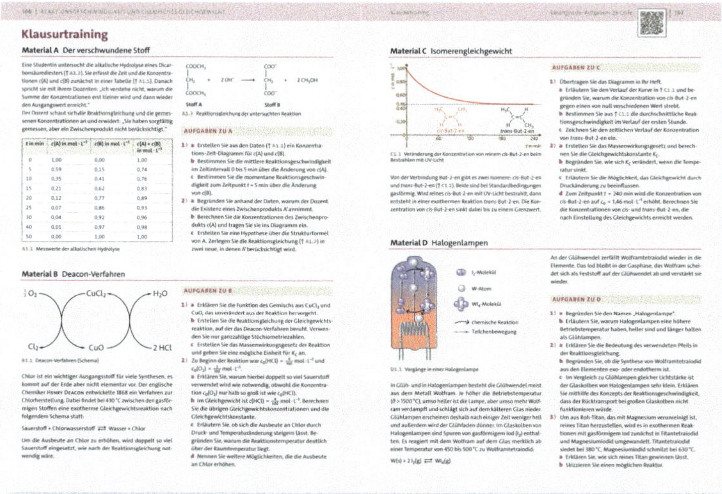

Klausurtraining

Training fürs Abitur: Ähnlich wie im Abitur werden Sie mit diesen Aufgaben herausgefordert! Beschäftigen Sie sich zuerst mit dem vorgestellten Material, damit Sie die Aufgaben lösen können.
Zur Selbstüberprüfung haben Sie über einen QR-Code Zugriff auf die Lösungen zu diesen Aufgaben.

Das Plus in der Chemie

Themen, die die Chemie lebendig machen: Energie, Umwelt, Geschichte, Gesundheit und mehr – mit Texten, Abbildungen und Aufgaben, die Sie tiefer in die Anwendungsbereiche der Chemie einsteigen lassen.

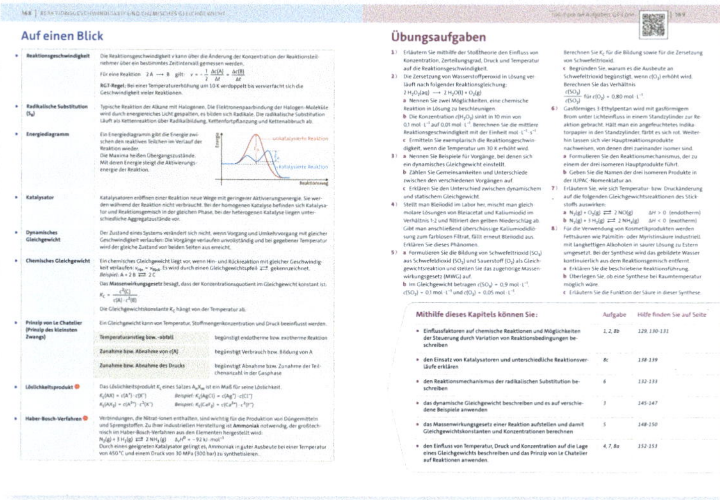

Auf einen Blick und Übungsaufgaben

Am Kapitelende finden Sie die wichtigsten Fachbegriffe *Auf einen Blick* erklärt.
Die *Übungsaufgaben* bieten zusätzliche Aufgaben zur Überprüfung des Grundwissens. Über einen QR-Code gelangen Sie zu den Lösungen der Aufgaben.
Anhand der Kompetenzübersicht können Sie Ihr erworbenes Wissen sicher einschätzen.

Fokus Chemie

Qualifikationsphase

Fokus Chemie
Qualifikationsphase

Berlin/Brandenburg

Cornelsen

Fokus Chemie
Qualifikationsphase | **Berlin/Brandenburg**

Autorinnen und Autoren des Lehrwerks Fokus Chemie Sek. II:	Riko Burgard, Anne Doleski, Dr. Thomas Epple, Arno Fischedick, Dr. Holger Fleischer, Dr. Volker Hofheinz, Annkathrien Jaek, Carsten Kinzel, Stefanie Kohl-Krug, Thorsten Kreß, Carina Kronabel, Franziska Lehmann-Eser, Dr. Uwe Lüttgens, Ralf Malz, Thorsten May, Jörn Peters, Dr. Marcus Rehbein, Jens Riedel, Christina Schwiertz, Christa Spier, Michael Stein, Chaya Stützel, Dr. Reinhard Vetters
Beratung:	Martin Major (Berlin)
Redaktion:	Sarah Reim
Illustration und Grafik:	Hannes von Goessel, Birgit Janisch, Tom Menzel, Oxana Rödel, Detlef Seidensticker
Layoutkonzept:	SOFAROBOTNIK GbR, Augsburg & München
Umschlaggestaltung:	Klein & Halm Grafikdesign
Technische Umsetzung:	L42 GmbH, Berlin

Begleitmaterial zum Lehrwerk

Schulbuch als E-Book mit Medien	1100034781
Unterrichtsmanager Plus mit E-Book und Begleitmaterialien	1100034786
Fokus Chemie Mysterys für SI und SII (Print)	978-3-06-015814-0
Fokus Chemie Mysterys für SI und SII (Download)	1100028668

www.cornelsen.de

Das Buch setzt die EU-Verordnung zur Einstufung und Kennzeichnung von Chemikalien um (Globally Harmonised System of Classification and Labelling of Chemicals, GHS). Experimente sind in der Regel Schüler-Experimente. Wenn sie mit einem L markiert sind, dürfen sie nur von der Lehrkraft durchgeführt werden.

Dieses Werk enthält Vorschläge und Anleitungen für Untersuchungen und Experimente. Vor jedem Experiment sind mögliche Gefahrenquellen zu besprechen. Beim Experimentieren sind die Richtlinien zur Sicherheit im Unterricht einzuhalten.

Soweit in diesem Lehrwerk Personen fotografisch abgebildet sind und ihnen von der Redaktion fiktive Namen, Berufe, Dialoge und Ähnliches zugeordnet oder diese Personen in bestimmte Kontexte gesetzt werden, dienen diese Zuordnungen und Darstellungen ausschließlich der Veranschaulichung und dem besseren Verständnis des Inhalts.

1. Auflage, 1. Druck 2025

Alle Drucke dieser Auflage sind inhaltlich unverändert und können im Unterricht nebeneinander verwendet werden.

Druck: Livonia Print, Riga

ISBN 978-3-06-011512-9

Inhalt

DIGITALE ANREICHERUNG

Animationen, Videos und *3D-Moleküle* fördern das Verständnis für komplexe fachliche Inhalte oft mehr, als es das gedruckte Bild allein im Buch vermitteln kann. Über QR-Codes erhalten Sie deshalb zu zentralen Themen zusätzliche digitale Materialien, die Ihren Wissenshorizont erweitern. An geeigneten Stellen können Sie mithilfe von *interaktiven Übungen* Ihre erworbenen Kenntnisse überprüfen.

Hinter diesem QR-Code finden Sie eine Gesamtübersicht über alle digitalen Materialien zu diesem Buch:

Webcode auf cornelsen.de: ***mujoyi***

PASSUNG ZUM RAHMENLEHRPLAN

Das Buch deckt alle Inhaltsfelder der Qualifikationsphase des *Rahmenlehrplans Chemie für die Sekundarstufe II (Gymnasium/Gesamtschule) von Berlin/Brandenburg (2022)* ab. Darüber hinaus werden die im Rahmenlehrplan geforderten prozessbezogenen Kompetenzen vor allem in Fachmethoden sowie in zahlreichen Aufgaben zur Kommunikation und Reflexion angebahnt.

Soweit nicht anders gekennzeichnet, beziehen sich die Kapitel auf Kompetenzen, die im Rahmenlehrplan für Grundkurse ausgewiesen sind.

LK Kapitel und Unterkapitel, die mit diesem Zeichen gekennzeichnet sind, beziehen sich auf Kompetenzen, die im Rahmenlehrplan für Leistungskurse ausgewiesen sind.

Die Themen der Rubrik **PLUS** können entsprechend der individuellen Unterrichtsplanung zur Hinführung, Erweiterung, Vertiefung, Wiederholung, Übung und Festigung genutzt werden. Kapitel 10 ist ebenfalls ein zusätzliches, über den Rahmenlehrplan hinausgehendes inhaltliches Angebot.

1.1 Rückblick: Stoffe – Teilchen – Reaktionen

EINTEILUNG DER STOFFE

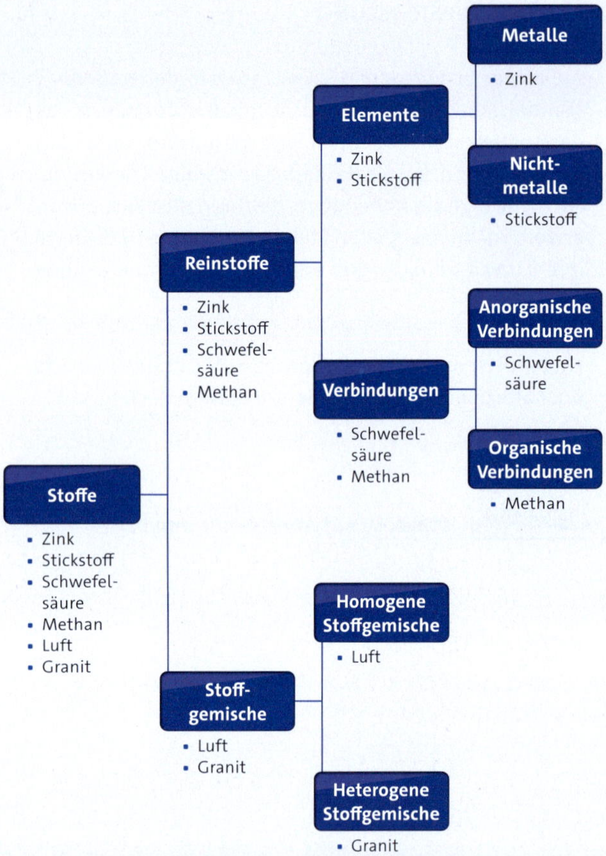

ELEMENT – VERBINDUNG – FORMEL

Element: Reinstoff, der nur aus gleichartigen Atomen besteht.

- Das Element *Kohlenstoff* besteht ausschließlich aus Kohlenstoff-*Atomen*. Die *Formel* von Kohlenstoff entspricht dem Elementsymbol.
  Beispiele: C, Fe, Cu, He
- Das Element *Wasserstoff* besteht ausschließlich aus Wasserstoff-*Molekülen*, die ihrerseits nur aus Wasserstoff-Atomen aufgebaut sind.
  Beispiele: H_2, Cl_2

Verbindung: Reinstoff, in dem die Atome oder Ionen mindestens zweier Elemente verbunden sind und zwischen deren Massen ein bestimmtes Verhältnis besteht

- Nichtmetall-Nichtmetall-Verbindung: In Wasser liegen Moleküle vor, die aus zwei Wasserstoff-Atomen und einem Sauerstoff-Atom aufgebaut sind. Die **Molekülformel** (Summenformel) gibt die Art und Anzahl der Atome in einem Molekül an.
  Beispiele: H_2O, CO_2
- Metall-Nichtmetall-Verbindung: In salzartigen Verbindungen wie Natriumchlorid liegen keine Moleküle, sondern Ionen vor. Das Anzahlverhältnis der Ionen wird durch **Verhältnisformeln** angegeben.
  Beispiele: NaCl, $MgBr_2$

KENNZEICHEN CHEMISCHER REAKTIONEN

Stoffumwandlung: Bei chemischen Reaktionen entstehen neue Stoffe mit anderen Eigenschaften. Die Ausgangsstoffe sind nach Ablauf der Reaktion nicht mehr vorhanden.

Energieumwandlung: Chemische Reaktionen verlaufen exotherm oder endotherm.

Umbau chemischer Bindungen: Es findet eine Umgruppierung der Teilchen statt. Dabei werden die chemischen Bindungen in den Teilchen der Ausgangsstoffe gelöst und neue Bindungen in den Teilchen der Reaktionsprodukte gebildet.

Massenerhaltung: Die Masse der Reaktionsprodukte ist gleich der Masse der Ausgangsstoffe.

$$m(\text{Ausgangsstoffe}) = m(\text{Reaktionsprodukte})$$

Stoffumwandlung	$2\,H_2$	+	O_2	⟶	$2\,H_2O$
	Ausgangsstoffe				Reaktionsprodukt
Eigenschaften	gasförmig				flüssig
Energieumwandlung	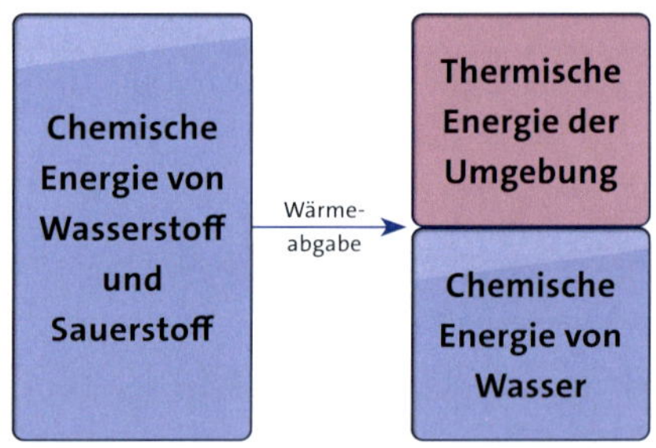				
Veränderung der Teilchen	2 Wasserstoff-Moleküle	+	1 Sauerstoff-Molekül	⟶	2 Wasser-Moleküle
Umbau chemischer Bindungen	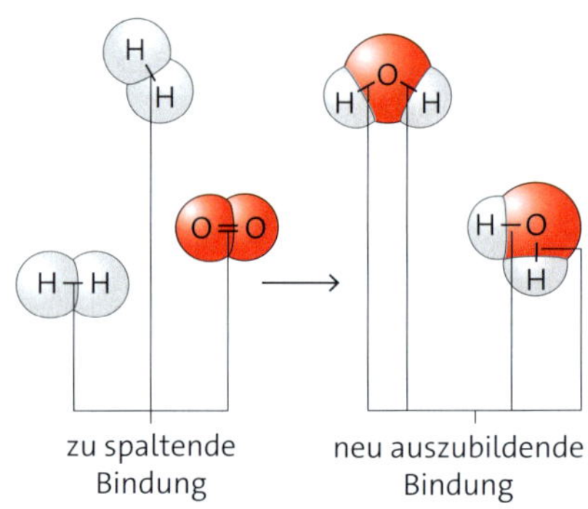				
Massenerhaltung	$m(H_2)$	+	$m(O_2)$	=	$m(H_2O)$
	2 g	+	16 g	=	18 g

REAKTIONSBEDINGUNGEN

Eine chemische Reaktion verläuft schneller durch:

- Temperaturerhöhung bzw. macht sie erst möglich
- Konzentrationserhöhung der Ausgangsstoffe
- größeren Zerteilungsgrad bzw. bessere Durchmischung der Ausgangsstoffe

REAKTIONSGLEICHUNG

Eine Reaktionsgleichung ist eine Beschreibung einer chemischen Reaktion durch Formeln. Die vor den Formeln stehenden Faktoren beschreiben das Verhältnis der Teilchenanzahlen. Sie enthält Aussagen über qualitative Änderungen und quantitative Verhältnisse zwischen den Reaktionsteilnehmern und schließt Aussagen zur Stoffebene und Teilchenebene ein.

Aussagen einer Reaktionsgleichung	$2\,H_2 + O_2 \longrightarrow 2\,H_2O$
Stoffebene	Wasserstoff reagiert mit Sauerstoff zu Wasser.
Teilchenebene	Zwei Moleküle Wasserstoff reagieren mit einem Molekül Sauerstoff zu zwei Molekülen Wasser.
Abgeleitete Aussagen	
• die Stoffmengen, die reagieren und nach der Reaktion vorliegen	• 2 mol Wasserstoff reagieren mit 1 mol Sauerstoff zu 2 mol Wasser.
• die Massen, die reagieren und nach der Reaktion vorliegen	• 4 g Wasserstoff reagieren mit 32 g Sauerstoff zu 36 g Wasser.

ENERGIEDIAGRAMM

Exotherme Reaktion: chemische Reaktion, die unter Energieabgabe verläuft. Die chemische Energie der Ausgangsstoffe ist größer als die chemische Energie der Reaktionsprodukte.

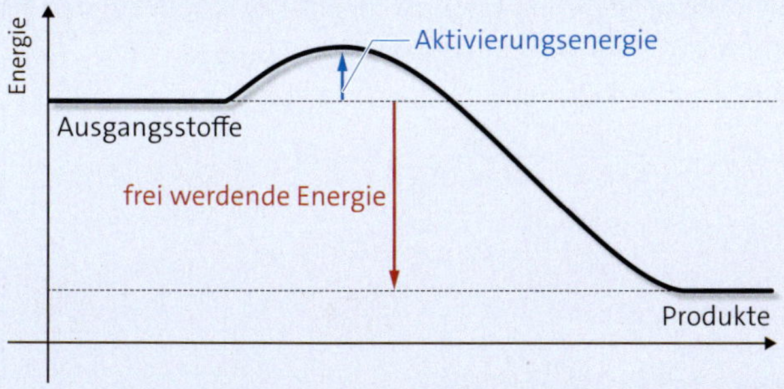

Endotherme Reaktion: chemische Reaktion, die unter Energieaufnahme verläuft. Die chemische Energie der Ausgangsstoffe ist kleiner als die chemische Energie der Reaktionsprodukte.

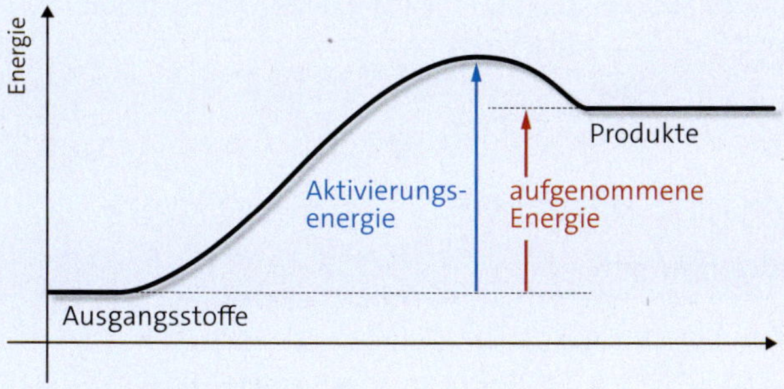

Katalysatoren: Damit eine chemische Reaktion ablaufen kann, muss sie durch Zufuhr von Energie aktiviert werden. Die dafür notwendige Energie ist die **Aktivierungsenergie**. Katalysatoren setzen die Aktivierungsenergie herab und beschleunigen dadurch die Reaktion. Nach der Reaktion liegen sie wieder unverändert vor.

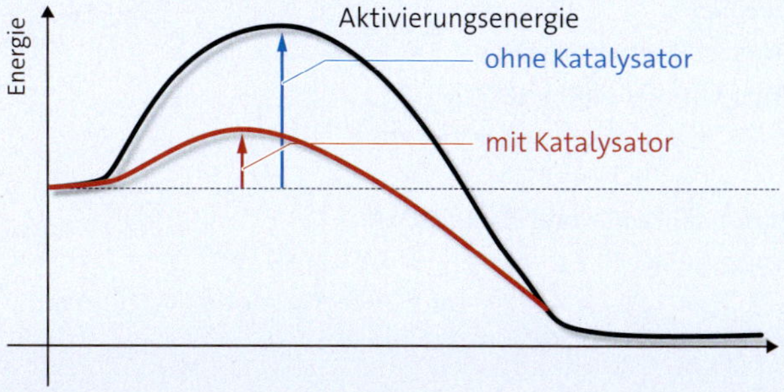

WICHTIGE GRÖSSEN IN DER CHEMIE

Stoffportion: Unter einer Stoffportion versteht man eine genau abgemessene Masse und/oder bei Gasen und Flüssigkeiten ein genau abgemessenes Volumen eines Stoffs.

Dichte: Die Dichte ϱ ist der Quotient aus der Masse und dem Volumen einer Stoffportion. Die Einheit der Dichte ist $g \cdot cm^{-3}$, $g \cdot mL^{-1}$ und bei Gasen $g \cdot L^{-1}$.

$$\varrho(\text{Stoff}) = \frac{m(\text{Stoffportion})}{V(\text{Stoffportion})} \qquad \text{Einheit: } 1\,g \cdot cm^{-3} = g \cdot mL^{-1}$$

Die Dichte ist eine Stoffkenngröße, die für jeden Stoff charakteristisch ist. Sie hängt von der Temperatur und vom Druck ab.

Stoffmenge: Eine Stoffportion mit einer Stoffmenge von $n = 1\,mol$ besteht aus etwa $6 \cdot 10^{23}$ gleichartigen Teilchen (Atomen, Molekülen oder Formeleinheiten). Die Einheit der Stoffmenge ist mol.

Avogadro-Konstante: Mithilfe der Avogadro-Konstante N_A können Stoffmenge n und Teilchenanzahl N ineinander umgerechnet werden. Ihr Wert $N_A = 6{,}022\,140\,857 \cdot 10^{23}\,mol^{-1}$ gibt die genaue Teilchenanzahl in einer Stoffportion mit $n = 1\,mol$ wieder.

$$N = N_A \cdot n$$

Molare Masse: Die molare Masse M ist der Quotient aus der Masse m und der Stoffmenge n einer Stoffportion. Die Einheit der molaren Masse ist $g \cdot mol^{-1}$.

$$M(\text{Stoff}) = \frac{m(\text{Stoffportion})}{n(\text{Stoffportion})} \qquad \text{Einheit: } 1\,g \cdot mol^{-1}$$

Die molare Masse ist eine Stoffkenngröße, die für jeden Reinstoff charakteristisch ist.

Ermitteln von molaren Massen: Für Atome findet man diese Werte im Periodensystem. Der Zahlenwert der molaren Masse (in $g \cdot mol^{-1}$) ist gleich dem Zahlenwert der Teilchenmasse (in u). Ist die Zusammensetzung (Formel) eines Stoffs bekannt, kann aus den Atommassen im PSE die molare Masse des Stoffs berechnet werden.

Beispiele:

Wasser (Formel: H_2O)

$$M(H_2O) = 2 \cdot M(1\,H) + M(1\,O) = 2 \cdot 1\,g \cdot mol^{-1} + 16\,g \cdot mol^{-1} = 18\,g \cdot mol^{-1}$$

Butansäure (Formel: C_3H_7COOH)

$$M(C_3H_7COOH) = 4 \cdot M(1\,C) + 8 \cdot M(1\,H) + 2 \cdot M(1\,O) = 4 \cdot 12\,g \cdot mol^{-1} + 8 \cdot 1\,g \cdot mol^{-1} + 2 \cdot 16\,g \cdot mol^{-1} = 88\,g \cdot mol^{-1}$$

Satz von Avogadro: Nach dem Satz von Avogadro enthalten gleiche Volumina verschiedener Gase bei gleicher Temperatur und gleichem Druck die gleiche Anzahl an Teilchen.

Beispiel: 24,1 Liter Wasserstoff und 24,1 Liter Sauerstoff enthalten bei Raumtemperatur (20 °C) und Normdruck 1 mol Wasserstoff-Moleküle bzw. 1 mol Sauerstoff-Moleküle.

Molares Volumen: Das molare Volumen V_m ist der Quotient aus dem Volumen V und der Stoffmenge n einer Stoffportion. Die Einheit des molaren Volumens ist $L \cdot mol^{-1}$. Das molare Volumen ist für alle Gase gleich und beträgt unter Normbedingungen: $V_m = 22{,}4\,L \cdot mol^{-1}$

$$V_m = \frac{V(\text{Stoffportion})}{n(\text{Stoffportion})}$$

Temperatur in °C	Druck in hPa	Molares Volumen in $L \cdot mol^{-1}$
0	1013	22,4
20	1013	24,1
25	1013	24,5

BEZIEHUNGEN ZWISCHEN DEN GRÖßEN

Zwischen der Stoffmenge, der Masse und dem Volumen von Stoffportionen bestehen proportionale Zusammenhänge.

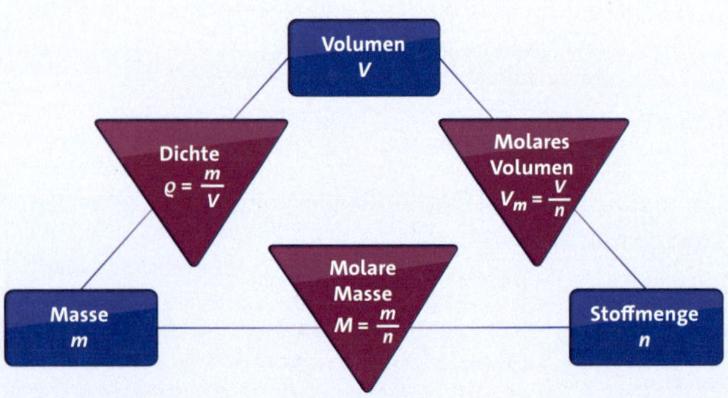

STÖCHIOMETRISCHE BERECHNUNGEN

Mithilfe der Beziehungen zwischen den Größen können stöchiometrische Berechnungen durchgeführt werden.

Berechnung einer gesuchten Masse aus einer gegebenen Masse: Berechne die Masse an Aluminium zur Herstellung von 300 g Aluminiumoxid.

$$4\,Al + 3\,O_2 \longrightarrow 2\,Al_2O_3$$

$$m(Al) = \frac{n(Al)}{n(Al_2O_3)} \cdot \frac{M(Al)}{M(Al_2O_3)} \cdot m(Al_2O_3)$$

$$m(Al) = \frac{4}{2} \cdot \frac{27\,\frac{g}{mol}}{102\,\frac{g}{mol}} \cdot 300\,g = 158{,}8\,g$$

Allgemein gilt:

$$m_{ges} = \frac{n_{ges}}{n_{geg}} \cdot \frac{M_{ges}}{M_{geg}} \cdot m_{geg}$$

Berechnung einer gesuchten Masse aus einem gegebenen Gasvolumen: Berechne die Masse an Magnesium, die in 85 L Sauerstoff vollständig verbrennt ($V_m = 22{,}4\,\frac{L}{mol}$).

$$2\,Mg + 1\,O_2 \longrightarrow 2\,MgO$$

$$m(Mg) = \frac{n(Mg)}{n(O_2)} \cdot \frac{M(Mg)}{V_m} \cdot V(O_2)$$

$$m(Mg) = \frac{2}{1} \cdot \frac{24\,\frac{g}{mol}}{22{,}4\,\frac{L}{mol}} \cdot 85\,L = 182{,}1\,g$$

Allgemein gilt:

$$m_{ges} = \frac{n_{ges}}{n_{geg}} \cdot \frac{M_{ges}}{V_m} \cdot V_{geg}$$

Berechnung eines gesuchten Gasvolumens aus einer gegebenen Masse: Berechne das entstehende Sauerstoffvolumen bei der Analyse von 0,5 g Silberoxid ($V_m = 22{,}4\,\frac{L}{mol}$).

$$2\,Ag_2O \longrightarrow 4\,Ag + 1\,O_2$$

$$V(O_2) = \frac{n(O_2)}{n(Ag_2O)} \cdot \frac{V_m}{M(Ag_2O)} \cdot m(Ag_2O)$$

$$V(O_2) = \frac{1}{2} \cdot \frac{22{,}4\,\frac{L}{mol}}{232\,\frac{g}{mol}} \cdot 0{,}5\,g = 0{,}024\,L = 24\,mL$$

Allgemein gilt:

$$V_{ges} = \frac{n_{ges}}{n_{geg}} \cdot \frac{V_m}{M_{geg}} \cdot m_{geg}$$

Berechnung eines gesuchten Gasvolumens aus einem gegebenen Gasvolumen: Berechne das Volumen an Wasserstoff, um 40 m^3 Ammoniak aus den Elementen herzustellen.

$$N_2 + 3\,H_2 \longrightarrow 2\,NH_3$$

$$V(H_2) = \frac{n(H_2)}{n(NH_3)} \cdot V(NH_3)$$

$$V(H_2) = \frac{3}{2} \cdot 40\,m^3 = 60\,m^3$$

Allgemein gilt:

$$V_{ges} = \frac{n_{ges}}{n_{geg}} \cdot V_{geg}$$

GEHALTSANGABEN BEI STOFFGEMISCHEN

Der Gehalt eines Stoffs in einem Stoffgemisch, z. B. in einer Lösung, kann durch verschiedene Gehaltsgrößen angegeben werden.

Massenanteil: Der Massenanteil w ist der Quotient aus der Masse der enthaltenen Stoffportion und der Masse des Stoffgemischs. Häufig erfolgt die Angabe des Massenanteils in der Einheit %.

$$w(\text{Stoff}) = \frac{m(\text{Stoffportion})}{m(\text{Gemisch})} \cdot 100\,\%$$

Für Lösungen gilt auch:

$$w(\text{Stoff}) = \frac{m(\text{Stoffportion})}{m(\text{Stoffportion}) + m(\text{Lösungsmittelportion})} \cdot 100\,\%$$

Beispiel: In einer Salzsäure mit w = 3 % sind 3 g Chlorwasserstoff in 97 g Wasser gelöst.

Massenkonzentration: Die Massenkonzentration β ist der Quotient aus der Masse der enthaltenen Stoffportion und dem Volumen der Lösung (nicht des Lösungsmittels!). Die Einheit ist $g \cdot L^{-1}$.

$$\beta(\text{Stoff}) = \frac{m(\text{Stoffportion})}{V(\text{Lösung})} \qquad \text{Einheit: } 1\,g \cdot L^{-1}$$

Beispiel: In Cola mit β(Zucker) = 110 $g \cdot L^{-1}$ sind in einem Liter Cola 110 g Zucker gelöst.

Stoffmengenkonzentration: Die Stoffmengenkonzentration c ist der Quotient aus der Stoffmenge des gelösten Stoffs und dem Volumen der Lösung. Die Einheit ist $mol \cdot L^{-1}$.

$$c(\text{Stoff}) = \frac{n(\text{Stoffportion})}{V(\text{Lösung})} \qquad \text{Einheit: } 1\,mol \cdot L^{-1}$$

Beispiel: In einer Salzsäure mit c = 0,5 $mol \cdot L^{-1}$ sind 0,5 mol Chlorwasserstoff in 1 L Lösung enthalten.

Kombinierte Berechnungen: Massenanteil w, Stoffmengenkonzentration c und Dichte ϱ können ineinander umgewandelt werden.

$$c(\text{Stoff}) = \frac{n}{V} = \frac{m(\text{Stoffportion})}{M(\text{Stoff})} \cdot \frac{\varrho(\text{Lösung})}{m(\text{Lösung})}$$

$$= \frac{m(\text{Stoffportion})}{m(\text{Lösung})} \cdot \frac{\varrho(\text{Lösung})}{M(\text{Stoff})} = w \cdot \frac{\varrho(\text{Lösung})}{M(\text{Stoff})}$$

Beispiel: Gesucht ist die Stoffmengenkonzentration von Salzsäure (w = 37 %, ϱ = 1185 $g \cdot L^{-1}$, M(HCl) = 36,46 $g \cdot mol^{-1}$).

$$c(\text{HCl}) = w \cdot \frac{\varrho(\text{Salzsäure})}{M(\text{HCl})} = 0{,}37 \cdot \frac{1185\,\frac{g}{L}}{36{,}46\,\frac{g}{mol}} = 12{,}0\,\frac{mol}{L}$$

NACHWEISREAKTIONEN

Wichtige Nachweise für Stoffe:

Nachweis	Stoff	Beobachtung
Glimmspanprobe	Sauerstoff	Entflammen eines Glimmspans
Knallgasprobe	Wasserstoff	pfeifendes, ploppendes Geräusch
		Reaktion: $2\,H_2 + O_2 \longrightarrow 2\,H_2O$
Wassernachweis	Wasser	Blaufärbung von Kupfersulfat oder Watesmopapier
Kalkwasserprobe	Kohlenstoffdioxid	weiße Trübung von Calciumhydroxidlösung
		Reaktion: $CO_2 + Ca(OH)_2 \longrightarrow CaCO_3 + H_2O$

Wichtige Ionennachweise:

Nachweisreagenz	Ion	Beobachtung
Silbernitratlösung	Chlorid-Ion Cl^-	weißer Niederschlag
		Reaktion: $Ag^+ + Cl^- \longrightarrow AgCl\downarrow$
	Bromid-Ion Br^-	gelblicher Niederschlag
		Reaktion: $Ag^+ + Br^- \longrightarrow AgBr\downarrow$
	Iodid-Ion I^-	gelber Niederschlag
		Reaktion: $Ag^+ + I^- \longrightarrow AgI\downarrow$
Bariumchloridlösung	Sulfat-Ion SO_4^{2-}	weißer Niederschlag, beständig nach Zugabe von Salzsäure
		Reaktion: $Ba^{2+} + SO_4^{2-} \longrightarrow BaSO_4\downarrow$
Kalkwasser	Carbonat-Ion CO_3^{2-}	Das durch Austreiben mit Salzsäure entstehende Gas bildet in Kalkwasser eine weiße Trübung.
		Reaktionen: $CO_3^{2-} + 2\,HCl \longrightarrow CO_2 + H_2O + 2\,Cl^-$ $CO_2 + Ca(OH)_2 \longrightarrow CaCO_3 + H_2O$
Nachweis durch Flammenfärbung	Lithium-Ion Li^+ Natrium-Ion Na^+ Kalium-Ion K^+ Calcium-Ion Ca^{2+} Strontium-Ion Sr^{2+} Barium-Ion Ba^{2+}	dunkelrot gelb rotviolett orangerot rot grün

BAU DER ATOME

Atommodell nach DALTON:

- Jeder Stoff besteht aus kleinsten, chemisch nicht weiter zerlegbaren Teilchen, den **Atomen**.
- Atome sind kugelförmige Teilchen. Sie haben eine Masse und ein Volumen. Atome sind unvorstellbar klein.
- Die Atome eines Elements sind untereinander gleich. Sie haben die gleiche Masse und das gleiche Volumen. Damit gibt es genau so viele Atomarten wie es Elemente gibt.

Atommasse: Die Masse von Atomen ist unvorstellbar klein, deshalb wurde die **atomare Masseneinheit unit** (Einheitenzeichen **u**) eingeführt.

- 1 u entspricht in etwa der Masse eines Wasserstoff-Atoms.
- $1\,u = 1{,}661 \cdot 10^{-24}\,g$
- Die Atommasse wird im Periodensystem rechts über dem Symbol angegeben.

DALTONS Atommodell musste aufgrund der Ergebnisse des Streuversuchs von RUTHERFORD verändert werden. Daraus resultierte ein neues, differenziertes Atommodell, das **Kern-Hülle-Modell:** Ein Atom besteht aus einem kleinen *Atomkern* und einer viel größeren Atomhülle aus *Elektronen* in ständiger Bewegung.

Der **Atomkern** ist positiv geladen und enthält fast die gesamte Masse des Atoms. Er besteht aus elektrisch positiv geladenen **Protonen** und ungeladenen, massereichen **Neutronen**.
Aus der *Anzahl der Protonen* ergibt sich die **Kernladungszahl**. Sie stimmt mit der **Ordnungszahl** der Elemente überein. Kennt man die Kernladungszahl bzw. Ordnungszahl eines Elements, so weiß man gleichzeitig, aus wie vielen Elektronen die Atomhülle gebildet wird.
Isotope sind Atome eines Elements, die sich in ihrer *Anzahl an Neutronen* unterscheiden; sie haben unterschiedliche Atommassen.

Die **Atomhülle** (Elektronenhülle) wird durch elektrisch negativ geladene **Elektronen** gebildet. Zur Beschreibung der Atomhülle nutzt man meist zwei Modelle (↑ Kasten unten):

- Nach dem **Energiestufenmodell** werden Elektronen mit ähnlichen Energien gemeinsamen Energiestufen zugeordnet.
- Nach dem **Schalenmodell** der Atomhülle werden Elektronen mit ähnlichem Abstand zum Atomkern gemeinsamen Elektronenschalen zugeordnet.

Die Elektronen der äußeren Schale heißen **Außenelektronen** oder **Valenzelektronen**. Sie bestimmen wesentlich die chemischen Eigenschaften der Elemente.

PERIODENSYSTEM DER ELEMENTE (PSE)

Informationen über Atome, die aus den Feldern im PSE zu entnehmen sind:

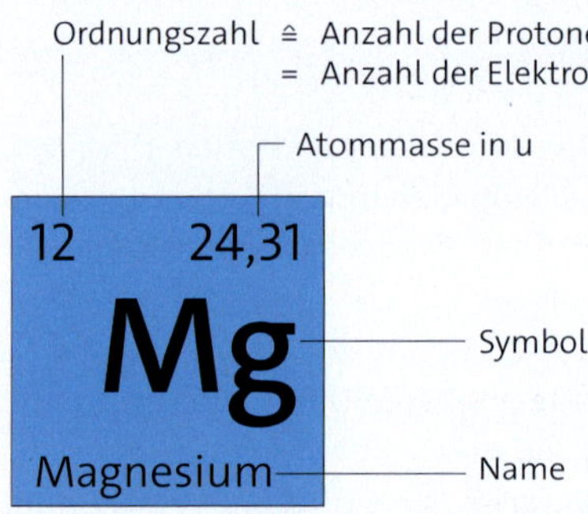

Ordnungsprinzipien im PSE:

- Die Atome im PSE sind nach steigender *Ordnungszahl* (Kernladungszahl) angeordnet.
- Die Atome der ersten 18 Elemente bilden die ersten drei **Perioden**, verteilt auf 8 **Hauptgruppen**. Sie werden mit römischen Ziffern von I bis VIII gekennzeichnet.
- Die Nummer der Periode entspricht der Anzahl der Elektronenschalen in der Atomhülle.
- Die Nummer der Hauptgruppe gibt an, mit wie vielen Elektronen die Außenschale besetzt ist.
- Die Atome von Elementen einer **Elementfamilie** stehen in der gleichen Hauptgruppe und haben die gleiche Anzahl an Außenelektronen (Ausnahme: Helium). Dies ist die Ursache für chemisch ähnliche Eigenschaften innerhalb einer Elementfamilie, z. B. Alkalimetalle, Halogene.
- Die Atome der Elemente, die links und unten im PSE stehen, sind mit Ausnahme von Wasserstoff **Metalle**.
- Die Atome der Elemente, die rechts und oben im PSE stehen, sind überwiegend **Nichtmetalle**.

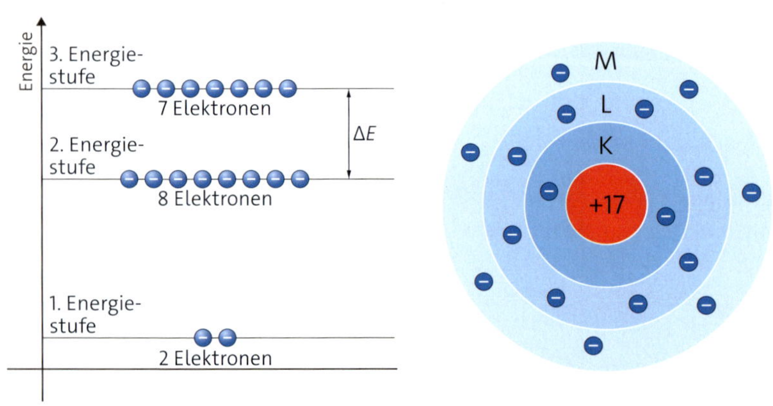

Energiestufenmodell des Chlor-Atoms   Schalenmodell des Chlor-Atoms

SALZE UND IONEN

Salze kommen in der Natur als Kristalle oder in wässrigen Lösungen vor.
Charakteristische Stoffeigenschaften der Salze:

- Salzkristalle sind hart und spröde, sie zerbrechen unter Krafteinwirkung.
- Salze sind oft in Wasser gut löslich.
- Sie besitzen eine hohe Schmelztemperatur.
- Salze leiten nur als Schmelze und in Wasser gelöst den elektrischen Strom.
- In kristalliner Form sind sie elektrische Nichtleiter.

Beispiele: Natriumchlorid NaCl, Calciumcarbonat $CaCO_3$ (Kalk), Kupfer(II)-oxid CuO

Salze sind aus **Ionen** aufgebaut. Ionen sind positiv oder negativ elektrisch geladene Teilchen in der Größenordnung von Atomen.

Metalle und Wasserstoff bilden *positiv geladene* **Kationen**.
Beispiele: Na^+, Fe^{2+}, Mg^{2+}, H^+
Nichtmetalle bilden *negativ geladene* **Anionen** (Ausnahme: Wasserstoff).
Beispiele: Cl^-, Br^-, F^-, O^{2-}

Salze bilden **Ionenkristalle**. In diesen ist eine unvorstellbar große Anzahl von positiv und negativ geladenen Ionen in einer möglichst dichten Packung angeordnet, wobei die verschieden geladenen Ionen feste Plätze einnehmen. Die regelmäßige Anordnung der Ionen im Kristall wird **Ionengitter** genannt.

Modelle vom Bau des Natriumchlorids:

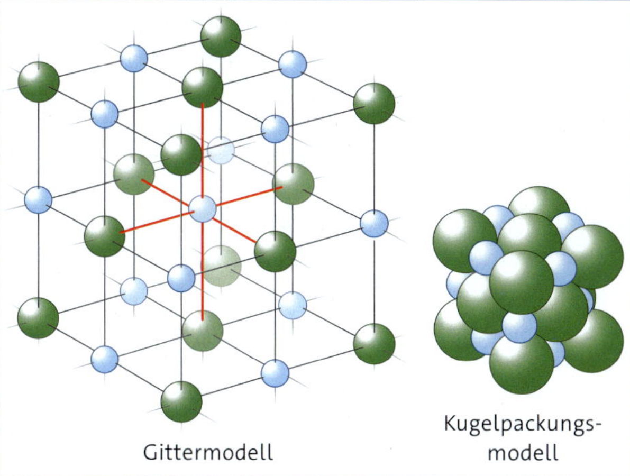

Die Ionen im Kristall werden durch **Ionenbindung** zusammengehalten. Sie ist eine Art der chemischen Bindung, die durch elektrostatische Anziehung zwischen elektrisch verschieden geladenen Ionen bewirkt wird.
Salzartige, aus Ionen aufgebaute Stoffe werden als **Ionenverbindungen** bezeichnet.

BILDUNG VON IONEN AUS ATOMEN

Vergleich	
Atom	**Ion**
• elektrisch neutral • gleiche Anzahl an Protonen und Elektronen	• elektrisch geladen • ungleiche Anzahl an Protonen und Elektronen • Kationen sind kleiner, Anionen sind größer als das entsprechende Atom

Ionen bilden sich aus Atomen durch Aufnahme oder Abgabe von Elektronen. Sie besitzen eine stabile **Edelgaskonfiguration**, also die Elektronenkonfiguration des nächststehenden Edelgases.

Beispiele:

- Ein Chlor-Atom besitzt sieben Elektronen auf seiner Außenschale. Durch *Aufnahme* eines weiteren Elektrons bildet sich ein einfach negativ geladenes Chlorid-*Ion* (Anion). Die Elektronenkonfiguration entspricht der des Edelgases Argon.
  $Cl + e^- \longrightarrow Cl^-$
- Ein Natrium-*Atom* besitzt nur ein Elektron auf seiner Außenschale. Durch *Abgabe* dieses Elektrons bildet sich ein einfach positiv geladenes Natrium-*Ion* (Kation). Die Elektronenkonfiguration entspricht der des Edelgases Neon.
  $Na \longrightarrow Na^+ + e^-$

Art und Anzahl der Ladungen von Ionen lassen sich aus der Stellung im Periodensystem ableiten:

- Durch Abgabe ihrer Außenelektronen erlangen die Atome der Elemente der I. bis III. Hauptgruppe Edelgaskonfiguration. Die Ladungszahl ihrer Kationen stimmt mit der Nummer der Hauptgruppe überein. Metalle der Nebengruppen bilden oft verschieden geladene Kationen.
- Atome der Elemente der V. bis VII. Hauptgruppe nehmen Elektronen auf, bis ihre Außenschale 8 Elektronen besitzt, und erlangen so Edelgaskonfiguration. Die Ladungszahl ihrer Anionen erhält man, indem die Nummer ihrer Hauptgruppe von acht abgezogen wird.

Beispiele:

- Calcium (II. Hauptgruppe) bildet Kationen. Sie besitzen die Ladungszahl 2 $\Rightarrow$ Ca^{2+}-Ionen.
- Sauerstoff (VI. Hauptgruppe) bildet Anionen. Sie besitzen die Ladungszahl 2 $\Rightarrow$ O^{2-}-Ionen (Regel: $8 - 6 = 2$).

Oktettregel (Edelgasregel): Atome anderer Elemente streben die gleiche Anzahl an Elektronen an wie die der nächststehenden Edelgasatome.

MOLEKÜLVERBINDUNGEN – ELEKTRONENPAARBINDUNG

Molekülverbindungen sind Stoffe, die aus Molekülen aufgebaut sind.
Beispiele: Wasserstoff besteht aus Wasserstoff-Molekülen H_2; Chlor besteht aus Chlor-Molekülen Cl_2; Wasser besteht aus Wasser-Molekülen H_2O.

Die zwei Wasserstoff-Atome im Wasserstoff-Molekül erfüllen die Edelgasregel, indem sie ihre Außenelektronen gemeinsam nutzen. Das *gemeinsame* (*bindende*) *Elektronenpaar* entsteht durch die Durchdringung der Atomhüllen beider Wasserstoff-Atome. Daraus resultiert eine Elektronenpaarbindung (Atombindung).

⇒ Die **Elektronenpaarbindung** ist eine Art der chemischen Bindung, die durch gemeinsame Elektronenpaare zwischen Atomen bewirkt wird.

Die Bindungsverhältnisse in Molekülen werden durch **Lewis-Formeln** schematisch dargestellt:

- Das *bindende Elektronenpaar* wird als Strich zwischen die Elementsymbole gesetzt.
- Außenelektronen, die nicht an der Bindung teilnehmen, werden paarweise auch als Striche an das Elementsymbol gestellt (*nichtbindende* bzw. *freie Elektronenpaare*).

Beispiele für Lewis-Formeln:

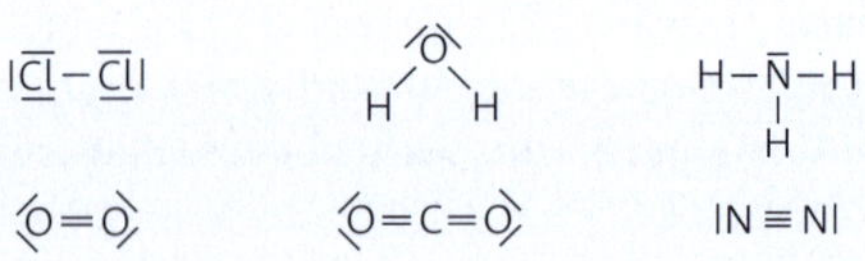

- Einfachbindung: eine durch *ein* bindendes Elektronenpaar bewirkte chemische Bindung
  Beispiele: Cl_2, H_2O, NH_3
- Zweifachbindung bzw. Doppelbindung: eine durch *zwei* bindende Elektronenpaare bewirkte chemische Bindung
  Beispiele: O_2, CO_2
- Dreifachbindung: eine durch *drei* bindende Elektronenpaare bewirkte chemische Bindung
  Beispiel: N_2

Der *räumliche Bau* von Molekülen kann durch das **Elektronenpaarabstoßungsmodell** (EPA-Modell) beschrieben werden. Das Modell beruht auf folgenden Annahmen:

- Alle Außenelektronen der Atome im Molekül werden modellhaft als Elektronenwolke dargestellt.
- Die negativ geladenen Elektronenpaare stoßen sich ab und ordnen sich im Molekül so an, dass sie den größtmöglichen Abstand zueinander einnehmen.
- Die elektrostatische Abstoßung freier Elektronenpaare ist größer als die bindender Elektronenpaare.

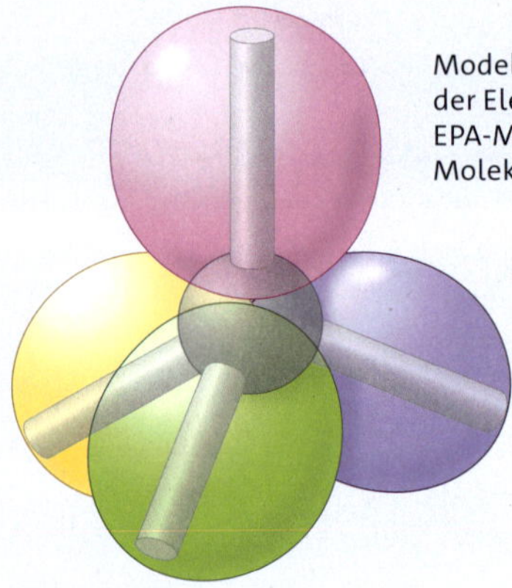

Modellhafte Darstellung der Elektronenwolken im EPA-Modell des Methan-Moleküls CH_4

Stoff und Formel	Methan CH_4	Wasser H_2O
Lewis-Formel	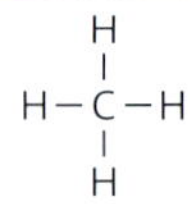	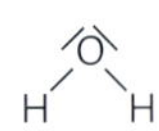
Elektronenpaare am zentralen Atom	4 bindende Elektronenpaare am C-Atom	2 bindende und 2 freie Elektronenpaare am O-Atom
Molekülmodell und räumlicher Bau	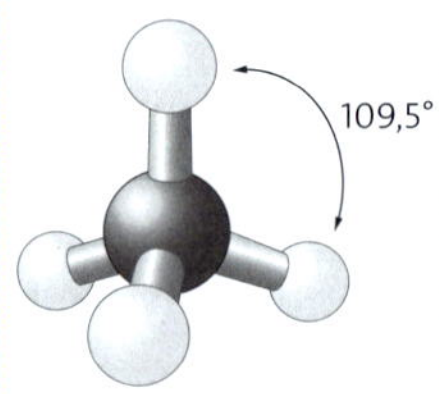	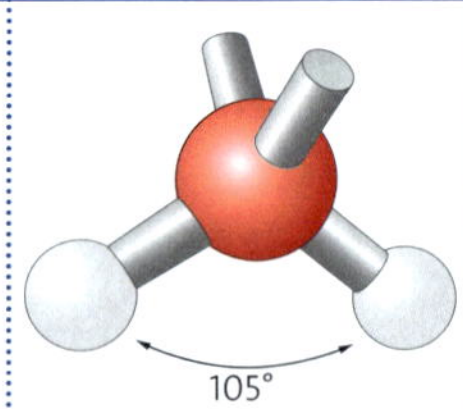

Elektronegativitätswert (EN) eines Elements: gibt an, wie stark ein Atom das bindende Elektronenpaar im Molekül anzieht
Polare Elektronenpaarbindung: beruht auf einer unsymmetrischen Elektronenverteilung zwischen den Atomen des Moleküls; daraus resultieren unterschiedliche elektrische Teilladungen (Partialladungen) δ+ bzw. δ–.
Je größer die Differenz zwischen den Elektronegativitätswerten ist, desto polarer ist die Elektronenpaarbindung.
Bei einer *Elektronegativitätsdifferenz von null* handelt es sich um eine **unpolare Elektronenpaarbindung**.
Dipolmolekül: Molekül, in dem getrennte Ladungsschwerpunkte für die positive und negative elektrische Teilladung existieren. *Beispiele:* H_2O, NH_3
Wasserstoffbrückenbindungen: zusätzliche Anziehungskräfte zwischen benachbarten Dipolmolekülen. Sie bilden sich zwischen positiv polarisierten Wasserstoff-Atomen und freien Elektronenpaaren stark elektronegativer Elemente.
Zwischenmolekulare Kräfte: Überbegriff aller Wechselwirkungen zwischen Molekülen; dazu gehören Wasserstoffbrückenbindungen, Dipol-Dipol-Kräfte und Van-der-Waals-Kräfte. Sie bestimmen viele Eigenschaften der Stoffe.

REAKTIONEN MIT ELEKTRONENÜBERGANG

Reagieren z. B. Metalle mit Salzlösungen, so findet zwischen den *Metall-Atomen* und *Metall-Ionen* der reagierenden Stoffe eine **Elektronenübertragung** statt.

Die Teilreaktion der **Elektronenabgabe** wird **Oxidation** genannt.

Beispiel Oxidation: $Zn \longrightarrow Zn^{2+} + 2\,e^-$
Das Zn-Atom ist ein **Elektronendonator**.

Die Teilreaktion der **Elektronenaufnahme** wird **Reduktion** genannt.

Beispiel Reduktion: $Cu^{2+} + 2\,e^- \longrightarrow Cu$
Das Cu^{2+}-Ion ist ein **Elektronenakzeptor**.

Oxidation und *Reduktion* finden immer *gleichzeitig* statt. Solche Reaktionen mit gleichzeitiger Elektronenübertragung werden **Redoxreaktionen** genannt:

Oxidation: $Zn \longrightarrow Zn^{2+} + 2\,e^-$
Reduktion: $Cu^{2+} + 2\,e^- \longrightarrow Cu$

Redoxreaktion: $Zn + Cu^{2+} \rightarrow Zn^{2+} + Cu$

Mithilfe solcher Elektronenübertragungsreaktionen kann die chemische Energie der reagierenden Stoffe in elektrische Energie umgewandelt werden (**galvanisches Element**, **Batterie**). Die Elektronenübertragungsreaktion kann durch Zuführen von elektrischer Energie umgekehrt werden (**Elektrolyse**).

Elektronenübertragungsreaktionen können auch zwischen anderen Reaktionspartnern wie Metallen und Nichtmetallen oder Metallen und Metalloxiden stattfinden.

SÄUREN – BASEN – NEUTRALISATION

Stoffliche Betrachtung:

- **Saure Lösungen** sind wässrige Lösungen, die Oxonium-Ionen H_3O^+ enthalten.
- **Basische (alkalische) Lösungen** sind wässrige Lösungen, die Hydroxid-Ionen OH^- enthalten.

⇒ Saure und alkalische Lösungen sind wegen der in ihnen enthaltenen Ionen elektrisch leitfähig.

Teilchenmäßige Betrachtung:

- **Säuren** sind Stoffe, deren Teilchen Protonen H^+ abgeben, es sind **Protonendonatoren**.
- **Basen** sind Stoffe, deren Teilchen Protonen H^+ aufnehmen, es sind **Protonenakzeptoren**.

⇒ **Säure-Base-Reaktionen** sind Reaktionen mit **Protonenübergang**.

Beispiel:

Protonenabgabe (HCl → Cl^-)

$$HCl + H_2O \longrightarrow Cl^- + H_3O^+$$

Protonenaufnahme (H_2O → H_3O^+)

Protonenübergang im Teilchenmodell:

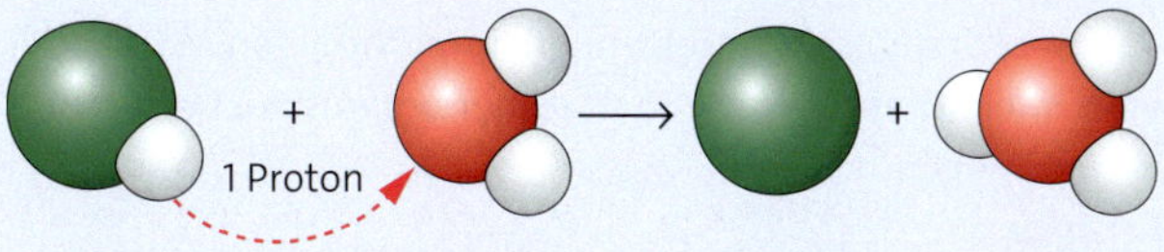

Neutralisation

Die Reaktion zwischen Oxonium-Ionen und Hydroxid-Ionen wird als **Neutralisation** bezeichnet. Es ist eine Protonenübertragungsreaktion. Sie läuft ab, wenn eine saure Lösung zu einer alkalischen Lösung gegeben wird.
Neutralisation:
$H_3O^+(aq) + OH^-(aq) \longrightarrow 2\,H_2O(l)$

Protonenübergang im Teilchenmodell:

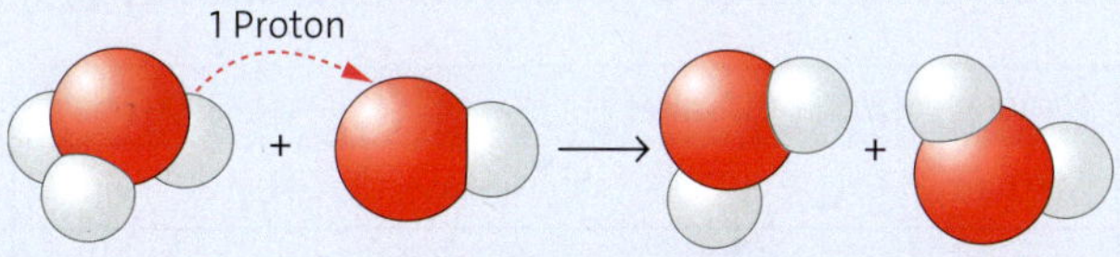

Gleichzeitig wird eine **Salzlösung** gebildet.

Beispiel:
$HCl(aq) + NaOH(aq) \longrightarrow \underbrace{H_2O(l) + Na^+(aq) + Cl^-(aq)}_{\text{Natriumchloridlösung}}$

pH-Wert

Der pH-Wert einer Lösung gibt an, wie stark sauer oder alkalisch diese Lösung ist. Er ist ein Maß für die Konzentration an Oxonium-Ionen.

Bei einer Änderung des pH-Werts um 1 ändert sich die Konzentration um den Faktor 10.

Die **pH-Wert-Skala** reicht in etwa von pH = 0 bis pH = 14:

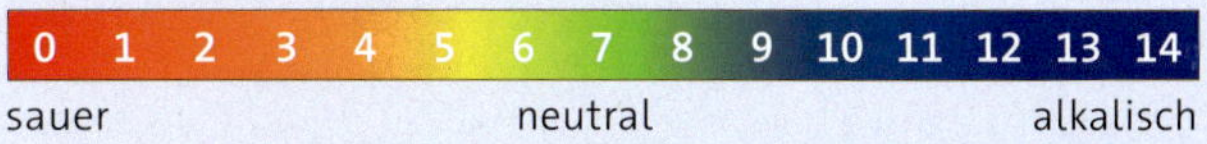

Einteilung von Lösungen nach ihrem pH-Wert
pH < 7: saure Lösung
pH = 7: neutrale Lösung
pH > 7 alkalische Lösung

1.2 Rückblick: Grundlagen der organischen Chemie

ORGANISCHE CHEMIE

Die organische Chemie beschäftigt sich mit molekularen Verbindungen, deren Moleküle auf Kohlenstoff- und Wasserstoff-Atomen basieren.
Beispiele: Methan CH_4, Ethanol C_2H_5OH
Keine organischen Verbindungen: Wasser H_2O, Kalk $CaCO_3$
Kohlenstoff-Atome können untereinander und zu anderen Nichtmetall-Atomen stabile Elektronenpaarbindungen bilden. Sie können sich zu ketten- oder ringförmigen Molekülen verbinden. Dies führt zur Vielfalt der organisch-chemischen Verbindungen.
Beispiele:

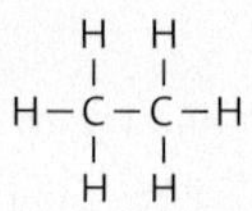

Ethan

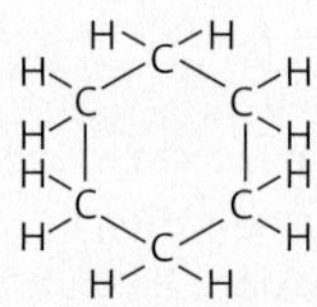

Cyclohexan

ALKANE

Alkane sind gesättigte Kohlenwasserstoffe, d. h., in ihren Molekülen liegen nur Einfachbindungen vor. Sie bilden eine **homologe Reihe** mit der allgemeinen Molekülformel C_2H_{2n+2}.

Name	Molekülformel	Name	Molekülformel
Methan	CH_4	Hexan	C_6H_{14}
Ethan	C_2H_6	Heptan	C_7H_{16}
Propan	C_3H_8	Octan	C_8H_{18}
Butan	C_4H_{10}	Nonan	C_9H_{20}
Pentan	C_5H_{12}	Decan	$C_{10}H_{22}$

Homologe Reihe der Alkane

Alkylgruppen sind die bei verzweigten Molekülen auftretenden Seitenketten, deren Name sich wie bei den Alkanen aus der Anzahl der C-Atome ergibt. Die Endung **-an** wird durch **-yl** ersetzt. *Beispiele:* Methylgruppe $-CH_3$, Ethylgruppe $-C_2H_5$

ISOMERE DER ALKANE

Verbindungen, in deren Molekülen bei gleicher Molekülformel die Atome unterschiedlich verknüpft sind, nennt man **Konstitutionsisomere** bzw. **Strukturisomere**.
Beispiele:

$CH_3-CH_2-CH_2-CH_3$

n-Butan

$CH_3-CH(CH_3)-CH_3$

Isobutan

ALKENE

Alkene gehören zu den ungesättigten Kohlenwasserstoffen. Ihre Moleküle enthalten eine Doppelbindung zwischen den Kohlenstoff-Atomen. Sie bilden eine **homologe Reihe** mit der allgemeinen Molekülformel C_nH_{2n}.

DARSTELLUNGEN VON STRUKTURFORMELN

Die Strukturformeln von Molekülen können auf verschiedene Arten dargestellt werden:

n-Butan	Isobutan
Strukturformel (vollständige Lewisformel) Eine Strukturformel enthält alle Atome, Elektronenpaare und Bindungen eines Moleküls.	
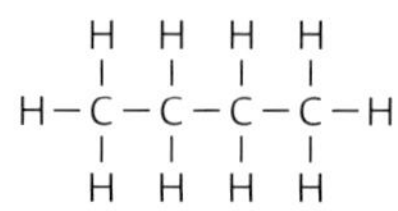	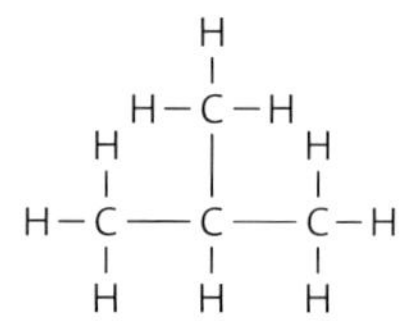
Halbstrukturformel Es werden nur die Bindungen zwischen den C-Atomen dargestellt. Die gebundenen H-Atome werden zusammengefasst.	
$CH_3-CH_2-CH_2-CH_3$	$CH_3-CH(CH_3)-CH_3$
Skelettformel Bindungen zwischen den C-Atomen werden durch Linien dargestellt. Punkte, von denen eine, zwei, drei bzw. vier Linien ausgehen, symbolisieren die CH_3-, CH_2-, CH-Gruppen bzw. C-Atome.	
	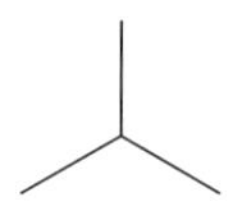
Kugel-Stab-Modell Räumliche Darstellung von Molekülen, die die Atome mit verschiedenfarbigen Kugeln entsprechend ihrer Größenverhältnisse zeigt	
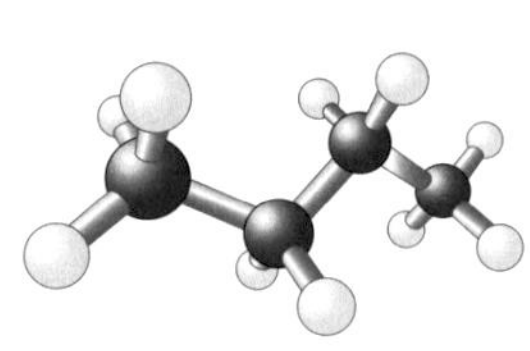	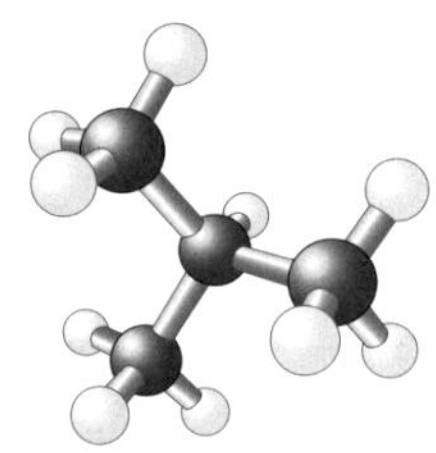
Kalottenmodell Räumliche Darstellung von Molekülen, die mittels sich durchdringender Kugeln die Raumerfüllung der Moleküle verdeutlicht.	
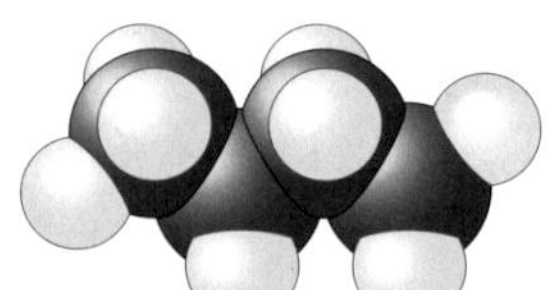	

SYSTEMATISCHE BENENNUNG DER ALKANE

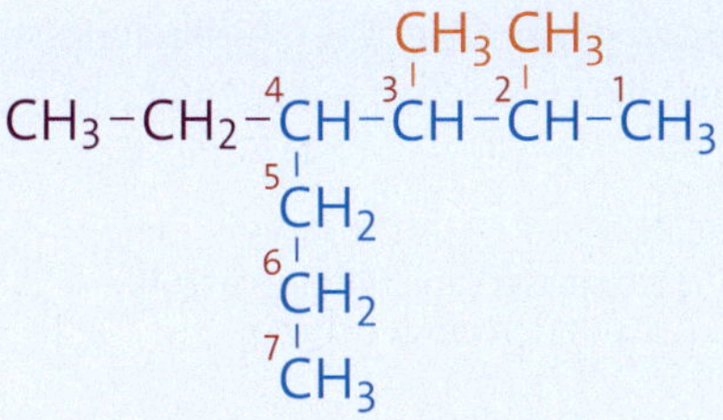

4-Ethyl-2,3-dimethylheptan

1 〉 Bestimmen Sie die Anzahl der Kohlenstoff-Atome in der längsten Kette und benennen Sie die Hauptkette (heptan).

2 〉 Ermitteln Sie die Verzweigungen, benennen Sie die Alkylgruppen und ordnen Sie sie alphabetisch (Ethyl, Methyl).

3 〉 Ermitteln Sie die Anzahl gleicher Alkylgruppen und stellen Sie das entsprechende griechische Zahlwort den Namen der Alkylreste voran (Dimethyl).

4 〉 Legen Sie die Nummern der Kohlenstoff-Atome fest, an denen Alkylgruppen gebunden sind. Die Hauptkette wird so nummeriert, dass die Verzweigungsstellen kleinstmögliche Zahlen erhalten (2, 3, 4).

EIGENSCHAFTEN UND REAKTIONEN DER ALKANE

Alkane sind aufgrund ihrer unpolaren Moleküle lipophil („fettliebend") und hydrophob („wasserabweisend"). Sie lösen sich ineinander und nicht in Wasser. Die Wechselwirkungen zwischen ihren Molekülen entstehen durch temporäre und induzierte Dipole.

Oxidation: Alkane reagieren mit Sauerstoff zu Kohlenstoffdioxid und Wasser. Die Zündtemperatur steigt mit der Anzahl der Kohlenstoff-Atome im Molekül.

Beispiele:

$CH_4 + 2\,O_2 \longrightarrow CO_2 + 2\,H_2O$

$2\,C_8H_{18} + 25\,O_2 \longrightarrow 16\,CO_2 + 18\,H_2O$

ALKENE

Alkene gehören zu den ungesättigten Kohlenwasserstoffen. Ihre Moleküle enthalten eine Doppelbindung zwischen den Kohlenstoff-Atomen. Sie bilden eine **homologe Reihe** mit der allgemeinen Molekülformel C_nH_{2n}.

Name	Halbstrukturformel
Ethen	$CH_2{=}CH_2$
Propen	$CH_2{=}CH{-}CH_3$
But-1-en	$CH_2{=}CH{-}CH_2{-}CH_3$
Pent-1-en	$CH_2{=}CH{-}CH_2{-}CH_2{-}CH_3$

Homologe Reihe der Alkene

Die typische Reaktion der Alkene ist die **Addition**, bei der sich Atome oder Atomgruppen an die Doppelbindung anlagern. Die Addition von Brom dient als Nachweis ungesättigter Kohlenwasserstoffe. Die Addition von Wasserstoff wird als **Hydrierung** bezeichnet.

Beispiele:

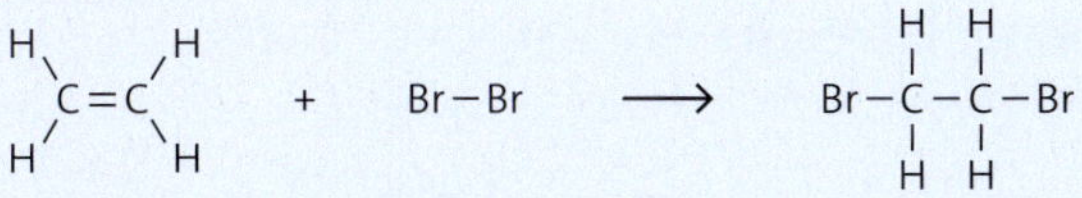

$CH_2{=}CH_2 + H_2 \underset{\text{Dehydrierung}}{\overset{\text{Hydrierung}}{\rightleftharpoons}} CH_3{-}CH_3$

ALKINE

Alkine gehören zu den ungesättigten Kohlenwasserstoffen. Ihre Moleküle enthalten eine Dreifachbindung zwischen den Kohlenstoff-Atomen. Ihre allgemeine Molekülformel lautet C_nH_{2n-2}.

Name	Halbstrukturformel
Ethin	$CH{\equiv}CH$
Propin	$CH{\equiv}C{-}CH_3$
But-1-in	$CH{\equiv}C{-}CH_2{-}CH_3$
Pent-1-in	$CH{\equiv}C{-}CH_2{-}CH_2{-}CH_3$

Homologe Reihe der Alkine

ISOMERIE

Die Moleküle der Alkene können wie auch die Moleküle der Alkane verzweigt sein (**Konstitutionsisomere**). Durch Verschiebung der C=C-Doppelbindung treten zusätzliche Konstitutionsisomere auf. Die C=C-Doppelbindung führt zudem zur Ausbildung von **cis-/trans-Isomeren**, bei denen die Moleküle bei gleicher Konstitution eine unterschiedliche räumliche Anordnung der Atome besitzen.

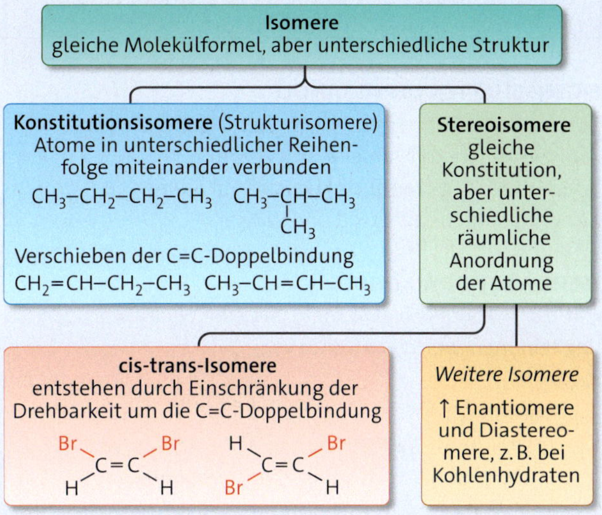

ALKOHOLE

Alkohole sind Verbindungen, deren Moleküle außer Kohlenstoff- und Wasserstoff-Atomen eine oder mehrere Hydroxygruppen (OH-Gruppe) enthalten. Die Hydroxygruppe ist die **funktionelle Gruppe** der Alkohole.

Beispiele:

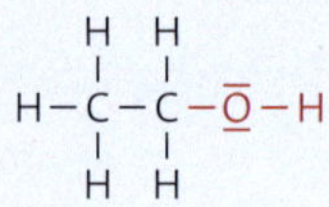

Ethanol

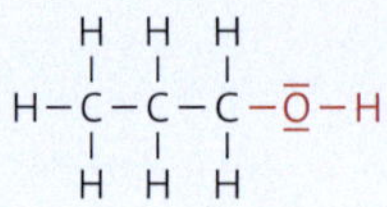

Propan-1-ol

Alkohole, die sich von den Alkanen ableiten, heißen Alkanole. Sie haben die allgemeine Molekülformel $C_nH_{2n+1}OH$ und bilden eine homologe Reihe.

Name	Halbstrukturformel
Methanol	$CH_3–OH$
Ethanol	$CH_3–CH_2–OH$
Propan-1-ol	$CH_3–CH_2–CH_2–OH$
Butan-1-ol	$CH_3–CH_2–CH_2–CH_2–OH$
Pentan-1-ol	$CH_3–CH_2–CH_2–CH_2–CH_2–OH$

Homologe Reihe der Alkanole

ISOMERIE UND BENENNUNG BEI ALKANOLEN

Die Moleküle der Alkanole können verzweigt sein. Die Benennung erfolgt wie bei den Alkanen, zusätzlich wird angegeben, an welches C-Atom die Hydroxygruppe bindet. Die Einteilung der Alkanole erfolgt nach der Stellung der Hydroxygruppe.

Beispiele:

Primär	Sekundär	Tertiär
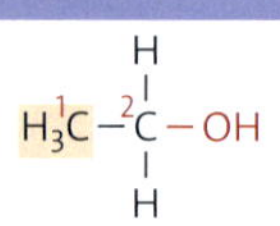	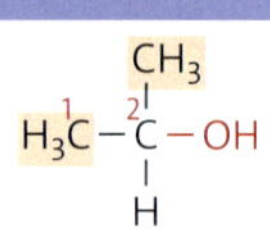	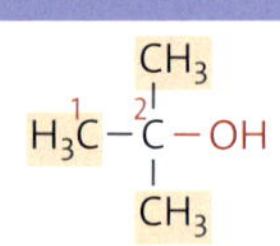
Ethanol	Propan-2-ol	2-Methylpropan-2-ol

EIGENSCHAFTEN DER ALKANOLE

Die Wasserlöslichkeit der Alkanole sinkt mit steigender Anzahl an Kohlenstoff-Atomen im Molekül.

Wie Alkane reagieren auch Alkanole mit Sauerstoff (Verbrennung) zu Kohlenstoffdioxid und Wasser.

MEHRWERTIGE ALKOHOLE

Hat ein Alkohol-Molekül mehr als eine Hydroxygruppe, so liegt ein mehrwertiger Alkohol vor.

Beispiele:

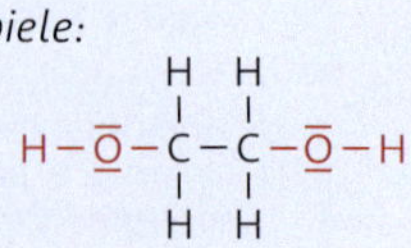

Ethan-1,2-diol
(Glykol)

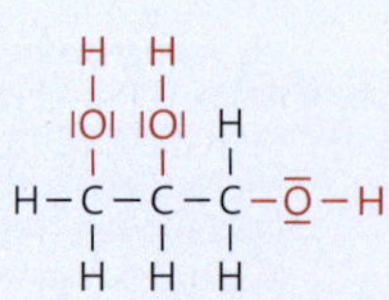

Propan-1,2,3-triol
(Glycerin)

ALDEHYDE UND KETONE

Die funktionelle Gruppe der Aldehyde ist die Aldehydgruppe (allgemein: *Carbonylgruppe*). Die C=O-Bindung ist stark polar und bestimmt die Eigenschaften der Aldehyde.

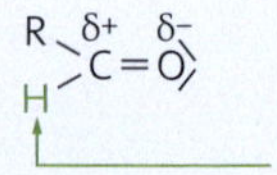

Voraussetzung für die partielle Oxidation der Aldehyde

Auch Ketone haben eine Carbonylgruppe (Ketogruppe), sind jedoch nicht partiell oxidierbar.

NACHWEIS VON ALDEHYDEN

Aldehyde lassen sich durch verschiedene Nachweisreaktionen von den Ketonen unterscheiden:

- Fehling-Probe: Dabei werden Cu^{2+}-Ionen reduziert und es entsteht ein roter Niederschlag aus Kupfer(I)-oxid.
- Tollens-Probe: Dabei werden Ag^+-Ionen zu Ag-Atomen reduziert und es entsteht ein Silberspiegel.

CARBONSÄUREN

Carbonsäuren sind Säuren. In Wasser **protolysieren** sie in geringem Umfang und bilden Oxonium-Ionen sowie Carboxylat-Ionen.

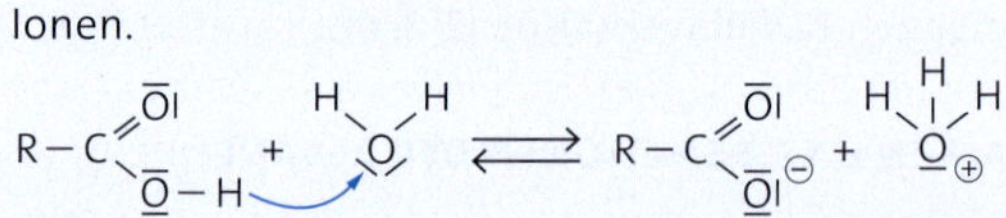

Carbonsäuremolekül — Wassermolekül — Carboxylat-Ion — Oxonium-Ion

Je länger die Kohlenstoffkette der Moleküle, desto geringer ist die Löslichkeit der Carbonsäure in Wasser, da der unpolare Alkylrest die Eigenschaften gegenüber der polaren Carboxygruppe dominiert.

CARBONSÄUREESTER

Carbonsäureester sind die Produkte der Reaktion von Carbonsäuren mit Alkoholen.

Beispiel:

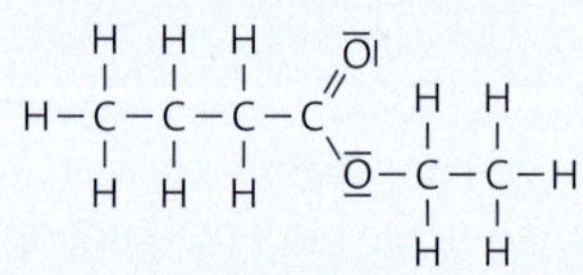

Butansäureethylester

Die Veresterung ist eine **Kondensationsreaktion**, da als Reaktionsprodukt Wasser entsteht. Sie wird durch starke Säuren katalysiert.

Carbonsäure + Alkohol ⟶ Carbonsäureester + Wasser

Die **funktionelle Gruppe** der Carbonsäureester ist die Estergruppe –COO–.

SPALTUNG VON CARBONSÄUREESTERN

Die Esterspaltung ist eine **Hydrolyse**, da Ester-Moleküle mit Wasser-Molekülen reagieren und in ihre Ausgangsmoleküle zerfallen.

Beispiel:

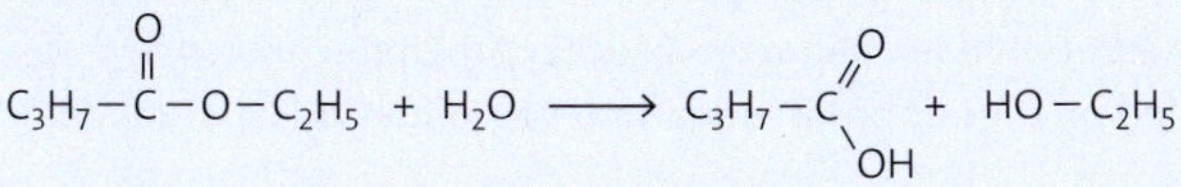

Veresterung (Kondensationsreaktion) und Esterspaltung (Hydrolyse) sind umkehrbare chemische Reaktionen.

Carbonsäure + Alkohol $\underset{\text{Esterspaltung}}{\overset{\text{Veresterung}}{\rightleftharpoons}}$ Carbonsäureester + Wasser

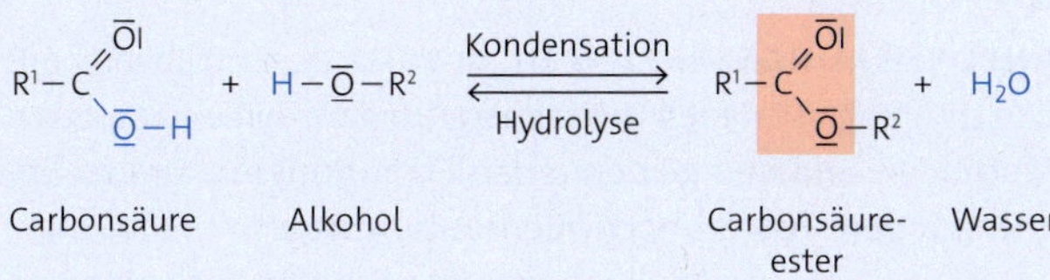

BENENNUNG VON CARBONSÄUREESTERN

Der Name eines Esters wird aus dem Namen der Carbonsäure, der Alkylgruppe des Alkohols und der Endung -ester gebildet. Nach IUPAC wird der Alkylgruppe der Säure die Endung -oat angefügt und die Alkylgruppe des Alkohols vorangestellt.

Carbonsäure	Alkanol	Name des Esters (IUPAC)
Methansäure	Ethanol	Methansäureethylester (Ethylmethanoat)
Ethansäure	Ethanol	Ethansäureethylester (Ethylethanoat)
Propansäure	Pentanol	Propansäurepentylester (Pentylpropanoat)

FETTE

In Fett-Molekülen sind drei Fettsäure-Moleküle mit einem Glycerin-Molekül verestert.

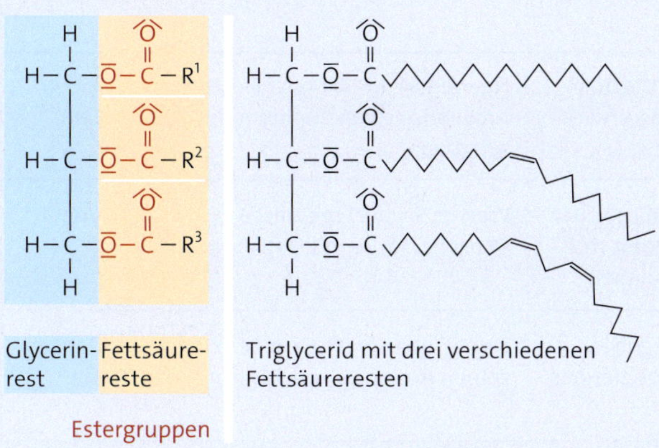

Triglycerid mit drei verschiedenen Fettsäureresten

HOMOLOGE REIHEN

Leiten sich Aldehyde, Ketone oder Carbonsäuren von den Alkanen ab, so heißen sie Alkanale, Alkanone und Alkansäuren. Wie die Alkane bilden auch die Alkanale und Alkansäuren homologe Reihen.

Beispiele:

Alkan	Alkanol	Alkanal	Alkanon	Alkansäure
Methan	Methanol	Methanal	–	Methansäure
Ethan	Ethanol	Ethanal	–	Ethansäure
Propan	Propan-1-ol	Propanal	–	Propansäure
	Propan-2-ol	–	Propanon	–

FUNKTIONELLE GRUPPEN

Funktionelle Gruppen sind Gruppierungen von Atomen in einem Molekül, die charakteristisch für Stoffklassen sind und deren Eigenschaften und Reaktivität wesentlich mitbestimmen.

Beispiele:

Stoffklasse	Name	Struktur
Alkene	C–C-Doppelbindung	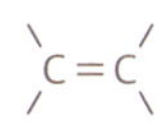
Alkine	C–C-Dreifachbindung	$-C\equiv C-$
Alkohole	Hydroxygruppe	$-OH$
Aldehyde	Aldehydgruppe	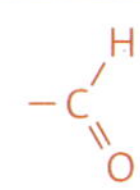
Ketone	Ketogruppe	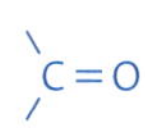
Carbonsäuren	Carboxygruppe	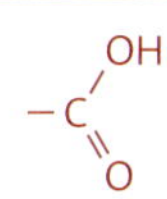
Carbonsäureester	Estergruppe	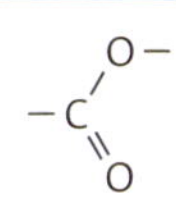

1.3 Aufgaben richtig verstehen – Umgang mit Operatoren

Operatoren sind *handlungsleitende Verben*, die bei einer Aufgabenstellung darüber Auskunft geben, welche Tätigkeit beispielsweise in einer Klausuraufgabe gefordert wird. Als **Signalwörter** bestimmen sie Art und Umfang der geforderten Leistung.

Mithilfe von einheitlichen, vom Institut zur Qualitätsentwicklung im Bildungswesen entwickelten Standards für die zentralen Abiturprüfungen wird festgelegt, welche Tätigkeiten beim Bearbeiten der Aufgabe erwartet werden, damit eine Vergleichbarkeit der individuellen Lösung möglich wird. Das Wissen um die Bedeutung der Operatoren ist dabei hilfreich, um zu Beginn der Bearbeitung einer Aufgabe eine *geeignete Zeiteinteilung* vorzunehmen und abschätzen zu können, in *welcher Tiefe* die Aufgabenstellung bearbeitet werden soll.

Operatoren werden durch den Kontext der Prüfungsaufgabe erst konkretisiert bzw. präzisiert: durch die Formulierung bzw. Gestaltung der Aufgabenstellung, durch den Bezug zu Textmaterialien/Abbildungen bzw. Problemstellungen sowie durch die Zuordnung zu **Anforderungsbereichen (AFB)** im Erwartungshorizont. Aufgrund dieser vielfältigen wechselseitigen Abhängigkeiten lassen sich Operatoren zumeist nicht präzise einzelnen Anforderungsbereichen zuschreiben.

ANFORDERUNGSBEREICH I umfasst das Wiedergeben und Beschreiben fachspezifischer Sachverhalte aus einem abgegrenzten Gebiet und im gelernten Zusammenhang sowie dem wiederholenden Benutzen geübter Arbeitstechniken und Methoden. Dies erfordert vor allem **Reproduktionsleistungen**.

ANFORDERUNGSBEREICH II umfasst das selbstständige Erklären, Bearbeiten und Ordnen bekannter fachspezifischer Inhalte sowie das angemessene Anwenden gelernter Inhalte und Methoden auf andere Sachverhalte. Dies erfordert vor allem **Reorganisationsleistungen**.

ANFORDERUNGSBEREICH III umfasst den rückbeziehenden Umgang mit neuen Problemstellungen, den eingesetzten Methoden und den gewonnenen Erkenntnissen, um zu Begründungen, Folgerungen, Beurteilungen und Handlungsoptionen zu gelangen. Dies erfordert vor allem **Reflexion und Transferleistungen**.

Operator	Beschreibung der erwarteten Leistung	Beispiele für eine Aufgabe in der Chemie
ableiten	Auf der Grundlage von Erkenntnissen sachgerechte Schlüsse ziehen	Leiten Sie aus den Ergebnissen von RUTHERFORDS Streuversuch Schlussfolgerungen über den Bau von Atomen ab.
abschätzen	Durch begründete Überlegungen Größenwerte angeben	Schätzen Sie ab, in welcher Größenordnung der pH-Wert von Schwefelsäurelösung liegt.
analysieren	Wichtige Bestandteile, Eigenschaften oder Zusammenhänge auf eine bestimmte Fragestellung hin herausarbeiten oder einen Sachverhalt experimentell prüfen	Analysieren Sie das zu untersuchende Fett auf das Vorliegen von ungesättigten Fettsäuren.
aufstellen, formulieren	Chemische Formeln, Gleichungen, Reaktionsgleichungen (Wort- oder Formelgleichungen) oder Reaktionsmechanismen entwickeln	Stellen Sie die Reaktionsgleichung für die Bildung von Aluminiumoxid aus den Elementen auf.
Hypothesen aufstellen	Eine Vermutung über einen unbekannten Sachverhalt formulieren, die fachlich fundiert begründet wird	Stellen Sie eine begründete Hypothese auf, welche Stoffe als Enzymgift wirken könnten.
angeben, nennen	Formeln, Regeln, Sachverhalte, Begriffe oder Daten ohne Erläuterung aufzählen bzw. wiedergeben	Nennen Sie die Möglichkeiten zur sinnvollen Anwendung von Copolymeren für den Fahrzeugbau.
auswerten	Beobachtungen, Daten, Einzelergebnisse oder Informationen in einen Zusammenhang stellen und daraus Schlussfolgerungen ziehen	Werten Sie die Ergebnisse der Titration von Phosphorsäure mit Natronlauge aus.
begründen	Gründe oder Argumente für eine Vorgehensweise oder einen Sachverhalt nachvollziehbar darstellen	Begründen Sie die Gruppenzuordnung der einzelnen Aminosäuren aufgrund ihrer Reste.

Operator	Beschreibung der erwarteten Leistung	Beispiele für eine Aufgabe in der Chemie
berechnen	Die Berechnung ist ausgehend von einem Ansatz darzustellen.	Berechnen Sie den Massenanteil an β-Carotin in der Möhrenprobe..
beschreiben	Beobachtungen, Strukturen, Sachverhalte, Methoden, Verfahren oder Zusammenhänge strukturiert und unter Verwendung der Fachsprache formulieren	Beschreiben Sie die einzelnen Prozesse des Membranverfahrens.
beurteilen	Das zu fällende Sachurteil ist mithilfe fachlicher Kriterien zu begründen.	Beurteilen Sie die Verwendung von Aspartam statt Saccharose in Lightprodukten.
bewerten	Das zu fällende Werturteil ist unter Berücksichtigung gesellschaftlicher Werte und Normen zu begründen.	Bewerten Sie die unterschiedlichen Möglichkeiten zum Recycling von Kunststoffen.
darstellen	Strukturen, Sachverhalte oder Zusammenhänge strukturiert und unter Verwendung der Fachsprache formulieren, auch mithilfe von Zeichnungen und Tabellen	Stellen Sie die Konzentrationen der Edukte und Produkte für die Gleichgewichtsreaktion zur Bildung von Ammoniak grafisch dar.
diskutieren	Argumente zu einer Aussage oder These einander gegenüberstellen und abwägen	Diskutieren Sie die Verwendung von Aluminium als Verpackungsmaterial.
erklären	Einen Sachverhalt nachvollziehbar und verständlich machen, indem man ihn auf Regeln und Gesetzmäßigkeiten zurückführen	Erklären Sie die unterschiedliche Siedetemperatur der Stoffe ...
erläutern	Einen Sachverhalt veranschaulichend darstellen und durch zusätzliche Informationen verständlich machen	Erläutern Sie den Mechanismus der Polymerisation von Propen unter Verwendung geeigneter Strukturformeln.
ermitteln	Ein Ergebnis oder einen Zusammenhang rechnerisch, grafisch oder experimentell bestimmen	Ermitteln Sie aus Ihren Messwerten ein Temperatur-Zeit-Diagramm auf Millimeterpapier.
interpretieren, deuten	Naturwissenschaftliche Ergebnisse, Beschreibungen und Annahmen vor dem Hintergrund einer Fragestellung oder Hypothese in einen nachvollziehbaren Zusammenhang bringen	Interpretieren Sie das Chromatogramm.
ordnen	Begriffe und Gegenstände auf der Grundlage bestimmter Merkmale systematisch einteilen	Ordnen Sie die Stoffe entsprechend ihren Elektronegativitätsdifferenzen einer Bindungsart zu.
planen	Zu einem vorgegebenen Problem (auch experimentelle) Lösungswege entwickeln und dokumentieren	Planen Sie ein Experiment, mit dem Sie die Kohlenwasserstoffe Ethan und Ethen voneinander unterscheiden können.
untersuchen	Sachverhalte oder Phänomene mithilfe fachspezifischer Arbeitsweisen erschließen	Untersuchen Sie anhand der Messwerte den Zusammenhang zwischen pH- und pOH-Wert.
skizzieren	Sachverhalte, Prozesse, Strukturen oder Ergebnisse übersichtlich grafisch darstellen	Skizzieren Sie den Aufbau eines Fotometers.
vergleichen	Gemeinsamkeiten und Unterschiede kriteriengeleitet herausarbeiten	Vergleichen Sie den Bau und die Funktion von Batterien mit denen von Akkumulatoren.
zeichnen	Objekte grafisch exakt darstellen	Zeichnen Sie den Versuchsaufbau.

Rund 20 000 Proteine übernehmen im Körper des Menschen vielfältige Aufgaben wie den Aufbau von Geweben, das Ermöglichen von chemischen Reaktionen (Katalyse) und den Transport von Molekülen. Sie werden im Wesentlichen aus nur 20 Aminosäuren gebildet. Erst die Kenntnis über ihre exakte Struktur und ihre Eigenschaften ermöglicht es, die komplexen Vorgänge im menschlichen Körper zu verstehen. Für Fortschritte in Medizin und Pharmazie ist dies eine unverzichtbare Voraussetzung.

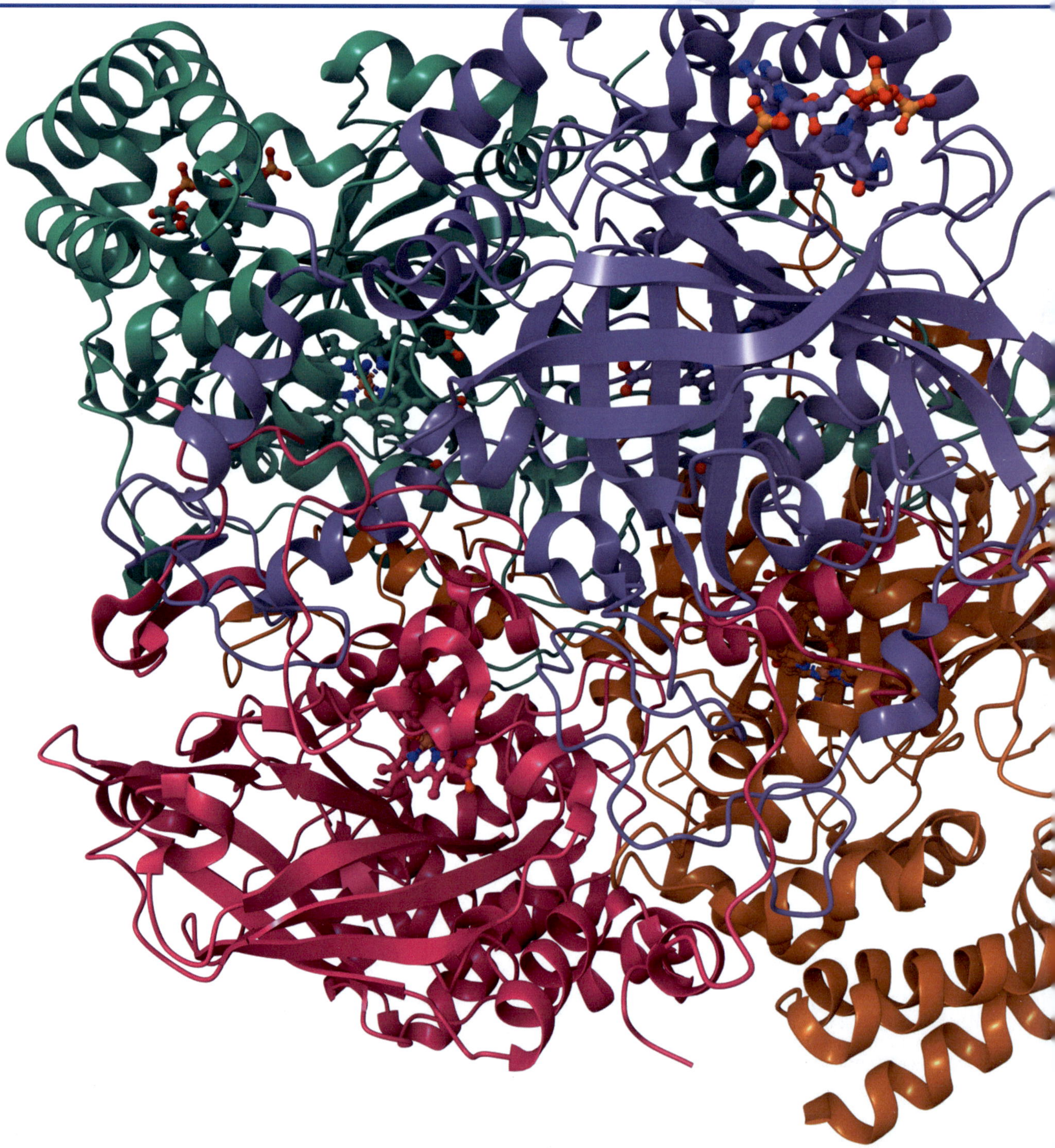

Aminosäuren und Proteine 2

Monomere und Polymere

Molekülgeometrie

- Elektronenpaarbindung
- Ionenbindung
- Zwischenmolekulare Wechselwirkungen
- EPA-Modell
- Funktionelle Gruppen
- Chiralität und Enantiomere

Aminosäuren

- Aminosäuren als Bausteine der Peptide und Proteine
- Kondensation und Spaltung von Peptiden
- Peptidbindung

Proteine

- Primär-, Sekundär-, Tertiär- und Quartärstruktur der Proteine
- Denaturierung und Renaturierung
- Nachweis von Proteinen

01 Das Protein Katalase ist ein Enzym und spielt eine essenzielle Rolle in Erythrozyten, also den roten Blutzellen. Es wandelt Wasserstoffperoxid in Wasser und Sauerstoff um. Im menschlichen Blut schützt es so Hämoglobin vor oxidativen Schäden.

2.1 Aminosäuren und Proteine – Bausteine des Lebens

01 Einige Beispiele für das Vorkommen von Proteinen

BEDEUTUNG FÜR DEN ORGANISMUS Von allen in unserem Körper vorkommenden Stoffen stellen die **Proteine** (Eiweiße) den größten Anteil dar und sind an fast allen Lebensprozessen beteiligt. Sie transportieren Stoffe, katalysieren als Enzyme chemische Reaktionen, erkennen Botenstoffe und funktionieren selbst als Signalstoffe. Sie bauen Muskeln, Sehnen, Haare und Fingernägel auf und sind damit für unseren Körper strukturgebend.

Der Begriff Makromolekül wurde 1920 für synthetisch hergestellte Moleküle eingeführt. Er bezeichnet Moleküle, die mehr als 100 000 Atome gebunden haben, und geht auf den Chemiker HERMANN STAUDINGER *zurück.*

Bausteine der aus *Makromolekülen* aufgebauten Proteine sind die **Aminosäuren**. Dies lässt sich beispielsweise daran erkennen, dass bei der Verdauung von proteinhaltiger Nahrung oder durch Einwirken von Säurelösungen oder *Enzymen* Proteine hydrolytisch bis zu den Aminosäuren abgebaut werden. Einige Aminosäuren sind *essenziell*, was bedeutet, dass der Körper sie nicht selbst herstellen kann und sie über die Nahrung aufgenommen werden müssen. Andere Aminosäuren kann der Körper selbst synthetisieren.

Aminosäuren sind somit wie die Proteine vielfältig an Energiegewinnung, Wachstum, Entwicklung und Fortpflanzung beteiligt.

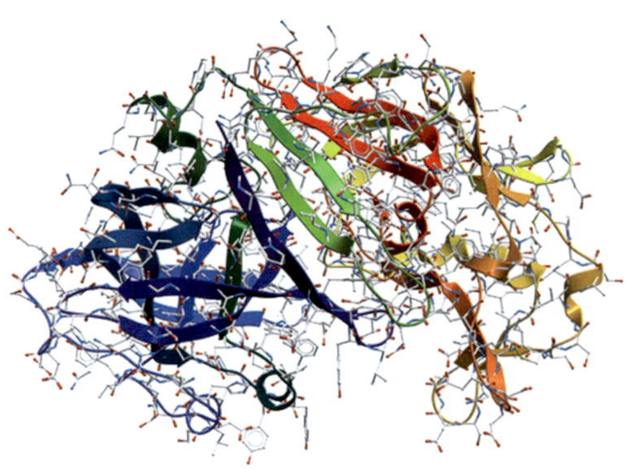

02 3-D-Modell des Proteins Pepsin – ein Enzym, das selbst Proteine zu spalten vermag

VORKOMMEN UND VERWENDUNG Besonders proteinreiche – und damit auch aminosäurereiche – Lebensmittel sind Fleisch, Fisch, Eier, Milchprodukte wie Joghurt, Quark und Käse, Nüsse, Sojabohnen sowie Bohnen und Linsen. Diese Lebensmittel liefern sowohl essenzielle als auch nichtessenzielle Aminosäuren, die für eine ausgewogene Ernährung wichtig sind. Dabei wird pflanzlichen Proteinen in der Ernährung eine zunehmende Bedeutung zugewiesen, da ein übermäßiger Konsum von tierischen Proteinen Risiken für die Gesundheit bergen kann und sich negativ auf die Klimabilanz jedes einzelnen auswirkt. Aminosäuren werden in der Lebensmittelindustrie als Geschmacksverstärker Natriumglutamat oder Vorstufen für Aromastoffe verwendet. In der Medizin kommen Aminosäuren als Infusionslösungen, Stabilisatoren bei Lebererkrankungen und zur Behandlung von Krankheiten zum Einsatz, die auf einem Mangel an Aminosäuren beruhen, beispielsweise bei der Parkinson-Erkrankung. Aminosäuren werden auch in der Kosmetikindustrie verwendet und Hautpflegemitteln und Shampoos zugesetzt.

SPEZIALFALL SPINNENSEIDE Auch Spinnenseide besteht aus Proteinen. Sie zählt zu den belastbarsten Fasern der Natur. Bezogen auf ihr geringes Gewicht übertrifft sie sogar Hightech-Fasern wie Kevlar oder Carbon. Vor allem ihre einzigartige Kombination von Reißfestigkeit und Dehnbarkeit macht sie für die Industrie äußerst attraktiv. Ob im Flugzeugbau, in der Textilindustrie oder in der Medizin – die potenziellen Einsatzgebiete des Wundermaterials sind zahlreich.

1 › 0,8 g Protein pro kg Körpergewicht sollen Erwachsene täglich mit der Nahrung aufnehmen. Erstellen Sie einen auf Sie passenden Ernährungsplan geeigneter Lebensmittel und berechnen Sie die tägliche Zufuhr der nötigen Massen, um diese Empfehlung umzusetzen.

2.2 Elektronenpaarbindung

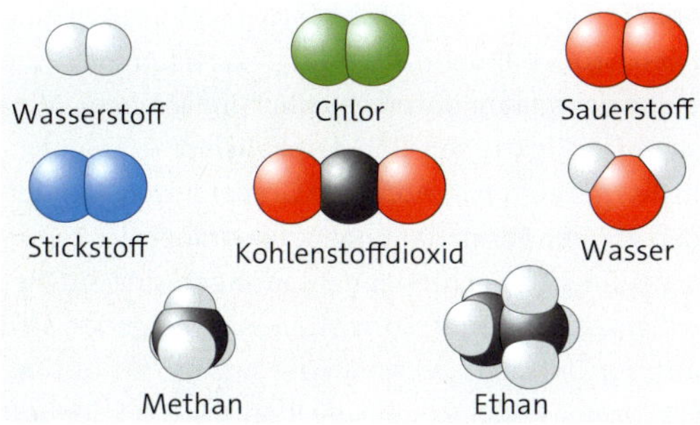

01 Modelle von Molekülen

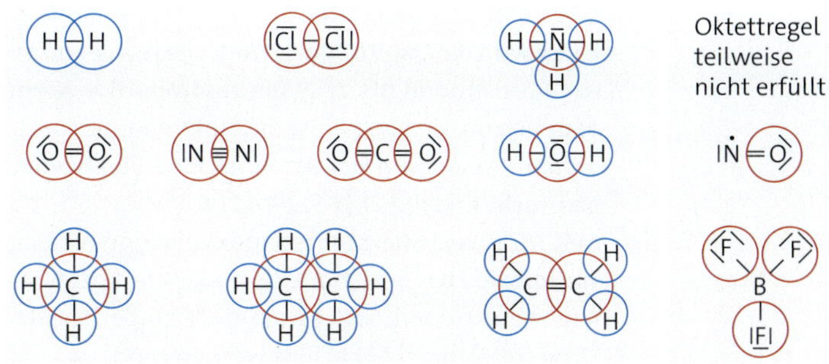

02 Lewis-Formeln und Oktettregel

NICHTMETALLE BILDEN MOLEKULARE STOFFE Alle organischen Stoffe bestehen aus Molekülen, beispielsweise die Gase Methan und Ethan und das flüssige Hexan. Aber auch andere Stoffe wie Stickstoff, Kohlenstoffdioxid und Wasser sind aus Molekülen aufgebaute Stoffe (↑ **01**). Allgemein gilt, dass sich die Atome von Nichtmetallen untereinander zu **Molekülen** verbinden – im Gegensatz zu den aus Metall- und Nichtmetall-Ionen aufgebauten Salzen. Das einfachste Molekül, das Wasserstoff-Molekül H_2, besteht aus zwei Wasserstoff-Atomen. Die beiden Elektronen der Wasserstoff-Atome bilden um die Atomkerne eine gemeinsame Elektronenhülle. Durch dieses gemeinsam genutzte Elektronenpaar kommt die chemische Bindung zwischen zwei benachbarten Atomen in Molekülen zustande. Sie wird als **Elektronenpaarbindung** oder **kovalente Bindung** oder **Atombindung** bezeichnet.

LEWIS-KONZEPT Das bereits vor rund 100 Jahren von GILBERT NEWTON LEWIS entwickelte einfache Modell stellt die Bindungsverhältnisse innerhalb eines Moleküls durch Elektronenpaare dar: Ein Strich zwischen den Elementsymbolen steht für ein **bindendes Elektronenpaar**, bestehend aus jeweils einem Elektron aus den Außenschalen der Bindungspartner. Punkte symbolisieren einzelne Elektronen. Außenelektronen, die nicht an der Bindung beteiligt sind, heißen **freie** (nichtbindende) **Elektronenpaare** und werden als Striche dargestellt.

Beispiele: H··H oder H–H, H··Cl: oder H–Cl|

Zwei gemeinsam genutzte Elektronenpaare wie beim Sauerstoff-Molekül bilden eine **Doppelbindung** und werden durch zwei Striche zwischen den Bindungspartnern dargestellt, **Dreifachbindungen** wie im Stickstoff-Molekül durch drei Striche.

Beispiele: ⟨O=O⟩ |N≡N|

Solche Formeln werden als **Lewis-Formeln** oder auch als **Valenzstrichformeln** bezeichnet.

EDELGASKONFIGURATION – OKTETTREGEL Jedes der im Wasserstoff-Molekül gebundenen Wasserstoff-Atome erreicht durch zwei gemeinsam genutzte Elektronen die energetisch stabile **Elektronenkonfiguration** des Edelgas-Atoms Helium. Das bindende Elektronenpaar wird deshalb formal beiden Wasserstoff-Atomen zugeordnet (↑ **02**).

Für die in der 2. Periode des PSE befindlichen Elemente Kohlenstoff, Stickstoff, Sauerstoff und Fluor gilt die **Oktettregel**: Ihre Atome verbinden sich so, dass sich ihnen eine mit **acht Elektronen** (vier Elektronenpaaren) vollbesetzte Außenschale zuordnen lässt. Sie erreichen die Elektronenkonfiguration des Edelgases Neon. Bindungselektronenpaare werden dabei immer beiden Bindungspartnern zugeordnet (↑ **02**).

Die Bindung in Molekülen erfolgt durch gemeinsame (bindende) Elektronenpaare.
Jedes Atom der Bindung erreicht durch seine Außenelektronen und die zusätzlichen Elektronen seines Bindungspartners eine stabile Edelgaskonfiguration.

Beispiel: Der Bau des Ammoniak-Moleküls NH_3 ergibt sich durch die Bildung von drei Einfachbindungen zwischen dem zentralen Stickstoff-Atom und den drei Wasserstoff-Atomen. Durch die gemeinsame Nutzung jeweils beider Elektronen in den drei N–H-Bindungen ist die Oktettregel für alle Atome im Molekül erfüllt, da sich am Stickstoff-Atom ein freies Elektronenpaar befindet.

1 › Erklären Sie, warum Edelgas-Atome keine Moleküle bilden.

2 › Zeichnen und erläutern Sie die Lewis-Formeln für die Moleküle von Iod I_2, Ozon O_3, Methan CH_4, Schwefelsäure H_2SO_4, Wasserstoffperoxid H_2O_2, Dichlormonooxid Cl_2O und Cyanwasserstoff HCN.

Animation: Beispiele für das Aufstellen von Lewis-Formeln zweiatomiger Moleküle

PSE: Periodensystem der Elemente ↑ Umschlag hinten

Methode zum Entwickeln von Lewis-Formeln ↑ S. 29

Elektronenpaarbindungen näher betrachtet

GRENZEN DER OKTETTREGEL Nicht bei allen Molekülen wird die Oktettregel erfüllt. Die Lewis-Formel von Bortrifluorid BF_3 zeigt ein zentrales Bor-Atom, dem sich nur drei gemeinsame Elektronenpaare zuordnen lassen. Am Bor-Atom ist eine **Elektronenpaarlücke** erkennbar (↑ S. 29, **02**).

Moleküle wie Stickstoffmonooxid NO oder Stickstoffdioxid NO_2 besitzen eine ungerade Anzahl an Außenelektronen, sodass die Oktettregel für das Stickstoff-Atom nicht erfüllt werden kann.

In Molekülen mit Atomen ab der 3. Periode können auch mehr als vier Elektronenpaare an einem Atom auftreten, z. B. das H_2SO_4-Molekül mit sechs bindenden Elektronenpaaren am Schwefel-Atom.

MESOMERIE Vom Distickstoffmonooxid-Molekül N_2O und auch vom Salpetersäure-Molekül HNO_3 lassen sich zwei verschiedene Lewis-Formeln zeichnen:

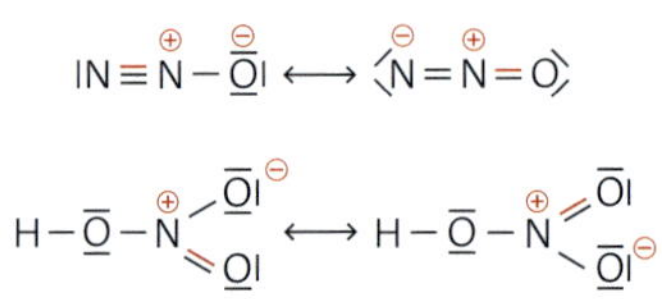

Solche Formeln werden als **mesomere Grenzformeln** bezeichnet. Die Positionen der einzelnen Atome sind jeweils in der linken und rechten Formel unverändert – ansonsten würde es sich nicht um den gleichen Stoff handeln. Allerdings verteilen sich die Elektronenpaare unterschiedlich im Molekül. Man sagt: Die Elektronen sind **delokalisiert**.

In den gezeigten mesomeren Grenzformeln werden den Atomen **Formalladungen** zugeordnet. Zur Unterscheidung von echten Ionenladungen sind sie hier rot gekennzeichnet. Formalladungen ergeben sich aus der Differenz zwischen der Anzahl der Außenelektronen entsprechend der Stellung von Stickstoff und Sauerstoff im Periodensystem und der in der Lewis-Formel zugeordneten Anzahl an Elektronen. Bei Molekül-Ionen entspricht die Summe der auftretenden Formalladungen der Ionenladung.

Keine der mesomeren Grenzformeln stellt alleine die tatsächlichen Bindungsverhältnisse im Molekül korrekt dar. Dies zeigen experimentelle Untersuchungen der Bindungslängen. So liegt beispielsweise der tatsächliche Abstand der Atome im N_2O-Molekül zwischen dem einer Doppel- und einer Dreifachbindung. Die mesomeren Grenzformeln sind also rein hypothetisch. Dieser hypothetische Zustand wird durch den **Mesomeriepfeil** ⟷ zwischen den Grenzformeln gekennzeichnet. Er darf nicht mit dem Pfeil zur Darstellung von chemischen Gleichgewichten ⇄ verwechselt werden.

Alle Moleküle, für deren Struktur sich mesomere Grenzformeln formulieren lassen, sind besonders **energiearm**, weil sich durch die Delokalisierung der Elektronen auf einen größeren Raum die Abstoßung der negativen Ladungen verringert. Man nennt solche energetisch begünstigten Moleküle auch *mesomeriestabilisiert*.

Durch mesomere Grenzformeln lassen sich Moleküle darstellen, die delokalisierte Elektronen besitzen. Die tatsächliche Elektronenverteilung kann nicht eindeutig beschrieben werden, sie liegt zwischen den hypothetischen Grenzformeln.

Schon gewusst? Die beiden Atome des Wasserstoff-Moleküls können nur getrennt werden, wenn Energie zugeführt wird. Umgekehrt wird der gleiche Energiebetrag frei, die **Bindungsenergie**, wenn sich zwei Wasserstoff-Atome annähern und zu einem Molekül verbinden. Das Elektron des einen Atoms und der Kern des anderen ziehen sich an, bis ein Energieminimum vorliegt. Für jede Abstandsänderung muss Energie aufgewendet werden: Entweder wachsen die Abstoßungskräfte der Kerne deutlich an oder die Anziehungskräfte von Kern und Hülle müssen überwunden werden. Die Elektronenpaarbindung wirkt nur entlang der Kernverbindungsachse der gebundenen Atome. Der Abstand der Atomkerne ist die **Bindungslänge** dieser Bindung.

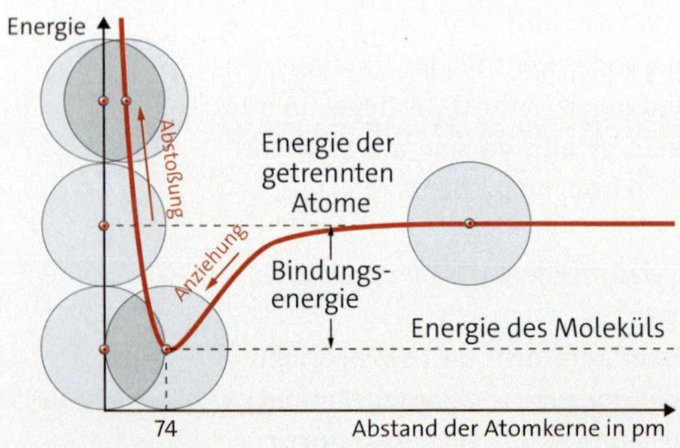

01 Die Energie der Wasserstoff-Atome hängt von ihrem Abstand ab.

1 Zeichnen Sie die zwei mesomeren Grenzformeln des Thiocyanat-Ions SCN^-. Bestimmen Sie die Formalladungen an den Atomen jeder Grenzformel.

2 Zeigen Sie, dass vom Kohlenstoffdioxid-Molekül CO_2 mesomere Grenzformeln existieren.

3 Legt man an eine Kupfersulfatlösung eine elektrische Spannung an, so werden die Cu^{2+}-Ionen am Minuspol entladen, die Sulfat-Ionen dagegen kaum. Begründen Sie, warum sich Sulfat-Ionen schwer entladen lassen.

Methode

M Entwickeln von Lewis-Formeln

AUFGABE Entwickeln Sie die Lewis-Formel des Kohlenstoffdioxid-Moleküls CO_2 und des Carbonat-Ions CO_3^{2-}.

1. Auffinden des Zentralatoms: Häufig steht ein Atom im Molekül in zentraler Position, das entweder die meisten Bindungen eingehen kann oder zu einem möglichst symmetrischen Molekül führt. Je höher die Anzahl noch fehlender Elektronen zum Erreichen einer Edelgaskonfiguration ist, desto mehr Elektronenpaarbindungen kann ein Nichtmetall-Atom ausbilden (8 – N-Regel).
Das Kohlenstoff-Atom kann vier Elektronenpaarbindungen ausbilden (IV. Hauptgruppe: 8 – 4 = 4), das Sauerstoff-Atom zwei (VI. Hauptgruppe: 8 – 6 = 2).
Das Kohlenstoff-Atom ist das Zentralatom im CO_2-Molekül und im CO_3^{2-}-Ion.

2. Bestimmen der bindenden und freien Elektronenpaare:
a) Vorhandene Außenelektronen ermitteln:
Für jedes Atom im Molekül (oder Ion) wird die Anzahl der Außenelektronen gemäß der Stellung des Elements im PSE bestimmt (Hauptgruppennummer = Anzahl Außenelektronen); die Anzahl aller Außenelektronen wird addiert.
Bei *Anionen* wird der Betrag der Ionenladung zur Anzahl der Elektronen addiert, bei *Kationen* entsprechend subtrahiert.
b) Summe der benötigten Außenelektronen ermitteln:
für jedes Atom jeweils 8 Elektronen (Oktett), für H-Atome 2 Elektronen
c) Bindende Elektronen ermitteln:
benötigte Elektronen – vorhandene Elektronen = bindende Elektronen
bindende Elektronenpaare = bindende Elektronen : 2
d) Freie Elektronen ermitteln:
vorhandene Elektronen – bindende Elektronen = freie Elektronen

Molekül/Ion	CO_2	CO_3^{2-}
a) Kohlenstoff-Atom: Sauerstoff-Atome: Betrag der Ionenladung: Summe der vorhandenen Außenelektronen:	$1 \cdot 4\,e^-$ $+2 \cdot 6\,e^-$ / $= 16\,e^-$	$1 \cdot 4\,e^-$ $+3 \cdot 6\,e^-$ $+2\,e^-$ $= 24\,e^-$
b) Summe der benötigten Außenelektronen:	$3 \cdot 8\,e^- = 24\,e^-$	$4 \cdot 8\,e^- = 32\,e^-$
c) bindende Elektronen: bindende Elektronenpaare:	$24 - 16 = 8\,e^-$ 4 Paare	$32 - 24 = 8\,e^-$ 4 Paare
d) freie Elektronen: freie Elektronenpaare:	$16 - 8 = 8\,e^-$ 4 Paare	$24 - 8 = 16\,e^-$ 8 Paare

3. Zuordnen der Elektronenpaare zu den einzelnen Atomen: Um das Zentralatom (C) werden die weiteren Atome symmetrisch angeordnet und durch einfach bindende Elektronenpaare miteinander verknüpft. Wasserstoff-Atome sind immer einbindig und daher endständig.

Weitere bindende Elektronenpaare werden für Doppel- oder Dreifachbindungen verwendet.

Freie Elektronenpaare sind so zu verteilen, dass möglichst alle Atome eine vollbesetzte Außenschale (Edelgaskonfiguration) erreichen.

Die Gesamtanzahl der Außenelektronen und die Anzahl der kovalenten Bindungen wird durch Zählen aller Elektronenpaare überprüft.

4. Ermitteln eventuell vorhandener Formalladungen:
a) Bestimmen der Anzahl der Elektronen je Atom:
Durch formale homolytische (gleichmäßige) Bindungsspaltung ergibt sich jeweils ein Elektron je bindendes Elektronenpaar. Freie Elektronenpaare werden vollständig dem jeweiligen Atom zugeordnet.
b) Vergleichen mit der Anzahl der Elektronen entsprechend der Stellung des Elements im PSE:
Aus der Differenz zwischen der Anzahl der Außenelektronen des Atoms und der in der Lewis-Formel zugeordneten Anzahl an Elektronen wird die Formalladung der Atome im Molekül bestimmt. Die Formalladung der Atome wird über das Symbol des Elements geschrieben. Die Gesamtladung des Teilchens muss mit der Summe der Formalladungen übereinstimmen. Bei Molekülen ist sie null, bei Ionen entspricht sie der Ionenladung.

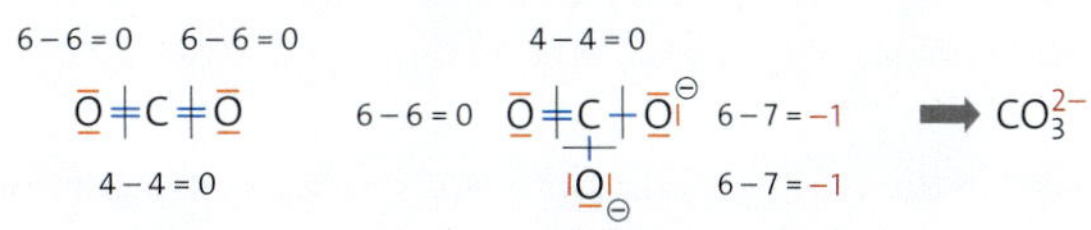

1) Entwickeln Sie schrittweise die Lewis-Formeln für Ammoniak (NH_3), Formaldehyd (H_2CO), Ammonium-Ion (NH_4^+) und Cyanid-Ion (CN^-).

2) Erläutern Sie die 8 – N-Regel für Wasserstoff-Atome.

2.3 Räumlicher Bau von Molekülen – EPA-Modell

Das EPA-Modell basiert auf dem von R. Gillespie und R. Nyholm 1957 entwickelten VSEPR-Modell (engl.: Valence Shell Electron Pair Repulsion).

ELEKTRONENPAARABSTOSSUNGSMODELL Lewis-Formeln geben die Bindungsverhältnisse im Molekül wieder. Sie machen aber keine Aussage über den räumlichen Bau von Molekülen oder Molekül-Ionen wie das Ammonium-Ion NH_4^+. Eigenschaften und Reaktionsverhalten von Stoffen sind jedoch häufig auf die räumliche Struktur der Moleküle zurückzuführen. Diese kann mithilfe des **Elektronenpaarabstoßungsmodells**, kurz: **EPA-Modell,** vorhergesagt werden. Das Modell beruht auf zwei einfachen Annahmen:

1. Alle Außenelektronen der Atome im Molekül beeinflussen den räumlichen Bau. Jedes Elektronenpaar wird in diesem Modell als Elektronenwolke betrachtet.
2. Aufgrund der elektrostatischen Abstoßung ordnen sich die negativ geladenen Elektronenwolken so an, dass der größtmögliche Abstand entsteht. Daraus resultiert der größtmögliche Bindungswinkel zwischen benachbarten Atomen. Freie (nicht bindende) Elektronenpaare benötigen im Vergleich zu bindenden Elektronenpaaren mehr Raum, da sie eine größere elektrostatische Abstoßung aufweisen.

STRUKTUR DES METHAN-MOLEKÜLS Im Methan-Molekül CH_4 sind die vier Wasserstoff-Atome mit dem zentralen Kohlenstoff-Atom über jeweils ein Elektronenpaar verbunden (↑ **01**). Die räumliche Struktur ergibt sich aufgrund der gegenseitigen Abstoßung der vier *bindenden Elektronenpaare*. Die Elektronenwolken sind in die vier Ecken eines Tetraeders gerichtet. Der daraus resultierende **Tetraederwinkel von 109,5°** konnte für alle H–C–H-Bindungswinkel experimentell bestätigt werden.

STRUKTUR DES AMMONIAK-MOLEKÜLS Beim Ammoniak-Molekül NH_3 ist das zentrale Stickstoff-Atom über drei Elektronenpaarbindungen mit jeweils einem Wasserstoff-Atom verbunden (↑ **01**). Zudem besitzt das Stickstoff-Atom noch ein *freies Elektronenpaar*. Mit vier Elektronenwolken ergibt sich daher auch für das Ammoniak-Molekül eine tetraedrische Struktur. Allerdings werden aufgrund des größeren Raumbedarfs für das freie Elektronenpaar die Elektronenwolken der N–H-Bindung näher zueinander gedrückt. Die H–N–H-Bindungen sind im Vergleich zum Methan-Molekül etwas gestaucht, ihr Bindungswinkel beträgt 107°.

STRUKTUR DES WASSER-MOLEKÜLS Das Wasser-Molekül H_2O weist ebenfalls vier Elektronenwolken auf, davon zwei bindende zwischen dem zentralen Sauerstoff- und je einem Wasserstoff-Atom sowie zwei freie Elektronenpaare am Sauerstoff-Atom. Daraus ergibt sich die gewinkelte Struktur des Wasser-Moleküls, auf der die besonderen Eigenschaften wie der Dipolcharakter beruhen. Wegen des größeren Raumbedarfs der freien Elektronenpaare ist der H–O–H-Bindungswinkel mit 104,5° deutlich kleiner als der Tetraederwinkel im Methan-Molekül und auch kleiner als beim Ammoniak-Molekül (↑ **01**).

Nach dem Elektronenpaarabstoßungsmodell nehmen bindende und freie Elektronenpaare den größtmöglichen Abstand zueinander ein. Daraus kann die räumliche Struktur von Molekülen abgeleitet werden.

STRUKTUR DES METHANOL-MOLEKÜLS Im Methanol-Molekül ist ein Wasserstoff-Atom durch eine O–H-Gruppe ersetzt. Sowohl das Kohlenstoff- als auch das Sauerstoff-Atom können als zentrales Atom betrachtet werden. Am Kohlenstoff-Atom liegen vier bindende Elektronenwolken vor, daher ergibt sich hier eine tetraedrische Grundstruktur. Das Sauerstoff-Atom weist insgesamt zwei Bindungen – eine zum Kohlenstoff- und eine zum Wasserstoff-Atom – sowie zwei freie Elektronenpaare auf. Daraus ergibt sich wie beim Wasser-Molekül auch hier eine gewinkelte Struktur.

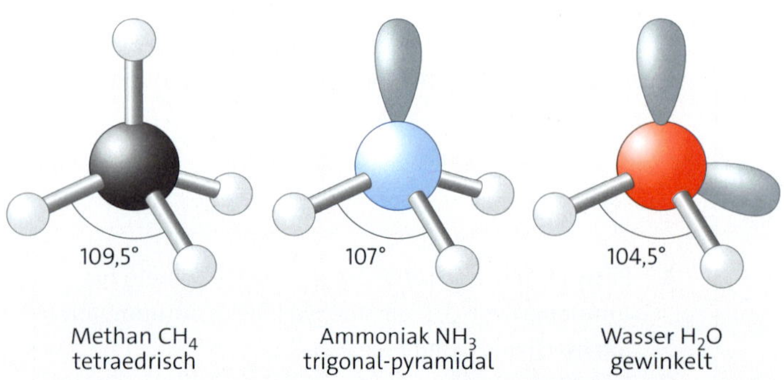

01 Einfluss der freien Elektronenpaare auf die Molekülstruktur

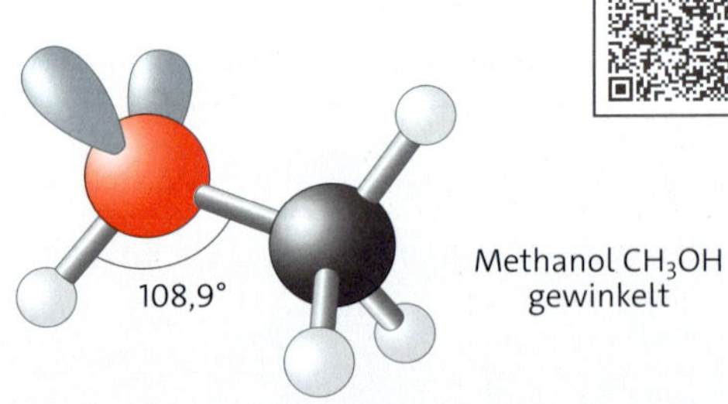

02 Molekülstruktur von Methanol

Die C–O–H-Bindung weist einen Bindungswinkel von 108,9° auf, ist also durch die freien Elektronenpaare etwas kleiner als der Tetraederwinkel.

MOLEKÜLE MIT MEHRFACHBINDUNGEN Das EPA-Modell behandelt Mehrfachbindungen prinzipiell wie Einfachbindungen, indem es die Elektronenpaare einer Mehrfachbindung zu einer einzigen Elektronenwolke zusammenfasst. Im Ethen-Molekül sind zwei Kohlenstoff-Atome über eine Doppelbindung verbunden. Außerdem gehen von jedem der Kohlenstoff-Atome zwei Einfachbindungen zu Wasserstoff-Atomen aus. Damit liegen an jedem Kohlenstoff-Atom drei Elektronenwolken vor, sodass sich eine trigonal-planare Struktur ergibt. Die Doppelbindung benötigt allerdings mehr Raum als die Einfachbindung, sodass der H–C–H-Bindungswinkel etwas kleiner als 120° ist.

1 › Beschreiben Sie die räumliche Struktur des Ethan-Moleküls mithilfe des EPA-Modells.

M Molekülstrukturen erkennen

AUFGABE **Begründen Sie die räumlichen Strukturen des Wasser- und des Ethen-Moleküls mithilfe des EPA-Modells.**

1. Lewis-Formel (Valenzstrichformel) des Moleküls mit allen Elektronenpaaren zeichnen.

H_2O 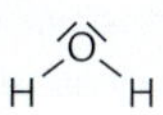 C_2H_4 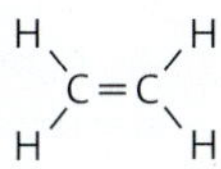

2. Anzahl bindender und freier Elektronenpaare am Zentralatom bestimmen. Mehrfachbindungen zählen wie Einfachbindungen.
   H_2O: 4 Elektronenpaare (davon 2 freie Elektronenpaare)
   C_2H_4: Jedes C-Atom wird einzeln betrachtet ⇒ je 3 bindende Elektronenpaare an jedem Kohlenstoff-Atom
3. Elektronenpaare im Raum so anordnen, dass sie möglichst weit voneinander entfernt sind (↑ Tabelle).
   a) Atome oder Atomgruppen sowie freie Elektronenpaare „besetzen" die Ecken der Raumstruktur.
   C_2H_4: Zwei Wasserstoff-Atome weisen in die Ecken eines Dreiecks, die jeweils dritte Ecke wird von einem Kohlenstoff-Atom besetzt. Es ergibt sich eine planare, trigonale Struktur.

C_2H_4 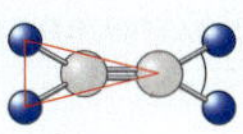

   b) Freie Elektronenpaare benötigen mehr Raum als bindende Elektronenpaare.
   H_2O: Die beiden bindenden und die beiden freien Elektronenpaare am zentralen Sauerstoff-Atom ordnen sich tetraedrisch an, um den größtmöglichen Abstand zueinander einzunehmen. Das Molekül ist gewinkelt gebaut. Da die freien Elektronenpaare am Sauerstoff-Atom mehr Raum beanspruchen als die beiden Einfachbindungen, ist der H–O–H-Bindungswinkel mit 104,5° etwas kleiner als der Tetraederwinkel.

H_2O 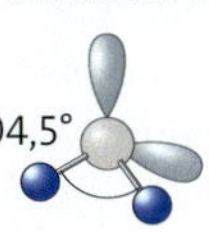

4. Anzahl der Elektronenpaarbindungen beachten.
   In Molekülen mit Atomen ab der 3. Periode können auch mehr als 4 Elektronenpaare auftreten: Die 6 Elektronenpaare des SF_6-Moleküls führen zu einer oktaedrischen Anordnung.

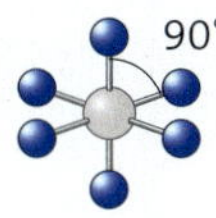

1 › Ermitteln Sie die Struktur des Ethin-Moleküls C_2H_2.

2 › Begründen Sie den gewinkelten Bau des Ozon-Moleküls.

Beispiele			Raumstruktur
CO_2	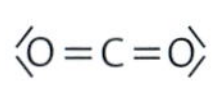	2 Elektronenpaare	 linear, 180°
BF_3	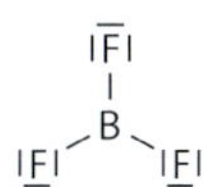	3 Elektronenpaare	 trigonal-planar, 120°
CH_4	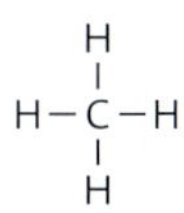	4 Elektronenpaare	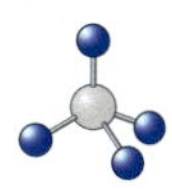 tetraedrisch, 109,5°
NH_3	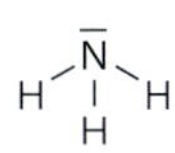	4 Elektronenpaare	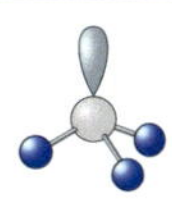 trigonal-pyramidal, 107,8°
H_2O	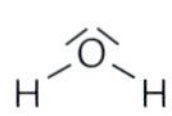	4 Elektronenpaare	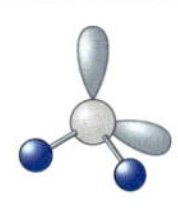 gewinkelt, 104,5°
SF_6	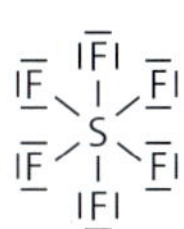	6 Elektronenpaare	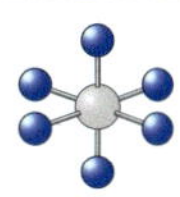 oktaedrisch, 90°

2.4 Dipolmoleküle

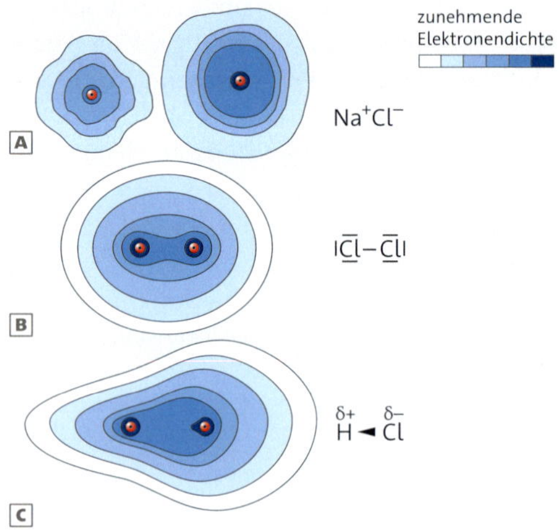

01 Elektronendichteverteilung in **A** Natriumchlorid sowie in den Molekülen von **B** Chlor und **C** Chlorwasserstoff

ELEKTRONENDICHTEVERTEILUNG Vergleicht man die Elektronendichte der Ionenverbindung Natriumchlorid mit der des aus Molekülen aufgebauten Chlors, so wird deutlich, dass sich die geringste Elektronendichte zwischen den isolierten Ionen befindet (↑ **01A**). Im Chlor-Molekül ist dagegen die Elektronendichte zwischen beiden Atomkernen hoch. In diesem Bereich teilen sich beide Chlor-Atome das bindende Elektronenpaar (↑ **01B**). Diese Beispiele zeigen **Grenztypen der chemischen Bindung** auf, nämlich die der Ionenbindung, wie sie bei Salzen vorkommt, und die Elektronenpaarbindung. Bei vielen Verbindungen liegen die tatsächlichen Bindungsverhältnisse zwischen diesen Grenztypen.

Info: Bindungsdreieck

Periode		Hauptgruppe							
		I	II	III	IV	V	VI	VII	VIII
	1	H 2,2							He
	2	Li 1,0	Be 1,6	B 2,0	C 2,6	N 3,0	O 3,4	F 4,0	Ne
	3	Na 0,9	Mg 1,3	Al 1,6	Si 1,9	P 2,2	S 2,6	Cl 3,2	Ar
	4	K 0,8	Ca 1,0	Ga 1,8	Ge 2,0	As 2,2	Se 2,6	Br 3,0	Kr
	5	Rb 0,8	Sr 0,9	In 1,8	Sn 2,0	Sb 2,1	Te 2,1	I 2,7	Xe
	6	Cs 0,8	Ba 0,9	Tl 2,0	Pb 2,3	Bi 2,0	Po 2,0	At 2,2	Rn
	7	Fr 0,7	Ra 0,9						

02 Elektronegativitätsskala nach PAULING

POLARE ELEKTRONENPAARBINDUNG Die Ladung eines bindenden Elektronenpaars ist symmetrisch verteilt, wenn eine Bindung aus zwei gleichartigen Atomen besteht, so wie beim Chlor-, Wasserstoff- oder Sauerstoff-Molekül. Eine solche Bindung ist **unpolar**, weil die Schwerpunkte der negativen und positiven Ladung jeweils zusammenfallen (↑ **01B**). Dagegen ist bei Bindungen zwischen zwei unterschiedlichen Atomen die Ladungsverteilung nicht symmetrisch (↑ **01C**). Einer der beiden Bindungspartner zieht das gemeinsame Elektronenpaar stärker an, weil unterschiedlich starke Kräfte von beiden an der Bindung beteiligten Atomen auf das gemeinsame Elektronenpaar wirken. So entsteht eine **polare Elektronenpaarbindung (polare Atombindung)**.

ELEKTRONEGATIVITÄT Die Polarität einer Bindung hängt von der jeweiligen Ladung der Atomkerne und der Länge der Bindung ab. Allgemein gilt: Je höher die Kernladung und je kleiner ein Atom ist, desto stärker ist die anziehende Kraft auf das gemeinsame Elektronenpaar.
Um die Ladungsverteilung in einer polaren Bindung abschätzen zu können, hat LINUS PAULING 1932 den Begriff der **Elektronegativität** (kurz: EN) eingeführt. Sie beschreibt die Fähigkeit eines Atoms, Elektronen innerhalb einer Elektronenpaarbindung an sich zu ziehen. Die Elektronegativität ist nicht messbar und wird als dimensionslose Zahl angegeben. Fluor als elektronegativstes Element wird der Wert EN = 4,0 zugeordnet. Francium erhält den Wert EN = 0,7 (↑ **02**). Die Elektronegativität ändert sich in den Perioden und Gruppen des PSE in charakteristischer Weise.

Die Elektronegativität ist ein Maß für die Fähigkeit eines Atoms, Bindungselektronen anzuziehen.

DIPOLMOLEKÜLE Beim Chlorwasserstoff-Molekül sind die Bindungselektronen zwischen den beiden Bindungspartnern nicht gleich verteilt (↑ **01C**). Das elektronegativere Chlor-Atom mit EN = 3,2 zieht die Bindungselektronen zu sich heran. Durch die Verschiebung des Elektronenpaars tritt am Chlor-Atom eine **negative Teilladung δ–** auf. Das Wasserstoff-Atom mit EN = 2,2 erhält eine **positive Teilladung δ+**. Teilladungen heißen auch **Partialladungen** und sind schwächer als Elementarladungen, die zwischen Ionen auftreten. Ein Molekül, das zwei räumlich getrennte Ladungsschwerpunkte aufweist, heißt **Dipolmolekül**. Die **Ladungsverschiebung** kann man in der Lewis-Formel durch einen Keil darstellen (H◄Cl).

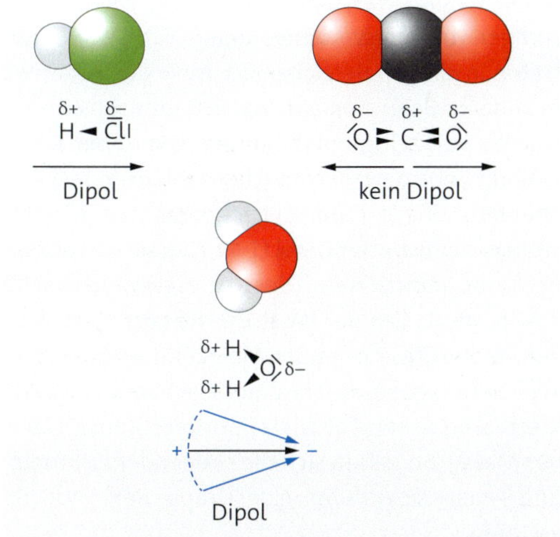

03 Ladungsverteilung in Molekülen

Der Übergang zwischen einer polaren Elektronenpaarbindung und einer Ionenbindung ist fließend. Er lässt sich jedoch anhand der Elektronegativitätsdifferenz ΔEN zwischen den Bindungspartnern abschätzen. Je größer der Wert von ΔEN, desto polarer ist die Bindung. Ab etwa ΔEN ≥ 1,8 liegt eine Ionenbindung vor.

> **Elektronenpaarbindungen zwischen Atomen mit unterschiedlicher Elektronegativität sind polar. Dipolmoleküle haben einen positiven und einen negativen Ladungsschwerpunkt.**

MOLEKÜLE MIT MEHREREN POLAREN BINDUNGEN Das Wasser-Molekül besitzt aufgrund der Elektronegativitätsdifferenz zwischen dem Wasserstoff- und dem Sauerstoff-Atom (ΔEN = 1,2) zwei polare O–H-Bindungen. Beide Wasserstoff-Atome tragen jeweils eine positive Teilladung δ+, das Sauerstoff-Atom besitzt eine negative Teilladung δ–. Doch ist das Wasser-Molekül auch ein Dipol? Entscheidend ist die Molekülgeometrie: Der Schwerpunkt der beiden positiven Teilladungen befindet sich zwischen den beiden Wasserstoff-Atomen im gewinkelt gebauten Wasser-Molekül. Der negative Ladungsschwerpunkt liegt beim Sauerstoff-Atom. Positiver und negativer Ladungsschwerpunkt fallen also nicht zusammen, sodass das Wasser-Molekül ein Dipolmolekül ist (↑ **03**). Dipolmoleküle üben aufgrund ihrer Teilladungen Kräfte aufeinander aus. In einem von außen einwirkenden elektrostatischen Feld (↑ Exp. 2.01) können sich Dipolmoleküle aufgrund von anziehenden und abstoßenden Kräften ausrichten (↑ **04**).

P EXP 2.01 Strahlablenkung bei Wasser und Heptan

2 7 8 9

Materialien Bürette, Kunststoffstab, Wasser, Heptan

Durchführung Aus einer Bürette lässt man jeweils einen dünnen Strahl der beiden Flüssigkeiten laufen, während ein durch Reibung elektrostatisch aufgeladener Kunststoffstab angenähert wird. *Entsorgung:* Heptanreste (2, 7, 8, 9) in den Sammelbehälter für halogenfreie organische Abfälle geben.

Auswertung Vergleichen und deuten Sie die jeweiligen Beobachtungen.

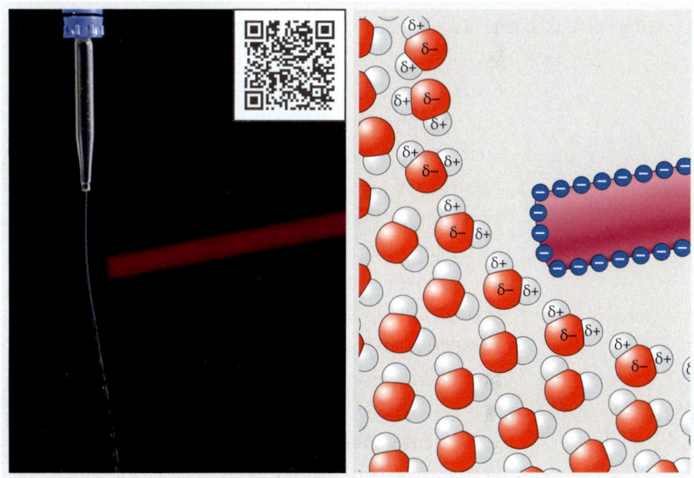

04 Wasser fließt in der Nähe eines elektrostatisch aufgeladenen Stabs.

Moleküle mit mehreren polaren Elektronenpaarbindungen sind jedoch nicht in jedem Fall Dipole. Beim symmetrisch gebauten Kohlenstoffdioxid-Molekül fallen die Ladungsschwerpunkte der beiden Teilladungen in der Mitte des Moleküls zusammen. Das Kohlenstoffdioxid-Molekül ist trotz seiner polaren Elektronenpaarbindungen kein Dipol (↑ **03**).

1 › Erläutern Sie anhand von Lewis-Formeln, warum die Moleküle von Wasserstoff, Chlor und Ethan unpolar sind.

2 › Zeichnen Sie die Lewis-Formeln von Brom, Bromwasserstoff und Ammoniak. Kennzeichnen Sie Partialladungen und mögliche Dipolmoleküle.

3 › Begründen Sie, ob es sich bei den Molekülen von Kohlenstoffdioxid und Schwefelwasserstoff um Dipolmoleküle handelt.

4 › Erläutern Sie, was passiert, wenn im Experiment ↑ 2.01 ein positiv geladener Kunststoffstab verwendet wird.

2.5 Zwischenmolekulare Wechselwirkungen

Fluor	Chlor	Brom	Iod
			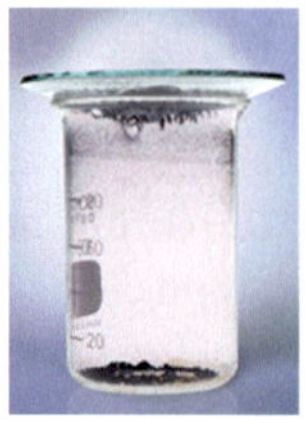
Siedetemperatur ϑ_V in °C			
−188	−34	59	184
Molare Masse M in $g \cdot mol^{-1}$			
38	70	160	254

01 Einige Eigenschaften der Halogene

Struktur und Eigenschaften der Stoffe werden nicht nur durch ihre jeweilige chemische Bindung bestimmt, sondern auch von Anziehungskräften beeinflusst, die zwischen den Teilchen wirken: den **zwischenmolekularen Wechselwirkungen**.
Im Gegensatz zu Kräften, die *innerhalb eines* Moleküls wirken – den **intramolekularen** Anziehungskräften – spricht man bei Anziehungskräften *zwischen verschiedenen* Teilchen auch von **intermolekularen** Anziehungskräften.

Video: Geckos nutzen Van-der-Waals-Kräfte, um auf senkrechten Flächen klettern zu können.

VAN-DER-WAALS-KRÄFTE In der 7. Periode im Periodensystem findet sich die Stoffgruppe der *Halogene*. Innerhalb der Reihe der Halogene steigen die Schmelz- und Siedetemperaturen kontinuierlich an: Fluor und Chlor sind Gase, Brom ist flüssig und Iod ist ein Feststoff (↑ **01**). Die Ursache für die unterschiedlichen Aggregatzustände liegt in den zwischen den Molekülen dieser Stoffe wirkenden Anziehungskräften. Dies ist erstaunlich, handelt es sich doch um unpolare Moleküle. Tatsächlich ist die Ladungsverteilung in solchen Molekülen nicht jederzeit völlig gleichmäßig. Die Elektronen des Moleküls sind in ständiger Bewegung, was zu kurzzeitigen Ladungsverschiebungen führt: Spontan treten in einigen Bereichen des Moleküls negative, in anderen Bereichen positive Teilladungen auf. Ein solcher kurzzeitig entstandener, **spontaner Dipol** bewirkt (induziert) in einem benachbarten Teilchen ebenfalls eine Ladungsverschiebung. Dadurch entsteht ein **induzierter Dipol** (↑ **02**). Zwischen spontanem und induziertem Dipol herrschen schwache Kräfte, die als **Van-der-Waals-Kräfte** bezeichnet werden. Moleküle mit großer Molekülmasse besitzen viele verschiebbare Elektronen. Die Van-der-Waals-Kräfte sind daher größer als bei Molekülen mit kleiner Masse. So lassen sich die steigenden Schmelz- und Siedetemperaturen in der Gruppe der Halogene erklären.

Van-der-Waals-Kräfte sind schwache Anziehungskräfte zwischen spontanen und induzierten Dipolen.

DIPOL-DIPOL-KRÄFTE Die Siedetemperatur des aus Dipolmolekülen aufgebauten Chlorwasserstoffs HCl liegt mit ϑ_V = −85 °C deutlich höher als die des Fluors mit ϑ_V = −188 °C. Sowohl Fluor- als auch Chlorwasserstoff-Moleküle besitzen 18 Elektronen. Im Fluor sind nur Van-der-Waals-Kräfte zwischen den unpolaren Molekülen wirksam. Bei dem aus polaren Molekülen aufgebauten Chlorwasserstoff wirken zusätzlich elektrostatische Anziehungskräfte aufgrund der räumlich getrennten Ladungsschwerpunkte in den permanenten Dipolen. Diese relativ starken **Dipol-Dipol-Kräfte** sorgen für den deutlichen Anstieg der Siedetemperatur im Vergleich zu unpolaren Molekülen.

1 › Erläutern Sie die Tatsache, dass Helium mit −269 °C eine um 17 K niedrigere Siedetemperatur als das leichteste Element Wasserstoff hat.

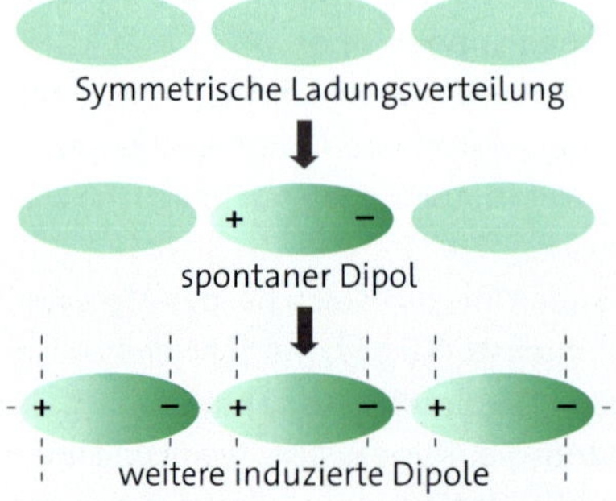

02 Induzierte Dipole – Van-der-Waals-Kräfte

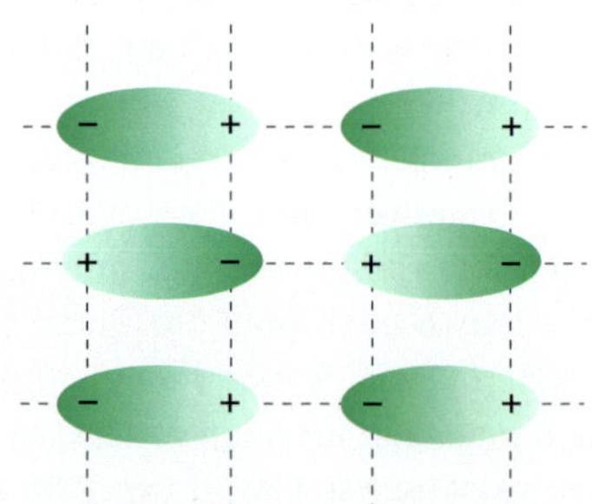

03 Dipol-Dipol-Kräfte

Wasserstoffbrückenbindungen

Der Anstieg der Siedetemperaturen der Wasserstoffverbindungen der Elemente der VI. Hauptgruppe lässt sich grundsätzlich dadurch erklären, dass die Van-der-Waals-Kräfte von Schwefelwasserstoff (H_2S) über Selenwasserstoff (H_2Se) zu Tellurwasserstoff (H_2Te) mit steigender molarer Masse größer werden (↑ **04**). Warum aber liegt Wasser (H_2O) bereits bei Raumtemperatur flüssig vor? Neben den Van-der-Waals-Kräften wirken zusätzlich starke **Wasserstoffbrückenbindungen** zwischen den Molekülen. Sie erklären die mit 100 °C ungewöhnlich hohe Siedetemperatur von Wasser.

Wasserstoffbrückenbindungen bilden sich zwischen Molekülen aus, in denen ein Wasserstoff-Atom mit einem stark elektronegativen Atom mit freiem Elektronenpaar verbunden ist. Solche Atome sind N-, O- oder F-Atome. Die Bindung beruht auf elektrostatischen Anziehungskräften zwischen dem Dipol und dem freien Elektronenpaar des elektronegativen Atoms im Nachbarmolekül. So tritt beispielsweise das stark positiv polarisierte Wasserstoff-Atom eines Wasser-Moleküls mit dem freien Elektronenpaar des Sauerstoff-Atoms eines benachbarten Wasser-Moleküls in Wechselwirkung. Ähnlich wie Elektronenpaarbindungen sind auch Wasserstoffbrückenbindungen gerichtet. Sie werden als gestrichelte Linien dargestellt.

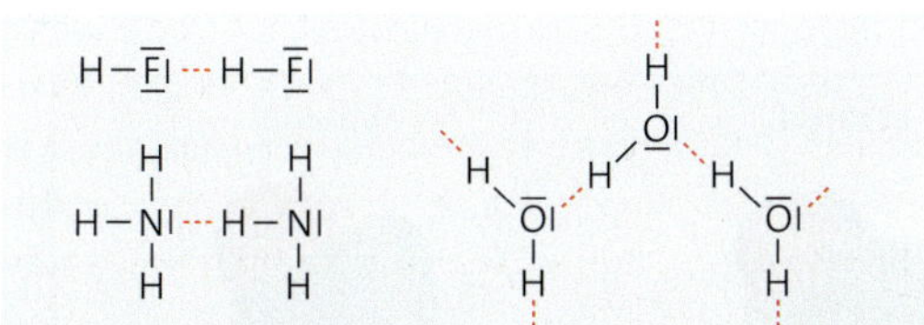

Wasserstoffbrückenbindungen bilden sich zwischen positiv polarisierten Wasserstoff-Atomen und freien Elektronenpaaren stark elektronegativer Atome (N, O oder F).

EIS UND FLÜSSIGES WASSER Wasserstoffbrückenbindungen beeinflussen auch den Bau fester Stoffe. Im Molekülgitter von Eis sind die Wasser-Moleküle mit jeweils vier weiteren Molekülen über Wasserstoffbrückenbindungen verbunden. Sie bilden eine dreidimensionale, netzartige Gitterstruktur mit vielen hexagonalen Hohlräumen (↑ **05**), die zu einer geringeren Dichte des Eises im Vergleich zum flüssigen Wasser führen.
Oberhalb von 0 °C werden die ersten Wasserstoffbrückenbindungen gelöst und die starre Ordnung des Molekülgitters wird langsam aufgebrochen.

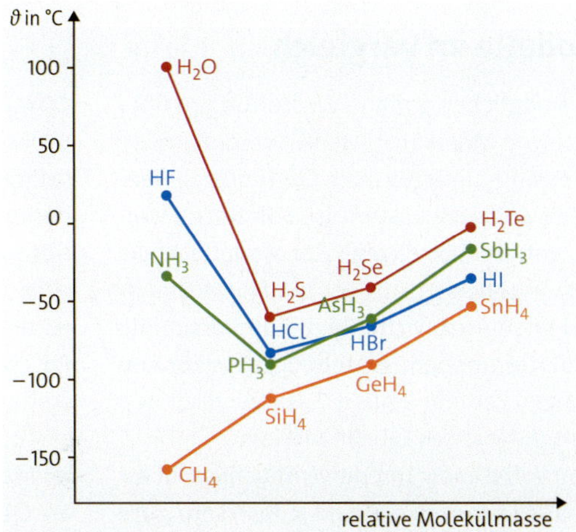

04 Siedetemperaturen der Wasserstoffverbindungen der Elemente der IV. bis VII. Hauptgruppe des PSE

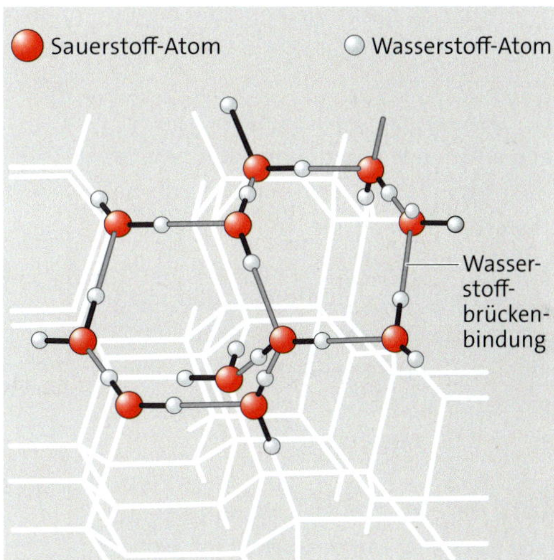

05 Gitterstruktur im Eiskristall

Einzelne Moleküle können in Zwischenräume des aufgebrochenen Gitters eindringen. Darum nimmt während des Schmelzens die Dichte des Wassers stark zu. Bei 4 °C erreicht Wasser seine größte Dichte, da die gesamte Gitterstruktur aufgelöst ist. Nimmt mit weiter steigender Temperatur die Teilchenbewegung zu, so werden weitere Wasserstoffbrückenbindungen gelöst. Der wachsende Abstand zwischen den Molekülen führt zu einer erneuten Abnahme der Dichte des Wassers.

1 Erläutern Sie die unterschiedlichen Siedetemperaturen von CH_4, NH_3, HF und H_2O im Vergleich zu SiH_4, PH_3, HCl und H_2S (↑ **04**).

2 Begründen Sie die höheren Schmelz- und Siedetemperaturen von Ethanol, Ethansäure und Ethylamin im Vergleich zu Ethan.

Molekülmodelle im Vergleich

Molekülmodelle ermöglichen genaue Vorstellungen über den räumlichen Bau von Molekülen. Heute werden neben den klassischen Molekülbaukästen auch Computeranwendungen wie beispielsweise die kostenlose Software „MolView" verwendet. Zentraler Vorteil digitaler Modelle ist die Vielfalt der Darstellungsweisen. Aus der zweidimensionalen Strukturformel lassen sich virtuelle dreidimensionale Kugel-Stab- und Kalottenmodelle erstellen. Diese können in beliebige Richtungen gedrehtwerden. Zusätzlich können weitere Eigenschaften veranschaulicht werden.
Kein Modell stimmt vollständig mit der Wirklichkeit überein, alle Modelle haben Grenzen. Sie sind jedoch sehr gute Hilfsmittel, um chemische Sachverhalte zu veranschaulichen. Molekülmodelle können nicht mit dem „Original" verglichen werden, da die Atome, aus denen Moleküle aufgebaut sind, nicht sichtbar gemacht werden können. Es sind Denkmodelle.

KALOTTENMODELL Das Kalottenmodell eignet sich besonders gut, um die raumerfüllende Anordnung der Atome in einem Molekül zu veranschaulichen. Durch unterschiedliche Durchmesser der Kalotten können die Verhältnisse der Atomgrößen maßstabgetreu dargestellt werden (↑ **01**, oben). Bindungsachsen zwischen den Atomen sind nicht sichtbar, wohl aber die Bindungswinkel im Molekül. Unterschiedliche Farben für die Atomarten erleichtern den Überblick. Üblicherweise nutzt man Rot für Sauerstoff-,Schwarz für Kohlenstoff- und Weiß für Wasserstoff-Atome.

KUGEL-STAB-MODELL Bei diesem Modell werden die Atome als Kugeln unterschiedlicher Farben abgebildet, wobei eine Farbe auch hier immer für dasselbe Element steht. Die Stäbchen stellen die Bindungen zwischen den Atomen dar (↑ **01**, unten). So wird die Geometrie der Molekülstruktur gut erkennbar – allerdings weniger gut die raumerfüllende Verteilung der Atome.

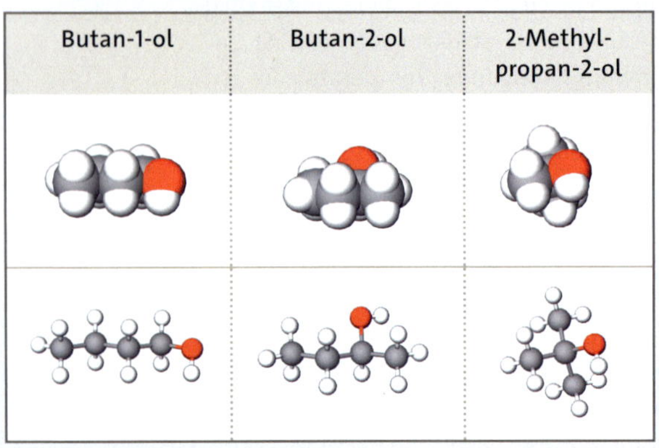

01 Molekülmodelle isomerer Butanole im Vergleich

COMPUTERMODELLE Eine besondere Stärke der Computermodelle zeigt sich, wenn zusätzliche Werkzeuge eingesetzt werden, mit denen sich beispielsweise die **elektrische Potenzialoberfläche** (engl. *Molecular Electrostatic Potential Surface*, kurz: **MEP-Surface**) im Molekül veranschaulichen lässt. Grundlage ist die Berechnung der Elektronenverteilung im Molekül. Aus dieser kann die elektrische Potenzialoberfläche ermittelt werden, die farbig dargestellt wird. In der Anwendung MolView z. B. stellt man zuerst das Molekül im Kugel-Stab-Modell dar und klickt dann im Menü unter „Jmol" die Auswahl „MEP Surface lucent" an. Oberflächenbereiche mit negativer Ladung werden in Rot, solche mit positiver Ladung in Blau und neutrale in Grün dargestellt (↑ **02**).
Vergleicht man Strukturmodelle und deren elektrische Potenzialoberflächen verschiedener Moleküle wie Ethanol, Ethanal, Ethansäure und Ethansäuremethylester, so wird die unterschiedliche Polarität der Moleküle deutlich (↑ **03**).

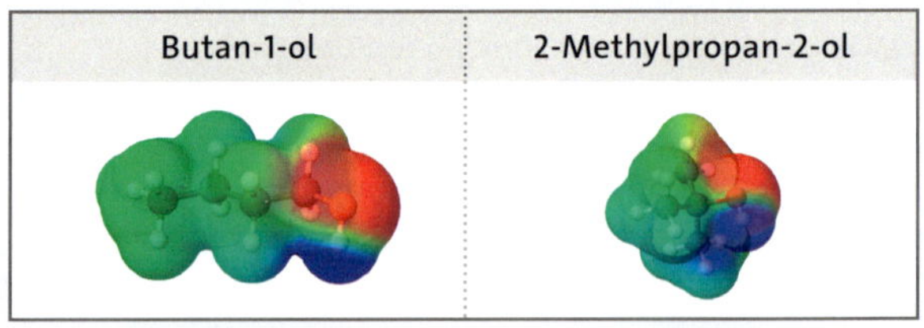

02 Elektrische Potenzialoberflächen isomerer Butanole

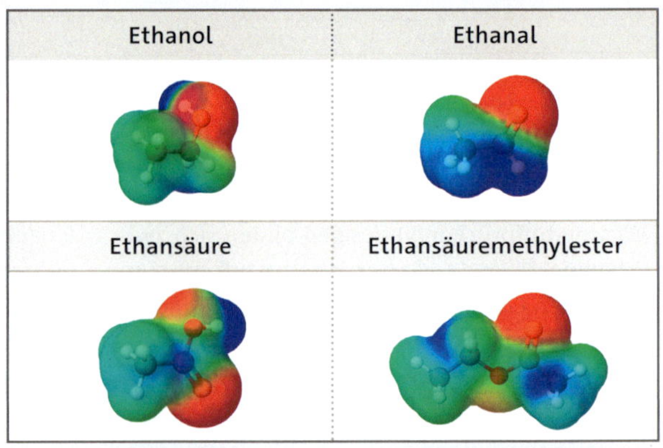

03 Elektrische Potenzialoberflächen für die Oxidationsreihe vom Ethanol zur Ethansäure sowie Ethansäuremethylester

1) Erstellen Sie verschiedene Molekülmodelle von Methansäure und Propansäure. Stellen Sie die elektrische Potenzialoberfläche mit einem Computerprogramm dar und erläutern Sie dieses Modell.

Molekülmodelliersoftware *MolView*

Übersicht: Wichtige funktionelle Gruppen

Stoffklasse	**Halbstrukturformel mit funktioneller Gruppe** R: unpolare Alkylgruppe	**Name der funktionellen Gruppe**	**Strukturmerkmale der funktionellen Gruppe**	**Elektrische Potenzialoberfläche** Farbcodierung der Oberflächenbereiche: rot: negative Ladung, blau: positive Ladung, grün: neutral
Alkene, Alkine	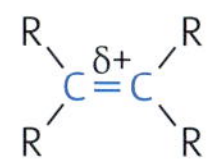 	Mehrfachbindung (Doppelbindung/ Dreifachbindung)	zwei Kohlenstoff-Atome sind durch mehrere gemeinsame Elektronenpaare verbunden; erhöhte Elektronendichte zwischen den Kohlenstoff-Atomen (Nucleophil)	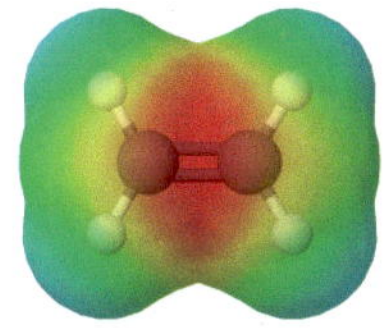
Alkanole (Alkohole)	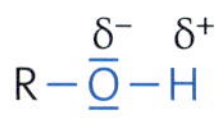	Hydroxygruppe	polare Hydroxygruppe; intramolekulare Wasserstoffbrückenbindungen möglich	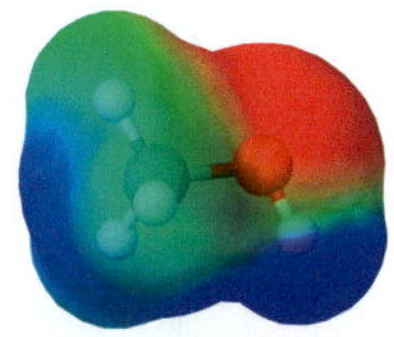
Alkanale (Aldehde)	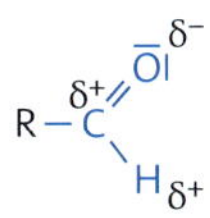	Aldehydgruppe	stark polare Aldehydgruppe; keine intermolekularen Wasserstoffbrückenbindungen möglich	
Alkanone (Ketone)	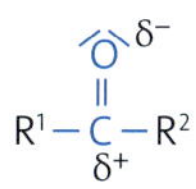	Ketogruppe	polare Carbonylgruppe; keine intermolekularen Wasserstoffbrückenbindungen möglich	
Carbonsäuren	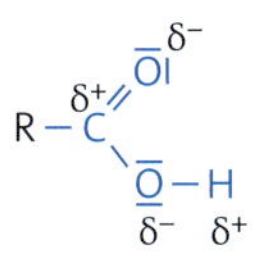	Carboxygruppe	polare Carboxygruppe; bilden Dimere: Carbonsäure-Doppelmoleküle mit intermolekularen Wasserstoffbrückenbindungen	
Carbonsäureester	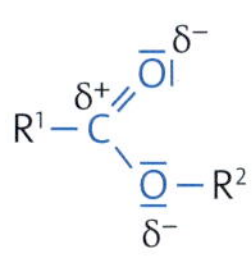	Estergruppe	geringe Polarität der Estergruppe; Carbonsäureester-Moleküle sind schwache Dipole; keine intermolekularen Wasserstoffbrückenbindungen möglich	
Ether	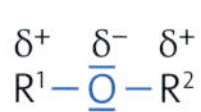	Ethergruppe	geringe Polarität der Ethergruppe; Ether-Moleküle sind Dipole	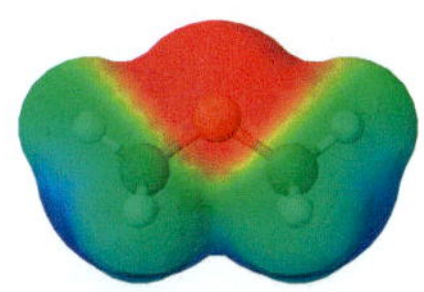
Halogenalkane	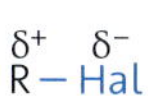 Hal: F, Cl, Br, I	Halogenidgruppe	polare Halogenidgruppe	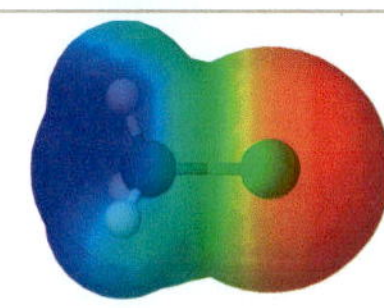

2.6 Struktur und Einteilung der Aminosäuren

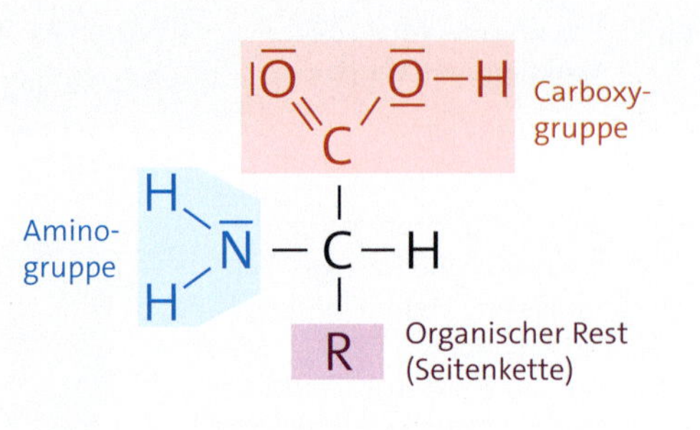

01 Allgemeiner Bau der proteinogenen Aminosäuren

STRUKTUR DER AMINOSÄUREN Die Struktur der Aminosäure-Moleküle leitet sich von der Struktur der Carbonsäure-Moleküle ab. Neben der für Carbonsäure-Moleküle typischen **Carboxygruppe –COOH** weisen sie immer auch eine **Aminogruppe –NH_2** auf, wobei beide funktionelle Gruppen an das zentrale Kohlenstoff-Atom gebunden sind (↑ **01**). Aminosäuren sind also *substituierte Carbonsäuren*, die auch *Aminocarbonsäuren* genannt werden. An der Grundstruktur der Aminosäure-Moleküle erkennt man, dass das zentrale Kohlenstoff-Atom außerdem immer ein Wasserstoff-Atom sowie einen unterschiedlich gestalteten **organischen Rest R**, die **Seitenkette**, trägt (↑ **01**). Da in diesem Rest weitere funktionelle Gruppen gebunden sein können, gibt es auch Aminosäuren mit mehr als einer Carboxy- bzw. Aminogruppe im Molekül.

Alle Aminosäuren unterscheiden sich nur in diesem Rest. Diese Struktur, bei der sich die COOH-Gruppe und die NH_2-Gruppe am selben Kohlenstoff-Atom, dem C–2-Atom, auch α-Kohlenstoff-Atom, befinden, ist für alle biologisch bedeutsamen Aminosäuren gleich. Wegen dieser Bindungsverhältnisse nennt man sie deshalb auch **α-Aminosäuren** oder **2-Aminosäuren.**

Das C–1-Atom ist das C-Atom in der Carboxygruppe.

PROTEINOGENE AMINOSÄUREN Obwohl die beiden funktionellen Gruppen an verschiedenen Kohlenstoff-Atomen im Molekül gebunden sein könnten, sind in der Natur bisher nur α-Aminosäuren gefunden worden. Als **proteinogene** oder **biogene Aminosäuren** werden sie bezeichnet, wenn sie in Lebewesen als Bausteine der Proteine vorkommen. Derzeit sind 22 proteinogene Aminosäuren bekannt (↑ **02**). Allerdings kommen zwei von ihnen, Selenocystein und Pyrrolysin, nur extrem selten vor. Die übrigen 20 Aminosäuren gehören zu den Standardaminosäuren, die im genetischen Code der Lebewesen häufig verschlüsselt sind. Sie werden mit Trivialnamen benannt, die auch von der *IUPAC* zugelassen sind. Für jede dieser 20 Aminosäuren gibt es zudem eine Abkürzung aus drei Buchstaben. Oft sind dies die ersten Buchstaben des Trivialnamens z. B. Gly für Glycin. Acht proteinogene Aminosäuren sind für den Menschen **essenziell**, das bedeutet, dass sie vom Organismus nicht selbst hergestellt werden können. Sie müssen mit der Nahrung aufgenommen werden. Für Kinder und Schwangere sind mit Tyrosin und Cystein noch zwei weitere Aminosäuren essenziell.

IUPAC: International Union of Pure and Applied Chemistry

EINTEILUNG PROTEINOGENER AMINOSÄUREN Die unterschiedliche Struktur der Seitenketten beeinflusst maßgeblich die Eigenschaften der Aminosäuren. Deshalb werden sie in vier Gruppen eingeteilt (↑ **02**):
Neutrale Aminosäuren mit unpolarem Rest: Die Seitenkette der Moleküle besteht nur aus Kohlenstoff- und Wasserstoff-Atomen, z. B. bei Alanin.
Neutrale Aminosäuren mit polarem Rest: Die Seitenkette der Moleküle enthält neben Kohlenstoff- und Wasserstoff-Atomen weitere Atome (S, N, O, Se), z. B. die polare Hydroxygruppe im Serin.
Saure Aminosäuren: Die Seitenkette der Moleküle enthält eine zusätzliche Carboxygruppe, z. B. bei Glutaminsäure. Dadurch reagiert ihre wässrige Lösung sauer.
Basische Aminosäuren: Die Seitenkette der Moleküle enthält eine zusätzliche Aminogruppe, z. B. bei Lysin. Dadurch reagiert die wässrige Lösung alkalisch.

Die Moleküle der α-Aminosäuren weisen am C–2-Kohlenstoff-Atom eine Carboxygruppe und eine Aminogruppe auf und haben außerdem noch ein Wasserstoff-Atom und einen unterschiedlich gestalteten organischen Rest (Seitenkette) gebunden. Die Seitenkette bestimmt die Eigenschaften der Aminosäuren. Nur 22 proteinogene Aminosäuren bauen die Proteine aller Lebewesen auf.

1 ⟩ Definieren Sie die Begriffe α-Aminosäuren, proteinogene und essenzielle Aminosäuren.

2 ⟩ 2-Amino-1,4-butandisäure soll als essenzielle Aminosäure näher bestimmt werden.
a Zeichnen Sie die Strukturformel des Moleküls.
b Ermitteln Sie mithilfe von Bild ↑ **02** den Trivialnamen der Aminosäure.
c Begründen Sie die Gruppenzuordnung der Aminosäure.

3 ⟩ Neben α-Aminosäuren existieren auch β-Aminosäuren und γ-Aminosäuren. Stellen Sie eine Hypothese zur Struktur dieser Aminosäuren auf. Überpüfen Sie Ihre Annahme durch eine Recherche.

Übersicht: Proteinogene Aminosäuren

Neutrale Aminosäuren mit unpolarem Rest

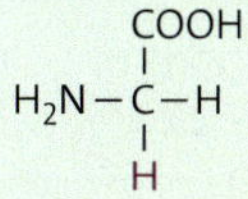

Glycin (Gly) $pH_{iso} = 6{,}06$

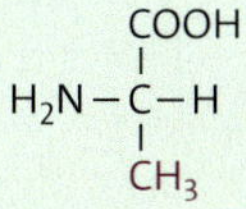

Alanin (Ala) $pH_{iso} = 6{,}11$

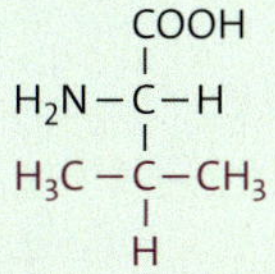

*Valin (Val) $pH_{iso} = 5{,}96$

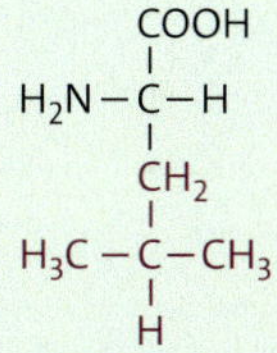

*Leucin (Leu) $pH_{iso} = 6{,}01$

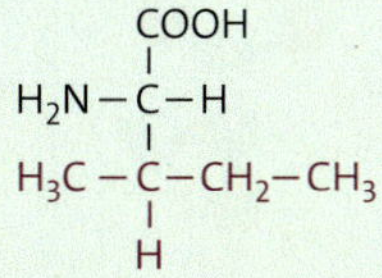

*Isoleucin (Ile) $pH_{iso} = 5{,}94$

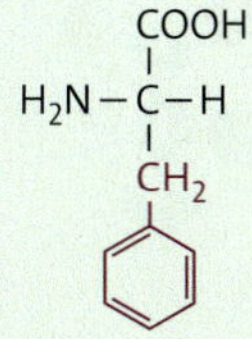

*Phenylalanin (Phe) $pH_{iso} = 5{,}48$

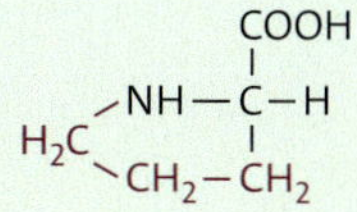

Prolin (Pro) $pH_{iso} = 6{,}30$

Neutrale Aminosäuren mit polarem Rest

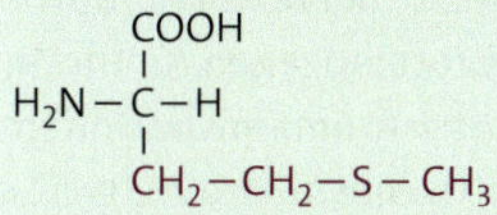

*Methionin (Met) $pH_{iso} = 5{,}72$

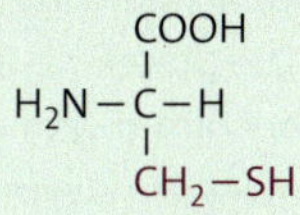

Cystein (Cys) $pH_{iso} = 5{,}02$

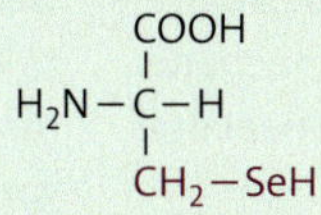

Selenocystein (Sec) pH_{iso} unbekannt

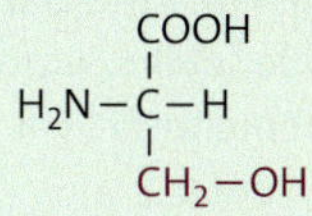

Serin (Ser) $pH_{iso} = 5{,}68$

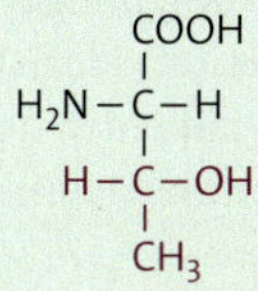

*Threonin (Thr) $pH_{iso} = 5{,}64$

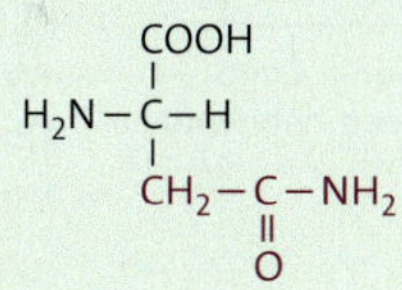

Asparagin (Asn) $pH_{iso} = 5{,}41$

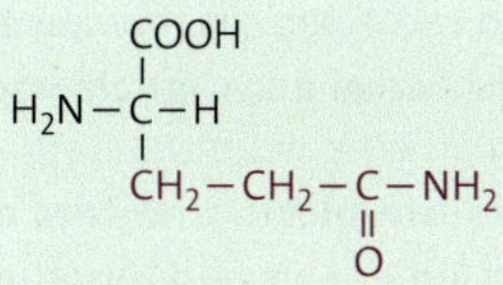

Glutamin (Gln) $pH_{iso} = 5{,}65$

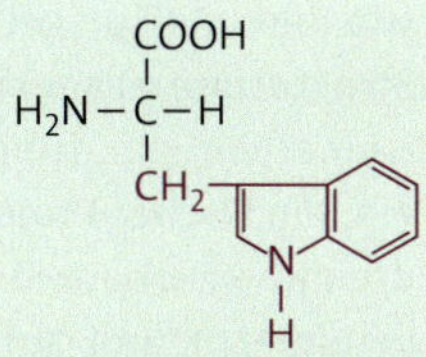

*Tryptophan (Trp) $pH_{iso} = 5{,}88$

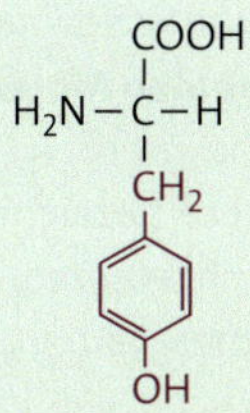

Tyrosin (Tyr) $pH_{iso} = 5{,}66$

Saure Aminosäuren

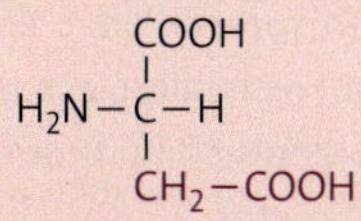

Asparaginsäure (Asp) $pH_{iso} = 2{,}95$

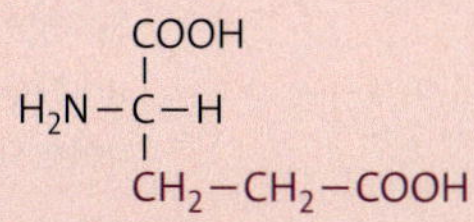

Glutaminsäure (Glu) $pH_{iso} = 3{,}24$

Basische Aminosäuren

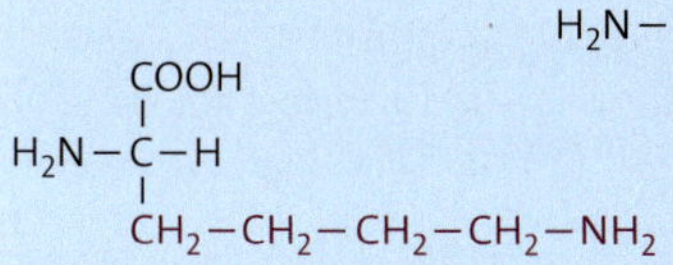

*Lysin (Lys) $pH_{iso} = 9{,}82$

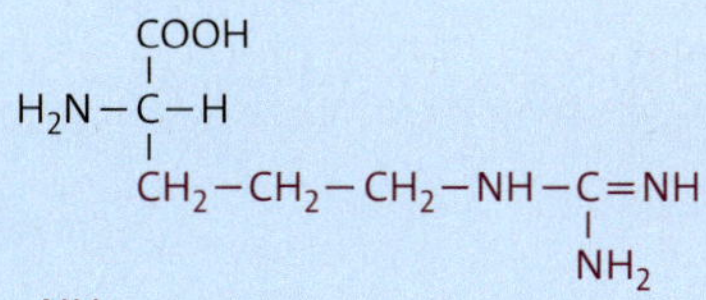

Arginin (Arg) $pH_{iso} = 11{,}15$

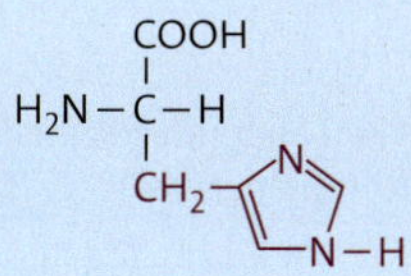

Histidin (His) $pH_{iso} = 7{,}59$

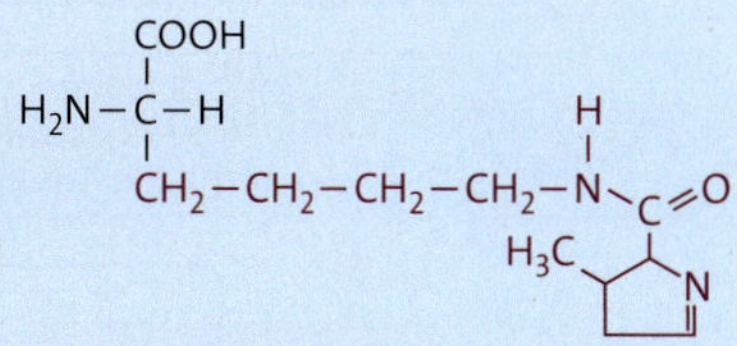

Pyrrolysin (Pyl) pH_{iso} unbekannt

02 Einteilung der 22 proteinogenen Aminosäuren. Unpolarer Rest: nur C- und H-Atome; polarer Rest: zusätzlich S-, O-, N- oder Se-Atome
In Violett: organischer Rest (Seitenkette); pH_{iso} = isoelektrischer Punkt; * essenzielle Aminosäure

2.7 Spiegelbildisomerie LK

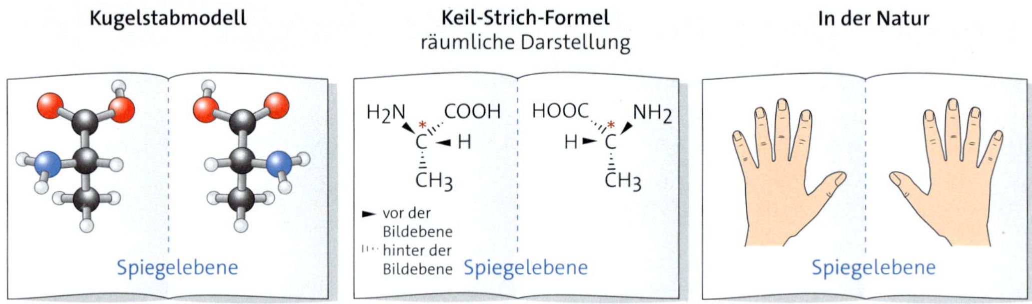

01 Spiegelbildisomere des Alanins

Übung: Chiral – oder nicht chiral?

Optische Aktivität: Fähigkeit eines Stoffes, eine Drehung von polarisiertem Licht auszulösen ↑ S.324

Einige Körper sind spiegelsymmetrisch: So erzeugt eine Schnittebene, die durch den Mittelpunkt einer Kugel geht, zwei identische Hälften, die sich sogar zur Deckung bringen lassen. Eine Hand beispielsweise besitzt jedoch keine solche Symmetrieebene. Dieses Phänomen der fehlenden Symmetrieebene tritt auch bei Molekülen auf.

CHIRALITÄT UND SPIEGELBILDISOMERIE An den Molekülen der Aminosäure Alanin lässt sich erkennen, dass zwei räumlich verschiedene Formen möglich sind, die sich wie **Bild** und **Spiegelbild** verhalten. Weil das Phänomen auch an unserer nicht deckungsgleichen rechten und linken Hände beobachtet werden kann, spricht man von **chiralen Molekülen** (altgriech. *cheir:* Hand). Solche werden als **Spiegelbildisomere** oder **Enantiomere** bezeichnet und können nicht zur Deckung gebracht werden. Sie unterscheiden sich in ihrem räumlichen Bau.

Objekte, die mit ihrem Spiegelbild nicht zur Deckung gebracht werden können, sind chiral. Ein chirales Molekül und sein Spiegelbild heißen Spiegelbildisomere oder Enantiomere.

SPIEGELBILDISOMERE BEI AMINOSÄUREN Spiegelbildisomere treten dann auf, wenn ein Molekül mindestens ein Kohlenstoff-Atom enthält, das mit vier unterschiedlichen Substituenten verknüpft ist (↑ **01**). Die Moleküle der proteinogenen Aminosäuren haben am α-Kohlenstoff-Atom (mit Ausnahme von Glycin) ein asymmetrisches C*-Atom, weil es vier unterschiedliche Substituenten gebunden hat (↑ **01**, S. 39). Dadurch sind die Aminosäuren chiral und zeigen *optische Aktivität*.

Es existieren also von allen Aminosäuren (außer Glycin) zwei unterschiedliche Enantiomere, die sich wie Bild und Spiegelbild verhalten. Da man an der Strukturformel allein nicht erkennen kann, welches Isomer vorliegt, führt man eine neue Darstellung ein, die **Fischer-Projektionsformel**. Damit wird die dreidimensionale Struktur der Spiegelbildisomere vereinfacht und auf die Papierebene übertragen (↑ Methode).

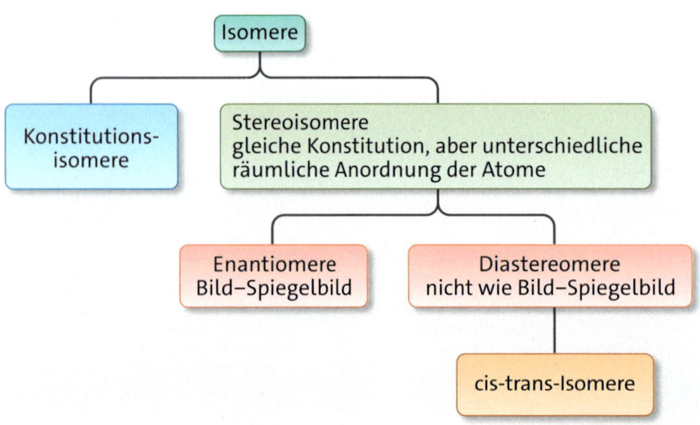

02 Überblick über die Isomeriearten

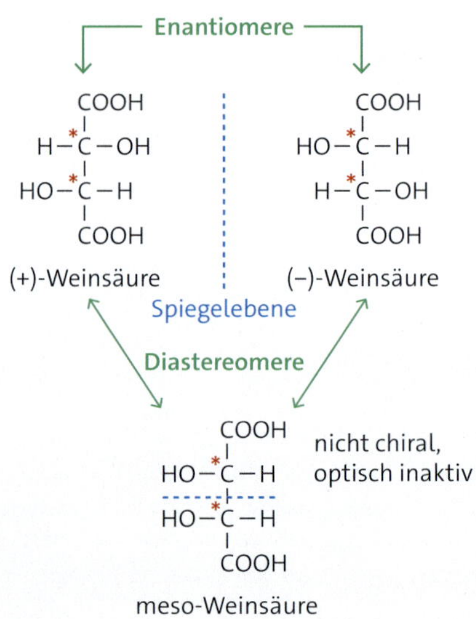

03 Stereoisomere und Diastereomere

Spiegelbildisomere haben den gleichen Namen, werden jedoch durch die vorgesetzten Buchstaben D und L unterschieden, beispielsweise D-Alanin und L-Alanin oder D-Methionin und L-Methionin. Ausschlaggebend bei α-Aminosäuren ist die Stellung der Aminogruppe am C–2-Atom: Bei den α-**L**-Aminosäuren befindet sie sich links (lat. ***l**evos*: links), bei den α-**D**-Aminosäuren rechts (lat. ***d**exter*: rechts).

Enantiomere haben chemisch und physikalisch nahezu identische Eigenschaften. Chiralität als Folge des räumlichen Baus von Molekülen hat jedoch entscheidende Bedeutung für die Funktion des Moleküls in biologischen Systemen: So werden für die Proteinbiosynthese der Lebewesen ausschließlich α-L-Aminosäuren zum Aufbau von Proteinen genutzt.

DIASTEREOMERE Immer dann, wenn in einem Molekül mehr als ein Chiralitätszentrum auftritt, gibt es Stereoisomere, die sich untereinander *nicht wie Bild und Spiegelbild* verhalten. Sie heißen Diastereomere. Ein Beispiel sind die Moleküle der Weinsäure (↑ 03). Es existieren drei Stereoisomere, von denen sich zwei wie Bild und Spiegelbild verhalten, also *Enantiomere* sind. Die meso-Weinsäure besitzt eine Spiegelbildebene im Molekül selbst. Sie ist ein *Diastereomer* zu den anderen beiden Stereoisomeren.

1 › Vergleichen Sie D- und L-Aminosäuren.

2 › Geben Sie an, welche Verbindungen chiral sind: 2-Methylheptan; 3-Methylheptan; 4-Methylheptan; Propan-1,2,3-triol; Propan-1,2-diol.

3 › Stellen Sie die Fischer-Projektionsformeln von D- und L-Milchsäure (2-Hydroxypropansäure) auf.

M › Aufstellen einer Fischer-Projektionsformel

AUFGABE › Stellen Sie die Fischer-Projektionsformel des Alanin-Moleküls auf.

1. Die Kohlenstoffkette mit dem asymmetrisch substituierten Kohlenstoff-Atom C* wird senkrecht angeordnet. Das Kohlenstoff-Atom mit der höchsten Oxidationszahl steht oben.
   Die Carboxygruppe –COOH steht oben, die Methylgruppe $-CH_3$ unten.

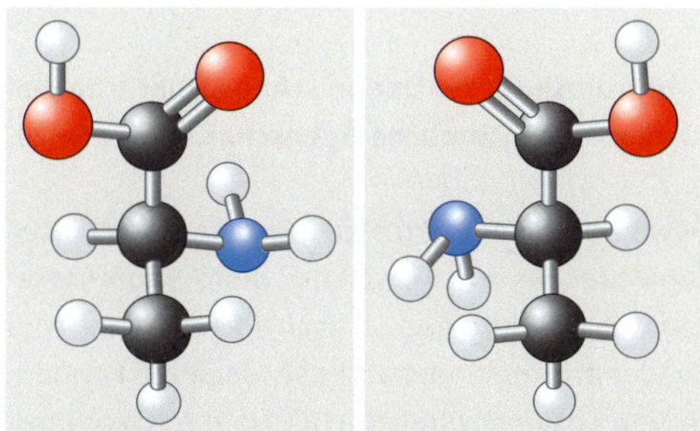

2. Jedes asymmetrisch substituierte Kohlenstoff-Atom wird so betrachtet, dass die senkrechten C–C-Bindungen vom Betrachter weg weisen. Die waagerechten Substituenten zeigen auf den Betrachter.
   Die COOH-Gruppe und CH_3-Gruppe weisen vom Betrachter weg. –H und $-NH_2$ zeigen auf den Betrachter.

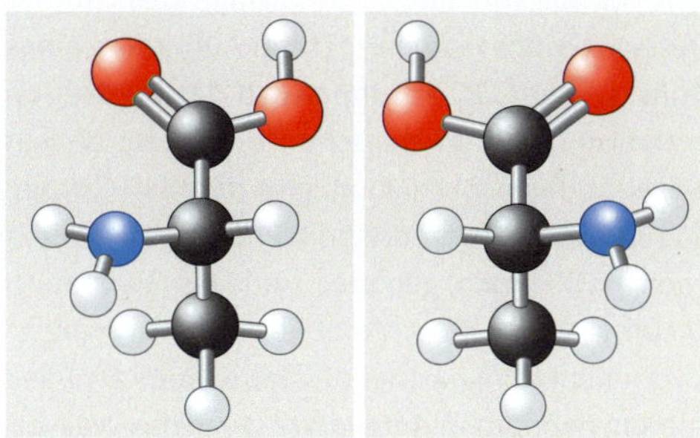

3. Das so orientierte Molekül wird in die Papierebene projiziert.
   Bindungen, die nach hinten weisen, werden als senkrechte Striche gezeichnet, nach vorne weisende als waagerechte Striche.
   Befindet sich die NH_2-Gruppe des C* auf der rechten Seite der Kohlenstoffkette, liegt die D-Form der Verbindung vor. Steht sie links, handelt es sich um das L-Enantiomer.

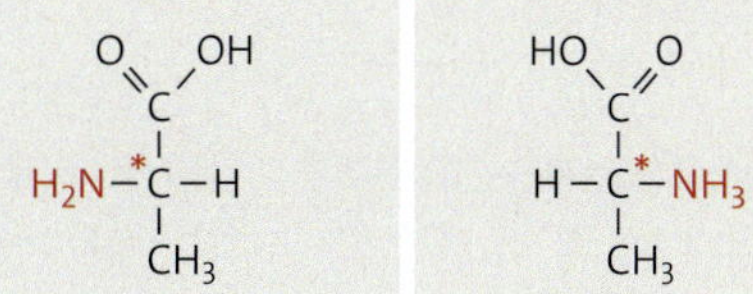

L-Alanin D-Alanin

Video: Vom Kugel-Stab-Modell zur Fischer-Projektionsformel

2.8 Eigenschaften der Aminosäuren

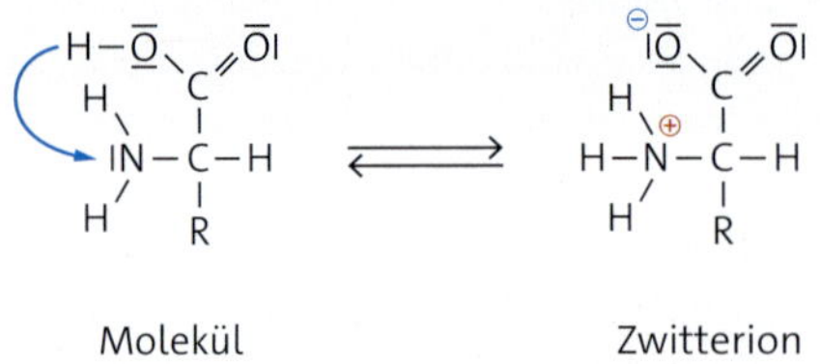

01 Zwitterionische Struktur von Aminosäuren

ZWITTERIONEN MIT BESONDEREN EIGENSCHAFTEN Aminosäuren sind kristalline Verbindungen, die sich gut in Wasser lösen und elektrisch leitfähige Lösungen bilden. Sie haben relativ hohe Schmelz- oder Zersetzungstemperaturen (170 bis 300 °C). Die Ursache für diese den Salzen ähnlichen Eigenschaften liegt an der strukturellen Besonderheit der beiden funktionellen Gruppen der Aminosäuren: Innerhalb der Moleküle wirkt die Carboxygruppe als **Protonendonator** und damit als Säure. Die Aminogruppe fungiert als **Protonenakzeptor** und damit als Base. Es kommt zur **intramolekularen Protonenwanderung**, die zur Bildung eines **Zwitterions** H_3N^+–CHR–COO^- führt (↑ **01**).

Säuren sind Protonendonatoren, Basen Protonenakzeptoren (↑ S. 173).

Aufgrund ihrer zwitterionischen Struktur zeigen Aminosäuren ähnliche Eigenschaften wie Salze.

Säure-Base-Gleichgewichte ↑ S. 182 f.

Die zwitterionische Struktur bewirkt das Aminosäure-Moleküle entsprechend dem **Säure-Base-Konzept nach Brönsted** je nach Reaktionspartner entweder als Säure oder als Base reagieren können: In sauren Lösungen liegen H_3O^+-Ionen (Oxonium-Ionen) vor, die mit der COO^--Gruppe des Aminosäure-Zwitterions reagieren: Unter Aufnahme eines Protons an der COO^--Gruppe wird das Zwitterion zum Kation (↑ **02**). In basischen Lösungen, also in Anwesenheit von OH^--Ionen, gibt die NH_3^+-Gruppe des Aminosäure-Zwitterions ein Proton ab. Dadurch werden H_3O^+-Ionen gebildet und das Zwitterion wird zum Anion. Solche Moleküle, die in Abhängigkeit vom Reaktionspartner als Säure oder als Base reagieren, nennt man *Ampholyte*. Auch das Wasser-Molekül H_2O ist ein Ampholyt.

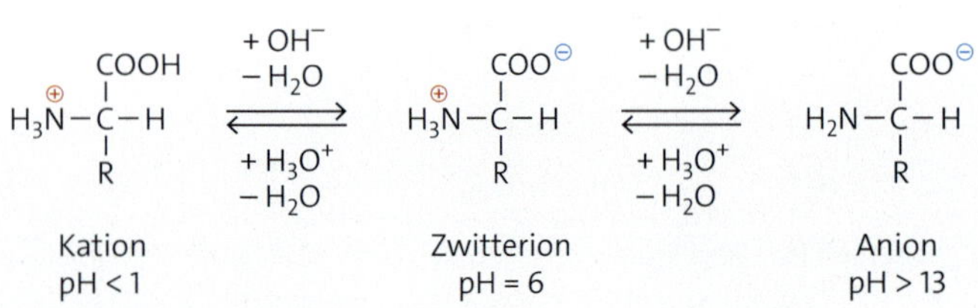

02 Aminosäure-Zwitterionen reagieren in sauren und basischen Lösungen zu Kationen bzw. Anionen

ISOELEKTRISCHER PUNKT Die Zwitterionen der Aminosäuren können als Säure oder als Base reagieren. Ihre wässrigen Lösungen zeigen je nach gelöster Aminosäure unterschiedliche pH-Werte (↑ Exp. 2.04). Der pH-Wert, bei dem die höchste Konzentration an Zwitterionen einer Aminosäure vorliegt, wird als **isoelektrischer Punkt,** kurz: **IEP** oder **pH_{iso}**, bezeichnet. Am IEP ist die Anzahl der positiven und negativen Ladungen gleich.
Der isoelektrische Punkt ist für alle Aminosäuren unterschiedlich und hängt von der Struktur der Seitenketten ab (↑ **02**; S. 39). Neutrale Aminosäuren weisen einen pH_{iso}-Wert von etwa 6 auf. Bei sauren Aminosäuren liegt der isoelektrische Punkt unter 5. Die Carboxygruppen in der Seitenkette führen dazu, dass mehr Protonen zur Neutralisierung der zusätzlichen negativen Ladungen benötigt werden. Der pH_{iso}-Wert basischer Aminosäuren nimmt dagegen Werte über 7 an.

Der pH-Wert, bei dem die maximale Konzentration an Zwitterionen vorliegt, wird isoelektrischer Punkt genannt.

NACHWEISREAKTION Das Vorhandensein von Aminosäuren in einer Probe kann mit der **Ninhydrinreaktion** nachgewiesen werden. Dabei reagiert Ninhydrin mit der Aminosäure über ein instabiles Zwischenprodukt zu einem blauviolett- bis purpurfarbenen Farbstoff. Mit bestimmten Aminosäuren wie Prolin oder Hydroxyprolin entsteht ein gelber Farbstoff. Diese Reaktion ist sehr empfindlich und wird in medizinischen und forensischen Laboren zum Sichtbarmachen von Aminosäuren eingesetzt (↑ **03**).

1 › Zeichnen Sie die Halbstrukturformeln von Glutaminsäure, Leucin und Lysin bei pH = 6.

2 › Erklären Sie die schlechte elektrische Leitfähigkeit einer wässrigen Alaninlösung bei pH = 6,0.

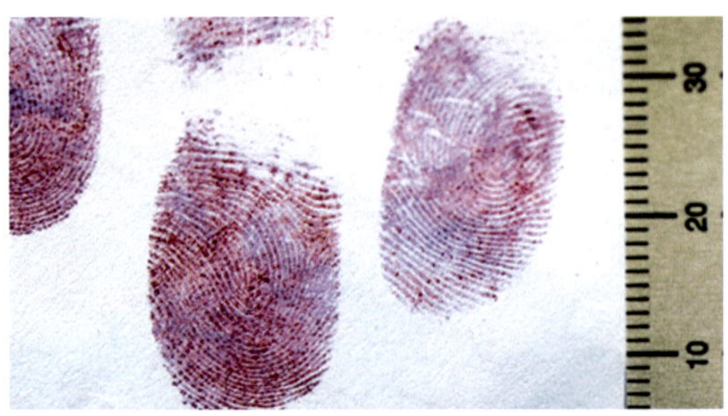

03 Mit Ninhydrin-Reagenz können Aminosäuren sichtbar gemacht werden. In der Kriminalistik nutzt man es für das Anfärben von Fingerabdrücken.

Praktikum

P Aminosäuren

EXP 2.02 Elementaranalyse von Glycin

Materialien 2 Reagenzgläser, passender durchbohrter Stopfen mit Glasrohr, Becherglas, Reagenzglashalter, Spatel, Brenner, Glycin, Kupfer(II)-oxid (7, 9), Kalkwasser (Calciumhydroxidlösung, *w* = 10 %; 5), Universalindikatorpapier, Watesmopapier

Durchführung *Abzug!* Erhitzen Sie eine kleine Spatelspitze Glycin in einem trockenen Reagenzglas über einer kleinen Flamme. Halten Sie ein angefeuchtetes Universalindikatorpapier an die Öffnung des Reagenzglases (6, 5, 9).
Geben Sie anschließend eine Spatelspitze Glycin mit Kuper(II)-oxid in das Reagenzglas, verschließen Sie es mit dem Stopfen mit Glasrohr und erhitzen Sie kräftig. Leiten Sie die entstehenden Gase auf Watesmopapier.
Leiten Sie anschließend die Gase in Kalkwasser.
Entsorgung: Reste in giftige anorganische Abfälle geben.

Auswertung Erklären Sie anhand Ihrer Beobachtungen, welche Elemente in Glycin gebunden sind.

EXP 2.03 Löslichkeit von Glycin

Materialien 3 Reagenzgläser, Reagenzglasständer, Spatel, Glycin, Wasser, Ethanol (2, 7), Heptan (2, 8, 7, 9)

Durchführung Prüfen Sie die Löslichkeit von Glycin in Wasser, Ethanol und Heptan, indem Sie zu jeweils 1 mL der Lösungsmittel eine kleine Spatelspitze Glycin hinzufügen.
Entsorgung: Lösungen mit Heptan in den Behälter für halogenfreie organische Abfälle geben.

Auswertung Erklären Sie das Lösungsverhalten von Glycin anhand der Struktur der Aminosäure.

EXP 2.04 pH-Werte von Aminosäurelösungen

Materialien 5 Reagenzgläser, Reagenzglasständer, Spatel, Alanin, Arginin (7), Asparaginsäure, Glycin, Lysin, Wasser, Universalindikatorlösung

Durchführung Lösen Sie je eine Spatelspitze der einzelnen Aminosäuren in jeweils 3 mL Wasser und versetzen Sie die Lösungen mit einigen Tropfen Universalindikator.
Entsorgung: Lösungen in den Behälter für saure und alkalische Abfälle geben.

Auswertung
1 › Erstellen Sie eine tabellarische Übersicht für die Aminosäuren und die ermittelten pH-Werte.
2 › Erläutern Sie die pH-Werte anhand der Struktur der Aminosäuren.

EXP 2.05 Nachweis mit Ninhydrin

Materialien 2 Reagenzgläser, Messzylinder (10 mL), Glycin, Alanin, Glutaminsäure, dest. Wasser, Ammoniaklösung (*w* = 5 %; 5, 7), Ninhydrinlösung (2, 7)

Durchführung Geben Sie in 3 Reagenzgläser jeweils 5 mL Wasser und je 1 Spatelspitze einer Aminosäure und schütteln Sie, bis sie gelöst sind. Fügen Sie dann 1 mL Ninhydrinlösung dazu.
Geben Sie zum Vergleich in das vierte Reagenzglas 10 Tropfen Ammoniaklösung in 5 mL Wasser und versetzen Sie dies ebenfalls mit Ninhydrinlösung.
Entsorgung: Reste ins Abwasser geben.

Auswertung
1 › Notieren Sie Ihre Beobachtungen.
2 › Ziehen Sie eine Schlussfolgerung in Bezug auf die Spezifität des Nachweises.
3 › Recherchieren Sie die Farbreaktion und notieren Sie die Reaktionsgleichung.

EXP 2.06 Desaminierung von Aminosäuren

Materialien 2 Reagenzgläser, Messzylinder (10 mL), Holzspan, Glasstab, Feinwaage, Universalindikatorpapier, Glycin (oder eine andere Aminosäure), Natriumnitritlösung (*w* = 2 %), Essigsäure (konzentriert, *w* = 90 %; 5), Kalkwasser (Calciumhydroxidlösung, *w* = 10 %; 5),

Durchführung Geben Sie in 2 Reagenzgläser jeweils etwa 500 mg Glycin und versetzen Sie es mit 5 mL Natriumnitritlösung. Schütteln Sie die Reagenzgläser, bis sich das Glycin gelöst hat.
Geben Sie nun jeweils 3 mL Essigsäure in jedes Reagenzglas. Prüfen Sie das entweichende Gas in einem Reagenzglas mit einem glimmenden Holzspan und im anderen Reagenzglas mit einem Glasstab, der mit Calciumhydroxidlösung benetzt ist. Prüfen Sie das Gas zusätzlich mit angefeuchtetem Universalindikatorpapier.
Entsorgung: Reste ins Abwasser geben.

Auswertung
1 › Notieren Sie Ihre Beobachtungen und deuten Sie sie.
2 › Stellen Sie mit der Kenntnis über die Elementaranalyse aus Exp. 2.02 eine Hypothese auf, um welches Gas es sich handeln könnte.
3 › Entwickeln Sie die Reaktionsgleichung für die Desaminierung von Glycin. *Hinweis:* Es bildet sich zunächst salpetrige Säure HNO_2.
4 › Definieren Sie, was unter dem Begriff Desaminierung zu verstehen ist.

2.9 Bildung und Spaltung von Peptiden

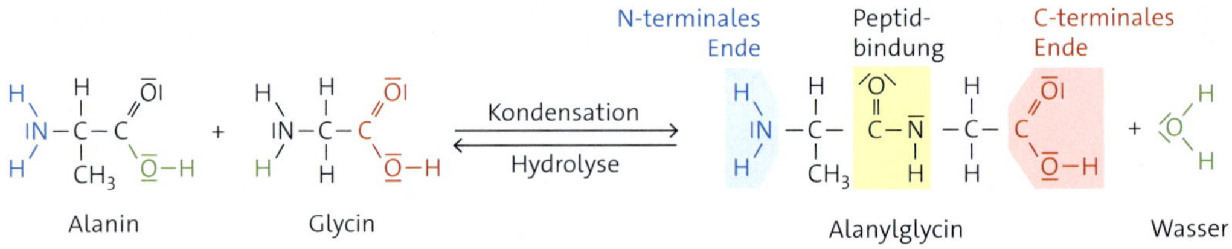

01 Bildung, Spaltung und Benennung eines Dipeptids

Kondensationsreaktion und Hydrolyse laufen im chemischen Gleichgewicht ab (↑ S. 146 f.).

KONDENSATION Aminosäuren sind die Bausteine, aus denen Proteine aufgebaut sind. Bringt man zwei Aminosäure-Moleküle miteinander zur Reaktion, so reagiert die Carboxygruppe des einen Moleküls mit der Aminogruppe des anderen Moleküls. Dabei wird ein Wasser-Molekül abgespalten (↑ **01**). Eine Reaktion, bei der ein größeres Molekül unter Abspaltung eines kleinen Moleküls gebildet wird, heißt **Kondensation.** Die durch Kondensation von Aminosäuren entstandenen Reaktionsprodukte nennt man **Peptide.** Einzelne Aminosäure-Moleküle werden auch als **Monomere** (griech. *monos:* einzig, griech. *meros:* Teil) bezeichnet. Werden mehrere Monomere zur Reaktion gebracht, so entstehen **Oligomere** (griech. *oligos:* wenige) oder **Polymere** (griech. *poly:* viele).

Die Peptidbindung der Proteine ist identisch mit der Amidbindung der Polyamide, einer Kunststoffart (↑ S. 77).

PEPTIDBINDUNG Bei der Reaktion zweier Aminosäure-Moleküle zu einem **Dipeptid** bildet sich das charakteristische Strukturmerkmal aller Peptide und Proteine aus, die **Peptidbindung –CO–NH–** (↑ **01**). Außerdem besitzt das Dipeptid eine freie Aminogruppe (N-terminales Ende) und eine freie Carboxygruppe (C-terminales Ende). Die Amino- und die Carboxygruppe können mit anderen Aminosäure-Molekülen weiterreagieren und längerkettige Peptide bilden. Alle so entstandenen Peptide weisen die genannten Strukturmerkmale auf, d. h. ein bis mehrere Peptidbindungen sowie ein N- und C-terminales Ende im Molekül.

> **Peptide sind Verbindungen, die durch Kondensation von Aminosäuren entstehen. Die Moleküle enthalten mindestens eine Peptidbindung und jeweils eine terminale Amino- bzw. Carboxygruppe.**

UMKEHRBARKEIT Die Synthese der für den Organismus lebenswichtigen Proteine, bei der zwischen den Aminosäure-Molekülen unter Bildung von Peptidbindungen Peptide unterschiedlicher Kettenlänge entstehen, wird durch *Enzyme* (Biokatalysatoren) bewirkt. Wie viele Kondensationen ist auch die Bildung von Peptiden *reversibel*, also umkehrbar (↑ **01**).

Die Spaltung der Peptidbindung erfolgt durch **Hydrolyse**, d. h. einer Reaktion mit einem Wasser-Molekül (↑ **01**). Auch dieser Prozess wird im Körper häufig durch Enzyme katalysiert. Sie zerlegen Proteine in einzelne Aminosäuren oder kleinere Peptide, beispielsweise beim physiologisch bedeutsamen Proteinabbau in den Zellen.

NOMENKLATUR Der *systematische Name* der Peptide beginnt mit der N-terminalen Aminosäure, ergänzt um die Endung **-yl**. Darauf folgen analog alle weiteren Aminosäurebausteine. Die Aminosäure mit der C-terminalen Gruppe wird ans Ende des Peptidnamens gestellt, z. B. Alanylglycin (↑ **01**). Analog zu den Dipeptiden werden Peptide aus drei Monomeren als Tripeptide bezeichnet, solche aus vier Molekülen als Tetrapeptide etc. Bei der Verknüpfung von bis zu 10 Aminosäure-Molekülen entstehen **Oligopeptide**. Verbindungen aus 10 bis 100 Aminosäurebausteinen bezeichnet man als **Polypeptide**. Wenn mehr als 100 Aminosäuren verknüpft sind, bilden sie **makromolekulare Proteine**.

VIELFALT DER PEPTIDE Wenn ein Tripeptid aus zwei verschiedenen Aminosäurebausteinen gebildet wird, sind bereits $2^3 = 8$ Strukturen möglich, weil sich die C- und N-terminalen Enden der Moleküle unterscheiden. Ein Oligopeptid aus fünf Bausteinen der 22 proteinogenen Aminosäuren kann $22^5 = 5\,153\,632$ verschiedene Strukturen aufweisen. Die Vielfalt der Proteine mit mehr als 100 Bausteinen ist damit nahezu unerschöpflich.

P **EXP 2.07** Vielfalt der Peptide

Durchführung Konstruieren Sie mithilfe des Molekülbaukastens ein Tripeptid aus den Aminosäuren Alanin, Glycin und Serin.

Auswertung Vergleichen Sie Ihre Molekülmodelle innerhalb des Kurses. Leiten Sie daraus eine Schlussfolgerung ab.

Ein genauerer Blick auf die Peptidbindung LK

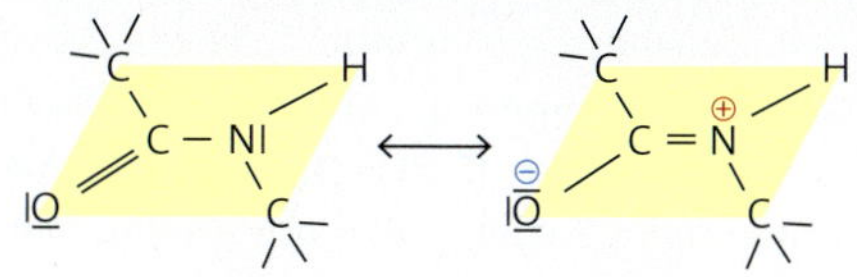

02 Mesomeriestabilisierung der Peptidbindung

STRUKTUR DER PEPTIDBINDUNG Die Elektronenverteilung der Peptidbindung kann durch zwei *mesomere Grenzformeln* dargestellt werden, die den partiellen Doppelbindungscharakter zwischen dem Kohlenstoff- und dem Stickstoff-Atom zeigen (↑ **02**). Dabei wird das Stickstoff-Atom zum Elektronendonator und das Sauerstoff-Atom zum Elektronenakzeptor, wobei eine der Grenzformeln eine Doppelbindung aufweist. Man sagt, die Doppelbindung der Peptidbindung ist mesomeriestabilisiert. Diese Veränderung am Stickstoff-Atom ermöglicht die Ausbildung von Wasserstoffbrückenbindungen und trägt zur Strukturbildung der Proteine bei.

Die Bindungslänge der C–N-Bindung innerhalb der Peptidbindung beträgt 132 pm und ist damit kleiner als die zwischen dem α-C-Atom und dem N-Atom mit 147 pm (↑ **03**). Die geringere Länge der C–N-Bindung in der Peptidbindung im Vergleich zu anderen C–N-Bindung weist darauf hin, dass sie den Charakter einer Doppelbindung besitzt. Sauerstoff-, Wasserstoff- und Kohlenstoff-Atome sind in einer Ebene angeordnet (↑ **05**). Die Peptidbindung ist um die Bindungsachse nicht frei drehbar und bestimmt dadurch maßgeblich die Geometrie von Peptiden und Proteinen.

In der Peptidbindung sind alle beteiligten Atome in einer Ebene angeordnet. Die Bindung zwischen dem Kohlenstoff- und dem Stickstoff-Atom hat Doppelbindungscharakter und ist mesomeriestabilisiert.

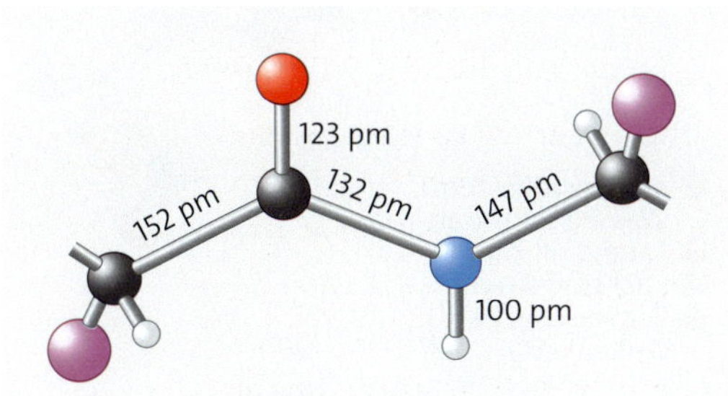

03 Bindungslängen in der Peptidbindung

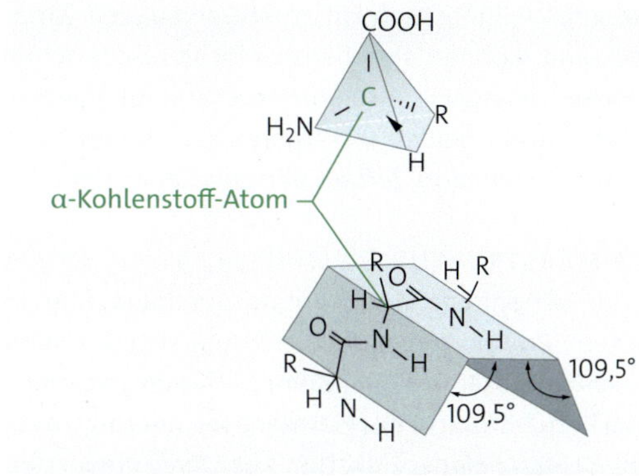

04 Tetraedrische Konfiguration am α-Kohlenstoff-Atom im Aminosäure-Molekül (oben) und im Peptid (unten)

In den einzelnen Aminosäuremonomeren sind die Substituenten am chiralen α-Kohlenstoff-Atom entsprechend des EPA-Modells tetraedrisch angeordnet (↑ **04**). Bilden sich Peptide, so bleibt diese tetraedrische Geometrie am α-Kohlenstoff-Atom zwischen den Peptidbindungen erhalten. Dieses Atom ist sowohl Teil der einen als auch der anderen planaren Struktureinheit (↑ **04,05**). Durch die Tetraederwinkel ist die Stellung der Peptidbindungen zueinander also zum Teil vorgegeben. Durch die Drehbarkeit der Einfachbindungen ergeben sich dennoch eine Vielzahl an räumlichen Ausrichtungen, aus denen die dreidimensionale Proteinstruktur entsteht.

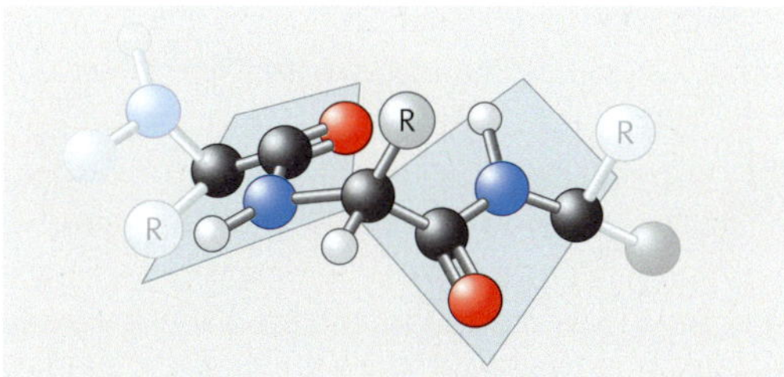

05 Geometrie der Peptidbindung in einem Peptid

1 › **a** Geben Sie die Aminosäurebausteine des Tetrapeptids Serylleucylglycylcystein an.
b Formulieren Sie seine Bildungsreaktion.

2 › Die Hydrolyse eines Tripeptids ergibt je ein Molekül Glycin, Alanin und Cystein.
a Nennen Sie die möglichen Edukte der Reaktion.
b Formulieren Sie für eines der möglichen Tripeptide die Reaktionsgleichung der Hydrolyse in Strukturformeln.

3 › Geben Sie alle Tripeptide an, die aus L-Alanin und L-Serin gebildet werden können.

2.10 Struktur von Proteinen

Proteine erfüllen vielfältige Funktionen in allen Lebewesen. Weil ihre Molekülstrukturen äußerst variabel sind, können sie ebenso biochemische Reaktionen steuern wie unserem Körper Stabilität geben. Man unterscheidet vier Molekülstrukturen: die *Primär-, Sekundär-, Tertiär- und Quartärstruktur*.

PRIMÄRSTRUKTUR Sie beschreibt die Art, Anzahl und Reihenfolge der L-Aminosäurebausteine in einem Protein-Molekül. Die Primärstruktur wird auch **Aminosäuresequenz** eines Proteins genannt. Die Primärstruktur des Hormons Insulin zeigt, dass die beiden Polypeptidketten aus 17 verschiedenen L-Aminosäurebausteinen aufgebaut sind, die mit ihren Abkürzungen angegeben werden (↑ **01**).

SEKUNDÄRSTRUKTUR Sie beschreibt räumlich begrenzte dreidimensionale Strukturabschnitte eines Protein-Moleküls, die durch Ausbildung von *Wasserstoffbrückenbindungen* zwischen nahe beieinanderliegenden Peptidbindungen entstehen.
Dabei unterscheidet man zwei Formen der Sekundärstruktur: die α-Helix- und die β-Faltblattstruktur. Die **α-Helixstruktur** entsteht, wenn sich eine Polypeptidkette schraubenförmig zu einer rechtsgängigen Spirale aufwickelt. Zwischen den Peptidbindungen jedes 3., 6., 9. usw. Aminosäurebausteins bilden sich regelmäßig wiederkehrende *intra*molekulare Wasserstoffbrückenbindungen, die die schraubenförmige Struktur stabilisieren (↑ **03**). Die α-Helixstruktur kommt häufig in Polypeptiden mit großen Seitenketten vor. Proteine mit Helixstruktur sind am Aufbau von tierischen Haaren (Wolle) beteiligt.
Die **β-Faltblattstruktur** entsteht durch Faltung nebeneinanderliegender Polypeptidketten, die am α-Kohlenstoff-Atom abknicken und durch *inter*molekulare Wasserstoffbrückenbindungen zwischen den Atomen unterschiedlicher Peptidbindungen stabilisiert werden (↑ **02**). Die Seitenketten der Aminosäurebausteine stehen abwechselnd oberhalb und unterhalb der Faltblattebene. Die Faltblattstruktur ist bei Polypeptiden mit kleinen Seitenketten begünstigt. Naturseide besteht beispielsweise aus Proteinen, deren Makromoleküle eine Faltblattstruktur haben.

TERTIÄRSTRUKTUR Die räumliche Struktur des gesamten Proteins wird erst durch verschiedene Wechselwirkungen zwischen den Seitenketten der Aminosäurebausteine vollständig beschrieben.

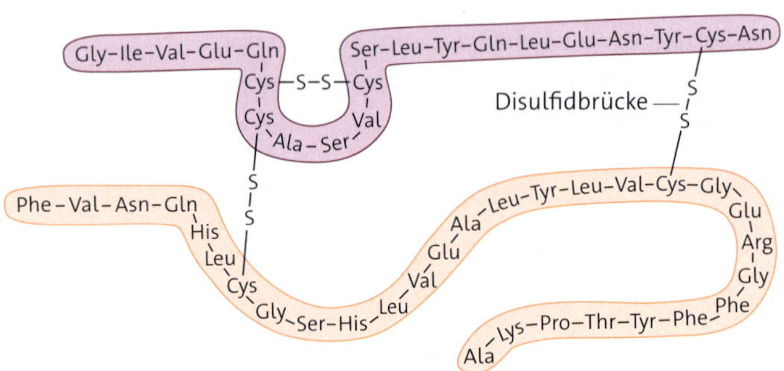

01 Primärstruktur des Insulins

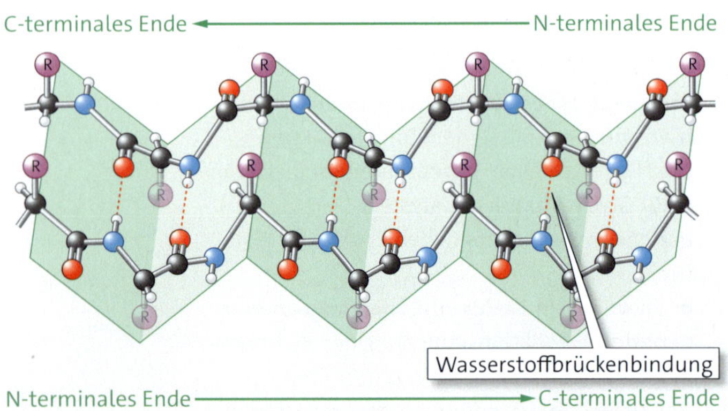

02 Sekundärstruktur: β-Faltblatt

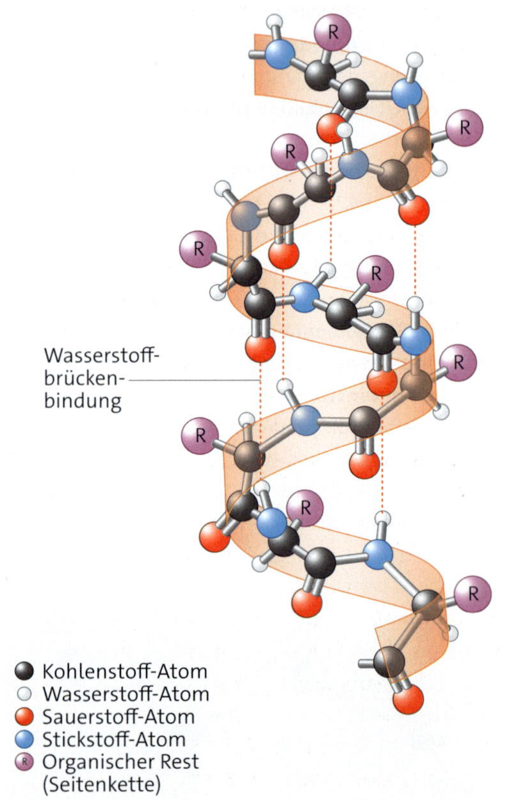

03 Sekundärstruktur: α-Helix

Dadurch kommt es zu einer weiteren Verformung des Makromoleküls. Folgende Arten der chemischen Bindung und zwischenmolekularen Wechselwirkungen treten auf (↑ **04**):

- **Disulfidbrücken**: S–S-Elektronenpaarbindungen, die sich durch Oxidation der SH-Gruppen zweier nahe beieinanderstehenden Cysteinreste bilden
- **Ionenbindungen** zwischen neagtiv geladenen Carboxylat- und positiv geladenen Ammoniumgruppen der Aminosäurebausteine
- **Wasserstoffbrückenbindungen** zwischen polaren Seitenketten und **Van-der-Waals-Kräfte** zwischen unpolaren Seitenketten der Aminosäurebausteine

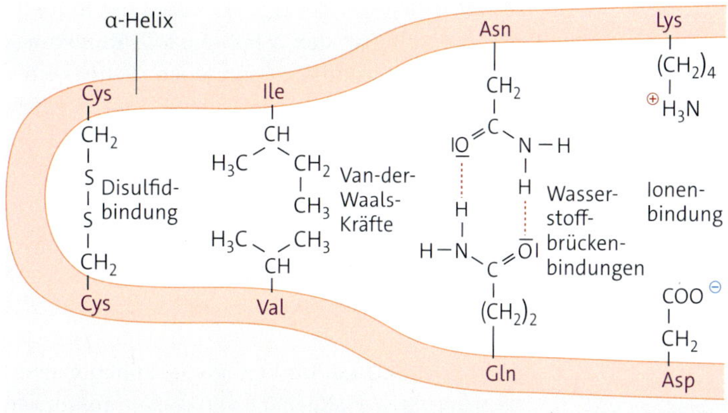

04 Stabilisierung von Tertiärstrukturen

QUARTÄRSTRUKTUR Viele Proteine bestehen nicht nur aus einer, sondern aus mehreren Polypeptidketten, die sich zu einer funktionellen Einheit mit komplexer Raumstruktur zusammenlagern können. Ein Beispiel dafür ist das Protein **Hämoglobin**, das aus vier Polypeptidketten aufgebaut ist (↑ **06**). Die einzelnen Polypeptidketten werden von den gleichen Bindungskräften zusammengehalten wie bei der Tertiärstruktur.

> **Die Primärstruktur beschreibt die Abfolge der Aminosäurebausteine. Ihre räumliche Anordnung als α-Helix oder β-Faltblatt wird Sekundärstruktur genannt. Der räumliche Bau eines Proteins wird durch die Tertiärstruktur beschrieben.**

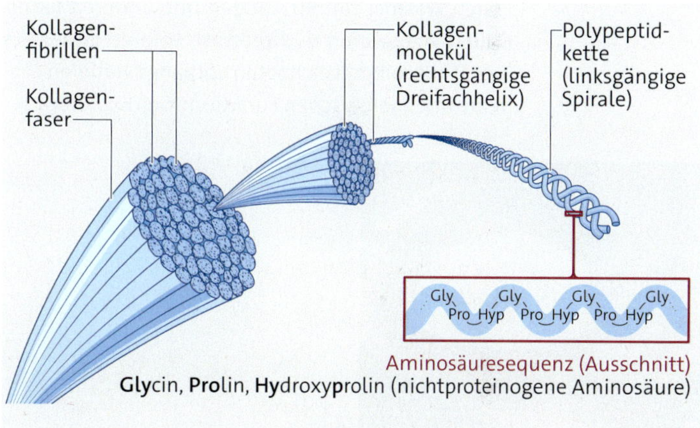

05 Kollagen ist ein fibrilläres Protein.

SKLERO- UND SPHÄROPROTEINE **Skleroproteine** sind faserartige Protein-Moleküle und werden auch fibrilläre Proteine genannt. Sie dienen in Zellen und Geweben zur *Strukturbildung*. Zu ihnen gehören die Keratine der Haare und die Kollagene in der Haut und in den Knochen (↑ **05**). Sie besitzen durch zahlreiche Wasserstoffbrückenbindungen zwischen den benachbarten Polypeptidketten eine hohe Festigkeit. Im Bereich der Helixstrukturen sind sie dehnbar und elastisch. So besteht das Kollagen-Molekül beispielsweise aus einer verdrillten Dreifachhelix, von denen wiederum mehrere in Kollagenfibrillen nebeneinander liegen und so deren enorme Zugfestigkeit bewirken.

Sphäroproteine haben kugelförmige Gestalt (↑ **06**) und übernehmen im Körper meist dynamische funktionelle Aufgaben wie Enzymaktivität, Transport und Regulation. Sie werden zu den *Funktionsproteinen* gezählt. Beispiele für Sphäroproteine sind Transportproteine wie das Hämoglobin, Hormone wie das Insulin sowie Enzyme wie die Amylase, die an der Verdauung der Kohlenhydrate beteiligt ist.

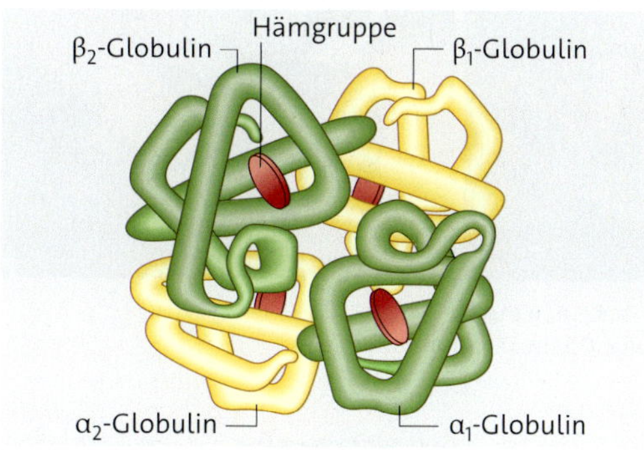

06 Hämoglobin ist ein Sphäroprotein.

1〉 Vergleichen Sie anhand von Bild ↑ **05** die Primär- und die Quartärstruktur eines Proteins.

2〉 Beschreiben Sie die Ausbildung einer α-Helix- und einer β-Faltblattstruktur innerhalb eines Peptid-Moleküls.

3〉 Erläutern Sie die Art der Wechselwirkungen und chemischen Bindungen, die zur Ausbildung der Tertiärstruktur eines Proteins führen.

2.11 Eigenschaften von Proteinen

LÖSLICHKEIT Für die Eigenschaften der Proteine sind die vielen an den α-Kohlenstoff-Atomen des Polypeptid-Moleküls vorhandenen Seitenketten ausschlaggebend. Der hydrophile Charakter der Seitenketten, die bei den globulären Proteinen nach außen weisen, bestimmt beispielsweise deren Löslichkeit in Wasser. Man unterscheidet **Globuline**, die in gesättigter Salzlösung ausflocken, von **Albuminen**, die unter diesen Bedingungen gelöst bleiben und *kolloidale Lösungen*, die **Sole**, bilden.

Kolloidale Lösungen sind Stoffgemische, bei denen die gelösten Teilchen so groß sind, dass sie Lichtstrahlen brechen (Tyndall-Effekt, ↑ S. 311)

DENATURIERUNG Die biologische Funktion eines Proteins hängt maßgeblich von seiner räumlichen Struktur ab. Allerdings sind die Molekülstrukturen anfällig gegenüber Umwelteinflüssen. Sie werden durch Wärme, Säuren, Laugen und andere Chemikalien angegriffen und zerstört. Infolge dieses als **Denaturierung** bezeichneten Vorgangs verlieren Proteine ihre biologischen Funktionen (↑ Exp. 2.08).

01 Denaturierung von Proteinen durch
A Erhitzen, **B** saure Lösung, **C** Salz, **D** Reduktionsmittel

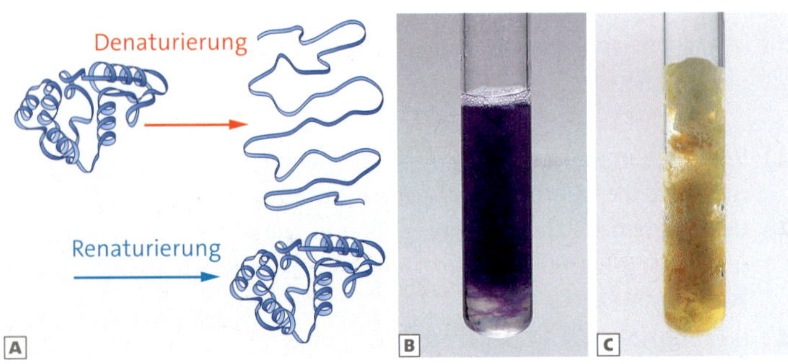

02 **A** Modell zur De- und Renaturierung eines globulären Proteins, **B** Biuretreaktion, **C** Xanthoproteinreaktion

Beim **Erwärmen** von Proteinen wie im Eiklar (↑ **01A**) werden Ionenbindungen und Wasserstoffbrückenbindungen gelöst sowie Van-der-Waals- Kräfte geschwächt. Sie bilden sich an anderen Stellen neu, wobei sich die Sekundär- und Tertiärstruktur irreversibel verändert. Die Primärstruktur bleibt jedoch wie bei den anderen Denaturierungsvorgängen unverändert.

Gibt man zu Milch eine Säure, so werden die Milchproteine denaturiert, was man am Ausflocken erkennen kann (↑ **01B**). Durch Einwirkung von **Säuren** und **Laugen** verändern sich die Ladungsverhältnisse im Protein-Molekül. Infolgedessen werden Ionenbindungen zwischen Carboxylat- und Ammoniumgruppen und Wasserstoffbrückenbindungen zerstört. Durch Einwirkung von Säure können Proteine auch *hydrolytisch gespalten* werden, beispielsweise bei der Verdauung von Proteinen im Magen.

Salze entziehen Proteinen das Wasser, sie dehydratisieren. Die Lebensmittelindustrie nutzt diese Form der Denaturierung zur Konservierung, z. B. beim Pökeln von Schinken (↑ **01C**). Dadurch werden vor allem Wasserstoffbrückenbindungen aufgebrochen. Ähnlich denaturierend wirken Lösungsmittel wie **Ethanol**, das ebenfalls die Wasserstoffbrückenbindungen in den Protein-Molekülen beeinflusst.

Schwermetall-Ionen treten mit Schwefel- und Stickstoff-Atomen der Protein-Moleküle in Wechselwirkung. Es kommt zur Quervernetzung zwischen Protein-Molekülen. Darauf beruht die Giftigkeit von Blei- und Quecksilber-Ionen für den Organismus.

Auch starke **Reduktionsmittel** wie Schwefelwasserstoff H_2S verändern die Struktur von Proteinen, indem sie mit den Disulfidbrücken reagieren und sie spalten. Der Prozess ist jedoch reversibel und kann durch geeignete Oxidationsmittel wieder umgekehrt werden. Diese Reaktionen nutzen Friseure bei der „Dauerwelle" (↑ **01D**).

RENATURIERUNG Durch die Zerstörung der Sekundär- und Tertiärstruktur liegen die Proteine als gestreckte Polypeptidketten vor. In bestimmten Fällen kann die Denaturierung jedoch rückgängig gemacht werden (↑ **02A**). Dieser Vorgang heißt **Renaturierung**. Ein Beispiel aus dem Alltag ist das Aufschlagen von Eiklar, denn der entstandene Eischnee wird nach einiger Zeit wieder flüssig. Auch bei der „Dauerwelle" kann die Strukturveränderung durch ein Oxidationsmittel wieder rückgängig gemacht werden. Meist sind Denaturierungen jedoch irreversibel.

NACHWEISREAKTIONEN Nachweisreaktionen für Proteine verlaufen als Denaturierung. Bei der **Biuretreaktion** reagieren Proteine mit alkalischer Kupfer(II)-sulfatlösung (↑ Exp. 2.09). Durch die Wechselwirkung mit den Stickstoff-Atomen bildet sich ein violetter Kupferbiuretkomplex (↑ **02B**).
Bei der **Xanthoproteinreaktion** werden Proteine mit konzentrierter Salpetersäure versetzt (↑ Exp. 2.10). Dabei flocken die Proteine aus und verfärben sich charakteristisch gelb, weil bestimmte Seitenketten nitriert werden (↑ **02C**).

1 › Begründen Sie, warum längeres hohes Fieber für Säugetiere und Menschen lebensgefährlich sein kann.
2 › Erläutern Sie die Funktionen der Magensäure bei der Verdauung von Eiweißen und bei der Abtötung von Krankheitskeimen.
3 › Eine Föhnfrisur ist auf eine Hydratisierung der Haare zurückzuführen. Erklären Sie die Veränderung einer Föhnfrisur bei Regenwetter mithilfe Ihrer Kenntnisse über die Struktur von Proteinen.

P Eigenschaften von Proteinen

EXP 2.08 Denaturierung von Proteinen

Materialien Kochplatte, 6 Bechergläser (100 mL), 1 Becherglas (500 mL), Glasstäbe, 1 Eiklar, 300 mL 1 %ige Kochsalzlösung, Ethanol (2, 7), Salzsäure (c = 1 mol · L^{-1}; 5), Natronlauge (c = 1 mol · L^{-1}; 5), Kupfer(II)-sulfat-5-Wasser (5, 7, 9), Ammoniumsulfat

Durchführung Vermischen Sie das Eiklar mit Kochsalzlösung und verteilen Sie das Gemisch auf die 6 Bechergläser. Das erste Becherglas wird auf der Heizplatte erwärmt. Zu den anderen Lösungen werden kleine Mengen an Salzsäure, Natronlauge, Ethanol, Ammoniumsulfat oder Kupfersulfat hinzugefügt.
Entsorgung: Reste in die Behälter für saure und alkalische Abfälle, halogenfreie organische Abfälle (Ethanol) bzw. giftige anorganische Abfälle (Kupfersulfat) geben.

Auswertung
1 › Tragen Sie Ihre Beobachtungen in einer tabellarischen Übersicht zusammen und erklären Sie sie.
2 › Diskutieren Sie, warum die Tertiärstruktur gegenüber Umwelteinflüssen besonders empfindlich ist.

EXP 2.09 Biuretreaktion

Materialien 2 Reagenzgläser, Eiklarlösung, Kupfer(II)-sulfatlösung (w = 5 %; 7), Natronlauge (c = 1 mol · L^{-1}; 5)

Durchführung Füllen Sie 3 mL Eiklarlösung in ein Reagenzglas. Geben Sie einige Tropfen Natronlauge und danach einige Tropfen Kupfer(II)-sulfatlösung dazu.
Entsorgung: Lösung in den Behälter für giftige anorganische Abfälle geben.

Auswertung
1 › Erklären Sie Ihre Beobachtungen.
2 › Informieren Sie sich über die Giftwirkung von Schwermetallverbindungen im menschlichen Organismus. Erarbeiten Sie dazu eine Präsentation.

EXP 2.10 Xanthoproteinreaktion

Materialien Reagenzglas, Brenner, Eiklarlösung, konzentrierte Salpetersäure (w = 50 %; 5)

Durchführung Füllen Sie die Eiklarlösung in das Reagenzglas und geben Sie 4–5 Tropfen Salpetersäure hinzu. Erwärmen Sie das Gemisch vorsichtig.
Entsorgung: Reste in die Behälter für saure und alkalische Abfälle geben.

Auswertung
1 › Erklären Sie Ihre Beobachtungen.
2 › Begründen Sie, dass beim Umgang mit Säuren und Laugen besondere Sicherheitsregeln einzuhalten sind.

EXP 2.11 Hydrolyse eines Proteins

Materialien Reagenzglas, Becherglas (200 mL), kristallisiertes Albumin, Pankreatin (8, 7), Natriumdihydrogenphosphat, Natriumhydrogenphosphat-12-Wasser (5)

Durchführung Lösen Sie 1,4 g Natriumdihydrogenphosphat und 3,6 g Natriumhydrogenphosphat-12-Wasser in 100 mL Wasser. Fügen Sie unter Rühren 1 g Pankreatin dazu.
Geben Sie etwa 5 mL der Pufferlösung ins Reagenzglas und versetzen Sie sie mit einer Spatelspitze Albumin. Erwärmen Sie das Gemisch etwa 1 Stunde lang auf ca. 37 °C.
Entwickeln Sie ein Experiment, um das Hydrolysat dünnschichtchromatografisch aufzutrennen und drei Aminosäuren im Produktgemisch zu identifizieren.
Entsorgung: Reste ins Abwasser geben.

Auswertung
1 › Formulieren Sie eine Reaktionsgleichung für die Hydrolyse eines beliebigen Dipeptids.
2 › Erläutern Sie die Funktion von Pankreatin und anderen Enzymen bei der Verdauung von Eiweißen.
3 › Vergleichen Sie die Hydrolyse eines Peptids mit der Hydrolyse eines Esters.

Klausurtraining

Material A Phenylketonurie

Einige Menschen leiden an der genetisch bedingten Krankheit *Phenylketonurie* (PKU). Ihnen fehlt ein für den Abbau der in vielen Lebensmitteln enthaltenen Aminosäure Phenylalanin das Enzym Phenyloxydase. Als Folge reichert sich die Aminosäure im Blut an und wird zu Stoffen abgebaut, die die Gehirnentwicklung beeinträchtigen. Daher müssen die Betroffenen Lebensmittel mit der Aufschrift „enthält eine Phenylalaninquelle" meiden.
Manchen Süßspeisen, Erfrischungsgetränken und Kaugummis wird der Zuckerersatzstoff Aspartam zugesetzt. Er schmeckt etwa 200-mal süßer als Saccharose, enthält aber viel weniger Energie, sodass er vor allem in kalorienreduzierten „Light"-Produkten enthalten ist.
Aspartam ist ein Dipeptid, das aus Asparaginsäure und Phenylalanin synthetisiert wird, wobei die C-terminale Aminosäure mit Methanol verestert ist (↑ **A1.2**). Beim Erhitzen ist es nicht stabil, sondern zerfällt hydrolytisch.

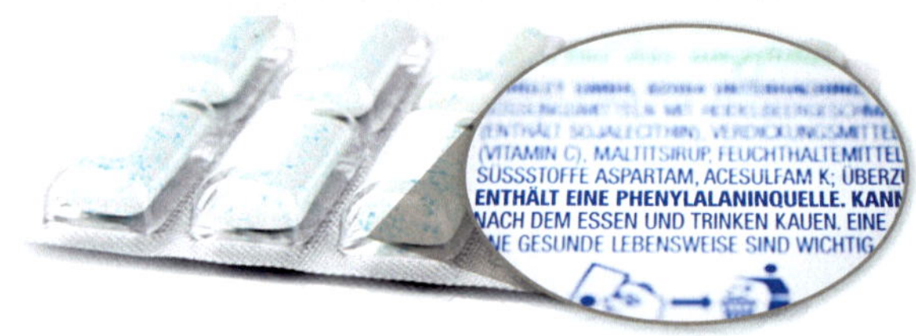

A1.1 Kaugummi, mit Aspartam gesüßt

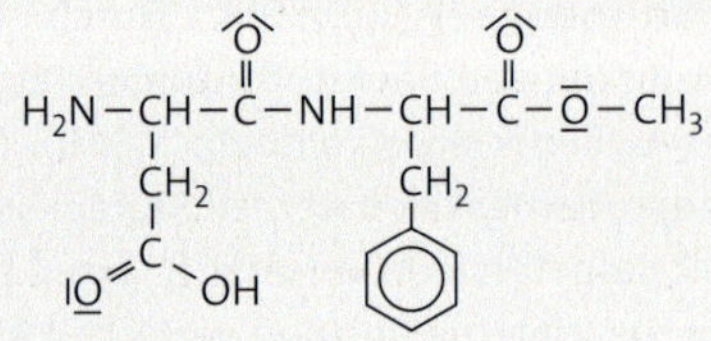

A1.2 Aspartylphenylalaninmethylester (Aspartam)

AUFGABEN ZU A

1› **a** Beschreiben Sie den Bau der proteinogenen Aminosäuren am Beispiel des Phenylalanins.
b Erläutern Sie die Einteilung der proteinogenen Aminosäuren anhand ihrer Struktur und begründen Sie dies mithilfe des Zusammenhangs zwischen Molekülstruktur und Eigenschaften.
c Entwickeln Sie eine Reaktionsgleichung für die vollständige Hydrolyse von Aspartam, bei der drei verschiedene Reaktionsprodukte entstehen.
d Zeichnen Sie die Halbstrukturformeln aller Dipeptide, die aus einem Gemisch von Asparaginsäure und Phenylalanin entstehen können.

2› Bewerten Sie die Verwendung von Aspartam in Lebensmitteln als Verbraucher und aus medizinischer Sicht.

Material B Vom Histidin zum Histamin

Histamin ist ein biogenes Amin, das durch Abspaltung von Kohlenstoffdioxid aus der Aminosäure Histidin entsteht. Dazu ist das Enzym Histidindecarboxylase notwendig. Histamin wirkt im Organismus als Botenstoff, der eine wichtige Rolle bei der Abwehr körperfremder Stoffe und bei Entzündungsreaktionen spielt, aber auch im Zentralnervensystem wirkt. Bei allergischen Reaktionen wird es aus Mastzellen freigesetzt. Daraufhin kommt es im umliegenden Gewebe sofort zur Erweiterung der Blutgefäße und zu Schwellungen durch Einlagerung von Flüssigkeit. Allergiker werden daher mit *Antihistaminika* behandelt, die die Wirkung des Botenstoffs hemmen.

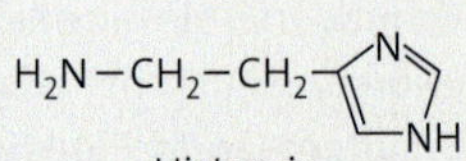

Histamin

B1.1 Wespengift enthält Histamin.

Histamin ist auch im Gift der Wespen enthalten, das zusammen mit anderen Allergien auslösenden Proteinen nach einem Stich die schmerzhaften „Quaddeln" verursacht (↑ **H1.1**). Sie lassen sich u. a. mit diesen Methoden behandeln:

- Kühlen der betroffenen Stelle
- kurzzeitiges Erwärmen auf 45 bis 60 °C mittels eines thermoelektrischen Stichheilers („Insektenstift")
- Auftragen einer antiallergisch wirkenden Salbe

AUFGABEN ZU B

1› **a** Zeichnen Sie die Halbstrukturformel des Zwitterions von Histidin.
b Begründen Sie, dass der pH_{iso} von Histidin über 7,0 liegt.
c Erklären Sie den amphoteren Charakter von Histidin mithilfe des Donator-Akzeptor-Konzepts.
d Entwickeln Sie eine Reaktionsgleichung für die Umwandlung von Histidin zu Histamin.

2› Erläutern und bewerten Sie die Wirkmechanismen bei der Behandlung von Hautquaddeln durch Wespengift.

Material C Proteine im Blut

Etwa vier bis sechs Liter Blut pulsieren durch den Körper eines erwachsenen Menschen. Es übernimmt u. a. die wichtige Aufgabe, den Stoffaustausch zwischen Umwelt und Zellen im Körper zu gewährleisten. Blut besteht zu 44 % aus zellulären Bestandteilen und zu 55 % aus Blutplasma. Die Funktionen des hauptsächlich aus Wasser und Proteinen bestehenden Blutplasmas sind Stofftransport, Immunabwehr, Blutgerinnung und Regulierung des pH-Werts.

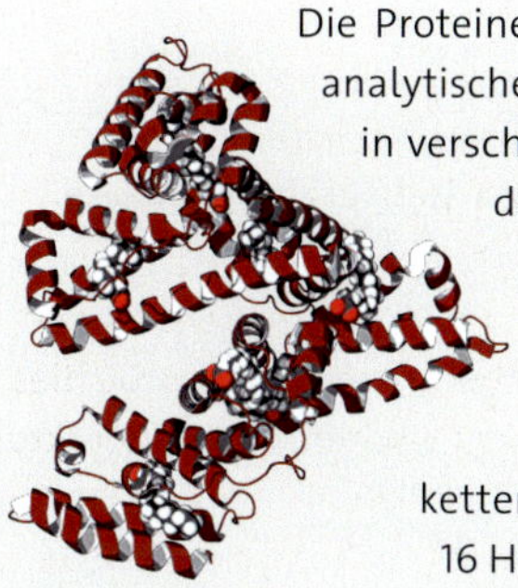

C1.1 Raummodell von Albumin

Die Proteine im Blut lassen sich durch ein analytisches Verfahren, die Elektrophorese, in verschiedene Globuline und Albumin, das häufigste Plasmaprotein, auftrennen.

Albumin besteht aus 585 Aminosäurebausteinen, von denen viele polare Seitenketten aufweisen. Zudem hat es 16 Histidinbausteine gebunden. Indem Albumin in den Blutgefäßen Wasser an sich bindet, verhindert es dessen Austritt in die Zellzwischenräume und somit ins Gewebe.

AUFGABEN ZU C

1 › **a** Beschreiben Sie die Struktur des Albumins anhand von ↑ **C1.1** und ordnen Sie es begründet einer Proteinart zu.
b Vergleichen Sie die Struktur von Albumin mit der eines selbst gewählten Skleroproteins. Leiten Sie daraus die unterschiedlichen Funktionen von Sphäro- und Skleroproteinen ab.

2 › **a** 1 g Albumin kann bis zu 18 mL Wasser binden. Erklären Sie diesen Sachverhalt.
b Stellen Sie eine Hypothese auf, wie ein Mangel an Albumin im Blutplasma zu Ödemen, Wasseransammlungen im Gewebe, führen kann.

3 › Kommt es bei einer Rasur zu einer Verletzung, so dienen Alaunstifte zum Stillen der Blutung. Sie enthalten Kaliumaluminiumalaun ($K_2Al_2(SO_4)_4$). Erläutern Sie, worauf die blustillende Wirkung beruht.

Material D Chemie im Friseursalon

Haare bestehen aus dem fibrillären Protein α-Keratin, dessen häufigster Aminosäurebaustein Cystein ist. In einem Ausschnitt des Keratin-Moleküls kommen beispielsweise Aminosäurebausteine in der Reihenfolge –Ser–Cys–Leu– vor.

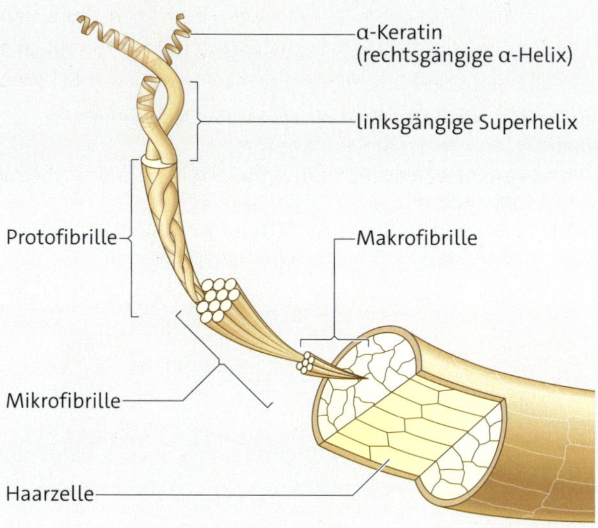

D1.1 Aufbau eines menschlichen Haars

Keratin-Moleküle liegen als α-Helices vor, von denen mehrere durch Disulfidbrücken verbunden und zu einer Superhelix verdrillt sind. Sie ist Bestandteil einer Protofibrille. Elf Protofibrillen verbinden sich zu Mikrofibrillen. Ein Bündel davon ergibt eine Makrofibrille, von denen sich wiederum mehrere in einer Zelle des Haars befinden. Bei einer Dauerwelle werden die Disulfidbrücken an den Cysteinbausteinen durch ein Reduktionsmittel, das Protonen H^+ liefert, zu *Thiolen* –SH geöffnet. Nach dem Formen des Haars wird durch das Oxidationsmittel Wasserstoffperoxid (H_2O_2) die neue Struktur fixiert. Sie bleibt bis zum Nachwachsen des Haars bestehen.

AUFGABEN ZU D

1 › Zeichnen Sie die Strukturformel für den angegebenen Ausschnitt des Keratin-Moleküls. Benennen Sie die vorliegende Bindung.

2 › Erläutern Sie am Beispiel des α-Keratins die Begriffe Primär-, Sekundär-,Tertiär- und Quartärstruktur.

3 › Formulieren Sie am Beispiel zweier Cysteinbausteine des Keratin-Moleküls die chemischen Reaktionen, die zur Formung des Haars führen.

α-Aminosäuren

α-Aminosäuren enthalten in ihren Molekülen als funktionelle Gruppen eine Amino- und eine Carboxygruppe, die am C–2-Atom gebunden sind. Sie unterscheiden sich durch die verschieden gestaltete Seitenkette, die die Eigenschaften der Aminosäuren bestimmt.

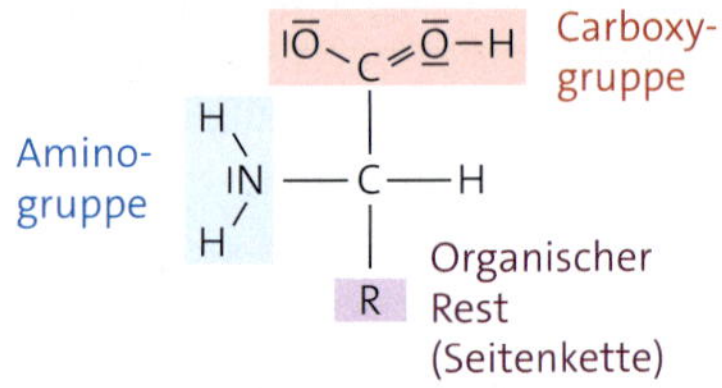

Chiralität LK

α-Aminosäure-Moleküle besitzen mit Ausnahme des Glycin-Moleküls ein asymmetrisches C*-Atom, sie sind chiral. Die Enantiomere (Spiegelbildisomere) werden D- und L-Aminosäuren genannt. In der Natur kommen nur **L-Aminosäuren** vor.

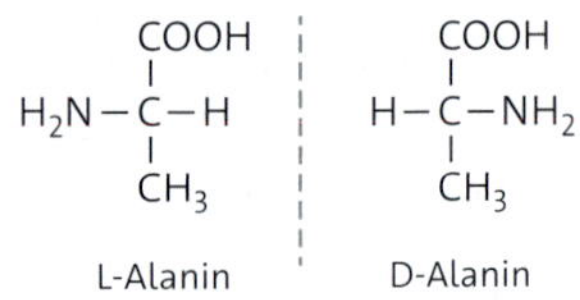

Zwitterion

Die Aminogruppe als Protonenakzeptor und die Carboxygruppe als Protonendonator führen in wässrigen Lösungen zur Bildung von Zwitterionen. Aminosäuren wirken deshalb als **Ampholyte**.

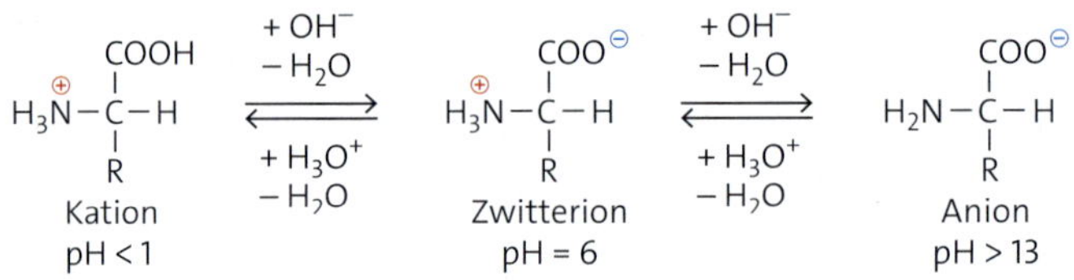

Aufgrund der polaren Struktur ihrer Moleküle zeigen Aminosäuren ähnliche Eigenschaften wie Salze, beispielsweise haben sie hohe Schmelztemperaturen.

Isoelektrischer Punkt (pH_{iso})

pH-Wert, bei dem die maximale Konzentration an Zwitterionen vorliegt.
Der Isoelektrische Punkt (pH_{iso}) ist für jede Aminosäure charakteristisch.

Peptidbindung

gemeinsames Strukturmerkmal von Peptid- und Protein-Molekülen, das durch die Verknüpfung von Aminosäurebausteinen entsteht:

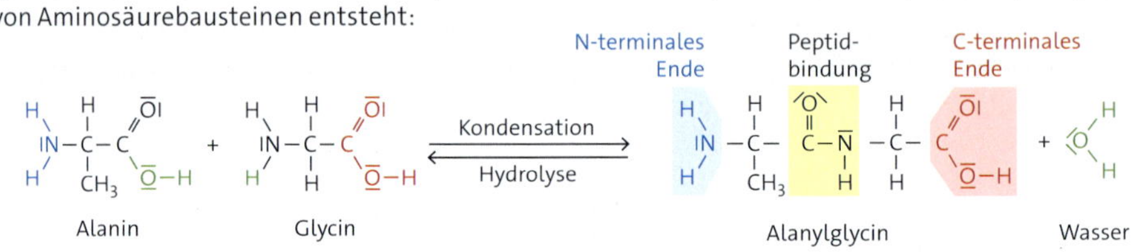

Peptide und Proteine

vielfältige Stoffgruppe, deren Vertreter unterschiedlich viele Aminosäurebausteine gebunden haben. Die Eigenschaften werden durch die Struktur der Moleküle bestimmt:

- **Primärstruktur:** Reihenfolge der Aminosäurebausteine (Aminosäuresequenz)
- **Sekundärstruktur:** α-Helix- und β-Faltblattstruktur
- **Tertiärstruktur:** räumliche Struktur des gesamten Proteins bzw. Faltung der Sekundärstruktur
- **Quartärstruktur:** funktionelle Einheit eines Proteins aus mehreren Polypeptidketten

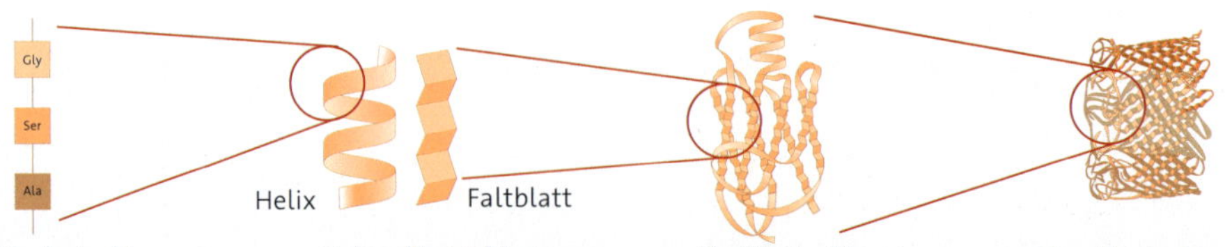

Primärstruktur **Sekundärstruktur** **Tertiärstruktur** **Quartärstruktur**

Denaturierung

Änderung der natürlichen Struktur eines Proteins durch das Einwirken von Säuren, Laugen und Schwermetallsalzen, wodurch die biologische Funktion der Proteine verloren geht. Der Vorgang der Denaturierung kann durch die Renaturierung teilweise wieder rückgängig gemacht werden, in anderen Fällen bleibt die Denaturierung jedoch irreversibel.

Übungsaufgaben

1 › Erklären Sie die hohen Schmelz- bzw. Zersetzungstemperaturen der Aminosäuren auf molekularer Ebene.

2 › **a** Kennzeichnen Sie im Zwitterion des Valins die nach BRÖNSTED sauer und basisch reagierenden Gruppen.

b Begründen Sie anhand der Strukturformeln der Aminosäuren deren Einteilung in neutrale, saure und basische Aminosäuren und nennen Sie je ein Beispiel.

3 › Glutathion (γ-L-Glutamyl-L-cysteinylglycin) ist ein Tripeptid, das in fast allen Zellen vorkommt.

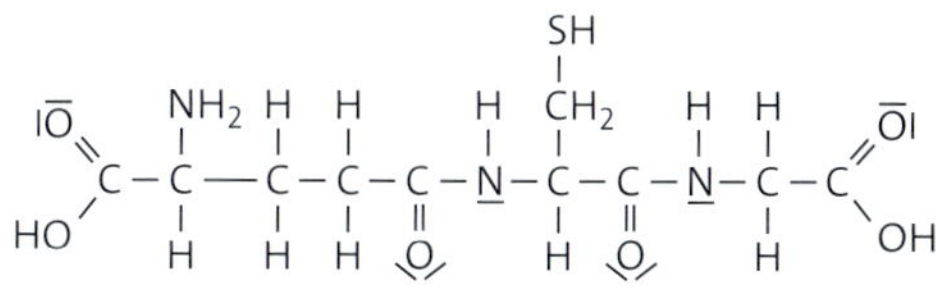

Glutathion

a Geben Sie die Aminosäurebausteine an, aus denen das Tripeptid aufgebaut ist.

b Stellen Sie die Reaktionsgleichung für die Bildung des Dipeptids Cysteinylglycin auf.

c Erläutern Sie, inwieweit Glutathion reguläre Peptidbindungen aufweist.

d Zwei Glutathion-Moleküle können zu einem Peptid-Molekül aus sechs Aminosäurebausteinen verbunden werden. Erläutern Sie mögliche Verknüpfungen und geben Sie die Aminosäuresequenz der Peptide an.

4 › Definieren Sie die Begriffe Peptid sowie Oligopeptid, Polypeptid und Protein.

5 › Klassifizieren Sie die vier möglichen Molekülstrukturen der Proteine anhand der jeweils wirkenden Bindungsarten und stellen Sie dies in einer Tabelle dar.

6 › Ordnen Sie schematisch die in den Organismen vorkommenden Proteine nach ihrer Struktur und den daraus resultierenden Eigenschaften und Funktionen. Nennen Sie jeweils zwei Beispiele.

7 › **a** Stellen Sie die Reaktionsgleichung für die Umsetzung von Alanin mit Salzsäure auf.

b Alanin hat einen pH_{iso} von 6,11. Geben Sie an, zu welcher Elektrode Alanin im elektrischen Feld bei pH = 3,5; pH = 6,11 und pH = 9 wandert.

8 › **a** Beschreiben Sie den Aufbau und die Eigenschaften des Strukturproteins Kollagen.

b Erläutern Sie, durch welche Maßnahmen aus Kollagen ein wasserbindendes Protein erzeugt werden kann, und benennen Sie dieses.

9 › Proteine werden im Magen verdaut. Der Magensaft enthält u. a. Salzsäure und das Enzym Peptidase.

a Erläutern Sie die Funktion der Salzsäure und des Enzyms im Magensaft.

b Erstellen Sie ein allgemeines Reaktionsschema für die Proteinverdauung.

c Stellen Sie eine Hypothese auf, ob nur aus Salzsäure bestehender Magensaft die Proteinverdauung ermöglichen würde.

10 › **a** Begründen Sie die Tatsache, dass von fast allen proteinogenen Aminosäuren zwei Enantiomere möglich sind.

b Geben Sie an, welche Form in der Natur vorkommt.

Mithilfe dieses Kapitels können Sie:	Aufgabe	Hilfe finden Sie auf Seite
• Ordnungsprinzipien für Aminosäuren und Proteine beschreiben und anwenden	*2b, 4, 6*	*38–39, 44, 47*
• die Eigenschaften von Aminosäuren auf Basis ihrer zwitterionischen Struktur begründen	*1, 2a, 7*	*42*
• die Reaktionstypen der Bildung und Spaltung von Peptiden bestimmen und beschreiben	*3, 9b, 9c*	*44*
• Sekundär- und Tertiärstrukturen der Proteine als Folge zwischenmolekularer Wechselwirkungen erklären	*5, 8*	*46–47*
• Denaturierung aus Alltagssituationen ableiten und identifizieren	*9a*	*48–49*
• in Molekülen asymmetrisch substituierte Kohlenstoff-Atome beschreiben, um chirale Verbindungen zu erkennen LK	*10*	*40–41, 45*

Wer Getränkekisten tragen muss, ist froh, wenn die darin befindlichen Flaschen aus Kunststoff sind. Wir nutzen diese leichten, stabilen und in allen Formen sowie Farben herstellbaren Einweg- und Mehrwegverpackungen täglich für viele Lebensmittel. Da die Ausgangssttoffe für die meisten Kunststoffe jedoch nur begrenzt vorhanden sind, müssen entsprechende Recyclingmethoden angewendet werden – vor allem auch, um die Umwelt vor einem rasanten Anstieg von Kunststoffabfällen zu schützen.

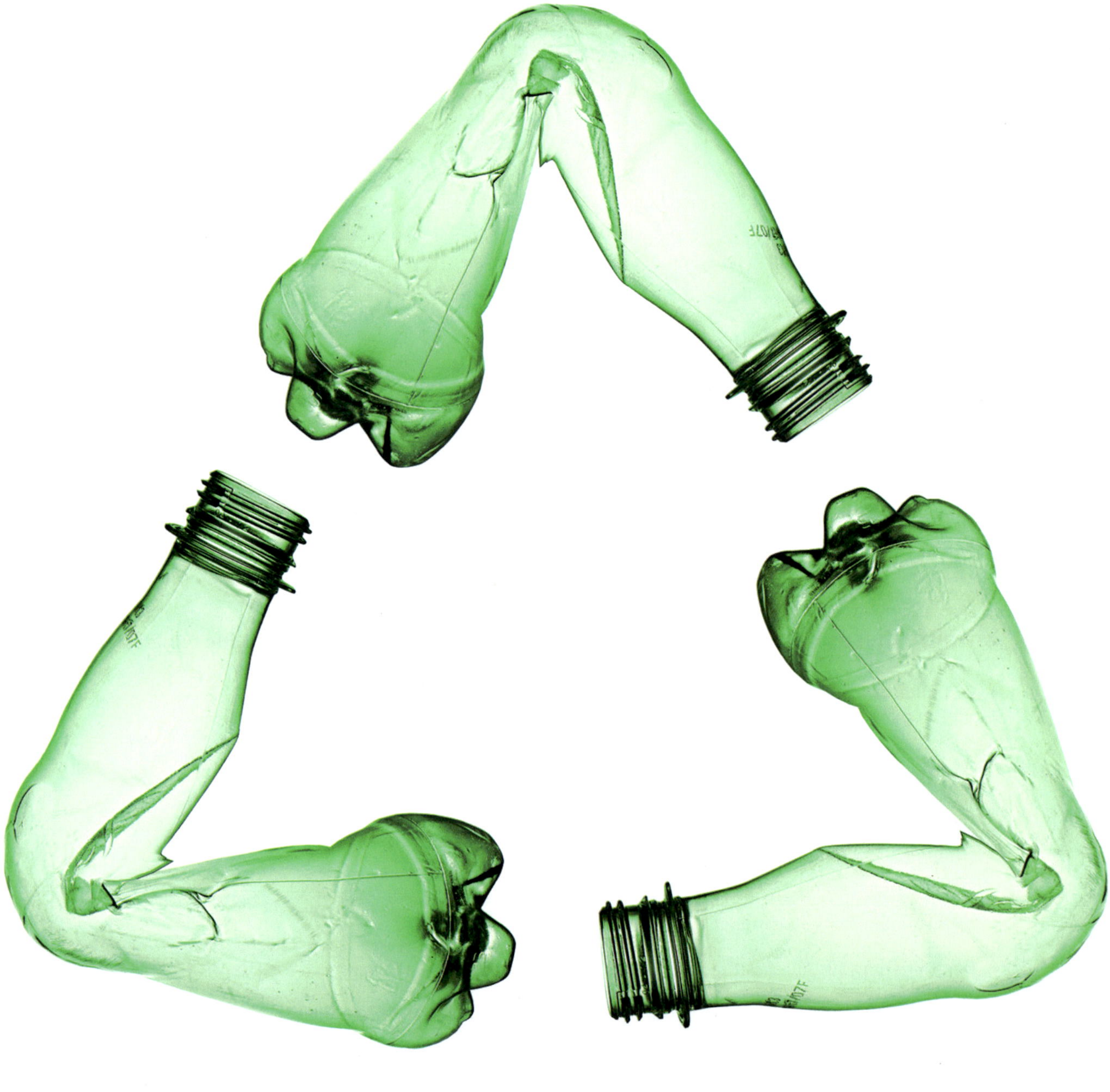

Kunststoffe 3

Synthetische makromolekulare Stoffe

Bau, Eigenschaften und Einteilung der Kunststoffe

- Thermoplaste
- Duroplaste
- Elastomere

Vom Monomer zum Polymer

- Polykondensation
- Kettenpolymerisation
- Polyaddition

Verarbeitung und Wiederverwertung

- Rohstoffliches Recycling
- Werkstoffliches Recycling
- Thermisches Verwerten

01 Von fast 6 Mio. Tonnen Kunststoffabfällen werden in Deutschland 2,7 Mio. Tonnen werk- und rohstofflich genutzt. Aus Polyethenabfällen werden beispielsweise Getränkekästen hergestellt.

3.1 Ein erster Blick in die Welt der Kunststoffe

01 PET – ein Kunststoff kann unterschiedliche Anforderungen an seine Stoffeigenschaften für unterschiedliche Verwendungen ermöglichen.

Übung: Kunststoffe im Alltag – Recyclingcodes

EIN KUNSTSTOFF – VERSCHIEDENE EIGENSCHAFTEN Einweggetränkeflaschen werden aus dem Kunststoff **Polyethylenterephthalat**, kurz: **PET**, hergestellt. Sie sind meist sehr dünnwandig und einfach mechanisch zu verformen. Das Verhalten ähnelt einer wenige Zehntelmillimeter dicken Kunststofffolie. Doch auch die dickwandigeren, sehr viel formstabileren Mehrwegflaschen aus Kunststoff werden aus PET gefertigt (↑ **02**).
Weniger bekannt ist, dass PET in Form von Fasern als Material für Rucksäcke, Skibekleidung, Fleece-Decken oder als Füllmaterial von Stofftieren eingesetzt wird (↑ **01**).

Die vielen unterschiedlichen Anwendungen sprechen für verschiedene Eigenschaften ein und desselben Kunststoffs – PET scheint nicht gleich PET zu sein. Offensichtlich lassen sich die Stoffeigenschaften des Kunststoffs PET nicht ohne Weiteres eindeutig bestimmen.
Dies liegt unter anderem daran, dass die Verarbeitung eines Kunststoffs einen wesentlichen Einfluss auf die späteren Eigenschaften des Werkstoffs hat. So verhält sich ein Kunststoff, der zu einer Faser gezogen wurde, ganz anders als eine Folie oder ein kompakt gegossenes Werkstück aus ein und demselben Material (↑ **02**).

Im Gegensatz zu „klassischen Stoffen" lassen sich die Stoffeigenschaften eines Kunststoffs nicht eindeutig angeben. Zur exakten Beschreibung sind weitere Informationen, beispielsweise die Art der Kunststoffverarbeitung, erforderlich.

02 PET-Einwegflasche und -Mehrwegflasche im direkten Vergleich: *ein* Kunststoff – aber vollkommen unterschiedliche mechanische Eigenschaften

ENTSCHEIDENDES WERKSTOFFKRITERIUM: DIE MECHANISCHEN EIGENSCHAFTEN Zur Beschreibung der mechanischen Eigenschaften von Werkstoffen betrachtet man deren Verformbarkeit bei Einwirkung einer Kraft. Lässt sich der Werkstoff verformen und kehrt er nach Wegfall der Krafteinwirkung in seine ursprüngliche Form zurück, spricht man von **elastischem Verhalten**, z. B. bei Gummi. Ist die Elastizität gering bis gar nicht ausgeprägt, spricht man von **sprödem Verhalten**, z. B. bei Glas oder Salzen. Kehrt ein Werkstoff nach Wegfall einer Krafteinwirkung nicht in seine ursprüngliche Form zurück, wird dies als **plastische Verformung** bezeichnet. Beispiele dafür sind Knete oder Metalle.

EINTEILUNG VON KUNSTSTOFFEN AUFGRUND IHRER MECHANISCHEN EIGENSCHAFTEN Für Bastelarbeiten oder zur schnellen Reparatur von Gegenständen eignen sich Schmelzklebstoffe (Heißkleber) aufgrund ihrer einfachen Handhabung sehr gut. Der Schmelzklebstoff ist ein Kunststoff, der in Stangenform vertrieben wird. Der Kunststoff wird in der Heißklebepistole bei ca. 180 °C geschmolzen. Nach dem Abkühlen zeigt der Klebstoff dieselben Eigenschaften wie die ursprünglich eingesetzte Kunststoffstange. Bei Kunststoffen, die sich nur im erhitzten Zustand plastisch verformen lassen, spricht man von **Thermoplasten** (↑ **03**).

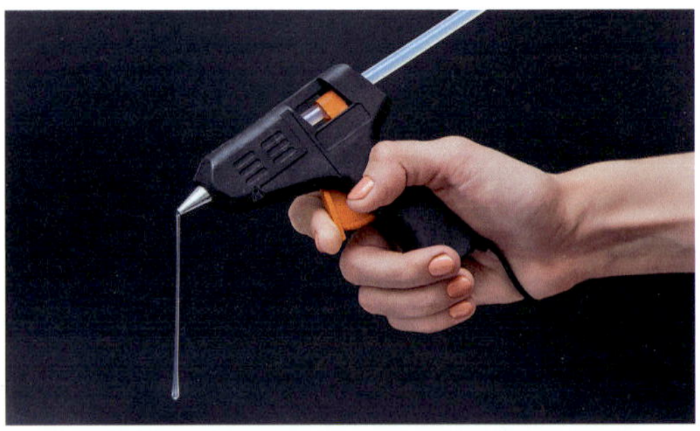

03 Heißkleber – ein thermoplastischer Kunststoff

04 Pfannengriffe bestehen aus Duroplasten, die offensichtlich einer gewissen Hitze widerstehen können.

Lässt man eine Pfanne mit einem Kunststoffgriff fallen, passiert es leicht, dass der Griff zerbricht oder Teile absplittern. Er zeigt sprödes Verhalten. Gegenüber Hitzeeinwirkung zeigen diese Kunststoffe, die zur Herstellung von Griffen von Pfannen und Töpfen eingesetzt, werden keinerlei plastische Verformung (↑ **04**). Erst bei sehr hohen Temperaturen beginnt der Kunststof,f sich zu zersetzen, er „verkohlt".

Kunststoffe mit diesen Eigenschaften müssen in ihrer endgültigen Form durch „Aushärten" synthetisiert werden, weshalb sie als **Duroplaste** (lat. *duro*: härten) bezeichnet werden.

Haushaltsgummis zeigen elastisches Verhalten. Hitzeeinwirkungen gegenüber verhalten sie sich wie Duroplaste: Ein Schmelzen ist nicht zu beobachten, bei sehr hohen Temperaturen beginnt die Zersetzung. Derartige Kunststoffe werden der Klasse der **Elastomere** zugeordnet (↑ **05**).

Aufgrund ihrer mechanischen Eigenschaften lassen sich Kunststoffe in Thermoplaste, Duroplaste und Elastomere einteilen.

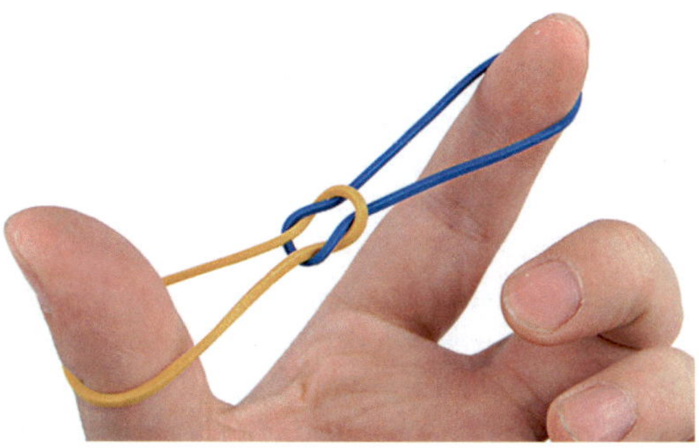

05 Haushaltsgummis werden aus Elastomeren gefertigt.

SYNTHETISCHE MAKROMOLEKÜLE Weshalb werden „Kunststoffe" als eine Stoffgruppe betrachtet, obwohl sich Duroplaste, Elastomere und Thermoplaste in ihren Stoffeigenschaften grundlegend unterscheiden? Und wie lässt es sich erklären, dass ein und derselbe Kunststoff gänzlich unterschiedliche Stoffeigenschaften zeigen kann (↑ **01, 02**)?
Antworten auf diese Grundsatzfragen liefert der molekulare Aufbau von Kunststoffen. Um 1920 postulierte HERMANN STAUDINGER, dass Kunststoffe aus riesigen, mehr als 100 000 Atome umfassenden Molekülen bestehen. Dafür führte er den Begriff **Makromolekül** ein. Weiterhin nahm er einen kettenförmigen (linearen) Aufbau der Makromoleküle aus sich wiederholenden Einheiten an. Für seine Arbeiten auf dem Gebiet der makromolekularen Stoffe wurde er 1953 mit dem Nobelpreis für Chemie ausgezeichnet (↑ **06**).

06 HERMANN STAUDINGER beschrieb als Erster Makromoleküle und erhielt dafür 1953 den Nobelpreis für Chemie.

VOM MONOMER ZUM POLYMER Die Grundstruktur der Makromoleküle, aus denen Kunststoffe aufgebaut sind, können als *lineare Ketten* betrachtet werden. Sie entstehen bei der Synthese aus kleinen Molekülen, die in Kettenreaktionen durch Elektronenpaarbindungen verknüpft werden. Analog zu etwa den Aminosäuremolekülen bei Proteinen nennt man diese „Bausteinmoleküle" **Monomere,** die sich in chemischen Reaktionen zu **Polymerketten** bzw. **Polymeren** verbinden. Sind die Polymerketten frei beweglich, beispielsweise in einer Schmelze, liegen diese in *ungeordneten Knäueln* vor. Dieser Zustand ist energetisch am günstigsten.

Modell einer Polymerkette in linearer Form

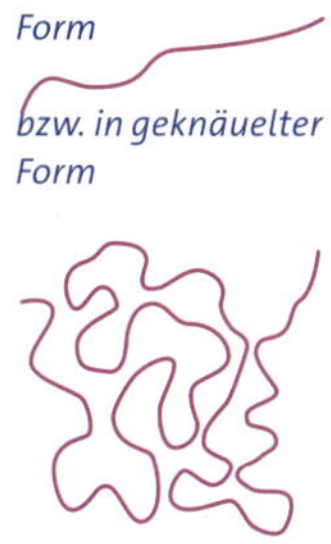

bzw. in geknäuelter Form

Natürlich vorkommende Polymere: *Polypeptide und Proteine* *↑ S. 44 ff.;*

Die sich stark unterscheidenden Stoffeigenschaften von Kunststoffen lassen sich über die Anordnung und die Länge der Polymerketten in den Kunststoffen erklären, was Gegenstand dieses Kapitels ist.

Kunststoffe bestehen aus Polymerketten, die in einer chemischen Reaktion aus Monomeren gebildet werden. Die Länge der Ketten und die Anordnung zueinander sind für die Stoffeigenschaften wesentlich.

1 › Beschreiben Sie das mechanische Verhalten von Duroplasten, Elastomeren und Thermoplasten und geben Sie jeweils ein Beispiel eines Kunststoffs aus dem Alltag an.

2 › Berechnen Sie die Anzahl an Monomereinheiten (C_2H_4) in den Polymer-Molekülen einer Polyethenprobe mit der molaren Masse $M = 140\,000\ g \cdot mol^{-1}$.

3.2 Molekülstruktur und Eigenschaften von Kunststoffen

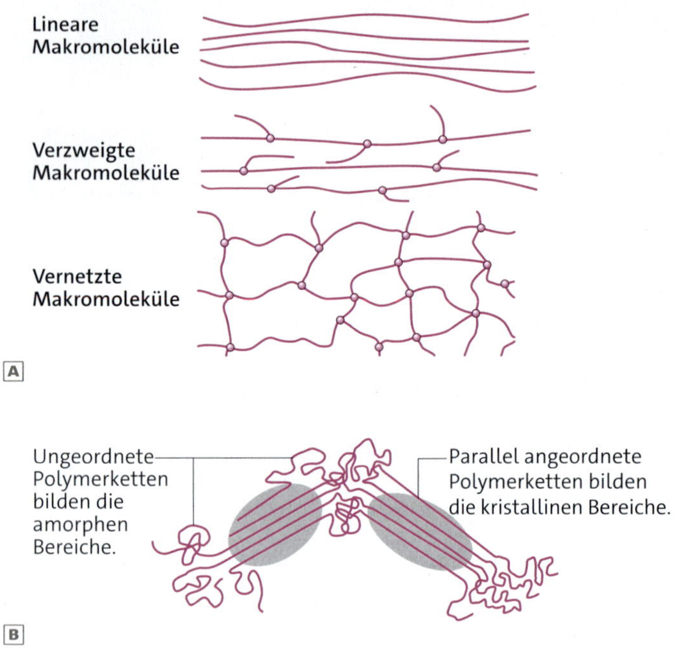

01 A Struktur von Makromolekülen, **B** kristalline und amorphe Bereiche in einem Kunststoff

Zwischenmolekulare Wechselwirkungen ↑ S. 34 f.

Der Begriff „Polymer“ wird synonym für „Polymerkette“, aber auch für „Kunststoffe“ allgemein verwendet.

RÄUMLICHE ANORDNUNG DER MAKROMOLEKÜLE Die Stoffeigenschaften von Kunststoffen resultieren aus der Anordnung der Polymerketten zueinander. Es lassen sich **lineare** (kettenförmige, unverzweigte), **verzweigte** sowie **vernetzte** Makromoleküle unterscheiden. Bei vernetzten Makromolekülen liegen im Idealfall keine einzelnen Polymerketten, sondern nur noch ein Gesamtmakromolekül vor.

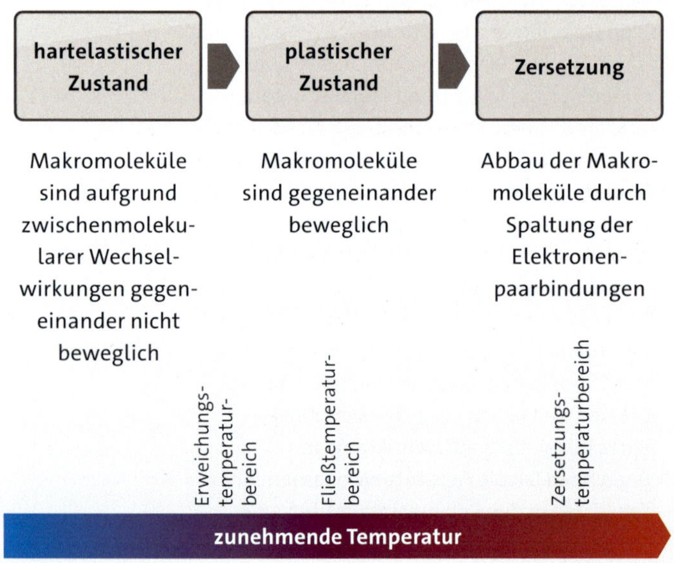

02 Verhalten von Thermoplasten beim Erwärmen

Bei verzweigten Makromolekülen sind es lineare, separate Polymerketten, die im Verhältnis zur Hauptkette einzelne, kurze Seitenzweige aufweisen (↑ **01A**).

AMORPHE UND KRISTALLINE BEREICHE Die linearen Kettenabschnitte von Makromolekülen können unterschiedlich orientiert vorliegen. Treten einheitliche, regelmäßige Strukturen auf, spricht man von **kristallinen** Bereichen. Entspricht die Struktur dagegen der statistischen, d. h. „regellosen“ geknäuelten Anordnung, wie sie frei bewegliche Polymerketten einnehmen, wird der Bereich als **amorph** bezeichnet (↑ **01B**). In **teilkristallinen** Polymeren finden sich kristalline und amorphe Bereiche. Weist ein Kunststoff einen hohen Anteil an kristallinen Bereichen auf, zeigt sich dies an seiner Härte (↑ Exp. 3.01, S. 61).

STRUKTUR VON THERMOPLASTEN Thermoplaste liegen in der Regel als teilkristalline Polymere vor. Sie bestehen aus linearen oder nur wenig verzweigten Makromolekülen. Zwischen den Polymerketten können je nach chemischem Aufbau der Kette *Wechselwirkungen* zwischen permanenten Dipolen oder temporären Dipolen (Van-der-Waals-Wechselwirkungen) bzw. Wasserstoffbrückenbindungen auftreten.

Beim Erwärmen des Kunststoffs erhöht sich die Bewegungsenergie der Makromoleküle, wodurch die zwischenmolekularen Wechselwirkungen überwunden werden und die Makromoleküle aneinander vorbeigleiten können. Dadurch erweicht der Kunststoff, fängt schließlich an zu schmelzen und wird plastisch. In diesem Zustand lassen sich *thermoplastische Kunststoffe* leicht verformen und behalten nach Abkühlung ihre neue Form bei (↑ Exp. 3.02, S. 61).

Oberhalb des Fließtemperaturbereichs zersetzt sich der Thermoplast, da die Elektronenpaarbindungen innerhalb der Makromoleküle aufbrechen (↑ **02**). Da sich das Aufschmelzen und das In-die-neue-Form-Bringen unterhalb der Zersetzungstemperatur beliebig oft wiederholen lassen, zählen thermoplastische Kunststoffe zu den am häufigsten verwendeten Kunststoffen.

Thermoplaste erweichen beim Erwärmen und lassen sich verformen. Abgekühlt behalten sie die gegebene Form bei. Sie sind aus linearen Polymerketten aufgebaut, die durch zwischenmolekulare Wechselwirkungen zusammengehalten werden.

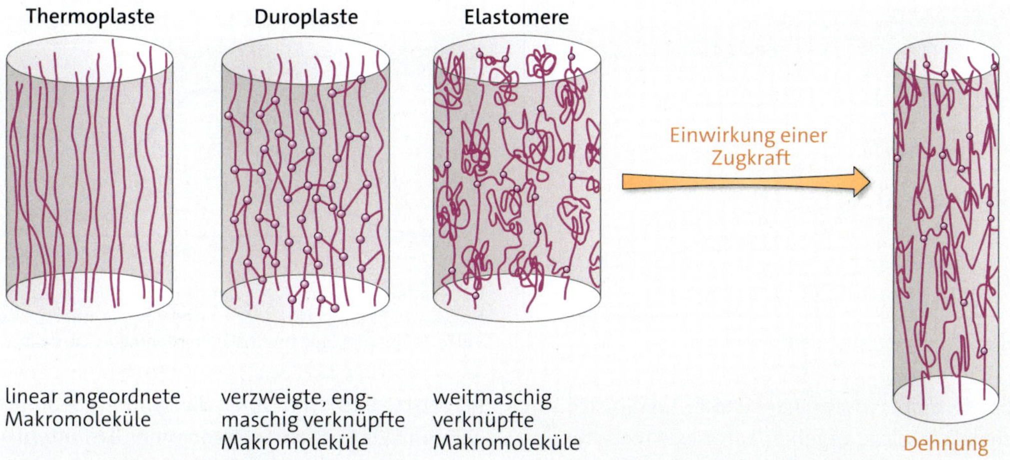

03 Anordnung der Makromoleküle in den Kunststoffarten Thermoplaste, Duroplaste und Elastomere

Übung: Duroplast, Thermoplast oder Elastomer?

STRUKTUR VON DUROPLASTEN Duroplaste sind aus engmaschig vernetzten Makromolekülen aufgebaut. Die dreidimensionale Vernetzung erfolgt durch Elektronenpaarbindungen zwischen den linearen Polymerketten. Beim Erwärmen erhöht sich zunächst nur die Bewegungsenergie der Makromoleküle, wobei die netzartige Struktur beibehalten wird. Bei stärkerer Erhitzung zersetzt sich der Kunststoff, da die Elektronenpaarbindungen innerhalb der Makromoleküle aufbrechen.

Duroplaste lassen sich mechanisch nicht verformen, da die Polymerketten räumlich fixiert sind. Auch ein Aufschmelzen wie bei Thermoplasten ist nicht möglich, da die chemische Vernetzung ein Aneinandervorbeigleiten der Polymerketten verhindert (↑ Exp. 3.02, S. 61). Daher müssen Duroplaste bereits bei der Herstellung ihre endgültige Form erhalten, die anschließend nur noch durch Sägen oder Schleifen bearbeitet werden kann.

Da dieses Verfahren im Vergleich zum Aufschmelzen eines Thermoplasts sehr viel aufwendiger ist, kommen Duroplaste nur noch in wenigen Fällen zum Einsatz. Aufgrund der Tatsache, dass sie bei Erwärmung formstabil bleiben, werden Duroplaste in Gehäusen für elektrische Bauteile verwendet.

> **Duroplaste sind Kunststoffe, die nicht schmelzbar sind. Sie müssen bei der Herstellung in ihre endgültige Form gebracht werden. Sie sind aus engmaschig vernetzten Makromolekülen aufgebaut.**

*Duroplaste werden häufig auch als **Duromere** bezeichnet.*

STRUKTUR VON ELASTOMEREN Ebenso wie bei den Duroplasten sind die weitmaschig vernetzten Makromoleküle der **Elastomere** durch Elektronenpaarbindungen miteinander verbunden. Bei Einwirken einer Zugkraft werden die geknäuelt vorliegenden Polymerketten zwischen den Vernetzungspunkten in einen sortierten Zustand gebracht. Da die ungeordnete Struktur („Knäuel") *energetisch günstiger* ist als die geordnete, wirkt eine Rückstellkraft, die das Elastomer in seine Ausgangsform zurückführt (↑ Exp. 3.04, S. 61).
Erst bei stärkerer mechanischer Beanspruchung oder bei starker Erwärmung brechen die Elektronenpaarbindungen auf und der Kunststoff zerreißt oder zersetzt sich (↑ Exp. 3.06, S. 61). Elastomere zeichnen sich durch eine hohe Elastizität aus. Sie werden deshalb in Reifen, Gummiringen oder Sitzpolstern eingesetzt.

Entropische Effekte ↑ S. 116 f.

> **Elastomere sind Kunststoffe, die bei mechanischer Belastung ihre Form verändern. Anschließend kehren sie in ihre Ausgangsform zurück. Sie sind aus weitmaschig vernetzten Makromolekülen aufgebaut.**

1 〉 Beschreiben Sie die molekulare Struktur der Thermoplaste, Duroplaste und Elastomere.

2 〉 Erstellen Sie eine tabellarische Übersicht, in der Sie das Verhalten von Thermoplaste, Duroplaste und Elastomeren beim Erwärmen vergleichen und den Veränderungen ihrer molekularen Struktur gegenüberstellen.

3 〉 Recherchieren Sie zu Anwendungsbereichen von Kunststoffen in Alltag und Technik. Präsentieren Sie Ihre Ergebnisse in geeigneter Form.

Polymolekularität bei Kunststoffen

Kunststoff	Schmelzbereich in °C
Polyethylenterephthalat (PET) I	235–245
Polyethylenterephthalat (PET) II	250–260
Polyethen mit geringer Dichte (LDPE)	105–120
Polyethen mit hoher Dichte (HDPE)	125–135
Polyamid 6 (PA 6)	215–225
Polystyrol (PS)	235–250

01 Schmelzbereiche einiger thermoplastischer Kunststoffe

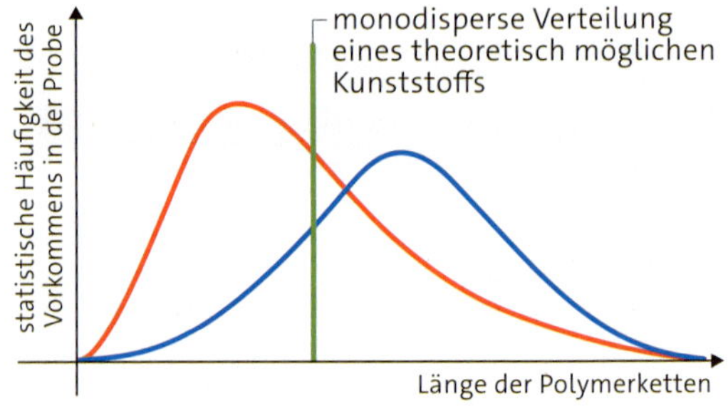

02 Statistische Verteilung der Längen der Polymerketten von zwei Kunststoffproben und eine monodisperse Verteilung eines nur theoretisch möglichen Kunststoffs

Für thermoplastische Kunststoffe lassen sich nur Schmelzbereiche angeben, keine exakten Schmelztemperaturen (↑ **01**). Zudem lassen sich für einen Kunststoff „Sorten“ mit verschiedenen Eigenschaften finden, wie das Beispiel der harten und der weichen PET-Flaschen zeigt (↑ S. 56). Wie können diese Phänomene erklärt werden?

ZWISCHENMOLEKULARE WECHSELWIRKUNGEN Bei der Charakterisierung *niedermolekularer Stoffe* lassen sich viele Stoffeigenschaften, z. B. Schmelz- und Siedetemperaturen, über den Aufbau der Moleküle und die Wechselwirkungen zwischen den Molekülen erklären. *Beispiele*:

Einige Typische Eigenschaften von:
Wasser *(H_2O)*
$\vartheta_S = 0$ °C
$\vartheta_V = 100$ °C
→ bei Raumtemperatur flüssig
Methan *(CH_4)*
$\vartheta_S = -182$ °C
$\vartheta_V = -161{,}5$ °C
→ bei Raumtemperatur gasförmig

Zwischen *Wasser-Molekülen* können Wasserstoffbrückenbindungen ausgebildet werden. Aufgrund dieser sehr starken zwischenmolekularen Wechselwirkungen lassen sich die Wasser-Moleküle nur unter hohem Energieaufwand separieren. Dies erklärt die hohe Siedetemperatur von Wasser. Bei Methan-Molekülen treten nur schwächere Wechselwirkungen zwischen temporären Dipolen (Van-der-Waals-Wechselwirkungen) auf, weshalb Methan eine sehr niedrige Siedetemperatur besitzt. Diese Überlegungen lassen sich prinzipiell auch auf Kunststoffe übertragen. Auch hier treten *zwischenmolekulare Wechselwirkungen* zwischen den Makromolekülen auf.

Zwischenmolekulare Wechselwirkungen ↑ S. 34 ff.

POLYMOLEKULARITÄT Im Gegensatz zu den Molekülen niedermolekularer Stoffe lassen sich Polymer-Moleküle jedoch nicht eindeutig beschreiben. Die Synthese von Polymerketten aus Monomeren erfolgt in nicht exakt steuerbaren *Kettenreaktionen*. Zwar sind alle entstehenden Polymerketten chemisch identisch aus denselben Wiederholungseinheiten aufgebaut, sie unterscheiden sich jedoch in ihrer Kettenlänge. Es entsteht ein statistisch verteiltes Gemisch unterschiedlich langer Moleküle, man spricht von **Polymolekularität** (↑ **02**).

Kettenreaktionen ↑ S. 68 f.

POLYDISPERSITÄT Durch die Synthesebedingungen kann Einfluss darauf genommen werden, ob im Mittel eher kurz- oder langkettige Makromoleküle entstehen. Man spricht bei der Längenverteilung von **Polydispersität** (lat. *dispergere*: zerstreuen). Theoretisch könnte ein Kunststoff mit exakt gleich langen Molekülen erzeugt werden, der dann eine monodisperse Verteilung zeigen würde (↑ **02**).

EINFLUSS AUF DIE KRISTALLINITÄT Sowohl die Breite der Verteilung als auch die absoluten Kettenlängen haben Einfluss auf die Möglichkeit zur Ausbildung kristalliner Bereiche. In diesen ist die *Wechselwirkungsdichte*, also der Anteil an Bereichen, bei denen die Makromoleküle miteinander wechselwirken können, sehr viel höher als in amorphen Bereichen (↑ **03**). Die Wechselwirkungsdichte ist – analog zu den niedermolekularen Stoffen – entscheidend für die Schmelztemperatur. Neben der Polydispersität hat die **chemische Struktur der Polymerkette** und damit zusammenhängend die Regelmäßigkeit im Aufbau der Polymerkette wesentlichen Einfluss auf die Kristallinität eines Kunststoffs.

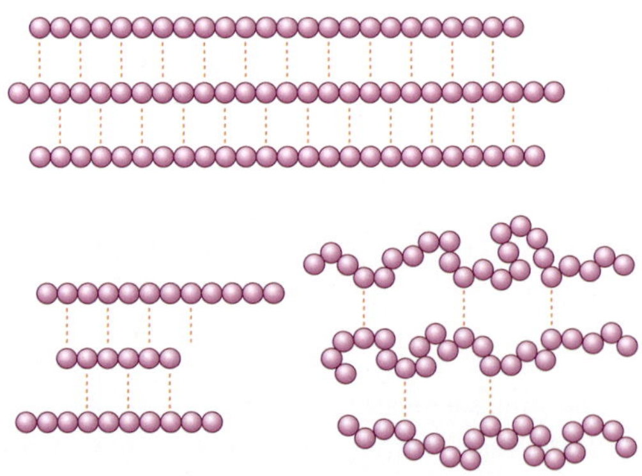

03 Wechselwirkungsdichte innerhalb der kristallinen Bereiche zweier verschieden disperser Kunststoffe sowie innerhalb eines amorphen Bereichs (Schema)

Praktikum

Eigenschaften von Kunststoffen

EXP 3.01 Verformbarkeit und Ritzprobe

Materialien Kunststoffproben, Nagel

Durchführung Versuchen Sie, die verschiedenen Kunststoffproben mit den Fingern erst zu verformen und dann zu zerbrechen.
Führen Sie mit dem Nagel eine Ritzprobe durch.
Entsorgung: Kunststoffproben für weitere Versuche verwenden.

Auswertung Erstellen Sie eine tabellarische Übersicht zur beobachteten Verformbarkeit sowie Bruch- und Ritzfestigkeit der einzelnen Kunststoffproben (halogenfrei).

EXP 3.02 Thermoplastische Verformung

Materialien 2 Tiegelzangen, Brenner, feuchte Papierunterlage, Kunststoffproben

Durchführung Halten Sie die verschiedenen Kunststoffproben jeweils mit zwei Tiegelzangen und erwärmen Sie diese vorsichtig mit dem Brenner. Versuchen Sie während des Erwärmens, die Kunststoffproben vorsichtig auseinanderzuziehen. Entfernen Sie nach jedem Erwärmen die Reste der Kunststoffproben von den Tiegelzangen.
Entsorgung: Kunststoffproben für weitere Versuche weiterverwenden oder in den Hausmüll geben.

Auswertung Erstellen Sie eine tabellarische Übersicht zur Verformbarkeit beim Erhitzen der einzelnen Kunststoffproben.

EXP 3.03 Schwimm-Sink-Verfahren

Materialien 3 Bechergläser, Pinzette, Papier zum Abtrocknen, Wasser, gesättigte Kochsalzlösung, Natriumthiosulfatlösung, Kunststoffproben

Durchführung Füllen Sie je ein Becherglas zur Hälfte mit Wasser, Kochsalzlösung bzw. Natriumthiosulfatlösung. Geben Sie die Kunststoffproben der Reihe nach in die Flüssigkeiten. Trocknen Sie die Kunststoffproben zwischendurch ab. Tauchen Sie die Proben mit der Kante, nicht mit der Fläche in die Flüssigkeiten und drücken Sie sie dabei etwas unter die Oberfläche. Nehmen Sie sie anschließend mit der Pinzette heraus.
Entsorgung: Kunststoffproben für weitere Versuche weiterverwenden oder im Hausmüll entsorgen. Lösungen ins Abwasser geben.

Auswertung Erstellen Sie eine tabellarische Übersicht zum beobachteten Schwimmverhalten der einzelnen Kunststoffproben.

EXP 3.04 Temporäre Bildung kristalliner Bereiche bei der Dehnung von Elastomeren

Materialien Therapieband („Theraband“; $l = 10$ cm)

Durchführung Ziehen Sie das Elastomerband schnell auseinander und halten es kurz gegen Ihre Stirn.
Entspannen Sie das Band nach einigen Sekunden wieder und halten es erneut kurz gegen Ihre Stirn.
Entsorgung: Theraband weiterverwenden oder in den Hausmüll geben.

Auswertung Leiten Sie aus Ihren Beobachtungen ab, ob die kurzzeitige Existenz kristalliner Bereiche nachgewiesen werden kann.
Hilfestellung: Vergleichen Sie den Vorgang mit einem schmelzenden Eiswürfel: Welcher Zustand ist geordneter? Welcher Austausch thermischer Energie findet in welche Richtung statt?

EXP 3.05 Verstreckung einer Kunststofffaser

Materialien unverstreckte thermoplastische Faser

Durchführung Prüfen Sie die Reißfestigkeit der Faser durch ruckartiges Auseinanderziehen an einem Ende der Probe. Verstrecken Sie anschließend die Faser, indem Sie diese an den Enden langsam auseinanderziehen.
Entsorgung: Kunststoffprobe in den Hausmüll geben.

Auswertung Skizzieren Sie den molekularen Aufbau der unverstreckten und der verstreckten Faser und erklären Sie damit die Beobachtungen.

EXP 3.06 Erwärmung eines gedehnten Elastomers

Materialien Stativ, Massestück mit Haken (50 g), Heißluftföhn, Lineal, Haushaltsgummiring

Durchführung Befestigen Sie den Haushaltsgummiring frei hängend an einer Stativstange. Hängen Sie das Massestück mit dem Haken unten in den Haushaltsgummi ein. Halten Sie das Lineal direkt an das Massestück, sodass Sie an der Oberkante des Massestücks den Linealwert sehen können. Erhitzen Sie das Gummiband mit dem Föhn und beobachten Sie das Massestück am Lineal.
Entsorgung: Kunststoffprobe in den Hausmüll geben.

Auswertung Vergleichen Sie das Verhalten des Elastomers beim Erhitzen mit dem Erhitzen eines Metalls. Entwickeln Sie die Fragestellung, die diesem Experiment zugrunde liegt.

3.3 Ethen – Edukt für Polyethen und Polyvinylchlorid (PVC)

01 Vielseitiges Polymere: **A** PE-Folien in der Landwirtschaft, **B** PE-Rohre für Hausbau, **C** PVC-Isolierband, **D** Schnitt durch einen Fensterrahmen aus PVC

ALLTAGSKUNSTSTOFFE Einer der wichtigsten Kunststoffe ist **Polyethen** (**Polyethylen,** Kurzzeichen: **PE**). Mit einer weltweiten Produktionsmenge von etwa 110 Millionen Tonnen (Stand: 2022) ist Polyethen der mit Abstand am häufigsten verwendete Kunststoff. Er wird u. a. zur Herstellung von Folien, Verpackungen und Rohrleitungen verwendet (↑ **01**). Dieser thermoplastische Kunststoff besitzt eine geringe Dichte, ist chemikalienbeständig, recyclingfähig und kostengünstig.

Auch **Polyvinylchlorid** (Kurzzeichen: **PVC**) gehört aufgrund seiner Vielseitigkeit und geringen Herstellungskosten zu den besonders häufig eingesetzten Kunststoffen. 2022 wurden von diesem Kunststoff rund 51 Millionen Tonnen hergestellt.
PVC-Kunststoffe werden in Hart- und Weich-PVC unterteilt. Hart-PVC ist sehr haltbar und wird zur Herstellung von Fensterprofilen, Rohren und Schallplatten verwendet. Weichmacher sorgen in Weich-PVC für ein elastisches Verhalten des Materials. So kann es beispielsweise für Kabelummantelungen, Isolierband und Bodenbeläge verwendet werden.
Das Recycling von PVC gestaltet sich aufgrund der zahlreichen Zusatzstoffe als aufwendig und sorgt meist für einen Qualitätsverlust im Material. Bei der Verbrennung von PVC entstehen Chlorwasserstoff sowie giftige Dioxine, die in Müllverbrennungsanlagen aufwendig herausgefiltert und neutralisiert werden müssen.

02 Entfärbung von Bromwasser

ROHSTOFF ETHEN Das gasförmige Ethen ist das Monomer, das zur Synthese von Polyethen verwendet wird. Die Reaktionsgleichung zeigt, dass aus *n* Molekülen Ethen das Polymer Polyethen gebildet wird, das aus *n* gleichen Bausteinen besteht:

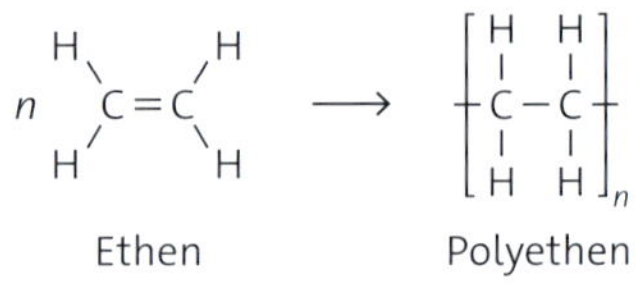

Beim Polyvinylchlorid läuft die Herstellung in mehreren Schritten ab (↑ S. 66), doch auch in diesem Prozess ist Ethen ein wichtiger Ausgangsstoff.

Ethen hat die Molekülformel C_2H_4. Es ist das einfachste *Alken*, also ein ungesättigter Kohlenwasserstoff. Als Quelle für Ethen werden – wie für viele andere Kohlenwasserstoffe auch – überwiegend fossile Rohstoffe genutzt, insbesondere *Erdöl*. Ethen kann aber auch auf Basis nachwachsender Rohstoffe erzeugt werden.

ADDITIONSREAKTIONEN Die Moleküle des Ethens weisen wie alle Alkenmoleküle eine C=C-Doppelbindung auf, die die hohe Reaktivität dieser Verbindungen begründet. Bei der Reaktion von Alken-Molekülen mit anderen Molekülen wird die Doppelbindung aufgebrochen und es entsteht eine Einfachbindung zwischen beiden Kohlenstoff-Atomen. Die beiden „übrigen" Elektronen werden für jeweils eine weitere Einfachbindung zu anderen Atomen oder Atomgruppen genutzt. Man spricht von einer **Additionsreaktion** (↑ **03**).
Ethen geht beispielsweise mit Halogenen wie Brom eine Additionsreaktion ein. Leitet man Ethen in Bromwasser ein, das eine braune Färbung aufweist, so wird die Lösung schnell entfärbt (↑ **02**). Es bildet sich farbloses Dibromethan. Diese Reaktion wird im Labor oft zum Nachweis von Molekülen mit Doppelbindungen genutzt. Der Nachweis ist nicht spezifisch für Alkene, da Brom grundsätzlich an Mehrfachbindungen addiert wird, also beispielsweise auch an die Dreifachbindung der Alkine.

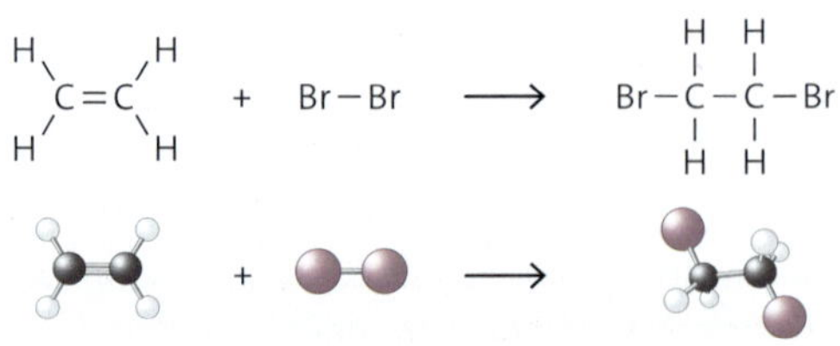

03 Reaktionsgleichung und Teilchenmodell der Addition von Brom an Ethen

π- und σ-Bindung: Die Doppelbindung der Alkene im Modell

DOPPELBINDUNG IM EPA-MODELL Im **Elektronenpaarabstoßungsmodell (EPA-Modell)** wird jedes Elektronenpaar als eine Elektronenwolke betrachtet. Aufgrund der elektrostatischen Abstoßung ordnen sich alle negativ geladenen Elektronenwolken so an, dass der größtmögliche Abstand zwischen ihnen entsteht. Doppelbindungen behandelt das EPA-Modell prinzipiell wie Einfachbindungen. Im Ethen-Molekül (C_2H_4) besitzt folglich jedes Kohlenstoff-Atom drei Elektronenwolken. Diese nehmen den maximalen Abstand voneinander ein, wenn sie in die Ecken eines Dreiecks weisen (↑ **04**): Zwei Wasserstoff-Atome besetzten zwei Ecken des Dreiecks, das Kohlenstoff-Atom die dritte Ecke. Es ergibt sich eine planare trigonale Struktur.

STECKMODELL – BANANENBINDUNG Stellt man das Ethen-Molekül mithilfe eines Molekülbaukastens dar, erhält man ebenfalls eine planare trigonale Struktur (↑ **04** rechts). Zwei gekrümmte Bindungen bilden eine Doppelbindung. Sie wird als *Bananenbindung* bezeichnet. Das Modell der Bananenbindung lässt vermuten, dass die Doppelbindung aus zwei gleichartigen Bindungen besteht.

BINDUNGSENERGIE DER C–C-BINDUNGEN Die Bindungsenergie ist ein Maß für die Stärke der Bindung und beschreibt die Energie, die zur Spaltung dieser Bindung erforderlich ist. Bei einer C–C-Einfachbindung beträgt sie 348 kJ · mol^{-1}, bei der C=C-Doppelbindung 614 kJ · mol^{-1} (↑ **05**). Stellt man sich die C=C-Doppelbindung als Bananenbindung vor, so müsste jede der gleichartigen Bindungen für die Hälfte der Energie der Doppelbindung aufkommen, also eine Bindungsenergie von 307 kJ · mol^{-1} aufweisen. Mit dieser Annahme ließe sich der Befund erklären, dass Alkene reaktionsfreudiger als Alkane sind, da eine Doppelbindung leichter als eine Einfachbindung aufgebrochen werden kann.

BANANENBINDUNG – GRENZEN DES MODELLS Reagiert Ethen z. B. mit Brom in einer Additionsreaktion, so wird die Doppelbindung aufgespalten und es entsteht neben zwei neuen C–Br-Bindungen auch eine C–C-Einfachbindung, die, wie wir wissen, eine Bindungsenergie von –348 kJ · mol^{-1} aufweist (↑ **05**). Beim Aufspalten der C=C-Doppelbindung ist also nicht die Hälfte der Bindungsenergie – die einer der beiden Bananenbindungen entspräche – aufgewendet worden, sondern nur 266 kJ · mol^{-1}, denn es bleibt eine C–C-Einfachbindung im Produkt bestehen. Das widerspricht der oben formulierten Annahme, dass beide Bananenbindungen gleichartig sind.

Alken	Strukturformel	EPA-Modell	Steckmodell
Ethen	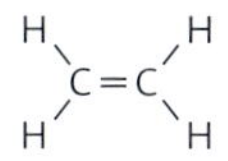	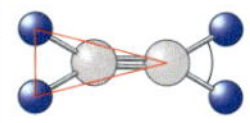 <120°	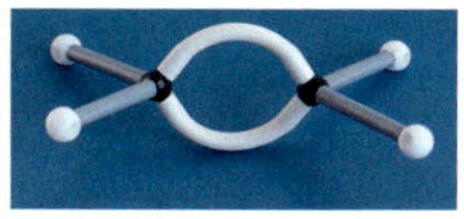

04 Doppelbindung des Ethen-Moleküls in verschiedenen Modellen

Bindungsart	Bindungsenergie
C–C-Einfachbindung	348 kJ · mol^{-1}
C=C-Doppelbindung	614 kJ · mol^{-1}
Differenz	266 kJ · mol^{-1}
½ Bananenbindung, hypothetisch	307 kJ · mol^{-1}

05 Bindungsenergie verschiedener Bindungen

π-BINDUNG UND σ-BINDUNG Die Tatsache, dass beim Aufspalten der Doppelbindung weniger als die Hälfte der Bindungsenergie aufzuwenden ist, kann das *Molekülorbitalmodell* gut erklären. Nach diesem Modell ist die Doppelbindung nicht aus zwei gleichartigen Bindungen aufgebaut, sondern sie besteht aus einer **σ-Bindung**, die einer normalen Einfachbindung gleichkommt, und einer schwächeren **π-Bindung**. Die Bindungsenergie der σ-Bindung entspricht der einer C–C-Einfachbindung (348 kJ · mol^{-1}; (↑ **04**), während die π-Bindung der Differenz aus der Bindungsenergie von Doppelbindung (614 kJ · mol^{-1}) und Einfachbindung entspricht:

$614 \text{ kJ} \cdot mol^{-1} - 348 \text{ kJ} \cdot mol^{-1} = 266 \text{ kJ} \cdot mol^{-1}$

σ-Bindung
sprich Sigma-Bindung

π-Bindung
sprich Pi-Bindung

Bei der *Additionsreaktion* eines Alkens z. B. mit Brom bleibt die σ-Bindung bestehen und die π-Bindung wird aufgebrochen. Die geringere Bindungsenergie der π-Bindung erklärt auch, dass die Elektronen in dieser Bindung nicht so fest gebunden sind wie die einer C–C-Einfachbindung. Sie sind also einer Reaktion leichter zugänglich als die Elektronen einer σ-Bindung. Zudem ist die weniger feste Bindung der Elektronen in der π-Bindung verantwortlich für die beobachtete Ausbildung von *Mesomerie* (↑ S. 28).

Die Doppelbindung der Alken-Moleküle besteht aus einer stärkeren σ- und einer schwächeren π-Bindung. Daher sind Alkene reaktiver als Alkane.

1) Erläutern Sie, warum das Modell der σ- und π-Bindung die Reaktivität der Alkene besser erklärt als das der sogenannte Bananenbindung.

3.4 Synthese von Vinylchlorid – elektrophile Addition

Für die Herstellung von Polyvinylchlorid wird zunächst 1,2-Dichlorethan hergestellt und im nächsten Schritt Chlorwasserstoff abgespalten. Aus dem so entstandenen **Monomer** Chlorethen (Trivialname: *Vinylchlorid*) wird anschließend **Polyvinylchlorid** hergestellt. Der erste Schritt in diesem Prozess – die Herstellung von 1,2-Dichlorethan – erfolgt durch **Addition** von Chlor-Atomen an die Doppelbindung der Ethen-Moleküle.

REAKTIONSMECHANISMUS Die Addition an eine Doppelbindung erfolgt bevorzugt durch **elektrophile Teilchen** (elektronensuchende Teilchen), die sich durch einen (induzierten) Elektronenmangel auszeichnen. Solche elektrophilen Teilchen sind z.B. Halogen-Moleküle. Man spricht deshalb bei der Reaktion von Halogenen mit Alkenen von einer **elektrophilen Addition A_E.** Ein genauer Blick auf diese Reaktion zeigt, dass sie in mehreren Reaktionsschritten erfolgt. Wird eine Reaktion durch die Abfolge der einzelnen Reaktionsschritte beschrieben, so spricht man von einem **Reaktionsmechanismus**. Der Mechanismus der elektrophilen Addition von Chlor an Ethen verläuft in zwei Schritten:

Animation: Elektrophile Addition (A_E)

P **EXP 3.07** **L** Bromierung von Hexen

Durchführung *Abzug!* 3 mL Hexen (2, 8) und 2 mL Bromwasser (w = 3 %; 5, 7) werden in ein Reagenzglas gegeben. Das Reagenzglas wird mit dem Stopfen verschlossen und geschüttelt.

Auswertung Erläutern Sie den Mechanismus der Bromierung von Hexen unter Nutzung von Bild ↑ **01**.

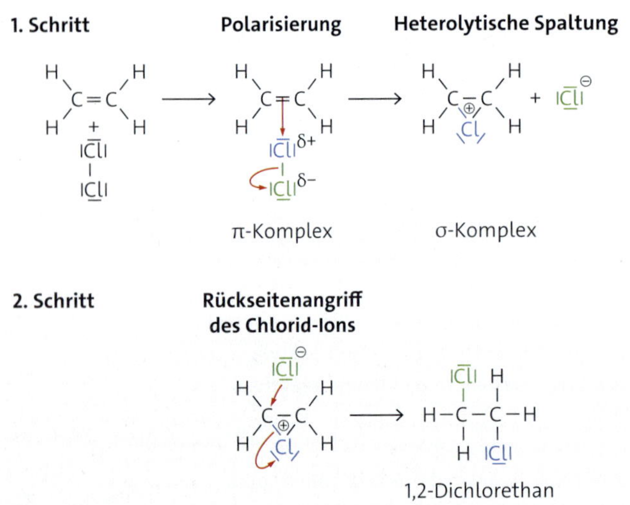

01 Mechanismus der elektrophilen Addition

Im *ersten Schritt* nähert sich ein Chlor-Molekül der Doppelbindung. Dabei werden die Elektronen des Chlor-Moleküls durch die hohe Elektronendichte der Doppelbindung verschoben und das Chlor-Molekül auf diese Weise polarisiert, was durch die Partialladungen δ+ und δ– gekennzeichnet wird. Der partiell positive Teil des Chlor-Moleküls tritt zunächst in Wechselwirkung mit den π-Elektronen der Doppelbindung. Dieser erste Übergangszustand wird **π-Komplex** (sprich: Pi-Komplex) genannt.

Durch die Verschiebung der Elektronen der Bindung zwischen den beiden Chlor-Atomen kommt es zur heterolytischen Spaltung des Chlor-Moleküls und zum Austritt eines negativ geladenen Chlorid-Ions Cl^-. Gleichzeitig bildet das positiv geladene Chlor-Ion Bindungen zu den beiden Kohlenstoff-Atomen aus, wobei ein dreigliedriger Ring aus σ-Bindungen entsteht. Diese Struktur wird **σ-Komplex** (sprich: Sigma-Komplex) genannt und ist ein nachweisbares Zwischenprodukt, ein *Intermediat,* der Reaktion.

Im *zweiten Schritt* findet der Angriff eines negativ geladenen Chlorid-Ions an eines der beiden Kohlenstoff-Atome statt. Die vom Chlorid-Ion ausgehende Bindungsbildung erfolgt aus sterischen Gründen an der Rückseite des σ-Komplexes. Zwischen dem Kohlenstoff-Atom und dem Chlorid-Ion entsteht eine Elektronenpaarbindung. Der Ring bricht auf und das andere Kohlenstoff-Atom bleibt mit dem zuerst angelagerten Chlor-Atom verbunden. Bei der Addition von Chlor an Ethen entsteht so 1,2-Dichlorethan.

Bei der Addition werden an die Moleküle des ungesättigten Ausgangsstoffs Atome oder Atomgruppen an eine Doppelbindung angelagert. Als Reaktionsprodukt entsteht eine gesättigte Verbindung.

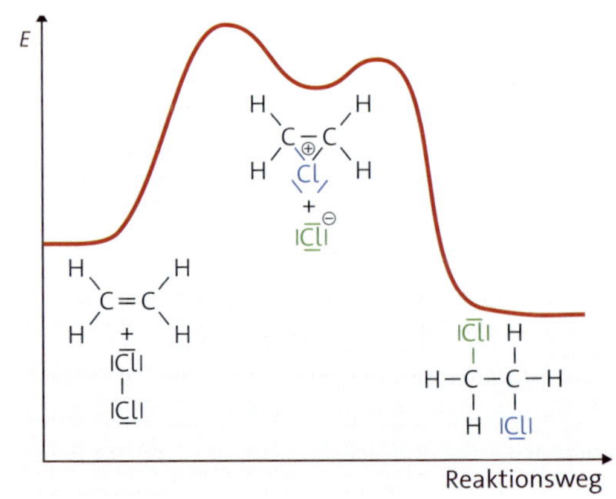

02 Energiediagramm der elektrophilen Addition

ELIMINIERUNG Wird das durch elektrophile Addition erhaltene 1,2-Dichlorethan stark erhitzt, bildet sich unter Abspaltung von Chlorwasserstoff das für die Polyvinylchloridherstellung benötigte Chlorethen, mit Trivialnamen auch als **Vinylchlorid** bezeichnet.

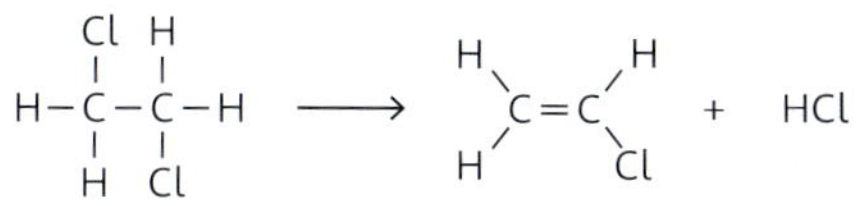

Eine solche Reaktion, bei der aus einem Molekül Atome oder Atomgruppen abgespalten werden, bezeichnet man als **Eliminierung**.

ADDITION POLARER VERBINDUNGEN Auch polare Verbindungen wie Halogenwasserstoffe können an Mehrfachbindungen addiert werden. Der elektrophile Angriff erfolgt hier vom positiv polarisierten Wasserstoff-Atom aus. Dabei wird das Halogenwasserstoff-Molekül heterolytisch gespalten.

Bei der Addition von Bromwasserstoff (HBr) an ein unsymmetrisches Alken wie Propen sind prinzipiell zwei Produkte möglich: 1-Brompropan und 2-Brompropan. Es stellt sich die Frage, an welches der an der Doppelbindung beteiligten Kohlenstoff-Atome das Proton bzw. das Brom-Atom gebunden wird. Nach der **Regel von Markownikow** wird das elektrophil angreifende Proton selektiv an das Kohlenstoff-Atom mit der höheren Anzahl von Wasserstoff-Atomen angelagert (↑ **04**). Der Grund dafür liegt in der größeren Stabilität des zwischenzeitlich entstehenden positiv geladenen **Carbokations** des linken Wegs, das aufgrund der elektronenschiebenden Effekte der zwei benachbarten Methylgruppen stabiler ist als die Struktur, die über den rechten Weg gebildet wird (↑ **04, 05**).

1 Definieren Sie den Begriff elektrophil. Nennen Sie drei Beispiele für elektrophile Teilchen.

2 Interpretieren Sie das Energiediagramm (↑ **02**) der elektrophilen Addition von Chlor an Ethen.

3 Bei der Addition von Brom an Ethen unter Verwendung von Bromwasser entsteht auch 2-Bromethanol. Begründen Sie die Entstehung des Nebenprodukts.

4 Alkine können wie die Alkene in einer elektrophilen Addition reagieren.
a Formulieren Sie einen Mechanismus der Reaktion von Ethin (↑ **03**) mit Chlorwasserstoff.
b Diskutieren Sie, ob bei dieser Reaktion ein σ-Komplex als Übergangszustand entsteht.

5 Begründen Sie, wieso bei der Addition der Verbindung Br–Cl an Propen hauptsächlich 1-Brom-2-chlorpropan entsteht und nicht 2-Brom-1-chlorpropan.

Historische Herstellung von Vinylchlorid – Addition von Chlorwasserstoff an Ethin

Zu Beginn des 20. Jahrhunderts war das relativ einfach zugängliche Ethin (↑ **03**), das man durch Einwirken von Wasser auf Carbid herstellte, ein wichtiger Rohstoff für die chemische Industrie. So setzte etwa der Chemiker FRITZ KLATTE, der 1913 das Patent für die „Polymerisation von Vinylchlorid" erhielt, Ethin mit Chlorwasserstoff um.

Die Herstellung von Vinylchlorid nach diesem historischen Additionsverfahren spielt heute in Europa keine wesentliche Rolle mehr. Vielmehr nutzt man Ethen aus Erdöl und Chlor aus Steinsalz als preiswertere Rohstoffbasis.

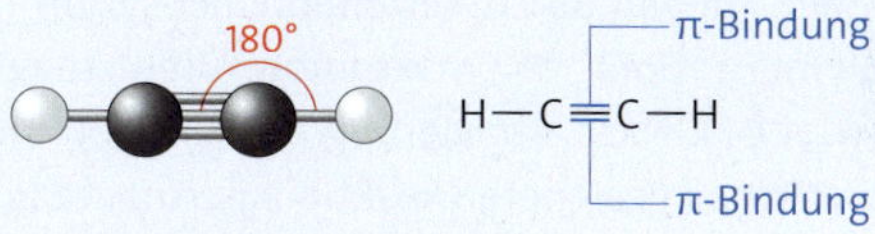

03 Struktur des Ethin-Moleküls

Carbokation

Bezeichnung für ein Kohlenwasserstoff-Molekül, das ein positiv geladenes Kohlenstoff-Atom C^+ aufweist

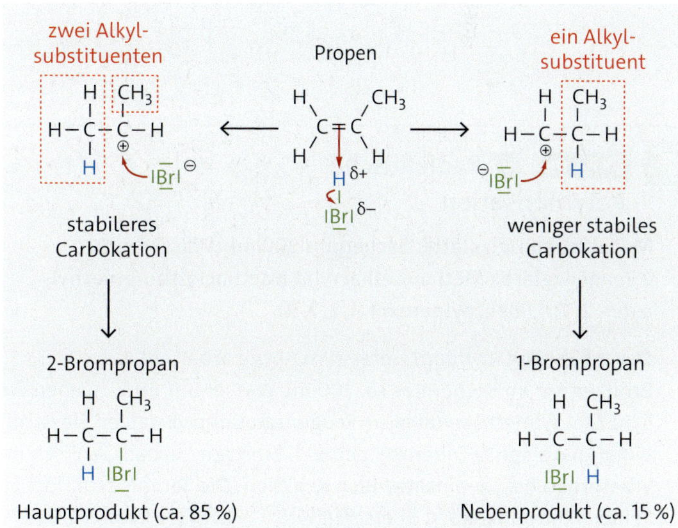

04 Elektrophile Addition von Chlorwasserstoff an Propen (Regel von Markownikow)

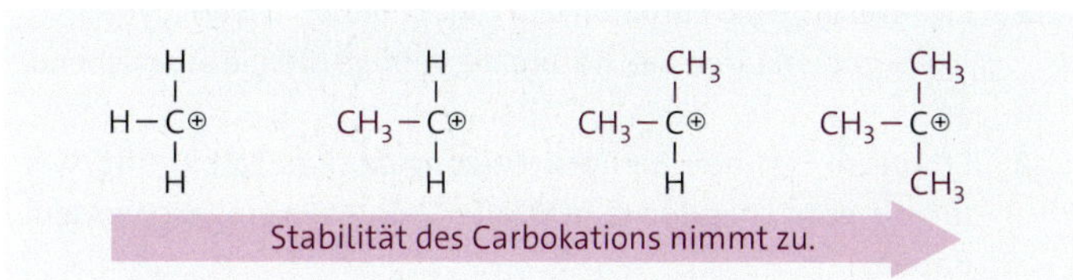

05 Energetische Stabilität von Carbokationen

3.5 Herstellung von PVC durch Polymerisation

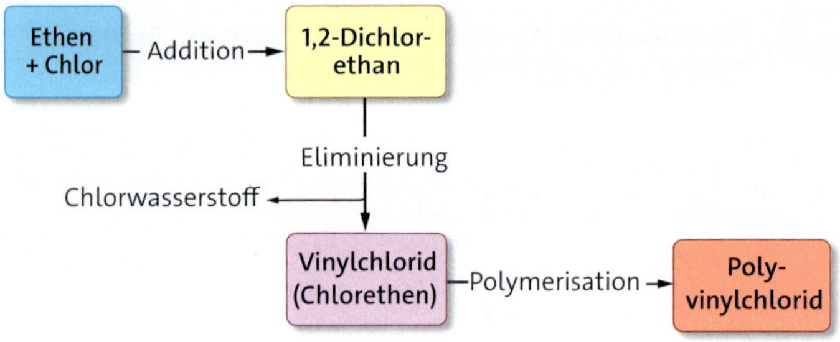

01 Schritte zur Herstellung von Polyvinylchlorid

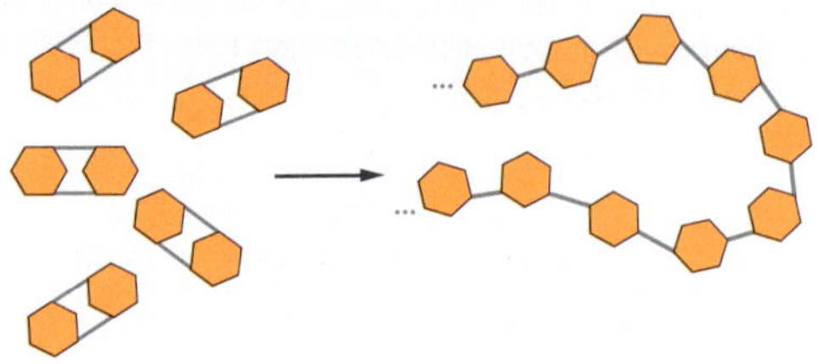

02 Allgemeines Schema der Polymerisation

Monomere, die wie das Ethen- und das Chlorethen-Molekül eine reaktive C–C-Mehrfachbindung enthalten, können durch **Kettenpolymerisation** (kurz: **Polymerisation**) zu Makromolekülen reagieren (↑ **01**, ↑ **03**). Nach Aktivierung der Doppelbindung durch einen geeigneten Reaktionspartner reagieren die Monomere in einer Kettenreaktion zu Polymeren, die als **Polymerisate** bezeichnet werden. Bei dieser Art Reaktion entstehen keine Nebenprodukte (↑ **02**).

Das strukturell einfachste Polymerisat ist Polyethen, das durch Polymerisation vieler Ethen-Moleküle gewonnen wird:

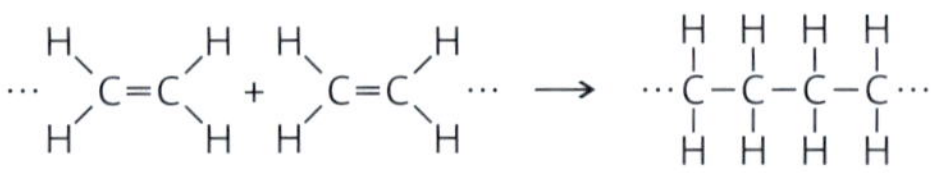

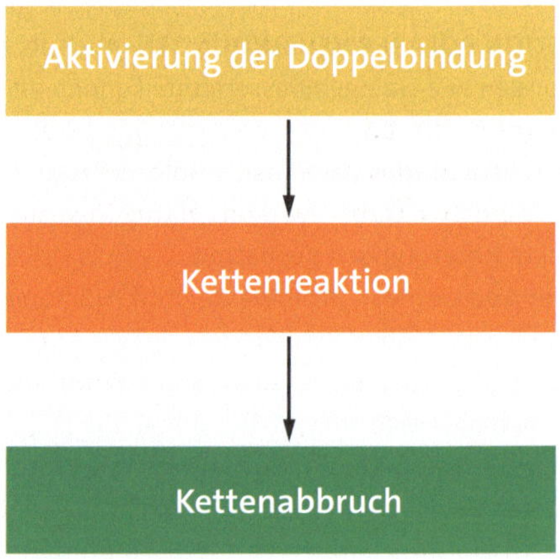

03 Reaktionsschritte einer Kettenpolymerisation

P **EXP 3.08** **L** Radikalische Polymerisation

Materialien Heizplatte, Becherglas 200 mL (Wasserbad), 2 Reagenzgläser, Methylmethacrylat (Methacrylsäuremethylester; 2, 7), Dibenzoylperoxid (1, 2, 7, 9)

Durchführung *Achtung!* Unter dem Abzug arbeiten!
Erhitzen Sie im Becherglas ca. 200 mL Wasser auf 80 °C. Geben Sie 5 mL Methylmethacrylat in ein Reagenzglas und versetzen Sie es mit einer Spatelspitze Dibenzoylperoxid. Erhitzen Sie das Gemisch im Wasserbad bis zur einsetzenden Reaktion. Die Temperatur darf zu keinem Zeitpunkt 80 °C überschreiten.

Entsorgung: Kunststoffreste in den Hausmüll geben.

Auswertung

1 Erläutern Sie die Funktion des zugegebenen Dibenzoylperoxids und erklären Sie, warum die geringe Menge ausreichend ist.

2 Erläutern Sie unter Berücksichtigung der Radikalbildung, warum die entstehenden Kunststoffe Gasblasen eingeschlossen haben.

Mit Chlorethen-Molekülen als Monomere (↑ **01**), kann analog durch Kettenpolymerisation Polyvinylchlorid (PVC) erhalten werden:

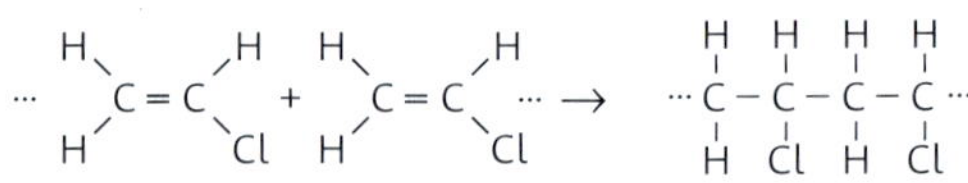

Die sich wiederholenden Einheiten in Polymeren werden als **Repetiereinheiten** bezeichnet. Es ist üblich, sie in Reaktionsgleichungen zusammenzufassen:

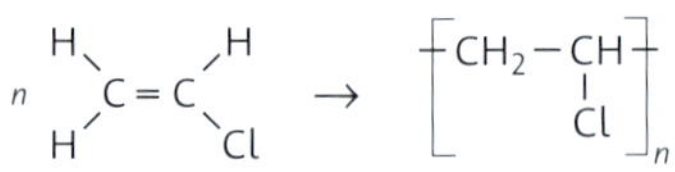

Bei einer Kettenpolymerisation werden Monomere mit mindestens einer C–C-Mehrfachbindung zu Makromolekülen verknüpft.

1 Stellen Sie die Reaktionsgleichung zur Herstellung von Polytetrafluorethen auf und recherchieren Sie Einsatzmöglichkeiten dieses Kunststoffs.

Reaktionsmechanismus der radikalischen Polymerisation LK

RADIKALISCHE POLYMERISATION Die Aktivierung der Monomere kann durch Radikale erfolgen. Dies sind Teilchen, die sich durch ein ungepaartes Elektron auszeichnen und deshalb sehr reaktionsfreudig sind. Sie werden aus Initiatoren wie Dibenzoylperoxid (Kurzzeichen: DBPO) gebildet, deren Moleküle durch UV-Strahlung oder energiereiche Stöße in Radikale zerfallen (↑ **04**; ↑ Exp. 3.08).

In der **Startreaktion** addiert sich das Radikal an die Doppelbindung eines Monomers, indem es diese aufspaltet und sich mit einem der beiden Kohlenstoff-Atome unter Ausbildung einer Einfachbindung verknüpft. Das andere Kohlenstoff-Atom besitzt nun ein ungepaartes Elektron, wodurch ein neues Monomerradikal gebildet wird – ein Alkylradikal (↑ **04**). Dieses kann nun in der Phase des **Kettenwachstums** mit einem weiteren Monomer reagieren, wobei wieder ein Radikal entsteht, das erneut reagieren kann. Es kommt dadurch zu einer Verlängerung der Kohlenstoffkette.

Erst wenn zwei Radikale im Reaktionsgemisch aufeinandertreffen und eine Elektronenpaarbindung eingehen, endet das Kettenwachstum und es kommt zum Abbruch der Reaktion. Da die **Abbruchreaktionen** rein zufällig erfolgen, entstehen bei der radikalischen Polymerisation Makromoleküle mit unterschiedlichen Kettenlängen. Bei der hier gezeigten radikalischen Polymerisation wird aus dem Monomer Ethen das Polymer **Polyethen** gebildet.

Der zugrunde liegende Reaktionsmechanismus ist eine **Additionsreaktion**. Die gebildeten Makromoleküle sind prinzipiell linear gebaut, können jedoch in weiteren Nebenreaktionen Verzweigungen ausbilden (↑ **05**).

Steuerung der Polymerisation ↑ S. 68

Hochdruck-Polyethen und Niederdruck-Polyethen ↑ S. 69

Übung: Polymerisation

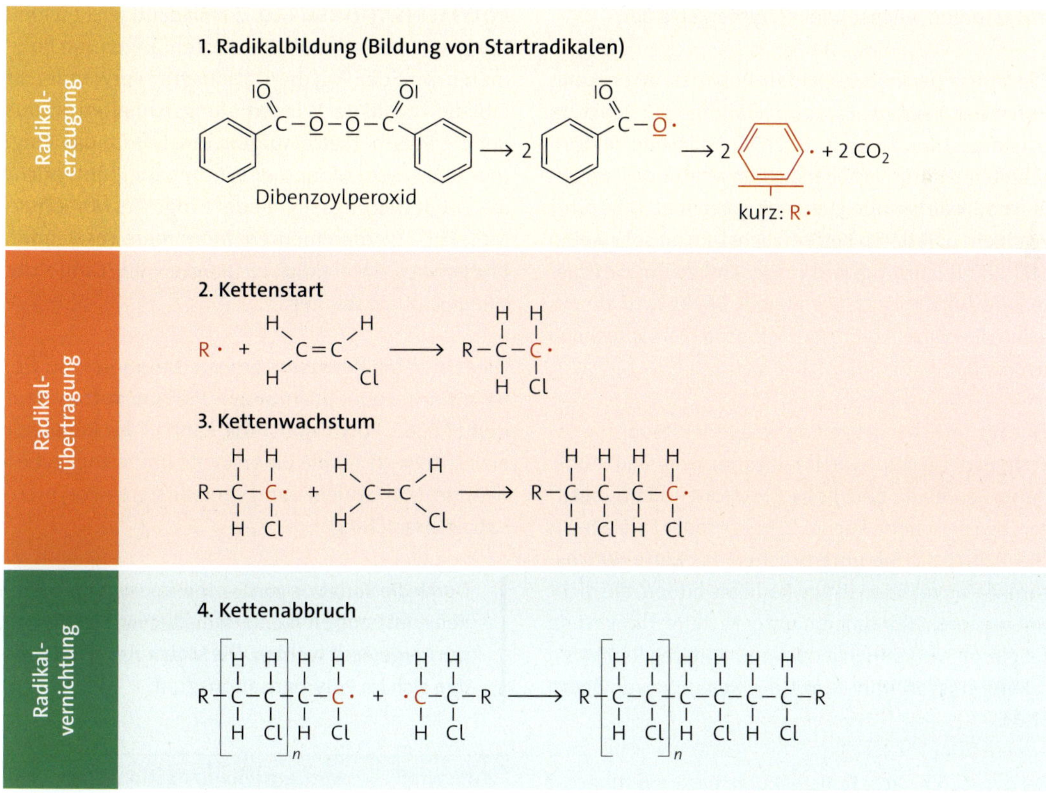

04 Reaktionsschritte einer radikalischen Kettenpolymerisation am Beispiel von Polyvinylchlorid

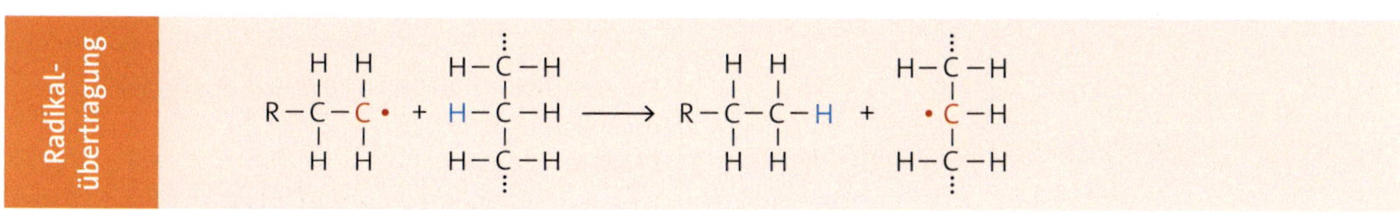

05 Kettenverzweigung als Nebenreaktion am Beispiel von Polyethen

Steuerung der Polymerisation

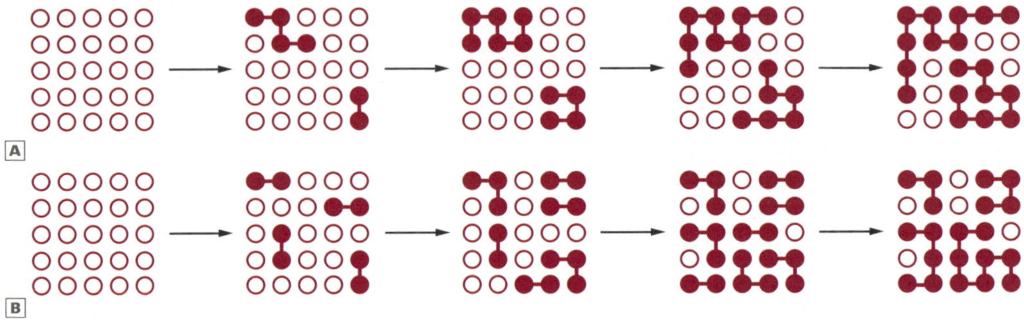

01 Verlauf von Polyreaktionen (Schema): **A** Kettenwachstumsreaktion (z. B. Kettenpolymerisation), **B** Stufenwachstumsreaktion (z. B. Polykondensation)

Polymerisationen verlaufen als **Kettenwachstumsreaktionen** und erzeugen schon zu Beginn der Reaktion Makromoleküle (↑ **01A**). Jedes durch ein Startradikal aktivierte Monomer-Molekül stellt den Beginn einer durch Addition weiterer Monomer-Moleküle fortwährend wachsenden Polymerkette dar.

Die Länge der entstehenden Polymerketten kann durch verschiedene Faktoren während der Reaktion beeinflusst werden, z. B. durch Veränderung der Synthesetemperatur: Je höher die Temperatur, desto mehr Startradikale werden gleichzeitig gebildet. Dies führt zu einem parallelen Kettenwachstum an sehr vielen Stellen gleichzeitig, was insgesamt zu kurzkettigeren Produkten führt. Der gleiche Effekt wird erzielt, wenn die Konzentration der Initiatoren entsprechend hoch ist.

Eine weitere Möglichkeit der Reaktionssteuerung besteht in der Zugabe von **Inhibitoren**. Dies sind Stoffe, deren Moleküle eine hohe Elektronendichte besitzen, beispielsweise Phenol C_6H_5–OH oder Thiole R–SH (R = Alkylrest). Sie unterbrechen das Kettenwachstum, da sie reaktionsträge Radikale bilden, die nicht mit weiteren Monomeren unter Kettenverlängerung reagieren. Sie können jedoch mit anderen Radikalen rekombinieren und damit die Reaktion verzögern (↑ **02**).

Stufenwachstumsreaktion ↑ S. 76

Bei der Stufenwachstumsreaktion reagieren zunächst nur einzelne Monomere zu Dimeren. Zu Beginn bilden sich also keine langkettigen Makromoleküle. Diese entstehen erst zu einem sehr späten Zeitpunkt des Reaktionsverlaufs durch Reaktion der bereits vorliegenden kürzeren Ketten (↑ **01B**).

POLYMERISATIONSGRAD Zur eindeutigen Beschreibung der unterschiedlichen Kettenlängen von Polymeren wird der Polymerisationsgrad verwendet. Er gibt die Anzahl der Wiederholungseinheiten an, aus der die Polymerkette aufgebaut ist. Wird das Polymer aus einem Monomer synthetisiert, entspricht die Wiederholungseinheit der Länge des Monomer-Moleküls; werden mehrere Monomere verwendet, bilden diese Moleküle zusammen die Länge der Wiederholungseinheit.

Da es sich bei Kunststoffproben immer um ein Gemisch unterschiedlich langer Polymerketten handelt (↑ S. 62, Polydispersität), kann in der Regel nur ein Mittelwert für die untersuchte Probe angegeben werden. Man spricht dann vom mittleren Polymerisationsgrad (↑ **03**).

> **Durch die Variation von Syntheseparametern können Kunststoffe mit unterschiedlichen Eigenschaften hergestellt werden. Die Moleküle unterscheiden sich im Polymerisationsgrad.**

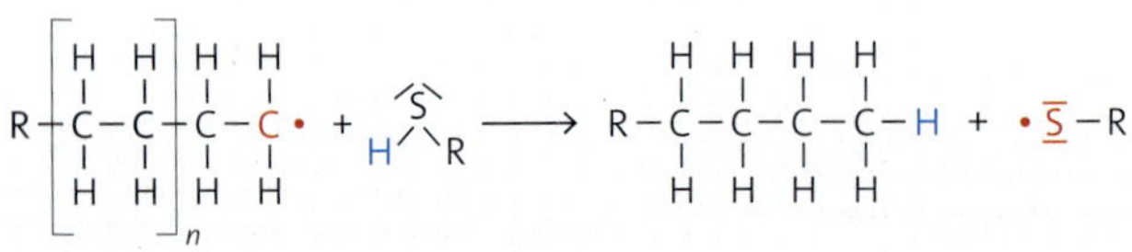

02 Wirkung eines Inhibitors

Kunststoff	Mittlere Polymerisationsgrade
Polystyrol PS	10–200 (Lacke) 200–750 (Spritzgussteile) 750–15000 (Folien und Bänder)
Polymethylmethacrylat PMMA	20 000–30 000 (Kunstglas)

03 Beispiele typischer mittlerer Polymerisationsgrade

Polyethen und Polypropen

Polyethen Durch Variation der Reaktionsbedingungen sowie durch Einsatz eines Katalysators lassen sich verschiedene Polyethensorten herstellen:
Bei hohen Temperaturen (150 bis 300 °C) und hohen Drücken (1400 bis 3500 bar) treten Nebenreaktionen auf, bei denen ein Radikal einem Makromolekül ein Wasserstoff-Atom entreißen kann. Es bleibt ein Radikal zurück, das Startpunkt für eine neue Seitenkette, eine Verzweigung, ist. Auf diese Weise bildet sich **Hochdruck-Polyethen** mit niederer Dichte (engl. *low-density polyethylene*, LDPE; ↑ **05**).

Bei niedrigen Temperaturen (50 bis 150 °C) und niedrigen Drücken (1 bis 50 bar) bildet sich unter Verwendung eines Katalysators **Niederdruck-Polyethen** mit hoher Dichte (engl. *high-density polyethylene*, HDPE; ↑ **05**). Die Makromoleküle sind unverzweigt und können sich parallel anordnen. Auf diese Weise kann sich eine kristalline Struktur ausbilden, was die größere Dichte des Niederdruck-Polyethens und somit seine höhere Festigkeit erklärt.
Beide Polyethensorten gehören zu den thermoplastischen Kunststoffen.

TAKTIZITÄT BEI POLYPROPEN – AUF DIE ORDNUNG KOMMT ES AN Zusätzlich zu den bisher beschriebenen Unterschieden im molekularen Aufbau von Kunststoffen können bei **Polypropen** noch verschiedene *Konformationen* auftreten – dies sind Anordnungen aufgrund der freien Drehbarkeit der C–C-Bindungen. Auch diese haben Auswirkungen auf die Stoffeigenschaften des Polymers. Da isotaktisches Polypropen kristalline Bereiche bilden kann, weist es mit Abstand die höchste Schmelztemperatur und die höchste Dichte auf (↑ **04**).

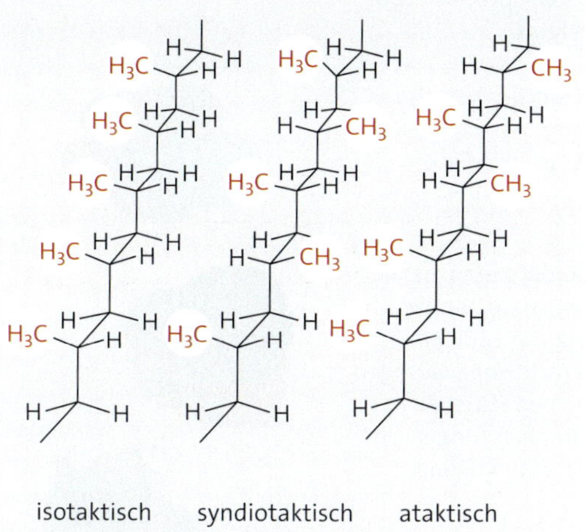

04 Drei mögliche Taktizitäten bei Polypropen

	Hochdruck-Polyethen	Niederdruck-Polyethen
Typische Stoffeigenschaften	• amorpher Kunststoff • geringe Härte, geringe Festigkeit	• kristalliner Kunststoff • große Härte, hohe Festigkeit
Struktur	• unregelmäßige Anordnung • stark verzweigte Polymerketten → geringe Ausbildung kristalliner Bereiche 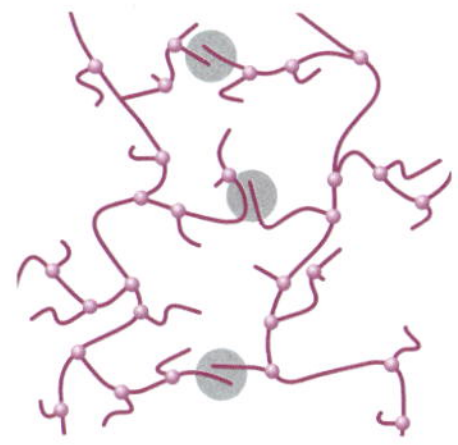	• regelmäßigere Anordnung • gering verzweigte Polymerketten → häufige Ausbildung kristalliner Bereiche 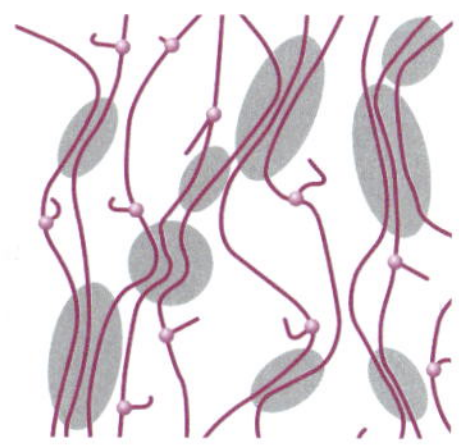
Dichte	niedrig: 0,92–0,94 g/cm^3	hoch: 0,94–0,96 g/cm^3
Mittlerer Polymerisationsgrad	1800–10 000	1000–5000
Typische Verwendungen	z. B. für dünnwandige Folien wie Tragetaschen und Müllsäcke 	z. B. Hohlkörper wie Kanister und Verpackungen 
Symbol und Kurzzeichen	4 LDPE Polyethen niederer Dichte (engl. *low-density polyethylene*) Merke: synthetisiert im **Hochdruck**verfahren	2 HDPE Polyethen hoher Dichte (engl. *high-density polyethylene*) Merke: synthetisiert im **Niederdruck**verfahren

05 Vergleich: Hochdruck- und Niederdruck-Polyethen

1 › Erläutern Sie den Unterschied zwischen Initiatoren und Inhibitoren.

2 › Stellen Sie die Start-, Kettenwachstums- und Abbruchreaktion für die radikalische Polymerisation von Polypropen dar.

Übersicht über die Polymerisate

Name Kurzzeichen	Monomer	Polymer-Molekül (Strukturausschnitt)	Eigenschaften/Verwendungen	Beispiel
Polypropen PP	Propen	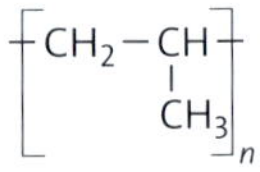	teilkristallines Polymer mit größerer Härte und Festigkeit als PE, gute Beständigkeit gegenüber Lösungsmitteln, Säuren und Laugen; für Schutzhelme, Rohrleitungen, Innenausstattung von Pkws, Möbelrollen	
Polystyrol PS	Phenylethen (Styrol)	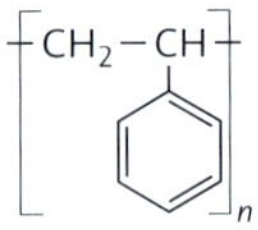	festes PS: hart, glasklar und beständig; für Joghurtbecher, DVD-Hüllen	
			geschäumtes PS (Styropor): geringe Dichte, undurchsichtig; für Dämmmaterial und Verpackungen	
Polyvinylchlorid PVC Übung: Vielfalt der Polymerisate	Chlorethen	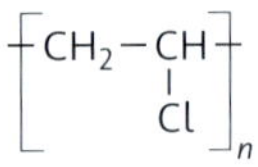	Hart-PVC: hart, spröde, gute Beständigkeit gegenüber Lösungsmitteln, Säuren und Laugen, schwer entflammbar; für Fensterprofile und Rohre, EC-Karten	
			Weich-PVC: weich, elastisch; für Kabelummantelungen	
Polymethylmethacrylat PMMA	Methacrylsäuremethylester	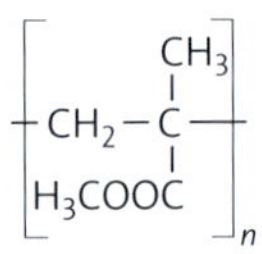	glasartiger, biegsamer, bruchfester Kunststoff mit geringer Dichte; lichtdurchlässig und UV-beständig; im Flugzeugbau, Bauwesen, in der Optik als Plexiglas oder Acrylglas	
Polyacrylnitril PAN	2-Propennitril (Acrylnitril)	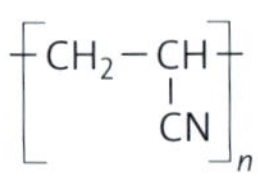	harter Kunststoff, der jedoch zu Fasern verspinnbar ist; für Textilfasern wie „Polyacryl"-Fasern	
Polytetrafluorethen PTFE	Tetrafluorethen	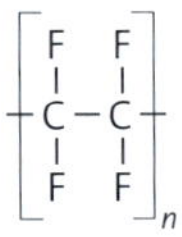	äußerst beständig gegen die meisten Chemikalien, temperaturbeständig von −200 bis +250 °C, wird nicht von wässrigen oder fettähnlichen Flüssigkeiten benetzt: für Beschichtungen von Kochgeschirr, Bekleidung (Goretex)	

Praktikum

Herstellung von Kunststoffen

EXP 3.09 Synthese eines unvernetzten Polymers

Materialien Reagenzglas, Reagenzglasklammer, Reagenzglasständer, Spatel, Pipette, Aluschale eines Teelichts, Bunsenbrenner, Pinzette, 3 Siedesteinchen, Waage, Glykol (Ethan-1,2-diol; 7, 8), Maleinsäure (cis-But-2-endisäure; 7), konzentrierte Schwefelsäure (5), Watesmopapier

Durchführung Wiegen Sie 2 g Maleinsäure ab und geben Sie diese zu 1 mL Glykol in ein Reagenzglas. Geben Sie anschließend einen Tropfen konzentrierte Schwefelsäure sowie 3 bis 5 Siedesteinchen hinzu. Erwärmen Sie das Gemisch vorsichtig mit dem Brenner, bis es sich orange verfärbt. Halten Sie während des Erhitzens mit der Pinzette das Watesmopapier an die Öffnung des Reagenzglases. Füllen Sie nach dem Erwärmen den Inhalt des Reagenzglases in die Aluschale.
Entsorgung: Kunststoffreste in den Hausmüll geben.

Auswertung
1 Beschreiben Sie Ihre Beobachtungen und erklären Sie die Farbveränderung des Watesmopapiers.
2 Entwickeln Sie einen Strukturformelausschnitt mit jeweils fünf Molekülen Maleinsäure und Glykol.
3 Geben Sie den Reaktionstyp an und nennen Sie die Stoffklasse des gebildeten Polymers.

EXP 3.10 Synthese eines vernetzten Polymers

Materialien Reagenzglas, Reagenzglasklammer, Reagenzglasständer, Spatel, Pipette, Aluschale eines Teelichts, Brenner, Watesmopapier, Pinzette, 3 Siedesteinchen, Waage, Glycerin (Propan-1,2,3-triol), Äpfelsäure (7)

Durchführung Wiegen Sie 2,2 g Äpfelsäure ab und geben Sie diese zu 1 mL Glycerin in ein Reagenzglas. Geben Sie anschließend 3 bis 5 Siedesteinchen hinzu. Erhitzen Sie das Gemisch vorsichtig 2 min in der rauschenden Brennerflamme. Halten Sie während des Erhitzens mit der Pinzette das Watesmopapier an die Öffnung des Reagenzglases. Füllen Sie nach dem Erwärmen den Inhalt des Reagenzglases in die Aluschale.
Entsorgung: Kunststoffreste in den Hausmüll geben.

Auswertung
1 Beschreiben Sie Ihre Beobachtungen und erklären Sie die Farbveränderung des Watesmopapiers.
2 Entwickeln Sie einen Strukturformelausschnitt mit jeweils fünf Molekülen Äpfelsäure und Glycerin.
3 Vergleichen Sie diesen Formelausschnitt mit dem aus Exp. 3.09 und stellen Sie Unterschiede dar.

EXP 3.11 Grenzflächenkondensation von Nylon

Materialien 2 Bechergläser, Spatel, Pinzette, Trichter, Glasstab, Waage, Messzylinder, Handschuhe, Sebacinsäuredichlorid (Decandisäurechlorid; 5, 7), Heptan (2, 7, 8, 9), Hexamethylendiamin (Hexan-1,6-diamin; 5, 7), Thymolphthaleinlösung (2)

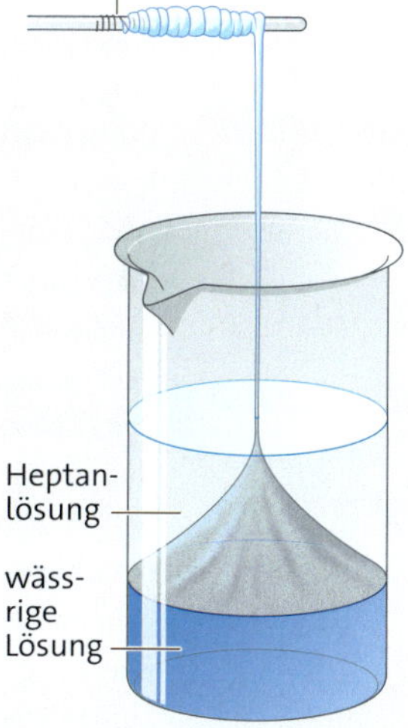

Durchführung Lösen Sie in einem ersten Becherglas 1 mL Sebacinsäuredichlorid in 25 mL Heptan und im zweiten Becherglas 1 g Hexamethylendiamin in 25 mL Wasser und einigen Tropfen Thymolphthalein. Schichten Sie anschließend mithilfe eines Trichters vorsichtig die erste Lösung auf die zweite. Ziehen Sie mit der Pinzette die sich an der Grenzfläche der beiden Lösungen bildende Haut aus der Lösung und wickeln Sie sie vollständig auf dem Glasstab auf.
Entsorgung: Reste der Lösungen in den Behälter für halogenhaltige organische Abfälle geben.

Auswertung
1 Beschreiben Sie Ihre Beobachtungen und erklären Sie die Schichtung im Becherglas.
2 Erstellen Sie die Reaktionsgleichung unter Verwendung von jeweils einem Molekül der Ausgangsstoffe.

EXP 3.12 Körper aus geschäumtem Polystyrol

Materialien Heizplatte, Becherglas (500 mL), 2 Metallhalbformen mit Verschlussklammern (alternativ: Teeei), Tiegelzange, expandierfähiges Polystyrol (EPS)

Durchführung Bringen Sie im Becherglas ca. 400 mL Wasser zum Kochen. Wiegen Sie in einer Hälfte der Formen ca. 5 g EPS-Kügelchen ab. Verschließen Sie die Form und geben Sie diese für ca. 15 min in das kochende Wasser. Entnehmen Sie die Form mit der Tiegelzange und kühlen Sie die Form mit kaltem Wasser vor dem Öffnen ab.
Entsorgung: Geben Sie die Reste in den Hausmüll.

Auswertung Erläutern Sie, warum die Kügelchen expandieren und warum sie im endgültigen Körper verschweißt sind.

3.6 Polyaddition

Kunststoffe lassen sich auch durch **Polyaddition** herstellen. Als Ausgangsstoffe werden im Gegensatz zur Polymerisation *zwei unterschiedliche Monomere* verwendet, deren Moleküle über jeweils zwei oder mehr funktionelle Gruppen verfügen. Ein Monomer besitzt dabei ein positiv polarisiertes Kohlenstoff-Atom, während das andere Monomer reaktionsfähige Wasserstoff-Atome an einem negativ polarisierten Sauerstoff-Atom aufweist. Die Reaktionsprodukte werden als **Polyaddukte** bezeichnet. Wie bei der Polymerisation entstehen auch bei der Polyaddition keine Nebenprodukte (↑ **02**). Wichtige Vertreter der Polyaddukte sind Polyurethane, Polyurethanschaumstoffe, Polyharnstoffe und Epoxidharze.

POLYURETHANE Als Monomere der Ausgangsstoffe für die Herstellung von **Polyurethanen** (Kurzzeichen: **PUR**) werden Diole und Diisocyanate eingesetzt (↑ **01**; ↑ Exp. 3.13). Bei der Reaktion entsteht eine Bindung zwischen dem partiell negativ geladenen Sauerstoff-Atom der Hydroxygruppe und dem partiell positiv geladenen Kohlenstoff-Atom der Isocyanatgruppe –N=C=O. Gleichzeitig findet ein Protonenübergang von der Hydroxygruppe des Diol-Moleküls zum Stickstoff-Atom der Isocyanatgruppe statt. Dadurch bildet sich die für diese Kunststoffe typische **Urethanbindung** –O–CO–NH–.

Bei Einsatz von Monomeren mit zwei funktionellen Gruppen werden nur lineare Polyurethane erzeugt. Sie haben thermoplastische Eigenschaften. Enthalten die Monomere jedoch mehrere funktionelle Gruppen, so kann ein verzweigtes Polyurethan mit duroplastischen Eigenschaften entstehen.
Besonders durch Variation der Alkohole lassen sich Polyurethane mit verschiedenen Eigenschaften herstellen, sodass viele Verwendungen für diesen Kunststoff möglich sind. Sie reichen von Dichtungen, Fußböden und Lacken bis hin zu Schuhsohlen, Skiern und Fußbällen.

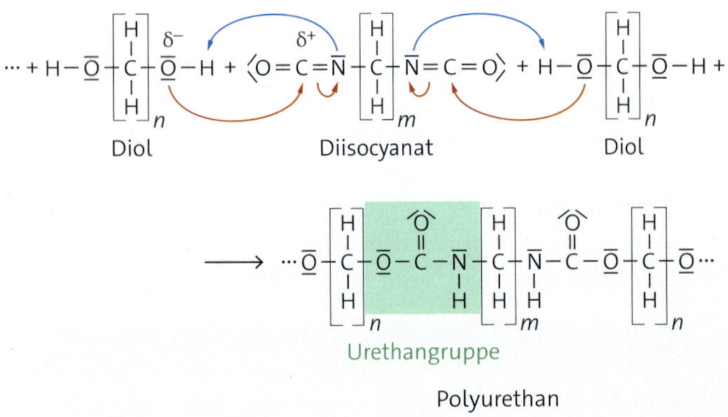

01 Bildung eines Polyurethans

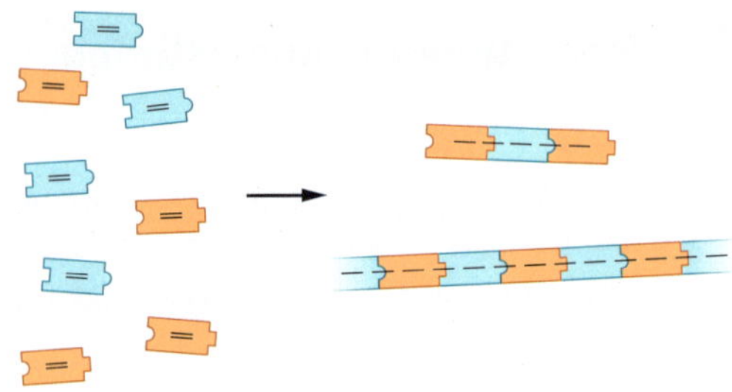

02 Allgemeines Schema der Polyaddition

03 Produkte aus Polyurethan

Durch kontrollierte Wasserzugabe reagieren die Isocyanate zu Aminen und Kohlenstoffdioxid. Die Gasentwicklung führt zum Aufschäumen des Kunststoffs, wodurch **Polyurethan-Schaumstoffe** entstehen:

$$R{-}N{=}C{=}O + H_2O \longrightarrow R{-}NH_2 + CO_2$$

POLYHARNSTOFF Verwendet man Amine anstelle von Alkoholen, so können auch die Aminogruppen an die Isocyanatgruppen addiert werden. Der sich hierbei bildende Kunststoff wird **Polyharnstoff** genannt.

> **Die Polyaddition ist eine Form der Addition, bei der aus Monomeren mit mehreren funktionellen Gruppen durch molekulare Umlagerung (Protonenwanderung) Makromoleküle gebildet werden.**

1 〉 Entwickeln Sie eine allgemeine Reaktionsgleichung für die Bildung eines Polyharnstoffs.

2 〉 Begründen Sie, warum Handwerkerinnen und Handwerker für die Fixierung von Fensterzargen mithilfe von Polyurethanschaum die Arbeit an einem schwülen Sommertag der Arbeit an einem trockenen Wintertag vorziehen.

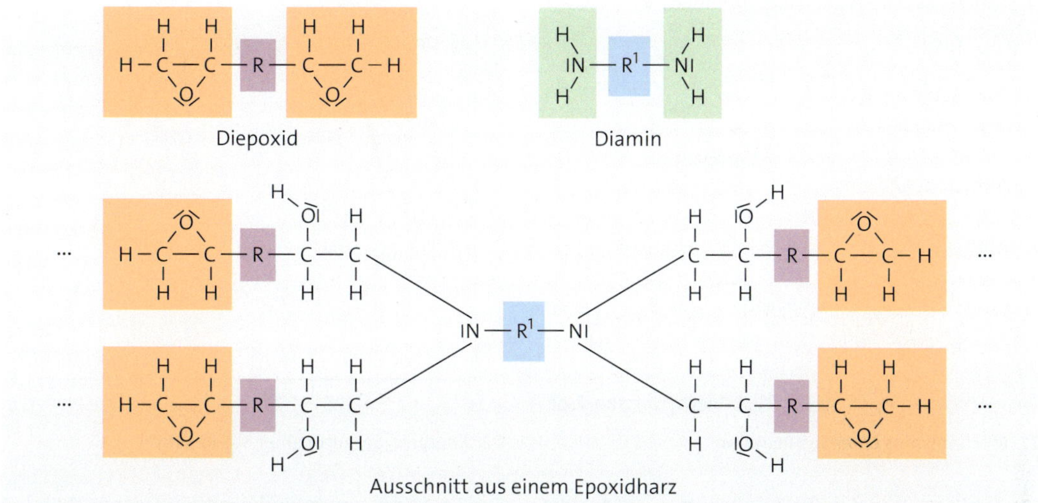

04 Synthese eines Epoxidharzes durch Reaktion einer Harzkomponente (Diepoxid) mit einem Härter (Diamin)

EPOXIDHARZE zeichnen sich durch eine sehr gute Haftfähigkeit auf verschiedensten Werkstoffen wie Glas, Holz, Metall, Keramik aus. Dies macht eine vielfältige Verwendung als Klebstoffe, Lacke oder Beschichtungen möglich. Als Gießharze werden sie für Bodenbeläge genutzt oder sie werden zur Herstellung von Formteilen wie Tennisschlägern, Stabhochsprungstäben oder Fahrradrahmen eingesetzt.

Epoxidharze werden aus zwei Komponenten hergestellt: einer *Harzkomponente*, die die Epoxidverbindung enthält, und einem *Härter*, der aus der Aminoverbindung besteht.
Bei der Harzkomponente handelt es sich um ein lineares Polymer, das am Ende jeweils eine **Epoxidgruppe** –$CHOCH_2$ aufweist. Dies ist ein Dreiring, der ein Sauerstoff-Atom enthält. Stoffe, die diese funktionelle Gruppe enthalten, sind sehr reaktiv. Aus diesem Grund werden z. B. bei Klebstoffen die beiden Komponenten in getrennten Kammern bevorratet (↑ **06**).

Bei der Reaktion mit dem Härter bildet sich durch eine Polyaddition ein vernetztes Polymer (↑ **04**). Je nach Menge des Härters und der Längen der Polymerketten in den Ausgangsstoffen variieren die Stoffeigenschaften.

Polyepoxide und Polyamine reagieren zu vernetzten Epoxidharzen. Hierbei werden Aminogruppen an die Epoxidgruppen addiert.

1 Erläutern Sie, wie die Ausgangsstoffe für ein sehr hartes, sprödes Epoxidharz aufgebaut sein müssen.

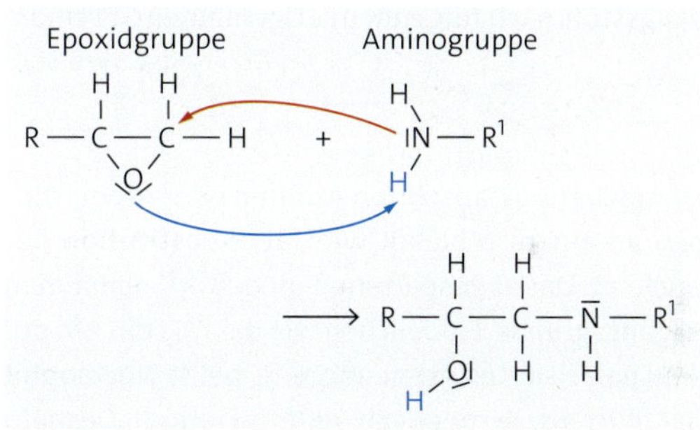

05 Addition einer Aminogruppe an eine Epoxidgruppe

P **EXP 3.13** **L** Synthese von Polyurethan

Materialien transparenter Einwegplastikbecher (0,25 L), Holzstab, Handschuhe, Diisocyanat-Komponente (z. B. Desmodur; 2, 8, 7), Polyol-Aktivator-Komponente (z. B. Desmophen; 7), Wasser

Durchführung *Achtung! Unter dem Abzug arbeiten!* Geben Sie eine ca. 3 mm hohe Schicht der Polyol-Aktivator-Komponente in den Kunststoffbecher und verrühren Sie dies mit 5 Tropfen Wasser. Geben Sie dann von der Diisocyanat-Komponente eine ca. 5 mm hohe Schicht dazu. Anschließend wird die gesamte Mischung mit einem Holzstab kräftig umgerührt.

Auswertung Erläutern Sie die Temperaturänderung während der Reaktion sowie die Bildung eines Schaums.

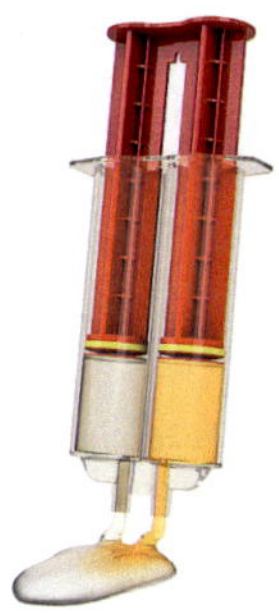

06 Epoxidharz als Zweikomponentenklebstoff

3.7 Synthese von Alkoholen – nucleophile Substitution LK

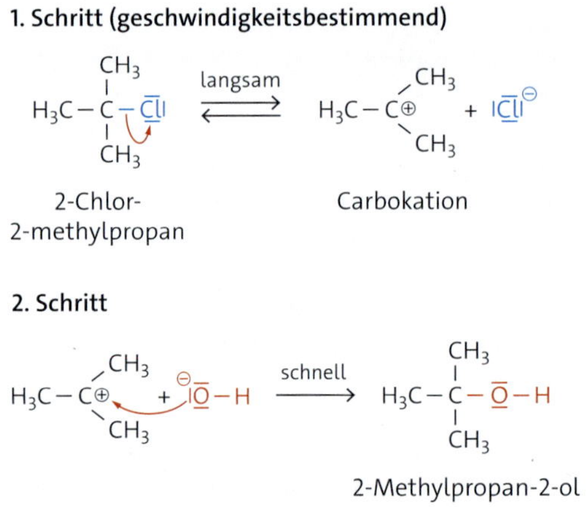

01 Mechanismus einer S_N1-Reaktion

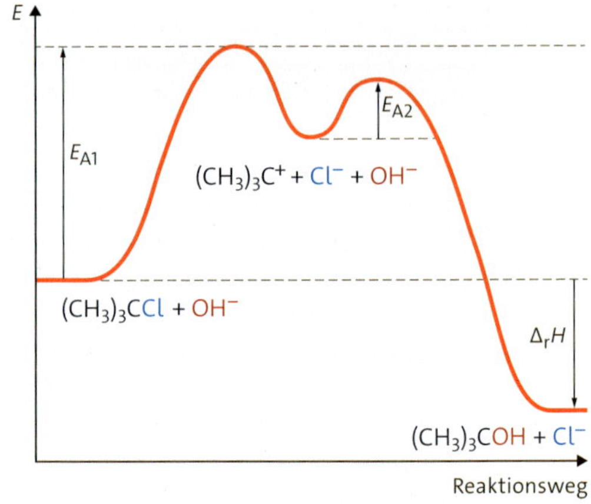

02 Energiediagramm einer S_N1-Reaktion

Die Synthese von Alkoholen, wie man sie für die Herstellung von Polyestern benötigt, gelingt im Labor beispielsweise mit *Halogenalkanen* als Ausgangsstoff nach folgendem allgemeinen Schema:

Ein solcher Austausch von Atomen oder Atomgruppen an einem Molekül wird als **Substitution** bezeichnet. Das abgespaltene Teilchen $|\overline{X}|^-$ nennt man Abgangsgruppe. Ein Teilchen wie das $|\overline{Y}|^-$, das ein positiv polarisiertes Atom angreift, heißt **Nucleophil** (lat. *nucleus:* Kern; griech. *philos:* Freund). Deshalb heißt dieser Reaktionstyp **nucleophile Substitution**.

Radikalische Substitution ↑ S. 132 f.

MONOMOLEKULARE NUCLEOPHILE SUBSTITUTION (S_N1) Bei Verbindungen wie 2-Chlor-2-methylpropan, bei denen das Halogen-Atom an ein *tertiäres* Kohlenstoff-Atom gebunden ist, läuft die Reaktion in zwei Schritten *nacheinander* ab (↑ **01**): Im ersten Schritt wird das Chlorid-Ion aus dem Halogenalkan-Molekül abgespalten. Dabei entstehen ein positiv geladenes Carbokation und ein Chlorid-Ion als energetisch stabile Zwischenprodukte (↑ **02**).

Energiediagramme ↑ S. 131

Der erste Schritt erfordert eine relativ hohe Aktivierungsenergie (E_{A1}) und verläuft darum im Vergleich zu dem sich anschließenden zweiten Schritt langsam. Der erste Schritt ist deshalb der **geschwindigkeitsbestimmende Schritt**. Weil nur *eine* Teilchensorte [hier: $(CH_3)_3C–Cl$] beteiligt ist, verläuft die S_N1-Reaktion **monomolekular**.

*Carbokationen, bei denen das positiv geladene Kohlenstoff-Atom C^+ drei Bindungen aufweist, werden auch **Carbenium-Ion** genannt.*

Im zweiten, schnell verlaufenden Schritt lagert sich das Hydroxid-Ion an das *Carbokation* an. Als Produkt wird 2-Methylpropan-2-ol, ein tertiärer Alkohol, gebildet. Dieser Schritt erfordert nur eine vergleichsweise geringe Aktivierungsenergie (E_{A2}; ↑ **02**).

Die Reaktionsgeschwindigkeit der Gesamtreaktion hängt nur von der Konzentration des Halogenalkans ab. Die Bezeichnung S_N1 beinhaltet somit folgende Informationen über den Mechanismus der Reaktion:

S_N1	S = Substitution	**N** = nucleophil
	1 = Reaktion verläuft monomolekular	

Bei einer monomolekularen nucleophilen Substitution (S_N1) erfolgen Abspaltung der Abgangsgruppe und die Anlagerung des Nucleophils nacheinander in zwei Schritten.

BIMOLEKULARE NUCLEOPHILE SUBSTITUTION (S_N2) Verwendet man Verbindungen wie Chlormethan, bei denen das Halogen-Atom an ein *primäres* Kohlenstoff-Atom gebunden ist, erfolgt die Reaktion mit dem Nucleophil, dem Hydroxid-Ion, in einem Schritt. Die Abspaltung der Abgangsgruppe und der Angriff des Nucleophils erfolgen nicht nacheinander, sondern *gleichzeitig* (↑ **03**):
Dabei nähert sich das Hydroxid-Ion dem Halogenalkan-Molekül von der dem Halogen-Atom abgewandten Seite. Zwischen dem Kohlenstoff-Atom und dem Hydroxid-Ion bildet sich bereits eine Bindung, während gleichzeitig die Bindung zwischen dem Kohlenstoff-Atom und dem Halogen-Atom gelockert wird. Die nicht an der Reaktion beteiligten Substituenten liegen dabei in einer Ebene. Weil diese Anordnung der Teilchen energiereich ist, markiert der **Übergangszustand** im Energiediagramm ein Maximum (↑ **04**). Im weiteren Verlauf wird die Bindung zum Halogen-Atom gespalten, während die Bindung zum Hydroxid-Ion ausgebildet wird. Es entsteht ein primäres Alkohol-Molekül.

An der Bildung des Übergangszustands sind zwei Teilchen gleichermaßen beteiligt, die Reaktion erfolgt somit **bimolekular**. Folglich üben auch die Konzentrationen beider Reaktionspartner, Chlormethan und Hydroxid-Ionen, Einfluss auf die Reaktionsgeschwindigkeit aus. Die Bezeichnung S_N2 beinhaltet somit folgende Informationen über den Mechanismus:

S_N2	S = Substitution	**N** = nucleophil
	2 = Reaktion verläuft bimolekular	

Bei einer bimolekularen nucleophilen Substitution (S_N2) erfolgen Abspaltung der Abgangsgruppe und die Anlagerung des Nucleophils gleichzeitig in einem Schritt.

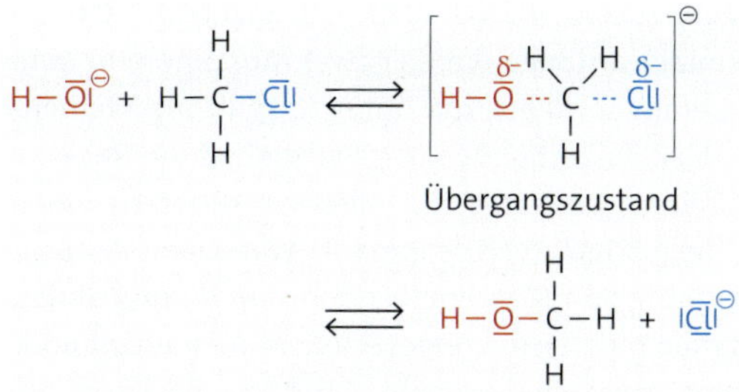

03 Mechanismus einer S_N2-Reaktion

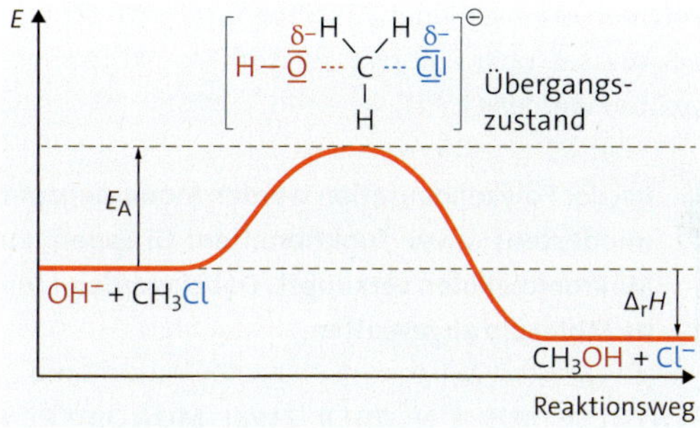

04 Energiediagramm einer S_N2-Reaktion

S_N1 ODER S_N2? Nach welchem Mechanismus die nucleophile Substitution abläuft, ist von zwei Faktoren abhängig:

- der *Struktur des Halogenalkans*
- dem *Einfluss des Nucleophils*

Die S_N1-Reaktion läuft bevorzugt ab, wenn das als Zwischenprodukt entstehende Carbokation durch elektronenschiebende Substituenten wie Alkylgruppen stabilisiert wird. Je mehr Alkylgruppen –R am Carbokation gebunden sind, desto besser lässt sich dessen Elektronenmangel ausgleichen (↑ **05**). Dies erklärt, warum tertiäre Halogenalkane bevorzugt nach S_N1 reagieren (↑ **06**). Bei primären Halogenalkanen ist dagegen der nucleophile Angriff erleichtert. Sie reagieren deshalb bevorzugt nach S_N2 (↑ **06**).

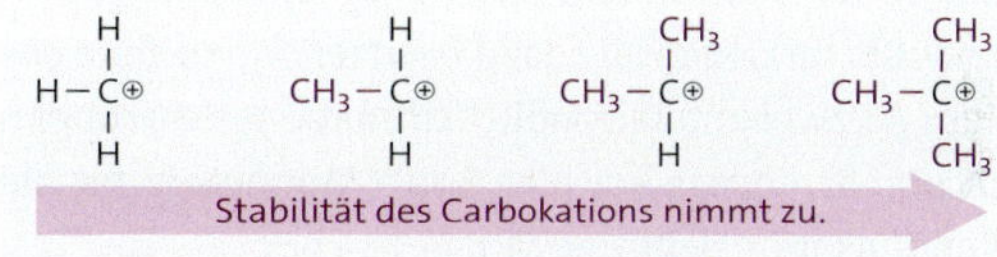

05 Stabilität des Carbokations

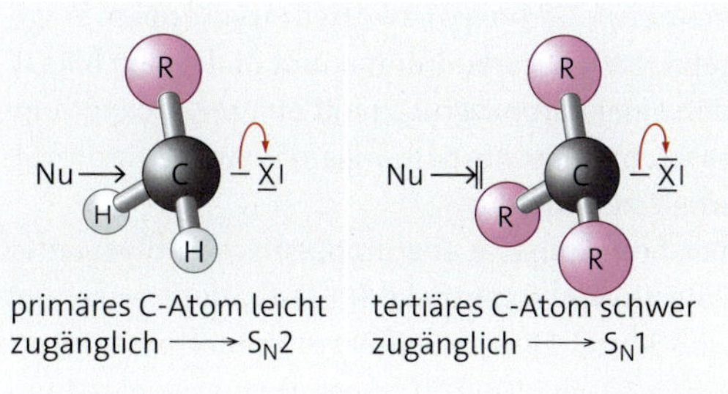

06 Einfluss der Struktur des Halogenalkan-Moleküls

Ein stark nucleophiles Teilchen kann leicht ein Elektronenpaar für die neue Bindung zum Kohlenstoff-Atom zur Verfügung stellen. Die Stärke des nucleophilen Teilchens ist abhängig von seiner Elektronendichte und von seiner Polarisierbarkeit. Das Sauerstoff-Atom weist im Hydroxid-Ion eine größere Elektronendichte auf und ist deshalb stärker nucleophil als im Wasser-Molekül. Außerdem gilt: Je größer das Teilchen, desto leichter lässt sich seine Elektronenhülle polarisieren und das Elektronenpaar wird leichter für die Bindung zur Verfügung gestellt. Deshalb sind große Ionen wie das Iodid-Ion I^- bessere Nucleophile als kleine wie das Fluorid-Ion F^-(↑ **07**).

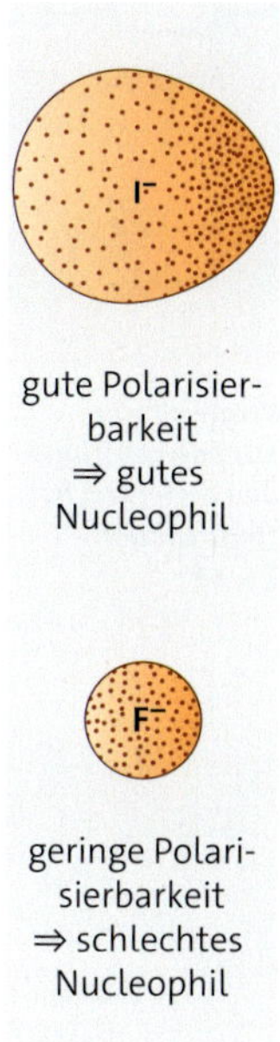

07 Einfluss des Nucleophils

1〉 Vergleichen Sie tabellarisch die S_N1- und die S_N2-Reaktion.

2〉 Geben Sie den Reaktionsmechanismus folgender Reaktionen an:
a 2-Brom-2-methylpropan mit Hydroxid-Ionen
b Brommethan mit Hydroxid-Ionen

3〉 Erläutern Sie, welches Halogenalkan schneller mit Hydroxid-Ionen reagiert:
a Bromethan oder Iodethan,
b 2-Brom-2-methylpropan oder 2-Brombutan.

3.8 Polykondensation

VERVIELFACHUNG DER KONDENSATION Bei **Kondensationen** werden zwei Monomere in einer chemischen Reaktion unter Abspaltung kleinerer Moleküle verbunden. Ein Beispiel ist die Reaktion einer Carbonsäure mit einem Alkohol zu einem *Ester*, bei der als Nebenprodukt Wasser entsteht. Zur Bildung von Makromolekülen durch **Polykondensation** müssen die eingesetzten Monomere mindestens zwei funktionelle Gruppen besitzen, die miteinander reagieren können. In einer sich wiederholenden Reaktion, einer **Polyreaktion**, werden Polymerketten gebildet. Als Nebenprodukte können z. B. Wasser- oder Chlorwasserstoff-Moleküle abgespalten werden (↑ **02**).

Veresterung
↑ S. 154 f.

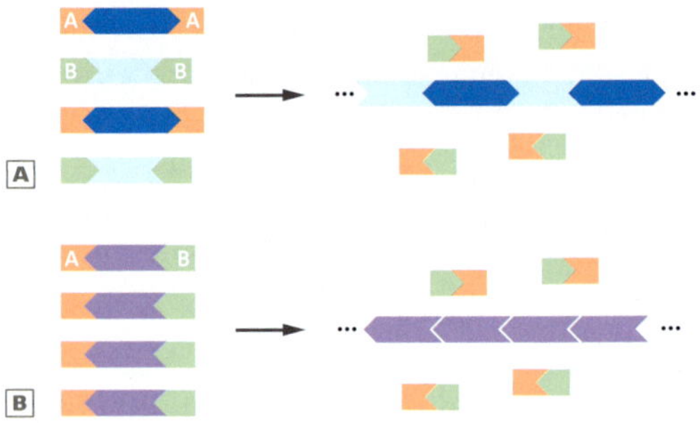

01 Allgemeines Schema der Polykondensation.
A Ausgehend von Monomeren des Typs AA und BB,
B ausgehend von Monomeren des Typs AB

> **Bei der Polykondensation werden Monomere mit mindestens zwei funktionellen Gruppen zu Makromolekülen verknüpft. Dabei werden kleine Moleküle abgespalten.**

SYNTHESE AUS EIN ODER ZWEI MONOMEREN Polykondensate können aus zwei unterschiedlichen Monomeren gebildet werden. Diese müssen dann jeweils zwei gleiche funktionelle Gruppen (A *oder* B) aufweisen. Man spricht von Monomeren des Typs AA bzw. BB. Im Gegensatz dazu besitzen Monomere des Typs AB zwei unterschiedliche funktionelle Gruppen (A *und* B), sodass nur eine Sorte Monomere für die Kondensation benötigt wird (↑ **01**).

Aus PET

POLYESTER (PES) Für die Herstellung von Polyestern werden als Ausgangsstoffe Monomere mit mehreren Carboxy- bzw. Hydroxygruppen eingesetzt, etwa Dicarbonsäuren und Diole. Durch Reaktion einer Carboxygruppe mit einer Hydroxygruppe entsteht unter Abspaltung eines Wasser-Moleküls eine Esterbindung.
Der bedeutendste thermoplastische Polyester ist **Polyethylenterephthalat (PET)**. Bei der Herstellung wird Benzol-1,4-dicarbonsäure (Terephthalsäure) mit Ethan-1,2-diol (Glykol) verestert (↑ **02**) – die Monomere für die Herstellung von PET gehören zum Typ AA und BB. Der entstehende Kunststoff ist bruchfest, formbeständig bis 80 °C und undurchlässig für Gase. Neben der Verwendung als Material für Getränkeflaschen werden Polyesterfasern bei der Herstellung von Bekleidung genutzt.

Vergleich von Stufenwachstums- und Kettenwachstumsreaktion
↑ S. 68

POLYFUNKTIONELLE MONOMERE Zur Herstellung *thermoplastischer* Polykondensate werden bei der Synthese bifunktionelle Monomere eingesetzt (Typ AB oder Typ AA und BB), wodurch ausschließlich lineare Makromoleküle gebildet werden. Kommen hingegen tri- oder polyfunktionelle Monomere zum Einsatz, bilden sich vernetzte Makromoleküle. So entstehen Duroplaste. Werden Dicarbonsäuren mit mehrwertigen Alkoholen verestert, entstehen duroplastische Polyesterharze, die u. a. zur Herstellung von Faserverbundwerkstoffen eingesetzt werden.

STUFENWACHSTUMSREAKTION Die Bildung linearer Polymerketten verläuft bei Polykondensationen in Stufen. Die in der Anfangsphase aus zwei Monomeren gebildeten Produkte können in wiederholten Kondensationen mit anderen Monomeren, aber auch untereinander reagieren. Dabei entstehen zunächst kurzkettige Polymere, die weiterhin reaktionsfähige funktionelle Gruppen aufweisen, und erst später auch langkettige Polymere. Ein solcher Reaktionsverlauf wird als *Stufenwachstumsreaktion* bezeichnet.

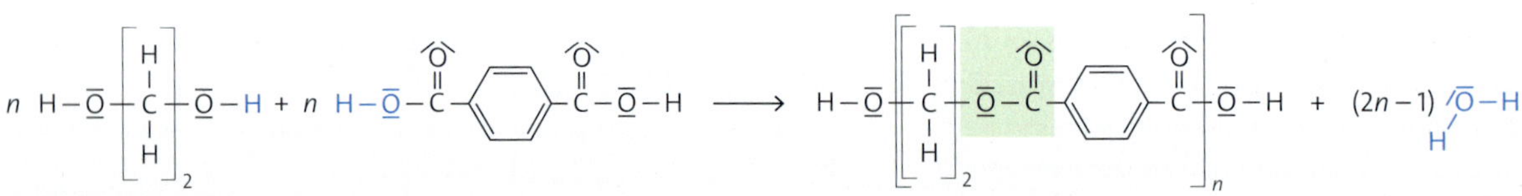

02 Bildung des Polyesters Polyethylenterephthalat (PET)

Herstellung von Polyamiden LK

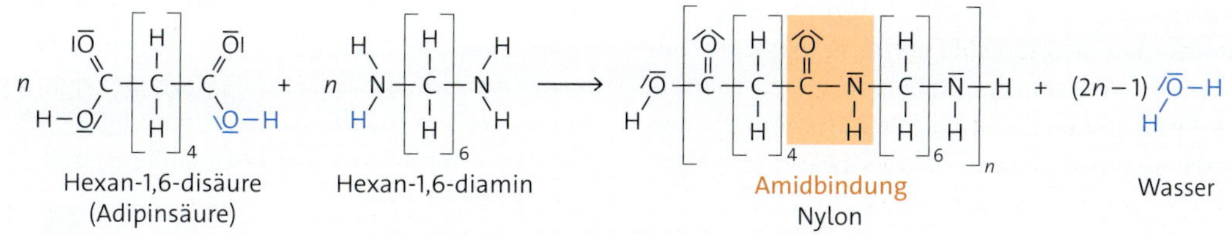

03 Bildung des Polyamids Nylon (PA 6,6)

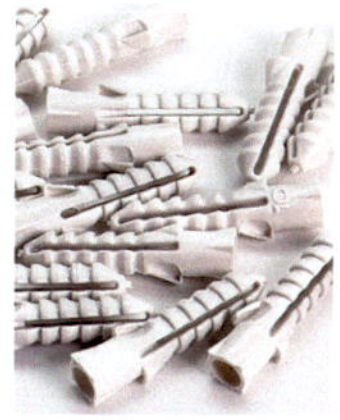

Aus Polyamid

POLYAMIDE (PA) sind bedeutende synthetische Polykondensate. Bei der Synthese reagieren **Carboxygruppen –COOH** mit **Aminogruppen –NH_2** unter Abspaltung von Wasser-Molekülen (↑ **03**). Die dabei gebildeten **Amidbindungen –CO–NH–** sind identisch mit den Peptidbindungen in Proteinen.

Bekannte **Polyamide** sind **Nylon** (PA 6,6) und **Perlon** (PA 6), die für Bekleidung und Dübel verwendet werden. Nylon kann durch **Grenzflächenkondensation** aus Hexan-1,6-diamin und Hexan-1,6-disäure (oder dem reaktionsfreudigeren Hexandisäuredichlorid) hergestellt werden (↑ **03**). Da die Lösungen beider Stoffe nicht mischbar sind, erfolgt die Polykondensation an der Kontaktfläche (↑ Exp. 3.11, S. 71). Während Nylon aus zwei Monomeren des Typs AA–BB hergestellt wird, synthetisiert man Perlon aus einem Monomer des Typs AB, das aus einem cyclischen Molekül entsteht. Dies spiegelt sich in den Namen PA 6,6 bzw. PA 6 wider, in denen die Zahlen für die Länge der Wiederholungseinheiten stehen.

AMIDSYNTHESE Ein genauerer Blick auf die Kondensation zeigt, dass die Bildung der Amidbindung nach einem **Additions-Eliminierungs-Mechanismus** verläuft (↑ **04**). In einer sauren Lösung wird zunächst ein Carbonsäure-Molekül protoniert. Das so entstandene mesomeriestabilisierte Carbokation kann von einem Nucleophil angegriffen werden. Der nucleophile Angriff erfolgt hier durch ein freies Elektronenpaar der Aminogruppe. Durch diese *Addition* bildet sich zunächst ein instabiles Zwischenprodukt. Nach einer intramolekularen Protonenwanderung wird anschließend in einer *Eliminierung* Wasser abgespalten. Der Katalysator, das Proton, wird zurückgewonnen.
Werden als Edukte Diamin- und Dicarbonsäure-Moleküle eingesetzt (↑ **03**), so entstehen wieder bifunktionelle Moleküle als Reaktionsprodukte, die in einer Kettenreaktion weiterreagieren können (↑ **05**).

1 › Vergleichen Sie die Monomere und Makromoleküle der Proteine mit denen des Kunststoffs Polyamid.

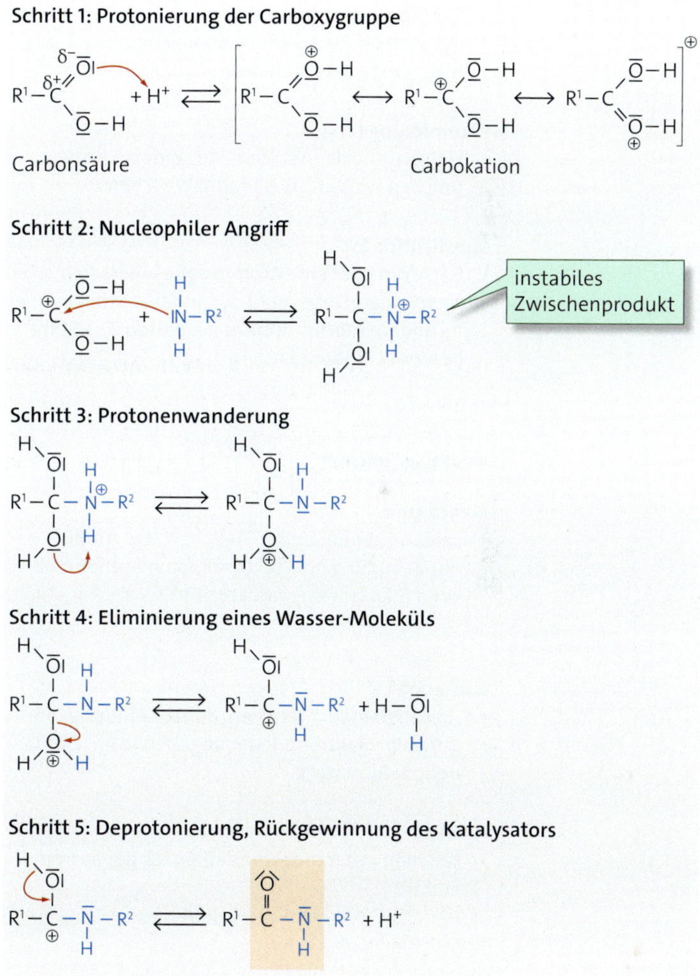

04 Allgemeiner Mechanismus der Amidsynthese

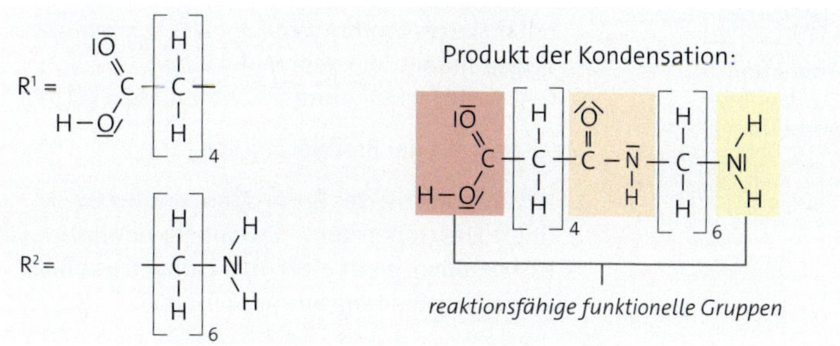

05 Bei der Nylonsynthese entsteht aus je einem Molekül Hexan-1,6-disäure und Hexan-1,6-diamin ein bifunktionelles Molekül.

3.9 Übersicht: Reaktionstypen und reaktive Teilchen

REAKTIONEN DER ORGANISCHEN CHEMIE Vergleicht man die Moleküle der Ausgangsstoffe mit denen der Reaktionsprodukte, so lassen sich die meisten Reaktionen der organischen Chemie in drei **Reaktionstypen** einteilen. Dabei bestimmen Geometrie und Elektronenverteilung der reagierenden Teilchen welche Reaktionen nach welchem Reaktionsmechanismus ablaufen. Hier werden nun die grundlegenden Begriffe aufgegriffen und die Mechanismen vergleichend nebeneinandergestellt.

Reaktionstyp	Beispiel
Addition (A) • Ein Atom oder eine Atomgruppe lagert sich an ein Molekül an. Dabei entsteht eine neue Bindung. Aus zwei Eduktteilchen wird ein Produktteilchen.	$A + B \longrightarrow A{-}B$
Eliminierung (E) • Umkehrung der Addition. Aus einem Eduktteilchen werden zwei Produktteilchen.	$A{-}B \longrightarrow A + B$
Substitution (S) • Ein Atom oder eine Atomgruppe lagert sich an ein Molekül an. Dabei wird ein anderes Atom oder eine andere Atomgruppe abgespalten. Es entstehen zwei Produkte.	$A + B{-}C \longrightarrow A{-}B + C$

Reaktive Teilchen	Beispiele
Elektrophil • „elektronenliebendes“ Teilchen, das zur Bindungsbildung ein Elektronenpaar aufnehmen kann (Elektronenpaarakzeptor).	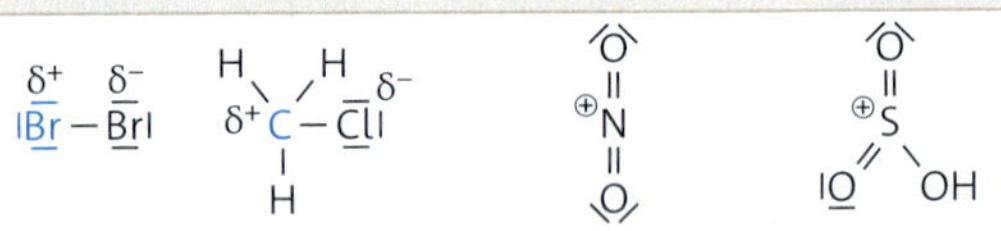 Molekül mit positiv polarisiertem Atom; Nitronium-Ion; Sulfonium-Ion
Nucleophil • „kernliebendes“ Teilchen, das zur Bindungsbildung ein Elektronenpaar abgeben kann (Elektronenpaardonator).	$^{\ominus}\lvert\overline{\underline{O}}-H$ Hydroxid-Ion; $\lvert\overline{\underline{Cl}}\rvert^{\ominus}$ $\lvert\overline{\underline{Br}}\rvert^{\ominus}$ $\lvert\overline{\underline{I}}\rvert^{\ominus}$ Halogenid-Ionen
Radikal • Teilchen mit mindestens einem ungepaarten Elektron	$\cdot\overline{\underline{Cl}}\rvert$ $\cdot\overline{\underline{Br}}\rvert$ $\cdot\overline{\underline{I}}\rvert$ Halogen-Atome

Animation: Elektrophile Addition (A_E)

Elektrophile Addition A_E	Mechanismus in Formeldarstellung
• Angreifendes Teilchen: Elektrophil, z. B. positiv polarisiertes Brom-Atom • Angegriffenes Teilchen: Molekül mit C–C-Mehrfachbindung, z. B. Ethen-Molekül Mechanismus der Bromierung von Ethen: 1. Positiv polarisiertes Brom-Atom wechselwirkt mit π-Elektronen der C=C-Doppelbindung (π-Komplex), greift elektrophil an und es bildet sich eine σ-Bindung aus (σ-Komplex). 2. Bromid-Ion greift σ-Komplex von der Rückseite an. 1,2-Dibromethan-Molekül entsteht.	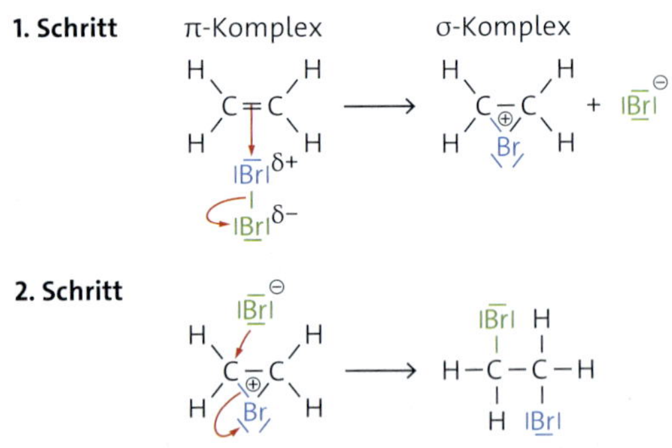 1,2-Dibromethan

Nucleophile Substitution: S_N1 und S_N2	Mechanismus in Formeldarstellung
• Angreifendes Teilchen: Nucleophil, z. B. Hydroxid-Ion • Angegriffenes Teilchen: Molekül mit geeigneter Abgangsgruppe, z. B. Chloralkan-Molekül	**1. Schritt** 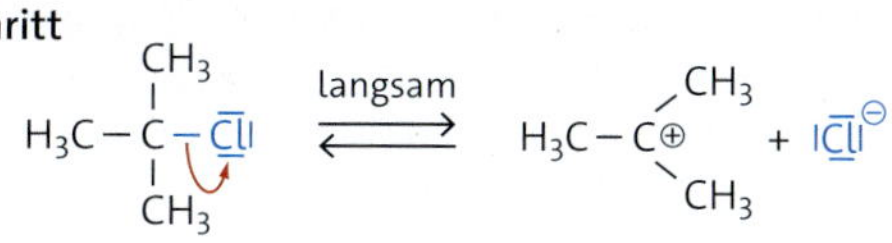 Carbokation
Mechanismus der *monomolekularen* Substitution von 2-Chlor-2-methylpropan (S_N1): **1.** Chlorid-Ion spaltet sich ab und Carbokation bildet sich. **2.** Hydroxid-Ion greift Carbokation nucleophil an und 2-Methylpropan-2-ol-Molekül bildet sich.	**2. Schritt** 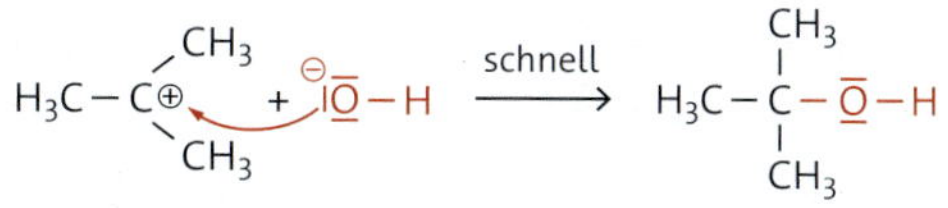 2-Methylpropan-2-ol
Mechanismus der *bimolekularen* Substitution von Chlormethan (S_N2): Abspaltung des Chlorid-Ions und Anlagerung des Hydroxid-Ions finden gleichzeitig statt.	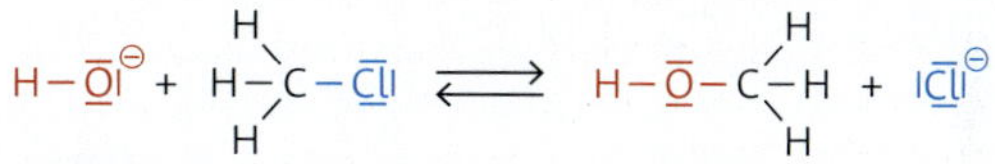 Methanol

Animation: Monomolekulare nucleophile Substitution (S_N1)

Animation: Bimolekulare nucleophile Substitution (S_N2)

Die Herstellung von Kunststoffen erfolgt durch **Polyreaktionen,** bei denen aus vielen Monomeren Polymere entstehen. Dazu muss die gleiche Reaktion wieder und wieder ablaufen. Nach jedem Schritt der Polyreaktion müssen deshalb weiterhin reaktive Molekülteile vorhanden sein.

Polyreaktion	Radikalische Polymerisation	Polyaddition	Polykondensation
Schematische Darstellung des Prinzips	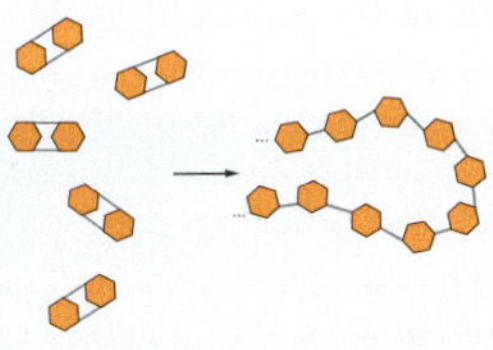	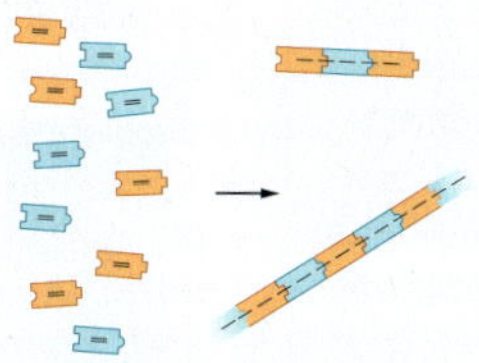	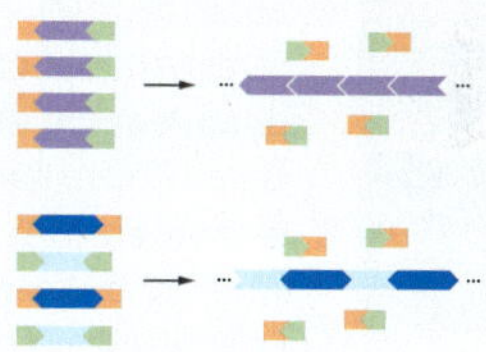
Reagierende Teilchen	Monomere mit Doppelbindung, aktiviert durch Radikalbildner	zwei Arten Monomere mit je mindestens zwei funktionellen Gruppen: • Monomer mit positiv polarisiertem Kohlenstoff-Atom (z. B. Diisocyanate) • Monomer mit Wasserstoff-Atom an einem negativ polarisierten Sauerstoff-Atom (z. B. Diamine, Diole)	• Typ AB: eine Sorte Monomer mit zwei unterschiedlichen funktionellen Gruppen (z. B. Aminocarbonsäuren) • Typ AA + BB: zwei Sorten Monomere mit je zwei gleichen funktionellen Gruppen (z. B. Dicarbonsäuren und Diamine)
Reaktionstyp	Addition	Addition	Addition + Eliminierung
resultierende Kunststoffe	Polymerisate (z. B. Polyethen, Polyvinylchlorid, Polystyrol)	Polyurethane, Polyharnstoffe, Epoxidharze	Polyester (z. B. PET), Polyamide (z. B. Perlon, Nylon)

1 › Nennen Sie je zwei weitere Beispiele für elektrophile Teilchen, nucleophile Teilchen und Radikale.

2 › Jemand behauptet: „Die Kondensation auf S. 76 ist eine nucleophile Substitution." Nehmen Sie Stellung zu dieser Aussage.

Klausurtraining

Material A Polyvinylchlorid

A1 Auf die Stellung kommt es an

Heutzutage haben sie nur noch Liebhaber, aber früher gab es sie in jeder Musikabteilung – die Schallplatte. Schon wegen ihres Umgangsnamens „Vinyl" war klar, dass sie aus Polyvinylchlorid (PVC) gefertigt war. Heute findet man diesen Kunststoff eher in Fußbodenbelägen, Kabelisolierungen, Kreditkarten oder Durchdrückfolien von Medikamentenblistern. Die unterschiedlichen Eigenschaften des PVC lassen sich u. a. anhand der Stellung der Chlor-Atome in der Molekülkette, der *Taktizität*, erklären: Die Chlor-Atome können sich auf einer Seite (isotaktisch), abwechselnd gegenüber (syndiotaktisch) oder unregelmäßig verteilt (ataktisch) anordnen.

A2 Brand im World Trade Center

Vergiftete Atmosphäre | Beim Brand des World Trade Centers sind hochtoxische Substanzen frei geworden. Die Langzeitfolgen sind noch unklar.

(...) Die hochtoxische Substanz [Dioxin] entsteht bei der Verbrennung des Kunststoffs PVC, der in Zigtausenden Computern und Kabeln, Papierkörben und Tapeten enthalten sei. (...) Als weiteres Produkt entstand ein unangenehm stechend riechendes Gas, das den Feuerwehrmännern erhebliche Atemprobleme bereitete. Es zeigte sich später, dass dieses Gas eine rötliche Verfärbung von angefeuchtetem Universalindikatorpapier hervorrief.

Die Zeitung vom 19.10.2001

AUFGABEN ZU A

1 › Beschreiben Sie den Reaktionsmechanismus für die Synthese von Polyvinylchlorid. Formulieren Sie für jeden Teilschritt eine entsprechende Reaktionsgleichung.

2 › a Zeichnen Sie Formelausschnitte von isotaktischem und syndiotaktischem Polyvinylchlorid, die jeweils vier Wiederholungseinheiten umfassen.

b Begründen Sie, warum isotaktisches PVC eine höhere Dichte, eine höhere Härte und einen höheren Schmelzpunkt aufweist als syndiotaktisches und ataktisches PVC.

3 › Formulieren Sie eine Hypothese, welches stechende Gas auf dem angefeuchteten Universalindikatorpapier für die Rotfärbung verantwortlich war.

Material B Kunststoff aus nachwachsenden Rohstoffen

Glycerin wird aus Fetten und Citronensäure durch Fermentation aus zuckerhaltigen Rohstoffen gewonnen. Beide Stoffe können für die Herstellung eines Kunststoffs verwendet werden.

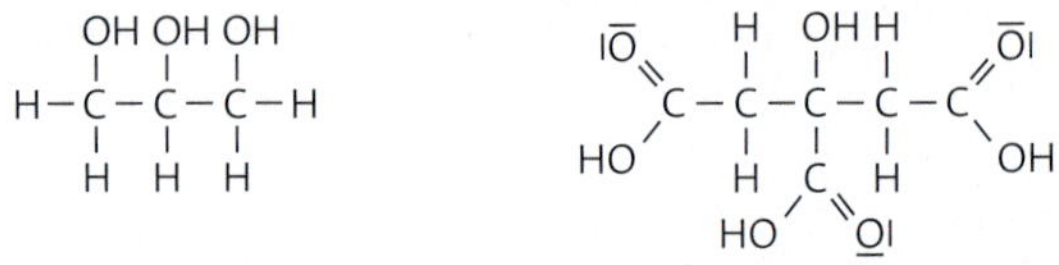

Glycerin (Propan-1,2,3-triol) | Citronensäure (2-Hydroxypropan-1,2,3-tricarbonsäure)

B1.1 Strukturformeln der Ausgangsstoffe

B1 Versuchsbeschreibung

Durchführung: 1 mL Glycerin und 2 g Citronensäure werden in einem Reagenzglas gemischt und dann bis zum Sieden erhitzt.
Beobachtung: Das Gemisch ist zunächst flüssig und milchigtrüb. Nach kurzer Zeit wird das Reaktionsprodukt klebrig und zäh, einige Bereiche des Produkts werden dagegen glasklar und hart. Wird nach dem Abkühlen erneut erhitzt, so schmilzt ein Teil des Reaktionsprodukts, ein anderer Teil zersetzt sich und verkohlt sofort.

nach kurzem Erhitzen

nach langem Erhitzen

B1.2 Reaktionsprodukte des Versuchs

AUFGABEN ZU B

1 › Erläutern Sie die Eigenschaften des Reaktionsprodukts (↑ **B1, B1.2**).

2 › Formulieren Sie die Reaktionsgleichung mithilfe der gegebenen Strukturformeln (↑ **B1.1**). Begründen Sie, welcher Reaktionstyp vorliegt und zu welcher Stoffklasse das Reaktionsprodukt gehört.

3 › Zeichnen Sie einen Strukturformelausschnitt des entstandenen Makromoleküls und begründen Sie die von Ihnen gewählte Struktur.

4 › Deuten Sie das unterschiedliche Verhalten des Reaktionsprodukts bei erneutem Erhitzen.

5 › Ein Schüler hat bei der Versuchsdurchführung das Glycerin vergessen und trotzdem ein stark viskoses Produkt erhalten. Erläutern Sie diesen Befund.

Klausurtraining

Material C Klebstoffe

Klebstoffe sind aus unserem Alltag nicht wegzudenken. Für unterschiedliche Anwendungen gibt es verschiedene Klebstoffarten. Gemeinsam ist ihre Funktion, Werkstoffe miteinander zu verbinden.

C1 Adhäsion und Kohäsion

Der Begriff **Adhäsion** leitet sich von lat. *adhaerere* für *anhaften* ab und bezeichnet alle Wechselwirkungen zwischen Teilchen an Grenzflächen. **Kohäsion** geht auf lat. *cohaerere* für *zusammenhängen* zurück. Dieser Begriff umfasst alle Wechselwirkungen zwischen Teilchen innerhalb einer homogenen Phase, z. B. innerhalb eines Klebstofftropfens. Kohäsionswechselwirkungen sind rund 20- bis 100-mal stärker als Adhäsionswechselwirkungen und wirken besonders effektiv in festen Phasen, z. B. im fest gewordenen Klebstoff.

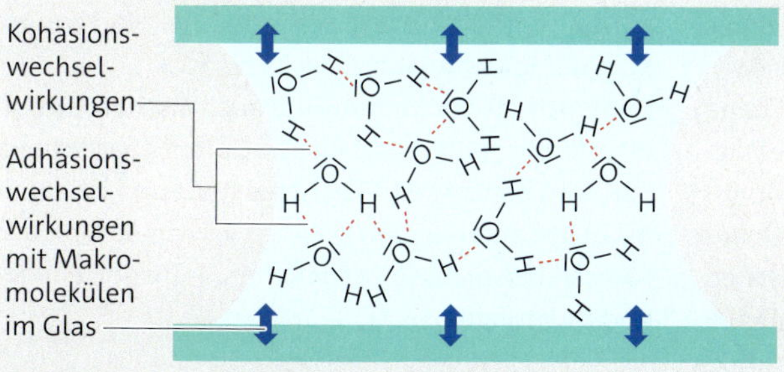

C1.1 Adhäsions- und Kohäsionswechselwirkungen bei einem Wassertropfen zwischen zwei Glasplatten

C2 Sekundenkleber

Cyanacrylat-Klebstoffe sind **Reaktionsklebstoffe** auf der Basis von 2-Cyanoacrylsäureestern-Monomeren. Sie bilden sehr schnell lange, unvernetzte Polymer-Moleküle aus. Bei der Reaktion handelt es sich um eine anionische Kettenpolymerisation. Als Starter reichen Spuren von Feuchtigkeit (↑ C2.1).

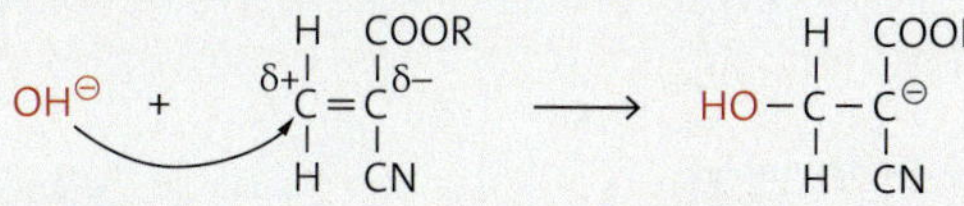

C2.1 Startreaktion einer anionischen Polymerisation eines Cyanoacrylsäureester-Moleküls

C3 Lösungsmittelbasierte Nassklebstoffe

Lösungsmittelhaltige Klebstoffe bestehen aus Polymer- und Lösungsmittel-Molekülen. Beim Auftragen der Klebstoffe sind diese flüssig und verteilen sich auch auf unebenen Oberflächen sehr gut.

Während des Trocknungsvorgangs des Klebstoffs verdampft das Lösungsmittel. Dadurch wird der Abstand zwischen den Polymer-Molekülen verringert, wodurch sich mehr zwischenmolekulare Wechselwirkungen zwischen den Polymer-Molekülen ausbilden können. Der Klebstoff wird fest.

In einem Experiment werden von zwei lösemittelhaltigen Nassklebstoffen jeweils ca. 2 g auf einem Papier aufgetragen und die Masse der beiden Proben während des Trocknungsvorgangs beobachtet (↑ C3.1)

Zeit in min	*m*(Klebstoff 1) in g	*m*(Klebstoff 2) in g	Zeit in min	*m*(Klebstoff 1) in g	*m*(Klebstoff 2) in g
0	2,20	2,00	10	1,67	1,24
1	1,98	1,85	11	1,66	1,20
2	1,87	1,75	12	1,65	1,18
3	1,77	1,65	13	1,65	1,17
4	1,74	1,58	14	1,65	1,16
5	1,71	1,50	15	1,65	1,16
6	1,70	1,43	16	1,66	1,17
7	1,68	1,36	17	1,65	1,16
8	1,67	1,32	18	1,64	1,16
9	1,66	1,28	19	1,65	1,17

C3.1 Vergleich der Massenabnahme zweier lösungsmittelhaltiger Klebstoffe beim Trocknen

AUFGABEN ZU C

1) Formulieren Sie eine Reaktionsgleichung für das Kettenwachstum der in ↑ C2.1 gestarteten anionischen Polymerisation.

2) Nach dem Auftragen des Reaktionsklebstoffs härtet dieser sehr schnell aus. Hierbei bilden sich starke Kohäsionswechselwirkungen aus.
   a Beschreiben Sie, warum beim Auftragen des Reaktionsklebstoffs nur geringe Kohäsionswechselwirkungen, kurze Zeit später jedoch sehr starke Kohäsionswechselwirkungen auftreten.
   b Skizzieren Sie vereinfachend und schematisch das Auftreten von Adhäsions- und Kohäsionswechselwirkungen vor und nach dem Aushärten eines Sekundenklebers.

3) Beschreiben Sie das Auftreten von Adhäsions- und Kohäsionswechselwirkungen während des Auftragens und während des Trocknens eines lösemittelhaltigen Klebstoffs.

4) **a** Stellen Sie die Daten der Massenabnahme der beiden Klebstoffe ↑ C3.1 in einem geeigneten Schaubild dar.
   b Begründen Sie mithilfe des Schaubilds und der Daten, welcher der beiden Klebstoffe als „schnelltrocknend“ eingestuft werden kann.
   c Berechnen Sie die prozentualen Massenanteile der in den beiden Klebstoffen enthaltenen Lösungsmittel.

5) Beurteilen Sie die folgenden Lösungsmittel hinsichtlich ihrer Eignung in schnelltrocknenden Nassklebstoffen, die aus hydrophoben Polymeren aufgebaut sind: Ethanol, Pentan, Pentanol, Octan.

3.10 Maßgeschneiderte Kunststoffe LK

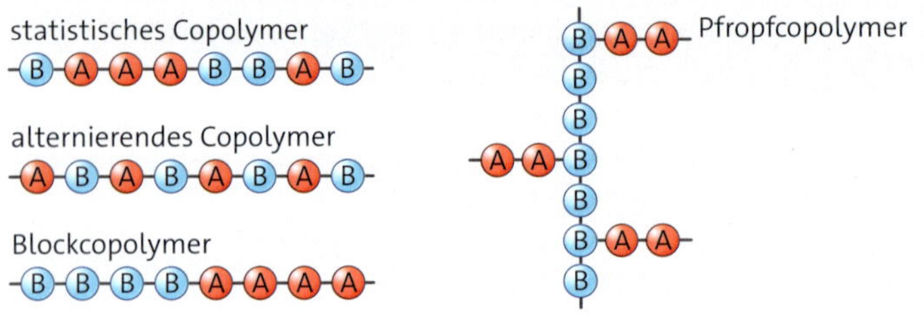

01 Mögliche Anordnungen bei der Bildung von Copolymeren aus den Monomeren A und B

Zusatzstoffe in der Kunststoffverarbeitung ↑ S. 84

Um die Stoffeigenschaften von Kunststoffen gezielt steuern zu können, werden oft verschiedene geeignete Monomere zu einem Kunststoff verarbeitet. Es entstehen sogenannte **Copolymerisate** (kurz: **Copolymere**). Auf diese Weise können typische Eigenschaften der sortenreinen Kunststoffe kombiniert werden.

AUFBAU DER COPOLYMERE Bei der Bildung eines Polymers aus zwei oder mehreren unterschiedlichen Monomeren können auf molekularer Ebene verschiedene Anordnungen auftreten. Sind die Wiederholungseinheiten der ursprünglichen Monomere in den Polymerketten regellos verteilt angeordnet, so spricht man von einem **statistischen Copolymer**. Ist dagegen eine sich zwischen den Wiederholungseinheiten abwechselnde Regelmäßigkeit zu erkennen, wird der Kunststoff als **alternierendes Copolymer** bezeichnet.

Blockcopolymere sind durch sich abwechselnde Segmente gleicher Wiederholungseinheiten gekennzeichnet. Sind an einer aus einem Monomer synthetisierten Polymerkette Verzweigungen (Seitenketten) aus einem zweiten Monomer „aufgepfropft", spricht man von **Pfropfcopolymeren** (↑ **01**).

STYROL-BUTADIEN-KAUTSCHUK Für die Herstellung von Synthesekautschuk wird zunächst Buta-1,3-dien (Anteil: 75 %) mit Styrol (Anteil: 25 %) polymerisiert. Dadurch entstehen lineare Makromoleküle als statistische Copolymere (↑ **03**).
Um die typischen elastischen Eigenschaften eines Gummis zu erhalten, müssen die linearen Makromoleküle noch vernetzt werden. Hierfür kommt das Verfahren der **Vulkanisation durch Schwefel** zur Anwendung.
Dieses Verfahren gelang erstmals 1838 dem Amerikaner CHARLES GOODYEAR, indem er Naturkautschuk mit Schwefel reagieren ließ. Dabei kommt es zu einer Aufspaltung der Doppelbindungen in den Kautschuk-Molekülen und zu einer Vernetzung der Makromoleküle durch Ketten von bis zu 50 Schwefel-Atomen (↑ **04**).
Durch diese Vulkanisation entsteht aus einem Thermoplast ein Elastomer. Dabei entscheidet der Schwefelanteil über die Elastizität des Gummis: Weichgummi enthält bis 5 % Schwefel, bei Hartgummi liegt der Schwefelanteil bei 25 bis 50 %.
Der synthetische Gummi wird auch als **S**tyrol-**B**utadien-**R**ubber (**SBR**; engl. *rubber*: Gummi) bezeichnet. SBR wird bereits seit 1929 hergestellt und ist damit bis heute einer der am meisten verwendeten Elastomere, beispielsweise für Reifen, Transportbänder und Dichtungen.

STYROL-ACRYLNITRIL Ebenso wie beim SBR dient auch beim **S**tyrol-**A**crylnitril (kurz: **SAN**) Styrol als eines der beiden Monomere der Ausgangsstoffe. Styrol liegt in diesem Copolymer zu etwa 70 % vor. Bei den weiteren 30 % handelt es sich um Acrylnitril. Der ebenfalls durch Polymerisation entstehende Kunststoff ist ein Thermoplast, der eine höhere thermische und mechanische Festigkeit im Vergleich zu Polystyrol besitzt. Daher findet SAN sowohl Ver-

02 Anwendungen für Copolymerisate: **A** Reifen aus SBR, **B** Lebensmittelbehälter aus SAN, **C** Spielsteine aus ABS

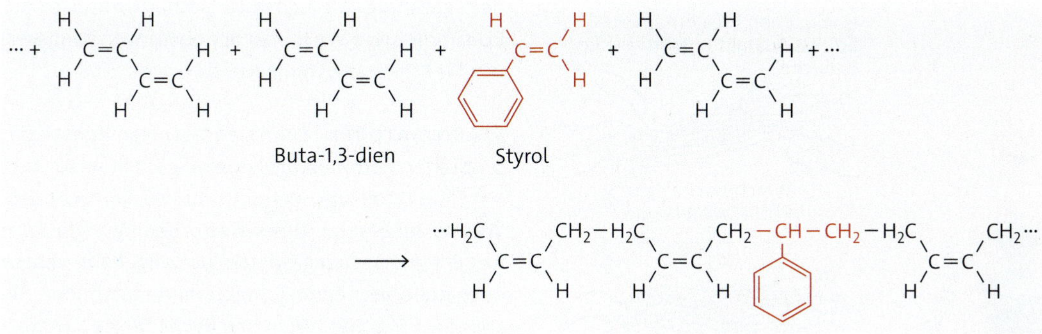

03 Bildung von Styrol-Butadien-Kautschuk aus Styrol und Butadien durch Polymerisation

wendung für Duschkabinen und Reflektoren als auch im Lebensmittelbereich für Salatschüsseln und Geschirr.

ACRYLNITRIL-BUTADIEN-STYROL (ABS) Eines der bekanntesten Copolymere ist **A**crylnitril-**B**utadien-**S**tyrol, kurz: **ABS**, aus dem beispielsweise seit 1963 Legosteine hergestellt werden. Es ist chemikalienbeständig, formstabil, beliebig einfärbbar, fast unzerbrechlich und witterungsbeständig. Deshalb findet es in einem breiten Spektrum, beispielsweise in der Automobil- und Elektroindustrie, Verwendung. ABS ist ein Pfropfcopolymerisat, bei dem die beiden Monomere Acrylnitril und Styrol an das Butadien angelagert werden. Um die vielfältigen Verwendungen zu ermöglichen, müssen die Anteile der einzelnen Monomere unterschiedlich gewichtet werden und schwanken deshalb beträchtlich.

Copolymerisate setzen sich aus zwei oder mehreren verschiedenen Monomeren zusammen. Dadurch wird eine große strukturelle Variationsbreite erzielt, um Eigenschaften des Produkts gezielt zu steuern.

1) Entwickeln Sie – analog zur dargestellten Bildungsreaktion von Styrol-Butadien-Kautschuk – die Reaktionen für die Herstellung von:
   a Styrol-Acrylnitril
   b Acrylnitril-Butadien-Styrol

2) Formulieren Sie eine Reaktionsgleichung, die die Vernetzung eines SBR-Copolymers durch Vulkanisation zeigt. Nutzen Sie dafür Formelausschnitte von Halbstrukturformeln des SBR.

3) Zeichnen Sie jeweils einen Formelausschnitt für ein statistisches und ein alternierendes Copolymer sowie ein Block- und ein Pfropfcopolymer. Verwenden Sie hierfür jeweils drei Monomere zwei verschiedener frei gewählter Monomere.

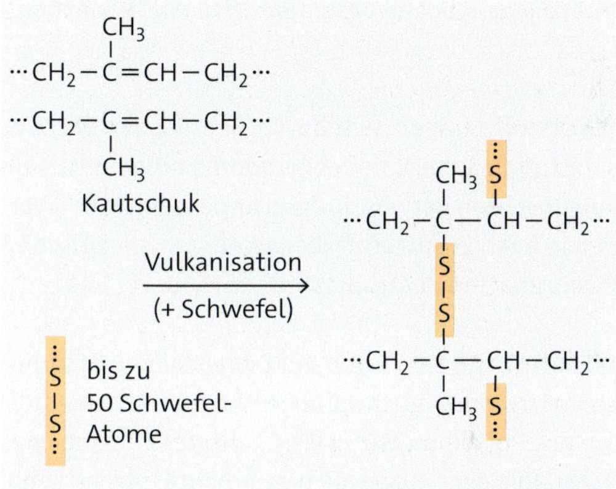

04 Vulkanisation: Vernetzung von Kautschuk-Molekülen durch Schwefel

P **EXP 3.14** **Herstellung eines Copolymers**

Materialien Reagenzglas, Reagenzglasklammer, Reagenzglasständer, Spatel, Pipette, Brenner, Siedesteinchen, Messzylinder, Styrol (2, 7, 8), Maleinsäureanhydrid (5, 7, 8)

Durchführung *Abzug!* Geben Sie zwei Spatelportionen Maleinsäureanhydrid in ein Reagenzglas und anschließend 1,5 mL Styrol dazu. Erwärmen Sie das Gemisch vorsichtig mit kleiner Brennerflamme, bis eine klare Lösung entsteht. Erhitzen Sie vorsichtig weiter, bis die Flüssigkeit zähflüssig wird. Nach dem Erkalten bleibt eine feste Masse im Reagenzglas zurück.

Entsorgung: Kunststoffreste in den Hausmüll geben.

Auswertung Entwickeln Sie einen Strukturformelausschnitt mit jeweils fünf Monomeren Maleinsäureanhydrid und Styrol.

Modifikation durch Zusatzstoffe

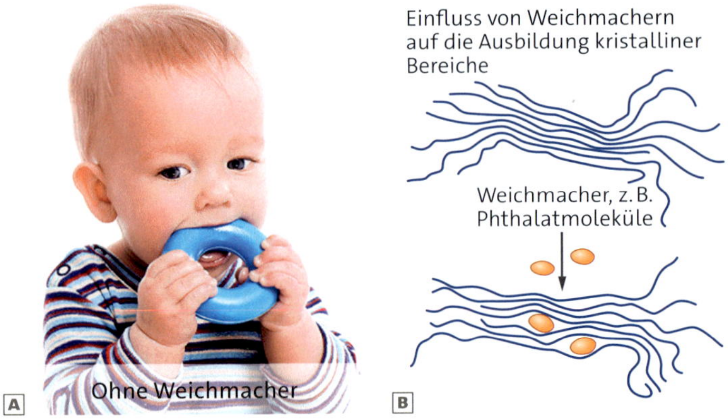

01 Weichmacher: **A** Anwendungsverbot für bestimmte Produkte, **B** Funktion im Kunststoff

Kunststoffe lassen sich durch Beimischen von Zusatzstoffen nahezu beliebig modifizieren und an die gewünschten Verwendungen anpassen. Dabei werden je nach Zusatzstoff die jeweiligen spezifischen Eigenschaften des Kunststoffs verändert (↑ **01**).

Übung: Zusatzstoffe – Funktionen

WEICHMACHER Durch die Zugabe von Weichmachern zu ursprünglich spröden und harten Kunststoffen wie Polyvinylchlorid (PVC) entsteht ein weicher Kunststoff, der z. B. zu Folien verarbeitet werden kann. Dies wird möglich, weil die Moleküle des Weichmachers bei der Herstellung des Kunststoffs zwischen die Makromoleküle des Kunststoffs eingelagert werden und so die Ausbildung kristalliner Bereiche gestört wird. Die zwischenmolekularen Wechselwirkungen nehmen ab.
Häufig verwendete Weichmacher sind **Phthalate**, die sich durch Lösungsmittel herauslösen lassen oder ausdampfen. Sie werden teilweise als gesundheitsgefährdend eingestuft. Deshalb wurde in der EU für mehrere Weichmacher ein Anwendungsverbot für Kinderspielzeug erteilt.

Zusatzstoffe	Funktion
Antistatika	verhindern elektrostatische Aufladung, Staub- und Schmutzpartikel werden nicht angezogen
Farbstoffe	intensivieren den Farbeindruck und erhöhen die Festigkeit
Flammschutzmittel	begrenzen die Entflamm- und Entzündbarkeit sowie den Verbrennungsprozess
Füllstoffe	verbessern mechanische Eigenschaften wie Festigkeit, Elastizität, Härte
Gleitmittel	erleichtern die Verarbeitung und Formbarkeit
Stabilisatoren	verlängern die Lebensdauer durch Schutz vor Umwelteinflüssen wie UV-Strahlen, Wärme
Weichmacher	optimieren Elastizität und Härte

02 Einige Zusatzstoffe und ihre Funktionen

STABILISATOREN Beim Gebrauch von Kunststoffprodukten kommen diese unweigerlich in Kontakt mit Sauerstoff und Wasser und werden Licht und Wärme ausgesetzt. Unter diesen Bedingungen können Polymerketten gespalten und abgebaut werden oder neue Vernetzungsreaktionen stattfinden. So können z. B. UV-Strahlen und auch Wärme zur Spaltung chemischer Bindungen innerhalb der Makromoleküle führen und auf diese Art die Eigenschaften des Kunststoffs verändern, der dadurch spröde wird und „altert". Um diese chemischen Reaktionen zu unterbinden, werden den Kunststoffen z. B. aromatische Amine als Stabilisatoren zugesetzt.

ANTISTATIKA Kunststoffe wie Polystyrol ziehen Staub- und Schmutzpartikel durch elektrostatische Aufladung an, weil hohe Oberflächenwiderstände Ladungen nur langsam abfließen lassen. Dagegen wirken beispielsweise leitfähige Antistatika, die als metallhaltiger Lack auf die Oberfläche des Kunststoffs aufgetragen werden.

FLAMMSCHUTZMITTEL Sie dienen dazu, die Entzündung brennbarer Materialien aus Kunststoffen, aber auch Textilien und Holz hinauszuzögern und die Flammausbreitung zu verlangsamen. Hierdurch lassen sich Brände entweder verhindern oder aber es bleibt mehr Zeit für Flucht und Rettung. Die wichtigsten Flammschutzmittel sind *polybromierte Verbindungen* (↑ **03**). Bei **Decabromdiphenylether** handelt es sich um ein weltweit sehr häufig eingesetztes Flammschutzmittel, das in fast allen Kunststoffgehäusen von Elektronikgeräten verwendet wird. Obwohl diese Verbindungen helfen, schwerwiegende Unglücke zu verhindern, bergen sie dennoch Gefahren vor allem für die Umwelt in sich: Sie sind in der Umwelt schwer abbaubar und reichern sich in Lebewesen an. Im Brandfall und bei unkontrollierter Entsorgung können sie hochgiftige Dioxine bilden.

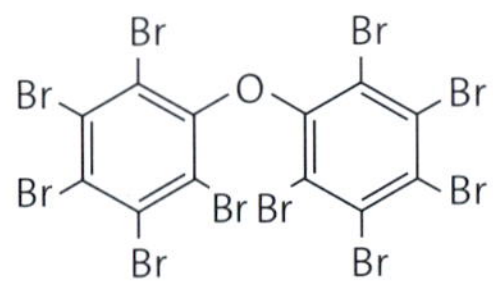

03 Flammschutzmittel Decabromdiphenylether

1〉 Beurteilen Sie Nutzen und Risiken der beschriebenen Zusatzstoffe in Kunststoffen.

3D-Druck mit Thermoplasten

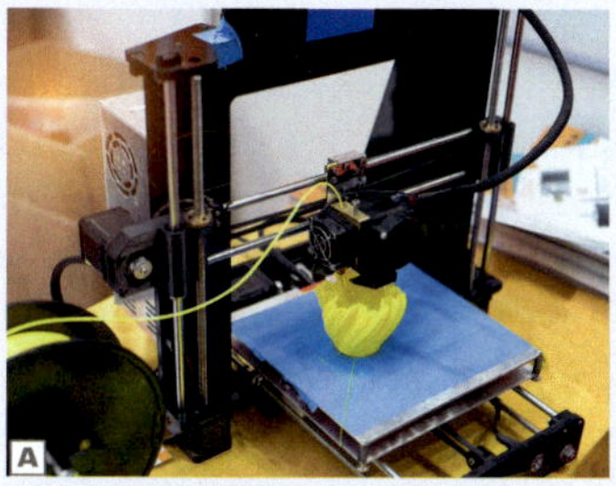

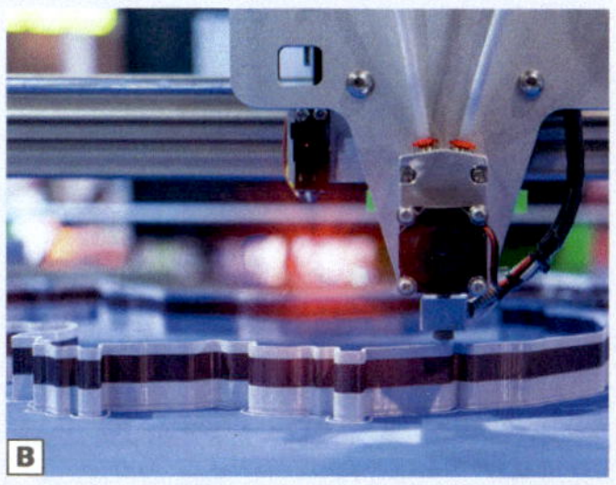

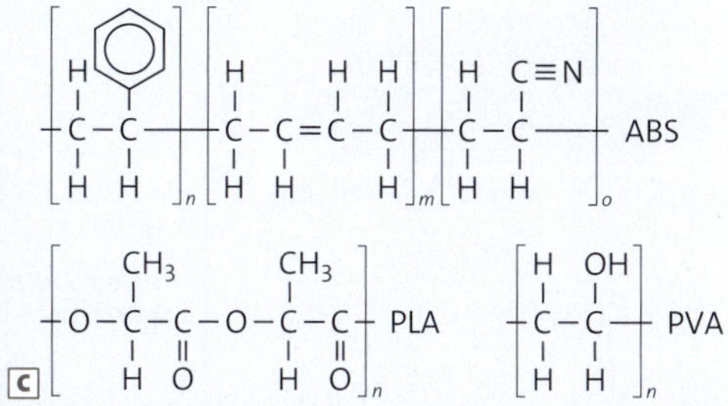

01 A 3D-Drucker im FDM-Verfahren. **B** In dünnen Schichten aufgebrachter Kunststoff. **C** Strukturformeln einiger Filamentarten

GRUNDLAGEN DES VERFAHRENS 3D-Druck ist ein Verfahren, um dreidimensionale Gegenstände aus Kunststoff oder anderen Materialien mit hoher Präzision herzustellen. Mithilfe einer CAD-Software (engl. *Computer Aided Design:* Computerunterstütztes Konstruktionsverfahren) wird der gewünschte Gegenstand, das Werkstück, konstruiert.
Die meisten 3D-Drucker funktionieren nach dem Verfahren des **Fused Deposition Modeling** (FDM; engl. für Schmelzschichtungstechnik). Beim FDM liegt der thermoplastische Kunststoff als Endlosstrang vor, dem sog. **Filament**. Es wird in den *Extruder* (Druckkopf) gezogen, dort auf seine spezifische Schmelztemperatur erwärmt und durch eine Düse schichtweise aufgetragen. Das Filament erstarrt unmittelbar nach dem Drucken und mit jeder Schicht wächst der gedruckte Gegenstand, der meist auf einer beweglichen Konstruktionsplattform aufgebracht ist (↑ **01A, B**; ↑ **02**).

GEEIGNETE KUNSTSTOFFE Die drei am häufigsten eingesetzten Filamente sind Acrylnitril-Butadien-Styrol, Polylactide und Polyvinylalkohol.
Acrylnitril-Butadien-Styrol (ABS) ist ein thermoplastisches Copolymer aus den drei Bausteinen Acrylnitril, Butadien, und Styrol (↑ **01C** oben). ABS ist beliebig einfärbbar und eignet sich mit seinem Schmelzbereich von 210 bis 240 °C, der hohen Härte, Chemikalienbeständigkeit und Kratzfestigkeit hervorragend für den 3D-Druck. ABS wird großtechnisch durch Pfropfcopolymerisation (↑ S. XXX hergestellt, kann aber auch durch gleichzeitiges Polymerisieren einer Mischung von Styrol, Acrylnitril und Butadien gewonnen werden.
Polylactide (auch: **Polymilchsäure**; engl. *polylactic acid*; **PLA**) sind Polykondensate aus Milchsäuremolekülen und gehören damit zu den *Polyestern* (↑ **01C** unten links). Ihr Schmelzbereich liegt je nach Zusammensetzung zwischen 160 und 190 °C. PLA bleibt beim Druck formstabil, ist lebensmittelecht und kann aus nachwachsenden Rohstoffen wie Mais und Zuckerrohr gewonnen werden.
Polyvinylalkohol (PVA; ↑ **01C** unten rechts) wird durch alkalische Hydrolyse von Polyvinylacetat gewonnen. Das Edukt Polyvinylacetat wird wiederum durch radikalische Polymerisation von Ethenylacetat (Vinylacetat) gebildet. Es schmilzt bei 180 bis 200 °C. Aufgrund seiner Eigenschaft, sich in Wasser aufzulösen, wird PVA beim 3D-Druck als *Stützmaterial* verwendet. Dazu muss der Druckkopf ein *Dualextruder* sein, der das PVA-Filament und das für das eigentliche Werkstück genutzte Filament parallel drucken kann (↑ **01**). Nach erfolgtem 3D-Druck lässt sich das Stützmaterial entfernen, indem das gedruckte Objekt in Wasser gelegt wird, wobei sich das Stützmaterial auflöst. Da PVA biologisch abbaubar ist, kann das Wasser anschließend ins Abwasser gegeben werden.

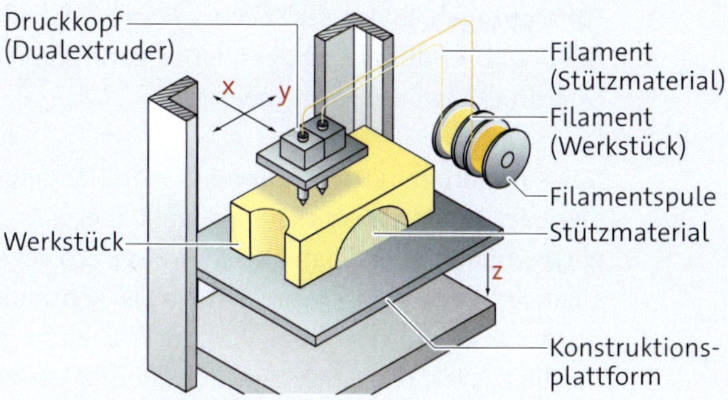

02 3D-Drucken eines Werkstücks mit Stützmaterial (Schema)

1 〉 Entwickeln Sie jeweils einen Syntheseweg für die thermoplastischen Filamente ABS und PLA.

2 〉 Begründen Sie anhand der Struktur, warum es sich bei allen drei Filamenten um Thermoplaste handelt.

3 〉 Erläutern Sie, warum Polyvinylalkohol wasserlöslich ist und sich nicht als Druckmaterial für feste Strukturen eignet.

4 〉 Am Ende eines jeweils 0,5 cm dicken Strangs der drei Filamente ABS, PLA und PVA wird ein 25 g schweres Gewicht befestigt. Die Filamente werden aufgehängt und mit einem Fön gleichmäßig erhitzt. Formulieren Sie eine Hypothese zur erwarteten Beobachtung.

3.11 Verarbeiten von thermoplastischen Kunststoffen

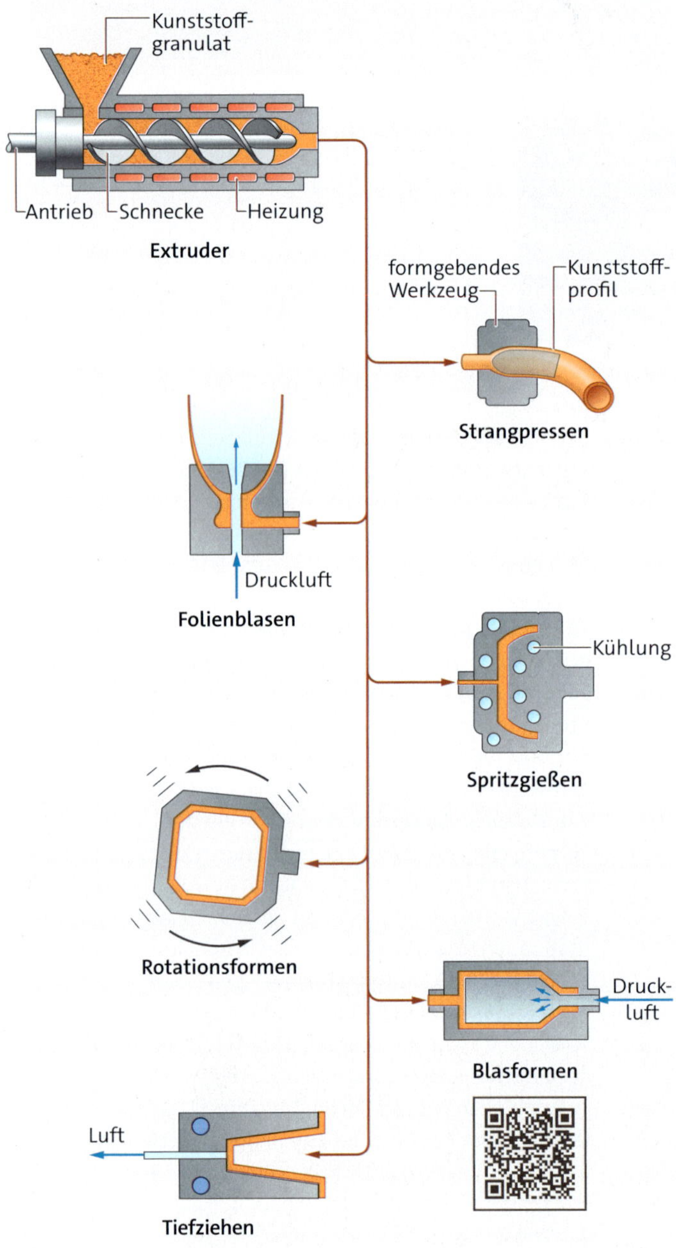

01 Verfahren zur Verarbeitung von Thermoplasten

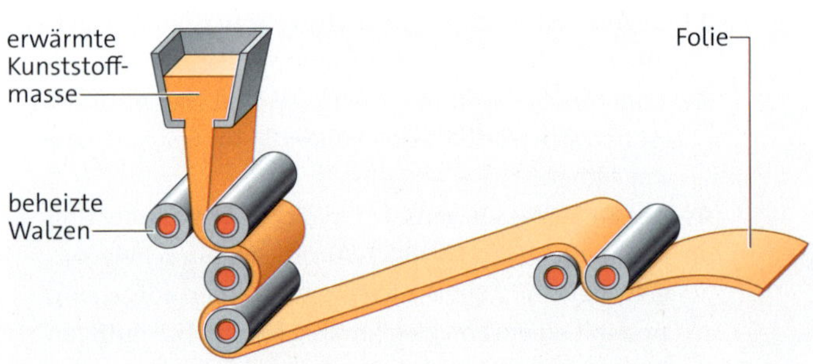

02 Kalandrieren

Thermoplaste sind im erwärmten Zustand verformbar. Sie lassen sich mit unterschiedlichen mechanischen Verfahren in Form bringen.

EXTRUDIEREN Mithilfe eines **Extruders** (lat. *extrudere*: heraustreiben) wird das als Granulat oder Pulver vorliegende Polymer aufgeschmolzen. Dies geschieht unter erhöhtem Druck und erhöhter Temperatur mithilfe einer sich bewegenden Schneckenwelle, die die schmelzende Kunststoffmasse voranschiebt. An der Austrittsöffnung verlässt das verflüssigte Gemisch den Extruder und gelangt in das formgebende Werkzeug (↑ **01**).

Beim **Spritzgießen** wird die flüssige Kunststoffmasse in einen Hohlraum eines gekühlten Werkzeugs gespritzt, in dem sie schnell verdichtet und erkaltet. Beim Öffnen des Werkzeugs fallen die geformten Kunststoffteile heraus. Wird die geschmolzene Kunststoffmasse jedoch beim **Strangpressen** durch eine geformte Düse gedrückt, so wird ein Rohr bzw. ein Schlauch geformt.

Beim **Blasformen** wird die Kunststoffmasse zusammen mit Druckluft in die Blasform eingeblasen. So können Hohlkörper wie Flaschen oder Kanister hergestellt werden. Benutzt man beim Einfüllen eine offene ringförmige Düse, so werden Folien erzeugt. Bei diesem als **Folienblasen** bezeichneten Verfahren entsteht durch die einströmende Druckluft ein dünnwandiger Endlosschlauch.

Um große, hohle Kunststoffprodukte herzustellen, verwendet man das **Rotationsformverfahren**. Hierbei lagert sich die Kunststoffmasse beim Abkühlen an den Innenflächen der rotierenden Form ab.

Zur Herstellung von Kunststoffbechern kommt das **Tiefziehverfahren** zum Einsatz. Hierbei wird eine Polymerschicht durch Unterdruck in eine gekühlte Form gezogen, in der der Becher erstarrt. Anschließend wird er durch Erzeugen eines geringfügigen Überdrucks aus der Form geworfen.

Das **Kalandrieren** (franz. *calandre:* Wäschemangel) dient der Gewinnung dickerer Folien. Dabei wird das Polymergranulat im Spalt zwischen zwei sich gegeneinander drehenden, erwärmten Walzen kontinuierlich aufgeschmolzen (↑ **02**). Weitere Walzen sorgen für die zusätzliche Homogenisierung und Verstreckung der Folie.

CHEMIEFASERN Als Chemiefasern werden alle Fasern bezeichnet, die industriell hergestellt werden. Hierbei lassen sich die *Synthesefasern* von den *Fasern* von *abgewandelten Naturstoffen* unterscheiden. Gemeinsam ist allen Chemiefasern, dass sie aus unverzweigten Makromolekülen mit kristalliner Struktur aufgebaut sind. Den Zusammenhalt zwischen den Makromolekülen bewirken verschiedene zwischenmolekulare Wechselwirkungen (↑ **03**, **04**).

Zu den **Synthesefasern** gehören u. a. *Polyester* wie Trevira, *Polyamide* wie Nylon und Perlon sowie *Polyacrylnitrile* wie Dralon und Elasthan. Zur Herstellung wird das Polymer in flüssige Form gebracht, indem es im **Schmelzspinnverfahren** aufgeschmolzen wird. Anschließend wird es durch Spinndüsen gepresst und kann als fester, praktisch endloser Faden abgezogen werden (↑ **04**, **05**). Nach Abkühlung im Luftstrom erstarren die Fäden und werden nun beim sogenannten *Verstrecken* gestreckt, damit sich die noch verknäuelt vorliegenden Makromoleküle parallel anordnen. Dabei streckt sich die Faser auf das 100- bis 400-Fache. Durch Zerschneiden in kurze Fasern, Mischen mit anderen Fasern und anschließendes Verdrillen können bestimmte Eigenschaften verschiedener Kunststoffe kombiniert werden.
Synthesefasern besitzen charakteristische Eigenschaften: Sie sind pflegeleicht, sehr haltbar sowie beständig gegen Mikroorganismen und Insekten. Sie nehmen nur wenig Feuchtigkeit auf, wodurch sie schnell trocknen. Sie laden sich jedoch elektrostatisch auf, weshalb sie leicht verschmutzen.

MIKROFASERN Mithilfe spezieller Spinnverfahren können extrem dünne Fasern hergestellt werden, die 10-mal dünner als ein menschliches Haar sind und als **Mikrofasern** bezeichnet werden. Ein Gramm einer Mikrofaser entspricht ungefähr einer Länge von 10 km. Gewebe aus Mikrofasern sind extrem dicht, sodass Regentropfen wegen der Oberflächenspannung des Wassers nicht in das Gewebe eindringen können. Wasserdampf jedoch kann durch die Poren des Gewebes nach außen gelangen.

VERARBEITUNG VON DUROPLASTE Duroplaste müssen unmittelbar bei der Reaktion in die gewünschte Form gebracht werden. Danach lassen sie sich nur noch mechanisch bearbeiten, z. B. durch Sägen. Deshalb werden duroplaste Formteile oft als unvernetzte Vorprodukte hergestellt. Nach dem Zusatz weitere Farb- oder Füllstoffe wird das Gemisch in Form gebracht und reagiert durch Erwärmen oder Zusatz eines Katalysators zum duroplasten Werkstück.

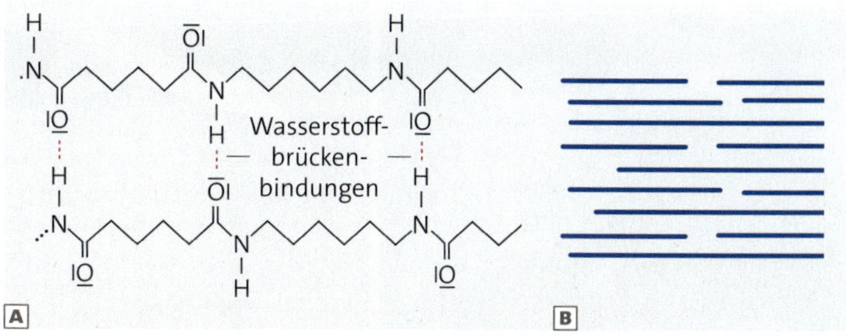

03 **A** Anordnung der Makromoleküle in einer Nylonfaser, **B** Modell

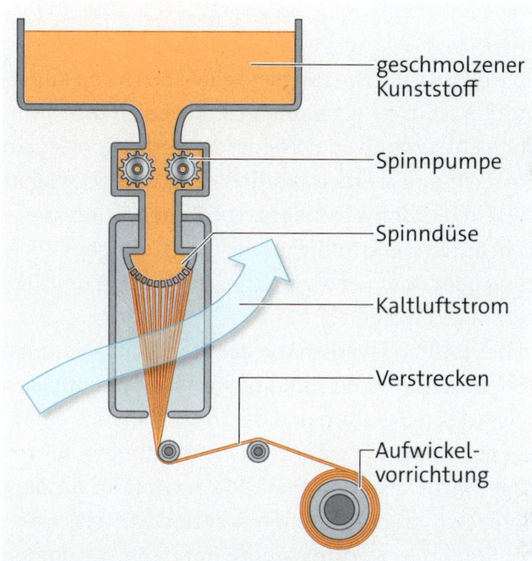

04 Verfahren zum Schmelzspinnen von Polyamiden

05 Schmelzspinndüse

1 Stellen Sie begründet dar, mit welchem Verfahren Sie einen Kanister herstellen würden.

2 Nennen Sie Anwendungsgebiete und Alltagsprodukte, in denen die Eigenschaften von Synthese- oder Mikrofasern zum Tragen kommen.

3 Synthesefasern werden bei ihrer Herstellung mit höherer Geschwindigkeit aufgewickelt als sie die Spinndüse verlassen. Begründen Sie dieses Vorgehen.

3.12 Verwertung und Recycling von Kunststoffabfällen

01 **A** 500 Jahre dauert die natürliche Verrottung einer Plastiktüte.
B Upcycling – Treibhaus aus Plastikflaschen

02 Codierung für den recycelbaren Kunststoff Polyethylenterephthalat (PET)

So vielfältig die Nutzungsmöglichkeiten von Kunststoffen sind, so schwierig gestaltet sich ihre sinnvolle Entsorgung oder Wiederverwertung. Allein in Deutschland werden jährlich ca. 500 000 t Kunststoff in die Umwelt freigesetzt. Dabei könnte diese Zahl durch werkstoffliches oder rohstoffliches Recycling oder durch energetische Verwertung deutlich gemindert werden (↑ **03**).
In Deutschland werden von den fast sechs Millionen Tonnen gesammelten Kunststoffabfällen aus den privaten Haushalten und der Industrie 99 % einem der nachfolgend beschriebenen Recyclingverfahren zugeführt. Dabei stammen 25 % der Abfälle aus dem Verpackungsbereich. Einen wichtigen Anteil an dieser hohen Verwertungsquote hat dabei das in den 1990er Jahren eingeführte Duale System („Grüner Punkt") zum Recycling von Verkaufsverpackungen. Ressourcenschonender ist die Wiederverwendung als gleich- oder höherwertige Gebrauchtwaren, das sogenannte **Upcycling**: Kleine Veränderungen bezüglich der Nutzungsweise oder der äußeren Form ermöglichen neue Funktionen, z. B. den Bau eines Treibhauses aus Plastikflaschen.

DEPONIERUNG Während in Deutschland nur noch etwa 1 % der Kunststoffabfälle auf Deponien landet, liegt diese Zahl europaweit bei etwa 30 %. Weil sie gegenüber Sauerstoff, Licht, Wasser und Mikroorganismen nahezu beständig sind, verrotten die Kunststoffe dort nicht.

WERKSTOFFLICHES RECYCLING Unter dem Aspekt der Müllvermeidung handelt es sich beim werkstofflichen Recycling um die effizienteste Möglichkeit, Kunststoff wiederzuverwenden. Allerdings erfordert es einen weitgehend sortenreinen und sauberen Altkunststoff, wie er meist nur bei Industrieabfällen vorkommt. Zudem kommt es nur für thermoplastischen Kunststoff infrage. Folgende Schritte müssen vorgeschaltet werden (↑ **04**):

- sortenreines Sammeln, Zerkleinern, Waschen
- Abtrennen anhaftender Störstoffe wie Papier, Fremdkunststoffe oder Metalle

Trotzdem treten durch chemische und physikalische Einflüsse Veränderungen in den Polymer-Molekülen auf, z. B. die Spaltung der Makromoleküle, was zu einer Verschlechterung der Qualität des Kunststoffs führt. Man bezeichnet dies als **Downcycling**.

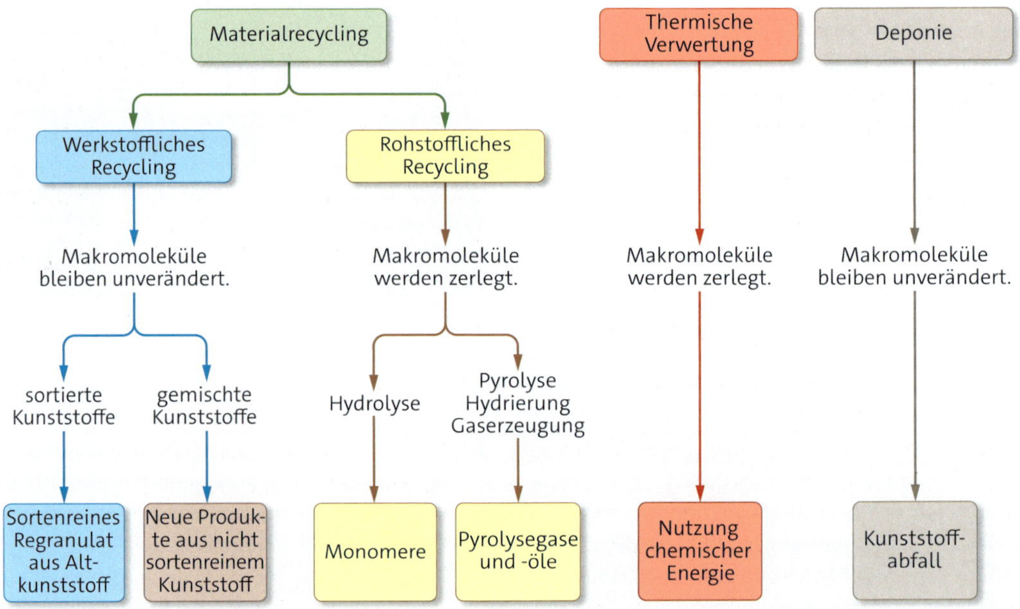

03 Überblick über Verwertungsverfahren für Kunststoffabfälle

Durch wiederholtes Recycling können deshalb Kunststoffe innerhalb der Nutzungskaskade nur eingeschränkten Verwendungsmöglichkeiten zugeführt werden (↑ **05**).

Um aus gemischten Abfällen, besonders aus dem Hausmüll, sortenreine Granulate zu erhalten, sind viele Verfahrensschritte wie Trennen und Waschen nötig. Ohne Trennung können diese Altkunststoffe nur zu Formteilen minderer Qualität umgeschmolzen werden. In Deutschland werden 41 % der Kunststoffabfälle werkstofflich verarbeitet.

ROHSTOFFLICHES RECYCLING Auch das rohstoffliche Recycling von vermischten Kunststoffabfällen, die sich nicht werkstofflich trennen lassen, trägt zur Schonung natürlicher Ressourcen bei. Denn dadurch lassen sich die Monomere selbst zurückgewinnen oder aber niedermolekulare Kohlenwasserstoffe in Form von Ölen oder Gasen erzeugen. Diese können dann als Ausgangsstoffe für die Herstellung von Kunststoffen verwendet werden. 1 % der Kunststoffabfälle in Deutschland werden so verarbeitet.

Zur Überführung der Polymere in ihre Ausgangsstoffe kommen verschiedene Verfahren zur Anwendung: Bei der **Pyrolyse** werden die Kunststoffe unter Sauerstoffabschluss auf etwa 700 °C erhitzt, wobei ihre Makromoleküle in kürzere Ketten zerbrechen. Als Produkte entstehen u. a. Alkane, Alkene und Aromaten.

Werden die Kunststoffe bei einer Temperatur von ca. 470 °C und unter hohem Druck (ca. 200 bar) mit einem Überschuss an Wasserstoff behandelt, kommt es ebenfalls zu einem Aufbrechen der langen Ketten. Als Reaktionsprodukte entstehen aber überwiegend Alkane. Das Verfahren wird als Hydrierung bezeichnet. Als **Solvolyse** wird die Kettenteilung der Makromoleküle mithilfe eines Lösungsmittels bezeichnet. Unter Verwendung von sauren Lösungen werden Polyester und Polyamide durch **Hydrolyse** in ihre ursprünglichen Monomere aufgespalten.

THERMISCHE VERWERTUNG Etwa 57 % der in Deutschland anfallenden Kunststoffabfälle werden in Müllverbrennungsanlagen verbrannt. Die dabei frei werdende thermische Energie wird in Kraftwerken genutzt. Jedoch muss bei der Verbrennung darauf geachtet werden, dass die Schadstoffemissionswerte nicht überschritten werden. Problematisch sind hierbei Polymere, die wie PVC keine reinen Kohlenwasserstoffe sind, da sich bei der Verbrennung Chlorwasserstoff (HCl) bildet.

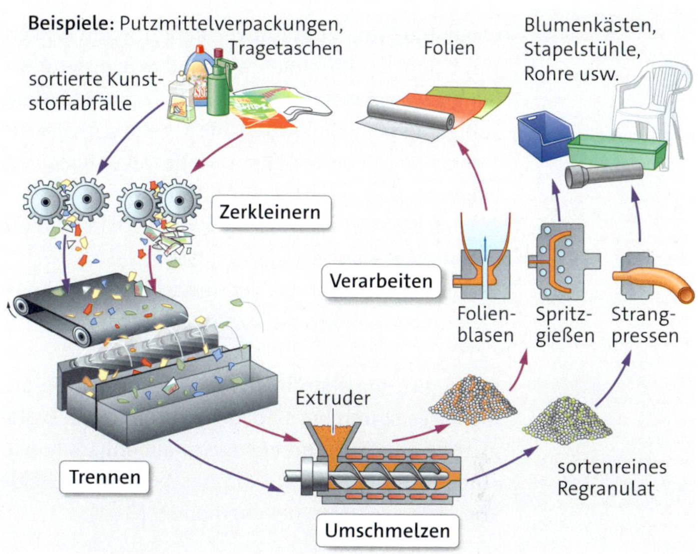

04 Werkstoffliches Recycling (Schema)

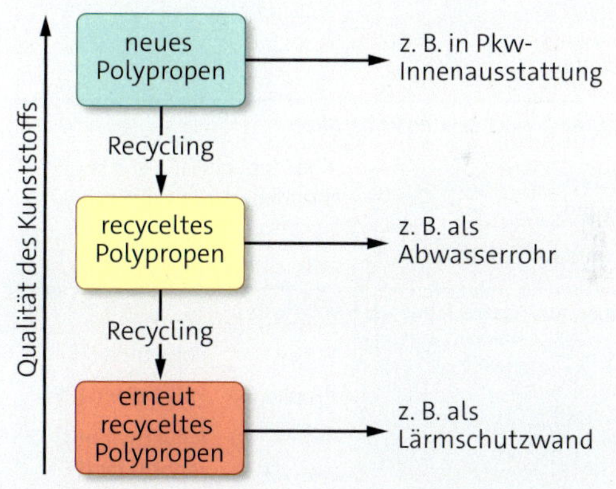

05 Downcycling: Beispiel einer Nutzungskaskade

Betrachtet man Polymere auf Kohlenwasserstoffbasis wie PE oder PP, so entstehen bei der Verbrennung keine anderen Produkte als bei der Verbrennung des ursprünglichen Rohstoffs Erdöl. Unter energetischen Aspekten betrachtet bleibt der ursprüngliche Energiegehalt der eingesetzten Erdölportion vollumfänglich im Kunststoff enthalten. Solange Erdöl zur Energieerzeugung direkt verbrannt wird, ist es also durchaus sinnvoll, Kunststoffe nach dem Durchlaufen einer Nutzungskaskade (↑ **05**) anschließend thermisch zu verwerten.

1 › PET kann im Rahmen von werkstofflichem Recycling einer Kreislaufwirtschaft zugeführt werden. Recherchieren Sie den *Wertstoffkreislauf* von PET und erstellen Sie ein Schema.

2 › Begründen Sie, welches Recyclingverfahren für Duroplaste und Elastomere geeignet ist.

Biokunststoffe – biologisch abbaubare und biobasierte Kunststoffe LK

Jedes Recyclingverfahren erfolgt unter Energieaufwand und/oder birgt umweltgefährdende Risiken. Um beides zu minimieren und gleichzeitig unabhängig vom Rohstoff Erdöl zu werden, wird bereits seit Jahren an **Biokunststoffen** geforscht. Dieser Sammelbegriff umfasst Kunststoffe mit unterschiedlichen Merkmalen in Bezug auf:

- den Weg der Verwertung: biologisch abbaubare bzw. kompostierbare Kunststoffe
- die Rohstoffbasis bei der Herstellung: Ausgangsstoffe aus Biomasse statt aus Erdöl

Dabei gilt: Kunststoffe, deren Ausgangsstoffe aus Biomasse stammen, sind nicht automatisch biologisch abbaubar – und biologisch abbaubare Kunststoffe müssen nicht auf Biomasse basieren. Beide Konzepte existieren nebeneinander (↑ **01**).

Biologisch abbaubar, aus fossilen Rohstoffen			
Erdöl	Polyester	Copolyester (PBAT) Polycaprolacton (PCl)	
	Alkohole	Polyvinylalkohol (PVOH)	
Biologisch abbaubar, aus nachwachsenden Rohstoffen			
zucker- und stärkereiche Pflanzen	pflanzliche Polymere	thermoplastische Stärke (TPS) modifizierte Cellulose	
	fermentative Polymere	Polylactide (PLA) Polyhydroxyalkanoate (PHA)	
Biologisch nicht abbaubar, aus nachwachsenden Rohstoffen			
zucker- und stärkereiche Pflanzen	Ethanol	Ethen	Polyethen (PE)
		Propen	Polypropen (PP)
		Glykol p-Xylol	Polyethylenterephthalat (PET)

01 Beispiele für Biokunststoffe im Überblick

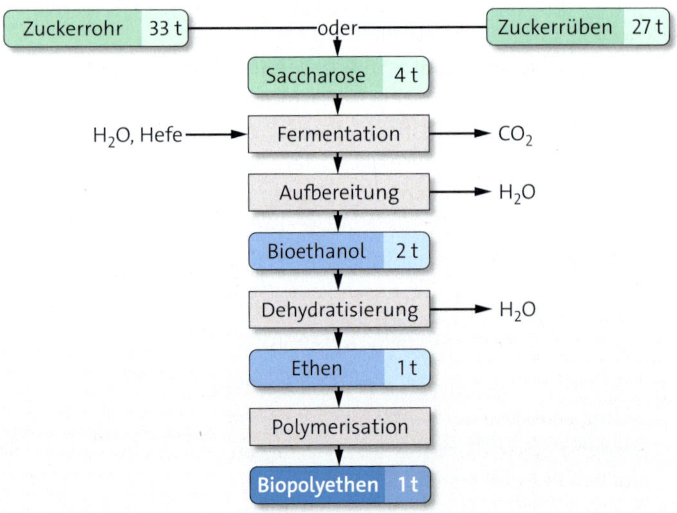

02 Herstellung von Biopolyethen (Bio-PE)

BIOLOGISCH ABBAUBARE KUNSTSTOFFE Der Vorteil biologisch abbaubarer Kunststoffe besteht darin, dass sie in der Umwelt unter geeigneten Bedingungen im Vergleich zu konventionellem Kunststoff schneller zu Kohlenstoffdioxid und Wasser abgebaut werden. Zunächst erfolgt ein Zerfall in kleine Partikel, bei dem Mikroplastik in Böden und Gewässer eingetragen wird. Der vollständige Abbau dieser Partikel kann jedoch je nach Umweltbedingungen viel Zeit in Anspruch nehmen und wird oft nur in industriellen Kompostieranlagen erreicht, die eine konstant hohe Temperatur von 60 °C und eine Luftfeuchtigkeit von 80 % erreichen. Deshalb ist die Kompostierung solcher Kunststoffe über die Bioabfallsammlung ökologisch wenig sinnvoll. Sie stellt auch keine hochwertige Verwertung dar, weil die Stoffeigenschaften des Kunststoffs bei der Bioabfallverwertung nicht genutzt werden und das abgebaute Material keinen positiven Effekt auf den erzeugten Kompost hat.

BIOBASIERTE KUNSTSTOFFE Das Monomer Milchsäure (2-Hydroxypropansäure) kann durch Fermentation aus Maisstärke erzeugt werden. Durch anschließende Polykondensation und Polymerisation entsteht aus den Monomeren die **Polymilchsäure** (Polylactid, kurz: PLA), ein thermoplastischer Kunststoff (↑ Exp. 7.15). Verwendung findet PLA im medizinischen Bereich als Nahtmaterial zum Wundverschluss, aber auch als Verpackungsmaterial für Lebensmittel. Der Abbau des Polymers erfolgt über die hydrolytische Spaltung der Esterbindungen (↑ Exp. 7.16). Mikroorganismen zersetzen die Abbauprodukte weiter zu Kohlenstoffdioxid und Wasser. Dieser Biokunststoff vereint also beide Aspekte: Ausgangsstoffe aus Biomasse und biologische Abbaubarkeit.

Neben solchen schon seit einigen Jahren am Markt befindlichen Polymeren auf Stärke- oder Milchsäurebasis kommen auch biobasierte Polyolefine wie Polyethen (PE) auf Basis nachwachsender Rohstoffe hinzu. Dieses Bio-PE weist exakt die gleiche chemische Struktur auf wie das aus Erdöl hergestellte PE. In Brasilien werden derzeit Produktionsanlagen gebaut, die Bio-PE auf der Basis von aus Zuckerrohr gewonnenem Ethanol herstellen (↑ **02**).

1 〉 **a** Vergleiche Sie Bio-PE und herkömmlich produziertes PE hinsichtlich des chemischen Aufbaus und der daraus ableitbaren Stoffeigenschaften.
b Bewerten Sie, welche dieser beiden Kunststoffarten zu einer stärkeren Schonung der Umwelt beiträgt. Recherchieren Sie dazu auch in weiteren Quellen.

Praktikum

P Kunststoffverwertung – Biokunststoffe

EXP 3.15 Pyrolyse von Kunststoffabfällen

Materialien Reagenzglas, Reagenzglas mit Ansatz, Kolbenprober, Becherglas, Stativmaterial, 2 durchbohrte Stopfen, Brenner, Kunststoffabfälle (kein PVC!), Eiswasser, Kaliumpermanganatlösung (3, 5, 9)

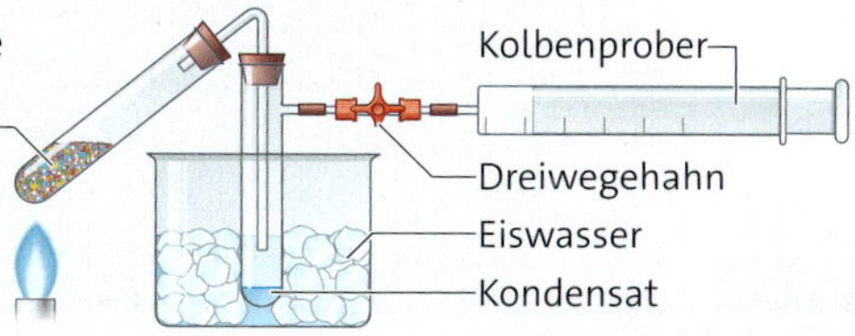

Durchführung Erhitzen Sie die unsortierten, zerkleinerten Kunststoffabfälle kräftig in einem schräg eingespannten Reagenzglas unter Luftabschluss. Fangen Sie die entweichenden Pyrolyseprodukte in einem Kolbenprober auf.
Versetzen Sie die gasförmigen Produkte wie auch das Kondensat mit der Kaliumpermanganatlösung.
Entsorgung: Reagenzglas nach dem Abkühlen in den Hausmüll geben. Flüssigkeiten im Scheidetrichter trennen und in den Behälter für giftige anorganische Abfälle bzw. halogenfreie organische Abfälle geben.

Auswertung

1 ⟩ Erklären Sie die Farbveränderung der Kaliumpermanganatlösung.
2 ⟩ Erläutern Sie die Vorteile der Pyrolyse gegenüber der Verbrennung bzw. dem werkstofflichen Recycling von Kunststoffabfällen.

EXP 3.16 Herstellung von Polymilchsäure

Materialien Reagenzglas, Reagenzglasklammer, Reagenzglasständer, Spatel, Aluschale vom Teelicht, Brenner, Pipette, Siedesteinchen, Gärröhrchen mit Aktivkohle oder Watte, Milchsäure (5), Zinn(II)-chlorid (5, 7)

Durchführung Geben Sie fingerbreit Milchsäure und einige Kristalle Zinn(II)-chlorid in ein Reagenzglas. Fügen Sie anschließend 3 bis 5 Siedesteinchen hinzu und setzen Sie das Gärröhrchen auf das Reagenzglas. Erhitzen Sie das Gemisch vorsichtig unter ständigem Schütteln in der rauschenden Brennerflamme, bis sich die Farbe der Lösung verändert. Füllen Sie dann den Inhalt des Reagenzglases in die Aluschale und stellen Sie diese zum Abkühlen in den Abzug.
Entsorgung: Kunststoffreste in den Hausmüll geben.

Auswertung

1 ⟩ Zeichnen Sie einen Strukturformelausschnitt mit fünf Monomeren Milchsäure.
2 ⟩ Welche Funktion des Zinn(II)-chlorids vermuten Sie?

EXP 3.17 Hydrolyse von Polymilchsäure

Materialien Erlenmeyerkolben (100 mL), Magnetrührer, Magnetfisch, Schere, Kunststoffprobe aus Polymilchsäure, Universalindikator, Wasser, Natronlauge (c = 0,01 mol/L), Salzsäure (c = 0,01 mol/L)

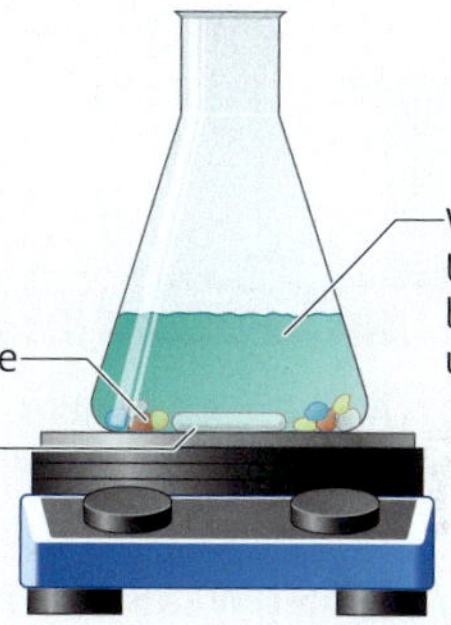

Durchführung Geben Sie in den Erlenmeyerkolben 50 mL Wasser und anschließend ca. 50 Tropfen Universalindikator dazu. Erhitzen Sie auf 100 °C. Sollte dabei ein von pH 7 in das saure Milieu abweichender pH-Wert festgestellt werden, erfolgt die Einstellung auf pH 7 durch die tropfenweise Zugabe von Natronlauge.
Zerkleinern Sie eine Kunststoffprobe von Polymilchsäure (z. B. Becher oder Plastiktüte) und geben Sie unter ständigem Rühren die Schnipsel in den Erlenmeyerkolben.
Entsorgung: Lösung mit Salzsäure neutralisieren und im Abwasser entsorgen. Kunststoffreste in den Hausmüll geben.

Auswertung

1 ⟩ Entwickeln Sie eine Reaktionsgleichung für die Hydrolyse von Polymilchsäure.
2 ⟩ Erklären Sie den Farbumschlag des Universalindikators.

EXP 3.18 Folie aus Kartoffelstärke

Materialien Waage, Becherglas (250 mL), Messpipette, Uhrglas, Wasserbad (400 mL), Brenner, Dreifuß, Glasstab, Kunststofffolie, Kartoffelstärke, Glycerinlösung (w = 50 %)

Durchführung Mischen Sie im Becherglas 20 mL Wasser mit 2 mL Glycerinlösung und geben Sie 2,5 g Stärke dazu. Bedecken Sie das Becherglas mit dem Uhrglas und kochen Sie es unter gelegentlichem Rühren ca. 15 min im Wasserbad. Anschließend gießen Sie das heiße Gel auf die Kunststofffolie und lassen es trocknen.
Entsorgung: Kunststoffreste in den Hausmüll geben.

Auswertung

1 ⟩ Beschreiben und erläutern Sie Ihre Beobachtungen.

3.13 Spezialkunststoffe

01 **A** Gerüst aus Bambus, **B** Bambusgewebe unter dem Mikroskop (Querschnitt), **C** Frontspoiler eines Rennwagens aus Faserverbundmaterial (schwarz: Carbonfasergewebe, glänzend: Kunststoffmatrix)

VERBUNDWERKSTOFFE Für die Optimierung mechanischer Eigenschaften von Polymeren als Konstruktionswerkstoffen hat man sich die Grundprinzipien von der Natur abgeschaut: Bei den in Asien zum Gerüstbau eingesetzten Bambusrohren sind lange Fasern aus Proteinen in Cellulose eingebettet. Dadurch kann Bambus als extrem stabiler und gleichzeitig sehr zugfester und elastischer Werkstoff für viele Anwendungen genutzt werden. Auch technisch hergestellte **Verbundwerkstoffe** stellen eine Verbindung aus einer füllenden Grundsubstanz, der Matrix, und dem Verstärkungsmaterial, häufig Fasern, dar. Als Matrix werden thermo- oder duroplastische Kunststoffe eingesetzt, während für das Verstärkungsmaterial Glas, Kohlenstoff („Carbon"), Keramik oder auch aromatische Polyamide, z. B. Aramidfasern, verwendet werden.

Je nach Form und Anordnung der verstärkenden Elemente unterscheidet man die folgenden Verbundwerkstoffe:

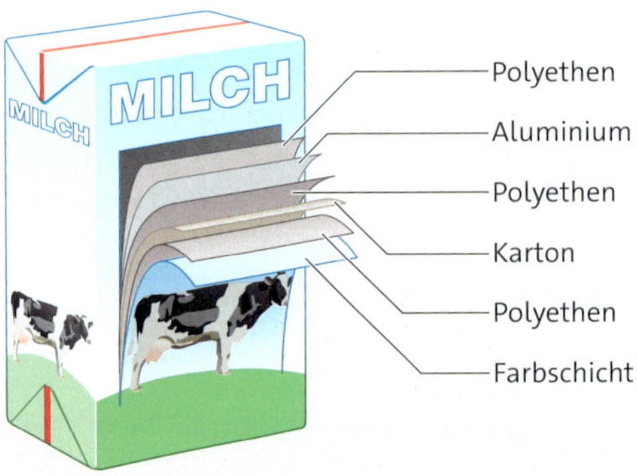

02 Aufbau von Getränkeverpackungen aus Schichtverbundwerkstoffen

Sind die Verstärkungsmaterialien als Fasern, Fäden oder Drähte in die Matrix eingebettet, spricht man von **Faserverbundwerkstoffen**. Dabei hält die Matrix die Fasern in der gewünschten Form, während die Festigkeit weitgehend von der Faser abhängt. Die Fasern können sowohl parallel als auch verschränkt angeordnet sein, z. B. als Gewebe (↑ **01C**). Solche Faserverbundwerkstoffe sind im Vergleich zu Stahl wesentlich zugfester bei gleichzeitig sehr geringer Masse. Sie werden u. a. in der Luft- und Raumfahrttechnik, im Schiffbau und für Sportgeräte eingesetzt. Werden einzelne Partikel in eine Matrix eingebettet, um deren Eigenschaften zu verändern, spricht man von **Teilchenverbundwerkstoffen**. Beispielsweise führt die Zugabe von Kohlenstoffpartikeln (Ruß) zur Erhöhung der elektrischen Leitfähigkeit. Kombiniert man gezielt Ebenen mit unterschiedlichen Eigenschaften, entstehen **Schichtverbundwerkstoffe**, sog. Laminate. Sie werden in der Verpackungsindustrie verwendet.

SUPERABSORBER können ein Vielfaches ihrer Masse an Wasser aufnehmen und einlagern – und im Unterschied zu einem Schwamm, wird es auch auf Druck nicht wieder abgegeben. Solche **superabsorbierenden Polymere** (kurz: **Superabsorber**, **SAP**) werden beispielsweise in Babywindeln und in Verbandsmaterial eingesetzt.
Superabsorber bestehen aus schwach vernetzten, wasserunlöslichen Polymeren. Die Eigenschaft, Wasser binden zu können, lässt sich durch den chemischen Aufbau der Polymerketten erklären: Durch die große Anzahl an polaren Carboxy- und Carboxylatgruppen können diese mit vielen Wasser-Molekülen Wechselwirkungen ausbilden. Wären die Polymerketten unvernetzt, wäre der Kunststoff wasserlöslich.

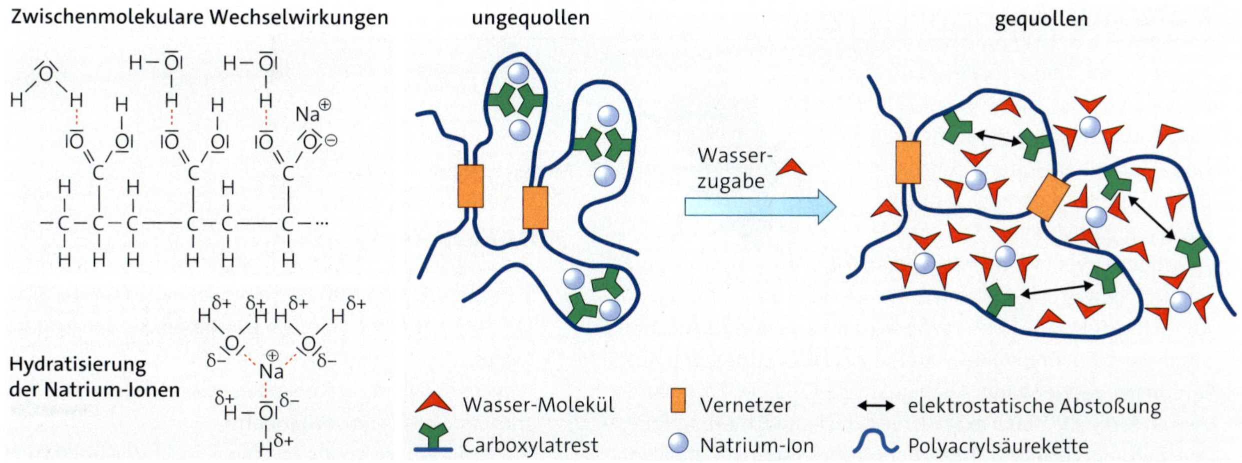

03 Funktion von Superabsorbern in einer Babywindel: Wasser wird in das Polymernetzwerk aus Polyacrylsäure eingeschlossen.

Für die in Windeln enthaltenen Superabsorber wird ein wasserlösliches Copolymerisat aus Acrylsäure (Propensäure) und Natriumacrylat eingesetzt, die Polyacrylsäure. Erst durch den Einbau spezieller Vernetzermoleküle, die die Polymerketten chemisch verbinden, entsteht das weitmaschige Polymernetzwerk. Der dann theoretisch aus einem einzigen Riesenmakromolekül bestehende Kunststoff ist wasserunlöslich.
Diese spezielle Kombination ist für die superabsorbierenden Eigenschaften verantwortlich: Wasser kann in das Netzwerk eindiffundieren, dabei bilden die Wasser-Moleküle Wechselwirkungen zu den Polymerketten und den Natrium-Ionen der Acrylatgruppen aus. Auf diese Weise wird das Wasser „eingeschlossen".
Sobald die Natrium-Ionen von eingedrungenen Wasser-Molekülen hydratisiert werden, bleiben negativ geladenen Carboxylatgruppen an den Ketten zurück, die sich gegenseitig abstoßen. Das zuvor geknäulte Polymer wird gedehnt und der Stoff quillt. Allgemein bezeichnet man einen Verbund eines Polymernetzwerks mit Wasser-Molekülen als **Hydrogel**.

MEMBRANSYSTEME Besonders in der Bekleidungsindustrie werden für Jacken und Schuhe vielfach sogenannte atmungsaktive Klimamembranen eingesetzt, die auf die Innenseite von Textilgewebe aufgeklebt werden. Als Polymer wird dafür beispielsweise **Polytetrafluorethen** (Teflon, Kurzzeichen: PTFE) eingesetzt, dessen nur 0,02 mm dünne Folie so stark verstreckt wird, dass etwa eine Milliarde winzige Poren pro cm^2 in der Folie entstehen. Durch diese Poren kann Wasserdampf (Schweiß) diffundieren, die Wassertropfen des Regens werden jedoch nicht hindurchgelassen.

P EXP 3.19 Untersuchung eines Superabsorbers

Materialien Messzylinder, 4 Bechergläser (250 mL), Spatellöffel, Superabsorberpolymer, Kochsalz, Citronensäure (7), Natriumcarbonat (7), Wasser

Durchführung Geben Sie einen Spatellöffel Superabsorber in jedes der vier Bechergläser. Anschließend fügen Sie in alle Bechergläser 100 mL Wasser dazu. In das zweite Becherglas geben Sie einen halben Spatellöffel Kochsalz, in das dritte einen halben Spatellöffel Citronensäure und in das vierte Becherglas einen halben Spatellöffel Soda hinzu.
Entsorgung: Kunststoffreste in den Hausmüll geben.

Auswertung Notieren und deuten Sie Ihre Beobachtungen hinsichtlich der unterschiedlichen Wasseraufnahme des Superabsorbers in den vier Ansätzen. Gehen Sie auf das osmotische Verhältnis der verschiedenen Lösungen ein.

Allerdings entstehen bei der Herstellung und Verbrennung von Polytetrafluorethen umweltgefährdende Stoffe.
Ein anderes Membransystem setzt auf porenfrei produzierte Membranen aus **Polyetherester** – einem gesundheitlich unbedenklichen Kunststoff, der schadstoffarm produziert und ähnlich wie PET recycelt werden kann. In diesen nur 0,005 mm dicken Membranen ermöglichen die funktionellen Gruppen des Polymers den Austausch von Wasserdampf.

Video: Superabsorber im Zeitraffer

1 › Skizzieren Sie den Aufbau eines Faserverbundwerkstoffs mit parallel ausgerichteten bzw. gegeneinander verschränkt angeordneten Fasern. Erläutern Sie die besonderen Eigenschaften.

Klausurtraining

Material D Mit Polymeren gegen Fressfeinde

Der einheimische Laufkäfer *Abax ater* bekämpft seine Gegner durch Versprühen von Methacrylsäure (2-Methylpropensäure) aus einer Hinterleibsdrüse. Der Gegner wird dadurch binnen kürzester Zeit voneiner Schicht aus Polymethacrylsäure überzogen und dadurch bewegungsunfähig.

Ähnlich aufgebaute Kunststoffe werden in der Medizintechnik eingesetzt. Sie finden als Material zur Herstellung von Kontaktlinsen Verwendung. Als Monomere für diese Kunststoffe dienen Ester, die durch exotherme Gleichgewichtsreaktionen von Methacrylsäure mit Methanol oder Ethan-1,2-diol entstehen und bei Raumtemperatur flüssig sind. In Abhängigkeit vom verwendeten Alkohol bilden sich bei der nachfolgenden Herstellung der polymeren Verbindungen zwei Kunststoffe mit unterschiedlichen Eigenschaften:

Der eine Kunststoff besitzt ausgeprägte hydrophile Eigenschaften und ist damit für weiche Kontaktlinsen bestens geeignet, während sich der andere für harte Kontaktlinsen verwenden lässt.

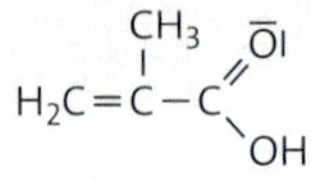

Methacrylsäure

AUFGABEN ZU D

1 › **a** Stellen Sie den Reaktionsmechanismus für die Bildung von Polymethacrylsäure dar und geben Sie den Reaktionstyp an.

Hinweis: Bei dem entstehenden Polymer sind die Carboxygruppen weiterhin vorhanden.

b Entwickeln Sie je eine Reaktionsgleichung (mit Strukturformeln) für die Bildung der beiden erwähnten Methacrylsäureester. Beachten Sie dabei, dass bei der Reaktion mit Ethan-1,2-diol nur eine Hydroxygruppe verestert wird.

2 › **a** Zeichnen Sie für die beiden Polymere, die zur Herstellung von Kontaktlinsen verwendet werden, je einen charakteristischen Strukturformelausschnitt.

b Beurteilen Sie, welcher dieser Kunststoffe zur Herstellung von weichen Kontaktlinsen geeignet ist.

Material E Bakterien erzeugen ein Biopolymer

E1 Eigenschaften des Biopolymers

Bakterien der Art *Alcaligenes eutrophus* produzieren aus 3-Hydroxybutansäure den makromolekularen Speicherstoff Poly-3-hydroxybutansäure (PHB), der sich in den Bakterien anreichert. In großen Bioreaktoren wird PHB säurekatalysiert gewonnen und zu einem biologisch abbaubaren Kunststoff weiterverarbeitet, der unter dem Handelsnamen *Biopol* vertrieben wird. Dieser Kunststoff kann in vielen Anwendungsbereichen das Polypropen (PP) ersetzen, da er ähnliche Eigenschaften besitzt, im Gegensatz zu Polypropen aber biologisch abbaubar ist.

Als Problem erwies sich jedoch, dass biotechnologisch hergestelltes *Biopol* sehr teuer ist. Die Zersetzungstemperatur liegt bei 180 °C und ist damit nur knapp oberhalb des Schmelzbereichs, der bei ca. 170 °C liegt.

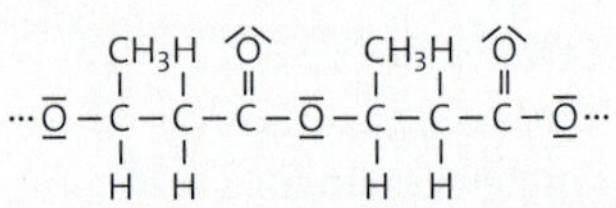

Poly-3-hydroxybutansäure

E2 Nutzung als Speicherstoff

Viele Bakterien nutzen Poly-3-hydroxybutansäure als Speicherstoff. Mehrere Hundert bis mehrere Tausend 3-Hydroxybutansäuremonomere sind über ihre Hydroxy- und Carboxygruppen zu einem Polyestermolekül verknüpft. Aufgrund ihrer unpolaren hydrophoben Eigenschaften lagern sich diese Polymere in tröpfchenförmigen Zelleinschlüssen ein, die sich mit lipophilen Farbstoffen anfärben und sichtbar machen lassen. Der intrazelluläre Abbau der Poly-3-hydroxybutansäure erfolgt über alkalische Hydrolyse zu 3-Hydroxybutansäure und anschließend weiteren Stoffwechselreaktionen.

AUFGABEN ZU E

1 › **a** Formulieren Sie die Reaktionsgleichung für die Herstellung von Poly-3-hydroxybutansäure aus 3-Hydroxybutansäure und geben Sie den Reaktionstyp an.

b Ordnen Sie begründet PHB einer Kunststoffart zu.

2 › Erstellen Sie eine ausführliche Durchführungsbeschreibung für einen Schülerversuch zur alkalischen Hydrolyse von Poly-3-hydroxybutansäure. Berücksichtigen Sie dabei auch sicherheitsrelevante Aspekte.

3 › Stellen Sie Hypothesen auf, warum Poly-3-hydroxybutansäure im Gegensatz zu Polypropen biologisch abbaubar ist.

Material F Biologisch abbaubare Kunststoffe

F1 Dimerisierung von Milchsäure

Milchsäure hat eine besondere Eigenschaft: Sie bildet mit sich selbst Dimere. Sie werden als Dilactide bezeichnet. Dabei handelt es sich um *cyclische Ester*.

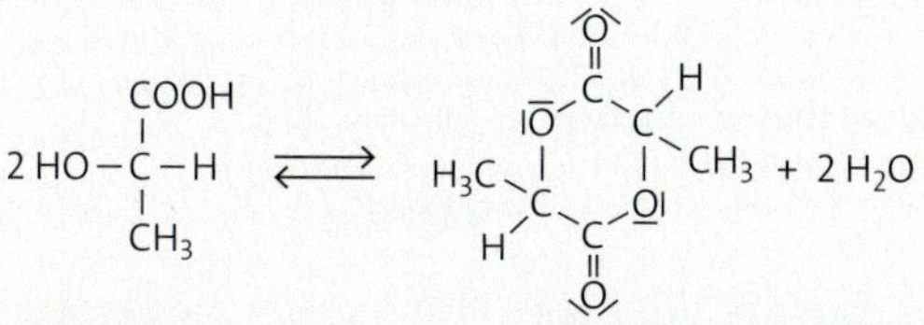

Milchsäure Dilactid

F2 Polymerisierung zum Polylactid

Aus Milchsäure lässt sich der Kunststoff Polylactid (PLA, auch Polymilchsäure) herstellen. Polylactide können bis zu einer molaren Masse von 15 000 g/mol durch Polykondensation direkt aus Milchsäure und bei Raumtemperatur erzeugt werden. Die Entsorgung der dazu verwendeten Lösungsmittel ist allerdings problematisch. Deshalb werden Polylactide bevorzugt durch die ionische Polymerisation von Dilactiden hergestellt. Bei etwa 180 °C und unter der Einwirkung von Zinn(II)-chlorid findet die Ringöffnung des Dilactids sowie die Polymerisation statt. So werden Kunststoffe mit sehr großen molaren Massen von über 20 000 g/mol und hoher Festigkeit erzeugt.

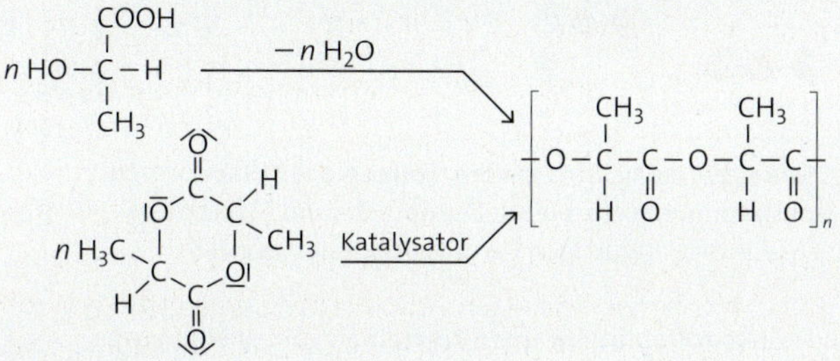

F3 Biologischer Abbau

Über Biotonnen gesammelte Bioabfälle werden in industriellen Kompostieranlagen zu Kompost verarbeitet. Dieser Prozess dauert in der Regel rund vier Wochen. Aus Sicht der Betreiber stellen biologisch abbaubare Kunststoffe wie Polylactid ein großes Problem dar, weil sie zur Verunreinigung des Kompostprodukts führen.

Temperatur in °C	4	25	25	40	60	60
relative Luftfeuchte in %	100	20	80	80	20	80
vollständiger Abbau in Monaten	124	58	37	10	3	2

F3.1 Vollständiger Abbau von Polylactiden

F4 Eigenschaften

Durch gezielte Copolymerisation von D- und L-Milchsäuremonomeren stellt man verschiedene Poly-L-lactide her, die sich in ihrem Kristallisationsgrad, ihren Schmelztemperaturen sowie ihrem Abbauverhalten unterscheiden. So ist beispielsweise das Poly-L-lactid teilkristallin, also aufgrund seiner kristallähnlichen Struktur relativ hart und spröde. Die Schmelztemperatur ist von der jeweiligen Kettenlänge der Makromoleküle abhängig und beträgt beispielsweise bei Poly-L-lactid 80 bis 190 °C. Aus diesem Biokunststoff werden diverse Verpackungen, aber auch Tüten für Bioabfälle hergestellt.

F5 Copolymerisierung von Milchsäure und Glycolsäure

Der Biokunststoff Polylactid-co-Glycolid (PLGA) besteht aus den Monomeren Milchsäure und Glycolsäure und findet vor allem in der Medizintechnik Anwendung, beispielsweise als chirurgisches Nahtmaterial oder bei der Herstellung von sich auflösenden Arzneimitteldepots. Alle PLGA-Typen haben amorphe Strukturen und besitzen eine Schmelztemperatur von etwa 200 °C.

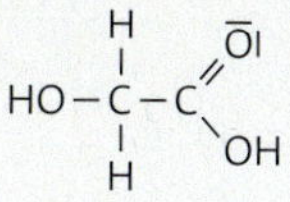

Glycolsäure

AUFGABEN ZU F

1) Definieren Sie die Begriffe Duroplast, Thermoplast und Elastomer und ordnen Sie Poly-L-lactid einer der drei Kunststoffarten begründet zu (↑ F4).

2) Stellen Sie Unterschiede und Gemeinsamkeiten der beiden Polylactidsynthesen (aus einzelnen Milchsäure-Molekülen bzw. aus Dilactiden) tabellarisch gegenüber. Entwickeln Sie daraus Vor- und Nachteile der beiden Polylactidsynthesewege (↑ F2).

3) Beurteilen Sie aus den Daten zum Abbau von Polylactiden die Meinung der Betreiber von Kompostieranlagen. Ziehen Sie hieraus die Schlussfolgerung, wie die optimalen Prozessbedingungen in einer Kompostieranlage aussehen müssten (↑ F3).

4) In der Medizintechnik finden Polylactide als Copolymerisate mit Glycolsäure, die PLGA, vielfach Anwendung (↑ F4, F5).

a Zeichnen Sie einen charakteristischen PLGA-Strukturformelausschnitt und nennen Sie unterschiedliche Eigenschaften von Poly-L-lactid und PLGA, die sich aufgrund der Strukturformel ableiten lassen.

b Begründen Sie anhand der Eigenschaften von Poly-L-lactid und PLGA, für welche Anwendungen sie sich gut bzw. weniger gut eignen.

Auf einen Blick

Kunststoffe

Werkstoffe, die künstlich oder durch Abwandlung von Naturprodukten hergestellt werden. Sie bestehen aus einzelnen gleichartigen Grundbausteinen, den Monomeren. Durch chemische Verknüpfungen von sehr vielen Monomeren entstehen langkettige Makromoleküle, die Polymere.

Einteilung der Kunststoffe nach ihrer Struktur und ihren Eigenschaften

Kunststoffart	Thermoplaste	Duroplaste	Elastomere
Struktur der Makromoleküle	lineare oder wenig verzweigte Makromoleküle 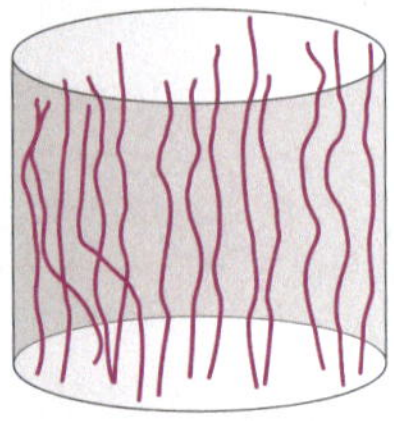	engmaschig vernetzte Makromoleküle 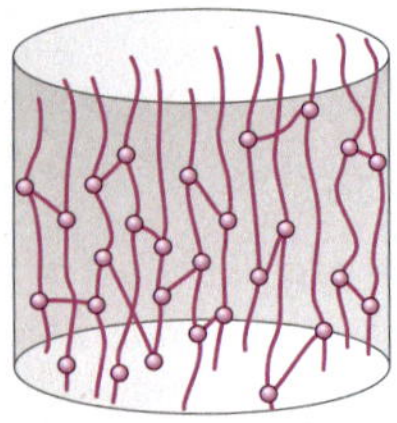	weitmaschig vernetzte Makromoleküle 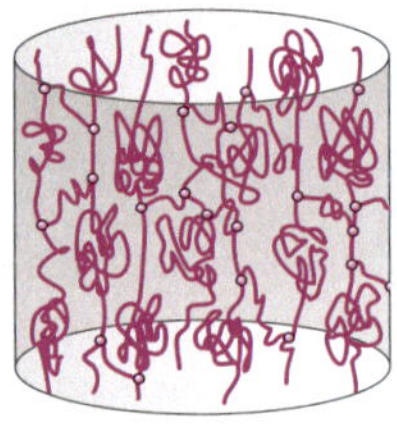
Eigenschaften	erweichen beim Erwärmen, erwärmt plastisch formbar	zersetzen sich beim Erwärmen, mechanisch nicht formbar	nehmen nach Verformung die Ausgangsform ein

Copolymere LK

Makromoleküle, die aus zwei oder mehreren verschiedenen Monomeren aufgebaut sind

statistisches Copolymer

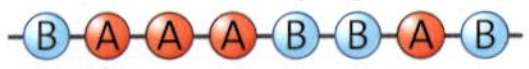

Blockcopolymer

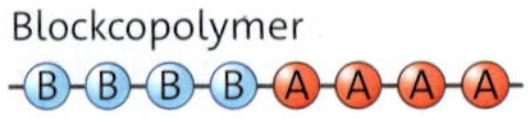

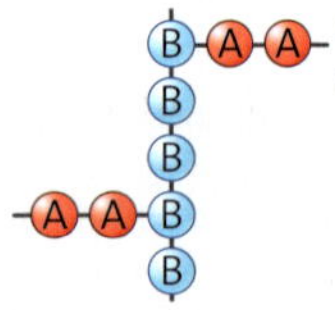

Pfropfcopolymer

Verarbeitung von Kunststoffen

Thermoplaste werden durch Extrusion, Strangpressen, Spritzgießen, Folienblasen, Blasformen, Rotationsformen, Kalandrieren und Schmelzspinnen verarbeitet. Duroplaste und Elastomere sind nicht wärmeverformbar und müssen in ihrer endgültigen Form synthetisiert werden.

Verwertung von Kunststoffabfällen

Werkstoffliche Verwertung: Sortenreine Kunststoffabfälle werden zerkleinert und wieder aufgeschmolzen.
Rohstoffliche Verwertung: Aus gemischten Kunststoffabfällen werden die Monomere zurückgewonnen oder durch Pyrolyse und Hydrierung niedermolekulare Kohlenwasserstoffe in Form von Ölen oder Gasen erzeugt.
Energetische Verwertung: Gemischte Kunststoffabfälle werden zur Energieerzeugung verbrannt.

Reaktive Teilchen

Radikale	Elektrophile	Nucleophile
Teilchen mit ungepaarten Elektronen; werden gebildet, wenn Elektronenpaarbindungen symmetrisch gespalten werden (homolytische Spaltung). *Beispiele:* Cl·, Br·, $\cdot CH_3$, $\cdot NO_2$	Ionen oder Moleküle mit Elektronenmangel bzw. Elektronenlücken (Elektronenakzeptoren); greifen den Reaktionspartner an Stellen hoher Elektronendichte, also im Bereich negativer Ladung oder Partialladung, an. *Beispiele:* H^+, NO_2^+, Br^+, $^{\delta-}Br{-}Br^{\delta+}$ (polarisiert)	Negativ geladene Ionen oder Moleküle mit Elektronenüberschuss, z. B. freie Elektronenpaare (Elektronendonatoren); greifen den Reaktionspartner an Stellen niedriger Elektronendichte, also im Bereich positiver Ladung oder Partialladung, an. *Beispiele:* OH^-, Cl^-, Br^-, H_2O, NH_3

Reaktionsmechanismus

Modellhafte Vorstellung zum Verlauf einer chemischen Reaktion in verschiedenen Teilschritten

Addition (A)

Typisch für ungesättigte Verbindungen wie Alkene; dabei werden Atome oder Atomgruppen an Moleküle mit mindestens einer Doppelbindung angelagert.

Allgemeines Beispiel für die Reaktionsart Addition:

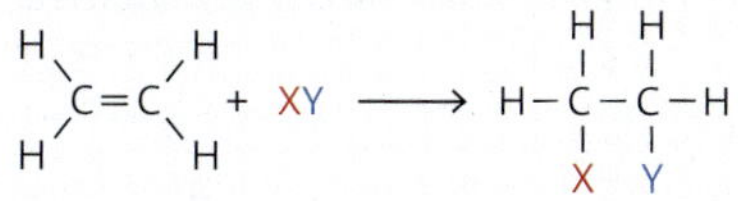

Elektrophile Addition (A_E)

Gemeinsames Merkmal elektrophiler Additionen ist, dass die Reaktion durch den Angriff eines elektrophilen Teilchens eingeleitet wird, z. B. einem Brommolekül Br–Br.
Sie verläuft über einen zweistufigen Mechanismus: Das Halogenmolekül tritt in Wechselwirkung mit der Doppelbindung des Alkens, das Halogenmolekül wird polarisiert und die Elektronenbindung heterolytisch gespalten (π-Komplex). Es entsteht ein kurzlebiges ringförmiges Kation (σ-Komplex). Im zweiten Schritt greift das Halogenid-Ion von der Rückseite am positivierten Kohlenstoffatom an, wodurch das gesättigte Produkt erhalten wird.

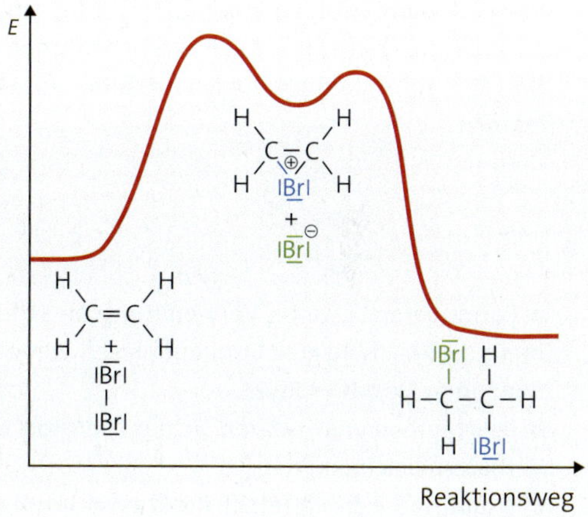

Eliminierung (E)

Typische Reaktion der Halogenalkane mit zwei oder mehr Kohlenstoff-Atomen im Molekül. Führt durch Abspaltung von Atomen oder Atomgruppen zur Ausbildung von Mehrfachbindungen. Die Eliminierung ist die Umkehrreaktion der Addition.

Nucleophile Substitution (S_N) LK

Ein Atom oder eine Atomgruppe im Molekül des Ausgangsstoffs wird durch ein anderes Atom oder eine andere Atomgruppe ersetzt (substituiert). Ausgangsstoffe sind oft Halogenalkane. Ein Nucleophil (Elektronenpaardonator) reagiert mit einem Molekül, das ein stark negativ polarisiertes Atom, z. B. ein Halogen-Atom, besitzt (Abgangsgruppe).
Häufige Reaktionsprodukte: Alkohole

Allgemeiner Mechanismus:

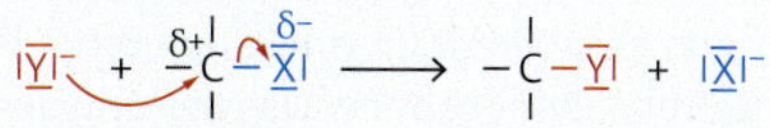

Radikalische Polymerisation

Bei der radikalischen Polymerisation werden Monomere mit mindestens einer C–C-Mehrfachbindung durch eine Additionsreaktion zu Makromolekülen verknüpft. Die Kettenreaktion verläuft in vier Schritten: Bildung von Startradikalen, Kettenstart , Kettenwachstum und Kettenabbruch

Polykondensation

Eine Kondensationsreaktion ist eine Substitutionsreaktion, bei der sich zwei Moleküle unter Abspaltung eines einfachen Moleküls (z.B. Wasser, Ammoniak, Kohlenstoffdioxid, Chlorwasserstoff, ...) miteinander verbinden. Es entstehen Ester- oder Amidbindungen.
Bei der Polykondensation müssen die Monomere mindestens zwei funktionelle Gruppen aufweisen, damit eine Kettenreaktion stattfinden kann.

Polyaddition

Bei der Polyaddition reagieren Monomere mit mehreren funktionellen Gruppen durch molekulare Umlagerung ohne Nebenprodukte zu Polymeren.

Übungsaufgaben

1) *"Molecule of high relative molecular mass, the structure of which essentially comprises the multiple repetition of* units derived, [...], from molecules of low relative molecular *mass."* Geben Sie an, welcher Begriff hier definiert wird, und formulieren Sie eine sinngemäße deutsche Definition.

2) Erläutern Sie die unterschiedlichen Eigenschaften von Thermoplasten, Duroplasten und Elastomeren anhand ihrer jeweiligen Struktur.

3) Versetzt man Styrol (Vinylbenzol) mit Dibenzoylperoxid, so bildet sich nach kurzer Zeit in einer exothermen Reaktion eine zähe Flüssigkeit, die allmählich zum Feststoff erstarrt.

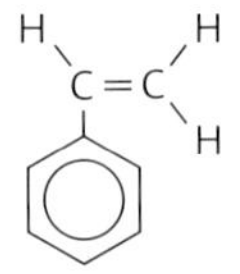

Styrol

a Formulieren Sie unter Verwendung von Strukturformeln die Reaktionsgleichung für diesen Vorgang und benennen Sie das Produkt.

b Beschreiben und erklären Sie das thermoplastische Verhalten des Produkts.

c Erläutern Sie die einzelnen Reaktionsschritte unter Verwendung von Reaktionsgleichungen. Verwenden Sie für das Startmolekül das Symbol R–R, für das Styrol-Molekül das Symbol S und kennzeichnen Sie Radikale mit einem Punkt.

4) Die Aktivierung der Monomere für eine Polymerisation kann nicht nur durch Radikale erfolgen. Kommen hierfür geeignete Brönsted-Säuren bzw. Brönsted-Basen zum Einsatz, so spricht man von kationischer bzw. anionischer Kettenpolymerisation. Das Kettenwachstum erfolgt hierbei über positiv bzw. negativ geladene Kettenenden.

Initiierung (Kettenstart)

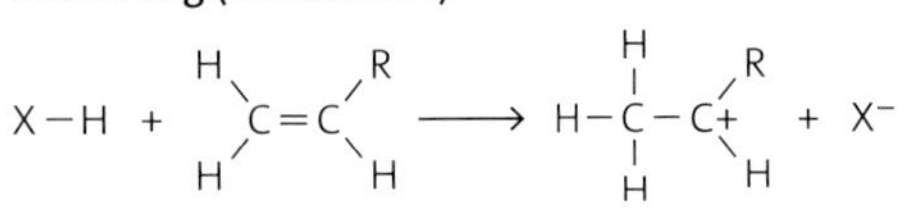

Formulieren Sie eine Reaktionsgleichung für die Kettenwachstumsreaktion.

5) Polyvinylchlorid (PVC) wird durch radikalische Polymerisation von Chlorethen (Vinylchlorid) hergestellt. Der Polymerisationsgrad schwankt je nach Reaktionsbedingungen um einen Mittelwert.

a Erläutern Sie den Reaktionsmechanismus.

b Geben Sie an, welcher Kunststoffklasse PVC zuzuordnen ist.

c Erläutern Sie den Zusammenhang zwischen Polymerisationsgrad und Molekülmasse.

d Erklären Sie wie es aufgrund des Reaktionsablaufs zu einem unterschiedlichen Polymerisationsgrad kommt. Erläutern Sie, welchen Einfluss eine geringere Konzentration an Initiatoren sowie eine höhere Temperatur auf den Polymerisationsgrad haben.

e Reine PVC-Abfälle industriell können stofflich gut recycelt werden können, sie eignen sich jedoch nicht für eine thermische Verwertung. Erklären Sie dies.

6) Beschreiben Sie die Herstellung einer Flasche aus PET und einer Salatschüssel aus HDPE.

7) Begründen Sie, dass für Ummantelungen elektrischer Kabel Thermoplaste nur bedingt geeignet sind. Schlagen Sie eine geeignete Kunststoffart vor.

8) EC-Karten aus PVC können recycelt werden. Skizzieren Sie ein Schema, das den Lebenszyklus von PVC inklusive der Möglichkeiten einer sinnvollen Verwertung darstellt.

9) Stellen Sie allgemein Möglichkeiten dar, bei Einsatz von nur zwei bestimmten Monomeren dennoch zu Polymeren mit unterschiedlichen „maßgeschneiderten" Eigenschaften zu kommen.

10) Tropft man zu Propen, einem unsymmetrischen Alken, etwas Brom, so findet eine heftige Reaktion statt.

a Formulieren Sie für die Bildung von 1,2-Dibrompropan den Reaktionsmechanismus der elektrophilen Addition.

b Begründen Sie für die Umsetzung in Gegenwart von Lithiumchlorid die Bildung von 1-Brom-2-chlorpropan und erläutern Sie, welches andere Reaktionsprodukt man formal noch hätte erwarten können.

11) Erläutern Sie, weshalb bei der Reaktion von Ethen mit Bromwasser neben Dibromethan vorwiegend 2-Bromethanol entsteht.

12) Formulieren Sie die Reaktionsgleichung für die Synthese eines Polyesters aus Ethandisäure und Propandiol.

13) Um 1846 stellte Berzelius den ersten Polyester aus Weinsäure (2,3-Dihydroxybutandisäure) und Glycerin her.

a Erklären Sie an diesem Beispiel die Begriffe Monomer und Polymer.

b Begründen Sie mithilfe von Strukturformeln (Ausschnitt), dass die Bildung eines Polyesters ausschließlich aus Weinsäure ebenfalls möglich ist.

c Erläutern Sie, zu welcher Kunststoffklasse der von Berzelius erzeugte Polyester zuzuordnen ist.

14) 4-Hydroxybenzoesäure ist zur Bildung von Makromolekülen geeignet, Benzoesäure (Phenylmethansäure) dagegen nicht.

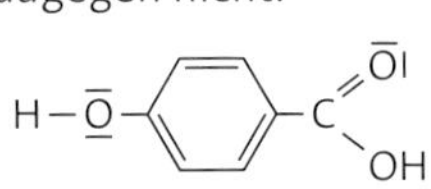

4-Hydroxybenzoesäure

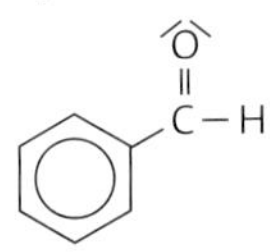

Benzoesäure

a Geben Sie die Reaktionsgleichung für die Bildung eines Makromoleküls aus 4-Hydroxybenzoesäure an und nennen Sie die Reaktionsart. Begründen Sie, warum Benzoesäure als Ausgangsstoff nicht dafür geeignet ist.

b Stellen Sie eine Hypothese auf, wie sich der gebildete Kunststoff beim Erwärmen verhalten wird.

15 › Stellen Sie für die Reaktion von 1-Brompropan mit Kalilauge die Reaktionsgleichung auf. Nennen und begründen Sie den bevorzugten S_N-Mechanismus.

16 › Erklären Sie, warum primäre Halogenalkane bevorzugt nach einem S_N2-Mechanismus reagieren.

17 › **a** Formulieren Sie für die Bildung von Ethanol ausgehend von Ethen und Wasser den entsprechenden Reaktionsmechanismus.

b Begründen Sie, weshalb diese Reaktion nur in saurem Medium durchgeführt werden kann.

18 › Der ungesättigte Charakter der Alkine mit einer C≡C-Dreifachbindung zeigt sich ähnlich wie der der Alkene dadurch, dass Alkine wie die Alkene in elektrophilen Additionsreaktionen reagieren.

a Formulieren Sie den Reaktionsmechanismus der elektrophilen Addition von Brom an Propin unter Verwendung von Strukturformeln. Gehen Sie davon aus, dass Brom im Überschuss hinzugegeben worden ist. Benennen Sie sämtliche Produkte. Erläutern Sie dabei das Auftreten isomerer Moleküle.

b Relevant sind auch die Additionen von Verbindungen zweier unterschiedlicher Halogene miteinander an ungesättigte Kohlenwasserstoffe. Erläutern Sie die Addition von Bromchlorid (BrCl) an But-1-in. Begründen Sie, welches der beiden möglichen Reaktionsprodukte mengenmäßig überwiegt.

19 › Die gasförmigen Alkene Ethen und Propen haben sich in den letzten Jahren zu sehr wichtigen Ausgangsstoffen der chemischen Industrie entwickelt. So wird aus Ethen eine große Anzahl weiterer Stoffe hergestellt:

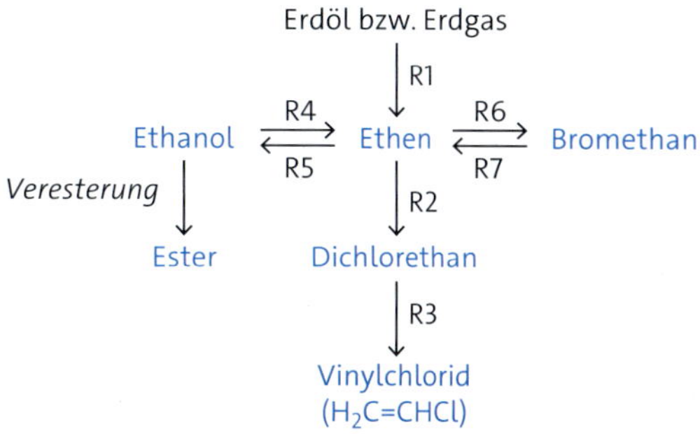

a Benennen Sie den jeweiligen Reaktionstyp der Reaktionen R1 bis R7. Geben Sie dabei alle möglichen Reaktionstypen an.

b Formulieren Sie den Mechanismus für die Reaktionen R2 unter Verwendung von Strukturformeln.

c Erläutern Sie für die Reaktion von Propen zu Propan-1-ol und Propan-2-ol den Mechanismus unter Verwendung von Strukturformeln. Begründen Sie, welches der beiden Produkte bevorzugt gebildet wird.

Mithilfe dieses Kapitels können Sie:	Aufgabe	Hilfe finden Sie auf Seite
▸ den Aufbau von Polymeren aus Monomeren beschreiben	*1, 13a*	*57*
▸ Kunststoffe nach ihrer charakteristischen Struktur und den daraus resultierenden Eigenschaften einteilen	*2, 3b, 5b,c, 13c, 14b*	*58, 70*
▸ den Reaktionsmechanismus bei einer radikalischen Polymerisation erläutern LK	*3c, 4, 5a, 5d*	*67, 68*
▸ geeignete Kunststoffarten und Verarbeitungsverfahren für die Herstellung von Alltagsprodukten beschreiben	*6, 7*	*70, 86–87*
▸ das Prinzip der Copolymerisation erklären LK	*9*	*82–83*
▸ Maßnahmen für eine adäquate Wiederverwertung von Kunststoffabfällen erläutern	*5e, 8*	*88–89*
▸ Reaktionstypen der Kunststoffherstellung bestimmen und passende Reaktionsgleichungen aufstellen	*3a, 12, 14a, 19a*	*66, 72–73, 76, 79*
▸ den Reaktionsmechanismus der elektrophilen Addition beschreiben	*10, 18, 11, 19b*	*64–65*
▸ den Reaktionsmechanismus der nucleophile Substitution beschreiben LK	*15, 16, 17, 19c*	*74–75*

Sportler sind auf die Zufuhr von Energie angewiesen – scheinbar benötigen sie während eines Wettkampfs viel Energie. Alle Menschen und Tiere benötigen Nahrung als Energielieferant. Sie wird im Körper durch chemische Prozesse umgewandelt, z. B. in Bewegungsenergie der Muskeln oder in Wärme. Aus der energiereichen Nahrung entstehen dabei energieärmere Stoffe, die wieder an die Umwelt abgegeben werden. Die Thermodynamik betrachtet den Energieumsatz bei solchen chemischen Prozessen.

Chemische Thermodynamik 4

Energieumwandlungen bei chemischen Reaktionen

Energie

- Innere Energie
- Energieerhaltung
- Energieumwandlung
- System und Umgebung
- Reaktionswärme und Kalorimetrie

Enthalpien

- Lösungsenthalpie
- Molare Reaktionsenthalpie
- Verbrennungsenthalpie, Brennwert und Heizwert
- Satz von Hess
- Standardbildungsenthalpie

Freiwilligkeit chemischer Reaktionen

- Entropie
- Freie Reaktionsenthalpie
- Gibbs-Helmholtz-Gleichung
- Abhängigkeit der freien Reaktionsenthalpie

01 Sportler benötigen Energie – Sportler sind Energieumwandler.

4.1 Chemische Reaktionen und Energie

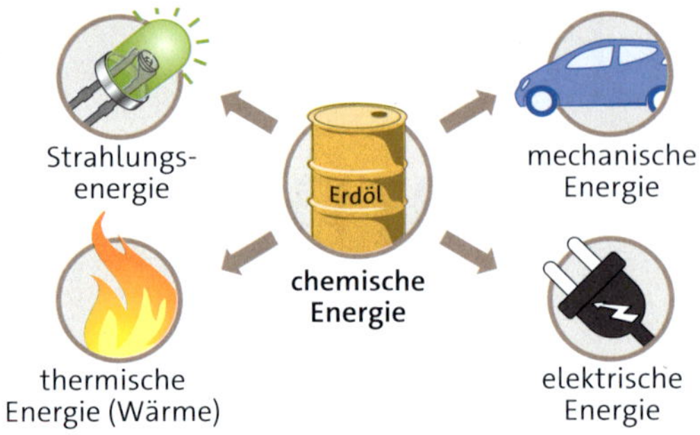

01 Umwandlung von Energieformen

ENERGIE UND ENERGIEUMWANDLUNGEN Die Begriffe „Energie", „Arbeit" und „Brennwert" kennen wir aus dem Alltag. Sie spielen auch in der Chemie eine wichtige Rolle, weil bei chemischen Reaktionen neben Stoff- auch immer Energieumwandlungen auftreten. Ein Beispiel dafür ist die Umwandlung von chemischer Energie in thermische Energie bei der Verbrennung von Erdöl (↑ **01**). Die chemische Energetik betrachtet diese Energieumwandlungen bei chemischen Reaktionen qualitativ und quantitativ, wodurch sich der Verlauf einzelner Reaktionen und ganzer Stoffkreisläufe vorhersagen lässt.

ENERGIEKETTE Laufen mehrere Vorgänge hintereinander ab, bei denen Energieumwandlungen stattfinden, können diese zu einer **Energiekette** zusammengefasst werden (↑ **02**). Viele von ihnen nehmen ihren Ursprung in der Sonne. Dort entsteht nach der berühmten Formel $E = m \cdot c^2$ durch die Verschmelzung von Wasserstoff- zu Heliumkernen in jeder Sekunde die schier unvorstellbare Energie von 382 Trilliarden Kilojoule ($3{,}82 \cdot 10^{23}$ kJ).
Nur ein Bruchteil der Sonnenenergie erreicht jedoch die Erde. Grüne Pflanzen wandeln bei der Fotosynthese diese Strahlungsenergie in chemische Energie um. Dadurch werden Cellulose und andere energiereiche Kohlenhydrate aus Kohlenstoffdioxid und Wasser aufgebaut. Essen wir Obst, Gemüse oder Brot, gelangt diese Energie zu uns Menschen. Unser Körper wandelt die in der Nahrung gespeicherte Energie durch Stoffwechselprozesse um, z. B. in Bewegungsenergie in den Muskeln oder thermische Energie zur Aufrechterhaltung der Körpertemperatur. Dabei entstehen Stoffe mit geringerer chemischer Energie.
Auch eine durch elektrischen Strom betriebene Küchenmaschine bezieht ihre Energie letztendlich zum Großteil aus der Sonne. In Kraftwerken wird bei der Verbrennung von Kohle, Erdöl und Erdgas die darin gespeicherte chemische Energie am Ende der Energiekette in elektrische Energie umgewandelt. Die fossilen Energieträger sind in Jahrmillionen durch Druck und Wärme aus abgestorbenen Pflanzen und Kleinstlebewesen entstanden. Die in ihnen enthaltenen energiereichen Verbindungen sind – genauso wie heute – erst mithilfe der Energie der Sonne entstanden.
Im Alltag ist es uns meist nicht bewusst: In fossilen Brennstoffen ist die Energie der Sonne gespeichert, die vor vielen Jahrmillionen die Erde erreichte.

INNERE ENERGIE Der Begriff **innere Energie** U (Einheit: J) bezeichnet die Summe aller in einer Stoffportion gespeicherten Energieformen. Sie setzt sich aus verschiedenen Energieformen zusammen: z. B. der Kernenergie (U_K), der **chemischen Energie** (U_{ch}), das ist die Summe aller Bindungsenergien (Elektronenpaar-, Metall- und Ionenbindungen) und zwischenmolekularen Kräften sowie der **thermischen Energie** (U_{th}), der Bewegungsenergie der ungeordneten Teilchenbewegungen: $U = U_K + U_{ch} + U_{th}$

Die innere Energie ist eine extensive Größe, die von der Stoffmenge, also der Größe der Stoffportion, abhängt. Ihr absoluter Wert ist nicht bestimmbar. Messbar ist nur die Änderung der inneren Energie ΔU infolge einer chemischen Reaktion, bei der z. B. ein Teil der inneren Energie in andere Energieformen umgewandelt wird. Die innere Energie ist daher eine wichtige Größe für die chemische Energetik.

Die innere Energie U eines Systems ergibt sich aus der Summe von Kernenergie, chemischer Energie und thermischer Energie des Systems.

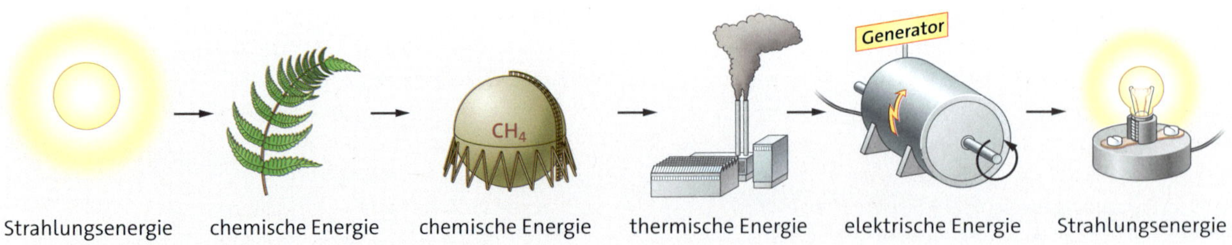

02 Energiekette: schrittweise Energieumwandlung

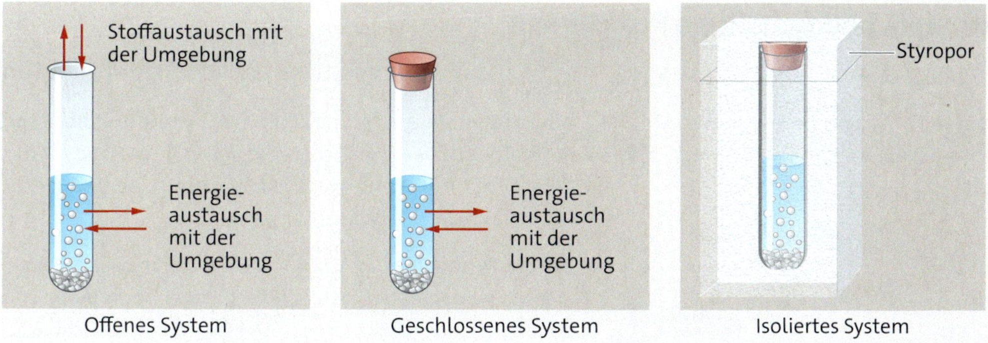

03 Systeme unterscheidet man anhand ihrer Möglichkeit, Stoffe und Energie mit der Umgebung auszutauschen.

SYSTEM UND UMGEBUNG Für die Untersuchung von Energieumwandlungen ist es notwendig, zwischen System und Umgebung zu unterscheiden. Als System bezeichnet man einen klar begrenzten Bereich, dessen Energie- und Stoffbilanz betrachtet wird. Das System ist durch eine Systemgrenze von seiner Umgebung getrennt. In der Chemie ist die Systemgrenze häufig durch die Wand eines Reaktionsgefäßes definiert.

Je nachdem, ob Stoffe und/oder Energie über die Systemgrenze ausgetauscht werden können, unterscheidet man offene, geschlossene und isolierte Systeme (↑ **03**):

Bei **offenen Systemen**, wie einem unverschlossenen Reagenzglas, können Stoffe und Energie mit der Umgebung ausgetauscht werden.

Wird das Reagenzglas mit einem Stopfen verschlossen, kann das **geschlossene System** nur noch Energie, z. B. Wärme oder Licht, über die Systemgrenze mit der Umgebung austauschen.

Wenn das verschlossene Reagenzglas in wärmedämmendes Styropor verpackt wird, kann das **isolierte System** weder Stoffe noch Energie mit der Umgebung austauschen. Da in der Praxis kein System perfekt isoliert ist, erfolgt jedoch immer ein geringfügiger Austausch von Energie mit der Umgebung. Deshalb sind isolierte Systeme idealisierte Modelle für theoretische Betrachtungen.

Bei energetischen Betrachtungen ist es hilfreich, als System immer die an einer chemischen Reaktion beteiligten Stoffe zu definieren (Reaktionssystem). Die bei einer chemischen Reaktion umgewandelte Energie wird dann grundsätzlich vollständig mit der Umgebung ausgetauscht.

Beispiel: Die bei der Neutralisation einer sauren mit einer alkalischen Lösung entstehende Wärme wird vollständig auf das Wasser übertragen, dessen Temperaturerhöhung man messen kann.

ENERGIEERHALTUNG In den Medien und im Alltag wird häufig über den „Energieverbrauch elektrischer Geräte“ oder die „Energieerzeugung in Kraftwerken“ gesprochen. Diese Formulierungen sind nicht korrekt. Nach dem im 19. Jahrhundert formulierten **Energieerhaltungssatz** ist die Summe aller Energien in einem System und seiner Umgebung immer konstant. Energie kann nicht erschaffen oder verbraucht werden. Durch physikalische oder chemische Prozesse lässt sich Energie nur von einer Form in eine andere umwandeln (↑ **02**). Dieser Erfahrungssatz wird auch als **1. Hauptsatz der Thermodynamik** bezeichnet. Innerhalb von Energieketten verläuft die Energieumwandlung unvollständig. So kann die im Erdgas gespeicherte chemische Energie nicht vollständig in elektrische Energie umgewandelt werden. Ein Teil geht als Wärme verloren. Diese **Energie ist entwertet**, weil sie nicht mehr für weitere Energieumwandlungen zur Verfügung steht.

Nach dem 1. Hauptsatz der Thermodynamik kann Energie weder erschaffen noch vernichtet werden. Ihre verschiedenen Formen lassen sich nur ineinander umwandeln.

1 〉 Bild ↑ **02** zeigt eine Energiekette. Geben Sie ein weiteres Beispiel einer Energiekette an und erläutern Sie die Energieumwandlungen.

2 〉 Nennen Sie drei Beispiele von Systemgrenzen, die bei chemischen Systemen bzw. Reaktionen eine Rolle spielen.

3 〉 In einem Reagenzglas soll Zink mit Salzsäure umgesetzt werden. Beschreiben Sie, wie die Reaktion in einem offenen, geschlossenen bzw. isolierten System geführt werden muss.

4 〉 Geben Sie alle Energieformen und Energieumwandlungen an, die von Bedeutung sind, wenn ein Elektroauto durch Strom betrieben wird, der im Kohlekraftwerk gewonnen wird.

Praktikum

Reaktionsenthalpie und freiwillige Reaktionen

EXP 4.01 Verbrennungswärme von Walnüssen

Materialien Stativmaterial, Waage, Thermometer, Messzylinder, Konservendose, Büroklammer, Knetmasse, ¼ Walnuss, Wasser, Glasstab

Durchführung Befüllen Sie das nach der Abbildung aufgebaute Kalorimeter mit 400 mL Wasser und messen Sie die Wassertemperatur. Das zuvor ausgewogene Nussstück wird entzündet und die Wassertemperatur alle 10 s unter Rühren bis 1 min nach Erreichen des Maximalwerts gemessen.
Entsorgung: Reste in den Hausmüll geben.

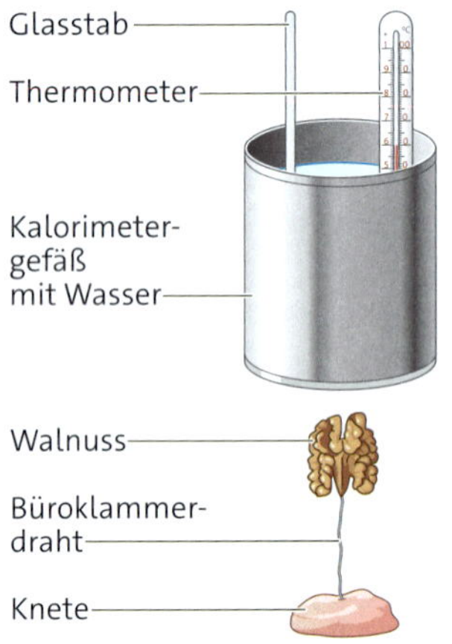

Auswertung

1 〉 Ermitteln Sie grafisch die maximale Temperaturdifferenz (↑ S. 108). Berechnen Sie die Reaktionswärme.

2 〉 Vergleichen Sie Ihren berechneten Wert mit der Nährwerttabelle auf einer Packung Walnüsse. Reflektieren Sie Ihre Ergebnisse im Hinblick auf die Unterschiede.

EXP 4.02 Reaktionsenthalpie in wässriger Lösung

Materialien Magnetrührer, Rührkern, 2 Joghurtbecher, Thermometer, Spatel, Messzylinder, Zinkpulver (9), Kupfer(II)-sulfat-Pentahydrat (5, 7, 9), Wasser

Durchführung Stellen Sie die beiden Joghurtbecher lose ineinander. Unter Rühren werden 5,00 g Kupfer(II)-sulfat in 100 mL Wasser gelöst und die Anfangstemperatur bestimmt. Geben Sie unter kontinuierlichem Rühren 3 g Zinkpulver hinzu. Die Temperatur wird alle 10 s bis 1 min nach Erreichen des Maximalwerts gemessen.
Entsorgung: Reste in den Behälter für giftige anorganische Abfälle geben.

Auswertung

Reaktionsgleichung: $Cu^{2+}(aq) + Zn(s) \longrightarrow Cu(s) + Zn^{2+}(aq)$

1 〉 Ermitteln Sie grafisch die maximale Temperaturdifferenz (↑ S. 108). Berechnen Sie die Reaktionswärme.

2 〉 Berechnen Sie die umgesetzte Stoffmenge an Kupfer(II)-Ionen. Ermitteln Sie die molare Reaktionsenthalpie für die oben angegebene Reaktion.

3 〉 Diskutieren Sie mögliche Fehlerquellen Ihrer Messung.

EXP 4.03 Bildungsenthalpie von Eisen(II)-sulfid

Materialien Magnetrührer, Rührkern, 2 Joghurtbecher, Thermometer, schwerschmelzbares Reagenzglas, Messzylinder, Mörser mit Pistill, Stativmaterial, Spatel, Eisenpulver (2), Schwefelpulver (7), Wasser

Durchführung *Abzug! Achtung, Reagenzglas geht zu Bruch!* Zwei lose ineinandergestellte Joghurtbecher werden mit 300 mL Wasser gefüllt. Geben Sie 3 g gemörsertes Schwefel- und 5 g Eisenpulver homogen gemischt in das Reagenzglas. Befestigen Sie dieses mit dem Stativmaterial etwa zur Hälfte frei im Wasser hängend. Bestimmen Sie die Ausgangstemperatur des Wassers. Zünden Sie das Gemisch mit einem glühenden Metallstab und messen Sie alle 10 s die Wassertemperatur bis 1 min nach Erreichen des Maximalwerts.
Entsorgung: Feste Rückstände in den Behälter für giftige anorganische Abfälle, Flüssigkeiten ins Abwasser geben.

Auswertung

1 〉 **a** Entwickeln Sie die Reaktionsgleichung für die Bildung von Eisen(II)-sulfid.
b Berechnen Sie die umgesetzte Stoffmenge an Eisen. Ermitteln Sie aus den experimentellen Werten die Reaktionswärme.

2 〉 Berechnen Sie daraus die molare Reaktionsenthalpie.

3 〉 Diskutieren Sie mögliche Fehlerquellen Ihrer Messung.

EXP 4.04 Freiwillige endotherme Reaktion

Materialien Erlenmeyerkolben mit Ansatz, Thermometer mit durchbohrtem Stopfen, Kolbenprober, Wasser, Brausetablette

Durchführung Befüllen Sie den Erlenmeyerkolben so hoch mit Wasser, dass beim Verschließen das Thermometer in die Flüssigkeit taucht.
Verbinden Sie den Kolbenprober über den Ansatz. Geben Sie die Brausetablette in den Kolben und verschließen Sie ihn sofort mit dem durchbohrten Stopfen mit Thermometer. Messen Sie kontinuierlich die Temperatur und das Gasvolumen im Kolbenprober.
Entsorgung: Lösungen ins Abwasser geben.

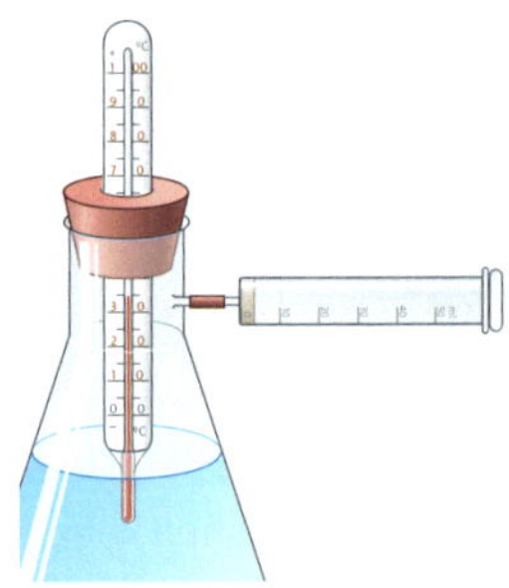

Auswertung Notieren Sie Ihre Beobachtungen. Diskutieren Sie den scheinbaren Widerspruch, der sich aus den Beobachtungen ergibt.

P

EXP 4.05 Wärmekapazität eines Kalorimeters

Materialien 2 Joghurtbecher oder Kalorimetergefäß und Becherglas, digitales Thermometer, Waage, Stoppuhr, raumtemperiertes und heißes Wasser

Durchführung Befüllen Sie einen Joghurtbecher oder das Becherglas mit ca. 50 g raumtemperiertem Wasser. Die genaue Masse m_2 wird mithilfe einer Laborwaage ermittelt. Messen Sie die Temperatur T_2 des Wassers.
In den anderen Joghurtbecher oder das Kalorimetergefäß werden ca. 50 g heißes Wasser (maximal 60 °C) gefüllt. Die genaue Masse m_1 wird auch hier ausgewogen.
Messen Sie nun kontinuierlich alle 10 s die Temperatur des heißen Wassers. Geben Sie nach ca. 1 min das kalte Wasser hinzu. Nehmen Sie für weitere 3 bis 4 min Temperaturwerte auf.
Entsorgung: Flüssigkeiten ins Abwasser geben.

Auswertung

1) Erstellen Sie aus Ihren Messwerten ein Temperatur-Zeit-Diagramm auf Millimeterpapier.
2) Bestimmen Sie aus dem Diagramm die Temperatur T_1 des heißen Wassers und die Mischtemperatur T_m. Nutzen Sie dafür die auf S. 108, Bild ↑ **02** vorgestellte grafische Auswertung.
3) Berechnen Sie die Wärmekapazität des Kalorimeters (C_K) nach folgender Formel:

$$C_K = \frac{c_W \cdot m_2 \cdot (T_m - T_2)}{T_1 - T_m} - c_W \cdot m_1$$

EXP 4.06 Neutralisationsenthalpie

Materialien 2 Joghurtbecher, digitales Thermometer, 2 Messzylinder (100 mL), Natronlauge ($c = 0{,}5\ \mathrm{mol \cdot L^{-1}}$; 5), Salzsäure ($c = 0{,}5\ \mathrm{mol \cdot L^{-1}}$; 5)

Durchführung Geben Sie jeweils genau 100 mL Natronlauge und 100 mL Salzsäure in je einen Messzylinder. Bestimmen Sie jeweils die Temperatur.
Stellen Sie die beiden Joghurtbecher lose ineinander und gießen Sie beide Lösungen hinein. Bestimmen Sie erneut die Temperatur.
Entsorgung: Flüssigkeit ins Abwasser geben.

Auswertung

1) Notieren Sie Ihre Beobachtungen.
2) Berechnen Sie die Reaktionswärme Q und die molare Neutralisationsenthalpie.
3) Diskutieren Sie mögliche Fehlerquellen.

EXP 4.07 Lösungsenthalpie

Materialien Magnetrührer, Rührkern, 2 Joghurtbecher, Thermometer, Spatel, Messzylinder (100 mL), Ammoniumnitrat (3, 7), Wasser

Durchführung Stellen Sie die beiden Joghurtbecher lose ineinander. Geben Sie 25 mL Wasser in den Becher und messen Sie für 1 min alle 10 s die Temperatur, bevor Sie unter Rühren 6 g Ammoniumnitrat darin lösen. Messen Sie während des Lösens fortlaufend die Temperatur des Wassers und auch noch etwa 1 min nach Erreichen des Temperaturminimums.

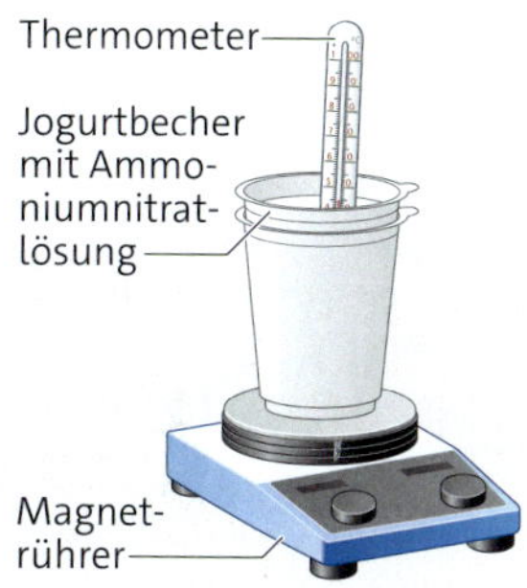

Entsorgung: Lösungen ins Abwasser geben.

Auswertung

1) Ermitteln Sie aus Ihren Messwerten grafisch die Temperaturdifferenz (↑ S. 110). Berechnen Sie daraus die Reaktionswärme.
2) Berechnen Sie anhand der Messwerte die molare Lösungsenthalpie des Ammoniumnitrats.
3) Berechnen Sie die molare Lösungsenthalpie des Ammoniumnitrats aus den molaren Hydratationsenthalpien und der molaren Gitterenthalpie (↑ S. 111). Vergleichen Sie den Wert mit dem experimentellen Ergebnis und erklären Sie mögliche Unterschiede.

EXP 4.08 Einfluss von Kristallwasser

Materialien Waage, Magnetrührer, Rührkern, 2 Joghurtbecher, Spatel, Messzylinder (100 mL), (Digital)thermometer, Wasser, Calciumchlorid (7), Calciumchlorid-Hexahydrat (7)

Durchführung: Entwickeln Sie ein Experiment, mit dem Sie die molaren Lösungsenthalpien der beiden Salze bestimmen können.

Dokumentieren Sie Ihr Vorgehen und vergleichen Sie die experimentell bestimmten Werte mit Literaturwerten.

Entsorgung: Lösungen ins Abwasser geben.

4.2 Reaktionswärme und Kalorimetrie

ÄNDERUNG DER INNEREN ENERGIE Bei einer chemischen Reaktion ändert sich durch Energieumwandlung die innere Energie des Reaktionssystems. Das System kann sowohl eine bestimmte Wärmemenge (Q) mit der Umgebung austauschen als auch Arbeit (W) verrichten. Die Differenz der inneren Energie ΔU des Systems ergibt sich damit wie folgt:

$$\Delta U = Q + W$$

Die Differenz einer Größe ergibt sich immer aus Endzustand minus Anfangszustand:

$\Delta U = U_{Ende} - U_{Anfang}$

REAKTIONSWÄRME Bei einer **exothermen Reaktion** wird im Laufe der Reaktion ein Teil der inneren Energie in thermische Energie umgewandelt und an die Umgebung als **Reaktionswärme Q** übertragen. Da die innere Energie nach der Reaktion geringer ist als vor der Reaktion, ist der Betrag von Q mit einem negativen Vorzeichen versehen (↑ **02**).
Bei **endothermen Reaktionen** nimmt das System dagegen Energie aus der Umgebung auf. Die Reaktionswärme Q nimmt bei endothermen Reaktionen positive Werte an, da die innere Energie des Systems nach der Reaktion größer ist als vor der Reaktion.

ARBEIT Bei chemischen Reaktionen wird mechanische Arbeit verrichtet, wenn Gase entstehen. Diese **Volumenarbeit W** wird messbar, wenn die gasförmigen Produkte der chemischen Reaktion in einem Kolbenprober aufgefangen werden. Der Stempel bewegt sich dann gegen den äußeren Druck der Umgebung heraus (↑ **01**). Die innere Energie des Systems nimmt durch die Freisetzung der Gase ab, da das System durch das Rausdrücken des Stempels Arbeit an der Umgebung verrichtet ($W < 0$; ↑ **02**).
Verringert sich dagegen das Gasvolumen bei einer Reaktion, so verrichtet die Umgebung durch das Reindrücken des Stempels Arbeit am System ($W > 0$).
Die Volumenarbeit ergibt sich aus dem Produkt der Volumenänderung ΔV bei konstantem Druck p nach folgender Gleichung:

$$W = -p \cdot \Delta V$$

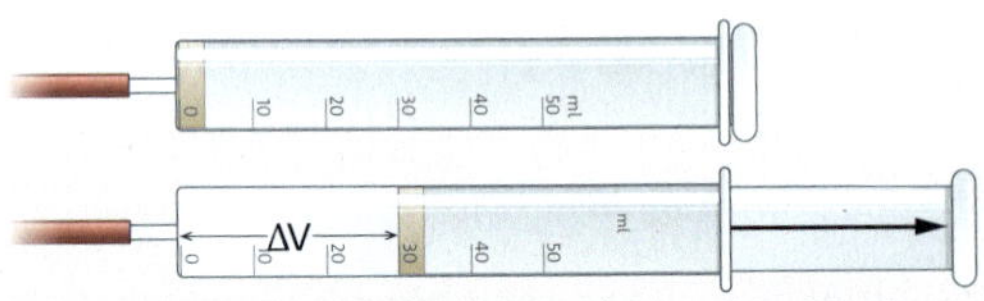

Volumenzunahme: $\Delta V = 30\ \text{mL}$
Luftdruck: $p = 101{,}3\ \text{kPa}$
Volumenarbeit: $W = -p \cdot \Delta V$
$= -101{,}3\ \text{kPa} \cdot 30\ \text{mL}$
$= -1{,}013 \cdot 10^5\ \text{N} \cdot \text{m}^{-2} \cdot 3{,}0 \cdot 10^{-5}\ \text{m}^3$
$= -3{,}039\ \text{Nm} = -3{,}039\ \text{J}$

01 Austausch von Volumenarbeit zwischen System und Umgebung

REAKTIONSENTHALPIE Die meisten chemischen Reaktionen laufen bei konstantem Druck ab, z. B. solche bei Schülerversuchen in offenen Reagenzgläsern. Unter diesen Bedingungen entspricht die Änderung der inneren Energie ΔU der Summe aus Reaktionswärme und verrichteter Volumenarbeit:

$$\Delta U = Q - p \cdot \Delta V$$

Für die meisten chemischen Reaktionen – selbst unter Beteiligung von Gasen – ist unter Normalbedingungen die verrichtete Volumenarbeit im Vergleich zur Reaktionswärme sehr gering. In der Chemie wird deshalb häufig nur die Reaktionswärme Q betrachtet. Stellt man die obige Gleichung für die Änderung der inneren Energie nach Q um, ergibt sich:

$$Q = \Delta U + p \cdot \Delta V$$

Der Ausdruck auf der rechten Seite des Gleichheitszeichens entspricht der Enthalpieänderung der Reaktion, der **Reaktionsenthalpie ΔrH** (engl. heat: Wärme).

$$\Delta_r H = Q$$

$$\Delta_r H = \Delta U + p \cdot \Delta V$$

Die Reaktionsenthalpie $\Delta_r H$ kann experimentell bestimmt werden. Sie ist eine zentrale Größe für verschiedene quantitative energetische Betrachtungen. Bei Reaktionen, bei denen das Volumen konstant bleibt ($\Delta V = 0$), z. B. bei einer Reaktion ohne Beteiligung von Gasen, entspricht die Reaktionsenthalpie $\Delta_r H$ der Änderung der inneren Energie (ΔU) des Reaktionssystems.

Die Enthalpieänderung einer chemischen Reaktion (Reaktionsenthalpie, $\Delta_r H$) entspricht der ausgetauschten Wärme Q bei konstantem Druck.

Größe	Bedeutung für negative Werte (< 0)	Bedeutung für positive Werte (> 0)
ΔU	Innere Energie des Systems sinkt.	Innere Energie des Systems steigt.
Q, $\Delta_r H$	exotherme Reaktion	endotherme Reaktion
W	System verrichtet Arbeit.	Arbeit wird am System verrichtet.
ΔV	Volumenabnahme	Volumenzunahme
$-p \cdot \Delta V$	System verrichtet Volumenarbeit.	Volumenarbeit wird am System verrichtet.

02 Vorzeichen physikalischer Größen bei chemischen Reaktionen

BESTIMMUNG DER REAKTIONSWÄRME Eisen und Schwefel reagieren in einer stark exothermen Reaktion zu Eisensulfid (↑ S. 104, Exp. 4.03). Um die dabei frei werdende Reaktionswärme Q quantitativ zu bestimmen, lässt man die Reaktion in einem Kalorimeter (lat. *calor:* Wärme) ablaufen. Ein einfaches Kalorimeter besteht aus einem Gefäß, in dem eine bestimmte Menge Wasser enthalten ist, einem Thermometer zum Messen der Wassertemperatur und einem Rührwerk, mit dem das Wasser durchmischt werden kann (↑ **04**).

Das Reagenzglas mit dem Eisen-Schwefel-Gemisch wird in das Wasser gehängt. Während der Reaktion wird die frei werdende Reaktionswärme Q an das Wasser im Kalorimeter übertragen. Sie führt zu einem messbaren Temperaturanstieg. Ein Teil der Reaktionswärme führt aber auch zur Erwärmung des Kalorimetergefäßes. Es gilt:

$$Q = -(Q_W + Q_K)$$

Q_W entspricht der Wärme, die vom Wasser aufgenommen wurde, Q_K entspricht der Wärme, die vom Kalorimeter selbst aufgenommen wurde.

Mit der gemessenen Temperaturdifferenz ΔT kann die Reaktionswärme berechnet werden, da die Größen proportional zueinander sind:

$$Q = -(c_W \cdot m_W \cdot \Delta T + C_K \cdot \Delta T) = -(c_W \cdot m_W + C_K) \cdot \Delta T$$

m_W ist die Masse des Wassers im Kalorimeter, c_W die spezifische Wärmekapazität des Wassers. Sie beträgt $4{,}18\ J \cdot g^{-1} \cdot K^{-1}$, weil 1 g Wasser 4,18 J Energie aufnimmt, wenn die Temperatur um 1 K (entspricht 1 °C) steigt. C_K ist die Wärmekapazität des Kalorimeters. Sie wird experimentell bestimmt (↑ S.110).

Auch für eine endotherme Reaktion kann mithilfe der Kalorimetrie die vom Reaktionssystem aufgenommene Reaktionswärme bestimmt werden. Sie führt zu einer Temperaturabnahme des Wassers, sodass die gemessene Temperaturdifferenz negativ ist.

1› Nennen Sie chemische Vorgänge aus dem Alltag, bei denen Volumenarbeit verrichtet wird.

2› In einem Kalorimeter ($C_K = 83\ J \cdot K^{-1}$), das mit 200 g Wasser gefüllt ist, nimmt die Temperatur bei einer chemischen Reaktion um 5,2 K ab. Berechnen Sie die Reaktionswärme Q.

3› In einem Kalorimeter ($C_K = 110\ J \cdot K^{-1}$) mit 1500 g Wasser werden 1,3 g Heizöl verbrannt, wobei eine Temperaturzunahme von 9,8 K gemessen wurde.

a Berechnen Sie die Reaktionswärme.

b Berechnen Sie jeweils die Reaktionswärme für 1 g und für 100 g Heizöl.

Größe	Bedeutung
Q	zu bestimmende Reaktionswärme
Q_W	Wärme, die auf das Wasser übertragen wird
Q_K	Wärme, die auf das Kalorimeter übertragen wird
m_W	Masse des Wassers im Kalorimeter
c_W	spezifische Wärmekapazität des Wassers: $c_W = 4{,}18\ J \cdot g^{-1} \cdot K^{-1}$
C_K	experimentell ermittelte Wärmekapazität des Kalorimeters
ΔT	experimentell ermittelte Temperaturdifferenz: $\Delta T = T_{Ende} - T_{Anfang}$

03 Physikalische Größen zur Bestimmung der Reaktionswärme

Berechnen einer Reaktionswärme

Aufgabe: Bei der Verbrennung von 1,5 g Marshmallows in einem Kalorimeter ($C_K = 85\ J \cdot K^{-1}$) mit der Wassermenge $m_W = 410$ g wurde eine Temperaturerhöhung von 11,9 K gemessen. Berechnen Sie jeweils die Reaktionswärme für die Verbrennung der 1,5 g Marshmallows und für 100 g Marshmallows.

Gegeben: $m(\text{Marshmallow}) = 1{,}5\ g$; $m_W = 410\ g$; $\Delta T = 11{,}9\ K$; $c_W = 4{,}18\ J \cdot g^{-1} \cdot K^{-1}$; $C_K = 85\ J \cdot K^{-1}$

Gesucht: Q

Lösung:
$$Q = -(c_W \cdot m_W + C_K) \cdot \Delta T$$
$$= -(4{,}18\ J \cdot g^{-1} \cdot K^{-1} \cdot 410\ g + 85\ J \cdot K^{-1}) \cdot 11{,}9\ K$$
$$= -21\,406\ J = -21{,}41\ kJ$$

Antwort: Bei der Verbrennung von 1,5 g Marshmallows wurde eine Reaktionswärme $Q = -21{,}41$ kJ freigesetzt.

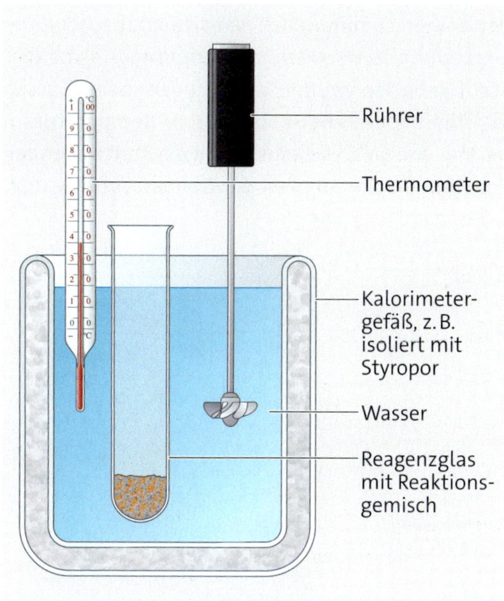

04 Einfaches Kalorimeter

Übung: Physikalische Größen zur Bestimmung der Reaktionswärme

Bestimmung der Wärmekapazität eines Kalorimeters

T_1 – Temperatur Wasserportion m_1

T_2 – Temperatur Wasserportion m_2

T_m – Mischtemperatur beider Wasserportionen

MISCHUNGSTEMPERATUR VON WASSER Eine einfache Möglichkeit, die Wärmekapazität C_K eines Kalorimeters zu bestimmen, besteht darin, zwei unterschiedlich temperierte Wassermengen zu mischen. In einem Kalorimeter befindet sich eine Wasserportion mit $m_1 = 100$ g und $T_1 = 60$ °C. Gibt man zu dieser eine gleich große Wasserportion m_2 mit $T_2 = 20$ °C, würde man eine Mischtemperatur von $T_m = 40$ °C erwarten. Gemessen wird aber eine Temperatur, die etwas größer als 40 °C ist. Das liegt daran, dass beim Mischen nicht nur das heiße Wasser Wärme auf die kalte Wasserportion überträgt, sondern auch auf die Bauteile des Kalorimeters. Es gilt:

$$Q_{W2} = -(Q_{W1} + Q_K)$$

Q_{W2} ist die vom kalten Wasser aufgenommene Wärme, $-(Q_{W1} + Q_K)$ ist die vom Wasser und Kalorimeter abgegebene Wärme. Durch Einsetzen der Temperaturdifferenzen und Wärmekapazitäten ergibt sich:

$$Q_{W2} = c_W \cdot m_2 \cdot (T_m - T_2)$$
$$-(Q_{W1} + Q_K) = -(c_W \cdot m_1 + C_K) \cdot (T_m - T_1)$$

Für die Umstellung genutzt: $T_m - T_1 = -(T_1 - T_m)$

Durch Umstellen nach der Wärmekapazität C_K des Kalorimeters kann diese berechnet werden:

$$C_K = \frac{c_W \cdot m_2 \cdot (T_m - T_2)}{T_1 - T_m} - c_W \cdot m_1$$

TEMPERATURMESSUNG BEI DER KALORIMETRIE Die Genauigkeit der Kalorimetrie ist abhängig von der exakten Bestimmung der Temperaturen vor und nach der Reaktion im Kalorimeter. Da auch das beste Kalorimeter kein isoliertes System darstellt, findet immer ein minimaler Wärmeaustausch mit der Umgebung statt, sodass die Temperatur nicht konstant gehalten werden kann. Zudem beeinflussen die Trägheit des Thermometers bei Temperaturänderung und die Geschwindigkeit der stattfindenden Reaktion die Genauigkeit der Temperaturmessung.

Video: Bombenkalorimeter im Labor

Die Ermittlung der Temperaturen findet daher häufig grafisch statt (↑ **02**). Hierzu werden die Temperaturwerte eines ausreichend langen Zeitabschnitts vor der Reaktion (Vorperiode), während der Reaktion (Hauptperiode) und nach der Reaktion (Nachperiode) aufgetragen. Nun werden die hinreichend linear verlaufenden Abschnitte von Vor-und Nachperiode verlängert. Man zeichnet dann eine Senkrechte so zwischen die verlängerten Perioden ein, dass die Flächen A1 und A2 den gleichen Flächeninhalt aufweisen. Die Schnittpunkte der Senkrechten mit den Geraden der Vor- und Nachperiode entsprechen der Anfangs- und Endtemperatur der Reaktion (↑ **02**). Aus den Werten wird dann ΔT nach folgender Formel berechnet:

$$\Delta T = T_2 - T_1$$

SPEZIALKALORIMETER Um die Reaktionswärme möglichst genau zu bestimmen, muss das Kalorimetergefäß nach außen isoliert werden, um einen Wärmeaustausch mit der Umgebung zu minimieren. Bei Verbrennungskalorimetern ist das nur bedingt möglich, insbesondere wenn bei der Reaktion Gase entstehen, die aus dem Kalorimetergefäß entweichen (↑ **01A**). In speziellen Bombenkalorimetern findet die Reaktion in einem geschlossenen Raum statt (↑ **01B**).

1 › Berechnen Sie die Wärmekapazität C_K des Kalorimeters mit den Werten aus dem Text, wobei eine Mischungstemperatur $T_m = 41$ °C ermittelt wurde.

2 › Begründen Sie, warum die Kalorimetrie für sehr langsam verlaufende Reaktionen zur Bestimmung der Reaktionswärme ungeeignet ist.

3 › Erläutern Sie, dass die Glaswendel im Verbrennungskalorimeter die Genauigkeit für die Ermittlung der Reaktionswärme Q verbessert.

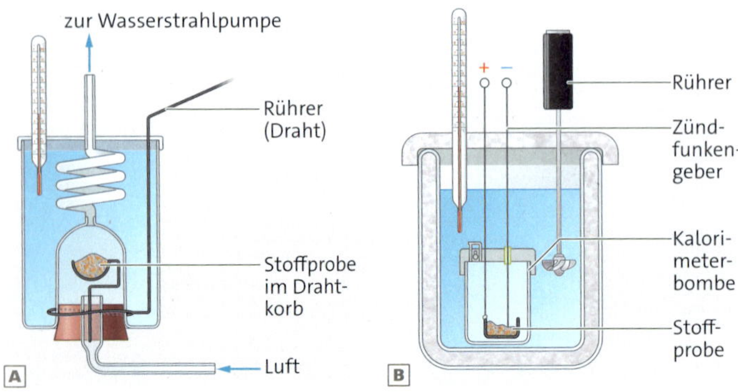

01 **A** Verbrennungskalorimeter, **B** Bombenkalorimeter

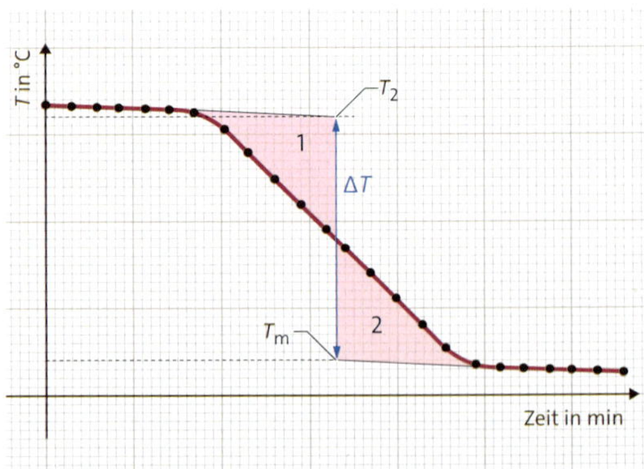

02 Grafische Bestimmung der Temperaturdifferenz

4.3 Energieumwandlung beim Lösen von Salzen

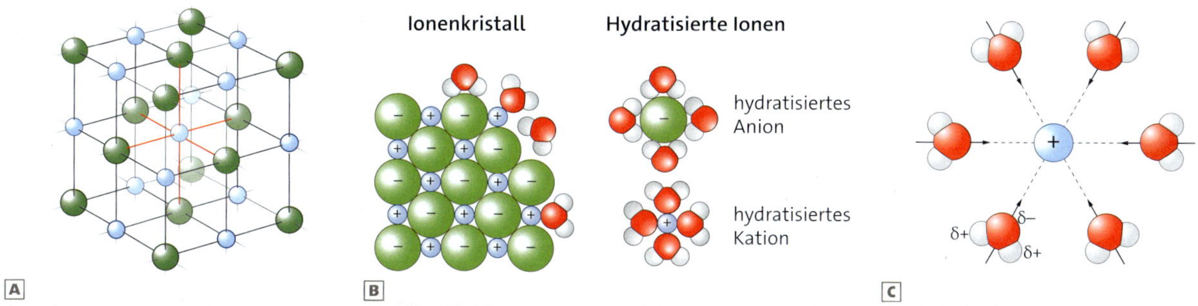

01 **A** Modell des Ionengitters von Natriumchlorid. **B** Lösen eines Ionenkristalls im Modell. **C** Ion-Dipol-Kräfte (projiziert in die Ebene)

Beim Lösen bestimmter Salze in Wasser misst man je nach Art und Stoffmenge des gelösten Salzes unterschiedliche Temperaturänderungen. Einige Salze wie Calciumchlorid ($CaCl_2$) bewirken während des Lösens eine deutliche Temperaturzunahme, andere wie Kaliumnitrat (KNO_3) lösen sich unter Temperaturabnahme im Wasser (↑Exp. 4.07, S. 105). Diese Phänomene werden im Alltag u. a. bei selbst erwärmenden Heißgetränken und Kältesofortkompressen genutzt. Wie kommt es zu den Temperaturänderungen?

STRUKTUR UND EIGENSCHAFTEN VON IONENVERBINDUNGEN Salze wie das bekannte *Natriumchlorid* bilden meist harte und spröde Kristalle aus. Es sind **feste Ionenverbindungen**, die aus entgegengesetzt geladenen Ionen bestehen. Die positiv und negativ geladenen Ionen nehmen abwechselnd feste Plätze in einem **Ionengitter** ein, das sich in alle Raumrichtungen erstreckt (↑ **01A**). Die vorliegende chemischen Bindung, die durch ungerichtete elektrostatische Kräfte zwischen den ungleichnamig geladenen Ionen bewirkt wird, heißt **Ionenbindung.**
Feste Ionenverbindungen zeigen keine elektrische Leitfähigkeit, da die Ionen ihre Gitterplätze nicht verlassen können. Dagegen zeigen die Lösungen von Salzen elektrische Leitfähigkeit. Durch den Lösevorgang können die Ionen ihre festen Plätze verlassen und ermöglichen als frei bewegliche Ladungsträger die elektrische Leitfähigkeit von Salzlösungen.

Die Ionenbindung resultiert aus ungerichteten elektrostatischen Kräften zwischen positiv und negativ geladenen Ionen. Diese bilden regelmäßige dreidimensionale Ionengitter.

LÖSEVORGANG UND ENERGIEUMWANDLUNG Löst sich ein Salzkristall in einem polaren Lösungsmittel wie Wasser, so treten die Dipolmoleküle des Lösungsmittels mit dem Ionengitter in Wechselwirkung. Die Wasser-Moleküle richten sich mit ihrem positiven Pol in Richtung der Anionen aus, mit dem negativen Pol zu den Kationen. Diese **Ion-Dipol-Kräfte** (↑ **01C**) schwächen die Bindungskräfte zwischen den Ionen an der Oberfläche des Ionengitters, sodass sich einzelne Ionen aus dem Kristall ablösen (↑ **01B**). Sie werden von Wasser-Molekülen eingehüllt. Dieser Vorgang, bei dem sich durch Ion-Dipol-Kräfte Lösungsmittel-Moleküle an Anionen und Kationen anlagern, heißt **Solvatation**. Im Fall von Wasser als Lösungsmittel spricht man von **Hydratation** und von *hydratisierten Ionen*. Als **Hydration**senthalpie wird daher die Energie bezeichnet, die freigesetzt wird, wenn sich Wasser-Moleküle an Ionen anlagern.

Ob sich die Lösung beim Lösen eines Salzes nun erwärmt oder abkühlt, hängt von der Summe der beteiligten Energien ab. Ist die Hydratationsenthalpie größer als die Energie, die zur Spaltung des Ionengitters in einzelne Ionen benötigt wird, verläuft der Lösevorgang exotherm, die Temperatur nimmt zu (↑ **02**). Die **Lösungsenthalpie** ist in diesem Fall negativ. Im umgekehrten Fall, bei dem die Gitterenthalpie größer als die Hydratationsenthalpie ist, verläuft der Lösevorgang endotherm, da zusätzlich Wärme aus der Umgebung benötigt wird.

Die beim Lösen eines Salzes mit der Umgebung ausgetauschte Wärme ist die Lösungsenthalpie.

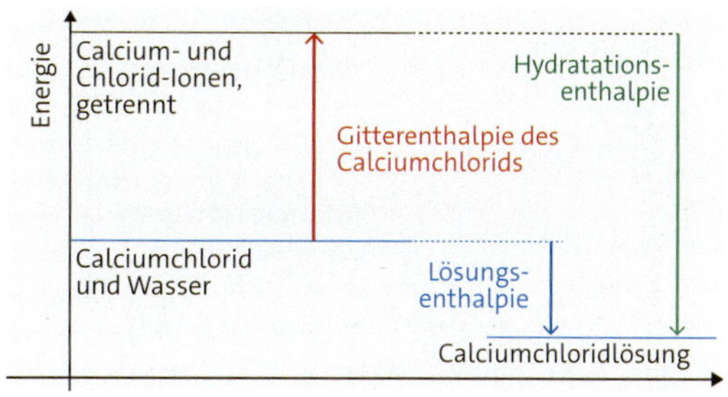

02 Energiebilanz für den exothermen Lösevorgang von Calciumchlorid in Wasser

Bildung von Ionengittern – Gitterenthalpie LK

01 Bildung von Natriumchlorid aus den Elementen

ENERGIEUMSATZ Wird Chlor über geschmolzenes Natrium geleitet, so reagieren die Ausgangsstoffe unter Aufglühen und starker Hitzeentwicklung in einer exothermen Reaktion zu kristallinem Natriumchlorid.

$Na(s) + \frac{1}{2}Cl_2(g) \longrightarrow NaCl(s) \quad \Delta_f H = -411\ kJ \cdot mol^{-1}$

Die Bildung eines Ionengitters kann formal in Teilschritte zerlegt werden, für die die auftretenden Energieumsätze messbar sind:

1) **Sublimation:** Die Energiezufuhr bewirkt, dass festes Natrium sublimiert. Einzelne Natrium-Atome verlassen den Atomverband und gehen in die Gasphase über.

$Na(s) \longrightarrow Na(g)$ | Sublimationsenthalpie $\Delta_S H$

2) **Ionisierung:** Natriumatome geben ein Außenelektron ab und werden zu Na^+-Ionen.

$Na \longrightarrow Na^+ + e^-$ | Ionisierungsenergie I

3) **Dissoziation:** Chlor-Moleküle werden in Chlor-Atome gespalten.

$\frac{1}{2}Cl_2(g) \longrightarrow Cl(g)$ | Dissoziationsenthalpie $\Delta_D H$

4) **Elektronenaufnahme:** Chlor-Atome nehmen in ihre Außenschale die aus den Natrium-Atomen freigesetzten Elektronen auf.

$Cl + e^- \longrightarrow Cl^-$ | Elektronenaffinität E_a

5) **Gitterbildung:** Natrium- und Chlorid-Ionen lagern sich zu einem Ionengitter zusammen.

$Na^+ + Cl^- \longrightarrow NaCl$ | Gitterenthalpie $\Delta_G H$

Dabei wird ein großer Energiebetrag frei, die **Gitterenthalpie** $\Delta_G H$. Sie ist zwar nicht messbar, kann jedoch rechnerisch bestimmt werden (↑ **02**).

Der Born-Haber-Kreisprozess ist eine Anwendung des Satzes von HESS *(↑ S. 114 f.).*

BORN-HABER-KREISPROZESS Den Prozess der Salzbildung stellten der Physiker MAX BORN und der Chemiker FRITZ HABER erstmals in einem Kreisprozess dar. Sie ordneten den einzelnen Teilschritten experimentell ermittelte Energieumsätze zu. Die **Gitterenthalpie** $\Delta_G H$ wird durch Summieren der Energieumsätze der Teilschritte berechnet (↑ **02**). Dabei ist die Summe aller Energien im Kreisprozess gleich null, weil für energetische Berechnungen der Weg, auf dem man vom Ausgangs- zum Endzustand gelangt, ohne Bedeutung ist. Man erkennt, dass die Bildung von kristallinem Natriumchlorid aus den Elementen ein exothermer Vorgang ist, da zur Bildung der Kationen und Anionen aus den Teilchenverbänden der Elemente weniger Energie aufgewendet werden muss, als durch die Gitterbildung freigesetzt wird. Die Abfolge der Teilschritte beim Born-Haber-Kreisprozess ist rein hypothetisch. Die realen Vorgänge während der Bildung eines Ionenkristalls sind nicht genau bekannt.

BEDEUTUNG DER GITTERENTHALPIE Die Gitterenthalpie ist ein Maß für die Stärke der Bindung zwischen den Ionen im Ionengitter. Dabei gilt, dass zwischen Ionen mit größerer Ladung stärkere Anziehungskräfte wirken und der Betrag der Gitterenthalpie größer ist als bei einfach geladenen Ionen. Damit ein Salz schmilzt, müssen die Kräfte zwischen den Ionen überwunden werden, sodass sie ihre festen Gitterplätze verlassen können. Salze mit hohen Gitterenthalpien besitzen hohe Schmelztemperaturen. Auch Eigenschaften wie Härte und Löslichkeit eines Salzes sind von der Gitterenthalpie abhängig.

Die Gitterenthalpie kennzeichnet die Stärke der Bindung zwischen den Ionen im Ionengitter.

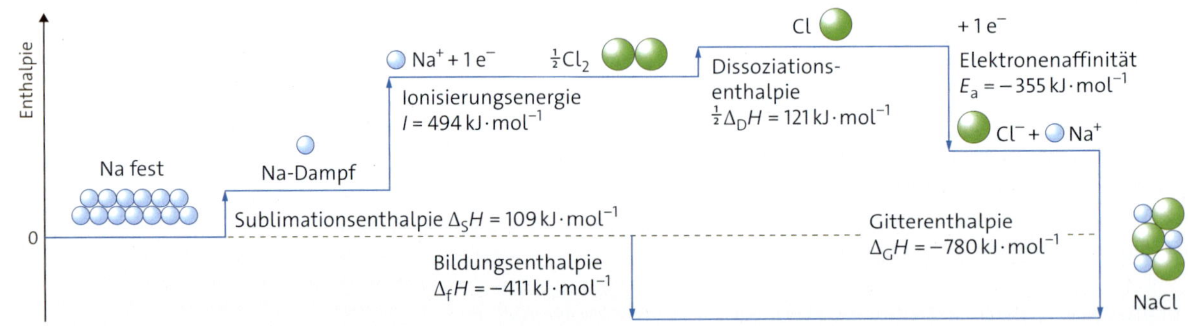

$\Delta_G H(NaCl) = \Delta_f H(NaCl) - \Delta_S H(Na) - I(Na^+) - \frac{1}{2}\Delta_D H(Cl_2) - E_a(Cl)$

$\Delta_G H(NaCl) = [-411 - 109 - 494 - 121 - (-355)]\ kJ \cdot mol^{-1} = -780\ kJ \cdot mol^{-1}$

02 Energiebilanz für die Bildung von 1 mol Natriumchlorid aus den Elementen

Lösungsenthalpie LK

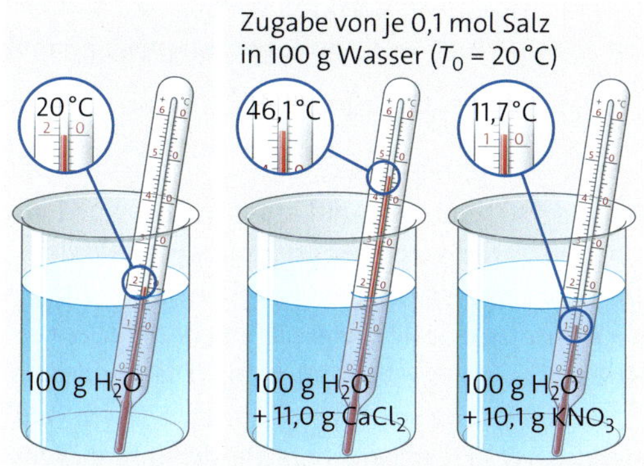

01 Temperaturänderung beim Lösen zweier Salze in 20 °C warmem Wasser

LÖSUNGSENTHALPIE Beim Lösen eines Salzes in Wasser muss zum Ablösen der Ionen durch die Wasser-Moleküle die **Gitterenthalpie $\Delta_G H$** aufgewendet werden, also die bei der Bildung des Ionengitters frei werdende Energie (↑ S. 110). Bei der Ausbildung der Hydrathülle wird die **Hydratationsenthalpie $\Delta_H H$** frei. Beide Größen sind stoffspezifisch. In der Literatur werden sie mit einem negativen Vorzeichen tabelliert (↑ **02**, **03**). Ist der Betrag der Hydratationsenthalpie größer als der der Gitterenthalpie, verläuft der Lösevorgang exotherm. Die überschüssige Hydratationsenthalpie führt zur einem Temperaturanstieg der Lösung. Bei einer im Betrag kleineren Hydratationsenthalpie verläuft der Löseprozess endotherm. Die Lösung kühlt ab (↑ **01**).

Die bei Lösevorgängen mit der Umgebung ausgetauschte Wärme ist die **Lösungsenthalpie.** Sie berechnet sich aus der Differenz der molaren Gitter- und der molaren Hydratationsenthalpien der Ionen. Zur besseren Vergleichbarkeit wird sie aufgrund der Abhängigkeit von der Stoffmenge als **molare Lösungsenthalpie $\Delta_L H_m$** tabelliert. Sie bezieht sich auf den Energieumsatz pro mol gelöstem Stoff.

$$\Delta_L H_m = \Delta_H H_m - \Delta_G H_m$$

Daraus ergibt sich:

$\Delta_L H_m < 0 \Rightarrow$ Lösevorgang exotherm, weil $|\Delta_H H_m| > |\Delta_G H_m|$.

$\Delta_L H_m > 0 \Rightarrow$ Lösevorgang endotherm, weil $|\Delta_H H_m| < |\Delta_G H_m|$.

Die molare Lösungsenthalpie gibt den Energieumsatz eines Lösevorgangs pro mol gelöstem Stoff an. Sie entspricht der Summe der molaren Hydratations- und Gitterenthalpie.

Ion	$\Delta_H H_m$ in kJ · mol⁻¹	Ion	$\Delta_H H_m$ in kJ · mol⁻¹	Ion	$\Delta_H H_m$ in kJ · mol⁻¹
H_3O^+	−1085	OH^-	−365	Ca^{2+}	−1580
Li^+	−510	F^-	−510	NO_3^-	−256
Na^+	−400	Cl^-	−380	NH_4^+	−293
K^+	−325	Br^-	−340	I^-	−300

02 Molare Hydratationsenthalpie $\Delta_H H_m$ ausgewählter Ionen

Salz	$\Delta_G H_m$ in kJ · mol⁻¹	Salz	$\Delta_G H_m$ in kJ · mol⁻¹
LiCl	−850	KNO_3	−616
NaCl	−780	NaBr	−734
KCl	−710	NaI	−699
$CaCl_2$	−2231	NH_4NO_3	−575

03 Molare Gitterenthalpie $\Delta_G H_m$ ausgewählter Salze

KRISTALLWASSER Calciumchlorid ist ein weißer Feststoff und ein typisches Beispiel für ein Salz, das sich unter Temperaturerhöhung löst (↑ **01**). Die Lösungsenthalpie für diesen Vorgang ergibt sich zu:

$$\begin{aligned}\Delta_L H_m &= \Delta_H H_m(Ca^{2+}) + 2 \cdot \Delta_H H_m(Cl^-) - \Delta_G H_m(CaCl_2)\\ &= [-1580 + 2 \cdot (-380) - (-2231)]\ \text{kJ} \cdot \text{mol}^{-1}\\ &= -109\ \text{kJ} \cdot \text{mol}^{-1} < 0 \Rightarrow \text{Lösevorgang exotherm}\end{aligned}$$

Eine Calciumchloridlösung erhält man auch, wenn man das optisch vom Calciumchlorid nicht unterscheidbare **Calciumchlorid-Hexahydrat** in Wasser löst. Bei diesem Lösevorgang kühlt sich das Reaktionsgemisch jedoch deutlich ab (↑ Exp. 4.08, S. 105). Das unterschiedliche Verhalten der beiden Salze begründet sich durch das beim Hexahydrat ins Ionengitter eingeschlossene **Kristallwasser**.
Bei Calciumchlorid-Hexahydrat ist die zum Lösen benötigte Gitterenthalpie gleich groß wie beim wasserfreien Salz, jedoch sind die Ionen durch das Kristallwasser vorab schon teilweise hydratisiert, sodass nur ein Teil der ursprünglichen Hydratationsenthalpie frei wird. Die restliche Energie, die für das Aufbrechen des Gitters nötig ist, wird der Wärme des Wassers entzogen, sodass eine Abkühlung erfolgt. Die Gitterenthalpie ist größer als die Hydratationsenthalpie ($\Delta_L H_m(CaCl_2 \cdot 6\,H_2O = 14\ \text{kJ} \cdot \text{mol}^{-1}$).

1 Berechnen Sie die molare Lösungsenthalpie:
- **a** Kaliumnitrat
- **b** Lithium-, Natrium- und Kaliumchlorid

2 Bestimmen Sie die Temperaturänderung der Lösung, wenn 15 g Natriumbromid in 120 mL Wasser gelöst werden.

4.4 Reaktionsenthalpien

MOLARE REAKTIONSENTHALPIE Die bei einer chemischen Reaktion mithilfe eines Kalorimeters bestimmte Reaktionswärme Q entspricht bei konstantem Druck der Reaktionsenthalpie $\Delta_r H$.
Je nach Stoffmenge der miteinander reagierenden Stoffe werden für die Reaktionsenthalpie ganz unterschiedliche Werte ermittelt. Zur Vergleichbarkeit ist es daher zweckmäßig, $\Delta_r H$ immer auf eine Stoffmenge von 1 mol zu beziehen. Hierzu wurde die **molare Reaktionsenthalpie $\Delta_r H_m$** eingeführt. Sie berechnet sich aus der Reaktionsenthalpie, die durch die eingesetzte Stoffmenge eines (vollständig umgesetzten) Reaktionspartners geteilt wird:

$$\Delta_r H_m = \frac{\Delta_r H}{n}$$

Die molare Reaktionsenthalpie bezieht sich damit immer auf eine Reaktion, bei der *genau 1 mol* dieses Stoffs umgesetzt wurde.

Berechnen einer molaren Reaktionsenthalpie

Aufgabe: Bei der Zersetzung von 75 mL einer Wasserstoffperoxidlösung der Konzentration $c(H_2O_2) = 1\ mol \cdot L^{-1}$ in einem Kalorimeter ($m_W = 250\ g$; $C_K = 83{,}1\ J \cdot K^{-1}$) wurde ein Temperaturanstieg von 4,9 K gemessen. Berechnen Sie die molare Reaktionsenthalpie für die angegebene Reaktionsgleichung. *Hinweis:* $c_W = 4{,}18\ J \cdot g^{-1} \cdot K^{-1}$

$$2\ H_2O_2(l) \longrightarrow 2\ H_2O(l) + O_2(g) \quad \Delta_r H_m = ?$$

Gegeben: $V(\text{Lösung}) = 75\ mL$; $c(H_2O_2) = 1\ mol \cdot L^{-1}$; $m_W = 250\ g$; $\Delta T = 4{,}9\ K$; $c_W = 4{,}18\ J \cdot g^{-1} \cdot K^{-1}$; $C_K = 83{,}1\ J \cdot K^{-1}$
Gesucht: $\Delta_r H_m$

Lösung:
1. Berechnen von $\Delta_r H$ (entspricht Q):

$$\Delta_r H = -(c_W \cdot [m_W + m(\text{Lösung})] + C_K) \cdot \Delta T$$
$$= -(4{,}18\ J \cdot g^{-1} \cdot K^{-1} \cdot 325\ g + 83{,}1\ J \cdot K^{-1}) \cdot 4{,}9\ K$$
$$= -7064\ J = -7{,}06\ kJ$$

2. Berechnen der umgesetzten Stoffmenge Wasserstoffperoxid:

$$n(H_2O_2) = c(H_2O_2) \cdot V = 1\ mol \cdot L^{-1} \cdot 0{,}075\ L$$
$$= 0{,}075\ mol$$

3. Berechnen der molaren Reaktionsenthalpie:

$$\Delta_r H_m = \frac{\Delta_r H}{n(H_2O_2)} = \frac{-7{,}06\ kJ}{0{,}075\ mol}$$
$$= -94{,}1\ kJ \cdot mol^{-1}$$

Die berechnete Reaktionsenthalpie bezieht sich auf $n(H_2O_2) = 1\ mol$, zu der die folgende Reaktionsgleichung gehört:

$$1\ H_2O_2(l) \longrightarrow H_2O(l) + \tfrac{1}{2}\ O_2(g) \quad \Delta_r H_m = -94{,}1\ kJ \cdot mol^{-1}$$
bezogen auf $n(H_2O_2) = 1\ mol$

Antwort:
Bei der in der Aufgabenstellung angegebenen Reaktionsgleichung werden aber 2 mol H_2O_2 umgesetzt. Die molare Reaktionsenthalpie ist deshalb doppelt so groß.

$$2\ H_2O_2(l) \longrightarrow 2\ H_2O(l) + O_2(g) \quad \Delta_r H_m = -188{,}2\ kJ \cdot mol^{-1}$$

$$N_2(g) + 3\ H_2(g) \longrightarrow 2\ NH_3(g) \quad \Delta_r H_m = -92\ kJ \cdot mol^{-1}$$
bezogen auf $n(N_2) = 1\ mol$

$$\tfrac{1}{3}\ N_2(g) + H_2(g) \longrightarrow \tfrac{2}{3}\ NH_3(g) \quad \Delta_r H_m = -31\ kJ \cdot mol^{-1}$$
bezogen auf $n(H_2) = 1\ mol$

An dem Beispiel der Ammoniaksynthese erkennt man, dass zur Berechnung der molaren Reaktionsenthalpie die Angabe einer Reaktionsgleichung gehört. Die obere Reaktionsgleichung bezieht sich auf einen Umsatz von 1 mol Stickstoff. Die molare Reaktionsenthalpie wird aus der umgesetzten Stoffmenge an Stickstoff berechnet. Bei der unteren Reaktionsgleichung werden hingegen 1 mol Wasserstoff umgesetzt. Hier wurde die Stoffmenge von Wasserstoff genutzt (↑ Kasten links).

MOLARE STANDARDREAKTIONSENTHALPIE Die molare Reaktionsenthalpie einer chemischen Reaktion ist abhängig von der Temperatur und – vor allem für Reaktionen unter Beteiligung gasförmiger Stoffe – vom Druck. Damit experimentell bestimmte Reaktionsenthalpien verglichen werden können, werden sie in Tabellen als Werte für Reinstoffe unter **Standardbedingungen** angegeben.
Der energetisch stabilste Zustand, unter dem die Reinstoffe bei 298 K und 101,3 kPa vorliegen, heißt **Standardzustand**. Die unter diesen Bedingungen ermittelten Reaktionsenthalpien sind **molare Standardreaktionsenthalpien $\Delta_r H_m^0$** und werden zusätzlich durch eine hochgestellte Null gekennzeichnet.

VERBRENNUNGSENTHALPIE UND BRENNWERT
Viele chemische Reaktionen dienen zur Bereitstellung von Energie oder Wärme: Das Verbrennen von Kohle in einem Kraftwerk oder von Holz in einem Kamin, aber auch der Brennwert von Nahrungsmitteln wird durch die bei der Reaktion mit Sauerstoff freigesetzte Reaktionswärme kalorimetrisch bestimmt. Aufgrund dieser Bedeutung wird die **molare Verbrennungsenthalpie $\Delta_c H_m$** (engl. *combustion:* Verbrennung) eingeführt. $\Delta_c H_m$ ist definiert als die molare Reaktionsenthalpie für einen Stoffumsatz, bei dem 1 mol eines Ausgangsstoffs, z. B. flüssiges Ethanol, im Sauerstoffüberschuss verbrannt wird. Bei der Bestimmung der Reaktionswärme muss eventuell entstehendes Wasser definitionsgemäß im flüssigen Aggregatzustand vorliegen.

$$C_2H_5OH(l) + 3\ O_2(g) \longrightarrow 2\ CO_2(g) + 3\ H_2O(l)$$
$$\Delta_c H_m = -1364\ kJ \cdot mol^{-1}$$

Bei Brennstoffen, aber auch bei Nährstoffen gibt man häufig statt der Verbrennungsenthalpie den **Brennwert H_s** an.

Stoff und Formel	$\Delta_c H_m$ in $kJ \cdot mol^{-1}$	H_s in $kJ \cdot g^{-1}$	H_i in $kJ \cdot g^{-1}$
Methan* $CH_4(g)$	−891	36	33
Hexan $C_6H_{14}(l)$	−4158	48,3	44,8
Ethanol $C_2H_5OH(l)$	−1364	29,7	26,8
Ethansäure $CH_3COOH(l)$	−872	14,5	13,1
Glucose $C_6H_{12}O_6(s)$	−2820	15,7	14,2

01 Molare Verbrennungsenthalpien $\Delta_c H_m$, Brennwerte H_s und Heizwerte H_i für verschiedene Stoffe (* H_s/H_i für Methan in $kJ \cdot L^{-1}$)

Der Brennwert wird genauso ermittelt wie die Verbrennungsenthalpie, bezieht sich aber nicht auf 1 mol, sondern bei festen Stoffen auf eine bestimmte Masse und bei gasförmigen Stoffen auf ein bestimmtes Volumen. Bei der Angabe verzichtet man zudem auf das negative Vorzeichen (↑ **01**).

HEIZWERT Bei vielen technischen Prozessen zur Energiegewinnung ist es unrealistisch anzunehmen, dass Wasser als flüssiges Reaktionsprodukt entsteht. Verbrennt 1 mol Ethanol zu Kohlenstoffdioxid und gasförmigem Wasser, wird eine geringfügig niedrigere Reaktionsenthalpie $\Delta_r H_m$ frei.

$$C_2H_5OH(l) + 3\,O_2(g) \longrightarrow 2\,CO_2(g) + 3\,H_2O(g) \qquad \Delta_r H_m = -1232\ kJ \cdot mol^{-1}$$

Zum Verdampfen des Wassers ist Energie notwendig, die der Reaktionswärme bei der Verbrennung entnommen wird. Für Wasser beträgt die **molare Verdampfungsenthalpie** $\Delta_v H_m = 44\ kJ \cdot mol^{-1}$. Da bei der Reaktion 3 mol Wasser entstehen, ist die molare Reaktionsenthalpie $\Delta_r H_m$ um diesen Betrag von $132\ kJ \cdot mol^{-1}$ geringer als die molare Verbrennungsenthalpie $\Delta_c H_m$.
In der Technik entspricht diese Reaktionsenthalpie dem **Heizwert** H_i. Wie der Brennwert wird der Heizwert auf die Masse oder das Volumen eines Brennstoffs bezogen. Der Heizwert ist häufig kleiner als der Brennwert (↑ **01**, ↑ Kasten rechts).

Die molare Standardreaktionsenthalpie $\Delta_r H_m^0$ gibt die Reaktionsenthalpie einer Reaktion unter Standardbedingungen (T = 298 K, p = 101,3 kPa) pro mol eines Edukts oder Produkts an.

Berechnen des Brennwerts und Heizwerts für Hexan

Aufgabe: Berechnen Sie aus der molaren Verbrennungsenthalpie $\Delta_c H_m = -4158\ kJ \cdot mol^{-1}$ von Hexan(C_6H_{14}) den Brennwert H_s und den Heizwert H_i.

Gegeben: $\Delta_c H_m(C_6H_{14}) = -4158 kJ \cdot mol^{-1}$; $\Delta_v H_m(H_2O) = 44\ kJ \cdot mol^{-1}$; $M(C_6H_{14}) = 86\ g \cdot mol^{-1}$
Gesucht: H_s, H_i

Lösung:
1. Berechnen von H_s aus $\Delta_c H_m(C_6H_{14})$:

$$H_s = \frac{-\Delta_c H_m(C_6H_{14})}{M(C_6H_{14})} = \frac{4158\ kJ \cdot mol^{-1}}{86\ g \cdot mol^{-1}} = 48{,}3\ kJ \cdot g^{-1}$$

2. Berechnen von H_i:
$$C_6H_{14}(l) + \tfrac{19}{2}\,O_2(g) \longrightarrow 6\,CO_2(g) + 7\,H_2O(g)$$

Berechnung der Reaktionsenthalpie mit gasförmigem Wasser:
$$\Delta_r H_m(C_6H_{14}) = \Delta_c H_m(C_6H_{14}) + 7 \cdot \Delta_v H_m(H_2O)$$
$$= -4158\ kJ \cdot mol^{-1} + 7 \cdot 44\ kJ \cdot mol^{-1}$$
$$= -3850\ kJ \cdot mol^{-1}$$

$$H_i = \frac{-\Delta_r H_m(C_6H_{14})}{M(C_6H_{14})} = \frac{3850\ kJ \cdot mol^{-1}}{86\ g \cdot mol^{-1}} = 44{,}8\ kJ \cdot g^{-1}$$

Antwort: Für Hexan beträgt der Brennwert $H_s = 48{,}3\ kJ \cdot g^{-1}$ und der Heizwert $H_i = 44{,}8\ kJ \cdot g^{-1}$.

1 In einem Kalorimeter ($C_K = 95{,}0\ J \cdot K^{-1}$) mit 500 g Wasser werden 1,1 g Aluminium vollständig zu Al_2O_3 oxidiert. Hierbei wurde ein Temperaturanstieg von 15,4 K gemessen.
a Berechnen Sie die Reaktionswärme.
b Stellen Sie die Reaktionsgleichung mit ganzen Stöchiometriezahlen auf. Berechnen Sie für diese Reaktion die molare Reaktionsenthalpie.

2 Begründen Sie, warum sich die Verbrennungsenthalpien $\Delta_c H_m$ von flüssigem und gasförmigem Hexan bei sonst gleichen Reaktionsbedingungen voneinander unterscheiden.

3 Berechnen Sie die Reaktionswärme bei der Verbrennung von 5 mol Glucose und von 100 g Glucose (↑ **01**). Als Reaktionsprodukt entsteht u. a. flüssiges Wasser.

4 Bei der Verbrennung von 3 g Ethan, bei der u. a. flüssiges Wasser entsteht, wurde eine Reaktionswärme von 155,7 kJ gemessen. Berechnen Sie daraus die molare Verbrennungsenthalpie, den Brennwert sowie den Heizwert von Ethan.

5 Berechnen Sie aus dem Brennwert $H_s = 22{,}7\ kJ \cdot g^{-1}$ die molare Verbrennungsenthalpie für flüssiges Methanol. Entwickeln Sie die dazu passende Reaktionsgleichung.

4.5 Satz von Hess

BERECHNEN VON REAKTIONSENTHALPIEN Die Reaktionsenthalpien vieler chemischer Reaktionen können kalorimetrisch nicht bestimmt werden: So ist es z. B. nicht möglich, die Verbrennungsenthalpie von Graphit (reiner Kohlenstoff) zu Kohlenstoffmonooxid experimentell zu ermitteln, da dabei immer auch Kohlenstoffdioxid entsteht. Dagegen verbrennen sowohl Graphit als auch Kohlenstoffmonooxid bei ausreichender Sauerstoffzufuhr vollständig zu Kohlenstoffdioxid:

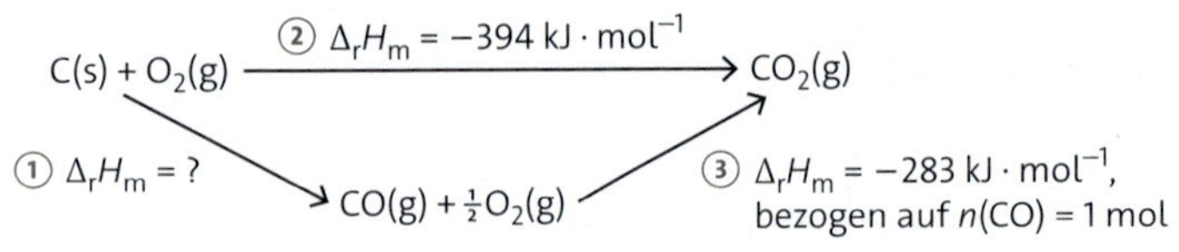

01 Zerlegung der Reaktion in zwei Teilschritte

Die experimentell nicht zugängliche Reaktionsenthalpie der Reaktion ① lässt sich jedoch berechnen. Dazu wird die Reaktion hypothetisch in zwei oder mehr Teilschritte mit bekannter Reaktionsenthalpie zerlegt (↑ **01**, **02**). So entspricht die Reaktionsenthalpie der Reaktion ② der Summe der Reaktionsenthalpien der beiden Teilschritte ① und ③. Folglich kann die Reaktionsenthalpie für die Bildung von Kohlenstoffmonooxid ① aus der Differenz der beiden anderen Reaktionsenthalpien berechnet werden (↑ **01**).

Nach dem Energieerhaltungssatz bleibt die Energie eines isolierten Systems konstant (↑ S. 103).

$$
\begin{aligned}
① \Delta_r H_m &= ② \Delta_r H_m - ③ \Delta_r H_m \\
&= -394 \text{ kJ} \cdot \text{mol}^{-1} - (-283 \text{ kJ} \cdot \text{mol}^{-1}) \\
&= -111 \text{ kJ} \cdot \text{mol}^{-1}
\end{aligned}
$$

Grundlage dieser Berechnung ist ein von dem russischen Chemiker GERMAIN HENRI HESS formuliertes Gesetz, das auf dem **Energieerhaltungssatz** beruht. Der **Satz von Hess** besagt:

Eine Anwendung des Satzes von Hess ist der Born-Haber-Kreisprozess (↑ S. 110f.).

Die Reaktionsenthalpie einer chemischen Reaktion ist unabhängig vom Reaktionsweg.

Energiediagramme (↑ S. 131).

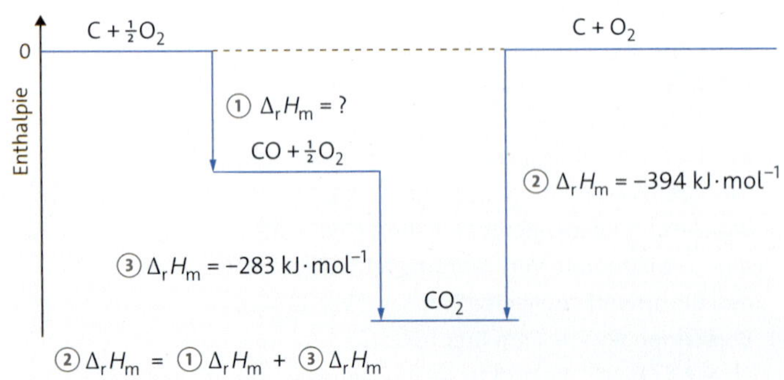

02 Anwendung des Satzes von Hess auf die Reaktion von Kohlenstoff mit Sauerstoff

Die Reaktionsenthalpie wird ausschließlich vom Anfangszustand (Ausgangsstoffe) und Endzustand (Reaktionsprodukte) des Reaktionssystems bestimmt. Für eine Reaktion, die von den Ausgangsstoffen über zwei verschiedene Reaktionswege zu denselben Reaktionsprodukten führt, misst man die gleiche Reaktionsenthalpie.

MOLARE STANDARDBILDUNGSENTHALPIE Mit dem Satz von Hess lassen sich prinzipiell die Reaktionsenthalpien aller chemischen Reaktionen berechnen. Hierzu muss die Reaktion in bekannte, aber teilweise auch komplizierte Teilschritte zerlegt werden. Einfacher ist es, sich vorzustellen, dass die chemischen Verbindungen der Edukte in ihre Elemente zerlegt und aus diesen Elementen dann die Reaktionsprodukte gebildet werden (↑ **03**).
Dazu wurde die **molare Standardbildungsenthalpie** $\Delta_f H_m^0$ (engl. *formation:* Bildung) eingeführt. Sie entspricht der Reaktionsenthalpie der Bildung von 1 mol einer reinen Verbindung aus ihren Elementen unter Standardbedingungen.
Die Standardbildungsenthalpien aller Elemente in ihrem energetisch stabilsten Zustand wie H_2(g) oder Fe(s) wird per Definition auf null festgelegt. Damit stellen die Standardzustände der Elemente einen Bezugspunkt dar. Eine Verbindung mit negativer Bildungsenthalpie ist im Vergleich zu ihren Elementen energetisch stabiler ($\Delta_f H_m^0 < 0$). Umgekehrt setzt eine Verbindung mit positiver Bildungsenthalpie beim Zerfall in ihre Elemente Energie frei ($\Delta_f H_m^0 > 0$).

Die molare Standardbildungsenthalpie $\Delta_f H_m^0$ entspricht der molaren Reaktionsenthalpie der Bildung von 1 mol einer Verbindung aus den Elementen unter Standardbedingungen.

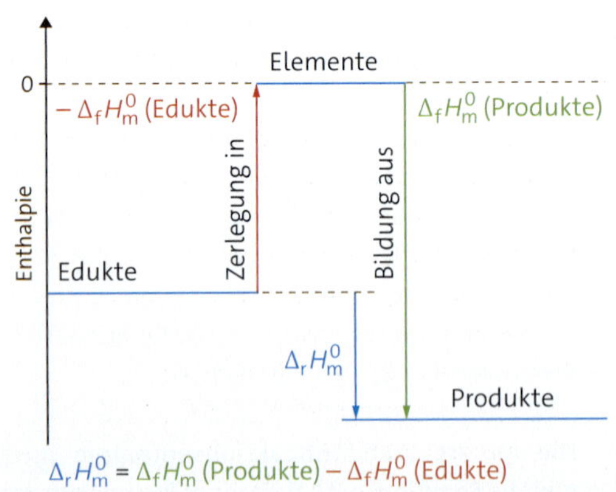

03 Satz von Hess: Prinzipielle Bestimmung der Reaktionsenthalpie mithilfe von Bildungsenthalpien

RECHNEN MIT DEM SATZ VON HESS Die molaren Standardbildungsenthalpien fast aller bekannten Verbindungen sind in Datenbanken und Tabellen gesammelt (↑ **04**). Mit ihrer Hilfe kann die molare Standardreaktionsenthalpie beliebiger Reaktionen berechnet werden. Sie ergibt sich nach dem Satz von Hess aus der Summe der molaren Standardbildungsenthalpien aller Produkte abzüglich der Summe der molaren Standardbildungsenthalpien aller Edukte anhand einer konkreten Reaktionsgleichung. Dabei sind jeweils die Stöchiometriezahlen (ν) der einzelnen Produkte und Edukte zu berücksichtigen (↑ Kasten).

$$\Delta_r H_m^0 = \Sigma\, \nu \cdot \Delta_f H_m^0(\text{Produkte}) - \Sigma\, \nu \cdot \Delta_f H_m^0(\text{Edukte})$$

Beim Einsetzten der Werte ist zu beachten, in welchen Aggregatzuständen die Stoffe vorliegen und welche Vorzeichen die Bildungsenthalpien aufweisen.
Mithilfe der oben angeführten Gleichung lassen sich auch die Standardbildungsenthalpien einzelner Verbindungen aus einer experimentell ermittelten Standardreaktionsenthalpie berechnen (↑ Kasten).

Molare Standardreaktionsenthalpien und molare Standardbildungsenthalpien können mit dem Satz von Hess berechnet werden.

1 Die molare Standardverbrennungsenthalpie von Wasserstoff entspricht der molaren Standardbildungsenthalpie von flüssigem Wasser. Erläutern Sie diese Aussage auch indem Sie die Daten in einem Diagramm darstellen (↑ **02**, **03**).

2 Die molare Standardverbrennungsenthalpie von Cyclohexan beträgt $-3920\ \text{kJ} \cdot \text{mol}^{-1}$. Berechnen Sie die molare Standardbildungsenthalpie von Cyclohexan unter Zuhilfenahme von Tabelle ↑ **03**.

3 Berechnen Sie unter Zuhilfenahme von Tabelle ↑ **03** die molare Standardverbrennungsenthalpie von flüssigem Ethanol.

4 Für das Lösen von Natriumchlorid in Wasser kann folgende Reaktionsgleichung geschrieben werden: $NaCl(s) \longrightarrow Na^+(aq) + Cl^-(aq)$
Berechnen Sie die Lösungsenthalpie für diesen Vorgang aus den Bildungsenthalpien (↑ **03**).

5 Sagen Sie begründet voraus, wie sich die Standardreaktionsenthalpie einer chemischen Reaktion verhält, wenn sie unter Verwendung eines Katalysators durchgeführt wird.

6 Bestimmen Sie die Bildungsenthalpie von Methan aus $\Delta_c H_m^0(CH_4) = -891\ \text{kJ} \cdot \text{mol}^{-1}$. Erstellen Sie ein passendes Energiediagramm (↑ **02**).

Formel	$\Delta_f H_m^0$ in $\text{kJ} \cdot \text{mol}^{-1}$	Formel	$\Delta_f H_m^0$ in $\text{kJ} \cdot \text{mol}^{-1}$
C(Graphit, s)	0	NaCl(s)	−411
C(Diamant, s)	2	$Na^+(aq)$	−240
$H_2O(l)$	−286	$Cl^-(aq)$	−167
$H_2O(g)$	−242	$Al_2O_3(s)$	−1676
$CO_2(g)$	−394	$C_2H_5OH(l)$	−277
CO(g)	−111	$C_6H_{12}O_6(s)$	−1274

04 Ausgewählte molare Standardbildungsenthalpien $\Delta_f H_m^0$

Berechnungen mit dem Satz von Hess

Aufgabe: Berechnen Sie die molare Standardverbrennungsenthalpie von Glucose aus den tabellierten molaren Standardbildungsenthalpien.

Lösung:
1. Reaktionsgleichung:
$$C_6H_{12}O_6(s) + 6\, O_2(g) \longrightarrow 6\, CO_2(g) + 6\, H_2O(l)$$

2. Berechnen von $\Delta_c H_m^0$:
$$\Delta_r H_m^0 = \Sigma\, \nu \cdot \Delta_f H_m^0(\text{Produkte}) - \Sigma\, \nu \cdot \Delta_f H_m^0(\text{Edukte})$$

Hinweis: Die Standardbildungsenthalpien der Elemente sind per Definition null und müssen nicht berücksichtigt werden. Deshalb geht Sauerstoff nicht in die Berechnung ein.

$$\begin{aligned}\Delta_c H_m^0(C_6H_{12}O_6) &= 6 \cdot \Delta_f H_m^0(CO_2) + 6 \cdot \Delta_f H_m^0(H_2O) - \Delta_f H_m^0(C_6H_{12}O_6)\\ &= 6 \cdot (-394\ \text{kJ} \cdot \text{mol}^{-1}) + 6 \cdot (-286\ \text{kJ} \cdot \text{mol}^{-1})\\ &\quad - (-1274\ \text{kJ} \cdot \text{mol}^{-1})\\ &= -2806\ \text{kJ} \cdot \text{mol}^{-1}\end{aligned}$$

Antwort: Die molare Standardverbrennungsenthalpie von fester Glucose beträgt $-2806\ \text{kJ} \cdot \text{mol}^{-1}$.

Aufgabe: Für die Verbrennung von flüssigem Hexan wurde eine molare Verbrennungsenthalpie $\Delta_c H_m^0 = -4158\ \text{kJ} \cdot \text{mol}^{-1}$ ermittelt. Berechnen Sie daraus die molare Standardbildungsenthalpie von Hexan.

Lösung:
1. Reaktionsgleichung:
$$C_6H_{14}(l) + \tfrac{19}{2}\, O_2(g) \longrightarrow 6\, CO_2(g) + 7\, H_2O(l)$$

2. Berechnen von $\Delta_c H_m^0(C_6H_{14})$:
$$\begin{aligned}\Delta_r H_m^0 &= \Sigma\, \nu \cdot \Delta_f H_m^0(\text{Produkte}) - \Sigma\, \nu \cdot \Delta_f H_m^0(\text{Edukte})\\ \Delta_c H_m^0(C_6H_{14}) &= 6 \cdot \Delta_f H_m^0(CO_2) + 7 \cdot \Delta_f H_m^0(H_2O) - \Delta_f H_m^0(C_6H_{14})\end{aligned}$$

$$\begin{aligned}\Delta_f H_m^0(C_6H_{14}) &= 6 \cdot \Delta_f H_m^0(CO_2) + 7 \cdot \Delta_f H_m^0(H_2O) - \Delta_c H_m(C_6H_{14})\\ &= 6 \cdot (-394\ \text{kJ} \cdot \text{mol}^{-1}) + 7 \cdot (-286\ \text{kJ} \cdot \text{mol}^{-1})\\ &\quad - (-4158\ \text{kJ} \cdot \text{mol}^{-1})\\ &= -208\ \text{kJ} \cdot \text{mol}^{-1}\end{aligned}$$

Antwort: Die molare Standardbildungsenthalpie von flüssigem Hexan beträgt $-208\ \text{kJ} \cdot \text{mol}^{-1}$.

4.6 Entropie LK

01 Einige Beispiele für freiwillig ablaufende Prozesse

FREIWILLIG ABLAUFENDE PROZESSE Alle Vorgänge um uns herum laufen freiwillig immer nur in eine Richtung ab (↑ **01**): Lebewesen altern und werden nicht jünger, der Geruch von Parfüm verteilt sich gleichmäßig im ihm zur Verfügung stehenden Raum, mischbare Flüssigkeiten wie Ethanol und Wasser bilden homogene Lösungen, Streichhölzer brennen ab, Brausetabletten lösen sich in Wasser auf und heißer Kaffee kühlt mit der Zeit ab.
Die Umkehrung dieser Vorgänge kann hingegen nicht beobachtet werden: Abgekühlter Kaffee wird nicht von selbst wieder heiß. Aus Brause bilden sich die Brausetablette und das Wasser nicht wieder zurück. Ein abgebranntes Streichholz kann nicht wieder entzündet werden und auch die Ethanol-Wasser-Lösung entmischt sich nicht von selbst. Erst durch Energiezufuhr lassen sich einige dieser Prozesse umkehren – beispielsweise kann das Ethanol durch Destillation vom Wasser getrennt oder der Kaffee durch Erhitzen wieder heiß werden.
Die Richtung eines freiwillig ablaufenden Prozesses kann aber nicht dadurch vorhergesagt werden, ob dieser unter Energieabgabe verläuft: Untersucht man das Auflösen der Brausetablette genauer, kann man eine Temperaturabnahme messen: Das Auflösen ist endotherm. Auch die freiwillig ablaufende Reaktion von Bariumhydroxid mit Ammoniumnitrat verläuft endotherm (↑ S. 118, Exp. 4.08).

Nicht alle freiwillig ablaufenden Prozesse sind ausschließlich exotherm.

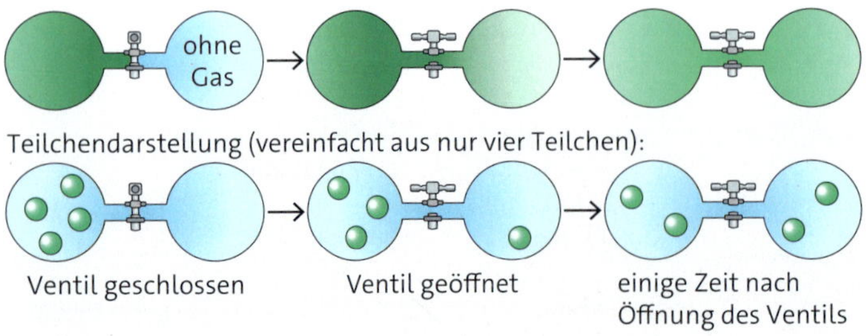

02 Gasausbreitung beim Öffnen des Ventils

RICHTUNG FREIWILLIGER PROZESSE Eine erste Theorie zur Richtung von freiwillig ablaufenden Prozessen formulierten William Thomson und Rudolf Clausius Ende des 19. Jahrhunderts. Die Beobachtung, dass Wärme immer nur von einem System höherer Temperatur auf ein System niedrigerer Temperatur übergeht, hielten sie in einer der ersten Formulierungen des **2. Hauptsatzes der Thermodynamik** fest.

Um zu erklären, warum beim Betrieb einer Dampfmaschine, die transportierte Reaktionswärme Q nicht vollständig in Arbeit umgewandelt werden kann, führte Clausius eine neue Größe ein, die **Entropie S** (Einheit: $J \cdot K^{-1}$). Er behauptete, dass mit Wärme auch immer Entropie übertragen werde. Die Entropieänderung des Systems entspricht dabei der Energie, die nicht in Arbeit umgewandelt werden kann. Dies ist die für diesen Prozess entwertete Energie. Man spricht von **Energieentwertung**.

Um mithilfe der Erkenntnisse von Clausius zu verstehen, in welche Richtung Prozesse freiwillig ablaufen, ist es notwendig, die Entropie auf Teilchenebene zu interpretieren. In einem Modellversuch sind zwei gleich große Glaskugeln über ein Ventil miteinander verbunden. In der linken Kugel befindet sich ein Gas, während die rechte Kugel leer ist. Öffnet man das Ventil, verteilt sich das Gas durch die ungerichtete Eigenbewegung der Teilchen von selbst auf den zur Verfügung stehenden größeren Raum (↑ **02**). Mit der Zeit hat sich das Gas auf beide Behälter gleich verteilt. Den umgekehrten Vorgang, dass sich das Gas wieder von selbst in einen Behälter begibt, kann man hingegen nicht beobachten. Dies lässt sich verstehen, wenn man die Verteilung der Gasteilchen in den beiden Behältern betrachtet und vergleicht. Hierzu nimmt man vereinfachend an, dass sich das Gas nur aus vier Teilchen zusammensetzt. Prinzipiell kann man bei der Verteilung des Gases in den beiden Behältern verschiedene *Zustände* unterscheiden: So können alle

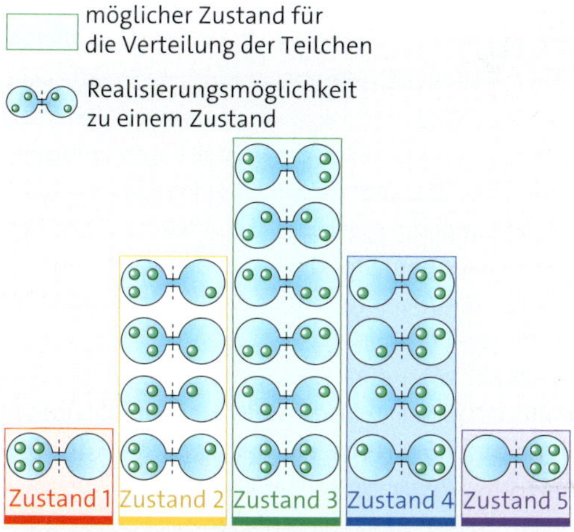

03 Realisierungsmöglichkeiten und Zustände

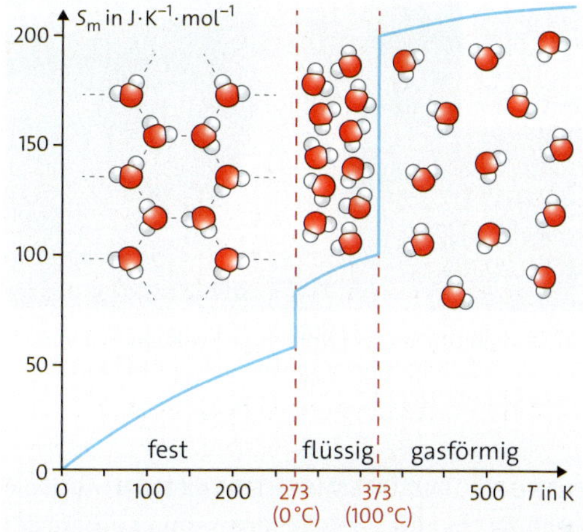

04 Entropieverlauf beim Erhitzen von Wasser

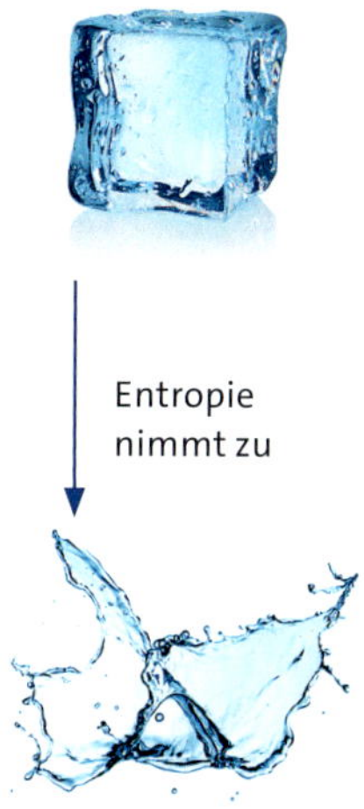

vier Teilchen in einem einzigen Behälter sein, nur ein Teilchen in einem Behälter und die restlichen drei im anderen oder jeweils zwei Teilchen befinden sich in jedem Behälter. Für jeden Zustand gibt es jeweils eine unterschiedliche Anzahl an *Realisierungsmöglichkeiten*: Für die Verteilung von jeweils zwei Teilchen auf zwei Behälter gibt es sechs Möglichkeiten. Für den Zustand, bei dem sich alle Teilchen in einem Behälter befinden, gibt es hingegen nur eine Realisierungsmöglichkeit (↑ **03**). Dabei gilt: Je mehr Realisierungsmöglichkeiten ein Zustand hat, desto wahrscheinlicher ist er. Im Beispiel ist die Verteilung des Gases über beide Behälter deshalb 6-mal wahrscheinlicher als der Ausgangszustand.

Die von CLAUSIUS eingeführte **Entropie *S*** kann auch als Anzahl dieser Realisierungsmöglichkeiten verstanden werden. Je größer die Anzahl der Realisierungsmöglichkeiten ist, desto größer ist auch die Entropie. Freiwillige Vorgänge verlaufen immer in Richtung zunehmender Entropie ab.

Reale Gasportionen bestehen aus sehr viel mehr als vier Teilchen. Die Anzahl der Realisierungsmöglichkeiten – und damit die Entropie – nimmt also mit der Teilchenzahl zu. Gleichzeitig gibt es für den Zustand, bei dem sich alle Teilchen nur in einem Behälter befinden, immer nur eine Realisierungsmöglichkeit. Das Gas wird sich deshalb immer über den gesamten ihm zur Verfügung stehenden Raum verteilen.

Die Entropie ist ein Maß für die Anzahl an Realisierungsmöglichkeiten für einen bestimmten Zustand. Sie nimmt mit der Teilchenzahl zu.

ENTROPIE UND UNORDNUNG Anschaulich kann man die Entropie als Maß für die Ordnung bzw. Unordnung interpretieren. Je größer die Entropie eines Zustands ist, desto geringer ist seine Ordnung. Die Unordnung eines Systems hängt dabei u. a. von der Temperatur ab. Bei einer Temperaturerhöhung steigt aufgrund der stärkeren ungerichteten Teilchenbewegung die Entropie. In einem Eiswürfel z. B. sind die Wasser-Moleküle in einem Gitter fest angeordnet. Die Anzahl der Realisierungsmöglichkeiten ist gering, die Ordnung ist groß. Beim Schmelzen nimmt die Entropie sprunghaft zu, da die Wasser-Moleküle keine festen Plätze mehr haben und sich gegeneinander verschieben können (↑ **04**). Insgesamt nimmt die Entropie mit steigender Temperatur von fest über flüssig zu gasförmig zu. Dabei verhält sich der Entropieverlauf nicht proportional zur zugeführten Wärme, sondern hängt von der Temperatur des Systems ab.
Je wärmer ein Stoff ist, desto geringer fällt seine Entropieänderung bei gleicher Menge zugeführter Wärme aus. Dieses leitete schon CLAUSIUS daraus ab, dass bei den Dampfmaschinen die entwertete Energie von der Umgebungstemperatur abhing:

$$\Delta S = \frac{Q}{T}$$

1› Treffen Sie Voraussagen über die Entropieänderung des Systems und begründen Sie:
a Kristallisieren eines Salzes aus einer Salzlösung
b Sublimieren von Schwefel
c Mischen von Tinte und Wasser
d Gefrieren einer Pfütze im Winter
e Umwandlung von Graphit in Diamant

Reaktionsentropie LK

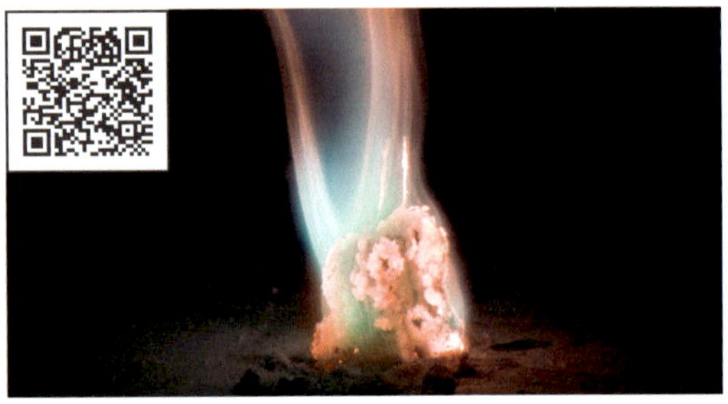

01 Verbrennungen sind freiwillige Reaktionen: Einmal angezündet, brennt der Magnesiumanspitzer ohne Energiezufuhr weiter.

ENTROPIE UND CHEMISCHE REAKTION Auch die Richtung chemischer Reaktionen kann mithilfe der Entropie erklärt werden, weil sich durch die Umgruppierung der Teilchen der Ordnungszustand des Systems verändert.
Um die Änderung der Entropie abzuschätzen, ist es sinnvoll, die Teilchenzahl vor und nach der Reaktion zu vergleichen. Zudem muss der Aggregatzustand der Stoffe berücksichtigt werden. Nimmt durch eine Reaktion die Teilchenzahl ab, steigt der Ordnungszustand des Systems. Auch bei der Bildung von Flüssigkeiten oder Feststoffen aus Gasen nimmt die Ordnung zu.
Betrachtet man z. B. die Verbrennung von Magnesium, so fällt auf, dass die Entropie des Systems in Bezug auf die Teilchenzahl abnimmt. Auch ist einer der Ausgangsstoffe gasförmig, während das Reaktionsprodukt fest ist.

$$2\,Mg(s) + O_2(g) \longrightarrow 2\,MgO(s)$$

Trotz dieser Entropieabnahme ist die Verbrennung von Magnesium eine freiwillig verlaufende Reaktion. Dieser scheinbare Widerspruch zur Aussage von BOLTZMANN und CLAUSIUS, dass bei freiwillig ablaufenden Prozessen die Entropie stets zunimmt, kann aufgelöst werden, wenn der Energieaustausch mit der Umgebung berücksichtigt wird. Bei exothermen Reaktionen wird die Reaktionswärme auf die Umgebung übertragen und bewirkt dort eine Zunahme der Entropie.
Berechnet man die Entropieänderungen des Systems und der Umgebung, stellt man für alle freiwillig ablaufenden Prozesse fest, dass die Entropieänderung insgesamt größer als null ist.

$$\Delta S_{Gesamt} = \Delta S_{System} + \Delta S_{Umgebung} \Rightarrow \Delta S_{Gesamt} > 0$$

Prozesse laufen stets in die Richtung freiwillig ab, in der die Gesamtentropie aus System und seiner Umgebung zunimmt.

STANDARDENTROPIE VON STOFFEN Im Gegensatz zur inneren Energie kann die Entropie von Stoffen bestimmt werden. Theoretisch hat jeder Stoff am absoluten Nullpunkt (0 K = −273,15 °C) eine Entropie von null (perfekte Ordnung). Es handelt sich aber um einen Idealzustand, der nicht erreicht werden kann. Bei Temperaturerhöhung bewegen sich die Teilchen schneller. Die Unordnung des Systems wächst.

P 4.08 Stark endotherme Reaktionen

3 5 7

Materialien Waage, 2 Bechergläser (50 mL), Erlenmeyerkolben (50 mL), Glasstab, Spatellöffel, (Digital)thermometer, Wasser, Citronensäure (7), Natriumcarbonat-Decahydrat (7), Natriumacetat-Trihydrat, Aluminiumnitrat-Nonahydrat (5) Bariumhydroxid (5, 7), Ammoniumnitrat (3, 7)

Durchführung:
A: Geben Sie 8,4 g Natriumcarbonat-Decahydrat und 3,8 g Citronensäure in ein kleines Becherglas. Vermischen Sie die beiden Feststoffe gut miteinander. Messen Sie die Temperaturänderung.

B: Vermischen Sie im zweiten Becherglas einen Spatellöffel Natriumacetat-Trihydrat und mit einem Spatellöffel Aluminiumnitrat-Nonahydrat. Messen Sie die Temperaturänderung.

C: Geben Sie jeweils gut gemörsert 4,5 g Bariumhydroxid und 1,5 g Ammoniumnitrat in den trockenen Erlenmeyerkolben. Vermischen Sie die Feststoffe durch Schütteln des Kolbens. Messen Sie die Temperatur des flüssig werdenden Gemischs.
Entsorgung: Rückstände von Versuchsteil A und B auflösen und ins Abwasser geben. Feste Rückstände von Versuchsteil C in den Behälter für giftige anorganische Abfälle geben.

Auswertung
1 › Beschreiben Sie die beobachtbaren Veränderungen unter Berücksichtigung des Begriffs Entropie.
2 › Erklären Sie den scheinbaren Widerspruch zum Entropiesatz über freiwillige Reaktionen.

Da die Entropie temperaturabhängig und stoffspezifisch ist und außerdem von der Stoffmenge abhängt, wird die Entropie eines Stoffs zur besseren Vergleichbarkeit pro mol Stoff bei 298 K als **molare Standardentropie S^0_m** (Einheit: $J \cdot K^{-1} \cdot mol^{-1}$) angegeben. Sie ist für eine Vielzahl von Stoffen tabelliert (↑ **02**). Auch Elemente haben eine von null verschiedene Entropie.

Formel	S^0_m in $J \cdot K^{-1} \cdot mol^{-1}$	Formel	S^0_m in $J \cdot K^{-1} \cdot mol^{-1}$
$CaCO_3(s)$	93	$H_2(g)$	131
$CaO(s)$	38	$H_2O(l)$	70
$CO_2(g)$	214	$H_2O(g)$	189
$CO(g)$	198	Cyclohexan(l)	204
$O_2(g)$	205	Benzol(l)	173

02 Molare Standardentropien ausgewählter Stoffe

RECHNEN MIT DER ENTROPIE Mithilfe der molaren Standardentropien der Edukte und Produkte kann die Entropieänderung des Systems im Verlauf der Reaktion aus deren Differenz berechnet werden. Sie wird **molare Standardreaktionsentropie $\Delta_r S^0_m$** genannt und bezieht sich wie die Reaktionsenthalpie auf einen bestimmten Stoffumsatz.

$$\Delta_r S^0_m = \Sigma \nu \cdot S^0_m(\text{Produkte}) - \Sigma \nu \cdot S^0_m(\text{Edukte})$$

Die Entropieänderung der Umgebung berechnet sich aus der Reaktionswärme, die bei der gegebenen Temperatur auf die Umgebung übergeht.

$$\Delta S_{\text{Umgebung}} = \frac{Q}{T} = \frac{-\Delta_r H_m}{T}$$

Berechnet man für die Verbrennung von Magnesium die Reaktionsentropie $\Delta_r S^0_m$, erhält man, wie erwartet, einen negativen Wert, d. h., die Entropie nimmt ab.

$$2\,Mg(s) + O_2(g) \longrightarrow 2\,MgO(s)$$

$\Delta_r S^0_m = -217\ J \cdot K^{-1} \cdot mol^{-1}$, bezogen auf $n(O_2) = 1$ mol

Die Verbrennung von Magnesium ist aber eine stark exotherme Reaktion ($\Delta_r H_m = -1202\ kJ \cdot mol^{-1}$). Die entstehende Reaktionswärme verursacht (bei 298 K) eine Entropieänderung in der Umgebung.

$$\Delta S_{\text{Umgebung}} = \frac{1202\ kJ \cdot mol^{-1}}{298\ K} = 4034\ J \cdot K^{-1} \cdot mol^{-1}$$

Addiert man beide Werte, nimmt auch bei dieser Reaktion die Gesamtentropie zu.

$$\Delta S_{\text{Gesamt}} = \Delta_r S^0_m + \Delta S_{\text{Umgebung}} = 3817\ J \cdot K^{-1} \cdot mol^{-1} > 0$$

1〉 Chemische Reaktionen verlaufen nur freiwillig, wenn die Entropie in einem isolierten System zunimmt. Trotzdem kann die Reaktionsentropie negativ sein. Erläutern Sie diesen scheinbaren Widerspruch.

2〉 Berechnen Sie mithilfe der Werte in Tabelle ↑ **02** die molare Standardreaktionsentropie während der Verdunstung von Wasser.

3〉 Berechnen Sie die molare Standardreaktionsentropie der Verbrennung von Cyclohexan.

Berechnungen mit der Entropie

Aufgabe: Berechnen Sie die molare Standardreaktionsentropie der Synthese von Wasser (flüssig) entsprechend der Reaktionsgleichung.

$$2\,H_2(g) + O_2(g) \longrightarrow 2\,H_2O(l)$$

Gegeben: $S^0_m(H_2) = 131\ J \cdot K^{-1} \cdot mol^{-1}$; $S^0_m(O_2) = 205\ J \cdot K^{-1} \cdot mol^{-1}$; $S^0_m(H_2O, l) = 70\ J \cdot K^{-1} \cdot mol^{-1}$

Gesucht: $\Delta_r S^0_m$

Lösung:

$$\begin{aligned}\Delta_r S^0_m &= 2 \cdot S^0_m(H_2O, l) - [2 \cdot S^0_m(H_2) + S^0_m(O_2)]\\ &= 2 \cdot 70\ J \cdot K^{-1} \cdot mol^{-1} - [2 \cdot 131\ J \cdot K^{-1} \cdot mol^{-1} + 205\ J \cdot K^{-1} \cdot mol^{-1}]\\ &= -327\ J \cdot K^{-1} \cdot mol^{-1}\end{aligned}$$

Antwort: Die molare Standardreaktionsentropie der Synthese von Wasser entsprechend der angegebenen Reaktionsgleichung beträgt $\Delta_r S^0_m = -327\ J \cdot K^{-1} \cdot mol^{-1}$, bezogen auf $n(O_2) = 1$ mol.

Aufgabe: Begründen Sie mithilfe der Gesamtänderung der Entropie, ob die Bildung von Wasser aus den Elementen freiwillig verläuft.

$$2\,H_2(g) + O_2(g) \longrightarrow 2\,H_2O(l)$$

Gegeben: $\Delta_f H^0_m(H_2O, l) = -286\ kJ \cdot mol^{-1}$; $\Delta_r S^0_m = -327\ J \cdot K^{-1} \cdot mol^{-1}$; $T = 298\ K$

Gesucht: ΔS_{Gesamt}

Lösung:

1. Berechnen der Reaktionsenthalpie für Wasser:

$$\begin{aligned}\Delta_r H^0_m &= 2 \cdot \Delta_f H^0_m(H_2O, l)\\ &= 2 \cdot (-286\ kJ \cdot mol^{-1}) = -572\ kJ \cdot mol^{-1}\end{aligned}$$

2. Berechnen der Entropieänderung in der Umgebung:

$$\Delta S_{\text{Umgebung}} = \frac{Q}{T} = \frac{-\Delta_r H^0_m}{T}$$

$$\Delta S_{\text{Umgebung}} = \frac{572\ kJ \cdot mol^{-1}}{298\ K} = 1768 \cdot J \cdot K^{-1} \cdot mol^{-1}$$

3. Berechnen der Gesamtänderung der Entropie:

$$\begin{aligned}\Delta S_{\text{Gesamt}} &= \Delta_r S^0_m + \Delta S_{\text{Umgebung}}\\ &= -327\ J \cdot K^{-1} \cdot mol^{-1} + 1768 \cdot J \cdot K^{-1} \cdot mol^{-1}\\ &= 1441\ J \cdot K^{-1} \cdot mol^{-1} > 0\end{aligned}$$

Antwort: Die Bildung von Wasser aus den Elementen verläuft freiwillig, da die Gesamtentropieänderung $\Delta S_{\text{Gesamt}} > 0$ ist.

4.7 Freiwilligkeit chemischer Reaktionen LK

GIBBS-HELMHOLTZ-GLEICHUNG Die Freiwilligkeit einer chemischen Reaktion ist prinzipiell aus seiner molaren Reaktionsenthalpie $\Delta_r H_m$ und seiner molaren Reaktionsentropie $\Delta_r S_m$ bei gegebener Temperatur ableitbar, da beide Größen die Gesamtänderung der Entropie während der Reaktion ergeben.

JOSIAH W. GIBBS und HERMANN VON HELMHOLTZ führten mit der **freien molaren Reaktionsenthalpie $\Delta_r G_m$** (Einheit: $kJ \cdot mol^{-1}$) eine neue Größe ein, um diese Gesamtänderung und damit die Freiwilligkeit einer chemischen Reaktion zu beschreiben.

Umrechnung einer Celsius-Temperatur (x °C) in Kelvin (K):
$T = (x + 273)\ K$

Berechnung mit der Gibbs-Helmholtz-Gleichung

Aufgabe: Kalkstein ($CaCO_3$) reagiert erst bei hohen Temperaturen zu Branntkalk (CaO) und Kohlenstoffdioxid (CO_2).

Berechnen Sie mit der Gibbs-Helmholtz-Gleichung die freie molare Reaktionsenthalpie der Reaktion bei 25 °C.
Oberhalb welcher Temperatur verläuft die Reaktion freiwillig?

Lösung:
1. Reaktionsgleichung:
$CaCO_3(s) \longrightarrow CaO(s) + CO_2(g)$

2. Berechnen von $\Delta_r H_m^0$, $\Delta_r S_m^0$:

$$\begin{aligned}\Delta_r H_m^0 &= \Sigma\,\nu \cdot \Delta_f H_m^0(\text{Produkte}) - \Sigma\,\nu \cdot \Delta_f H_m^0(\text{Edukte})\\ &= \Delta_f H_m^0(CaO) + \Delta_f H_m^0(CO_2) - \Delta_f H_m^0(CaCO_3)\\ &= -635\ kJ \cdot mol^{-1} + (-394\ kJ \cdot mol^{-1}) - (-1207\ kJ \cdot mol^{-1})\\ &= 178\ kJ \cdot mol^{-1}\end{aligned}$$

$$\begin{aligned}\Delta_r S_m^0 &= \Sigma\,\nu \cdot S_m^0(\text{Produkte}) - \Sigma\,\nu \cdot S_m^0(\text{Edukte})\\ &= S_m^0(CaO) + S_m^0(CO_2) - S_m^0(CaCO_3)\\ &= 38\ J \cdot K^{-1} \cdot mol^{-1} + 214\ J \cdot K^{-1} \cdot mol^{-1} - 93\ J \cdot K^{-1} \cdot mol^{-1}\\ &= 159\ J \cdot K^{-1} \cdot mol^{-1} = 0{,}159\ kJ \cdot K^{-1} \cdot mol^{-1}\end{aligned}$$

3. Berechnen der molaren freien Reaktionsenthalpie $\Delta_r G_m$:

$$\begin{aligned}\Delta_r G_m &= \Delta_r H_m^0 - T \cdot \Delta_r S_m^0\\ &= 178\ kJ \cdot mol^{-1} - (298\ K \cdot 0{,}159\ kJ \cdot K^{-1} \cdot mol^{-1})\\ &= 131\ kJ \cdot mol^{-1}\end{aligned}$$

4. Berechnen der Temperatur T:
Für eine freiwillige Reaktion muss $\Delta_r G_m$ kleiner null werden.
$0 > \Delta_r G_m$
$0 > \Delta_r H_m^0 - T \cdot \Delta_r S_m^0$

Hinweis:
Beim Auflösen nach T dreht sich das Ungleichheitszeichen um, wenn $\Delta_r S_m^0$ negativ ist.

$$T > \frac{\Delta_r H_m^0}{\Delta_r S_m^0} = \frac{178\ kJ \cdot mol^{-1}}{0{,}159\ kJ \cdot K^{-1} \cdot mol^{-1}} = 1119\ K = 846\ °C$$

Antwort: Die freie molare Reaktionsenthalpie beträgt bei 25 °C $131\ kJ \cdot mol^{-1}$. Die Reaktion verläuft erst oberhalb einer Temperatur von 846 °C freiwillig.

Mithilfe der **Gibbs-Helmholtz-Gleichung** kann die freie molare Reaktionsenthalpie für eine konkrete Reaktionsgleichung näherungsweise aus den Werten der molaren Reaktionsenthalpie und -entropie ermittelt werden.

$$\Delta_r G_m = \Delta_r H_m - T \cdot \Delta_r S_m$$

Hierzu werden $\Delta_r H_m$ und $\Delta_r S_m$ aus den tabellierten Werten ($\Delta_f H_m^0$, S_m^0) der beteiligten Stoffe errechnet (↑ Kasten). Dabei vernachlässigt man, dass sowohl die Reaktionsenthalpie als auch die Reaktionsentropie nur für Standardbedingungen und nicht für die Reaktionstemperatur und den Reaktionsdruck gelten. Durch Einsetzen der Reaktionstemperatur (T in K) ergibt sich dann ein Näherungswert für $\Delta_r G_m$.

Nach der Gibbs-Helmholtz-Gleichung läuft eine chemische Reaktion dann freiwillig ab, wenn die freie molare Reaktionsenthalpie einen negativen Wert annimmt ($\Delta_r G_m < 0$). Sie wird als **exergonische Reaktion** bezeichnet, eine unter den vorherrschenden Reaktionsbedingungen nicht freiwillig ablaufende Reaktion hingegen als **endergonische Reaktion** ($\Delta_r G_m > 0$). Sie muss von außen erzwungen werden, z. B. bei der Elektrolyse durch Zuführung von elektrischer Energie.

Da die molare freie Reaktionsenthalpie $\Delta_r G_m$ aber von der Temperatur abhängig ist, kann eine bei Raumtemperatur endergonische Reaktion unter Umständen durch Veränderung der Reaktionstemperatur freiwillig verlaufen. Ein Beispiel ist die unter Standardbedingungen endergonische Bildung von Branntkalk (CaO) aus Kalkstein ($CaCO_3$), die erst oberhalb von 1000 °C freiwillig verläuft. Mit der Gibbs-Helmholtz-Gleichung können solche Reaktionstemperaturen berechnet werden (↑ Kasten).

Alternativ lässt sich für Standardbedingungen die **freie molare Standardreaktionsenthalpie $\Delta_r G_m^0$** aus tabellierten Werten für **freie molare Standardbildungsenthalpien $\Delta_f G_m^0$** der Produkte und Edukte einer Reaktion berechnen:

$$\Delta_r G_m^0 = \Sigma\,\nu \cdot \Delta_f G_m^0(\text{Produkte}) - \Sigma\,\nu \cdot \Delta_f G_m^0(\text{Edukte})$$

Die freie molare Reaktionsenthalpie $\Delta_r G_m$ ergibt sich nach der Gibbs-Helmholtz-Gleichung aus der molaren Reaktionsenthalpie $\Delta_r H_m$ und der molaren Reaktionsentropie $\Delta_r S_m$ bei einer bestimmten Temperatur. Eine Reaktion verläuft dann freiwillig (exergonisch), wenn die freie molare Reaktionsenthalpie negativ ist ($\Delta_r G_m < 0$).

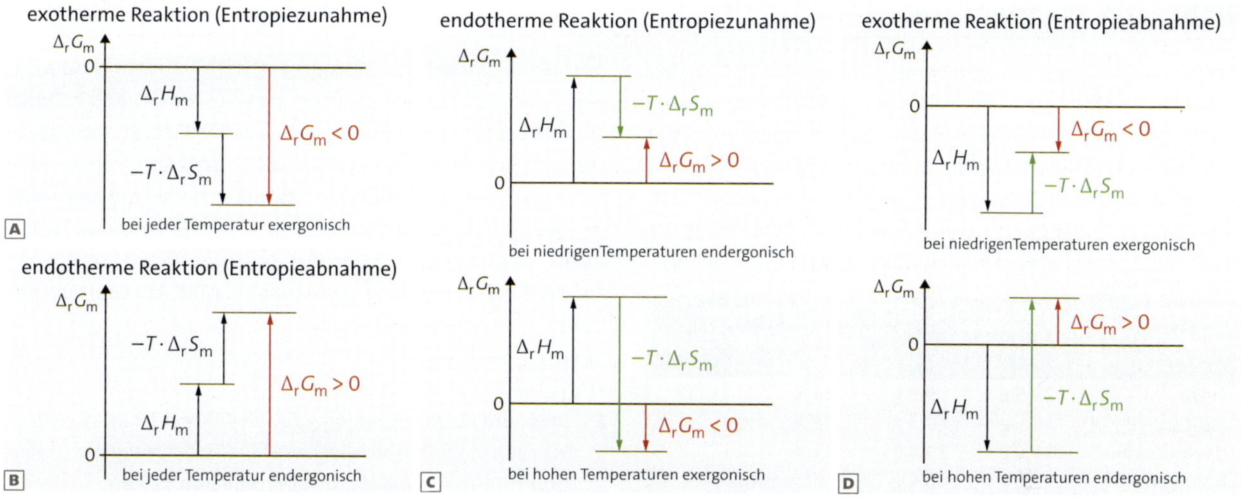

01 Abhängigkeit der freien Reaktionsenthalpie von der Reaktionsenthalpie, -entropie und -temperatur

BEEINFLUSSUNG DER FREIEN REAKTIONSENTHALPIE Ob eine chemische Reaktion exergonisch ($\Delta_r G_m < 0$) oder endergonisch ($\Delta_r G_m > 0$) verläuft, hängt von den Vorzeichen und Beträgen der Reaktionsenthalpie ($\Delta_r H_m$) und Reaktionsentropie ($\Delta_r S_m$) sowie der Reaktionstemperatur (T) ab. Nach der Gibbs-Helmholtz-Gleichung sind vier Fälle im Zusammenspiel zwischen $\Delta_r H_m$ und $T \cdot \Delta_r S_m$ zu unterscheiden (↑ **01A–D**):

Fall A: Eine Reaktion ist bei jeder betrachteten Temperatur exergonisch, wenn sie exotherm ($\Delta_r H_m < 0$) und unter Zunahme der Reaktionsentropie ($\Delta_r S_m > 0$) verläuft, z. B. die Reaktion von Natrium mit Wasser.

$$2\,Na(s) + 2\,H_2O(l) \longrightarrow 2\,NaOH(s) + H_2(g)$$
$$\Delta_r H_m^0 = -280\ kJ \cdot mol^{-1},\ \Delta_r S_m^0 = 17\ J \cdot K^{-1} \cdot mol^{-1},$$
bezogen auf $n(H_2) = 1\ mol$

Fall B: Umgekehrt ist jede Reaktion endergonisch, die endotherm ($\Delta_r H_m > 0$) und unter Abnahme der Reaktionsentropie ($\Delta_r S_m < 0$) verläuft. Daher werden Wasser und Kohlenstoffdioxid niemals freiwillig zu Traubenzucker und Sauerstoff reagieren.

$$6\,H_2O(l) + 6\,CO_2(g) \longrightarrow C_6H_{12}O_6(s) + 6\,O_2(g)$$
$$\Delta_r H_m^0 = 2806\ kJ \cdot mol^{-1},\ \Delta_r S_m^0 = -262\ J \cdot K^{-1} \cdot mol^{-1},$$
bezogen auf $n(C_6H_{12}O_6) = 1\ mol$

Bei den ersten beiden Fällen spielt die betrachtete Temperatur keine Rolle, da $\Delta_r H_m$ und $\Delta_r S_m$ aufgrund ihrer unterschiedlichen Vorzeichen $\Delta_r G_m$ in die gleiche Richtung beeinflussen. Interessanter sind die Fälle, bei denen die Auswirkungen gegensätzlich auf die freie Reaktionsenthalpie sind (bei gleichem Vorzeichen von $\Delta_r H_m$ und $\Delta_r S_m$).

Fall C: Eine endotherme Reaktion ($\Delta_r H_m > 0$) mit positiver Reaktionsentropie ($\Delta_r S_m > 0$) läuft nur dann freiwillig ab, wenn die Reaktionstemperatur ausreichend groß ist, sodass der Einfluss der Reaktionsentropie überwiegt ($|T \cdot \Delta_r S_m| > |\Delta_r H_m|$). Das lässt sich am Beispiel der Reaktion von Kohlenstoff mit Wasser zeigen.

$$C(s) + H_2O(g) \longrightarrow CO(g) + H_2(g)$$
$$\Delta_r H_m^0 = 131\ kJ \cdot mol^{-1},\ \Delta_r S_m^0 = 134\ J \cdot K^{-1} \cdot mol^{-1}$$

Bei Raumtemperatur ($T = 298\ K$) ist die Reaktion endergonisch:

$$|298\ K \cdot 134\ J \cdot K^{-1} \cdot mol^{-1}| = 39{,}9\ kJ \cdot mol^{-1} < 131\ kJ \cdot mol^{-1}$$

Erst ab einer Temperatur von ca. 1000 K reagieren die Stoffe freiwillig miteinander:

$$|1000\ K \cdot 134\ J \cdot K^{-1} \cdot mol^{-1}| = 134\ kJ \cdot mol^{-1} > 131\ kJ \cdot mol^{-1}$$

Fall D: Umgekehrt verläuft eine exotherme Reaktion ($\Delta_r H_m < 0$) mit negativer Reaktionsentropie ($\Delta_r S_m < 0$) freiwillig, wenn die Reaktionstemperatur niedrig genug ist, sodass der Einfluss der Reaktionsenthalpie überwiegt ($|\Delta_r H_m| > |T \cdot \Delta_r S_m|$). Die Hydrierung von Ethen zu Ethan verläuft nur unter 1100 K freiwillig.

$$C_2H_4(g) + H_2(g) \longrightarrow C_2H_6(g)$$
$$\Delta_r H_m^0 = -137\ kJ \cdot mol^{-1},\ \Delta_r S_m^0 = -120\ J \cdot K^{-1} \cdot mol^{-1}$$

1 › Geben Sie an, unter welcher Voraussetzung eine exotherme Reaktion nicht mehr spontan ablaufen würde.

2 › Berechnen Sie für die vier im Text dargestellten Reaktionen jeweils die freie molare Standardreaktionsenthalpie ($\Delta_r G_m^0$; $T = 298\ K$).

3 › Berechnen Sie die freie molare Standardreaktionsenthalpie für die Verbrennung von Butan (↑ Anhang, S. 344).

Klausurtraining

Material A Nährwerte von Lebensmitteln

Statt den Brennwert eines Lebensmittels kalorimetrisch zu bestimmen, werden in der Regel die Brennwerte der im Lebensmittel enthaltenen Nährstoffe unter Berücksichtigung ihrer Massenanteile addiert. Hierbei unterscheidet man zwischen dem physikalischen Brennwert H_s und dem physiologischen Brennwert H_{bio}, der nur die Energiemenge berücksichtigt, die durch Zellatmung für den Körper nutzbar gemacht werden kann.

Nährwertangaben	in 100 g	in 33,3 g	33,3 g entsprechen ... Tagesbedarf
Fette	29,5 g	9,9 g	14 %
Kohlenhydrate	58,5 g	19,5 g	8 %
davon Zucker	58,0 g	19,5 g	21 %
Ballaststoffe	1,9 g	0,6 g	–
Proteine	6,5 g	2,2 g	4 %
Salz	0,30 g	0,10 g	2 %

A1.1 Nährwertangaben einer Vollmilchschokolade

Nährstoff	H_s in $kJ \cdot g^{-1}$	H_{bio} in $kJ \cdot g^{-1}$
Proteine	23	17
Kohlenhydrate	17	16
Fette	37	37
Zucker	16,8	16,8

A1.2 Physikalische (H_s) und physiologische (H_{bio}) Brennwerte verschiedener Nährstoffe

Der Verein „foodwatch" fordert zusätzlich zu den Nährwertangaben eine Ampelkennzeichnung von Lebensmitteln. Durch die Farbgebung rot, gelb und grün für den Gehalt an Fett, Zucker und Salz sollen Verbraucher auf einen Blick erkennen können, ob der entsprechende Inhaltsstoff in hoher, mittlerer oder geringer Menge enthalten ist. Die Lebensmittelindustrie kritisiert dies und verweist darauf, dass die Nährwertangaben auf den Verpackungen in genügendem Maß Auskunft böten.

AUFGABEN ZU A

1 › In einem Kalorimeter ($C_K = 72{,}0\ J \cdot K^{-1}$) mit 1,3 kg Wasser wurden 3,4 g Zartbitterschokolade vollständig verbrannt. Die Temperaturdifferenz betrug 15,3 K.

a Berechnen Sie die Reaktionswärme der verbrannten Schokolade.

b Bestimmen Sie daraus den Brennwert H_s einer Tafel Zartbitterschokolade (100 g). *Hinweis zu Aufgabenlösung* **1a**: Q(Zartbitterschokolade) ≈ – 82 kJ

c Bestimmen Sie mithilfe der Angaben (↑ **A1.1**, **A1.2**) den Brennwert H_{bio} der Vollmilchschokolade (100 g).

d Vergleichen Sie die Werte. Diskutieren Sie mögliche Unterschiede und ihre Gründe. *Hinweise:* H_S(Zartbitter) ≈ 2400 kJ pro 100 g; H_{bio}(Vollmilch) ≈ 2180 kJ pro 100 g

2 › Beurteilen Sie den Nutzen von Nährwerttabellen bzw. die alternative Verwendung einer Ampelkennzeichnung.

Material B Süßstoff Aspartam

Im Handel sind von vielen Lebensmitteln kalorienarme Varianten als Lightprodukte erhältlich. Statt mit gewöhnlichem Haushaltszucker (Saccharose, $C_{12}H_{22}O_{11}$) sind sie häufig mit synthetischen Süßstoffen wie Aspartam ($C_{14}H_{18}N_2O_5$) gesüßt. Die gleiche Menge Aspartam schmeckt im Gegensatz zu Saccharose ungefähr 200-mal so süß. Mit $H_{bio} = 17\ kJ \cdot g^{-1}$ ist sein physiologischer Brennwert ähnlich groß wie sein physikalischer Brennwert H_s. Es ist aber kein Kohlenhydrat, sondern ein synthetisches Dipetid, das aus den Aminosäuren Asparaginsäure und Phenylalanin besteht.
Viele Ernährungsexperten warnen dennoch vor dem übermäßigen Konsum von Lightprodukten, da sie nicht beim Abnehmen helfen, sondern in Verdacht stehen, aufgrund ihrer Süße ein Hungergefühl auszulösen, das sogar zu Übergewicht führen kann.

Formel	$\Delta_f H_m^0$ in $kJ \cdot mol^{-1}$	Formel	$\Delta_f H_m^0$ in $kJ \cdot mol^{-1}$
$CO_2(g)$	−394	$H_2O(g)$	−242
$CO(g)$	−111	$H_2O(l)$	−286

B1.1 Molare Bildungsenthalpien einiger Verbindungen

AUFGABEN ZU B

1 › Berechnen Sie mithilfe des Satzes von Hess aus dem physiologischen Brennwert von Aspartam die molare Bildungsenthalpie ab (↑ **B1.1**). *Hinweis:* Es bildet sich u. a. Stickstoff (N_2) und es gilt die Annahme: $H_s = H_{bio}$.

2 › 1,9 g Saccharose werden in einem Kalorimeter ($C_K = 73{,}0\ J \cdot K^{-1}$) mit einer Wasserfüllung von 650 mL vollständig verbrannt. Dabei steigt die Temperatur um 11,3 K.

a Entwickeln Sie die Reaktionsgleichung für die vollständige Verbrennung von Saccharose.

b Berechnen Sie den Brennwert und die molare Verbrennungsenthalpie von Saccharose.

c Bestimmen Sie mithilfe des Satzes von Hess die Bildungsenthalpie von Saccharose. *Hinweis:* $\Delta_c H_m$(Saccharose) ≈ – 5400 $kJ \cdot mol^{-1}$

3 › a Vergleichen Sie Saccharose und Aspartam hinsichtlich Brennwerten, molaren Verbrennungsenthalpien und molaren Bildungsenthalpien.

b Beurteilen Sie die Verwendung von Aspartam statt Saccharose in Lightprodukten.

Material C Power-to-Gas-Technologie

Im Rahmen der Energiewende wird die Power-to-Gas-Technologie als eine Möglichkeit gesehen, langfristig einen Beitrag zur Unabhängigkeit von fossilen Brennstoffen zu leisten. Die Unabhängigkeit von solchen Brennstoffen ist sowohl wegen der Begrenztheit ihrer Ressourcen als auch des Willens zur Verringerung des Kohlenstoffdioxidausstoßes notwendig.
Bei der Power-to-Gas-Technologie soll überschüssiger elektrischer Strom (engl. *power*) zur Elektrolyse von flüssigem Wasser genutzt werden, um Wasserstoff herzustellen. Aus dem so gewonnenen Wasserstoff soll wiederum Kohlenstoffdioxid zu Methangas (engl. *gas*) umgesetzt werden:

① $4\,H_2(g) + CO_2(g) \longrightarrow CH_4(g) + 2\,H_2O(g)$
$\Delta_r H_m = -165\ kJ \cdot mol^{-1}$, bezogen auf $n(CO_2) = 1\ mol$

Verbindung	$\Delta_f H_m^0$ in $kJ \cdot mol^{-1}$
$CH_4(g)$	−75
$CO_2(aq)$	−699,6
$CO_2(g)$	−394

Verbindung	$\Delta_f H_m^0$ in $kJ \cdot mol^{-1}$
$CO(g)$	−111
$H_2O(g)$	−242
$H_2O(l)$	−286

C1.1 Molare Standardbildungsenthalpien

Die Gesamtreaktion erfolgt in zwei aufeinanderfolgenden Schritten:

② $H_2(g) + CO_2(g) \longrightarrow CO(g) + H_2O(g) \quad \Delta_r H_m = 41\ kJ \cdot mol^{-1}$

③ $3\,H_2(g) + CO(g) \longrightarrow CH_4(g) + H_2O(g) \quad \Delta_r H_m = ?$

AUFGABEN ZU C

1) Formulieren Sie die Reaktionsgleichung für die Elektrolyse von Wasser. Erläutern Sie, warum sich aus der leicht zu bestimmenden Reaktionsenthalpie der Elektrolyse die Bildungsenthalpie von Wasser ermitteln lässt.

2) **a** Berechnen Sie die molare Reaktionsenthalpie der Reaktion ③ mithilfe der Angaben in Tabelle ↑ **C1.1**.
b Berechnen Sie die molare Reaktionsenthalpie der Reaktion ③ nur mithilfe der Reaktionen ① und ②.
c Vergleichen Sie die Ergebnisse aus den Aufgabenteilen **a** und **b** und erläutern Sie das Resultat.

3) Diskutieren Sie, welcher Herkunft der elektrische Strom zur Gewinnung von Wasserstoff sein könnte, damit die Power-to-Gas-Technologie als umweltfreundlich bezeichnet werden kann.

Material D Freiwillig muss es sein

Die Kunststoffe Polyethen (PE), Polypropen (PP) und Polystryrol (PS) sind wichtige Kunststoffe. Sie werden im großtechnischen Maßstab hergestellt und großen Anlagen aus den jeweiligen Monomeren synthetisiert (↑ **F 1.1**). Um die Monomere möglichst vollständig zu den Polymeren umzusetzen, sind die Reaktionsbedingungen entscheidend. So muss unter anderem die Temperatur der Anlage genau überwacht und geregelt werden.

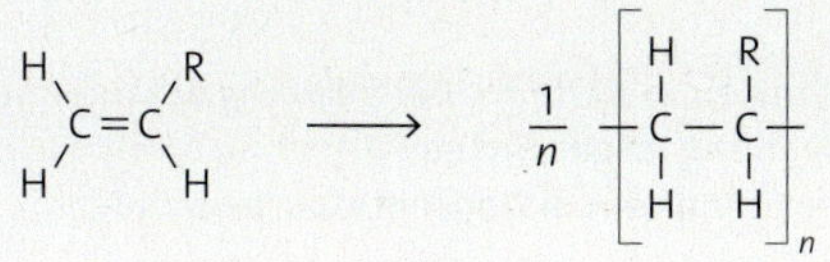

D1.1 Allgemeine Reaktionsgleichung für die Synthese von Polymeren aus Monomeren: Ethen: R = H; Propen: R = CH_3; Styrol: R = C_6H_5

	$\Delta_r H^0$ in $kJ \cdot mol^{-1}$	$\Delta_r S^0$ in $J \cdot mol^{-1} \cdot K^{-1}$	$\Delta_r G^0$ in $kJ \cdot mol^{-1}$
PE		−143	−49
PP	−84		−50
PS	−71	−105	

D1.2 Energetische Daten der Polymersynthese bezogen auf die Reaktionsgleichung ↑ **F1.1** für $T = 298\ K$

AUFGABEN ZU D

1) **a** Begründen Sie aus der Reaktionsgleichung ↑ **D1.1** das zu erwartende Vorzeichen für die Reaktionsentropie $\Delta_r S^0$ und vergleichen Sie Ihre Erwartung mit den gegebenen Werten ↑ **D1.2**.
b Erläutern Sie die Bedeutung des Vorzeichens der freien Standardbildungsenthalpien $\Delta_r G^0$ in Tabelle ↑ **D1.2** für die in ↑ **D1.1** dargestellten Reaktionen.
c Berechnen Sie die fehlenden Daten in ↑ **D1.2**.

2) **a** Begründen Sie, wie sich jeweils die freie Reaktionsenthalpie $\Delta_r G$ bei den drei Polymerisationen ändert, wenn die Temperatur steigt, und geben Sie an, welche Größe für diese Veränderung verantwortlich ist.
b Als „Ceiling-Temperatur" (engl. *ceiling:* Decke) wird in der Polymerchemie die Temperatur bezeichnet, bei der die freie Reaktionsenthalpie $\Delta_r G$ den Wert null erreicht. Berechnen Sie die Ceiling-Temperatur für die drei in ↑ **D1.2** gegebenen Polymere.
c Erläutern Sie die Bedeutung der Ceiling-Temperatur für die Herstellung der Polymere.
d Begründen Sie die Notwendigkeit einer Kühlung der Anlage zur Synthese der Polymere.

Auf einen Blick

System

In der Chemie unterscheidet man zwischen offenen, geschlossenen und isolierten Systemen. Chemische Reaktionen finden häufig in offenen Systemen statt.

Innere Energie

Die innere Energie U (Einheit: J) ist die Summe aller Energieformen eines Systems. Die Änderung der inneren Energie ΔU bei einer chemischen Reaktion entspricht der Summe aus ausgetauschter Wärme Q und verrichteter Arbeit W. $\Delta U = Q + W$

Volumenarbeit

Chemische Reaktionen können bei Beteiligung von Gasen Volumenarbeit leisten. In offenen Systemen, d. h. bei konstantem Druck, berechnet sie sich aus der Volumenänderung ΔV des Reaktionssystems.

$$W = -p \cdot \Delta V$$

Kalorimetrie

Bestimmung der bei einer Reaktion ausgetauschten Wärme Q durch Messung der Temperaturdifferenz

$$Q = -(c_W \cdot m_W + C_K) \cdot \Delta T$$

Molare Lösungsenthalpie

gibt den Energieumsatz eines Lösevorgangs pro mol gelöstem Stoff an. Sie entspricht der Differenz der molaren Hydratations- und Gitterenthalpie.

Reaktionsenthalpie

Die Reaktionsenthalpie $\Delta_r H$ (Einheit: J) entspricht der Reaktionswärme Q, die im Laufe einer chemischen Reaktion bei konstantem Druck mit der Umgebung ausgetauscht wird (offenes System).
Die molare Standardreaktionsenthalpie $\Delta_r H_m^0$ ist die Reaktionsenthalpie einer konkreten Reaktion, bei der ein Stoff unter Standardbedingungen (25 °C; 101,3 kPa) einen Stoffumsatz von $n = 1$ mol hat.

Einige Reaktionsenthalpien haben aufgrund ihrer Bedeutung eigene Namen und Zeichen.

Name und Symbol	Beschreibung	Beispiel
molare Verbrennungsenthalpie $\Delta_c H_m$	1 mol eines Ausgangsstoffs wird im Sauerstoffüberschuss vollständig verbrannt.	$CH_4(g) + 2\,O_2(g) \longrightarrow CO_2(g) + 2\,H_2O(l)$ $\Delta_c H_m = -891\ kJ \cdot mol^{-1}$
molare Standardbildungsenthalpie $\Delta_f H_m^0$	1 mol einer Verbindung wird unter Standardbedingungen aus den Elementen gebildet.	$H_2(g) + \frac{1}{2}\,O_2(g) \longrightarrow H_2O(l)$ $\Delta_f H_m^0 = -286\ kJ \cdot mol^{-1}$
molare Verdampfungsenthalpie $\Delta_v H_m$	1 mol eines Stoffs wird verdampft.	$H_2O(l) \longrightarrow H_2O(g)$ $\Delta_v H_m = 44\ kJ \cdot mol^{-1}$

Satz von Hess

Die Reaktionsenthalpie einer chemischen Reaktion hängt nur von den Ausgangsstoffen (Anfangszustand) und den Reaktionsprodukten (Endzustand) ab. Sie ist unabhängig von möglichen Zwischenprodukten und dem Reaktionsweg.

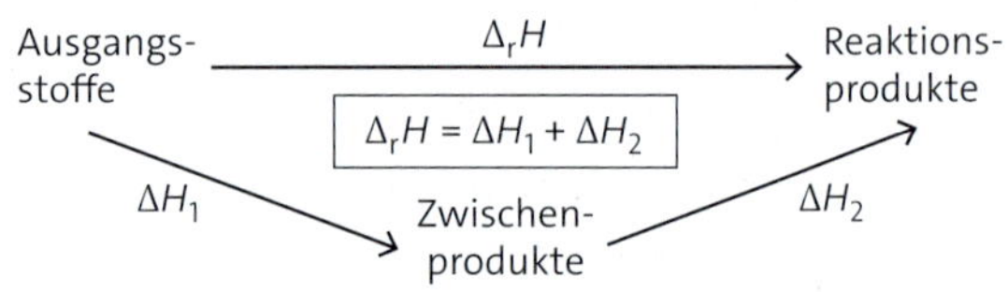

Entropie LK

Die Entropie S (Einheit: $J \cdot K^{-1}$) ist das Maß für die Unordnung eines Systems. Bei freiwillig ablaufenden Prozessen nimmt die Entropie im System und seiner Umgebung insgesamt zu.
Aus den molaren Standardentropien lässt sich die molare Standardreaktionsentropie berechnen.
$\Delta_r S_m^0 = \Sigma\, \nu \cdot S_m^0(\text{Produkte}) - \Sigma\, \nu \cdot S_m^0(\text{Edukte})$

Freie Reaktionsenthalpie LK

Eine chemische Reaktion ist exergonisch, wenn ihre molare freie Reaktionsenthalpie $\Delta_r G_m$ (Einheit: J) negativ ist.

Mithilfe der Gibbs-Helmholtz-Gleichung kann die molare freie Reaktionsenthalpie $\Delta_r G_m$ aus der Reaktionsenthalpie $\Delta_r H_m$ und Reaktionsentropie $\Delta_r S_m$ bei gegebener Temperatur T berechnet werden.

$$\Delta_r G_m = \Delta_r H_m - T \cdot \Delta_r S_m$$

Reaktion ist ...	Bedingung
exergonisch ($\Delta_r G_m < 0$)	$\Delta_r H_m < 0$ und $\Delta_r S_m > 0$
	$\Delta_r H_m < 0$ und $\Delta_r S_m < 0$ mit $\lvert\Delta_r H_m\rvert > \lvert T \cdot \Delta_r S_m\rvert$
	$\Delta_r H_m > 0$ und $\Delta_r S_m > 0$ mit $\lvert\Delta_r H_m\rvert < \lvert T \cdot \Delta_r S_m\rvert$
endergonisch ($\Delta_r G_m > 0$)	$\Delta_r H_m > 0$ und $\Delta_r S_m < 0$

Übungsaufgaben

1 › Bei der Bildung von Natronlauge aus 1 mol elementarem Natrium mit Wasser wurde eine Reaktionswärme von –184 kJ unter Standardbedingungen gemessen.
a Formulieren Sie die Reaktionsgleichung mit ganzen Stöchiometriezahlen und Aggregatzustandsangaben.
b Geben Sie die molare Reaktionsenthalpie dieser Reaktion an.
c Berechnen Sie die Volumenarbeit dieser Reaktion unter Standardbedingungen ($V_m = 24{,}5\ \text{L} \cdot \text{mol}^{-1}$).

2 › Stellen Sie für folgende Vorgänge jeweils eine Reaktionsgleichung mit ganzen Stöchiometriezahlen und Aggregat- oder Lösungszustandsangaben auf.
a Propan verbrennt, dabei entsteht flüssiges Wasser.
b Methan verbrennt unvollständig unter Rußbildung.
c Magnesium verbrennt, dabei entsteht Wasserdampf.
d Lithiumchlorid wird in Wasser gelöst.
e Kalium und Chlor reagieren zu einem Feststoff.

3 › In einem Kalorimeter ($C_K = 60{,}8\ \text{J} \cdot \text{K}^{-1}$) mit einer Wasserfüllung von 240 mL wird 1 g Alanin ($C_3H_7O_2N$) vollständig zu CO_2(g), H_2O(g) und N_2(g) verbrannt. Die Temperaturerhöhung beträgt 3,3 K ($c_W = 4{,}18\ \text{J} \cdot \text{g}^{-1} \cdot \text{K}^{-1}$).
a Zeichnen und beschriften Sie einen möglichen Versuchsaufbau.
b Berechnen Sie aus den Messwerten die molare Verbrennungsenthalpie von Alanin.
c Berechnen Sie den Heizwert sowie den Brennwert von Alanin.

4 › Beim Auflösen eines Salzes in Wasser kann eine Erwärmung oder Abkühlung der Lösung erfolgen. 0,1 mol Natriumchlorid (NaCl) und 0,1 mol Calciumchlorid ($CaCl_2$) werden in jeweils 100 g Wasser aufgelöst.
a Berechnen Sie die molaren Lösungsenthalpien der Salze aus den molaren Standardbildungsenthalpien (↑ Anhang, S. 344).
b Berechnen Sie die jeweils resultierende Temperaturänderung ($c_W = 4{,}18\ \text{J} \cdot \text{g}^{-1} \cdot \text{K}^{-1}$).

5 › Ethen kann mit gasförmigem Wasserstoff zu Ethan hydriert werden. Die Reaktionsenthalpie kann aus den Verbrennungsenthalpien von Ethan, Ethen und Wasserstoff berechnet werden.
$\Delta_c H_m(C_2H_6) = -1557\ \text{kJ} \cdot \text{mol}^{-1}$
$\Delta_c H_m(C_2H_4) = -1409\ \text{kJ} \cdot \text{mol}^{-1}$
$\Delta_c H_m(H_2) = -286\ \text{kJ} \cdot \text{mol}^{-1}$
a Stellen Sie jeweils die Reaktionsgleichung der vier genannten Reaktionen auf.
b Berechnen Sie die unbekannte Reaktionsenthalpie mit dem Satz von Hess.

6 › Ethanal wird mithilfe der Tollens-Probe nach folgender Gleichung nachgewiesen:
$$CH_3CHO(l) + 2\,Ag^+(aq) + 2\,OH^-(aq) \longrightarrow CH_3COOH(l) + 2\,Ag(s) + H_2O(l)$$
Berechnen Sie die molare Standardreaktionsenthalpie aus den molaren Standardbildungsenthalpien (↑ Anhang, S. 344).

7 › Gasförmiges Ammoniak zeigt bei Einleitung in Wasser (bei 25 °C) eine alkalische Reaktion.
a Formulieren Sie die Reaktionsgleichung für die beschriebene Reaktion.
b Berechnen Sie die molare Reaktionsenthalpie aus den molaren Standardbildungsenthalpien (↑ Anhang, S. 344).
c Berechnen Sie die molare Reaktionsentropie und geben Sie an, ob die Reaktion freiwillig verläuft.

8 › Elementares Natrium wird mit gasförmigem Chlor nach folgender Gleichung umgesetzt:
$$2\,Na(s) + Cl_2(g) \longrightarrow 2\,NaCl(s)$$
a Berechnen Sie die molare Standardreaktionsenthalpie und die molare Reaktionsentropie der Reaktion mithilfe tabellierter Werte (↑ Anhang, S. 344).
b Ermitteln Sie, ob die Reaktion bei –30 °C exergonisch oder endergonisch verläuft.

Mithilfe dieses Kapitels können Sie:	Aufgabe	Hilfe finden Sie auf Seite
• geeignete Reaktionsgleichungen für thermodynamische Betrachtungen aufstellen	*1a, 2, 5a, 7a*	*115*
• Kalorimetergleichungen anwenden, um molare Reaktionsenthalpien aus kalorimetrischen Messungen zu berechnen	*1b, c, 3,4*	*106-108, 112-113*
• den Satz von Hess nutzen, um aus molaren Standardbildungsenthalpien molare Reaktionsenthalpien zu berechnen	*5b, 4, 6, 7b*	*114-115*
• die freie molare Standardreaktionsenthalpie berechnen und Aussagen zum freiwilligen Ablauf chemischer Reaktionen machen LK	*7c, 8*	*118-119, 120*

Das Calciumcarbonat der Korallenriffe steht im dynamischen Gleichgewicht mit den Ionen im Meerwasser. Ob ein Korallenriff wächst, stabil bleibt oder sich im Wasser löst, hängt von den Konzentrationen verschiedener Ionen, der Temperatur und dem Gehalt an Kohlenstoffdioxid in der Atmosphäre ab. Eine chemische Reaktion so beeinflussen zu können, dass die Ausbeute des gewünschten Produkts möglichst groß wird, fordert Chemiker und Chemikerinnen immer wieder heraus.

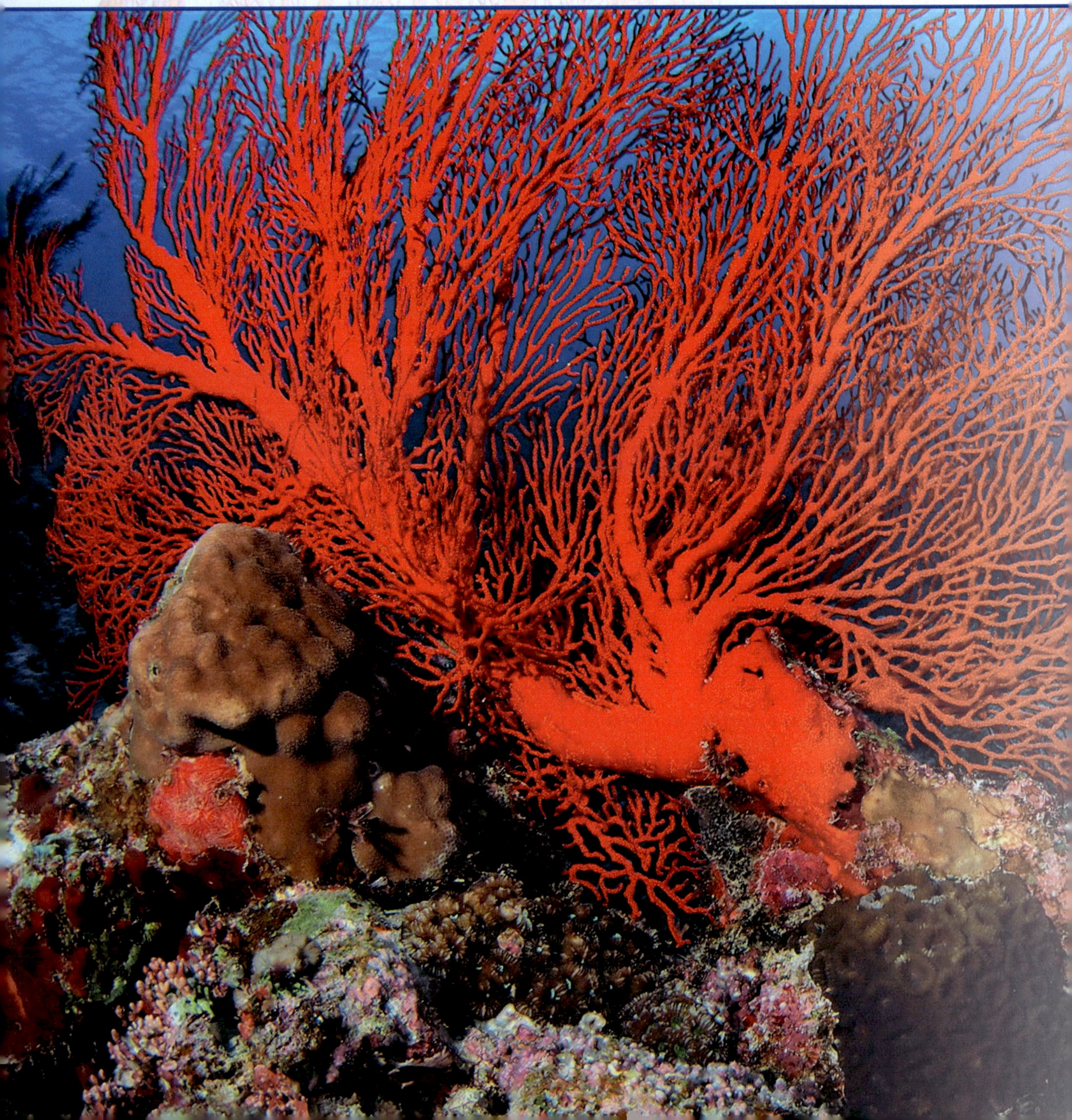

Reaktionsgeschwindigkeit und chemisches Gleichgewicht 5

Verlauf und Dynamik chemischer Reaktionen

Reaktionsgeschwindigkeit

- Konzentrations-Zeit-Diagramme
- Stoßtheorie der chemischen Reaktion
- Aktivierungsenergie, Einfluss von Temperatur, Zerteilungsgrad und Licht
- Reaktionsmechanismus der radikalischen Substitution

Katalyse

- Katalyse und Katalysator
- Biokatalysatoren
- Reaktionsmechanismus der säurekatalysierten Estersynthese

Chemisches Gleichgewicht

- Chemisches Gleichgewicht als dynamisches Gleichgewicht
- Massenwirkungsgesetz
- Löslichkeitsgleichgewichte und Löslichkeitsprodukte

Beeinflussung des chemischen Gleichgewichts

- Beeinflussung des Gleichgewichts durch Temperatur, Druck und Konzentration
- Prinzip von Le Chatelier
- Zusammenspiel von Temperatur, Reaktionsgeschwindigkeit und chemischem Gleichgewicht
- Ammoniaksynthese nach dem Haber-Bosch-Verfahren

01 Korallenriffe – empfindliche Schönheiten tropischer Meere

5.1 Reaktionsgeschwindigkeit

01 A Blitzlicht durch Verbrennung von Magnesiumpulver, **B** Veränderung eines Kupfercents nach 13 Jahren

02 Beim Raketenstart werden in kurzer Zeit große Mengen Wasserstoff zu Wasser verbrannt.

LANGSAME UND SCHNELLE REAKTIONEN Anfang des 20. Jahrhunderts wurden Szenen für die Aufnahme von Fotos mit Magnesiumblitzen beleuchtet. Dabei wird Magnesiumpulver innerhalb von Bruchteilen einer Sekunde zu Magnesiumoxid unter Freisetzung von intensivem Licht oxidiert (↑ **01A**). Diese Reaktion muss schnell ablaufen, um die für den Blitz notwendige hohe Temperatur zu erreichen.

In anderen Fällen sind schnelle Oxidationen von Metallen aber nicht erwünscht. Münzen sollen beispielsweise beständig sein, da sie einen Wert darstellen. Bei der dunklen Schicht auf der älteren Münze im Bild ↑ **01B** handelt es sich um Kupferoxid. Eine Kupfermünze reagiert bei Raumtemperatur nur sehr langsam mit dem Sauerstoff der Luft und die Veränderung ist oft erst nach einigen Jahren zu erkennen.

Noch gewusst? Bewegungen können subjektiv als langsam oder schnell empfunden werden. Durch die mittlere Geschwindigkeit $\overline{v}$ kann eine Bewegung objektiv bestimmt werden. Sie wird als Quotient aus zurückgelegtem Weg Δs und der dafür benötigten Zeit Δt definiert: $\overline{v} = \frac{\Delta s}{\Delta t}$.

$$\overline{v} = \frac{\Delta s}{\Delta t} = \frac{s_2 - s_1}{t_2 - t_1}$$

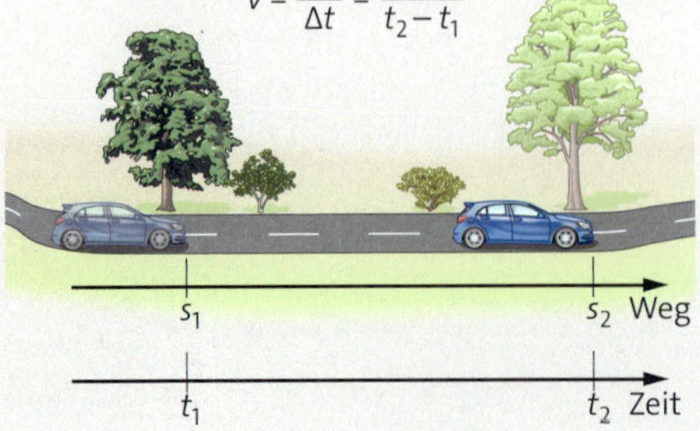

Die Stöchiometriezahl gibt die Teilchenanzahl in einer chemischen Reaktion an.

REAKTIONSGESCHWINDIGKEIT Für chemische Reaktionen lässt sich eine Geschwindigkeit definieren, die **Reaktionsgeschwindigkeit *v***. In chemischen Reaktionen werden Stoffe ineinander umgewandelt, z. B.:

$$A + B \longrightarrow 2\,C$$

Damit die Reaktionsgeschwindigkeit *v* nicht von der Größe des Systems abhängt, wird nicht die zeitliche Änderung der Teilchenzahl oder Stoffmenge, sondern die Konzentrationsänderung pro Zeit betrachtet: $\frac{\Delta c}{\Delta t}$. Außerdem muss berücksichtigt werden, dass die Konzentrationen von A und B abnehmen, während die von C zunimmt. Um einen positiven Wert für *v* zu erhalten, wird die Abnahme der Eduktkonzentrationen durch ein negatives Vorzeichen ausgeglichen. Schließlich muss auch noch die Zahl der pro Formelumsatz verschwindenden und entstehenden Teilchen einbezogen werden. Aus einem A und einem B entstehen zwei C, d. h., die Konzentration von C steigt doppelt so schnell, wie die von A und B abnimmt. Die Konzentrationsänderung $\Delta c(C)$ muss deshalb durch die zugehörige *Stöchiometriezahl*, hier 2, dividiert werden:

$$v = -\frac{\Delta c(A)}{\Delta t} = -\frac{\Delta c(B)}{\Delta t} = \frac{1}{2}\,\frac{\Delta c(C)}{\Delta t}$$

Angewandt auf das konkrete Beispiel der bei einem Raketenstart genutzten Knallgasreaktion (↑ **02**),

$$2\,H_2(g) + O_2(g) \longrightarrow 2\,H_2O(g)$$

beträgt die Reaktionsgeschwindigkeit:

$$v = -\frac{1}{2}\,\frac{\Delta c(H_2)}{\Delta t} = -\frac{\Delta c(O_2)}{\Delta t} = \frac{1}{2}\,\frac{\Delta c(H_2O)}{\Delta t}$$

Konzentrations-Zeit-Diagramme LK

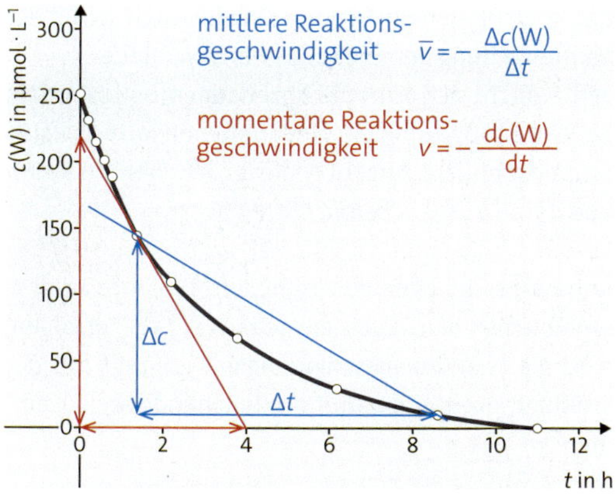

03 Zeitliche Veränderung der Konzentration eines Medikaments im Blutplasma

KONZENTRATIONSVERÄNDERUNGEN Für die Wirksamkeit eines Medikaments ist es wichtig, die zeitliche Veränderung seiner Konzentration im Blut zu kennen. Bei zu geringen Konzentrationen kommt es nicht zu den beabsichtigten Wirkungen, bei zu hohen Konzentrationen treten möglicherweise Nebenwirkungen auf. Bild ↑ **03** zeigt die Konzentration eines Wirkstoffs W im Blut nach dem Erreichen seines Maximalwerts. Die Abnahme von $c(W)$ ist auf die Umwandlung des Wirkstoffs W in sein Abbauprodukt A zurückzuführen: W ⟶ A.

MITTLERE REAKTIONSGESCHWINDIGKEIT Mithilfe eines **Konzentrations-Zeit-Diagramms** lässt sich die Geschwindigkeit einer Reaktion bestimmen. Dabei ist die Steigung der blauen Geraden gleich dem Quotienten aus der Konzentrationsänderung Δc und dem gewählten Zeitintervall Δt. Aus ihr kann die **mittlere Reaktionsgeschwindigkeit** $\bar{v}$ ermittelt werden. Um die Steigung zu berechnen, konstruiert man ein Steigungsdreieck und dividiert die Konzentrationsänderung durch das Zeitintervall:

$$\frac{\Delta c(W)}{\Delta t} = \frac{(11 - 145)\ \mu\text{mol} \cdot L^{-1}}{(8{,}6 - 1{,}4)\ h} \approx -18{,}6\ \mu\text{mol} \cdot L^{-1} \cdot h^{-1}$$

Da W ein Edukt ist und seine Stöchiometriezahl in der Reaktionsgleichung eins beträgt, gilt für die Reaktionsgeschwindigkeit im gewählten Intervall:

$$\bar{v} = -\frac{\Delta c(W)}{\Delta t} \approx 18{,}6\ \mu\text{mol} \cdot L^{-1} \cdot h^{-1}$$

Die mittlere Reaktionsgeschwindigkeit $\bar{v}$ ist gleich der Konzentrationsänderung Δc geteilt durch das benötigte Zeitintervall Δt und die Stöchiometriezahl. Für die Reaktion a A ⟶ e E gilt:

$$\bar{v} = -\frac{1}{a}\frac{\Delta c(A)}{\Delta t} = \frac{1}{e}\frac{\Delta c(E)}{\Delta t}$$

MOMENTANE REAKTIONSGESCHWINDIGKEIT Wenn die Größe des Zeitintervalls gegen den Wert null strebt ($\Delta t \longrightarrow dt$), dann wird aus einer Geraden, die die Kurve schneidet, eine Tangente (↑ **03**, rot). Ihre Steigung ist gleich der momentanen Änderungsrate der Konzentration, $\frac{dc}{dt}$.
Um die Steigung einer Tangente zu berechnen, ermittelt man ihre Schnittpunkte mit den Achsen. Die Achsenabschnitte entsprechen den Katheten im Steigungsdreieck. Für die Tangente an der Kurve zum Zeitpunkt t = 1,4 h gilt:

$$\frac{dc(W)}{dt} = \frac{(0 - 220)\ \mu\text{mol} \cdot L^{-1}}{(4 - 0)\ h} = -55\ \mu\text{mol} \cdot L^{-1} \cdot h^{-1}$$

$$v = -\frac{dc(W)}{dt} = 55\ \mu\text{mol} \cdot L^{-1} \cdot h^{-1}$$

Mit zunehmender Zeit wird die Kurve flacher, d. h., die momentane Reaktionsgeschwindigkeit sinkt.

Animation: Ermittlung der Reaktionsgeschwindigkeit

1 Chlorwasserstoff (HCl) wird aus Wasserstoff (H_2) und Chlor (Cl_2) synthetisiert.
a Erstellen Sie die Reaktionsgleichung.
b Erstellen Sie zwei Gleichungen für die Geschwindigkeit dieser Reaktion: einmal mit $\Delta c(Cl_2)$ und einmal mit Δc(HCl) als Variable.
c In einem Kolben (V = 1 L) reagieren 0,01 mol Chlor und 0,01 mol Wasserstoff miteinander. Bereits 50 ms nach Beginn sind 50 % der Edukte verbraucht. Berechnen Sie die mittlere Reaktionsgeschwindigkeit zwischen 0 und 50 ms.
d Übertragen Sie das Diagramm. Ermitteln Sie mit der Tangentenmethode die momentane Reaktionsgeschwindigkeit bei t = 50 ms.

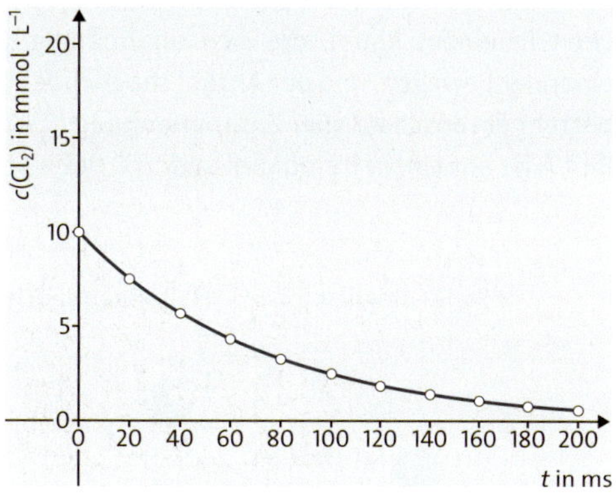

e Tragen Sie c(HCl) in das Diagramm ein. Zum Zeitpunkt t = 0 ms ist c(HCl) = 0 mmol · L⁻¹.

2 Die Bewegungsgeschwindigkeit eines Körpers kann über einen langen Zeitraum konstant sein. Begründen Sie, warum das für die Geschwindigkeit einer Reaktion in einem geschlossenen System nicht gelten kann.

Modell der wirksamen Stöße

Animation: Stoßmodell

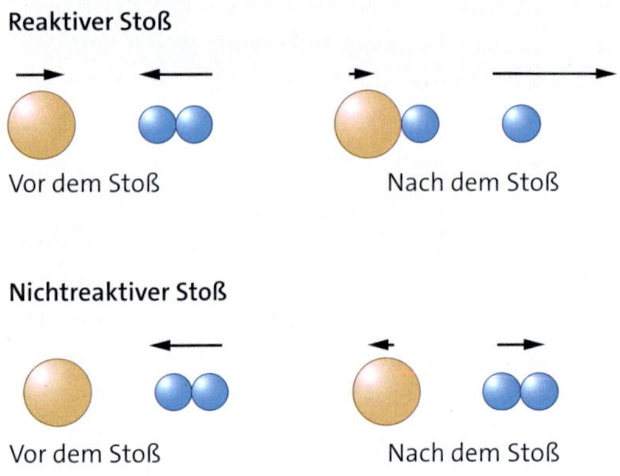

01 Reaktiver und nichtreaktiver Stoß im Modell. Die Pfeile repräsentieren die Teilchengeschwindigkeit.

Avogadro-Konstante
$N_A = 6 \cdot 10^{23}\ mol^{-1}$

TEILCHEN MÜSSEN ZUSAMMENSTOßEN Chemische Reaktionen haben ihre Ursache auf der Teilchenebene. Es kommt zur Übertragung von Elektronen oder zur Spaltung und Entstehung chemischer Bindungen. Dazu müssen Atome, Moleküle oder Ionen zusammenstoßen. Aber nicht jeder Stoß ist ein wirksamer, **reaktiver Stoß**. Es kommt neben der richtigen Orientierung vor allem darauf an, dass die kinetische Energie der Teilchen größer als die notwendige **Aktivierungsenergie E_A** ist.

Für eine chemische Reaktion müssen Teilchen reaktive Stöße ausführen. Stoßhäufigkeit und kinetische Energie der Teilchen beeinflussen die Reaktionsgeschwindigkeit.

Animation: Stoßzahl

TEILCHENDICHTE, STOßZAHL UND REAKTIONSGESCHWINDIGKEIT Zwischen der Anzahl der Teilchen in einem Raum, die sich unabhängig voneinander bewegen, und der Anzahl möglicher Stöße besteht ein anschaulicher Zusammenhang (↑ **02**). In Bild A ist nur ein, in B sind drei und in C neun Stöße

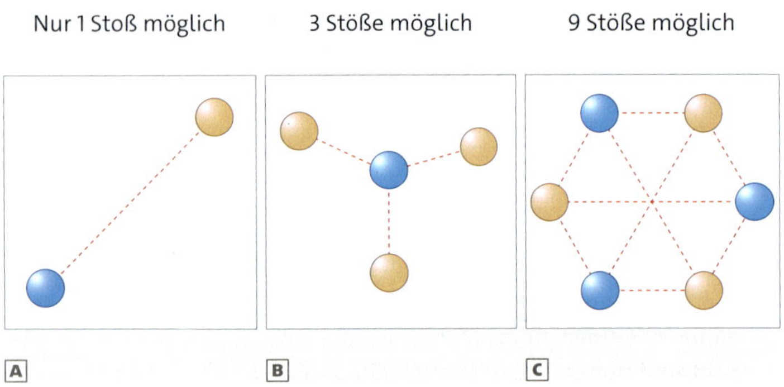

02 Modellhafte Darstellung der Veränderung der Stoßzahl mit der Teilchenanzahl

zwischen blauen und gelben Kugeln möglich. Mit der Verdreifachung der Anzahl gelber bzw. blauer Kugeln verdreifacht sich auch die Anzahl der möglichen Stöße. Die Stoßhäufigkeit einer Teilchensorte ist also proportional zur Anzahl N dieser Teilchen im Raum und damit zur *Teilchendichte* $\frac{N}{V}$.

Je häufiger Teilchen zusammenstoßen, umso wahrscheinlicher wird auch ein reaktiver Stoß erfolgen, d. h., die Reaktionsgeschwindigkeit v hängt mit der Stoßhäufigkeit und damit der Teilchendichte zusammen: $v \sim \frac{N}{V}$.

STOFFMENGENKONZENTRATION Ersetzt man die Teilchenanzahl N durch die Stoffmenge: $N = n \cdot N_A$, dann kann die Teilchendichte $\frac{N}{V}$ durch die Stoffmengenkonzentration $c = \frac{n}{V}$ ersetzt werden.
Für eine einfache Reaktion A + B ⟶ 2 C ist die Stoßhäufigkeit zwischen den Teilchen von A und B und damit die Reaktionsgeschwindigkeit v proportional zum Produkt aus $c(A)$ und $c(B)$.

$$v \sim c(A) \cdot c(B)$$
$$v = k \cdot c(A) \cdot c(B)$$

k wird als **Geschwindigkeitskonstante** der Reaktion bezeichnet und hängt nicht von den Konzentrationen $c(A)$ und $c(B)$ ab, jedoch von der Temperatur (↑ nächste Seite).

DRUCK In der Gasphase ist der Druck p eine geeignete Messgröße. Je höher die Teilchendichte ist und je schneller sie sich bewegen, umso größer ist der Druck und umso häufiger stoßen sie nicht nur gegen die Gefäßwand, sondern auch aneinander. Bei konstanter Temperatur ist die Reaktionsgeschwindigkeit proportional zum Produkt aus $p(A)$ und $p(B)$.

ZERTEILUNGSGRAD In heterogenen Mischungen – wie bei einem aus Metall und wässriger Lösung bestehenden Korrosionselement – liegen die Reaktionspartner in verschiedenen Phasen oder Aggregatzuständen vor. Reaktionen verlaufen an der Phasengrenze, also an der Oberfläche von Festkörpern oder Flüssigkeiten. Die Stoßhäufigkeit zwischen den Teilchen der Reaktionspartner und damit die Reaktionsgeschwindigkeit steigt mit der Größe der Grenzfläche, also mit dem **Zerteilungsgrad** der festen und flüssigen Stoffe.
Geht man von würfelförmigen Partikeln aus, dann steigt die Gesamtoberfläche um den Faktor 10, wenn die Kantenlänge um den gleichen Faktor verkleinert und der Würfel in 1000 kleine Würfel zerteilt wird.

Einfluss der Temperatur auf die Reaktionsgeschwindigkeit

03 Je nach Bedarf: kühlen oder heizen

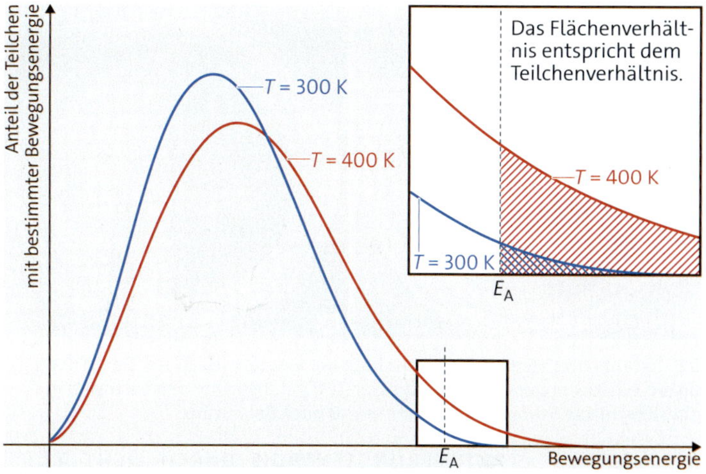

04 Energieverteilung nach MAXWELL: Bewegungsenergie der Teilchen bei niedriger (blau) und hoher (rot) Temperatur

TEMPERATUR UND REAKTIONSGESCHWINDIGKEIT Gekühlte Lebensmittel sind länger genießbar, weil das Wachstum von Bakterien und Pilzen sowie die Oxidation von Fetten bei tiefen Temperaturen langsamer verlaufen als bei hohen. Chemische Synthesen werden häufig bei erhöhten Temperaturen durchgeführt. Dadurch können in gleicher Zeit größere Produktmengen erzeugt werden. Zwischen der Temperatur und der Reaktionsgeschwindigkeit besteht folgender experimentell gefundener Zusammenhang:

> **Bei einer Temperaturerhöhung um 10 K verdoppelt bis vervierfacht sich die Geschwindigkeit vieler Reaktionen. Dieser Zusammenhang wird als Reaktionsgeschwindigkeits-Temperatur-Regel – kurz RGT-Regel – bezeichnet.**

TEMPERATUR UND KINETISCHE ENERGIE Der Einfluss der Temperatur auf die Reaktionsgeschwindigkeit liegt an der Verteilung der Bewegungsenergie (kinetische Energie) auf die Teilchen (↑ **04**). Bei der von JAMES C. MAXWELL gefundenen Energieverteilung ist die Fläche unter der Kurve in einem bestimmten Energieintervall ein Maß für den Anteil der Teilchen mit dieser Energie. Bei einer höheren Temperatur gibt es mehr Teilchen, deren Bewegungsenergie gleich oder größer als die notwendige **Aktivierungsenergie E_A** ist, als bei niedriger Temperatur. Dadurch können mehr Teilchen reaktive Stöße miteinander ausführen und folglich erhöht sich mit der Temperatur auch die Geschwindigkeit vieler chemischer Reaktionen. Mathematisch steckt die Veränderung der Reaktionsgeschwindigkeit in der Veränderung der Geschwindigkeitskonstanten k.

ÜBERGANGSZUSTAND Die notwendige Aktivierungsenergie E_A einer Reaktion wird durch ihren **Übergangszustand** bestimmt. Seine Energie liegt, wie im **Energiediagramm** erkennbar, um den Betrag von E_A über der der Edukte (↑ **05**). Treffen z. B. ein Fluor-Atom und ein Wasserstoff-Molekül mit einer Energie größer als E_A aufeinander, dann wird mit abnehmendem F···H-Abstand die H–H-Bindung gedehnt und geschwächt. Der Übergangszustand ist ein instabiles „H···H···F-Molekül", das schließlich in ein HF-Molekül und ein H-Atom zerfällt.

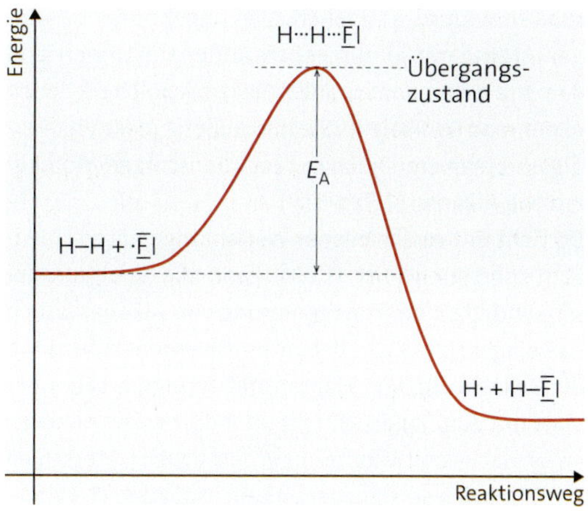

05 Energiediagramm einer exothermen Reaktion

1 Die Geschwindigkeit einer Reaktion verdoppelt sich bei Erhöhung der Temperatur um 10 K.
a Berechnen Sie die Änderung der Geschwindigkeit bei einer Temperaturabsenkung um 30 K.
b Berechnen Sie die notwendige Temperaturerhöhung, um die Reaktionsgeschwindigkeit zu verzehnfachen.

5.2 Aktivierung durch Licht – radikalische Substitution

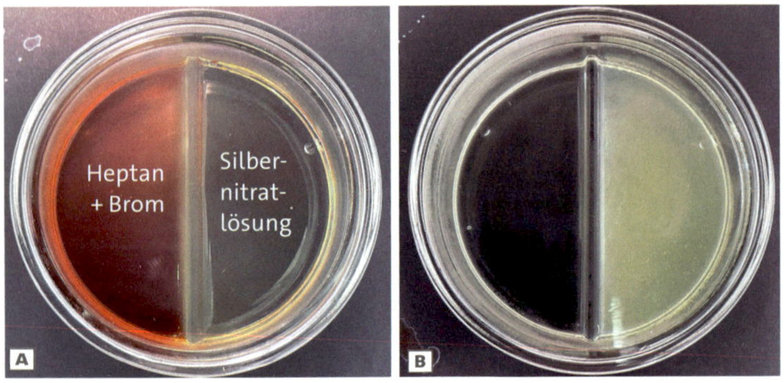

01 Geteilte und abgedeckte Petrischale mit Heptan und Brom. Der in der linken Hälfte entstehende Bromwasserstoff gelangt über den Luftraum in die Silbernitratlösung. **A** Vor Belichtung, **B** nach Belichtung

Elektrophile Addition bei Alkenen ↑ S. 64 f.

AKTIVIERUNGSENERGIE DURCH LICHT Alkane sind reaktionsträge. Versetzt man in einer Petrischale Heptan mit Brom, so ist – im Gegensatz zur spontanen Entfärbung bei Alkenen – zunächst keine Reaktion zu erkennen (↑ **01**). Belichtet man das Reaktionsgemisch jedoch mit energiereichem Licht, etwa mit einem Tageslichtprojektor, verschwindet die bräunliche Färbung langsam (↑ **01**, Exp. 5.01). Mithilfe von Silbernitratlösung kann außerdem die Entstehung von Bromwasserstoff nachgewiesen werden (↑ **01B**). Eines der Wasserstoff-Atome des Heptan-Moleküls wurde durch ein Brom-Atom substituiert:

$$C_7H_{16} + Br_2 \longrightarrow C_7H_{15}{-}Br + HBr$$

Die durch das Licht zugeführte Energie ist groß genug, dass die Bindung im Brom-Molekül *homolytisch gespalten* wird. Es entstehen zwei ungebundene Halogen-Atome mit je nur sieben Außenelektronen und damit je einem ungepaarten Elektron. Solche Teilchen nennt man **Radikale R·**. Sie sind äußerst reaktionsfreudig und reagieren auch mit reaktionsträgen Molekülen wie Alkanen (↑ Exp. 5.01).

Homolytische Spaltung: *Symmetrische Spaltung eines Moleküls unter Bildung von Radikalen. Je ein Elektron des bindenden Elektronenpaars verbleibt bei einem Radikal.*

Radikale spielen auch eine wichtige Rolle bei der radikalischen Polymerisation, ↑ S. 67 f.

Da Licht mit verschiedener Wellenlänge unterschiedlich energiereich ist (↑ **03**), kann die Reaktionsgeschwindigkeit der Halogenierung von Alkanen durch das eingesetzte Licht beeinflusst werden. Führt man die Bromierung von Heptan mit farbigem LED-Licht statt mit dem Tageslichtprojektor durch, erkennt man schon nach einer Minute einen deutlichen Unterschied zwischen den verschiedenen Leuchtquellen (↑ **02**).

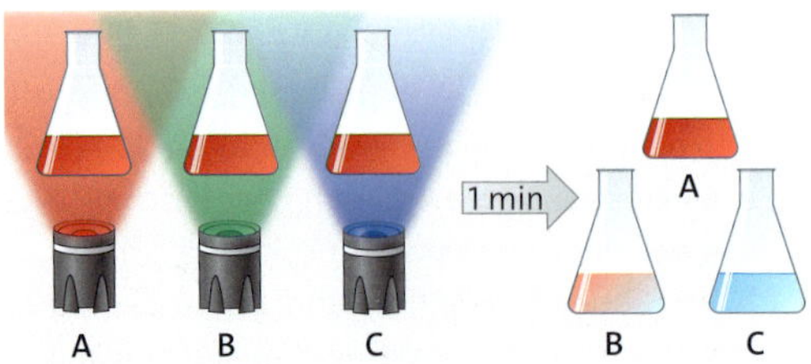

02 Bromierung bei verschiedenen Lichtverhältnissen

P EXP 5.01 L

2 8 5 7 9

Bromierung von Heptan

Durchführung In einem Reagenzglas werden 10 mL Heptan (2, 8, 7, 9) mit 5 mL Bromwasser (5, 7) unterschichtet. Das Reagenzglas wird mit einem Stopfen verschlossen und geschüttelt.

Anschließend wird es im Licht eines Tageslichtprojektors bis zur Entfärbung belichtet.

In die wässrige Phase wird ein Stück Universalindikatorpapier gegeben. Die wässrige Lösung wird außerdem mit einem Tropfen Silbernitratlösung (w = 3 %; 7) versetzt.

Entsorgung: Reste in Behälter für halogenhaltige organische Abfälle geben.

Auswertung Erläutern Sie den Mechanismus der Bromierung von Heptan unter Nutzung von Bild ↑ **04**.

REAKTIONSMECHANISMUS Die **radikalische Substitution S_R** verläuft nach folgendem, am Beispiel der Bromierung von Methan dargestellten Reaktionsmechanismus (↑ **04**):

1. Kettenstart durch Radikalbildung Zuerst werden Brom-Moleküle unter der Einwirkung von Licht homolytisch in Brom-Radikale gespalten (Br·).

2. Kettenfortpflanzung Die Brom-Radikale greifen die Methan-Moleküle unter Abspaltung eines Wasserstoff-Atoms und unter Bildung eines Bromwasserstoff-Moleküls an, weil das Brom-Radikal bestrebt ist, sein Elektronenoktett zu ergänzen. Das dabei entstehende Methyl-Radikal reagiert mit einem weiteren Brom-Molekül zu einem Brommethan-Molekül und einem Brom-Radikal, das erneut in die Reaktionskette eintritt. Es wird pro Methan-Molekül ein Wasserstoff-Atom durch ein Brom-Atom ersetzt. Diese Reaktionsfolge kann sich bis zu 10 000-mal wiederholen, ohne dass ein weiteres Brom-Molekül durch Licht gespalten werden muss.

Spektralfarbe	Wellenlänge in nm	Energie in $kJ \cdot mol^{-1}$
Rot	650 – 750	183 – 159
Grün	500 – 560	238 – 213
Blau	440 – 480	271 – 248

03 Licht und Energie

3. Kettenabbruch Die Kettenfortpflanzung wird durch Rekombination (Vereinigung) der die Kettenfortpflanzung bewirkenden Radikale beendet. Die Gesamtreaktion läuft nur so lange ab, wie durch Lichteinstrahlung neue Radikale gebildet werden.

Bei der radikalischen Substitution von Alkanen mit Halogenen reagieren Alkan-Moleküle mit durch Licht erzeugten Halogen-Radikalen. Der Mechanismus läuft in drei Schritten ab: Kettenstart, Kettenfortpflanzung und Kettenabbruch.

ENERGETISCHER VERLAUF Das Energiediagramm der Bromierung von Methan zeigt, dass diese Reaktion exotherm verläuft (↑ 05).
Zunächst tritt das Brom-Radikal mit einem Wasserstoff-Atom des Methan-Moleküls in Wechselwirkung. Zum Erreichen des ersten **Übergangszustands** wird eine bestimmte Aktivierungsenergie aufgewandt, wodurch die C–H-Bindung gelockert wird. Dann bilden sich das Bromwasserstoff-Molekül und das Methyl-Radikal. Das Methyl-Radikal ist ein Zwischenprodukt der Reaktion.
Für das Erreichen des zweiten Übergangszustands, bei dem das Methyl-Radikal in Wechselwirkung mit einem neuen Brom-Molekül tritt, ist eine geringere Aktivierungsenergie erforderlich. Als Reaktionsprodukte entstehen ein Brommethan-Molekül und ein neues Brom-Radikal.

BEDEUTUNG Aus den entstandenen Halogenalkanen können durch nucleophile Substitution Alkohole synthetisiert werden (↑ S. 74 f.). In der Industrie spielt die radikalische Substitution außerdem eine wichtige Rolle bei der Herstellung von Waschmitteln, Lösungsmitteln und vielen anderen organischen Halogenverbindungen.

1 〉 Die Bromierung von Heptan wird parallel mit UV-Licht und Tageslicht durchgeführt. Beschreiben Sie die erwarteten Versuchsbeobachtungen.

2 〉 Für die Chlorierung von Heptan reicht grünes Licht kaum aus, die Reaktion verläuft sehr langsam. Erklären Sie dies.

3 〉 Erklären Sie, warum die Reaktionskette viele Tausend Mal durchlaufen werden kann, bis ein weiteres Brom-Molekül gespalten werden muss.

4 〉 Formulieren Sie den Reaktionsmechanismus
a für die Reaktion von 1-Chlorpropan aus Chlor und Propan,
b für die Bildung von 1-Brom-2-chlorethan ausgehend von Chlorethan.

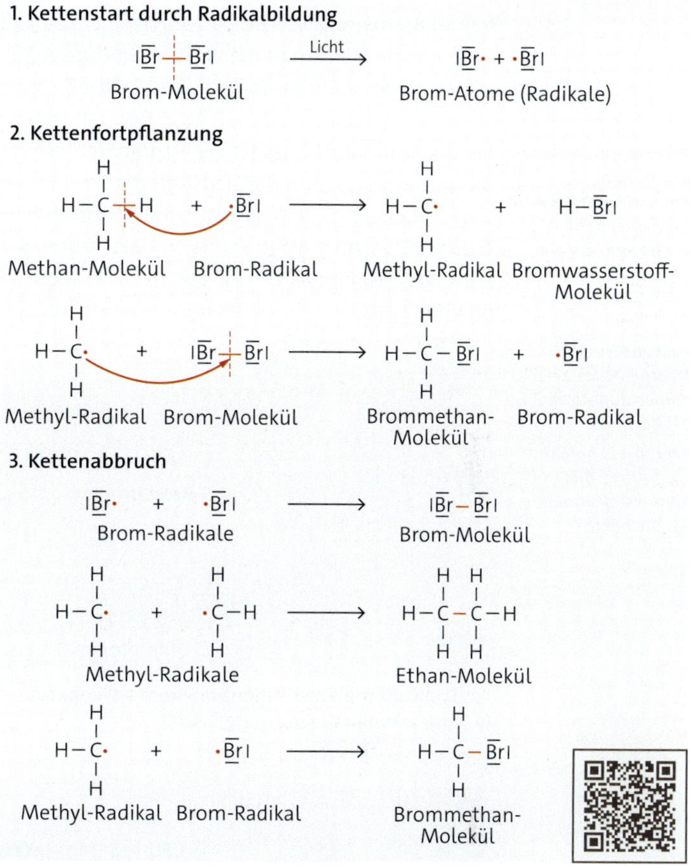

04 Reaktionsmechanismus der radikalischen Substitution

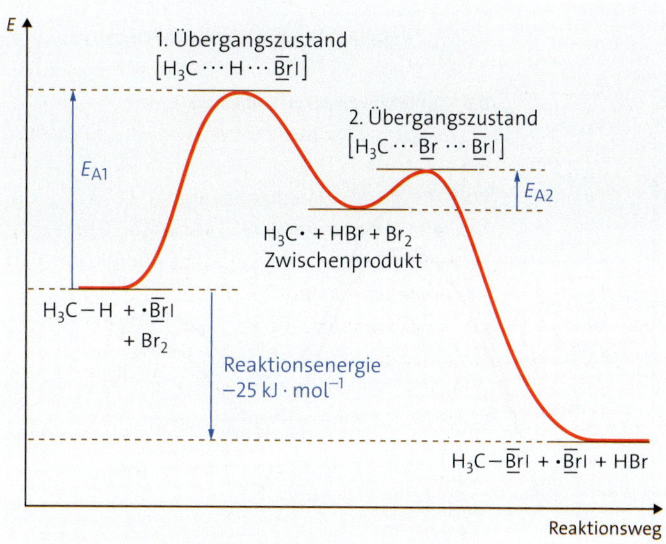

05 Energiediagramm der radikalischen Substitution

5 〉 Stellen Sie eine Hypothese auf, welchen Einfluss eine Temperaturerhöhung auf die Geschwindigkeit der radikalischen Substitution hat.

Räumliche Orientierung bei radikalischen Substitutionen

PRODUKTE DER BROMIERUNG VON PROPAN Bei der Bromierung von Propan durch eine -Radikalische Substitution erhält man als Monobromprodukt die beiden Stoffe 1-Brompropan und 2-Brompropan.

Primäre, sekundäre und tertiäre Kohlenstoff-Atome
- ***primäres** Kohlenstoff-Atom: nur **ein** weiteres Kohlenstoff-Atom als Nachbarn*
- ***sekundäres** Kohlenstoff-Atom: **zwei** Kohlenstoff-Atome als Nachbarn*
- ***tertiäres** Kohlenstoff-Atom: **drei** Kohlenstoff-Atome als Nachbarn*

Ein Propan-Molekül besitzt sechs primäre C–H-Bindungen an den *primären Kohlenstoff-Atomen* und zwei C–H-Bindungen an dem *sekundären Kohlenstoff-Atom*. Daher sollte man theoretisch die Produkte 1-Brompropan und 2-Brompropan im Verhältnis von 75 % zu 25 % erhalten (↑ **01**).

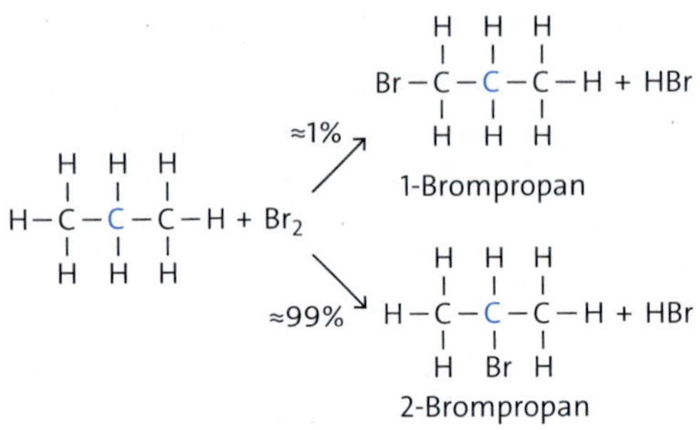

01 Radikalische Substitution von Brom an Propan. In Blau: sekundäres Kohlenstoff-Atom

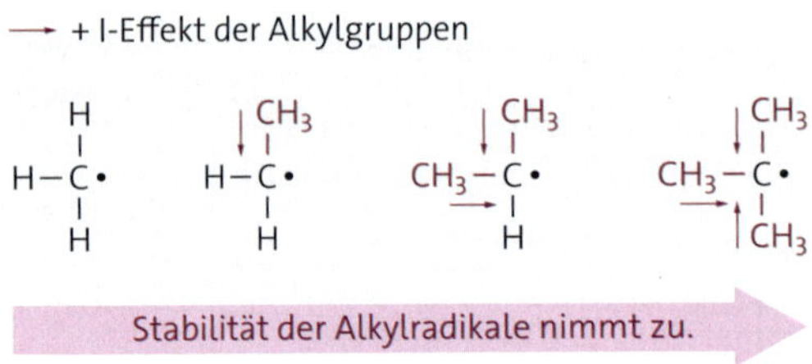

02 Stabilität von Alkyl-Radikalen

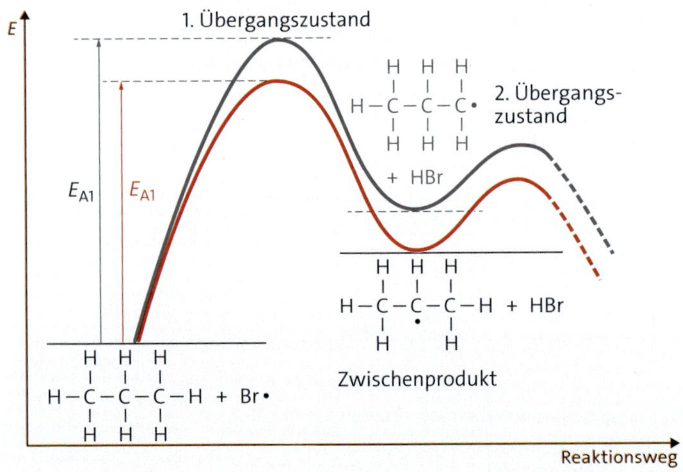

03 Energiediagramm der Bromierung von Propan

Tatsächlich entsteht zu fast 99 % das Produkt 2-Brompropan, bei dessen Molekül das Brom-Atom am *sekundären Kohlenstoff-Atom* gebunden ist. Die Substitution eines Wasserstoff-Atoms durch ein Bromatom ist am sekundären Kohlenstoff-Atom begünstigt (↑ **01**). Grund dafür ist, dass die Aktivierungsenergie für die Bildung eines Radikals am primären Kohlenstoff-Atom höher ist als für die Bildung am sekundären Kohlenstoff-Atom (↑ **03**). Die Spaltung der C–H-Bindung am sekundären Kohlenstoff-Atom erfolgt daher schneller als an einem der primären Kohlenstoff-Atome. Auch das Zwischenprodukt ist im Fall der Radikalbildung am sekundären Kohlenstoff-Atom weniger energiereich und daher begünstigt (↑ **03**).

INDUKTIVE EFFEKTE Methylgruppen $-CH_3$ besitzen einen elektronenschiebenden Effekt. Die Wirkung eines Atoms oder einer Atomgruppe auf die Elektronenverteilung im Rest eines Moleküls wird als **induktiver Effekt (I-Effekt)** bezeichnet. Damit ein induktiver Effekt auftreten kann, muss eine unsymmetrische Elektronenverteilung bei einer Elektronenpaarbindung existieren. Dies kann zwischen zwei unterschiedlichen Atomen oder zwischen zwei gleichen Atomen, die unterschiedlich substituiert sind, auftreten. Bei einem **+I-Effekt** werden die Elektronen von einem Atom weggeschoben und somit die Elektronendichte an dem anderen Atom erhöht. Bei einem **–I-Effekt** wird die Elektronendichte am benachbarten Atom erniedrigt. Der induktive Effekt kann sich über mehrere Bindungen hinweg auswirken. Die Stärke nimmt jedoch mit zunehmender Entfernung ab.

Radikale weisen einen Elektronenmangel auf, da in der Regel mindestens ein Atom nicht über eine stabile Valenzelektronenkonfiguration verfügt. Daher werden sie durch einen +I-Effekt stabilisiert. Sekundäre Radikale sind aufgrund des +I-Effekts der beiden benachbarten Methylgruppen stabiler als ein primäres Radikal, das im Falle des Propans nur eine benachbarte Ethylgruppe besitzt (↑ **02**).

Induktive Effekte sind elektronische Effekte von Atomen oder Atomgruppen. +I-Effekte erhöhen die Elektronendichte bei benachbarten Atomen oder Atomgruppen, –I-Effekte erniedrigen die Elektronendichte.

1 › Bei der Bromierung von 2-Methylbutan entsteht hauptsächlich das Reaktionsprodukt 2-Brom-2-methylbutan. Erläutern Sie diesen Sachverhalt.

Ozonabbau in der Stratosphäre

Zwischen 15 und 40 km über der Erdoberfläche befindet sich die lebenswichtige Ozonschicht der Stratosphäre. Diese ozonreiche Luftschicht schützt uns vor den biologisch schädlichen UV-Strahlen der Sonne, indem das Ozon den größten Teil der energiereichen UV-B-Strahlung absorbiert. UV-B-Strahlen können Hautkrebs und Augenschäden verursachen und würden das Auftreten von Mutationen auf der Erde wahrscheinlicher machen.

Das dreiatomige Ozonmolekül O_3 entsteht in der Stratosphäre unter dem Einfluss kurzwelliger UV-Strahlung und wird durch langwellige UV-Strahlung wieder in Sauerstoff-Moleküle gespalten (↑ **01A**). Auf diese Weise bildet sich eine stabile natürliche Ozonschicht heraus.

Fluorchlorkohlenwasserstoffe (FCKWs) sind besonders stabile Halogenalkane, die von der Erdoberfläche bis in die Stratosphäre gelangen. Hier werden sie durch UV-Strahlung unter Bildung von Chlor-Radikalen gespalten (↑ **01B**). Bereits wenige Chlor-Atome katalysieren den Abbau von Ozon und zerstören dadurch Zehntausende Ozon-Moleküle (↑ **01C**). Daher führte die massenhafte Verwendung der FCKWs im 20. Jahrhundert zum verstärkten Abbau der Ozonschicht der Erde. Unter bestimmten Bedingungen bildet sich hauptsächlich im Polarfrühling über der Antarktis das Ozonloch. Im Polarwinter entwickeln sich im Dunkeln bei etwa −80 °C stratosphärische Wolken, die Salpetersäure-Wasser-Aerosole enthalten. An den Aerosolteilchen können sich Chlornitrat $ClONO_2$ und Chlorwasserstoff HCl anreichern.

A Natürlicher Aufbau und Abbau von Ozon

$$O_2 \xrightarrow{\text{UV-Licht}} 2\cdot O\cdot \qquad \lambda < 242\ \text{nm}$$

$$\cdot O\cdot + O_2 \longrightarrow O_3$$

$$O_3 \xrightarrow{\text{UV-Licht}} O_2 + \cdot O\cdot \qquad \lambda < 310\ \text{nm}$$

B Bildung von Chlorradikalen aus FCKW

$$FCl_2C-Cl \xrightarrow{\text{UV-Licht}} FCl_2C\cdot + Cl\cdot \qquad \lambda < 260\ \text{nm}$$

C Katalytischer Ozonabbau

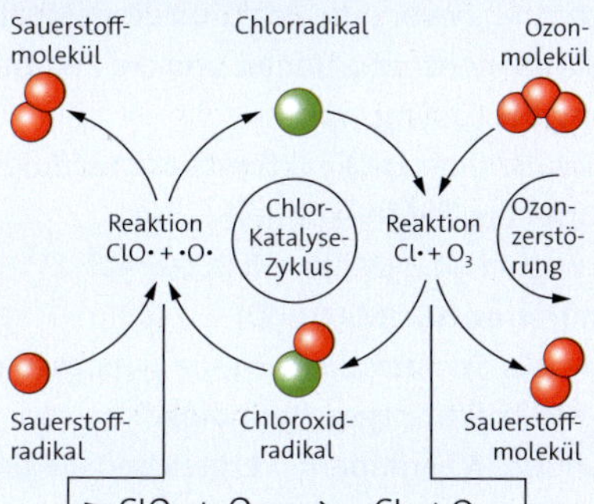

$$ClO\cdot + \cdot O\cdot \longrightarrow Cl\cdot + O_2$$

$$Cl\cdot + O_3 \longrightarrow ClO\cdot + O_2$$

$$\text{Gesamt: } \cdot O\cdot + O_3 \longrightarrow 2\,O_2$$

01 Katalytischer Abbau von Ozon in der Stratosphäre

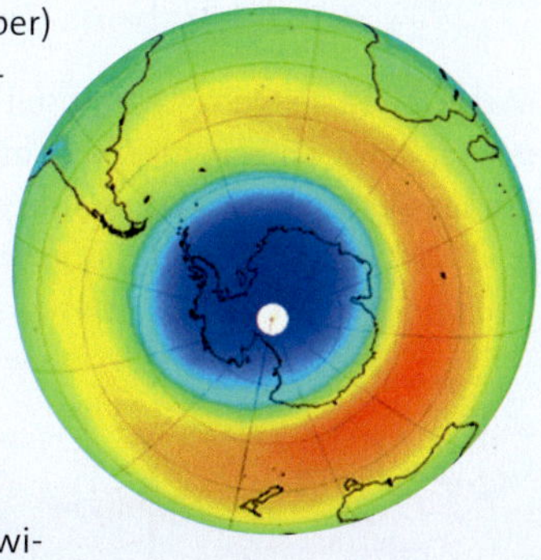

Im Frühjahr (September) werden über der Antarktis die gespeicherten Verbindungen durch die stärker werdende Sonnenstrahlung wieder homolytisch gespalten. Dabei entstehen u. a. große Mengen an Chlor-Radikalen, die einen lawinenartigen Abbau des Ozons bewirken. Es kommt zur zeitlich und geografisch begrenzten starken Ausdünnung der Ozonschicht. Wenn die Ozonkonzentration weniger als 40 % des natürlichen O3-Gehalts beträgt, sprechen Wissenschaftlerinnen und Wissenschafler vom Ozonloch. Auch über der Nordhalbkugel führen ähnliche chemische Reaktionen zur Abnahme der Ozonkonzentration um bis zu 30 %. Obwohl die Verwendung von FCKWs seit der UN-Umweltkonferenz von 2007 in den Industrieländern weitgehend verboten ist, wird es mindestens bis zum Jahr 2050 dauern, bis sich die Ozonschicht wieder einigermaßen erholt (↑ **02**). Die Entwicklungsländer haben noch bis 2030 Zeit, um FCKWs vollständig durch umweltfreundliche, aber teurere Stoffe zu ersetzen. Das ist eine lange Zeit, wenn man bedenkt, dass die Verweildauer der stabilen FCKW-Moleküle in der Atmosphäre mehrere Jahrzehnte beträgt.

1) **a** Erläutern Sie den katalytischen Ozonabbau durch FCKWs in der Stratosphäre.
b Begründen Sie anhand von Lewis-Formeln, warum Stickstoffoxide (NO und NO_2) eine ähnliche ozonschädigende Wirkung haben wie FCKWs.

2) **a** Interpretieren Sie das Diagramm in Bild ↑ **02**.
b Informieren Sie sich über Maßnahmen zum Schutz der Ozonschicht und bewerten Sie deren Wirksamkeit.

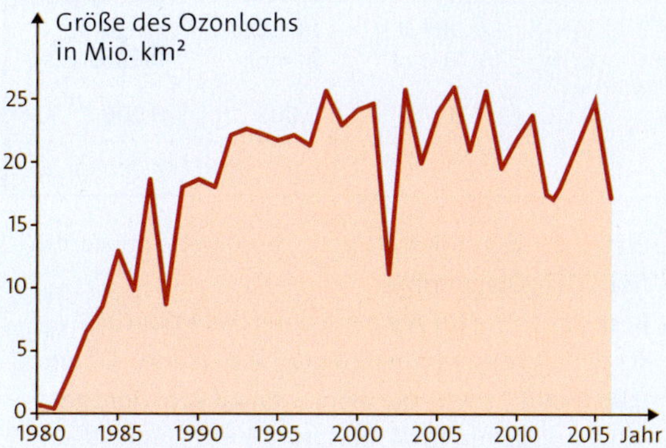

02 Entwicklung des Ozonlochs über der südlichen Halbkugel

Praktikum

P Reaktionsgeschwindigkeit

EXP 5.02 Konzentrations-Zeit-Diagramme

Materialien Reagenzglas mit seitlichem Ansatz und Stopfen, Schlauch, Kolbenprober (100 mL), Messzylinder (100 mL), großes Becherglas, Waage, Uhr, Stativmaterial, Salzsäure (c = 0,1 mol · L^{-1}; 5), Magnesiumband (2), Zink (pulverförmig und fein granuliert; 2, 9) Wasser

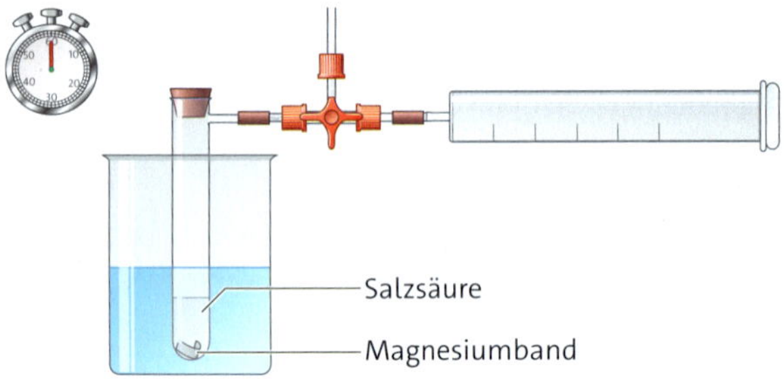

Durchführung

A Füllen Sie 50 mL Salzsäure ins Reagenzglas, das ins Wasserbad taucht (Thermostat). Geben Sie ca. 0,1 g gefaltetes Magnesiumband hinzu. Setzen Sie sofort den Stopfen auf das Reagenzglas und starten Sie die Zeitmessung. Notieren Sie je 10 mL Volumenzunahme die Zeit.
B Wie **A** nur mit 0,3 g Zinkpulver und 5,0 mL Salzsäure.
C Wie **B**, aber mit granuliertem Zink.
Entsorgung: A: Lösung ins Abwasser geben. B +C: Reste in Behälter für giftige anorganische Abfälle geben.

Auswertung

1 Übertragen Sie unten stehende Tabelle. Tragen Sie jeweils die Zeit und die gemessene Volumenzunahme – also das Wasserstoffvolumen – in die Tabelle ein.

Berechnungshilfen (Bsp. A):
$n(H_2) = \frac{V}{V_m}$ mit V_m = 24,1 L · mol^{-1}
$n(H_3O^+) = n_0(H_3O^+) - 2\,n(H_2)$; $n_0(H_3O^+)$ = 0,005 mol
$c(H_3O^+) = \frac{n(H_3O^+)}{V(\text{Lösung})}$; V(Lösung) = 50 mL

t in s	$V(H_2)$ in mL	$n(H_2)$ in mol	$n(H_3O^+)$ in mol	$c(H_3O^+)$ in mol · L^{-1}
0	0	0	0,005	0,100
...				

2 Erstellen Sie aus den Daten in der Tabelle Konzentrations-Zeit-Diagramme.

3 Bestimmen Sie für **A** die mittleren Reaktionsgeschwindigkeit zwischen $c(H_3O^+)$ = 0,08 mol · L^{-1} und 0,06 mol · L^{-1} sowie die momentanen Reaktionsgeschwindigkeiten für **A**: bei $c(H_3O^+)$ = 0,1 mol · L^{-1}, für **B** und **C** jeweils bei $c(H_3O^+)$ = 0,80 mol · L^{-1}.

EXP 5.03 Fruchtzucker als „Tintenkiller"

Materialien 3 Reagenzgläser, 4 Messpipetten (10 mL, mit Pipettierhilfe), Becherglas (250 mL), Wasserkocher oder heißes Leitungswasser, Thermometer, Stoppuhr, Natronlauge (c = 0,5 mol · L^{-1}; 5), Fruchtzuckerlösung (c = 0,5 mol · L^{-1}), Methylenblaulösung (c = 0,001 mol · L^{-1}), Wasser

Durchführung

A Temperieren Sie 2,0 mL Methylenblaulösung, 4,0 mL Natronlauge und 4,0 mL Fruchtzuckerlösung in 3 Reagenzgläsern auf ϑ = 20 °C. Vereinigen Sie die Lösungen und starten Sie nach Zugabe der letzten Lösung die Zeitmessung. Stoppen Sie die Zeit, sobald die Lösung farblos erscheint.
Wiederholen Sie die Reaktion unter anderen Bedingungen:
B je 2,0 mL Natronlauge und Wasser statt 4,0 mL Natronlauge
C je 2,0 mL Fruchtzuckerlösung und Wasser statt 4,0 mL Fruchtzuckerlösung
D wie **B**, aber bei 30 °C
E wie **B**, aber bei 40 °C
Entsorgung: Lösungen mit reichlich Wasser verdünnt ins Abwasser geben.

Auswertung

Methylenblau (Met) wird durch die Reaktion mit Fruchtzucker (Fru) zu einem farblosen Stoff reduziert, Fruchtzucker wird oxidiert. Die Hydroxid-Ionen der Natronlauge katalysieren diese Reaktion.

	ϑ in °C	c_0(Fru) in $\frac{mol}{L}$	c_0(NaOH) in $\frac{mol}{L}$	Δt in s	v in $\frac{mol}{L \cdot s}$
A	20	0,2	0,2		
...					

1 Übertragen Sie die Tabelle. Berechnen Sie die Konzentrationen c_0(Fru) und c_0(NaOH) nach Vereinigung der drei Lösungen, aber bevor eine Reaktion eingesetzt hat. Tragen Sie die Konzentrationen und die Zeit Δt bis zur Entfärbung der Lösung ein.

2 Bestimmen Sie die mittlere Reaktionsgeschwindigkeit aus dem Quotienten $\frac{\Delta c(\text{Met})}{\Delta t} = \frac{c_0(\text{Met})}{\Delta t}$.
(*Hinweis:* Zu Beginn ist c_0(Met) = 0,0002 mol · L^{-1}, nach der Entfärbung ist c(Met) = 0)

3 Stellen Sie mittels der Stoßtheorie eine Hypothese auf, wie sich die Reaktionsgeschwindigkeiten von **B** und **C** gegenüber **A** verändern. Vergleichen Sie die Hypothese mit Ihrer experimentellen Beobachtung.

4 Erläutern Sie die unterschiedlichen Reaktionsgeschwindigkeiten für **B**, **D** und **E** mittels der RGT-Regel.

EXP 5.04 Forschungsauftrag: Beeinflussung der Reaktionsgeschwindigkeit

Bei der Reaktion von Natriumthiosulfat mit Salzsäure entsteht elementarer Schwefel. Die Reaktionsgleichung lautet:

$$2\,Na^+(aq) + S_2O_3^{2-}(aq) + 2\,H^+ + 2\,Cl^-(aq) \longrightarrow SO_2(g) + H_2O(l) + 2\,Na^+ + 2\,Cl^-(aq) + S(s)\downarrow$$

Materialien weißes Blatt Papier, schwarzer Stift, Messzylinder (50 mL), Messpipette (5 mL), Becherglas (100 mL), Wasserbad, Thermometer, Glasstab, Uhr oder Stoppuhr, heißes Leitungswasser, Eiswürfel, Salzsäure ($c = 2\ mol \cdot L^-$; 5), Natriumthiosulfatlösung ($c = 0{,}1\ mol \cdot L^-$)

Durchführung Zeichnen Sie auf ein weißes Blatt Papier ein schwarzes Kreuz. Temperieren Sie die Natriumthiosulfatlösung auf Zimmertemperatur. Befüllen Sie das Becherglas mit 50 mL der Natriumthiosulfatlösung. Trocknen Sie das Becherglas ab. Stellen Sie das Becherglas auf das Blatt Papier mit dem gezeichneten Kreuz. Geben Sie zu der Natriumthiosulfatlösung mithilfe der Messpipette 5 mL Salzsäure hinzu. Rühren Sie mit dem Glasstab kurz um und stoppen Sie die Zeit, bis das Kreuz nicht mehr sichtbar ist.
Entsorgung: Lösung neutralisiert ins Abwasser geben.

Auswertung

1) Beschreiben Sie Ihre Beobachtungen.
2) Wiederholen Sie das Experiment mehrmals (min. 5x). Variieren Sie dabei bei jeder Wiederholung des Experiments die Versuchsbedingungen, sodass Sie die Abhängigkeit der Reaktionsgeschwindigkeit dieser Reaktion von der Temperatur überprüfen können.
3) Stellen Sie die Messergebnisse in Form einer geeigneten Tabelle zusammen.
4) Tragen Sie in einem Diagramm den Kehrwert der gemessenen Zeiten (1/t) gegen die Temperatur auf.
5) Begründen Sie, dass der Kehrwert der gemessenen Zeit ein Maß für die Reaktionsgeschwindigkeit darstellt.
6) Erläutern Sie mithilfe der Stoßtheorie die Abhängigkeit der Reaktionsgeschwindigkeit von der Temperatur.
7) Ermitteln Sie in einer ähnlichen Versuchsreihe, ob die Reaktionsgeschwindigkeit dieser Reaktion von der Konzentration abhängig ist. Planen Sie hierzu eine ausführliche Anleitung zur Versuchsdurchführung. Begründen Sie Ihre Planungsentscheidungen zur Durchführung des Experiments. Führen Sie das Experiment nach Rücksprache mit Ihrer Lehrkraft durch. Werten Sie das Experiment umfassend aus. Beurteilen Sie die Aussagekraft Ihres selbstentworfenen Experiments.

EXP 5.05 Auf die Größe kommt es an

Materialien großes Reagenzglas mit seitlichem Ansatz und Stopfen, Schlauch, Kolbenprober (100 mL), Messzylinder (10 mL), großes Becherglas, Waage, Uhr, Stativstange, Stativmuffen und -klemmen, Salzsäure ($c = 1\ mol \cdot L^{-1}$), Zink (pulverförmig und fein granuliert; 2, 9), Wasser

Durchführung Bauen Sie eine Apparatur wie in Exp. 5.02 auf. Geben Sie 0,3 g Zinkpulver und 5,0 mL Salzsäure ins Reagenzglas, verschließen Sie es sofort mit dem Stopfen und starten Sie die Zeitmessung. Notieren Sie je 10 mL Volumenzunahme die Zeit. Wiederholen Sie die Reaktion mit der gleichen Masse an granuliertem Zink.
Entsorgung: Reste in den Behälter für giftige anorganische Abfälle geben.

Auswertung

1) Erstellen Sie zunächst die Reaktionsgleichung. *Hinweis:* analog zu Exp. 5.02, Zn und Zn^{2+} statt Mg und Mg^{2+}
2) Erstellen Sie für beide Experimente jeweils eine Tabelle analog zu Exp. 5.02 (mit V(Lösung) = 5 mL).
3) Erstellen Sie aus den Daten der Tabellen Konzentrations-Zeit-Diagramme.
4) Bestimmen Sie die momentanen Reaktionsgeschwindigkeiten für beide Reaktionen bei $c(H_3O^+) = 0{,}80\ mol \cdot L^{-1}$ und erklären Sie den Unterschied.

EXP 5.06 Edukt oder Katalysator?

Materialien großes Reagenzglas mit seitlichem Ansatz, Stopfen, Schlauch, Kolbenprober (100 mL), Messzylinder (10 mL), großes Becherglas, Waage, Uhr, Stativmaterial, Wasserstoffperoxidlösung ($w = 3\,\%$), Mangandioxid (3, 7)

Aufgabenstellung Es wird behauptet, dass Mangandioxid (MnO_2) die Zersetzung von Wasserstoffperoxid (H_2O_2) zu Wasser und Sauerstoff katalysiert und nicht als Edukt mit ihm reagiert: $2\,H_2O_2(aq) \xrightarrow{MnO_2} 2\,H_2O(l) + O_2(g)$

Überlegen Sie, wie Sie über Volumen-Zeit-Diagramme und durch Variation der Menge des verwendeten Mangandioxids diese Hypothese überprüfen können. Verwenden Sie für ein Experiment genau 10 mL der Wasserstoffperoxidlösung.

Auswertung

1) Beschreiben und erläutern Sie Ihre Vorgehensweise.
2) Vergleichen Sie die Volumen-Zeit-Diagramme. Stellen Sie Gemeinsamkeiten und Unterschiede fest.
3) Überprüfen Sie die Hypothese anhand Ihrer Versuchsergebnisse.
4) Erläutern Sie, wie Sie die Hypothese auch durch Wiegen des Feststoffs überprüfen können.

5.3 Katalyse

03 Platinwendel über Methanol: Biegt man den Platindraht in Herzform, wirkt es als würde das Herz „schlagen“.

01 Erhitzen von Zuckerwürfeln

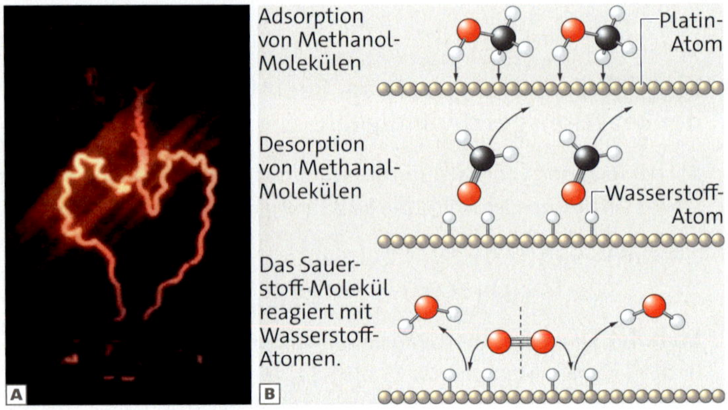

03 **A** Das „pulsierende Platinherz“, **B** Reaktionsmechanismus im Modell

KATALYSATOREN ERMÖGLICHEN REAKTIONEN Zucker karamellisiert beim Erhitzen, brennt aber nicht. Gibt man Asche dazu, dann brennt er, d. h., er wird oxidiert (↑ **01**). In unseren Körperzellen findet die Oxidation von Zucker bereits bei etwa 37 °C statt, ermöglicht durch **katalytisch** wirksame Enzyme (↑ S. 140 f.).

Oxidation von Alkanolen zu Alkanalen ↑ S. 264 ff.

Wird ein erhitzter Platindraht in den Dampfraum eines Erlenmeyerkolbens gehängt, in dem sich Methanol befindet, so beginnt er zu glühen (↑ **03 A**). Das Methanol entzündet sich und verbrennt für eine kurze Zeit. Die Flamme erlischt, der Platindraht beginnt erneut zu Glühen und wieder wird der Methanoldampf entzündet. Diese Vorgänge wiederholen sich, bis das Methanol vollständig mit Sauerstoff zu Methanal reagiert hat. Das Erstaunliche: Mit einem Eisendraht funktioniert dieses Experiment nicht. Der heiße Platindraht steuert nicht nur die benötigte Aktivierungsenergie bei, das Metall Platin fungiert hier als **Katalysator**.

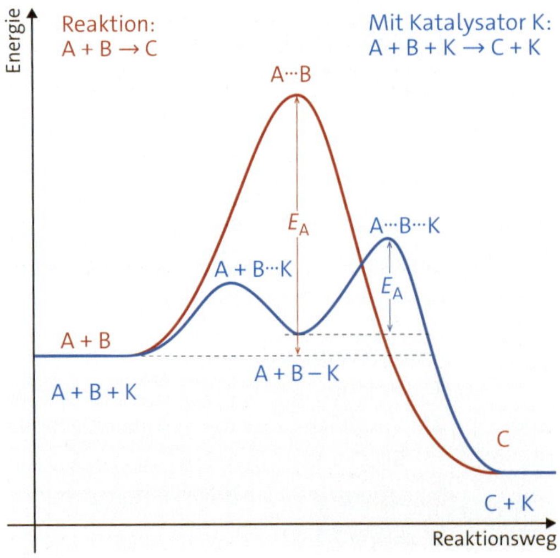

02 Energiediagramme einer nichtkatalysierten (rot) und der zugehörigen katalysierten (blau) Reaktion

KATALYSE VERSTEHEN Um die Wirkungsweise eines Katalysators genauer verstehen zu können, ist eine Vorstellung über den **Reaktionsmechanismus** notwendig, also über den Weg, der von den Teilchen der Edukte zu denen der Produkte führt.
Beim Kontakt der Methanol-Moleküle (CH_3OH) mit den Platin-Atomen entstehen durch Bindungsspaltung und -neubildung ein Methanal-Molekül (HCHO) und zwei platingebundene Wasserstoff-Atome (H). Diese reagieren exotherm mit einem Sauerstoff-Molekül. Die Reaktionswärme bringt den Platindraht zum Glühen. Die hohe Temperatur zündet schließlich die Verbrennung von Methanol. Danach befinden sich kein Methanol und kein Sauerstoff mehr am Platin. Der Draht kühlt ab, bis der Vorgang durch Diffusion von Methanol- und Sauerstoff-Molekülen erneut beginnt.

EIN ALTERNATIVER REAKTIONSWEG Allgemein wird die Wirkungsweise eines Katalysators anhand von **Energiediagrammen** deutlich (↑ **02**). Die Reaktion
A + B → C
hat ohne die Verwendung eines Katalysators den Reaktionsweg:
A + B → [A⋯B] → C
Diese Reaktion nimmt bei Anwesenheit eines Katalysators jedoch einen anderen Reaktionsweg: Der Ausgangsstoff B bildet mit dem Katalysator K zunächst ein Zwischenprodukt B–K, das sich in einigen Fällen auch durch analytische Methoden nachweisen lässt. Das Zwischenprodukt reagiert in einem zweiten Schritt weiter mit dem Stoff A zum Produkt C. Dabei wird der Katalysator wieder zurückgebildet; er wird also nicht verbraucht und kann in einem Versuchsansatz viele Male die gleiche Reaktion katalysieren (↑ **04**). Deshalb werden im Vergleich zu den Edukt- und Produktmengen auch nur geringe Mengen des Katalysators benötigt.

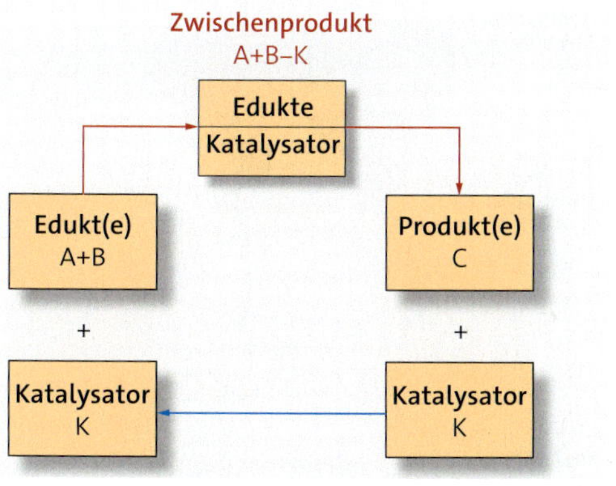

04 Schema einer chemischen Reaktion mit Katalysator

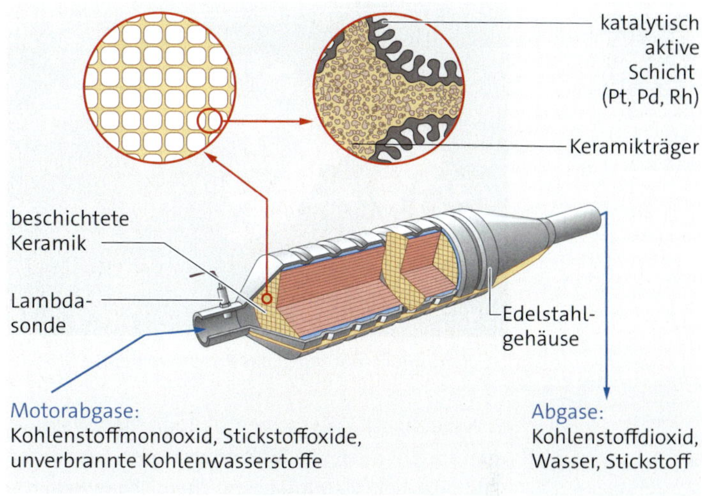

05 Querschnitt durch einen Autoabgaskatalysator

Die Aktivierungsenergie der unkatalysierten Reaktion ist größer als die Summe der Aktivierungsenergien beider katalysierter Reaktionen, d. h., Katalysatoren ermöglichen Reaktionswege mit kleineren Aktivierungsenergien. Bei gleicher Temperatur führen mehr Teilchen reaktive Stöße aus, die Reaktionsgeschwindigkeit steigt. In der Forschung spielt die Entwicklung effizienter Katalysatoren eine wichtige Rolle.

Ein Katalysator ermöglicht einen alternativen Reaktionsweg mit verringerter Aktivierungsenergie und erhöhter Reaktionsgeschwindigkeit. Es kommt zur Wechselwirkung der Katalysatorteilchen mit den Edukt-Molekülen. Da die Katalysatorteilchen wieder zurückgebildet werden, tauchen sie in der Reaktionsgleichung nicht auf.

HETEROGENE KATALYSE Wenn Katalysator und Edukt in unterschiedlichen Aggregatzuständen vorliegen, spricht man von **heterogener Katalyse** (↑ **03**). Meist ist der Katalysator ein Feststoff, an dem die gasförmigen Ausgangsstoffe vorbeiströmen. Die chemische Reaktion findet an der Katalysatoroberfläche statt. Diese Oberfläche ist sehr empfindlich gegen Vergiftungen, etwa durch Verunreinigungen. In einigen Fällen wirken auch die Ausgangsstoffe oder die Reaktionsprodukte selbst als Katalysatorgifte, da sie auf der Katalysatoroberfläche adsorbiert werden. Dadurch wird die katalytisch wirksame Oberfläche verringert. Katalysatoren benötigen oft eine erhöhte *Ansprechtemperatur*, um zu funktionieren. Andererseits werden sie oberhalb einer bestimmten Temperatur irreversibel zerstört. Autoabgaskatalysatoren (↑ **05**) haben eine Ansprechtemperatur von etwa 400 °C. Sie senken den Schadstoffausstoß um fast zwei Zehnerpotenzen, werden aber bei Überhitzung zerstört. Die meisten großtechnischen Herstellungsverfahren basieren auf heterogen katalysierten Reaktionen.

HOMOGENE KATALYSE Bei der homogenen Katalyse liegen sowohl Katalysator als auch Edukte in einer Lösung oder in der Gasphase vor. Der Vorteil hierbei ist die gute Durchmischung von Katalysator und Reaktionspartnern. Ein Beispiel für eine homogene Katalyse ist die *Säurekatalyse*, wie sie etwa für die Synthese von Estern typisch ist. Hierbei wirken Protonen als Katalysator. Die Protonierung von Ausgangsstoffen führt zur Bildung eines Zwischenprodukts und damit zu einem veränderten Reaktionsmechanismus mit geringerer Aktivierungsenergie. Problematisch bei homogenen Katalysen ist die Abtrennung des Katalysators nach der Reaktion.

Säurekatalysierte Estersynthese ↑ S. 154 f.

SELEKTIVITÄT VON KATALYSATOREN Oft können aus gleichen Ausgangsstoffen in einer Reihe möglicher Reaktionen (Konkurrenzreaktionen) unterschiedliche Reaktionsprodukte gebildet werden.
Durch die Auswahl eines geeigneten Katalysators ist es gezielt möglich, einen bestimmten Reaktionsweg und damit die Bildung spezifischer Reaktionsprodukte zu begünstigen. Diese Eigenschaft eines Katalysators wird als **Selektivität** bezeichnet.
Für die chemische Industrie ist dies von besonderem Interesse, da dadurch Reaktionsgemische entstehen, in denen weniger unerwünschte Nebenprodukte vorliegen, und damit die Abtrennung des gewünschten Produkts einfacher zu erzielen ist.

1 › Beschreiben Sie Unterschiede zwischen homogener und heterogener Katalyse.

2 › Erklären Sie, warum ein Trinkhalm, der in eine Sprudelwasserflasche fällt, wieder nach oben steigt. Deuten Sie den Vorgang als heterogene Katalyse.

Biokatalysatoren – Enzyme

Video: Biolumineszenz

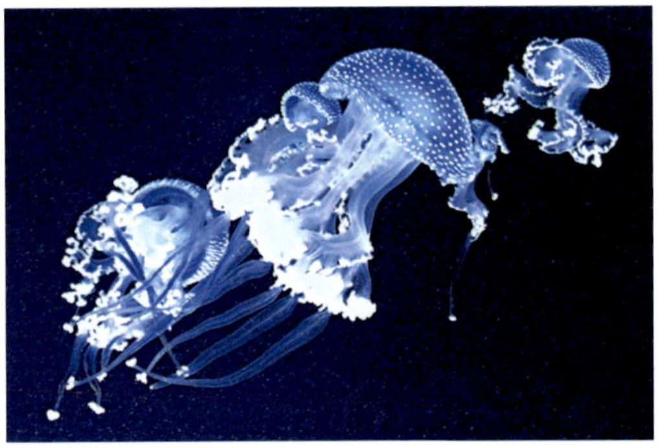

01 Biolumineszenz durch das Enzym Luciferase

Enzyme sind Katalysatoren biologischer Systeme, man spricht auch von **Biokatalysatoren**. Sie sorgen dafür, dass die vielen Tausend chemischen Reaktionen des Stoffwechsels in den Zellen der Lebewesen ablaufen können. Indem sie die Aktivierungsenergie absenken, können viele Reaktionen schon bei etwa 37 °C ablaufen. Sie bewirken außerdem eine starke Erhöhung der Reaktionsgeschwindigkeit – teilweise um mehr als einen Faktor 10^6 und gehen wie andere Katalysatoren nach der Reaktion unverändert aus ihr hervor.

Struktur von Proteinen ↑ S. 46 f.

BAU DER ENZYME Enzyme sind *globuläre Proteine*, die gut in Wasser löslich sind. Ihre charakteristische Form wird durch die *Tertiärstruktur* festgelegt. Jedes Enzym besitzt dabei eine einzigartige taschenförmige Struktur, die das **aktive Zentrum** bildet (↑ **03**). Daran können bestimmte geometrisch exakt passende Moleküle, die sogenannten **Substrate,** binden. Der Zusammenhalt von Enzym und Substrat im **Enzym-Substrat-Komplex** erfolgt durch *intermolekulare* Ionenbindungen oder chemische Wechselwirkungen wie Wasserstoffbrückenbindungen und Van-der-Waals-Wechselwirkungen. Bindet ein Substrat-Molekül an das aktive Zentrum des Enzyms, so wird aus einer Vielzahl möglicher Reaktionen, an dem das Substrat beteiligt sein kann, eine bestimmte chemische Reaktion beschleunigt .

Enzymart	Katalysierte Reaktion	Beispiel(e)
Oxidoreduktase	Redoxreaktion	Luciferase: Biolumineszenz durch Oxidation von Luceferin
Hydrolase	hydrolytische Spaltung von Peptidbindungen	Peptidase und Protease im Magen- und Dünndarmsaft: Proteinspaltung (Verdauung)
Isomerase	Umlagerung von isomeren Molekülen	Retinal-Isomerase: Rückbildung des Sehfarbstoffs nach Belichtung

02 Beispiele für Enzymarten und ihre katalysierten Reaktionen

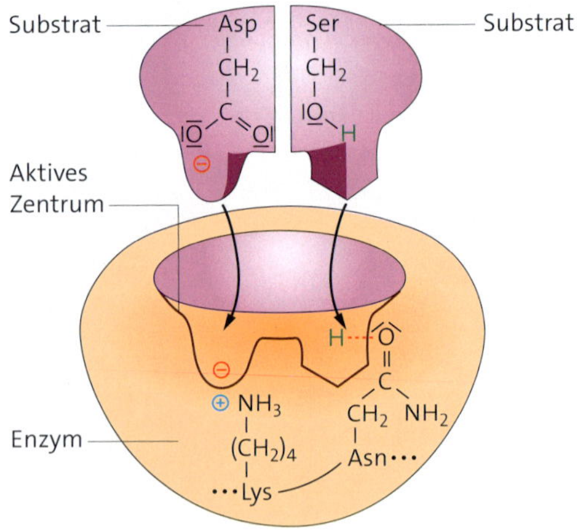

03 Enzym-Substrat-Komplex

EINTEILUNG UND NAMEN VON ENZYMEN Nach der Art der katalysierten Reaktion werden die Enzyme in Gruppen eingeteilt (↑ **02**). Ihr Name wird gebildet, indem die Endung **-ase** an den Reaktionstyp oder den Namen des Substrats angehängt wird: Das Enzym Lipase spaltet beispielsweise Lipide (Fette). Einige Enzyme wie das im Magen vorkommende Pepsin tragen Trivialnamen.

ABLAUF EINER ENZYMREAKTION Ein besonderes Merkmal aller Enzymreaktionen ist die exakte räumliche Passform zwischen Enzym und Substrat, was als **Substratspezifität** bezeichnet wird.
Bereits 1894 formulierte EMIL FISCHER das **Schlüssel-Schloss-Prinzip**, bei dem das aktive Zentrum in Abwesenheit des Substrats bereits vorgeformt vorliegt (↑ **05**). Heute weiß man, dass Enzyme sich dynamisch anpassen können: Das Substrat kann am aktiven Zentrum Konformationsänderungen bewirken, sodass es erst nach der Bindung des Substrats die komplementäre Form einnimmt. Dieses Modell wird **Induced-fit-Modell** genannt.

Jedes Enzym katalysiert aufgrund seines spezifisch geformten aktiven Zentrums nur eine bestimmte chemische Reaktion, was als **Wirkungsspezifität** bezeichnet wird. Dabei benötigt die durch Enzyme katalysierte Reaktion eine geringere Aktivierungsenergie (↑ **04**) und verläuft mit einer höheren Reaktionsgeschwindigkeit als die unkatalysierte Reaktion (↑ Exp. 5.08, S. 143). Vorübergehend entsteht ein Enzym-Substrat-Komplex, bei dem die Bindungen des Substrat-Moleküls gelockert werden. Schließlich zerfällt der Komplex in das Produkt und das Enzym-Molekül, das wieder frei wird und für weitere Reaktionen zur Verfügung steht.

BEEINFLUSSUNG DER ENZYMAKTIVITÄT Die Funktion von Enzymen hängt entscheidend von der Temperatur und dem pH-Wert der Umgebung ab. Für beide Bedingungen existieren für jedes Enzym optimale Bereiche. Werden jedoch bestimmte Grenzwerte überschritten, so kann die Enzymfunktion ausbleiben oder das Enzym irreversibel denaturiert werden, da seine Tertiär- oder Quartärstruktur zerstört wird. Im menschlichen Körper wirkende Enzyme benötigen meist Temperaturen zwischen 37 und 41 °C. Das pH-Optimum der Enzyme kann in völlig unterschiedlichen Bereichen liegen. So katalysiert **Amylase**, ein Stärke spaltendes Enzym im Speichel, im neutralen bis schwach sauren Bereich. **Pepsin**, eine Protein spaltende *Peptidase*, hat ihr pH-Optimum dagegen im stark sauren Bereich. Außerhalb des Magens ist sie inaktiv, sodass das Gewebe vor Selbstverdauung geschützt wird.

HEMMUNG EINER ENZYMREAKTION Stoffe, die eine Verringerung der Reaktionsgeschwindigkeit bewirken, werden **Inhibitoren** genannt. Sie setzen die Aktivität der Enzyme herab, indem sie das aktive Zentrum blockieren. Oft ist die Hemmung durch Inhibitoren reversibel wie bei der **kompetitiven Hemmung**. Dabei wird das aktive Zentrum durch den Inhibitor besetzt, dessen Struktur der des Substrats ähnelt, aber nicht umgesetzt werden kann. Substrat und Inhibitor konkurrieren um das aktive Zentrum. Diese Hemmung ist oft reversibel, da das aktive Zentrum wieder freigegeben werden kann.
Bei der **allosterischen Hemmung** wird der Inhibitor an beliebiger Stelle des Enzyms gebunden und verändert dessen räumliche Struktur, sodass das Substrat nicht mehr am aktiven Zentrum binden kann.
Bei der irreversiblen Hemmung durch **Schwermetall-Ionen** kommt es wegen der Größe der Ionen und der Stärke der Ladung zu einer dauerhaften Bindung zwischen den Metall-Ionen und den negativ geladenen Carboxyatgruppen und damit zu einer Änderung der Tertiärstruktur.

> **Enzyme sind Proteine, die unter physiologischen Bedingungen als Biokatalysatoren wirken. Als besonderes Strukturmerkmal besitzen sie ein aktives Zentrum, das die Substrate in Produkte umwandelt.**

In der Biotechnologie werden Enzyme eingesetzt, um Lebensmittel zu verarbeiten, Abfälle zu zersetzen und Medikamente zu produzieren. Enzyme werden häufig gezielt eingesetzt, um chemische Prozesse effizienter und umweltfreundlicher zu machen.

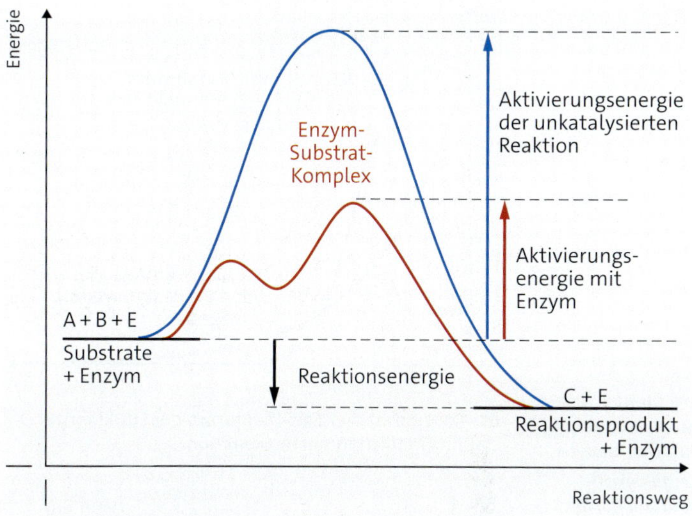

04 Energiediagramm einer chemischen Reaktion mit und ohne Enzym

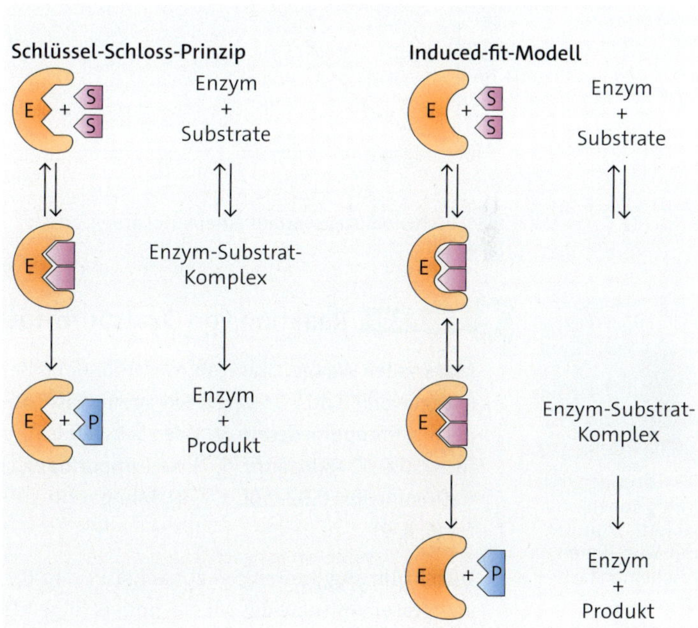

05 Modellvorstellung zur Bildung des Enzym-Substrat-Komplexes

1 › Stellen Sie eine begründete Hypothese auf, welche Stoffe als Enzymgift wirken könnten.

2 › Skizzieren Sie ein Modell zur kompetitiven und zur allosterischen Enzymhemmung.

3 › Zusätzlich zu einer Straße, die zwischen zwei Tälern über einen Berg führt, wird eine Straße durch einen Tunnel im Berg gebaut.
a Skizzieren Sie Analogien zwischen diesem Vorgang und der Katalyse.
b Entwickeln Sie Maßnahmen, damit der Tunnel eine Analogie zur Biokatalyse darstellt.

Autokatalyse LK

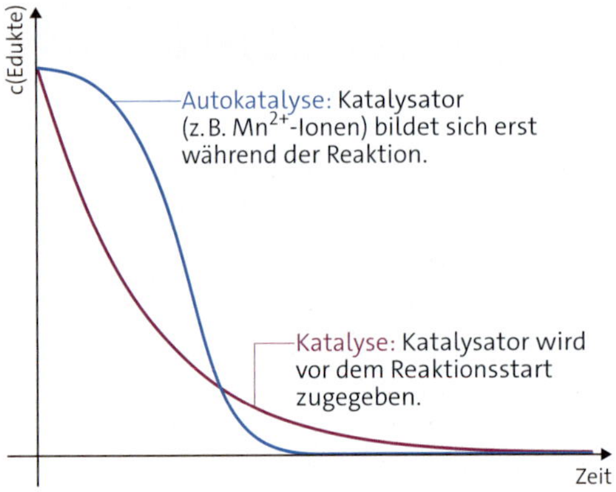

01 Konzentrations-Zeit-Diagramm der Eduktkonzentration einer katalysierten Reaktion

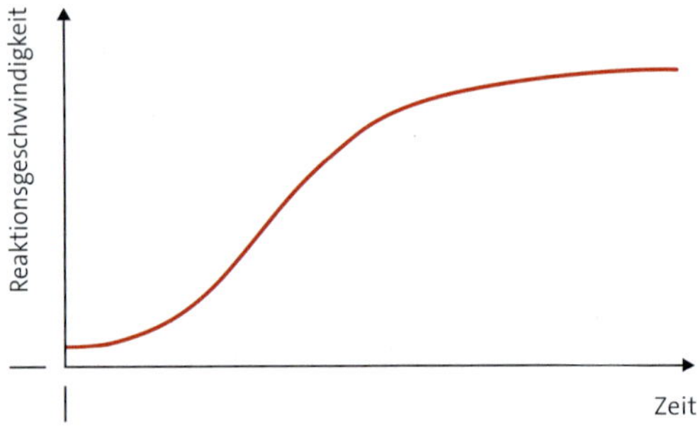

02 Geschwindigkeitsverlauf einer autokatalysierten Reaktion

Die Titration ist eine Methode der quantitativen Analytik.

Leitfähigkeitstitration ↑ S. 164 f.

Säure-Base-Titration ↑ S. 204 f.

PRODUKT UND KATALYSATOR ZUGLEICH Wenn ein Katalysator einer Reaktion durch die Reaktion selbst erzeugt wird, spricht man von **Autokatalyse** (griech. *autós:* selbst). Bild ↑ **01** zeigt den Vergleich des Verlaufs einer „normalen" katalysierten Reaktion mit dem einer Autokatalyse. Diese Art der Katalyse zeichnet sich durch eine anfänglich langsame Reaktionsgeschwindigkeit aus, die sich mit zunehmender Produktbildung beschleunigt (↑ **02**). Dies liegt daran, dass die Konzentration des katalytisch aktiven Produkts im Laufe der Reaktion ansteigt, was die Reaktionsgeschwindigkeit erhöht. Eine typische autokatalysierte Reaktion findet Anwendung in der analytischen Bestimmung von Oxalsäure durch *Titration* mit einer Kaliumpermanganatlösung. Bei der Reaktion von Permanganat-Ionen (MnO_4^-) mit Oxalsäure-Molekülen (HOOC–COOH) entstehen Mangan(II)-Ionen (Mn^{2+}). Diese wirken als Katalysator und beschleunigen den weiteren Verlauf der Reaktion (↑ **01**):

$$2\,MnO_4^- + 5\,HOOC{-}COOH + 6\,H_3O^+ \longrightarrow 2\,Mn^{2+} + 10\,CO_2 + 14\,H_2O$$

Autokatalytische Prozesse finden in verschiedenen chemischen und biologischen Systemen Anwendung und können sowohl in der Natur als auch in der Technik beobachtet werden, etwa bei der Keimung von Pflanzen oder der Entwicklung von Fotografien.

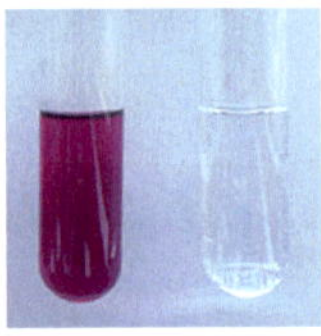

03 Lösungen mit MnO_4^--Ionen sind violett, Lösungen mit Mn^{2+}-Ionen erscheinen farblos.

P EXP 5.07 Reaktion von Oxalsäure mit Kaliumpermanganat

Materialien Waage, Glasstab, Messzylinder, 2 Bechergläser (50 mL), 3 Spatel, 5 Reagenzgläser, Pipetten, Stoppuhr, demin. Wasser, Schwefelsäure (w = 50%, 5), Oxalsäure (5, 7), Kaliumpermanganatlösung (c = 0,02 mol · L^{-1}; 9), Mangan(II)-sulfat (5, 8, 9)

Durchführung Stellen Sie zunächst in den Bechergläsern mithilfe des Messzylinders folgende Lösungen her:

- Oxalsäurelösung: 20 mL Wasser + 0,09 g Oxalsäure
- Mangansulfatlösung: 0,07 g Mangan(II)-sulfat + 20 mL Wasser

Befüllen Sie die 5 Reagenzgläser nun jeweils mit 1 mL der Oxalsäurelösung sowie 2 mL Schwefelsäure. Fügen Sie folgende Volumina Mangansulfatlösung hinzu:

- Reagenzglas 1: 0 mL
- Reagenzglas 2: 0,15 mL
- Reagenzglas 3: 0,2 mL
- Reagenzglas 4: 0,4 mL
- Reagenzglas 5: 0,5 mL

Geben Sie anschließend nacheinander in jedes Reagenzglas je 1 mL der Kaliumpermanganatlösung und messen Sie die Zeit bis zur Entfärbung. *Entsorgung:* Die Lösungen werden neutralisiert und in den Behälter für giftige anorganische Abfälle gegeben.

Auswertung

1 › Erstellen Sie eine Tabelle, in der Sie die gemessenen Zeiten bis zur Entfärbung der Kaliumpermanganatlösung und die Menge der zugegebenen Mangansulfatlösung notieren.

2 › Erstellen Sie ein Diagramm, in dem die Zeit bis zur Entfärbung (y-Achse) gegen die Menge der Mangansulfatlösung (x-Achse) aufgetragen ist. Analysieren Sie den Verlauf der Kurve, um die Abhängigkeit der Reaktionsgeschwindigkeit von der Katalysatorkonzentration zu bestimmen

Praktikum

P Katalyse und Modellversuch zum chemischen Gleichgewicht

EXP 5.08 Wirkung von Katalase

Materialien 5 Reagenzgläser, Brenner, rohe, geriebene Kartoffel, H_2O_2 (w = 10 %; 3, 5), Kupfersulfatlösung (w = 1 %), Wasser

Durchführung Vermengen Sie geriebene Kartoffel mit etwas Wasser, geben Sie dies auf ein Tuch und pressen Sie Saft aus. Die Hälfte des Safts wird bis zum Sieden erhitzt. Füllen Sie in 3 Reagenzgläser je 5 mL Wasserstoffperoxidlösung und geben Sie
a) 1 mL Kartoffelpresssaft roh;
b) 1 mL Kartoffelpresssaft erhitzt;
c) 1 mL Kartoffelpresssaft roh plus 1 mL Kupfersulfatlösung dazu.
Testen Sie alle 3 Ansätze mit der Glimmspanprobe auf Sauerstoff.
Entsorgung: Rest von Reagenzglas c in den Behälter für giftige anorganische Abfälle, übrige Lösungen ins Abwasser geben.

Auswertung Beschreiben und erläutern Sie Ihre Beobachtungen.

EXP 5.09 Einfluss von Katalysatoren auf die Reaktionsgeschwindigkeit

Materialien 10 Reagenzgläser, Reagenzglasständer, Pipetten, Spatel, Glimmspäne, Feuerzeug, H_2O_2 (w = 3 %), Eisen(II)-Salz (z. B. Eisen(II)-sulfat; 7), Eisen(III)salz (z. B. Eisen(III)-chorid; 5, 7), Kupfer(II)-sulfat (5, 7, 9), Calciumchlorid (7), Natronlauge (c = 0,1 mol · L^{-1}; 5), Kaliumiodidlösung (w = 50%, 8), Hefesuspension, Mangandioxid (7, 8)

Durchführung Geben Sie in jedes Reagenzglas ca. 2 mL Wasserstoffperoxidlösung. Setzen Sie dann jeweils eine etwa erbsengroße Menge eines der Feststoffe bzw. 1 mL der Flüssigkeiten hinzu. Belassen Sie das 10. Reagenzglas als Vergleich. Beobachten Sie jeweils, ob ein Gas entsteht. Untersuchen Sie mit der Glimmspanprobe, ob es sich dabei um Sauerstoff handelt. Notieren Sie ggf. die Dauer und Heftigkeit der Reaktion.
Entsorgung: Reste in den Behälter für giftige anorganische Abfälle geben.

Auswertung
1 ⟩ Notieren Sie die Ergebnisse in einer Tabelle. Ziehen Sie eine Schlussfolgerung, welche Vorraussetzungen ein Stoff erfüllen muss, um als Katalysator zu wirken.
2 ⟩ Ordnen Sie die Katalysatoren aufsteigend nach ihrer Wirksamkeit.

EXP 5.10 Stechheberversuch

Materialien 2 Messzylinder (50 mL), 2 Glasrohre mit unterschiedlicher Querschnittsfläche, Wasser

Durchführung
a) Geben Sie in einen Messzylinder (I) 50 mL Wasser. Stellen Sie das dicke Glasrohr senkrecht in I hinein. Verschließen Sie die obere Öffnung mit einem Finger. Nehmen Sie es heraus und geben Sie das Wasser im Glasrohr in den zweiten Messzylinder (II). Übertragen Sie dazu die Tabelle in Ihr Heft. Notieren Sie das Wasservolumen in I und II in der Zeile „1. Entnahme".

Entnahme	V(Wasser) in A	V(Wasser) in B
0	50 mL	0 mL
1		

b) Stellen Sie das dicke Glasrohr erneut senkrecht in I und das dünne in II. Verschließen Sie die oberen Öffnungen mit einem Finger. Nehmen Sie beide Glasrohre heraus und geben Sie das Wasser in den jeweils anderen Zylinder. Notieren Sie erneut die Wasservolumina.
c) Wiederholen Sie Aufgabenteil **b** so lange, bis sich die Wasservolumina in I und II nicht mehr verändern.

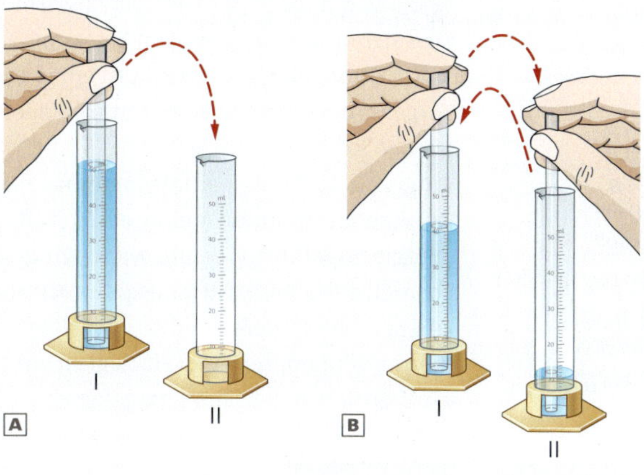

Auswertung
1 ⟩ Tragen Sie in einem Diagramm das Wasservolumen in I und II gegen die Anzahl der Entnahmen auf.
2 ⟩ Begründen Sie die Konstanz der Wasservolumina in beiden Messzylindern ab einer bestimmten Entnahme.
3 ⟩ Erstellen Sie Analogien zwischen dem Stechheberversuch und der Einstellung des dynamischen Gleichgewichts bei chemischen Reaktionen (↑ S. 164.).
4 ⟩ Bestimmen Sie die inneren Querschnittsflächen der Glasrohre und bilden Sie daraus einen Quotienten. Vergleichen Sie ihn mit dem Quotienten aus den Wasservolumina am Ende des Versuchs.

5.4 Umkehrung von Vorgängen

01 Eiszapfen und Taschenwärmer

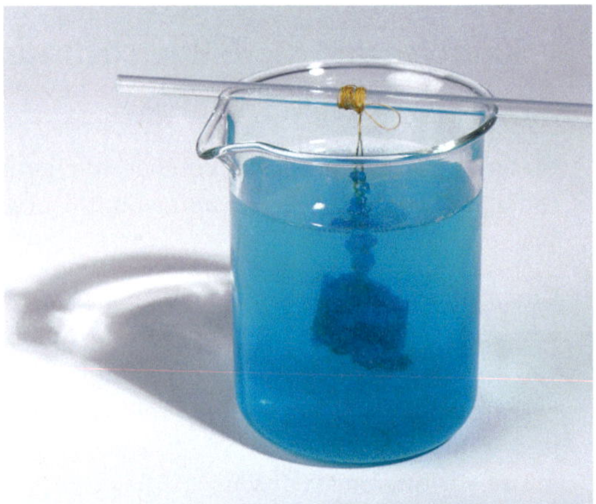

03 Entstehung eines Kupfersulfatkristalls aus einer gesättigten wässrigen Lösung

Viele physikalische Vorgänge, bei denen sich die Ordnung von Teilchen verändert, sind umkehrbar, sie sind *reversibel*. Das ist für Prozesse, die in der Natur ablaufen, genauso wichtig wie für Alltagsvorgänge.

SCHMELZEN UND ERSTARREN Das Schmelzen von Eis durch Wärmezufuhr lässt sich umkehren, wenn flüssigem Wasser Wärme entzogen wird. Die Entstehung von Eiszapfen beruht auf der Kombination beider Vorgänge (↑ **01**). Ein Taschenwärmer nutzt die Freisetzung von Wärme beim Erstarren des Inhaltsstoffs. Dabei handelt es sich um einen exothermen Vorgang, der durch Wärmezufuhr wieder umgekehrt werden kann.

$\Delta H < 0$ exotherme Reaktion

$\Delta H > 0$ endotherme Reaktion (↑ S. 106 ff.)

Aufgrund der Energieerhaltung muss zum Schmelzen einer bestimmten Menge eines Stoffs gleich viel Energie zugeführt werden, wie beim Erstarren der Schmelze frei wird. Gleiches gilt auch für das Umkehrpaar Verdampfen und Kondensieren. Das endotherme Verdampfen einer Flüssigkeit wird durch das exotherme Kondensieren umgekehrt.

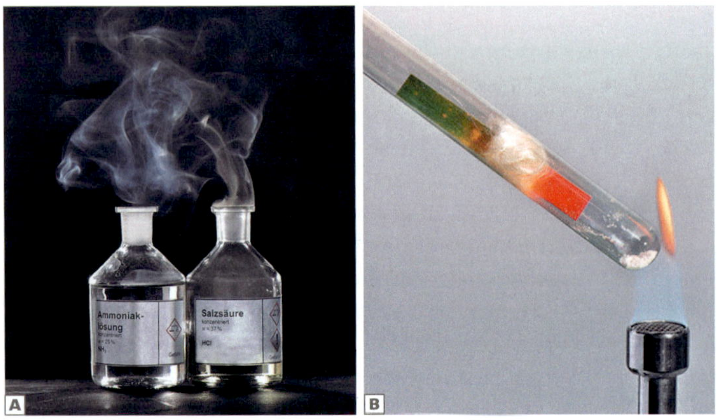

02 **A** Bildung von Ammoniumchlorid, **B** Zersetzung von Ammoniumchlorid

LÖSEN UND KRISTALLISIEREN Nicht nur die Änderung des Aggregatzustands ist reversibel. Ein Feststoff, der sich in einem Lösungsmittel löst, kristallisiert aus, wenn es verdampft oder die Temperatur verändert wird (↑ **03**). So können Salze in der Natur gelöst und über weite Strecken transportiert werden, ehe sie beispielsweise in Salzlagerstätten wieder kristallisieren.

UMKEHRUNG CHEMISCHER REAKTIONEN Auch chemische Reaktionen können in zwei Richtungen ablaufen. Ammoniak und Chlorwasserstoff reagieren exotherm zum Salz Ammoniumchlorid. Durch Energiezufuhr wird diese Reaktion umgekehrt:

$$NH_3(g) + HCl(g) \longrightarrow NH_4Cl(s) \qquad \Delta H < 0$$

$$NH_4Cl(s) \xrightarrow{\text{erhitzen}} NH_3(g) + HCl(g) \qquad \Delta H > 0$$

An der Färbung des pH-Papiers ist die Umkehrung erkennbar (↑ **02B**). Die blaugrüne Färbung beruht auf der Reaktion mit Ammoniak, die rote Färbung auf der Reaktion mit Chlorwasserstoff.

Physikalische Vorgänge und chemische Reaktionen in nichtisolierten Systemen sind prinzipiell umkehrbar.

1 Wenn Natriumhydroxid in Wasser gelöst wird, dann steigt die Temperatur der Lösung, beim Lösen von Kaliumaluminiumsulfat sinkt sie. Ordnen Sie die Begriffe exotherm und endotherm dem jeweiligen Lösungs- und dem Kristallisationsvorgang zu.

2 Geben Sie mindestens ein Beispiel für chemische Reaktionen in der Natur und in der Technik an, die in beiden Richtungen ablaufen.

Dynamisches Gleichgewicht

VERTEILUNGSGLEICHGEWICHT Es gibt zahlreiche unvollständig verlaufende Vorgänge. So wissen wir aus dem Kunstunterricht, dass sich aus einem farbverschmutzten Pinsel, der in ein geeignetes Lösungsmittel eintaucht, ein großer Teil der Farbe löst – ein kleiner Teil bleibt aber am Pinsel haften.

Anhand eines Modellexperiments (↑ Exp. 5.12, S. 160) sollen unvollständig verlaufende Vorgänge genauer betrachtet werden. Eine Iod-Kaliumiodidlösung wird mit dem gleichen Volumen Heptan überschichtet. Gleichzeitig wird eine Kaliumiodidlösung mit einer Lösung von Iod in Heptan überschichtet (↑ **04A**). Nach dem Mischen der Phasen durch kurzzeitiges Schütteln sind die Inhalte der beiden Reagenzgläser nicht mehr zu unterscheiden (↑ **04B**).

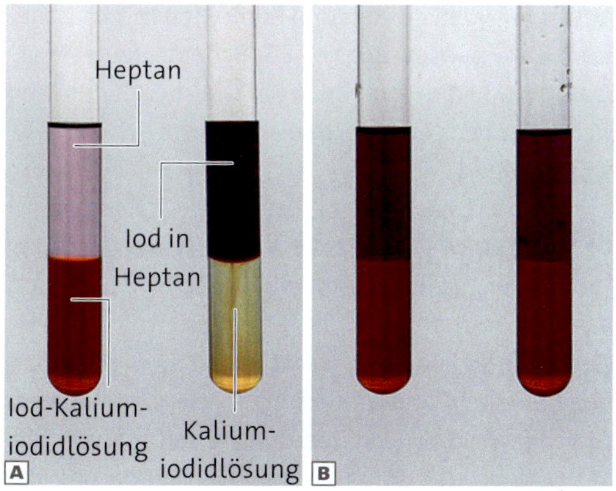

04 Iodverteilung zwischen Kaliumiodidlösung und Heptan: **A** vor dem Mischen, **B** nach dem Mischen

Die Beobachtungen ermöglichen zwei Schlüsse:

- Die Vorgänge verlaufen unvollständig. Das Iod wird weder von der Kaliumiodidlösung noch vom Heptan vollständig aufgenommen.
- Es ist für den erreichten Zustand gleichgültig, in welchem Lösungsmittel das Iod anfangs gelöst war. In beiden Fällen stellt sich das gleiche **Gleichgewicht** ein.

DYNAMISCHES GLEICHGEWICHT Wechseln die Iod-Moleküle im Gleichgewicht nicht mehr von einer Phase in die andere? Ersetzt man im Gleichgewicht einen Teil des Iods aus der Heptanlösung durch das radioaktive Iod-131, dann findet man dieses Iodisotop nach dem Mischen auch in der Kaliumiodidlösung. Das beweist, dass die Iod-Moleküle auch im Gleichgewicht die Phasengrenze überqueren. Da sich die Konzentrationen nicht mehr verändern, folgt daraus, dass im Gleichgewicht pro Zeitraum gleich viele Iod-Moleküle in die jeweils andere Phase gelangen. Man spricht von einem **dynamischen Gleichgewicht**. Die Geschwindigkeiten von Hin- und Rückvorgang sind gleich groß, die resultierende Geschwindigkeit ist gleich null.

$v = v_{Hin} - v_{Rück} = 0$

Der Zusammenhang $v = v_{Hin} - v_{Rück} = 0$ gilt insbesondere auch für Gleichgewichtsreaktionen.

Im dynamischen Gleichgewicht laufen Hin- und Rückvorgang mit gleicher Geschwindigkeit ab.

Die Iodkonzentration ist in den beiden Phasen unterschiedlich. In der Kaliumiodidlösung ist sie bei 20 °C etwa doppelt so groß wie in der Heptanlösung. Dies liegt daran, dass die Wahrscheinlichkeit für ein Iod-Molekül, die Phasengrenze in Richtung der Kaliumiodidlösung zu überschreiten, etwa doppelt so groß ist wie in Richtung der Heptanphase.
Der „Tannenzapfenkonflikt" ist ein anschaulicher Vergleich zur Einstellung eines dynamischen Gleichgewichts. Der Junge kann schneller laufen und gleich viele Zapfen pro Zeitraum über den Zaun werfen wie der Mann, auch wenn sie weiter voneinander entfernt sind (↑ **05**). Deshalb liegen im Gleichgewicht weniger Zapfen auf der Seite des Jungen als auf der des Mannes.

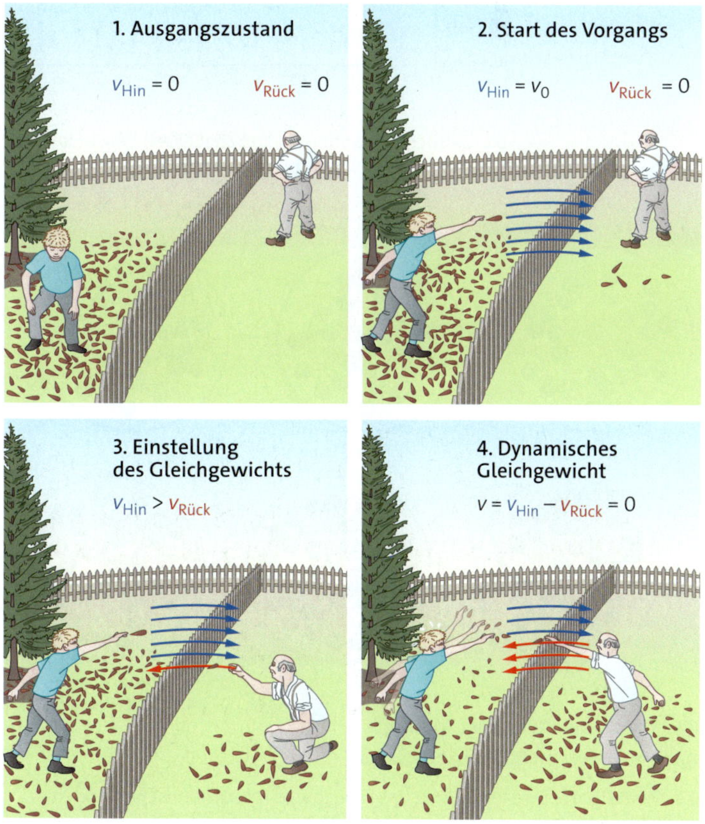

05 Der „Tannenzapfenkonflikt"

5.5 Chemisches Gleichgewicht

Mechanismus der säurekatalysierten Estersynthese *↑ S. 154 f.*

Die Titration ist eine Methode der quantitativen Analytik.

Säure-Base-Titration *↑ S. 204 f.*

EINE REAKTION WIRD NICHT FERTIG Ein Chemiekurs soll die Geschwindigkeit der Reaktion von Methansäure und Methanol zu Methansäuremethylester und Wasser, einer *Veresterung*, bestimmen:

$$HCOOH + CH_3OH \longrightarrow HCOOCH_3 + H_2O$$

Dazu wird eine Lösung aus gleichen Stoffmengen Methanol und einer kleinen Menge eines Katalysators hergestellt. Im Abstand von 5 Minuten werden Proben entnommen und über einer *Säure-Base-Titration* die Stoffmengenkonzentration der noch vorhandenen Methansäure bestimmt. Nach 60 Minuten zeigt eine Schülerin der Lehrkraft die grafische Darstellung ihrer Ergebnisse (↑ **01**) und meint: „Die Reaktion wird nicht fertig."

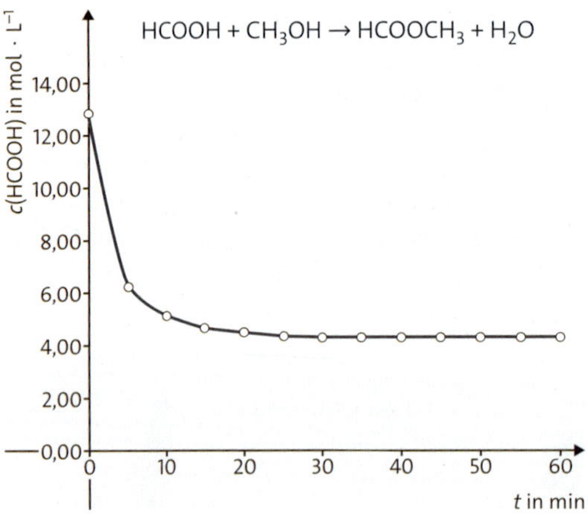

01 Zeitliche Veränderung von c(HCOOH) bei der Reaktion von Methansäure mit Methanol

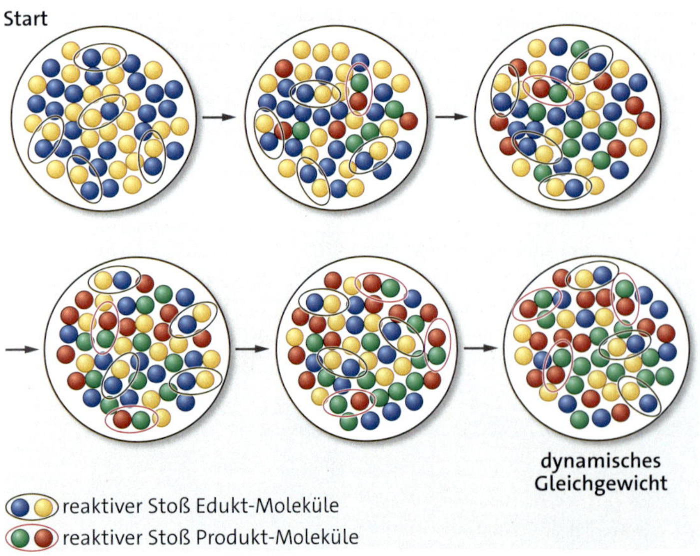

02 Modellhafte Darstellung für das Erreichen eines dynamischen Gleichgewichts: Edukte (blau und gelb); Produkte (rot und grün). Die jeweils eingekreisten Paare führen reaktive Stöße aus.

DIE RÜCKREAKTION SPIELT EINE ROLLE Die Konzentration der Methansäure erreicht nach kurzer Zeit einen konstanten Wert. Bild ↑ **02** zeigt, wie die **Rückreaktion** dafür sorgt, dass die Konzentration der Methansäure niemals auf null sinkt.
Zunächst reagieren Säure- und Alkohol-Moleküle zu Ester- und Wasser-Molekülen. Schon im zweiten Bild kommt es aber zwischen einem Ester- und einem Wasser-Molekül zu einem reaktiven Stoß, wodurch wieder ein Säure- und ein Alkohol-Molekül entstehen. Mit fortschreitender Reaktionsdauer nimmt die Anzahl der Produkt-Moleküle zu und die der Edukt-Moleküle ab. Dadurch gibt es mehr reaktive Stöße, die wieder zu Edukt-Molekülen führen, und weniger, bei denen Produkt-Moleküle gebildet werden. Schließlich werden in jedem Schritt gleich viele Moleküle jeder Art vernichtet und erzeugt. Es liegt eine Mischung von Edukten und Produkten mit konstanter Zusammensetzung vor. Die Bedeutung der Rückreaktion und die Einstellung des Gleichgewichts lässt sich z. B. über den „Stechheberversuch" (↑ Exp. 5.10, S. 143) zeigen.

DYNAMISCHES GLEICHGEWICHT In der Mischung konstanter Zusammensetzung laufen Hin- und Rückreaktion immer noch ab, allerdings mit gleicher Geschwindigkeit. Die Situation ist der im Stechheberversuch ähnlich: Es liegt ein **dynamisches Gleichgewicht** vor. Mit instrumentellen analytischen Methoden oder durch radioaktive Markierung der Ausgangsstoffe lassen sich Hin- und Rückreaktion im dynamischen Gleichgewicht nachweisen.
Die Synthese des Esters ist auch umkehrbar. Über die Umkehrreaktion, die *Esterhydrolyse*, gelangt man zur gleichen Mischung wie bei der Estersynthese, wenn für die Startkonzentrationen von Methansäuremethylester und Wasser wiederum gleiche Stoffmengenkonzentrationen gewählt werden:

$$HCOOCH_3 + H_2O \longrightarrow HCOOH + CH_3OH$$

Erreicht eine chemische Reaktion ein dynamisches Gleichgewicht, dann spricht man von einem **chemischen Gleichgewicht**. Es wird wie folgt formuliert:

$$HCOOH + CH_3OH \underset{\text{Rückreaktion}}{\overset{\text{Hinreaktion}}{\rightleftharpoons}} HCOOCH_3 + H_2O$$

Der Gleichgewichtspfeil $\rightleftharpoons$ kennzeichnet eine chemische Reaktion, die sich im dynamischen Gleichgewicht befindet.

Das chemische Gleichgewicht ist ein dynamisches Gleichgewicht. In ihm laufen Hin- und Rückreaktion mit gleicher Geschwindigkeit ab.

	S	A	E	W
Vor der Reaktion				
c_0 in $mol \cdot L^{-1}$	12,8	12,8	0,0	0,0
Im chemischen Gleichgewicht				
c in $mol \cdot L^{-1}$	4,3	4,3	8,5	8,5

03 Ergebnisse des Versuchs zur Estersynthese; beteiligte Stoffe S, A, E und W siehe Text.

KONZENTRATIONEN IM GLEICHGEWICHT In Tabelle ↑ **03** sind die Konzentrationen von Methansäure (S), Methanol (A), Methansäuremethylester (E) und Wasser (W) vor der Reaktion (c_0) und im Gleichgewicht (c) angegeben. Es fällt auf, dass die Konzentrationen der Edukte und Produkte im Gleichgewicht nicht gleich sind. Auch bei der Iodverteilung waren die Gleichgewichtskonzentrationen in beiden Phasen verschieden. Die folgende Modellbetrachtung soll veranschaulichen, warum das möglich ist.

STOẞMODELL Im Gleichgewicht verlaufen Hin- und Rückreaktion gleich schnell, weil die Anzahl der reaktiven Stöße pro Zeit in beiden Reaktionsrichtungen gleich ist. Die reaktiven Stöße machen aber nur einen Teil aller Stöße zwischen den Teilchen aus. Die Geschwindigkeitskonstante k ist ein Maß für diesen Anteil der reaktiven Stöße. Dieser Anteil kann für Hin- und Rückreaktion unterschiedlich groß sein. Bei einer kleinen Aktivierungsenergie E_A ist er aufgrund der *Energieverteilung* größer als bei einer großen. Damit es trotzdem zu gleich vielen reaktiven Stößen in beiden Richtungen kommt, sind für die Reaktion mit der größeren Aktivierungsenergie mehr Stöße und damit mehr Teilchen notwendig.
Bild ↑ **04** geht von einem reaktiven Stoß in jede Richtung und $E_A(\text{Hin}) < E_A(\text{Rück})$ aus.

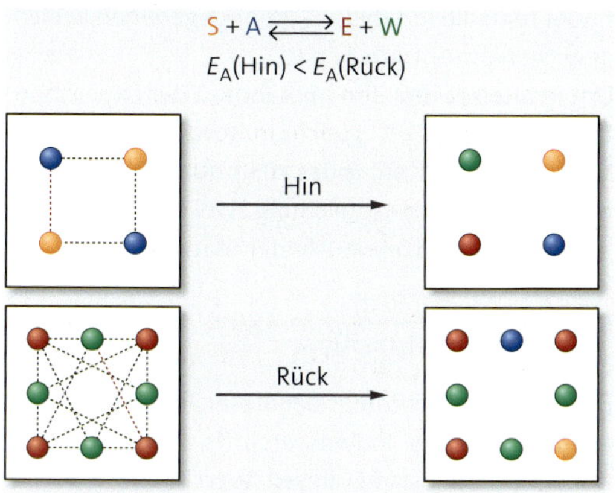

04 Unterschiedliche Anteile reaktiver Stöße für Hin- und Rückreaktion

Für die Hinreaktion (↑ **04**, oben) soll einer von $2 \cdot 2 = 4$ möglichen Stößen reaktiv sein. Bei der Rückreaktion (↑ **04**, unten) soll das nur für einen von $4 \cdot 4 = 16$ möglichen Stößen gelten. Damit im Gleichgewicht in beiden Richtungen gleich viele reaktive Stöße pro Zeitraum stattfinden, müssen E und W also viermal so häufig zusammenstoßen wie S und A, weshalb die Anzahl der Teilchen von E und W doppelt so groß sein muss wie die Anzahl der Teilchen von S und A. Damit sind auch die Gleichgewichtskonzentrationen $c(E)$ und $c(W)$ doppelt so groß wie $c(S)$ und $c(A)$.

EINFLUSS DES KATALYSATORS Die Wirkungsweise eines Katalysators auf den Verlauf einer chemischen Reaktion wurde bereits erläutert (↑ S. 138 f.). Wenn die Energie des Übergangszustands kleiner wird, sinken die Aktivierungsenergien von Hin- und Rückreaktion. Ein Katalysator beschleunigt deshalb beide Reaktionen gleichermaßen. Mit einem Katalysator wird das Gleichgewicht also schneller erreicht. Auf die Konzentrationen im Gleichgewicht und damit die Lage des Gleichgewichts hat er keinen Einfluss.

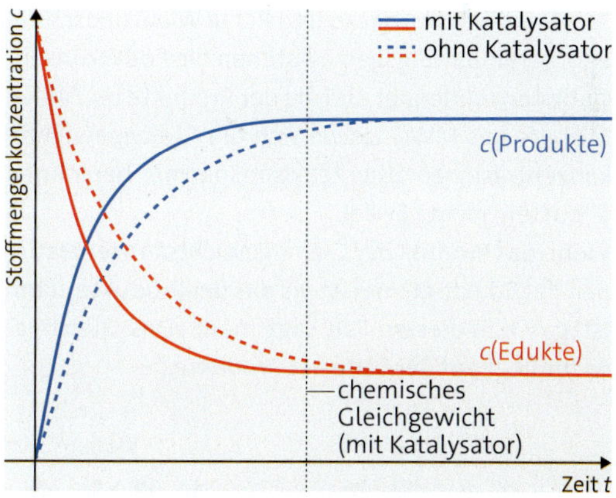

05 Konzentrations-Zeit-Diagramme für eine Reaktion A ⇌ B

1 〉 Übertragen Sie das Diagramm aus Bild ↑ **01**.
   a Zeichnen Sie den von der Schülerin erwarteten Verlauf (↑ Text, links) von $c(HCOOH)$ ein.
   b Zeichnen Sie den messbaren Verlauf von $c(CH_3OH)$, $c(HCOOCH_3)$ und $c(H_2O)$ ein.

2 〉 Erläutern Sie über die Zahl der reaktiven Stöße bei Hin- und Rückreaktion und deren Abhängigkeit von den jeweiligen Konzentrationen, wie sich ein chemisches Gleichgewicht einstellt.

3 〉 Begründen Sie die Auswirkung einer Halbierung der Katalysatorkonzentration auf den zeitlichen Verlauf der Methansäurekonzentration bei der Veresterungsreaktion.

5.6 Massenwirkungsgesetz

GLEICHGEWICHTSKONSTANTE K_C Die Geschwindigkeiten von Hin- und Rückreaktion hängen von den Konzentrationen der Reaktionsteilnehmer ab. Für die Estersynthese bzw. -hydrolyse bedeutet dies:

$$v_{Hin} = k_{Hin} \cdot c(HCOOH) \cdot c(CH_3OH)$$
$$v_{Rück} = k_{Rück} \cdot c(HCOOCH_3) \cdot c(H_2O)$$

Im chemischen Gleichgewicht sind beide Geschwindigkeiten gleich:

$$k_{Hin} \cdot c(HCOOH) \cdot c(CH_3OH) = k_{Rück} \cdot c(HCOOCH_3) \cdot c(H_2O)$$

Durch Äquivalenzumformung folgt:

$$\frac{k_{Hin}}{k_{Rück}} = \frac{c(HCOOCH_3) \cdot c(H_2O)}{c(HCOOH) \cdot c(CH_3OH)}$$

Der Quotient der beiden Konstanten ist eine neue Konstante. Sie wird als konzentrationsbezogene **Gleichgewichtskonstante K_C** bezeichnet und hängt nur von der Temperatur ab.

$$K_C = \frac{c(HCOOCH_3) \cdot c(H_2O)}{c(HCOOH) \cdot c(CH_3OH)}$$

Diese Gleichung heißt **Massenwirkungsgesetz (MWG)** des zugehörigen Gleichgewichts. Es wurde erstmals 1867 von CATO GULDBERG und PETER WAAGE beschrieben. Vereinbarungsgemäß stehen die Eduktkonzentrationen im Nenner und die der Produkte im Zähler. Mithilfe des MWG lassen sich die Gleichgewichtskonzentrationen aller Reaktionspartner berechnen (↑ Kasten, rechte Seite).
Wenn das Produkt der Gleichgewichtskonzentrationen der Edukte kleiner ist als das der Produkte, dann ist $K_C > 1$. In diesem Fall sagt man: „Das Gleichgewicht liegt auf der Seite der Produkte."

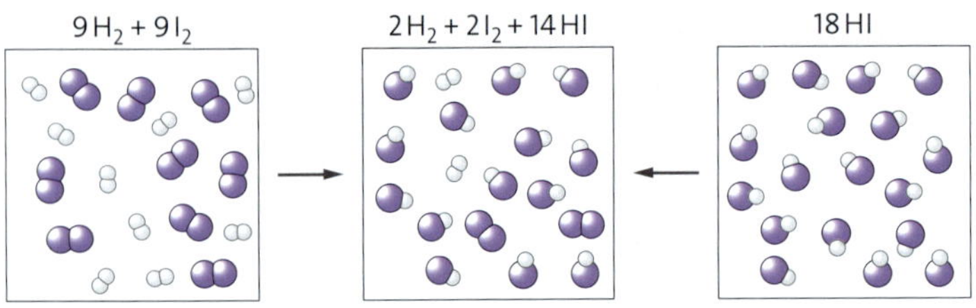

01 Modell zum Iodwasserstoff-Gleichgewicht

Ausgangskonzentrationen in mol · L⁻¹			Gleichgewichtskonzentrationen in mol · L⁻¹			K_C
$c_0(H_2)$	$c_0(I_2)$	$c_0(HI)$	$c(H_2)$	$c(I_2)$	$c(HI)$	
1,000	1,000	0,000	0,228	0,228	1,544	45,86
0,000	0,000	1,000	0,114	0,114	0,771	45,74
1,000	0,000	1,000	1,020	0,020	0,960	45,18

02 Iodwasserstoff-Gleichgewicht, experimentelle Ergebnisse (bei ϑ = 490 °C)

Für Reaktionen des Typs

$$A + B \rightleftarrows C + D$$

kann man sagen, dass sie zu über 99 % verlaufen, wenn $K_C > 10^4$, und zu weniger als 1 %, wenn $K_C < 10^{-4}$ (↑ **03**).

A	B	C	D	K_C
$H_2(g)$	$CO_2(g)$	$H_2O(g)$	$CO(g)$	10^5
$HF(aq)$	$H_2O(l)$	$F^-(aq)$	$H_3O^+(aq)$	10^{-5}
HCOOH	CH_3OH	$HCOOCH_3$	H_2O	3,9

03 Einige Gleichgewichtskonstanten K_C für Reaktionen vom Typ $A + B \rightleftarrows C + D$ (ϑ = 25 °C)

KONZENTRATIONSQUOTIENT Das MWG macht eine wichtige Aussage: Wenn eine Seite der Gleichung konstant ist (K_C), dann muss auch der Konzentrationsquotient auf der anderen Seite konstant sein. Es ist daher nicht möglich, im Gleichgewicht nur die Konzentration eines Reaktionspartners zu verändern. Weicht der Wert des Konzentrationsquotienten von K_C ab, dann sind die Geschwindigkeiten von Hin- und Rückreaktion nicht gleich. Es liegt kein Gleichgewicht vor und die Konzentrationen verändern sich durch entsprechende Reaktionen.

IODWASSERSTOFF-GLEICHGEWICHT Das chemische Gleichgewicht zwischen gasförmigem Iod (I_2), Wasserstoff (H_2) und Iodwasserstoff (HI) wurde intensiv erforscht. Reiner Iodwasserstoff zersetzt sich in einem geschlossenen Gefäß teilweise zu Wasserstoff und Iod. Unter den gleichen Bedingungen entsteht aus Wasserstoff und Iod aber auch Iodwasserstoff (↑ **01**):

$$H_2(g) + I_2(g) \rightleftarrows 2\,HI(g)$$

Für unterschiedliche Ausgangskonzentrationen c_0 findet man die in Tabelle ↑ **02** angegebenen Gleichgewichtskonzentrationen c.
Um in allen Fällen den im Rahmen der experimentellen Genauigkeit gleichen Konzentrationsquotienten zu erhalten, muss $c(HI)$ quadriert werden, weil in der Reaktionsgleichung zwei HI-Molekül vorkommen. Als Mittelwert findet man:

$$K_C(490\,°C) = \frac{c^2(HI)}{c(H_2) \cdot c(I_2)} \approx 45{,}6$$

Das Gleichgewicht liegt bei dieser Temperatur also auf der Seite des Iodwasserstoffs. Der Konzentrationsquotient nimmt diesen Wert auch dann an, wenn die Gleichgewichtskonzentrationen der Edukte nicht gleich sind (↑ **02**).

ALLGEMEINE CHEMISCHE GLEICHGEWICHTE Die Betrachtungen zum chemischen Gleichgewicht am Beispiel der Veresterung oder der Iodwasserstoffsynthese können für beliebige Reaktionen verallgemeinert werden. Lautet die Reaktionsgleichung

$$a\,A + b\,B \rightleftarrows c\,C + d\,D$$

so gilt für das zugehörige Massenwirkungsgesetz:

$$K_C = \frac{c^c(C) \cdot c^d(D)}{c^a(A) \cdot c^b(B)}$$

Werden die Konzentrationen in der Einheit $mol \cdot L^{-1}$ angegeben, dann hat K_C die Einheit $(mol \cdot L^{-1})^{(c+d-a-b)}$.

Im chemischen Gleichgewicht ist der Quotient aus dem Produkt der Produktkonzentrationen und dem Produkt der Eduktkonzentrationen eine (temperaturabhängige) Konstante. Dieser Zusammenhang wird als Massenwirkungsgesetz bezeichnet.

UMKEHRREAKTION Für die Umkehrreaktion der Iodwasserstoffsynthese, die Iodwasserstoffzersetzung, werden Reaktionsgleichung und Massenwirkungsgesetz wie folgt formuliert:

$$2\,HI(g) \rightleftarrows H_2(g) + I_2(g)$$

$$K_C = \frac{c(H_2) \cdot c(I_2)}{c^2(HI)}$$

Die Gleichgewichtskonstante der Iodwasserstoffzersetzung ist somit der Kehrwert von K_C der Iodwasserstoffsynthese.

Die Gleichgewichtskonstanten von Reaktion und Umkehrreaktion sind Kehrwerte voneinander.

1〉 Zur Bestimmung der Gleichgewichtskonstanten wurden die Veresterungsreaktionen von Methansäure mit Methanol bzw. Propan-1-ol untersucht.
$HCO_2H + CH_3OH \rightleftarrows HCO_2CH_3 + H_2O$; $K_C = 7$
$HCO_2H + C_3H_7OH \rightleftarrows HCO_2C_3H_7 + H_2O$; $K_C = 4$
a Erstellen Sie zu beiden Reaktionen das Massenwirkungsgesetz.
b Beschreiben und vergleichen Sie die Lage der beiden chemischen Gleichgewichte.
c Berechnen Sie die Gleichgewichtskonstanten für die Hydrolyse der beiden Ester der Methansäure.
d Berechnen Sie mithilfe des Massenwirkungsgesetzes und der gegebenen Daten die Gleichgewichtskonstante für folgendes Gleichgewicht:
$HCO_2CH_3 + C_3H_7OH \rightleftarrows HCO_2C_3H_7 + CH_3OH$

Berechnung von Gleichgewichtskonstentrationen

Aufgabe: Berechnen Sie die Gleichgewichtskonzentrationen der Veresterung von Methansäure mit $c_0(HCOOH) = 2{,}0\ mol \cdot L^{-1}$ und Methanol mit $c_0(CH_3OH) = 1{,}0\ mol \cdot L^{-1}$. Die Gleichgewichtskonstante ist $K_C = 3{,}9$.

Gegeben: $K_C = 3{,}9$; $c_0(HCOOH) = 2{,}0\ mol \cdot L^{-1}$; $c_0(CH_3OH) = 1{,}0\ mol \cdot L^{-1}$;
$c_0(HCOOCH_3) = c_0(H_2O) = 0$

Gesucht: Gleichgewichtskonzentrationen aller Reaktionsteilnehmer

Lösung:

1. Säure + Alkohol $\rightleftarrows$ Ester + Wasser

2. $K_C = \frac{c(HCOOCH_3) \cdot c(H_2O)}{c(HCOOH) \cdot c(CH_3OH)}$

3. Für jedes Säure- und jedes Alkohol-Molekül, das durch die Reaktion verschwindet, entstehen jeweils ein Ester- und ein Wasser-Molekül:

	Säure	Alkohol	Ester	Wasser
c_0 in $mol \cdot L^{-1}$	2	1	0	0
c in $mol \cdot L^{-1}$	$2-x$	$1-x$	x	x

4. $3{,}9 = \frac{x \cdot x}{(2-x)\cdot(1-x)}$ — Werte aus 3. wurden eingesetzt.

$3{,}9 = \frac{x^2}{x^2 - 3x + 2}$ — Schrittweises Auflösen in die Normalform: $x^2 + px + q = 0$

$3{,}9 \cdot (x^2 - 3x + 2) = x^2$

$3{,}9x^2 - 11{,}7x + 7{,}8 = x^2$

$2{,}9x^2 - 11{,}7x + 7{,}8 = 0$

$x^2 - 4{,}03x + 2{,}69 = 0$ — Lösen mit der pq-Formel

$$x_{1/2} = \frac{4{,}03}{2} \pm \sqrt{\left(\frac{4{,}03}{2}\right)^2 - 2{,}69}$$

$x_1 \approx 3{,}19 \quad x_2 \approx 0{,}84$

Nur x_2 ist eine sinnvolle Lösung, da sich für x_1 negative Konzentrationswerte ergeben. Damit folgt für die Gleichgewichtskonzentrationen:
$c(HCOOH) = (2-x)\ mol \cdot L^{-1} = (2 - 0{,}84)\ mol \cdot L^{-1} = 1{,}16\ mol \cdot L^{-1}$
$c(CH_3OH) = (1-x)\ mol \cdot L^{-1} = (1 - 0{,}84)\ mol \cdot L^{-1} = 0{,}16\ mol \cdot L^{-1}$
$c(HCOOCH_3) = c(H_2O) = x\ mol \cdot L^{-1} = 0{,}84\ mol \cdot L^{-1}$

2〉 Im Deacon-Verfahren wird Chlorwasserstoff mit Sauerstoff in einer Gleichgewichtsreaktion zu Chlor und Wasser umgesetzt.
a Stellen Sie die Reaktionsgleichung und das Massenwirkungsgesetz auf.
b Bestimmen Sie die Einheit von K_C, wenn die Konzentrationen in $mol \cdot L^{-1}$ angegeben werden.

Methode

M Rechnen mit dem Massenwirkungsgesetz

Mit dem Massenwirkungsgesetz (MWG) einer Reaktion können die Gleichgewichtskonstante K_C und die Gleichgewichtskonzentrationen c der Reaktionspartner berechnet oder die Gleichgewichtslage des Systems überprüft werden.

Schrittfolge beim Rechnen mit dem MWG	
1. RGl	Reaktionsgleichung erstellen
2. MWG	MWG aufstellen
3. ⇄	Beziehungen zwischen (unbekannten) Gleichgewichtskonzentrationen und den Ausgangskonzentrationen unter Berücksichtigung der Reaktionsgleichung aufstellen
4. Ber	Gesuchte Größen berechnen

AUFGABE 1 Bei 490 °C liegen im chemischen Gleichgewicht als Edukte vor: $c(I_2) = 8{,}92\ \text{mmol} \cdot \text{L}^{-1}$, $c(H_2) = 4{,}88\ \text{mmol} \cdot \text{L}^{-1}$; als Produkt: $c(HI) = 44{,}49\ \text{mmol} \cdot \text{L}^{-1}$. Ermitteln Sie die Gleichgewichtskonstante K_C.

Gegeben: $c(H_2) = 4{,}88\ \text{mmol} \cdot \text{L}^{-1}$; $c(I_2) = 8{,}92\ \text{mmol} \cdot \text{L}^{-1}$, $c(HI) = 44{,}49\ \text{mmol} \cdot \text{L}^{-1}$

Gesucht: Gleichgewichtskonstante K_C

Lösung:

1. RGl $H_2(g) + I_2(g) \rightleftarrows 2\ HI(g)$

2. MWG $K_C = \dfrac{c^2(HI)}{c(H_2) \cdot c(I_2)}$

3. ⇄ Die Gleichgewichtskonzentrationen können ins MWG eingesetzt werden.

4. Ber $K_C = \dfrac{(44{,}49\ \text{mmol} \cdot \text{L}^{-1})^2}{4{,}88\ \text{mmol} \cdot \text{L}^{-1} \cdot 8{,}92\ \text{mmol} \cdot \text{L}^{-1}} \approx 45{,}5$

Antwort: Die Gleichgewichtskonstante der Iodwasserstoffsynthese beträgt $K_C = 45{,}5$. Sie hat die Einheit „eins".

AUFGABE 2 Stellen Sie fest, ob sich die Reaktion für die gegebenen Werte im Gleichgewicht befindet.

Gegeben: $c(H_2) = 5{,}0\ \text{mmol} \cdot \text{L}^{-1}$; $c(I_2) = 10{,}0\ \text{mmol} \cdot \text{L}^{-1}$, $c(HI) = 40{,}0\ \text{mmol} \cdot \text{L}^{-1}$, $K_C = 45{,}5$; $\vartheta = 490\ °\text{C}$

Gesucht: Wert des Konzentrationsquotienten

Lösung:

1. RGl $H_2(g) + I_2(g) \rightleftarrows 2\ HI(g)$

2. MWG $K_C = \dfrac{c^2(HI)}{c(H_2) \cdot c(I_2)}$

3. ⇄ Überprüfen, ob K_C gleich dem Konzentrationsquotienten ist.

4. Ber $\dfrac{(40{,}0\ \text{mmol} \cdot \text{L}^{-1})^2}{5{,}0\ \text{mmol} \cdot \text{L}^{-1} \cdot 10{,}0\ \text{mmol} \cdot \text{L}^{-1}} = 32 \neq 45{,}5$

Antwort: Das System befindet sich nicht im Gleichgewicht.

AUFGABE 3 Berechnen Sie aus den Anfangskonzentrationen die Gleichgewichtskonzentrationen aller Reaktionsteilnehmer.

Gegeben: $c_0(H_2) = 5\ \text{mmol} \cdot \text{L}^{-1}$; $c_0(I_2) = 10\ \text{mmol} \cdot \text{L}^{-1}$, $c_0(HI) = 40\ \text{mmol} \cdot \text{L}^{-1}$, $K_C = 45{,}5$; $\vartheta = 490\ °\text{C}$

Gesucht: alle Gleichgewichtskonzentrationen

Lösung:

1. RGl $H_2(g) + I_2(g) \rightleftarrows 2\ HI(g)$

2. MWG $K_C = \dfrac{c^2(HI)}{c(H_2) \cdot c(I_2)}$

3. ⇄ Bei der Bildung von 2 HI-Molekülen werden 1 I_2-Molekül und 1 H_2-Molekül vernichtet. Die Zunahme von $c(HI)$ ist deshalb doppelt so groß wie die Abnahme von $c(H_2)$ und $c(I_2)$.

	H_2	I_2	HI
c_0 in $\text{mmol} \cdot \text{L}^{-1}$	5	10	40
c in $\text{mmol} \cdot \text{L}^{-1}$	$5 - x$	$10 - x$	$40 + 2x$

4. Ber $45{,}5 = \dfrac{(40 + 2x)^2}{(5 - x) \cdot (10 - x)}$

$$45{,}5 = \frac{4x^2 + 160x + 1600}{x^2 - 15x + 50} \qquad \text{Normalform: } x^2 + px + q = 0$$

$$45{,}5 \cdot (x^2 - 15x + 50) = 4x^2 + 160x + 1600$$
$$45{,}5x^2 - 682{,}5x + 2275 = 4x^2 + 160x + 1600$$
$$41{,}5x^2 - 842{,}5x + 675 = 0$$
$$x^2 - 20{,}30x + 16{,}27 = 0$$
$$x_{1/2} = \frac{20{,}30}{2} \pm \sqrt{\left(\frac{20{,}30}{2}\right)^2 - 16{,}27}$$

$x_1 \approx 19{,}46 \qquad x_2 \approx 0{,}84$

Nur x_2 ist sinnvoll, da x_1 zu negativen Konzentrationen führt. Für die Gleichgewichtskonzentrationen folgt:

$c(HI) = (40 + 2x)\ \text{mmol} \cdot \text{L}^{-1} \approx 41{,}67\ \text{mmol} \cdot \text{L}^{-1}$
$c(H_2) = (5 - x)\ \text{mmol} \cdot \text{L}^{-1} \approx 4{,}17\ \text{mmol} \cdot \text{L}^{-1}$
$c(I_2) = (10 - x)\ \text{mmol} \cdot \text{L}^{-1} \approx 9{,}17\ \text{mmol} \cdot \text{L}^{-1}$

Antwort: Die Gleichgewichtskonzentrationen für das Iodwasserstoff-Gleichgewicht bei 490 °C sind: $c(HI) \approx 41{,}67\ \text{mmol} \cdot \text{L}^{-1}$; $c(H_2) \approx 4{,}17\ \text{mmol} \cdot \text{L}^{-1}$ und $c(I_2) \approx 9{,}17\ \text{mmol} \cdot \text{L}^{-1}$.

1 Schwefeldioxid (SO_2) und Sauerstoff (O_2) reagieren in einer Gleichgewichtsreaktion zu Schwefeltrioxid (SO_3). $c(SO_2) = 1{,}20\ \text{mol} \cdot \text{L}^{-1}$, $c(O_2) = 1{,}10\ \text{mol} \cdot \text{L}^{-1}$, $c(SO_3) = 3{,}15\ \text{mol} \cdot \text{L}^{-1}$. Berechnen Sie K_C.

2 Distickstofftetraoxid (N_2O_4) zerfällt in einer Gleichgewichtsreaktion zu Stickstoffdioxid (NO_2). Die Gleichgewichtskonstante beträgt bei 25 °C $K_C = 0{,}174\ \text{mol} \cdot \text{L}^{-1}$. Berechnen Sie die Gleichgewichtskonzentrationen, wenn $c_0(N_2O_4) = 0{,}5\ \text{mol} \cdot \text{L}^{-1}$ und $c_0(NO_2) = 0\ \text{mol} \cdot \text{L}^{-1}$.

Methode

M Simulation chemischer Gleichgewichte

AUFGABE Simulieren Sie die Einstellung des chemischen Gleichgewichts für die Reaktion A $\rightleftarrows$ B.

Tabellenkalkulationsprogramme ermöglichen es, die Einstellung chemischer Gleichgewichte zu simulieren. Dazu werden die Konzentrationsänderungen in kleinen Zeitintervallen berechnet. Bei gegebenen Ausgangskonzentrationen $c_0(A)$, $c_0(B)$ usw. und Geschwindigkeitskonstanten für Hin- und Rückreaktion, k_{Hin} und $k_{Rück}$, können die Konzentrationen zu verschiedenen Zeitpunkten berechnet und in einem Diagramm dargestellt werden. Die Methode erläutert und veranschaulicht die prinzipielle Vorgehensweise an einer einfachen Gleichgewichtsreaktion:

$$A \rightleftarrows B$$

1. **Berechnen der Konzentrationsänderungen $\Delta c(A)$ und $\Delta c(B)$ im Zeitintervall Δt:** Die Geschwindigkeiten der Hin- und der Rückreaktion, $\frac{\Delta c(A)}{\Delta t}$ und $\frac{\Delta c(B)}{\Delta t}$, hängen beide sowohl von $c(A)$ als auch von $c(B)$ ab:
A entsteht, wenn B zu A reagiert, und wird verbraucht, wenn A zu B reagiert:
$$\frac{\Delta c(A)}{\Delta t} = k_{Rück} \cdot c(B) - k_{Hin} \cdot c(A)$$
$$\Rightarrow \Delta c(A) = [k_{Rück} \cdot c(B) - k_{Hin} \cdot c(A)] \cdot \Delta t$$
B entsteht, wenn A zu B reagiert, und B wird verbraucht, wenn B zu A reagiert:
$$\frac{\Delta c(B)}{\Delta t} = k_{Hin} \cdot c(A) - k_{Rück} \cdot c(B)$$
$$\Rightarrow \Delta c(B) = [k_{Hin} \cdot c(A) - k_{Rück} \cdot c(B)] \cdot \Delta t$$
k_{Hin} und $k_{Rück}$ sind die Geschwindigkeitskonstanten der Hin- und der Rückreaktion. Bei Annäherung ans Gleichgewicht nähert sich die Differenz $k_{Rück} \cdot c(B) - k_{Hin} \cdot c(A)$ dem Wert null.

2. **Berechnen der Konzentrationen $c(A)$ und $c(B)$ zu einem bestimmten Zeitpunkt:** Aus einer Anfangskonzentration c_0 kann die Konzentration c_1 aus der Konzentrationsänderung Δc im Intervall Δt berechnet werden.
$$c_1(A) = c_0(A) + \Delta c(A) = c_0(A) + [k_{Rück} \cdot c_0(B) - k_{Hin} \cdot c_0(A)] \cdot \Delta t$$
$$c_1(B) = c_0(B) + \Delta c(B) = c_0(B) + [k_{Hin} \cdot c_0(A) - k_{Rück} \cdot c_0(B)] \cdot \Delta t$$

3. **Umsetzen der Gleichungen mit einem gängigen Tabellenkalkulationsprogramm:**

	A	B	C	D	E	F
1	Zeit in s	c(A) in mol/L	c(B) in mol/L		k_{hin}	0,004
2	0	1,000	0,000		$k_{rück}$	0,001
3	10	0,960	0,040		Δt	10
4	20	0,922	=C3 + (F$1*B3-F$2*C3)*F$3			
5	30	0,886	0,114			
6	40	0,852	0,148			

01 Umsetzung der Konzentrationsberechnung mit einem Tabellenkalkulationsprogramm

Im Feld C4 wird die Konzentration $c_1(B)$ zum Zeitpunkt t = 20 s aus den Konzentrationen $c_0(A)$ und $c_0(B)$ zum Zeitpunkt t = 10 s berechnet. Aus dem Vergleich der Formeln ist das leichter ersichtlich:

= C3 + (F$1 * B3 - F$2 * C3) *F$3

$$c_1(B) = c_0(B) + [k_{Hin} \cdot c_0(A) - k_{Rück} \cdot c_0(B)] \cdot \Delta t$$

Die Formel im Feld C5, mit der $c(B)$ zum Zeitpunkt t = 30 s berechnet wird, ist der in Feld C4 ähnlich. Es sind C3 durch C4, B3 durch B4 ersetzt.
Die Werte für k_{Hin} und $k_{Rück}$ und Δt stehen in den Feldern F1, F2 und F3. Auf sie wird in jedem Feld Bezug genommen, was durch die Schreibweise „F$1", „F$2" und „F$3" verdeutlicht wird.

4. **Erstellen des Diagramms:** Die Konzentrationen werden als x-y-Punkt-Diagramm eingefügt.

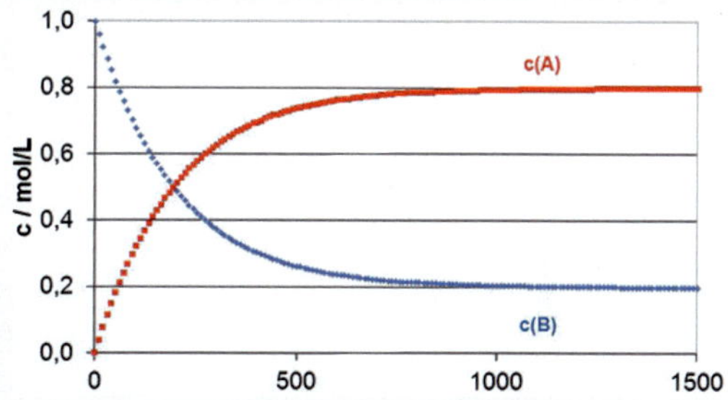

02 Verlauf von $c(A)$ und $c(B)$ von t = 0 bis t = 1000 s

5. **Prüfen auf Gleichgewichtszustand:** Bei t = 1000 s haben $c(A) = 0{,}20\ mol \cdot L^{-1}$ und $c(B) = 0{,}80\ mol \cdot L^{-1}$ nahezu konstante Werte erreicht. Zur Berechnung von K_C werden diese Werte ins MWG eingesetzt.
$$K_C = \frac{c(B)}{c(A)} = \frac{0{,}80\ mol \cdot L^{-1}}{0{,}20\ mol \cdot L^{-1}} = 4$$
Das entspricht $K_C = \frac{k_{Hin}}{k_{Rück}}$; d. h., die Reaktion befindet sich nach 1000 s im Gleichgewicht.

1 Berechnen Sie mit Schritt 2 und einem Tabellenkalkulationsprogramm $c(A)$ und $c(B)$ für 100 Zeitpunkte zwischen 0 und 1000 s. Stellen Sie die Reaktion in einem Diagramm dar (↑ **02**): $c_0(A) = 1{,}0\ mol \cdot L^{-1}$, $c_0(B) = 0{,}0\ mol \cdot L^{-1}$, $k_{Hin} = 0{,}008\ s^{-1}$, $k_{Rück} = 0{,}004\ s^{-1}$.

2 Wiederholen Sie Aufgabe 1 mit veränderten Geschwindigkeitskonstanten:
a $k_{Hin} = 0{,}008\ s^{-1}$, $k_{Rück} = 0{,}002\ s^{-1}$
b $k_{Hin} = 0{,}008\ s^{-1}$, $k_{Rück} = 0{,}001\ s^{-1}$
Beschreiben und erklären Sie mit Bezug auf das Gleichgewicht die Veränderungen gegenüber dem Diagramm aus Aufgabe 1.

5.7 Störung des chemischen Gleichgewichts

01 Spritziges Wasser nur aus vollen Flaschen

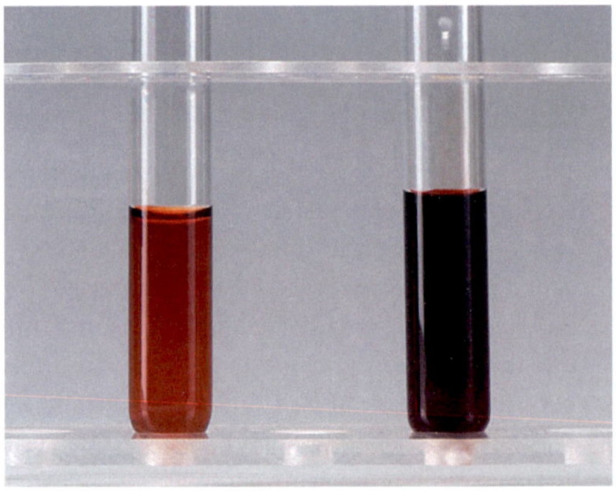

03 Farbänderung durch Konzentrationsänderung

STILLES WASSER STATT SPRUDEL Wasser aus einer frisch geöffneten Sprudelflasche schmeckt aufgrund des darin gelösten Kohlenstoffdioxids erfrischend und spritzig. Bleibt nur ein kleiner Rest in der wieder verschlossenen Flasche, dann schmeckt er nach einiger Zeit fast wie stilles Wasser.
In der ungeöffneten Sprudelflasche liegt ein Gleichgewicht vor. Pro Zeitraum gelangen gleich viele CO_2-Moleküle aus dem Mineralwasser in die Gasphase wie umgekehrt aus der Gasphase in die wässrige Lösung (↑ **02**). Beim Ausgießen des Wassers gelangt Luft in die Flasche, wodurch die Konzentration an Kohlenstoffdioxid in der Gasphase geringer wird. Damit liegt eine **Störung des Gleichgewichts** vor. Es gelangen weniger CO_2-Moleküle pro Zeitraum in die Lösung wie umgekehrt in die Gasphase. Folglich nimmt die Konzentration des Kohlenstoffdioxids im Mineralwasser ab und in der Gasphase zu. Dies passiert, bis das Gleichgewicht wieder erreicht ist. Hat die Gasphase ein großes Volumen, dann bleibt nur noch wenig Kohlenstoffdioxid im Mineralwasser.

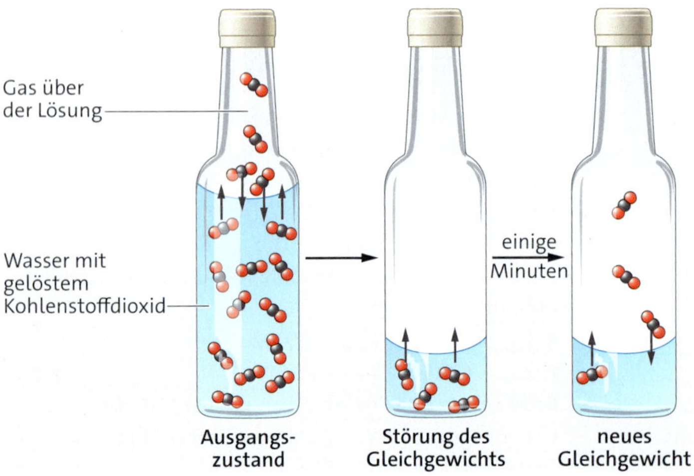

02 Störung und Einstellung des Gleichgewichts im Modell

STÖRUNG ÜBER KONZENTRATIONSÄNDERUNG In einer Lösung, die Eisen(III)-Ionen (Fe^{3+}) und Thiocyanat-Ionen (SCN^-) enthält, liegt folgendes chemische Gleichgewicht vor:

$$Fe^{3+}(aq) + SCN^-(aq) \rightleftharpoons [Fe(SCN)]^{2+}(aq)$$

Die $[Fe(SCN)]^{2+}$-Ionen verursachen die rote Farbe der Lösung. Gibt man eine farblose Lösung, die SCN^--Ionen enthält, hinzu, so wird die rote Farbe intensiver (↑ **03**). Diese Beobachtung ist zunächst überraschend und kann wie folgt erklärt werden:
Die Erhöhung der Stoffmengenkonzentration $c(SCN^-)$ sorgt für eine Zunahme reaktiver Stöße der Hinreaktion, die dadurch schneller verläuft als die Rückreaktion. Dadurch werden mehr $[Fe(SCN)]^{2+}$-Ionen gebildet und ihre Konzentration und damit auch die Farbintensität steigen.

STÖRUNG UND DRUCKÄNDERUNG Rotbraunes, gasförmiges Stickstoffdioxid (NO_2) steht im Gleichgewicht mit dem farblosen Distickstofftetraoxid (N_2O_4):

$$2\,NO_2(g) \rightleftharpoons N_2O_4(g)$$

Wird das Volumen durch Druckerhöhung geringer, so steigt die Zahl der Zusammenstöße, die zu einem N_2O_4-Molekül führen, stärker an als die, bei denen es zerfällt. Dadurch übersteigt die Geschwindigkeit der Hinreaktion die der Rückreaktion, und das chemische Gleichgewicht verschiebt sich so, dass mehr N_2O_4- und weniger NO_2-Moleküle als vor der Druckerhöhung vorliegen.
Diese **Verschiebung des Gleichgewichts** senkt den Druck, weil die Anzahl der Teilchen in der Gasphase abnimmt, wenn jeweils zwei NO_2-Moleküle zu einem N_2O_4-Molekül reagieren. Druckminderung durch Volumenvergrößerung hat den gegenteiligen Effekt.

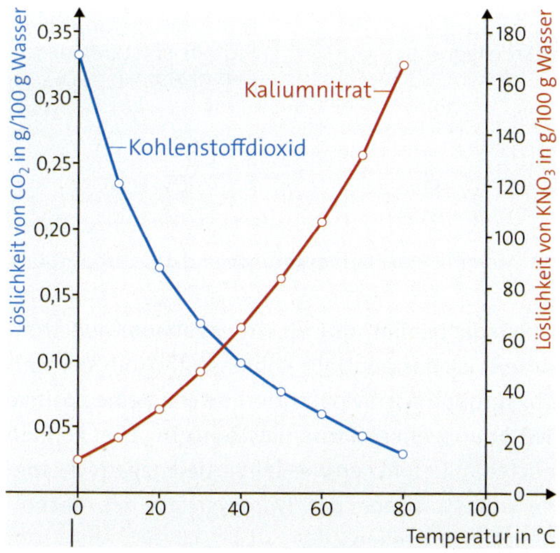

04 Temperaturabhängige Löslichkeit von Kohlenstoffdioxid und Kaliumnitrat in Wasser

TEMPERATURABHÄNGIGKEIT Zur Herstellung von Sprudel wird Kohlenstoffdioxid in Wasser gelöst. Dieser Vorgang ist exotherm:

$$CO_2(g) \rightleftarrows CO_2(aq) \qquad \Delta H < 0$$

Erhöht man die Temperatur und öffnet dann die Sprudelflasche, so ist die Lautstärke des Zischens ein Hinweis darauf, dass mehr Kohlenstoffdioxid entweicht als bei tiefen Temperaturen. Die Löslichkeit von Kohlenstoffdioxid in Wasser sinkt mit steigender Temperatur (↑ **04**), d. h., das Gleichgewicht wird nach links verschoben.
Wird dagegen Kaliumnitrat in Wasser gelöst, so kühlt sich die Lösung ab. Dieser Vorgang ist endotherm.

$$KNO_3(s) \rightleftarrows K^+(aq) + NO_3^-(aq) \qquad \Delta H > 0$$

Kühlt man eine gesättigte Lösung ab, so kristallisiert sogar festes Kaliumnitrat aus, d. h., seine Löslichkeit sinkt mit fallender Temperatur (↑ **04**).

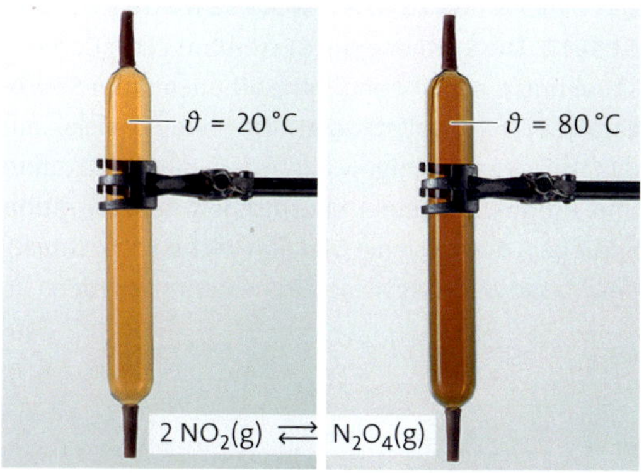

05 Mischung von Stickstoffdioxid und Distickstofftetraoxid bei verschiedenen Temperaturen

TEMPERATUR UND CHEMISCHES GLEICHGEWICHT Die Bildung von Distickstofftetraoxid aus Stickstoffdioxid ist eine exotherme chemische Reaktion. Mit steigender Temperatur nimmt der Anteil an rotbraunem Stickstoffdioxid zu (↑ **05**), das Gleichgewicht verschiebt sich also auf die Seite des Stickstoffdioxids.

PRINZIP VON LE CHATELIER Die Art, wie dynamische Gleichgewichte auf Störungen reagieren, wurde von HENRY LE CHATELIER und FERDINAND BRAUN im „Prinzip des kleinsten Zwangs" (1888) formuliert:

Übt man auf ein im dynamischen Gleichgewicht befindliches System durch Änderung von Druck, Temperatur oder Konzentrationen einen Zwang aus, dann verschiebt sich das Gleichgewicht so, dass dieser Zwang verkleinert wird.

Für die genannten Variablen bedeutet das:
Erhöht bzw. erniedrigt man den **Druck**, dann verschiebt sich das Gleichgewicht so, dass die Zahl der Teilchen in der Gasphase kleiner bzw. größer wird.
Erhöht bzw. erniedrigt man die **Konzentration** eines Reaktionspartners, dann verschiebt sich das Gleichgewicht so, dass der Reaktionspartner verbraucht bzw. erzeugt wird.
Erhöht bzw. vermindert man die **Temperatur**, dann verschiebt sich das Gleichgewicht in Richtung der endothermen bzw. der exothermen Reaktion. Dabei verändert sich auch die Gleichgewichtskonstante K. Sie hängt bei exothermen bzw. endothermen Reaktionen von der Temperatur ab.

Bei einer exothermen Reaktion ist die Rückreaktion endotherm – und umgekehrt.

1 › **a** Begründen Sie, dass sich der Konzentrationsquotient des Stickstoffdioxid-Distickstofftetraoxid-Gleichgewichts halbiert, wenn das Volumen auf die Hälfte verkleinert wird.
b Erstellen Sie eine Hypothese, wie sich die Farbe eines Gasgemischs aus Stickstoffdioxid und Distickstofftetraoxid verändert, nachdem das Volumen spontan verdoppelt wurde.

2 › Erläutern Sie, warum es für die Produktion von Sprudel günstig ist, kaltes Wasser und Kohlenstoffdioxid bei erhöhtem Druck einzusetzen.

3 › Betrachten Sie folgendes Gleichgewicht:
$Fe^{3+}(aq) + SCN^-(aq) \rightleftarrows [Fe(SCN)]^{2+}(aq)$
Je höher die Konzentration der $[Fe(SCN)]^{2+}$-Ionen, umso intensiver rot wird die Lösung. Erhöht man die Temperatur, so sinkt die Intensität der Farbe. Ziehen Sie eine Schlussfolgerung aus dieser Beobachtung.

5.8 Esterbildung – eine Gleichgewichtsreaktion LK

Bildung von Peptiden ↑ S. 44

Mechanismus der Amidsynthese ↑ S. 76

VERESTERUNG Carbonsäuren reagieren mit Alkoholen unter Abspaltung von Wasser zu **Carbonsäureestern** (kurz: **Ester**). Es handelt sich also wie bei der Bildung von *Peptiden* und *Amiden* um eine **Kondensation**. Dieser Vorgang wird **Esterbildung** oder **Veresterung** genannt. Bei der Rückreaktion, der Esterspaltung, findet eine **Hydrolyse** statt.

SÄUREKATALYSIERTE VERESTERUNG Die Esterbildung ist eine Gleichgewichtsreaktion, d. h., alle Reaktionsschritte sind reversibel. Die Reaktionsgeschwindigkeit der Reaktion von Carbonsäuren mit Alkoholen wäre ohne die Verwendung eines Katalysators zu gering. Als Katalysator wirken Protonen, die dem Reaktionsansatz beispielsweise durch Schwefelsäure zugeführt werden. Man spricht deshalb auch von einer **säurekatalysierten Veresterung**. Da die reagierenden Teilchen und der Katalysator alle in derselben (flüssigen) Phase vorliegen, handelt es sich um eine **homogene Katalyse**. Sie verläuft nach folgendem Reaktionsmechanismus (↑ **01**):

Zunächst erfolgt die Anlagerung eines Protons. Durch die Anlagerung des Protons an ein freies Elektronenpaar des Sauerstoff-Atoms der Carboxygruppe entsteht ein Carbokation, das mesomeriestabilisiert ist (↑ **02**).

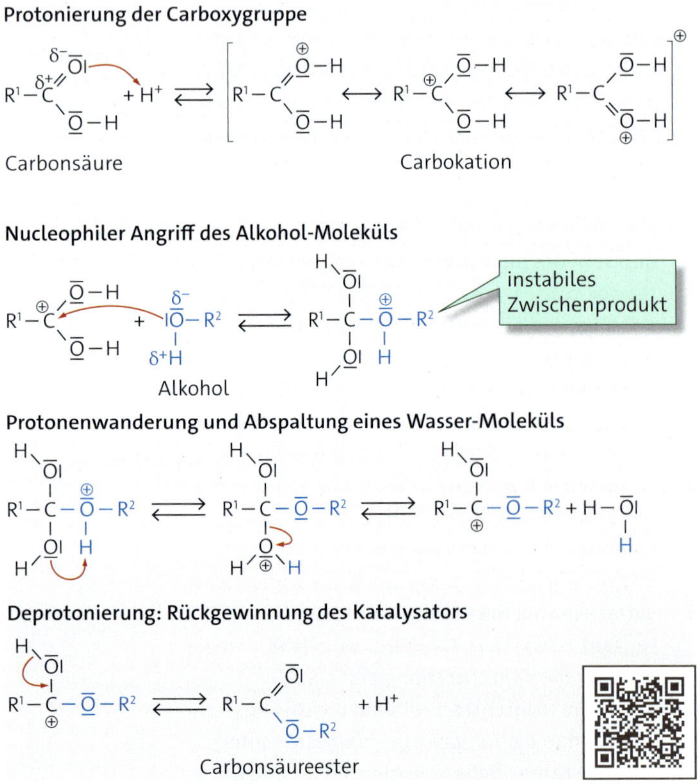

01 Mechanismus der säurekatalysierten Veresterung (Esterbildung)

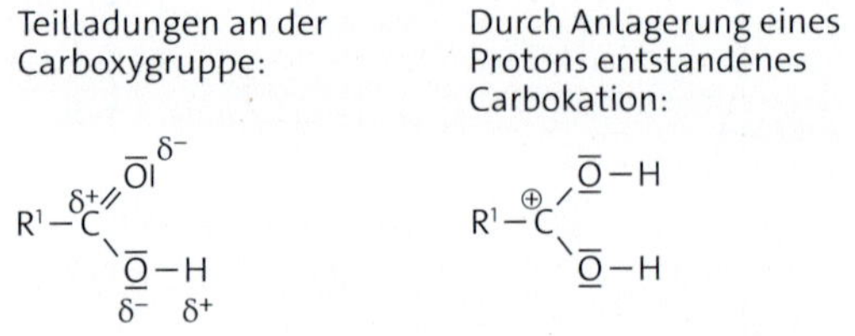

02 Merkmale der Carboxygruppe und des Carbokations

Durch die beiden stark elektronegativen Sauerstoff-Atome ist das zentrale Kohlenstoff-Atom der Carboxygruppe positiv polarisiert. Es trägt eine positive Teilladung, ein elektrophiles Zentrum. Hier können nucleophile Teilchen wie das partiell negativ geladene Sauerstoff-Atom der Hydroxygruppe des Alkohol-Moleküls angreifen.

Dabei handelt es sich formal um die *Addition* eines nucleophilen Teilchens an das positiv polarisierte Kohlenstoff-Atom. Dadurch entsteht ein positiv geladenes instabiles Zwischenprodukt mit der positiven Ladung an einem elektronegativen Sauerstoff-Atom.

Schließlich findet eine *Eliminierung* statt. Durch Abspaltung eines Wasser-Moleküls und eines Protons wird das instabile Zwischenprodukt mit der Bildung einer energetisch günstigen C=O-Doppelbindung schließlich stabilisiert. Da bei diesem Mechanismus eine Addition und eine Eliminierung gekoppelt vorkommen, spricht man von einer **Additions-Eliminierungs-Reaktion**.

Die säurekatalysierte Veresterung ist eine mehrschrittige Gleichgewichtsreaktion. Die bedeutsamsten Schritte sind die Addition des Alkohol-Moleküls an das Carbonsäure-Molekül und die Eliminierung des Wasser-Moleküls.

ESTERSYNTHESE UND MASSENWIRKUNGSGESETZ Die Synthese eines Esters aus einer Carbonsäure und einem Alkohol verläuft auch unter Säurekatalyse nie vollständig. Es bildet sich ein dynamisches Gleichgewicht aus, in dem die Edukte und Produkte in einer spezifischen Konzentration vorliegen, die durch die Gleichgewichtskonstante K_C des Massenwirkungsgesetzes bestimmt werden.

Carbonsäure + Alkohol ⟶ Ester + Wasser

$$K_C = \frac{c(\text{Ester}) \cdot c(\text{Wasser})}{c(\text{Carbonsäure}) \cdot c(\text{Alkohol})}$$

Oft ist es von Interesse, eines der Reaktionsprodukte in möglichst hoher *Ausbeute* zu gewinnen. Allerdings ist es nicht möglich, nur für *einen der Reaktionspartner* im Gleichgewicht die Konzentration zu verändern. Denn wenn der Wert des Konzentrationsquotienten von K_C abweicht, verlaufen Hin- und Rückreaktion im Gleichgewicht nicht gleich schnell. Das Gleichgewicht muss sich neu einstellen, indem sich die Konzentrationen von Edukten und Produkten durch entsprechende Reaktionen solange verändern, bis wieder der Gleichgewichtszustand erreicht ist.

STÖRUNG DES GLEICHGEWICHTS DURCH KONZENTRATIONSÄNDERUNG Oft werden Edukte wie hier bei der Estersynthese Carbonsäure und Alkohol im stöchiometrischen Verhältnis von 1 : 1 eingesetzt. Wird jedoch die Konzentration *eines der beiden Edukte* signifikant erhöht, so wird der Nenner des Konzentrationsquotienten größer. Folglich muss mehr Ester und Wasser gebildet werden, um das Gleichgewicht einzustellen. Im Reaktionsgemisch verbleibt jedoch das überschüssige Edukt, das entweder nach der Abtrennung entsorgt werden muss oder wiederaufbereitet erneut zur Synthese eingesetzt werden kann.

Ein anderer Weg ist die Störung der Produktkonzentrationen. Da der gebildete Ester weitgehend unpolar und daher nicht mit Wasser mischbar ist, kann das gebildete Wasser in einer Apparatur entsprechend Bild ↑ **03** aus dem Reaktionsgemisch entfernt werden (↑ Exp. 5.11). Da damit die Konzentration des Produkts Wasser sinkt, muss dieses nachgebildet werden, um das Gleichgewicht wieder einzustellen. Dabei entsteht gleichzeitig Ester, sodass die Konzentration des Esters ansteigt. Wenn das Wasser kontinuierlich abgeschieden wird, können die eingesetzten Edukte fast vollständig umgesetzt werden.

STÖRUNG DES GLEICHGEWICHTS DURCH ÄNDERUNG DES DRUCKS ODER DER TEMPERATUR Da bei der Estersynthese üblicherweise Edukte und Produkte flüssig sind, wirkt sich eine Änderung des Drucks, anders als bei Gasen, praktisch nicht aus. Durch eine Erhöhung der Temperatur wird ein Gleichgewicht in Richtung der endothermen Reaktion verschoben, durch Erniedrigung der Temperatur in die der exothermen Reaktion. Veresterungen verlaufen meist schwach exotherm. Daher hätte eine Temperaturerniedrigung nur einen geringen Einfluss. Zudem würde sich das Gleichgewicht langsamer einstellen, weil die Reaktionsgeschwindigkeit temperaturabhängig ist. Daher spielen Druck- und Temperaturänderungen bei der Estersynthese kaum eine Rolle.

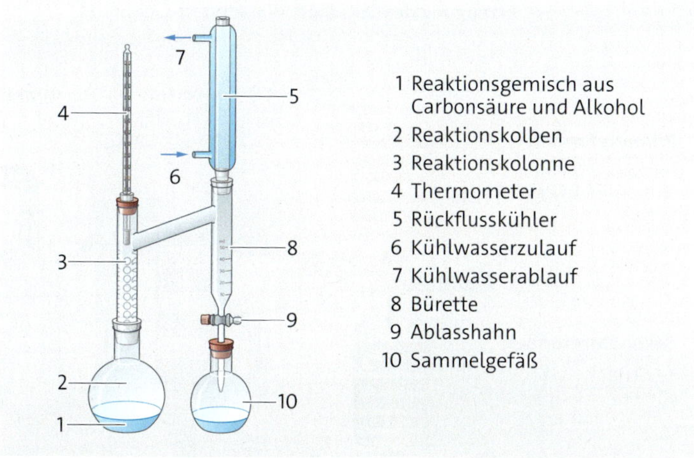

03 Versuchsaufbau: Wasserabscheidung bei der Estersynthese

P EXP 5.11 Estersynthese mit Wasserabscheidung

5 2 7

Materialien 2 Rundkolben (250 mL, 100 mL), Reaktionskolonne zur Wasserabscheidung, Rückflusskühler mit Schläuchen, Magnetrührer und Rührkern, Heizpilz, Thermometer, Waage, Pipetten (10 mL, 5 mL), Butan-1-ol (2, 5, 7), Natriumbutyrat (7), Kationentauscher (stark sauer)

Durchführung

a) Bauen Sie die Apparatur auf (↑ **03**). Füllen Sie 35 mL Butan-1-ol in den Rundkolben und 10 mL in die Bürette. Geben Sie nun 27,5 g Natriumbutyrat, 10 g Kationentauscher sowie den Rührkern in den Rundkolben. Erhitzen Sie das Reaktionsgemisch stark und rühren Sie unter Rückfluss für ca. 10 min. Lassen Sie die sich ggf. bildenende untere Phase der sich absetzenden Flüssigkeit in der Bürette ab.

b) Führen Sie den Versuch analog durch, jedoch ohne die Reaktionskolonne zur Wasserabscheidung.
Gießen Sie nach dem Abkühlen jeweils den Kolbeninhalt in ein halb mit Wasser gefülltes Becherglas.
Entsorgung: Reste in Behälter für organische Abfälle geben.

Auswertung

1 〉 Notieren Sie Ihre Beobachtungen und deuten Sie diese.
2 〉 Entwickeln Sie die Reaktionsgleichungen.
3 〉 Erläutern Sie die Vorteile bei der Durchführung der Estersynthese nach Ansatz **a**.

1 〉 Erklären Sie, dass sich bei einer Veresterung, die von 2 mol Ethanol und 1 mol Ethansäure ausgeht, mehr Ester bildet als bei der Verwendung von nur 1 mol Ethanol.

2 〉 Stellen Sie eine Hypothese auf, unter welchen Umständen es wirtschaftlich sinnvoll ist, die Konzentration eines der Edukte zu vergrößern, um die Ausbeute einer Reaktion zu erhöhen.

5.9 Haber-Bosch-Verfahren LK

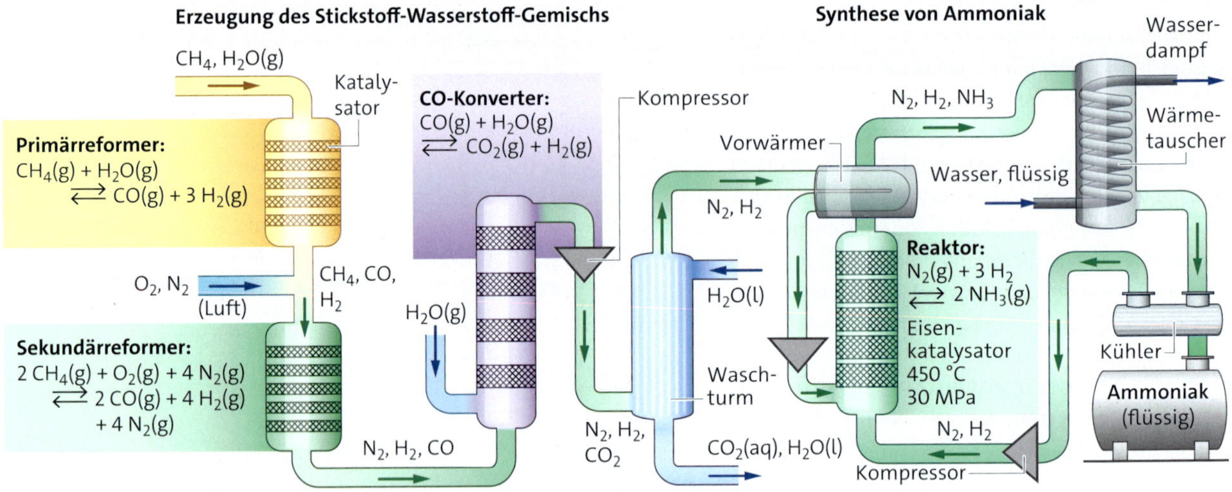

01 Technische Herstellung von Ammoniak nach dem Haber-Bosch-Verfahren (Schema)

Animation: Haber-Bosch-Verfahren

NITRATHALTIGER NATURDÜNGER UND SPRENGSTOFFE Guano, versteinerter Dung pazifischer Seevögel, war im 19. Jahrhundert ein begehrtes Produkt. Er enthält vor allem Natriumnitrat ($NaNO_3$) und Kaliumnitrat (KNO_3), die als Düngemittel verwendet werden. Die Versorgung der wachsenden Weltbevölkerung mit Lebensmitteln konnte jedoch mit Guano als Dünger nicht mehr gesichert werden. Außerdem wurden zur Herstellung von Dynamit und Schwarzpulver ebenfalls Kalium- und Natriumnitrat benötigt. Aus ökonomischen sowie militärischen Gründen wurden deshalb viele Anstrengungen unternommen, Nitratsalze im großen Maßstab synthetisch herzustellen.

REAKTIONSTRÄGER STICKSTOFF Der Syntheseweg zu den Nitratsalzen führt über die Salpetersäure (HNO_3), die wiederum durch Oxidation aus Ammoniak (NH_3) zugänglich ist. Ammoniak kann direkt aus den Elementen synthetisiert werden:

$$N_2(g) + 3\,H_2(g) \rightleftarrows 2\,NH_3(g) \qquad \Delta_r H^0 = -92\ \text{kJ}\cdot\text{mol}^{-1}$$

Der Stickstoff stammt aus der Luft. Der Wasserstoff wird im Primär- und Sekundärreformer sowie im CO-Konverter katalytisch aus Methan (CH_4) und Kohlenstoffmonooxid (CO) sowie Wasserdampf bzw. Sauerstoff erzeugt. Das dabei entstehende Kohlenstoffdioxid wird im Waschturm entfernt (↑ **01**).

Das Stickstoff-Molekül ist wegen der starken Dreifachbindung, die bei der Ammoniakbildung gespalten werden muss, reaktionsträge. Eine Erhöhung der Reaktionsgeschwindigkeit durch Temperaturerhöhung vermindert aber die Ausbeute an Ammoniak. Der Grund hierfür ist nach dem Prinzip von Le Chatelier die Verschiebung des Gleichgewichts der exothermen Reaktion auf die Seite der Ausgangsstoffe. Ein Ausweg aus diesem Dilemma lässt sich durch einen geeigneten Katalysator und durch eine Erhöhung des Drucks erreichen (↑ **02**): Im Jahr 1909 gelang es dem Chemiker FRITZ HABER, bei einem Druck von 20 MPa und mit einem Eisenkatalysator bei 450 °C Ammoniak in guter Ausbeute zu gewinnen. In der großtechnischen Anlage läuft die Ammoniaksynthese im Reaktor ab, mit leicht veränderten Bedingungen. Durch nachfolgende Abkühlung wird das Ammoniak kondensiert und aus dem System entfernt. Aus dem Restgas bildet sich gemäß dem Prinzip von Le Chatelier im Reaktor erneut Ammoniak.

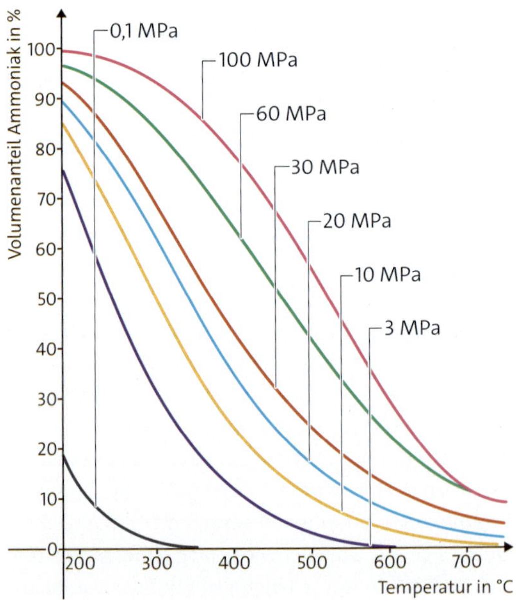

02 Abhängigkeit des Volumenanteils an Ammoniak von Druck und Temperatur

DRUCK UND MASSENWIRKUNGSGESETZ Bei der Bildung von zwei Molekülen Ammoniak aus drei Wasserstoff-Molekülen und einem Stickstoff-Molekül verringert sich die Zahl der Teilchen in der Gasphase. Gemäß dem Prinzip von Le Chatelier kann das Gleichgewicht demzufolge durch Druckerhöhung auf die Seite des Ammoniaks verschoben werden.

Der Einfluss des Drucks und der Konzentration lässt sich auch mit dem Massenwirkungsgesetz verstehen (↑ **03**).

$$K_C = \frac{c^2(NH_3)}{c^3(H_2) \cdot c(N_2)}$$

Bei niedrigem Druck ist das System im Gleichgewicht und ein Drittel der Stickstoff- und Wasserstoff-Atome ist in Ammoniak-Molekülen gebunden (↑ **03A**). Eine Druckerhöhung durch Zugabe von Stickstoff und Wasserstoff bringt das System zunächst aus dem Gleichgewicht (↑ **03B**):
Das Gleichgewicht wird wieder erreicht, wenn Stickstoff- und Wasserstoff-Moleküle zu Ammoniak-Molekülen reagieren. Dadurch verringert sich die Anzahl von 30 Molekülen in Bild ↑ **03B** auf 24 Moleküle in Bild ↑ **03C** und der Druck sinkt wieder. Nun ist jedes zweite Stickstoff- und Wasserstoff-Atom in einem Ammoniak-Molekül gebunden, die Ammoniakausbeute wurde erhöht.

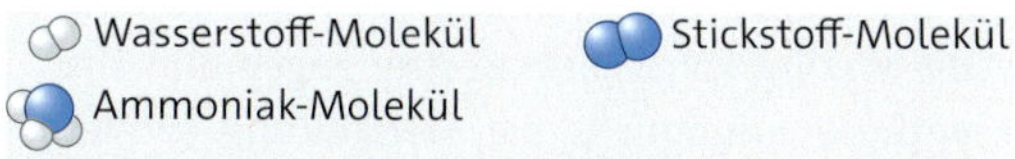

A

Gleichgewicht bei niedrigem Druck

$c(H_2) = 6, c(N_2) = 2, c(NH_3) = 2$

$$K_C = \frac{2^2}{6^3 \cdot 2} = \frac{1}{108}$$

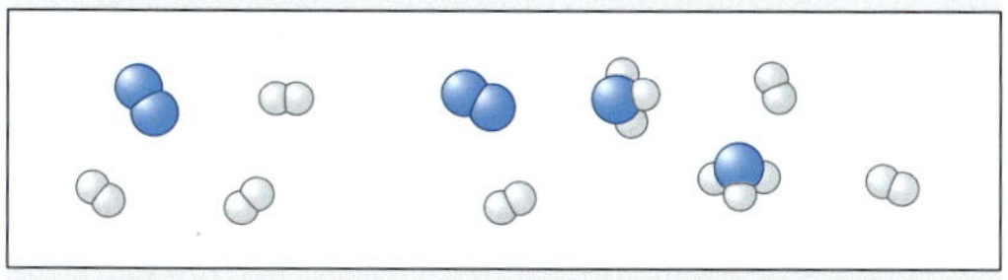

B

Druckerhöhung durch Zugabe von N_2 und H_2

$c_0(H_2) = 21, c_0(N_2) = 7, c_0(NH_3) = 2$

$$K_C > \frac{2^2}{21^3 \cdot 7} = \frac{4}{64\,827}$$

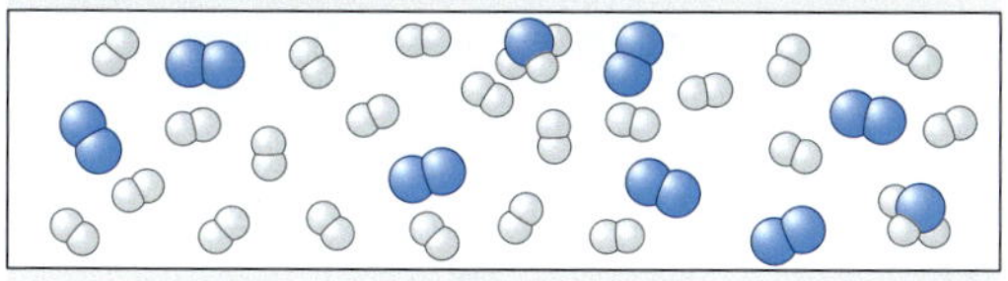

C

Neu eingestelltes Gleichgewicht

$c(H_2) = 12, c(N_2) = 4, c(NH_3) = 8$

$$K_C = \frac{8^2}{12^3 \cdot 4} = \frac{1}{108}$$

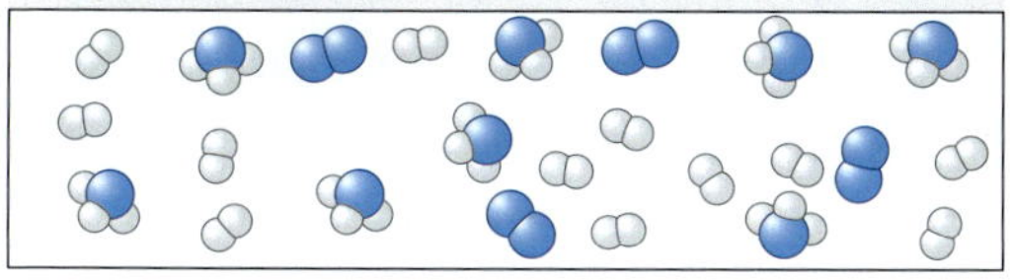

03 Auswirkung einer Druckerhöhung auf die Ammoniakausbeute. Die Einheiten für die Konzentrationen sind willkürlich und werden nicht genannt.

EIN GENIALER INGENIEUR Die großtechnische Umsetzung der Ammoniaksynthese im Jahr 1913 war wesentlich die Leistung von CARL BOSCH, der Hochdruckapparaturen von bis dahin unbekannter Größe konstruierte. Das Verfahren drohte zu scheitern, weil der Wasserstoff bei dem hohen Druck in den Stahl der Apparatur diffundierte und dort mit dem enthaltenen Kohlenstoff reagierte. Dadurch wurden die Hochdrucköfen instabil und platzten. BOSCH löste dieses Problem, indem er im Innern der Apparatur kohlenstofffreies Eisen einsetzte, das er mit einem Stahlmantel umgab. In diesen Mantel wurden Löcher gebohrt, durch die der Wasserstoff entweichen konnte und so nicht mehr mit dem Stahl reagierte.

1) **a** Erläutern Sie das Schema in Bild ↑ **01**.
b Erklären Sie die Funktion des Primär-, Sekundärreformers und des CO-Konverters (↑ **01**).
c Interpretieren Sie Bild ↑ **02** bezüglich des Einflusses von Druck und Temperatur auf die Ammoniakausbeute.
d Finden Sie einen Grund dafür, warum die Ammoniaksynthese bei 450 °C durchgeführt wird, obwohl der Volumenanteil an Ammoniak im Gleichgewicht bei kleinerer Temperatur größer ist (↑ **02**).
e Bewerten Sie folgende Aussage: „Eine Steigerung der Gleichgewichtskonzentration von Ammoniak im Haber-Bosch-Verfahren ist durch einen anderen Katalysator möglich."

2) Die Weltjahresproduktion von Ammoniak beträgt derzeit etwa 150 000 000 t.
a Bestimmen Sie die Pro-Kopf-Produktion. Vergleichen Sie den Wert mit dem Pro-Kopf-Konsum von Ethanol, der bei 5 kg/Jahr liegt.
b Recherchieren Sie fünf Alltagsstoffe, in deren Synthesekette Ammoniak auftritt. Belegen Sie die Präsenz von Stickstoff-Atomen in diesen Produkten durch Molekül- oder Lewis-Formel.

Der lange Schatten des FRITZ HABER

Nobelpreisträger des Jahres 1918 und Namensgeber von Straßen in deutschen Städten sowie des renommierten Fritz-Haber-Instituts in Berlin: Nur wenigen Forschern ist so viel Ehre zuteilgeworden wie **FRITZ HABER** (1868–1934). Seine grundlegenden Arbeiten zur Umwandlung von Stickstoff und Wasserstoff in Ammoniak haben dessen Verwendung als großtechnischen Ausgangsstoff zur Herstellung von Düngemitteln, Explosiv-, Farb- und Kunststoffen sowie Medikamenten erst ermöglicht. In Zahlen gefasst sind die Auswirkungen seiner wissenschaftlichen Erkenntnisse sehr beeindruckend: Von den global jährlich etwa 350 Millionen Tonnen atmosphärischen Stickstoffs, der in Stickstoffverbindungen umgewandelt wird, stammt bereits ein Drittel aus dem Haber-Bosch-Verfahren, die übrigen zwei Drittel werden in Bakterien und durch Blitze umgesetzt. Die Ernteerträge würden ohne synthetisch gewonnenen Ammoniak weltweit stark zurückgehen und Hungersnöte für einen großen Teil der Menschheit erschienen wahrscheinlich.

„Für Untersuchungen chemischer Reaktionen an Festkörperoberflächen", so lautete die Begründung des Komitees zur Vergabe des Nobelpreises für Chemie (2007) an **GERHARD ERTL**. Es sind genau diese Vorgänge, die für das Verständnis der Ammoniaksynthese nach dem *Haber-Bosch-Verfahren* wichtig sind: Die Bindung der H_2- und N_2-Moleküle an die Atome auf der Oberfläche des Katalysators, ihre Spaltung in Atome und deren Neuanordnung zu NH_3-Molekülen. ERTL hat mit modernen instrumentellen Methoden wie der Beugung langsamer Elektronen und der Rastertunnelmikroskopie diese chemischen Reaktionen erforscht. Eine Steigerung der Ausbeute oder eine mögliche Senkung der Reaktionstemperatur bedeuten bei den erzeugten Mengen an Ammoniak Gewinne oder Einsparungen von vielen Millionen Euro. Somit haben die grundlegenden Arbeiten von HABER eine seit 100 Jahren anhaltende, intensive Forschung zur Ammoniaksynthese ausgelöst.

CLARA IMMERWAHR (1870 – 1915), die erste in Deutschland promovierte Chemikerin, und HABER heirateten 1901. Trotz ihrer wissenschaftlichen Leistungen zur „Löslichkeitsbestimmung schwerlöslicher Salze des Quecksilbers, Kupfers, Bleis, Cadmiums und Zinks" erhielt sie keine Anstellung an einer Universität. In der Ehe fiel ihr die Rolle der repräsentierenden, umsorgenden Professorengattin und Mutter zu. Wissenschaftlich verschwand sie im Schatten von HABER, dem 1909 der Durchbruch bei der Ammoniaksynthese gelang. An ihren akademischen Lehrer, RICHARD ABEGG, schrieb IMMERWAHR im gleichen Jahr: „Was Fritz in diesen acht Jahren gewonnen hat, das – und noch mehr – habe ich verloren, und was von mir übrig ist, erfüllt mich mit der tiefsten Unzufriedenheit." Die Ehe der HABERS ist da bereits tief zerrüttet.

Im Friede für die Menschheit, im Krieg fürs Vaterland ist kurz gefasst die Maxime von HABERS Bestrebungen 1914. Die Ammoniaksynthese ermöglicht die Herstellung großer Mengen an Munition für die deutsche Armee im Ersten Weltkrieg. Daneben treibt HABER den Einsatz von Chlorgas als chemischem Kampfstoff voran, als Ausweg aus einem verlustreichen Stellungskrieg. Bei einem Test im Januar 1915 kommt es darüber zum offenen Konflikt zwischen CLARA, die die Erforschung chemischer Kampfstoffe für eine „Perversion der Wissenschaft" hält, und FRITZ, der ihr realitätsfremden Idealismus vorwirft. Für den ersten kriegerischen Giftgaseinsatz am 22. 4. 1915 in Belgien bei Ypern mit über 1000 Toten auf gegnerischer Seite wird HABER zum Hauptmann befördert. In der Nacht nach den Feierlichkeiten zur Beförderung erschießt sich IMMERWAHR mit der Dienstwaffe von HABER. Ob sie sich wegen des Engagements von HABER für den Einsatz chemischer Waffen umgebracht hat, ist unter Historikern dennoch umstritten, da ihre Aufzeichnungen und der Abschiedsbrief bald nach ihrem Tod vernichtet wurden.

01 Forschung für die Ammoniaksynthese: **A** FRITZ HABER, **B** GERHARD ERTL (vor dem Fritz-Haber-Institut in Berlin)

02 **A** CLARA IMMERWAHR – Wissenschaftlerin und Gegnerin des Einsatzes chemischer Waffen; **B** Soldaten mit Gasmasken im Schützengraben (1917). Eine Taube wird zum Test auf Gas fliegen gelassen.

Rohstoffe aus Schwarzen Rauchern?

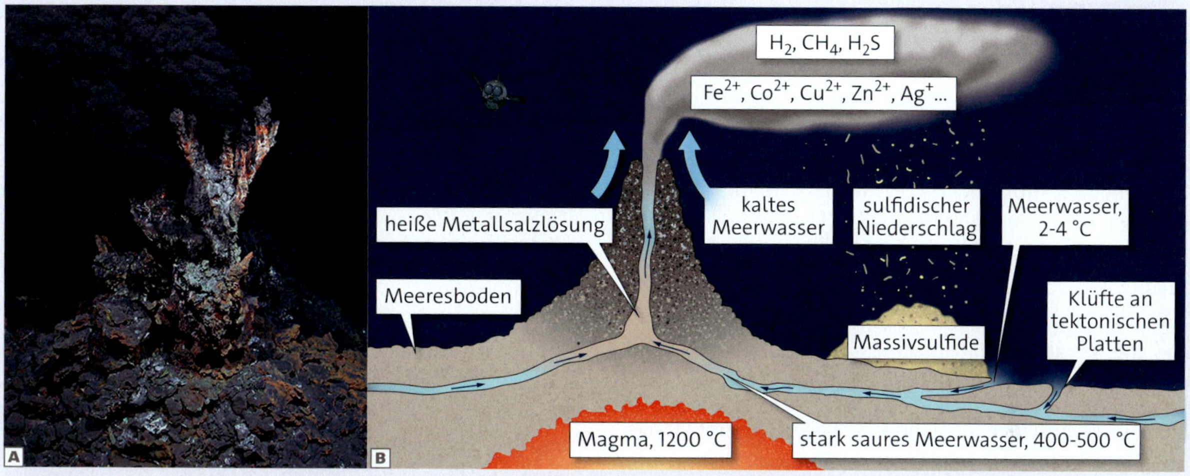

01 Schwarzer Raucher am Meeresboden: **A** Foto, **B** Schema der hydrothermalen Zirkulation

Die dunklen Rauchfahnen gaben den Schwarzen Rauchern (engl. *Black Smoker*) ihren Namen. Aus den röhrenförmigen Schloten, die aus dem Meeresboden viele Meter hoch aufragen, tritt eine weithin sichtbare Wolke aus feinkörnigem Sediment aus. **Schwarze Raucher** sind hydrothermale Quellen, die sich an tektonisch aktiven Kontinentalplatten in der Tiefsee bilden.

Oberhalb heißer Magma-Kammern entstehen durch Kontakt des Meerwassers mit dem Boden heiße Metallsalzlösungen mit Temperaturen von z. T. über 400 °C. Wegen des hohen Drucks am Boden der Tiefsee hat das Wasser dort einen „überkritischen Zustand" und ist nicht gasförmig. Aus der heißen mineralstoffhaltigen Lösung fallen sulfidische (schwefelhaltige) Verbindungen aus, wenn sie sich mit dem eiskalten Meerwasser vermischt. Durch den als *hydrothermale Zirkulation* bezeichneten Prozess lagern sich Eisensulfide wie Magnetkies (FeS) und Pyrit (FeS_2), aber auch Kupfer-, Cobalt-, Zink- und Silbersulfidverbindungen sowie gediegenes Gold ab. Diese Ausfällungen werden als *Massivsulfide* bezeichnet. Sie sind wegen der enthaltenen Metalle hochbegehrt.

Durch die weltweite Rohstoffverknappung rücken die als „Erzfabriken der Tiefsee" bezeichneten hydrothermalen Quellen zunehmend in den Fokus von Bergbauunternehmen. So liegt die Konzentration an Gold in manchen Vorkommen der Massivsulfide mit bis zu 15 Gramm pro Tonne etwa 3-mal so hoch wie in guten Lagerstätten am Festland. Ob der Bergbau im Meer wirtschaftlich interessant sein wird, hängt wesentlich von der künftigen Nachfrage nach den enthaltenen Metallen ab sowie der Möglichkeit, sie vermehrt aus Abfällen zu recyclen.

Neben Mineralien werden auch Gase wie Schwefelwasserstoff, Methan und Wasserstoff freigesetzt. Sie dienen einigen spezialisierten, an Dunkelheit und hohe Temperaturen angepassten Mikroorganismen zum Überleben. Sulfidoxidierende Bakterien können beispielsweise Schwefelwasserstoff (H_2S) zur Energiegewinnung nutzen. Dabei bauen sie aus Kohlenstoffdioxid durch Chemosynthese Kohlenhydrate wie Glucose ($C_6H_{12}O_6$) auf und setzen dabei elementaren Schwefel frei. Aufgrund dieser Beobachtungen entstanden Hypothesen, dass das Leben auf der Erde in der Nähe solcher Schwarzer Raucher entstanden sein könnte.

Die Konzentration von Schwefelwasserstoff in der Nähe der schwarzen Raucher nimmt Werte bis etwa 0,1 $mol \cdot L^{-1}$ an. Bei einem pH-Wert von 3 (saure Lösung) beträgt unter diesen Bedingungen die Konzentration der Sulfid-Ionen, die aus den H_2S-Molekülen entstehen, $c(S^{2-}) = 10^{-15}\ mol \cdot L^{-1}$. Dieser Wert ist winzig klein. Dennoch reguliert er über das Löslichkeitsprodukt von Eisen(II)-sulfid, $K_L(FeS)$, die *maximal mögliche Konzentration* an Eisen(II)-Ionen, $c_{max}(Fe^{2+})$, im Meerwasser(↑ **02**). Sie übersteigt unter diesen Bedingungen den kleinen Wert $c(Fe^{2+}) = 3{,}7\ 10^{-4}\ mol \cdot L^{-1}$ nicht.

$K_L(FeS)$ in $mol^2 \cdot L^{-2}$	$c(S^{2-})$ in $mol \cdot L^{-1}$	$c_{max}(Fe^{2+})$ in $mol \cdot L^{-1}$
$3{,}7 \cdot 10^{-19}$	10^{-15}	$3{,}7 \cdot 10^{-4}$

02 Löslichkeitsprodukt von Eisen(II)-sulifid, $K_L(FeS)$

1 › Beschreiben Sie die Vorgänge an einem Schwarzen Raucher. Stellen Sie eine Hypothese auf, welchen Einfluss die Temperatur bei der Fällung von Metallsulfide hat.

Praktikum

P Verteilungsgleichgewicht

EXP 5.12 Einstellung und Störung des Iod-Verteilungsgleichgewichts

Materialien Reagenzgläser mit Stopfen, Reagenzglasständer, 4 Messpipetten (5 mL), Tropfpipetten, kleines Becherglas, Bürette, Thermometer;
Kaliumiodidlösung ($c(I^-)$ = 0,10 mol · L^{-1}), Heptan (2, 8, 7, 9)
Lösung I: Iod-Kaliumiodidlösung ($c(I^-)$ = 0,10 mol · L^{-1}; $c(I_2)$ = 0,01 mol · L^{-1}; 7)
Lösung II: Lösung von Iod in Heptan ($c(I_2)$ = 0,01 mol · L^{-1}; 2, 8, 7, 9)
Für die Titration: Natriumthiosulfatlösung ($c(S_2O_3^{2-})$ = 0,01 mol · L^{-1}), Stärkelösung (w = 0,5 %), verdünnte Salzsäure

Ziel: Es soll die Einstellung und Störung des Iod-Verteilungsgleichgewichts zwischen einer Kaliumiodidlösung und Heptan untersucht werden.

Allgemeine Vorgehensweise für die Stationen 1–3: Füllen Sie die angegebenen Volumina der Stoffe in ein Reagenzglas. Verschließen Sie es mit einem Stopfen und mischen Sie die Phasen durch Schütteln, bis Sie keine Farbveränderung mehr feststellen.

Entnehmen Sie aus einer Phase eine Probe von 4,0 mL, dies entspricht V(Iodlösung). Setzen Sie einen Tropfen Salzsäure und drei Tropfen Stärkelösung zu. Falls Sie eine Heptanphase titrieren, beschleunigen Sie die Reaktion durch Zugabe von 5,0 mL Kaliumiodidlösung. Titrieren Sie das Iod mit der Natriumthiosulfatlösung. Wenn Iod vollständig reagiert hat, wird die zuvor blau-violette Lösung farblos.

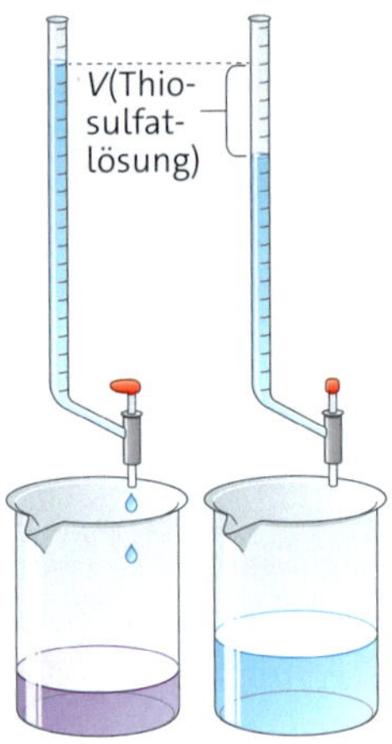

Bei der Titration läuft folgende Reaktion ab:
$2\,S_2O_3^{2-} + I_2 \longrightarrow S_4O_6^{2-} + 2\,I^-$

Bis zum Äquivalenzpunkt wurden für jedes I_2-Molekül in der Lösung zwei $S_2O_3^{2-}$-Ionen zugesetzt, daraus folgt:
$n(S_2O_3^{2-}) = 2 \cdot n(I_2)$ bzw.
$c(S_2O_3^{2-}) \cdot V(\text{Thiosulfatlösung}) = 2 \cdot c(I_2) \cdot V(\text{Iodlösung})$

Setzen Sie die bekannten Werte ein und berechnen Sie $c(I_2)$.

Station 1: Einstellung des Gleichgewichts. Mischen Sie:
a) 5,0 mL Lösung I mit 5,0 mL Heptan
b) 5,0 mL Kaliumiodidlösung mit 5,0 mL Lösung II
c) 5,0 mL Lösung I mit 5,0 mL Lösung II

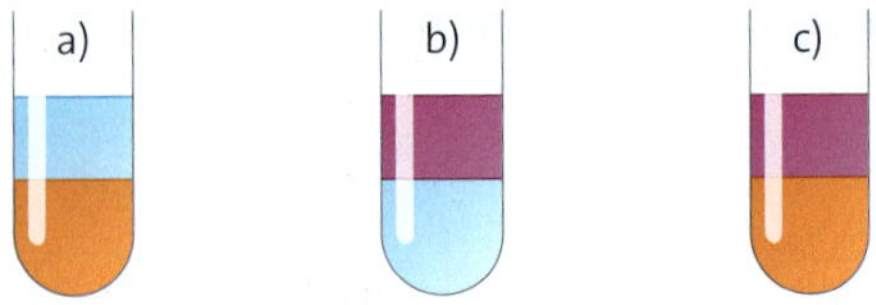

	a)	b)	c)
$c(I_2)$ in der KI-Lösung			
$c(I_2)$ in Heptan			
$\frac{c(I_2)\text{ in KI-Lösung}}{c(I_2)\text{ in Heptan}}$			

Auswertung Tragen Sie die Versuchsergebnisse in die Tabelle ein. Beschreiben Sie Unterschiede und Gemeinsamkeiten zwischen den Ansätzen a, b und c.

Station 2: Störung des Gleichgewichts durch Konzentrationsänderung. Mischen Sie:
a) 5,0 mL Kaliumiodidlösung und 5,0 mL Lösung II
b) 5,0 mL Kaliumiodidlösung mit 5,0 mL Lösung II
Ersetzen Sie nach dem Mischen die iodhaltige Kaliumiodidlösung durch 5,0 mL Kaliumiodidlösung. Mischen Sie erneut und entnehmen Sie dann die Proben zur Titration.
c) 5,0 mL Kaliumiodidlösung mit 5,0 mL Lösung II
Ersetzen Sie nach dem Mischen die iodhaltige Kaliumiodidlösung durch 5,0 mL Lösung I. Mischen Sie erneut und entnehmen Sie dann die Proben zur Titration.

Auswertung
1 Erstellen Sie eine Tabelle wie in Station 1.
2 Begründen Sie, ob der Vergleich der Konzentrationsquotienten der Tabelle Ihren Erwartungen entspricht.
3 Erklären Sie Veränderungen von $c(I_2)$ im Ansatz b und c gegenüber a mit dem Prinzip von Le Chatelier.

Station 3: Störung des Gleichgewichts durch Temperaturänderung. Mischen Sie:
a) 5,0 mL Kaliumiodidlösung und 5,0 mL Lösung II
b) 5,0 mL Kaliumiodidlösung mit 5,0 mL Lösung II
Temperieren Sie die Lösungen ca. 10 min auf 0 °C und mischen Sie die Phasen anschließend.
c) 5,0 mL Kaliumiodidlösung mit 5,0 mL Lösung II
Erwärmen Sie die Lösungen für etwa 10 min auf 40 °C.

Auswertung
1 Erstellen Sie eine Tabelle wie in Station 1.
2 Beschreiben Sie die Veränderungen der Konzentrationsquotienten mit der Temperatur.
3 Ziehen Sie aus der Beobachtung einen Schluss, ob der Übergang von Iod aus der Kaliumiodidlösung in die Heptanlösung exotherm oder endotherm ist.

Chemisches Gleichgewicht

EXP 5.13 Störung des Löslichkeitsgleichgewichts durch Druckänderung

Materialien Spritze aus Kunststoff mit Hahn oder Kolbenprober mit Hahn, kohlensäurehaltiges Mineralwasser, Becherglas (250 mL), Universalindikator

Durchführung
Füllen Sie etwa 50 mL Mineralwasser ins Becherglas und geben Sie Universalindikator hinzu, bis Sie eine deutliche Färbung der Lösung erkennen können.
Ziehen Sie etwas von der Lösung in die Spritze.
Entfernen Sie so weit wie möglich die Luft aus der Spritze und verschließen Sie sie dann.
Ziehen Sie nun den Stempel bis zum Anschlag heraus und beobachten Sie die Farbe der Indikatorlösung.
Drücken Sie danach den Stempel wieder in die Spritze hinein und beobachten Sie erneut die Farbe der Lösung.

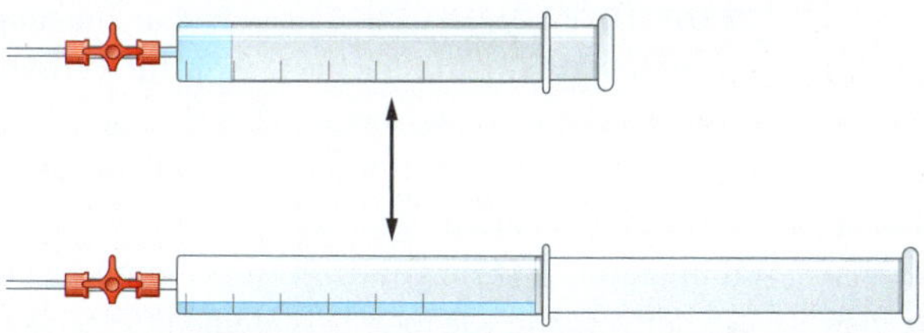

Auswertung Kohlenstoffdioxid reagiert mit Wasser zu Kohlensäure, die zu einer sauren wässrigen Lösung führt. Erklären Sie mithilfe des Prinzips von Le Chatelier die Veränderung der Farbe der Indikatorlösung.

EXP 5.14 Störung des chemischen Gleichgewichts

Materialien Reagenzgläser, Tropfpipetten, Messzylinder (10 mL), Becherglas (250 mL), Ascorbinsäure, Eisen(III)-chloridlösung ($c(Fe^{3+})$ = 0,02 mol · L^{-1}), Kaliumthiocyanatlösung ($c(SCN^-)$ = 0,02 mol · L^{-1}), Natronlauge ($c(OH^-)$ = 0,1 mol · L^{-1}; 5), Wasser, heißes Leitungswasser, Eis, Thermometer

Ziel: Der Einfluss von Konzentrationen und Temperatur auf das chemische Gleichgewicht
$Fe^{3+}(aq) + SCN^-(aq) \rightleftarrows [Fe(SCN)]^{2+}(aq)$
soll untersucht werden. Je größer $c([Fe(SCN)]^{2+})$ ist, umso intensiver ist die rote Farbe der Lösung.
Erstellen Sie zunächst eine Hypothese über die Verschiebung des Gleichgewichts und machen Sie eine Vorhersage über die zu erwartende Beobachtung.
Vorbereitung: Geben Sie je 2,0 mL der Kaliumthiocyanat- und der Eisen(III)-chloridlösung in ein Reagenzglas und verdünnen Sie mit Wasser auf 20 mL. Verteilen Sie diese Lösung gleichmäßig auf 7 Reagenzgläser (Beschriftung A–G). Reagenzglas G dient zum Farbvergleich.

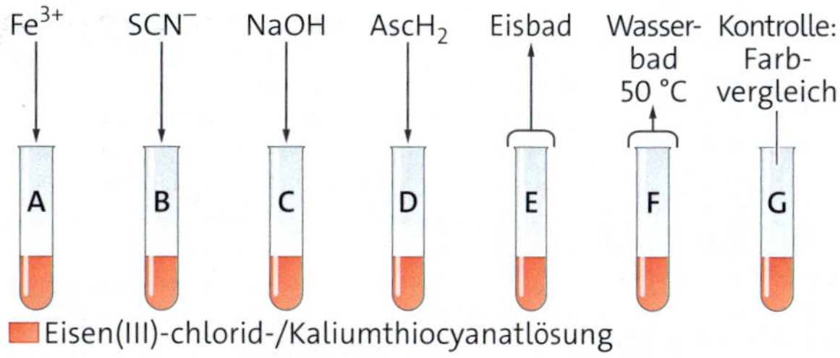

Station 1: Störung des chemischen Gleichgewichts durch Zugabe von Fe^{3+}- bzw. SCN^--Ionen
a) Geben Sie zu Reagenzglas A tropfenweise Eisen(III)-chloridlösung.
b) Geben Sie zu Reagenzglas B tropfenweise Kaliumthiocyanatlösung.
Notieren Sie Ihre Beobachtungen.

Auswertung
1 Bewerten Sie Ihre Hypothesen.
2 Erklären Sie die Beobachtungen mit dem Prinzip von Le Chatelier.

Station 2: Störung des chemischen Gleichgewichts durch chemische Reaktion der Fe^{3+}-Ionen.
a) Geben Sie zu Reagenzglas C tropfenweise Natronlauge.
b) Geben Sie zu Reagenzglas D wenige Kristalle Ascorbinsäure.
Notieren Sie Ihre Beobachtungen.

Auswertungshilfen

Die OH^--Ionen der Natronlauge bilden mit den Fe^{3+}-Ionen einen schwerlöslichen Feststoff:
$Fe^{3+}(aq) + 3\,OH^-(aq) \rightleftarrows Fe(OH)_3(s)$

Ascorbinäure ($AscH_2$) reduziert Fe^{3+}-Ionen zu Fe^{2+}-Ionen und wird dabei selbst zu Asc oxidiert:
$AscH_2 + 2\,H_2O + 2\,Fe^{3+} \rightleftarrows 2\,Fe^{2+} + Asc + 2\,H_3O^+$

Auswertung
1 Bewerten Sie Ihre Hypothesen.
2 Erklären Sie die Beobachtungen mit dem Prinzip von Le Chatelier.

Station 3: Störung des chemischen Gleichgewichts durch Temperaturänderung.
a) Stellen Sie Reagenzglas E für 5 min in ein Eiswasserbad.
b) Stellen Sie Reagenzglas F für 5 min in ein Wasserbad mit einer Temperatur von ϑ = 50 °C.

Auswertung Ziehen Sie aus der Beobachtung mit dem Prinzip von Le Chatelier einen Schluss, ob die Bildungsreaktion von $[Fe(SCN)]^{2+}$ exotherm oder endotherm ist.

5.10 Löslichkeitsgleichgewichte LK

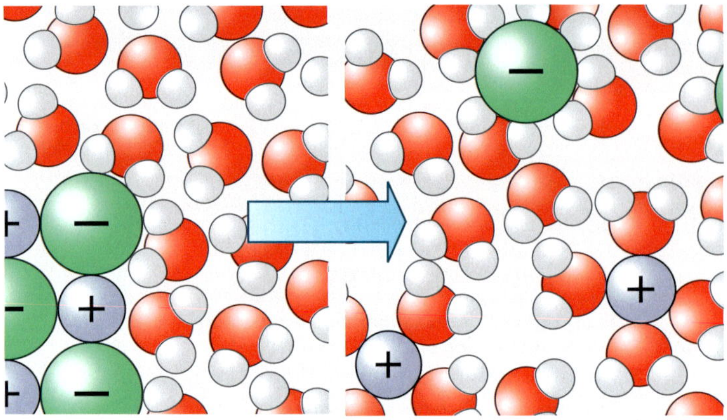

01 Lösen eines Salzkristalls im Modell

03 Mit Gipsverband sollte man nicht baden.

LÖSUNGSVORGANG VON SALZEN Im Ionengitter von Salzen halten Kationen und Anionen durch die starke elektrostatische Anziehung zwischen ihnen zusammen. Trotzdem ist Wasser ein gutes Lösungsmittel für zahlreiche Salze.

Wasser-Moleküle sind *Dipolmoleküle*, in denen sich die negative Teilladung am Sauerstoff-Atom und die positive Teilladung auf den Wasserstoff-Atomen befindet (↑ 01). Die beweglichen Wasser-Moleküle lagern sich an die Ionen an der Oberfläche der Salzkristalle an. Es kommt zu einer Wechselwirkung zwischen den Dipolmolekülen des Wassers und den Ionen des Salzes. Die positiv polarisierten Wasserstoff-Atome der Wasser-Moleküle sind dabei zu den Anionen hin orientiert, die negativ polarisierten Sauerstoff-Atome zu den Kationen. Beim Lösen eines Salzes in Wasser werden die Ionen aus dem Ionengitter herausgelöst und mit einer Hülle von Wasser-Molekülen umgeben. Sie bilden eine *Hydrathülle*, d. h., es entstehen hydratisierte Ionen.

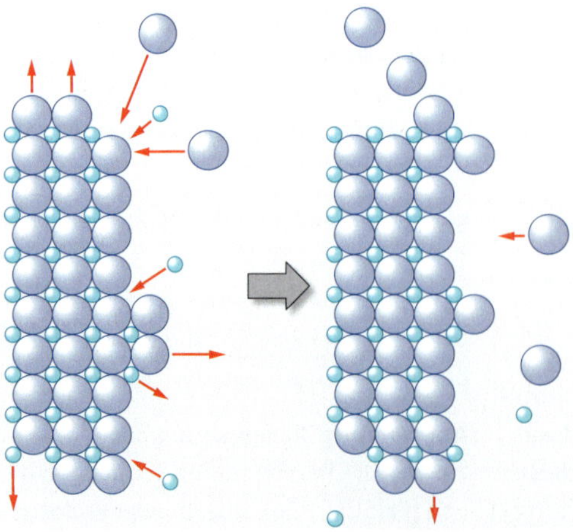

02 Löslichkeitsgleichgewicht, ein dynamisches Gleichgewicht

Die Löslichkeit eines Salzes ist sowohl von der Stärke der Wechselwirkung zwischen den Ionen als auch von der Stärke der Wechselwirkung zwischen den Dipolmolekülen und den Ionen abhängig.

GESÄTTIGTE LÖSUNGEN Calciumsulfat, umgangssprachlich als Gips bezeichnet, wird für Verbände verwendet (↑ 03). Wasserkontakt sollte vermieden werden, da Gips wasserlöslich ist. Mischt man Calciumsulfat und Wasser, dann geht so viel Calciumsulfat in Lösung, bis sie **gesättigt** ist. Vereinfacht lässt sich der Vorgang wie folgt beschreiben:

$$\underset{\text{Bodenkörper}}{CaSO_4(s)} \longrightarrow \underset{\text{Ionen in Lösung}}{Ca^{2+}(aq) + SO_4^{2-}(aq)}$$

Misst man bei diesem Vorgang die elektrische Leitfähigkeit der Lösung, so stellt man fest, dass sie zunächst ansteigt und dann einen konstanten Wert annimmt. Das zeigt, dass die Ionenkonzentrationen über dem festen **Bodenkörper** ebenfalls nicht mehr weiter zunimmt, bevor er sich vollständig gelöst hat.

Aus Lösungen von Schwefelsäure (H_2SO_4) und Calciumhydroxid ($Ca(OH)_2$) kristallisiert nach dem Mischen Calciumsulfat aus:

$$Ca^{2+}(aq) + SO_4^{2-}(aq) \longrightarrow CaSO_4(s)$$

Sind $c(SO_4^{2-})$ und $c(Ca^{2+})$ gleich, dann sinkt die Leitfähigkeit auf den gleichen Wert wie beim Lösen von Calciumsulfat in Wasser. Die Oxonium-Ionen und Hydroxid-Ionen bilden Wasser-Moleküle, die nicht zur Leitfähigkeit beitragen.

Der gleiche Zustand, der von verschiedenen Seiten erreicht wird, deutet auf ein **dynamisches Löslichkeitsgleichgewicht** (↑ 02) hin. In ihm laufen der Lösevorgang und der Vorgang der **Kristallisation** mit gleicher Geschwindigkeit ab.

Formel des Salzes	Löslichkeitsprodukt K_L
$MgSO_4$	$6{,}21\ mol^2 \cdot L^{-2}$
$CaSO_4$	$4{,}9 \cdot 10^{-5}\ mol^2 \cdot L^{-2}$
$Ca(OH)_2$	$5{,}0 \cdot 10^{-6}\ mol^3 \cdot L^{-3}$
$CaCO_3$	$4{,}7 \cdot 10^{-9}\ mol^2 \cdot L^{-2}$
AgCl	$1{,}7 \cdot 10^{-10}\ mol^2 \cdot L^{-2}$
AgI	$8{,}5 \cdot 10^{-17}\ mol^2 \cdot L^{-2}$

04 Beispiele für Löslichkeitsprodukte

LÖSLICHKEITSPRODUKT Löslichkeitsgleichgewichte sind heterogene Gleichgewichte, d. h., es liegt keine homogene Mischung der Edukte und Produkte vor. Im Löslichkeitsgleichgewicht von Calciumsulfat

$$CaSO_4(s) \rightleftarrows Ca^{2+}(aq) + SO_4^{2-}(aq)$$

liegen festes Calciumsulfat und die gelösten Ionen in verschiedenen Phasen vor. Weil $c(CaSO_4)$ in festem Calciumsulfat konstant ist, vereinfacht sich das Massenwirkungsgesetz. Die Gleichgewichtskonstante K_C und $c(CaSO_4)$ werden zu einer neuen Konstante, dem **Löslichkeitsprodukt K_L**, zusammengefasst:

$$K_C = \frac{c(Ca^{2+}) \cdot c(SO_4^{2-})}{c(CaSO_4)}$$

$$K_L(CaSO_4) = K_C \cdot c(CaSO_4) = c(Ca^{2+}) \cdot c(SO_4^{2-})$$

Für ein Salz des Formeltyps AB wie $CaSO_4$ hat K_L die Einheit $mol^2 \cdot L^{-2}$.
In einer gesättigten Lösung von Calciumsulfat in Wasser sind $c(Ca^{2+})$ und $c(SO_4^{2-})$ gleich. Daraus folgt:

$$K_L(CaSO_4) = c(Ca^{2+})^2 \cdot c(SO_4^{2-})^2 \text{ bzw.}$$

$$\sqrt{K_L(CaSO_4)} = c(Ca^{2+}) = c(SO_4^{2-})$$

Mit dem Wert für $K_L(CaSO_4)$ (↑ **04**) folgt:
$c(Ca^{2+}) = c(SO_4^{2-}) = 7 \cdot 10^{-3}\ mol \cdot L^{-1}$

Je größer der Wert von K_L, desto besser löst sich ein Salz. Tabelle ↑ **04** zeigt, dass Magnesiumsulfat zu den leichtlöslichen und Silberiodid zu den schwerlöslichen Salzen zählt.
Für ein Salz des Formeltyps AB_2 wie Calciumhydroxid $Ca(OH)_2$ gilt für das zugehörige Löslichkeitsprodukt:

$$Ca(OH)_2(s) \rightleftarrows Ca^{2+}(aq) + 2\ OH^-(aq)$$
$$K_L(Ca(OH)_2) = K_C \cdot c(Ca(OH)_2) = c(Ca^{2+}) \cdot c(OH^-)^2$$

Das Löslichkeitsprodukt ist ein Maß für die Löslichkeit eines Salzes.

STÖRUNG DES LÖSLICHKEITSGLEICHGEWICHTS
Wird eine gesättigte Magnesiumsulfatlösung zu einer gesättigten Calciumsulfatlösung gegeben, dann fällt festes Calciumsulfat aus. Grund ist die Störung des Löslichkeitsgleichgewichts von Calciumsulfat. Das Produkt $c(Ca^{2+}) \cdot c(SO_4^{2-})$ ist durch die Erhöhung von $c(SO_4^{2-})$ größer als $K_L(CaSO_4)$, das System befindet sich nicht mehr im Gleichgewicht. Gemäß dem Prinzip von LE CHATELIER bilden Ca^{2+}- und SO_4^{2-}-Ionen festes Calciumsulfat. Dadurch sinken $c(Ca^{2+})$ und $c(SO_4^{2-})$, bis ihr Produkt wieder gleich $K_L(CaSO_4)$ ist.

BERECHNUNGEN MIT DEM LÖSLICHKEITSPRODUKT Die Gleichgewichtskonzentrationen $c(Ca^{2+})$ und $c(SO_4^{2-})$ in einer Lösung hängen über das Löslichkeitsprodukt $K_L(CaSO_4)$ zusammen. Wie groß ist z. B. $c(Ca^{2+})$, wenn nach der erneuten Einstellung des Löslichkeitsgleichgewichts $c(SO_4^{2-}) = 0{,}1\ mol \cdot L^{-1}$ beträgt? Die Äquivalenzumformung des entsprechenden Löslichkeitsprodukts ergibt:

$$c(Ca^{2+}) = \frac{K_L(CaSO_4)}{c(SO_4^{2-})}$$

Mit dem Wert für $K_L(CaSO_4)$ (↑ **04**) folgt:

$$c(Ca^{2+}) = \frac{4{,}9 \cdot 10^{-5}\ mol^2 \cdot L^{-2}}{0{,}1\ mol \cdot L^{-1}} = 4{,}9 \cdot 10^{-4}\ mol \cdot L^{-1}$$

TEMPERATUR UND LÖSLICHKEIT Salze können sich endotherm oder exotherm lösen. Beim endothermen Lösungsvorgang überwiegt die Gitterenergie den Betrag der Hydratationsenthalpie, beim exothermen Lösungsvorgang ist es umgekehrt. Wie beim chemischen Gleichgewicht begünstigt auch beim Löslichkeitsgleichgewicht eine Temperaturerhöhung den endothermen Prozess. Kaliumnitrat ist z. B. ein Salz, das sich endotherm löst. Stellt man eine bei 20 °C gesättigte Lösung in den Kühlschrank, dann kristallisiert festes Kaliumnitrat aus. Calciumcitrat löst sich exotherm in Wasser. Aus einer bei 20 °C gesättigten Lösung von Calciumcitrat fällt festes Calciumcitrat beim Erhitzen der Lösung aus.

Endothermer Lösungsvorgang: *Zum Lösen muss Energie aus dem Lösungsmittel entnommen werden, die Lösung kühlt ab.*

Exothermer Lösungsvorgang: *Beim Lösen wird Energie frei, die Lösung erwärmt sich.*

↑ S. 109.

1) **a** Formulieren Sie Löslichkeitsgleichgewicht und Löslichkeitsprodukt von Calciumcarbonat.
b Berechnen Sie mithilfe von Tabelle ↑ **04** die Gleichgewichtskonzentration $c(Ca^{2+})$ einer Lösung von Calciumcarbonat in Wasser.
c Eine Natriumcarbonatlösung ($c = 1\ mol \cdot L^{-1}$) wird zu einer gesättigten Lösung von Calciumcarbonat gegeben. Beschreiben und begründen Sie die zu erwartende Beobachtung.
d Berechnen Sie $c(Ca^{2+})$ über festem Calciumcarbonat, wenn $c(CO_3^{2-}) = 1\ mol \cdot L^{-1}$ ist.

5.11 Konduktometrie LK

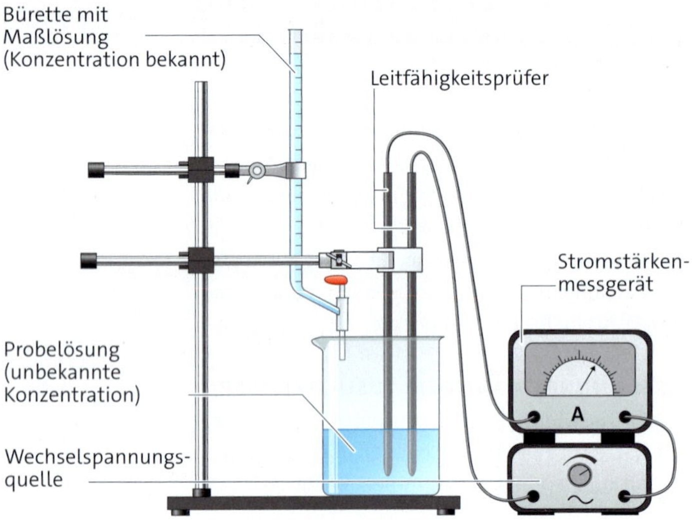

01 Versuchsaufbau für eine konduktometrische Titration

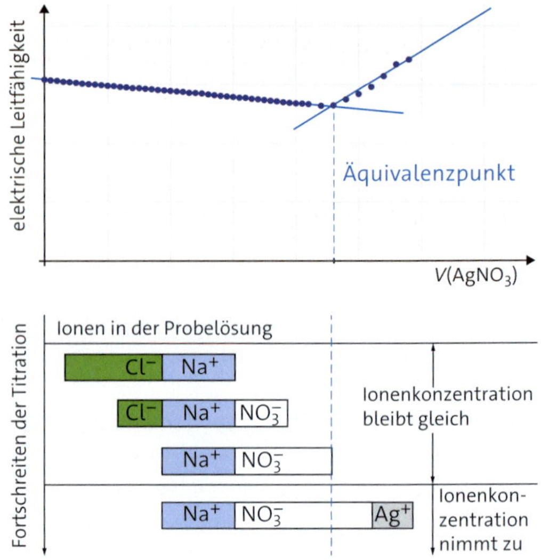

02 Konduktometrie und Einfluss der einzelnen Ionen

Säure-Base-Titration ↑ S. 204 f.

Elektrische Leitfähigkeit κ [S·m⁻¹]

Elektrischer Widerstand R [Ω]

κ = 1/R

QUANTITATIVE BESTIMMUNG VON IONEN Für das genaue Ermitteln der Stoffmengenkonzentration von Ionen in einer Lösung können chemische Reaktionen dieser Teilchen ausgenutzt werden. In der als **Titration** bezeichneten Analysemethode werden Lösungen mit genau bekannter Stoffmengenkonzentration als Reaktionspartner für eine zu untersuchende Stoffprobe eingesetzt. Der Verbrauch dieser **Maßlösung** ermöglicht die quantitative Bestimmung der Stoffmengenkonzentration in der **Probelösung** (↑ **01**).

Für Reaktionen, bei denen ein schwerlösliches Salz entsteht (**Fällungsreaktionen**), eignet sich eine fortlaufende Messung der **elektrischen Leitfähigkeit** κ der Probelösung, um den Verlauf der Reaktion zu verfolgen. Bei diesem Verfahren spricht man von **Leitfähigkeitstitration** oder **Konduktometrie** (lat. *conductor:* der Leitende). Es beruht auf dem Prinzip, dass die Leitfähigkeit einer Lösung von der Anzahl und Beweglichkeit der darin befindlichen Ionen abhängt. Zur Messung werden meist Leitfähigkeitsmessgeräte verwendet, die den **elektrischen Widerstand** R zwischen zwei Elektroden messen. Je höher die Konzentration der Ionen ist, desto kleiner ist der Widerstand und desto höher ist die Leitfähigkeit. Leitfähigkeitsmessungen erfolgen grundsätzlich mit Wechselstrom, um eine Elektrolyse der Lösungen auszuschließen.

> **Die Leitfähigkeitstitration (Konduktometrie) ist ein Verfahren der quantitativen Analytik, bei dem die Veränderung der elektrischen Leitfähigkeit einer Lösung genutzt wird, um die Konzentration von Ionen zu bestimmen.**

FÄLLUNGSTITRATION Die Titration einer Natriumchloridlösung mit Silbernitratlösung bekannter Konzentration ist eine **Fällungstitration**. Die Chlorid-Ionen reagieren mit den zugesetzten Silber-Ionen zu schwerlöslichem Silberchlorid:

$$Na^+(aq) + Cl^-(aq) + Ag^+(aq) + NO_3^-(aq) \longrightarrow AgCl(s) + Na^+(aq) + NO_3^-(aq)$$

Diese Reaktion lässt sich über eine Leitfähigkeitsmessung verfolgen: Vor der Titration tragen in der Probelösung Natrium- und Chlorid-Ionen zur Leitfähigkeit bei. Wird nun Silbernitratlösung hinzugegeben, fällt Silberchlorid aus, sodass Silber- und Chlorid-Ionen nicht als bewegliche Ladungsträger verfügbar sind. Neben den Natrium-Ionen befinden sich jetzt Nitrat-Ionen in der Lösung. Deren Beweglichkeit ist geringfügig kleiner als die der Chlorid-Ionen, deshalb nimmt die Leitfähigkeit in der Probelösung zunächst leicht ab. Sobald alle Chlorid-Ionen durch Fällung aus der Lösung entfernt wurden, führt die weitere Zugabe von Maßlösung zu einem starken Anstieg der Leitfähigkeit (↑ **02**).

Die geringste Leitfähigkeit liegt an dem Punkt vor, an dem genau so viele Chlorid-Ionen hinzugegeben wurden, wie Silber-Ionen in der Probelösung vorhanden waren. Er wird als **Äquivalenzpunkt** (lat. *aequus:* gleich, *valere:* wert sein) bezeichnet und erlaubt die Berechnung der Stoffmengenkonzentration der Probelösung (↑ Methode rechte Seite).

1 › Nennen Sie Faktoren, von denen die elektrische Leitfähigkeit einer Lösung abhängt. Erläutern Sie die daraus folgenden Konsequenzen für konduktometrische Titrationen.

M Berechnung der Ionenkonzentration

Als Ergebnis einer Titration haben Sie das Volumen an Maßlösung ermittelt, das bis zum Äquivalenzpunkt verbraucht wurde. Idealerweise haben Sie mehrere Titrationen durchgeführt und einen Mittelwert erhalten. Mit diesem Wert können Sie nun weiterrechnen und die Konzentration der Ionen in der Probelösung bestimmen.

AUFGABE Berechnen Sie die Konzentration an Chlorid-Ionen in einer Probelösung. Am Äquivalenzpunkt wurden 4 mL Silbernitratlösung ($c = 0{,}02\ \text{mol} \cdot \text{L}^{-1}$) verbraucht.

1. Aufstellen der Reaktionsgleichung

Für das Verständnis der Leitfähigkeitsveränderung während der Titration sind alle vorhandenen Ionen wichtig. Für die Berechnung der Konzentration werden jedoch nur die an der Reaktion beteiligten Ionen betrachtet.

$$Cl^-(aq) + Ag^+(aq) \longrightarrow AgCl\,(s)$$

2. Stoffmengenverhältnis ableiten und Umformen nach der gesuchten Stoffmenge

$$\frac{n(Cl^-)}{n(Ag^+)} = \frac{1}{1} \quad \text{und damit} \quad n(Cl^-) = n(Ag^+)$$

3. Ersetzen und Umformen nach der gesuchten Konzentration

Mit $n = c \cdot V$ ergibt sich $c(Cl^-) = \dfrac{c(Ag^+) \cdot V(Ag^+)}{V(Cl^-)}$

4. Werte einsetzen und berechnen

$$c(Cl^-) = \frac{0{,}02\ \text{mol} \cdot \text{L}^{-1} \cdot 0{,}004\ \text{L}}{0{,}2\ \text{L}} = 0{,}4\ \text{mmol} \cdot \text{L}^{-1}$$

Je nach Aufgabenstellung kann aus der Stoffmengenkonzentration im Anschluss auch die Massenkonzentration β berechnet werden (↑ S. 13).

P Untersuchung von Wasser mithilfe konduktometrischer Fällungstitration

EXP 5.15 Bestimmung der Chlorid-Ionen-konzentration

Materialien Becherglas (250 mL), Pipette mit Pipettierhilfe (100 mL), Bürette, Magnetrührer mit Rührfisch, Leitfähigkeitsmessgerät, Silbernitratlösung ($c = 0{,}02\ \text{mol} \cdot \text{L}^{-1}$; 5, 9), Leitungswasser

Durchführung:
- Bauen Sie eine Titrationsapparatur gemäß Bild **01** auf.
- Füllen Sie die Bürette mit Silbernitratlösung und notieren Sie das Anfangsvolumen.
- Pipettieren Sie genau 100 mL Leitungswasser in das Becherglas.
- Titrieren Sie unter kontinuierlichem Rühren. Geben Sie die Maßlösung in 0,5-mL-Schritten hinzu und messen Sie nach jeder Zugabe die Leitfähigkeit.
- Beenden Sie die Titration, wenn die Leitfähigkeit 5 Messpunkte in Folge gestiegen ist.

Auswertung

1 〉 Erstellen Sie aus den Messwerten eine Titrationskurve und bestimmen Sie den Äquivalenzpunkt.

2 〉 Berechnen Sie die Massenkonzentration β an Chlorid-Ionen in der untersuchten Wasserprobe.

3 〉 Der Grenzwert für Chlorid-Ionen liegt laut deutscher Trinkwasserverordnung bei $\beta(Cl^-) = 250\ \text{mg} \cdot \text{L}^{-1}$. Vergleichen Sie mit dem von Ihnen bestimmten Wert.

EXP 5.16 Bestimmung der Calcium-Ionen-konzentration

Materialien Becherglas (400 mL), Pipette mit Pipettierhilfe (100 mL), Bürette, Magnetrührer mit Rührfisch, Leitfähigkeitsmessgerät, Oxalsäurelösung ($c = 0{,}01\ \text{mol} \cdot \text{L}^{-1}$; 7), Wasserprobe

Durchführung:

Führen Sie eine konduktometrische Fällungstitration analog zu Exp. 5.15 durch. Legen Sie hierfür 200 mL der Wasserprobe vor.

Auswertung

1 〉 Bei dieser Titration reagieren Oxalat-Ionen ($C_2O_4^{2-}$) und Calcium-Ionen zu Calciumoxalat (CaC_2O_4) sowie Hydrogencarbonat-Ionen mit Oxonium-Ionen zu Kohlenstoffdioxid und Wasser. Stellen Sie jeweils die Reaktionsgleichungen auf und erläutern Sie die Veränderung der Leitfähigkeit während der Titration.

2 〉 Erstellen Sie aus den Messwerten eine Titrationskurve und bestimmen Sie den Äquivalenzpunkt.

3 〉 Berechnen Sie die Stoffmengenkonzentration c der Calcium-Ionen in der untersuchten Wasserprobe.

4 〉 Wasser kann anhand der Stoffmengenkonzentration der Calcium-Ionen in weiches, mittelhartes oder hartes Wasser eingeteilt werden. Recherchieren Sie die jeweiligen Grenzwerte und ordnen Sie die von Ihnen untersuchte Wasserprobe ein.

Klausurtraining

Material A Der verschwundene Stoff

Eine Studentin untersucht die alkalische Hydrolyse eines Dicarbonsäurediesters (↑ **A1.2**). Sie erfasst die Zeit und die Konzentrationen *c*(A) und *c*(B) zunächst in einer Tabelle (↑ **A1.1**). Danach spricht sie mit ihrem Dozenten: „Ich verstehe nicht, warum die Summe der Konzentrationen erst kleiner wird und dann wieder den Ausgangswert erreicht."

Der Dozent schaut sich die Reaktionsgleichung und die gemessenen Konzentrationen an und erwidert: „Sie haben sorgfältig gemessen, aber ein Zwischenprodukt nicht berücksichtigt."

t in min	*c*(A) in $mol \cdot L^{-1}$	*c*(B) in $mol \cdot L^{-1}$	*c*(A) + *c*(B) in $mol \cdot L^{-1}$
0	1,00	0,00	1,00
5	0,59	0,15	0,74
10	0,35	0,41	0,76
15	0,21	0,62	0,83
20	0,12	0,77	0,89
25	0,07	0,86	0,93
30	0,04	0,92	0,96
40	0,01	0,97	0,98
50	0,00	1,00	1,00

A1.1 Messwerte der alkalischen Hydrolyse

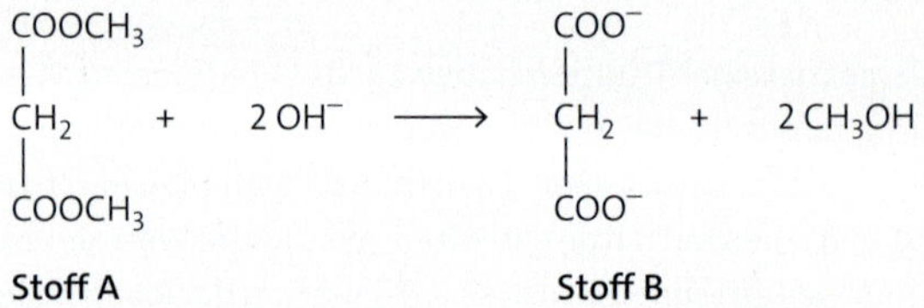

A1.2 Reaktionsgleichung der untersuchten Reaktion

AUFGABEN ZU A

1 › **a** Erstellen Sie aus den Daten (↑ **A1.1**) ein Konzentrations-Zeit-Diagramm für *c*(A) und *c*(B).
b Bestimmen Sie die mittlere Reaktionsgeschwindigkeit im Zeitintervall 0 bis 5 min über die Änderung von *c*(A).
c Bestimmen Sie die momentane Reaktionsgeschwindigkeit zum Zeitpunkt $t = 5$ min über die Änderung von *c*(B).

2 › **a** Begründen Sie anhand der Daten, warum der Dozent die Existenz eines Zwischenprodukts A' annimmt.
b Berechnen Sie die Konzentrationen des Zwischenprodukts *c*(A) und tragen Sie sie ins Diagramm ein.
c Erstellen Sie eine Hypothese über die Strukturformel von A. Zerlegen Sie die Reaktionsgleichung (↑ **A1.2**) in zwei neue, in denen A' berücksichtigt wird.

Material B Deacon-Verfahren

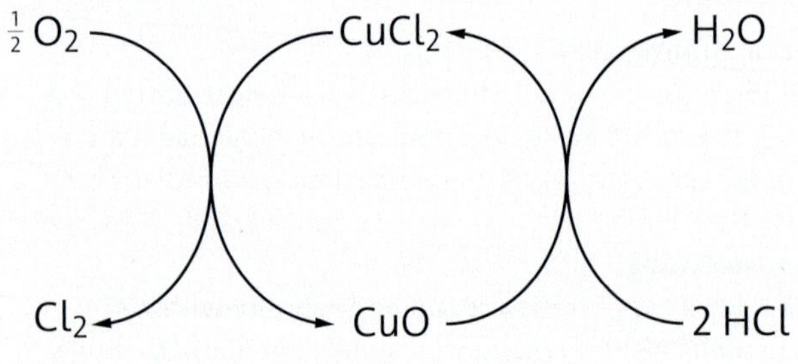

B1.1 Deacon-Verfahren (Schema)

Chlor ist ein wichtiger Ausgangsstoff für viele Synthesen, es kommt auf der Erde aber nicht elementar vor. Der englische Chemiker HENRY DEACON entwickelte 1868 ein Verfahren zur Chlorherstellung. Dabei findet bei 430 °C zwischen den gasförmigen Stoffen eine exotherme Gleichgewichtsreaktion nach folgendem Schema statt:

Sauerstoff + Chlorwasserstoff $\rightleftarrows$ Wasser + Chlor

Um die Ausbeute an Chlor zu erhöhen, wird doppelt so viel Sauerstoff eingesetzt, wie nach der Reaktionsgleichung notwendig wäre.

AUFGABEN ZU B

1 › **a** Erklären Sie die Funktion des Gemischs aus $CuCl_2$ und CuO, das unverändert aus der Reaktion hervorgeht.
b Erstellen Sie die Reaktionsgleichung der Gleichgewichtsreaktion, auf der das Deacon-Verfahren beruht. Verwenden Sie nur ganzzahlige Stöchiometriezahlen.
c Erstellen Sie das Massenwirkungsgesetz der Reaktion und geben Sie eine mögliche Einheit für K_c an.

2 › Zu Beginn der Reaktion war $c_0(HCl) = \frac{4}{100}\ mol \cdot L^{-1}$ und $c_0(O_2) = \frac{2}{100}\ mol \cdot L^{-1}$.
a Erklären Sie, warum hierbei doppelt so viel Sauerstoff verwendet wird wie notwendig, obwohl die Konzentration $c_0(O_2)$ nur halb so groß ist wie $c_0(HCl)$.
b Im Gleichgewicht ist $c(HCl) = \frac{4}{300}\ mol \cdot L^{-1}$. Berechnen Sie die übrigen Gleichgewichtskonzentrationen und die Gleichgewichtskonstante.
c Erläutern Sie, ob sich die Ausbeute an Chlor durch Druck- und Temperaturänderung steigern lässt. Begründen Sie, warum die Reaktionstemperatur deutlich über der Raumtemperatur liegt.
d Nennen Sie weitere Möglichkeiten, die die Ausbeute an Chlor erhöhen.

Material C Isomerengleichgewicht

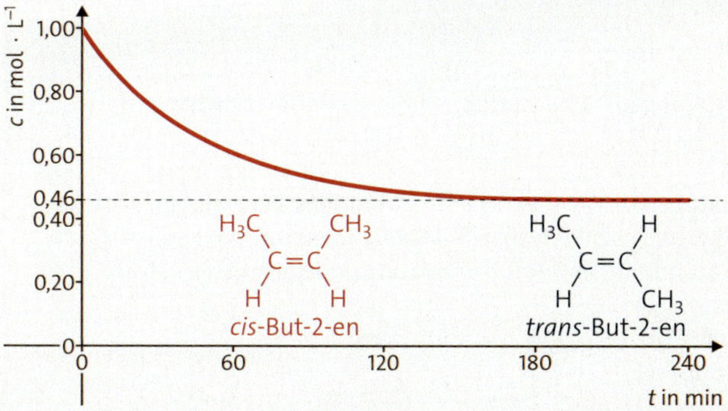

C1.1 Veränderung der Konzentration von reinem *cis*-But-2-en beim Bestrahlen mit UV-Licht

Von der Verbindung But-2-en gibt es zwei Isomere: *cis*-But-2-en und *trans*-But-2-en (↑ **C1.1**). Beide sind bei Standardbedingungen gasförmig. Wird reines *cis*-But-2-en mit UV-Licht bestrahlt, dann entsteht in einer exothermen Reaktion *trans*-But-2-en. Die Konzentration von *cis*-But-2-en sinkt dabei bis zu einem Grenzwert.

AUFGABEN ZU C

1) Übertragen Sie das Diagramm in Ihr Heft.
a Erläutern Sie den Verlauf der Kurve in ↑ **C1.1** und begründen Sie, warum die Konzentration von *cis*-But-2-en gegen einen von null verschiedenen Wert strebt.
b Bestimmen Sie aus ↑ **C1.1** die durchschnittliche Reaktionsgeschwindigkeit im Verlauf der ersten Stunde.
c Zeichnen Sie den zeitlichen Verlauf der Konzentration von *trans*-But-2-en ein.

2) **a** Erstellen Sie das Massenwirkungsgesetz und berechnen Sie die Gleichgewichtskonstante K_c.
b Begründen Sie, wie sich K_c verändert, wenn die Temperatur sinkt.
c Erläutern Sie die Möglichkeit, das Gleichgewicht durch Druckänderung zu beeinflussen.
d Zum Zeitpunkt t = 240 min wird die Konzentration von *cis*-But-2-en auf c_0 = 1,46 mol · L^{-1} erhöht. Berechnen Sie die Konzentrationen von *cis*- und *trans*-But-2-en, die nach Einstellung des Gleichgewichts erreicht werden.

Material D Halogenlampen

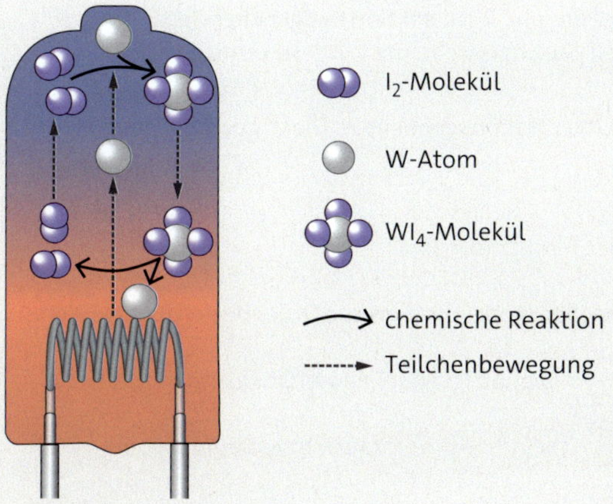

D1.1 Vorgänge in einer Halogenlampe

In Glüh- und in Halogenlampen besteht die Glühwendel meist aus dem Metall Wolfram. Je höher die Betriebstemperatur ($\vartheta > 1500\,°C$), umso heller ist die Lampe, aber umso mehr Wolfram verdampft und schlägt sich auf dem kälteren Glas nieder. Glühlampen erscheinen deshalb nach einiger Zeit weniger hell und außerdem wird der Glühfaden dünner. Im Glaskolben von Halogenlampen sind Spuren von gasförmigem Iod (I_2) enthalten. Es reagiert mit dem Wolfram auf dem Glas merklich ab einer Temperatur von 450 bis 500 °C zu Wolframtetraiodid:

$$W(s) + 2\,I_2(g) \rightleftarrows WI_4(g)$$

An der Glühwendel zerfällt Wolframtetraiodid wieder in die Elemente. Das Iod bleibt in der Gasphase, das Wolfram scheidet sich als Feststoff auf der Glühwendel ab und verstärkt sie wieder.

AUFGABEN ZU D

1) **a** Begründen Sie den Namen „Halogenlampe".
b Erläutern Sie, warum Halogenlampen eine höhere Betriebstemperatur haben, heller sind und länger halten als Glühlampen.

2) **a** Erklären Sie die Bedeutung des verwendeten Pfeils in der Reaktionsgleichung.
b Begründen Sie, ob die Synthese von Wolframtetraiodid aus den Elementen exo- oder endotherm ist.
c Im Vergleich zu Glühlampen gleicher Lichtstärke ist der Glaskolben von Halogenlampen sehr klein. Erklären Sie mithilfe des Konzepts der Reaktionsgeschwindigkeit, dass der Rücktransport bei großen Glaskolben nicht funktionieren würde.

3) Um aus Roh-Titan, das mit Magnesium verunreinigt ist, reines Titan herzustellen, wird es in exothermen Reaktionen mit gasförmigem Iod zunächst in Titantetraiodid und Magnesiumiodid umgewandelt. Titantetraiodid siedet bei 380 °C, Magnesiumiodid schmilzt bei 630 °C.
a Erklären Sie, wie sich reines Titan gewinnen lässt.
b Skizzieren Sie einen möglichen Reaktor.

Auf einen Blick

Reaktionsgeschwindigkeit

Die Reaktionsgeschwindigkeit v kann über die Änderung der Konzentration der Reaktionsteilnehmer über ein bestimmtes Zeitintervall gemessen werden.

Für eine Reaktion $2\,A \longrightarrow B$ gilt: $v = -\frac{1}{2}\frac{\Delta c(A)}{\Delta t} = \frac{\Delta c(B)}{\Delta t}$

RGT-Regel: Bei einer Temperaturerhöhung um 10 K verdoppelt bis vervierfacht sich die Geschwindigkeit vieler Reaktionen.

Radikalische Substitution (S_R)

Typische Reaktion der Alkane mit Halogenen. Die Elektronenpaarbindung der Halogen-Moleküle wird durch energiereiches Licht gespalten, es bilden sich Radikale. Die radikalische Substitution Läuft als Kettenreaktion über Radikalbildung, Kettenfortpflanzung und Kettenabbruch ab.

Energiediagramm

Ein Energiediagramm gibt die Energie zwischen den reaktiven Teilchen im Verlauf der Reaktion wieder.
Die Maxima heißen Übergangszustände. Mit deren Energie steigt die Aktivierungsenergie der Reaktion.

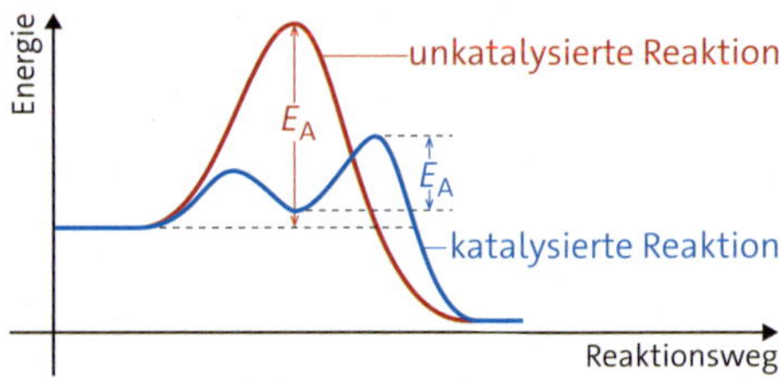

Katalysator

Katalysatoren eröffnen einer Reaktion neue Wege mit geringerer Aktivierungsenergie. Sie werden während der Reaktion nicht verbraucht. Bei der homogenen Katalyse befinden sich Katalysator und Reaktionsgemisch in der gleichen Phase, bei der heterogenen Katalyse liegen unterschiedliche Aggregatzustände vor.

Dynamisches Gleichgewicht

Der Zustand eines Systems verändert sich nicht, wenn Vorgang und Umkehrvorgang mit gleicher Geschwindigkeit verlaufen: Die Vorgänge verlaufen unvollständig und bei gegebener Temperatur wird der gleiche Zustand von beiden Seiten aus erreicht.

Chemisches Gleichgewicht

Ein chemisches Gleichgewicht liegt vor, wenn Hin- und Rückreaktion mit gleicher Geschwindigkeit verlaufen: $v_{Hin} = v_{Rück}$. Es wird durch einen Gleichgewichtspfeil $\rightleftarrows$ gekennzeichnet.
Beispiel: $A + 2\,B \rightleftarrows 2\,C$

Das **Massenwirkungsgesetz** besagt, dass der Konzentrationsquotient im Gleichgewicht konstant ist:

$$K_C = \frac{c^2(C)}{c(A) \cdot c^2(B)}$$

Die Gleichgewichtskonstante K_C hängt von der Temperatur ab.

Prinzip von Le Chatelier (Prinzip des kleinsten Zwangs)

Ein Gleichgewicht kann von Temperatur, Stoffmengenkonzentration und Druck beeinflusst werden.

Temperaturanstieg bzw. -abfall	begünstigt endotherme bzw. exotherme Reaktion
Zunahme bzw. Abnahme von $c(A)$	begünstigt Verbrauch bzw. Bildung von A
Zunahme bzw. Abnahme des Drucks	begünstigt Abnahme bzw. Zunahme der Teilchenanzahl in der Gasphase

Löslichkeitsprodukt LK

Das Löslichkeitsprodukt K_L eines Salzes A_nX_m ist ein Maß für seine Löslichkeit.

$K_L(AX) = c(A^+) \cdot c(X^-)$ *Beispiel:* $K_L(AgCl) = c(Ag^+) \cdot c(Cl^-)$

$K_L(AX_2) = c(A^{2+}) \cdot c^2(X^-)$ *Beispiel:* $K_L(CaF_2) = c(Ca^{2+}) \cdot c^2(F^-)$

Haber-Bosch-Verfahren LK

Verbindungen, die Nitrat-Ionen enthalten, sind wichtig für die Produktion von Düngemitteln und Sprengstoffen. Zu ihrer industriellen Herstellung ist **Ammoniak** notwendig, der großtechnisch im Haber-Bosch-Verfahren aus den Elementen hergestellt wird:
$N_2(g) + 3\,H_2(g) \rightleftarrows 2\,NH_3(g) \quad \Delta_rH^0 = -92\ kJ \cdot mol^{-1}$
Durch einen geeigneten Katalysator gelingt es, Ammoniak in guter Ausbeute bei einer Temperatur von 450 °C und einem Druck von 30 MPa (300 bar) zu synthetisieren..

Übungsaufgaben

1) Erläutern Sie mithilfe der Stoßtheorie den Einfluss von Konzentration, Zerteilungsgrad, Druck und Temperatur auf die Reaktionsgeschwindigkeit.

2) Die Zersetzung von Wasserstoffperoxid in Lösung verläuft nach folgender Reaktionsgleichung:

$2\,H_2O_2(aq) \longrightarrow 2\,H_2O(l) + O_2(g)$

a Nennen Sie zwei Möglichkeiten, eine chemische Reaktion in Lösung zu beschleunigen.

b Die Konzentration $c(H_2O_2)$ sinkt in 10 min von 0,1 $mol \cdot L^{-1}$ auf 0,01 $mol \cdot L^{-1}$. Berechnen Sie die mittlere Reaktionsgeschwindigkeit mit der Einheit $mol \cdot L^{-1} \cdot s^{-1}$.

c Ermitteln Sie exemplarisch die Reaktionsgeschwindigkeit, wenn die Temperatur um 30 K erhöht wird.

3) **a** Nennen Sie Beispiele für Vorgänge, bei denen sich ein dynamisches Gleichgewicht einstellt.

b Zählen Sie Gemeinsamkeiten und Unterschiede zwischen den verschiedenen Vorgängen auf.

c Erklären Sie den Unterschied zwischen dynamischem und statischem Gleichgewicht.

4) Stellt man Bleiiodid im Labor her, mischt man gleichmolare Lösungen von Bleiacetat und Kaliumiodid im Verhältnis 1:2 und filtriert den gelben Niederschlag ab. Gibt man anschließend überschüssige Kaliumiodidlösung zum farblosen Filtrat, fällt erneut Bleiiodid aus. Erklären Sie dieses Phänomen.

5) **a** Formulieren Sie die Bildung von Schwefeltrioxid (SO_3) aus Schwefeldioxid (SO_2) und Sauerstoff (O_2) als Gleichgewichtsreaktion und stellen Sie das zugehörige Massenwirkungsgesetz (MWG) auf.

b Im Gleichgewicht betragen $c(SO_3) = 0{,}9\ mol \cdot L^{-1}$, $c(SO_2) = 0{,}1\ mol \cdot L^{-1}$ und $c(O_2) = 0{,}05\ mol \cdot L^{-1}$. Berechnen Sie K_C für die Bildung sowie für die Zersetzung von Schwefeltrioxid.

c Begründen Sie, warum es die Ausbeute an Schwefeltrioxid begünstigt, wenn $c(O_2)$ erhöht wird. Berechnen Sie das Verhältnis $\frac{c(SO_3)}{c(SO_2)}$ für $c(O_2) = 0{,}80\ mol \cdot L^{-1}$.

6) Gasförmiges 3-Ethylpentan wird mit gasförmigem Brom unter Lichteinfluss in einem Standzylinder zur Reaktion gebracht. Hält man ein angefeuchtetes Indikatorpapier in den Standzylinder, färbt es sich rot. Weiterhin lassen sich vier Hauptreaktionsprodukte nachweisen, von denen drei zueinander isomer sind.

a Formulieren Sie den Reaktionsmechanismus, der zu einem der drei isomeren Hauptprodukte führt.

b Geben Sie die Namen der drei isomeren Produkte in der IUPAC-Nomenklatur an.

7) Erläutern Sie, wie sich Temperatur- bzw. Druckänderung auf die folgenden Gleichgewichtsreaktionen des Stickstoffs auswirken:

a $N_2(g) + O_2(g) \rightleftarrows 2\,NO(g)$ $\quad \Delta H > 0$ (endotherm)

b $N_2(g) + 3\,H_2(g) \rightleftarrows 2\,NH_3(g)$ $\quad \Delta H < 0$ (exotherm)

8) Für die Verwendung von Kosmetikprodukten werden Fettsäuren wie Palmitin- oder Myristinsäure industriell mit langkettigen Alkoholen in saurer Lösung zu Estern umgesetzt. Bei der Synthese wird das gebildete Wasser kontinuierlich aus dem Reaktionsgemisch entfernt.

a Erklären Sie die beschriebene Reaktionsführung.

b Überlegen Sie, ob eine Synthese bei Raumtemperatur möglich wäre.

c Erläutern Sie die Funktion der Säure in dieser Synthese.

Mithilfe dieses Kapitels können Sie:	Aufgabe	Hilfe finden Sie auf Seite
• Einflussfaktoren auf chemische Reaktionen und Möglichkeiten der Steuerung durch Variation von Reaktionsbedingungen beschreiben	*1, 2, 8b*	*129, 130–131*
• den Einsatz von Katalysatoren und unterschiedliche Reaktionsverläufe erklären	*8c*	*138–139*
• den Reaktionsmechanismus der radikalischen Substitution beschreiben	*6*	*132–133*
• das dynamische Gleichgewicht beschreiben und es auf verschiedene Beispiele anwenden	*3*	*145–147*
• das Massenwirkungsgesetz einer Reaktion aufstellen und damit Gleichgewichtskonstanten und Konzentrationen berechnen	*5*	*148–150*
• den Einfluss von Temperatur, Druck und Konzentration auf die Lage eines Gleichgewichts beschreiben und das Prinzip von Le Chatelier auf Reaktionen anwenden.	*4, 7, 8a*	*152–153*

Der Duft der frisch aufgeschnittenen Grapefruit weckt Fernweh und die Vorstellung des Geschmacks lässt einem das Wasser im Mund zusammenlaufen. Der typische Geschmack wird unter anderem von Carbonsäuren hervorgerufen. Säuren sorgen aber nicht nur dafür, dass Zitrusfrüchte sauer schmecken. Säure-Base-Gleichgewichte spielen in nahezu allen biochemischen Systemen eine wichtige Rolle. So sind beispielsweise Enzymreaktionen nur in einem schmalen pH-Wert-Bereich möglich.

01 Citronensäure und Ascorbinsäure (Vitamin C) sorgen neben anderen Stoffen für Geschmack und Geruch der Grapefruit.

Säure-Base-Reaktionen 6

Protonenübergänge im chemischen Gleichgewicht

Wasser als Säure und Base

- Reaktionen mit Protonenübergang
- Neutralisation
- Autoprotolyse und Ionenprodukt des Wassers
- pH- und pOH-Wert

Stärke von Säuren und Basen

- Säure-Base-Reaktionen
- Korrespondierende Säure-Base-Paare
- Saure und alkalische Salzlösungen
- Komplexverbindungen
- Säure- und Basenkonstanten
- Protochemische Reihe

pH-Puffersysteme

- Konstanter pH-Wert in Lösungen schwacher Säuren und Basen
- Abfangreaktionen
- Puffergleichung
- Puffer in der Biochemie

Titration

- Säure-Base-Titration
- Titrationskurven

6.1 Entwicklung des Säure-Base-Begriffs

01 Ameisen versprühen Ameisensäure.

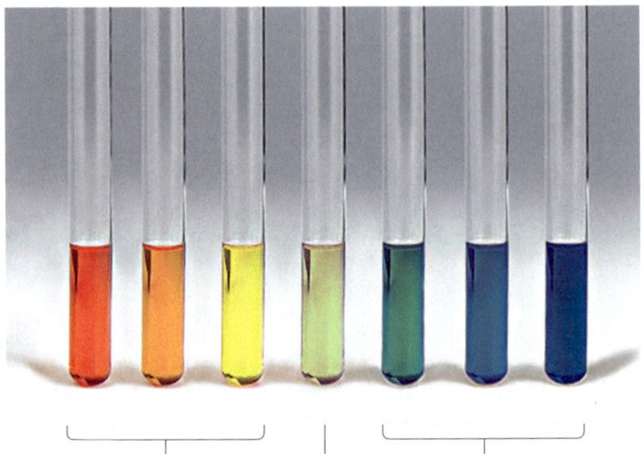

02 Saure, neutrale und alkalische Lösungen mit Universalindikator

Säuren findet man nicht nur im Chemielabor. Ameisensäure (HCOOH) und viele andere Säuren sind Naturprodukte.

SÄUREN UND SAUERSTOFF Auf den französischen Chemiker ANTOINE-LAURENT DE LAVOISIER (1743–1794) geht die Bezeichnung *oxygène* für das Element Sauerstoff zurück (griech. *oxys:* sauer, *genes:* Erschaffung). LAVOISIER vertrat die Auffassung, dass chemisch gebundener Sauerstoff für die charakteristischen Eigenschaften saurer Lösungen verantwortlich ist. Tatsächlich sind viele als „Säure" bezeichneten Stoffe Sauerstoffverbindungen.

Beispiele für Säuren, die Sauerstoff enthalten:

Salpetersäure – HNO_3

Schwefelsäure – H_2SO_4

DAVYS DEFINITION DER SÄURE Der englische Chemiker HUMPHREY DAVY (1778–1829) entdeckte, dass Chlor ein chemisches Element ist. Chlorwasserstoff (HCl), das eine saure wässrige Lösung ergibt („Salzsäure"), enthält keinen chemisch gebundenen Sauerstoff. DAVY bezeichnete Säuren als Stoffe, die chemisch gebundenen Wasserstoff enthalten, der durch Metalle ersetzt werden kann.

$$2\,HCl(aq) + Zn(s) \longrightarrow ZnCl_2(aq) + H_2(g)$$
$$H_2SO_4(aq) + Zn(s) \longrightarrow ZnSO_4(aq) + H_2(g)$$

SAURE UND ALKALISCHE LÖSUNGEN **Saure Lösungen** reagieren mit unedlen Metallen und sind elektrisch leitfähig. Sie führen bei bestimmten Farbstoffen, den Indikatoren, zu Farbänderungen (↑ 02). „Gegenspieler" zu den sauren Lösungen sind die **alkalischen Lösungen**. Auch sie sind elektrisch leitfähig und führen zu Farbänderungen bei Indikatoren. Gibt man passende Mengen saurer und alkalischer Lösungen zusammen, dann neutralisieren sie sich in ihrer Wirkung und es entsteht eine **neutrale Lösung**.

Video: Elektrische Leitfähigkeit einer sauren Lösung

ELEKTROLYTISCHE DISSOZIATION – DEFINITION NACH ARRHENIUS Über den Vorgang auf der Teilchenebene, der den sauren bzw. alkalischen Charakter der jeweiligen Lösung verursacht, gab es lange Zeit keine konsistente Theorie. Erst SVANTE ARRHENIUS konnte mit dem Modell der **elektrolytischen Dissoziation** (Chemienobelpreis 1903) zwei wesentliche Eigenschaften saurer und alkalischer Lösungen erklären:

- elektrische Leitfähigkeit
- gegenseitige Neutralisation

Nach seinem Modell sind **Säuren** Stoffe, deren Teilchen **HA** in Lösung zu Wasserstoff-Ionen H^+ und Säurerest-Ionen A^- dissoziieren.

$$HA \longrightarrow H^+(aq) + A^-(aq)$$
Beispiele:
$$HCl \longrightarrow H^+(aq) + Cl^-(aq)$$
$$H_2SO_4 \longrightarrow 2\,H^+(aq) + SO_4^{2-}(aq)$$

Basische Lösungen entstehen nach ARRHENIUS durch Dissoziation einer **Base** $M(OH)_n$ in Kationen M^{n+} und Hydroxid-Ionen OH^-.

$$M(OH)_n \longrightarrow M^{n+}(aq) + n\,OH^-(aq)$$
Beispiele:
$$NaOH \longrightarrow Na^+(aq) + OH^-(aq)$$
$$Ca(OH)_2 \longrightarrow Ca^{2+}(aq) + 2\,OH^-(aq)$$

Alle sauren Lösungen enthalten hydratisierte Wasserstoff-Ionen $H^+(aq)$ und alle alkalischen Lösungen hydratisierte Hydroxid-Ionen $OH^-(aq)$. Die in der Lösung enthaltenen frei beweglichen Ionen führen zur elektrischen Leitfähigkeit.

Bei der Neutralisation reagieren die Wasserstoff-Ionen und die Hydroxid-Ionen zu Wasser-Molekülen:

$$H^+(aq) + OH^-(aq) \longrightarrow H_2O(l)$$

Brönsteds Säure-Base-Konzept

OXONIUM-IONEN Das Modell von ARRHENIUS liefert keine Aussage über die Struktur des hydratisierten Wasserstoff-Ions. Bei einem Wasserstoff-Ion handelt es sich um ein Proton, also um ein geladenes Teilchen mit einem etwa 100 000-mal kleineren Durchmesser als Atome oder Ionen. Es beeinflusst die Moleküle in der Umgebung durch sein starkes elektrisches Feld. Der dänische Chemiker JOHANNES NICOLAUS BRÖNSTED (1879–1947) schlug vor, dass das Proton an ein freies Elektronenpaar eines Wasser-Moleküls gebunden wird (↑ **03**). Das entstehende H_3O^+-Teilchen wird als **Oxonium-Ion** bezeichnet.

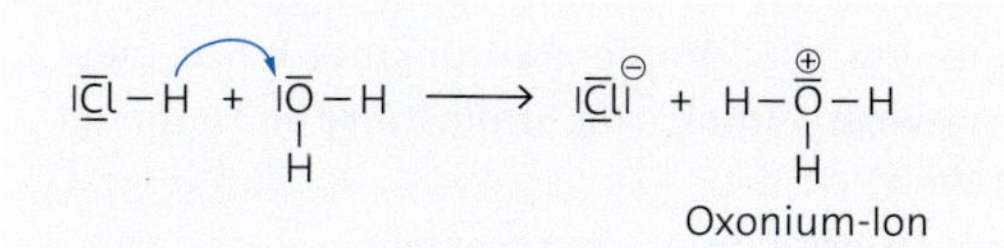

03 Bildung eines Oxonium-Ions H_3O^+ durch Protonenübergang

BRÖNSTED-SÄUREN UND -BASEN BRÖNSTED stellte auf der Basis eines **Donator-Akzeptor-Modells** ein neues Säure-Base-Konzept vor. Eine Säure oder ein **Protonendonator HA** ist ein Teilchen, das ein Proton abgibt. Eine Base oder ein **Protonenakzeptor B** ist ein Teilchen, das ein Proton aufnimmt. Der Protonenübergang zwischen den Teilchen wird als Säure-Base-Reaktion bzw. als **Protolyse** bezeichnet.

Säuren und Basen wurden bei ARRHENIUS als Stoffklassen angesehen. Nach BRÖNSTED charakterisieren diese Begriffe aber *Funktionen von Teilchen*, d. h. ihr vom Reaktionspartner mitbestimmtes Verhalten als Säure oder Base. So reagiert das HCl-Molekül als Säure gegenüber der Base, dem H_2O-Molekül (↑ **03**). BRÖNSTEDS Konzept erklärt auch, warum eine wässrige Lösung von Ammoniak (NH_3) alkalisch reagiert, obwohl Ammoniak keine Hydroxid-Ionen enthält. Sie entstehen in der Reaktion von NH_3 (Base) mit H_2O (Säure):

$$NH_3 + H_2O \longrightarrow OH^- + NH_4^+$$
$$\mathbf{B + HA \longrightarrow A^- + HB^+}$$

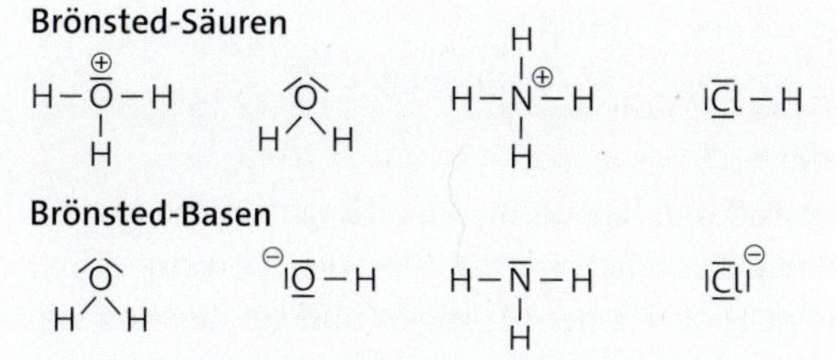

04 Beispiele für Brönsted-Säuren und -Basen

05 Chlorwasserstoff und Ammoniak, zwei Gase, reagieren zu festem Ammoniumchlorid.

Video: Ammoniak reagiert mit Chlorwasserstoff.

Teilchen, die wie Wasser-Moleküle abhängig vom Reaktionspartner als Säure oder als Base reagieren können, werden als **Ampholyte** bezeichnet. Brönsted-Basen B besitzen Atome mit mindestens einem freien Elektronenpaar, an das ein Proton binden kann (↑ **04**). In Brönsted-Säuren HA ist ein Wasserstoff-Atom über eine Elektronenpaarbindung an einen Rest A gebunden. Bei der Säure-Base-Reaktion übernimmt A beide Elektronen der Elektronenpaarbindung.

EIN UMFASSENDES KONZEPT Das Säure-Base-Konzept nach Brönsted ist nicht auf Reaktionen mit Wasser-Molekülen, Oxonium-Ionen oder Hydroxid-Ionen beschränkt. So ist die Reaktion der Gase Ammoniak (NH_3 – Base) und Chlorwasserstoff (HCl – Säure) zum Salz Ammoniumchlorid eine Säure-Base-Reaktion der NH_3- und HCl-Moleküle, gefolgt von der Anordnung der entstandenen Ammonium-Ionen NH_4^+ und Chlorid-Ionen Cl^- in einem Ionengitter (↑ **05**).

$$HCl(g) + NH_3(g) \longrightarrow NH_4^+(g) + Cl^-(g)$$
$$NH_4^+(g) + Cl^-(g) \longrightarrow NH_4Cl(s)$$

Ein Teilchen reagiert als Brönsted-Säure, wenn es ein Proton abgibt (Protonendonator), bzw. als Brönsted-Base, wenn es ein Proton aufnimmt (Protonenakzeptor). In einer Säure-Base-Reaktion geht ein Proton von einer Säure auf eine Base über.

1› Erstellen Sie die Reaktionsgleichung:
a HNO_3 (Säure) reagiert mit H_2O (Base).
b HCO_3^- (Säure) reagiert mit HCO_3^- (Base).

2› Erläutern Sie, warum ein Ammoniak-Molekül zwar als Base im Sinne von BRÖNSTED reagieren kann, nach ARRHENIUS aber keine Base ist.

Praktikum

P Säure-Base-Reaktionen

EXP 6.01 Eigenschaften saurer und basischer Lösungen

Materialien 5 Reagenzgläser, Stativmaterial, Spatel, Tropfpipetten, Becherglas, Netzgerät mit Wechselspannung, Elektrokabel, 2 Elektroden, Stromstärkenmessgerät, Glühlämpchen, demineralisiertes Wasser, Salzsäure ($c(HCl)$ = 0,1 mol · L^{-1}), Natronlauge ($c(NaOH)$ = 0,1 mol · L^{-1}; 7), Essigsäure (w = 98–100 %; 2, 5), Kernseife, Universalindikatorlösung

Durchführung Bauen Sie mit Netzgerät ($U_\sim$ = 10 V), Kabeln, Lämpchen, Elektroden und dem Stromstärkenmessgerät einen nichtverzweigten Stromkreis auf.

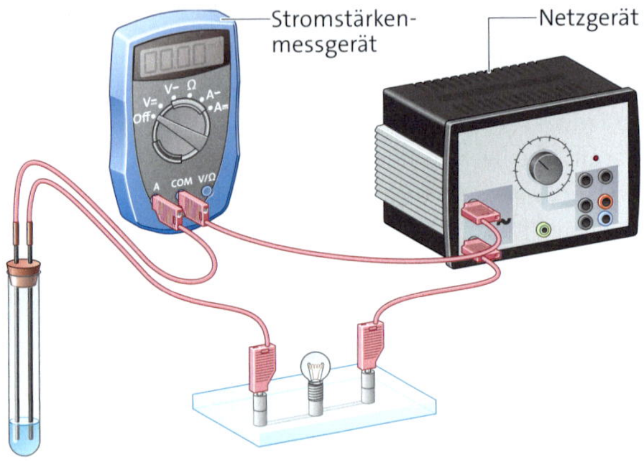

Der Stromkreis wird geschlossen, wenn die Elektroden in die Flüssigkeit tauchen. Die angezeigte Stromstärke ist ein Maß für die elektrische Leitfähigkeit der Flüssigkeit. Spülen Sie die Elektroden mit demineralisiertem Wasser ab, ehe Sie sie in ein anderes Reagenzglas tauchen.

a) Geben Sie 15 Tropfen Essigsäure in ein Reagenzglas und messen Sie die Stromstärke. Geben Sie 15 Tropfen Wasser hinzu und messen Sie die Stromstärke erneut.

b) Geben Sie je 30 Tropfen Salzsäure, Natronlauge bzw. Wasser in 3 Reagenzgläser. In ein weiteres Reagenzglas geben Sie 30 Tropfen Wasser und ein kleines Stück Kernseife. Messen Sie die Stromstärken.

c) Setzen Sie allen Lösungen je einen Tropfen Universalindikatorlösung zu und beobachten Sie die Farbänderungen.

Entsorgung: Lösungen ins Abwasser geben.

Auswertung

1 › Erklären Sie den Unterschied der elektrischen Leitfähigkeit von Essigsäure und ihrer Lösung in Wasser anhand der dem Phänomen zugrunde liegenden chemischen Reaktion.

2 › Ordnen Sie die Lösungen über ihre Farben nach steigendem pH-Wert. Erstellen Sie qualitative Zusammenhänge zwischen dem pH-Wert und der Leitfähigkeit.

EXP 6.02 Neutralisation

Materialien Reagenzglas, Stativmaterial, Tropfpipetten, Netzgerät mit Wechselspannung, Elektrokabel, 2 Elektroden, Stromstärkenmessgerät, Glühlämpchen, demineralisiertes Wasser, Salzsäure ($c(HCl)$ = 0,1 mol · L^{-1}), Natronlauge ($c(NaOH)$ = 0,1 mol · L^{-1}; 7), Universalindikatorlösung

Durchführung Bauen Sie einen nichtverzweigten Stromkreis auf (↑ Exp. 6.01). Geben Sie 30 Tropfen Salzsäure und einen Tropfen Universalindikator ins Reagenzglas. Tauchen Sie die Elektroden ein und messen Sie die Stromstärke. Geben Sie insgesamt 36 Tropfen Natronlauge hinzu, messen Sie nach jeweils 3 Tropfen die Stromstärke und notieren Sie den pH-Wert.

Entsorgung: Lösungen ins Abwasser geben.

Auswertung

1 › Stellen Sie eine Hypothese auf, bei welchem pH-Wert bzw. wie vielen Tropfen Natronlauge Sie das Minimum der Leitfähigkeit erwarten. Vergleichen Sie Vorhersage und Beobachtung.

2 › Stellen Sie die Messwerte in einer Tabelle dar und tragen Sie in einem Koordinatensystem die Stromstärke gegen die Zahl der Tropfen der zugesetzten Natronlauge auf.

3 › Geben Sie an, welche Teilchen in der Salzsäure und welche in der Natronlauge vorliegen.

EXP 6.03 pH- und pOH-Wert

Materialien 6 Reagenzgläser, Reagenzglasständer, pH-Meter, 3 Messpipetten (10 mL), Becherglas (250 mL), Salzsäure ($c(HCl)$ = 0,1 mol · L^{-1}), Natronlauge ($c(NaOH)$ = 0,1 mol · L^{-1}; 7), Wasser, Universalindikatorlösung

Durchführung Füllen Sie in 2 Reagenzgläser je 10 ml Salzsäure bzw. Natronlauge. Stellen Sie durch Verdünnen mit Wasser Salzsäure bzw. Natronlauge mit den Konzentrationen c = 0,01 mol · L^{-1} und c = 0,001 mol · L^{-1} her. Setzen Sie jeder der insgesamt 6 Lösungen 2 Tropfen Universalindikatorlösung zu und messen Sie die pH-Werte der Lösungen zusätzlich mit dem pH-Meter. Spülen Sie das pH-Meter gründlich mit demineralisiertem Wasser ab, ehe Sie es in eine andere Lösung eintauchen.

Entsorgung: Lösungen ins Abwasser geben.

Auswertung

Chlorwasserstoff und Natriumhydroxid liegen in den Lösungen vollständig dissoziiert (protolysiert) vor. Berechnen Sie die pH- und pOH-Werte der Lösungen und vergleichen Sie die berechneten pH-Werte mit den beobachteten.

P

EXP 6.04 Vom pH-Wert zur Säurestärke

Materialien 4 kleine Bechergläser, pH-Messgerät, entmin. Wasser, Ameisensäure ($c(HCOOH)$ = 0,1 mol · L^{-1}), Salzsäure ($c(HCl)$ = 0,1 mol · L^{-1}; 5), Essigsäure ($c(CH_3COOH)$ = 0,1 mol · L^{-1}) Propansäure ($c(C_2H_5COOH)$ = 1 mol · L^{-1})

Durchführung Füllen Sie ca 1 cm hoch jeweils eine Säure in ein Becherglas. Messen Sie anschließend mit dem pH-Messgerät den pH-Wert der jeweiligen Lösungen.
Entsorgung: Lösungen neutralisiert ins Abwasser geben.

Auswertung

1 〉 Stellen Sie die Reaktionsgleichungen für die jeweiligen Protolysegleichgewichte auf.

2 〉 Berechnen Sie ausgehend von den gemessenen pH-Werten die Stoffmengenkonzentration der H_3O^+-Ionen im Gleichgewicht

3 〉 Vergleichen Sie die berechneten Konzentrationen mit den Anfangskonzentrationen und schließen Sie daraus auf die Stärke der Säure. Formulieren Sie, wie Sie vom pH-Wert auf die Säurestärke schließen können.

4 〉 Blausäure ist mit einem pKs-Wert von 9,31 eine relativ schwache Säure. Trotzdem können Menschen innerhalb von wenigen Minuten bei Berührung mit Blausäure sterben. Recherchieren Sie, wieso Blausäure für den Menschen so schädlich ist.

EXP 6.05 Ampholyte

Materialien 2 Reagenzgläser, Reagenzglasständer, Becherglas, Spatel, Tropfpipette, pH-Meter, Universalindikatorlösung, Natriumdihydrogenphosphat, Natriumhydrogencarbonat, Wasser

Durchführung Geben Sie eine erbsengroße Menge von jedem Salz in ein Reagenzglas. Fügen Sie etwa 50 Tropfen Wasser hinzu und lösen Sie die Salze durch Schwenken der Reagenzgläser. Geben Sie dann zu jeder Lösung einen Tropfen Universalindikatorlösung.
Entsorgung: Lösungen ins Abwasser geben.

Auswertung

1 〉 Stellen Sie für jedes Ion eine Hypothese auf, ob seine Säure- oder Basenstärke größer ist. Überlegen Sie, ob es eine saure oder alkalische Lösung bildet. Vergleichen Sie Ihre Schlussfolgerung mit der Beobachtung.

2 〉 Ermitteln Sie anhand der protochemischen Reihe (↑ S. 183) die pK_S- und pK_B-Werte des Dihydrogenphosphat-Ions und des Hydrogencarbonat-Ions.

EXP 6.06 Säure-Base-Reaktionen

Materialien 6 Reagenzgläser, Reagenzglasständer, Becherglas, Universalindikatorpapier, Ammoniumchlorid (7), Kaliumhydrogensulfat (5, 7), Natriumacetat, Natriumchlorid, Natriumhydroxid (5), Wasser

Durchführung *Abzug! Handschuhe!* Geben Sie die folgenden Stoffe jeweils in ein Reagenzglas. Nehmen Sie von den Salzen je eine erbsengroße Menge und vom Wasser 5 Tropfen:

a) Ammoniumchlorid, Natriumhydroxid, Wasser
b) Kaliumhydrogensulfat, Natriumacetat, Wasser
c) Kaliumhydrogensulfat, Natriumchlorid, Wasser

Stellen Sie die Reagenzgläser im Abzug in ein Becherglas mit heißem Wasser. Führen Sie mit jeder Mischung eine Geruchsprobe durch und testen Sie die Gasphase über dem Gemisch mit feuchtem Indikatorpapier.
Entsorgung: Lösungen ins Abwasser geben.

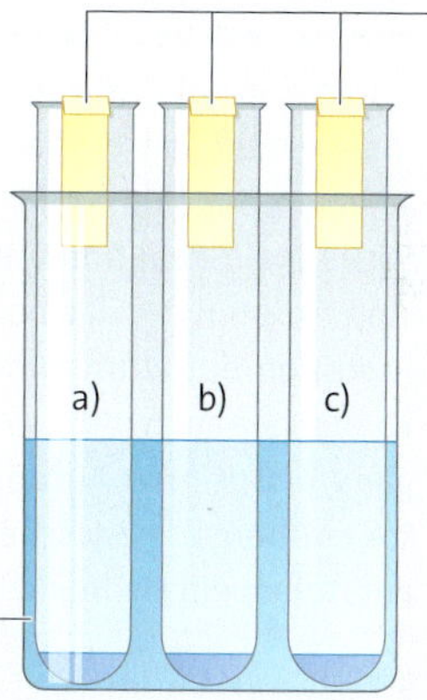

Auswertung

1 〉 Ermitteln Sie anhand der protochemischen Reihe (↑ S. 183) folgende Werte: $pK_S(NH_4^+)$, $pK_B(OH^-)$, $pK_S(HSO_4^-)$, $pK_B(CH_3COO^-)$ und $pK_B(Cl^-)$. Geben Sie die korrespondierenden Säuren zu den genannten Basen an und ermitteln Sie deren pK_S-Werte.

2 〉 Formulieren Sie für jede der Mischungen a–c eine Säure-Base-Reaktion. Ziehen Sie aus Ihren Beobachtungen jeweils einen Schluss darauf, ob diese Reaktion auch stattgefunden hat.

3 〉 Leiten Sie aus pK_S-Werten eine Vermutung darüber ab, unter welchen Bedingungen eine Säure-Base-Reaktion abläuft, d. h., wann das entsprechende Gleichgewicht auf der rechten Seite liegt.

6.2 Autoprotolyse des Wassers

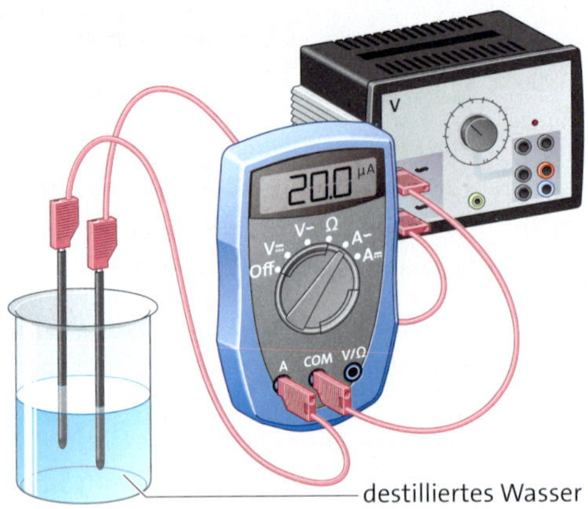

01 Auch reines Wasser ist elektrisch leitfähig.

WASSER-MOLEKÜLE REAGIEREN MITEINANDER Meer- und Trinkwasser sind elektrisch leitfähig, weil in ihnen Mineralien gelöst sind. Sie enthalten also frei bewegliche Ionen. Aber auch reines Wasser, das keine gelösten Mineralien mehr enthält, besitzt eine schwache elektrische Leitfähigkeit. Wasser selbst muss also in geringem Maße bewegliche geladene Teilchen enthalten. Bei diesen geladenen Teilchen handelt es sich um Ionen, die durch eine Säure-Base-Reaktion entstehen. Wasser-Moleküle sind Ampholyte, das bedeutet, sie können sowohl Protonen aufnehmen als auch abgeben. Deshalb können sie auch miteinander reagieren. Diesen Vorgang nennt man **Autoprotolyse**. Durch einen Protonenübergang zwischen zwei Wasser-Molekülen entstehen ein Hydroxid-Ion und ein Oxonium-Ion.

Massenwirkungsgesetz ↑S. 148 f.

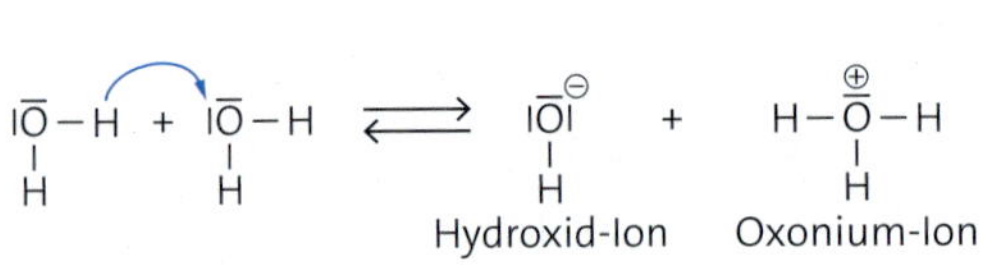

02 Autoprotolyse des Wassers

Die Autoprotolyse ist die Umkehrung der Neutralisationsreaktion. Sie ist endotherm, während die Neutralisation exotherm verläuft. In Wasser besteht ein chemisches Gleichgewicht zwischen beiden, das als **Autoprotolysegleichgewicht** bezeichnet wird. Es liegt fast vollständig auf der linken Seite.

$$2\,H_2O(l) \rightleftharpoons H_3O^+(aq) + OH^-(aq)$$

Die Reaktion von Wasser-Molekülen unter Bildung von Oxonium- und Hydroxid-Ionen wird Autoprotolyse des Wassers genannt.

ϑ in °C	K_W in $mol^2 \cdot L^{-2}$	ϑ in °C	K_W in $mol^2 \cdot L^{-2}$
0	$0{,}11 \cdot 10^{-14}$	30	$1{,}47 \cdot 10^{-14}$
10	$0{,}29 \cdot 10^{-14}$	50	$5{,}47 \cdot 10^{-14}$
20	$0{,}68 \cdot 10^{-14}$	70	$15{,}88 \cdot 10^{-14}$
25	$1{,}00 \cdot 10^{-14}$	100	$54{,}57 \cdot 10^{-14}$

03 Temperaturabhängigkeit des Ionenprodukts

IONENPRODUKT DES WASSERS Für die Gleichgewichtskonstante der Autoprotolyse gilt:

$$K_C = \frac{c(H_3O^+) \cdot c(OH^-)}{c(H_2O)^2}$$

Aus der Autoprotolyse folgt, dass in Wasser gleich viele Oxonium- und Hydroxid-Ionen vorliegen. Bei gegebener Temperatur sind alle Konzentrationen konstant. Sie betragen beispielsweise bei 25 °C:

$$c(H_2O) = 55{,}3\ mol \cdot L^{-1}$$
$$c(H_3O^+) = c(OH^-) = 10^{-7}\ mol \cdot L^{-1}$$

Das Autoprotolysegleichgewicht ist aber weniger für Wasser als vielmehr für verdünnte Lösungen, also bei $c_0(X) < 0{,}1\ mol \cdot L^{-1}$, interessant. In diesem Fall kann zumindest die Konzentration des Wassers wegen des großen Überschusses an Wasser-Molekülen in guter Näherung als konstant betrachtet werden.

Die Umformung des *Massenwirkungsgesetzes* ergibt somit eine neue Konstante, das **Ionenprodukt des Wassers K_W**.

$$K_W = K_C \cdot c(H_2O)^2 = c(H_3O^+) \cdot c(OH^-)$$

Das Autoprotolysegleichgewicht wird mit steigender Temperatur auf die rechte Seite verschoben (↑ **03**).

Auch in anderen Stoffen, deren Moleküle als Ampholyte reagieren können, finden Autoprotolysen statt, beispielsweise in flüssigem Ammoniak:

$$2\,NH_3 \rightleftharpoons NH_4^+ + NH_2^-$$

Das „Ionenprodukt des Ammoniaks" K_A beträgt bei der Siedetemperatur von Ammoniak (−33 °C):

$$K_A = K_C \cdot c(NH_3)^2 = c(NH_4^+) \cdot c(NH_2^-) = 10^{-32}\ mol^2 \cdot L^{-2}$$

Das Produkt der Konzentrationen der Oxonium-Ionen und der Hydroxid-Ionen heißt Ionenprodukt des Wassers K_W. Bei 25 °C ist $K_W = 10^{-14}\ mol^2 \cdot L^{-2}$.

AUTOPROTOLYSE IN LÖSUNGEN Wird ein Stoff, dessen Teilchen HA gegenüber Wasser-Molekülen als Säure reagieren, in Wasser gelöst, dann entstehen in einer Säure-Base-Reaktion Oxonium-Ionen, und das Autoprotolysegleichgewicht wird gestört.
Im folgenden Beispiel wird der Prozess der Störung und der Neueinstellung des Autoprotolysegleichgewichts in fünf Phasen gezeigt (bei ϑ = 25 °C, ↑ **04**):

A In Wasser liegt ein Gleichgewicht vor:
$2\,H_2O(l) \rightleftarrows H_3O^+(aq) + OH^-(aq)$
$c(H_3O^+) = c(OH^-) = 10^{-7}\,mol \cdot L^{-1}$
$c(H_3O^+) \cdot c(OH^-) = K_W = 10^{-14}\,mol^2 \cdot L^{-2}$

B Der gelöste Stoff stört das Autoprotolysegleichgewicht durch Entstehung von Oxonium-Ionen:
$HA + H_2O \longrightarrow H_3O^+ + A^-$

C Die Konzentration der Oxonium-Ionen steigt. Es wird angenommen, dass sie einen Wert von $c_0(H_3O^+) = 1{,}09 \cdot 10^{-6}\,mol \cdot L^{-1}$ erreicht. Damit folgt:
$c_0(H_3O^+) \cdot c_0(OH^-) = 1{,}09 \cdot 10^{-13}\,mol^2 \cdot L^{-2} > K_W$
⇨ Die Lösung ist nicht mehr im Gleichgewicht.

D Nach dem Prinzip von Le Chatelier überwiegt nun die Neutralisation die Autoprotolyse:
$H_3O^+(aq) + OH^-(aq) \rightleftarrows 2\,H_2O(l)$
Gleich viele Oxonium- und Hydroxid-Ionen verschwinden, bis das Gleichgewicht wieder erreicht ist. Die daraus resultierende Konzentrationsabnahme Δc für beide Ionen ist $\Delta c = 9 \cdot 10^{-8}\,mol \cdot L^{-1}$.

E Das Autoprotolysegleichgewicht ist erreicht:
$c(H_3O^+) = c_0(H_3O^+) - \Delta c$
$= (1{,}09 \cdot 10^{-6} - 9 \cdot 10^{-8})\,mol \cdot L^{-1} = 10^{-6}\,mol \cdot L^{-1}$
$c(OH^-) = c_0(OH^-) - \Delta c$
$= (10^{-7} - 9 \cdot 10^{-8})\,mol \cdot L^{-1} = 10^{-8}\,mol \cdot L^{-1}$
$\mathbf{c(H_3O^+) \cdot c(OH^-) = K_W = 10^{-14}\,mol^2 \cdot L^{-2}}$

SAURE UND ALKALISCHE LÖSUNGEN Die entstandene Lösung (↑ **04**) ist eine saure Lösung, weil die Konzentration der Oxonium-Ionen größer ist als die der Hydroxid-Ionen. Man erkennt, dass eine saure Lösung auch Hydroxid-Ionen enthält.
Wird ein Stoff, dessen Teilchen gegenüber Wasser-Molekülen als Base reagieren, in Wasser gelöst, dann entstehen in einer Säure-Base-Reaktion Hydroxid-Ionen. Die Betrachtung zur Störung und Wiederherstellung des Autoprotolysegleichgewichts ist der obigen völlig analog. Entsprechend ist in alkalischen Lösungen die Konzentration der Hydroxid-Ionen größer als die der Oxonium-Ionen.

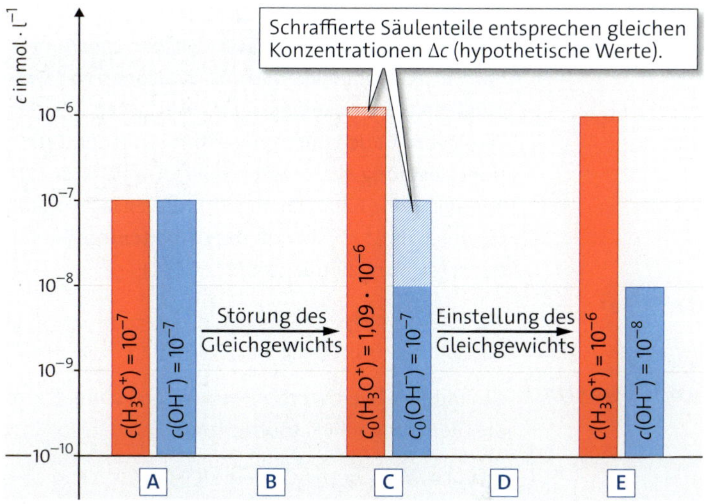

04 Störung des Autoprotolysegleichgewichts

LOGARITHMISCHE DARSTELLUNG In Bild ↑ **04** ist die Konzentrationsachse nicht linear, sondern logarithmisch skaliert. Gleiche Abstände entsprechen dabei nicht gleichen Differenzen, sondern gleichen Verhältnissen. *Beispiel:*

$c(H_3O^+)$: $10^{-7}\,mol \cdot L^{-1} \xrightarrow{\cdot 10} 10^{-6}\,mol \cdot L^{-1}$
$c(OH^-)$: $10^{-7}\,mol \cdot L^{-1} \xrightarrow{:10} 10^{-8}\,mol \cdot L^{-1}$

Die logarithmische Skala ist vorteilhaft, um Veränderungen von alten zu neuen Gleichgewichtskonzentrationen $c(H_3O^+)$ bzw. $c(OH^-)$ nach einer Störung wiederzugeben. Sie führt zu gleich großen Erhöhungen bzw. Senkungen der Säulen und stellt die Konzentrationsverhältnisse besser dar als eine lineare Skala.

1 Berechnen Sie die fehlenden Größen bei 25 °C:

$c(H_3O^+)$	$c(OH^-)$
$10^{-10}\,mol \cdot L^{-1}$	
	$10^{-5}\,mol \cdot L^{-1}$
$5 \cdot 10^{-9}\,mol \cdot L^{-1}$	

2 **a** Berechnen Sie das Verhältnis von Wasser-Molekülen zu Oxonium-Ionen in Wasser bei 25 °C.
b Nehmen Sie an, dass Oxonium-Ionen und Wasser-Moleküle gleichmäßig auf die Kästchen karierter DIN-A4-Blätter verteilt sind und sich in der linken oberen Ecke der ersten Seite ein Oxonium-Ion befindet. Berechnen Sie, auf welchem Blatt das nächste Oxonium-Ion liegt.

3 Erläutern Sie, wie sich aus Tabelle ↑ **03** auf der gegenüberliegenden Seite ableiten lässt, dass es sich bei der Autoprotolyse um eine endotherme Reaktion handelt.

6.3 pH- und pOH-Wert

ADDIEREN STATT MULTIPLIZIEREN Durch die logarithmische Darstellung lässt sich der Zusammenhang der Gleichgewichtskonzentrationen von Oxonium- und Hydroxid-Ionen einfach erfassen (↑ S. 177). Dies gelingt auch durch Logarithmieren der Definitionsgleichung des Ionenprodukts. Da sich nur Zahlen, aber keine Einheiten logarithmieren lassen, wird die durch $mol^2 \cdot L^{-2}$ dividierte, einheitenlose Definitionsgleichung betrachtet (ϑ = 25 °C).

$\lg x = \log_{10} x$

$\lg 10^x = x$

$\lg (a \cdot b) = \lg a + \lg b$

$K_W = 10^{-14} = c(H_3O^+) \cdot c(OH^-) \quad | \lg$
$\lg(K_W) = -14 = \lg c(H_3O^+) + \lg c(OH^-)$

Um mit positiven Werten rechnen zu können, wird die Gleichung mit –1 multipliziert.

$\lg(K_W) = 14 = -\lg c(H_3O^+) - \lg c(OH^-)$

Die logarithmischen Terme werden neu definiert:
$-\lg c(H_3O^+) = \mathbf{pH}$
$-\lg c(OH^-) = \mathbf{pOH}$
$\lg(K_W) = \mathbf{p}K_W$

$\mathbf{p}K_W = \mathbf{14 = pH + pOH}$

Die Bezeichnung pH wird abgeleitet von lat. *potentia hydrogenii*: Wirksamkeit des Wasserstoffs.

Für die Lösungen gilt damit:

neutrale Lösung: pH = pOH = 7
saure Lösung: pH < 7; pOH > 7
alkalische Lösung: pH > 7; pOH < 7

Weil pH- und pOH-Wert über das Ionenprodukt des Wassers zusammenhängen, reicht zur Beschreibung einer Lösung der pH-Wert. Er sinkt mit zunehmender saurer Eigenschaft und steigt mit zunehmender alkalischer Eigenschaft der Lösung.

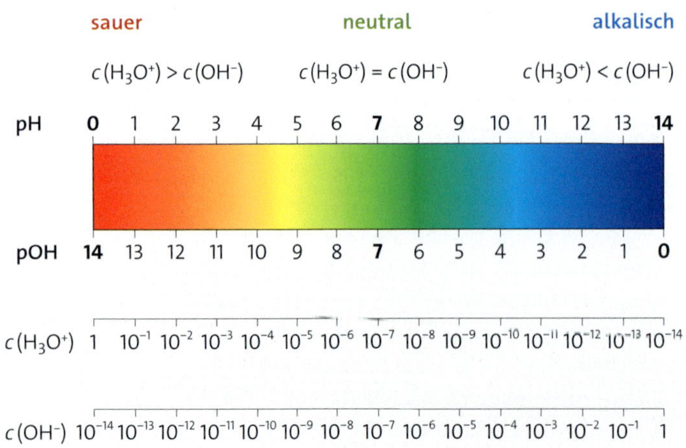

01 pH-Wert-Skala

$c(H_3O^+)$	$c(OH^-)$	pH	pOH
$10^{-1}\ mol \cdot L^{-1}$	$10^{-13}\ mol \cdot L^{-1}$	1	13
$10^{-9}\ mol \cdot L^{-1}$	$10^{-5}\ mol \cdot L^{-1}$	9	5
$0{,}02\ mol \cdot L^{-1}$	$5 \cdot 10^{-13}\ mol \cdot L^{-1}$	1,7	12,3

02 Beispiele für den Zusammenhang zwischen $c(H_3O^+)$, $c(OH^-)$, pH und pOH

RECHNEN MIT DEM pH-WERT Die konkreten Berechnungen werden anhand von Tabelle ↑ **02** verdeutlicht:

$c(H_3O^+) = 10^{-1}\ mol \cdot L^{-1}$
$pH = -\lg 10^{-1} = 1$
$pOH = 14 - pH = 13$

$c(H_3O^+) = 0{,}02\ mol \cdot L^{-1}$
$pH = -\lg 0{,}02 = 1{,}7$
$pOH = 14 - pH = 12{,}3$

Aus den Definitionen für pH und pOH folgt für die Konzentrationsberechnung aus pH bzw. pOH:

$c(H_3O^+) = 10^{-pH}\ mol \cdot L^{-1}$
$c(OH^-) = 10^{-pOH}\ mol \cdot L^{-1}$

Der pH-Wert ist der negative Zehnerlogarithmus der Stoffmengenkonzentration der Oxonium-Ionen: pH = $-\lg c(H_3O^+)$.

1 Ein Stoff, dessen Moleküle B gegenüber Wasser-Molekülen als Base reagieren, wird in Wasser gelöst. Geben Sie an, welche Aussagen Sie über $c(H_3O^+)$, $c(OH^-)$, pH und pOH machen können und welche Art von Lösung vorliegt.

2 Übertragen Sie nachfolgende Tabelle und berechnen Sie die fehlenden Größen (ϑ = 25 °C).

$c(H_3O^+)$	$c(OH^-)$	pH	pOH
$10^{-2}\ mol \cdot L^{-1}$			
	$4 \cdot 10^{-5}\ mol \cdot L^{-1}$		
		0	
			9,3

Kennzeichnen Sie farbig, ob es sich jeweils um eine saure, neutrale oder basische Lösung handelt.

3 Eine häufig gestellte Frage ist: Gibt es pH- bzw. pOH-Werte außerhalb des Bereichs 0–14? Diskutieren Sie diese Frage zu zweit und berücksichtigen Sie dabei die Annahmen über das Ionenprodukt des Wassers.

4 **a** Berechnen Sie den pH-Wert von reinem Wasser bei 70 °C.
b Erläutern Sie, ob Wasser bei 70 °C sauer, neutral oder basisch ist (↑ S. 176).

GLASELEKTRODE pH-Werte lassen sich mit dem Universalindikator nicht genau bestimmen. Außerdem wird eine Lösung durch seine Zugabe verändert. Eine genauere und störungsfreie Messung des pH-Werts gelingt elektrochemisch mit der **Glaselektrode**. Ihr zentrales Bauteil ist eine kugelförmige Glasmembran mit einer Wandstärke von etwa 0,05 mm. Bei Kontakt mit einer Elektrolytlösung entsteht auf der Glasmembran eine Quellschicht, in der Alkalimetall-Ionen des Glases gegen Protonen aus der Elektrolytlösung ausgetauscht werden können. Auf der Innenseite ist die Membran in Kontakt mit einer Lösung, deren pH-Wert konstant bei 7 liegt (gepufferte Kaliumchloridlösung). Mit ihrer Außenseite berührt sie die zu untersuchende Lösung. Weicht deren pH-Wert von 7 ab, so entsteht zwischen der Innen- und Außenseite der Glasmembran eine elektrische Spannung. Diese kann über zwei Metallelektroden, die in beide Lösungen eintauchen, gemessen werden.
In den handelsüblichen *Einstabmessketten*, die über ein Diaphragma Kontakt zu der zu untersuchenden Lösung haben, sind beide Metallelektroden schon enthalten (↑ **03**).

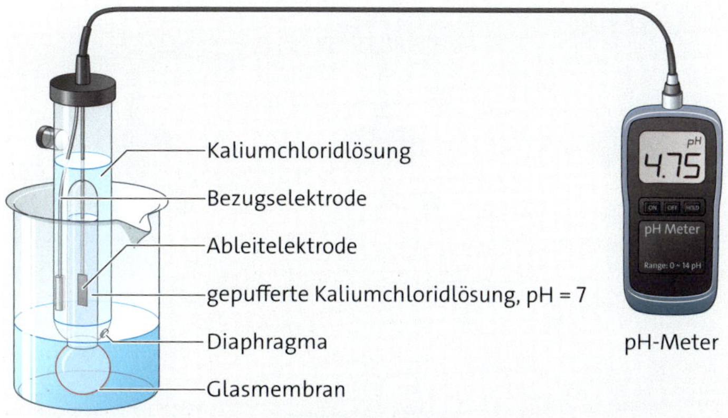

03 pH-Wert-Messung mit der Glaselektrode

Beispiele für Anwendungsgebiete der Glaselektrode:
- pH-Einzelmessungen im Labor
- pH-Messung mit Online-Messwerterfassung in der Qualitätskontrolle, z. B. bei Wasserversorgern
- Verfolgung des Verlaufs einer Säure-Base-Titration (↑ Titration, S. 204 ff.).

Die Glasmembran sollte in einer Kaliumchloridlösung (c = 3 mol · L^{-1}) aufbewahrt werden, damit die Quellschicht erhalten bleibt.

Elektrochemische Grundlagen ↑ Kapitel 9.2: Die elektrochemische Spannungsreihe, ↑ S. 278 f.
Puffersysteme ↑ S. 200 f.

pH-Werte im Alltag

Der pH-Wert ist nicht nur im Labor und zur Kontrolle oder Überwachung industrieller Prozesse wichtig. Für die meisten biochemischen Reaktionen, die durch Enzyme katalysiert werden, gibt es einen engen pH-Wert-Bereich, in dem sie mit ausreichender Geschwindigkeit verlaufen (↑ Biochemische Puffer, S. 202). Der pH-Wert des Bluts sollte zwischen 7,35 und 7,45 liegen. Außerhalb spricht man vom Krankheitsbild der Acidose (pH < 7,35) oder der Alkalose (pH > 7,45). Eine ganz besondere Leistung muss der Dünndarm erbringen: Der Mageninhalt ist stark sauer – beim Übergang in den Darm wird er neutralisiert.

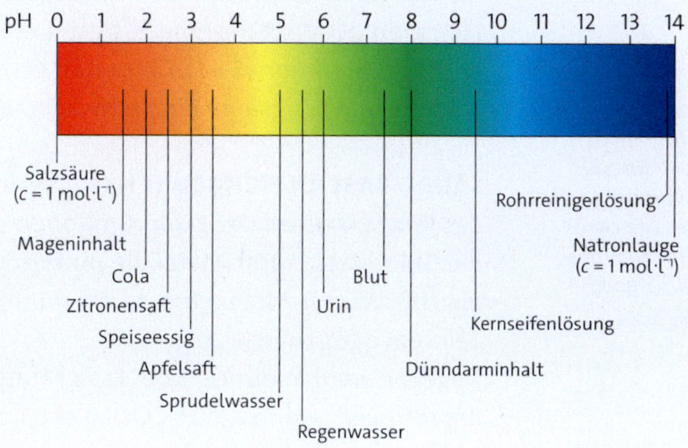

04 pH-Werte verschiedener Lösungen

Viele Lebensmittel enthalten saure Lösungen, darunter viele Obstsorten. Bei Colagetränken überrascht der niedrige pH-Wert, weil die Wahrnehmung des sauren Geschmacks durch den gelösten Zucker oder Zuckerersatzstoff überdeckt wird. Bedenken vor dem Genuss saurer Speisen muss man aber nicht haben, Säuren können gut über die Nieren ausgeschieden werden. Der Urin ist eine schwach saure Lösung.

Selbst Regenwasser ist nicht pH-neutral und das hat nichts mit schadstoffbedingtem saurem Regen zu tun. Das in der Luft in Spuren vorhandene Kohlenstoffdioxid löst sich im Regenwasser, was zur Bildung von Kohlensäure führt.

Fluss- und Meerwasser sind deutlich alkalischer als Regenwasser, was auf den Kontakt mit carbonathaltigen Mineralien zurückzuführen ist.

Lösungen mit einem pH > 7 spielen im Alltag hauptsächlich für Reinigungszwecke eine Rolle. Die Hydroxid-Ionen sorgen dabei für die hydrolytische Spaltung beispielsweise von Fett-Molekülen in Speiseresten oder von Protein-Molekülen bei Haaren im Abfluss.

6.4 Stärke von Säuren und Basen

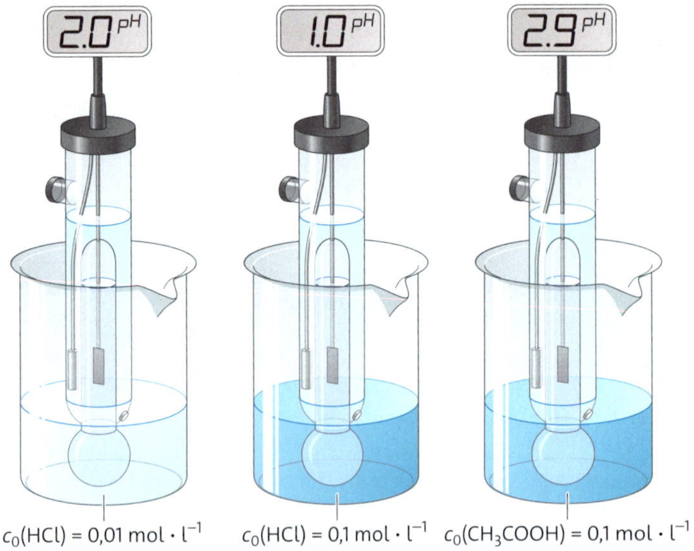

01 Der pH-Wert einer Lösung hängt vom gelösten Stoff und seiner Konzentration ab.

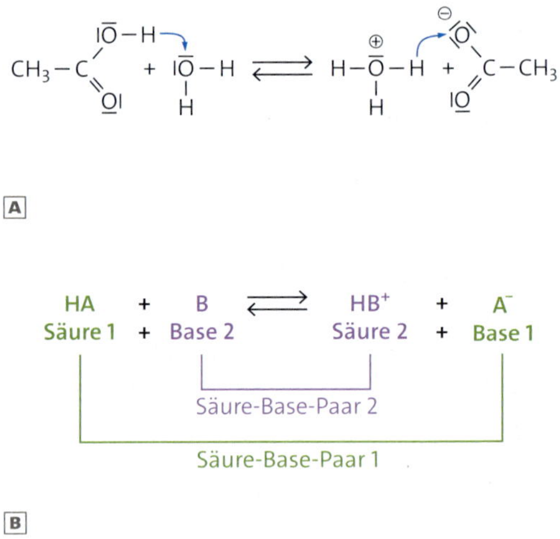

03 Korrespondierende Säure-Base-Paare: **A** konkretes Beispiel, **B** allgemeines Schema

Protolysegleichgewicht: *Begriff für eine Reaktion im chemischen Gleichgewicht mit Protonenübergang*

pH-BESTIMMENDE FAKTOREN Es ist nicht überraschend, dass der pH-Wert von Salzsäure steigt, wenn sie verdünnt wird, weil dadurch die Konzentration der Teilchen, die gegenüber Wasser als Säure reagieren, abnimmt. Offensichtlich spielt aber zusätzlich auch die Art der Säure eine Rolle. Eine Lösung von Chlorwasserstoff in Wasser hat einen kleineren pH-Wert als eine Essigsäurelösung gleicher Konzentration (↑ **01**). Chlorwasserstoff ist eine stärkere und Essigsäure eine schwächere Säure.

SÄURE-BASE-GLEICHGEWICHTE Eine Berechnung der Konzentration der Oxonium-Ionen zeigt, dass die Chlorwasserstoff-Moleküle praktisch vollständig mit Wasser-Molekülen zu Oxonium-Ionen reagieren: $c_0(HCl) = c(H_3O^+)$.
Dagegen werden nur 1,3 % der Essigsäure-Moleküle deprotoniert, wenn $c_0(CH_3COOH) = 0{,}1\ mol \cdot L^{-1}$ beträgt (↑ **02**).
Kommen in einer Lösung Chlorid-Ionen und Oxonium-Ionen zusammen, dann entstehen keine Chlorwasserstoff-Moleküle, d. h., die Rückreaktion zur Protolyse von Chlorwasserstoff läuft praktisch nicht ab.

$$H_3O^+(aq) + Cl^-(aq) \not\rightarrow HCl(g) + H_2O(l)$$

$c_0(HA) = 0{,}1\ mol \cdot L^{-1}$	pH	$c(H_3O^+)$ in $mol \cdot L^{-1}$
HA = HCl	1,0	0,1
HA = CH_3COOH	2,9	0,0013

02 pH-Werte und Konzentration der Oxonium-Ionen von Salzsäure und Essig gleicher Konzentration

Im Gegensatz dazu findet eine Reaktion statt, wenn in einer Lösung Acetat-Ionen CH_3COO^- und Oxonium-Ionen H_3O^+ zusammenkommen.

$$H_3O^+(aq) + CH_3COO^-(aq) \rightleftarrows CH_3COOH(aq) + H_2O(l)$$

Bei passenden Ausgangskonzentrationen entsteht in der Rückreaktion die gleiche Lösung wie bei der Hinreaktion, der Protolyse. Es handelt sich um ein **Säure-Base-Gleichgewicht**. Für Essigsäure mit $c_0(CH_3COOH) = 0{,}1\ mol \cdot L^{-1}$ liegt das *Protolysegleichgewicht* auf der linken Seite.

$$CH_3COOH(aq) + H_2O(l) \rightleftarrows H_3O^+(aq) + CH_3COO^-(aq)$$

KORRESPONDIERENDE SÄURE-BASE-PAARE Bei der Protolyse des Essigsäure-Moleküls entsteht das Acetat-Ion CH_3COO^-. Es agiert in der Rückreaktion des Säure-Base-Gleichgewichts als Base gegenüber der Säure H_3O^+, wodurch wieder ein Essigsäure-Molekül entsteht.
Allgemein entstehen in einem Säure-Base-Gleichgewicht aus einer Säure 1 (HA) und einer Base 2 (B) die Säure 2 (HB^+) und die Base 1 (A^-).
HA und A^- werden genauso wie B und HB^+ als **korrespondierendes Säure-Base-Paar** bezeichnet, weil sie in einer Säure-Base-Reaktion ineinander überführt werden (↑ **03**).

Die Säure HA wird in einer Säure-Base-Reaktion zur Base A^-, die Base B wird dabei zur Säure HB^+. HA/A^- und B/HB^+ bilden jeweils ein korrespondierendes Säure-Base-Paar.

Säure- und Basenkonstanten LK

PROTOLYSEN IN WÄSSRIGER LÖSUNG Säure-Base-Gleichgewichte mit H_2O als Säure oder Base spielen eine wichtige Rolle. Für sie wird das Massenwirkungsgesetz betrachtet.
Mit HA als Säure gilt:

$$HA + H_2O \rightleftarrows H_3O^+ + A^-$$

$$K_C = \frac{c(H_3O^+) \cdot c(A^-)}{c(H_2O) \cdot c(HA)}$$

Wie beim Autoprotolysegleichgewicht des Wassers kann $c(H_2O)$ in verdünnten Lösungen als konstant betrachtet und durch Multiplikation mit K_C zu einer neuen Konstanten, der **Säurekonstanten $K_S(HA)$**, zusammengefasst werden. Je weiter das Gleichgewicht auf der rechten Seite liegt, umso stärker ist die Säure und umso größer ist die Säurekonstante.

$$K_S(HA) = \frac{c(H_3O^+) \cdot c(A^-)}{c(HA)}$$

Die Stärke einer Base B lässt sich analog über die Basenkonstante $K_B(B)$ beschreiben:

$$B + H_2O \rightleftarrows OH^- + HB^+$$

$$K_B(B) = \frac{c(OH^-) \cdot c(HB^+)}{c(B)}$$

ZUSAMMENHANG VON $K_S(HA)$ UND $K_B(A^-)$ Auch die zu HA korrespondierende Base A^- kann in einem Säure-Base-Gleichgewicht mit Wasser-Molekülen reagieren:

$$A^- + H_2O \rightleftarrows OH^- + HA$$

$$K_B(A^-) = \frac{c(OH^-) \cdot c(HA)}{c(A^-)}$$

Durch Multiplikation von $K_B(A^-)$ mit $K_S(HA)$ folgt:

$$K_S(HA) \cdot K_B(A^-) = \frac{c(H_3O^+) \cdot \cancel{c(A^-)}}{\cancel{c(HA)}} \cdot \frac{\cancel{c(HA)} \cdot c(OH^-)}{\cancel{c(A^-)}}$$

$$K_S(HA) \cdot K_B(A^-) = K_W = c(H_3O^+) \cdot c(OH^-)$$

Für alle korrespondierenden Säure-Base-Paare HA/A^- ist das Produkt aus $K_S(HA)$ und $K_B(A^-)$ gleich dem Ionenprodukt des Wassers K_W.

Je stärker die Säure HA bzw. die Base B, umso größer ist die Säure- bzw. Basenkonstante $K_S(HA)$ bzw. $K_B(B)$.
Für korrespondierende Säure-Base-Paare HA/A^- ist das Produkt aus $K_S(HA)$ und $K_B(A^-)$ gleich dem Ionenprodukt des Wassers K_W.

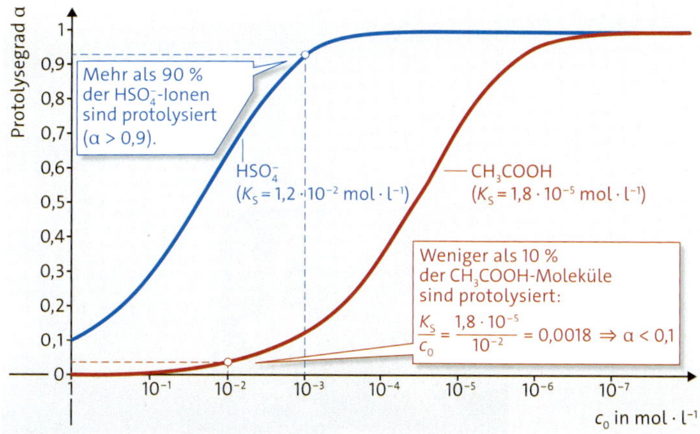

04 Protolysegrad α von zwei verschieden starken Säuren

PROTOLYSEGRAD Der Quotient $\frac{K_S(HA)}{c_0(HA)}$ ermöglicht eine Aussage über den **Protolysegrad α** von HA.
α gibt den Anteil derjenigen Moleküle von HA wieder, die reagiert haben. Er liegt zwischen null (keine Protolyse) und eins (vollständige Protolyse; ↑ **04**).
Nimmt man an, dass alle Oxonium-Ionen aus der Protolyse von HA stammen, dann sind $c(A^-)$ und $c(H_3O^+)$ gleich und es gilt:

$$\alpha = \frac{c(A^-)}{c_0(HA)} = \frac{c(H_3O^+)}{c_0(HA)}$$

Für den Quotienten $\frac{K_S(HA)}{c_0(HA)}$ lässt sich zeigen:

$$\frac{K_S(HA)}{c_0(HA)} = \frac{\alpha^2}{1-\alpha}$$

Der Protolysegrad steigt mit der Verdünnung und ist bei gleicher Konzentration $c_0(HA)$ umso größer, je stärker die Säure ist (↑ **04**). Dieser Zusammenhang wird **Ostwald'sches Verdünnungsgesetz** genannt. Insbesondere gilt:

Wenn $\frac{K_S(HA)}{c_0(HA)} > 10$, dann ist $\alpha > 0{,}90$.

Wenn $\frac{K_S(HA)}{c_0(HA)} < 0{,}01$, dann ist $\alpha < 0{,}1$.

Ein analoger Zusammenhang gilt auch für den Protolysegrad von Basen.

1 Erstellen Sie die Reaktionsgleichung der Base NH_3 mit der Säure H_2O und kennzeichnen Sie die korrespondierenden Säure-Base-Paare.

2 Das Salz Kaliumhydrogensulfat ($KHSO_4$) wird in Wasser gelöst. Im Gleichgewicht beträgt der pH-Wert der Lösung 2, $c(HSO_4^-) = 0{,}008\ mol \cdot L^{-1}$.
a Erstellen Sie die Definitionsgleichung von $K_S(HSO_4^-)$.
b Berechnen Sie $K_S(HSO_4^-)$ und K_B der korrespondierenden Base.

6.5 Vorhersage von Säure-Base-Gleichgewichten

01 Gefahrstoff aus dem Salatdressing?

Zum Zubereiten von Salatsaucen werden unter anderem Essig und Kochsalz verwendet. Kann es dabei zu einer Säure-Base-Reaktion zwischen den Essigsäure-Molekülen und den Chlorid-Ionen aus dem Kochsalz kommen, wodurch Chlorwasserstoff-Moleküle entstehen? Zur Beantwortung der Frage wird das Gleichgewicht genauer betrachtet.

$$CH_3COOH(aq) + Cl^-(aq) \rightleftarrows CH_3COO^-(aq) + HCl(aq)$$

$$K_C = \frac{c(CH_3COO^-) \cdot c(HCl)}{c(CH_3COOH) \cdot c(Cl^-)}$$

Eine Erweiterung mit $c(H_3O^+)$ ermöglicht eine Zusammenfassung der Faktoren zu *Säurekonstanten*.

***Säurekonstante** $K_S(HA)$: Gleichgewichtskonstante, die angibt, in welchem Maße eine Säure mit Wasser unter Protolyse reagiert. Je größer K_S ist, desto stärker ist die Säure.*

$$K_C = \frac{c(CH_3COO^-) \cdot c(H_3O^+)}{c(CH_3COOH)} \cdot \frac{c(HCl)}{c(Cl^-) \cdot c(H_3O^+)}$$

$$K_C = K_S(CH_3COOH) \cdot \frac{1}{K_S(HCl)} = \frac{K_S(CH_3COOH)}{K_S(HCl)}$$

Mit den Werten für $K_S(CH_3COOH)$ und $K_S(HCl)$ folgt:

$$K_C = \frac{1{,}78 \cdot 10^{-5}\ mol \cdot L^{-1}}{10^7\ mol \cdot L^{-1}} = 1{,}78 \cdot 10^{-12}$$

Von etwa 750 000 Essigsäure-Molekülen bzw. Chlorid-Ionen reagiert nur je eines – es entsteht praktisch kein Chlorwasserstoff.

Allgemein gilt für eine Säure-Base-Reaktion:

$$HA + B \rightleftarrows HB^+ + A^- \qquad K_C = \frac{K_S(HA)}{K_S(HB^+)}$$

Je stärker die Säure HA und je schwächer die Säure HB^+, umso mehr liegt das Gleichgewicht auf der rechten Seite.

Übung: Einteilung von Säuren und Basen

pK_S(HA) UND pK_B(B) Auch für die Stärken von Säuren und Basen hat sich die Angabe der logarithmierten Werte der (einheitenlosen) Konstanten statt der Konstanten selbst durchgesetzt.

$$pK_S(HA) = -\lg K_S(HA);\ pK_B(B) = -\lg K_B(B)$$

Beispiel Essigsäure:

$$pK_S(CH_3COOH) = -\lg 1{,}78 \cdot 10^{-5} = 4{,}75$$

Aus $pK_S(HA)$ und $pK_B(B)$ können umgekehrt $K_S(HA)$ und $K_B(B)$ berechnet werden:

$$K_S(HA) = 10^{-pK_S(HA)}\ mol \cdot L^{-1};\ K_B(B) = 10^{-pK_B(B)}\ mol \cdot L^{-1}$$
$$K_S(CH_3COOH) = 10^{-4{,}75}\ mol \cdot L^{-1} = 1{,}78 \cdot 10^{-5}\ mol \cdot L^{-1}$$

Wegen des negativen Zusammenhangs von pK_S und K_S bzw. von pK_B und K_B ist eine Säure HA bzw. eine Base B umso stärker, je kleiner $pK_S(HA)$ bzw. $pK_B(B)$ ist.

Für korrespondierende Säure-Base-Paare HA/A^- ist das Produkt aus Säure- und Basenkonstante gleich dem Ionenprodukt des Wassers (↑ S. 176). Wird diese Gleichung logarithmiert und danach mit −1 multipliziert, so folgt:

$$-\lg [K_S(HA) \cdot K_B(A^-)] = -\lg K_W \quad \text{bzw.}$$
$$-\lg K_S(HA) - \lg K_B(A^-) = -\lg K_W$$

Mit den Definitionen von pK_S und pK_B sowie dem Wert für K_W bei 25 °C ergibt sich schließlich:

$$pK_S(HA) + pK_B(A^-) = 14$$

Für jedes korrespondierende Säure-Base-Paar ist die Summe aus pK_S und pK_B gleich 14. Daraus folgt: Je stärker die Säure, umso schwächer die korrespondierende Base, und umgekehrt.

HCl mit $pK_S = -7$ ist wegen des kleineren pK_S-Werts eine stärkere Säure als CH_3COOH mit $pK_S = 4{,}75$. Damit ist CH_3COO^- mit $pK_B = 9{,}25$ eine stärkere Base als Cl^- mit $pK_B = 21$ (↑ **03**).

Der pK_S-Wert einer Säure HA bzw. der pK_B-Wert einer Base B ist der negative dekadische Logarithmus der Säurestärke $K_S(HA)$ bzw. der Basenstärke $K_B(B)$. $pK_S(HA)$ und $pK_B(A^-)$ addieren sich zu 14 (bei 25 °C).

Stärke der Säure/der Base	pK_S/pK_B
sehr stark	$pK < -1{,}74$
stark	−1,74 bis 4,0
schwach	4,0 bis 15,74
sehr schwach	$pK \geq 15{,}74$

02 Einteilung von Säuren und Basen

EINTEILUNG VON SÄUREN UND BASEN Säuren bzw. Basen können nach ihrem jeweiligen pK-Wert klassifiziert werden:
Sehr starke Säuren bzw. Basen sind stärker als H_3O^+ bzw. OH^-, d. h., $pK < -1{,}74$. Sehr schwache Säuren und Basen sind schwächer als H_2O, d. h., $pK > 15{,}74$. Dazwischen unterscheidet man starke und schwache Säuren und Basen (↑ **02**).

Alle sehr starken Säuren liegen praktisch vollständig protolysiert vor, weil das Säure-Base-Gleichgewicht nach dem Prinzip von Le Chatelier durch den Überschuss an Wasser-Molekülen zusätzlich auf die rechte Seite verschoben wird. Das Wasser gleicht ihre unterschiedlichen Stärken aus, man spricht vom **nivellierenden Effekt des Wassers**.

PROTOCHEMISCHE REIHE Ordnet man korrespondierende Säure-Base-Paare nach steigendem pK_S-Wert, so erhält man eine **protochemische Reihe** (↑ **03**). Die Säurestärke nimmt von oben nach unten ab, die Stärke der korrespondierenden Basen in der gleichen Richtung zu.
Reagiert eine Säure, die in der Reihe weiter oben steht, mit einer Base, die weiter unten steht, dann liegt das Gleichgewicht auf der rechten Seite mit $K_C > 1$. Umgekehrt liegt das Gleichgewicht auf der linken Seite, d. h., $K_C < 1$, wenn eine Säure, die weiter unten steht, mit einer Base, die weiter oben steht, reagiert.

Säurestärke pK_S	Säure	Korrespondierende Base	Basenstärke pK_B
−11	HI	I^-	25
−10	$HClO_4$	ClO_4^-	24
−7	HCl	Cl^-	21
−3	H_2SO_4	HSO_4^-	17
−1,74	H_3O^+	H_2O	15,74
−1,32	HNO_3	NO_3^-	15,32
1,81	H_2SO_3	HSO_3^-	12,19
1,92	HSO_4^-	SO_4^{2-}	12,08
2,12	H_3PO_4	$H_2PO_4^-$	11,88
3,14	HF	F^-	10,86
3,75	$HCOOH$	$HCOO^-$	10,25
4,75	CH_3COOH	CH_3COO^-	9,25
4,85	$[Al(H_2O)_6]^{3+}$	$[Al(OH)(H_2O)_5]^{2+}$	9,15
6,52	H_2CO_3	HCO_3^-	7,48
6,92	H_2S	HS^-	7,08
7,04	HSO_3^-	SO_3^{2-}	6,96
7,20	$H_2PO_4^-$	HPO_4^{2-}	6,80
9,25	NH_4^+	NH_3	4,75
10,40	HCO_3^-	CO_3^{2-}	3,60
12,36	HPO_4^{2-}	PO_4^{3-}	1,64
13,00	HS^-	S^{2-}	1,00
15,74	H_2O	OH^-	−1,74
24	OH^-	O^{2-}	−10

zunehmende Säurestärke (↑) / zunehmende Basenstärke (↓)

03 Stärke von Säuren und ihren korrespondierenden Basen

Die Gleichgewichtskonstante K_C der Reaktion kann mittels der K_S-Werte berechnet werden:

$$HSO_4^-(aq) + HPO_4^{2-}(aq) \rightleftarrows SO_4^{2-}(aq) + H_2PO_4^-(aq)$$
$$pK_S(HSO_4^-) = 1{,}92 \Rightarrow K_S(HSO_4^-) = 1{,}2 \cdot 10^{-2}\ mol \cdot L^{-1}$$
$$pK_S(H_2PO_4^-) = 7{,}20 \Rightarrow K_S(H_2PO_4^-) = 6{,}3 \cdot 10^{-8}\ mol \cdot L^{-1}$$

$$K_C = \frac{K_S(HSO_4^-)}{K_S(H_2PO_4^-)} = 1{,}9 \cdot 10^5$$

Das Gleichgewicht liegt auf der rechten Seite.

Je stärker eine Säure HA, umso schwächer ist die korrespondierende Base A^- – und umgekehrt.

Die Säurekonstante allein sagt nichts über die Eigenschaften einer sauren Lösung aus. Der pK_S-Wert ist vielmehr eine stoffspezifische Größe, die unabhängig von der Konzentration der Lösung konstant ist. So haben Eisessig, Essigessenz, Speiseessig den gleichen pK_S-Wert von 4,75, jedoch unterschiedliche Eigenschaften, die von der Stoffmengenkonzentration abhängen.

Betrachten wir jedoch zwei Säuren oder Basen gleicher Stoffmengenkonzentration, kann aus dem gemessenen pH-Wert auf die Stärke der Säure oder Base geschlossen werden. So zeigt eine Salzsäurelösung mit der Ausgangskonzentration $c(HCl) = 0{,}1\ mol \cdot L^{-1}$ einen pH-Wert von 1, während eine Essigsäurelösung gleicher Konzentration einen pH-Wert von 2,9 aufweist. Mit Magnesium reagiert die Salzsäure viel heftiger als die Essigsäure.

1〉 Berechnen Sie für folgende Teilchen die Säure- bzw. Basenkonstante: HNO_3, CO_3^{2-}, NH_3, HS^-.

2〉 Begründen Sie, ob bei den folgenden Ampholyten die Säurestärke die Basenstärke überwiegt oder umgekehrt: HSO_4^-, HCO_3^-, $H_2PO_4^-$, HPO_4^{2-}.

3〉 Begründen Sie, ob Lösungen der Salze NH_4HSO_4 sowie $NaCH_3COO$ sauer, neutral oder basisch reagieren.

4〉 In eine Lösung von Ammoniak (NH_3) wird Schwefelwasserstoff (H_2S) eingeleitet.
a Erstellen Sie die Reaktionsgleichung.
b Berechnen Sie die Gleichgewichtskonstante.

6.6 Berechnung von pH-Werten

01 Abwasser in der Kläranlage darf nicht zu sauer sein.

pH-Wert-Berechnung für die Lösung einer sehr starken Base

Aufgabe: Laugengebäck wird vor dem Backen mit Natronlauge bestrichen. Die Natronlauge fördert die Hydrolyse von Proteinen zu Aminosäuren, was die Bräunung an der Teigoberfläche über die Maillard-Reaktion begünstigt. Die verwendete Natronlauge enthält 31 g Natriumhydroxid in 1 L. In der wässrigen Lösung liegt NaOH vollständig in $Na^+(aq)$ und $OH^-(aq)$ dissoziiert vor.
Berechnen Sie den pH-Wert der Natronlauge.

Gegeben: m(Natriumhydroxid) = 31,0 g; V(Natronlauge) = 1,0 L;
$M(NaOH) = 40{,}0\ g \cdot mol^{-1}$

Gesucht: pH-Wert der Natronlauge

Lösung:
1. Berechnung von $c_0(NaOH)$:

$$c_0(NaOH) = \frac{n(NaOH)}{V(\text{Natronlauge})}$$

$$= \frac{m(\text{Natriumhydroxid})}{M(NaOH) \cdot V(\text{Natronlauge})}$$

$$= \frac{31{,}0\ g}{40{,}0\ g \cdot mol^{-1} \cdot 1\ L}$$

$$= 0{,}775\ mol \cdot L^{-1}$$

2. Berechnung von $c(OH^-)$:

$$NaOH \longrightarrow Na^+(aq) + OH^-(aq)$$

$$\Rightarrow c(OH^-) = c_0(NaOH) = 0{,}775\ mol \cdot L^{-1}$$

3. Berechnung des pH-Werts:

$$pOH = -\lg c_0(OH^-) = -\lg 0{,}775 = 0{,}11$$

$$pH = 14 - pOH = 13{,}89$$

Antwort: Der pH-Wert der Natronlauge beträgt 13,89.

LÖSUNGEN SEHR STARKER SÄUREN UND BASEN

Bei Reinigungsarbeiten mit Salzsäure einer Konzentration von $c(HCl) = 2\ mol \cdot L^{-1}$ ist ein Liter der Säure in ein Sammelbecken für Regenwasser gelaufen, in dem sich 5 m^3 Wasser befanden. Darf das Wasser in die Abwasserkanalisation gepumpt werden, wenn der pH-Wert für Abwassereinleitungen nicht kleiner als 4 sein darf?

Um den pH-Wert berechnen zu können, muss die Konzentration $c_0(HCl)$ im Sammelbecken bekannt sein. Ohne die Volumenzunahme durch die Salzsäure beträgt das Lösungsvolumen 5000 L. Damit folgt:

$$c_0(HCl) = \frac{n(HCl)}{V(\text{Lösung})} = \frac{2\ mol}{5000\ l}$$

$$= 4 \cdot 10^{-4}\ mol \cdot L^{-1}$$

Das HCl-Molekül ist eine sehr starke Säure. In Lösungen sehr starker Säuren HA kann man praktisch von einer vollständigen Protolyse ausgehen. In diesem Fall vereinfacht sich die Berechnung des pH-Werts, weil die Konzentration der Oxonium-Ionen gleich der Ausgangskonzentration der Säure ist, wenn die Autoprotolyse des Wassers vernachlässigt wird.

$$c(H_3O^+) = c_0(HA)$$

Der pH-Wert der Lösung ist somit gleich dem negativen Zehnerlogarithmus der Ausgangskonzentration:
$pH = -\lg c_0(HA)$

Für das Abwasser folgt:
$pH = -\lg c_0(HCl) = -\lg 4 \cdot 10^{-4} = 3{,}40$
Der pH-Wert ist damit zu niedrig, um es direkt in die Kanalisation zu leiten.

Sehr starke Säuren reagieren vollständig mit Wasser-Molekülen. Der pH-Wert der Lösung lässt sich einfach aus der Ausgangskonzentration c_0 berechnen:
$pH = -\lg c_0(HA)$

Auch in Lösungen sehr starker Basen B kann man praktisch von einer vollständigen Protolyse ausgehen.

$$c(OH^-) = c_0(B)$$

Für sehr starke Basen gilt entsprechend:

Sehr starke Basen reagieren ebenfalls vollständig mit Wasser-Molekülen. Der pH-Wert der Lösung lässt sich einfach aus der Ausgangskonzentration c_0 berechnen:
$pOH = -\lg c_0(B)$; $pH = 14 - pOH$

pH-Werte schwacher Säuren und Basen berechnen LK

LÖSUNGEN SCHWACHER SÄUREN UND BASEN Wenn das Protolysegleichgewicht weitgehend links liegt, dann findet kaum Protolyse statt. Dies trifft für nicht zu stark verdünnte Lösungen schwacher Säuren und Basen zu. Die Gleichgewichtskonzentration von HA bzw. B ist dann fast gleich der Ausgangskonzentration:

$c(\text{HA}) \approx c_0(\text{HA})$ bzw. $c(\text{B}) \approx c_0(\text{B})$

Vernachlässigt man die Oxonium- bzw. Hydroxid-Ionen aus der Autoprotolyse des Wassers und betrachtet nur die Protolyse von HA bzw. B, so ergeben sich folgende Gleichungen:

$c(\text{A}^-) = c(\text{H}_3\text{O}^+)$ bzw. $c(\text{HB}^+) = c(\text{OH}^-)$

Damit sind folgende Vereinfachungen der Definitionsgleichungen von $K_S(\text{HA})$ und $K_B(\text{B})$ möglich:

$$K_S(\text{HA}) = \frac{c(\text{A}^-) \cdot c(\text{H}_3\text{O}^+)}{c(\text{HA})} \Rightarrow K_S(\text{HA}) \approx \frac{c(\text{H}_3\text{O}^+)^2}{c_0(\text{HA})}$$

$$K_B(\text{B}) = \frac{c(\text{HB}^+) \cdot c(\text{OH}^-)}{c(\text{B})} \Rightarrow K_B(\text{B}) \approx \frac{c(\text{OH}^-)^2}{c_0(\text{B})}$$

Die Gleichungen werden nach $c(\text{H}_3\text{O}^+)$ bzw. $c(\text{OH}^-)$ aufgelöst und dann negativ logarithmiert.

Für schwache **Säuren** gilt:

$$c(\text{H}_3\text{O}^+) = [K_S(\text{HA}) \cdot c_0(\text{HA})]^{\frac{1}{2}} \quad | -\lg$$
$$\text{pH} = \tfrac{1}{2} \cdot [\text{p}K_S(\text{HA}) - \lg c_0(\text{HA})]$$

Für schwache **Basen** gilt:

$$c(\text{OH}^-) = [K_B(\text{B}) \cdot c_0(\text{B})]^{\frac{1}{2}} \quad | -\lg$$
$$\text{pOH} = \tfrac{1}{2} \cdot [\text{p}K_B(\text{B}) - \lg c_0(\text{B})];\ \text{pH} = 14 - \text{pOH}$$

Schwache Säuren und Basen protolysieren in Wasser nur wenig. Für die entsprechenden Lösungen gilt:
$\text{pH} = \frac{1}{2} \cdot [\text{p}K_S(\text{HA}) - \lg c_0(\text{HA})]$
$\text{pOH} = \frac{1}{2} \cdot [\text{p}K_B(\text{B}) - \lg c_0(\text{B})]$

Liegen eine sehr starke und eine schwache Säure nebeneinander in Lösung vor, so kann der pH-Wert alleine über die Protolyse der sehr starken Säure berechnet werden. Die von ihr stammenden Oxonium-Ionen drängen die Protolyse der schwächeren Säure nach dem Prinzip von Le Chatelier zurück.

1 Berechnen Sie die pH-Werte:
a $c_0(\text{HCl}) = 0{,}05\ \text{mol} \cdot \text{L}^{-1}$
b $c_0(\text{CH}_3\text{COOH}) = 0{,}05\ \text{mol} \cdot \text{L}^{-1}$
c $c_0(\text{CH}_3\text{COOH}) = 0{,}1\ \text{mol} \cdot \text{L}^{-1}$ und $c_0(\text{HCl}) = 0{,}1\ \text{mol} \cdot \text{L}^{-1}$ liegen gemischt vor.

pH-Wert-Berechnung für die Lösung einer schwachen Säure

Aufgabe: Zusätze von Essig wurden bereits vor über 2000 Jahren in Erfrischungsgetränken geschätzt, beispielsweise von römischen Soldaten während langer Märsche. Weil er sauer ist, können sich Bakterien in ihm kaum vermehren, sodass das Getränk länger frisch bleibt. Speiseessig enthält pro Liter 50 g Essigsäure, $\text{p}K_S(\text{CH}_3\text{COOH}) = 4{,}75$. Berechnen Sie den pH-Wert von Speiseessig.

Gegeben: $m(\text{Essigsäure}) = 50\ \text{g}$; $V(\text{Essig}) = 1\ \text{L}$;
$M(\text{CH}_3\text{COOH}) = 60{,}0\ \text{g} \cdot \text{mol}^{-1}$; $\text{p}K_S(\text{CH}_3\text{COOH}) = 4{,}75$

Gesucht: pH-Wert des Speiseessigs

Lösung:
1. Berechnung von $c_0(\text{CH}_3\text{COOH})$:

$$c_0 = \frac{n(\text{CH}_3\text{COOH})}{V(\text{Essig})} = \frac{m(\text{Essigsäure})}{M(\text{CH}_3\text{COOH}) \cdot V(\text{Essig})} = \frac{50{,}0\ \text{g}}{60{,}0\ \text{g} \cdot \text{mol}^{-1} \cdot 1\ \text{L}} \approx 0{,}83\ \text{mol} \cdot \text{L}^{-1}$$

2. Berechnung des pH-Werts:

$$\text{CH}_3\text{COOH(aq)} + \text{H}_2\text{O(l)} \rightleftarrows \text{CH}_3\text{COO}^-\text{(aq)} + \text{H}_3\text{O}^+\text{(aq)}$$

Essigsäure ist eine schwache Säure. Zur Berechnung des pH-Werts kann die entsprechende Formel verwendet werden:

$$\text{pH} = \tfrac{1}{2} \cdot [\text{p}K_S(\text{CH}_3\text{COOH}) - \lg c_0(\text{CH}_3\text{COOH})] = \tfrac{1}{2} \cdot [4{,}75 - \lg 0{,}83] \approx 2{,}42$$

Antwort: Der pH-Wert von Speiseessig beträgt etwa 2,4.

2 Die Lösung einer Base B mit $c_0(\text{B}) = 0{,}1\ \text{mol} \cdot \text{L}^{-1}$ hat einen pH-Wert von 9,5. Begründen Sie,
a warum es sich bei B nicht um eine sehr starke Base handelt.
b um welche Art von Base es sich handelt.

3 Eine Mitschülerin behauptet: „Schwefelsäure ist eine sehr starke zweiprotonige Säure. In einer Lösung mit $c_0(\text{H}_2\text{SO}_4) = 0{,}05\ \text{mol} \cdot \text{L}^{-1}$ beträgt $c(\text{H}_3\text{O}^+) = 0{,}1\ \text{mol} \cdot \text{L}^{-1}$ und der pH-Wert der Lösung ist gleich eins." Begründen Sie, ob die Mitschülerin mit ihrer Behauptung recht hat.

4 Nehmen Sie begründet Stellung zur Aussage:
a Der pH-Wert einer Salzsäurelösung der Konzentration $c = 10^{-8}\ \text{mol} \cdot \text{L}^{-1}$ beträgt 8.
b Eine Essigsäurelösung kann den gleichen pH-Wert (pH = 3) wie eine Salzsäurelösung haben.

6.7 Wichtige Säuren

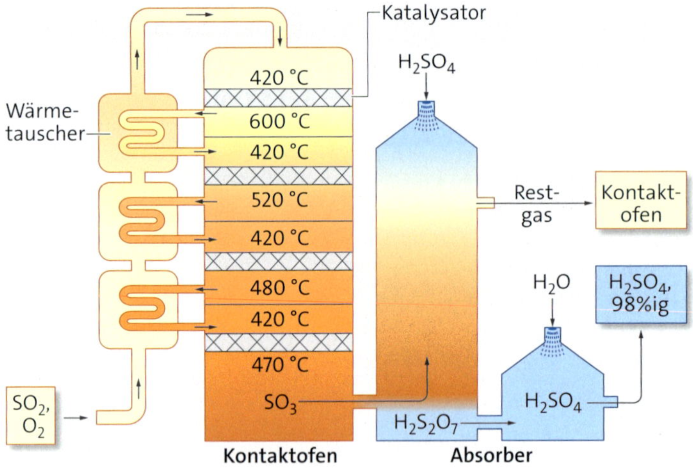

01 Kontaktanlage zur Produktion von Schwefelsäure

Übung: Namen und Molekülformeln von Säuren und Säurerest-Ionen

SCHWEFELSÄURE Schwefelsäure (H_2SO_4) ist einer der wichtigsten industriellen Grundstoffe. Ihre Weltjahresproduktion betrug 2024 rund 300 Millionen Tonnen – das ist mehr als jedes andere synthetische Produkt. Der Großteil wird für die Düngemittelproduktion genutzt, größere Mengen werden zur Herstellung von Tensiden oder der Aufbereitung von Erzen verwendet. Die Schwefelsäure in Bleiakkumulatoren („Autobatterie") macht nur einen kleinen Anteil aus.

SCHWEFELTRIOXID Ausgangsstoff für die Schwefelsäureherstellung ist Schwefeltrioxid (SO_3), das in zwei exothermen Reaktionen produziert wird:

$$S(s) + O_2(g) \longrightarrow SO_2(g)$$
$$2\,SO_2(g) + O_2(g) \rightleftarrows 2\,SO_3(g)$$

Der zweite Schritt wird im **Kontaktverfahren** durch Vanadiumpentaoxid (V_2O_5) katalysiert. Die frei werdende Reaktionswärme muss über den Wärmetauscher abgeführt werden. Sonst steigt die Temperatur und das Gleichgewicht zwischen Schwefeldioxid und -trioxid wird auf die Seite des Schwefeldioxids verschoben.

HERSTELLUNG VON SCHWEFELSÄURE Die Reaktion von Schwefeltrioxid mit Wasser zu Schwefelsäure ist langsam, weshalb sie sich nicht für die Synthese der Schwefelsäure eignet. Stattdessen wird Schwefeltrioxid mit Schwefelsäure in einer schnellen Reaktion zunächst zu Dischwefelsäure ($H_2S_2O_7$) umgesetzt. Diese wird in einem zweiten Schritt hydrolysiert, wodurch reine Schwefelsäure entsteht.

$$SO_3(g) + H_2SO_4(l) \rightarrow H_2S_2O_7(l)$$
$$H_2S_2O_7(l) + H_2O(l) \rightarrow 2\,H_2SO_4(l)$$

Die handelsübliche konzentrierte Schwefelsäure hat einen Massenanteil von $w(H_2SO_4) = 98\,\%$ und eine Dichte von $\rho = 1{,}84\ kg \cdot L^{-1}$. Sie wirkt stark hygroskopisch, also wasseranziehend.

EINE ZWEIPROTONIGE SÄURE Vom Schwefelsäure-Molekül können nacheinander zwei Protonen auf Basen übergehen. Es handelt sich deshalb um eine zweiprotonige Säure:

$$H_2SO_4(aq) + H_2O(l) \rightleftarrows H_3O^+(aq) + HSO_4^-(aq)$$
$$HSO_4^-(aq) + H_2O(l) \rightleftarrows H_3O^+(aq) + SO_4^{2-}(aq)$$

$pK_S(H_2SO_4)$ wird auch als pK_{S1} und $pK_S(HSO_4^-)$ als pK_{S2} von H_2SO_4 bezeichnet.
Die gebildeten Basen werden Hydrogensulfat-Ion HSO_4^- und Sulfat-Ion SO_4^{2-} genannt. Entsprechend werden Salze nach ihnen benannt, beispielsweise Kaliumhydrogensulfat $KHSO_4$ und Calciumsulfat $CaSO_4$ (Gips).

SCHWEFLIGE SÄURE Bei der Verbrennung von Schwefel oder Schwefelverbindungen entsteht Schwefeldioxid SO_2. Es reagiert mit Wasser zu Schwefliger Säure H_2SO_3:

$$SO_2(g) + H_2O(l) \rightleftarrows H_2SO_3(aq)$$

Auch Schweflige Säure ist eine zweiprotonige Säure. Die gebildeten Basen heißen Hydrogensulfit-Ion HSO_3^- und Sulfit-Ion SO_3^{2-}:

$$H_2SO_3(aq) + H_2O(l) \rightleftarrows H_3O^+(aq) + HSO_3^-(aq)$$
$$HSO_3^-(aq) + H_2O(l) \rightleftarrows H_3O^+(aq) + SO_3^{2-}(aq)$$

1) Erläutern Sie die Bedeutung des Wärmetauschers im Kontaktverfahren.

2) Berechnen Sie das zur Herstellung von einem Liter Schwefelsäurelösung ($c = 1{,}0\ mol \cdot L^{-1}$) benötigte Volumen an konzentrierter Schwefelsäure.

3) H_2SO_4 ist eine stärkere Säure als H_2SO_3. Wenn zu einer Lösung von Natriumsulfit, Na_2SO_3, Schwefelsäure im Überschuss zugegeben wird, dann kann in der Gasphase über der Lösung Schwefeldioxid nachgewiesen werden. Erklären Sie diese Beobachtung über die beteiligten chemischen Gleichgewichte.

4) Phosphorsäure, H_3PO_4, wird aus Apatit, $Ca_5(PO_4)_3(OH)$, und Schwefelsäure hergestellt. Als Nebenprodukte entstehen Calciumsulfat und Wasser. Erstellen Sie die Reaktionsgleichung.

5) Erstellen Sie für die bei der Herstellung von Calciumdihydrogenphosphat ablaufenden Säure-Base-Reaktionen die Reaktionsgleichungen.

Name des Säuremoleküls	Formel	Name des Säurerest-Ions	Formel	Name des Natriumsalzes	Formel
Kohlensäure	H_2CO_3	Hydrogencarbonat-Ion	HCO_3^-	Natriumhydrogencarbonat	$NaHCO_3$
		Carbonat-Ion	CO_3^{2-}	Natriumcarbonat	Na_2CO_3
Salpetersäure	HNO_3	Nitrat-Ion	NO_3^-	Natriumnitrat	$NaNO_3$
Phosphorsäure	H_3PO_4	Dihydrogenphosphat-Ion	$H_2PO_4^-$	Natriumdihydrogenphosphat	NaH_2PO_4
		Hydrogenphosphat-Ion	HPO_4^{2-}	Natriumhydrogenphosphat	Na_2HPO_4
		Phosphat-Ion	PO_4^{3-}	Natriumphosphat	Na_3PO_4
Schwefelsäure	H_2SO_4	Hydrogensulfat-Ion	HSO_4^-	Natriumhydrogensulfat	$NaHSO_4$
		Sulfat-Ion	SO_4^{2-}	Natriumsulfat	Na_2SO_4
Chlorwasserstoff	HCl	Chlorid-Ion	Cl^-	Natriumchlorid	NaCl

02 Namen und Molekülformeln wichtiger Säuren und Säurerest-Ionen

+ Nicht nur für das Wachstum wichtig – Phosphorsäure

03 Zahnschmelz enthält Phosphat-Ionen.

Was haben Knochen und Zähne mit der Energieumwandlung im Organismus und der Speicherung von Erbinformation in der Zelle gemeinsam? In allen drei Fällen sind Phosphat-Ionen im Spiel, die sich aus der **Phosphorsäure** H_3PO_4 bilden. Sie ist eine dreiprotonige Säure, aus der durch schrittweise Protolyse die Anionen Dihydrogenphosphat $H_2PO_4^-$, Hydrogenphosphat HPO_4^{2-} und Phosphat PO_4^{3-} entstehen können.

$$H_3PO_4(aq) + H_2O(l) \rightleftarrows H_3O^+(aq) + H_2PO_4^-(aq)$$
$$H_2PO_4^-(aq) + H_2O(l) \rightleftarrows H_3O^+(aq) + HPO_4^{2-}(aq)$$
$$HPO_4^{2-}(aq) + H_2O(l) \rightleftarrows H_3O^+(aq) + PO_4^{3-}(aq)$$

Welche der vier Teilchenarten in welchen relativen Anteilen x vorliegen, hängt von den pK_S-Werten und vom pH-Wert der Lösung ab (↑ **04**).
Bis pH = pK_{S1} überwiegt H_3PO_4, von dort bis pH = pK_{S2} ist $H_2PO_4^-$ die hauptsächlich vorliegende Teilchenart. Zwischen pH = pK_{S2} und pH = pK_{S3} dominiert HPO_4^{2-} und bei noch höheren pH-Werten liegt überwiegend PO_4^{3-} vor.
Durch Reaktion von Calciumphosphat mit Phosphorsäure entsteht das lösliche und somit für die Pflanzen verfügbare Calciumdihydrogenphosphat, ein Hauptbestandteil von Phosphatdüngemitteln.

$$Ca_3(PO_4)_2 + 2\ H_3PO_4 \longrightarrow 3\ Ca(H_2PO_4)_2$$

1 › Bestimmen Sie anhand ↑ **04** die Zusammensetzung der Lösung bei pH = 8. Überprüfen Sie das Ergebnis mit K_{S2} für $H_2PO_4^-$ und HPO_4^{2-} rechnerisch.

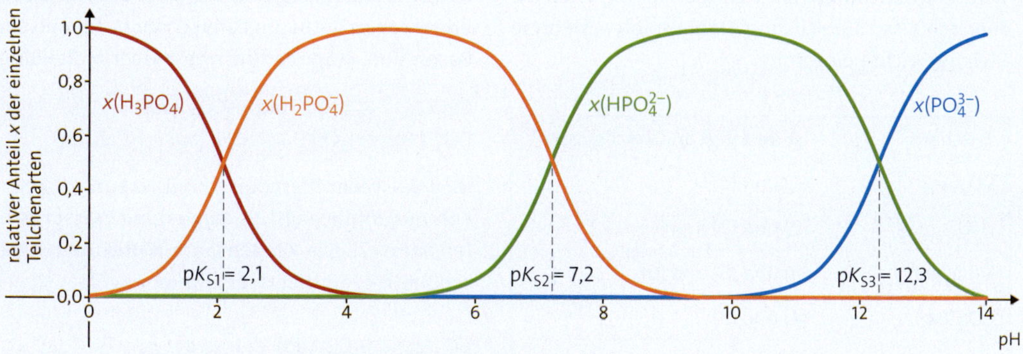

04 Protolysediagramm von Phosphorsäure, pH-Wert und relativer Anteil der Teilchenarten an der Gesamtkonzentration

6.8 Das Kohlenstoffdioxid-Carbonat-Gleichgewicht

01 Die Versauerung der Meere schädigt Lebewesen:
A Flügelschnecke (*Limacina helicina*), **B** Korallen (Bildmontage)

KOHLENSTOFFDIOXID UND DER pH-WERT DER MEERE Durch die in den letzten 100 Jahren stark angestiegenen Mengen an verbranntem Erdöl, Erdgas und Kohle hat sich der Volumenanteil von Kohlenstoffdioxid in der Atmosphäre deutlich erhöht: von 0,03 % (1900) auf 0,04 % (2019), d. h., heute ist ein Drittel mehr Kohlenstoffdioxid in der Atmosphäre als zu Beginn des 20. Jahrhunderts. Eine unmittelbare Folge ist der Einfluss auf den pH-Wert der Meere: Er sinkt. So ist der durchschnittliche pH-Wert des Meerwassers aufgrund der starken anthropogenen Kohlenstoffdioxidemissionen von 8,2 auf 8,1 gesunken, was einem Anstieg der Oxonium-Ionenkonzentration von etwa 26 % entspricht.

Video: Kohlenstoffdioxid in Wasser beeinflusst den pH-Wert

VOM KOHLENSTOFFDIOXID ZUR KOHLENSÄURE Wie kommt es, dass in Wasser gelöstes Kohlenstoffdioxid den pH-Wert beeinflusst? Eine Betrachtung des Kohlenstoffdioxid-Moleküls CO_2 zeigt, dass es nicht als Brönsted-Säure reagieren kann. Es enthält kein chemisch gebundenes H-Atom und ist somit nicht in der Lage, ein Proton auf eine Brönsted-Base zu übertragen.

Wird Kohlenstoffdioxid in Wasser gelöst, entsteht dennoch eine saure Lösung. Dabei spielen mehrere Gleichgewichte eine Rolle.

Teilchen	ist beteiligt an Gleichgewicht
$CO_2(aq)$	(1) und (2)
$H_2CO_3(aq)$	(2) und (3) und (6)
$HCO_3^-(aq)$	(3) und (5) und (6)
$CO_3^{2-}(aq)$	(4) und (5)
$OH^-(aq)$	(5) und (6)

02 Kopplung von Gleichgewichten

Zunächst steht gasförmiges Kohlenstoffdioxid $CO_2(g)$ im Gleichgewicht mit in Wasser gelöstem Kohlenstoffdioxid $CO_2(aq)$.

$$CO_2(g) \rightleftarrows CO_2(aq) \qquad | \Delta H^0 = -20 \text{ kJ} \cdot \text{mol}^{-1} \quad (1)$$

Der Lösevorgang ist exotherm. Gelöstes Kohlenstoffdioxid reagiert mit Wasser langsam zu gelöster Kohlensäure.

$$CO_2(aq) + H_2O(l) \rightleftarrows H_2CO_3(aq) \quad (2)$$

Bei 25 °C kommt im Gleichgewicht ein $H_2CO_3(aq)$-Molekül auf etwa 600 $CO_2(aq)$-Moleküle. Das Kohlensäure-Molekül reagiert schließlich gegenüber Wasser als Brönsted-Säure:

$$H_2CO_3(aq) + H_2O(l) \rightleftarrows HCO_3^-(aq) + H_3O^+(aq) \quad (3)$$

Als Konsequenz des Zusammenspiels dieser drei Gleichgewichte reagiert die wässrige Lösung von Kohlenstoffdioxid sauer.

GLEICHGEWICHTE GREIFEN INEINANDER Eine der Folgen der Versauerung für das Ökosystem Meer ist die Schädigung der Korallen und anderer Meeresbewohner, deren Gehäuse aus Kalk (Calciumcarbonat, $CaCO_3$) besteht.

Calciumcarbonat ist ein Calciumsalz der Kohlensäure, aufgebaut aus Calcium-Ionen Ca^{2+} und Carbonat-Ionen CO_3^{2-}. Calciumcarbonat ist schwer löslich in Wasser. Sein *Löslichkeitsprodukt* beträgt $K_L = c(Ca^{2+}) \cdot c(CO_3^{2-}) = 4{,}7 \cdot 10^{-9} \text{ mol}^2 \cdot \text{L}^{-2}$.

Bei der Schädigung der Kalkgehäuse spielen mehrere Löslichkeits- und Säure-Base-Gleichgewichte eine Rolle. Weil dabei gleiche Teilchen an verschiedenen Gleichgewichten beteiligt sind, liegen **gekoppelte Gleichgewichte** vor.

Durch Gleichgewicht (4) kommt es bei Kontakt von Kalk mit Wasser zur Bildung von Calcium- und Carbonat-Ionen in Lösung. Weil Carbonat-Ionen starke Basen sind, reagieren sie mit Wasser-Molekülen:

$$CaCO_3(s) \rightleftarrows Ca^{2+}(aq) + CO_3^{2-}(aq) \quad (4)$$
$$CO_3^{2-}(aq) + H_2O(l) \rightleftarrows OH^-(aq) + HCO_3^-(aq) \quad (5)$$

Meerwasser enthält durch Kontakt zur Luft gelöstes Kohlenstoffdioxid (1). Es reagiert mit Wasser zu Kohlensäure (2). Die Kohlensäure-Moleküle reagieren schließlich mit den Hydroxid-Ionen (6):

$$CO_2(g) \rightleftarrows CO_2(aq) \quad (1)$$
$$CO_2(aq) + H_2O(l) \rightleftarrows H_2CO_3(aq) \quad (2)$$
$$H_2CO_3(aq) + OH^-(aq) \rightleftarrows HCO_3^-(aq) + H_2O(l) \quad (6)$$

LÖSEN VON KALK Die Konzentration von CO_3^{2-}(aq) wird durch die Kopplung der Gleichgewichte (5) und (6) gesenkt, wenn kohlensäurehaltiges Wasser ins Spiel kommt: Das Gleichgewicht (4) wird dadurch nach rechts verschoben und Calciumcarbonat wird gelöst. Die Abnahme von $c(CO_3^{2-})$ bei einer Senkung des pH-Werts hat auch Konsequenzen für im Wasser lebende Organismen wie die Flügelschnecke, die sich mit einer schützenden Hülle aus Calciumcarbonat umgeben (↑ **01A**). Das feste Calciumcarbonat steht über (4) im Gleichgewicht mit gelösten Calcium-Ionen und Carbonat-Ionen. Letztere sind starke Basen und also solche am Gleichgewicht (5) beteiligt. Alle Effekte, die Gleichgewicht (5) nach rechts verschieben, vermindern $c(CO_3^{2-})$ und führen über die Kopplung an Gleichgewicht (4) zu einer Verminderung der Menge an festem Calciumcarbonat. Eine Absenkung des pH-Werts des Meerwassers, z. B. durch die Vergrößerung von $c(CO_2,g)$, vermindert $c(OH^-)$ und verschiebt somit Gleichgewicht (5) nach rechts. Die Organismen verfügen zwar über Mechanismen, einen zur Bildung von festem Calciumcarbonat günstigen, d. h. höheren, pH-Wert herzustellen. Die dafür notwendigen „Protonenpumpen", benötigen aber Energie, die durch zusätzliche Nahrung bereitgestellt werden muss. Dies führt dazu, dass die Kalkhülle der Flügelschnecke zunehmend dünner wird.

BILDUNG VON KALKABLAGERUNGEN Auch Trinkwasser ist mit Calcium- und Hydrogencarbonat-Ionen angereichert. Im Haushalt entstehen beispielsweise Kalkablagerungen auf Heizstäben eines Wasserkochers, wenn die Gleichgewichte (1) bis (6) durch Absenkung der Konzentration von CO_2(aq) gestört werden.

- Gleichgewicht (1) ist exotherm ($\Delta H < 0$). Beim Wasserkochen wird die Temperatur erhöht und das Gleichgewicht nach dem Prinzip von Le Chatelier in Richtung der endothermen Bildung von gasförmigem Kohlenstoffdioxid verschoben.
- Als Konsequenz sinkt die Konzentration des gelösten Kohlenstoffdioxids, $c(CO_2, aq)$.
- Dadurch wird Gleichgewicht (2) beeinflusst. Mit $c(CO_2, aq)$ sinkt auch $c(H_2CO_3)$.
- Weil Kohlensäure an Gleichgewicht (6) beteiligt ist, wird es nach links verschoben, wenn $c(H_2CO_3)$ abnimmt. Damit steigt $c(OH^-)$ und über Gleichgewicht (5) auch $c(CO_3^{2-})$.
- Die Carbonat-Ionen spielen auch in Gleichgewicht (4) eine Rolle. Mit dem Anstieg ihrer Konzentration wird es nach links verschoben, d. h., es wird festes Calciumcarbonat gebildet: Es kommt zu Kalkablagerungen auf dem Heizstab.

03 Tropfsteine aus Kalk

Tropfsteine entstehen nach dem gleichen Prinzip. Auslöser ist hier keine Erwärmung, sondern die Verdunstung von Wasser, wodurch auch Kohlenstoffdioxid aus der Lösung entweicht und Gleichgewicht (1) ebenfalls nach links verschoben wird.

1 › Eine Mitschülerin behauptet, Kalkablagerungen könnten durch Sprudelwasser entfernt werden. Erläutern Sie ihre Behauptung mit dem Prinzip der gekoppelten Gleichgewichte.

2 › **a** Berechnen Sie die Konstante von Gleichgewicht (5) bei 25 °C (mit $c(H_2O) = 55{,}3\ mol \cdot L^{-1}$).
b Begründen Sie qualitativ, warum der pH-Wert der Oberflächengewässer sinkt, wenn $c(CO_2, aq)$ steigt.

3 › Begründen Sie, warum die Löslichkeit von Kohlenstoffdioxid in Wasser mit steigender Temperatur abnimmt.

4 › Die Anlage zur Herstellung von demineralisiertem („destilliertem") Wasser ist defekt. Jemand schlägt vor, stattdessen Regenwasser zu nutzen, weil das frei von Mineralstoffen und pH-neutral sei.
a Beurteilen Sie die Aussage des Schülers.
b Entwickeln Sie einen Vorschlag, wie man aus dem Regenwasser pH-neutrales Wasser erhält.

6.9 Qualitative Nachweise von Ionen

Säure-Base-Theorie nach Brönsted ↑S.173

NACHWEIS VON OXONIUM- UND HYDROXID-IONEN Saure Lösungen enthalten Oxonium-Ionen, basische Lösungen Hydroxid-Ionen. Mithilfe eines pH-Meters oder mit passenden Indikatoren kann gezeigt werden, ob eine saure oder basische Lösung vorliegt und somit, ob deutlich mehr Oxonium- oder deutlich mehr Hydroxid-Ionen vorhanden sind (↑ Exp. 6.07). Auch wenn man Salze in Wasser löst, kann man oft einen Überschluss an Oxonium- oder Hydroxid-Ionen nachweisen (↑ S. 192). Mit bestimmten Nachweisreaktionen können zudem weitere Ionen in der Lösung identifiziert werden.

CARBONAT-NACHWEIS Bei einigen Mineralien, beispielsweise Kalk (Calciumcarbonat), handelt es sich um Salze der Kohlensäure, die Carbonat-Ionen enthalten. Es gibt eine einfache Möglichkeit, diese Mineralien von anderen zu unterscheiden. Gibt man zu ihnen die Lösung einer starken Säure im Überschuss, stellen sich mehrere Gleichgewichte ein:

$$CaCO_3(s) \rightleftarrows Ca^{2+}(aq) + CO_3^{2-}(aq)$$
$$CO_3^{2-}(aq) + H_3O^+(aq) \rightleftarrows HCO_3^-(aq) + H_2O(l)$$
$$HCO_3^-(aq) + H_3O^+(aq) \rightleftarrows H_2CO_3(aq) + H_2O(l)$$
$$H_2CO_3(aq) \rightleftarrows CO_2(g) + H_2O(l)$$

P EXP 6.07 Nachweise auf Hydroxid- und Oxonium-Ionen

Materialien pH-Meter, 18 Reagenzgläser, Reagenzglasständer, Becherglas (50 mL), dest. Wasser, Proben: Spülmittellösung, Zitronenlimonade, Natronlauge ($c(NaOH) = 0{,}1\ mol \cdot L^{-1}$; 5), Essigessenz, Natriumcarbonatlösung, Natriumchloridlösung; Indikatoren: Methylorange, Thymolphthalein, Universalindikator

Durchführung Verfahren Sie mit jeder der sechs Probelösungen nacheinander wie folgt:

- Geben Sie zunächst ca. 10 mL der Probelösung in das Becherglas und messen Sie mit dem pH-Meter den pH-Wert.
- Geben Sie in drei Reagenzgläser je ca. 3 mL der Lösung und tropfen Sie jeweils wenige Tropfen eines der Indikatoren hinzu.
- Notieren Sie Ihre Beobachtungen in einer Tabelle.
- Spülen Sie das pH-Meter und das Becherglas gründlich bevor Sie mit der nächsten Lösung fortfahren.

Auswertung

1 Nicht jeder Indikator ist geeignet, um sowohl Oxonium- als auch Hydroxid-Ionen nachzuweisen. Geben Sie für jeden der verwendeten Indikatoren an, wofür er geeignet ist.

2 In Natriumhydroxid sind die Hydroxid-Ionen bereits in der Formel NaOH erkennbar. Löst man Natriumcarbonat (NaH_2CO_3) in Wasser, lassen sich ebenfalls Hydroxid-Ionen nachweisen. Stellen Sie eine Reaktionsgleichung auf, die dies verdeutlicht.

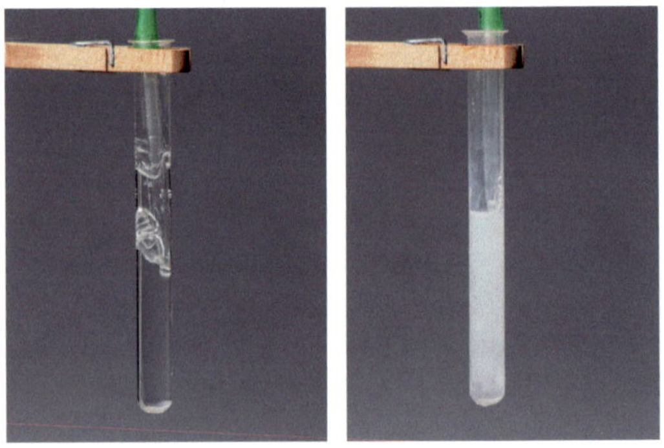

01 Kohlenstoffdioxid wird in eine Calciumhydroxidlösung eingeleitet.

Das Oxonium-Ion ist eine viel stärkere Säure als das Kohlensäure-Molekül und das Hydrogencarbonat-Ion (↑ S. 183). Die obigen Säure-Base-Gleichgewichte liegen somit auf der rechten Seite, wodurch Kohlenstoffdioxid produziert wird. Um das entstehende Kohlenstoffdioxid von anderen Gasen unterscheiden zu können, wird es in eine Calciumhydroxidlösung eingeleitet (↑ **01**). Eine Trübung der Lösung oder die Bildung eines weißen Niederschlags zeigt Kohlenstoffdioxid an (↑ Exp. 6.09). Bei diesem Niederschlag handelt es sich um Calciumcarbonat $CaCO_3$:

$$CO_2(aq) + Ca^{2+}(aq) + 2\ OH^-(aq) \rightleftarrows CaCO_3(s) + H_2O(l)$$

Wird Kohlenstoffdioxid im Überschuss eingeleitet, dann löst sich der Niederschlag wieder:

$$CaCO_3(s) + H_2O(l) + CO_2(aq) \rightleftarrows Ca^{2+}(aq) + 2\ HCO_3^-(aq)$$

NACHWEIS AUF AMMONIUM-IONEN Ein weiteres Ion, das sich nach der Verschiebung von Säure-Base-Gleichgewichten indirekt nachweisen lässt, ist das Ammonium-Ion NH_4^+. Es kommt beispielsweise in großtechnisch hergestellten Düngemitteln vor und entsteht auf natürlichem Weg beim Abbau von Proteinen. Gibt man zur wässrigen Lösung eines Ammoniumsalzes Natronlauge, so kommt es zu einer Säure-Base-Reaktion (↑ Exp. 6.07):

$$NH_4^+(aq) + OH^-(aq) \rightleftarrows H_2O(l) + NH_3(aq)$$

Wird die Lösung erhitzt, dann entweicht gasförmiges Ammoniak. Lässt man es auf feuchtes Universalindikatorpapier einwirken, so färbt es sich wegen der Entstehung von Hydroxid-Ionen blau.

$$NH_3(aq) + H_2O(l) \rightleftarrows NH_4^+(aq) + OH^-(aq)$$

Diese Färbung, zusammen mit dem charakteristischen Geruch, gilt als Nachweis für Ammonium-Ionen.

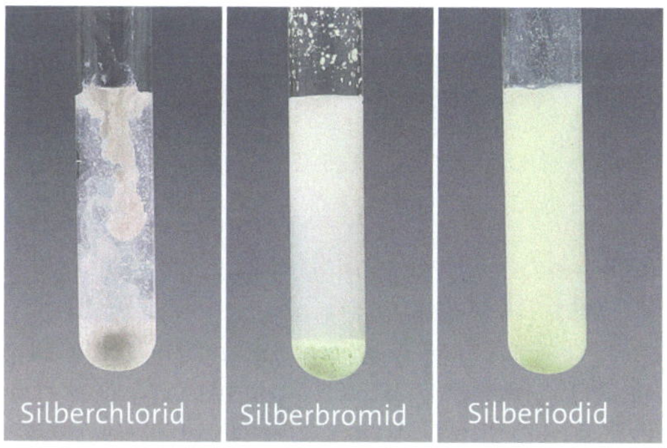

02 Nachweis von Halogenid-Ionen durch Zutropfen von Silbernitratlösung: Es fallen Silbersalze aus.

NACHWEIS VON HALOGENID-IONEN Für den Nachweis von Chlorid-, Bromid- und Iodid-Ionen als Säurerest-Anionen der entsprechenen Halogenwasserstoffe nutzt man die Schwerlöslichkeit der gebildeten Silbersalze. Durch Zugabe eines Tropfens Silbernitratlösung zu einer Probe, die Chlorid-Ionen enthält, entsteht durch eine **Fällungsreaktion** ein weißer Niederschlag von Silberchlorid, der in verdünnter Salpetersäure unlöslich ist, sich aber in verdünnter Ammoniaklösung löst (↑ Exp. 6.08).

$$Ag^+(aq) + Cl^-(aq) \longrightarrow AgCl(s)$$

Enthält die Probe Bromid-Ionen, so beobachtet man einen weißgelben Niederschlag von Silberbromid. Mit Iodid-Ionen entsteht ein hellgelben Niederschlag von Silberiodid. Silberbromid löst sich in konzentrierter Ammoniaklösung, Silberiodid hingegen nicht.
Aus einer Lösung, die ein Gemisch der Halogenid-Ionen enthält, fällt aufgrund der unterschiedlichen *Löslichkeitsprodukte* (↑ S. 162 ff.) zunächst Silberiodid, dann Silberbromid und schließlich Silberchlorid aus. Fluorid-Ionen lassen sich auf diese Weise nicht nachweisen, da Silberfluorid ein gut wasserlösliches Salz ist.

1› Erläutern Sie, warum man beim Nachweis von Halogenid-Ionen mit Silbernitrat die Probe mit Salpetersäure und nicht mit Salzsäure ansäuert.

2› Sie sollen drei Salze analysieren, um festzustellen, bei welchem es sich um Ammoniumchlorid, Ammoniumhydrogencarbonat bzw. Natriumcarbonat handelt.
- **a** Stellen Sie die Verhältnisformeln der Salze auf.
- **b** Beschreiben Sie Ihr Vorgehen und die jeweils erwarteten Beobachtungen.

3› Recherchieren Sie die Begriffe positive Blindprobe und negative Blindprobe. Machen Sie Vorschläge, wie solche Proben für die Halogenidnachweise aussehen könnten.

P EXP 6.08 Nachweis auf Halogenid-Ionen

5 9

Materialien 4 Reagenzgläser, Pipetten, dest. Wasser, Natriumchlorid, Natriumbromid, Kaliumiodid, Salpetersäure (c = 1 mol · L^{-1}; 5), Silbernitratlösung (c = 0,1 mol · L^{-1}; 5, 9), Ammoniaklösung (c = 1 mol · L^{-1}; 5)

Durchführung
- Beschriften Sie 3 Reagenzgläser mit den Halogenidnamen und füllen Sie je 5 mL dest. Wasser hinein.
- Geben Sie eine Spatelspitze des jeweiligen Halogenidsalzes in das Reagenzglas und lösen Sie es durch Schütteln.
- Versetzen Sie jede Probe mit 2 Tropfen Salpetersäure.
- Geben Sie anschließend tropfenweise Silbernitratlösung dazu bis sich ein deutlich sichtbarer Niederschlag gebildet hat.
- Nun wird jede Probe mit 5 mL Ammoniaklösung versetzt und geschüttelt.

Auswertung

1› Notieren Sie Ihre Beobachtungen und formulieren Sie für jede der drei Nachweisreaktionen eine Reaktionsgleichung.

2› Untersuchen Sie verschiedene Mineralwasserproben auf darin enthaltene Ionen.

P EXP 6.09 Nachweise auf Ammonium- und Carbonat-Ionen

5

Materialien Brenner, 2 Reagenzgläser, Reagenzglas mit seitlichem Ansatz und Stopfen, Reagenzglasklammer, gewinkeltes Glasrohr mit kurzem Schlauch, 3 Tropfpipetten mit Pipettierhütchen, 2 Spatel, Universalindikatorpapier, Ammoniumchlorid (5), Calciumcarbonat (grobkörnig), Natronlauge (c = 1 mol · L^{-1}; 5), Salzsäure (c = 1 mol · L^{-1}; 5), Calciumhydroxidlösung (gesättigt; 5), Wasser

Durchführung

a) Ammonium-Nachweis: Geben Sie 1 Spatelspitze Ammoniumchlorid und etwa 5 mL Natronlauge in ein Reagenzglas. Befeuchten Sie das Universalindikatorpapier mit Wasser und legen Sie es quer über die Öffnung des Reagenzglases, die frei von Natronlauge sein muss. Erwärmen Sie die Lösung langsam mit dem Brenner.

b) Carbonat-Nachweis: Geben Sie etwa 5 mL Calciumhydroxidlösung in ein Reagenzglas. Befestigen Sie das gewinkelte Glasrohr mit dem Gummischlauch am seitlichen Ansatz und tauchen Sie das freie Ende in die Calciumhydroxidlösung. Geben Sie nun eine Spatelspitze Calciumcarbonat und dann zügig ca. 5 mL Salzsäure ins Reagenzglas mit dem seitlichen Ansatz und verschließen Sie es schnell mit dem Stopfen.

Entsorgung: Reste mit viel Wasser in den Ausguss geben.

Auswertung Beschreiben und deuten Sie Ihre Beobachtungen.

6.10 Saure und alkalische Salzlösungen LK

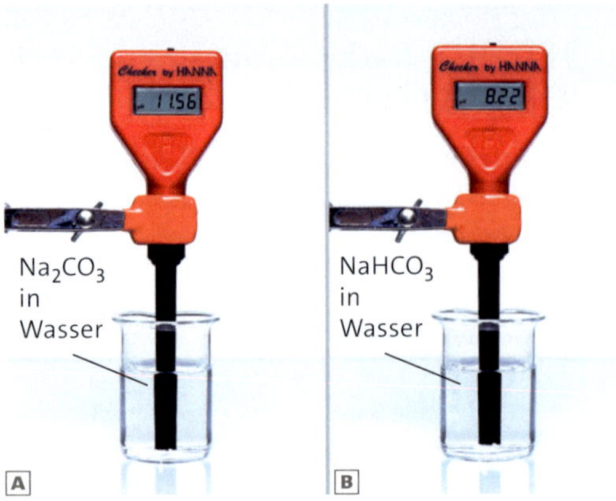

01 A Waschsoda (Na_2CO_3) und **B** Natron ($NaHCO_3$) bilden basische Lösungen

Salze sind Ionenverbindungen, die sich meist gut in Wasser lösen. Während Kochsalz eine neutrale Lösung bildet, entsteht beim Lösen von Waschsoda (↑ 01) oder dem Backtriebmittel *Hirschhornsalz* eine basische Lösung. Dagegen bildet sich beim Lösen von Ammoniumchlorid oder Natriumhydrogensulfat (Bestandteil von WC-Reinigern) eine saure Lösung. Offenbar reagieren die Kationen bzw. Anionen einiger Salze in einer *Protolyse* (Säure-Base-Reaktion) entweder als Brönsted-Säure oder Brönsted-Base.

Allgemeines Schema korrespondierender Säure-Base-Paare ↑ S. 180

SAURE REAKTIONEN VON SALZEN Betrachten wir zunächst die korrespondierenden Säure-Base-Paare bei der Protolyse von Ammoniak, wobei Wasser als *Ampholyt* wirkt. Die als schwache Base fungierenden NH_3-Moleküle (B) reagieren in einer Protolyse mit den als Säure wirkenden H_2O-Molekülen (HA), wobei sich Ammonium-Ionen NH_4^+ (HB^+) und Hydroxid-Ionen OH^- (A^-) bilden:

$$NH_3 + H_2O \rightleftarrows NH_4^+ + OH^- \qquad pK_B = 4{,}75$$

Das NH_4^+-Ion (HB^+) ist die korrespondierende Säure zur Base NH_3 (B) und kann mit H_2O-Molekülen (A^-) unter Bildung von Oxonium-Ionen H_3O^+ (HB^+) reagieren:

$$NH_4^+ + H_2O \rightleftarrows NH_3 + H_3O^+ \qquad pK_S = 9{,}25$$

Die im Ammoniumchlorid enthaltenen Chlorid-Ionen Cl^- stellen die korrespondierende Base zur sehr starken Säure Chlorwasserstoff HCl dar, die mit Wasser vollständig protolysiert. Cl^--Ionen dagegen haben einen pK_B-Wert von 21 und reagieren daher mit Wasser praktisch nicht als Base, sie sind neutral. Gleiches gilt für Säurerest-Ionen anderer sehr starker Säuren wie I^- (Säure: HI) oder NO_3^- (Säure: HNO_3). Auch Natrium-Ionen Na^+ sind extrem schwache Basen und zeigen keine Protolyse.

Betrachten wir das Salz Natriumhydrogensulfat $NaHSO_4$, so liegen HSO_4^--Ionen vor, die selbst als Ampholyt reagieren können:

$$HSO_4^- + H_2O \rightleftarrows SO_4^{2-} + H_3O^+ \qquad pK_S = 1{,}92$$
$$HSO_4^- + H_2O \rightleftarrows H_2SO_4 + OH^- \qquad pK_B = 17$$

Da der pK_S-Wert des Ions deutlich kleiner als der pK_B-Wert ist, reagieren HSO_4^--Ionen als Säure.

ALKALISCHE REAKTIONEN VON SALZEN Waschsoda (Natriumcarbonat, Na_2CO_3) besteht aus Natrium-Ionen Na^+ und Carbonat-Ionen CO_3^{2-}. Letztere sind die konjugierte Base der Säure Hydrogencarbonat-Ionen HCO_3^- mit einem pK_B-Wert von 3,6 – folglich eine starke Base. Folgende Protolyse läuft ab:

$$CO_3^{2-} + H_2O \rightleftarrows HCO_3^- + OH^- \qquad pK_B = 3{,}6$$

Im Hirschhornsalz (Ammoniumcarbonat, $(NH_4)_2CO_3$) liegen neben Carbonat-Ionen, die als Base reagieren, auch Ammonium-Ionen vor, die als Säure reagieren:

$$NH_4^+ + H_2O \rightleftarrows NH_3 + H_3O^+ \qquad pK_S = 9{,}25$$

Der pK_B-Wert der Carbonat-Ionen ist deutlich kleiner als der pK_S-Wert der Ammonium-Ionen. Daher verläuft die Protolyse der Base in viel stärkerem Umfang als die der Säure, sodass die Lösung basisch wird.

NEUTRALE REAKTIONEN VON SALZEN Natriumchlorid besteht aus Natrium- und Chlorid-Ionen. Beide reagieren mit Wasser-Molekülen in kaum merklichem Ausmaß, da sie sehr schwache Säuren bzw. Basen sind. Die Lösung ist deshalb neutral.
Ebenfalls neutral ist eine Lösung von Ammoniumacetat, obwohl Ammonium-Ionen schwache Säuren und Acetat-Ionen schwache Basen sind. Es gilt jedoch:
$pK_S(NH_4^+) = 9{,}25 = pK_B(CH_3COO^-)$
Weil die Säurestärke des Ammonium-Ions genauso groß ist wie die Basenstärke des Acetat-Ions, läuft keine merkliche Reaktion ab.

Beim Lösen eines Salzes kann eine saure, neutrale oder alkalische Lösung entstehen. Entscheidend dafür sind die Säure- bzw. Basenstärken der beteiligten Ionen.

1 Begründen Sie, ob Lösungen folgender Salze sauer, alkalisch oder neutral sind: $NaSO_4$; NH_4HSO_4; NH_4CH_3COO

2 Erklären Sie, warum in der Küche der Zusatz von Natron ($NaHCO_3$) den pH-Wert saurer Getränke und Speisen erhöht.

Salz	Ionen	pK_S- und pK_B-Werte	Protolyse	Lösung
NaCl	Na^+ Cl^-	sehr schwache Säure sehr schwache Base	keine Protolyse keine Protolyse	neutral
NH_4Cl	NH_4^+ Cl^-	$pK_S(NH_4^+) = 9{,}25$	$NH_4^+ + H_2O \rightleftarrows NH_3 + H_3O^+$	sauer
NH_4HSO_4	NH_4^+ HSO_4^-	$pK_S(NH_4^+) = 9{,}25$ $pK_S(HSO_4^-) = 1{,}92$	$pK_S(HSO_4^-) < pK_S(NH_4^+)$ HSO_4^- reagiert als Säure: $HSO_4^- + H_2O \rightleftarrows SO_4^{2-} + H_3O^+$	sauer
$Al_2(SO_4)_3$	Al^{3+} SO_4^{2-}	$pK_S(Al^{3+}) = 4{,}89$ $pK_B(SO_4^{2-}) = 12{,}08$	$pK_S(Al^{3+}) < pK_B(SO_4^{2-})$ $[Al(H_2O)_6]^{3+}$ reagiert als Säure: $[Al(H_2O)_6]^{3+} + H_2O \rightleftarrows [Al(OH)(H_2O)_5]^{3+} + H_3O^+$	sauer
Na_2CO_3	Na^+ CO_3^{2-}	sehr schwache Säure $pK_B(CO_3^{2-}) = 3{,}6$	keine Protolyse $CO_3^{2-} + H_2O \rightleftarrows HCO_3^- + OH^-$	basisch
$(NH_4)_2CO_3$	NH_4^+ CO_3^{2-}	$pK_S(NH_4^+) = 9{,}25$ $pK_B(CO_3^{2-}) = 3{,}6$	$pK_B(CO_3^{2-}) < pK_S(NH_4^+)$ CO_3^{2-} reagiert als Base: $CO_3^{2-} + H_2O \rightleftarrows HCO_3^- + OH^-$	basisch
Na_2HPO_4	Na^+ HPO_4^{2-}	HPO_4^{2-} ist ein Ampholyt $pK_S(HPO_4^{2-}) = 12{,}36$ $pK_B(HPO_4^{2-}) = 6{,}8$	$pK_B(HPO_4^{2-}) < pK_S(HPO_4^{2-})$ HPO_4^{2-} reagiert als Base: $HPO_4^{2-} + H_2O \rightleftarrows PO_4^{3-} + OH^-$	basisch

02 Protolyse von Salzen in Abhängigkeit der pK_S- bzw. pK_B-Werte

P Saure und alkalische Salzlösungen

5 7

EXP 6.10 pH-Werte von Salzlösungen

Materialien 6 Reagenzgläser, Reagenzglasständer, Becherglas, Spatel, Tropfpipette, Universalindikatorlösung, Aluminiumchlorid (5), Ammoniumchlorid (7), Kaliumhydrogensulfat (5, 7), Natriumacetat, Natriumcarbonat (7), Natriumchlorid, Wasser

Durchführung Geben Sie eine erbsengroße Menge von jedem Salz in je ein Reagenzglas. Fügen Sie etwa 50 Tropfen Wasser hinzu und lösen Sie die Salze durch Schwenken der Reagenzgläser. Geben Sie dann zu jeder Lösung einen Tropfen Universalindikatorlösung.
Entsorgung: Aluminiumchloridlösung zu den giftigen anorganischen Abfälle, andere Lösungen ins Abwasser geben.

Auswertung

1 › Ermitteln Sie anhand der protochemischen Reihe (↑ S. 183), bei welchen der in den verschiedenen Salzen enthaltenen Kationen bzw. Anionen es sich nicht um sehr schwache Säuren oder Basen handelt.

2 › Erstellen Sie für die nicht sehr schwachen Säuren und Basen die Protolysereaktionen. Erklären Sie damit die Entstehung der sauren bzw. alkalischen Lösungen

3 › Stellen Sie mittels der pK_S- und pK_B-Werte eine Hypothese über die pH-Wert-Reihenfolge der Lösungen auf und vergleichen Sie Ihre Vorhersage mit dem Experiment.

EXP 6.11 WC-Reiniger

Materialien 2 kleine Bechergläser, Wasser, Natriumchlorid, Natriumhydrogensulfat (5), Universalindikator, Kalk

Durchführung Geben Sie je eine Spatelspitze Natriumhydrogensulfat und Natriumchlorid in jeweils ein Becherglas mit Wasser. Fügen Sie je einen Tropfen Universalindikator und anschließend eine Spatelspitze Kalk hinzu.
Entsorgung: Lösungen verdünnt ins Abwasser geben.

Auswertung

1 › Stellen Sie die Reaktionsgleichungen für die Reaktionen von Natriumhydrogensulfat und Natriumchlorid in Wasser auf. Betrachten Sie dabei auch die Reaktion der einzelnen Ionen in Wasser.

2 › In WC-Reinigern gegen Kalk ist der Inhaltsstoff Natriumhydrogensulfat zu finden. Andere Salze wie Natriumchlorid haben sich nicht als Inhaltsstoff bewährt. Erklären Sie mithilfe von Reaktionsgleichungen, warum der WC-Reiniger mit Natriumhydrogensulfat zur Beseitigung von Kalk eingesetzt werden kann.

3 › In pulverförmigen Reinigern zur Beseitigung von Fett ist häufig der Inhaltsstoff Natriumhydrogencarbonat zu finden. Auch diese Reiniger werden erst mit Wasser wirksam Erläutern Sie, warum dieser Reiniger nicht zur Entfernung von Kalk geeignet ist.

Saure Lösungen von Komplexverbindungen LK

01 Gedeihen besonders gut durch Aluminiumsulfat

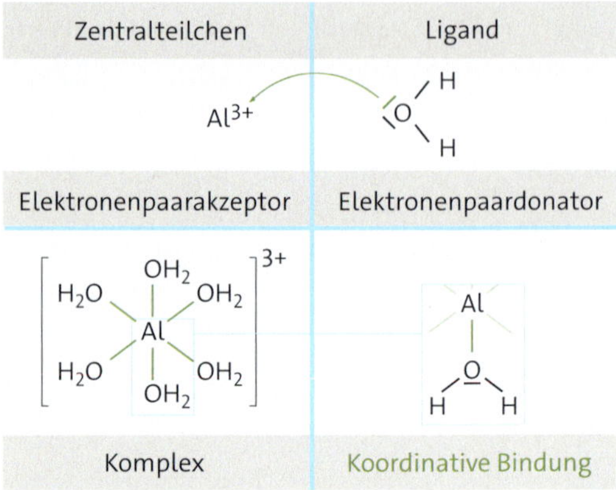

02 Koordinative Bindung

KOMPLEXVERBINDUNGEN Manche Pflanzen, beispielsweise Heidelbeersträucher und Hortensien (↑ **01**), gedeihen besonders gut auf saurem Boden. Der gewünschte pH-Wert von 4 bis 5 kann mit speziellen Düngemitteln, die Aluminiumsulfat $Al_2(SO_4)_3$ enthalten, erreicht werden.
Aluminiumsulfat bildet in Wasser eine saure Lösung, obwohl das Salz keine Protonen enthält, die es abgeben könnte. Erklären lässt sich dies durch die Bildung einer **Komplexverbindung** (lat. *complexus*: das Umfassen, die Verknüpfung).

$$Al_2(SO_4)_3 + 12\,H_2O \rightleftarrows 2\,[Al(H_2O)_6]^{3+} + 3\,SO_4^{2-}$$

Elektronenpaarbindung ↑ S. 27 f.

Dieser *Hexaaquaaluminium-Komplex* reagiert anschließend mit einem weiteren Wasser-Molekül als Säure (↑ S. 195).

Betrachtet man das bei der Reaktion mit Wasser-Molekülen gebildete Teilchen genauer, so stellt man fest, dass um das Aluminium-Ion (Al^{3+}), das **Zentralteilchen**, sechs Wasser-Moleküle regelmäßig als **Liganden** (lat. *ligare*: umarmen) angeordnet sind (↑ **02**). Zur Verdeutlichung, dass ein Komplex vorliegt, wird er in der Formel in eckige Klammern gesetzt.

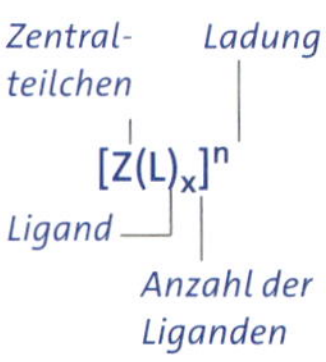

Auch in anderen Komplexen findet man als Zentralteilchen entweder Metall-Atome oder Metall-Ionen Liganden können Moleküle oder Ionen sein. Durch die Summe der Ladungen aller in einer Komplexverbindung enthaltenen Ionen oder Moleküle ergibt sich die Gesamtladung des Komplexes; es entstehen **komplexe Anionen** bzw. **komplexe Kationen**. Gleichen sich die Ladungen gegenseitig aus, liegen **Neutralkomplexe** vor.

> **Ein Komplex besteht aus einem Metall-Atom oder Metall-Ion als Zentralteilchen und Molekülen oder Ionen als Liganden.**

KOORDINATIVE BINDUNG Wie die sechs Wasser-Moleküle im Hexaaquaaluminium-Komplex enthalten alle Liganden freie Elektronenpaare an zumindest einem Atom. Sie stellen als **Elektronenpaardonatoren** freie Elektronenpaare für die Bindung zum Zentralteilchen zur Verfügung, welches als **Elektronenpaarakzeptor** dient. Die freien Elektronenpaare der Elektronenpaardonatoren besetzen freie Energieniveaus am Zentralteilchen, wodurch eine **koordinative Bindung** ausgebildet wird (↑ **02**). Mit der koordinativen Bindung können somit auch Komplexe mit Zentral-Atom und ungeladenen Liganden erklärt werden.
Im Unterschied zur bekannten *Elektronenpaarbindung*, bei der jeder Bindungspartner jeweils ein Valenzelektron für die Bindung bereitstellt, stammt in Komplexen das bindende Elektronenpaar ausschließlich von dem Liganden.

STRUKTUR VON KOMPLEXEN Die Liganden ordnen sich in Komplexen nicht zufällig, sondern in Form eines geometrischen Körpers um das Zentralteilchen an, und zwar so, dass die geringste Abstoßung der Liganden untereinander und die größte Anziehung durch das Zentralteilchen gewährleistet werden (↑ **04**).
Häufig werden organische Moleküle als Liganden eingesetzt, die an mehreren Atomen jeweils ein freies Elektronenpaar besitzen und so mehrere Bindungen zum Zentralteilchen ausbilden können. Solche Liganden nennt man *mehrzähnig*. Dabei entstehen **Chelatkomplexe** (kurz: **Chelate** von griech. *chele*: Krebsschere), in denen der Ligand das Zentralteilchen zangenartig umgreift (↑ **04**). Ein Beispiel für einen solchen Chelatkomplex ist der Delphinidin-Aluminiumkomplex, der für die blaue Farbe der Hortensien sorgt (↑ **01**) – neben dem sauren Boden ein weiterer Effekt des Aluminiumsulfatdüngers.

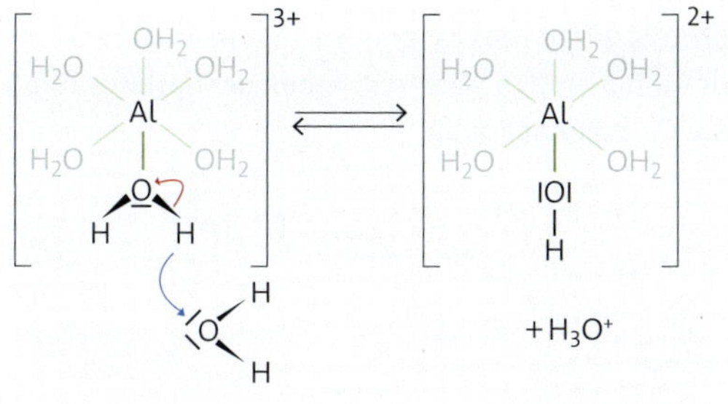

$$[Al(H_2O)_6]^{3+} + H_2O \rightleftharpoons [Al(OH)(H_2O)_5]^{2+} + H_3O^+$$

03 Aquakomplex reagiert als Säure

KOMPLEXE ALS BRÖNSTED-SÄUREN Im Hexaaquaaluminium-Ion werden die freien Elektronenpaare der Wasser-Moleküle von der dreifach positiven Ladung des Aluminium-Ions stark angezogen. Dadurch wird die polare Elektronenpaarbindung zwischen dem Sauerstoff- und den Wasserstoff-Atomen im Wasser-Molekül weiter polarisiert und die positive Partialladung an den Wasserstoff-Atomen wird verstärkt. Es kann nun recht leicht ein Proton an ein weiteres Wasser-Molekül abgegeben werden (↑ **03**). Deshalb reagieren die hydratisierten Aluminium-Ionen mit Wasser-Molekülen als Brönsted-Säuren, $pK_S([Al(H_2O)_6]^{3+}) = 4{,}89$:

$$[Al(H_2O)_6]^{3+} + H_2O \rightleftharpoons [Al(OH)(H_2O)_5]^{2+} + H_3O^+$$

Je stärker geladen und je kleiner ein Metall-Kation ist, desto stärker wirkt es polarisierend auf die Hydrathülle. Daher sind auch wässrige Lösungen von etwa Eisen(III)-Ionen sauer, während Ionen der Alkali- und Erdalkalimetalle neutrale wässrige Lösungen bilden.

Metall-Kationen, die Aquakomplexe bilden, reagieren als Brönstedt-Säuren.

BEDEUTUNG VON KOMPLEXEN Komplexe nehmen im Stoffwechsel von Lebewesen oft zentrale Funktionen ein. So ist der rote Blutfarbstoff Hämoglobin für den Transport von Sauerstoff in Wirbeltieren zuständig. Der Komplex besitzt ein Eisen(II)-Ion als Zentral-Ion. Chlorophyll, das durch seine Fähigkeit zur Lichtabsorption die Fotosynthese der grünen Pflanzen ermöglicht, besitzt ein Magnesium(II)-Ion als Zentral-Ion. Im Labor wird in vielen Nachweisreaktionen entweder die Farbigkeit von Komplexen ausgenutzt oder ihre Fähigkeit, bestimmte Ionen in Lösung zu halten: Bei der Fehling-, Tollens- und Benedictprobe spielen Komplexe ebenso eine Rolle wie beim Wassernachweis mit Kupfersulfat.

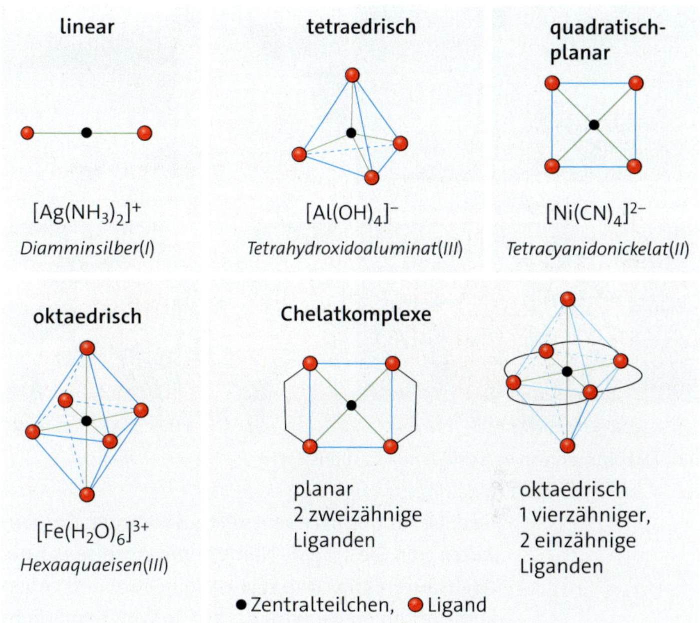

04 Beispiele für Komplexteilchen und ihre jeweilige Struktur

NOMENKLATUR In Komplexnamen stehen die Namen der Liganden in alphabetischer Reihenfolge vor dem Zentralteilchen. Die Anzahl der Liganden wird durch Zahlwörter (di, tri, tetra ...) ausgedrückt. Es folgt der Name des Liganden. Neutrale Liganden behalten ihren Namen bei oder es existieren Eigennamen, z. B. *aqua* für Wasser. Die Namen anionischer Liganden enden auf -o, z. B. *hydroxido* für Hydroxygruppen. Am Schluss kommt der Name des Zentralteilchens, wobei seine Ladung in runde Klammern mit römischen Ziffern geschrieben wird. Ist der Komplex insgesamt negativ geladen, erhält das Zentral-Ion die Endung **-at** an den lateinischen Wortstamm des Elements, ansonsten verändert sich der Name nicht (↑ **04**).

Übung: Nomenklatur von Komplexen

1 Eisen(III)-und Eisen(II)-Ionen liegen in Wasser als $[Fe(H_2O)_6]^{3+}$ bzw. $[Fe(H_2O)_6]^{2+}$ vor. Erklären Sie, warum die Lösungen sauer reagieren und begründen Sie, welche von beiden den niedrigeren pH-Wert besitzt.

2 Kupfersulfat löst sich sehr gut in Wasser. Dabei färbt sich die Lösung blau, dies wird beim Wassernachweis ausgenutzt. Formulieren Sie die Reaktion von Kupfersulfat mit sechs Wasser-Molekülen und stellen Sie eine Hypothese zum pH-Wert der Lösung auf.

3 Benennen Sie die folgenden Komplexe: $[Cu(H_2O)_6]^{2+}$, $[Cu(H_2O)_6]^{2+}$, $[Ni(H_2O)_6]Cl_2$

4 Beim Chlorid-Nachweis (Exp. 6.08) löst sich das entstandene Silberchlorid durch Ammoniakzugabe wieder auf. Recherchieren Sie den Grund.

6.11 Acidität organischer Säuren LK

01 Vorkommen von verschiedenen Carbonsäuren

Mesomerie ↑ S. 28

In der Natur und in Lebensmitteln kommen *Carbonsäuren* vor. Sie tragen Namen wie Ameisensäure, Milchsäure, Essigsäure sowie Weinsäure und geben damit oft einen Hinweis darauf, in welchen Früchten, Lebensmitteln oder Tieren sie anzutreffen sind.

CARBOXYGRUPPE Carbonsäuren sind organische Verbindungen, deren Moleküle mindestens eine **Carboxygruppe –COOH** aufweisen. Sie ist die funktionelle Gruppe der Carbonsäuren (↑ **02**). Ihr Name leitet sich von den Bestandteilen dieser Gruppe ab, der **Carb**onylgruppe und der Hydr**oxy**gruppe.

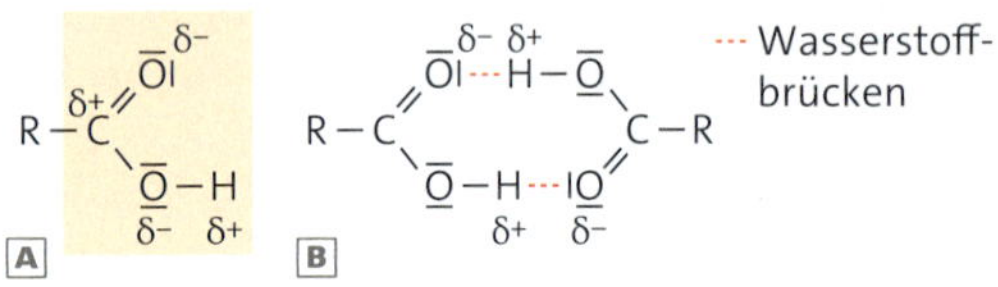

02 Strukturmerkmale der Carbonsäuren:
A Carboxygruppe, **B** Bildung von Doppelmolekülen

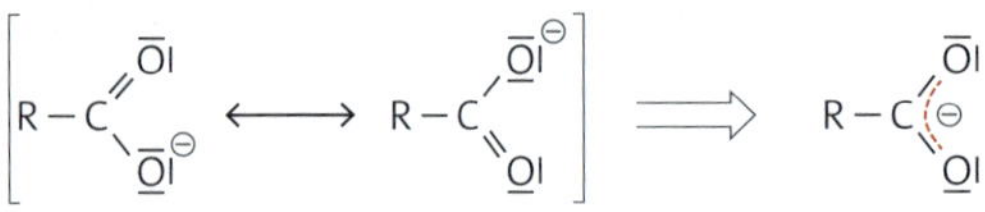

03 Mesomeriestabilisierung des Carboxylat-Ions

Name (IUPAC)	Trivialname	Molekülformel
Methansäure	Ameisensäure	HCOOH
Ethansäure	Essigsäure	CH_3COOH
Propansäure	Propionsäure	C_2H_5COOH
Butansäure	Buttersäure	C_3H_7COOH
Pentansäure	Valeriansäure	C_4H_9COOH
Hexansäure	Capronsäure	$C_5H_{11}COOH$

04 Einige Alkansäuren der homologen Reihe

WIRKUNG ALS SÄURE Carbonsäure-Moleküle protolysieren in Wasser in geringem Maß in Oxonium-Ionen und in Säurerest-Ionen der Carbonsäuren, die **Carboxylat-Ionen**.

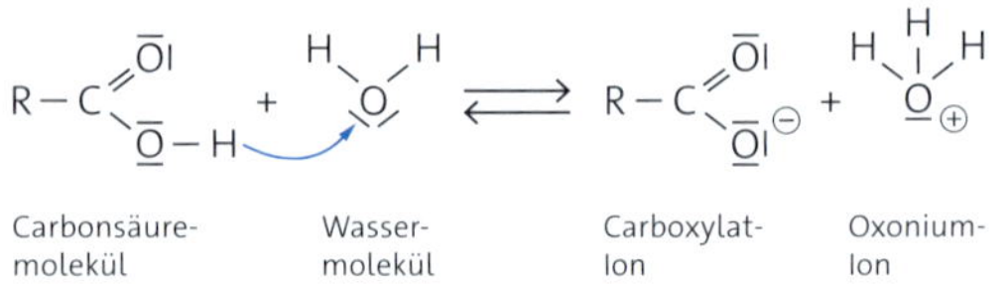

Das Proton für die Protolyse stammt aus der COOH-Gruppe. Im Gegensatz zur Hydroxygruppe der Alkohol-Moleküle wird das positiv polarisierte Wasserstoff-Atom der Hydroxygruppe der Carbonsäure-Moleküle relativ leicht abgegeben. Ursache dafür ist die besondere Stabilität des Carboxylat-Ions, das mesomere Grenzstrukturen bildet. Dabei ist die negative Ladung über die gesamte Carboxygruppe verteilt. Eine solche delokalisierte Ladungsverteilung ist energetisch begünstigt und wird als **Mesomeriestabilisierung** bezeichnet (↑ **03**).

ACIDITÄT – SÄURESTÄRKE Carbonsäuren sind mittelstarke bis schwache Säuren. Die Stärke einer Säure wird maßgeblich davon bestimmt, wie leicht sie ein Proton abgeben kann. Diese Protonenabgabe ist bei Carbonsäuren wiederum von der Stabilität des entstehenden Carboxylat-Ions (R-COO^-) abhängig. Innerhalb der homologen Reihe der Carbonsäuren nimmt die **Säurestärke** und mit ihr die **Acidität** mit zunehmender Kettenlänge der Moleküle ab (↑ **05**). Dies liegt am zunehmenden **+I-Effekt,** der von der Alkylgruppe ausgeht. Je länger der an die Carboxygruppe gebundene Alkylrest ist, desto größer ist der elektronenschiebende Effekt dieses Molekülteils. Das erhöht die Elektronendichte rund um die Carboxygruppe und verringert damit die Stabilität des entstehenden Carboxylat-Anions. Folglich wird die Abgabe des Protons erschwert, was die Säure schwächer macht. Nach dem gleichen Prinzip nimmt die Säurestärke auch mit zunehmender Anzahl der Alkylgruppen im Molekül ab (↑ **05**)
Im Gegensatz dazu erhöhen elektronenziehende Gruppen wie Chlor oder Brom die Säurestärke. Diese Gruppen üben einen **-I-Effekt** aus, da sie aufgrund ihrer hohen Elektronegativität die Elektronen aus der Carboxygruppe anziehen. Durch die so verstärkte Polarisierung der Carboxygruppe wird die Abgabe des Protons erleichtert.

Das Carboxylat-Ion ist mesomeriestabilisiert. Die Säurestärke einer Carbonsäure wird durch +I- und –I-Effekte ihrer Substituenten beeinflusst.

Noch gewusst? Induktiver Effekt

Ein Substituent kann die Elektronenverteilung im Rest des Moleküls beeinflussen. Ist der Einfluss auf unterschiedliche *Elektronegativitäten* zurückzuführen, so spricht man von einem **induktiven Effekt**.

Beim induktiven Effekt wird ein positiver (elektronenschiebender) und ein negativer (elektronenziehender) Effekt unterschieden. Positive Effekte erhöhen die Elektronendichte im Restmolekül, negative verringern sie.

Beim **positiven induktiven Effekt (+I-Effekt)** werden den Elektronen vom Substituenten „weggeschoben", beim **negativen induktiven Effekt (–I-Effekt)** werden sie zum Substituenten „hingezogen". Substituenten mit negativ geladenen oder elektropositiven Atomen üben einen +I-Effekt aus, Substituenten mit positiv geladenen oder elektronegativen Atomen üben einen –I-Effekt aus.

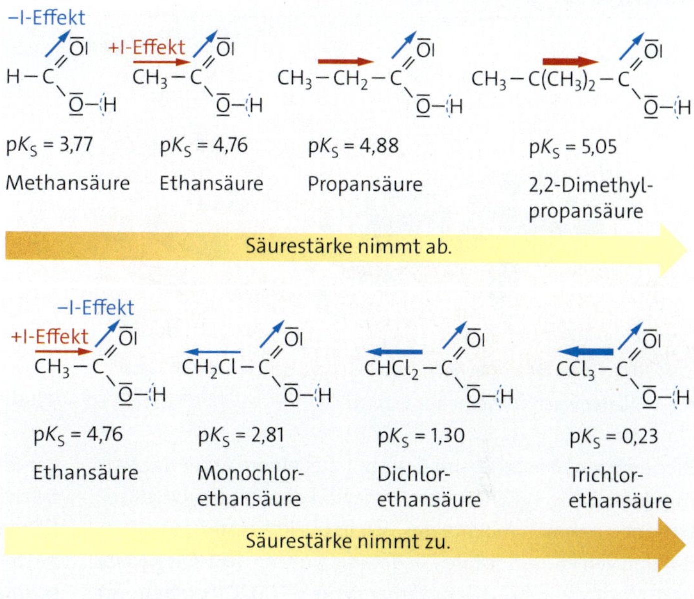

05 Zusammenhang von I-Effekten und Säurestärke

AMINOCARBONSÄUREN Aminosäuren sind substituierte Carbonsäuren. Die Carboxygruppe am α-Kohlenstoff-Atom hat mit 1,7 – 2,6 einen recht niedrigen pK_S-Wert, kann also leicht Protonen abgeben. Da gleichzeitig die Aminogruppe am selben Kohlenstoff-Atom leicht Protonen aufnehmen kann, und damit basisch wirkt, sind die wässrigen Lösungen vieler Aminosäuren dennoch (annähernd) neutral. Wenn die Seitenketten von Aminosäuren zusätzlich saure oder basische Eigenschaften aufweisen – beispielsweise haben die Aminosäuren Asparaginsäure und Glutaminsäure zusätzliche Carboxygruppen in ihren Seitenketten, die ebenfalls Protonen abgeben können – sind auch die wässrigen Lösungen der Aminosäuren sauer oder basisch.

SALZE DER CARBONSÄUREN Bei der Reaktion von wässrigen Carbonsäurelösungen mit unedlen Metallen oder basischen Lösungen entstehen – analog zur Reaktion anorganischer Säuren – die Salze der Carbonsäuren sowie Wasserstoff.

$$2\,CH_3COOH + Mg \longrightarrow \underset{\text{Magnesiumethanoat}}{Mg(CH_3COO)_2} + H_2$$

Die Benennung der Salze nach den IUPAC-Regeln erfolgt, indem an den Namen des entsprechenden Alkans der Zusatz **-oat** angehängt wird.
Für viele Salze sind auch Trivialnamen gebräuchlich. So heißen beispielsweise die Salze der Methansäure, der Ameisensäure, Formiate von lat. *formica:* Ameise.

Alkalisalze der Carbonsäuren reagieren in Wasser basisch. In Gegenwart von Wasser kann das Carboxylat-Ion leicht wieder Protonen aufnehmen:

$$CH_3COO^- + H_2O \rightleftarrows CH_3COOH + OH^-$$

Struktur von Aminosäuren ↑ S. 38

Name entsprechend IUPAC		Trivialname des Salzes
Carbonsäure	**Salz**	
Methansäure	Methanoat	Formiat
Ethansäure	Ethanoat	Acetat
Propansäure	Propanoat	Propionat

06 Einige Carbonsäuren und ihre Salze

1 Stellen Sie die Strukturformelgleichung von Äpfelsäure (2-Hydroxybutandisäure), die in Wasser gelöst wird, auf.

2 Erklären Sie die große Stabilität des Carboxylat-Ions.

3 Die Acidität von Alkohol-Molekülen ist geringer als die von Carbonsäure-Molekülen. Erklären Sie diesen Sachverhalt.

4 Erklären Sie, warum Trifluoressigsäure eine stärkere Säure ist als Trichloressigsäure.

5 Stellen Sie die Strukturformel für ein Derivat der Butansäure auf, das einen größeren pK_S-Wert besitzt als 2,2-Dimethylbutansäure. Begründen Sie Ihre Entscheidung.

Klausurtraining

Material A Wachs als Rohstoff

A1.1 Bienenwachs besteht aus Estern.

Bienenwachs besteht zum Großteil aus einem Ester der Palmitinsäure ($C_{15}H_{31}COOH$) mit Myricylalkohol ($C_{30}H_{61}OH$).
Ein Unternehmen möchte das Wachs als Rohstoff für die Produktion von Palmitinsäure (Siedetemperatur > 100 °C, $pK_S \approx 5$) und Myricylalkohol (Siedetemperatur > 100 °C) nutzen. Im ersten Schritt wird der Ester „verseift", also in einer alkalischen Lösung in Myricylalkohol und das Salz Natriumpalmitat ($C_{15}H_{31}COONa$) gespalten. Am Ende sollen Palmitinsäure und Myricylalkohol getrennt voneinander vorliegen.
Um eine Zersetzung der langkettigen Moleküle zu vermeiden, darf in keinem Schritt die Temperatur über 80 °C steigen.

Stoff	löslich in
Palmitinsäure	Pentan (Siedetemperatur: 35 °C)
Natriumpalmitat	Wasser (Siedetemperatur: 100 °C)
Myricylalkohol	Pentan (Siedetemperatur: 35 °C)

A1.2 Löslichkeit und Siedetemperatur der Lösungsmittel

AUFGABEN ZU A

1) **a** Geben Sie die Molekülformel der zu Palmitinsäure korrespondierenden Base an und berechnen Sie deren pK_B-Wert.
b Erläutern Sie, ob eine wässrige Lösung von Natriumpalmitat sauer, neutral oder alkalisch reagiert.

2) **a** Nennen Sie einen Stoff, mit dem Sie Natriumpalmitat in Palmitinsäure umwandeln können, und begründen Sie Ihre Wahl mit den Säure-Base-Eigenschaften.
b Beschreiben Sie, wie Sie nach der Verseifung des Esters weiter vorgehen, um reine Palmitinsäure und reinen Myricylalkohol zu erhalten.

3) Senkt man den pH-Wert der Lösungen von Natriumpalmitat ($C_{15}H_{31}COONa$) bzw. Natriumhexadecylsulfat ($C_{16}H_{33}OSO_3Na$; $pK_S = 0$) auf 2, so scheidet sich nur aus der ersten Lösung ein Feststoff ab. Erklären Sie das unterschiedliche Verhalten und die Bildung des Feststoffs.

Material B Süßes oder Saures?

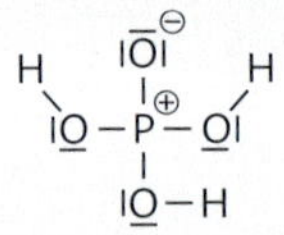

Phosphorsäure $pK_{S1} = 2{,}1$

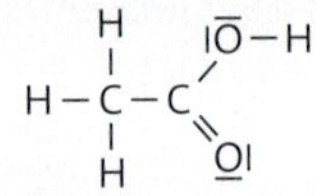

Essigsäure $pK_S = 4{,}8$

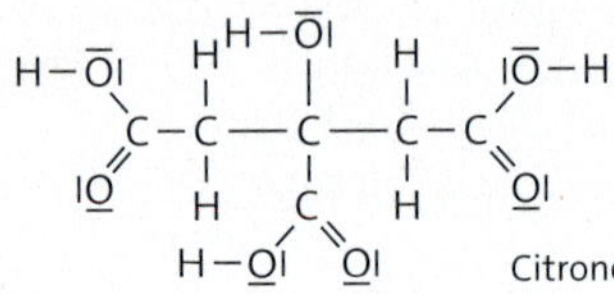

Citronensäure $pK_{S1} = 3{,}1$

B1.1 Strukturformeln einiger Säuren

Bei römischen Legionären war verdünnter Essig, die Posca, als Erfrischungsgetränk beliebt. Heute sind in Getränken meist Citronensäure oder Phosphorsäure als Säuerungsmittel enthalten. Zusätzlich beinhalten sie Zucker, um den sauren Geschmack zu überdecken.

Getränk	pH	*w*(Säuerungsmittel)
A	2,5	0,41 %
B	2,4	0,07 %
C	2,9	1,00 %

B1.2 Getränke mit verschiedenen Säuerungsmitteln

AUFGABEN ZU B

1) Begründen Sie anhand der pK_S-Werte der drei Säuren (↑ **B1.1**), der pH-Werte und des Massenanteils (↑ **B1.2**), welches Säuerungsmittel bei den Getränken A, B und C verwendet wurde.

2) **a** Die Getränke haben eine Dichte von $1{,}00\ kg \cdot L^{-1}$. Berechnen Sie aus dem Massenanteil der Säuerungsmittel deren Stoffmengenkonzentrationen.
b Berechnen Sie aus der ermittelten Stoffmengenkonzentration für das mit Essigsäure versetzte Getränk den pH-Wert und vergleichen Sie das Ergebnis mit dem Wert in der Tabelle.

3) Der Zahnschmelz besteht aus Apatit, $Ca_5(PO_4)_3(OH)$, d. h. Calciumphosphat, in dessen Ionengitter Hydroxid-Ionen eingebaut sind.
a Erklären Sie, warum sich der sonst glatte Zahnschmelz nach dem Trinken von Cola, die gelöste Phosphorsäure enthält, rau anfühlt.
b Bei einer Fluoridierung der Zähne werden die Hydroxid-Ionen an der Oberfläche teilweise gegen gleich große Fluorid-Ionen ausgetauscht, um den Zahnschmelz gegen Säuren resistenter zu machen. Erläutern Sie diese Maßnahme mithilfe von Säure-Base-Eigenschaften.

Klausurtraining

Material C Unfall in der Schleuse

Zwischenfall mit Salzsäure

Meppen | Durch einen technischen Defekt in einem Tankschiff gelangten 1000 kg Salzsäure ins Wasser der örtlichen Schleuse. Der Schiffsverkehr ist momentan blockiert, weil das mit 10 000 m³ Wasser gefüllte Becken nicht in den Fluss abgelassen werden darf. „Mittlerweile ist der pH-Wert im Becken von neutral, also 7, auf 3 gefallen“, so der Leiter der Wasserschutzbehörde. „Wir müssen die Säure neutralisieren, bevor das Schleusentor wieder geöffnet werden kann.“
In der Behörde werde in einem Modellversuch derzeit die Neutralisation mit Natriumhydroxid, Calciumoxid und Calciumcarbonat erprobt.

C1.1 Zeitungsbericht *Zwischenfall mit Salzsäure*

AUFGABEN ZU C

1 〉 a Geben Sie an, aus welchen Reinstoffen Salzsäure hergestellt wird.
b Formulieren Sie die dazugehörige Reaktionsgleichung.
c Stufen Sie die in Aufgabe **1a** gewählte Säure begründet ein (↑ S. 182, **02**).

2 〉 a Begründen Sie, welches chemische Gleichgewicht gestört wurde, als die Salzsäure ins Wasser der Schleuse gelangte.
b Berechnen Sie die aktuelle Konzentration der Oxonium-Ionen und der Hydroxid-Ionen in der Schleuse.

3 〉 a Berechnen Sie die Stoffmenge der Oxonium-Ionen in der Schleuse.
b Berechnen Sie die Stoffmenge und die Masse der Säure ($M = 36{,}5\ g \cdot mol^{-1}$), die die Oxonium-Ionen erzeugt hat, und daraus den Massengehalt der Salzsäure.

4 〉 a Erstellen Sie die Reaktionsgleichung, die bei der Neutralisation der sauren Lösung abläuft.
b Geben Sie die Verhältnisformeln der Stoffe an, die zur Neutralisation in Betracht gezogen werden.
c Begründen Sie anhand von Reaktionsgleichungen, warum sich die genannten Stoffe dazu eignen.
d Berechnen Sie die Massen von Natriumhydroxid bzw. Calciumoxid, die zur Neutralisation der sauren Lösung notwendig sind.
e Eine exakte Neutralisation der sauren Lösung ist durch Berechnung kaum zu erreichen, weil der gemessene pH-Wert nicht genau genug ist. Bewerten Sie vor diesem Hintergrund die Eignung der zur Neutralisation vorgeschlagenen Stoffe.

Material D Ein sensibles Gleichgewicht

Die Sättigungskonzentration von Kohlenstoffdioxid in wässriger Lösung, $c_S(CO_2, aq)$, hängt von der Temperatur und dem Kohlenstoffdioxidanteil in der Atmosphäre ab. Je mehr Kohlenstoffdioxid gelöst werden kann, desto größer ist $c_S(CO_2, aq)$. Die Werte von $c_S(CO_2, aq)$ in der Tabelle wurden bei einem Druck von $p = 1013$ hPa (Normaldruck) gemessen in einer Atmosphäre, die zu 0,03 % aus Kohlenstoffdioxid besteht.

Temperatur in °C	0	5	10	15	20	25
$c_S(CO_2, aq)$ in $10^{-6}\ mol \cdot L^{-1}$	22,8	18,9	15,8	13,4	11,5	9,9

D1.1 Sättigungskonzentration von Kohlenstoffdioxid in wässriger Lösung (Volumenanteil Kohlenstoffdioxid = 0,03 %)

Zwei Schülerinnen diskutieren über den zunehmenden Kohlenstoffdioxidgehalt in der Atmosphäre und die Konsequenz für den pH-Wert der Weltmeere.

Anna: „Wenn sich der Kohlenstoffdioxidanteil in der Atmosphäre von 0,03 % auf 0,06 % verdoppelt, dann verdoppelt sich auch $c_S(CO_2, aq)$ und der pH-Wert der Weltmeere sinkt.“
Lara: „In diesem Fall wird aber auch ein Anstieg der globalen Durchschnittstemperatur von 14 °C auf 17 °C vorhergesagt. Damit löst sich weniger Kohlenstoffdioxid im Wasser und der pH-Wert steigt.“

AUFGABEN ZU D

1 〉 Begründen Sie mit Tabelle ↑ **D1.1**, ob sich Kohlenstoffdioxid exo- oder endotherm in Wasser löst.

2 〉 Erklären Sie über entsprechende Gleichgewichte, warum der pH-Wert des Meeres überhaupt von der Konzentration des Kohlenstoffdioxids in der Atmosphäre und im Meerwasser sowie der Temperatur abhängt.

3 〉 a Erstellen Sie aus den Werten von ↑ **D1.1** ein Diagramm. Legen Sie eine Ausgleichskurve durch die Datenpunkte und bestimmen Sie mit ihrer Hilfe $c_S(CO_2, aq)$ bei 14 °C und bei 17 °C.
b Erläutern Sie, wie sich die Sättigungskonzentration von Kohlenstoffdioxid $c_S(CO_2, aq)$ verändert, wenn der Kohlenstoffdioxidanteil in der Atmosphäre 0,06 % beträgt.
Begründen Sie dann, welche der beiden Schülerinnen mit ihrer Einschätzung richtig liegt.

4 〉 Um den pH-Wert der Weltmeere wieder zu erhöhen, wurde der Vorschlag gemacht, Calciumcarbonat durch Erhitzen in Calciumoxid umzuwandeln und Letzteres im Meer zu lösen. Bewerten Sie die Maßnahme.

6.12 Puffersysteme LK

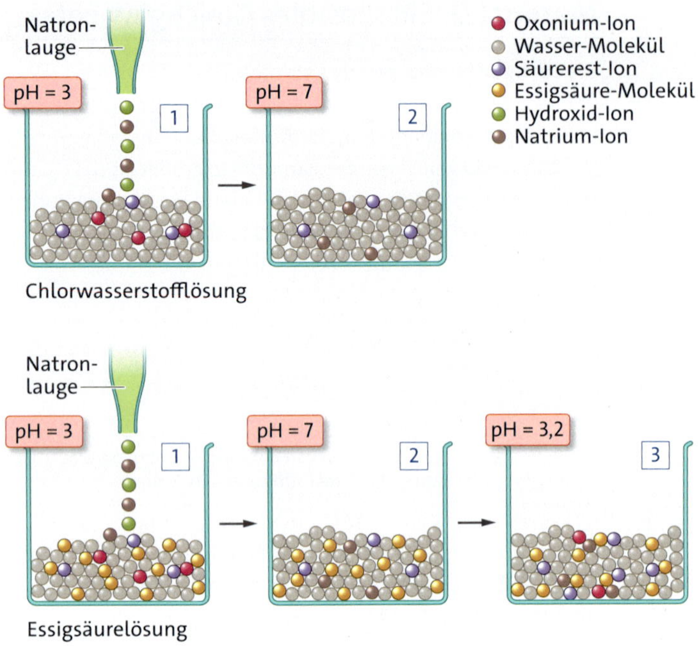

01 Modellhafte Darstellung der Vorgänge beim Neutralisieren der Oxonium-Ionen in Chlorwasserstofflösung und Essigsäurelösung mit gleichem pH-Wert

in $mol \cdot L^{-1}$	H_3O^+	A^-	HA	pH
Vor der Neutralisation der Oxonium-Ionen (Bild 1)				
c	10^{-3}	10^{-3}	$5{,}6 \cdot 10^{-2}$	3,0
Nach der Neutralisation der Oxonium-Ionen (Bild 2)				
c_0	10^{-7}	10^{-3}	$5{,}6 \cdot 10^{-2}$	7,0
Nach dem Einstellen des Gleichgewichts (Bild 3)				
c	$0{,}6 \cdot 10^{-3}$	$1{,}6 \cdot 10^{-3}$	$5{,}54 \cdot 10^{-2}$	3,2

02 Schrittweise Betrachtung der Neutralisation der Oxonium-Ionen in Essigsäurelösung (hypothetisch)

GLEICHGEWICHTE STABILISIEREN DEN pH-WERT Bei gleichem pH-Wert ist die Konzentration der Oxonium-Ionen in einer Essigsäurelösung (kurz: „Essig") und einer Chlorwasserstofflösung („Salzsäure") gleich groß (↑ **01**, Bild 1). Die Chlorwasserstoff-Moleküle sind vollständig, die schwächer sauren Essigsäure-Moleküle nur teilweise protolysiert.
Gibt man zu den Lösungen Natronlauge, so kommt es zu einer Neutralisationsreaktion (↑ **01**, Bild 2):

$$H_3O^+(aq) + OH^-(aq) \longrightarrow 2\,H_2O(l)$$

Für die Salzsäure ist die Reaktion damit abgeschlossen. Es liegen anschließend so viel weniger Oxonium-Ionen vor, wie Hydroxid-Ionen zugegeben wurden. Entsprechend steigt der pH-Wert.
Im Essig ist aber ein weiteres Gleichgewicht aktiv:

$$CH_3COOH(aq) + H_2O(l) \rightleftarrows CH_3COO^-(aq) + H_3O^+(aq)$$

Es wurde durch die Entfernung der Oxonium-Ionen gestört. Als Folge verläuft die Hinreaktion schneller als die Rückreaktion und die Zahl der Oxonium-Ionen steigt wieder an (↑ **01**, 3). Die Wirkung der Hydroxid-Ionen auf den pH-Wert wird dadurch „gepuffert".

HYDROXID-IONEN WERDEN ABGEFANGEN Die Stabilität des pH-Werts der Essigsäurelösung lässt sich auch mit folgender Reaktion erklären:

$$CH_3COOH(aq) + OH^-(aq) \rightleftarrows CH_3COO^-(aq) + H_2O(l)$$

Die Hydroxid-Ionen werden durch *Reaktion mit Essigsäure-Molekülen abgefangen*, wodurch der pH-Wert zunächst stabil bleibt. Die Abnahme der Essigsäurekonzentration wirkt sich dann über das Protolysegleichgewicht der Essigsäure in „abgemilderter" Form auf die Konzentration der Oxonium-Ionen und damit den pH-Wert aus:

$$CH_3COOH(aq) + H_2O(l) \rightleftarrows CH_3COO^-(aq) + H_3O^+(aq)$$

In Bild ↑ **03** werden die Konzentrationsverhältnisse durch zwei verbundene und mit Flüssigkeit gefüllte Gefäße veranschaulicht. Das Volumen des größeren Gefäßes entspricht $c(CH_3COOH)$, das des kleineren entspricht $c(H_3O^+)$. Im Gleichgewicht ist der Füllstand gleich hoch. Findet die Abfangreaktion statt, dann nimmt $c(CH_3COOH)$ ab, was einem Sinken des Flüssigkeitsstands im linken Gefäß entspricht (↑ **03B**, gelb schraffiert). Anschließend stellt sich das Gleichgewicht neu ein. Die rot schraffierte Fläche in Bild ↑ **03C** zeigt, dass dabei nur wenig Flüssigkeit vom rechten ins linke Gefäß fließt. Das bedeutet, dass auch $c(H_3O^+)$ weniger stark abnimmt als $c(HA)$.

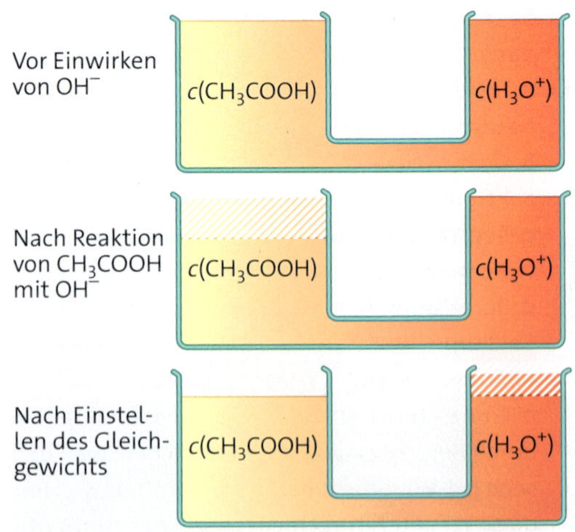

03 Pufferwirkung einer Essigsäurelösung im Modell

HA	A^-	$pK_S(HA)$	$pK_B(A^-)$
Essigsäure-Acetat-Puffer			
CH_3COOH	CH_3COO^-	4,75	9,25
Phosphat-Puffer			
$H_2PO_4^-$	HPO_4^-	7,20	6,80
Ammonium-Ammoniak-Puffer			
NH_4^+	NH_3	9,25	4,75

04 Beispiele für Pufferlösungen

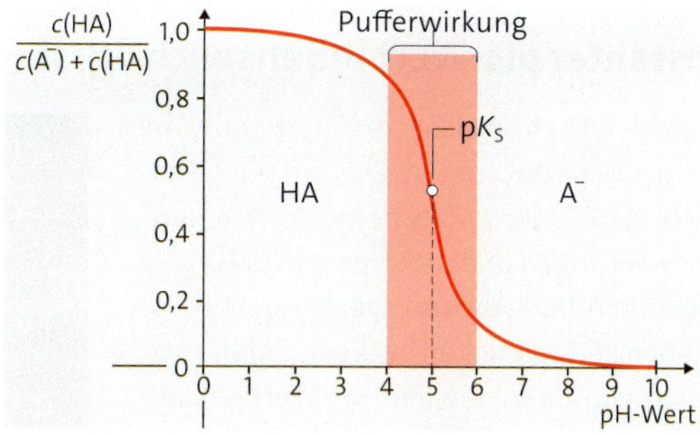

05 pH-Wert als Funktion von $\frac{c(HA)}{c(A^-)+c(HA)}$

BASEN FANGEN OXONIUM-IONEN AB Lösungen schwacher Basen stabilisieren den pH-Wert einer Lösung durch das Abfangen zugesetzter Oxonium-Ionen. *Beispiel:*

$$NH_3(aq) + H_3O^+(aq) \rightleftarrows H_2O(l) + NH_4^+(aq)$$

Das Oxonium-Ion ist eine sehr starke Säure und wird durch Reaktion mit der schwachen Base, dem Ammoniak-Molekül, abgefangen.

PUFFERPRINZIP Die Lösung einer schwachen Säure HA bzw. Base B *puffert* die Wirkung der zugesetzten Hydroxid- bzw. Oxonium-Ionen durch entsprechende *Abfangreaktionen*:

$$HA(aq) + OH^-(aq) \rightleftarrows H_2O(l) + A^-(aq)$$
$$B(aq) + H_3O^+(aq) \rightleftarrows H_2O(l) + BH^+(aq)$$

Sehr starke Säuren oder Basen HA oder B sind in Lösung vollständig protolysiert, ihre Lösungen wirken deshalb nicht als Puffer.

PUFFERLÖSUNG Enthält eine Lösung eine schwache Säure HA und eine ebensolche Base B, dann ist sie gegenüber der Veränderung des pH-Werts in beide Richtungen stabilisiert: Sie wird deshalb **Pufferlösung** oder kurz **Puffer** genannt. In der Praxis verwendet man häufig korrespondierende Säure-Base-Paare HA/A^- mit den entsprechenden Eigenschaften, z. B. den Essigsäure-Acetat-Puffer (↑ **04**).

> **Schwache Säuren bzw. Basen stabilisieren den pH-Wert, indem sie Hydroxid- bzw. Oxonium-Ionen abfangen. Lösungen, die beide Arten von Teilchen enthalten, heißen Pufferlösungen.**

Pufferlösungen sind in vielen biologischen und industriellen Anwendungen wichtig, da viele biochemische Prozesse nur in einem engen pH-Bereich optimal ablaufen. So hängt etwa die Stabilität von vielen Arzneistoffen vom pH-Wert der Umgebung ab, in der sie gelagert oder verabreicht werden.

PUFFERGLEICHUNG Der pH-Wert einer Pufferlösung hängt von den Konzentrationen $c(HA)$ und $c(A^-)$ ab. Je größer $c(HA)$ und je kleiner $c(A^-)$ ist, umso kleiner ist der pH-Wert und umgekehrt:

- Bei niedrigem pH-Wert gibt es kaum noch A^-. In diesem Fall ist $\frac{c(HA)}{c(A^-)+c(HA)}$ gleich eins.
- Bei hohem pH-Wert gibt es kaum noch HA. In diesem Fall ist $\frac{c(HA)}{c(A^-)+c(HA)}$ gleich null.

Eine Gleichung, die diesen Zusammenhang beschreibt, erhält man ausgehend von der Säurekonstante $K_S(HA)$ und nachfolgendes Logarithmieren.

$$K_S(HA) = c(H_3O^+) \cdot \frac{c(A^-)}{c(HA)} \qquad | \lg; \cdot (-1)$$

$$pK_S(HA) = pH - \lg\left[\frac{c(A^-)}{c(HA)}\right]$$

$$pH = pK_S(HA) + \lg\left[\frac{c(A^-)}{c(HA)}\right]$$

Diese Gleichung heißt **Puffergleichung** bzw. **Henderson-Hasselbalch-Gleichung**.

PUFFERKAPAZITÄT Die Pufferkapazität eines gegebenen Puffers ist die Stoffmenge an Oxonium-Ionen, die zu einer Pufferlösung gegeben werden muss, um den pH-Wert um eins zu verringern. Die Fähigkeit einer Pufferlösung, den pH-Wert zu stabilisieren, steigt also mit ihrem Volumen und mit den Konzentrationen $c(HA)$ bzw $c(A^-)$.
Je steiler die Kurve im Diagramm (↑ **05**), umso weniger verändert sich der pH-Wert bei veränderter Zusammensetzung der Pufferlösung. Bei pH = pK_S ist die Pufferkurve am steilsten und die Pufferkapazität somit am größten. Um einen bestimmten pH-Wert zu stabilisieren, eignen sich somit am besten solche Pufferlösungen, deren $pK_S(HA)$ in der Nähe dieses pH-Werts liegt.

1 › Eine Lösung enthält Natriumdihydrogenphosphat (NaH_2PO_4) und *di*-Natriumhydrogenphosphat (Na_2HPO_4). Geben Sie an, welche Teilchen im Puffer als Säure HA bzw. als Base B wirken.

Wo ein konstanter pH-Wert lebenswichtig ist – biochemische Puffer

In Organismen laufen viele chemische Reaktionen ab, für die ein bestimmter pH-Wert optimal ist. Das gilt vor allem für Enzyme, die diese Reaktionen katalysieren. Abweichungen können zu Veränderungen in der Molekülstruktur der Enzyme führen, wodurch ihre Aktivität vermindert wird. Andererseits entstehen bei Reaktionen in Organismen auch Oxonium- oder Hydroxid-Ionen, die den pH-Wert senken oder ansteigen lassen. Sie müssen durch entsprechende pH-Puffer abgefangen werden.

Im Blut gibt es für den pH-Wert nur einen sehr schmalen optimalen Bereich. Für arterielles Blut liegt er bei 7,35 bis 7,45, für venöses Blut bei 7,25 bis 7,45. Eine „Belastungsprobe" ist die Aufnahme von Kohlenstoffdioxid. Es wird in den Zellen produziert und von ihnen abgegeben. Im Körper führt sein Weg aus der Zelle zu den Erythrozyten im Blutplasma. Dabei katalysiert das Enzym Carboanhydrase, das in den Erythrozyten vorliegt, die Einstellung des folgenden Gleichgewichts, einem **Kohlenstoffdioxid-Hydrogencarbonat-Puffer**:

$$CO_2(aq) + 2\,H_2O(l) \rightleftharpoons H_3O^+(aq) + HCO_3^-(aq) \qquad (1)$$

Die so erzeugten Oxonium-Ionen müssen abgefangen werden. So wird die Überführung von weiteren Kohlenstoffdioxid-Molekülen zu Hydrogencarbonat-Ionen nach dem *Prinzip von Le Chatelier* unterstützt und außerdem der pH-Wert stabilisiert. Das Abfangen übernehmen die Sauerstofftransportmoleküle Hämoglobin Hb. Allerdings wird Oxyhämoglobin $Hb(O_2)$ durch die Protonierung instabiler.

$$H_3O^+(aq) + Hb(O_2)(aq) \rightleftharpoons HbH^+(aq) + H_2O(l) + O_2(aq) \qquad (2)$$

Entsprechend sinkt die Aufnahmefähigkeit von Hb für Sauerstoff (↑ **04**). Der Vorteil dieser Kopplung ist folgender: Wenn die Zelle CO_2-Moleküle abgibt, fördert dies über den beschriebenen Mechanismus die Abgabe von O_2-Molekülen aus dem Oxyhämoglobin. Die O_2-Moleküle können dann in die Zellen gelangen, wo sie für die Zellatmung notwendig sind. Über den Blutkreislauf gelangt das mit Hydrogencarbonat/Kohlenstoffdioxid angereicherte, sauerstoffarme Blut in die Lungenbläschen. Dort herrscht eine höhere Sauerstoffkonzentration (↑ **04**), sodass das Gleichgewicht (2) gemäß dem Prinzip von Le Chatelier nach links verschoben wird. HbH^+ gibt ein Proton an ein H_2O-Molekül ab und nimmt ein O_2-Molekül auf. Wenn die Konzentration der Oxonium-Ionen dadurch anstiege, würde der pH-Wert und damit die Aufnahmefähigkeit von Hb für O_2-Moleküle wieder sinken. Das Absinken des pH-Werts wird über das Gleichgewicht (1) vermieden. Eine Erhöhung der Konzentration der Oxonium-Ionen führt zu einer Verschiebung dieses Gleichgewichts nach links. Die dabei entstehenden CO_2-Moleküle entweichen aus den Lungenbläschen in die Gasphase – Kohlenstoffdioxid wird ausgeatmet (↑ **05**).

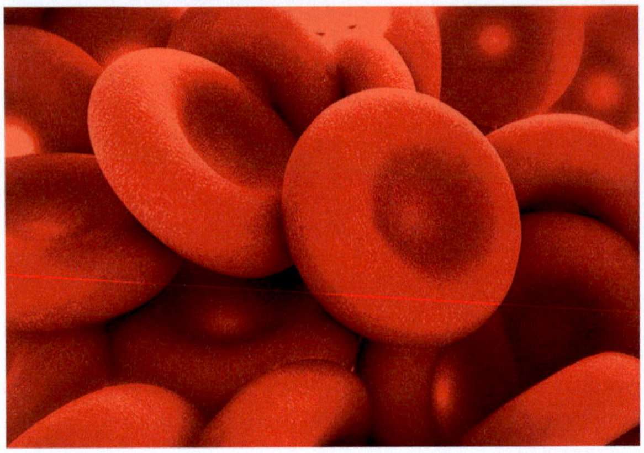

03 Erythrozyten, rote Blutzellen, transportieren Sauerstoff und Kohlenstoffdioxid. Dafür ist ein konstanter pH-Wert wichtig.

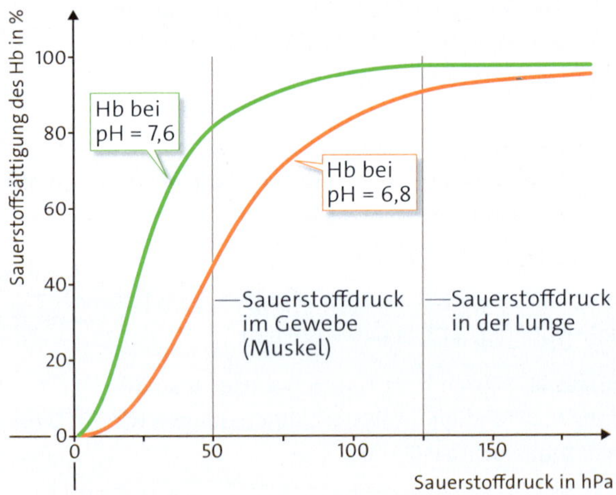

04 pH-Wert und Druck beeinflussen die Sauerstoffaufnahme von Hämoglobin.

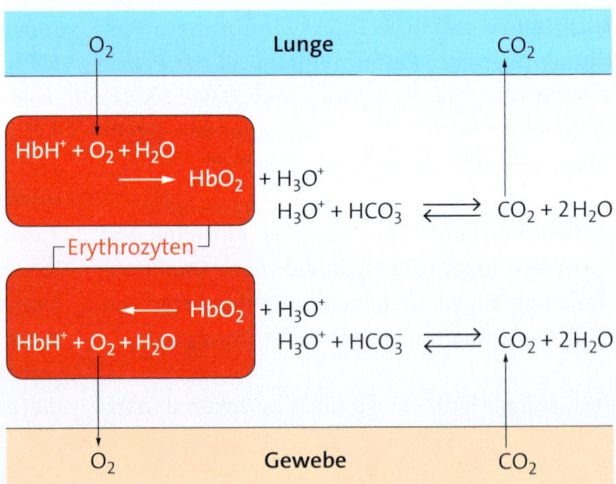

05 Schema der Atmung: HbH^+ = protoniertes Hämoglobin, $Hb(O_2)$ = Oxyhämoglobin

Praktikum

P Reaktionen schwacher Säuren und Basen

EXP 6.12 Pufferwirkung schwacher Säuren

Materialien 2 Reagenzgläser, 3 Tropfpipetten, Wasser, Natronlauge (c = 0,1 mol · L^{-1}; 5), Salzsäure (c = 0,1 mol · L^{-1}; 5), Essigsäurelösung (c = 1,0 mol · L^{-1}), Universalindikator

Durchführung Geben Sie 1 ml Essigsäurelösung in ein Reagenzglas (A) und 1 Tropfen Salzsäure sowie 24 Tropfen Wasser in ein anderes Reagenzglas (B). Fügen Sie jeweils 1 Tropfen Universalindikatorlösung hinzu.
a) Messen und berechnen Sie die pH-Werte der Lösungen A und B. Nehmen Sie bei der Salzsäure an, dass sie auf das 25-Fache des ursprünglichen Volumens verdünnt wurde; $pK_S(CH_3COOH)$ = 4,75.
b) Geben Sie zu beiden Lösungen je 1 Tropfen der Natronlauge. Berechnen Sie, unter der Annahme, dass die Tropfen von Salzsäure und Natronlauge das gleiche Volumen haben, den pH-Wert in Reagenzglas B. Messen Sie den pH-Wert in Reagenzglas A und B.
Entsorgung: Lösungen ins Abwasser geben.

Auswertung

1 ⟩ Übertragen Sie nachfolgende Tabelle in Ihr Heft und tragen Sie die berechneten und gemessenen Werte ein.

Lösung	A	B	A + Natronlauge	B + Natronlauge
pH ber.			/	
pH gem.				

2 ⟩ Erklären Sie mit dem Pufferprinzip Änderungen des pH-Werts in Lösung A bei Zugabe der Natronlauge.

EXP 6.13 Pufferwirkung schwacher Basen

Materialien 2 Reagenzgläser, 3 Tropfpipetten, Wasser, Salzsäure (c = 0,1 mol · L^{-1}; 5), Natronlauge (c = 0,1 mol · L^{-1}; 5), Ammoniaklösung (c = 1,0 mol · L^{-1}; 7), Universalindikator

Durchführung Geben Sie 1 mL der Ammoniaklösung in ein Reagenzglas (C) und 1 Tropfen der Natronlauge sowie 24 Tropfen Wasser in ein anderes Reagenzglas (D). Fügen Sie jeweils 1 Tropfen Universalindikatorlösung hinzu.
a) Berechnen Sie die pH-Werte der Lösungen C und D. Nehmen Sie bei der Natronlauge an, dass sie auf das 25-Fache des ursprünglichen Volumens verdünnt wurde; $pK_B(NH_3)$ = 4,75.
b) Geben Sie zu beiden Lösungen je 1 Tropfen der Salzsäure. Berechnen Sie, unter der Annahme, dass die Tropfen von Natronlauge und Salzsäure das gleiche Volumen haben, den pH-Wert in Reagenzglas D. Messen Sie den pH-Wert in Reagenzglas C und D.
Entsorgung: Lösungen ins Abwasser geben.

Auswertung

1 ⟩ Tragen Sie die berechneten und gemessenen Werte in eine Tabelle (analog zu Exp. 6.12.) ein:

2 ⟩ Erklären Sie mit dem Pufferprinzip Änderungen des pH-Werts in Lösung C bei Zugabe der Salzsäure.

EXP 6.14 pH-Kurve einer schwachen Säure

Materialien Stativmaterial, Bürette, 10-ml-Messpipette mit Pipettierhilfe, pH-Meter, Magnetrührer mit Rührstab, Becherglas (250 mL), Essigsäurelösung (c = 1,0 mol · L^{-1}), Natronlauge (c = 1,0 mol · L^{-1}; 5), Wasser

Durchführung Bauen Sie die Titrationsapparatur auf. Befüllen Sie die Bürette mit der Natronlauge bis zur Nullmarke. Geben Sie dann 10,0 mL Essigsäurelösung ins Becherglas. Fügen Sie so viel Wasser hinzu, dass die Glaskugel des pH-Meters beim Eintauchen von Flüssigkeit bedeckt ist, aber den sich drehenden Rührstab nicht berührt.
Messen Sie den pH-Wert. Geben Sie 15,0 mL Natronlauge in Portionen von 0,5 mL hinzu und messen Sie nach jeder Zugabe den pH-Wert.

Auswertung

1 ⟩ Erstellen Sie aus dem Volumen der zugegebenen Natronlauge und dem pH-Wert eine Tabelle.

2 ⟩ Tragen Sie in einem Diagramm den pH-Wert (y-Achse) gegen das Volumen der Natronlauge (x-Achse) auf und zeichnen Sie eine glatte Kurve durch die Punkte. Nutzen Sie hierfür ggf. ein Tabellenkalkulationsprogramm.

3 ⟩ **a** Berechnen Sie aus dem Volumen der Essigsäurelösung und ihrer Stoffmengenkonzentration sowie aus der Stoffmengenkonzentration der Natronlauge, bei welchem Volumen an Natronlauge der Äquivalenz- und der Halbäquivalenzpunkt erreicht sind.
b Bestimmen Sie aus der Kurvensteigung den Äquivalenzpunkt (Punkt maximaler Kurvensteigung). Bewerten Sie das Ergebnis durch Vergleich mit der Rechnung aus Aufgabenteil **a**. Bestimmen Sie auch den Neutralpunkt (pH = 7).
c Begründen Sie, warum der pH-Wert des Äquivalenzpunkts über dem des Neutralpunkts liegt.
d Bestimmen Sie aus der Kurve $pK_S(CH_3COOH)$ und vergleichen Sie den Wert mit dem Literaturwert (↑ S. 183).

6.13 Säure-Base-Titration

01 Apparatur zur Aufnahme einer Titrationskurve

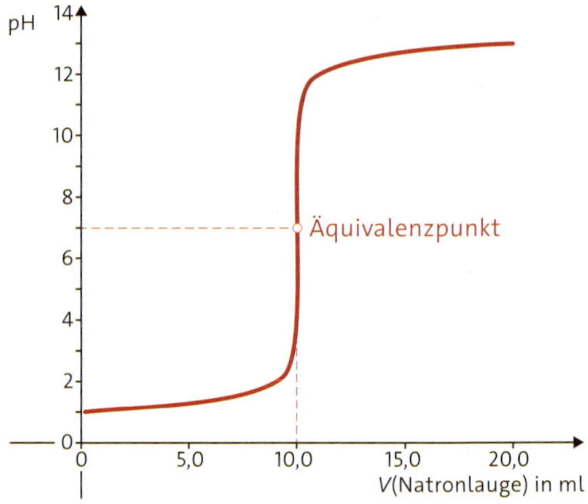

02 Titrationskurve von Salzsäure mit Natronlauge

Alternative zur pH-Wert-Messung: Leitfähigkeitstitration ↑ S. 164 f.

TITRATION Mit einer Titration kann eine unbekannte Stoffmenge, Stoffmengenkonzentration oder Masse eines Stoffs in einer Probe ermittelt werden. Gemessen wird dabei das Volumen einer Lösung bekannter Stoffmengenkonzentration, der **Maßlösung**, die zu der zu bestimmenden **Probelösung** mit bekanntem Volumen getropft wird. Die in der Maß- und Probelösung enthaltenen Stoffe müssen schnell und vollständig miteinander reagieren und die entsprechende Reaktionsgleichung muss bekannt sein. Bei der **Säure-Base-Titration** wird die Stoffmenge einer Säure HA mit der Maßlösung einer sehr starken Base, in der Regel Natronlauge, bestimmt.

$$HA(aq) + OH^-(aq) \longrightarrow H_2O(l) + A^-(aq)$$

Wenn genauso viel Natronlauge zugegeben wurde, dass die Säure HA gerade vollständig mit den OH^--Ionen reagiert hat, ist der **Äquivalenzpunkt** erreicht. Am Äquivalenzpunkt sind die Stoffmengen gleich:

$$n(HA) = n(OH^-)$$

Über die Beziehung $n = c \cdot V$ ergibt sich:

$$n(HA) = c(OH^-) \cdot V(\text{Natronlauge})$$

Weil $c(OH^-)$ bekannt ist und V(Natronlauge) gemessen wurde, kann n(HA) berechnet werden. *Beispiel:*

$c(OH^-) = 0{,}10\ \text{mol} \cdot L^{-1}$; $V(\text{Natronlauge}) = 8{,}52\ \text{mL}$
$n(HA) = 0{,}10\ \text{mol} \cdot L^{-1} \cdot 8{,}52\ \text{mL} \cong 0{,}85\ \text{mmol}$

Mit dem Volumen V der Probelösung bzw. der molaren Masse M(HA) kann die Stoffmengenkonzentration bzw. Masse der Säure berechnet werden:

$$c(HA) = \frac{n(HA)}{V};\ m(\text{Säure}) = n(HA) \cdot M(HA)$$

Mit der Säure-Base-Titration kann auch die Stoffmenge einer Base B durch Titration mit der Maßlösung einer Säure, z. B. Salzsäure, ermittelt werden. Für die Auswertung einer Titration ist die Erkennung des Äquivalenzpunkts wichtig. Das gelingt durch Verwendung eines **Indikators**. Durch kontinuierliche Messung des pH-Werts während der Titration und die Erstellung von pH-Kurven, den *Titrationskurven*, kann der Verlauf einer Titration dokumentiert werden.

TITRATIONSKURVEN SEHR STARKER SÄUREN Bei der Titration einer Lösung einer sehr starken Säure wie Salzsäure mit $c_0(HCl) = 0{,}1\ \text{mol} \cdot L^{-1}$ läuft in der Lösung folgende Reaktion ab:

$$H_3O^+(aq) + OH^-(aq) \longrightarrow 2\ H_2O(l)$$

Zu Beginn ist: $pH = -\lg c(H_3O^+) = -\lg c_0(HCl) = 1$
Nach Zugabe von 9,0 mL Natronlauge haben 90 % der Oxonium-Ionen reagiert, 10 % sind übrig. Unter Vernachlässigung der Volumenzunahme gilt (↑ 03):
$pH = -\lg c(H_3O^+) = -\lg 0{,}01 = 2$
Die Titrationskurve (↑ 02) hat am Äquivalenzpunkt, der hier mit dem *Neutralpunkt* bei pH = 7 zusammenfällt, einen *Wendepunkt*. Ihre Steigung ist dort maximal. Man erkennt, dass in der Nähe des Äquivalenzpunkts schon eine minimale Zugabe von Natronlauge zu einem sprunghaften Anstieg des pH-Werts führt. Aus dem Schnittpunkt der Kurve mit pH = 7 kann der Äquivalenzpunkt bestimmt sowie das bis dahin zugegebene Volumen an Natronlauge abgelesen werden.

Probelösung Salzsäure, $V = 10$ mL, $c_0(HCl) = 0{,}1\ \text{mol} \cdot L^{-1}$					
V(Natronlauge) in mL, $c(OH^-) = 0{,}1\ \text{mol} \cdot L^{-1}$	0,0	9,0	9,9	10,0	11,0
pH-Wert der Lösung	1	2	3	7	12

03 Titration von Salzsäure mit Natronlauge

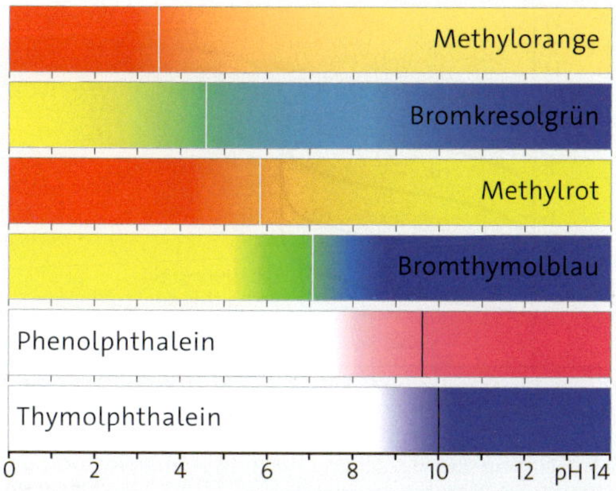

04 Beispiele für Indikatoren und Umschlagbereiche.

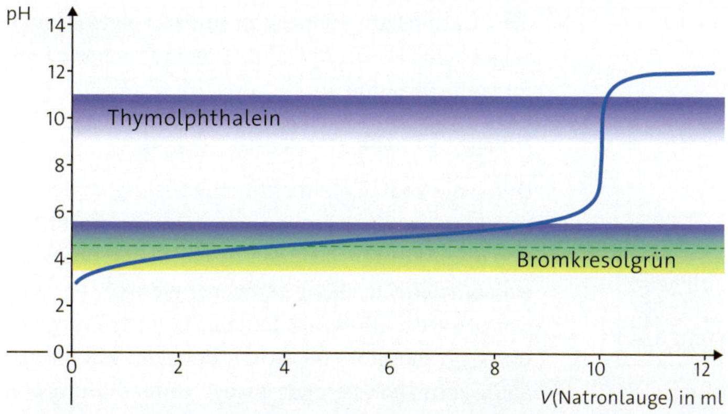

05 Thymolphthalein ist hier ein passender Indikator – Kresolgrün jedoch nicht.

SÄURE-BASE-TITRATIONEN MIT pH-INDIKATOR

An den Äquivalenzpunkten sind Titrationskurven besonders steil. Hier ändern sich die pH-Werte schon bei Zugabe geringer Stoffmengen von Oxonium- oder Hydroxid-Ionen sehr stark. Dieses Phänomen kann genutzt werden, um den Äquivalenzpunkt mithilfe eines geeigneten Indikators zu ermitteln. Indikatoren ändern bei bestimmten pH-Wert ihre Farbe (↑ **04**). Liegt dieser Umschlagbereich im erwähnten pH-Sprungbereich am Äquivalenzpunkt, erkennt man das Ende der Neutralisationsreaktion an einer Farbänderung.

Für die Titration von Essigsäure mit Natronlauge ist beispielsweise Thymolphthalein als Indikator geeignet, Bromkresolgrün hingegen nicht (↑ **04**, **05**).

pH-INDIKATOREN SIND SÄUREN ODER BASEN

Die Struktur von Indikator-Molekülen ändert sich durch Abgabe bzw. Aufnahme eines Protons, was zu Veränderungen in der Farbe der Lösung führt.

$$HInd(aq) + H_2O(l) \rightleftarrows H_3O^+(aq) + Ind^-(aq)$$
$$Ind^-(aq) + H_2O(l) \rightleftarrows OH^-(aq) + HInd(aq)$$

Indikatoren sind also selbst Säuren bzw. Basen. Da sie entsprechend ebenfalls mit den zugesetzten Hydroxid- bzw. Oxonium-Ionen reagieren, verfälscht ein Indikator das Titrationsergebnis. Deshalb muss die Stoffmenge des Indikators sehr klein im Vergleich zur titrierten Säure oder Base sein. Daraus folgt auch, dass Indikatorlösungen schon in sehr geringer Konzentration farbig sein müssen.

Farbigkeit und Molekülstrukturen von Indikatoren: ↑Kapitel 7.6 Farbstoffe als Säure-Base-Indikatoren, S. 228 f.

P **EXP 6.15** **Säure-Base Titration**

Materialien Bürette, Erlenmeyerkolben (100 mL), Becherglas (200 mL), Stativmaterial, Pipette mit Pipettierhilfe, Magnetrührer mit Rührfisch, Salzsäure (c = 0,1 mol · L^{-1}; 5), Natronlauge (*Konzentration unbekannt;* 5), demin. Wasser, Indikator

Durchführung Füllen Sie die Bürette mit Natronlauge und notieren Sie den Anfangsstand. Pipettieren Sie eine genaue Menge Salzsäure (z.B. 25 mL) in den Erlenmeyerkolben und geben Sie den Rührfisch hinein. Füllen Sie ggf. mit etwas Wasser auf bis er vollständig bedeckt ist. Tropfen Sie etwas Indikators hinzu. Stellen Sie den Erlenmeyerkolben auf den Magnetrührer unter die Bürette und schalten Sie ihn ein. Tropfen Sie die Natronlauge langsam aus der Bürette in den Erlenmeyerkolben. Stoppen Sie die Zugabe, sobald ein permanenter Farbumschlag auftritt. Notieren Sie das verbrauchte Volumen Natronlauge

Entsorgung: Neutralisierte Lösungen in den Abfluss geben.

Auswertung

1. Führen Sie die Titration erneut durch. Vergleichen Sie die Ergebnisse und erläutern Sie mögliche Fehlerquellen.
2. **a** Berechnen Sie das verbrauchte Volumen Natronlauge.
   b Berechnen Sie die Stoffmenge der eingesetzten Salzsäure.
   c Berechnen Sie mithilfe dieser Werte die Konzentration der Natronlauge.
3. Erläutern Sie, warum die Zugabe von Wasser zur Bedeckung des Rührfischs das Ergebnis der Titration nicht beeinflusst.

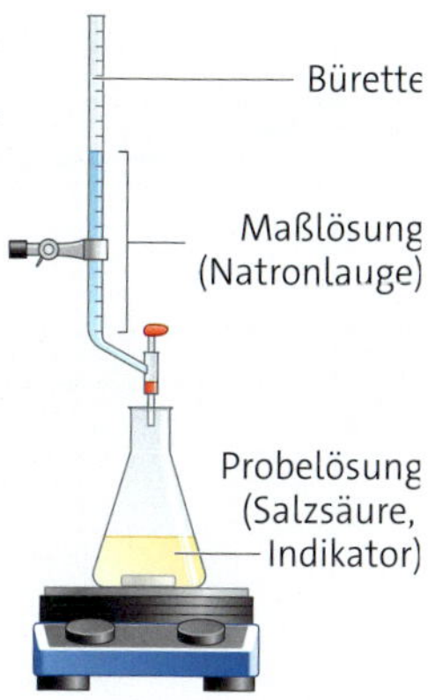

Titrationskurven schwacher Säuren und Basen LK

Übung: Titrationskurven genauer betrachtet

TITRATIONSKURVEN SCHWACHER SÄUREN Auch die Titrationskurve von Essigsäure mit Natronlauge zeigt einen pH-Sprung. (↑ **01**) Hier läuft vorwiegend folgende Reaktion ab:

$$HA(aq) + OH^-(aq) \longrightarrow H_2O(l) + A^-(aq)$$

Durch die Reaktion entsteht eine Lösung, in der HA und A^- nebeneinander vorliegen. Der pH-Wert kann aus ihren Konzentrationen durch die Henderson-Hasselbalch-Gleichung berechnet werden (↑ S. 201). Der pH-Wert am Äquivalenzpunkt ist größer als 7 und liegt damit im basischen Bereich, weil die zur Säure korrespondierende Base A^- unter Bildung von Hydroxid-Ionen protolysiert:

$$A^-(aq) + H_2O(l) \rightleftarrows OH^-(aq) + HA(aq)$$

HALBÄQUIVALENZPUNKT Titrationskurven schwacher Säuren haben neben dem Äquivalenzpunkt einen zusätzlichen Wendepunkt am **Halbäquivalenzpunkt** (↑ **01**). Für Essigsäure liegt dieser bei pH = 4,75. Das entspricht zahlenmäßig dem pK_S-Wert der Essigsäure. Eine schwache Säure ist am Halbäquivalenzpunkt zur Hälfte neutralisiert, es ist also $c(HA) = c(A^-)$. Damit ist die Pufferkapazität der Lösung maximal und die Titrationskurve besonders flach – der pH-Wert ändert sich trotz Zugabe der Maßlösung kaum. Aus dem pH-Wert am Halbäquivalenzpunkt der Titrationskurve kann deshalb in der sogenannten **Halbtitration** direkt der pK_S-Wert einer schwachen Säure ermittelt werden (↑ **03**).

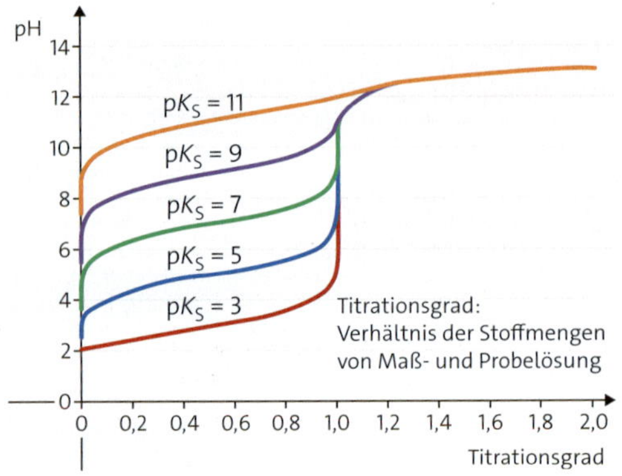

03 Titrationskurven schwacher Säuren mit Natronlauge in Abhängigkeit der pK_S-Werte

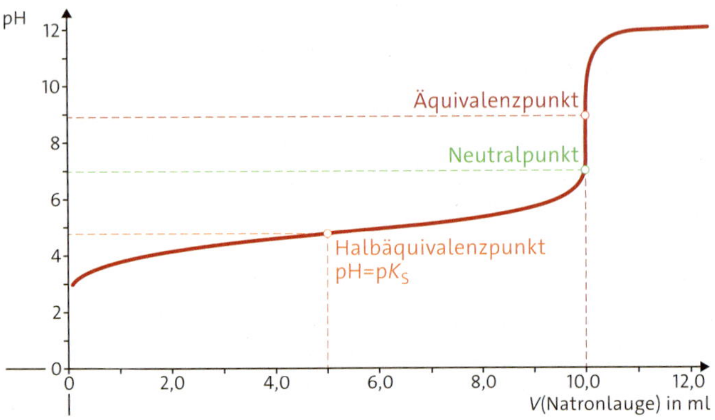

01 Titrationskurve einer Essigsäurelösung mit Natronlauge

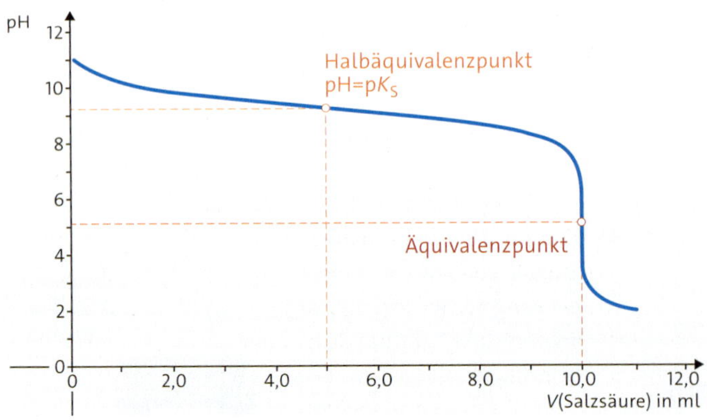

02 Titrationskurve einer Ammoniaklösung mit Salzsäure

TITRATIONSKURVEN VON BASEN Zur Bestimmung der Konzentration einer Base muss als Maßlösung die Lösung einer starken Säure bekannter Konzentration verwendet werden (↑ **02**).
Das NH_3-Molekül ist eine schwache Base, deshalb läuft vorwiegend folgende Reaktion ab:

$$NH_3(aq) + H_3O^+(aq) \longrightarrow H_2O(l) + NH_4^+(aq)$$

Der pH-Wert kann aus $c(NH_3)$ und $c(NH_4^+)$ mit der Henderson-Hasselbalch-Gleichung berechnet werden. Salzsäure und Ammoniaklösung haben die gleiche Konzentration und es reagieren gleiche Stoffmengen $n(NH_3)$ und $n(H_3O^+)$ miteinander.
Der pH-Wert am Äquivalenzpunkt ist kleiner als 7, weil das entstehende Ammonium-Ion NH_4^+ eine schwache Säure ist.

Beim Halbäquivalenzpunkt entspricht der pK_S-Wert einer schwachen Säure dem pH-Wert, der pK_B-Wert einer schwachen Base dem pOH-Wert.

1 50,0 mL einer Lösung von Perchlorsäure ($HClO_4$) werden bis zum Äquivalenzpunkt 12,0 mL Natronlauge (c = 0,10 mol · L^{-1}) zugesetzt, m(Perchlorsäurelsg.) = 50 g. Berechnen Sie Stoffmenge, Stoffmengenkonzentration und Massenanteil der Perchlorsäure in der Probe.

2 Begründen Sie, warum man mit dem Verfahren der Halbtitration den pK_S-Wert sehr schwacher Säuren, z. B. HPO_4^{2-} (pK_S = 12,36) oder HI (pK_S = 10,64), nicht ermitteln kann.

Titrationskurven mehrprotoniger Säuren LK

Wenn sich die pH-Werte der verschiedenen Äquivalenzpunkte einer mehrprotonigen Säure ausreichend voneinander und vom pH-Wert der Maßlösung unterscheiden, dann sind die Äquivalenzpunkte in der Titrationskurve deutlich voneinander zu unterscheiden. Phosphorsäure hat drei *Protolysestufen:* Am ersten Äquivalenzpunkt liegt $H_2PO_4^-$, am zweiten HPO_4^{2-} und am dritten PO_4^{3-} vor. Die Säurestärken von H_3PO_4 mit pK_S = 2,1 und $H_2PO_4^-$ mit pK_S = 7,2 unterscheiden sich deutlich voneinander, weshalb der erste und der zweite Äquivalenzpunkt in der Titrationskurve gut zu erkennen sind (↑ **02**).

HPO_4^{2-} ist eine schwache Säure mit pK_S = 12,2. Der pH-Wert am dritten Halbäquivalenzpunkt, bei dem die Konzentrationen von HPO_4^{2-} und PO_4^{3-} gleich sind (V = 25,0 mL; pH = 12,2), liegt bereits dicht am möglichen pH-Wert der Lösung, wenn mit Natronlauge titriert wird ($c(OH^-)$ = 0,1 mol · L^{-1}; pH = 13). Dadurch zeichnet sich der dritte Äquivalenzpunkt (V = 30,0 ml) in der Kurve nicht mehr ab.

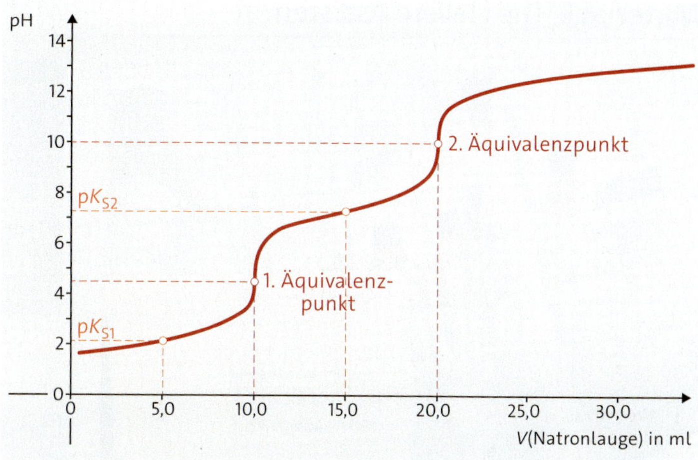

02 Titrationskurve einer Phosphorsäurelösung mit Natronlauge

INTERPRETATION VON TITRATIONSKURVEN In einer Titrationskurve stecken zahlreiche Informationen. Sie ermöglichen in vielen Fällen nicht nur, die Konzentration einer Säure oder Base zu ermitteln, sondern auch, um welche Säure bzw. Base es sich handelt. Wir betrachten ein Fallbeispiel:

Eine Chemielehrerin übernimmt die Chemiesammlung, die sich in keinem guten Zustand befindet. Unter anderem haben sich von vier Flaschen im Säureschrank die Etiketten gelöst. Es handelt sich um:

- Essigsäure, w = 100 %
- Essigsäure, w = 50 %
- Milchsäure, w = 90 %
- Milchsäure, w = 75 %

Die Chemielehrerin möchte herausfinden, welche Flasche zu welchem Etikett gehört. Dazu muss sie folgende Fragen klären:

- Um welche Säure handelt es sich?
- Wie groß ist der Massenanteil?

Sie recherchiert die pK_S-Werte von Essigsäure (pK_S = 4,75) und Milchsäure (pK_S = 3,85), einer einprotonigen Säure. Sie entnimmt 1,000 g des Stoffs aus der ersten Flasche, löst ihn in Wasser und titriert mit Natronlauge (c = 1,0 mol · L^{-1}). Dabei läuft folgende Reaktion ab:

$$HA(aq) + OH^-(aq) \longrightarrow H_2O(l) + A^-(aq)$$

Eine Auftragung des pH-Werts gegen das Volumen der Natronlauge zeigt die in ↑ **03** abgebildete Kurve. Die Auswertung der Titration ergibt folgende Daten:

- V(Natronlauge, Ä. p.) = 8,50 ml = 0,008 50 L
- V(Natronlauge, Halb-Ä. p.) = 4,25 mL
- pH(Halb-Ä.p.) = pK_S = 3,9

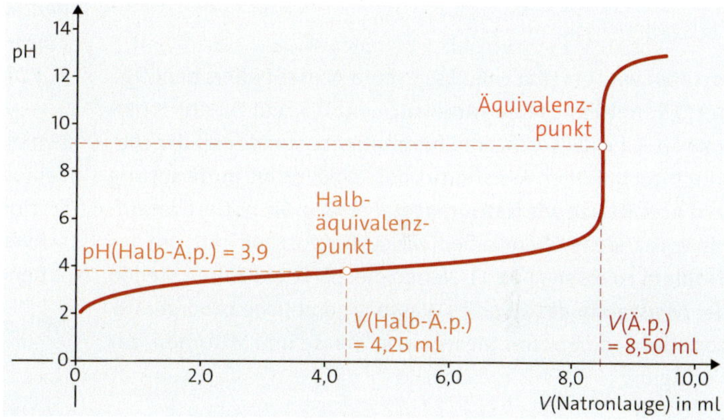

03 Zu welcher Lösung gehört diese Titrationskurve?

Damit handelt es sich sehr wahrscheinlich um eine Lösung von Milchsäure und nicht von Essigsäure. Nun recherchiert sie noch die molare Masse von Milchsäure (M = 90,1 g · mol^{-1}), um den Massenanteil der Milchsäure bestimmen zu können.

$$n(HA) = n(OH^-, Ä.p.) = c \cdot V = 0{,}008\,50 \text{ mol}$$

$$m(\text{Milchsäure}) = n(HA) \cdot M(HA) = 0{,}766 \text{ g}$$

$$w(\text{Milchsäure}) = \frac{m(\text{Milchsäure})}{m(\text{Lösung})} = 76{,}6\ \%$$

Es handelt sich wohl um Milchsäure, w = 75 %.

1 › Auf einer Flasche ist nicht mehr zu erkennen, ob es sich um eine Lösung von Perchlorsäure ($HClO_4$, pK_S = –10) oder Propionsäure ($CH_3CH_2CO_2H$, pK_S = 4,87) handelt. Auch Konzentrationsangaben fehlen. Beschreiben Sie ein Experiment, mit dem Sie eine eindeutige Unterscheidung treffen können. Geben Sie auch die prognostizierten Beobachtungen an.

Klausurtraining

Material E Die clevere Assistentin

E1.1 Viele Chemikalien, aber keine Pufferlösung

Im Labor wird ein Liter eines Essigsäure-Acetat-Puffers benötigt, der 0,5 mol Essigsäure-Moleküle und 0,5 mol Acetat-Ionen enthält. Eine Recherche im Chemikalienbestand zeigt der chemisch-technischen Assistentin, dass eine fertige Pufferlösung und Acetatsalze wie Natriumacetat fehlen. Sie notiert daraufhin vorhandene Chemikalien, die sie für nützlich hält, um das Problem zu lösen (↑ E1.1). Neben diesen Chemikalien stehen der Assistentin destilliertes Wasser und übliche Laborgeräte, vor allem solche zum Messen von Masse und Volumen, zur Verfügung.

AUFGABEN ZU E

1 › **a** Geben Sie die zum Puffer passende Henderson-Hasselbalch-Gleichung an und berechnen Sie den pH-Wert der benötigten Pufferlösung.
b Erläutern Sie, wie sich der pH-Wert und die Pufferkapazität der Pufferlösung verändern, wenn statt 0,5 mol nur 0,05 mol Essigsäure-Moleküle und Acetat-Ionen in 1 L enthalten sind.

2 › **a** Erläutern Sie anhand einer Reaktionsgleichung, wie es der Assistentin gelingt, mithilfe der vorhandenen Chemikalien Acetat-Ionen zu erzeugen.
b Schildern Sie eine Vorgehensweise, um die Pufferlösung herzustellen. Geben Sie dabei auch die Massen bzw. Volumina der Stoffe an, die Sie einsetzen.
c Schildern Sie eine zu Aufgabenteil **b** alternative Vorgehensweise, bei der Sie mindestens eine Chemikalie durch eine andere auf der Liste ersetzen.

3 › Der Pufferlösung werden 0,1 mol Oxonium-Ionen zugesetzt.
a Erstellen Sie die Reaktionsgleichung der daraufhin ablaufenden chemischen Reaktion.
b Berechnen Sie den neuen pH-Wert der Lösung.

Material F Puffer in der Analytik

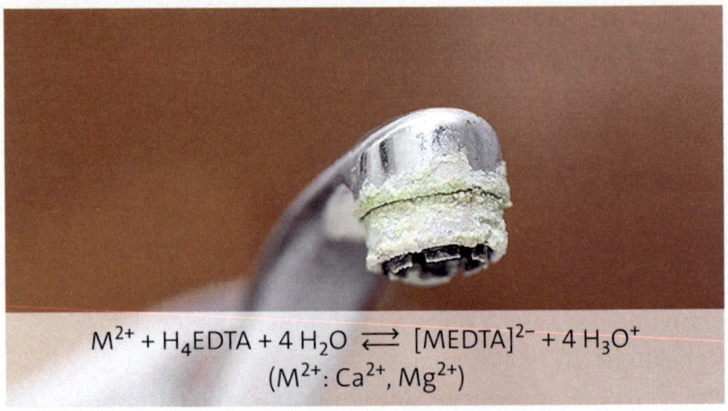

F1.1 Bestimmung der Wasserhärte mit H_4EDTA

Sehr hartes Wasser stellt in vielen Anwendungen ein Problem dar. Zur Bestimmung der „Wasserhärte" muss gemessen werden, wie groß die Konzentration von Mg^{2+}- und Ca^{2+}-Ionen ist. Ein Verfahren basiert darauf, diese Ionen an die Moleküle von H_4EDTA (Ethylendiamintetraessigsäure; ↑ F1.1) zu binden.

Um die entstehenden Oxonium-Ionen zu neutralisieren, darf keinesfalls Natronlauge zugesetzt werden. Eine hohe Konzentration von Hydroxid-Ionen begünstigt nämlich die Bildung schwerlöslicher Metallhydroxide mit der allgemeinen chemischen Formel $M(OH)_2$.

$$M^{2+}(aq) + 2\ OH^-(aq) \rightleftarrows M(OH)_2(s)$$

AUFGABEN ZU F

1 › **a** Erläutern Sie die Notwendigkeit, die Oxonium-Ionen, die bei der Reaktion von M^{2+} mit H_4EDTA entstehen, zu neutralisieren und den pH-Wert konstant zu halten.
b Erklären Sie, warum ein zu großer pH-Wert zu falschen Werten für die Konzentrationen der Magnesium- und Calcium-Ionen führt.

2 › Zur Stabilisierung des pH-Werts eignet sich ein Ammoniak-Ammonium-Puffer, der die Base NH_3 und die korrespondierende Säure NH_4^+ ($pK_S = 9{,}25$) enthält.
a Formulieren Sie die Reaktionsgleichungen der Abfangreaktionen für Oxonium-Ionen und Hydroxid-Ionen in dieser Pufferlösung.
b Geben Sie die zum Puffer passende Henderson-Hasselbalch-Gleichung an.
c Die Pufferlösung enthält gleiche Mengen an NH_3-Molekülen und NH_4^+-Ionen. Berechnen Sie die Änderung des pH-Werts, wenn 10 % der NH_3-Moleküle mit Oxonium-Ionen reagieren.
d Berechnen Sie, um das Wievielfache die Konzentration von NH_3 die Konzentration von M^{2+} übersteigen muss, damit der pH-Wert durch das Abfangen der Oxonium-Ionen höchstens um 0,1 sinkt.

Material G Richtig titriert?

	Anne	Kim	Charlie
	Titration von Speiseessig		
V(Lösung)	50 mL	20 mL	10 mL
Indikator	1	2	3
V(Natronlauge)	6,3 mL	16,2 mL	8,4 mL
	Titration von Toilettenreiniger		
V(Lösung)	50 mL	20 mL	10 mL
Indikator	1	2	3
V(Natronlauge)	39,2 mL	15,9 mL	8,3 mL

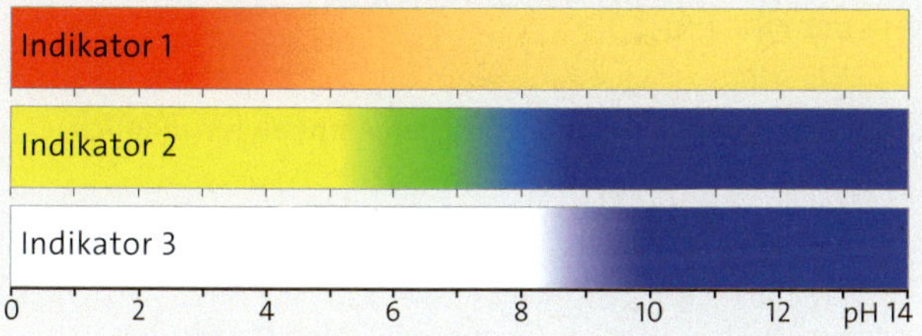

G1.1 Titrationsergebnisse und Umschlagbereiche der Indikatoren

Drei Schülerinnen haben im Praktikum den Gehalt von Säuren in Speiseessig (CH_3COOH; pK_S = 4,75) und einem Toilettenreiniger (HSO_4^-; pK_S = 1,92) durch Säure-Base-Titration mit Natronlauge ($c(OH^-) = 1{,}00\ mol \cdot L^{-1}$) bestimmt. Zur Erkennung des Äquivalenzpunkts der Titration haben sie verschiedene Indikatoren verwendet. Die eingesetzten Volumina der Probelösungen und die bis zum Farbumschlag des Indikators zugegebenen Volumina an Natronlauge sind angegeben (↑ **G1.1**).

AUFGABEN ZU G

1 › **a** Schildern Sie unter Angabe der wichtigen Größen und einer Gleichung zur Auswertung das Verfahren der Titration.
b Erläutern Sie die Bestimmung des Äquivalenzpunkts einer Säure-Base-Titration mithilfe eines Indikators.

2 › **a** Berechnen Sie die pH-Werte an den Äquivalenzpunkten, indem Sie annehmen, dass die Konzentration der gebildeten korrespondierenden Basen $0{,}5\ mol \cdot L^{-1}$ beträgt.
b Bewerten Sie die Eignung der drei Indikatoren für die beiden Titrationen und geben Sie auf dieser Grundlage an, welche Schülerin jeweils den zuverlässigsten Wert für den Äquivalenzpunkt erzielt hat.
c Berechnen Sie für den jeweils zuverlässigsten Fall aus dem Volumen der Natronlauge, das bis zum Äquivalenzpunkt zugegeben wurde, die Stoffmengenkonzentration von CH_3COOH in Essig und von HSO_4^- im Toilettenreiniger.

3 › Bewerten Sie die verwendeten Volumina an Probelösung hinsichtlich der erzielbaren Genauigkeit bei einer Titration.

Material H Saure Erfrischung

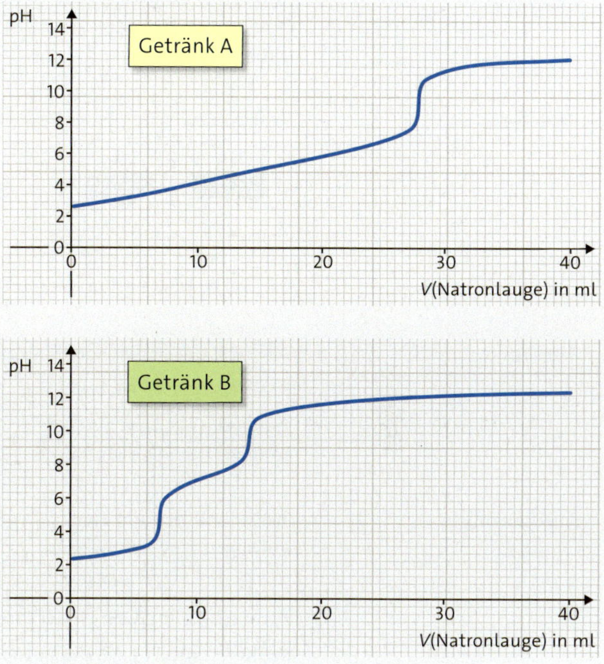

H1.1 Titrationskurven von zwei Erfrischungsgetränken

Ein Chemiekurs hat von zwei Erfrischungsgetränken mit den Probevolumina von je 100 mL durch Titration mit Natronlauge ($c(OH^-) = 0{,}1\ mol \cdot L^{-1}$), Titrationskurven aufgenommen (↑ **H1.1**). Ein Erfrischungsgetränk enthält Phosphorsäure (pK_{S1} = 2,1; pK_{S2} = 7,2; pK_{S3} = 12,3), das andere Citronensäure (pK_{S1} = 3,1; pK_{S2} = 4,8; pK_{S3} = 6,4).

AUFGABEN ZU H

1 › **a** Erläutern Sie, welche Informationen über die in einer Lösung vorhandene Säure aus einer Titrationskurve erhalten werden können.
b Übertragen Sie beide Titrationskurven und tragen Sie die für die Auswertung wichtigen Punkte ein.

2 › Obwohl Phosphorsäure (H_3PO_4) und Citronensäure (H_3A) jeweils dreiprotonige Säuren sind, unterscheiden sich die beiden Kurven qualitativ voneinander.
a Erklären Sie anhand der pK_S-Werte, welche Säure sich in welchem Erfrischungsgetränk befindet.
b Geben Sie an, welchen Punkt der jeweiligen Titrationskurve Sie für die Bestimmung der Stoffmenge der Säure nutzen. Stellen Sie die zugehörige Reaktionsgleichung zwischen H_3PO_4 bzw. H_3A und OH^- auf und geben Sie die Stoffmenge an Hydroxid-Ionen an, die bis zu diesem Punkt mit 1 mol Säure reagiert.
c Berechnen Sie die Stoffmengen und Massen von Phosphorsäure (H_3PO_4) bzw. Citronensäure ($C_6H_8O_7$) in 100 mL des Erfrischungsgetränks.

Auf einen Blick

Säure-Base-Konzept von Brönsted

Eine Säure HA ist ein Teilchen, das Protonen abgeben kann, es reagiert als **Protonendonator** (Brönsted-Säure).
Eine Base B ist ein Teilchen, das Protonen aufnehmen kann, es reagiert als **Protonenakzeptor** (Brönsted-Base).

Protolyse

Reaktion zwischen einer Säure HA und einer Base B, bei der ein Protonenübergang stattfindet

$$\underset{\text{Säure 1}}{HA} + \underset{\text{Base 2}}{B} \rightleftarrows \underset{\text{Säure 2}}{HB^+} + \underset{\text{Base 1}}{A^-}$$

HA und A^- bzw. HB^+ und B bilden jeweils ein korrespondierendes Säure-Base-Paar.

Ampholyt

Teilchen, das je nach Reaktionspartner als Säure oder Base reagieren kann

Beispiel: Wasser-Molekül H_2O

Reagiert mit Säure als Base: $H_2O + HCl \rightleftarrows H_3O^+ + Cl^-$
Reagiert mit Base als Säure: $H_2O + NH_3 \rightleftarrows OH^- + NH_4^+$

Autoprotolyse

Protonenübergang zwischen gleichartigen Teilchen. Sie ist nur zwischen Ampholyten möglich.
Autoprotolyse des Wassers:

$2\,H_2O \rightleftarrows H_3O^+ + OH^-$

$K_W = c(H_3O^+) \cdot c(OH^-) = 10^{-14}\,mol^2 \cdot L^{-2}$ (bei 25 °C)

Die Konstante K_W für die Autoprotolyse des Wassers wird als **Ionenprodukt des Wassers** bezeichnet.

pH-Wert und pOH-Wert

Sie dienen zur Kennzeichnung der sauren bzw. alkalischen Eigenschaften von Lösungen.
Der pH-Wert einer Lösung ist der negative Zehnerlogarithmus (negativer dekadischer Logarithmus) des Zahlenwerts der Oxonium-Ionenkonzentration mit der Einheit $mol \cdot L^{-1}$.

$pH = -\lg c(H_3O^+)$ $\quad$ $pOH = -\lg c(OH^-)$

$pH + pOH = 14$ (bei 25 °C)

Für saure Lösung gilt:	$c(H_3O^+) > c(OH^-)$	$pH < 7$
Für neutrale Lösung gilt:	$c(H_3O^+) = c(OH^-)$	$pH = 7$
Für alkalische Lösung gilt:	$c(H_3O^+) < c(OH^-)$	$pH > 7$

Säurestärke und Basenstärke

Reaktion einer **Säure** mit Wasser-Molekülen:
$HA + H_2O \rightleftarrows H_3O^+ + A^-$

Säurekonstante K_S:

$$K_S(HA) = \frac{c(H_3O^+) \cdot c(A^-)}{c(HA)}$$

$pK_S(HA) = -\lg K_S(HA)$

Reaktion einer **Base** mit Wasser-Molekülen:
$B + H_2O \rightleftarrows OH^- + HB^+$

Basenkonstante K_B:

$$K_B(B) = \frac{c(OH^-) \cdot c(HB^+)}{c(B)}$$

$pK_B(B) = -\lg K_B(B)$

Folgende Zusammenhänge gelten:
Je größer $K_S(HA)$, umso kleiner ist $pK_S(HA)$ und umso stärker ist die Säure HA.
Je größer $K_B(B)$, umso kleiner ist $pK_B(B)$ und umso stärker ist die Base B.

Je stärker die Säure HA, umso schwächer ist die korrespondierende Base A^-:
$pK_S(HA) + pK_B(A^-) = 14$

Berechnung des pH-Werts

Sehr starke Säuren HA:	$pH = -\lg c(HA)$
Sehr starke Basen B:	$pOH = -\lg c(B)$; $pH = 14 - pOH$
Schwache Säuren HA:	$pH \approx \frac{1}{2} \cdot [pK_S(HA) - \lg c_0(HA)]$
Schwache Basen B:	$pOH \approx \frac{1}{2} \cdot [pK_B(B) - \lg c_0(B)]$; $pH = 14 - pOH$

pH-Werte von Salzlösungen LK

Der pH-Wert einer Salzlösung wird von den pK_S- bzw. pK_B-Werten der Kationen und Anionen des Salzes bestimmt. Salze aus ähnlich schwachen Säuren und Basen ergeben neutrale Lösungen. Ist der pK_S-Wert des Anions kleiner als der pK_B-Wert des Kations, entsteht eine saure Lösung. Ist der pK_B-Wert des Kations kleiner als der pK_S-Wert des Anions ist die Lösung sauer. Bei Ampholyten ist entscheidend, ob die Säure- oder die Basenstärke überwiegt.

Komplexverbindungen LK

Ein Komplex besteht aus einem Metall-Atom oder Metall-Ion als **Zentralteilchen** und Molekülen oder Ionen als **Liganden**. Es gibt komplexe Kationen, komplexe Anionen und Neutralkomplexe. Die Bindung der Liganden erfolgt über Elektronendonatoren an die Zentralteilchen (Elektronenpaarakzeptoren).

Die Bildung von Aquakomplexen (Komplexe mit Wasser-Molekülen als Liganden) ist dafür verantwortlich, dass manche Metall-Kationen in wässriger Lösung sauer reagieren.

pH-Puffer LK

Pufferlösungen ändern bei Zusatz (nicht zu großer) Portionen beliebiger Säuren oder Basen ihren pH-Wert fast nicht.
Sie bestehen aus einer schwachen Säure HA und der korrespondierenden Base A^- und fangen Hydroxid- und Oxonium-Ionen ab. Dadurch stabilisieren sie den pH-Wert:
Zufuhr von H_3O^+: $H_3O^+ + A^- \longrightarrow HA + H_2O$
Zufuhr von OH^-: $OH^- + HA \longrightarrow A^- + H_2O$

Berechnung des pH-Werts mithilfe der **Henderson-Hasselbalch-Gleichung (Puffergleichung)** für Pufferlösungen:

$$pH = pK_S(HA) + \lg \frac{c(A^-)}{c(HA)}$$

Beispiele:
Essigsäure-Acetat-Puffer: CH_3COOH/CH_3COO^-
Ammonium-Ammoniak-Puffer: NH_4^+/NH_3

Säure-Base-Indikatoren

Indikator-Moleküle sind schwache Säuren oder Basen. Durch Protolysereaktionen verändert sich die elektronische Struktur ihrer korrespondierenden Teilchen und damit die Farbe der Lösung.

Der pH-Umschlagbereich liegt etwa zwei Einheiten um den pK_S-Wert der Indikatorsäure.

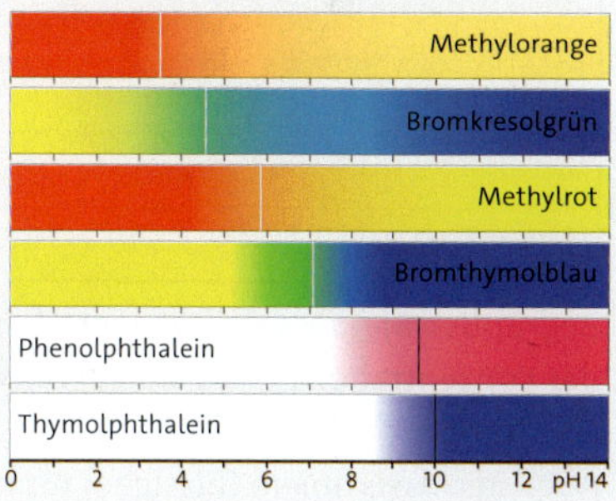

Säure-Base-Titration

Die Konzentration einer Säure oder Base wird durch die Neutralisation einer Probelösung durch die Maßlösung (hier: Natronlauge) erkannt.

Am **Äquivalenzpunkt** sind die Stoffmengen gleich: $n(HA) = n(OH^-)$.

Den Äquivalenzpunkt erkennt man am Farbumschlag des zugesetzten passenden Indikators.

Säure-Base-Titration LK

Am **Halbäquivalenzpunkt** gilt $pH = pK_S(HA)$.

Bei **mehrprotonigen Säuren** verläuft die Neutralisation schrittweise. Es gibt für jede Protolysestufe einen Äquivalenzpunkt. Für Phosphorsäure liegt der 3. Äquivalenzpunkt bei pH = 12 und ist bei Titration mit Natronlauge nicht mehr sichtbar, da er keine sprunghafte pH-Änderung auslöst.

Titrationskurve einer Essigsäurelösung

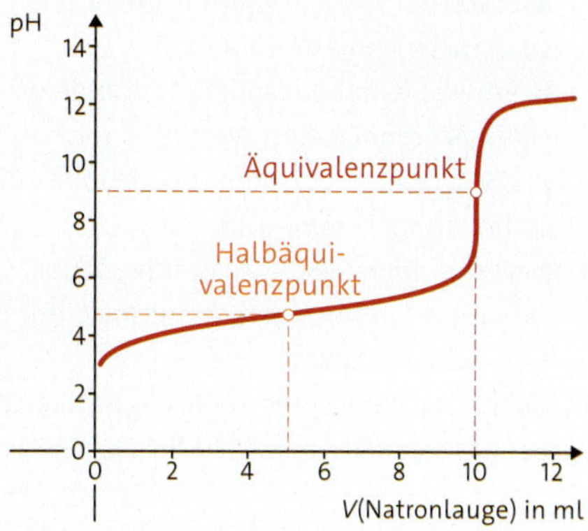

Übungsaufgaben

1) In Wasser wird Chlorwasserstoff eingeleitet, bis die Konzentration der Oxonium-Ionen exakt $10^{-3}\,mol \cdot L^{-1}$ beträgt ($\vartheta = 25\,°C$).

a Erstellen Sie die Reaktionsgleichung der Reaktion von Chlorwasserstoff mit Wasser. Ordnen Sie den Reaktionspartnern die Funktion „Säure" und „Base" sowie Protonendonator und Protonenakzeptor zu. Veranschaulichen Sie den Protonenübergang.

b Berechnen Sie den pH-Wert der Lösung.

c Erklären Sie den Einfluss der Reaktion aus Aufgabe 1a auf das Autoprotolysegleichgewicht des Wassers und berechnen Sie die Konzentration der Hydroxid-Ionen.

d Berechnen Sie die Konzentration der Oxonium-Ionen in dieser Lösung, die auf die Autoprotolyse des Wassers zurückzuführen sind.

2) Die Verbindung Methyllithium besteht aus Li^+- und CH_3^--Ionen. Gibt man sie in Wasser, so entsteht u. a. ein Gas. Der Indikator Thymolphthalein färbt die entstehende Lösung blau.

a Erklären Sie die Beobachtungen und erstellen Sie die Reaktionsgleichung.

b Kennzeichnen Sie die korrespondierenden Säure-Base-Paare.

3) **a** Definieren Sie den pH-Wert.

b Berechnen Sie die fehlenden Größen ($\vartheta = 25\,°C$):

$c(H_3O^+)$	$c(OH^-)$	pH	pOH
			8
	$10^{-5}\,mol \cdot L^{-1}$		
		2,3	
$5 \cdot 10^{-9}\,mol \cdot L^{-1}$			

4) Begründen Sie, dass das Ionenprodukt bei zunehmender Konzentration $c_0(HA)$ kleiner als $10^{-14}\,mol^2 \cdot L^{-2}$ wird ($\vartheta = 25\,°C$).

5) Auch in wasserfreiem flüssigem Ammoniak findet eine Autoprotolyse statt. Dabei entstehen u. a. NH_4^+-Ionen. Der negative Zehnerlogarithmus ihrer Konzentration wird als $pH(NH_3)$ bezeichnet.

a Erstellen Sie die Reaktionsgleichung zur Autoprotolyse in flüssigem Ammoniak.

b Bei −33 °C hat das Ionenprodukt in wasserfreiem flüssigen Ammoniak den Wert $10^{-32}\,mol^2 \cdot L^{-2}$. Berechnen Sie $pH(NH_3)$ einer neutralen Lösung in flüssigem Ammoniak bei dieser Temperatur.

c Verknüpfen Sie die Zustände „sauer", „neutral" und „alkalisch" in flüssigem Ammoniak mit der Konzentration der NH_4^+-Ionen.

6) Geben Sie mindestens vier Schlussfolgerungen an, die Sie auf Basis der Aussage $K_S(HA^*) > K_S(HA^{**})$ machen können.

7) Ein Mitschüler sagt: „HCO_3^- ist ein Ampholyt, d. h., es gilt: $pK_S(HCO_3^-) + pK_B(HCO_3^-) = 14$."

a Erläutern Sie den Fehler in der Argumentation und korrigieren Sie ihn.

b Begründen Sie mithilfe von $pK_S(HCO_3^-)$ und $pK_B(HCO_3^-)$, ob eine Lösung von Natriumhydrogencarbonat ($NaHCO_3$) in Wasser sauer, neutral oder alkalisch reagiert.

8) Eine Mitschülerin berechnet für Salzsäure mit $c_0(HA) = 10^{-9}\,mol \cdot L^{-1}$ einen pH-Wert von 9.

a Schildern Sie das Problem.

b Erläutern Sie, welches Gleichgewicht die Mitschülerin vernachlässigt hat.

9) Berechnen Sie die pH-Werte folgender Lösungen:

a Essigsäurelösung, $c_0(HA) = 0{,}5\,mol \cdot L^{-1}$

b Ammoniaklösung, $c_0(NH_3) = 0{,}05\,mol \cdot L^{-1}$

c Ammoniumchloridlösung, $c_0(NH_4Cl) = 1{,}0\,mol \cdot L^{-1}$

d Salpetersäurelösung, $c_0(HA) = 0{,}2\,mol \cdot L^{-1}$

e Natronlauge, $c_0(NaOH) = 0{,}5\,mol \cdot L^{-1}$

f Salzsäure, $c_0(HA) = 2\,mol \cdot L^{-1}$

10) Entscheiden Sie anhand der pK_S-Werte der beteiligten Säuren, ob die folgenden Säure-Base-Gleichgewichte auf der rechten oder linken Seite liegen:

a $HCO_3^- + CH_3COOH \rightleftarrows H_2CO_3 + CH_3COO^-$

b $NH_4^+ + H_2O \rightleftarrows H_3O^+ + NH_3$

c $NH_4^+ + OH^- \rightleftarrows H_2O + NH_3$

11) Zu 1 L Natronlauge mit einem pH-Wert von 11 wird 1 L Salzsäure gegeben, die einen pH-Wert von 3 hat.

a Berechnen Sie die Konzentration der OH^--Ionen bei pH 11.

b Erstellen Sie die Reaktionsgleichung, die nach Zugabe der Salzsäure abläuft und kennzeichnen Sie die korrespondierenden Säure-Base-Paare.

c Bestimmen Sie die Konzentration der Salzsäure und den pH-Wert der Lösung nach der Zugabe der Salzsäure.

12) Zu 1 L Ammoniaklösung mit $pK_B(NH_3) = 4{,}75$ mit einem pH-Wert von 11 wird 1 L Salzsäure gegeben, die einen pH-Wert von 3 hat. Erläutern Sie, warum die Ammoniaklösung nach Zugabe der Salzsäure alkalisch bleibt.

13) 0,5 L eines Essigsäure-Acetat-Puffers mit $c(CH_3COOH) = c(CH_3COO^-) = 0{,}5\,mol \cdot L^{-1}$ werden mit 100 mL Salzsäure mit $c(HCl) = 1{,}0\,mol \cdot L^{-1}$ versetzt. Erstellen Sie die Reaktionsgleichung, die bei Zugabe der Salzsäure abläuft und erklären Sie die Pufferwirkung.

14) Carbonat-Ionen bilden mit Silber-Ionen einen weißen Niederschlag. Entwickeln Sie ein Experiment, mit dem sich trotzdem in einer solchen Lösung auch Chlorid-Ionen nachweisen lassen.

15) Erläutern Sie:

a die Veränderung des Protolysegleichgewichts einer Säure bei Zusatz von Oxonium- bzw. Hydroxid-Ionen

b die Änderung des pH-Werts der wässrigen Lösung einer schwachen Säure bei Zusatz des Natriumsalzes derselben Säure

c die Pufferwirkung der Systeme Essigsäure/Natriumacetat und Ammoniak/Ammoniumchlorid bei Zusatz von Oxonium- bzw. Hydroxid-Ionen.

16 › In einer Säure-Base-Titration werden 50 mL Natronlauge mit Salzsäure titriert ($c(HCl) = 0{,}1\ mol \cdot L^{-1}$). Nach Zugabe von 37,5 mL Maßlösung schlägt die Farbe des zugesetzten Universalindikators nach grün um.

a Erläutern Sie den Farbumschlag des Indikators und beschreiben Sie, welche Beobachtungen Sie bei weiterer Zugabe von Maßlösung erwarten.

b Berechnen Sie die Konzentration der Natronlauge.

17 › Eine Phosphorsäurelösung wird mit Natronlauge mit $c(OH^-) = 0{,}1\ mol \cdot L^{-1}$ titriert.

a Erstellen Sie die Reaktionsgleichungen aller möglichen Reaktionen in der Lösung.

b Phenolphthalein schlägt bei einer Zugabe von 10,0 mL Natronlauge um. Bestimmen Sie mithilfe der Titrationskurve der Phosphorsäure auf S. 207 die Stoffmenge und die Masse der Phosphorsäure in der Lösung.

18 › Erklären Sie, warum wässrige Lösungen folgender Salze sauer reagieren:

a Ammoniumchlorid

b Kupfer(II)-sulfat

Mithilfe dieses Kapitels können Sie:	Aufgabe	Hilfe finden Sie auf Seite
▸ Teilchen anhand ihrer Strukturmerkmale als Brönsted-Säure oder Brönsted-Base erkennen und die Begriffe korrespondierendes Säure-Base-Paar und Ampholyt definieren	*1a, 2, 7, 11b*	*173, 180*
▸ Säure-Base-Reaktionen als Reaktionen mit Protonenübergang im Sinne des Donator-Akzeptor-Konzepts beschreiben	*1a, 2*	*173*
▸ mit dem Ionenprodukt des Wassers rechnen und Autoprotolysegleichgewichte erklären	*1c, 1d, 4, 5, 8b*	*176–177*
▸ K_S, K_B, pK_S und pK_B - Werte interpretieren	*6*	*182*
▸ die Gleichgewichtslage von Säure-Base-Reaktionen in wässriger Lösung vorhersagen	*7b. 15a*	*182–183*
▸ den pH-Wert definieren sowie pH- und pOH-Werte aus der Oxonium- bzw. Hydroxid-Ionenkonzentration berechnen (vollständige Protolyse)	*1b, 3, 8, 9d, 11a, 11c*	*178, 184*
▸ pH-Werte von Lösungen starker bis schwacher Säuren berechnen (unvollständige Protolyse) LK	*9a, 9b,*	*185*
▸ den pH-Wert von Salzlösungen erklären und berechnen LK	*9c, 18*	*192, 195*
▸ Lösungen mithilfe von Ionennachweisen analysieren	*14*	*190–191*
▸ die Stoffmengenkonzentrationen saurer Lösungen mithilfe von Säure-Base-Titrationen bestimmen	*16*	*204–205*
▸ Titrationskurven einprotoniger und mehrprotoniger Säuren intepretieren LK	*17*	*206, 207*
▸ die Pufferwirkung von Lösungen schwacher Säuren und Basen erklären LK	*12, 13, 15b, 15c*	*200–201*

So verschiedenfarbig Mohn- und Kornblume sind, die Farbstoff-Moleküle ihrer Blüten sind sehr ähnlich und durch Säure-Base-Reaktionen ineinander umwandelbar. Mit auffällig gefärbten Blättern und Blüten locken Pflanzen Insekten an. Auch wir nutzen Farben gezielt, indem wir Kleidung färben, uns schminken oder in der Werbung mit Farben Aufmerksamkeit erzeugen: Farben sind aus unserem Leben nicht wegzudenken.

Farbstoffe 7

Molekülstruktur und Farbentstehung

Licht und Farbe

- Sichtbares Licht
- Komplementärfarben
- Farbwahrnehmung
- Anregung von Elektronen

Molekülstruktur und Farbe

- Struktur von Farbstoff-Molekülen
- Einfluss der Molekülstruktur auf die Farbigkeit
- Einfluss mesomerer Effekte auf die Farbigkeit

Aromatische Systeme

- Besonderheiten des Benzol-Moleküls
- Cyclische π-Elektronensysteme
- Elektrophile Substitution am Aromaten

Indikatorfarbstoffe

- pH-Indikatoren als schwache Säuren und Basen
- Triphenylmethanfarbstoffe
- Azofarbstoffe
- Chromatografische Trennung des Universalindikators

01 Ob Rot oder Blau – die Farben von Mohn- und Kornblumen sind eine Frage des pH-Werts.

7.1 Unsere Welt ist bunt LK

01 Eine Welt voller Farben

FARBEN AUS DER NATUR Seit jeher faszinieren Farben die Menschen und prägen ihr Leben (↑ 01). Der Wunsch, die Farbenpracht der Natur zu kopieren und nutzbar zu machen, besteht schon lange. Bereits aus der Steinzeit sind farbige Höhlenmalereien bekannt. Hierfür wurden Farben anorganischen Ursprungs aus Mineralien wie Mennige, Zinnober und Malachit gewonnen. Zum Färben von Textilien wurden seit dem Altertum organische Naturfarbstoffe verwendet, die man aus bestimmten Pflanzen und Tieren gewinnen und damit Farbtöne wie Gelb, Rot oder Braun erzielen konnte. Viele dieser natürlichen Farbstoffe können jedoch nur in kleinen Mengen gewonnen werden und sind daher bis heute besonders wertvoll.

So war der rote Farbstoff Purpur im antiken römischen Reich dem Kaiser und später viele Jahrhunderte lang Königen und Kardinälen vorbehalten (↑ 02). Zur Herstellung eines Gramms reinen Purpurs waren ungefähr 10 000 Purpurschnecken erforderlich. Als der wachsende Bedarf der Menschen an farbiger Kleidung durch natürlich gewonnene Farbstoffe nicht mehr gedeckt werden konnte, begann die Suche nach künstlich herstellbaren Farbstoffen.

02 **A** Mit Purpur gefärbt, **B** mit Mauvein gefärbt

SYNTHETISCHE FARBSTOFFE 1856 stellte SIR WILLIAM HENRY PERKIN bei der Oxidation von Anilin den purpurvioletten Farbstoff **Mauvein** her (↑ 02). Es war der erste synthetische Farbstoff. Er war nicht nur aufgrund seiner brillanten Färbeeigenschaft und seiner einfachen Synthese im Labor bedeutsam. Wichtig war auch, dass sich der Ausgangsstoff, das Anilin, aus Steinkohlenteer gewinnen ließ, einem in großen Mengen anfallenden Abfallprodukt der Industrie des 19. Jahrhunderts.

Heute ist nahezu jeder Farbton herstellbar. Neben dem Färben von Textilien gibt es viele weitere Anwendungsmöglichkeiten, beispielsweise das Färben von Lebensmitteln, Druckerzeugnissen, Lederwaren oder die Herstellung von Farblacken. Dafür werden weltweit über drei Millionen Tonnen Farbstoffe pro Jahr produziert.

SPEKTRALFARBEN Weißes Licht lässt sich mithilfe eines Prismas in seine Spektralfarben zerlegen. Jede wird durch einen Wellenlängenbereich charakterisiert. Für das menschliche Auge sichtbar ist nur ein kleiner Bereich des elektromagnetischen Spektrums: die Wellenlängen von etwa 400 nm (Violett) bis 780 nm (Rot; ↑ 04). Die Physiker MAX PLANCK und ALBERT EINSTEIN entdeckten den Zusammenhang zwischen der Energie (E) eines Photons und der Wellenlänge (λ) des zugehörigen Lichts:

$$E = h \cdot \nu = h \cdot \frac{c}{\lambda}$$

h: Planck'sches Wirkungsquantum
c: Lichtgeschwindigkeit ν: Frequenz

Aus der Gleichung folgt: Je kleiner die Wellenlänge des Lichts ist, desto größer ist die Energie seiner Photonen.

Licht und Farbe LK

FARBWAHRNEHMUNG UND KOMPLEMENTÄRFARBEN Fällt weißes Licht auf einen Farbstoff, werden Anteile davon absorbiert. Gelangt das nichtabsorbierte Licht auf die Netzhaut des Auges, dann registrieren die Rezeptoren den roten, grünen und blauen Anteil des Lichts. Im Gehirn werden aus diesen Informationen Farbwahrnehmungen erzeugt. Wir nehmen den Stoff als farbig wahr.

Die wahrgenommene Farbe ist die **Komplementärfarbe** zum absorbierten Teil des Lichts. Ein weißer Gegenstand reflektiert demnach das Licht des gesamten sichtbaren Spektrums. Ein gelber absorbiert hingegen blaues Licht, wenn man ihn mit weißem Licht bestrahlt. Blau ist die Komplementärfarbe zu Gelb und umgekehrt (↑ **03**). Die nichtabsorbierten Farben des weißen Lichts ergeben bei der Wahrnehmung im Gehirn die Mischfarbe Gelb.

Die von einem Stoff absorbierte Spektralfarbe und die Mischfarbe des restlichen Spektrums sind komplementär zueinander.

SUBTRAKTIVE FARBMISCHUNG Alle Farbeindrücke, die über die Grundfarben hinausgehen, entstehen durch Farbmischung. Mischt man blaue und gelbe Wasserfarbe, so erhält man Grün. Die gelbe Farbe absorbiert einen Teil des sichtbaren Lichts, die blaue Farbe einen anderen Teil. Das restliche Licht wird reflektiert und ergibt in der Wahrnehmung die Mischfarbe Grün.

Bei dieser **subtraktiven Farbmischung** werden Teile des sichtbaren Lichts aus dem Spektrum entfernt (subtrahiert). Bild ↑ **04 A** verdeutlicht, dass im **CMY-Modell** ein Gemisch der Farben Cyan (Cyanblau), Magenta (Magentarot) und Yellow (Gelb) Schwarz ergibt, da das gesamte sichtbare Licht absorbiert wird.

LICHTABSORPTION UND -REFLEXION Die Farbigkeit eines Gegenstands beruht auf Lichtabsorption und Reflexion (↑ **04 B**). Er erscheint beispielsweise in Orangerot, wenn nach Absorption des cyanblauen Lichts das reflektierte Restspektrum die vom Gegenstand nicht absorbierten Lichtanteile des weißen Lichts enthält.

Das Prinzip der *subtraktiven Farbmischung* wird bei Farbfotos, Tintenstrahldruckern und Farblacken angewendet. Auch die Farbentstehung beim Durchgang von weißem Licht durch transparente Gegenstände beruht darauf.

LEUCHTFARBEN Leuchtfarbstoffe leuchten intensiv, wenn sie mit UV-Licht bestrahlt werden. Was macht diese Farben so besonders?
Tagesleuchtfarben sind fluoreszierende Farben, die bereits durch das Tageslicht zum Leuchten angeregt werden. Dabei wird der UV-Anteil des Tageslichts in sichtbares Licht umgewandelt und so die „Lichtausbeute“ erhöht. **Nachleuchtfarben** sind phosphoreszierende Farben. Sie speichern die Energie, die bei der Beleuchtung aufgenommen wurde, und geben sie zeitverzögert wieder ab – sie leuchten nach.

1 〉 Eine Lösung, die mit weißem Licht bestrahlt wird, absorbiert Licht der Wellenlängen zwischen 580 und 595 nm. Geben Sie die Farbe der Lösung an und begründen Sie.

2 〉 Erläutern Sie, weshalb das Laub von Zitronenbäumen als Grün und die Zitronen selbst als Gelb wahrgenommen werden.

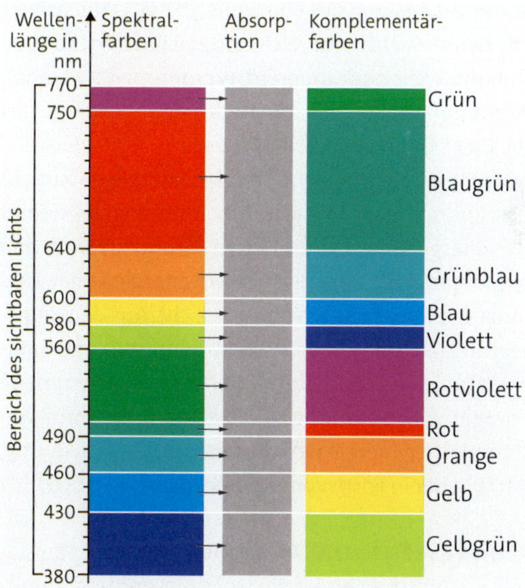

03 Spektralfarben und ihre Komplementärfarben

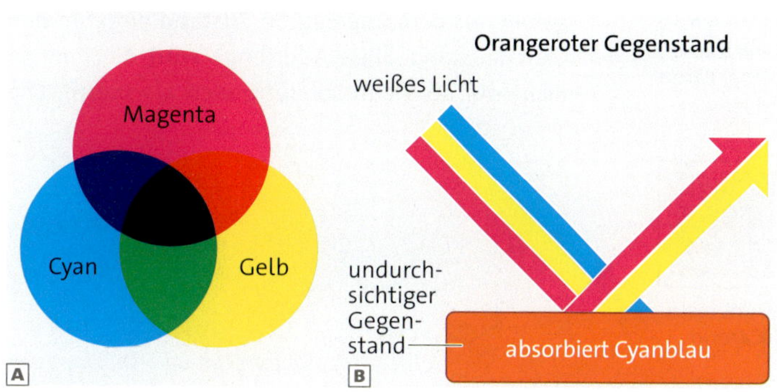

04 **A** Prinzip der subtraktiven Farbmischung. **B** Zusammenhang zwischen Lichtabsorption und Farbe

7.2 Lichtabsorption und Molekülstruktur LK

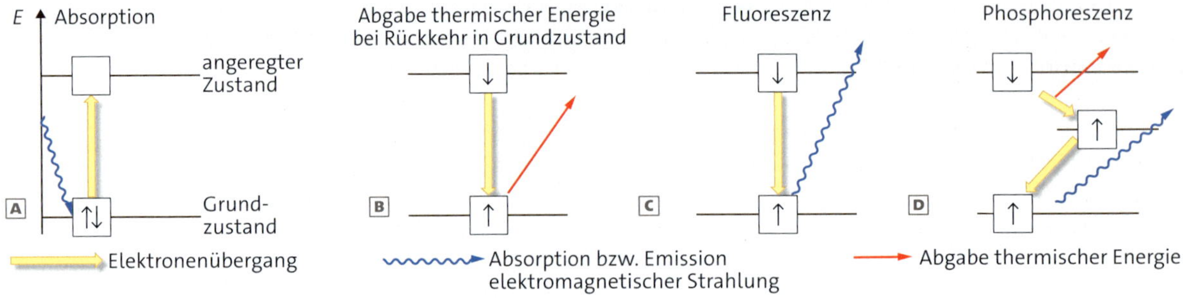

01 Energiestufenmodell bei Lichtabsorption und Lichtemission. Die anregbaren Elektronen sind als Pfeile dargestellt.

Der Spin ist abhängig von der Spinquantenzahl des Elektrons (↑ Atommodell nach Bohr und Sommerfeld S. 250 f.).

Eine Doppelbindung setzt sich aus einer σ- und einer π-Bindung zusammen (↑ S. 363).

ABSORPTION UND EMISSION Ursache für die Lichtabsorption durch Farbstoffe ist die Anregung von Elektronen in den Molekülen dieser Stoffe. Durch die Absorption der Energie eines Photons kann ein Elektron aus seinem Grundzustand in einen angeregten Zustand gehoben werden (↑ **01**). Die Elektronen werden als gegengerichtete Pfeilsymbole dargestellt, wobei jedem Pfeil ein bestimmter Zustand des Elektrons („*Spin*“) zugeordnet ist. Durch sichtbares Licht oder UV-Licht können Außenelektronen angeregt werden. π-Elektronen benötigen meist eine kleinere Anregungsenergie als die Elektronen der *σ-Bindungen*.
Die für die Anregung notwendige Energie entspricht der Energie des absorbierten Photons. Je kleiner die Energiedifferenz zwischen Grundzustand und angeregtem Zustand ist, desto energieärmer und längerwellig ist das absorbierte Licht. Aus dem angeregten Zustand kehrt das Elektron in seinen Grundzustand zurück und gibt dabei die aufgenommene Energie wieder ab (↑ **01A**). Dies kann in Form von thermischer Energie (strahlungslose Desaktivierung, ↑ **01B**) oder in Form von Licht erfolgen (↑ **01C**, **D**).

02 Leuchtet dank fluoreszierender Farbe.

FLUORESZENZ UND PHOSPHORESZENZ Bei Tagesleuchtfarben endet die Lichtaussendung unmittelbar mit der Bestrahlung. Diese Form der Lichtaussendung heißt **Fluoreszenz** (↑ **02**). Die Elektronen gehen aus dem angeregten Zustand direkt in den Grundzustand über. Allerdings wird die Energie nicht nur als Licht, sondern auch als thermische Energie freigesetzt. Deshalb ist das emittierte Licht energieärmer und damit längerwellig als das eingestrahlte Licht. Leuchtet die Farbe nach dem Ausschalten der Lichtquelle weiter, handelt es sich um **Phosphoreszenz**. Hierbei fällt das Elektron über einen metastabilen Zustand in den Grundzustand zurück. Phosphoreszierende Farben werden z. B. in Ziffernblättern von Uhren verwendet.

EINFLUSS DER MOLEKÜLSTRUKTUR AUF DIE FARBIGKEIT Im Ethen-Molekül mit einer *Doppelbindung* können π-Elektronen angeregt werden. Die Anregungsenergie ist jedoch so groß, dass die Absorption nur im UV-Bereich erfolgt. Ethen erscheint daher farblos. Enthält ein Molekül wie β-Carotin abwechselnd C–C-Einfach und C=C-Doppelbindungen, dann liegen **konjugierte Doppelbindungen** vor. In diesem System sind die π-Elektronen über einen großen Molekülbereich *delokalisiert*, man spricht von einem **delokalisierten π-Elektronensystem**. Je größer es ist, umso kleiner ist die Anregungsenergie. So genügt bereits sichtbares Licht, um das β-Carotin in Möhren farbig erscheinen zu lassen (↑ **03**). Alle Farbstoff-Moleküle besitzen solch ein farbgebendes System, das **Chromophor**.

Das farbgebende Chromophor eines Farbstoff-Moleküls besteht aus einem ausgedehnten System von konjugierten Doppelbindungen, das für die Absorption von Licht im sichtbaren Bereich verantwortlich ist.

3D-Molekül: β-Carotin

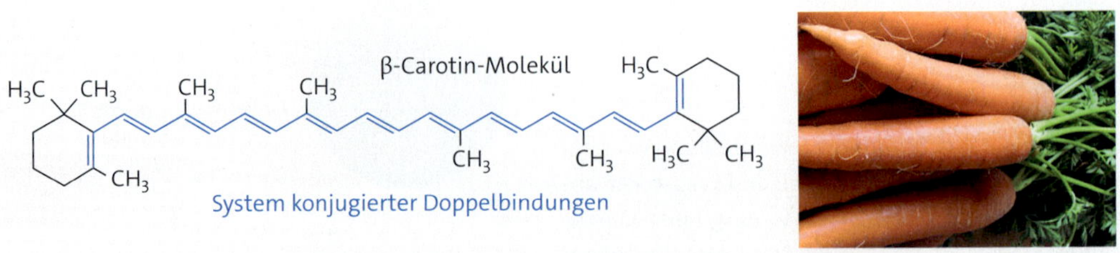

03 β-Carotin – ein natürlicher Farbstoff in Möhren

Polyene und der Einfluss der Kettenlänge LK

FARBIGKEIT BEI POLYENEN Polyene sind Kohlenwasserstoffe, deren Moleküle zwei oder mehr konjugierte Doppelbindungen enthalten. Polyene, deren Moleküle acht oder weniger Doppelbindungen aufweisen, erscheinen farblos. Erst bei Polyen-Molekülen mit neun oder mehr Doppelbindungen tritt Farbigkeit auf (↑ **04**). Die Moleküle des β-Carotins beispielsweise enthalten eine Polyenstruktur mit elf konjugierten Doppelbindungen. Fällt weißes Licht auf diese Struktur, so wird der blaue Anteil des Lichts absorbiert. Der übrige Anteil des weißen Lichts wird reflektiert. Die wahrgenommene Komplementärfarbe ist orange.

Die Bindungslängen zwischen den Kohlenstoff-Atomen in Polyen-Molekülen liegen zwischen den Bindungslängen typischer Einfachbindungen und Doppelbindungen (↑ **05**). Dies lässt sich durch das Auftreten mesomerer Grenzstrukturen bei Molekülen mit konjugierten Doppelbindungen erklären. Infolge der Mesomerie sind die π-Elektronen im Molekül delokalisiert (↑ **06**), sie sind weder der einen noch der anderen Bindung fest zuzuordnen.

Struktur der Polyene: $CH_3(-CH{=}CH)_n-CH_3$

n	Wellenlänge des absorbierten Lichts in nm	Komplementärfarbe
6	352 (UV)	(farblos)
9	412	Gelb
11	452	Orange
19	530	Purpur

04 Farbigkeit bei Polyenen

Verbindung	Bindungslänge in nm
Alkane/Alkene	
C–C	1,54
C=C	1,33
Polyene	
C–C	1,48
C=C	1,34
Cyanine	
C–C	1,38
C=C	1,36

05 Bindungslängen zwischen Kohlenstoff-Atomen in verschiedenen Verbindungen

Durch die Mesomerie entstehen in Polyen-Molekülen immer auch mesomere Grenzstrukturen, bei denen im eigentlich ungeladenen Molekül eine negative und eine positive Ladung auftreten (↑ **06**). Diese Grenzstrukturen sind wegen der Ladungstrennung im Vergleich zu den ungeladenen Grenzstrukturen instabiler und haben nur einen geringen Anteil an der tatsächlichen Molekülstruktur. Außerdem unterscheiden sie sich energetisch voneinander, weshalb die π-Elektronen nicht vollkommen delokalisiert sind.

Mit zunehmender Kettenlänge der Polyen-Moleküle entsteht ein immer größer werdendes konjugiertes System aus delokalisierten Elektronen, sodass sich die Energieniveaus von Grundzustand und angeregtem Zustand stärker annähern. Es wird immer weniger Energie zur Anregung der delokalisierten Elektronen benötigt. Daher verschiebt sich das Absorptionsmaximum bei Polyen-Molekülen mit zunehmender Kettenlänge in den energieärmeren längerwelligen Bereich. Es tritt ein farbvertiefender Effekt ein. Man spricht von **bathochromer Verschiebung** (griech. *bathos:* Tiefe).

Je größer das delokalisierte π-Elektronensystem eines Moleküls ist, desto größer und energieärmer ist die Wellenlänge des absorbierten Lichts.

Wird eine Molekülstruktur so beeinflusst, dass die π-Elektronen schwerer angeregt werden können (etwa bei einer Verkürzung des delokalisierten π-Elektronensystems), folgt daraus eine Verschiebung des Absorptionsmaximums zu Licht kleinerer Wellenlänge. Dies führt zu einer Farberhöhung, einer **hypsochromen Verschiebung** (griech. *hypsos:* Höhe, ↑ **04**).

1 › β-Carotin reagiert bei Zugabe von Brom schrittweise in einer elektrophilen Addition, beginnend an den Ringstrukturen des Moleküls. Erklären Sie, welche Farbveränderung auftreten wird.

2 › Erläutern Sie die relativen Veränderungen der Bindungslängen in Alkanen/Alkenen, Polyenen und Cyaninen ↑ **05**. Stellen Sie eine Hypothese zur Farbigkeit von Cyaninen auf.

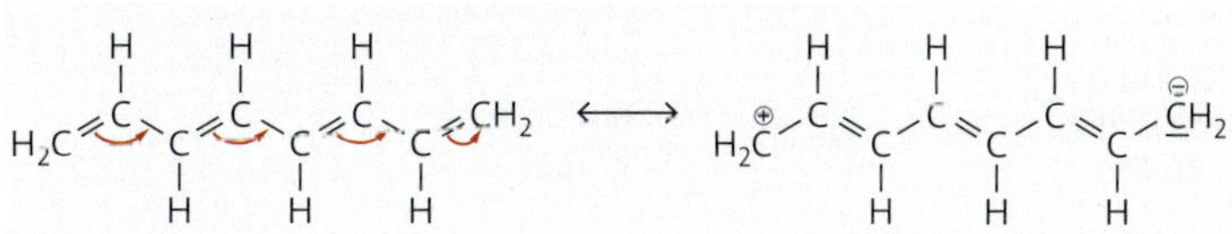

06 Mesomere Grenzstrukturen bei Polyenen

Einfluss auxochromer Gruppen LK

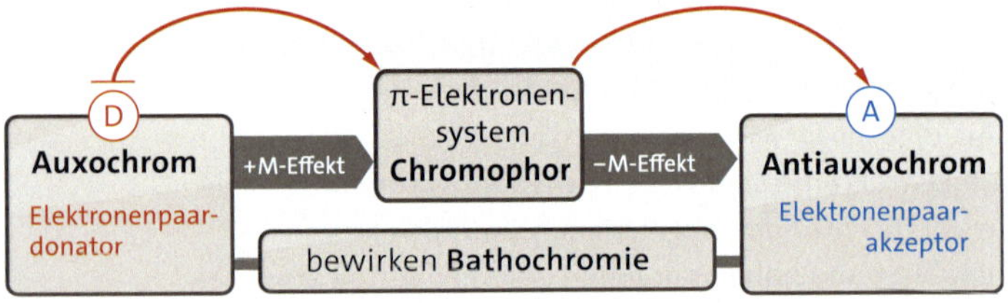

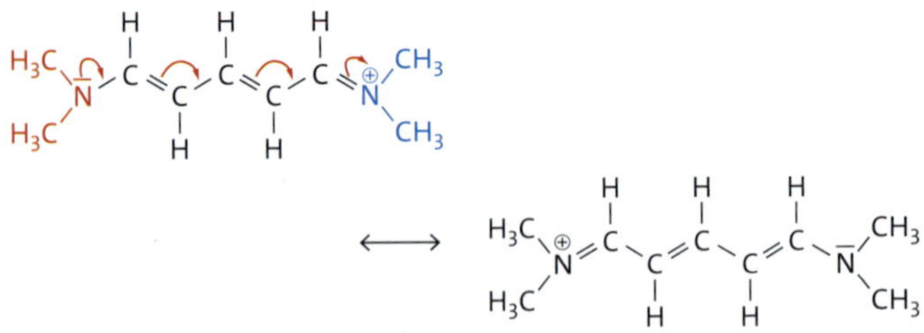

01 Mesomere Grenzstrukturen und Erweiterung des Chromophors bei Cyaninen

EINFLUSS MESOMERER EFFEKTE AUF DIE FARBIGKEIT BEI CYANINEN Anders als bei den Polyenen absorbieren **Cyanine** bereits mit nur drei Doppelbindungen im Molekül Licht im sichtbaren Bereich (↑ 03). Dies ist dadurch zu erklären, dass bei Cyanin-Molekülen die chromophore Polyenstruktur *zusätzlich durch zwei funktionelle Gruppen* eingerahmt wird: eine Aminogruppe $-\overline{N}H_2$ bzw. $-\overline{N}(CH_3)_2$ und eine Ammoniumgruppe $=N^+(CH_3)_2$ (↑ 02). Dadurch wird das konjugierte π-Elektronensystem nach dem Donator-Akzeptor-Prinzip vergrößert. Die mesomeren Grenzformeln verdeutlichen, dass die Substituenten in das π-Elektronensystem miteinbezogen werden (↑ 01).

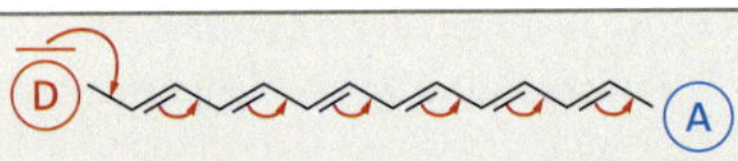

Auxochrome Gruppe, +M-Effekt		Antiauxochrome Gruppe, −M-Effekt	
Aminogruppe	$H_2\overline{N}-$	Nitrogruppe	$-N^{\oplus}(=\overline{O}\vert)(-\overline{O}\vert^{\ominus})$
tert. Aminogruppe	$(H_3C)_2\overline{N}-$	Ammoniumgruppe	$=N^{\oplus}(CH_3)_2$
Ethergruppe	$H_3C-\overline{O}-$	Aldehydgruppe	$-C(=\overline{O}\vert)H$
Hydroxygruppe	$H-\overline{O}-$	Sulfonsäuregruppe	$-S(=O)_2-\overline{O}-H$

02 Beispiele für bathochrome Gruppen

Struktur der Cyanine: $(CH_3)_2N(-CH{=}CH)_n-CH{=}N^+(CH_3)_2$		
n	Wellenlänge des absorbierten Lichts in nm	Komplementärfarbe
2	313 (UV)	(farblos)
3	416	Gelbgrün
4	519	Rot
5	625	Blaugrün

03 Farbigkeit bei Cyaninen

AUXOCHROME UND ANTIAUXOCHROME Die Aminogruppen $-\overline{N}H_2$ bzw. $-\overline{N}(CH_3)_2$ besitzen ein freies Elektronenpaar am Stickstoff-Atom, das in das delokalisierte Elektronensystem eines Cyanin-Moleküls einbezogen werden kann (↑ 01). Aminogruppen wirken elektronenliefernd und damit als Elektronendonator. Sie besitzen einen *positiven mesomeren Effekt* **(+M-Effekt)** wodurch die Elektronendichte im konjugierten π-Elektronensystem erhöht wird. Allgemein werden Substituenten mit einem +M-Effekt, die als Elektronendonatoren wirken, **Auxochrome** genannt (↑ 02).
Die Ammoniumgruppe $=N^+(CH_3)_2$ trägt eine positive Ladung. Sie wirkt elektronenanziehend und damit als Elektronenakzeptor. Durch diesen *negativen mesomeren Effekt* **(−M-Effekt)** wird die Elektronendichte im konjugierten π-Elektronensystem erniedrigt. Substituenten mit einem −M-Effekt werden **Antiauxochrome** genannt (↑ 02).

Beide Gruppen sind Bestandteil des Chromophors und vergrößern das π-Elektronensystem, wodurch die Energie zur Anregung von π-Elektronen gesenkt und Licht größerer Wellenlänge absorbiert wird. Es tritt eine *bathochrome Verschiebung* auf. Die Verschiebung ist umso stärker, je stärker der +M-Effekt und −M-Effekt der Substituenten ist.

Bathochrome Gruppen verlängern nicht nur das mesomere System des Moleküls, sondern stabilisieren es zudem. Sie führen dazu, dass sich die Energien der mesomeren Grenzstrukturen angleichen, da gegenüber den Polyenen keine energetisch ungünstige Ladungstrennung auftritt, sondern auftretende Ladungen über das gesamte Molekül delokalisiert sind (↑ 01).

Die π-Elektronen der Cyanin-Moleküle sind stärker delokalisiert als bei Polyen-Molekülen. Cyanine zeigen deshalb bereits bei Anregung mit Licht niedrigerer Energie Farbigkeit.

7.3 Viele Farbstoffe sind Aromaten LK

AROMATEN – EINE STOFFKLASSE Polyene und Cyanine erscheinen aufgrund der elektronischen Struktur ihrer Moleküle in verschiedenen Farben, abhängig von Substituenten und Größe der Moleküle. Die weitaus meisten farbigen Stoffe basieren jedoch nicht auf Verbindungen mit linear aufgebauten Molekülen, sondern auf **aromatischen Verbindungen** (kurz: **Aromaten**). Es handelt sich um eine Stoffklasse, deren Moleküle eine besondere Bindungssituation aufweisen.

Diese organischen Verbindungen sind nach den Kohlenhydraten die am häufigsten vorkommende Stoffklasse der belebten Natur. So zählen beispielsweise das Lignin, der Gerüststoff des Holzes, sowie einige Aminosäuren wie Phenylalanin, Tyrosin und Tryptophan zu den Aromaten. Auch im Erdöl, in Braun- und Steinkohle sind neben den gewöhnlichen Kohlenwasserstoffen eine Vielzahl verschiedener aromatischer Kohlenwasserstoffe zu finden. Sie sind daher wichtige Quellen zur Gewinnung aromatischer Verbindungen. Aromaten sind Grundstoffe der chemischen Industrie. Sie werden nicht nur zur Herstellung von Farbstoffen, sondern auch in der Produktion von Kunststoffen, Chemiefasern, Medikamenten, Pflegeprodukten und Waschmitteln verwendet (↑ **01**).
Bei der Herstellung von Farben, Lacken und Klebstoffen spielen aromatische Verbindungen wie Toluol oder Xylol außerdem als Lösungsmittel eine wichtige Rolle. Die bekannteste und gleichzeitig strukturell einfachste aromatische Verbindung ist das **Benzol** (Name nach IUPAC: **Benzen**). Dieser „Grundaromat" fand in der Vergangenheit als ausgezeichnetes Lösungs- und Reinigungsmittel in vielen Bereichen Verwendung, wird aber heute wegen seiner extremen Giftigkeit zunehmend durch weniger problematische Stoffen ersetzt (↑ Steckbrief).

DER BENZOLRING VON KEKULÉ 1825 wurde Benzol erstmals von MICHAEL FARADAY aus Steinkohlenteer isoliert. Die anschließende Ermittlung der Struktur des Benzol-Moleküls gab Chemikerinnen und Chemikern des 19. Jahrhunderts große Rätsel auf, denn seine Molekülformel C_6H_6 lässt insgesamt 217 theoretisch mögliche Strukturformeln mit Ringen, C=C-Doppelbindungen und C≡C-Dreifachbindungen zu (↑ **02**A). Eine erste Annäherung an die tatsächliche Struktur des Benzol-Moleküls veröffentlichte 1865 der deutsche Chemiker AUGUST KEKULÉ. Er vermutete eine symmetrische Ringstruktur, ein regelmäßiges, ebenes Sechseck, bei dem die Kohlenstoff-Atome abwechselnd über Einfach- und Doppelbindungen verknüpft sind (↑ **02**B).

01 Alltagsprodukte, die aus aromatischen Verbindungen hergestellt werden

Benzol (Benzen) 3 8 7

Eigenschaften aromatisch riechende, farblose, stark lichtbrechende, brennbare Flüssigkeit; stark toxisches, lipophiles Lösungsmittel für Lacke, Harze, Wachse und Öle

Molekülformel C_6H_6

Schmelztemperatur ϑ_S 5,5 °C

Siedetemperatur ϑ_V 80,1 °C

Vorkommen Steinkohlenteer, Erdöl

Verwendung in Motorkraftstoffen als Beimischung zur Erhöhung der Klopffestigkeit; Ausgangsstoff für viele organische Verbindungen wie Nitrobenzol, Anilin, Phenol, Styrol, Azofarbstoffe, Kunststoffe und Kunstharze

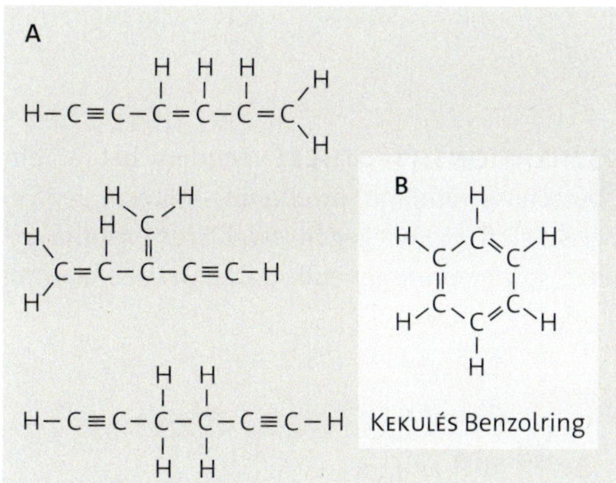

02 Beispiele für theoretisch mögliche Strukturformeln mit der Molekülformel C_6H_6

Benzol wäre demnach ein cyclisches Alken und das zugehörige Molekül müsste systematisch als Cyclohexa-1,3,5-trien bezeichnet werden. Allerdings zeigt Benzol ein chemisches Verhalten, das nicht so recht zur Stoffklasse der Alkene passt. Das wird bei seinem Verhalten gegenüber Brom deutlich (↑ S.222).

Das Benzol-Molekül LK

01 Bromierung von Benzol

Nucleophile Addition bei Alkenen↑ S. 64 f.

Radikalische Substitution bei Alkanen↑ S. 132 f.

BROMIERUNG VON BENZOL Gibt man Brom in Benzol, so ist – im Gegensatz zur spontanen Entfärbung bei Alkenen – keine Reaktion zu beobachten. Auch Belichten oder Erwärmen bewirkt – im Gegensatz zum Verhalten von Alkanen – nichts. Das spricht für eine besondere Bindungssituation im Benzol-Molekül, die durch KEKULÉs Benzolring nicht geeignet zum Ausdruck kommt. Die Reaktionsträgheit von Benzol gegenüber Brom wird erst durch Einsatz eines geeigneten Katalysators überwunden. In Gegenwart von Eisenbromid ($FeBr_3$) entfärbt sich das rotbraune Reaktionsgemisch und feuchtes Indikatorpapier oberhalb des Gemischs wird rot (↑ 01). Offensichtlich katalysiert das Eisensalz eine Substitutionsreaktion, die nicht über Radikale abläuft und bei der Brombenzol und Bromwasserstoff entstehen:

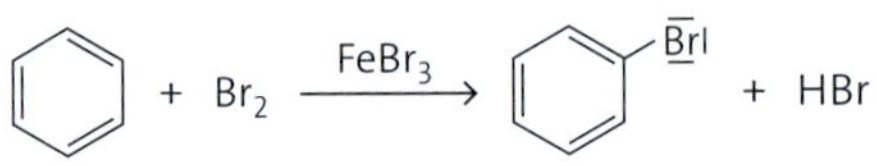

OSZILLATIONSHYPOTHESE Werden bei einem Überschuss von Brom pro Benzol-Molekül je zwei Wasserstoff-Atome gegen zwei Brom-Atome ersetzt, so gibt es ausgehend von KEKULÉs Benzolring auf den ersten Blick fünf verschiedenen Dibrombenzol-Moleküle (↑ 02). Molekül (4) kann durch Drehung um den Mittelpunkt in Molekül (2) überführt werden, d. h., (2) und (4) sind identisch. Es müssten also vier verschiedene Disubstitutionsprodukte existieren. Tatsächlich können aber bloß drei verschiedene gefunden werden. KEKULÉ erklärte das Fehlen des vierten Disubstitutionsprodukts mit einem ungewöhnlichen Ansatz: Er ging davon aus, dass die Doppel- und Einfachbindungen in seinem Benzolring durch ständiges schnelles „Umklappen" von Elektronenpaaren ständig ihren Platz wechseln.

Dadurch wären die Kohlenstoff-Atome im Molekül ununterscheidbar und alle sechs C–C-Bindungen wären gleichartig. In diesem Fall wären auch die Moleküle (1) und (5) identisch, sodass nur noch die Moleküle (1), (2) und (3) unterschieden werden müssten.

Die Fachwelt stand der „Oszillationshypothese" damals sehr skeptisch und ablehnend gegenüber und die Zweifel an einem sechseckigen Benzolring mit „umklappenden" Elektronenpaaren waren groß. Mithilfe von Röntgenstrukturanalyse an Benzol-Kristallen konnte Mitte des 20. Jahrhunderts allerdings gezeigt werden, dass das Benzol-Molekül tatsächlich ein ebenes, regelmäßiges Sechseck mit sechs gleichartigen (ununterscheidbaren) C–C-Bindungen ist. Die ermittelte Bindungslänge von 139 pm liegt zwischen den Werten von C–C-Einfach- und C=C-Doppelbindungen (↑ 03). Es handelt sich also bei den C–C-Bindungen – anders als von KEKULÉ behauptet – weder um die eine noch um die andere Bindungsart. Ganz treffend könnte man vielleicht von „Eineinhalb-Bindungen" sprechen.

Das Benzol-Molekül ist ein ebenes, regelmäßiges Sechseck mit sechs gleichartigen C–C-Bindungen.

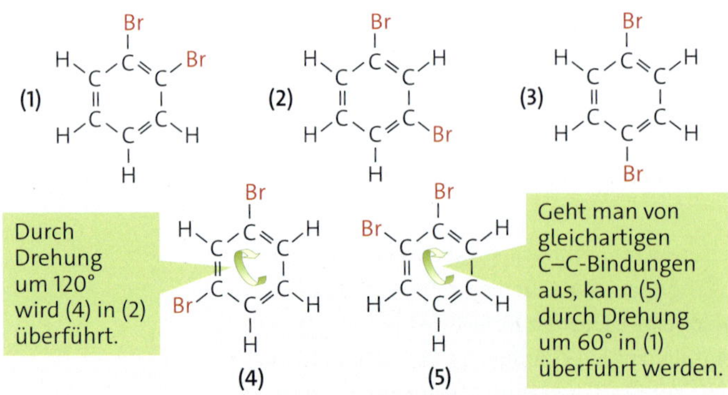

02 Mögliche Strukturformeln für Dibrombenzol-Moleküle

Art der Bindung	Bindungslänge
C–C-Einfachbindung	154 pm
C=C-Doppelbindung	134 pm
C⩦C-Bindung Benzol-Molekül	139 pm

03 C–C-Bindungen im Vergleich (1 pm = 10^{-12} m)

Mesomerie im Benzol-Molekül LK

MESOMERIE KEKULÉS gewagte Vorstellung von oszillierenden Bindungen muss nach heutiger Erkenntnis verworfen werden. Stattdessen ist davon auszugehen, dass die C=C-Doppelbindungen weder an der einen Stelle noch an der anderen Stelle im Molekül lokalisiert sind, sondern dass beide Anordnungen nur als zwei Grenzfälle betrachtet werden können, die zu keinem Zeitpunkt existieren. Die wahren Bindungsverhältnisse liegen *irgendwo zwischen* diesen beiden Grenzfällen, den **mesomeren Grenzformeln** (↑ S.28). Die sechs π-Elektronen im Ring sind also nicht an bestimmten Kohlenstoff-Atomen lokalisiert, sondern über den ganzen Ring verteilt. Wie bei den Polyenen und Cyaninen liegt ein **delokalisiertes π-Elektronensystem** vor.

In verkürzter Schreibweise wird für das Benzol-Molekül einfach ein ebenes, regelmäßiges Sechseck gezeichnet, die Kohlenstoff- und Wasserstoff-Atome sind dabei nicht sichtbar (Skelettformel). Statt der beiden mesomeren Grenzformeln zeichnet man dabei nur ein Sechseck mit einem Kreis in der Mitte, um so das delokalisierte Elektronensystem anzudeuten.

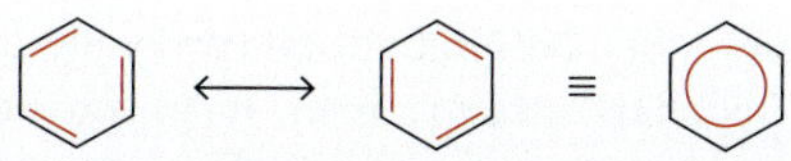

Das Benzol-Molekül besitzt sechs delokalisierte π-Elektronen. Die Bindungssituation wird durch zwei mesomere Grenzformeln beschrieben.

MESOMERIESTABILISIERUNG Benzol weist einen deutlich geringeren Energieinhalt auf und ist damit energetisch wesentlich stabiler, als man es von einer ungesättigten Verbindung erwarten sollte. Das zeigt sich beispielsweise bei der folgenden Betrachtung (↑ **04**):
Setzt man ein Mol Cyclohexen (C_6H_{10}) mit Wasserstoff zu Cyclohexan (C_6H_{12}) um, so wird ein Energiebetrag von 120 kJ frei. Die Hydrierung von einem Mol Cyclohexa-1,3-dien (C_6H_8) zu Cyclohexan liefert erwartungsgemäß etwa das Doppelte, nämlich 232 kJ. Bei der Hydrierung von einem Mol Benzol (C_6H_6) kann hochgerechnet ein Energiebetrag von etwa 360 kJ erwartet werden. Tatsächlich werden hier aber nur 209 kJ frei. Aufgrund der Mesomerie, also aufgrund des Vorliegens eines delokalisierten π-Elektronensystems, ist Benzol gegenüber dem hypothetischen Cyclohexa-1,3,5-trien um einen Energiebetrag von 151 kJ · mol^{-1} stabilisiert. Diesen Energiebetrag bezeichnet man als **Mesomerieenergie**.

Mesomerie

Für ein besseres Verständnis des Mesomeriebegriffs in Abgrenzung zur Oszillationstheorie ist die folgende Analogie aus dem Tierreich hilfreich:

Aus der Kreuzung einer Pferdestute mit einem Esel geht das Maultier hervor. Ein Maultier hat gleichzeitig typische Eigenschaften eines Pferds (z. B. Gutmütigkeit) und eines Esels (z. B. hohe Ausdauer).

Es ist aber ganz offensichtlich nicht der Fall, dass ein Maultier in der einen Sekunde ein Pferd ist und in der nächsten zum Esel wird und ständig zwischen diesen beiden Ausprägungen hin und her oszilliert.

Pferd und Esel sind vielmehr so etwas wie die nie erreichten „Extremformen" des Maultiers. Diese Extreme helfen bei der Beschreibung seines Wesens, das tatsächlich irgendwo „dazwischen" liegt.
Man könnte diese Situation ähnlich wie beim Benzolring so zusammenfassen:

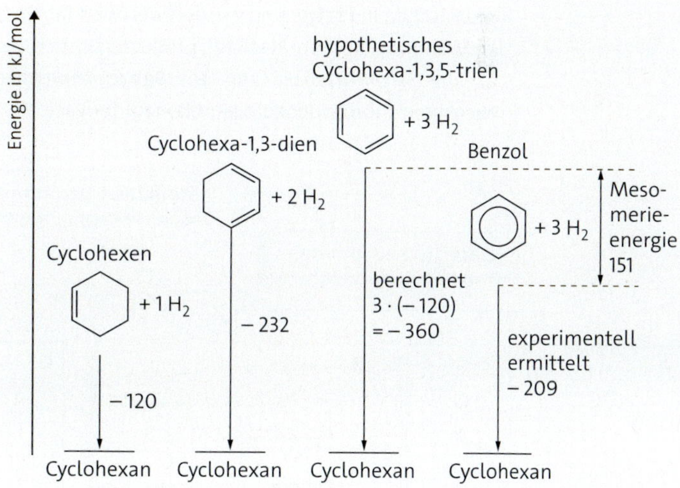

04 Das Benzol-Molekül ist mesomeriestabilisiert.

Aufgrund des delokalisierten π-Elektronensystems ist Benzol mesomeriestabilisiert. Die Mesomerieenergie beträgt 151 kJ · mol^{-1}.

1 Erklären Sie, warum der von KEKULÉ vorgeschlagene Benzolring von der Fachwelt zunächst nicht akzeptiert wurde.

2 Erklären Sie die Begriffe Mesomerie und delokalisiertes π-Elektronensystem ausgehend vom Benzol-Molekül.

7.4 Cyclische π-Elektronensysteme LK

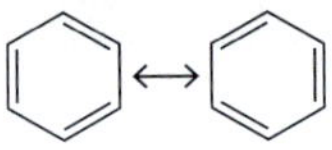

01 Delokalisierung erkennt man daran, dass sich mesomere Grenzformeln angeben lassen.

AROMATISCHER ZUSTAND Benzol ist der strukturell einfachste Vertreter der Aromaten und zeigt mit seiner hohen energetischen Stabilität und seinem ungewöhnlich trägen Verhalten gegenüber Brom ein chemisches Verhalten, das charakteristisch für die ganze Stoffklasse ist. Dieses Reaktionsverhalten ist auf die besondere Bindungssituation in den Molekülen aromatischer Verbindungen zurückzuführen. Entscheidend für diesen *aromatischen Zustand* der Moleküle ist ein π-Elektronensystem, wie es im Benzol-Molekül mit seinen sechs delokalisierten Ringelektronen vorliegt (↑ **01**; ↑ S. 223).

02 Im Namen des Chemiekonzerns BASF versteckt sich ein Benzolderivat.

EINCYCLISCHE AROMATEN Das Benzol-Molekül weist einen aromatischen Zustand auf und damit auch alle Moleküle, die sich direkt vom Benzol-Molekül ableiten, indem ein H-Atom oder mehrere H-Atome gegen andere Atome oder funktionelle Gruppen ausgetauscht werden. Stoffe, deren Moleküle einen Benzolrest als aromatischen Grundkörper tragen, werden als **Derivate** (Abkömmlinge) des Benzols bezeichnet. Sie gehören wie Benzol selbst zu den *eincyclischen Aromaten* (↑ **03A**).
Toluol, Phenol und Anilin sind Beispiele für wichtige Benzolderivate. Sie zählen zu den Grundstoffen der chemischen Industrie und werden weltweit jährlich im Millionen-Tonnen-Maßstab produziert. Auch die für die Strukturaufklärung des Benzol-Moleküls wichtigen Dibrombenzole sind Benzolderivate.

HÜCKEL-REGEL Dem deutschem Physiker ERICH HÜCKEL gelang es 1931, aus quantenmechanischen Überlegungen heraus eine verallgemeinerte Regel für das Vorliegen eines aromatischen Zustands aufzustellen:

> **Hückel-Regel:**
> **Ein aromatischer Zustand liegt vor, wenn die Moleküle einer Verbindung eine ebene Ringstruktur mit einem ringförmig geschlossenen π-Elektronensystem mit $(4n + 2)$ delokalisierten π-Elektronen aufweisen ($n = 0, 1, 2, ...$).**

Die Kriterien der Hückel-Regel sind nicht nur beim Benzol-Molekül und den Molekülen sämtlicher Benzolderivate mit ihren jeweils $4 \cdot 1 + 2 = 6$ delokalisierten π-Elektronen erfüllt, sondern auch bei vielen anderen eincyclischen Molekülen. Beispiele sind die Moleküle von Pyridin, Furan und Thiophen, die ebenfalls jeweils $4 \cdot 1 + 2 = 6$ delokalisierte π-Elektronen aufweisen (↑ **03B**).
Hier sind am Aufbau des ebenen Ringgerüsts nicht nur Kohlenstoff-Atome beteiligt, sondern auch **Heteroatome** (griech. *hetero*: das andere), nämlich das Stickstoff-Atom, das Sauerstoff-Atom und das Schwefel-Atom. Die Aromatizität von Pyridin, Furan und Thiophen erkennt man nicht nur durch „Elektronenzählen", sondern auch an ihrem Reaktionsverhalten. So geht beispielsweise Pyridin bei

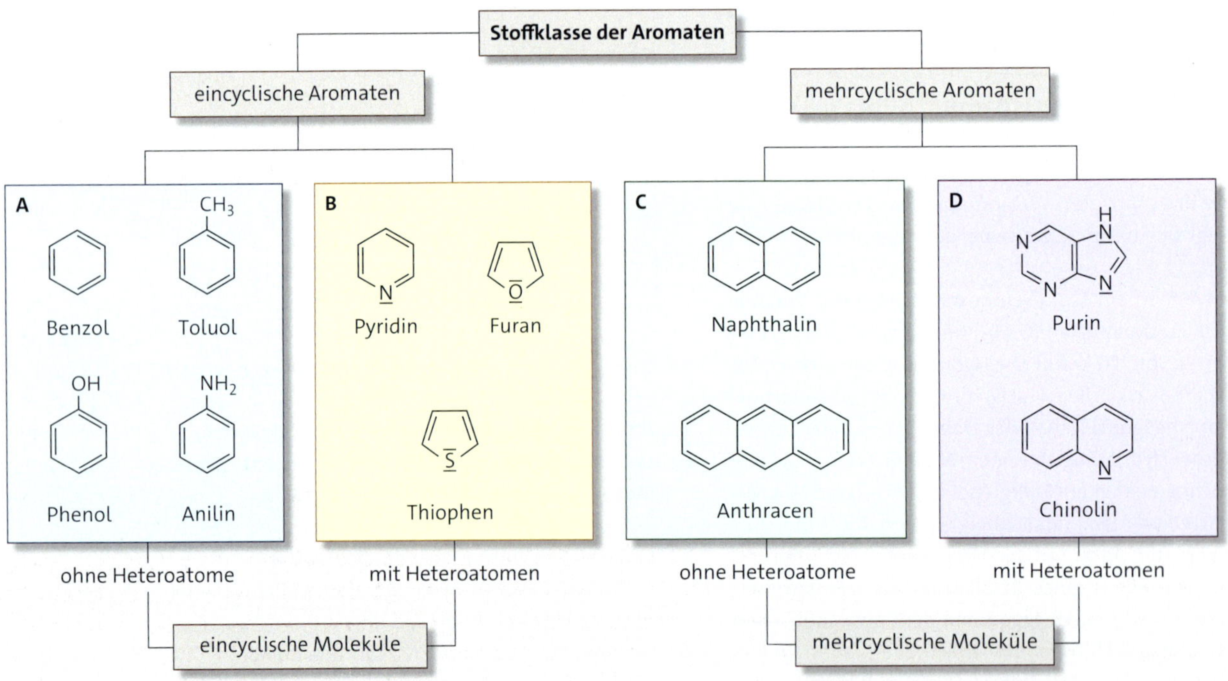

03 Stoffklasse der Aromaten

geeigneter Aktivierung eine Substitutionsreaktion mit Brom ein, wie es für eine aromatische Verbindung zu erwarten ist (↑ S. 222).

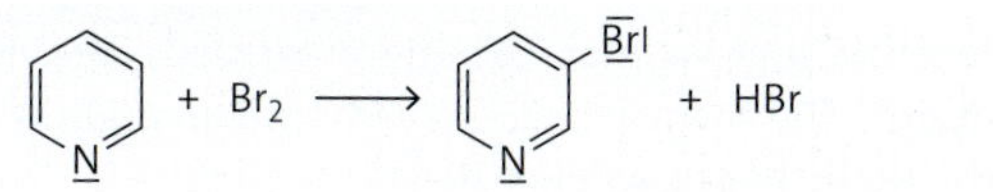

Auch mehrcyclische Moleküle können die Hückel-Regel erfüllen, z. B. die Moleküle von Naphthalin (n = 2) und Anthracen (n = 3) sowie die Moleküle von Purin und Chinolin (n = 2). Hier sind zwei bzw. drei ebene Ringe über je eine gemeinsame C–C-Bindung miteinander verknüpft. Naphthalin, Anthracen, Purin und Chinolin sind mehrcyclische Aromaten (↑ **03C**, **D**).

Aromatische Moleküle können ein- oder mehrcyclisch sein. Die Ringgerüste können mit oder ohne Heteroatome aufgebaut sein.

AROMATISCH ODER NICHT AROMATISCH Nicht bei jedem cyclischen Molekül mit π-Elektronen im Ring liegt Aromatizität vor. Das Cyclopentadien-Molekül z. B. hat zwei lokalisierte C = C-Doppelbindungen, d. h., es können keine mesomeren Grenzformeln angegeben werden. Es liegt also keine Aromatizität vor. Das Cyclopentadienyl-Anion hat sechs delokalisierte π-Elektronen und ist damit nach der Hückel-Regel aromatisch (↑ **04**). Das Cyclopentadienyl-Kation wiederum hat nur vier delokalisierte π-Elektronen und ist daher nicht aromatisch. Im Gegenteil: Die cyclische Delokalisierung von 4 n Elektronen (n = 1, 2, 3 ...) führt sogar zu einer Verringerung der energetischen Stabilität und damit zu einer erhöhten Reaktivität. Man sagt: Das instabile Cyclopentadienyl-Kation ist *antiaromatisch*.

FARBIG ODER NICHT FARBIG In allen aromatischen Systemen liegen delokalisierte π-Elektronen vor, die angeregt werden können. Ein ausgedehntes π-Elektronensystem, wie es die Voraussetzung für Farbigkeit ist, besitzen unsubstituierte eincyclische und kleinere mehrcyclische Aromaten jedoch nicht. Aus den Absorptionsspektren der unsubstituierten mehrcyclischen Aromaten Naphthalin (2 Ringe), Anthracen (3 Ringe) und Tetracen (4 Ringe) lässt sich erkennen, dass mit Vergrößerung der Moleküle eine deutliche Verschiebung des Absorptionsmaximums in den längerwelligen Bereich (↑ **05**) einhergeht. Während Naphthalin farblos ist, zeigt Anthracen Fluoreszenz unter UV-Licht. Tetracen, dessen Moleküle im Vergleich zu Anthracen-Molekülen vier zusätzliche π-Elektronen besitzen, liegt als orangenes Pulver vor.

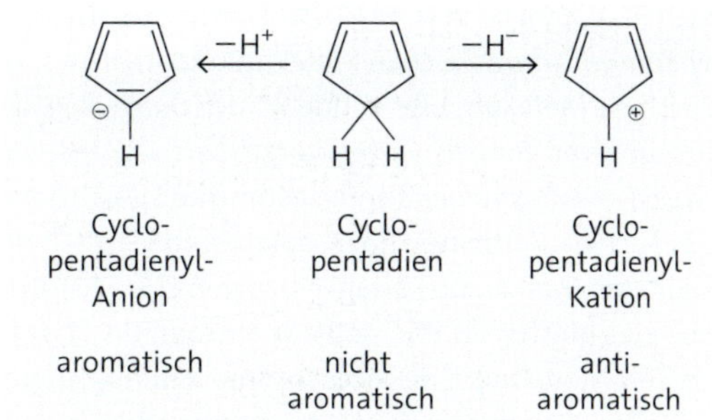

04 Cyclopentadienyl-Anion und -Kation

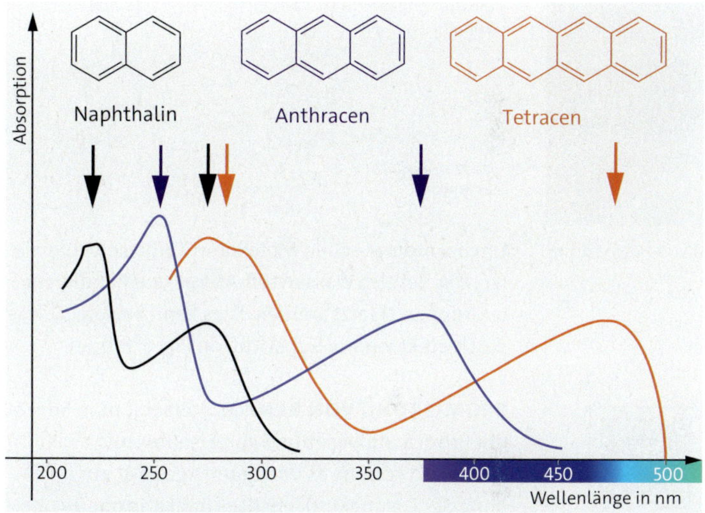

05 Absorptionsspektrum verschiedener unsubstituierter Aromaten (stark geglättet), Pfeile weisen auf die Bereiche der jeweiligen Absorptionsmaxima hin.

1 〉 Für das Pyridin-Molekül lassen sich fünf verschiedene mesomere Grenzformeln angeben. Drei davon sind hier abgebildet.

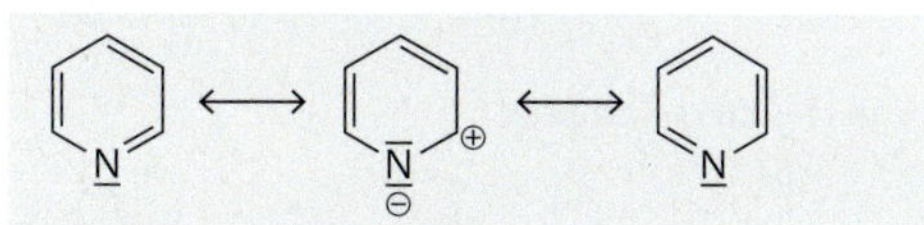

Geben Sie die fehlenden beiden Grenzformeln an.

2 〉 Geben sie möglichst viele mesomere Grenzformeln folgender Moleküle an.
a Phenol
b Furan
c Naphthalin

3 〉 Begründen Sie, ob die folgenden beiden Strukturformeln nach der Hückel-Regel einen aromatischen Zustand aufweisen:

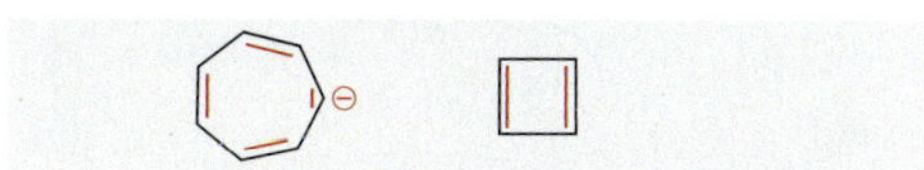

4 〉 Zeichnen Sie die Strukturformel eines Moleküls, das die Hückel-Regel für n = 0 erfüllt.

7.5 Elektrophile Substitution an Aromaten LK

SUBSTITUIERTE AROMATEN Das π-Elektronensystem von aromatischen Molekülen kann nicht nur durch die Molekülgröße, sondern auch durch die Einführung von Substituenten vergrößert werden. So wie bei den Cyaninen führen bestimmte Substituenten auch bei Aromaten dazu, dass bereits Stoffe mit kleineren Molekülen Farbigkeit zeigen (↑S. 220). Ein Beispiel hierfür ist das gelbe 4-Nitroanilin (↑ **01**), dessen Moleküle eine auxochrome Aminogruppe und eine antiauxochrome Nitrogruppe enthalten:

01 4-Nitroanilin

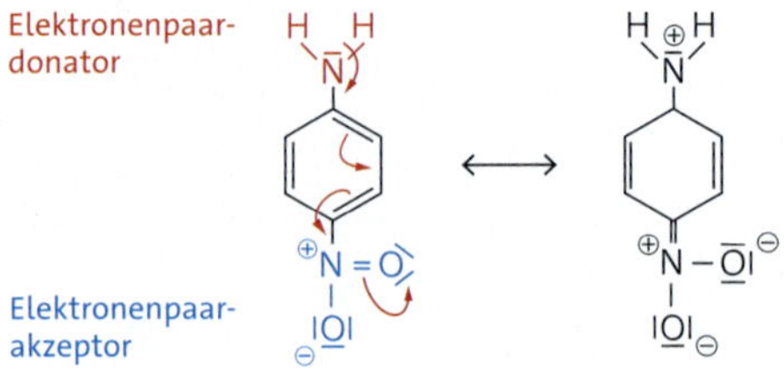

Um bei aromatischen Molekülen Farbigkeit zu erzielen, können also Wasserstoff-Atome durch funktionelle Gruppen ersetzt werden. Dies kann beispielsweise durch **elektrophile Substitution (S_E)** erfolgen.

Animation: Elektrophile Substitution am Aromaten

BROMIERUNG VON BENZOL Versetzt man Benzol mit Brom in Anwesenheit von Eisenbromid als Katalysator, so kommt es wie bereits gezeigt zur Entfärbung der Lösung und feuchtes Indikatorpapier oberhalb der Lösung färbt sich rot (↑ S.222). Es läuft eine *Substitutionsreaktion* ab, bei der Brombenzol und Bromwasserstoff entstehen:

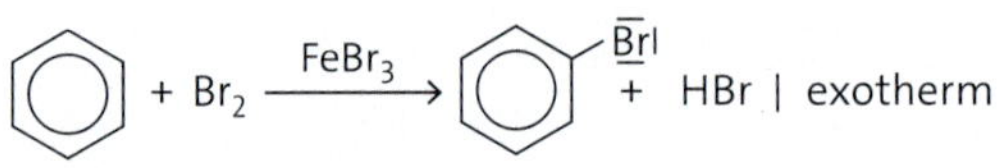

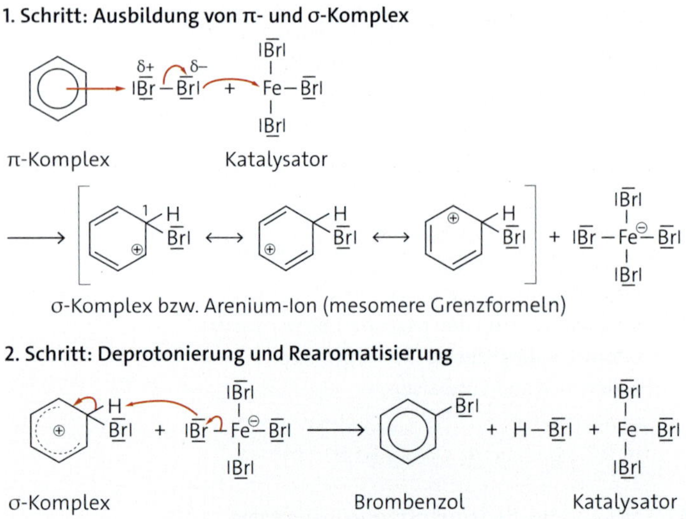

02 Mechanismus der elektrophilen Substitution

Anders als bei der Reaktion von Brom mit Alkanen verläuft diese Substitutionsreaktion allerdings nicht über Radikale, d. h., es handelt sich *nicht* um eine *radikalische Substitution* (↑ S. 132 f.). Die angreifenden Teilchen sind vielmehr positiv polarisierte Brom-Atome, wie es auch bei der elektrophilen Addition von Brom an Alkene der Fall ist (↑ S. 64 f.).

REAKTIONSMECHANISMUS Die elektrophile Substitution läuft in zwei Schritten ab: Zunächst bilden sich ein π- und ein σ-Komplex aus, die Aromatizität geht hier verloren. Anschließend erfolgt eine Deprotonierung und eine Rearomatisierung (↑ **02**). Der Mechanismus der elektrophilen Substitution lautet wie folgt:

1. Schritt: Ein Brom-Molekül nähert sich dem Benzol-Molekül und es kommt zur Polarisierung der Br–Br-Bindung. Das positiv polarisierte Brom-Atom wechselwirkt mit den π-Elektronen im Benzol-Molekül und ein **π-Komplex** bildet sich aus. In Gegenwart von Eisenbromid ($FeBr_3$) als Katalysator ist die Polarisierung so stark, dass das positiv polarisierte Brom-Atom aus dem π-Komplex heraus das energetisch stabile Benzol-Molekül elektrophil angreifen und sich unter Ausbildung einer σ-Bindung an ein Kohlenstoff-Atom (C–1-Atom) anlagern kann. Gleichzeitig wird ein Bromid-Ion auf den Katalysator übertragen, sodass ein $FeBr_4^-$-Ion entsteht.
Durch die neu gebildete σ-Bindung ergibt sich im Benzol-Molekül eine positive Ladung, die allerdings nicht an einem bestimmten Kohlenstoff-Atom lokalisiert werden kann, sondern über drei mesomere Grenzformeln hinweg delokalisiert ist. Der so gebildete **σ-Komplex** (auch: **Arenium-Ion**) ist dadurch mesomeriestabilisiert. Es handelt sich um ein Zwischenprodukt der Reaktion und das Energiediagramm weist dementsprechend ein lokales Minimum auf (↑ **03**).
Trotz der Mesomeriestabilisierung ist der σ-Komplex energetisch weniger günstig als das ursprüngliche aromatische System mit sechs delokalisierten π-Elektronen. Die Bildung des σ-Komplexes ist daher ein endothermer Vorgang (↑ **03**).

2. Schritt: Anders als bei der bisher ähnlich verlaufenden elektrophilen Addition kommt es hier nicht zur Ausbildung einer zweiten Br–C-Bindung, sondern zur Substitution: Das Wasserstoff-Atom am C–1-Atom wird als Proton (H^+) abgespalten (**Deprotonierung**). Dabei entsteht ein Brombenzol-Molekül und der aromatische Zustand mit sechs delokalisierten π-Elektronen wird wiederhergestellt (**Rearomatisierung**).

Das Proton wird vom $FeBr_4^-$-Ion aufgenommen. Schließlich entsteht Bromwasserstoff und der Katalysator bildet sich zurück. Durch die Rearomatisierung wird in diesem Schritt so viel Energie frei, dass die Bromierungsreaktion insgesamt exotherm verläuft (↑ **03**).

Benzol reagiert mit Brom in Gegenwart eines geeigneten Katalysators nach dem Mechanismus der elektrophilen Substitution (S_E).

Analog zur Reaktion mit Brom kann Benzol auch mit Chlor umgesetzt werden. Weitaus bedeutsamer als der Austausch eines Wasserstoff-Atoms gegen ein Brom- oder Chlor-Atom sind allerdings Substitutionsreaktionen, bei denen eine Alkylgruppe (z. B. $-CH_3$), eine Nitrogruppe ($-NO_2$) oder eine Sulfonsäuregruppe ($-SO_3H$) in den Benzolring eingeführt wird. Auch solche *Alkylierungs-* und *Nitrierungsreaktionen* verlaufen als elektrophile Substitutionen in zwei Schritten.

ALKYLIERUNG Die Einführung einer Alkylgruppe in den Benzolring erfolgt durch Umsetzung von Benzol mit einem Halogenalkan in Anwesenheit eines geeigneten Katalysators, z. B. Aluminiumchlorid. Die nach ihren Entdeckern CHARLES FRIEDEL und JAMES CRAFT benannte Reaktion läuft dabei ganz ähnlich ab wie die Halogenierung: Aus dem π-Komplex heraus greift ein positiv polarisiertes C-Atom den Benzolring elektrophil an. Der sich bildende σ-Komplex rearomatisiert in einem zweiten Schritt durch Deprotonierung. Durch **Friedel-Crafts-Alkylierung** lässt sich beispielsweise **Toluol** (Methylbenzol) gewinnen (↑ **04**).

NITRIERUNG Die Reaktion von Benzol mit Nitriersäure, einem Gemisch aus konzentrierter Salpetersäure und konzentrierter Schwefelsäure, führt zur Bildung von **Nitrobenzol**. Anders als bei der Halogenierung oder der Alkylierung greifen hier nicht positiv polarisierte Atome elektrophil an, sondern positiv geladene **Nitronium-Ionen (NO_2^+)**. Sie entstehen in der Nitriersäure durch Protonierung von Salpetersäure durch Schwefelsäure unter Abspaltung von Wasser. Der eigentliche Substitutionsvorgang läuft mechanistisch wieder genauso ab wie bei den Beispielen vorher (↑ **05**).

Die Halogenierung, Alkylierung und Nitrierung von Benzol sind elektrophile Substitutionen am Aromaten.

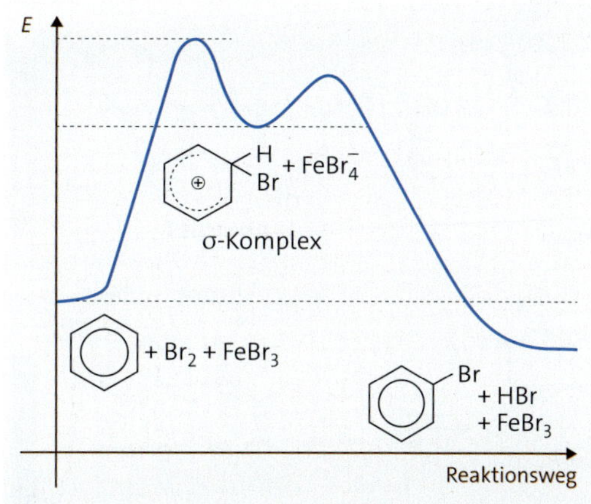

03 Energiediagramm der elektrophilen Substitution

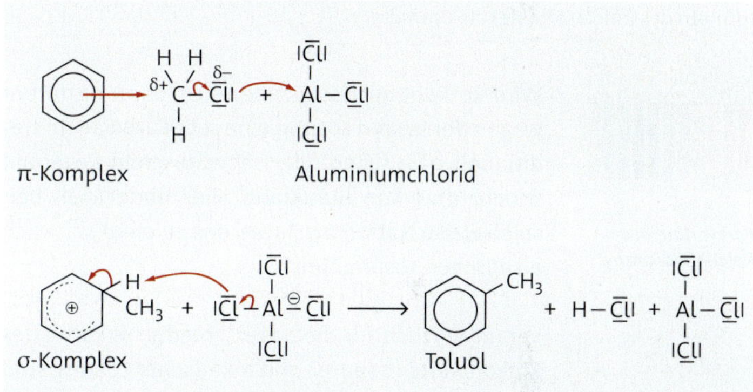

04 Friedel-Crafts-Alkylierung: Synthese von Toluol

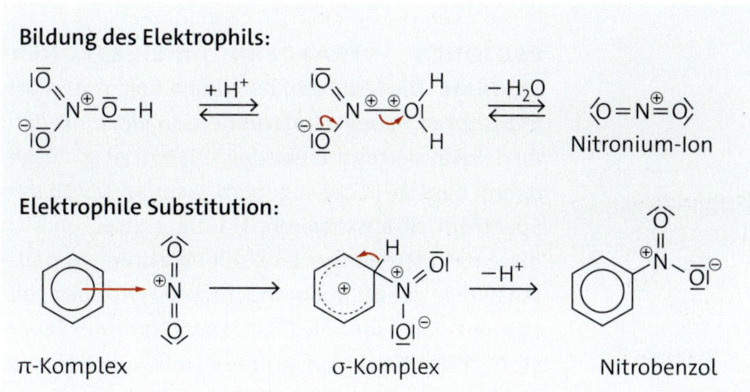

05 Nitrierung: Synthese von Nitrobenzol

1 › Vergleichen Sie die Reaktionsmechanismen der Reaktionen von Benzol mit Chlor sowie von Cyclohexen mit Chlor.
2 › Erklären Sie unter Verwendung von Lewis-Formeln, wie es zwischen einem Bromid-Ion (Br^-) und dem Katalysator Aluminiumbromid ($AlBr_3$) zu einer Bindung kommen kann.
3 › Stellen Sie den Reaktionsmechanismus der Friedel-Crafts-Alkylierung zu Ethylbenzol dar.

7.6 Farbstoffe als Säure-Base-Indikatoren LK

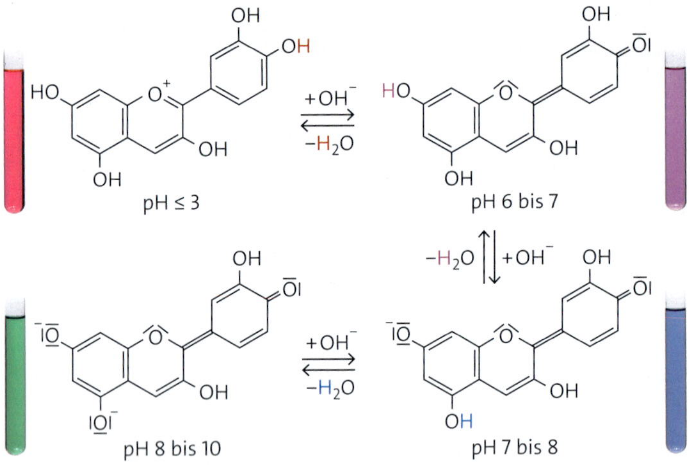

01 Rotkohlsaft bei verschiedenen pH-Werten und die dazu passenden Strukturformeln des Indikatormoleküls Cyanidin

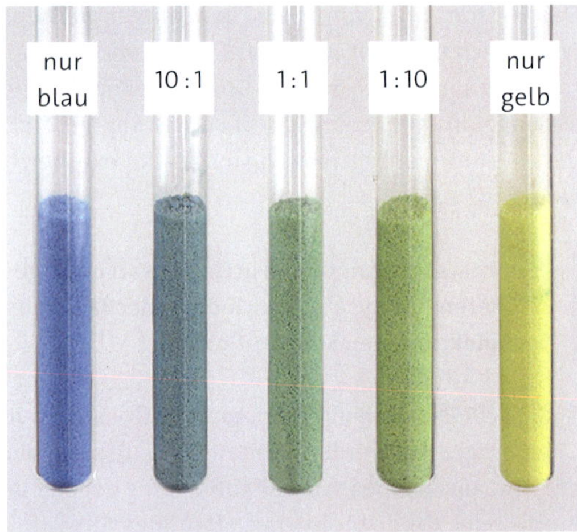

02 Modell „Kreidepulver" zur Verdeutlichung des Farbumschlags eines Indikators

Farbverlauf des Rotkohlindikators

Wird Rotkohl mit Essig zubereitet, dann nimmt er wegen der sauren Lösung eine rote Farbe an. In traditionell bayrischen oder schwäbischen Rezepten spricht man von Blaukraut. Hier findet sich beispielsweise Natron als Zutat, das zu einer schwach alkalischen Lösung führt.

Verantwortlich für die unterschiedliche Farbe des Rotkohlsafts in saurer und alkalischer Lösung sind die in ihm enthaltenen Anthocyanfarbstoffe wie Cyanidin (↑ 01). Bei diesen Farbstoffen handelt es sich um **Säure-Base-Indikatoren**.

PROTONEN VERÄNDERN π-ELEKTRONEN-SYSTEME Die Moleküle der vielen bekannten pH-Indikatoren haben *strukturelle Gemeinsamkeiten*: Ihr delokalisiertes π-Elektronensystem ist so ausgedehnt, dass sie in der Lage sind, Licht im sichtbaren Spektrum zu absorbieren. Häufig erstrecken sich diese π-Elektronensysteme über mehrere aromatische Ringe, die oft mit bathochromen Gruppen substituiert sind oder freie Elektronenpaare von Sauerstoff- oder Stickstoff-Atomen mit einbeziehen. Außerdem besitzen diese Farbstoff-Moleküle Strukturen, die mit Protonen bzw. mit Hydroxid-Ionen reagieren können, wobei die elektronische Struktur des Systems so sehr beeinflusst wird, dass sich die Wellenlänge des absorbierten Lichts ändert – der Indikator ändert seine Farbe abhängig vom pH-Wert.

So ist etwa im Molekül des Indikators *Phenolphthalein* nur in Lösungen mit pH-Werten zwischen 8 und 12 ein ausgedehntes π-Elektronensystem vorhanden. Unter diesen Bedingungen erscheint die Lösung pink. Wird das Molekül protoniert, wird das Gesamtsystem gestört: Delokalisierte π-Elektronen sind weiterhin vorhanden, jedoch in einzelnen kleineren und voneinander isolierten Systemen (↑ 03). Neutrale und saure Lösungen von Phenolphthalein absorbieren deshalb kein sichtbares Licht und erscheinen farblos.

Phenolphthalein ist ein Triphenylmethanfarbstoff ↑ S. 230 f.

Bei Säure-Base-Indikatoren ändert sich durch Abgabe oder Aufnahme von Protonen die Struktur ihrer Moleküle, sodass sie in einem anderen Wellenlängenbereich absorbieren. Die Farbe des Farbstoffs ist daher vom pH-Wert abhängig.

pH-INDIKATOREN SIND SÄUREN ODER BASEN Der Farbumschlag der Indikatoren in sauren oder basischen Lösungen durch Änderung in der Struktur der Farbstoff-Moleküle geschieht durch Abgabe bzw. Aufnahme eines Protons – also durch eine Säure-Base-Reaktion. Die Moleküle der Indikatoren selbst können damit als Protonendonatoren (Säuren) oder Protonenakzeptoren (Basen) reagieren.

$$HInd(aq) + H_2O(l) \rightleftarrows H_3O^+(aq) + Ind^-(aq)$$
$$Ind^-(aq) + H_2O(l) \rightleftarrows OH^-(aq) + HInd(aq)$$

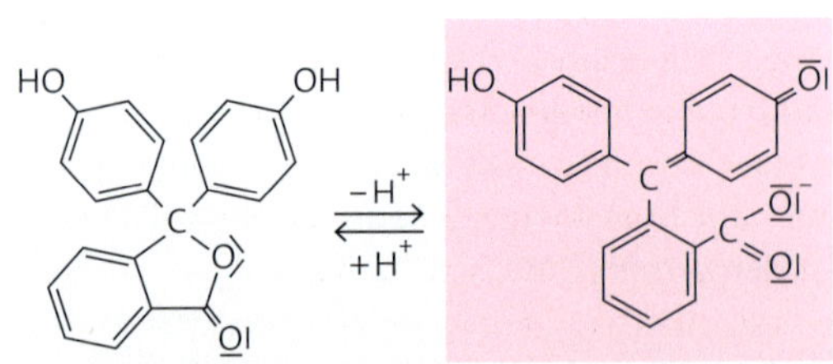

HInd Ind⁻

03 Protonierte Phenolphthalein-Moleküle wirken als Säure (HInd), deprotonierte als Base (Ind⁻)

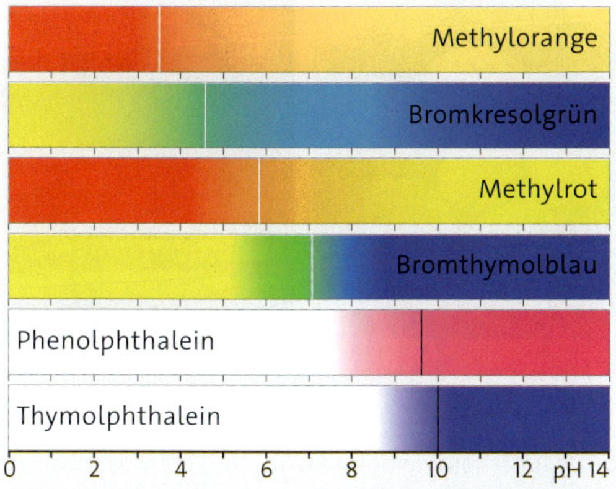

04 Beispiele für Indikatoren und Umschlagbereiche. Die Linien zeigen bei $c(\text{Ind}^-) = c(\text{HInd})$ die jeweiligen $\text{p}K_\text{S}$-Werte an.

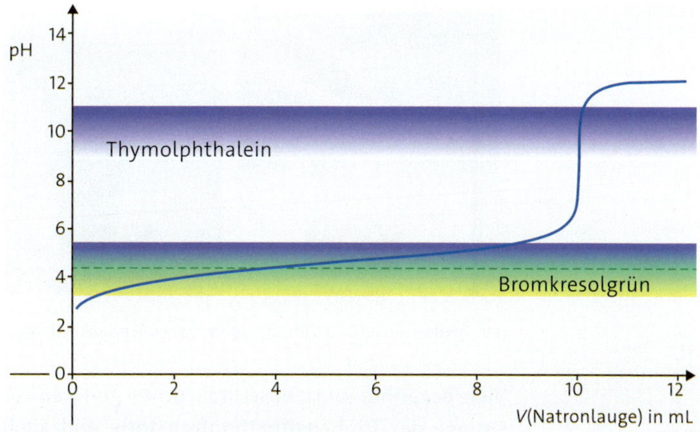

05 Thymolphthalein besitzt bei dieser Säure-Base-Titration einen passenden Umschlagbereich – Bromkresolgrün dagegen nicht.

„HInd" ist die Kurzschreibweise für die Molekülformel einer Indikatorsäure, „Ind^-" steht für die korrespondierende Indikatorbase. Mehrprotonige Indikatorsäuren können als $H_2\text{Ind}$, $H_3\text{Ind}$ usw. abgekürzt werden.

$\text{p}K_\text{S}$-WERT UND UMSCHLAGBEREICH Die Lage der Säure-Base-Gleichgewichte hängt neben dem pH-Wert auch von $\text{p}K_\text{S}(\text{HInd})$ ab, dem $\text{p}K_\text{S}$-Wert der Indikatorsäure. Aus der *Henderson-Hasselbalch-Gleichung* folgt:

$$\text{pH} = \text{p}K_\text{S}(\text{HInd}) + \lg \frac{c(\text{Ind}^-)}{c(\text{HInd})} \quad \text{bzw.}$$

$$\text{pH} - \text{p}K_\text{S}(\text{HInd}) = \lg \frac{c(\text{Ind}^-)}{c(\text{HInd})}$$

Die Differenz aus pH- und $\text{p}K_\text{S}$-Wert bestimmt den Konzentrationsquotienten von Indikatorbase und Indikatorsäure, wie die Beispiele in Tabelle ↑ **06** zeigen.

Bei kleinen pH-Werten wird die Farbe der Indikatorlösung von HInd dominiert, bei großen pH-Werten von Ind^-. Liegt der pH-Wert um eins unter dem $\text{p}K_\text{S}$-Wert, dann ist $c(\text{HInd})$ zehnmal so groß wie $c(\text{Ind}^-)$, liegt er um eins über dem $\text{p}K_\text{S}$-Wert, dann sind die Verhältnisse umgekehrt. Im pH-Wert-Bereich dazwischen liegt der Umschlagbereich. In ihm ändert sich die Farbe der Indikatorlösung (↑ **04**, **05**). Breite und Symmetrie des Umschlagbereichs um den $\text{p}K_\text{S}$-Wert hängen auch von der Intensität der Farben ab, die von HInd bzw. Ind^- verursacht werden.

Der Umschlagbereich eines pH-Indikators liegt etwa zwei pH-Einheiten um $\text{p}K_\text{S}(\text{HInd})$.

$\text{pH} - \text{p}K_\text{S}$	$\lg \frac{c(\text{Ind}^-)}{c(\text{HInd})}$	$\frac{c(\text{Ind}^-)}{c(\text{HInd})}$
1	1	10
0	0	1
−1	−1	0,1

06 Zusammenhang zwischen der Differenz von pH- und $\text{p}K_\text{S}$-Wert und dem Konzentrationsverhältnis von Indikatorbase zu Indikatorsäure

Henderson-Hasselbalch-Gleichung ↑ *S. 201*

1 › Das Kreidepulvermodell (↑ **02**) soll den Farbumschlag eines Indikators verdeutlichen. Erläutern Sie dieses Modell.

2 › Die Moleküle des Indikators Thymolblau sind zweiprotonige Säuren, $H_2\text{Ind}$: $\text{p}K_{\text{S}1} = 2{,}0$; $\text{p}K_{\text{S}2} = 8{,}8$. Geben Sie Schätzungen für die beiden Umschlagbereiche des Indikators an.

3 › Ammoniaklösung wurde mit Salzsäure titriert.
a Formulieren Sie die Reaktionsgleichung und geben Sie an, welche Verbindung am Äquivalenzpunkt in der Lösung gelöst vorliegt.
b Am Äquivalenzpunkt liegt diese Verbindung mit der Konzentration $c = 1{,}0\ \text{mol} \cdot \text{L}^{-1}$ vor. Berechnen Sie den pH-Wert der Lösung.
c Wählen Sie aus Bild ↑ **04** einen geeigneten Indikator für diese Titration aus.

4 › Universalindikator ist eine Mischung aus mehreren Säure-Base-Indikatoren. Rotkohlsaft ist keine solche Mischung und kann dennoch ganz verschiedene Farben annehmen. Erklären Sie die Farbumschläge dieser beiden Indikatoren.

5 › „Indikatoren verfälschen das Ergebnis von Titrationen, da sie selbst mit der Maßlösung reagieren". Diskutieren Sie diese Aussage.

7.7 Triphenylmethanfarbstoffe LK

01 Triphenylmethanfarbstoffe im Labor und im Alltag

Viele bekannte Säure-Base-Indikatoren gehören zur Gruppe der **Triphenylmethanfarbstoffe** und auch außerhalb des Labors begegnen uns Farbstoffe aus dieser Farbstoffgruppe häufig (↑ **01**).

MOLEKÜLSTRUKTUR Die Moleküle aller Triphenylmethanfarbstoffe leiten sich vom Triphenylmethan-Molekül ab. Sie bestehen aus einem zentralen C-Atom, an das drei *Phenylringe* binden (↑ **03A**). Ist an dieses zentrale C-Atom ein weiterer Substituent – also insgesamt vier Substituenten – gebunden, so liegen nur drei kleine delokalisierte π-Elektronensysteme der Phenylringe vor. Der Energieabstand zwischen Grundzustand und angeregtem Zustand ist groß. Die entsprechende Verbindung (↑ **03A**) absorbiert kein sichtbares Licht und erscheint farblos. Eine notwendige Voraussetzung für die Farbigkeit ist ein zentrales C-Atom mit nur drei Substituenten und einer Doppelbindung zu einem weiteren Bindungspartner wie beim Aurin- und beim Thymolphthalein-Molekül (↑ **03B,C**). Dadurch entsteht ein großes, zusammenhängendes π-Elektronensystem. In ihm ist der Energieabstand zwischen Grundzustand und angeregtem Zustand so klein, dass sichtbares Licht absorbiert werden kann und die Verbindung farbig erscheint. Durch verschiedene Substituenten an den Phenylringen (z. B. Amino- oder Hydroxygruppen) kann das delokalisierte π-Elektronensystem erweitert und die Farbigkeit variiert werden.

Phenylring: Vom Benzol abgeleiteter Substituent

Farbstoff	Verwendung
Phenolphthalein (↑ **04**)	Indikator (↑ **01A**)
Thymolphthalein (↑ **03C**)	Indikator
Patentblau V	Färben von z.B. Getränken und Schokolinsen (↑ **01B**)
Malachitgrün (↑ **05**)	Färben von Osternestern (↑ **01C**)
Fluorescein	Leuchtfarbstoff in Warnwesten und zur Markierung von Notausgängen (↑ **01D**)

02 Beispiele für Triphenylmethanfarbstoffe und ihre Verwendung

TRIPHENYLMETHANFARBSTOFFE ALS INDIKATOREN Phenolphthalein (↑ **04**) und Thymolphthalein (↑ **03B**) sind Triphenylmethanfarbstoffe, deren Farbigkeit vom pH-Wert abhängt. In saurer und neutraler Lösung besitzt das zentrale C-Atom im Phenolphthalein-Molekül vier Bindungspartner. Dadurch liegt kein ausgedehntes delokalisierte π-Elektronensystem vor und die Lösungen erscheinen farblos (↑ **04A**). Erhöht man bei Phenolphthalein den pH-Wert auf über 8, dann wird zunehmend eine der beiden Hydroxygruppen deprotoniert. Dadurch öffnet sich der Lactonring und es entsteht ein über die drei Phenylringe und das zentrale C-Atom ausgedehntes konjugiertes π-Elektronensystem (↑ **04B**). Bei pH-Werten oberhalb von 12 ist die Konzentration der Hydroxid-Ionen so groß, dass ein OH^--Ion an das zentrale Kohlenstoff-Atom bindet, wodurch dieses wieder vier Bindungspartner besitzt. Dadurch wird das konjugierte π-Elektronensystem unterbrochen und der Indikator erscheint wieder farblos (↑ **04C**).

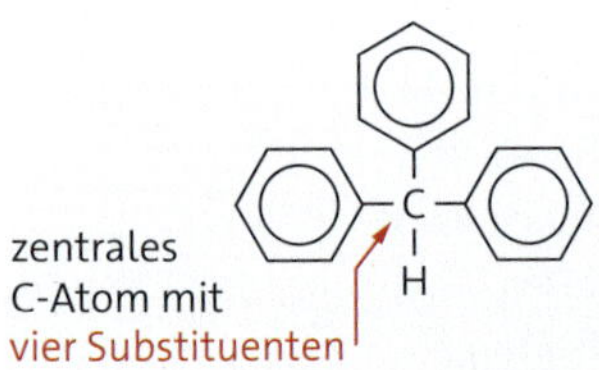

A Triphenylmethan, farblos

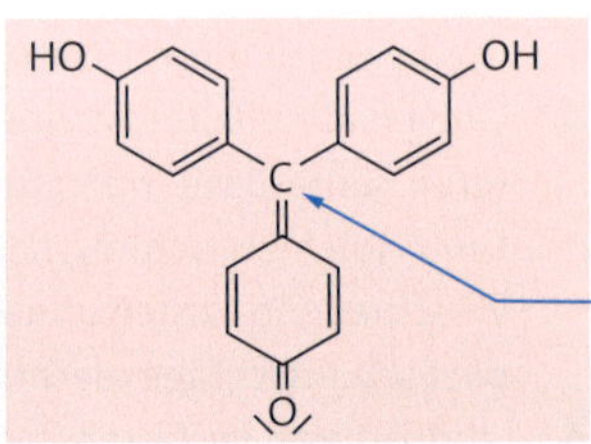

B Aurin, rotbraun

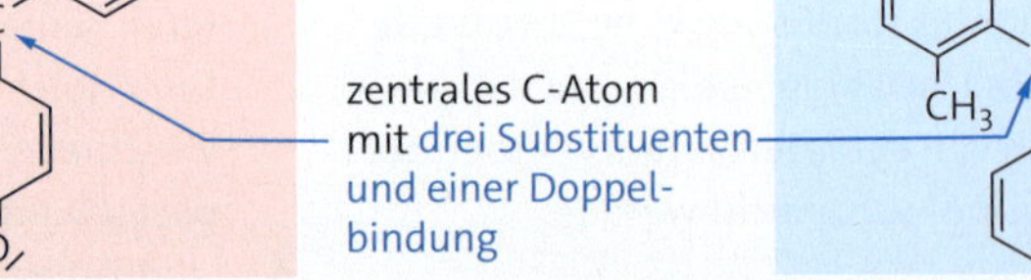

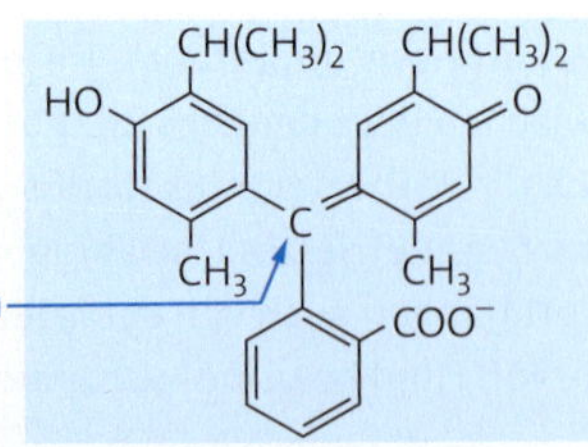

C Thymolphthalein, blau

03 Struktur und Farbe: **A** Triphenylmethan-Molekül, **B** Aurin-Molekül, **C** Thymolphthalein-Molekül

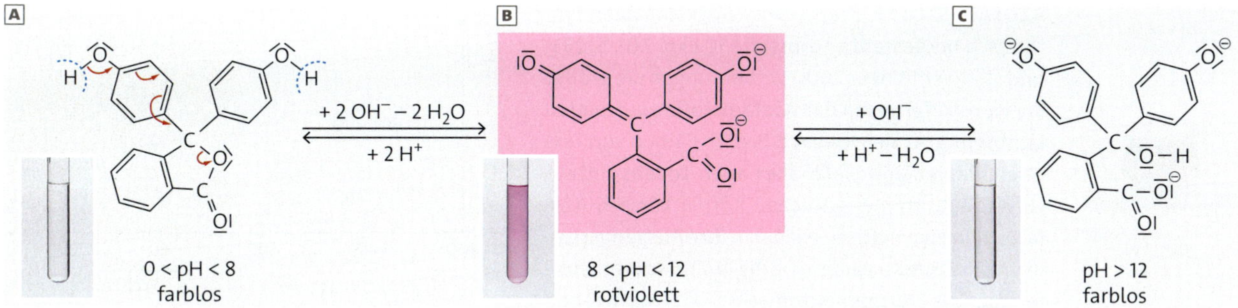

04 Strukturformeln des Phenolphthaleins bei verschiedenen pH-Werten

FARBIGKEIT DES MALACHITGRÜNS Malachitgrün ist ein Triphenylmethanfarbstoff, der bei pH-Werten zwischen 1,8 und 11,5 eine typische, dem Mineral Malachit ähnelnde, blau-grüne Farbe besitzt. Diese Farbe des Malachitgrüns ist eine Mischfarbe. Im Molekül existieren zwei absorbierende Systeme (↑ **05**). Das längere der beiden π-Elektronensysteme (λ_2 = 621 nm) erstreckt sich von der in ↑ **05** links dargestellten Dimethylaminogruppe bis zur rechten, das kürzere π-Elektronensystem (λ_1 = 425 nm) bis zum unteren Phenylring.

In stark saurer Lösung weist Malachitgrün eine gelbe Farbe auf. Die auxochromen Dimethylaminogruppen werden dabei zu Dimethylammoniumgruppen protoniert. Diese weisen keinen +M-Effekt mehr auf. Die Folge ist eine Verkürzung des π-Elektronensystems, sodass nur noch das π-Elektronensystem mit dem Absorptionsmaximum bei λ_1 = 425 nm absorbiert.

In Lösungen mit pH-Werten über 13,2 erscheinen Lösungen von Malachitgrün farblos. Wie beim Phenolphthalein bindet auch hier ein OH^--Ion an das zentrale Kohlenstoff-Atom, wodurch beide π-Elektronensysteme unterbrochen werden.

1 › Beschreiben Sie die mesomeren Grenzstrukturen des Malachitgrüns.

2 › Erläutern Sie die Farbigkeit des Malachitgrüns.

3 › Stellen Sie die Strukturformel des Malachitgrüns unter stark basischen Bedingungen auf.

4 › Malachitgrün lässt sich durch dreifache Friedel-Crafts-Alkylierung aus Benzol, N,N-Dimethylanilin und Aluminiumchlorid als Katalysator synthetisieren. Entwickeln Sie den entsprechenden Reaktionsmechanismus.

5 › Im sehr stark sauren Bereich bei pH = 0 erscheint eine wässrige Phenolphthaleinlösung rotorange. Erläutern Sie diese Tatsache.

6 › Patentblau V (s.u.) erscheint in saurer Lösung grüngelb, bei pH-Werten über 3 tiefblau. Erklären Sie die Farbigkeit von Patentblau V.

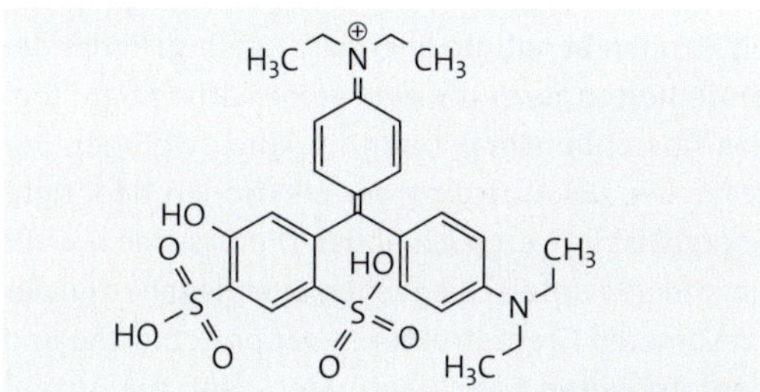

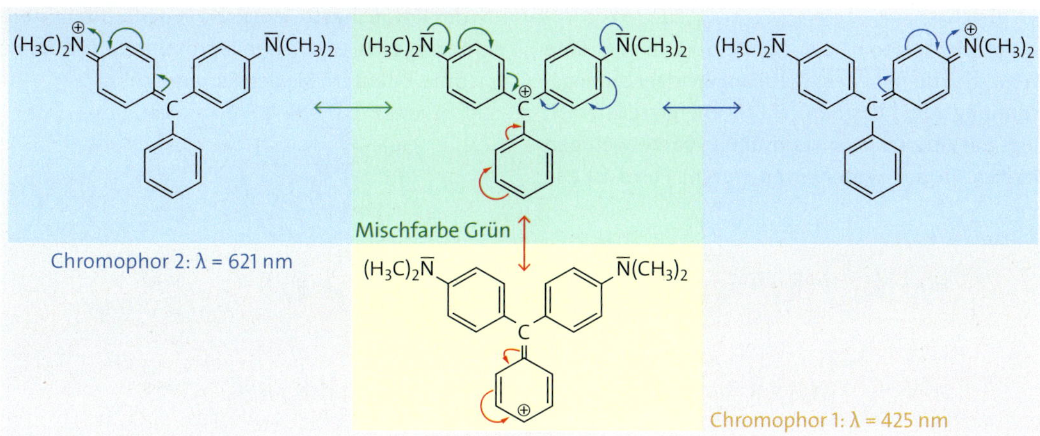

05 Mesomere Grenzstrukturen und Farbigkeit des Malachitgrüns

7.8 Azofarbstoffe LK

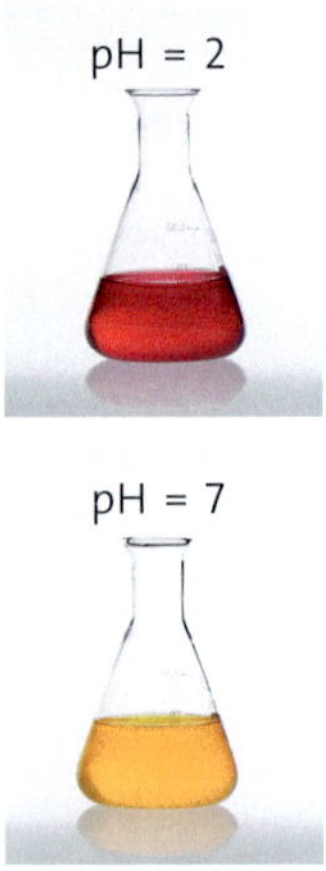

01 Methylorange bei verschiedenen pH-Werten

AZOFARBSTOFFE (franz. *azote:* Stickstoff) sind synthetisch hergestellte Farbstoffe (↑ Exp. 7.01, S. 233) und stellen mit über 2000 Verbindungen die größte der Farbstoffgruppen dar. Azofarbstoffe absorbieren Licht sehr gut. Sie werden z. B. zum Färben von Textilien, Papier und Holz, aber auch Lebensmitteln verwendet. Im menschlichen Körper können Azofarbstoffe enzymatisch wieder in ihre Ausgangsstoffe umgewandelt werden. Deshalb sind Azofarbstoffe, die als Ausgangsstoff eine krebserregende Aminoverbindung besitzen, in der EU in Gebrauchsmitteln verboten.

Alle Azofarbstoffe weisen als Strukturelement in ihren Molekülen die **Azogruppe R–N=N–R** zwischen zwei aromatischen Resten auf. Die große Vielfalt der Azofarbstoffe ergibt sich dadurch, dass die beiden Benzolringe eine große Zahl an verschiedenen Substituenten tragen können, die das delokalisierte π-System erweitern und eine genaue Einstellung von Farbnuancen ermöglichen.

AZOFARBSTOFFE ALS SÄURE-BASE-INDIKATOREN

Einige Azofarbstoffe finden als Säure-Base-Indikator Verwendung, der bekannteste von ihnen ist **Methylorange**. Er ist bei pH-Werten größer als 4,4 gelborange, bei pH-Werten kleiner als 3,1 hingegen rot (↑ **01**). Bei der protonierten Form, die eine rote Farbe zeigt, ist das Absorptionsmaximum in den längerwelligen Bereich verschoben (↑ **02**). Die zur Anregung der Elektronen benötigte Energie ist gering. In der deprotonierten Form, die eine gelbe Farbe zeigt, liegt das Absorptionsmaximum im kürzerwelligen Bereich. Die zur Anregung der Elektronen benötigte Energie ist im Vergleich höher. Die Ursache hierfür liegt in den unterschiedlichen Energiegehalten der mesomeren Grenzstrukturen der protonierten und deprotonierten Form begründet, denn die Anzahl der Doppelbindungen ist bei beiden Grenzstrukturen gleich.

In der nichtprotonierten (gelben) Form tritt eine Grenzstruktur mit energetisch ungünstiger Ladungstrennung auf (↑ **03** oben). Da sie energiereicher ist, liegt das Absorptionsmaximum im kürzerwelligen Bereich. In der protonierten (roten) Form ist die

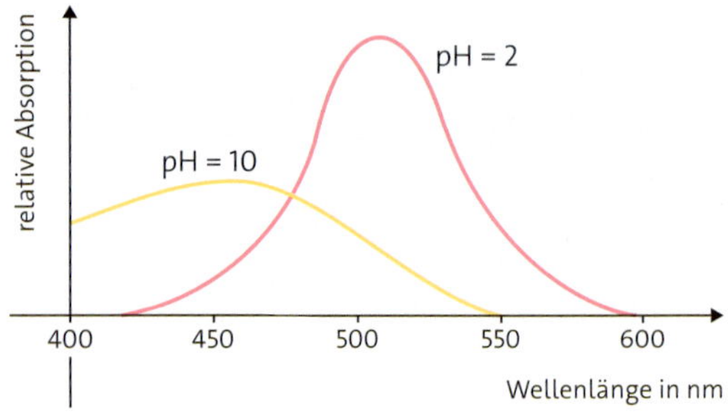

02 Absorption von Methylorange bei verschiedenen pH-Werten

positive Ladung delokalisiert, ohne dass bei den mesomeren Grenzstrukturen eine ungünstige Ladungstrennung auftritt (↑ **03** unten). Der Energiegehalt beider Grenzstrukturen ist daher gleich. Das Absorptionsmaximum liegt im längerwelligen Bereich. Es gibt auch Azofarbstoffe, die einen Farbwechsel im alkalischen Bereich aufweisen. So ist **Resorcingelb** bei pH-Werten kleiner als 11 gelb, bei pH-Werten größer als 12,7 rot.

1 Beschreiben Sie die Molekülstruktur eines Azofarbstoffs.

2 Erläutern Sie anhand von Strukturformeln, inwiefern die Azogruppe die Lichtabsorption durch das Molekül beeinflusst und somit für die Farbigkeit der Azofarbstoffe verantwortlich ist.

3 Entwickeln Sie die mesomeren Grenzstrukturen des Paramethylrot-Moleküls in der protonierten Form (rot) und in der deprotonierten Form (gelb). Erläutern Sie den Farbumschlag.

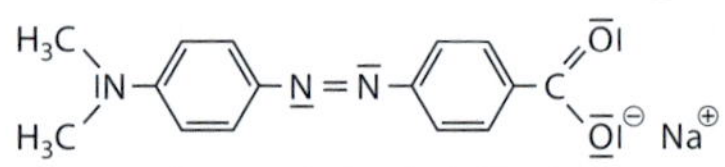

Paramethylrot bei pH > 3

4 Entwickeln Sie die mesomeren Grenzstrukturen des Resorcingelb-Moleküls in der protonierten Form (gelb) und in der deprotonierten Form (rot). Erläutern Sie den Farbumschlag.

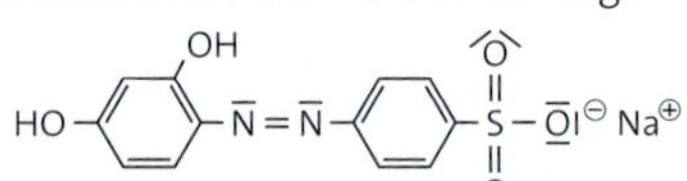

Resorcingelb

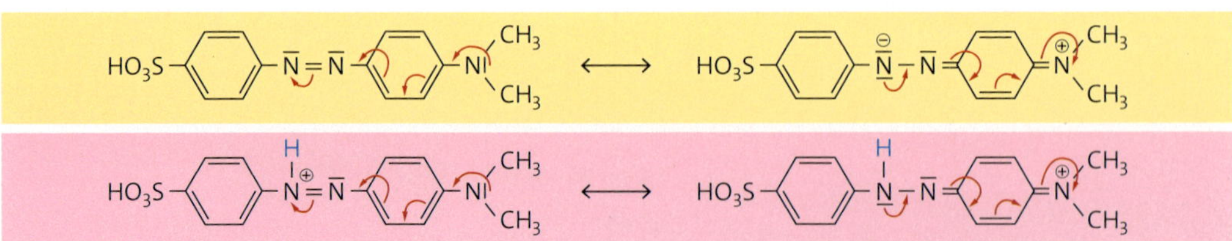

03 Mesomere Grenzstrukturen von Methylorange in der deprotonierten Form (gelb) und in der protonierten Form (rot)

Praktikum

Farbstoffe

EXP 7.01 Herstellung des Azofarbstoffs Orange II

Materialien Waage, Thermometer, Plastikschüssel, 4 Bechergläser (3 × 100 mL, 1 × 250 mL), Messzylinder, Glasrührstab, Glastrichter, Filterpapier, Spatel, Sulfanilsäure (7), 2-Naphthol (7, 9), Natriumnitrit (3, 6, 9), Salzsäure (w = 10 %; 5, 7), Natriumhydroxidlösung (w = 10 %; 5), Kochsalz, Eiswürfel, Wasser, destilliertes Wasser

Durchführung Geben Sie Eiswürfel und etwas Wasser zur Herstellung eines Eisbads in die Plastikschüssel.

Schritt 1 – Herstellung von 4 verschiedenen Lösungen:

Lösung 1: Geben Sie in ein Becherglas (250 mL) 10 mL Salzsäure.

Lösung 2: Geben Sie in ein Becherglas (100 mL) 10 mL Natronlauge und lösen Sie darin 0,8 g 2-Naphthol.

Lösung 3 zur Herstellung von Orange II: Geben Sie in ein Becherglas (100 mL) 5 mL Natronlauge und lösen Sie darin 1 g Sulfanilsäure.

Lösung 4: Geben Sie in ein Becherglas (100 mL) 5 mL destilliertes Wasser und lösen Sie darin 0,4 g Natriumnitrit.

Kühlen Sie die Lösungen in den vier Bechergläsern im Eisbad unter 5 °C ab.

Schritt 2 – Herstellung des Diazoniumsalzes: Geben Sie Lösung 4 zur Lösung 3 und fügen Sie anschließend das Gemisch langsam unter Umrühren zur Lösung 1. *Dabei darf die Temperatur nicht über 5 °C ansteigen!*

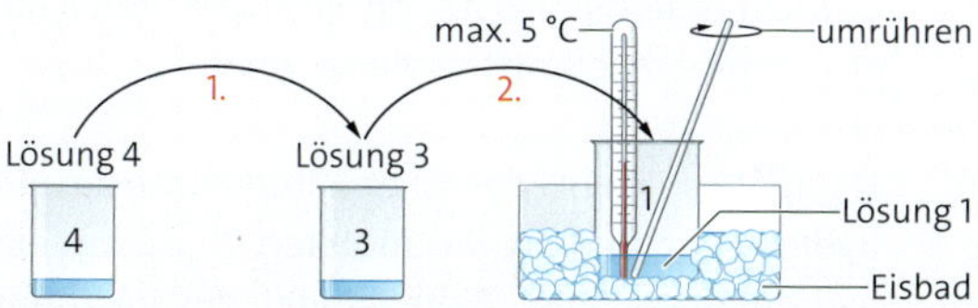

Schritt 3 – Azokupplung: Geben Sie zu der entstandenen Suspension des Diazoniumsalzes nun Lösung 2 hinzu. Während des Umrührens kristallisiert der Farbstoff aus.

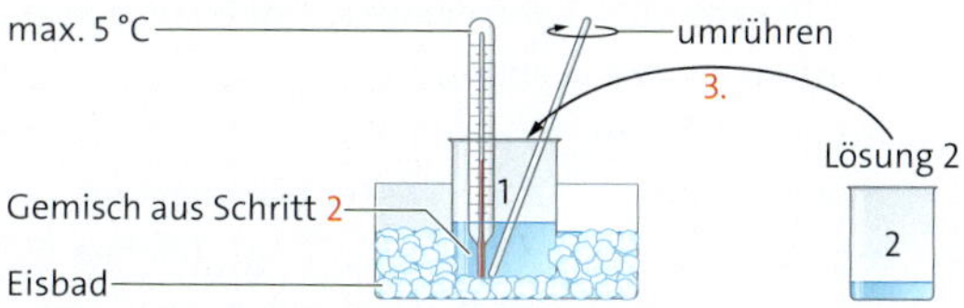

Schritt 4 – Aussalzen des Farbstoffs: Geben Sie unter Rühren zwei Spatel Kochsalz hinzu, damit der Farbstoff ausfällt.

Schritt 5: Filtrieren Sie den Farbstoff ab und geben Sie etwas Eiswasser auf den Farbstoff im Filter. Legen Sie anschließend das Filterpapier mit dem Farbstoff zum Trocknen aus.

Entsorgung: Farbstoff weiterverwenden. Lösungen ins Abwasser geben.

Auswertung

1) Notieren Sie Ihre Beobachtungen.
2) Der Farbstoff Orange II hat bei pH = 8 die Farbe Orange. Erläutern Sie, welche Farbveränderung Sie bei Orange II im stark alkalischen Bereich erwarten würden.

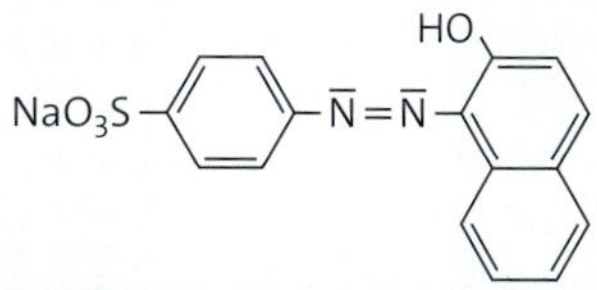

EXP 7.02 Herstellung und Eigenschaften des Triphenylmethanfarbstoffs Fluorescein

Materialien Reagenzglas, Reagenzglasklammer, Brenner, Spatel, Tropfpipetten, Becherglas (400 mL), UV-Lampe (λ = 366 nm), Resorcin (7, 8, 9), Phthalsäureanhydrid (5, 7, 8), Schwefelsäure (w = 96 %; 5), Natronlauge ($c = 1\ mol \cdot L^{-1}$; 5), Salzsäure, ($c = 1\ mol \cdot L^{-1}$; 5), demineralisiertes Wasser

Durchführung Geben Sie je eine Spatelspitze Resorcin und Phthalsäureanhydrid in das Reagenzglas und fügen Sie einen Tropfen Schwefelsäure hinzu. Erhitzen Sie das Glas mehrfach kurz mit dem Brenner, bis sich eine zähe, schwarzrote Flüssigkeit bildet. Füllen Sie dann 150 mL demineralisiertes Wasser in das Becherglas und gießen Sie die schwarzrote Flüssigkeit hinein. Spülen Sie das Reagenzglas anschließend mit wenig Wasser aus und geben Sie die Lösung ebenfalls ins Becherglas.

Dunkeln Sie den Raum ab und bestrahlen Sie die Lösung im Becherglas mit UV-Licht. Geben Sie dabei portionsweise mit einer Tropfpipette Natronlauge in die Lösung und beobachten Sie Farbveränderungen. Wenn durch Zugabe von Natronlauge keine farbliche Veränderung mehr feststellbar ist, geben Sie portionsweise mit einer Tropfpipette Salzsäure in die Lösung und beobachten wiederum Farbveränderungen.

Entsorgung: Lösung neutralisieren und ins Abwasser geben.

Auswertung

1) Notieren Sie Ihre Beobachtungen.
2) **a** Informieren Sie sich über die Strukturformeln von Resorcin, Phthalsäureanhydrid und Fluorescein.
   b Erstellen Sie durch einen Vergleich der Strukturformeln eine Hypothese, welches Reaktionsprodukt neben Fluorescein noch entstanden ist.
3) Deuten Sie mithilfe geeigneter mesomerer Grenzstrukturen (↑ S. 230 f.) von Triphenylmethanfarbstoffen in saurer/neutraler bzw. in alkalischer Lösung Ihre Beobachtungen.

7.9 Universalindikator unter der Lupe LK

Video: Chromatografische Trennung von Blattgrün

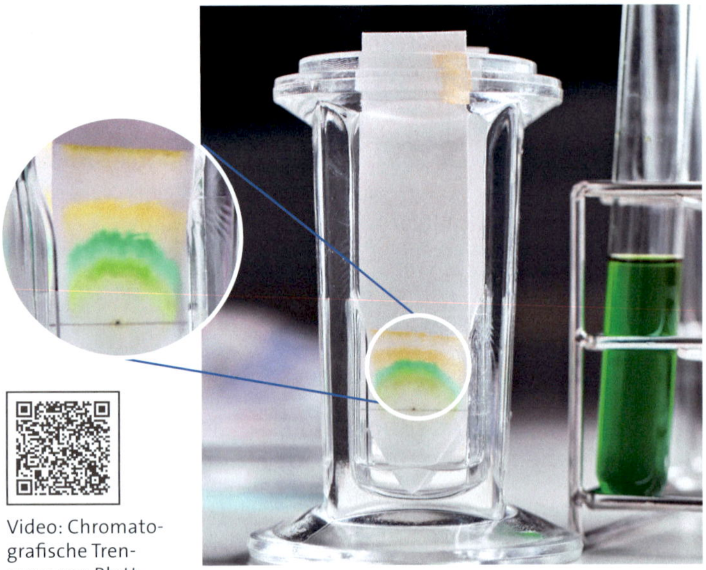

01 Chromatogramm von Blattgrün

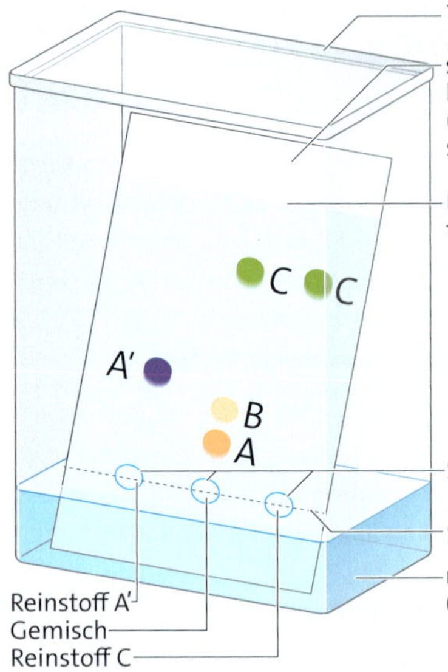

02 Versuchsaufbau zur Dünnschichtchromatografie

DAS „GEHEIMNIS" DES REGENBOGENS Die meisten Indikatoren haben nur einen Umschlagbereich. Bei einigen wenigen (z. B. Thymolblau) handelt es sich um zweiprotonige Säuren, die zwei Umschlagbereiche haben. Beim Universalindikator hingegen kann man alle ganzzahligen pH-Werte zwischen 0 und 10 sowie die pH-Werte 12 und 14 farblich unterscheiden. Der Farbverlauf ähnelt dabei dem des Regenbogens.
Der Universalindikator ist eine Mischung verschiedener Indikatoren, die unterschiedliche Umschlagbereiche haben. Um herauszufinden, welche Indikatoren das sind, müssen sie voneinander getrennt werden. Dazu wird ein spezielles Trennverfahren benutzt: die Chromatografie.

Farbverlauf des Universalindikators, *↑ S. 178*

CHROMATOGRAFIE Der Begriff Chromatografie ist griechischen Ursprungs und bedeutet „mit Farben schreiben". Er bezeichnet ein Stofftrennverfahren, das zunächst zur Trennung von Farbstoffgemischen wie dem Blattgrün verwendet wurde (↑ **01**). Mittlerweile ist die Chromatografie ein fester Bestand der modernen Analytik und nicht auf die Trennung von Farbstoffgemischen beschränkt.

EIN STÄNDIG GESTÖRTES GLEICHGEWICHT Die Stofftrennung durch Chromatografie beruht auf der ständigen Einstellung und Störung des Verteilungsgleichgewichts der zu trennenden Stoffe an der Grenzfläche zwischen zwei Phasen. Die **stationäre Phase** ist fest, die **mobile Phase** ist bei der Flüssigkeitschromatografie flüssig und strömt über die stationäre Phase. Das Lösungsmittel, aus dem die mobile Phase besteht, wird als **Fließmittel** bezeichnet. Das Verteilungsgleichgewicht

$$\text{A(stationäre Phase)} \rightleftarrows \text{A(mobile Phase)}$$

an einer bestimmten Stelle wird gestört, indem die mobile Phase mit dem gelösten A durch die nachströmende mobile Phase verdrängt wird. Die Lösung mit A kommt in Kontakt mit einem anderen Teil der stationären Phase. Dort beginnt sich das Gleichgewicht erneut einzustellen, wird aber durch nachströmendes Fließmittel wieder gestört.

Handelt es sich bei der stationären Phase um einen hydrophilen und bei der mobilen Phase um einen hydrophoben Stoff, dann bindet ein hydrophiler Stoff A bevorzugt an die stationäre Phase. Sein Verteilungsgleichgewicht liegt entsprechend links. Die Strecke, um die ihn die mobile Phase in einer bestimmten Zeit in Strömungsrichtung transportiert, ist eher klein. Ein hydrophober Stoff B hingegen wird sich gut in der mobilen Phase lösen. Sein Verteilungsgleichgewicht liegt rechts und er wird von der mobilen Phase deutlich weiter transportiert.
Sind die Konstanten des Verteilungsgleichgewichts für zwei Stoffe A und B verschieden, so können sie durch das Verfahren der Chromatografie getrennt werden.

Chromatografie ist ein Stofftrennverfahren. Man nutzt aus, dass verschiedene Reinstoffe unterschiedlich stark an die stationäre Phase binden bzw. sich unterschiedlich gut in der mobilen Phase lösen.

SIMULATION EINER CHROMATOGRAFIE Ein einfaches Modell verdeutlicht das Trennprinzip. Anstatt von einem kontinuierlichen Fluss der mobilen Phase auszugehen, wird ein stufenweises Fortschreiten angenommen (↑ **03**). Wenn das Verteilungsgleichgewicht erreicht ist, schreitet die mobile Phase jeweils um eine Stufe weiter. Es kommt neues Fließmittel auf die erste Stufe und das Verteilungsgleichgewicht stellt sich auf allen Stufen neu ein.
Das fiktive Gemisch besteht aus einem blauen Stoff A und einem orangen Stoff B. Für A liegt das Verteilungsgleichgewicht links, für B rechts. Für die Gleichgewichtskonstanten der Verteilung werden folgende Werte angenommen:

$$K(\text{A}) = \frac{c(\text{A, mob. Phase})}{c(\text{A, stat. Phase})} = 0{,}1$$

$$K(\text{B}) = \frac{c(\text{B, mob. Phase})}{c(\text{B, stat. Phase})} = 10$$

- Zu Beginn liegen A und B auf der ersten Stufe vor (↑ **03**, oben). Von A befinden sich $\frac{1}{11}$, von B $\frac{10}{11}$ in der mobilen Phase.
- Die mobile Phase wird durch neues Fließmittel um eine Stufe weitergeschoben und das Gleichgewicht stellt sich neu ein (↑ **03**, Mitte). Auf der 1. Stufe überwiegt nun A, auf der 2. Stufe B.
- Nach neun Wiederholungen erhält man das fertige „Chromatogramm" (↑ **03**, unten). Während A kaum transportiert wurde, befindet sich B fast vollständig auf den letzten drei Stufen. Die Stoffe wurden erfolgreich getrennt.

PAPIER- UND DÜNNSCHICHTCHROMATOGRAFIE Die Trennung der Stoffe erfolgt bei der **Papierchromatografie** auf Papier und bei der **Dünnschichtchromatografie (DC)** auf dünnen Schichten aus Aluminiumoxid oder Cellulose (↑ **02**). Kapillarkräfte sorgen für das Fortschreiten der mobilen Phase. Die Stofftrennung gelingt umso besser, je kleiner die Poren der dünnen Schicht sind. Die mobile Phase fließt so langsamer und das Verteilungsgleichgewicht kann sich besser einstellen. Für ein gutes Ergebnis muss die Trennkammer vorher mit dem Dampf des Fließmittels gesättigt werden.
Die Geschwindigkeit, mit der ein Stoff mit der mobilen Phase entlang des Trägermaterials fließt, ist für jeden Stoff charakteristisch. Zur Auswertung eines Chromatogramms kann der **Retentionsfaktor R_f** bestimmt werden. Damit lassen sich einzelne Stoffe durch Vergleich mit tabellierten Werten identifizieren.

$$R_f = \frac{\text{Entfernung Startpunkt – Stoff}}{\text{Entfernung Startpunkt – Fließmittel}}$$

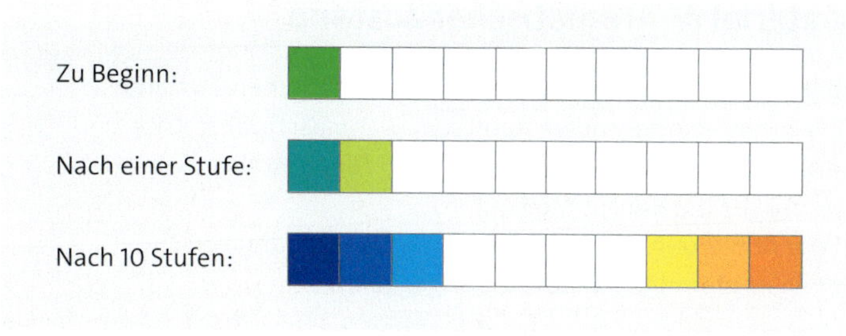

03 Stufensimulation einer Chromatografie

P **EXP 7.03** **Chromatografische Trennung des Universalindikators**

Materialien 3 Chromatografiekammern, DC-Platten (cellulosebeschichtet) oder rechteckiges Filterpapier (4 cm × 8 cm), Glaskapillaren zum Auftragen der Lösungen, 2 Pasteurpipetten, weicher Bleistift, Lineal; Fließmittel: Natronlauge ($c(\text{NaOH}) = 0{,}1\ \text{mol} \cdot \text{L}^{-1}$; 5) und Ethanol (2, 7), im Volumenverhältnis 10 : 1 gemischt; konz. Salzsäure (5, 7), konz. Ammoniaklösung (7, 9); Indikatorlösungen: Universalindikator, Bromthymolblau, Methylorange (6), Methylrot, Phenolphthalein (2, 7)

Durchführung Füllen Sie in die erste Chromatografiekammer so viel Fließmittel, dass es ca. 0,5 cm hoch darin steht. Geben Sie in die zweite 5 Tropfen konzentrierte Salzsäure und in die dritte 5 Tropfen konzentrierte Ammoniaklösung und verschließen Sie die Kammern.
Ziehen Sie mit dem weichen Bleistift auf der DC-Platte eine feine (!) Linie parallel zur kurzen Seite und etwa 1 cm von ihr entfernt. Die Celluloseschicht darf nicht beschädigt werden! Markieren Sie auf der Linie mit feinen (!) Strichen fünf Startpunkte. Tragen Sie mithilfe der Kapillaren die Indikatorlösungen auf die Startpunkte auf. Kennzeichnen Sie an der oberen Kante, welcher Indikator wo aufgetragen wurde.
Stellen Sie die DC-Platte mit der Startlinie nach unten in die Chromatografiekammer mit dem Fließmittel und verschließen Sie diese wieder. Die Startpunkte dürfen dabei nicht in das Fließmittel eintauchen! Nach 10–15 min hat die Fließmittelfront etwa ¾ der Höhe der Platte erreicht. Nehmen Sie die Platte heraus und kennzeichnen Sie mit dem Bleistift den Stand der Fließmittelfront.

Auswertung

1› Bestimmen Sie die R_f-Werte der Indikatoren und der Komponenten des Universalindikators.

2› **a** Überprüfen Sie durch Farbumschläge, ob Farbstoffe mit ähnlichen R_f-Werten gleich sind. Geben Sie die DC-Platte dazu zunächst kurz in die Kammer mit konzentriertem Ammoniak und dann in die Kammer, in der sich die konzentrierte Salzsäure befindet.
b Begründen Sie, welche der vier Indikatoren Bestandteile des Universalindikators sind und welche nicht.

Klausurtraining LK

Material A Aromatischer Zustand

Ringförmige Moleküle können einen aromatischen Zustand aufweisen, also besonders stabil sein, wenn bestimmte Kriterien erfüllt sind. Das wichtigste Beispiel für ein aromatisches Molekül ist das Benzol-Molekül.
In der Abbildung sind die Strukturformeln von drei verschiedenen ringförmigen Molekülen angegeben:

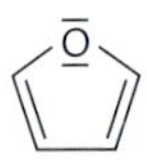
Furan
C_4H_4O

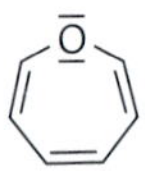
Oxepin
C_6H_6O

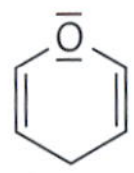
Pyran
C_5H_6O

AUFGABEN ZU A

1) Die Mesomerieenergie des Benzol-Moleküls beträgt 151 Kilojoule pro Mol.
   a Erklären Sie den Begriff Mesomerieenergie.
   b Erklären Sie, wie die Mesomerieenergie des Benzol-Moleküls ermittelt wird.

2) Der Physiker Erich Hückel stellte 1931 allgemeine Kriterien für das Vorliegen eines aromatischen Zustands auf.
   a Nennen Sie diese Kriterien.
   b Erläutern Sie, dass das Furan-Molekül die Kriterien erfüllt.
   c Prüfen Sie, ob die anderen beiden Moleküle nach Hückel einen aromatischen Zustand aufweisen.

3) Aromatische Verbindungen reagieren anders mit Halogenen, als man es für ungesättigte Verbindungen wie Alkenen erwarten würde.
   a Erklären Sie diese Aussage am Beispiel der Reaktion von Benzol mit Brom.
   b Formulieren Sie Reaktionsgleichungen für die Reaktionen von Furan und Pyran mit Brom.

Material B Wie löscht ein Tintenkiller?

B1 Blaue Tinte und Tintenkiller

Blaue Tinte, wie sie oft zum Schreiben genutzt wird, enthält meist den wasserlöslichen Farbstoff **Methylblau**. Um Fehler unauffällig zu kaschieren, wurde der Tintenkiller bereits zu Beginn des 20. Jahrhunderts entwickelt. Bis heute ist er häufig das Mittel der Wahl, wenn man sich verschrieben hat.
Wenn man einen Tintenkiller der Länge nach öffnet, erkennt man zwei voneinander getrennte Filzstücke. Das farblose Filzstück enthält die Bleichlösung, das blaue Filzstück die tintenkillerresistente Tinte zum Korrekturschreiben. Als Bleichsubstanz wird beispielsweise Natriumsulfit Na_2SO_3 verwendet.

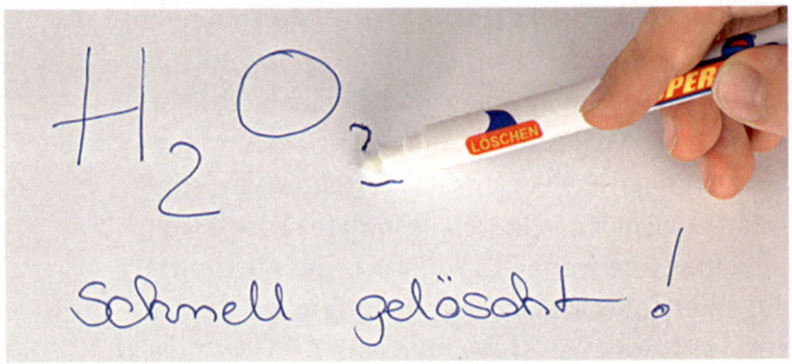

B1.1 Funktion eines Tintenkillers

B2 Reaktion von Methylblau mit Natriumsulfit

In wässriger Lösung bilden sich aus Natriumsulfit Na_2SO_3 Hydrogensulfit-Ionen HSO_3^-. Sie reagieren mit Methylblau-Molekülen:

$$Na_2SO_3 + H_2O \longrightarrow 2\,Na^+ + HSO_3^- + OH^-$$

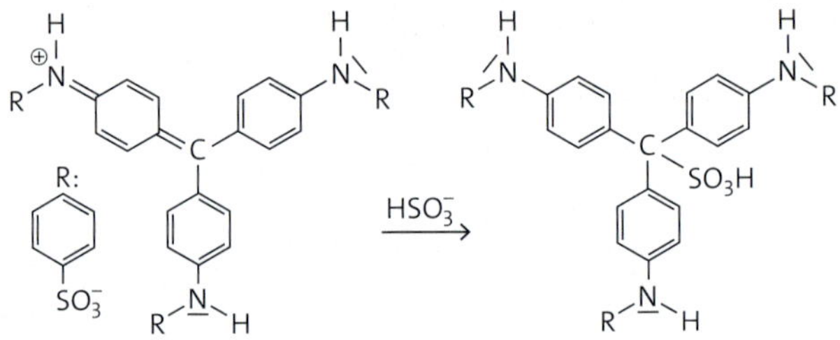

B3 Rot bleibt Rot

Rote Tinte, wie sie zur Korrektur verwendet wird, kann nicht von Tintenkillern gelöscht werden. Dies liegt an dem darin enthaltenen roten Farbstoff Eosin. Auch Eosin-Moleküle reagieren mit Hydrogensulfit-Ionen HSO_3^-:

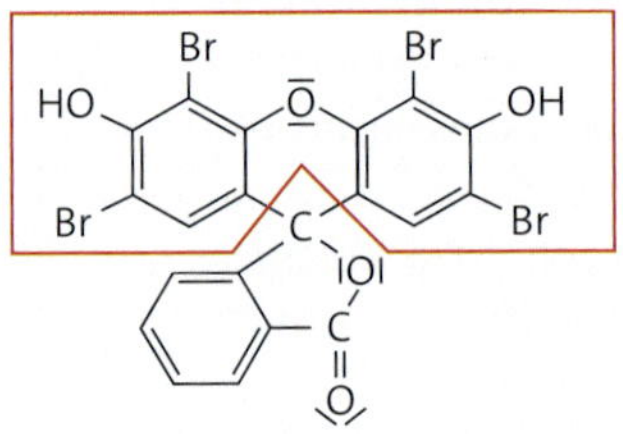

Chromophor des Eosins

B3.1 Struktur des Eosin-Moleküls

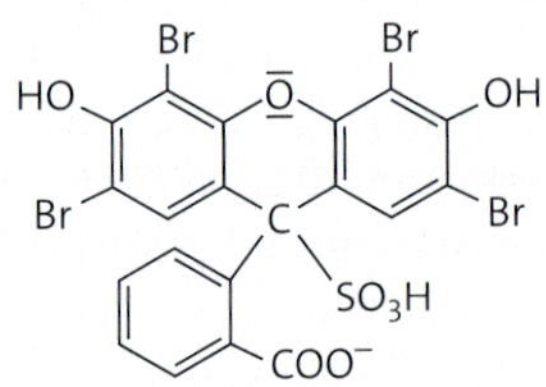

B3.2 Struktur des Eosin-Moleküls nach Reaktion mit HSO_3^-

AUFGABEN ZU B

1) Beschreiben Sie anhand der Strukturformeln, zu welcher Farbstoffgruppe Methylblau und Eosin gehören.

2) Erklären Sie, weshalb Methylblau farbig erscheint.

3) Erläutern Sie die Entfärbung von Methylblau durch den Tintenkiller.

4) Vergleichen Sie die beiden Farbstoff-Moleküle. Begründen Sie anhand der Strukturformeln, warum rote Tinte durch den Tintenkiller nicht gelöscht werden kann.

Material C Anthocyane – pflanzliche Farbstoffe

C1 Anthocyane

Anthocyane sind eine Gruppe von wasserlöslichen Pflanzenfarbstoffen, die in fast allen Blüten und Früchten von Samenpflanzen vorkommen und ihnen eine intensive Färbung verleihen. Im Herbst verursachen diese Farbstoffe zusammen mit den chemisch verwandten Flavonen und Carotinoiden die leuchtenden Farben der Blätter.

Anthocyane absorbieren Licht im sichtbaren Bereich zwischen 450 und 650 nm. Der Wellenlängenbereich wird von der Molekülstruktur und vom pH-Wert der Umgebung beeinflusst. Sie erscheinen deshalb in unterschiedlichen Farben, vor allem in Rot, Violett oder Blau. Die einzelnen Farbstoffe können durch Kochen der Pflanzenteile in saurer Lösung gewonnen werden. Je nach verwendeter Pflanze wird Pelargonidin, Cyanidin und Delphinidin erhalten.

Beispiele	Formel

Pelargonidin, Absorptionsmaximum 506 nm

Pelargonidin

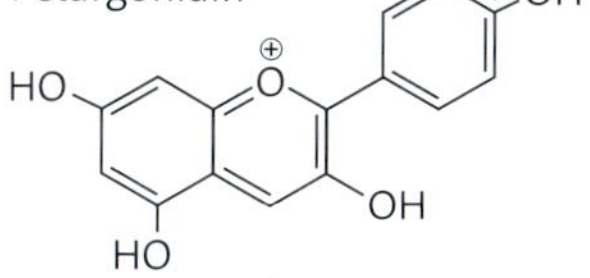

Cyanidin, Absorptionsmaximum 525 nm

Cyanidin

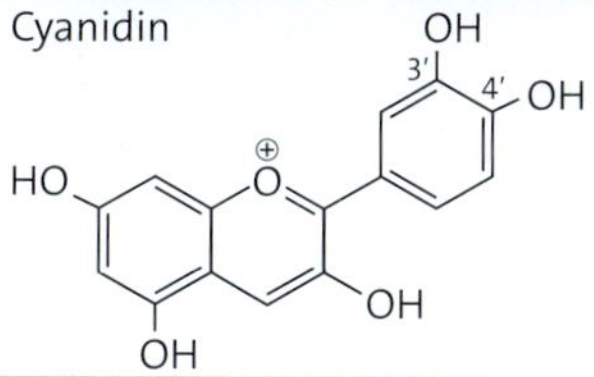

Delphinidin, Absorptionsmaximum 540 nm

Delphinidin

C1.1 Farben und Formeln von verschiedenen Anthocyanen

C2 pH-Abhängigkeit von Cyanidin

Cyanidin ist auch Bestandteil des Extrakts von Rotkohlblättern, der im Chemieunterricht als „Rotkohlindikator" Verwendung findet. Die Struktur des Cyanidin-Moleküls ändert sich je nach pH-Wert der Lösung. Cyanidin ist damit ein Säure-Base-Indikator, der zur Bestimmung des pH-Werts über nahezu die gesamte pH-Skala benutzt werden kann.

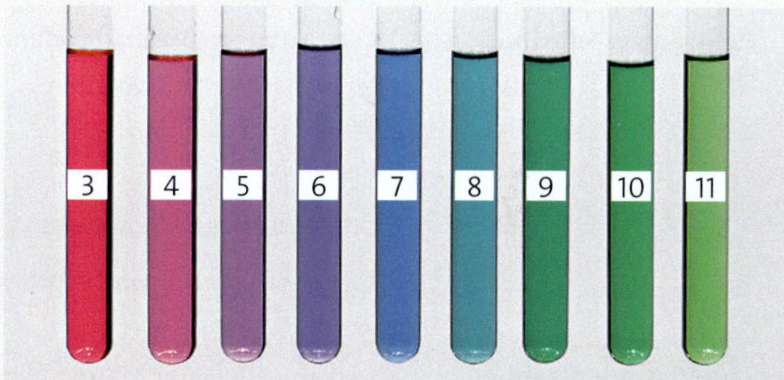

C2.1 Rotkohlextrakt bei unterschiedlichen pH-Werten

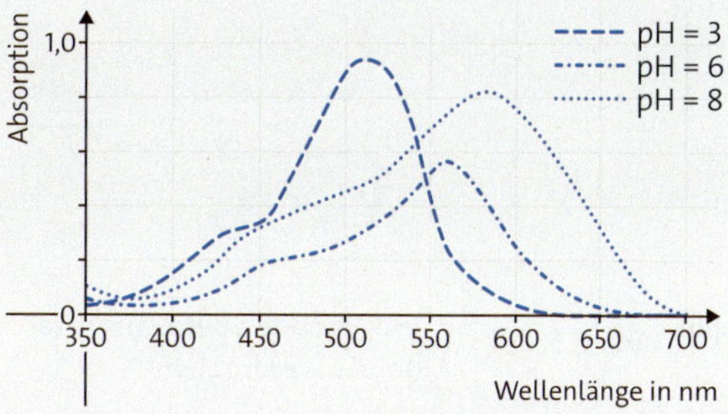

C2.2 Absorptionsspektrum von Cyanidin

AUFGABEN ZU C

1 Erklären Sie unter Bezug auf die jeweilige Molekülstruktur die Farbigkeit der drei Anthocyane in ↑ **C1.1**. Gehen Sie auch auf die Absorptions- und Komplementärfarben ein.

2 **a** Beschreiben Sie das Absorptionsspektrum in ↑ **C2.2**.
b Ermitteln Sie die pH-abhängigen Farben von Cyanidin.
c Erläutern Sie die Absorptionen bei den verschiedenen pH-Werten.

Auf einen Blick LK

Benzol-Molekül

Das Benzol-Molekül kann weder mit C–C-Einfachbindungen noch mit C=C-Doppelbindungen gut beschrieben werden. Vielmehr handelt es sich im Benzol-Molekül um sechs gleichwertige C–C-Bindungen, die „irgendwo dazwischen" liegen. So ergibt sich ein regelmäßiges, ebenes Sechseck-Molekül.

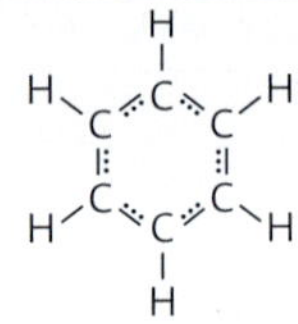

Mesomerie

Bindungsverhältnisse von Molekülen mit delokalisierten π-Elektronen können nicht mit einer einzigen Lewis-Formel vollständig wiedergegeben werden. Dazu sind mindestens zwei **mesomere Grenzformeln** erforderlich, zwischen denen der „wahre" Zustand liegt. Zwischen zwei Grenzformeln wird der **Mesomeriepfeil** ⟷ gesetzt.

Im Benzol-Molekül werden die sechs delokalisierten π-Elektronen (in Rot) mit einem Kreis symbolisiert (Ringsymbol). Die Delokalisierung von π-Elektronen führt zur Stabilisierung der Moleküle (**Mesomeriestabilisierung**). Die „wahren" Moleküle haben also eine geringere Energie als jede zugehörige mesomere Grenzformel. Der Energieunterschied heißt **Mesomerieenergie**. Die Mesomerieenergie des Benzol-Moleküls beträgt 151 kJ · mol^{-1}.

Stoffklasse der Aromaten

Stoffe, deren Moleküle einen **aromatischen Zustand** aufweisen, gehören zur Stoffklasse der **Aromaten**. Ein aromatischer Zustand liegt vor, wenn die Moleküle eine ebene Ringstruktur mit einem ringförmig geschlossenen π-Elektronensystem mit $(4\,n + 2)$ delokalisierten π-Elektronen aufweisen (**Hückel-Regel**, $n = 0, 1, 2, ...$).

Elektrophile Substitution (S_E)

Substitutionsreaktion, bei der ein Elektrophil ein aromatisches Molekül angreift.

Beispiel: Nitrierung von Benzol

Mechanismus:

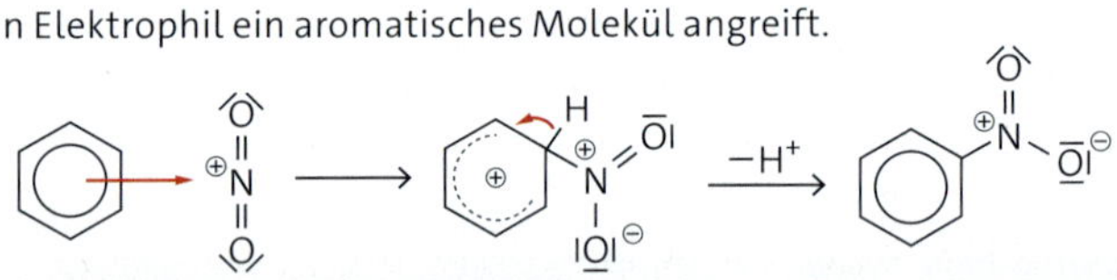

1. Bildung des σ-Komplexes
2. Deprotonierung und Rearomatisierung

Säure-Base-Indikatoren

Indikator-Moleküle sind schwache Säuren oder Basen. Durch Protolysereaktionen verändert sich die elektronische Struktur ihrer konjugierten Teilchen und damit die Farbe der Lösung:

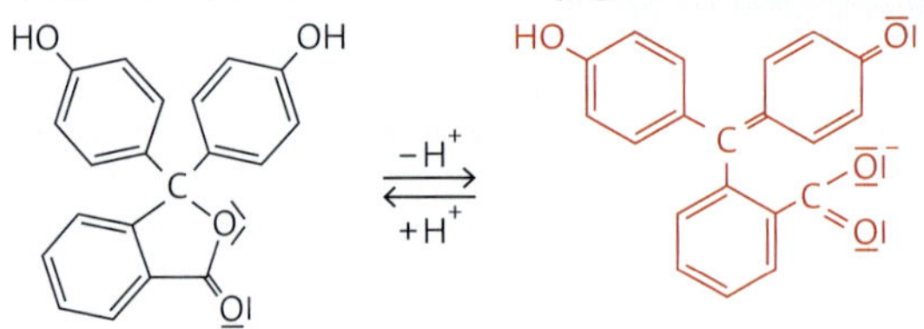

Der pH-Umschlagbereich liegt etwa zwei Einheiten um den pK_S-Wert der Indikatorsäure. Das pH-abhängige Verhältnis von $c(Ind^-) : c(HInd)$ bestimmt die jeweilige Farbe einer Indikatorlösung.

Chromophor

farbgebendes, delokalisiertes, konjugiertes π-Elektronensystem, das die Lichtabsorption eines Moleküls ermöglicht

Azofarbstoffe

Methylorange, Kongorot

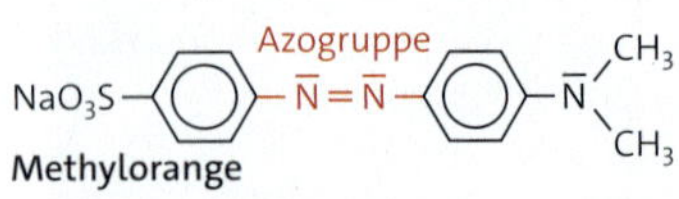

Triphenylmethanfarbstoffe

Phenolphthalein, Aurin, Methylviolett

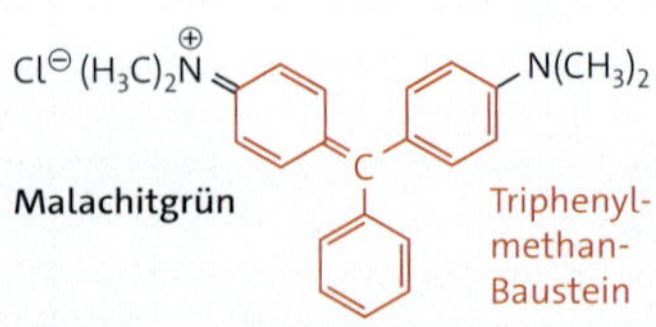

Übungsaufgaben LK

1 › Erläutern Sie die folgenden Fachbegriffe:
a Lichtabsorption und Lichtemission
b subtraktive und additive Farbmischung
c Fluoreszenz und Phosphoreszenz

2 › Wird ein Gegenstand, der im Tageslicht blau erscheint, nur mit dem gelben Licht einer Natriumdampflampe bestrahlt, so erscheint der Gegenstand schwarz. Erklären Sie diesen Sachverhalt.

3 › Nur eine der beiden Verbindungen mit folgenden Halbstrukturformeln erscheint farbig:
$H{-}(CH{=}CH)_4{-}H$ (Verbindung 1)
$(CH_3{-})_2N{-}(CH{=}CH)_4{-}CHO$ (Verbindung 2)
a Erläutern Sie die unterschiedliche Lichtabsorption der beiden Verbindungen anhand von mesomeren Grenzstrukturen.
b Begründen Sie anhand von geeigneten mesomeren Grenzstrukturen, wie sich der Austausch der Aldehydgruppe –CHO durch eine Nitrogruppe $-NO_2$ in der Verbindung 2 auf die Farbigkeit auswirken würde.

4 › Im Deutschen ist die Bezeichnung „Benzol" immer noch üblich, obwohl nach der IUPAC-Nomenklatur die Bezeichnung „Benzen" vorgesehen ist. Diskutieren Sie, welcher Name den Stoff genauer beschreibt.

5 › Begründen Sie, welche der folgenden Moleküle zu aromatischen Verbindungen zählen und welche nicht:
a Chlorbenzol **b** 1,3-Cyclohexadien **c** Pyrylium-Kation

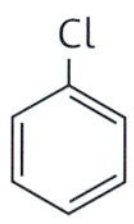

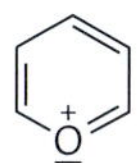

6 › Begründen Sie die unterschiedliche Farbigkeit der Stoffe.
a Benzol **b** Anilin **c** 4-Nitroanilin

farblos

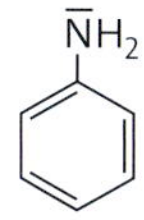

hellgelb

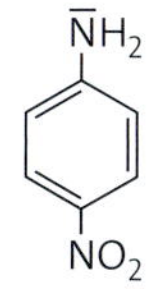

orange

7 › Nennen Sie den Reaktionstyp, nach dem Chlor mit Benzol in Anwesenheit des Katalysators Eisen(III)-chlorid $FeCl_3$ reagiert. Formulieren Sie den Mechanismus der Reaktion.

8 › 1,2,4,5-Hexatetraen ist ein Kohlenwasserstoff, der wie Benzol die Summenformel C_6H_6 aufweist. Begründen Sie, welches Verhalten von 1,2,4,5-Hexatetraen gegenüber Brom zu erwarten ist. Vergleichen Sie mit Benzol.

9 › Erläutern Sie unter Verwendung von Fachbegriffen den Zusammenhang zwischen Molekülstruktur und Farbigkeit am Beispiel des gelben Farbstoffs Buttergelb.

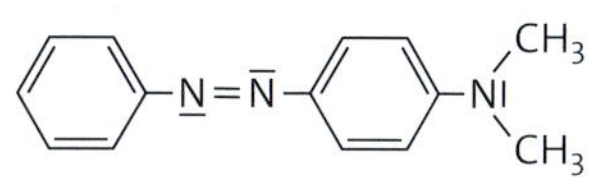

10 › Resorcingelb wird als Indikatorfabstoff verwendet.

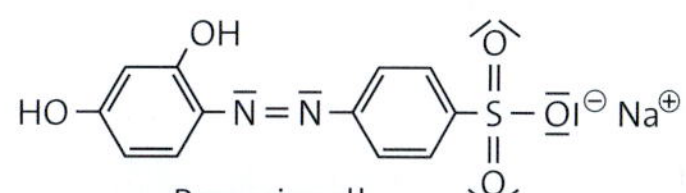

Resorcingelb

a Geben Sie an, zu welcher Farbstoffklasse Resorcingelb gehört, und begründen Sie Ihre Zuordnung.
b Resorcingelb weist bei pH < 11 eine gelbe und bei pH > 12,7 eine rote Färbung auf. Erläutern Sie den Farbumschlag.

Mithilfe dieses Kapitels können Sie:	Aufgabe	Hilfe finden Sie auf Seite
▸ Die Wechselwirkung von Licht und Materie erklären	*1, 2*	*217, 218*
▸ den Zusammenhang zwischen Farbigkeit und Molekülstruktur mithilfe des Mesomeriemodells erläutern	*3, 6*	*218–220, 226, 230*
▸ die Zugehörigkeit einer Verbindung zur Stoffklasse der Aromaten begründen	*4, 5, 8*	*224–225*
▸ den Mechanismus der elektrophilen Substitution an Aromaten erläutern	*7*	*226–227*
▸ beschreiben, wie sich Veränderungen eines delokalisierten Elektronensystems durch eine Säure-Base-Reaktion auswirken, um die Funktionsweise von Indikatorfarbstoffen zu erklären.	*9, 10*	*228, 230–231, 232*

Die Herstellung von Roheisen aus Erzen, die Verbrennung von Koks zur Energiegewinnung, die quantitative Bestimmung des Sulfitgehalts in einer Weinprobe oder der Vorgang der alkoholischen Gärung haben auf dem ersten Blick nichts miteinander zu tun. Alle diese Vorgänge haben aber gemeinsam, dass während der dabei ablaufenden chemischen Reaktionen ein Elektronenübergang zwischen den beteiligten Teilchen stattfindet.

Redoxreaktionen 8

Elektronenübergänge bei chemischen Reaktionen

Redoxreaktion – Reaktion mit Elektronenübergang

- Elektronenübergang
- Oxidationszahlen
- Aufstellen von Redoxgleichungen
- Donator-Akzeptor-Konzept

Metalle und Metallgewinnung

- Redoxreihe der Metalle
- Metallgewinnung durch Redoxreaktion

Redoxreaktionen mit organischen Molekülen

- Oxidierbarkeit von Alkanolen
- Reduzierende Wirkung von Aldehyden und Ketonen
- Oxidationsreihe vom Alkanol zur Alkansäure

01 Zahnräder aus Stahl – ein Produkt aus Roheisen

8.1 Reaktionen mit Elektronenübergang

01 **A** Verbrennen von Magnesium, **B** Thermitschweißen von Bahnschienen

OXIDATION UND REDUKTION Stoffe können verbrennen – sogar Metalle. Entzündet man ein Stück Magnesiumband, verbrennt es an der Luft, wobei sich unter hellem Aufglühen Magnesiumoxid bildet (↑ **01A**). Das silbergraue Metall Magnesium reagiert mit dem Sauerstoff der Luft zum weißen Magnesiumoxid. Eine solche Reaktion mit Sauerstoff wird als **Oxidation** bezeichnet.

$$2\,Mg(s) + O_2(g) \longrightarrow 2\,MgO(s)$$

Die Oxidation ist umkehrbar. Beim Thermitverfahren zum Schweißen von Eisenbahnschienen wird ein Gemisch aus Eisenoxid und Aluminium mithilfe eines Zünders zur Reaktion gebracht. Dabei bildet sich aus Eisenoxid flüssiges Eisen, das durch eine Form zwischen die Schienenenden läuft und diese dauerhaft miteinander verschweißt (↑ **01B**).
Bei diesem Vorgang handelt es sich um eine **Reduktion**, da das Metalloxid wieder zum Metall zurückgeführt wird (lat. *reducere:* zurückführen). Gleichzeitig wird bei dieser Reaktion Aluminium zu Aluminiumoxid oxidiert (↑ **02**).

Reduktion ($Fe_2O_3 \rightarrow 2\,Fe$)

$$Fe_2O_3(s) + 2\,Al(s) \longrightarrow 2\,Fe(s) + Al_2O_3(s)$$

Oxidation ($2\,Al \rightarrow Al_2O_3$)

02 Reaktion zwischen Eisenoxid und Aluminium

Elektronenabgabe:	$Mg \longrightarrow Mg^{2+} + 2\,e^-$		(Oxidation)
Elektronenaufnahme:	$O_2 + 4\,e^- \longrightarrow 2\,O^{2-}$		(Reduktion)
Elektronenübergang:	$2\,Mg + O_2 \longrightarrow 2\,MgO$	($4\,e^-$ von Mg auf O_2)	(Redoxreaktion)

03 Oxidation von Magnesium – Reaktion mit Elektronenübergang

REAKTIONEN MIT ELEKTRONENÜBERGANG Bei der Reaktion von Magnesium mit Sauerstoff entsteht der weiße Feststoff Magnesiumoxid, der sich in seinen Eigenschaften wahrnehmbar von Magnesium unterscheidet.
Auf der Teilchenebene kann die Reaktion folgendermaßen gedeutet werden: Magnesiumoxid ist eine Ionenverbindung, die aus zweifach positiv geladenen Magnesium-Ionen Mg^{2+} und zweifach negativ geladenen Oxid-Ionen O^{2-} aufgebaut ist. In den Ausgangsstoffen liegen aber elektrisch ungeladene Teilchen vor. Die Ionen können sich erst während der Reaktion gebildet haben.

Magnesium-Atome geben je zwei Elektronen an Sauerstoff-Atome ab. Die Magnesium-Atome wirken als **Elektronendonatoren.** Sie werden durch die Elektronenabgabe zu Magnesium-Ionen Mg^{2+}. Die Sauerstoff-Atome reagieren dagegen als **Elektronenakzeptoren**. Sie nehmen je zwei Elektronen auf und werden zu Oxid-Ionen O^{2-}. Die Verbrennung von Magnesium ist eine **Reaktion mit Elektronenübergang**, bei der Elektronen von Magnesium-Atomen auf Sauerstoff-Atome übertragen werden (↑ **03**).

Auch die Reaktion beim Thermitverfahren lässt sich so erklären. Eisenoxid ist aus Fe^{3+}-Ionen und O^{2-}-Ionen aufgebaut. Während der Reaktion übertragen Aluminium-Atome jeweils drei Elektronen auf ein Fe^{3+}-Ion. Dabei werden diese zu Fe-Atomen und gleichzeitig Al-Atome zu Al^{3+}-Ionen.
Auch hier handelt es sich um eine Reaktion mit Elektronenübergang, bei der die Elektronen zwischen den beteiligten Metallen übertragen werden, die Oxid-Ionen selbst bleiben unverändert. Im Eisenoxid liegen sie ebenso vor wie im Aluminiumoxid.

DONATOR-AKZEPTOR-REAKTIONEN Reaktionen mit Elektronenübergang werden auch als **Redoxreaktionen** bezeichnet. Das Teilchen, das in einer Redoxreaktion als **Elektronendonator** wirkt, wird durch die Elektronenabgabe selbst oxidiert. Das Teilchen, das in einer Redoxreaktion als **Elektronenakzeptor** wirkt, wird durch die Elektronenaufnahme reduziert. Dabei kann ein Teilchen nur Elektronen abgeben, wenn diese durch ein anderes Teilchen aufgenommen werden. Daher sind Redoxreaktionen **Donator-Akzeptor-Reaktionen.**
In einer Redoxreaktion bezeichnet man den Elektronendonator als **Reduktionsmittel**, da er seinen Reaktionspartner reduziert. Der Elektronenakzeptor wird als **Oxidationsmittel** bezeichnet, da er seinen Reaktionspartner oxidiert.

KORRESPONDIERENDE REDOXPAARE Elektronenabgabe und -aufnahme sind umkehrbare Vorgänge. Ein Reduktionsmittel (Red) wird durch die Elektronenabgabe zum korrespondierenden Oxidationsmittel (Ox) oxidiert. Umgekehrt wird ein Oxidationsmittel durch Elektronenaufnahme zum korrespondierenden Reduktionsmittel.

$Al \rightleftharpoons Al^{3+} + 3\,e^-$ $\quad$ $Fe^{3+} + 3\,e^- \rightleftharpoons Fe$

$Red \rightleftharpoons Ox + z\,e^-$ $\quad$ $Ox + z\,e^- \rightleftharpoons Red$

An der Thermitreaktion ist erkennbar, dass an einer Redoxreaktion immer zwei korrespondierende Redoxpaare beteiligt sind. Die Fe^{3+}-Ionen bilden mit den Fe-Atome das Redoxpaar Fe/Fe^{3+}. Die Al-Atome und Al^{3+}-Ionen bilden das zweite Redoxpaar Al/Al^{3+}.

korrespondierendes Redoxpaar 1

$$Fe_2O_3(s) + 2\,Al(s) \longrightarrow 2\,Fe(s) + Al_2O_3(s)$$

korrespondierendes Redoxpaar 2

$$Ox1 + Red2 \longrightarrow Red1 + Ox2$$

Redoxreaktionen sind Reaktionen mit Elektronenübergang, bei denen Oxidation und Reduktion immer gekoppelt ablaufen. Bei der Oxidation erfolgt eine Elektronenabgabe, bei der Reduktion eine Elektronenaufnahme.

REDOXREIHE DER METALLE Metall-Atome unterscheiden sich in ihrem Bestreben, Elektronen an Elektronenakzeptoren abzugeben. Ihre *reduzierende Wirkung* kann experimentell ermittelt werden (↑ Exp. 3.01): Taucht man ein Eisenblech in Kupfersulfatlösung, so scheidet sich Kupfer ab. Auch die *oxidierende Wirkung* von Metall-Ionen ist verschieden: Beim Eintauchen eines Kupferblechs in Eisensulfatlösung lässt sich keine Veränderung beobachten. Beide Phänomene kommen in der **Redoxreihe der Metalle** zum Ausdruck (↑ **04**). Mithilfe der Redoxreihe können mögliche Redoxreaktionen abgeschätzt werden: Metall-Ionen lassen sich von den jeweils weiter rechts angeordneten Atomen unedlerer Metalle reduzieren.

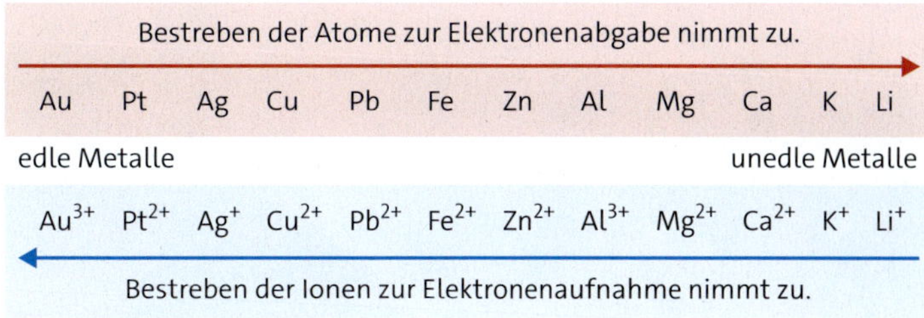

04 Redoxreihe der Metalle

Übung: Redoxreihe

1 Zeigen Sie, dass die Bildung von Magnesiumchlorid ($MgCl_2$) aus den Elementen eine Redoxreaktion ist. Formulieren Sie die Teilgleichungen für die Elektronenaufnahme und -abgabe. Benennen Sie Oxidations- und Reduktionsmittel.

2 Erläutern Sie den Elektronenübergang bei der Redoxreaktion zwischen Eisen(III)-oxid (Fe_2O_3) und Magnesium.

3 Benennen Sie die korrespondierenden Redoxpaare folgender Reaktionen:
- **a** Verbrennen von Calcium,
- **b** Reaktion von Natrium mit Brom,
- **c** Reduktion von Kupferoxid (CuO) mit Eisen.

4 Silberoxid (Ag_2O) kann durch Erhitzen in seine Elemente zerlegt werden. Begründen Sie, dass diese Analyse eine Redoxreaktion ist. Kennzeichnen Sie den Elektronenübergang.

	Redoxreaktion	Säure-Base-Reaktion
Übergang von:	Elektronen	Protonen
Beteiligte Teilchen:	Elektronendonator: Reduktionsmittel (Red) $Red \rightleftharpoons Ox + z\,e^-$	Protonendonator: Säure (HA) $HA \rightleftharpoons H^+ + A^-$
	Elektronenakzeptor: Oxidationsmittel (Ox) $Ox + z\,e^- \rightleftharpoons Red$	Protonenakzeptor: Base (B) $H^+ + B \rightleftharpoons HB^+$
Reaktionsgleichung:	$Red1 + Ox2 \rightleftharpoons Ox1 + Red2$ Beispiel: Redoxpaar 1 $2\,Al + Fe_2O_3 \rightleftharpoons Al_2O_3 + 2\,Fe$ Redoxpaar 2	$HA + B \rightleftharpoons A^- + HB^+$ Beispiel: Säure-Base-Paar 1 $HCl + H_2O \rightleftharpoons Cl^- + H_3O^+$ Säure-Base-Paar 2

05 Übersicht zum Donator-Akzeptor-Konzept

8.2 Redoxreaktionen und Oxidationszahlen

01 Verbrennen von Kohle (Kohlenstoff)

Elektronegativitätswerte
↑ Periodensystem der Elemente im hinteren Buchdeckel

Bei der Reaktion von Metallen mit Sauerstoff findet ein Elektronenübergang zwischen den Metall-Atomen und den Sauerstoff-Atomen statt. Auch Nichtmetalle reagieren mit Sauerstoff. Die gebildeten Nichtmetalloxide sind aber keine Salze, sondern Molekülverbindungen.
Beispielsweise verbrennt Kohlenstoff mit Sauerstoff zu Kohlenstoffdioxid (↑ **01**). Hat bei der Reaktion trotzdem ein Elektronenübergang stattgefunden?

$$C(s) + O_2(g) \longrightarrow CO_2(g)$$

OXIDATIONSZAHLEN Um Redoxreaktionen anhand der beteiligten Teilchen zu erkennen, ist das Konzept der **Oxidationszahl (OZ)** hilfreich. Bei einfachen Ionen (Atom-Ionen) entspricht die Oxidationszahl deren Ionenladung. Ein Natrium-Ion Na^+ hat die Oxidationszahl I, ein Chlorid-Ion Cl^- die Oxidationszahl –I. In Formeln werden die Oxidationszahlen mit römischen Ziffern über das jeweilige Elementsymbol geschrieben. Ein Minuszeichen kennzeichnet negative Oxidationszahlen. In einer Verbindung ist die Summe der Oxidationszahlen aller Atome null.

Zur Ermittlung der Oxidationszahlen für die in einem Molekül gebundenen Atome stellt man sich vor, dass dieses formal aus Ionen aufgebaut ist. Dazu werden die Bindungselektronen einer polaren Elektronenpaarbindung immer dem Atom mit der größeren *Elektronegativität* (kurz: EN) zugeordnet. Im Kohlenstoffdioxid-Molekül (CO_2) ist ein Kohlenstoff-Atom mit zwei Sauerstoff-Atomen jeweils über eine Doppelbindung verbunden. Den Sauerstoff-Atomen (EN = 3,4) mit der größeren Elektronegativität werden die Bindungselektronen vollständig zugeordnet. Beide Sauerstoff-Atome haben nun formal acht Valenzelektronen. Dagegen verliert das Kohlenstoff-Atom (EN = 2,6) alle vier Bindungselektronen, sodass es formal null Valenzelektronen hat.

Die Oxidationszahl ergibt sich für jedes Atom aus der Differenz seiner ursprünglichen Anzahl an Valenzelektronen und der Anzahl ihm zugeordneter Elektronen. Für das Sauerstoff-Atom ergibt sich so die Oxidationszahl –II (6–8 Elektronen) und für das Kohlenstoff-Atom die Oxidationszahl IV (4–0; ↑ **02**). Bei elementaren Stoffen wie H_2 oder O_2 erhalten beide Atome die Oxidationszahl 0, weil die Bindungselektronen der unpolaren Elektronenpaarbindung zu gleichen Teilen beiden Bindungspartnern zugeordnet werden. Um die Oxidationszahlen anderer Verbindungen zu bestimmen, gibt es noch weitere Regeln (↑ Methode rechte Seite).

Die Oxidationszahl entspricht der formalen Ladung eines Atoms in einer Verbindung, wenn alle Bindungselektronen im Molekül dem jeweils elektronegativeren Atom zugeordnet wurden.

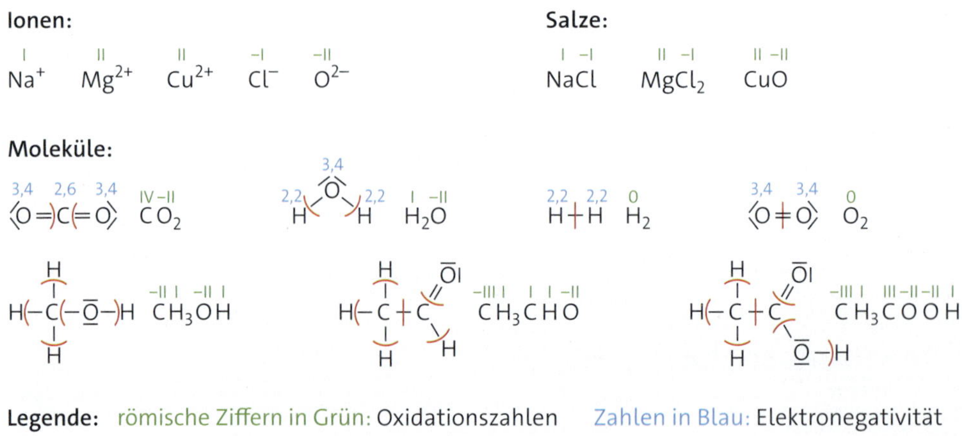

02 Oxidationszahlen einiger Verbindungen

OXIDATIONSZAHL UND REDOXREAKTION Verändern sich die Oxidationszahlen der beteiligten Teilchen während einer chemischen Reaktion, handelt es sich um eine Redoxreaktion.

Bei der Verbrennung von Kohlenstoff mit Sauerstoff erhöht sich die Oxidationszahl des Kohlenstoff-Atoms während der Reaktion von 0 auf IV. Das Kohlenstoff-Atom wirkt formal als Elektronendonator (Reduktionsmittel) und wird oxidiert.

Die Sauerstoff-Atome fungieren als Elektronenakzeptor (Oxidationsmittel) und werden reduziert. Ihre Oxidationszahl verringert sich von 0 auf –II.

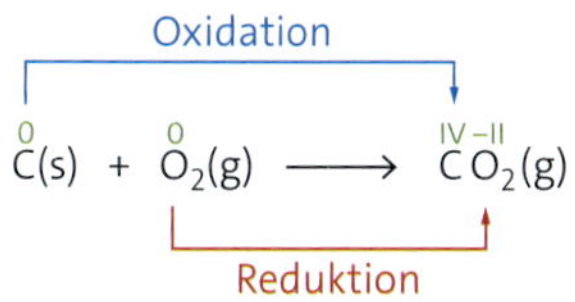

Aus dem Beispiel lässt sich eine Verallgemeinerung ableiten: Die Oxidationszahl des Reduktionsmittels erhöht sich während der Reaktion, da es Elektronen abgibt (Elektronendonator). Umgekehrt verringert sich die Oxidationszahl des Oxidationsmittels, da es während der Reaktion Elektronen aufnimmt (Elektronenakzeptor).

Übung: Elektronegativität und Oxidationszahlen

Eine Redoxreaktion liegt vor, wenn sich die Oxidationszahlen der beteiligten Teilchen verändern. Die Veränderung der Oxidationszahl entspricht der Anzahl übertragener Elektronen.

1 Bestimmen Sie die Oxidationszahlen der Atome in F_2, F^-, O_2, O_3, O^{2-}, Fe, Fe^{2+}, Fe^{3+}, S_8.

2 Bestimmen Sie die Oxidationszahlen der Atome in folgenden Verbindungen und Teilchen:
a MnO_2, CuO, Ag_2O, Na_2SiF_6, C_2H_6, H_2SO_3
b HNO_3, OH^-, NO_2^-, MnO_4^-, FeF_6^{4-}, FeF_6^{3-}

M Bestimmen von Oxidationszahlen in anorganischen Verbindungen

AUFGABE Bestimmen Sie die Oxidationszahlen der Atome in MnOOH und in AlF_6^{3-}.

Bei der Bestimmung von Oxidationszahlen in Verbindungen geht man nach folgenden Regeln vor:

Regeln zur Bestimmung der Oxidationszahlen	
1. Atome in elementaren Stoffen haben die Oxidationszahl 0.	$\overset{0}{Zn}$, $\overset{0}{Fe}$, $\overset{0}{Cu}$, $\overset{0}{H_2}$, $\overset{0}{O_2}$, $\overset{0}{O_3}$, $\overset{0}{Cl_2}$
2. Bei einfachen Ionen entspricht die Oxidationszahl der Ionenladung.	$\overset{II}{Zn^{2+}}$, $\overset{III}{Fe^{3+}}$, $\overset{I}{Cu^+}$, $\overset{I}{H^+}$, $\overset{-II}{O^{2-}}$, $\overset{-I}{Cl^-}$
3. Fluor hat in Verbindungen immer die Oxidationszahl –I.	$\overset{I}{H}\overset{-I}{F}$, $\overset{II}{Ca}\overset{-I}{F_2}$, $\overset{III}{Al}\overset{-I}{F_3}$, $\overset{IV}{C}\overset{-I}{F_4}$, $\overset{II}{O}\overset{-I}{F_2}$
4. Wasserstoff hat in Verbindungen die Oxidationszahl I. (Ausnahme: Hydride)	$\overset{I}{H}\overset{-I}{Cl}$, $\overset{I}{H_2}\overset{-II}{O}$, $\overset{I}{H_2}\overset{-I}{O_2}$, $\overset{-III}{N}\overset{I}{H_3}$, $\overset{-IV}{C}\overset{I}{H_4}$ Ausnahmen: $\overset{I}{Na}\overset{-I}{H}$, $\overset{II}{Ca}\overset{-I}{H_2}$
5. Sauerstoff hat in Verbindungen die Oxidationszahl –II. (Ausnahmen: Peroxide und Sauerstofffluoride)	$\overset{IV}{S}\overset{-II}{O_2}$, $\overset{VI}{S}\overset{-II}{O_3}$, $\overset{I}{H_2}\overset{VI}{S}\overset{-II}{O_4}$, $\overset{III}{Al_2}\overset{-II}{O_3}$ Ausnahmen: $\overset{I}{H_2}\overset{-I}{O_2}$, $\overset{II}{O}\overset{-I}{F_2}$
6. Die Summe der Oxidationszahlen aller Atome eines Teilchens entspricht der Gesamtladung des Teilchens.	ungeladene Teilchen: $\overset{IV}{C}\overset{-II}{O_2}$, $\overset{IV}{Si}\overset{-I}{F_4}$, $\overset{III}{Al}(\overset{-II}{O}\overset{I}{H})_3$, $\overset{-II}{C}\overset{I}{H_3}\overset{-II}{O}\overset{I}{H}$ Ionen: $\overset{I}{H}\overset{IV}{C}\overset{-II}{O_3^-}$, $\overset{IV}{Si}\overset{-I}{F_6^{2-}}$, $[\overset{III}{Al}(\overset{-II}{O}\overset{I}{H})_4]^-$

1. Beispiel: Oxidationszahlen der Atome in MnOOH

a) Anwenden der Regeln 1 und 2: Es liegen weder elementare Stoffe noch einfache Ionen vor.

b) Anwenden der Regel 3: Die Verbindung enthält kein Fluor.

c) Anwenden der Regeln 4 und 5: Wasserstoff erhält die Oxidationszahl I und Sauerstoff erhält die Oxidationszahl –II.

$Mn\overset{-II}{O}\overset{-II}{O}\overset{I}{H}$

d) Anwenden der Regel 6: Die Gesamtladung im MnOOH ist null. Daraus ergibt sich für Mangan die Oxidationszahl III.

$\overset{III}{Mn}\overset{-II}{O}\overset{-II}{O}\overset{I}{H}$ $\quad III - II - II + I = 0$

2. Beispiel: Oxidationszahlen der Atome in AlF_6^{3-}

a) Anwenden der Regeln 1 und 2: Es liegen weder elementare Stoffe noch einfache Ionen vor.

b) Anwenden der Regel 3: Fluor hat die Oxidationszahl –I.

$Al\overset{-I}{F_6^{3-}}$

c) Anwenden der Regeln 4 und 5: Es ist weder Wasserstoff noch Sauerstoff enthalten.

d) Anwenden der Regel 6: Die Gesamtladung des AlF_6^{3-}-Ions beträgt –3. Daraus ergibt sich für Aluminium die Oxidationszahl III.

$\overset{III}{Al}\overset{-I}{F_6^{3-}}$ $\quad 1 \cdot III + 6 \cdot (-I) = -3$

Aufstellen von Redoxgleichungen

pH-WERT-ABHÄNGIGE REDOXREAKTIONEN Für Redoxreaktionen in sauren oder alkalischen Lösungen muss auch die Beteiligung der Protonen H^+ oder Hydroxid-Ionen OH^- berücksichtigt werden. Das Aufstellen solcher Redoxgleichungen ist deshalb aufwendiger.

So muss bei der Reaktion von Nitrit-Ionen NO_2^- mit Permanganat-Ionen MnO_4^- *in saurer Lösung* nicht nur die Anzahl der übertragenen Elektronen ausgeglichen werden, sondern mithilfe der Protonen H^+ ein Ladungsausgleich erfolgen.

Es ist daher sinnvoll, die Reaktion in Teilgleichungen für die Oxidation und Reduktion zu zerlegen (↑ Methode rechts oben):

Reduktion: $\overset{III}{N}O_2^- + H_2O \longrightarrow \overset{V}{N}O_3^- + 2\,e^- + 2\,H^+ \quad | \cdot 5$

Oxidation: $\overset{VII}{Mn}O_4^- + 5\,e^- + 8\,H^+ \longrightarrow \overset{II}{Mn^{2+}} + 4\,H_2O \quad | \cdot 2$

Redoxreaktion: $5\,NO_2^- + 2\,MnO_4^- + 6\,H^+ \longrightarrow 5\,NO_3^- + 2\,Mn^{2+} + 3\,H_2O$

In den Teilgleichungen werden die kleinsten gemeinsamen Vielfachen der abgegebenen bzw. aufgenommenen Elektronen bestimmt und durch Multiplikation mit den entsprechenden Faktoren ausgeglichen. Durch Addition der Teilgleichungen wird schließlich die Redoxgleichung erhalten.

Bei der Oxidation von Bromid-Ionen zu Bromat-Ionen BrO_3^- durch Chlor-Moleküle *in basischer Lösung* gleichen Hydroxid-Ionen OH^- die Teilchen- und Ladungsbilanz aus (↑ Methode rechts unten):

Reduktion: $3\,\overset{0}{Cl_2} + 6\,e^- \longrightarrow 6\,\overset{-I}{Cl^-}$

Oxidation: $\overset{-I}{Br^-} + 6\,OH^- \longrightarrow \overset{V}{Br}O_3^- + 3\,H_2O + 6\,e^-$

Redoxreaktion: $3\,Cl_2 + Br^- + 6\,OH^- \longrightarrow 6\,Cl^- + BrO_3^- + 3\,H_2O$

DISPROPORTIONIERUNG – SYNPROPORTIONIERUNG LK Zur Reinigung und Desinfektion von weichen Kontaktlinsen wird häufig eine 3%ige Wasserstoffperoxidlösung verwendet. Am Platinkatalysator zersetzen sich Wasserstoffperoxid-Moleküle zu Wasser-Molekülen und reaktiven Sauerstoff-Molekülen. Der frei werdende Sauerstoff ist für die desinfizierende Wirkung der Kontaktlinsenflüssigkeit verantwortlich. Bei der Zersetzung von Wasserstoffperoxid handelt es sich um eine besondere Form der Redoxreaktion:

Oxidation

$$2\,\overset{I}{H_2}\overset{-I}{O_2} \longrightarrow 2\,\overset{I}{H_2}\overset{-II}{O} + \overset{0}{O_2}$$

Reduktion

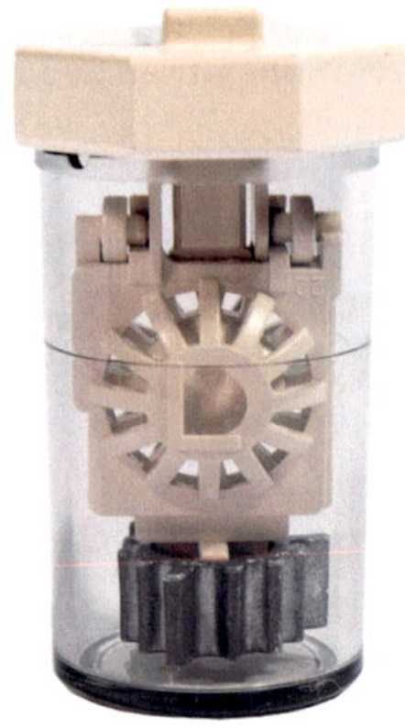

01 Im Kontaktlinsenbehälter disproportioniert Wasserstoffperoxid zu Sauerstoff und Wasser.

Die Sauerstoff-Atome des Wasserstoffperoxid-Moleküls besitzen die Oxidationszahl **–I**. Nach der Reaktion besitzt das Sauerstoff-Atom des Wasser-Moleküls die Oxidationszahl **–II** und die Sauerstoff-Atome des Sauerstoff-Moleküls **0**. Dieser Sonderfall der Redoxreaktion wird **Disproportionierung** genannt. Sie liegt vor, wenn gleiche Atome einer Verbindung aus einer mittleren Oxidationsstufe durch gleichzeitige Reduktion und Oxidation in eine niedrigere und in eine höhere Oxidationsstufe übergehen.

Die Umkehrung der Disproportionierung wird **Synproportionierung (Komproportionierung)** genannt. Bei einer Synproportionierung handelt es sich um Redoxreaktionen, bei denen Atome eines Elements durch Oxidation aus einer niedrigeren und gleichzeitige Reduktion aus einer höheren in eine mittlere Oxidationsstufe übergehen.

Ein Beispiel für eine Synproportionierung ist die Gewinnung von Iod aus Speisesalz. Darin ist Iod in Form von Kaliumiodat KIO_3 enthalten. Wird zu einer sauren Lösung des Speisesalzes eine Kaliumiodidlösung gegeben, so entsteht elementares Iod I_2.

$$\overset{V}{I}\overset{-II}{O_3^-} + 5\,\overset{-I}{I^-} + 6\,\overset{I}{H^+} \longrightarrow 3\,\overset{0}{I_2} + 3\,\overset{I}{H_2}\overset{-II}{O}$$

1 Entwickeln Sie jeweils die Redoxgleichung:
  a Reduktion von Iod mit Wasserstoffperoxid (H_2O_2) unter Bildung von Wasser und Sauerstoff (O_2) in basischer Lösung
  b Reduktion von Nitrit-Ionen (NO_2^-) mit Wasserstoffperoxid unter Bildung von Stickstoffmonooxid (NO) und Sauerstoff (O_2) in saurer Lösung

2 In saurer Lösung kann Wasserstoffperoxid sowohl reduziert als auch oxidiert werden. Formulieren Sie die Teilgleichungen für die Reduktion und die Oxidation.

Methode

M Entwickeln von Redoxgleichungen

AUFGABE Entwickeln Sie die Redoxgleichung für die Reaktion von Permanganat-Ionen mit Chlorid-Ionen **in saurer Lösung**.

1. Notieren der korrespondierenden Redoxpaare
An jeder Redoxreaktion sind zwei korrespondierende Redoxpaare beteiligt.

Korrespondierendes Redoxpaar 1: Mn^{2+}/MnO_4^- | Korrespondierendes Redoxpaar 2: $2\,Cl^-/Cl_2$

2. Aufstellen der Gleichungen für Oxidation und Reduktion

a) Bestimmen der Oxidationszahlen des jeweiligen korrespondierenden Redoxpaars
b) Ermitteln der Anzahl der jeweils beteiligten Elektronen
c) Ausgleichen der Ladungsbilanz durch Ergänzen von Protonen H^+ in saurer Lösung
d) Ausgleichen der Teilchenbilanz durch eine entsprechende Anzahl von Wasser-Molekülen

	Reduktion	Oxidation
a)	$\overset{VII\ -II}{MnO_4^-} \longrightarrow \overset{II}{Mn^{2+}}$	$2\,\overset{-I}{Cl^-} \longrightarrow \overset{0}{Cl_2}$
b)	$MnO_4^- + 5\,e^- \longrightarrow Mn^{2+}$	$2\,Cl^- \longrightarrow Cl_2 + 2\,e^-$
c)	$MnO_4^- + 5\,e^- + 8\,H^+ \longrightarrow Mn^{2+}$	$2\,Cl^- \longrightarrow Cl_2 + 2\,e^-$
d)	$\overset{VII\ -II}{MnO_4^-} + 5\,e^- + 8\,H^+ \longrightarrow \overset{II}{Mn^{2+}} + 4\,H_2O$	$2\,\overset{-I}{Cl^-} \longrightarrow \overset{0}{Cl_2} + 2\,e^-$

3. Aufschreiben der Redoxgleichung

a) Ausgleichen der Elektronenanzahl in beiden Gleichungen über das kleinste gemeinsame Vielfache, sodass gleich viele Elektronen aufgenommen wie abgegeben werden
b) Addition der Teilgleichungen zur Redoxreaktion. Die Anzahl der Elektronen ist dabei auf beiden Seiten gleich und lässt sich kürzen.

Reduktion:
$$MnO_4^- + 5\,e^- + 8\,H^+ \longrightarrow Mn^{2+} + 4\,H_2O \qquad |\cdot 2$$

Oxidation:
$$2\,Cl^- \longrightarrow Cl_2 + 2\,e^- \qquad |\cdot 5$$

Redoxreaktion:
$$2\,MnO_4^- + \cancel{10\,e^-} + 16\,H^+ + 10\,Cl^- \longrightarrow 2\,Mn^{2+} + 8\,H_2O + 5\,Cl_2 + \cancel{10\,e^-}$$

AUFGABE Entwickeln Sie die Redoxgleichungen für die Reaktion von Permanganat-Ionen mit Mangan(II)-Ionen **in basischer Lösung**.

1. Notieren der korrespondierenden Redoxpaare
An jeder Redoxreaktion sind zwei korrespondierende Redoxpaare beteiligt.

Korrespondierendes Redoxpaar 1: MnO_4^-/MnO_2 | Korrespondierendes Redoxpaar 2: Mn^{2+}/MnO_2

2. Aufstellen der Gleichungen für Oxidation und Reduktion

a) Bestimmen der Oxidationszahlen des jeweiligen korrespondierenden Redoxpaars
b) Ermitteln der Anzahl der jeweils beteiligten Elektronen
c) Ausgleichen der Ladungsbilanz durch Ergänzen von Hydroxid-Ionen OH^- in alkalischer Lösung
d) Ausgleichen der Teilchenbilanz durch eine entsprechende Anzahl von Wasser-Molekülen

	Reduktion	Oxidation
a)	$\overset{VII\ -II}{MnO_4^-} \longrightarrow \overset{IV\ -II}{MnO_2}$	$\overset{II}{Mn^{2+}} \longrightarrow \overset{IV\ -II}{MnO_2}$
b)	$MnO_4^- + 3\,e^- \longrightarrow MnO_2$	$Mn^{2+} \longrightarrow MnO_2 + 2\,e^-$
c)	$MnO_4^- + 3\,e^- \longrightarrow MnO_2 + 4\,OH^-$	$Mn^{2+} + 4\,OH^- \longrightarrow MnO_2 + 2\,e^-$
d)	$\overset{VII\ -II}{MnO_4^-} + 3\,e^- + 2\,H_2O \longrightarrow \overset{IV\ -II}{MnO_2} + 4\,OH^-$	$\overset{II}{Mn^{2+}} + 4\,OH^- \longrightarrow \overset{IV\ -II}{MnO_2} + 2\,e^- + 2\,H_2O$

3. Aufschreiben der Redoxgleichung

a) Ausgleichen der Elektronenanzahl in beiden Gleichungen über das kleinste gemeinsame Vielfache, sodass gleich viele Elektronen aufgenommen wie abgegeben werden
b) Addition der Teilgleichungen zur Redoxreaktion. Die Anzahl der Elektronen ist dabei auf beiden Seiten gleich und lässt sich kürzen.

Reduktion:
$$MnO_4^- + 3\,e^- + 2\,H_2O \longrightarrow MnO_2 + 4\,OH^- \qquad |\cdot 2$$

Oxidation:
$$Mn^{2+} + 4\,OH^- \longrightarrow MnO_2 + 2\,e^- + 2\,H_2O \qquad |\cdot 3$$

Redoxreaktion:
$$2\,MnO_4^- + \cancel{6\,e^-} + \cancel{4\,H_2O} + 3\,Mn^{2+} + \cancel{12}\,4\,OH^- \longrightarrow 5\,MnO_2 + \cancel{8\,OH^-} + \cancel{6\,e^-} + \cancel{6}\,2\,H_2O$$

Praktikum

P Redoxreaktionen

EXP 8.01 Fällung von Metallen

Materialien 16 Reagenzgläser, jeweils 4 Eisen-, Kupfer-, Silber- und Zinkbleche, Kupfer(II)-sulfatlösung (5, 7, 9), Eisen(II)-sulfatlösung (7), Zinksulfatlösung (5, 7, 9), Silbernitratlösung (w < 10 %; 5, 9)

Durchführung
Verteilen Sie die Kupfer(II)-sulfatlösung auf vier verschiedene Reagenzgläser. Geben Sie dann in das erste Reagenzglas ein Stück des blank geschmirgelten Eisenblechs, in das zweite das Kupfer-, in das dritte das Silber- und in das vierte das Zinkblech. Wiederholen Sie die gesamte Durchführung mit den drei anderen Metallsalzlösungen.
Entsorgung: Lösungen in den Behälter für giftige anorganische Abfälle geben.

Auswertung
1 Fassen Sie Ihre Beobachtungen in einer geeigneten Tabelle zusammen.
2 Entwickeln Sie die Reaktionsgleichungen für die beobachteten Redoxreaktionen.
3 Ordnen Sie die Metalle hinsichtlich ihrer reduzierenden Wirkung.

EXP 8.02 Redoxverhalten von Eisen-Ionen

Materialien 4 Reagenzgläser mit Stopfen, Brenner, Tropfpipette, Spatel, Eisenpulver (2), Zinkpulver (9), Eisen(II)-sulfat (7), Eisen(III)-chloridlösung (w = 5 %; 5, 7), Kaliumiodidlösung (w = 1 %), verdünnte Salzsäure (w = 10 %; 5), Silbernitratlösung (w < 10 %; 5, 9)

Durchführung
a) Geben Sie jeweils zu 3 mL der Eisen(III)-chloridlösung ein wenig Zinkpulver (Lösung I) bzw. 2 mL Kaliumiodidlösung (Lösung II). Schütteln Sie beide Lösungen.
b) Geben Sie zu einer frisch zubereiteten Eisen(II)-sulfatlösung einige Tropfen Silbernitrat und erwärmen Sie vorsichtig.
c) Geben Sie eine kleine Spatelspitze Eisenpulver in 5 mL Salzsäure. Fügen Sie nach dem Auflösen des Eisenpulvers einige Tropfen Silbernitratlösung hinzu und erwärmen Sie.
Entsorgung: Lösungen aus Versuch **a** in den Behälter für giftige anorganische Abfälle, restliche Lösungen in den Behälter für Silberabfälle geben.

Auswertung
1 Erklären Sie Ihre Beobachtungen und stellen Sie die zugehörigen Reaktionsgleichungen auf.
2 Ordnen Sie den beteiligten Stoffen in den Reaktionen jeweils die Begriffe Reduktions- bzw. Oxidationsmittel zu.

EXP 8.03 Redoxreaktionen mit Kaliumpermanganat

Materialien 7 Reagenzgläser, Tropfpipetten, Spatel, Holzspan, Kaliumpermanganatlösung (w = 5 %; 5, 9), Eisen(II)-sulfat (7), Kaliumiodid, Oxalsäure (5, 7), Wasserstoffperoxidlösung (w = 3 %; 7), Natriumsulfitlösung (w = 5 %), verdünnte Schwefelsäure (w = 10 %; 5), verdünnte Natronlauge (w = 10 %; 5)

Durchführung
a) Füllen Sie je 5 mL Kaliumpermanganatlösung in 4 Reagenzgläser und geben Sie jeweils 2 mL Schwefelsäure hinzu. Fügen Sie dann in das erste Reagenzglas eine Spatelspitze Eisen(II)-sulfat, in das zweite Reagenzglas eine Spatelspitze Kaliumiodid, in das dritte Reagenzglas eine Spatelspitze Oxalsäure und in das vierte Reagenzglas 1 mL Wasserstoffperoxidlösung. Führen Sie hier die Glimmspanprobe durch.

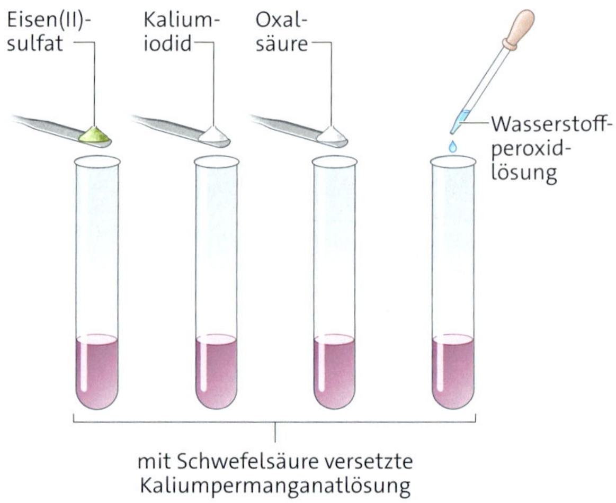

b) Füllen Sie je 5 mL Natriumsulfitlösung in 3 Reagenzgläser. Säuern Sie das erste Reagenzglas durch Zugabe von 2 bis 3 mL Schwefelsäure stark an, das zweite verbleibt neutral, in das dritte geben Sie einige Tropfen Natronlauge. Alle drei Lösungen werden dann mit 2 mL Kaliumpermanganatlösung versetzt.
Entsorgung: Lösungen in den Behälter für giftige anorganische Abfälle geben.

Auswertung
1 Erklären Sie die beobachteten Reaktionen in Versuch **a** und stellen Sie die zugehörige Redoxreaktion auf.
2 Diskutieren Sie die beobachtete Abhängigkeit vom pH-Wert in Versuch **b** und erklären Sie den Reaktionsablauf.

Redoxtitration

EXP 8.04 Manganometrie

Materialien Bürette, Erlenmeyerkolben, Messpipette, Eisen(II)-sulfatlösung (7), Kaliumpermanganatlösung ($c = 0{,}02\ mol \cdot L^{-1}$), Schwefelsäure ($w$ = 10 %; 5), dest. Wasser

Durchführung Legen Sie 10 mL der Eisen(II)-sulfatlösung mit der Messpipette im Erlenmeyerkolben vor. Geben Sie 5 mL Schwefelsäure hinzu und füllen Sie auf ca. 50 mL mit destilliertem Wasser auf.
Tropfen Sie unter ständigem Rühren so lange Kaliumpermanganatlösung aus der Bürette hinzu, bis ein Farbumschlag von farblos zu Blassrosa erreicht ist.
Notieren Sie den Verbrauch an Kaliumpermanganatlösung.
Wiederholen Sie die Durchführung zweimal.

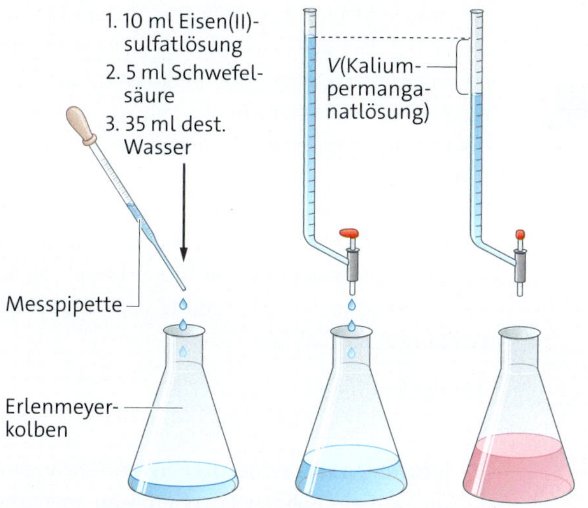

Entsorgung: Reste in den Behälter für saure und alkalische Abfälle geben.

Auswertung

1 › Erläutern Sie das Verfahren der Manganometrie. Begründen Sie, weshalb beim ersten Schritt der Manganometrie Schwefelsäure hinzugegeben werden muss.

2 › Stellen Sie die Redoxgleichung für die ablaufende Reaktion auf. Kennzeichnen Sie die beiden Redoxpaare.

3 › Berechnen Sie aus dem Verbrauch der Maßlösung die Stoffmengenkonzentration an Eisen(II)-Ionen in der Probelösung.

EXP 8.05 Iodometrische Bestimmung von Vitamin C

Materialien Erlenmeyerkolben (250 mL), Messkolben (100 mL), Pipette (10 mL), Bürette (50 mL), Waage (Genauigkeit 0,1 g), Kaliumiodatlösung ($c = 0{,}033\ mol \cdot L^{-1}$), lösliche Stärke ($w$ = 1 %, in Wasser aufkochen), Schwefelsäure ($c = 2\ mol \cdot L^{-1}$; 5), Kaliumiodidlösung ($c = 2\ mol \cdot L^{-1}$), Sportgetränkepulver (z. B. Isostar), destilliertes Wasser

Durchführung

a) Probetitration
Füllen Sie in einen Erlenmeyerkolben 50 mL Wasser. Lösen Sie darin 0,6 g Ascorbinsäure. Geben Sie 3 mL Schwefelsäure, 1 mL Stärkelösung und 2 mL Kaliumiodidlösung hinzu. Für die Probetitration geben Sie so lange Kaliumiodatlösung unter ständigem Schwenken des Kolbens dazu, bis es zur dauerhaften Blaufärbung kommt. Notieren Sie das verbrauchte Volumen der Kaliumiodatlösung.
Hinweis: Kaliumiodidlösung wird zugegeben, um auch bei geringen Konzentrationen von Ascorbinsäure den Endpunkt der Titration erkennen zu können, weil die Bildung des Iod-Stärke-Komplexes eine Mindestkonzentration an Iod-Iodid-Komplexen erfordert.

b) Titration einer unbekannten Lösung
Wiegen Sie genau 5 g des Sportgetränkepulvers im Erlenmeyerkolben ein. Lösen Sie das Pulver danach in 25 mL destilliertem Wasser.
Anschließend geben Sie zu dieser Lösung 3 mL Schwefelsäure, 2 mL Stärkelösung und 2 mL Kaliumiodidlösung. Titrieren Sie unter ständigem Schwenken des Erlenmeyerkolbens bis zur Blaufärbung der Lösung. Wiederholen Sie die Titration zweimal und bilden Sie den Mittelwert.
Entsorgung: Lösungen ins Abwasser geben.

Auswertung

1 › Recherchieren Sie die Strukturformeln von Ascorbinsäure. Erläutern Sie anhand der Strukturformel, warum es sich bei der Ascorbinsäure um keine typische organische Säure handelt.

2 › Erklären Sie die Beobachtungen bei der Titration. Stellen Sie die Reaktionsgleichung auf.

3 › Zur Bestimmung der unbekannten Masse an Ascorbinsäure wird die folgende Formel verwendet:
$m = 17{,}6/1000 \cdot V$(Kaliumiodatlösung).
a) Überprüfen Sie die Masse an Ascorbinsäure aus der Probetitration anhand der angegebenen Formel.
b) Berechnen Sie die unbekannte Masse an Ascorbinsäure im Sportgetränkepulver.

8.3 Atommodell nach BOHR und SOMMERFELD LK

Lichtgeschwindigkeit c im Vakuum: 299 792 458 $m \cdot s^{-1}$

Planck'sches Wirkungsquantum h: $6{,}626 \cdot 10^{-34}$ $J \cdot s$

LINIENSPEKTRUM Wenn zahlreiche Wassertropfen wie ein Prisma das Sonnenlicht brechen, wird das Licht in seine Wellenlängenbereiche aufgeteilt: Wir sehen einen Regenbogen, bei dem die verschiedenen Farben kontinuierlich ineinander übergehen. Füllt man dagegen eine Gasentladungsröhre mit Wasserstoff und legt eine Spannung an, leuchtet das Gas rötlich. Betrachtet man das rote Licht durch ein Prisma bzw. ein Spektroskop, erkennt man vier scharf umrissene Farblinien: ein diskontinuierliches **Linienspektrum**. Jeder Linie kann eine eindeutige Wellenlänge zugeordnet werden (↑ **01**).
Die Wellenlänge λ und die Frequenz ν der Welle sind zueinander umgekehrt proportional. Die Proportionalitätskonstante ist die Lichtgeschwindigkeit *c*. Es gilt:

$$\nu = \frac{c}{\lambda}$$

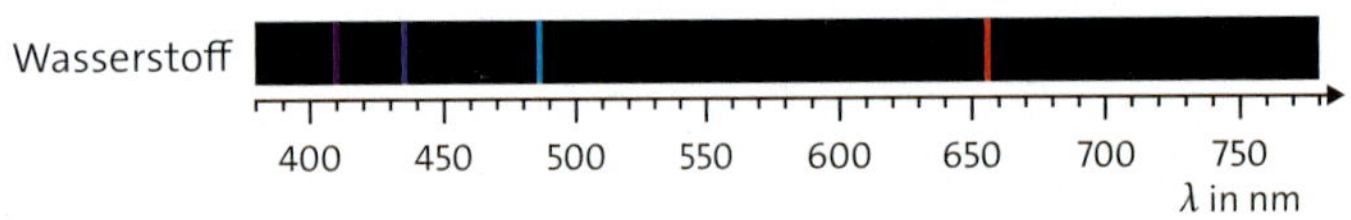

01 Linienspektrum von Wasserstoff

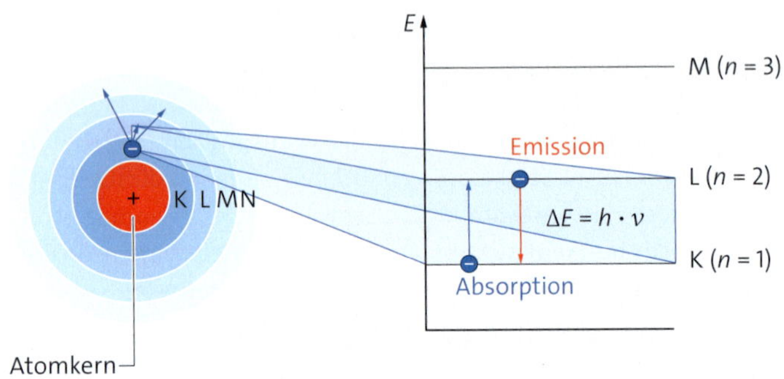

02 Ursache für das Auftreten eines Linienspektrums

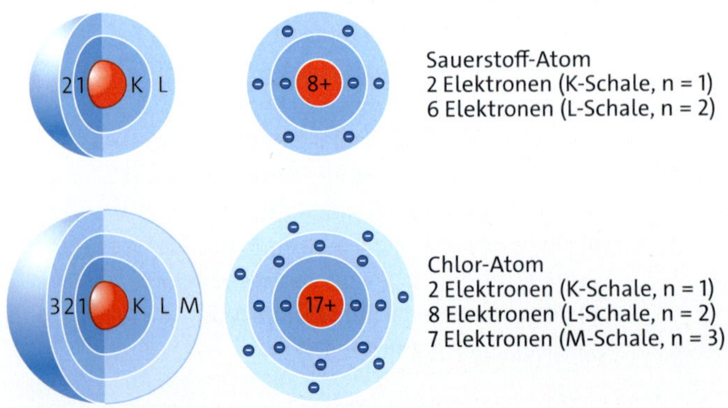

03 Sauerstoff-Atom und Chlor-Atom im Schalenmodell nach BOHR

QUANTENSPRUNG Das Phänomen eines Linienspektrums lässt sich auf atomarer Ebene erklären, wenn Elektronen in der Atomhülle ganz bestimmte Energiezustände oder **Energieniveaus** besetzen. Wird einem Elektron Energie zugeführt, kann es den energetisch günstigen **Grundzustand** verlassen und in einen **angeregten Zustand** „springen". Wenig später fällt das Elektron in den Grundzustand zurück. Dabei gibt es die aufgenommene Energie in Form elektromagnetischer Strahlung, z. B. als Lichtquant, wieder ab: Wir sehen Licht einer ganz bestimmten Farbe (↑ **02**).
Für den Übergang in den angeregten Zustand ist eine genau definierte Energie erforderlich. Zwischenwerte sind wie bei einem digitalen Signal nicht möglich. Solche festen Energiebeträge hat der Physiker MAX PLANCK „gequantelt" genannt. Das Elektron vollführt also einen Quantensprung. Weil die Energiebeträge gequantelt sind, ist beim Rückfall energetisch angeregter Elektronen kein kontinuierliches Farbspektrum zu sehen, sondern ein diskontinuierliches und für jedes Element charakteristisches Linienspektrum.
Die Frequenz ν entspricht direkt dem Energieunterschied ΔE zwischen Grundzustand und angeregtem Zustand (↑ **02**). Die Proportionalitätskonstante ist eine Naturkonstante, das Planck'sche Wirkungsquantum *h*:

$$\Delta E = h \cdot \nu = h \cdot \frac{c}{\lambda}$$

Elektronen können durch Energiezufuhr angeregt und auf ein höheres Energieniveau angehoben werden. Bei der Rückkehr in den Grundzustand senden sie den aufgenommenen Energiebetrag als Licht wieder ab: Durch ein Spektroskop sieht man ein elementspezifisches Linienspektrum.

GRENZEN DES KERN-HÜLLE-MODELLS Das Phänomen der Linienspektren kann durch das Kern-Hülle-Modell nicht erklärt werden, denn beliebig kreisende Elektronen ohne definierte Energieniveaus müssten unter Anwendung dieses Modells ein kontinuierliches Spektrum erzeugen.
Außerdem steht das Kern-Hülle-Modell im Widerspruch zu den bekannten Gesetzen der Physik: Die negativ geladenen Elektronen müssten durch ihre Kreisbewegung Energie verlieren und in den positiv geladenen Kern stürzen. Und wenn Elektronen den Atomkern beliebig umkreisen, müsste jedes Atom eines Elements unterschiedlich groß sein. Dies ist jedoch nicht der Fall.

SCHALENMODELL DER ATOMHÜLLE Ausgehend von diesen Widersprüchen entwickelte NIELS BOHR 1913 ein neues, leistungsfähigeres Atommodell, in dem der Aufenthaltsort der Elektronen genauer bestimmt wird. BOHR verknüpfte dazu zwei sich eigentlich ausschließende Theoriekonzepte miteinander: die klassische Mechanik von ISAAC NEWTON und die erst 1900 aufgestellte Quantentheorie von PLANCK. Dadurch konnte BOHR sein Modell zwar argumentativ nicht wirklich beweisen, aber doch kluge Annahmen, sogenannte Postulate, aufstellen.

Von der klassischen Mechanik nutzte er die Vorstellung, dass Elektronen den Kern umlaufen. Die Bewegung erfolgt strahlungsfrei, d. h. ohne Geschwindigkeits- und Energieverlust. Elektronen können nicht in den Kern stürzen, weil sich Zentrifugalkraft und Anziehungskraft des Kerns aufheben.

Von der Quantentheorie entlehnte BOHR die Idee, dass Energie nicht kontinuierlich aufgenommen bzw. abgegeben wird, sondern in „Energieportionen", die als **Quanten** bezeichnet werden. Elektronen umlaufen daher nicht beliebig den Kern, sondern nur auf bestimmten Bahnen oder **Schalen** mit einem genau definierten Energieniveau (↑ **03**). Die Schalen werden mit den Buchstaben K, L, M usw. bezeichnet. Die erste und somit kernnächste K-Schale hat das geringste Energieniveau, die letztbesetzte und kernfernste Schale in einem Atom weist das höchste Energieniveau auf.

HAUPTQUANTENZAHL Die einzelnen Schalen und damit Hauptenergieniveaus werden heute statt mit den Buchstaben K, L oder M mit der **Hauptquantenzahl *n*** benannt. Bereits BOHR postulierte, dass sich zwischen den Schalen **verbotene Zonen** befinden, auf denen sich das Elektron aufgrund der Quantenhypothese niemals aufhalten kann. Die Hauptquantenzahl n kann daher nur ganzzahlige Werte annehmen. Für die K-Schale ist $n = 1$, für die L-Schale $n = 2$ usw. Je größer der Zahlenwert für n, desto weiter liegt die Schale vom Atomkern entfernt und desto höher liegt das Energieniveau.

Die erste Schale ($n = 1$) kann maximal zwei Elektronen aufnehmen, die L-Schale ($n = 2$) acht und die M-Schale ($n = 3$) 18 Elektronen. Generell gilt: In eine Schale passen maximal $2\,n^2$ Elektronen.

Im Bohr'schen Schalenmodell bewegen sich Elektronen auf definierten Bahnen ohne Energieverlust um den Kern. Jede Schale steht für ein definiertes Energieniveau, das durch die Hauptquantenzahl *n* gekennzeichnet ist.

ERWEITERUNG DES SCHALENMODELLS BOHRS Schalenmodell erlaubt zwar eine Deutung des Wasserstoff-Linienspektrums, aber die Feinstrukturen anderer Linienspektren sind mit diesem Modell nicht befriedigend zu erklären. Experimentell findet man nämlich mehr Spektrallinien, als sie durch den Sprung der Elektronen zwischen Schalen theoretisch erklärbar sind. Atome mit mehr als einem Elektron zeigen deutlich komplexere Linienspektren.

ARNOLD SOMMERFELD erweiterte daher 1915/16 das Schalenmodell um Ellipsenbahnen. Im Gegensatz zu einem Kreis mit einem festen Durchmesser müssen bei einer Ellipse eine große Hauptachse und eine kleinere Nebenachse beachtet werden. Bezogen auf das Atom kann das Hauptenergieniveau (Schale bei BOHR mit der Hauptquantenzahl n) dann in weitere Unterschalen oder **Unterenergieniveaus** aufgespalten werden. SOMMERFELD führte daher zusätzlich die **Nebenquantenzahl *l*** ein. Die **Magnetquantenzahl *m*** ist erforderlich, um die Aufspaltung der Spektrallinien im Magnetfeld erklären zu können. Zur vollständigen Beschreibung eines Elektrons wird schließlich noch die **Spinquantenzahl *s*** benötigt.

NEBENQUANTENZAHL Zur Unterscheidung der Unterschalen, in denen sich die Elektronen befinden können, griff SOMMERFELD auf gebräuchliche Kürzel aus der Spektroskopie zurück: **s** (*sharp*), **p** (*principal*), **d** (*diffuse*) und **f** (*fundamental*).

Für die K-Schale mit $n = 1$ wird wie bei BOHR nur ein einziges Energieniveau angenommen: das 1s-Niveau. Eine Nebenquantenzahl ist daher nicht erforderlich, sie hat den Wert $l = 0$.

Die L-Schale mit $n = 2$ besteht aus zwei Unterschalen und damit zwei Energieniveaus. Das Energieniveau mit $l = 0$ heißt 2s, das Energieniveau mit $l = 1$ heißt 2p.

Die M-Schale ($n = 3$) besitzt drei Energieniveaus: das 3s-Niveau, das 3p-Niveau und das 3d-Niveau (↑ **04**).

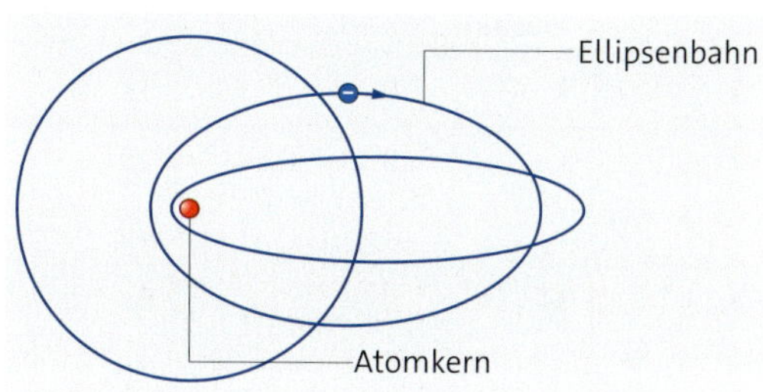

04 Erweiterung des Schalenmodells durch SOMMERFELD: Elektronen bewegen sich auf Ellipsen um den Atomkern.

Elektronenkonfiguration der Atome LK

6 12,01
C
Kohlenstoff
$1s^2 2s^2 2p^2$

Die Ordnungszahl eines Elements gibt die Elektronenanzahl des Atoms an. Verteilt man z. B. die sechs Elektronen des Kohlenstoff-Atoms auf die einzelnen Energieniveaus, so sind zwei Elektronen in der ersten (K-)Schale im 1s-Niveau. Man schreibt die Elektronenanordnung oder **Elektronenkonfiguration** als $1s^2$ (gelesen: eins-s-zwei). Die hochgestellte Ziffer gibt dabei die Anzahl an Elektronen an. Von den vier Elektronen der zweiten (L-)Schale füllen zwei das 2s-Niveau ($2s^2$) auf, die übrigen zwei Elektronen sind im 2p-Niveau ($2p^2$). Die Elektronenkonfiguration des Kohlenstoff-Atoms lautet daher: $1s^2\ 2s^2\ 2p^2$.

MAGNETQUANTENZAHL In einem äußeren Magnetfeld werden die Spektrallinien eines Atoms aufgespalten, weil sich die Unterschalen unterschiedlich zum Magnetfeld orientieren. Jede mögliche Orientierung wird durch eine Zahl beschrieben: die Magnetquantenzahl m. Die maximale Anzahl an Orientierungen hängt dabei von der Nebenquantenzahl l ab: Das s-Niveau (l = 0) hat nur eine Orientierung, das p-Niveau (l = 1) drei und das d-Niveau (l = 2) fünf. Weil zu jeder Magnetquantenzahl bis zu zwei Elektronen gehören, passen in das p-Niveau maximal sechs Elektronen. Das d-Niveau mit fünf Orientierungen fasst maximal 10 Elektronen (↑ **02**).

Quantenzahl	Bedeutung
Hauptquantenzahl n	Schalennummer mit $\leq 2\,n^2$ Elektronen
Nebenquantenzahl l	Unterschalen s, p, d, f
Magnetquantenzahl m	räumliche Orientierung im Magnetfeld
Spinquantenzahl s	Eigendrehimpuls des Elektrons

01 Bedeutung der Quantenzahlen

Übung: Quantenzahlen

SPINQUANTENZAHL Man kann jeder Magnetquantenzahl zwei Spinquantenzahlen zuordnen, weil jedes Elektron einen Eigendrehimpuls hat: Man kann sich vorstellen, dass es sich wie ein mit Effet gespielter Ball um die eigene Achse dreht. Diese Drehung kann nur in zwei Richtungen erfolgen: mit der Umlaufbahn oder entgegen zur Umlaufbahn. Die Spinquantenzahl s kann daher nur den Wert $+\frac{1}{2}$ oder $-\frac{1}{2}$ annehmen. Wenn alle anderen Quantenzahlen zweier Elektronen eines Atoms gleich sind, beispielsweise die beiden Elektronen im 1s-Niveau des Kohlenstoff-Atoms, unterscheiden sie sich dennoch durch ihren Drehsinn um die eigene Achse und damit in der Spinquantenzahl.

Mithilfe des differenzierten Atommodells können nicht nur die Linienspektren der Elemente gedeutet werden. Weil sich die Elektronen in jedem Atom mindestens in einer Quantenzahl unterscheiden, kann das Modell auch den Zusammenhang zwischen dem Bau der Atomhülle und dem Periodensystem der Elemente erklären.

Durch die vier Quantenzahlen n, l, m und s ist der Zustand eines Elektrons im Atom eindeutig charakterisiert.

1 Zeichnen Sie das Schalenmodell der Atomhülle eines Sauerstoff-Atoms nach BOHR.

2 Geben Sie die Elektronenkonfiguration eines Sauerstoff-Atoms an.

3 Begründen Sie, ob die Atomhülle größer oder kleiner wird, wenn ein Elektron vom Grundzustand in einen angeregten Zustand übergeht.

4 Erklären Sie anhand des Energieniveaus der M-Schale den Unterschied zwischen den Modellen von BOHR und SOMMERFELD.

Hauptquantenzahl n	Schale (Hauptenergieniveau)	Nebenquantenzahl l (0, 1, 2, ..., $n-1$)	Unterschale (Unterenergieniveau)	Magnetquantenzahl m ($-l$, ..., 0, ..., $+l$)	Spinquantenzahl s	Anzahl Elektronen	Maximale Besetzung in der Schale
1	K	0	1s	0	$+\frac{1}{2}, -\frac{1}{2}$	2	2
2	L	0	2s	0	$+\frac{1}{2}, -\frac{1}{2}$	2	8
		1	2p	−1, 0, +1	$+\frac{1}{2}, -\frac{1}{2}$	6	
3	M	0	3s	0	$+\frac{1}{2}, -\frac{1}{2}$	2	18
		1	3p	−1, 0, +1	$+\frac{1}{2}, -\frac{1}{2}$	6	
		2	3d	−2, −1, 0, +1, +2	$+\frac{1}{2}, -\frac{1}{2}$	10	

02 Verteilung der Elektronen auf den Energieniveaus für die Hauptquantenzahlen n = 1, 2 und 3

ELEKTRONENKONFIGURATION DER ATOME Die vier Quantenzahlen ermöglichen es, die Elektronenkonfiguration eines Atoms genau zu bestimmen. Ihre einzelnen Werte sind allerdings voneinander abhängig. Für jede Hauptquantenzahl ergeben sich so bestimmte Kombinationsmöglichkeiten, die jeweils die Energie des Niveaus (*n*, *l*) und seine räumliche Orientierung (*m*) bestimmen. In Atomen mit mehr als einem Elektron erfolgt die Besetzung der Energieniveaus nach drei Prinzipien:

- **Energieprinzip:** Die Reihenfolge der Besetzung richtet sich nach der Energie des Niveaus. Das Niveau mit der niedrigsten Energie, das 1s-Niveau, wird zuerst besetzt, dann folgen das 2s- und die drei 2p-Niveaus. Zu beachten ist, dass die energetische Reihenfolge nicht immer mit der Reihenfolge der Hauptquantenzahlen übereinstimmt, z. B. wird das 4s-Niveau mit der Hauptquantenzahl $n = 4$ vor den fünf 3d-Niveaus ($n = 3$) besetzt (↑ **03**). Mithilfe des Schachbrett-Schemas kann die Reihenfolge der Elektronenbesetzung veranschaulicht werden (↑ **03**).

- **Hund'sche Regel:** Energiegleiche Niveaus werden zunächst alle nacheinander mit jeweils einem Elektron gleichen Spins besetzt, danach erst werden die Niveaus mit dem zweiten Elektron aufgefüllt. So sind bei der Elektronenkonfiguration des Stickstoff-Atoms die drei energiegleichen 2p-Niveaus mit je einem Elektron einfach besetzt (↑ **04**).

- **Pauli-Prinzip:** Die Elektronen eines Atoms unterscheiden sich durch mindestens eine Quantenzahl. Demnach kann das gleiche Energieniveau nur mit 2 Elektronen besetzt werden, die einen entgegengesetzten Spin haben.

richtig: [↑↓] falsch: [↑↑]

Man kann die Elektronenkonfiguration auf zweierlei Weise darstellen: In der Kästchenschreibweise wird jedes Energieniveau durch ein Kästchen dargestellt. Energiegleiche Niveaus, z. B. die drei p-Niveaus, werden dabei zusammengefasst (↑ **04**). Jedes Elektron wird durch einen Pfeil symbolisiert, dessen Richtung den Spin angibt (Spinquantenzahl).
In der *vereinfachten Schreibweise* gibt man die Anzahl der vorhandenen Elektronen durch eine hochgestellte Zahl rechts neben der Bezeichnung des Energieniveaus 1s, 2s, 2p usw. an (↑ **04**).

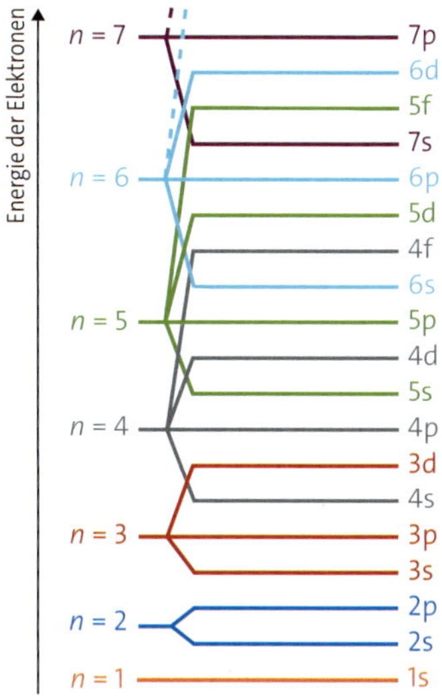

Merkhilfe Schachbrett-Schema:
Folgt man den Pfeilen auf dem Schachbrett, ergibt sich die Reihenfolge der Energieniveaus (Energieprinzip).

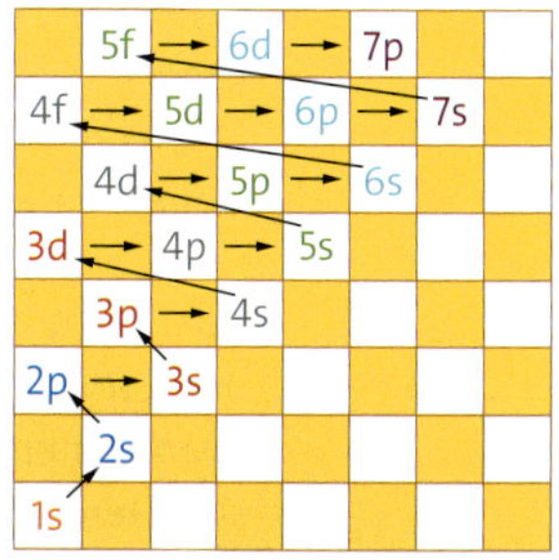

03 Energieniveauschema für Atome mit mehreren Elektronen

Atom	Energieniveau 1s	2s	2p	3s	Vereinfachte Schreibweise
H	[↑]	[ ]	[ ][ ][ ]	[ ]	$1s^1$
He	[↑↓]	[ ]	[ ][ ][ ]	[ ]	$1s^2$
Li	[↑↓]	[↑]	[ ][ ][ ]	[ ]	$1s^2 2s^1$
Be	[↑↓]	[↑↓]	[ ][ ][ ]	[ ]	$1s^2 2s^2$
B	[↑↓]	[↑↓]	[↑][ ][ ]	[ ]	$1s^2 2s^2 2p^1$
C	[↑↓]	[↑↓]	[↑][↑][ ]	[ ]	$1s^2 2s^2 2p^2$
N	[↑↓]	[↑↓]	[↑][↑][↑]	[ ]	$1s^2 2s^2 2p^3$
O	[↑↓]	[↑↓]	[↑↓][↑][↑]	[ ]	$1s^2 2s^2 2p^4$
F	[↑↓]	[↑↓]	[↑↓][↑↓][↑]	[ ]	$1s^2 2s^2 2p^5$
Ne	[↑↓]	[↑↓]	[↑↓][↑↓][↑↓]	[ ]	$1s^2 2s^2 2p^6$

04 Elektronenkonfiguration für die Atome der Elemente der ersten beiden Perioden im PSE in der Kästchenschreibweise

1 Geben Sie die Elektronenkonfiguration in der Kästchenschreibweise für ein Mg-Atom, Mg^{2+}-Ion, P-Atom und Sc-Atom an.

2 Geben Sie das Elementsymbol für das Atom bzw. Ion mit folgender Elektronenkonfiguration an:
a [Ne] $3s^2 3p^5$ (elektrisch neutrales Atom)
b [Ar] $3d^{10} 4s^0$ (zweifach positiv geladenes Ion)
c [Kr] $4d^{10} 5s^0$ (einfach positiv geladenes Ion)

3 Woran erkennen Sie in der vereinfachten Schreibweise der Elektronenkonfiguration, in welcher Periode ein Element steht?

8.4 Aufbau des Periodensystems LK

ORDNUNG DER ELEMENTE Die Anordnung der Elemente im Periodensystem durch DMITRI MENDELEJEW und LOTHAR MEYER erfolgte ursprünglich nach steigender Atommasse, wobei sie Elemente mit chemisch ähnlichen Eigenschaften untereinander gruppierten. Heute sind die Elemente nach der **Ordnungszahl** (Kernladungszahl, entspricht der Protonen- oder Elektronenanzahl) sortiert. Mit den Erkenntnissen BOHRS konnte 1913 die Anordnung der Elemente in Perioden und Gruppen mithilfe der Elektronenverteilung in der Atomhülle erklärt werden.

HAUPTGRUPPENELEMENTE Das Periodensystem der Elemente ist in 18 Gruppen (Spalten) und 7 Perioden (Zeilen) gegliedert. In den acht **Hauptgruppen** sind Elemente mit gleicher Anzahl Außenelektronen zusammengefasst: die **Hauptgruppenelemente**. Bei ihnen werden die s- und p-Niveaus aufgefüllt. Die Elektronenkonfiguration der Außenschale der Atome in einer Hauptgruppe unterscheidet sich nur in der Hauptquantenzahl. So ist die Elektronenkonfiguration der Außenschale bei Atomen der VI. Hauptgruppe $n\,s^2\,n\,p^4$. Elemente, deren Atome die gleiche Anzahl an besetzten Schalen haben, stehen in einer **Periode**. Die 1. Periode beginnt mit dem Element Wasserstoff (H) mit der Elektronenkonfiguration $1s^1$ und wird mit Helium (He: $1s^2$) abgeschlossen. Die 2. Periode beginnt mit Lithium (Li: $1s^2\,2s^1$) und schließt mit Neon (Ne: $1s^2\,2s^2\,2p^6$) ab (↑ 01).
Meist werden zur Vereinfachung die vollbesetzten Energieniveaus eines Atoms durch die Angabe des entsprechenden Edelgassymbols mit gleicher Elektronenkonfiguration vorangestellt. Statt $1s^2\,2s^1$ für ein *Lithium-Atom* kann man auch schreiben: [He] $2s^1$.

NEBENGRUPPENELEMENTE Ab der 4. Periode findet man zwischen der II. und III. Hauptgruppe im Periodensystem die **Nebengruppen** (↑ 02). Im Unterschied zu den Atomen der Hauptgruppenelemente besetzen die Elektronen bei Atomen der **Nebengruppenelemente** d-Niveaus als energetisch höchst besetzte Energieniveaus. Da das d-Niveau insgesamt maximal 10 Elektronen aufnehmen kann, gibt es zehn Nebengruppen. Diese Elektronenkonfiguration kommt zustande, weil das 3d-Niveau energetisch zwischen dem 4s- und dem 4p-Niveau liegt (↑ 03).

Periode	Hauptgruppe I	II	III	IV	V	VI	VII	VIII
1	$Z = 1$ H $1s^1$							$Z = 2$ He $1s^2$
2	$Z = 3$ Li $2s^1$	$Z = 4$ Be $2s^2$	$Z = 5$ B $2s^2 2p^1$	$Z = 6$ C $2s^2 2p^2$	$Z = 7$ N $2s^2 2p^3$	$Z = 8$ O $2s^2 2p^4$	$Z = 9$ F $2s^2 2p^5$	$Z = 10$ Ne $2s^2 2p^6$
3	$Z = 11$ Na $3s^1$	$Z = 12$ Mg $3s^2$	$Z = 13$ Al $3s^2 3p^1$	$Z = 14$ Si $3s^2 3p^2$	$Z = 15$ P $3s^2 3p^3$	$Z = 16$ S $3s^2 3p^4$	$Z = 17$ Cl $3s^2 3p^5$	$Z = 18$ Ar $3s^2 3p^6$
	1	2	3	4	5	6	7	8
Anzahl Valenzelektronen (s-Elektronen und p-Elektronen)								

01 Valenzelektronenkonfiguration der ersten 18 Atome im PSE

Periode	Hauptgruppe I	II	III	IV	V	VI	VII	VIII
4	$Z = 19$ K $4s^1$	$Z = 20$ Ca $4s^2$	$Z = 31$ Ga $4s^2 4p^1$	$Z = 32$ Ge $4s^2 4p^2$	$Z = 33$ As $4s^2 4p^3$	$Z = 34$ Se $4s^2 4p^4$	$Z = 35$ Br $4s^2 4p^5$	$Z = 36$ Kr $4s^2 4p^6$

$Z = 21$ Sc $3d^1 4s^2$	$Z = 22$ Ti $3d^2 4s^2$	$Z = 23$ V $3d^3 4s^2$	$Z = 24$ Cr $3d^5 4s^1$	$Z = 25$ Mn $3d^5 4s^2$	$Z = 26$ Fe $3d^6 4s^2$	$Z = 27$ Co $3d^7 4s^2$	$Z = 28$ Ni $3d^8 4s^2$	$Z = 29$ Cu $3d^{10} 4s^1$	$Z = 30$ Zn $3d^{10} 4s^2$
3	4	5	6	7	8	9	10	11	12
Anzahl Valenzelektronen (4s-Elektronen und 3d-Elektronen)									

02 Das Auffüllen der 3d-Niveaus führt zu einer Erweiterung der vierten Periode um 10 Nebengruppen-Atome; Cr, Cu: Atome mit unregelmäßiger Valenzelektronenkonfiguration.

Aufgrund des Energie-Prinzips wird bei fortlaufender Besetzung in der 4. Periode das nächste Elektron nicht – wie bei Kalium zu erwarten wäre – in das 3d-Niveau, sondern in das 4s-Niveau eingebaut. Ist das 4s-Niveau – wie bei Calcium – vollständig mit zwei Elektronen besetzt, wird bei den weiteren Elementen das 3d-Niveau in der 4. Periode nacheinander aufgefüllt (↑ **03**).
Innerhalb einer Periode unterscheiden sich die s- und d-Niveaus energetisch nur geringfügig voneinander. Deshalb können die Atome von Nebengruppenelementen Ionen mit unterschiedlicher Anzahl an positiven Ladungen bilden.

LANTHANOIDE UND ACTINOIDE Nach Besetzung des 6s-Niveaus wird zunächst wie zu erwarten ein 5d-Niveau besetzt, d. h., das Lanthan-Atom ($Z = 57$) hat die Valenzelektronenkonfiguration $5d^1 6s^2$. Danach werden aber nicht die 5d-Niveaus weiter aufgefüllt, sondern zunächst die sieben energieärmeren 4f-Niveaus (↑ Schachbrettschema, S. 33). Dementsprechend folgen auf das Lanthan-Atom zunächst 14 **Lanthanoid-Atome** ($Z = 58$ bis $Z = 71$, ↑ **04**).
Die zugehörigen Elemente, z. B. Cer (Ce), Neodym (Nd), Europium (Eu) und Thulium (Tm), sind ebenfalls Metalle. Sie heißen **Lanthanoide** und zählen zu den sogenannten *Seltenen Erden, wenngleich ihr Name trügt:* Selbst das seltenste Lanthanoid Thulium kommt häufiger vor als Gold. Die *Seltenen Erden* haben besondere chemische Eigenschaften und spielen eine wichtige Rolle in vielen Hightechprodukten wie Smartphones und Laptops. Auch die Produktion moderner Elektromotoren ist ohne sie nicht denkbar.

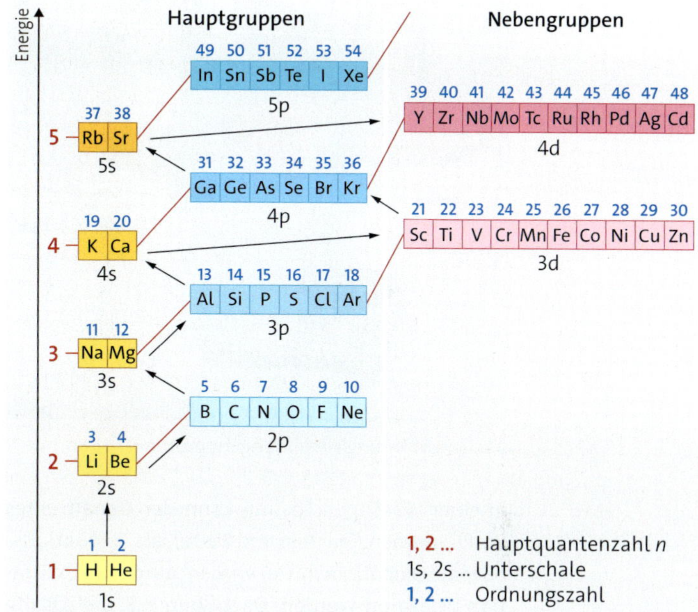

03 Die energetische Lage der Energieniveaus bestimmt die Einordnung der Elemente in das Periodensystem.

Die siebte Periode erweitert sich durch Auffüllen der 5f-Niveaus wiederum um 14 Atome, die **Actinoid-Atome** ($Z = 90$ bis $Z = 103$). Wie alle Atome mit $Z > 83$ weisen auch diese Atome instabile Kerne auf, die unter Aussendung von energiereicher Strahlung zerfallen. Die zugehörigen Elemente, die Actinoide, sind alle radioaktiv und spielen daher eine geringe praktische Rolle. Bis zum Uran sind sie natürlich auf der Erde zu finden. Neptunium und Plutonium kommen in der Natur in winzigen Spuren vor, alle Elemente jenseits davon müssen künstlich erzeugt werden.

Periode	Hauptgruppe I	II	III	IV	V	VI	VII	VIII
6	$Z = 55$ Cs $6s^1$	$Z = 56$ Ba $6s^2$	$Z = 81$ Ti $6s^2 6p^1$	$Z = 82$ Pb $6s^2 6p^2$	$Z = 83$ Bi $6s^2 6p^3$	$Z = 84$ Po $6s^2 6p^4$	$Z = 85$ At $6s^2 6p^5$	$Z = 86$ Rn $6s^2 6p^6$

$Z = 57$ La $5d^1 6s^2$	$Z = 72$ Hf $5d^2 6s^2$	$Z = 73$ Ta $5d^3 6s^2$	$Z = 74$ W $5d^4 6s^2$	$Z = 75$ Re $5d^5 6s^2$	$Z = 76$ Os $5d^6 6s^2$	$Z = 77$ Ir $5d^7 6s^2$	$Z = 78$ Pt $5d^9 6s^1$	$Z = 79$ Au $5d^{10} 6s^1$	$Z = 80$ Hg $5d^{10} 6s^2$

$Z = 58$ Ce $4f^2 5d^0 6s^2$	$Z = 59$ Pr $4f^3 5d^0 6s^2$	$Z = 60$ Nd $4f^4 5d^0 6s^2$	$Z = 61$ Pm $4f^5 5d^0 6s^2$	$Z = 62$ Sm $4f^6 5d^0 6s^2$	$Z = 63$ Eu $4f^7 5d^0 6s^2$	$Z = 64$ Gd $4f^7 5d^1 6s^2$	$Z = 65$ Tb $4f^9 5d^0 6s^2$	$Z = 66$ Dy $4f^{10} 5d^0 6s^2$	$Z = 67$ Ho $4f^{11} 5d^0 6s^2$	$Z = 68$ Er $4f^{12} 5d^0 6s^2$	$Z = 69$ Tm $4f^{13} 5d^0 6s^2$	$Z = 70$ Yb $4f^{14} 5d^0 6s^2$	$Z = 71$ Lu $4f^{14} 5d^1 6s^2$
4	5	6	7	8	9	10	11	12	13	14	15	16	17
Anzahl Valenzelektronen (6s-Elektronen, 5d-Elektronen und 4f-Elektronen)													

04 Das Auffüllen der 4f-Niveaus führt zu einer Erweiterung der sechsten Periode um 14 Lanthanoid-Atome; Pt, Au, Gd: Atome mit unregelmäßiger Valenzelektronenkonfiguration.

8.5 Redoxtitration LK

01 Durchführung einer Manganometrie

In einer wässrigen Lösung kann der Gehalt eines Stoffs, dessen Teilchen entweder als Reduktions- oder als Oxidationsmittel wirken, durch **Redoxtitration** bestimmt werden. Dazu wird z. B. die Lösung eines Reduktionsmittels unbekannter Konzentration (Probelösung) gegen eine Lösung, die ein Oxidationsmittel bekannter Konzentration (Maßlösung) enthält, titriert.

Grundlagen der Titration (↑ S. 164 f.)

Durch den Einsatz spezieller Redoxmittel wie Permanganat-Ionen MnO_4^- wird der Äquivalenzpunkt der Redoxtitration durch einen Farbumschlag angezeigt. Aus dem ermittelten Verbrauch und der bekannten Stoffmengenkonzentration der Maßlösung kann dann der unbekannte Gehalt in der Analysenlösung bestimmt werden.

MANGANOMETRIE Reduktionsmittel wie Eisen(II)-Ionen Fe^{2+} oder Oxalat-Ionen $C_2O_4^{2-}$ lassen sich sehr gut durch **Manganometrie** bestimmen:

Elektronenakzeptor = Oxidationsmittel

Elektronendonator = Reduktionsmittel

In saurer Lösung sind Permanganat-Ionen MnO_4^- starke *Elektronenakzeptoren*. Sie werden durch *Elektronendonatoren* zu Mangan(II)-Ionen Mn^{2+} reduziert. Die violette Permanganatlösung wird beim Eintropfen in die Probelösung durch die Bildung von Mn^{2+}-Ionen entfärbt, da deren Lösung fast farblos ist. Das Ende der Titration kann daran erkannt werden, dass sich bei weiterer Zugabe von Permanganatlösung die Probelösung nicht mehr entfärbt.

Übung: Manganometrie

Ausgangsstoff	Reaktionsprodukte bei pH-Wert				
	stark basisch	schwach basisch bis neutral			sauer
VII MnO_4^- (violett)	VI MnO_4^{2-} (grün)	V MnO_4^{3-} (blau)	IV MnO_2 (braun)	III Mn^{3+} (rot)	II Mn^{2+} (rosa bis farblos)

Da H_3O^+-Ionen zur Reduktion der Permanganat-Ionen notwendig sind, muss die Probelösung z. B. mit Schwefelsäure angesäuert werden.

Beispiel: Für die Bestimmung der Stoffmengenkonzentration an Fe^{2+}-Ionen wurden 100 mL einer angesäuerten Eisen(II)-sulfatlösung mit 30 mL einer Kaliumpermanganatlösung mit bekannter Konzentration (c = 0,001 mol · L^{-1}) titriert (↑ Exp. 8.04, S. 249). Bei der Auswertung geht man wie folgt vor:

1) Aufstellen der Reaktionsgleichung (↑ Methode S. 247):
$MnO_4^- + 5\,Fe^{2+} + 8\,H_3O^+ \longrightarrow Mn^{2+} + 5\,Fe^{3+} + 12\,H_2O$

2) Aufstellen des Stoffmengenverhältnisses
$5 \cdot n(MnO_4^-) = n(Fe^{2+})$

3) Stoffmenge n ersetzen durch $n = c \cdot V$
$[5 \cdot c(MnO_4^-) \cdot V(MnO_4^-)] = [c(Fe^{2+}) \cdot V(Fe^{2+})]$

4) Umstellen der Gleichung nach $c(Fe^{2+})$
$c(Fe^{2+}) = [5 \cdot c(MnO_4^-) \cdot V(MnO_4^-)] : V(Fe^{2+})$

5) Berechnung der Stoffmengenkonzentration
$c(Fe^{2+}) = [5 \cdot 0{,}001\ mol \cdot L^{-1} \cdot 30\ mL] : 100\ mL$
$= 0{,}0015\ mol \cdot L^{-1}$

In der Eisensulfatlösung ist eine Stoffmengenkonzentration von $c(Fe^{2+}) = 0{,}0015\ mol \cdot L^{-1}$ enthalten.

IODOMETRIE Das Redoxpaar $2\,I^-/I_2$ eignet sich sowohl zur Bestimmung von Reduktions- als auch von Oxidationsmitteln. Elementares Iod wird von Reduktionsmitteln reduziert, die leichter zur Elektronenabgabe neigen als die sich dabei bildenden Iodid-Ionen. Diese können deshalb bei der **Iodometrie** direkt mit einer Iod-Kaliumiodidlösung titriert werden. Iod-Moleküle werden so lange zu Iodid-Ionen reduziert, wie noch Reduktionsmittel in der Probelösung vorhanden ist. Am *Äquivalenzpunkt* kann kein weiteres Iod umgesetzt werden. Das eingetropfte überschüssige Iod in der Probelösung wird durch Stärke als Indikator sichtbar gemacht. Es bildet mit Iod den tiefblauen Iod-Stärke-Komplex.

Um auch Elektronenakzeptoren wie Kupfer(II)-Ionen, die gegenüber dem Redoxpaar $2\,I^-/I_2$ als Oxidationsmittel wirken, mittels **Iodometrie** zu bestimmen, setzt man diese zunächst mit Kaliumiodid im Überschuss um. Dabei reagieren die Cu^{2+}-Ionen mit I^--Ionen zu Kupfer(I)-iodid (CuI) und Iod. Durch die Oxidation der I^--Ionen bildet sich eine der Stoffmenge der Cu^{2+}-Ionen äquivalente Stoffmenge an Iod.

Schwefeln von Wein

02 Hinweis auf dem Etikett eines Weins: „Enthält Sulfite“

Lebensmittel – insbesondere Trockenobst und Wein – werden schon seit Jahrhunderten durch Schwefeln konserviert. Früher wurde dazu Schwefel direkt im Weinfass verbrannt, damit das entstehende Schwefeldioxid (SO_2) sich im jungen Wein löst und darin schädliche Mikroorganismen tötet. Das wasserlösliche Gift kann ihre Zellmembran passieren, diese dabei schädigen und den Stoffwechsel der Mikroorganismen stören.
Heute weiß man, dass durch Schwefeln von Wein nicht nur dessen Haltbarkeit verlängert wird. Schwefeldioxid wirkt reduzierend und beugt daher der unerwünschten Oxidation von Bestandteilen des Weins durch Sauerstoff vor. Beim Lösevorgang gebildete schweflige Säure protolysiert zu Hydrogensulfit-Ionen, die mit Luftsauerstoff zu Sulfat-Ionen oxidiert werden können.

Bereits oxidierte Bestandteile des Weins können durch Schwefeldioxid auch wieder „zurück“reduziert werden.
Bei der alkoholischen Gärung entstehen als Nebenprodukte u. a. kleine Mengen an Aldehyden (↑S.264). So enthält junger Wein Ethanal, das neben Phenolen und Brenztraubensäure den von Weinkennern als störend empfundenen sogenannten Luftton verursacht. Durch Reaktion von Ethanal mit Schwefeldioxid entsteht geschmacksneutrale 1-Hydroxyethansulfonsäure.

$$\underset{\text{Ethanal}}{CH_3{-}\overset{I}{C}HO} + \overset{IV}{S}O_2 + H_2O \longrightarrow \underset{\text{1-Hydroxyethansulfonsäure}}{CH_3{-}\overset{0}{C}HOH{-}\overset{V}{S}O_3H}$$

Auch andere Aldehyde können auf ähnliche Weise gebunden werden. Diese Redoxreaktionen beeinflussen den Geschmack und den Geruch des Weins nachhaltig.
Da Schwefeldioxid auch für den Menschen schädlich ist, muss die Konzentration des Konservierungsmittels streng kontrolliert werden. Erlaubt sind für Weißweine bis zu $240\ mg \cdot L^{-1}$ und für Auslesen sogar bis zu $350\ mg \cdot L^{-1}$ Schwefeldioxid. Sofern ein Wein mehr als $10\ mg \cdot L^{-1}$ Schwefeldioxid enthält, muss er entsprechend gekennzeichnet werden. Heute erfolgt die Schwefelung durch Zusatz von schwefliger Säure (H_2SO_3), ihrer Salze oder Verbindungen, die Schwefeldioxid abspalten, z. B. Kaliumdisulfit ($K_2S_2O_5$).

1 › Schlagen Sie ein Experiment vor, mit dem der Schwefeldioxidgehalt in einem Wein festgestellt werden kann. Entwickeln Sie eine mögliche Durchführung.

Aus jeweils zwei Cu^{2+}-Ionen entsteht ein I_2-Molekül, sodass die ursprüngliche Stoffmenge an Cu^{2+}-Ionen in der Lösung doppelt so groß ist wie die Stoffmenge des gebildeten I_2.
Die Stoffmenge des Iods wird durch Rücktitration mit Natriumthiosulfat ($Na_2S_2O_3$) bestimmt, wobei sich wieder Iodid-Ionen bilden.
Das Ende der Titration wird durch die Entfärbung der Lösung angezeigt, der zuvor etwas Stärke zugesetzt wurde. Aus der umgesetzten Stoffmenge der Thiosulfat-Ionen $S_2O_3^{2-}$ kann dann die Stoffmenge und damit die Konzentration der Kupfer(II)-Ionen in der Probe berechnet werden.

$$2\,Cu^{2+} + 4\,I^- \longrightarrow 2\,CuI + I_2 \qquad n(Cu^{2+}) = 2 \cdot n(I_2)$$

$$I_2 + 2\,S_2O_3^{2-} \longrightarrow 2\,I^- + S_4O_6^{2-} \qquad 2 \cdot n(I_2) = n(S_2O_3^{2-})$$

$$n(Cu^{2+}) = 2 \cdot n(I_2) = n(S_2O_3^{2-})$$

$$c(Cu^{2+}) = \frac{c(S_2O_3^{2-}) \cdot V(S_2O_3^{2-})}{V(\text{Probe})}$$

1 › Nitrit-Ionen NO_2^- werden in saurer Lösung von MnO_4^--Ionen zu Nitrat-Ionen NO_3^- oxidiert.
a Stellen Sie die Reaktionsgleichung für diese Redoxreaktion auf. Kennzeichnen Sie die korrespondierenden Redoxpaare.
b Erläutern Sie, wie sich die Konzentration der NO_2^--Ionen mittels Manganometrie bestimmen lässt.

2 › 10 mL einer Eisen(II)-sulfatlösung ($FeSO_4$) werden mit saurer Kaliumpermanganatlösung ($c(KMnO_4) = 0{,}1\ mol \cdot L^{-1}$) titriert. Bis zum Farbumschlag werden 6,0 mL Lösung verbraucht.
a Entwickeln Sie die Reaktionsgleichung für die Redoxreaktion. Kennzeichnen Sie die korrespondierenden Redoxpaare.
b Berechnen Sie die Fe^{2+}-Konzentration in der Analysenlösung.

3 › Erläutern Sie das Prinzip der Iodometrie von Wasserstoffperoxid (H_2O_2) durch Rücktitration mit Natriumthiosulfat ($Na_2S_2O_3$) in einer mit Schwefelsäure versetzten Lösung.

Klausurtraining

Material A Iodiertes Speisesalz

A1.1 Auch Knabbergebäck enthält iodiertes Salz.

Durchführung:

40 g Speisesalz werden im Erlenmeyerkolben in 150 mL destilliertem Wasser gelöst, mit 10 mL Schwefelsäure (c = 0,1 mol · L^{-1}) versetzt und unter Rühren 10 mL Kaliumiodidlösung (KI, w = 5 %) zugesetzt. Danach wird die Probe mit Natriumthiosulfatlösung ($Na_2S_2O_3$, c = 0,01 mol · L^{-1}) titriert, bis die Lösung nur noch schwach gelb ist. Nun gibt man einige Tropfen Stärkelösung dazu und titriert vorsichtig weiter, bis sich die blaue Lösung schlagartig entfärbt.

Beobachtung:

A1.2 Auszug aus einem Versuchsprotokoll

In vielen Regionen Deutschlands enthalten die Ackerböden zu wenig Iod. Um sicherzustellen, dass die Menschen trotzdem ausreichende Mengen des Spurenelements mit der Nahrung zu sich nehmen, wird dem Speisesalz Iod meist in Form von Kaliumiodat (KIO_3) zugefügt. Iod ist für den Menschen essenziell. In der Schilddrüse werden mithilfe des Elements wichtige Hormone für den Stoffwechsel gebildet.
Allerdings sollte die Höchstmenge von 20 µg Iod pro Gramm Salz nicht überschritten werden, da auch bei diesem Spurenelement „die Dosis das Gift macht". Der Iodatgehalt des Salzes lässt sich redoxchemisch bestimmen. Die Redoxtitration beruht darauf, dass Iodat-Ionen (IO_3^-) in saurer Lösung mit Iodid-Ionen (I^-) zu Iod-Molekülen (I_2) reagieren. Bei dieser Synproportionierung (auch Komproportionierung genannt) werden die Iodat-Ionen reduziert und Iodid-Ionen oxidiert.

AUFGABEN ZU A

1) Erläutern Sie das experimentelle Vorgehen bei der Bestimmung des Iodgehalts mithilfe von Natriumthiosulfat. Gehen Sie dabei auf die Funktion der eingesetzen Chemikalien ein (↑ **A1.2**).

2) Entwickeln Sie die Redoxgleichungen für:
a Synproportionierung von Iodat-Ionen mit Iodid-Ionen in saurer Lösung,
b Titration von Iod mit Natriumthiosulfatlösung.

3) **a** Berechnen Sie den Iodatgehalt der untersuchten Probe. Entscheiden Sie, ob der Iodgehalt des Salzes unterhalb der zulässigen Höchstmenge von 20 µg · g^{-1} liegt.
b Diskutieren Sie, ob es grundsätzlich sinnvoll ist, iodiertes Salz zum Würzen von Lebensmitteln zu verwenden.

Material B Risiko Bleichmittel

Feuerwehr warnt vor Nutzung von Bleichmitteln

Berlin | Immer wieder kommt es bei der Verwendung von Bleichmitteln im Haushalt zu Unfällen mit schweren Verletzungen oder tödlichem Ausgang. „Leider unterschätzen die Leute die potenziellen Gefahren beim Umgang mit Bleichmitteln", berichtet ein Feuerwehrmann. Viele Bleichmittel enthalten Natriumhypochlorit. Die Substanz setzt in Kombination mit sauren Reinigern ätzende und giftige Dämpfe frei. Das tückische Gas verursacht beim Einatmen schwere Schäden in den Lungen und führt zu Bewusstlosigkeit und Tod. „Auf keinen Fall darf man das Bleichmittel in Kombination mit anderen Mitteln verwenden", rät daher die Feuerwehr. „Noch besser ist es aber, auf solche Mittel ganz zu verzichten." Denn meistens kommt jede Hilfe zu spät.

B1.1 Zeitungsartikel über die Gefahren von Bleichmitteln

Die Bleichwirkung von Natriumhypochlorit (NaOCl) beruht darauf, dass es in wässriger Lösung zu hypochloriger Säure (HOCl) umgesetzt wird, die unter Freisetzung von „aktivem" Sauerstoff zu Chlorid-Ionen und Wasser zerfällt. In saurer Lösung reagieren die Chlorid-Ionen mit den Hypochlorit-Ionen (OCl^-) und bilden ein giftiges, ätzendes, grünliches Gas.

AUFGABEN ZU B

1) **a** Entwickeln Sie die Reaktionsgleichungen für die Bildung von „aktivem" Sauerstoff aus Natriumhypochlorit in wässriger Lösung.
b Beschreiben Sie, wie man Natriumhypochlorit experimentell nachweisen könnte.

2) Zeigen Sie anhand von Oxidationszahlen, dass es sich bei der Bildung des „tückischen" Gases, vor dem die Feuerwehr warnt, um eine Redoxreaktion handelt. Entwickeln Sie die Teilgleichungen für Oxidation und Reduktion.

8.6 Metalle und Metallbindung

METALLE Vier Fünftel aller Elemente im Periodensystem sind Metalle. Menschen nutzen sie bereits seit Jahrtausenden als Werkstoffe, weil ihre typischen Eigenschaften sehr vielfältige Verwendungen ermöglichen. Mithilfe des Elektronengasmodells können Eigenschaften sowie Bindungsverhältnisse erklärt werden.

METALLBINDUNG IM ELEKTRONENGASMODELL Metalle sind aus Atomen aufgebaut, die in einem Atomverband in unvorstellbar großer Anzahl regelmäßig geordnet zusammenhalten. Die Außenelektronen der Metall-Atome sind nur schwach gebunden. Im Metallgitter können sie sich deshalb frei bewegen und sind nicht an einzelne Atome gebunden. Eine solche Ansammlung von delokalisierten Elektronen wird als **Elektronengas** bezeichnet. Die zwischen den negativ geladenen Elektronen und positiv geladenen Metall-Kationen herrschenden elektrostatischen Anziehungskräfte bewirken die **Metallbindung** und das stabile Gitter der Metalle. Diese als Elektronengasmodell bezeichnete Theorie wurde Anfang des 20. Jahrhunderts zur Beschreibung der metallischen Bindung entwickelt.

ELEKTRISCHE LEITFÄHIGKEIT Wird an einen Metalldraht eine Spannung angelegt, fließt ein elektrischer Strom. Die zwischen den Metall-Kationen frei beweglichen Elektronen wandern aufgrund der auf sie wirkenden elektrischen Kräfte zum positiven Pol. Mit steigender Temperatur sinkt die elektrische Leitfähigkeit, da nach dem Elektronengasmodell die Schwingungen der Metall-Kationen zunehmen. Dies bewirkt eine Störung der freien Beweglichkeit der Elektronen, sodass die Leitfähigkeit abnimmt.

VERFORMBARKEIT UND GLANZ Metall-Atome lagern sich zu dicht gepackten Strukturen zusammen, weil die Bindungskräfte zwischen den Metall-Kationen und dem Elektronengas ungerichtet sind. Wirkt eine Kraft auf das Metallgitter ein, so können die Gitterebenen aneinander vorbeigleiten. Die Bindungskräfte bleiben erhalten, weil die Metall-Kationen stets wieder in die gleiche Umgebung gelangen. Metalle sind daher *verformbar* – im Unterschied zu Salzen, bei denen sich gleichartig geladene Ionen abstoßen, wenn die Gitterebenen aneinander vorbeigleiten, sodass der Kristall zerbricht. Die freien Elektronen im Elektronengas der Metalle werden durch die Energie des Lichts angeregt und strahlen das Licht sogleich wieder ab. Dies macht sich als Reflexion bemerkbar. Die Metalle erscheinen deshalb im Licht *glänzend* und undurchsichtig.

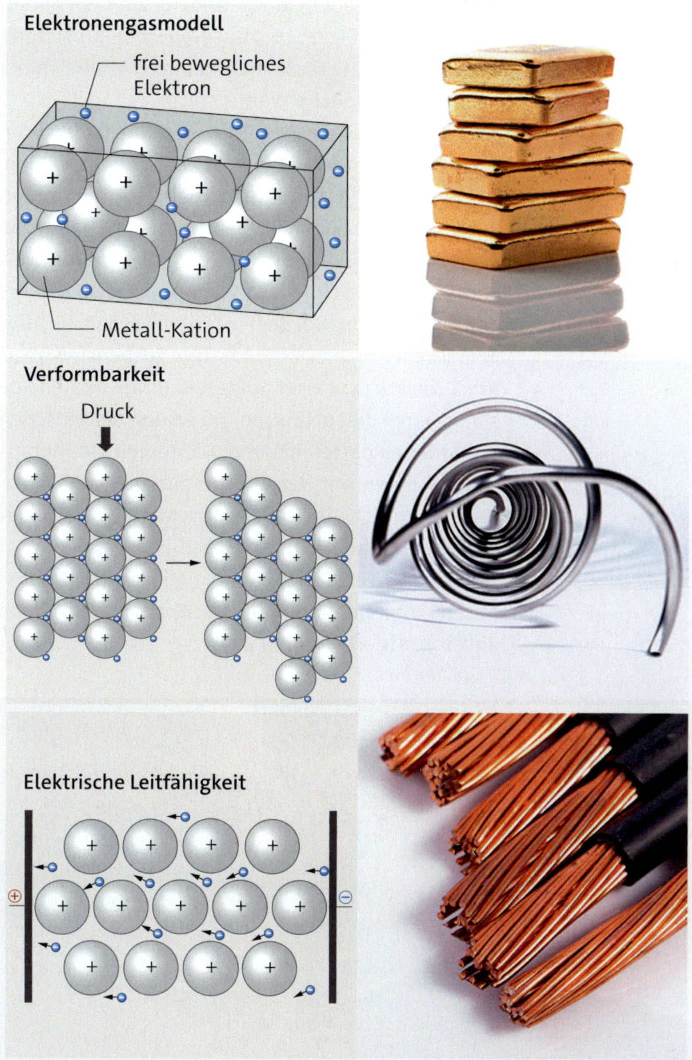

01 Modellvorstellungen zu Struktur und Eigenschaften von Metallen

Nach dem Elektronengasmodell wird der Zusammenhalt im Metallgitter durch die Anziehungskräfte zwischen Metall-Kationen und frei beweglichen Elektronen gewährleistet. Mit diesem Modell lassen sich typische Eigenschaften wie Verformbarkeit, elektrische Leitfähigkeit und Glanz erklären.

1〉 **a** Stellen Sie Gemeinsamkeiten und Unterschiede in der Struktur von Metallen und Salzen dar.
b Erklären Sie, worauf die elektrische Leitfähigkeit beider Stoffgruppen beruht.

2〉 Nennen Sie Gemeinsamkeiten und Unterschiede zwischen einem Salzkristall, einer Salzschmelze und einer wässrigen Salzlösung.

8.7 Gewinnung von Metallen

METALLE Trotz der Vielfalt und der zum Teil außergewöhnlichen Eigenschaften moderner Kunststoffe sind die seit Jahrtausenden bekannten Metalle immer noch unentbehrliche Werkstoffe.

Als Rohstoffe für die Metallgewinnung dienen Erze, die in Minen unter oder über Tage abgebaut werden. Neben den eigentlich metallhaltigen Mineralien wie Sulfiden, Oxiden und Carbonaten enthalten sie noch Begleitmineralien, die **Gangart** genannt werden. Durch Anreichungsverfahren werden diese aus dem Erz entfernt. Bei der Flotation werden die feingemahlenen Erze in eine wässrige Suspension überführt, die mit Druckluft aufgeschäumt wird. Tenside stabilisieren die Luftblasen, die an den metallischen Erzkörnchen haften bleiben. So steigen die Metallverbindungen mit den Blasen zur Oberfläche auf und lassen sich als Schaum abschöpfen. Die Gangart verbleibt als Bodensatz und kann abgepumpt werden (↑ **03**). Schließt man mehrere Flotationszellen hintereinander, kann das Erz besonders hoch aufkonzentriert werden.

01 Abstich von Roheisen am Hochofen

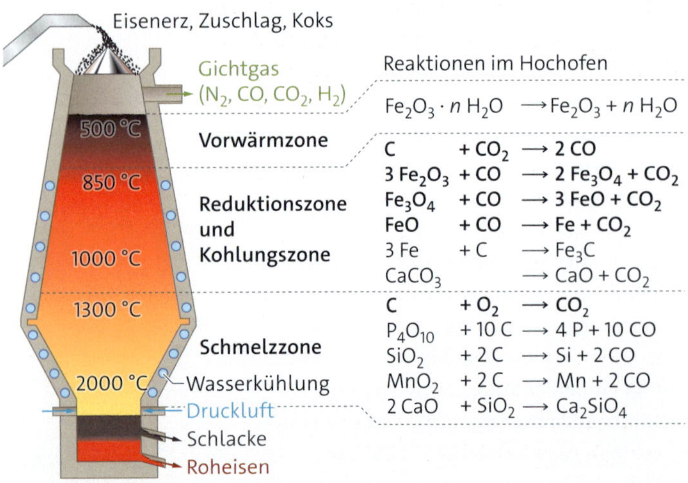

02 Reaktionen im Hochofen

Die Metalle selbst werden durch geeignete Reduktionsmittel wie Kohlenstoff, Kohlenstoffmonooxid, Wasserstoff und unedlere Metalle aus ihren Oxiden gewonnen. Sulfide oder Carbonate werden zuvor durch Rösten (Erhitzen unter Luftzufuhr) in die Oxide überführt. Einige Metalle können nur durch Elektrolyseprozesse aus Salzlösungen oder Salzschmelzen wirtschaftlich gewonnen werden.

TECHNISCHE EISENGEWINNUNG Das Roheisen wird im **Hochofenprozess** aus Eisenerz mit Koks unter Zusatz von Zuschlagstoffen gewonnen. Die wichtigsten Eisenmineralien sind dabei Magnetit (Fe_3O_4) und Hämatit (Fe_2O_3) mit rund 70 % Eisenanteil sowie Siderit ($FeCO_3$) und Pyrit (FeS), die jedoch beide unter 50 % Eisen enthalten.

Der Hochofen wird mit einem Aufzug von oben mit Eisenerz, Koks und Zuschlägen (u. a. Kalkstein) so beschickt, dass sich Schichten von Koks und Eisenerz mit Zuschlägen abwechseln. Die Zuschläge haben die Aufgabe, die Gangart (Aluminium-, Silicium- und Calciumverbindungen) während der Reduktion in feste Verbindungen zu überführen, die als Schlacke auf dem flüssigen Roheisen schwimmt.

Im unteren Teil des Hochofens verbrennt Kohlenstoff (Koks) mit Sauerstoff, der über Winddüsen eingeblasenen heißen Luft, zu Kohlenstoffdioxid. Dabei werden Temperaturen von bis zu 2000 °C erreicht. Bei diesen Temperaturen reagiert der Großteil des Kohlenstoffdioxids in einer endothermen Reaktion mit weiterem Kohlenstoff zu gasförmigem Kohlenstoffmonooxid, das im Hochofen aufsteigen kann. Dieses reduziert die Eisenoxide zu Eisen ebenso wie reiner Kohlenstoff, wenn er an Randzonen mit dem Eisenoxid in Kontakt kommt (↑ **02**).

Das Gichtgas enthält neben Kohlenstoffdioxid und Stickstoff auch brennbare Gase, die zum Vorheizen der Luft genutzt werden.

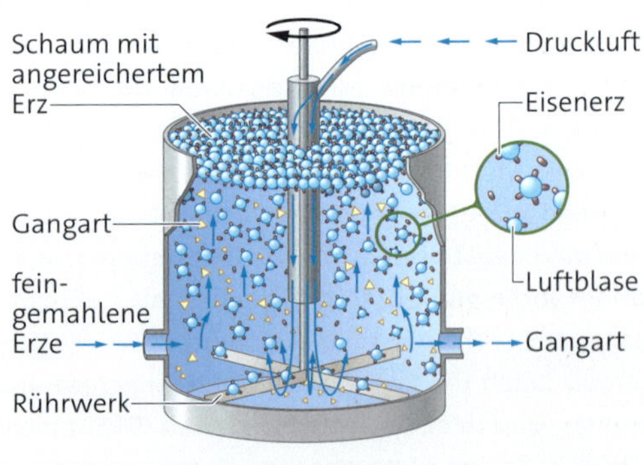

03 Schema einer Flotationszelle zur Erzanreicherung

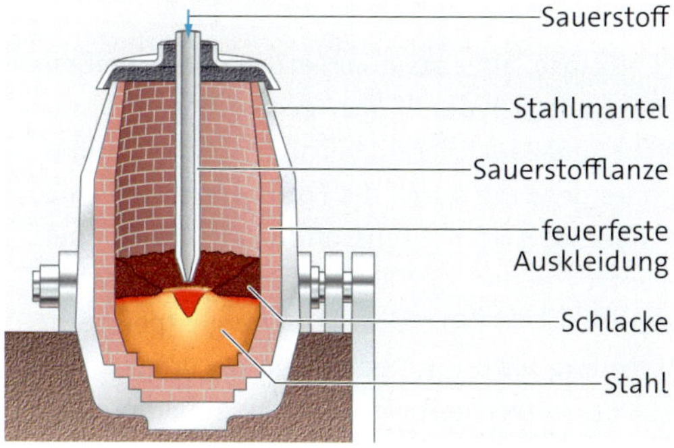

04 Schema eines Konverters

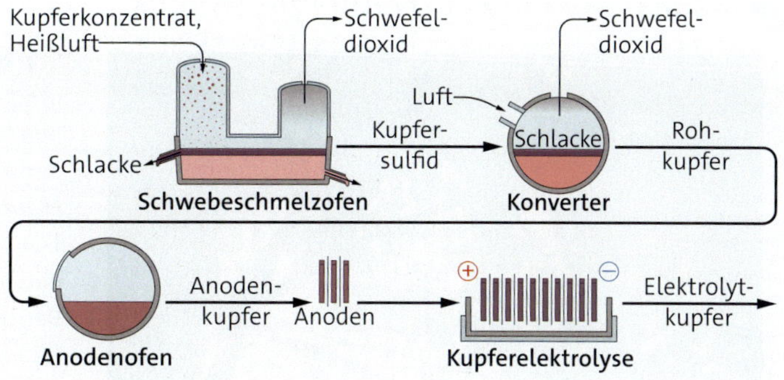

05 Prinzip der Kupfergewinnung

Aufgrund des Herstellungsprozesses enthält das gewonnene **Roheisen** bis zu 4 % Kohlenstoff, wodurch es hart und spröde wird. Es kann unmittelbar zu Gusseisen verarbeitet werden.
Den wesentlich härteren, schmiedbaren und so vielfältig einsetzbaren **Stahl** gewinnt man durch Verblasen des Roheisens mit Sauerstoff in Konvertern, beim sogenannten Windfrischen (↑ **04**). Auf diese Weise wird der im Roheisen enthaltene Kohlenstoff zu Kohlenstoffdioxid oxidiert. Sein Anteil kann auf bis zu 0,4 % gesenkt werden. Ebenso oxidieren unerwünschte Begleitstoffe wie Silicium oder Phosphor, die als Schlacke entfernt werden.

KUPFERGEWINNUNG Neben Eisen ist Kupfer ein weiteres sehr bedeutsames Gebrauchsmetall. Die wichtigsten Kupfererze sind Kupferkies ($CuFeS_2$) und Kupferglanz (Cu_2S) sowie seltener basische Carbonate wie Malachit ($Cu_2[(OH)_2CO_3]$). Oft treten Eisenerze als störende Begleitmineralien auf.
Im Schmelzofen wird beim Rösten das im Kupferkies enthaltene Eisen mit Sauerstoff bei 700 bis 800 °C in Eisenoxide und -sulfide überführt.
Beim anschließenden Verschlacken werden die enthaltenen Eisenverbindungen mit Koks (Kohlenstoff) und Sauerstoff sowie durch Zusatz von Sand (SiO_2) oder Kieselsäure (H_4SiO_4) verschlackt. Die Eisensilikatschlacke (Fe_2SiO_4) schwimmt auf dem gebildeten Kupfersulfid (Cu_2S) und kann so leicht abgegossen werden.

Im nächsten Schritt, dem Garblasen, werden etwa zwei Drittel des Kupfersulfids in Kupferoxid überführt, das dann mit dem restlichen Drittel Kupfersulfid zum Rohkupfer reagiert. Es weist einen Reinheitsgrad von etwa 98 % auf.
Nach der Aufbereitung zum Anodenkupfer wird in einer elektrolytischen Raffination aus dem Rohkupfer Elektrolytkupfer (Reinstkupfer) mit einem Reinheitsgrad von 99,89 % gewonnen.

Verfahren	Reaktion
Rösten	$8\ CuFeS_2 + 11\ O_2 \longrightarrow 4\ Cu_2S + 4\ FeS + 2\ Fe_2O_3 + 8\ SO_2$
Verschlacken	$Fe_2O_3 + C + SiO_2 \longrightarrow Fe_2SiO_4 + CO$ $2\ FeS + 3\ O_2 \longrightarrow 2\ FeO + 2\ SO_2$ $2\ FeO + SiO_2 \longrightarrow Fe_2SiO_4$
Garblasen	$2\ Cu_2S + 3\ O_2 \longrightarrow 2\ Cu_2O + 2\ SO_2$ $2\ Cu_2O + Cu_2S \longrightarrow 6\ Cu + SO_2$

06 Verfahrensschritte bei der Kupfergewinnung

METALLGEWINNUNG UND UMWELTSCHUTZ Die Gewinnung von Metallen im industriellen Maßstab ist mit einem großen Energie- und Ressourcenaufwand verbunden. Für jedes Kilogramm Roheisen sind z. B. 0,5 kg Koks notwendig. Zudem fallen Kohlenstoffdioxid und andere problematische Stoffe an. So produzieren kontinuierlich betriebene Hochöfen große Mengen an Staub. In modernen Anlagen sind sie deshalb mit einer Rauchgasentstaubung ausgerüstet. So konnte die Staubbelastung in Deutschland um über 80 % reduziert werden.

Das beim Röstprozess entstehende Schwefeldioxid dient als Ausgangsstoff der Schwefelsäuregewinnung, sodass die Luftbelastung minimiert wird, zudem werden die Anlagen möglichst im geschlossenen Kreislauf betrieben, um Schadstoffausstöße zu minimieren.

1 › Identifizieren Sie die bei der Eisen- bzw. Kupfergewinnung ablaufenden Redoxreaktionen und kennzeichnen Sie jeweils die korrespondierenden Redoxpaare.

2 › Formulieren Sie die Redoxreaktion für die Gewinnung von Zink aus Zinkblende (ZnS) mithilfe von Koks (C). Beachten Sie, dass in einem ersten Schritt die Zinkblende mit Sauerstoff geröstet wird.

3 › Begründen Sie, warum sich Rohkupfer nicht für die Verwendung in der Elektrotechnik eignet.

Redoxreaktionen in Natur und Technik

01 Die Fotosynthese ist eine Redoxreaktion.

Redoxreaktionen finden nicht nur bei der Herstellung von Metallen statt. Viele Vorgänge in der Natur (↑ 01), chemische Reaktionen im Alltag und industriell bedeutsame Synthesen beruhen auf Redoxreaktionen. Ohne diese Vorgänge würde das Leben auf der Erde völlig anders aussehen.

FOTOSYNTHESE UND ZELLATMUNG Pflanzen, aber auch einige Bakterien wandeln mithilfe des lichtabsorbierenden Farbstoffs Chlorophyll die Lichtenergie der Sonne in chemische Energie um. Bei der **Fotosynthese** reagieren in den Chloroplasten der grünen Pflanzen Wasser und Kohlenstoffdioxid in einer komplexen Folge von Redoxreaktionen zu energiereicher Glucose. Als Nebenprodukt entsteht dabei Sauerstoff, der für unsere Atmung unerlässlich ist (↑ 02). Die bei der Fotosynthese gebildete Glucose wird in den Pflanzen in mehreren Schritten durch endotherme Stoffwechselprozesse zu komplexen Kohlenhydraten wie

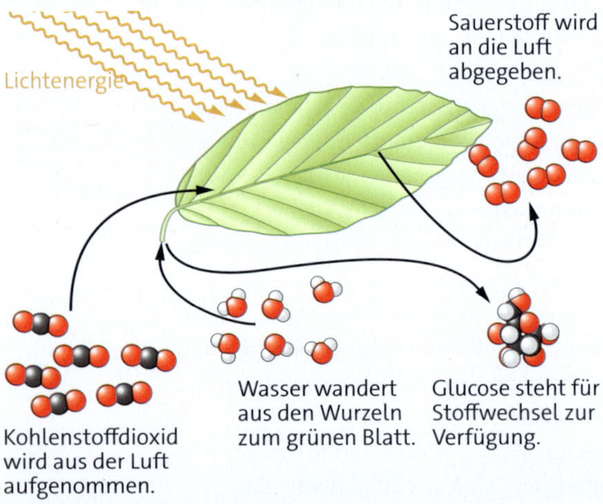

$$6\,\overset{\text{IV–II}}{CO_2}(g) + 6\,H_2O(l) \xrightarrow[\text{Chlorophyll}]{\text{Licht}} \overset{0}{C}_6H_{12}O_6(s) + 6\,\overset{0}{O}_2(g) \mid \text{endotherm}$$

02 Elektronenübergang bei der Fotosynthese

Stärke und Cellulose, aber auch zu Fetten und Eiweißen umgesetzt. Sie werden in der Pflanze gespeichert und stehen ihr als Nähr- und Baustoffe zur Verfügung. Jährlich wird der Atmosphäre der Erde durch die Fotosynthese so eine Masse von über 350 Gt Kohlenstoffdioxid (Gigatonne: 1 Gt = 10^9 t) entzogen und zu 700 Gt Biomasse umgewandelt, die dabei etwa $3 \cdot 10^{18}$ kJ chemische Energie speichern. Bei der **Zellatmung** wird die Redoxreaktion umgekehrt. Pflanzen und Tiere nutzen gespeicherte bzw. aufgenommene Kohlenhydrate wie Glucose und wandeln sie zur Energiegewinnung mithilfe von Sauerstoff wieder zu Kohlenstoffdioxid und Wasser um.

DESINFEKTIONS- UND BLEICHMITTEL Starke Oxidationsmittel wie Chlor Cl_2, Wasserstoffperoxid H_2O_2 oder Ozon O_3 werden im Alltag vielfältig genutzt, z. B. um schädliche Mikroorganismen in Schwimmbädern abzutöten oder unerwünschte Verfärbungen in Textilien zu beseitigen.
Desinfektionsmittel im Haushalt enthalten häufig **Natriumhypochlorit NaOCl**. Seine oxidierende Wirkung beruht darauf, dass es in wässriger Lösung reaktive Sauerstoff-Radikale bildet, die Keime zuverlässig vernichten.

$$\underbrace{Na^+ + OCl^-}_{\text{Natriumhypochlorit}} + H_2O \longrightarrow Na^+ + \underbrace{HOCl}_{\text{hypochlorige Säure}} + OH^-$$

$$\underbrace{H\overset{\text{–II}}{O}\overset{\text{I}}{Cl}}_{\text{hypochlorige Säure}} + OH^- \longrightarrow \overset{\text{–I}}{Cl^-} + H_2O + \underbrace{\cdot\overset{0}{O}\cdot}_{\text{Sauerstoff-Radikal}}$$

Hypochlorithaltige Reiniger dürfen nicht zusammen mit anderen sauren Reinigern verwendet werden. Durch Nebenreaktionen wird giftiges Chlor freigesetzt. Zudem können durch Chlorierung organischer Verbindungen hochgiftige Dioxine gebildet werden.
In der Waschmittelindustrie werden hauptsächlich **Percarbonate** als Bleichmittel für Textilien genutzt. Sie setzen ebenfalls Sauerstoff-Radikale frei. Diese zerstören durch Oxidation die Farbstoff-Moleküle in den Flecken.

Ein sehr starkes und trotzdem umweltfreundliches Oxidationsmittel ist Ozon, da es in reaktive Sauerstoff-Radikale und ungefährliche Sauerstoff-Moleküle zerfällt. Es wird heute zunehmend anstelle chlorhaltiger Bleichmittel zum Bleichen von Papier, Ölen, Fetten, Wachsen und Synthesefasern eingesetzt.
Ozon dient auch zur Aufbereitung von Trinkwasser, um Schwermetallionen und organische Verbindungen zu oxideren sowie Keime abzutöten (↑ 03).
Vor dem Weiterverkauf von Gebrauchtwagen wird der Innenraum manchmal mit Ozon behandelt. Dabei werden unangenehm riechende Stoffe in geruchsneutrale Verbindungen umgewandelt sowie Keime und Bakterien durch Oxidation abgetötet.

03 Auch in Schwimmbädern wird das Wasser mit Ozon entkeimt.

04 Schneiden von Beton mit einer Sauerstofflanze

05 Ariane 5 mit Ammoniumperchlorat (NH_4ClO_4) als Treibstoff in den Boostern

SAUERSTOFF IN DER TECHNIK Kohle, Gas, Benzin oder Diesel werden mit dem Sauerstoff der Luft zur Energiegewinnung in einer Redoxreaktion verbrannt.
In der Technik wird aber oft auch reiner Sauerstoff als Oxidationsmittel eingesetzt, z. B. um bei Verbrennungsprozessen eine höhere Temperatur zu erzielen. So werden bei der Stahlerzeugung durch reinen Sauerstoff unerwünschte Begleitelemente wie Kohlenstoff, Mangan, Silicium oder Phosphor oxidiert und können als gasförmige Oxide entweichen. Gleichzeitig wird das Eindringen von Stickstoff aus der Luft und die damit verbundene unerwünschte Bildung von Nitriden verhindert.

Brenngase wie Propan, Wasserstoff und Ethin erreichen erst durch Mischen mit reinem Sauerstoff eine hinreichend hohe Temperatur und eine rußfreie Flamme, die das Schweißen von Metallen oder das Schmelzen von Gläsern ermöglicht.
Ein weiteres Beispiel ist das Schneiden von Beton mittels einer sogenannten Sauerstofflanze (↑ **04**). Dabei wird die Spitze eines Metallrohrs mit einem Schweißbrenner auf ca. 1200 °C erhitzt und gleichzeitig am hinteren Ende unter Druck Sauerstoff eingeleitet. Die Spitze der Sauerstofflanze verbrennt bei 2500 bis 5000 °C und reagiert mit dem Material, gegen das sie gedrückt wird, zu einer dünnflüssigen Schlacke. Es gibt derzeit kein Material, das einer solchen Einwirkung längere Zeit widersteht.

In der Raumfahrt dient flüssiger Sauerstoff als Oxidationsmittel für Raketentreibstoffe wie Hydrazin (N_2H_4) oder Wasserstoff. Die stark exotherme Reaktion liefert die benötigte Energie, um eine Rakete in den Weltraum zu befördern. Moderne Treibstoffsysteme nutzen als Oxidationsmittel Distickstofftetraoxid oder Ammoniumperchlorat (↑ **05**).

OXIDIERENDE SÄUREN Edle Metalle wie Kupfer reagieren nicht mit Salzsäure oder verdünnter Schwefelsäure. Kupfer wird erst von konzentrierter Schwefelsäure in der Wärme oxidiert. Dabei entstehen Kupfer(II)-Ionen und Schwefeldioxid.

$$\overset{0}{Cu} + 4\,H^+ + \overset{VI}{S}O_4^{2-} \longrightarrow \overset{II}{Cu}{}^{2+} + \overset{IV}{S}O_2 + 2\,H_2O$$

Stärker oxidierend wirkt Salpetersäure. Sie reagiert mit Kupfer bereits bei Raumtemperatur unter Bildung von Kupfer(II)-Ionen und Stickstoffoxiden, die als braune Dämpfe entweichen.

$$2\,\overset{0}{Cu} + 6\,H^+ + 2\,\overset{V}{N}O_3^- \longrightarrow 2\,\overset{II}{Cu}{}^{2+} + \overset{II}{N}O + \overset{IV}{N}O_2 + 3\,H_2O$$

Die oxidierende Wirkung muss auch beim Umgang mit Salpetersäure beachtet werden. Sie kann mit organischen Verbindungen sehr heftig reagieren. Im Kontakt mit der Haut führt sie zu schweren Verätzungen und dauerhaften Verfärbungen.

1 › Formulieren Sie eine Gleichung für die Gesamtreaktion der Zellatmung. Zeigen Sie, dass es sich dabei um eine Redoxreaktion handelt.

2 › Erklären Sie die desinfizierende und bleichende Wirkung von Wasserstoffperoxid H_2O_2. Geben Sie eine passende Reaktionsgleichung an.

3 › Entwickeln Sie ein einfaches Experiment, mit dessen Hilfe Sie herausfinden können, ob und wie viel Sauerstoff aus einem Bleichmittel freigesetzt wird.

4 › Erläutern Sie den Begriff oxidierende Säuren am Beispiel der Reaktion von konzentrierter Salpetersäure mit Silber.

5 › Entwickeln Sie eine tabellarische Übersicht zur Bedeutung von Redoxreaktionen in Natur und Technik.

6 › Recherchieren Sie über die Wirkungsweise und Verwendung von Königswasser.

8.8 Vom Alkohol zum Aldehyd und Keton

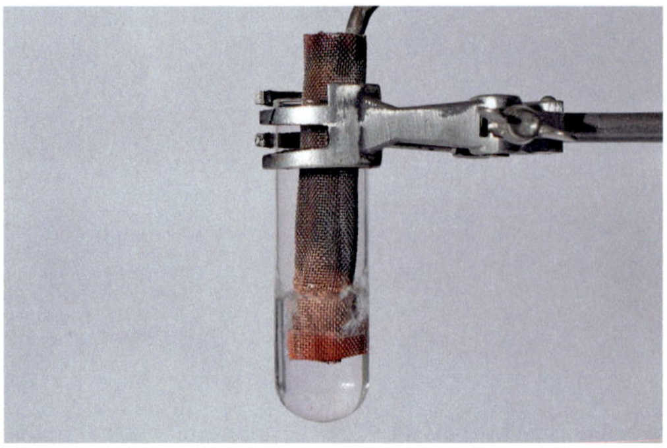

01 Ethanol reagiert mit Kupfer(II)-oxid zu Ethanal.

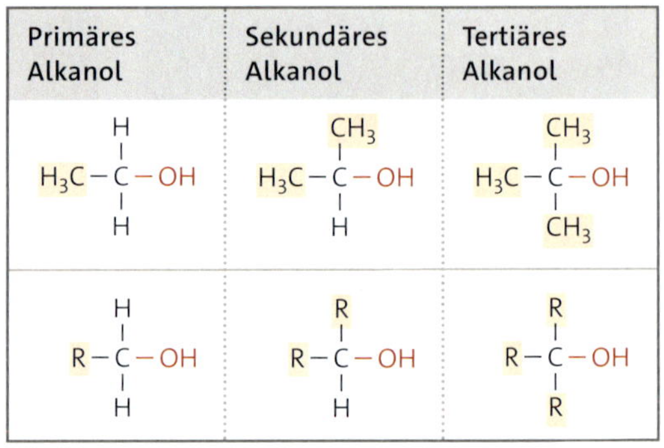

02 Einteilung von Alkanolen (R: Alkylgruppe)

OXIDATION VON PRIMÄREN ALKOHOLEN Hält man ein Kupfernetz in die Flamme eines Gasbrenners, bildet sich an der Oberfläche schwarzes Kupfer(II)-oxid. Taucht man das noch heiße Netz in Ethanol so verschwindet die Schwarzfärbung und die ursprünglich rot glänzende Färbung des Kupfers wird wieder sichtbar (↑ **01**). Gleichzeitig weist ein stechender Geruch auf das Reaktionsprodukt **Ethanal** hin. Es gehört zur Stoffgruppe der *Aldehyde*.

3D-Molekül: Ethanal

$$H_5C_2{-}OH(l) + CuO(s) \longrightarrow \underset{\text{Ethanal}}{H_3C_2{-}HO(l)} + Cu(s) + H_2O(l)$$

Es hat eine Redoxreaktion stattgefunden, bei der Ethanol zu Ethanal oxidiert und Kupfer(II)-oxid zu Kupfer reduziert wurde. Die Aldehyd-Moleküle weisen zwei Wasserstoff-Atome weniger auf als die Alkohol-Moleküle, aus denen sie entstanden sind (↑ **02**).

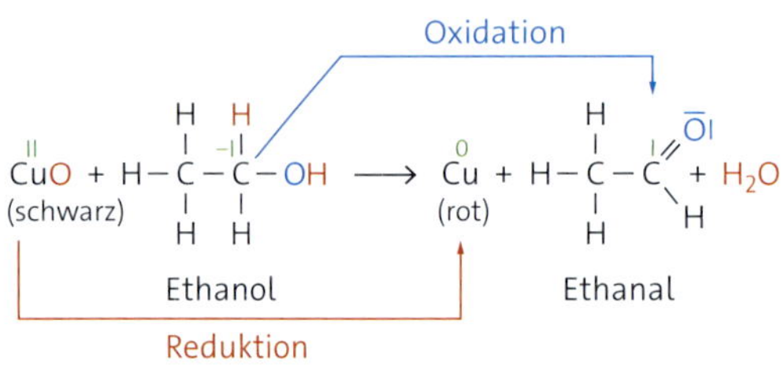

Animation: Ermittlung der Oxidationszahlen im Methanol-Molekül

Nicht nur Ethanol lässt sich zu einem Aldehyd oxidieren, auch alle weiteren *primären Alkohole* (↑ **02**) können zu einem Aldehyd reagieren.

Aldehyde werden durch Oxidation primärer Alkohole gebildet.

OXIDATIONSZAHLEN Mithilfe von *Oxidationszahlen* lässt sich auch hier das Vorliegen einer *Redoxreaktion* erkennen: Die Erhöhung der Oxidationszahl von –I auf I des Kohlenstoff-Atoms, das das Sauerstoff-Atom gebunden hat, zeigt die **partielle (unvollständige) Oxidation** des Ethanol-Moleküls an. Die Oxidationszahl des Kupfer-Atoms wird gleichzeitig von II auf 0 verringert, d. h., Kupfer(II)-oxid wird reduziert. Die Oxidationszahl des Kohlenstoff-Atoms kann in Verbindungen Werte zwischen –IV und IV annehmen.

CARBONYLGRUPPE Moleküle von Aldehyden besitzen als besonderes Strukturmerkmal die **Carbonylgruppe** $>C=O$. Sie kann in organischen Molekülen an verschiedenen Stellen der Kohlenstoffkette stehen: Steht sie endständig an der Kohlenstoffkette und hat ein Wasserstoff-Atom gebunden, wird sie als **Aldehydgruppe** (vereinfachte Schreibweise: –CHO) bezeichnet. Steht sie innerhalb eines Moleküls, spricht man von einer **Ketogruppe** –CO– (↑ **03**).

VOM SEKUNDÄREN ALKOHOL ZUM KETON Wird Propan-2-ol, ein *sekundärer Alkohol* (↑ **02**), oxidiert, entsteht **Propanon**. Formal werden auch hier zwei Wasserstoff-Atome des Alkohol-Moleküls abgegeben. Propanon gehört zur Stoffgruppe der **Ketone** (↑ **04**) Tertiäre Alkohole wie tert-Butanol können nicht zu Aldehyden oder Ketonen oxidiert werden.

Ketone werden durch Oxidation sekundärer Alkohole gebildet.

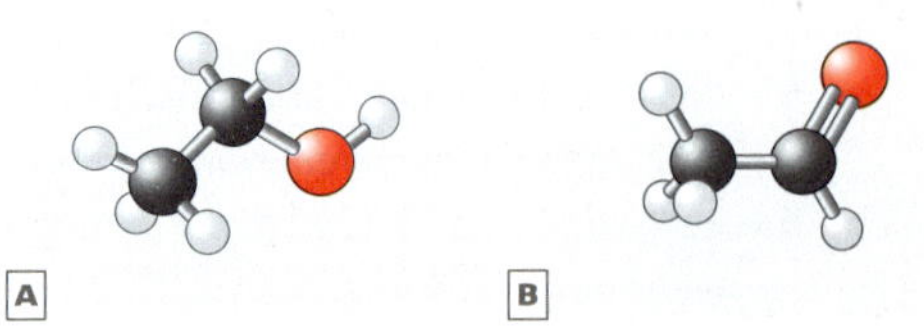

03 Molekülmodelle von **A** Ethanol und **B** Ethanal

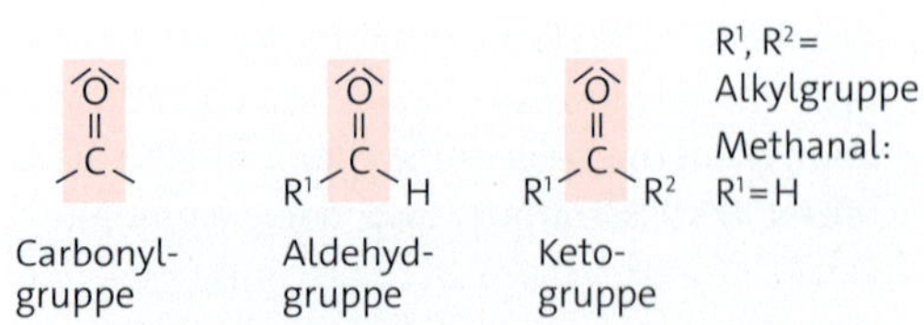

04 Funktionelle Gruppen der Aldehyde und Ketone

M Bestimmen von Oxidationszahlen in organischen Molekülen

AUFGABE Bestimmen Sie die Oxidationszahlen der Atome im Methanol-, Sauerstoff-, Kohlenstoffdioxid- und Wasser-Molekül mithilfe von Lewis-Formeln.

1. Notieren Sie die Lewis-Formel der Moleküle:
2. Ordnen Sie dem Atom mit der jeweils größeren Elektronegativität (EN) die Elektronen der Elektronenpaarbindung zu:
   EN(C) = 2,6   EN(O) = 3,4   EN(H) = 2,2
3. Ermitteln Sie die Oxidationszahl der einzelnen Atome:
   Bestimmen Sie die ursprüngliche Anzahl der Valenzelektronen (entspricht der Hauptgruppennummer des Elements im PSE).

   Bestimmen Sie die Anzahl der zugeordneten Elektronen inklusive der nichtbindenden Elektronen.

   Die Oxidationszahl wird aus Differenz der ursprünglichen Elektronen und der zugeordneten Elektronen ermittelt.

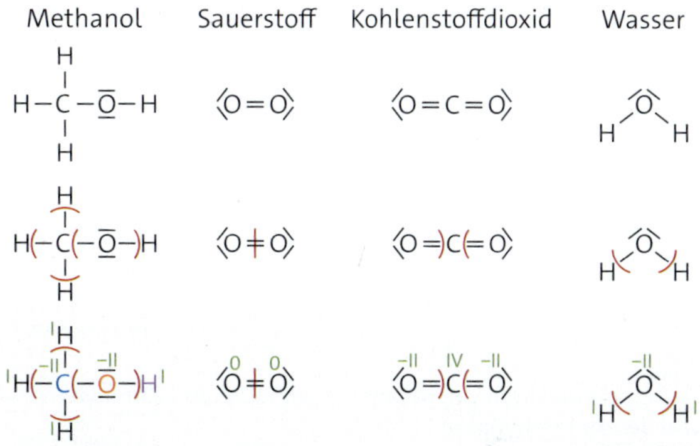

Atom im Methanol-Molekül	CH_3OH (C)	CH_3OH (O)	CH_3OH (H)
Anzahl Valenzelektronen	4	6	1
Anzahl zugeordneter Elektronen	6	8	0
Oxidationszahl	4 − 6 = −II	6 − 8 = −II	1 − 0 = +I

NOMENKLATUR Alkohole, die sich von den *Alkanen* ableiten lassen, heißen nach IUPAC **Alkanole** (↑ **02**). Es sind gesättigte Kohlenwasserstoffe mit mindestens einer Hydroxygruppe im Molekül. Die allgemeine Formel der Aldehyde lautet $C_nH_{2n+1}CHO$. Nach den IUPAC-Regeln werden die Namen der Aldehyde, die aus primären Alkanolen gebildet werden, vom entsprechenden Kohlenwasserstoff abgeleitet und die Endsilbe **-al** angehängt. Sie werden folglich als **Alkanale** bezeichnet, z. B. Propanal. Das Kohlenstoff-Atom der Aldehydgruppe erhält beim Nummerieren der Kohlenstoffkette die Nummer eins. Für viele Aldehyde existieren auch Trivialnamen (↑ **05**).
Die Namen der **Ketone** werden nach IUPAC durch Anhängen der Endung **-on** an die Namen der Kohlenwasserstoffe gebildet, beispielsweise Propan**on** (Trivialname: Aceton) oder Butan**on**. Ketone, die aus unverzweigten sekundären Alkanolen gebildet werden, heißen **Alkanone**. Bei Alkanonen ist die Ketogruppe mit zwei Alkylresten verbunden (↑ **03**).
Weist das Molekül mehr als vier Kohlenstoff-Atome auf, sind Konstitutionsisomere (↑ S. 19) möglich. D. h., die Ketogruppe kann an unterschiedliche Kohlenstoff-Atome gebunden sein, beispielsweise bei Pentan-2-on bzw. Pentan-3-on.

Name nach IUPAC (Trivialname)	Strukturformel bzw. Halbstrukturformel	Löslichkeit in Wasser in g/100 mL
Methanal (Formaldehyd)	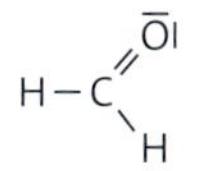	in jedem Verhältnis löslich
Ethanal (Acetaldehyd)	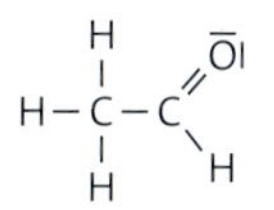	in jedem Verhältnis löslich
Propanal (Propionaldehyd)	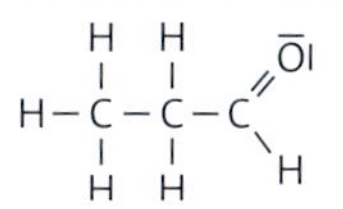	67,9
3-Methylbutanal	$^{4}CH_3-{}^{3}CH(CH_3)-{}^{2}CH_2-{}^{1}CHO$	2
Propanon (Aceton)	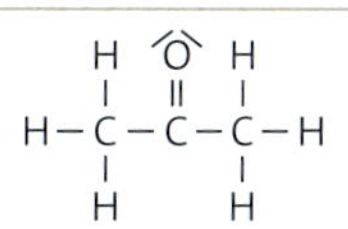	in jedem Verhältnis löslich (sowie in vielen unpolaren Lösungsmitteln)

05 Einige Aldehyde und Ketone

1 Bestimmen Sie die Oxidationszahlen aller Kohlenstoff-Atome in Butan-1-ol, Butan-2-ol sowie Butanal und Butanon.

8.9 Eigenschaften der Aldehyde und Ketone

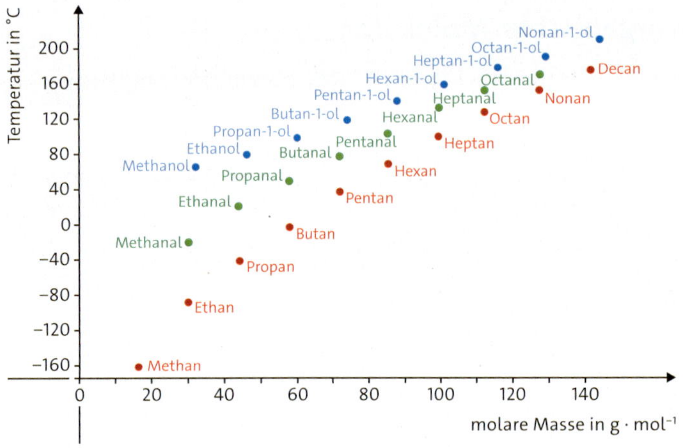

01 Siedetemperaturen von Alkanen, Alkoholen und Aldehyden in Abhängigkeit von der molaren Masse

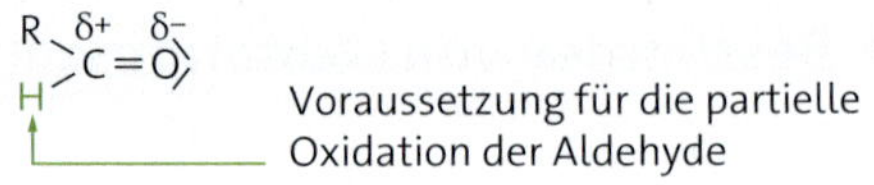

03 Reaktive Zentren der Aldehydgruppe

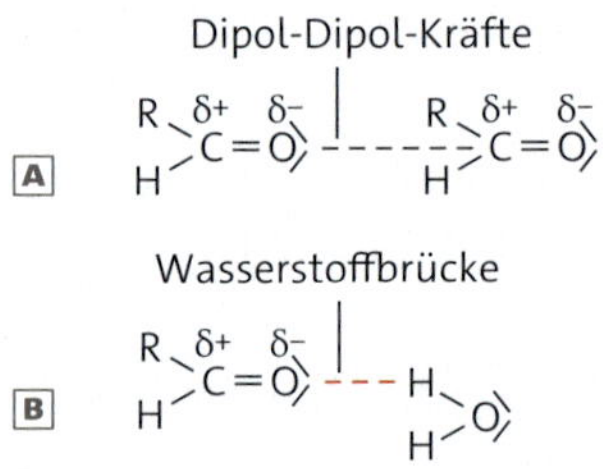

04 **A** Dipol-Dipol-Kräfte wirken zwischen Aldehyd-Molekülen, **B** Wasserstoffbrückenbindungen bilden sich zwischen Wasser- und Aldehyd-Molekülen.

MOLEKÜLSTRUKTUR UND EIGENSCHAFTEN DER ALDEHYDE Die Aldehydgruppe bestimmt wesentlich die Stoffeigenschaften der Aldehyde. Weil das Sauerstoff-Atom deutlich elektronegativer als das Kohlenstoff-Atom ist, besitzt das Sauerstoff-Atom der Aldehydgruppe eine negative Partialladung. Das Kohlenstoff-Atom ist partiell positiv geladen (↑ **03**). Das Wasserstoff-Atom der Aldehydgruppe ist im Gegensatz zur Hydroxygruppe der Alkohole nicht polar gebunden, sodass keine Wasserstoffbrückenbindungen zwischen Aldehyd-Molekülen bestehen. Stattdessen wirken aufgrund der Polarisierung der Aldehydgruppe Dipol-Dipol-Kräfte (↑ **04**). Aldehyde sieden deshalb höher als Alkane mit ähnlicher molarer Masse (↑ **01**). Die Dipol-Dipol-Kräfte sind schwächer als die Wasserstoffbrückenbindungen, die zwischen den Alkohol-Molekülen vorliegen. Demzufolge liegen die Siedetemperaturen der Aldehyde zwischen denen der Alkohole und der Alkane.

Die Annäherung der Siedetemperaturen aller drei Stoffgruppen mit zunehmender Größe der Alkylgruppe resultiert daraus, dass die Stärke der Van-der-Waals-Kräfte zwischen den Molekülen aller drei Stoffgruppen mit wachsender Alkylgruppe zunimmt, die Stärke der Dipol-Dipol-Kräfte bzw. Wasserstoffbrückenbindungen jedoch gleich bleibt.

Carbonsäuren ↑ S. 196

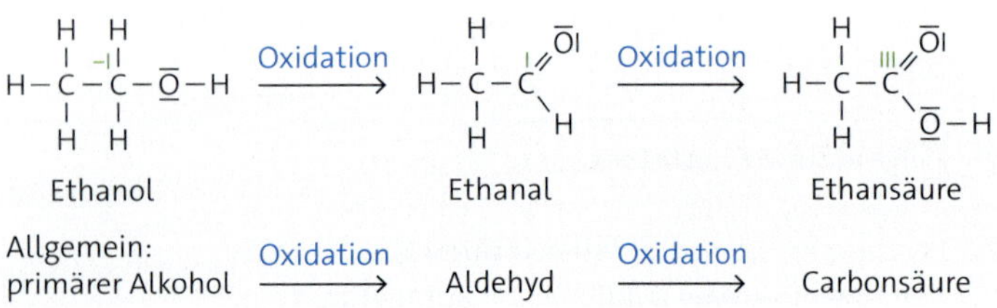

02 Vom Alkohol zur Carbonsäure durch partielle Oxidation

Beim Lösen der Aldehyde in Wasser bilden sich Wasserstoffbrückenbindungen zwischen den Wasserstoff-Atomen der Wasser-Moleküle und dem Sauerstoff-Atom der Carbonylgruppe aus (↑ **04**). Dadurch sind kurzkettige Aldehyde in Wasser gut löslich. Mit wachsender Länge der Alkylgruppe nimmt der hydrophobe Charakter zu und die Löslichkeit ab.

Kennzeichnend für die Stoffgruppe der Aldehyde ist die Aldehydgruppe. Die C=O-Bindung ist stark polar und bestimmt wesentlich die Stoffeigenschaften der Aldehyde.

OXIDATION DER ALDEHYDE Aldehyde sind das Oxidationsprodukt primärer Alkohole. Sie können weiter oxidiert werden, wobei die Reaktion wiederum an der funktionellen Gruppe, der Aldehydgruppe, erfolgt. Das Kohlenstoff-Atom der Aldehydgruppe dient als Elektronendonator.

Diese **partielle (unvollständige) Oxidation** wird durch das an der Aldehydgruppe gebundene Wasserstoff-Atom ermöglicht (↑ **03**). Dabei wird formal ein Sauerstoff-Atom in die C–H-Bindung der Aldehydgruppe eingeführt. Dadurch entsteht eine **Carbonsäure**, deren Moleküle als funktionelle Gruppe die **Carboxygruppe –COOH** aufweisen (↑ **03**). Als Oxidationsmittel eignen sich z. B. Fehling- bzw. Tollens-Reagenz, wobei die Cu^{2+}-Ionen bzw. die Ag^{+}-Ionen als Elektronenakzeptoren fungieren.

Eine Oxidation der Ketone zu Carbonsäuren ist nicht möglich, weil die Ketogruppe über kein reaktives Wasserstoff-Atom verfügt.

Durch Oxidation von Aldehyden werden Carbonsäuren gebildet.

WICHTIGE TECHNISCHE ALDEHYDE UND KETONE
Methanal wird auch als *Formaldehyd* bezeichnet und besitzt die Molekülformel H–CHO. Es ist sehr reaktiv, da die Polarität des Moleküls besonders ausgeprägt ist. Es wird oft für die Kunststoffherstellung eingesetzt und findet Verwendung als Bindemittel, z. B. in der Spanplattenproduktion. Da es sich im Tierversuch als krebserregend erwiesen hat, gelten strenge Grenzwerte, die in Innenräumen 0,1 mg Methanal pro m^3 Luft nicht überschreiten dürfen.

Ethanal (Acetaldehyd, Molekülformel CH_3–CHO) ist mit einer Siedetemperatur von 21 °C eine Flüssigkeit mit stechendem Geruch, die schnell verdunstet. Industriell wird es vorrangig zur Produktion von Essigsäure (↑ S. 269), Farbstoffen, Arzneimitteln und synthetischem Kautschuk eingesetzt. Es steht wie Methanal im Verdacht krebserregend zu sein.

Das Keton **Propanon** (Aceton) mit der Molekülformel CH_3–CO–CH_3 wird in der Lack- und Klebstoffindustrie als Lösungsmittel für Cellulose, Vinylharze und ätherische Öle genutzt. Es dient als Abbeizmittel für Öl- und Lackfarben oder als Zwischenprodukt zur Herstellung weiterer organischer Chemikalien wie Chloroform oder Bromaceton (Tränengas).

NACHWEIS VON ALDEHYDEN Die Nachweisreaktionen der Aldehyde beruhen darauf, dass die Aldehydgruppe oxidiert werden kann. Bei der **Fehling-Probe** wird das Aldehyd durch Cu^{2+}-Ionen in basischer Lösung oxidiert. Die dabei entstehende Carbonsäure reagiert sofort mit den Hydroxid-Ionen in einer Säure-Base-Reaktion, sodass aus dem Aldehyd nicht die Carbonsäure, sondern das Carbonsäure-Anion (Carboxylat-Ion, R–COO^-) entsteht. Außerdem wird das schwerlösliche orangerote Kupfer(I)-oxid gebildet, an dem man den positiven Nachweis erkennt (↑ **05**).

Die **Silberspiegelprobe** mit **Tollens-Reagenz** erfolgt nach dem gleichen Prinzip. Das Aldehyd wird mit alkalischer Silbernitratlösung versetzt. Durch die Aldehyd-Moleküle werden die gelösten Ag^+-Ionen zu Silber-Atomen reduziert, die sich als metallischer Silberspiegel am Reaktionsgefäß festsetzen (↑ **06**). Aldehyde können von Ketonen durch deren Oxidierbarkeit unterschieden werden: Fehling-Probe und Tollens-Probe verlaufen mit Aldehyden positiv, mit Ketonen dagegen negativ (↑ Exp. 8.06, S. 268).

Im Unterschied zu Aldehyden besitzen Ketone keine reduzierende Wirkung und lassen sich selbst nicht oxidieren.

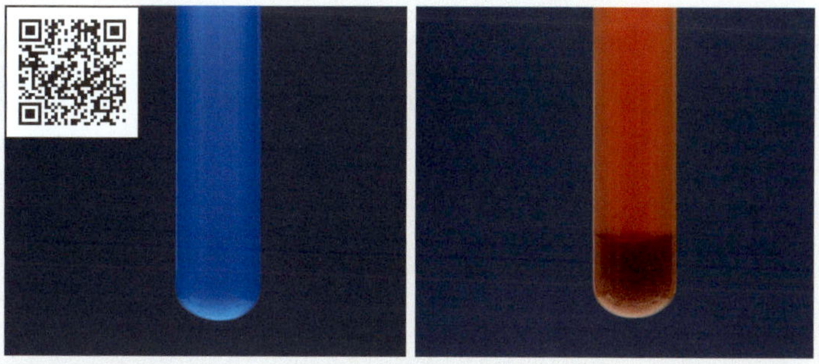

Oxidation: $R-\overset{I}{C}HO + 3\,OH^- \longrightarrow R-\overset{III}{C}OO^- + 2\,H_2O + 2\,e^-$

Reduktion: $2\,\overset{II}{Cu}{}^{2+} + 2\,OH^- + 2\,e^- \longrightarrow \overset{I}{Cu}_2O + H_2O$

Redoxreaktion: $R-CHO + 2\,Cu^{2+} + 5\,OH^- \longrightarrow R-COO^- + Cu_2O + 3\,H_2O$

05 Oxidation eines Aldehyds mit Fehling-Reagenz

Oxidation: $R-\overset{I}{C}HO + 3\,OH^- \longrightarrow R-\overset{III}{C}OO^- + 2\,H_2O + 2\,e^-$

Reduktion: $2\,\overset{I}{Ag}{}^+ + 2\,e^- \longrightarrow 2\,\overset{0}{Ag}$

Redoxreaktion: $R-CHO + 3\,OH^- + 2\,Ag^+ \longrightarrow R-COO^- + 2\,Ag + 2\,H_2O$

06 Oxidation eines Aldehyds mit Tollens-Reagenz

1› Begründen Sie, warum die Siedetemperaturen der Aldehyde unter denen der Alkohole mit vergleichbarer molarer Masse liegen.

2› In zwei unbeschrifteten Reagenzgläsern befinden sich Proben von Butan-1-ol und 2-Methylpropan-2-ol.
a Entwickeln Sie ein Experiment, um diese beiden Stoffe zu unterscheiden, und formulieren Sie die dabei erwarteten Reaktionen.
b Prüfen Sie, ob es mit Ihrem Experiment auch möglich wäre, Butan-2-ol zu identifizieren.

Praktikum

P Reaktionen der Alkanole und Carbonylverbindungen

2 5 7 9

EXP 8.06 Unterscheidung von Aldehyden und Ketonen mit der Fehling-Probe

Materialien Becherglas, Heizplatte, 3 Reagenzgläser, Reagenzglasklammer, Pipetten, Propanal (2, 5, 7), Wasser, Fehling-Lösung I (5, 9), Fehling-Lösung II (5), Propanon (2, 7), Glucoselösung (w = 10 %)

Durchführung Geben Sie in ein Reagenzglas jeweils 3 mL Fehling-Lösung I und 3 mL Fehling-Lösung II. Geben Sie zu dem Gemisch anschließend 2 mL Propanal. Das Reagenzglas wird für 5 min in einem Wasserbad unterhalb der Siedetemperatur erwärmt. Wiederholen Sie das Experiment mit Propanon und mit Glucoselösung.
Entsorgung: Reste in den Behälter für halogenfreie organische Abfälle geben.

Auswertung

1 › Notieren Sie Ihre Beobachtungen.
2 › Formulieren Sie die Reaktionsgleichung und wenden Sie das Donator-Akzeptor-Konzept an.

EXP 8.07 Nachweis mit der Tollens-Probe

Materialien Becherglas, Heizplatte, 2 Reagenzgläser, Reagenzglasklammer, Pipetten, Wasser, Propanal (2, 5, 7), Silbernitratlösung (w = 1 %; 7), Ammoniaklösung (w = 10 %; 5, 7, 9), Glucoselösung (w = 10 %)

Durchführung Geben Sie in ein sauberes (neues) Reagenzglas 2 mL Silbernitratlösung und versetzen Sie die Lösung tropfenweise mit Ammoniaklösung. Es bildet sich ein brauner Niederschlag. Geben Sie so lange unter vorsichtigem Schwenken des Reagenzglases tropfenweise Ammoniaklösung hinzu, bis sich dieser Niederschlag wieder auflöst. Geben Sie nun 1 mL Propanal hinzu. Das Reagenzglas wird für 3 min in einem Wasserbad unterhalb der Siedetemperatur erwärmt.
Wiederholen Sie das Experiment mit Glucoselösung.
Entsorgung: Reste in den Behälter für Silberabfälle geben.

Auswertung

1 › Notieren Sie Ihre Beobachtungen.
2 › Formulieren Sie die Reaktionsgleichung und identifizieren Sie Elektronendonator und -akzeptor.

EXP 8.08 Nachweis mit Schiffs Reagenz

Materialien 10 Reagenzgläser, Reagenzglasständer, Pipetten, Messzylinder (10 mL), Folienstift, Schiffs Reagenz (< 0,1 % Fuchsin; 5), Propanal (2, 5, 7), Propanon (2, 7), Propan-1-ol (2, 5, 7), Wasser

Durchführung

A Verdünnungsreihe: Geben Sie je 10 mL Wasser in die Reagenzgläser, markieren Sie den Flüssigkeitsstand mit einem Folienstift und leeren Sie die Gläser. Geben Sie nun 1 mL Propanallösung in das erste und zweite Reagenzglas. Füllen Sie nun das zweite Reagenzglas mit Wasser bis auf die 10 mL Markierung auf und mischen Sie durch Schütteln. Geben Sie 1 mL aus dem zweiten Reagenzglas in das dritte und füllen sie wieder auf 10 mL mit Wasser auf. Verfahren Sie mit dem vierten und fünften Glas genauso.
B Nachweis: Füllen Sie nun jeweils in fünf neue Reagenzgläser 1 mL Schiffs Reagenz und fügen Sie 1 mL Aldehydlösung aus der Verdünnungsreihe aus **A** zu.
Prüfen Sie auch Propan-1-ol und Propanon mit Schiffs Reagenz.
Entsorgung: Reste in den Behälter für halogenfreie organische Abfälle geben.

Auswertung

1 › Ermitteln Sie jeweils die Konzentration des Aldehyds in der Verdünnungsreihe
2 › Geben Sie an, ab welcher Aldehydkonzentration Schiffs Reagenz einen positiven Nachweis ergibt.
3 › Beurteilen Sie die Spezifität des Nachweises für Carbonylgruppen.

EXP 8.09 Oxidation von Alkanolen

Materialien 3 Petrischalen, Becherglas (50 mL), Messpipetten, Kaliumpermanganatlösung ($c(KMnO_4) = 0{,}006\ mol \cdot L^{-1}$ ≙ 14 g $KMnO_4$ in 15 L Wasser), Natronlauge ($c = 1\ mol \cdot L^{-1}$; 5), 2-Propanol (2, 7), Ethanol (2, 7), tert-Butanol (2, 7)

Durchführung

- Lassen Sie sich von der Lehrkraft 15 mL der Kaliumpermanganatlösung geben. Fügen Sie 15 mL Natronlauge hinzu.
- Teilen Sie die Lösung auf die drei Petrischalen auf.
- Geben Sie in jede der Petrischalen jeweils einen der drei Alkanole. Beobachten Sie die Farbänderung.

Entsorgung: Die Lösungen werden mit Natriumthiosulfat behandelt und im Schwermetallabfall entsorgt..

Auswertung

1 › Notieren Sie die Beobachtungen, die Sie in den einzelnen Petrischalen erkennen.
2 › Mangan kommt in vielen Oxidationsstufen vor.
a Recherchieren Sie die Farben von Lösungen, die Manganat-Ionen bzw. Braunstein enthalten.
b Formulieren Sie eine Reaktionsgleichung, durch die die Versuchsbeobachtungen erklärt werden können.

8.10 Vom Alkanol zur Alkansäure

01 Bakterien in der „Essigmutter" katalysieren die Oxidation des Ethanols zur Essigsäure.

VOM WEIN ZUM ESSIG Steht Wein längere Zeit an der Luft, verändert sich sein Geschmack und er wird zunehmend sauer. Verursacht wird dies durch die Oxidation des im Wein enthaltenen Ethanols zu **Essigsäure** in einer mehrstufigen, enzymatisch katalysierten Reaktion. Die dafür notwendigen Enzyme liefern die im Wein vorhandenen Essigsäurebakterien, die sich bei Kontakt mit Sauerstoff rasch vermehren.

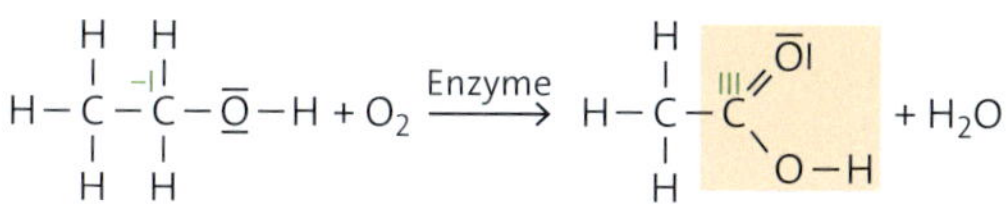

Ethanol — Ethansäure (Essigsäure)

Essigsäure heißt mit systematischem Namen Ethansäure und gehört zur Stoffklasse der *Carbonsäuren*, genauer der *Alkansäuren*.

OXIDATION VON ETHANOL IM MENSCHLICHEN KÖRPER Ethanol („Trinkalkohol") wird in der Leber abgebaut. Dies geschieht in mehreren Schritten. Zunächst erfolgt ein enzymatischer Abbau bis zur Ethansäure:

Ethanol —Enzym 1 (Alkoholdehydrogenase)→ Ethanal (Acetaldehyd) —Enzym 2 (Acetaldehyd-dehydrogenase)→ Ethansäure (Essigsäure)

Das giftige Ethanal (Acetaldehyd), das als Zwischenprodukt entsteht, ist für den „Kater" verantwortlich. Ist der Abbau bis zur Ethansäure erfolgt, kann diese zu den beiden Endprodukten Kohlenstoffdioxid und Wasser oxidiert werden. Dabei hat das Kohlenstoff-Atom im Kohlenstoffdioxid-Molekül mit IV seine höchste Oxidationszahl erreicht, es ist **vollständig oxidiert** (↑ **02**).

Der Abbau des für den Menschen sehr giftigen Methanols erfolgt prinzipiell auf dem gleichen Weg. Bereits 5 bis 10 mL führen zu Erblindung und zur Gehirnschädigung. Ab einer Dosis von 20 bis 50 mL ist Methanol tödlich. Die Giftwirkung beruht auf der Bildung des mit den körpereigenen Proteinen reagierenden Methanals sowie der Methansäure, die zur Übersäuerung des Bluts führt.

Alkansäuren sind Carbonsäuren, die sich von den Alkanen ableiten lassen. Sie haben genau eine Carboxygruppe im Molekül.

1〉 Erklären Sie, warum sich 2-Methylpropan-2-ol nicht zu einem Keton oxidieren lässt (↑ **02**).

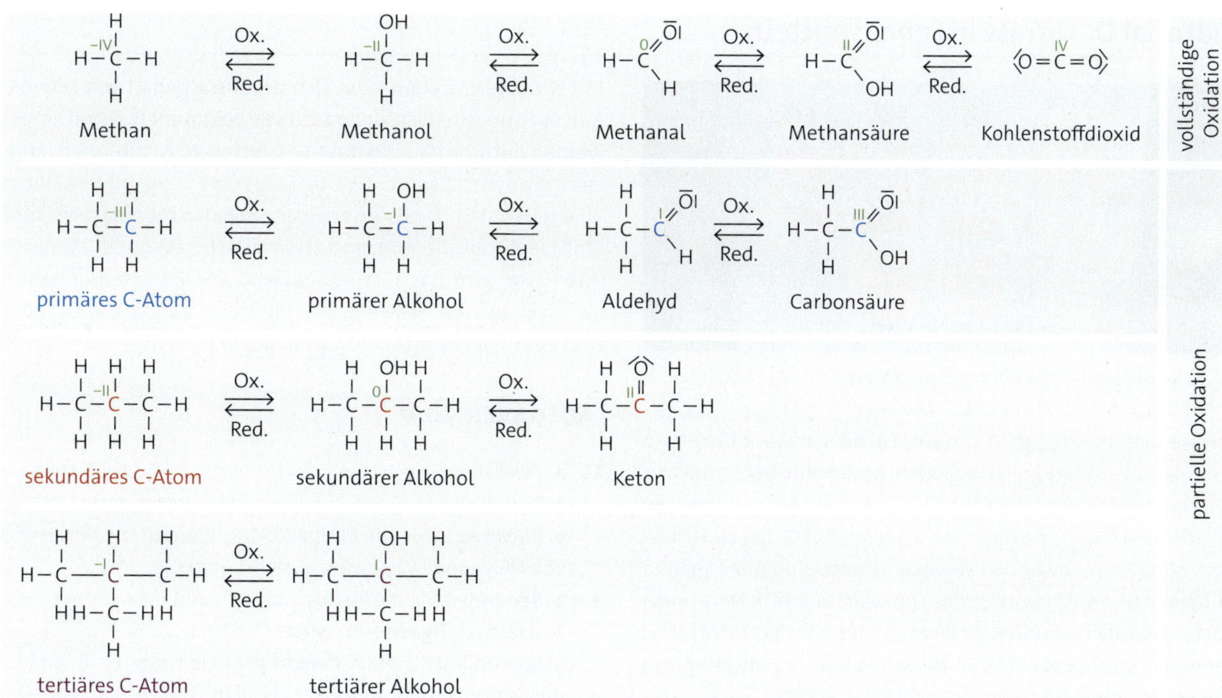

02 Übersicht über die Oxidationszahlen der Kohlenstoff-Atome in verschiedenen Verbindungen

Klausurtraining

Material C Analoge Fotografie

Auch wenn heutzutage fast überall nur noch digital fotografiert wird, ist die analoge Schwarz-Weiß-Fotografie unter professionellen Fotografen weiterhin beliebt.
Bei einer analogen Kamera wird das Bild auf einem Film erzeugt. Dieser besteht aus einem Kunststoff, auf dem sich eine Gelatineschicht befindet. In der Gelatine sind viele sehr kleine Silberbromid-Kristalle eingelagert. Beim Belichten des Films bilden sich in den Silberbromid-Kristallen durch die Energie des Lichts submikroskopische Silberkeime. So entsteht auf dem belichteten Teil des Films ein nicht sichtbares Abbild des fotografierten Objekts.
Zum Entwickeln des Bilds wird der Film in der Dunkelkammer in eine wässrige Lösung gelegt, die u. a. Hydrochinon-Anionen enthält. Dabei werden die Silberbromid-Kristalle mit einem Silberkeim vollständig zu Silber umgesetzt. Ein sichtbares Negativbild entsteht. Im Anschluss wird dieses in einem sogenannten Fixierbad behandelt, um die verbliebenen unbelichteten Silberbromid-Kristalle aus dem Film herauszuspülen. Um daraus das eigentliche Foto (das Positiv) zu erzeugen, wird mit dem Negativ ein Fotopapier, das genauso aufgebaut ist wie der Film, belichtet und entwickelt.

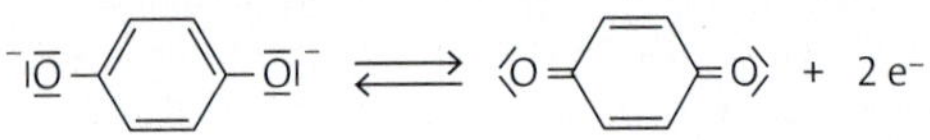

C1.1 Hydrochinon-Anion und 1,4-Benzochinon als korrespondierendes Redoxpaar

C1.2 Negativ- und Positivbild

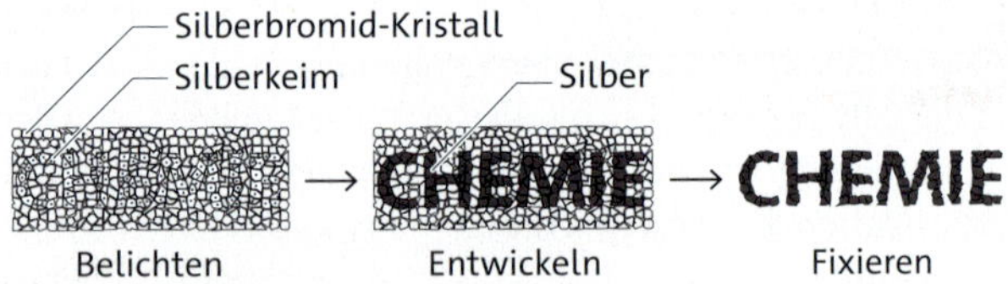

C1.3 Von der Belichtung zum Negativ

AUFGABEN ZU C

1⟩ a Begründen Sie die Notwendigkeit des Entwickelns beim fotografischen Prozess.
b Stellen Sie die dazugehörige Redoxreaktion auf.

2⟩ Begründen Sie, warum Silbernitratlösung in braunen Glasflaschen aufbewahrt werden muss.

3⟩ Schlecht gewässerte ältere Fotos werden oft gelblich. Formulieren Sie eine Hypothese für diese Erscheinung.

Material D Nitrate in Lebensmitteln

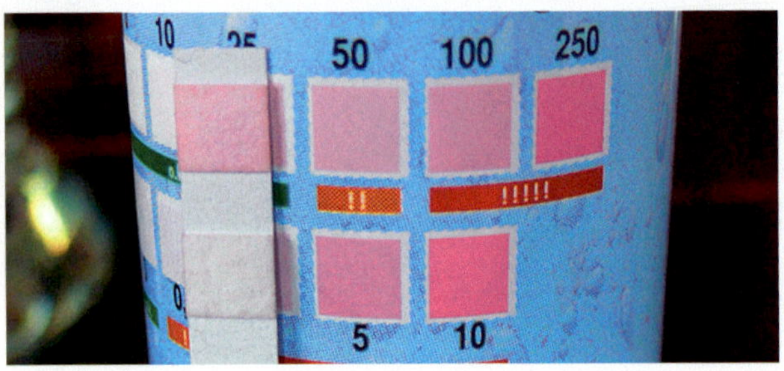

D1.1 Nitratteststreifen mit zwei Testfeldern

Nitrate entstehen durch enzymatische Umwandlung von Ammoniumverbindungen im Boden. Bestimmte Bakterien oxidieren Ammonium-Ionen (NH_4^+) mit Sauerstoff zunächst zu Nitrit-Ionen (NO_2^-), die dann von anderen Bakterien zu Nitrat-Ionen (NO_3^-) umgewandelt werden. Nitrate sind aber auch in Düngemitteln enthalten, die ins Trinkwasser und in Nahrungsmittel gelangen können. Im Organismus werden Nitrate bei der Verdauung zu Nitriten umgewandelt, die zur Bildung von krebserregenden Nitrosaminen beitragen können. Zudem stören sie die Sauerstoffaufnahme im Blut.

Mit Nitratteststreifen lässt sich der Nitratgehalt von Lebensmitteln und Trinkwasser quantitativ bestimmen. Nitrat-Ionen werden mithilfe eines Reduktionsmittels zu Nitrit-Ionen reduziert, die dann in saurer Lösung Salpetrige Säure bilden. Durch Reaktion mit Sulfanilsäure bilden sie einen rotvioletten Farbstoff. Je höher die Konzentration der Nitrat-Ionen ist, desto intensiver wird das Testfeld gefärbt. Die Teststreifen haben noch ein zweites Testfeld, das identisch aufgebaut ist, aber kein Reduktionsmittel enthält (↑ D1.1).

AUFGABEN ZU D

1⟩ a Zeichnen Sie die Lewis-Formeln des NH_4^+-, NO_2^-- und NO_3^--Ions. Bestimmen Sie die Oxidationszahlen.
b Entwickeln Sie die Redoxgleichungen für die Bildung von NO_2^-- und NO_3^--Ionen aus NH_4^+-Ionen.

2⟩ a Benennen Sie die Verbindung, die mit dem unteren Testfeld nachgewiesen wird.
b Begründen Sie die Notwendigkeit des unteren Testfelds, um den Nitratgehalt einer Lebensmittelprobe sicher zu bestimmen.

Material E Oxidationsprodukte des Propanols im Vergleich

E1 Hochreines Kupfer als Werkstoff

Hochreines Kupfer besitzt nach Silber die zweithöchste elektrische Leitfähigkeit aller Stoffe und wird daher unter anderem für elektrische Leitungen, Schaltdrähte und Stromkabel geringen Querschnitts oder bei der Herstellung von Computerplatinen eingesetzt. Im Verarbeitungsprozess von Kupfer. wird dieses zur leichteren Bearbeitung an der Luft erhitzt. Bei der Herstellung von hochglänzendem Kupferdraht wird bei der Verarbeitung der noch rot glühende und daher äußerlich oxidierte, schwarz gefärbte Draht mit einer Lösung besprüht, die ein Propanol enthält.

Induktionsspule mit Kupferdraht

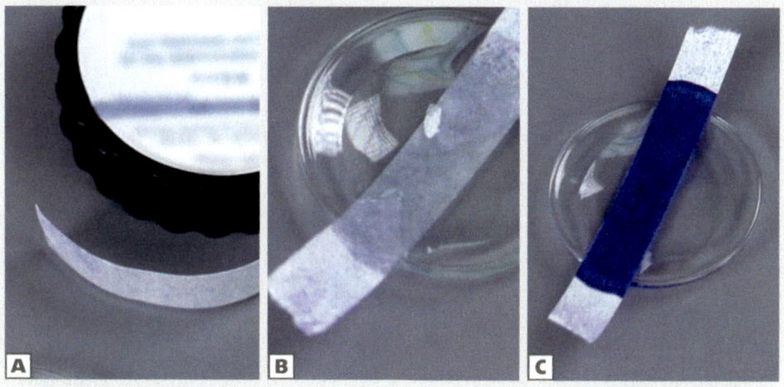

E2.2 Nachweis mit Watesmo-Papier (Schritt 3): **A** trockener Streifen, **B** getränkt in Propan-1-ol bzw. Propan-2-ol (für beide Edukte können die gleichen Beobachtungen gemacht werden), **C** getränkt in ein Reaktionsprodukt (für beide Produkte können die gleichen Beobachtungen gemacht werden)

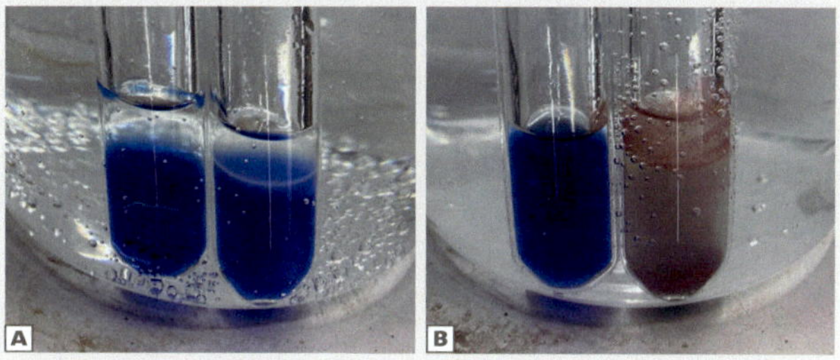

E2.3 Beobachtungen zu den Schritten 4-5, jeweils vor und nach dem Erhitzen: **A** mit dem Reaktionsprodukt aus der Reaktion mit Propan-1-ol, **B** mit dem Reaktionsprodukt aus aus der Reaktion mit Propan-2-ol

E2 Reaktion von Propanolen mit Kupfer(II)-oxid

Chemikalien: Propan-1-ol, Propan-2-ol, 2 Kupferdrahtnetze, Fehlingsche Lösung (hergestellt aus gleichen Teilen der Lösungen Fehling I und II), Watesmo-Papier

Durchführung:

Video: Versuchsdurchführung Schritt 1 und 2

1. Man erhitzt jeweils ein Kupferdrahtnetz, sodass sich auf seiner Oberfläche schwarzes Kupfer(II)-oxid bildet.
2. Man taucht das heiße Netz in ein kleines Becherglas mit 20 mL Propan-1-ol bzw. ein kleines Becherglas mit 20 mL Propan-2-ol und beobachtet, wie sich der eingetauchte Teil verändert. Der Vorgang wird mehrfach wiederholt.
3. Man untersucht die Edukte sowie Reaktionsprodukte mit Watesmo-Papier.
4. Man gibt in zwei Reagenzgläser je etwa 4 mL der Fehlingschen Lösung und fügt jeweils etwa 1 mL eines der Reaktionsprodukte hinzu.
5. Man erhitzt die beiden Reagenzgläser vorsichtig über dem Brenner.

E2.1 Schritte 1–2: Für die Durchführung mit Propan-1-ol und mit Propan-2-ol sind die Beobachtungen identisch.

AUFGABEN ZU E

1) Zeichnen Sie die Lewis-Formeln von Propan-1-ol und Propan-2-ol.
2) Beschreiben Sie die in E2.1, E2.2 und E2.3 dargestellten Beobachtungen genau.
3) Deuten Sie die in E2.1, E2.2 und E2.3 dargestellten Beobachtungen Schritt für Schritt ausführlich .
4) Erläutern Sie dass bei dem in E1 beschriebenen Reinigungsvorgang eine chemische Reaktion stattfindet.
5) Entwickeln Sie die Reaktionsgleichungen der ablaufenden Reaktionen unter Verwendung von Strukturformeln.
6) Belegen Sie anhand von Oxidationszahlen, dass es sich bei diesen Vorgängen um Redoxreaktionen handelt. Erläutern Sie hieran das Donator-Akzeptor-Prinzip.
7) Begründen Sie mit dem Struktur-Eigenschafts-Konzept, welches der Reaktionsprodukte die höhere Siedetemperatur und die bessere Wasserlöslichkeit hat.
8) Beurteilen Sie, inwiefern bei der Durchführung der Experimente mit Blindproben gearbeitet worden ist. Entwickeln Sie ggf. Vorschläge für geeignete Blindproben zu den einzelnen Aspekten der Durchführung. Begründen Sie Ihre Entscheidungen ausführlich.

Auf einen Blick

- **Redoxreaktionen**

Donator-Akzeptor-Reaktionen mit Elektronenübergang, bei denen die Teilreaktionen Oxidation und Reduktion immer gekoppelt ablaufen. Bei der Oxidation erfolgt eine Elektronenabgabe, bei der Reduktion eine Elektronenaufnahme.

- **Oxidationsmittel = Elektronenakzeptor**

Teilchen, die während einer Redoxreaktion Elektronen aufnehmen. Sie wirken oxidierend und werden im Verlauf der Redoxreaktion selbst reduziert.

- **Reduktionsmittel = Elektronendonator**

Teilchen, die während einer Redoxreaktion Elektronen abgeben. Sie wirken reduzierend und werden im Verlauf der Redoxreaktion selbst oxidiert.

- **Korrespondierende Redoxpaare**

Zusammengehörende Paare von Reduktionsmittel/Elektronendonator und Oxidationsmittel/Elektronenakzeptor, die durch Elektronenabgabe bzw. -aufnahme ineinander überführt werden können. An einer Redoxreaktion sind immer zwei korrespondierende Redoxpaare beteiligt.

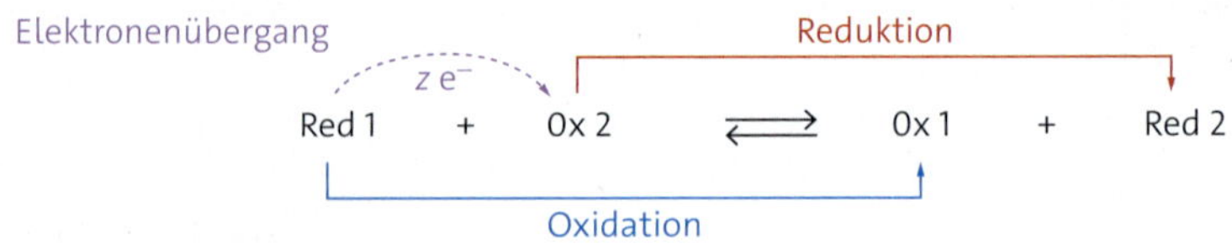

- **Oxidationszahlen**

In einem Molekül gibt die Oxidationszahl die formale Ladung eines Atoms an, wenn man sich vorstellt, dass alle Bindungselektronen dem jeweils elektronegativeren Atom zugeordnet wären. Bei einfachen Ionen entspricht die Oxidationszahl der Ladung des Ions.

Beispiele:

$\overset{I}{H}_2\overset{-II}{O}$ $\overset{I}{H}\overset{-I}{Cl}$ $\overset{II}{Ca}\overset{-II}{O}$ $\overset{0}{N}_2$ $\overset{II}{Cu}^{2+}$ $\overset{III}{Fe}^{3+}$ $\overset{-I}{Br}^-$ $\overset{-II}{S}^{2-}$ $\overset{-III}{N}\overset{I}{H}_4^+$ $\overset{-II}{O}\overset{I}{H}^-$

- **Hochofenprozess**

Technisches Verfahren zur Herstellung von Roheisen aus Eisenoxiden, z. B. Magnetit (Fe_3O_4) und Hämatit (Fe_2O_3) durch Redoxreaktion mit Kohlenstoff und Kohlenstoffmonooxid

$Fe_2O_3 + 3\,CO \longrightarrow 2\,Fe + 3\,CO_2$

Erze wie Pyrit (FeS) oder Siderit ($FeCO_3$) werden zuvor durch Rösten in Oxide umgewandelt. Das entstehende Roheisen enthält bis zu 4 % Kohlenstoff und ist daher hart und spröde (Gusseisen).

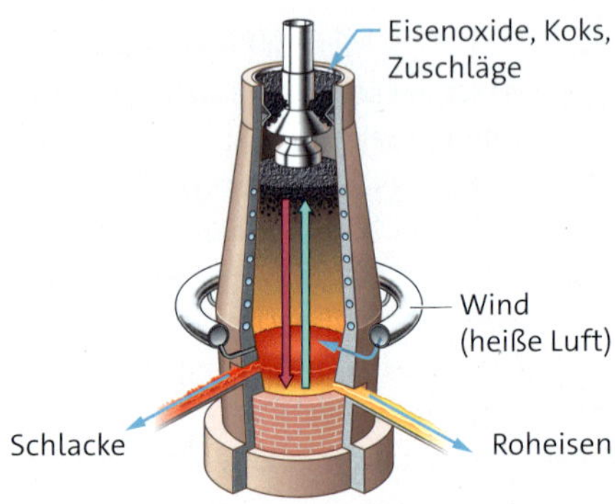

- **Oxidation von Alkanolen**

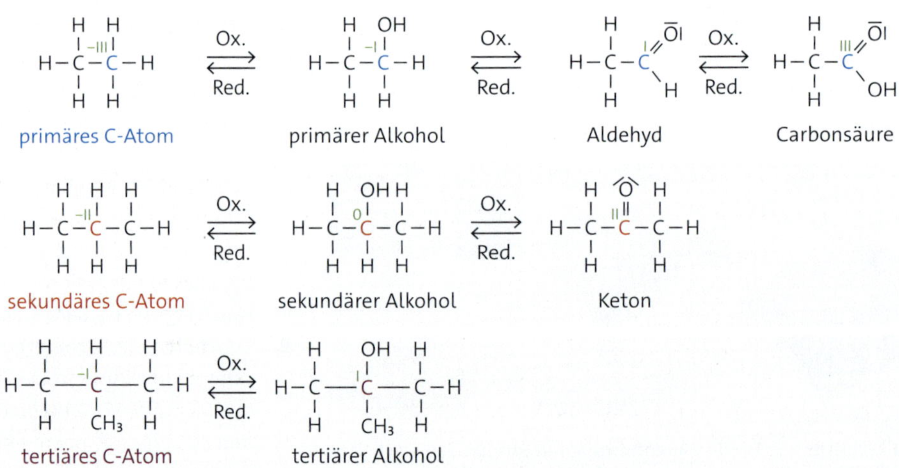

Übungsaufgaben

1› Magnesium verbrennt in einer Kohlenstoffdioxidatmosphäre. Bei der dabei stattfindenden Redoxreaktion entsteht u. a. Ruß (C).
a Formulieren Sie die Reaktionsgleichung, kennzeichnen Sie darin Oxidation und Reduktion sowie die korrespondierenden Redoxpaare.
b Auch Magnesiumoxid reagiert mit Kohlenstoffdioxid, dabei bildet sich Magnesiumcarbonat ($MgCO_3$). Formulieren Sie die Reaktionsgleichung und begründen Sie, ob es sich auch hierbei um eine Redoxreaktion handelt.

2› In den ersten Airbags wurde der Stoff Natriumazid eingesetzt. Bei einem Unfall wurde durch eine Initialzündung sein explosionsartiger Zerfall in Natrium und Stickstoff ausgelöst. Es schlossen sich Folgereaktionen des Natriums an:

__ $NaN_3 \longrightarrow$ __ Na + __ N_2
__ Na + __ $KNO_3 \longrightarrow$ __ K_2O + __ Na_2O + __ N_2
__ K_2O + __ Na_2O + __ $SiO_2 \longrightarrow$ __ K_2SiO_3 + __ Na_2SiO_3

a Gleichen Sie die obigen Reaktionsgleichungen aus und geben Sie alle Oxidationszahlen an. Entscheiden Sie jeweils, ob es sich um eine Redoxreaktion handelt.
b Heute wird in Airbags häufiger der Stoff Nitroguanidin ($CH_4N_4O_2$) eingesetzt, der mit Kaliumchlorat ($KClO_3$) explosionsartig zu Stickstoff, Wasser, Kohlenstoffdioxid und Kaliumchlorid reagiert. Entwickeln Sie die Reaktionsgleichung für die Redoxreaktion.
c Vergleichen Sie die Gasvolumina (V_m = 24,5 L · mol^{-1}), die aus je 10 g Natriumazid (M = 65 g · mol^{-1}) und Nitroguanidin (M = 104 g · mol^{-1}) gebildet werden können.

3› 50 mL einer mit Schwefelsäure versetzten Lösung von Eisen(II)-sulfat werden mit 8 mL einer Kaliumpermanganatlösung der Konzentration $c(KMnO_4)$ = 0,01 mol · L^{-1} titriert, wobei Mangan(II)-Ionen und Fe(III)-Ionen gebildet werden.
a Stellen Sie die Reaktionsgleichung auf.
b Berechnen Sie die Stoffmengenkonzentration an Eisen(II)-sulfat.

4› Ammoniumnitrat (NH_4NO_3), ein Bestandteil von Dünger, kann beim Erhitzen auf über 170 °C explodieren. Dabei bilden sich Stickstoff, Sauerstoff und Wasser.
a Stellen Sie die Reaktionsgleichung für die Explosion von Ammoniumnitrat auf.
b Erläutern Sie, warum ein Zusatz von Benzin (Octan) die Sprengwirkung deutlich erhöhen kann.

5› **a** Begründen Sie, dass Eisen auf der Erde nur in Erzen gebunden, Gold dagegen auch elementar vorkommt.
b Nennen Sie zwei Beispiele von Eisenerzen und entwickeln Sie einen Vorschlag, wie sich daraus metallisches Eisen gewinnen lässt.

6› Metalle wie Eisen und Zink werden durch verdünnte Salzsäure angegriffen, Kupfer hingegen nicht.
a Erläutern Sie mithilfe von Oxidationszahlen, ob dabei eine Redoxreaktion stattfindet.
b Leiten Sie eine Schlussfolgerung zur oxiderenden Wirkung von Oxonium-Ionen (H_3O^+) ab. Entwickeln Sie hierzu eine mögliche Definition der Begriffe edle und unedle Metalle.

7› Das Abwasser einer Textilreinigung wird durch Manganometrie auf den Gehalt an Wasserstoffperoxid untersucht. 200 mL Abwasser verbrauchen dabei 37,5 mL Kaliumpermanganatlösung mit $c(KMnO_4)$ = 0,1 mol · L^{-1}.
a Beschreiben Sie das Vorgehen der Manganometrie.
b Stellen Sie die Reaktionsgleichung aus den Teilgleichungen für Oxidation und Reduktion auf.
c Berechnen Sie die Masse Wasserstoffperoxid in einem Liter Abwasser.

8› Geben Sie die Reaktionsgleichungen für die Umsetzung von Butan-1-ol, Butan-2-ol und 2-Methyl-propan-2-ol mit Kupfer(II)-oxid an. Bestimmen Sie die Oxidationszahlen der Kohlenstoff-Atome und der Kupferteilchen.

9› Propan-1-ol wird verbrannt.
a Geben Sie die Reaktionsgleichung an.
b Zeigen Sie, dass es sich um eine Redoxreaktion handelt.

Mithilfe dieses Kapitels können Sie:	Aufgabe	Hilfe finden Sie auf Seite
• Redoxreaktionen als Reaktionen mit Elektronenübergang deuten und formulieren	*1, 2, 4, 6, 8, 9*	*242–243, 246*
• Oxidationszahlen der Atome in einer Verbindung bestimmen	*1, 2, 6, 8*	*245, 265*
• redoxtitrimetrische Verfahren zur Konzentrationsbestimmung anwenden und deuten LK	*3, 7*	*256–257*
• Metallgewinnung mit redoxchemischen Verfahren beschreiben und deuten	*5*	*260–261*

Armbanduhren, Taschenlampen und Fotoapparate benötigen Energie, die nicht aus der Steckdose kommt. Für solche Geräte werden Batterien und Akkus als mobile Stromquellen genutzt, in denen chemische Energie durch Redoxreaktionen in elektrische Energie umgewandelt wird. Mithilfe elektrischer Energie werden wichtige Stoffe wie Chlor oder Aluminium großtechnisch hergestellt.

Elektrochemie 9

Elektrochemie in Alltag und Technik

Elektrochemische Reaktionen

- Daniell-Element
- elektrochemische Doppelschicht
- galvanische Zelle
- Elektrodenpotenziale
- Standardwasserstoffelektrode
- elektrochemische Spannungsreihe
- Nernst-Gleichung
- Potenziometrie

Batterien und Akkus

- Batterieprinzip
- Zellspannung
- Batterietypen
- Akkumulatoren
- Brennstoffzelle

Elektrolysen

- erzwungene Redoxreaktion
- Zersetzungsspannung
- Überspannung
- Faraday-Gesetze
- großtechnische Elektrolysen

Korrosion

- Lokalelemente
- Korrosionsarten
- Korrosionsschutz
- Nanopartikel

01 Woraus bestehen Batterien und wie funktionieren sie?

9.1 Das Batterieprinzip

Video Eisennagel in Kupfersulfatlösung

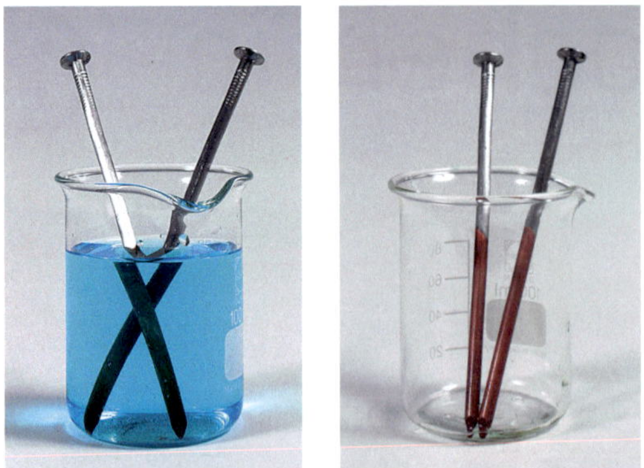

01 Reaktion von Eisen mit Kupfer(II)-sulfatlösung

FREIWILLIGE REDOXREAKTION Taucht man einen Eisennagel in eine Kupfer(II)-sulfatlösung, so scheidet sich Kupfer am Nagel ab. Im Verlauf dieser Redoxreaktion werden Elektronen von Eisen-Atomen auf Kupfer-Ionen übertragen. Die Elektronenübertragung findet direkt an der Eisenoberfläche statt.

$$Fe(s) + Cu^{2+}(aq) \longrightarrow Fe^{2+}(aq) + Cu(s)$$

Führt man den Versuch umgekehrt durch und taucht ein Kupferblech in eine Eisensulfatlösung, findet keine Reaktion statt. Der Vorgang verläuft nur in eine Richtung freiwillig, weil Eisen ein *unedleres* Metall ist als Kupfer. Eisen-Atome haben ein größeres Bestreben, ihre Elektronen abzugeben, als Kupfer-Atome, sie können daher durch Elektronenabgabe die Kupfer-Ionen reduzieren und werden selbst zu Eisen-Ionen oxidiert.

Redoxreihe der Metalle↑ S. 243

DANIELL-ELEMENT Die Frage, wie die Elektronenübertragung bei Redoxreaktionen in wässrigen Lösungen als elektrischer Strom nutzbar gemacht werden kann, beschäftigte die Chemie schon seit Langem. Bereits 1836 entwickelte JOHN FREDERIC DANIELL eine **Batterie**, die einen stabilen Stromfluss für einen elektrischen Verbraucher liefert.

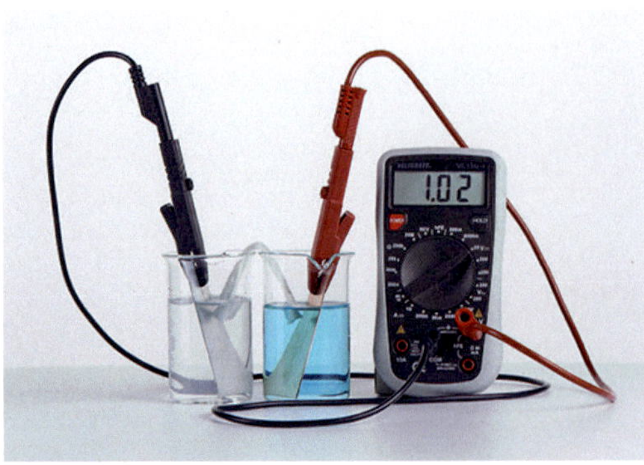

02 Daniell-Element

Im **Daniell-Element** taucht das Kupferblech in die Kupfer(II)-sulfatlösung und das Zinkblech in die Zinksulfatlösung ein (↑ **02**). Beide Lösungen müssen durch eine poröse Tonwand, das **Diaphragma**, räumlich voneinander getrennt sein. So wird verhindert, dass sie sich vermischen und Kupfer-Ionen direkt in Kontakt mit dem Zinkblech kommen. Wenn man die Bleche leitend verbindet, kann ein kleiner Elektromotor mit dem Daniell-Element betrieben werden (↑ Exp. 6.06).

Im Daniell-Element laufen Oxidation und Reduktion räumlich getrennt voneinander ab: Am Zinkblech geben Zink-Atome jeweils zwei Elektronen ab und werden zu Zink-Ionen oxidiert. Durch die leitende Verbindung wandern die Elektronen zur Oberfläche des Kupferblechs. Kupfer-Ionen aus der Kupfer(II)-sulfatlösung nehmen diese auf und werden zu Kupfer-Atomen reduziert, die sich auf dem Blech ablagern.

Das Diaphragma ist eine für bestimmte Ionen durchlässige Membran. So können Sulfat-Ionen aus der Kupfer(II)-sulfatlösung in die Zinksulfatlösung wandern. Der elektrische Stromkreis wird geschlossen und ein Ladungsausgleich zwischen den Lösungen ermöglicht.
Aber wie entsteht die kleine elektrische Spannung zwischen den beiden Blechen, die ausreicht, um den Elektromotor zu betreiben?

ELEKTROCHEMISCHE DOPPELSCHICHT Beim Eintauchen des Zinkblechs in die Zinksulfatlösung treten die Zink-Atome an der Oberfläche des Metalls mit polaren Wasser-Molekülen in Wechselwirkung. Dabei lösen sich einzelne positiv geladene Zink-Ionen aus der Metalloberfläche und wandern in die Lösung, während negativ geladene Elektronen zurückbleiben. Das Blech lädt sich negativ auf. Die Zinksulfatlösung wird durch die zusätzlichen hydratisierten Zink-Ionen positiv aufgeladen. Aufgrund dieser Ladungstrennung zwischen den Elektronen und den Zink-Ionen entsteht an der Phasengrenze zwischen Zinkblech und Lösung ein elektrisches Potenzial (↑ **03**).
Umgekehrt übt die zunehmend negative Aufladung des Zinkblechs eine immer stärkere Anziehung auf die in der Lösung befindlichen Zink-Ionen aus. Diese scheiden sich auch wieder auf der Metalloberfläche ab. Es kommt zur Ausbildung eines **Redoxgleichgewichts**, einer Form des *dynamischen Gleichgewichts*:

Dynamisches Gleichgewicht ↑ S. 145f.

$$Zn(s) \rightleftarrows Zn^{2+}(aq) + 2\,e^-$$

Im Gleichgewicht gehen genauso viele Zink-Ionen in Lösung, wie sich aus der Lösung auf der Zinkoberfläche abscheiden. Zwischen der Zinkoberfläche und der Lösung entsteht eine **elektrochemische Doppelschicht** (↑ 03).

Die Fähigkeit eines Metalls, in wässriger Lösung Ionen zu bilden, hängt von der Energiebilanz bei der Bildung hydratisierter Metall-Ionen ab und ist für jedes Metall charakteristisch. Je edler ein Metall ist, desto geringer ist sein Lösungsdruck ausgeprägt.

BATTERIEPRINZIP Mithilfe der elektrochemischen Doppelschicht lässt sich erklären, warum das Daniell-Element einen Stromfluss liefert. Hier ist Kupfer ein edleres Metall als Zink. Das Kupferblech in der Kupfer(II)-sulfatlösung lädt sich daher nicht so stark negativ auf, da weniger Ionen in Lösung gehen und auch weniger Elektronen auf der Metalloberfläche zurückbleiben – das elektrische Potenzial der elektrochemischen Doppelschicht ist geringer. Werden beide Bleche leitend verbunden, können die Elektronen vom Zinkblech, dem Minuspol, zum Kupferblech, dem Pluspol, fließen (↑ 04). Diese unterschiedlichen elektrischen Potenziale ergeben eine messbare elektrische Spannung. Für das Daniell-Element misst man eine elektrische Spannung, auch **Zellspannung *U*** genannt, von 1,1 Volt.
Auf diesem Grundprinzip beruhen alle bekannten Batterien. Das Daniell-Element liefert so lange Strom, bis sich alle Kupfer-Ionen auf dem Kupferblech abgeschieden haben oder sich das Zinkblech vollständig aufgelöst hat.

Oxidation: $Zn(s) \longrightarrow Zn^{2+}(aq) + 2\,e^-$ (Minuspol)
Reduktion: $Cu^{2+}(aq) + 2\,e^- \longrightarrow Cu(s)$ (Pluspol)

Redoxreaktion: $Zn(s) + Cu^{2+}(aq) \longrightarrow Zn^{2+}(aq) + Cu(s)$

Das Daniell-Element ist eine Batterie, in der chemische Energie in einer freiwilligen Redoxreaktion in elektrische Energie umgewandelt wird. Für einen elektrischen Stromfluss müssen Oxidation und Reduktion räumlich getrennt ablaufen.

1) Erklären Sie, warum sich beim Eintauchen eines Kupferblechs in eine Kupfer(II)-sulfatlösung eine elektrochemische Doppelschicht ausbildet.
2) Erläutern Sie den Aufbau und die elektrochemischen Vorgänge in einer galvanischen Zelle, die aus einer Zink- und einer Silberhalbzelle besteht, anhand einer Modelldarstellung.

P EXP 9.01 Daniell-Element

Materialien Becherglas, Kupferblech, Zinkblech, Tonzylinder, Spannungsmessgerät, Elektromotor, Kupfer(II)-sulfatlösung (c = 1 mol · L^{-1}; 7, 9) und Zinksulfatlösung (c = 1 mol · L^{-1}; 7, 9)

Durchführung In das Becherglas mit Tonzylinder wird innen Kupfer(II)-sulfatlösung und außen Zinksulfatlösung gefüllt, sodass beide Flüssigkeitsspiegel gleich hoch sind. Das in die Kupfer(II)-sulfatlösung tauchende Kupferblech wird mit dem Minuspol, das Zinkblech in der Zinksulfatlösung mit dem Pluspol eines Spannungsmessgeräts verbunden und die Spannung gemessen. Bauen Sie anschließend einen kleinen Elektromotor in den Stromkreis ein und messen Sie erneut die Spannung.
Entsorgung: Lösungen in den Behälter für giftige anorganische Abfälle geben.

Auswertung Erläutern Sie die elektrochemischen Vorgänge im Daniell-Element.

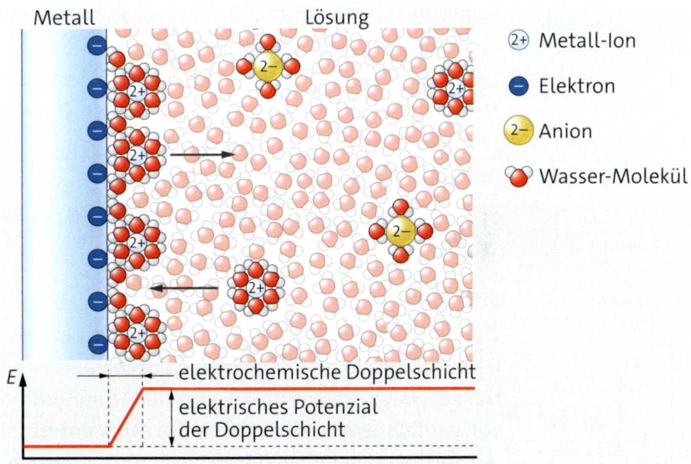

03 Elektrochemische Doppelschicht

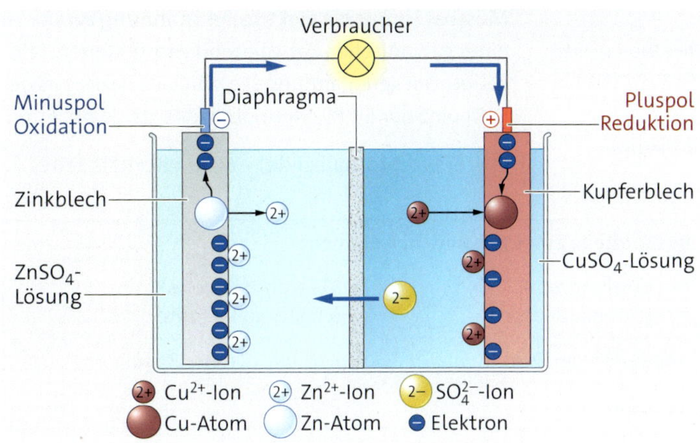

04 Vorgänge im Daniell-Element

9.2 Die elektrochemische Spannungsreihe

Halbzelle = Kombination aus einem elektrisch leitenden Stoff mit einem Elektrolyten

GALVANISCHE ZELLEN Eine Anordnung wie beim Daniell-Element wird **galvanische Zelle** oder auch **galvanisches Element** genannt.
Prinzipiell besteht jede galvanische Zelle aus zwei **Halbzellen**. Beim Daniell-Element bildet das Kupferblech in der Kupfer(II)-sulfatlösung die eine Halbzelle, die andere ist das Zinkblech in der Zinksulfatlösung. Die Salzlösungen werden als **Elektrolyte** bezeichnet, da die in ihnen gelösten Ionen die elektrische Leitfähigkeit ermöglichen. Die Halbzelle, an der die Oxidation erfolgt, die **Donatorhalbzelle**, wird auch als **Anode** bezeichnet. Sie bildet in galvanischen Zellen den **Minuspol**. Dagegen findet an der **Kathode**, der **Akzeptorhalbzelle**, immer die Reduktion statt, sodass sie in galvanischen Zellen den **Pluspol** bildet. Die Bezeichnung als Anode oder Kathode ergibt sich nicht aus ihrer Ladung, sondern aus der Art der dort ablaufenden Teilreaktion (↑ **01**).

*Bei der **Elektrolyse** findet am Minuspol die Reduktion und am Pluspol die Oxidation statt. Die Anode ist daher dort der Pluspol und die Kathode der Minuspol. ↑ S. 297*

Eine galvanische Zelle wie das Daniell-Element wird üblicherweise durch eine Kurzschreibweise, das sogenannte **Zelldiagramm**, dargestellt. Dabei wird das Redoxpaar der Donatorhalbzelle (Oxidation/Anode) immer links und das Redoxpaar der Akzeptorhalbzelle (Reduktion/Kathode) rechts geschrieben. Da die Spannung der galvanischen Zelle auch von der Stoffmengenkonzentration der Ionen abhängt, wird diese zusätzlich angegeben.

$$\underbrace{Zn/Zn^{2+}\,(c = 1\,mol \cdot L^{-1})}_{\text{Donatorhalbzelle}} \,//\, \underbrace{Cu^{2+}(c = 1\,mol \cdot L^{-1})/Cu}_{\text{Akzeptorhalbzelle}}$$

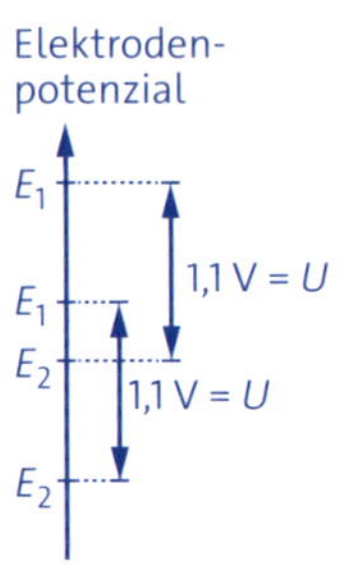

Ohne Bezugspunkt lassen sich keine Werte für die Elektrodenpotenziale festlegen.

ELEKTRODENPOTENZIAL Das durch die elektrochemische Doppelschicht auf dem Metall entstehende Potenzial heißt **Elektrodenpotenzial *E***. Es ist für die Halbzelle spezifisch und hängt außerdem von der Temperatur, der Stoffmengenkonzentration der Salzlösung und bei Gasen zusätzlich auch vom Druck ab.
Dieses Elektrodenpotenzial ist nicht direkt messbar. Messbar ist nur die elektrische Spannung zweier zu einer galvanischen Zelle leitend verbundener Halbzellen. Die Zellspannung *U* ergibt sich dabei aus der Differenz der Elektrodenpotenziale der Halbzellen.

$U = E(\text{Akzeptorhalbzelle}) - E(\text{Donatorhalbzelle})$

Bestandteile eines galvanischen Elements	
Donatorhalbzelle (Elektronendonator)	Akzeptorhalbzelle (Elektronenakzeptor)
Anode (Ort der Oxidation)	Kathode (Ort der Reduktion)
Minuspol	Pluspol

01 Synonyme Begriffe für die Halbzellen in einem galvanischen Element

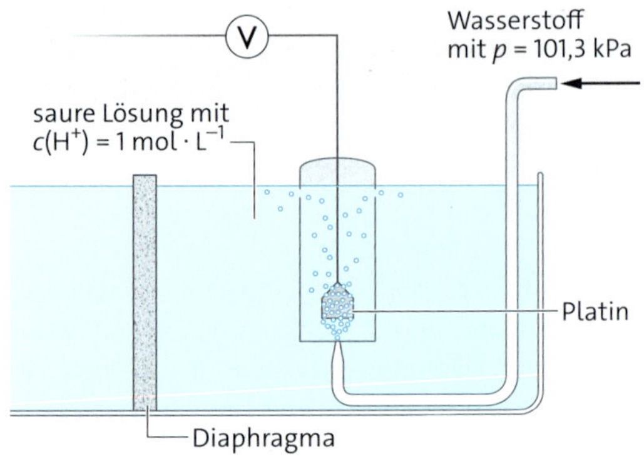

02 Modell der Standardwasserstoffhalbzelle

STANDARDWASSERSTOFFHALBZELLE Um Werte für die Elektrodenpotenziale angeben zu können, benötigt man einen Bezugspunkt. Prinzipiell eignet sich dazu jede beliebige Halbzelle unter genau definierten Bedingungen, deren Elektrodenpotenzial willkürlich festgelegt wird.
Nach einem Vorschlag von WALTHER NERNST dient die **Standardwasserstoffhalbzelle** als Bezugshalbzelle. Darin taucht eine spezielle Platinelektrode in eine saure Lösung mit $c(H^+) = 1\,mol \cdot L^{-1}$ und wird bei **Standardbedingungen** ($\vartheta = 25\,°C$, $p = 101{,}3\,kPa$) von Wasserstoffgas umspült (↑ **02**).
Dabei werden die H_3O^+-Ionen vereinfacht als H^+-Ionen betrachtet. Das Elektrodenpotenzial $E(H_2/2\,H^+)$ der Standardwasserstoffhalbzelle, die oft auch als **Standard-Wasserstoffelektrode** bezeichnet wird, ist auf exakt 0 Volt festgelegt.
Das Elektrodenpotenzial *E* einer beliebigen Halbzelle entspricht dadurch der gemessenen Spannung der galvanischen Zelle aus der Standardwasserstoffhalbzelle und der betrachteten Halbzelle.

ELEKTROCHEMISCHE SPANNUNGSREIHE Die so erhaltenen Werte werden als **Standardelektrodenpotenziale bzw. Standardpotenziale E^0** bezeichnet, Einheit: Volt (V). Die Standardpotenziale von Redoxpaaren, die gegenüber der Wasserstoffhalbzelle als Elektronendonator fungieren, also in einem galvanischen Element gegenüber der Standardwasserstoffhalbzelle den Minuspol darstellen, erhalten ein Minus als Vorzeichen. Die Elektrodenpotenziale von Redoxpaaren, die als Elektronenakzeptor wirken, erhalten ein positives Vorzeichen. Die Werte sind in der **elektrochemischen Spannungsreihe** tabelliert (↑ **04**). Mithilfe der Standardpotenziale kann die bekannte Zellspannung *U* für das Daniell-Element rechnerisch überprüft werden (↑ Methode, S. 280).

$U = E(Cu/Cu^{2+}) - E(Zn/Zn^{2+}) = 1{,}1\,V$

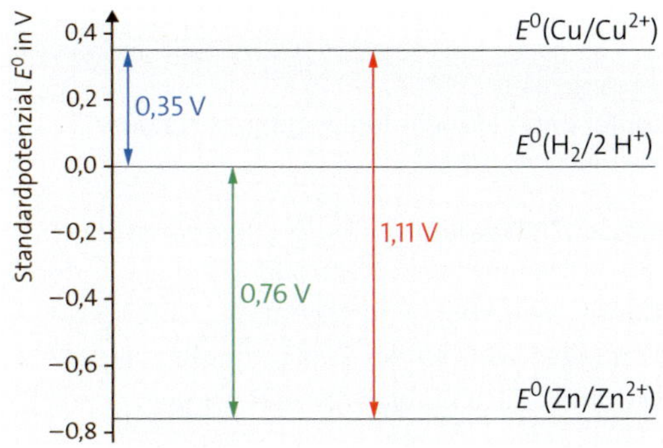

03 Zellspannung des Daniell-Elements

Mithilfe der elektrochemischen Spannungsreihe lässt sich auch die Richtung einer Redoxreaktion vorhersagen: Das Redoxpaar mit dem geringeren Standardpotenzial stellt in einer Redoxreaktion immer den Elektronendonator.

Da das Redoxpaar $H_2/2\,H^+$ in der Spannungsreihe eine mittlere Stellung einnimmt, können nur solche Metalle mit sauren Lösungen reagieren, die ein negatives Standardpotenzial haben. Ihre Metall-Atome (Me) können gegenüber H^+-Ionen als Elektronendonator fungieren.

$$Me(s) + 2\,H^+(aq) \longrightarrow Me^{2+}(aq) + H_2(g)$$

MESSUNG VON ELEKTRODENPOTENZIALEN Die experimentelle Bestimmung der Elektrodenpotenziale muss stromlos erfolgen, da ansonsten das elektrochemische Gleichgewicht gestört und die Zellspannung verfälscht werden kann.

Statt der Standardwasserstoffhalbzelle wird in der Praxis häufig die Silber/Silberchloridhalbzelle (Ag/AgCl) als Bezugshalbzelle verwendet. Ihr Elektrodenpotenzial ist weitgehend unabhängig von den Messbedingungen, sodass genaue und reproduzierbare Werte erhalten werden.

Handelt es sich um ein nichtmetallisches Redoxpaar, benötigt man eine **Ableitelektrode** zur Ableitung der Elektronen. Dazu kann eine Platin- oder eine Graphitelektrode verwendet werden, die durch die Elektrodenreaktion nicht angegriffen wird. So wird das Standardpotenzial des Redoxpaars $2\,Cl^-/Cl_2$ gemessen, indem eine von Chlor bei p = 101,3 kPa umspülte Platinelektrode in einen Elektrolyten mit Chlorid-Ionen von $c(Cl^-)$ = 1 mol · L^{-1} eintaucht.

Mithilfe der Standardelektrodenpotenziale E^0 lässt sich die Spannung einer galvanischen Zelle berechnen sowie die Richtung möglicher Redoxreaktionen vorhersagen.

Zunehmende reduzierende Wirkung (↑ Donator) | Zunehmende oxidierende Wirkung (↓ Akzeptor)

Donator		Akzeptor + z e$^-$	Standardpotenzial E^0 in V
Li	⇄	$Li^+ + e^-$	−3,04
Mg	⇄	$Mg^{2+} + 2\,e^-$	−2,36
Al	⇄	$Al^{3+} + 3\,e^-$	−1,66
Zn	⇄	$Zn^{2+} + 2\,e^-$	−0,76
Fe	⇄	$Fe^{2+} + 2\,e^-$	−0,41
Ni	⇄	$Ni^{2+} + 2\,e^-$	−0,23
Pb	⇄	$Pb^2 + 2\,e^-$	−0,13
$H_2(g)$	⇄	$2\,H^+ + 2\,e^-$	0
Cu	⇄	$Cu^{2+} + 2\,e^-$	0,35
$2\,I^-$	⇄	$I_2(s) + 2\,e^-$	0,54
Ag	⇄	$Ag^+ + e^-$	0,80
$2\,Br^-$	⇄	$Br_2(l) + 2\,e^-$	1,07
Pt	⇄	$Pt^{2+} + 2\,e^-$	1,20
$2\,H_2O(l)$	⇄	$O_2(g) + 4\,H^+ + 4\,e^-$	1,23
$2\,Cl^-$	⇄	$Cl_2(g) + 2\,e^-$	1,36
Au	⇄	$Au^{3+} + 3\,e^-$	1,50
$2\,F^-$	⇄	$F_2(g) + 2\,e^-$	2,87

04 Standardpotenziale ausgewählter Redoxpaare

1 › Definieren Sie die Begriffe galvanische Zelle, Donator- und Akzeptorhalbzelle. Finden Sie zu jedem Begriff ein Synonym.

2 › **a** Skizzieren Sie den Aufbau einer galvanischen Zelle aus einer Eisen- und einer Wasserstoffhalbzelle. Ordnen Sie den Pluspol und den Minuspol begründet zu.
b Formulieren Sie die Teilgleichungen für die Reaktionen in den Halbzellen sowie die Gleichung für die Redoxreaktion. Geben Sie an, welche Spannung diese galvanische Zelle unter Standardbedingungen liefert.

3 › Definieren Sie den Begriff Standardelektrodenpotenzial. Geben Sie an, welche Synonyme dafür noch gebräuchlich sind.

4 › Die galvanische Zelle mit dem Zelldiagramm Sn/Sn^{2+} (c = 1 mol · L^{-1}) // Cu^{2+} (c = 1 mol · L^{-1})/Cu liefert unter Standardbedingungen eine Spannung von 0,49 V. Ordnen Sie das Redoxpaar Sn/Sn^{2+} in die elektrochemische Spannungsreihe ein.

5 › Beschreiben Sie, wie sich das Standardelektrodenpotenzial einer Bromhalbzelle experimentell bestimmen lässt.

M Berechnen der Standardzellspannung

AUFGABE Berechnen Sie die Spannung einer galvanischen Zelle, in der Kupfer unter Standardbedingungen in saurer Lösung (pH = 0) durch Sauerstoff oxidiert wird.

Die Zellspannung ist die **Differenz der Elektrodenpotenziale** der beiden an der Zellreaktion beteiligten Redoxpaare. Dabei wird per Definition das Elektrodenpotenzial der Donatorhalbzelle (Oxidation) vom Elektrodenpotenzial der Akzeptorhalbzelle (Reduktion) abgezogen:

U = **E(Akzeptorhalbzelle) – E(Donatorhalbzelle)**
U = **E(Reduktion) – E(Oxidation)**

1. Ermitteln der beteiligten Redoxpaare: Die beteiligten Redoxpaare können aus der elektrochemischen Spannungsreihe oder aus entsprechenden Tabellen ermittelt werden. Das Redoxpaar mit dem höheren Standardpotenzial stellt den Elektronenakzeptor: O_2-Moleküle werden zu Oxid-Ionen und damit in saurer Lösung zu H_2O-Molekülen reduziert. Redoxpaar 1: H_2O/O_2
Das Redoxpaar mit dem geringeren Standardpotenzial stellt den Elektronendonator: Cu-Atome werden zu Cu^{2+}-Ionen oxidiert. Redoxpaar 2: Cu/Cu^{2+}

2. Entwickeln der Redoxreaktion: Formulieren Sie zuerst die Reaktionsgleichungen für die Teilreaktionen Oxidation (Donatorhalbzelle) und Reduktion (Akzeptorhalbzelle). Fassen Sie diese zu einer Gesamtreaktion – der **Zellreaktion** – zusammen.

Oxidation (–):	$2\,Cu \longrightarrow 2\,Cu^{2+} + 4\,e^-$
Reduktion (+):	$O_2 + 4\,H^+ + 4\,e^- \longrightarrow 2\,H_2O$
Zellreaktion:	$O_2 + 4\,H^+ + 2\,Cu \longrightarrow 2\,H_2O + 2\,Cu^{2+}$

3. Berechnen der Zellspannung: Die Zellspannung U entspricht der Differenz der Elektrodenpotenziale der Teilreaktionen Reduktion und Oxidation. Unter Standardbedingungen können die Standardpotenziale der Redoxpaare in die Gleichung eingesetzt werden.

$U = E^0(\text{Reduktion}) - E^0(\text{Oxidation})$
$U = E^0(H_2O/O_2) - E^0(Cu/Cu^{2+})$
$E^0(H_2O/O_2) = 1{,}23\ V$
$E^0(Cu/Cu^{2+}) = 0{,}35\ V$
$U = 1{,}23\ V - 0{,}35\ V = 0{,}88\ V$

4. Formulieren des Ergebnisses: Die Standardzellspannung der galvanischen Zelle, bei der Kupfer durch Sauerstoff in saurer Lösung oxidiert wird, beträgt 0,88 V.

1 Berechnen Sie die Zellspannung der galvanischen Zellen mithilfe der elektrochemischen Spannungsreihe:
a $Zn/Zn^{2+}\ //\ Ag^+/Ag$
b $Fe/Fe^{2+}\ //\ Cl_2/2\,Cl^-$
c $Pt, H_2/2\,H^+\ //\ Cu^{2+}/Cu$

2 Entscheiden Sie anhand der Elektrodenpotenzial, ob folgende Redoxreaktionen freiwillig ablaufen. Stellen Sie die Reaktionsgleichungen auf und berechnen Sie gegebenfalls die Zellspannung.
a Oxidation von Kupfer durch Ni^{2+}-Ionen
Hinweis: $E^0(Cu/Cu^{2+}) = 0{,}35\ V$; $E^0(Ni/Ni^{2+}) = -0{,}23\ V$
b Oxidation von Cl^--Ionen durch Wasserstoffperoxid
Hinweis: $E^0(H_2O/H_2O_2) = 1{,}77\ V$; $E^0(2\,Cl^-/Cl_2) = 1{,}36\ V$

P EXP 9.02 Spannungsreihe der Metalle

Materialien U-Rohre mit Diaphragma, durchbohrte Stopfen, Experimentierkabel, Krokodilklemmen, Spannungsmessgerät, Eisen-, Kupfer-, Silber-, Zinkstäbe mit Gummistopfen; Lösungen (c = 0,1 mol·L^{-1}) von Kupfer(II)-sulfat (5, 7, 9), Eisen(II)-sulfat (7), Zinksulfat (5, 7, 9), Silbernitrat (5, 9)

Durchführung Bauen Sie durch Kombination verschiedener korrespondierender Redoxpaare galvanische Zellen entsprechend der Abbildung auf. Messen Sie jeweils die Zellspannung.
Entsorgung: Lösungen in den Behälter für giftige anorganische Abfälle geben.

Auswertung Entscheiden Sie sich für eine geeignete Bezugshalbzelle und stellen Sie eine Spannungsreihe auf.

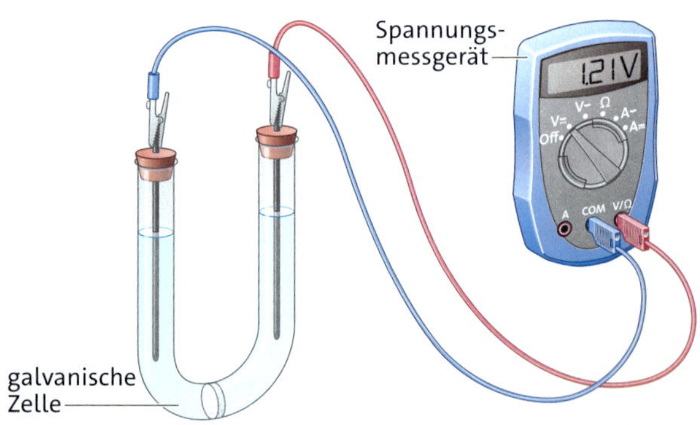

Klausurtraining

Material A Redoxverhalten von Halogenen

A1 Halogene in der Industrie

Die Halogene Fluor, Chlor, Brom und Iod kommen in der Natur nicht elementar vor, sondern sind hauptsächlich als negativ geladene Ionen im Meerwasser und in Salzlagerstätten zu finden. Sie werden jedoch für die Industrie benötigt, z. B. für die Synthese der Kunststoffe Polyvinylchlorid und Teflon.
Das starke Oxidationsmittel Chlor dient noch immer als unverzichtbare Grundchemikalie zur Herstellung unzähliger Chlorverbindungen, aus denen Arzneimittel und Pestizide produziert werden. Brom wird zur Herstellung von Desinfektionsmitteln oder Schädlingsbekämpfungsmitteln und vielen anderem mehr benötigt.

Chlor wird dabei hauptsächlich auf elektrochemischem Weg, z. B. durch Chloralkali-Elektrolyse, hergestellt. Brom lässt sich industriell durch Umsetzung von stark salzhaltigem Wasser (Sole aus großer Tiefe, aus Salzseen und vereinzelt aus Meerwasser) mit elementarem Chlor gewinnen. Iod wurde früher durch Oxidation mit Mangandioxid aus Seetang hergestellt. Heute dienen vor allem Rückstände der Salpetersynthese, die größere Mengen Iodatsalze enthalten (Iodat-Ion: IO_3^-), und natriumiodidhaltige Salzsolen (Natriumiodid: NaI) als Rohstoffquellen.
Aufgrund ihrer oxidierenden Wirkung sind Fluor, Chlor und Brom nicht nur giftig, sondern greifen auch viele Metalle und teilweise Kunststoffe an. Deshalb sind beim Umgang mit den Halogenen strenge Sicherheitsregeln einzuhalten. Zudem müssen Gefäße, Apparaturen und Leitungen aus teuren, chemisch beständigen Spezialmaterialien gebaut werden.

A2 Halogene im Labor

Im Labormaßstab können die drei Halogene durch Umsetzung ihrer Natriumsalze NaCl, NaBr und NaI mit Braunstein MnO_2 in Gegenwart von Schwefelsäure dargestellt werden. Außerdem ist im Laborexperiment zu beobachten, dass Bromwasser aus einer Kaliumiodidlösung elementares Iod freisetzt, während Chlorwasser aus einer Kaliumbromidlösung Brom freisetzt.
Es handelt sich dabei um Reaktionen mit Elektronenübertragung, deren Verlauf durch die Standardpotenziale der Redoxpaare in wässrigen Lösungen bestimmt wird (↑ A2.1).
Zur Bestimmung des Standardpotenzials des Redoxpaars Cl^-/Cl_2 wird im Labor eine Silber/Silberchlorid-Elektrode (E(Ag/AgCl) = 0,196 V) in eine Kaliumchloridlösung mit $c = 1\,mol \cdot L^{-1}$ in den linken Schenkel eines U-Rohrs mit Diaphragma gegeben. In den rechten Schenkel des U-Rohrs wird Chlorwasser und Kaliumchloridlösung der gleichen Konzentration ($c = 1\,mol \cdot L^{-1}$) eingefüllt. Über einen Graphitstab und Kabel werden die beiden Halbzellen verbunden und eine Zellspannung von U = 1,16 V gemessen (↑ A2.2).

Elektronendonator	⇌	Elektronenakzeptor + z e⁻	E^0 in V
$Ag(s) + Cl^-(aq)$	⇌	$AgCl(s) + e^-$	0,196*
$Cu(s)$	⇌	$Cu^{2+}(aq) + 2\,e^-$	0,35
$2\,I^-(aq)$	⇌	$I_2(s) + 2\,e^-$	0,54
$2\,Br^-(aq)$	⇌	$Br_2(g) + 2\,e^-$	1,07
$2\,Cl^-(aq)$	⇌	$Cl_2(g) + 2\,e^-$	?
$Au(s)$	⇌	$Au^{3+}(aq) + 3\,e^-$	1,50
$2\,F^-(aq)$	⇌	$F_2(g) + 2\,e^-$	2,87

A2.1 Standardpotenziale (* für gesättigte KCl-Lösung)

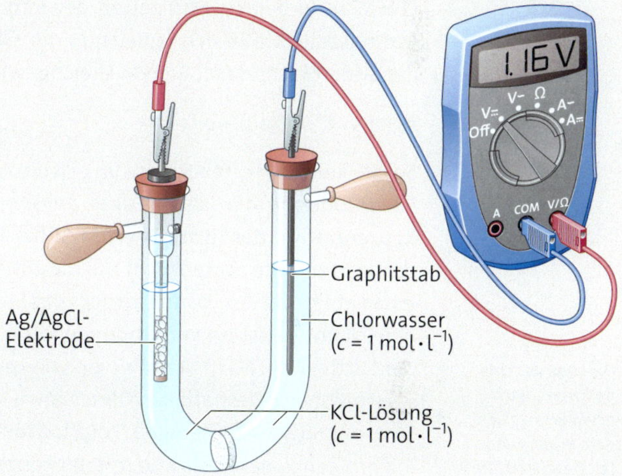

A2.2 Messung des Standardpotenzials einer Chlorhalbzelle

AUFGABEN ZU F

1) **a** Entscheiden Sie begründet, welche Reaktion Sie erwarten, wenn Chlor oder Brom in eine wässrige Natriumfluoridlösung eingeleitet wird.
b Erläutern Sie, welche Vorgänge an der Phasengrenze des Graphitstabs in der Chlorhalbzelle ablaufen.
c Berechnen Sie aus der experimentell bestimmten Zellspannung U das Standardpotenzial der Chlorhalbzelle.
d Bewerten Sie die Eignung einer Chlorhalbzelle zur Konstruktion einer Batterie.

2) **a** Formulieren Sie die Redoxreaktion für die Laborsynthese von Chlor aus Braunstein und konzentrierter Salzsäure.
b Zeigen Sie anhand der Oxidationszahlen, dass bei der Synthese eine Redoxreaktion abläuft.
c Begründen Sie, warum die Apparaturen für industrielle Synthesen mit Chlor aus besonderen Materialien konstruiert werden müssen. Diskutieren Sie, ob sich Kupfer oder Gold als Materialien für chlorleitende Rohre eignen.

9.3 Konzentrationsabhängigkeit des Potenzials LK

Werden zwei Ag/Ag^+-Halbzellen mit gleicher Stoffmengenkonzentration der Salzlösungen zu einer galvanischen Zelle kombiniert, ist keine Spannung messbar. Beide Halbzellen weisen das gleiche Elektrodenpotenzial auf.
Verdünnt man jedoch die Konzentration des Elektrolyten in einer der beiden Halbzellen, so entsteht eine messbare Spannung. Beim Verdünnen ändert sich das Elektrodenpotenzial der Halbzelle. Eine derartige galvanisches Zelle wird als **Konzentrationszelle** oder als **Konzentrationselement** bezeichnet.

POTENZIALDIFFERENZ Die gemessene Spannung lässt sich mithilfe des dynamischen Gleichgewichts an der elektrochemischen Doppelschicht erklären (↑ S. 277). In beiden Halbzellen der Silberkonzentrationszelle stellt sich jeweils an der Oberfläche des Silberblechs das folgende Gleichgewicht ein:

$$Ag(s) \rightleftarrows Ag^+(aq) + e^-$$

Bei der konzentrierten Salzlösung ist die Anzahl der Silber-Ionen in der Lösung aber größer, denn zur Konzentration der hydratisierten Silber-Ionen auf der rechten Seite zählen nicht nur die entstehenden Ionen aufgrund des Lösungsdrucks des Silbers, sondern auch die schon vorhandenen Silber-Ionen in der Salzlösung. Nach dem Prinzip von Le Chatelier verschiebt sich deshalb das Gleichgewicht in Richtung der Silber-Atome Ag(s). Folglich lädt sich das Silberblech in der Halbzelle mit der konzentrierten Salzlösung nicht so stark negativ auf wie in der Halbzelle mit der verdünnten Lösung. Es bildet sich eine Potenzialdifferenz aus.

Die Lage des chemischen Gleichgewichts ist nach dem Prinzip von Le Chatelier beeinflussbar (↑ S. 153).

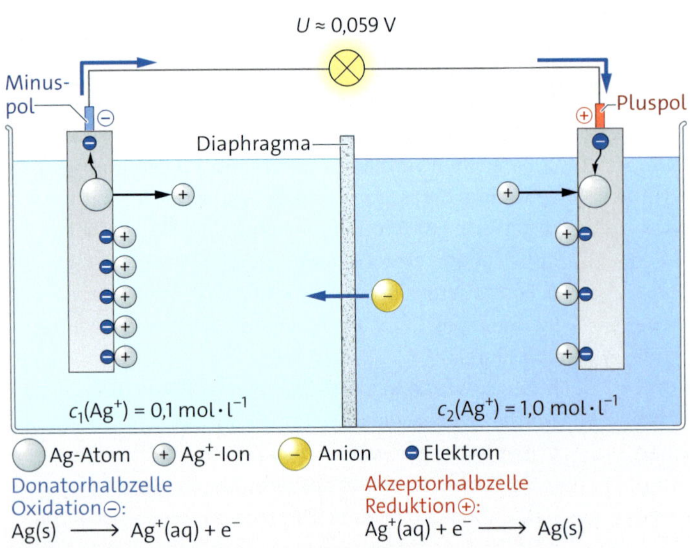

01 Elektrochemische Vorgänge im Konzentrationselement

Die konzentrierte Halbzelle mit einer Stoffmengenkonzentration von z. B. $c(Ag^+) = 1\ mol \cdot L^{-1}$ wird zum Pluspol, während die verdünnte Halbzelle mit $0{,}1\ mol \cdot L^{-1}$ zum Minuspol wird.
Werden die beiden Halbzellen leitend verbunden, so wird die Halbzelle mit der geringeren Silber-Ionenkonzentration die Donatorhalbzelle. Hier geben Silber-Atome Elektronen ab und werden zu Silber-Ionen oxidiert. Die Elektronen wandern über den Leiter zum Silberblech, das in die Lösung mit der höheren Silber-Ionenkonzentration eintaucht. In der Akzeptorhalbzelle werden Silber-Ionen zu Silber-Atomen reduziert (↑ **01**). Für eine solche Konzentrationszelle wird die folgende Kurzschreibweise verwendet:

$$\underbrace{Ag/Ag^+(c_1 = 0{,}1\ mol \cdot L^{-1})}_{\text{Donatorhalbzelle}} // \underbrace{Ag^+(c_2 = 1\ mol \cdot L^{-1})/Ag}_{\text{Akzeptorhalbzelle}}$$

KONZENTRATIONSABHÄNGIGKEIT Ändert man die Konzentrationen der Salzlösungen systematisch (↑ Exp. 9.03), dann ergibt sich ein proportionaler Zusammenhang zwischen der Zellspannung und dem Logarithmus des Konzentrationsverhältnisses der Metall-Ionen der Halbzellen. Der Proportionalitätsfaktor ist temperaturabhängig und beträgt für die Silberkonzentrationszelle bei $T = 298\ K$ etwa 0,059 V.

$$U = 0{,}059\ V \cdot \lg \frac{c_2(Ag^+)}{c_1(Ag^+)};\ c_2(Ag^+) > c_1(Ag^+)$$

Für die Kupferkonzentrationszelle mit Cu/Cu^{2+} beträgt der Proportionalitätsfaktor nur noch die Hälfte, für eine Konzentrationszelle mit dem Redoxpaar Au/Au^{3+} nur noch ein Drittel dieses Werts. Offenbar hängt der Proportionalitätsfaktor von der Anzahl der bei der Redoxreaktion übertragenen Elektronen ab. Allgemein gilt bei einer Temperatur von $T = 298\ K$ für eine Konzentrationszelle mit dem Redoxpaar Me/Me^{z+} (Me: Metall, z: Anzahl der je Teilchen übertragenen Elektronen):

$$U = \frac{0{,}059\ V}{2} \cdot \lg \frac{c_2(Cu^{2+})}{c_1(Cu^{2+})} \qquad U = \frac{0{,}059\ V}{3} \cdot \lg \frac{c_2(Au^{3+})}{c_1(Au^{3+})}$$

$$U = \frac{0{,}059\ V}{z} \cdot \lg \frac{c_2(Me^{z+})}{c_1(Me^{z+})}$$

Diese Gleichung kann benutzt werden, um das Elektrodenpotenzial E einer Halbzelle mit beliebiger Stoffmengenkonzentration des Elektrolyten aus dem Standardpotenzial E^0 einer Stoffmengenkonzentration des Elektrolyten $c_1 = 1\ mol \cdot L^{-1}$ herzuleiten. Im Folgenden wird dies für die Ag/Ag^+-Halbzelle hergeleitet.

Die Zellspannung einer galvanischen Zelle ergibt sich aus der Differenz der Potenziale der Akzeptorhalbzelle und der Donatorhalbzelle (↑ S. 278).

$U = E(\text{Akzeptorhalbzelle}) - E(\text{Donatorhalbzelle})$
$U = E_2(Ag/Ag^+) - E_1(Ag/Ag^+)$

Die Zellspannung U (linke Seite der Gleichung) kann mithilfe der oben aufgestellten Beziehung für die Silberkonzentrationszelle ausgedrückt werden:

$$0{,}059\ \text{V} \cdot \lg \frac{c_2(Ag^+)}{c_1(Ag^+)} = E_2(Ag/Ag^+) - E_1(Ag/Ag^+)$$

Wenn die Donatorhalbzelle $E_1(Ag/Ag^+)$ die Standardsilberhalbzelle $E^0(Ag/Ag^+)$ mit einer Silber-Ionenkonzentration von $c_1(Ag^+) = 1\ \text{mol} \cdot \text{L}^{-1}$ ist, verändert sich die Gleichung zu:

$$0{,}059\ \text{V} \cdot \lg \frac{c_2(Ag^+)}{1\ \text{mol} \cdot \text{L}^{-1}} = E_2(Ag/Ag^+) - E^0(Ag/Ag^+)$$

Umstellen nach $E_2(Ag/Ag^+)$ ergibt das Elektrodenpotenzial einer Halbzelle mit beliebiger Konzentration:

$$E_2(Ag/Ag^+) = E^0(Ag/Ag^+) + 0{,}059\ \text{V} \cdot \lg \frac{c_2(Ag^+)}{1\ \text{mol} \cdot \text{L}^{-1}}$$

NERNST-GLEICHUNG Die Gleichung zur Berechnung des konzentrationsabhängigen Potenzials lässt sich auch auf ein beliebiges Redoxpaar verallgemeinern. Sie wurde bereits 1889 von NERNST aufgestellt. Handelt es sich um ein Redoxpaar der Form Me/Me^{z+} (Me: Metall), so ergibt sich als **Nernst-Gleichung**:

$$E(Me/Me^{z+}) = E^0(Me/Me^{z+}) + \frac{0{,}059\ \text{V}}{z} \cdot \lg \frac{c(Me^{z+})}{1\ \text{mol} \cdot \text{L}^{-1}}$$

Die **allgemeine Nernst-Gleichung** für ein Redoxpaar der Form Red ⇄ Ox + $z\,e^-$ lautet:

$$E(\text{Red/Ox}) = E^0(\text{Red/Ox}) + \frac{0{,}059\ \text{V}}{z} \cdot \lg \frac{c(\text{Ox})}{c(\text{Red})}$$

Daraus lässt sich für jede beliebige Halbzelle das Elektrodenpotenzial und für jede galvanische Zelle die Zellspannung berechnen, wenn die Standardpotenziale und die Konzentrationen bekannt sind.
Hinweis: Für die Konzentrationen von reinen Metallen, reinen Gasen und schwerlöslichen Salzen wird definitionsgemäß immer eine Stoffmengenkonzentration von $c = 1\ \text{mol} \cdot \text{L}^{-1}$ eingesetzt.

Das Elektrodenpotenzial hängt von der Art der Elektrode, der Anzahl z der übertragenen Elektronen und der Konzentration des Elektrolyten in der Halbzelle ab. Es kann für jede Halbzelle mithilfe der Nernst-Gleichung berechnet werden.

P EXP 9.03 Konzentrationselement

7 9

Materialien A: 5 Bechergläser, Filterpapierstreifen, Spannungsmessgerät, 4 Messkolben (100 mL), Voll- oder Messpipetten (50 mL und 20 mL), 2 Silberbleche, Silbernitratlösung ($c_0 = 0{,}1\ \text{mol} \cdot \text{L}^{-1}$; 5, 9), Kaliumnitratlösung ($c = 0{,}1\ \text{mol} \cdot \text{L}^{-1}$)
Materialien B: wie A, aber statt Silbernitratlösung Kupfer(II)-sulfatlösung ($c = 0{,}1\ \text{mol} \cdot \text{L}^{-1}$; 7, 9) verwenden

Durchführung A: Erstellen Sie aus der Silbernitratlösung eine Verdünnungsreihe mit $c_1 = 0{,}05\ \text{mol} \cdot \text{L}^{-1}$, $c_2 = 0{,}01\ \text{mol} \cdot \text{L}^{-1}$, $c_3 = 0{,}005\ \text{mol} \cdot \text{L}^{-1}$ und $c_4 = 0{,}001\ \text{mol} \cdot \text{L}^{-1}$. Für die erste Verdünnung pipettieren Sie 50 mL der Ausgangslösung in einen 100-mL-Messkolben und füllen ihn mit der Kaliumnitratlösung (!) auf 100 mL bis zur Ringmarkierung auf. Für die zweite Verdünnung werden anschließend 20 mL der ersten verdünnten Silbernitratlösung in einen zweiten 100-mL-Messkolben pipettiert und auf 100 mL aufgefüllt usw. Füllen Sie anschließend etwa 50 mL jeder Lösung in jeweils ein Becherglas. Achten Sie auf gleiche Füllhöhen.

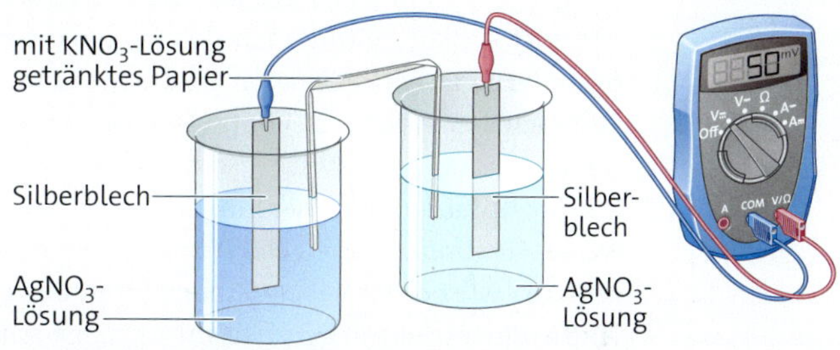

Kombinieren Sie nun verschiedene Silbernitratlösungen zu einer Konzentrationszelle, indem Sie sie mit dem in der Kaliumnitratlösung getränkten Filterpapier leitend verbinden. Verbinden Sie die Silberbleche mit dem Spannungsmessgerät und messen Sie die Zellspannung. Achten Sie darauf, dass die Silberbleche vor jeder Messung mit der Kaliumnitratlösung abgespült werden.
Durchführung B: Eine zweite Gruppe führt den Versuch mit der Kupfer(II)-sulfatlösung durch.
Entsorgung: Lösungen in den Behälter für giftige anorganische Abfälle geben.

Auswertung Tragen Sie die gemessenen Zellspannungen für die Silber- und die Kupferkonzentrationszellen jeweils grafisch gegen $\lg c_1/c_2$ (mit $c_1 > c_2$) auf. Interpretieren Sie das Diagramm.

1 › Beschreiben Sie die Vorgänge im folgenden Konzentrationselement:
$Zn/Zn^{2+}(c = 0{,}05\ \text{mol} \cdot \text{L}^{-1})$ //
$Zn^{2+}(c = 0{,}5\ \text{mol} \cdot \text{L}^{-1})/Zn$
Ermitteln Sie die Zellspannung.

2 › Erläutern Sie, von welchen Faktoren das Elektrodenpotenzial einer Halbzelle abhängt.

3 › Berechnen Sie das Potenzial einer Kupferhalbzelle mit $c(Cu^{2+}) = 0{,}5$ bzw. $0{,}002\ \text{mol} \cdot \text{L}^{-1}$.

Potenziometrie

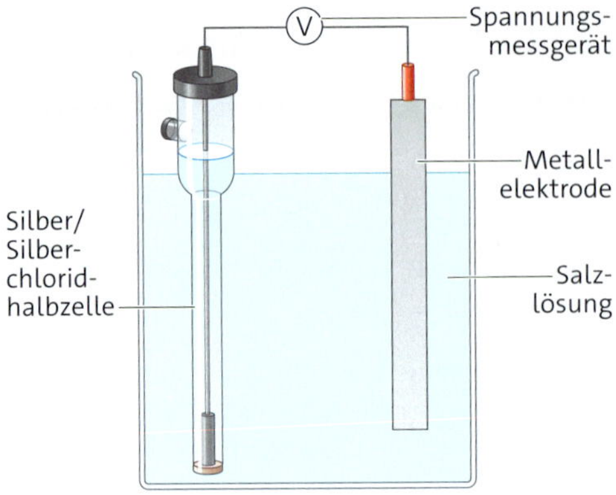

01 Prinzipieller Aufbau einer galvanischen Zelle zur Bestimmung von Ionenkonzentrationen

BESTIMMUNG VON IONENKONZENTRATIONEN Die Nernst-Gleichung ermöglicht nicht nur die Berechnung von Elektrodenpotenzialen und Zellspannungen. Durch Anwendung der Gleichung lassen sich auch die Konzentrationen vieler Ionen in wässrigen Lösungen mit geeigneten Elektroden durch ein als **Potenziometrie** bezeichnetes Verfahren bestimmen.

Prinzipiell laufen alle Messungen gleich ab. Eine Bezugselektrode, deren Elektrodenpotenzial bekannt ist wie bei der Silber/Silberchloridhalbzelle, wird in die Lösung mit der zu bestimmenden Ionenkonzentration gebracht und mit einer geeigneten Ableitelektrode, die für diese Ionensorte sensitiv ist, zu einer galvanischen Zelle verbunden.

So kann z. B. die unbekannte Konzentration an Pb^{2+}-Ionen einer Salzlösung aus der Zellspannung einer Bleihalbzelle und der Silber/Silberchloridhalbzelle mit bekanntem Elektrodenpotenzial $E(Ag/AgCl) = 0{,}196\ V$ experimentell ermittelt werden.

Aus der gemessenen Zellspannung (z. B. $U = 0{,}596\ V$) ergibt sich mithilfe der Nernst-Gleichung die Pb^{2+}-Konzentration.

$$E(Pb/Pb^{2+}) = E(Ag/AgCl) - U$$

$$E(Pb/Pb^{2+}) = 0{,}196\ V - 0{,}596\ V = -0{,}40\ V$$

$$E(Pb/Pb^{2+}) = E^0(Pb/Pb^{2+}) + \frac{0{,}059\ V}{z} \cdot \lg \frac{c(Pb^{2+})}{1\ mol \cdot L^{-1}}$$

$$-0{,}40\ V = -0{,}13\ V + \frac{0{,}059\ V}{2} \cdot \lg \frac{c(Pb^{2+})}{1\ mol \cdot L^{-1}}$$

$$\lg \frac{c(Pb^{2+})}{1\ mol \cdot L^{-1}} = \frac{2 \cdot (-0{,}40\ V + 0{,}13\ V)}{0{,}059\ V} = -9{,}15$$

$$c(Pb^{2+}) = 10^{-9{,}15}\ mol \cdot L^{-1}$$

Auch andere Ionensorten und der pH-Wert (↑ S. 179) können so potenziometrisch erfasst werden.

SILBER/SILBERCHLORIDHALBZELLE Die Silber/Silberchloridhalbzelle dient in fast allen potenziometrischen Messungen als Bezugselektrode. Sie besteht aus einem mit schwerlöslichem Silberchlorid beschichteten Silberdraht, der in eine Kaliumchloridlösung genau bekannter Konzentration eintaucht. Ein Diaphragma stellt die elektrisch leitende Verbindung zur anderen Halbzelle her. In der Halbzelle stellt sich das folgende chemische Gleichgewicht ein:

$$Ag(s) + Cl^-(aq) \rightleftharpoons AgCl(s) + e^-$$

Silber-Ionen, die sich von der Oberfläche des Silberdrahts lösen, fallen sofort als festes Silberchlorid wieder aus. Da die Stoffmengenkonzentrationen fester Stoffe mit $1\ mol \cdot L^{-1}$ in die Nernst-Gleichung einfließen, hängt das Potenzial nur von der festgelegten Cl^--Konzentration in der Lösung ab (↑ **02**). In der Praxis arbeitet man häufig mit einer gesättigten Kaliumchloridlösung. Die Cl^--Konzentration ist so groß, dass sie sich während der Messung nicht merklich verändert und als konstant angesehen werden kann.

Neben dem einfachen Umgang ist ein großer Vorteil der Silber/Silberchloridhalbzelle, dass ihr Elektrodenpotenzial unter normalen Laborbedingungen temperaturunabhängig ist.

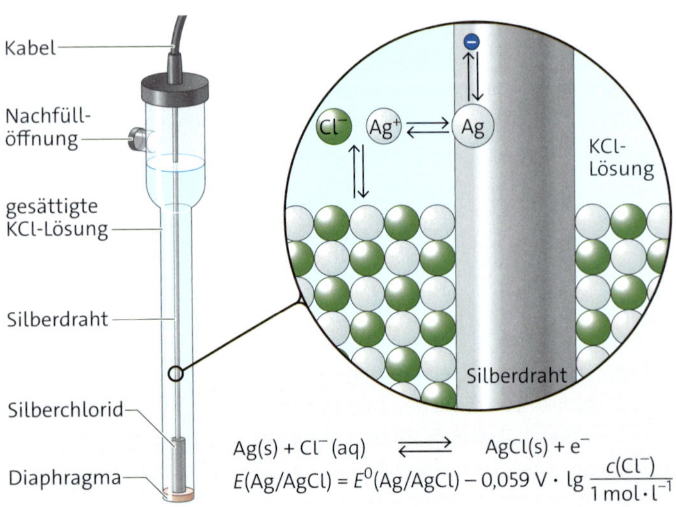

$$Ag(s) + Cl^-(aq) \rightleftharpoons AgCl(s) + e^-$$

$$E(Ag/AgCl) = E^0(Ag/AgCl) - 0{,}059\ V \cdot \lg \frac{c(Cl^-)}{1\ mol \cdot L^{-1}}$$

02 Handelsübliche Silber / Silberchloridhalbzelle

1) Die Zellspannung einer Fe/Fe^{2+} // Cu^{2+}/Cu-Zelle beträgt $U = 0{,}65\ V$. Berechnen Sie daraus die Konzentration der Cu^{2+}-Ionen, wenn $c(Fe^{2+}) = 1\ mol \cdot L^{-1}$ ist.

2) Skizzieren Sie eine mögliche galvanische Zelle zur Bestimmung der Kupfer-Ionen in einer Probelösung. Erklären Sie das Funktionsprinzip.

Praktikum

P Batterien – Strom für unterwegs

EXP 9.04 Vom Bleistiftanspitzer zur Batterie

Materialien Plastikbecher, Kabel mit Krokodilklemmen, Spannungsmessgerät, Elektromotor, Schraubenzieher, Bleistiftanspitzer aus Metall, Natriumchloridlösung (c = 1,5 mol · L^{-1})

Durchführung Nehmen Sie den Bleistiftanspitzer auseinander und bauen Sie aus den Teilen eine Batterie (↑ Bild). Messen Sie die Spannung und versuchen Sie, damit einen kleinen Elektromotor zu betreiben.
Entsorgung: Reste ins Abwasser geben.

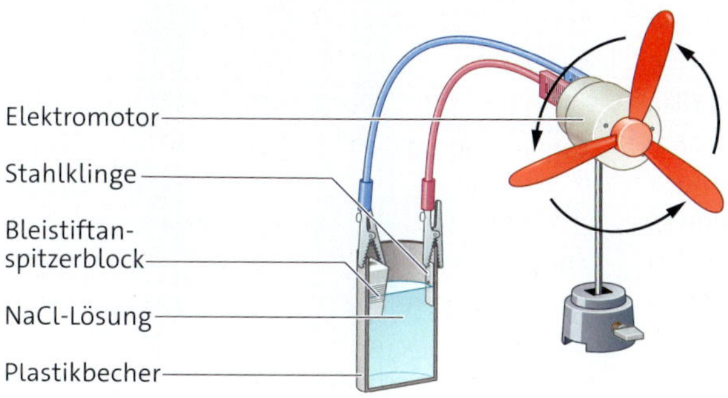

Auswertung

1〉 Informieren Sie sich, woraus der Bleistiftanspitzer besteht. Erklären Sie Ihre Beobachtungen und das Funktionsprinzip der Bleistiftanspitzerbatterie.

2〉 Begründen Sie, dass in einer galvanischen Zelle der Stromfluss nicht unendlich lange andauern kann.

EXP 9.05 Selbstbaubatterie

Materialien Filterpapier, Spannungsmessgerät, Kabel, Elektromotor, Wäscheklammern, Krokodilklemmen, Kupferplatte, Zinkplatte, Kupfer(II)-sulfatlösung (c ≈ 1 mol · L^{-1}; 5, 9), Zinksulfatlösung (c ≈ 1 mol · L^{-1}; 5, 9), Wasser

Durchführung Konstruieren Sie mithilfe der gegebenen Bauteile eine Modellbatterie. Überlegen Sie vorher, welche Funktionen die einzelnen Teile erfüllen müssen. Schließen Sie an Ihre Modellbatterie zuerst ein Spannungsmessgerät an und im Fall einer messbaren Spannung dann einen kleinen Elektromotor. Betrachten Sie die einzelnen Bauteile anschließend genau.
Entsorgung: Reste in den Behälter für giftige anorganische Abfälle geben.

Auswertung

1〉 Beschreiben und erläutern Sie Ihre Vorgehensweise.

2〉 Vergleichen Sie die ablaufenden elektrochemischen Reaktionen mit denen im Daniell-Element.

EXP 9.06 Alkali-Mangan-Batterie

Materialien entladene Alkali-Mangan-Monozelle (AA), Pinzette, Metallsäge, Zinkbecher oder Zinkblech, Filterpapier, Eisennagel, Kabel, Spannungsmessgerät, Elektromotor, Kaliumhydroxid (5, 7), Mangandioxid (8, 7), Wasser, Stärke

Durchführung Spannen Sie die Alkali-Mangan-Batterie in einen Schraubstock ein. Sägen Sie die Batterie vorsichtig entlang der Längsachse auf. Nehmen Sie die Einzelteile mit der Pinzette auseinander.
Planen Sie mit den anderen gegebenen Materialien den Nachbau einer Alkali-Mangan-Zelle. Skizzieren Sie den Aufbau des Batteriemodells und bauen Sie die Batterie dementsprechend auf. Betreiben Sie mit der Modellbatterie über 15 min einen Elektromotor mit kleinem Innenwiderstand. Messen Sie dabei die Spannung zunächst alle 30 s, nach 3 min alle 90 s.
Entsorgung: Reste in den Behälter für giftige anorganische Abfälle geben.

Auswertung

1〉 Beschreiben Sie den prinzipiellen Aufbau einer handelsüblichen Alkali-Mangan-Monozelle.

2〉 Vergleichen Sie die im Modellversuch und in der normalen Batterie ablaufenden elektrochemischen Reaktionen.

3〉 Zeichnen Sie die Entladekurve, indem Sie die Spannung gegen die Zeit auftragen. Interpretieren Sie das Diagramm.

4〉 Informieren Sie sich über den Aufbau und das Funktionsprinzip des Leclanché-Elements. Diskutieren Sie die Vorteile der Alkali-Mangan-Zelle gegenüber dieser Zink-Kohle-Batterie.

EXP 9.07 Strom aus Zink und Luft

Materialien Holzkohle, Zinkblech, Becherglas, Kabel, Spannungsmessgerät, Kalilauge (c = 3 mol · L^{-1}; 5)

Durchführung Füllen Sie etwa 1 cm hoch Kalilauge in das Becherglas. Tauchen Sie das Holzkohlestück und das Zinkblech in die Kalilauge, sodass sie sich nicht berühren, und verbinden Sie die Elektroden mit den Polen des Spannungsmessgeräts. Schließen Sie einen kleinen Elektromotor an.
Entsorgung: Reste in den Behälter für saure und alkalische Abfälle geben.

Auswertung

1〉 Erklären Sie die Funktionsweise der Zink-Luft-Batterie. Gehen Sie dabei speziell auf die Rolle des Sauerstoffs ein.

9.4 Primärelemente – Batterien

Batterien sind galvanische Zellen, in denen chemische Energie in elektrische Energie umgewandelt wird. Daher werden sie in mobilen elektrischen Geräten vielseitig als Energiequelle eingesetzt. Batterien werden auch **Primärelemente** genannt und können nach Benutzung nicht wieder aufgeladen werden. Sie müssen fachgerecht entsorgt werden.

ZINK-KOHLE-BATTERIE Eine der ersten Batterien war das Leclanché-Element, das auch als Zink-Kohle-Batterie bekannt ist. Sie besteht aus einem Zinkbecher, der gleichzeitig als Minuspol dient. Er ist mit einer Masse aus Mangandioxid (MnO_2) und Ammoniumchlorid (NH_4Cl) gefüllt, in die eine Graphitelektrode eintaucht. Bei der Zellreaktion wird Zink oxidiert und Mangandioxid reduziert, sodass an den Polen eine Zellspannung von 1,5 V messbar ist (↑ Exp. 9.07, S.285).

ALKALI-MANGAN-BATTERIE Heute sind die nach einem ähnlichen Prinzip wie dem Leclanché-Element funktionierenden Alkali-Mangan-Batterien weit verbreitet. Es handelt sich ebenfalls um Zink-Mangandioxid-Zellen, die jedoch mit einem alkalischen Elektrolyten ausgestattet sind.

Bei der Zellreaktion wird Mangandioxid am äußeren Stahlmantel, dem Pluspol, zu Manganoxidhydroxid ($MnOOH$) reduziert. Als Minuspol kommt ein Eisennagel zum Einsatz, der in eine zinkhaltige Kaliumhydroxidpaste eintaucht. Zink-Atome werden zu Zn^{2+}-Ionen oxidiert, die zunächst mit Hydroxid-Ionen zu Zinkhydroxid reagieren. In der stark alkalischen Umgebung reagieren diese zu leicht löslichem Tetrahydroxyzinkat $[(Zn(OH)_4]^{2-}$ weiter (↑ 02).

Die eckigen Klammern beim Tetrahydroxyzinkat weisen darauf hin, dass es sich hier um eine Komplexverbindung handelt.

Koordinative Bindung ↑ S. 194

Mit fortschreitender Entladung bildet sich daraus in einer komplexen Reaktion Zinkoxid, wodurch der Widerstand in der Batterie ansteigt. Da der Batteriemantel durch die Zellreaktion nicht angegriffen wird, sind Alkali-Mangan-Batterien auslaufsicher. Sie liefern mehr als doppelt so lange Strom wie Zink-Kohle Batterien und werden in unterschiedlichen Formen von der Knopfzelle bis zum 9-V-Block angeboten. Durch Reihenschaltung mehrerer Zellen lässt sich die Spannung vervielfachen.

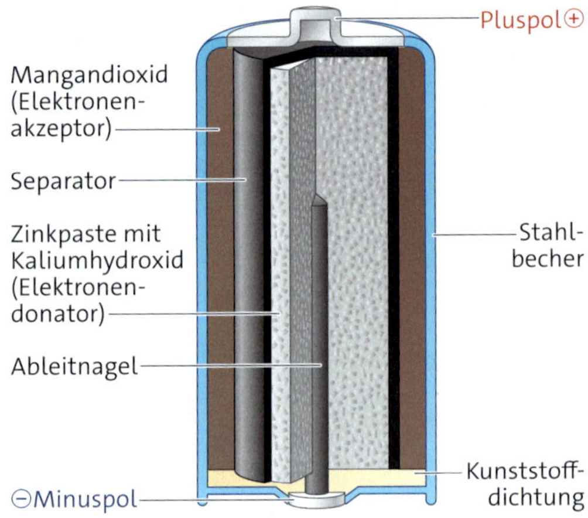

⊖: $\overset{0}{Zn}(s) + 4\,OH^-(aq) \longrightarrow [\overset{II}{Zn}(OH)_4]^{2-}(aq) + 2\,e^-$

⊕: $2\,\overset{IV}{Mn}O_2(s) + 2\,H_2O(l) + 2\,e^- \longrightarrow 2\,\overset{III}{Mn}OOH(s) + 2\,OH^-(aq)$

$Zn(s) + 2\,MnO_2(s) + 2\,OH^-(aq) + 2\,H_2O(l) \longrightarrow [Zn(OH)_4]^{2-}(aq) + 2\,MnOOH(s)$

02 Aufbau einer Alkali-Mangan-Batterie

Typ	Zink-Kohle-Batterie	Alkali-Mangan-Batterie	Lithium-Mangandioxid-Batterie	Knopfzelle
Minuspol (–)	Zinkbecher	Eisennagel	Lithium	Zinkpulver
Pluspol (+)	Graphitstab („Kohle")	Stahlmantel	Braunstein (MnO_2) oder Eisen(II)-disulfid (FeS_2)	Silberoxid (Ag_2O)
Elektrolyt	Elektrolyt als Paste: MnO_2 und NH_4Cl	Kaliumhydroxid (KOH) mit feinverteiltem Zink	wasserfreier Elektrolyt (Polymer)	Kaliumhydroxid (KOH)
Zellspannung	1,5 V	1,5 V	2,9 V	1,55 V
Eigenschaften	preiswert, Zinkbecher nicht beständig (Auslaufen der Batterie), hohe Selbstentladung	liefert anhaltend hohe Ströme, auslaufsicher	geringe Selbstentladung, lange Lagerfähigkeit	hohe Spannungskonstanz, kleine Baugröße, hohe Energiedichte
Verwendung	einfache elektrische Geräte im Haushalt, z. B. Taschenlampe	Fotoapparate, in vielen Geräten in Reihe geschaltet	Herzschrittmacher, in Platinen zur Datenspeicherung	Armbanduhren, Hörgeräte, Taschenrechner

01 Batterietypen im Vergleich

LITHIUMBATTERIEN Da Lithium ein stark negatives Elektrodenpotenzial aufweist, eignet es sich hervorragend als Anodenmaterial für eine Batterie mit hoher Zellspannung. Allerdings reagiert das unedle Metall mit Wasser heftig unter Wasserstoffentwicklung. Daher müssen in Lithiumbatterien organische Lösungsmittel wie Propylencarbonat oder wasserfreie Festelektrolyte eingesetzt werden.
Aus diesem Grund sind Lithiumbatterien vergleichsweise teuer und werden nur für besondere Zwecke eingesetzt. Sie dienen z. B. als Backup-Batterien in Computern, liefern jahrelang den Strom für Herzschrittmacher oder werden in Alarm- und Sicherheitssystemen eingesetzt.

Der Minuspol besteht meist aus Lithium und leitendem Graphit, die zusammen in einem polymeren Bindemittel suspendiert sind. Das Material ist auf einem elektrischen Leiter zum Ableiten der bei der Oxidation entstehenden Elektronen aufgebracht (↑ **03**). Als Pluspol werden Mangandioxid, Eisen(II)-disulfid oder andere Oxidationsmittel verwendet. Das Material des Pluspols bestimmt die Zellspannung und die Verwendungsmöglichkeiten der verschiedenen Typen von Lithiumbatterien (↑ **04**).

KNOPFZELLEN Elektronische Geräte wie Armbanduhren, Funkschlüssel für Automobile oder Hörgeräte erfordern langlebige Energiequellen mit geringer Leistung und kleiner Bauteilgröße. Hier kommen Knopfzellen wie die **Silberoxid-Zink-Knopfzelle** zum Einsatz, die Kalilauge als Elektrolyt enthält. Am Pluspol wird Silberoxid zu elementarem Silber reduziert, während Zink am Minuspol oxidiert wird (↑ **05**).
Die Redoxreaktion liefert über viele Betriebsstunden eine konstante Zellspannung von 1,55 V.
Die in der entladenen Batterie enthaltenen Schwermetalle Silber und Zink können bei fachgerechter Entsorgung (↑ S. 289) wiedergewonnen werden.

1 **a** Erläutern Sie die Funktionsweise einer Alkali-Mangan-Batterie.
b Erklären Sie, warum im Laufe der Zeit die Leistung abnimmt.

2 Leiten Sie aus der Gesamtreaktion der Lithium-Iod- und der Lithium-Eisensulfid-Batterie (↑ **04**) die jeweiligen Teilreaktionen in den Halbzellen ab.

3 **a** Informieren Sie sich über die Funktionsweise einer Quecksilberoxid-Zink-Knopfzelle.
b Begründen Sie, warum diese Batterien heute in der EU nicht mehr verwendet werden.

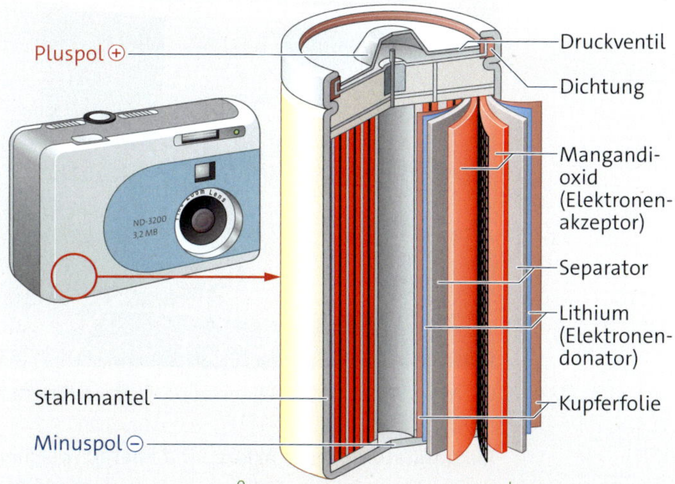

Minuspol ⊖: $\overset{0}{Li}(s) \longrightarrow \overset{I}{Li^+} + e^-$

Pluspol ⊕: $\overset{IV}{Mn}O_2(s) + Li^+ + e^- \longrightarrow Li\overset{III}{Mn}O_2(s)$

Gesamtreaktion: $Li(s) + MnO_2(s) \longrightarrow LiMnO_2(s)$

03 Aufbau, Verwendungsmöglichkeiten und Elektrodenreaktionen einer Lithium-Mangandioxid-Batterie ($LiMnO_2$)

Batterietyp	Gesamtreaktion	*U* in V
Lithium-Mangandioxid	$Li(s) + MnO_2(s) \longrightarrow LiMnO_2(s)$	2,9
Lithium-Iod	$2\,Li(s) + I_2(s) \longrightarrow 2\,LiI(s)$	2,8
Lithium-Eisensulfid	$4\,Li(s) + FeS_2(s) \longrightarrow 2\,Li_2S(s) + Fe(s)$	1,5

04 Typen von Lithiumbatterien

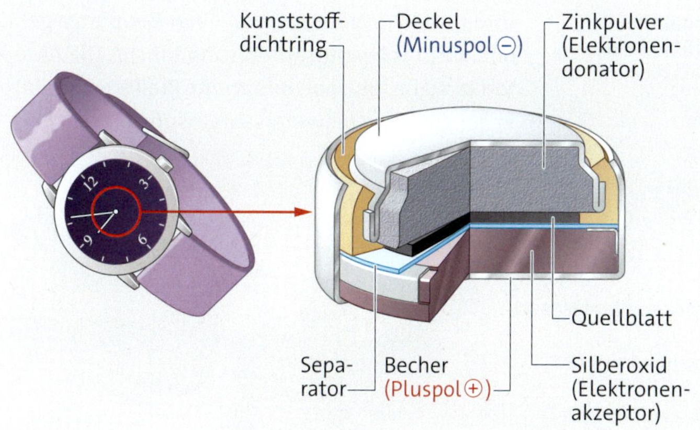

Minuspol ⊖: $\overset{0}{Zn}(s) + 2\,OH^-(aq) \longrightarrow \overset{II}{Zn}O(s) + H_2O(l) + 2\,e^-$

Pluspol ⊕: $\overset{I}{Ag_2}O(s) + H_2O(l) + 2\,e^- \longrightarrow 2\,\overset{0}{Ag}(s) + 2\,OH^-(aq)$

Gesamtreaktion: $Ag_2O(s) + Zn(s) \longrightarrow 2\,Ag(s) + ZnO(s)$

05 Aufbau, Verwendungsmöglichkeiten und Elektrodenreaktionen einer Zink-Silberoxid-Knopfzelle

9.5 Sekundärelemente – Akkumulatoren

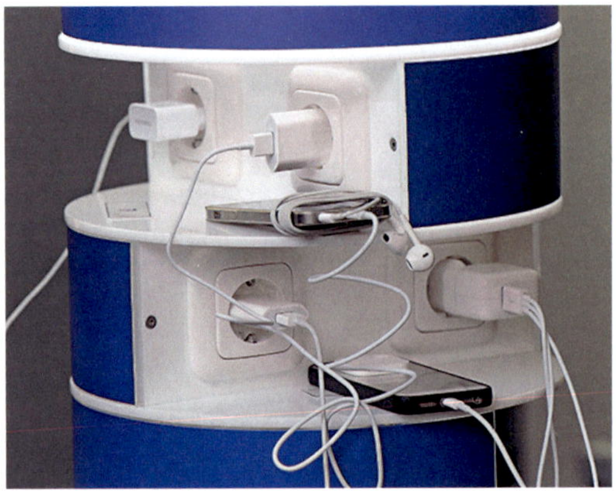

01 Akkus wie in Mobiltelefonen sind wieder aufladbar.

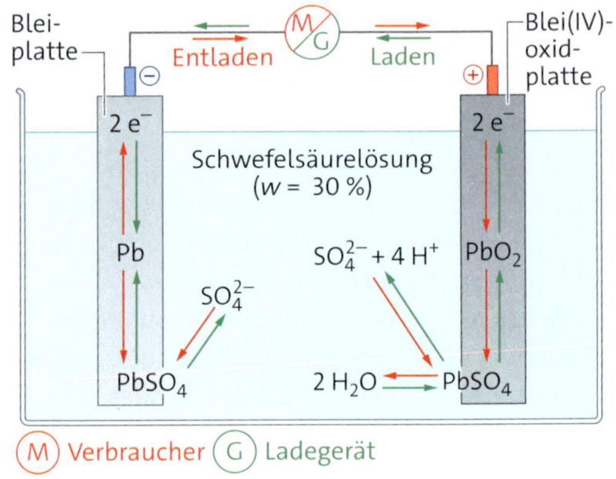

03 Entladen und Laden im Bleiakku

Akkumulatoren, kurz **Akkus**, sind Energiespeicher, die im Gegensatz zu Batterien wieder aufgeladen werden können. Die beim Entladen ablaufende chemische Reaktion wird dabei umgekehrt, sodass die zugeführte elektrische Energie in chemische Energie umgewandelt und wieder gespeichert werden kann. Nach dem Aufladen steht der Akku somit erneut als mobile Energiequelle zur Verfügung. Man spricht auch von einem **Sekundärelement**.

Je nach Anwendung können unterschiedliche Akkumulatoren eingesetzt werden: Zu den am häufigsten verwendeten gehören der Bleiakku, der Nickel/Metallhydrid-Akku sowie der Lithium-Ionen-Akku.

Animation: Aufbau eines Bleiakkus

BLEIAKKU Akkus sind ebenso wie Batterien galvanische Zellen, die aus einer Donatorhalbzelle und einer Akzeptorhalbzelle bestehen. Beim geladenen Bleiakkumulator, der „Autobatterie", wird die Donatorhalbzelle (Minuspol) von einer Bleiplatte gebildet, die in Schwefelsäurelösung taucht. Die Akzeptorhalbzelle (Pluspol) bildet eine Blei(IV)-oxidplatte in der gleichen Schwefelsäurelösung (↑ 03).

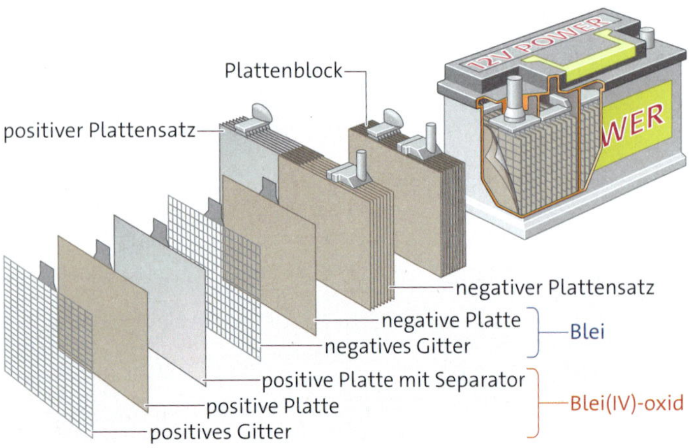

02 Aufbau einer „Autobatterie" – ein Bleiakkumulator

ENTLADEVORGANG Beim Entladevorgang geben in der Donatorhalbzelle Blei-Atome jeweils zwei Elektronen ab. Dadurch bilden sich Blei(II)-Ionen Pb^{2+}. Die Pb^{2+}-Ionen reagieren mit Sulfat-Ionen SO_4^{2-} aus der Schwefelsäure zu schwerlöslichem Blei(II)-sulfat $PbSO_4$, das sich an der Bleiplatte ablagert.

Donatorhalbzelle (Minuspol):

$$\overset{0}{Pb}(s) + SO_4^{2-}(aq) \longrightarrow \overset{II}{Pb}SO_4(s) + 2\,e^- \quad \text{(Oxidation)}$$

In der Akzeptorhalbzelle werden Pb^{4+}-Ionen aus dem Blei(IV)-oxid PbO_2 durch Aufnahme von je zwei Elektronen zu Pb^{2+}-Ionen reduziert, die sich wie in der Donatorhalbzelle als schwerlösliches Blei(II)-sulfat an der Platte ablagern.

Akzeptorhalbzelle (Pluspol):

$$\overset{IV}{Pb}O_2(s) + 4\,H^+(aq) + SO_4^{2-}(aq) + 2\,e^-$$
$$\longrightarrow \overset{II}{Pb}SO_4(s) + 2\,H_2O(l) \quad \text{(Reduktion)}$$

Bei den Reaktionen wird Schwefelsäure verbraucht, sodass man über die Dichte ihrer Lösung den Ladezustand des Akkus bestimmen kann.

Die Zellspannung dieser galvanischen Zelle beträgt etwa 2 Volt. Sie kann aus den Standardpotenzialen der Redoxpaare berechnet werden:

$$U = E^0(PbSO_4/PbO_2) - E^0(Pb/PbSO_4)$$
$$U = 1{,}69\ V - (-0{,}36\ V) = 2{,}05\ V$$

LADEVORGANG Zum Laden müssen die Reaktionen in den Halbzellen umgekehrt werden. Es muss eine Spannung größer als 2 Volt angelegt werden, damit der Stromfluss umgekehrt wird. An beiden Platten löst sich die Blei(II)-sulfatschicht wieder auf und die ursprünglichen Stoffe – Blei, Blei(IV)-oxid und Schwefelsäure – bilden sich zurück.

Entsorgung von Batterien und Akkus

Entladene Batterien und alte Akkus gehören nicht in den Hausmüll! Sie müssen gesondert gesammelt werden. Händler wie Elektronik- oder Supermärkte sind verpflichtet, Altbatterien zurückzunehmen. Häufig stellen sie hierzu spezielle Boxen auf, in denen die verbrauchten Batterien entsorgt werden können. Unternehmen wie die Stiftung *Gemeinsames Rücknahmesystem Batterien* (*GRS Batterien*) können so die Altbatterien einsammeln und dem Recycling zuführen.

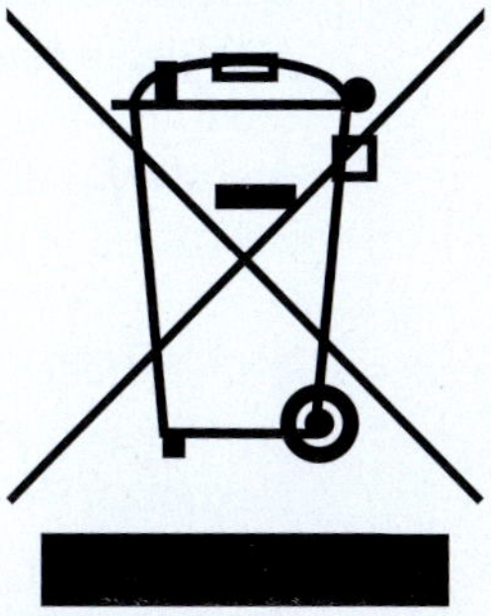

04 Abfälle mit diesem Symbol dürfen nicht im Hausmüll entsorgt werden.

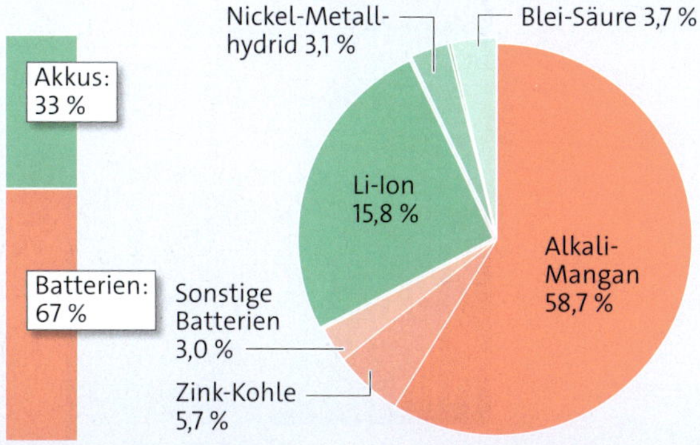

05 Anteil verkaufter Batterientypen 2021

Ausgediente Batterien und Akkus enthalten viele problematische Stoffe wie giftige Schwermetalle und ätzende Säuren und Laugen. Diese dürfen nicht einfach in die Umwelt gelangen. Zugleich sind diese Stoffe aber auch wertvoll, weil sie bei fachgerechter Verwertung als Sekundärrohstoffe wieder zur Produktion von neuen Batterien und Akkus dienen können. So kann das Blei für neue Bleiakkumulatoren schon heute fast vollständig aus Altbatterien gewonnen werden.
Für Gerätebatterien sieht die Quote allerdings nicht ganz so gut aus: Im Jahr 2021 wurden von mehr als 63 000 Tonnen verkauften Batterien 48,2 % als Altbatterien wieder zurückgegeben und konnten recycelt werden. Besonders kleine Batterien wie die Knopfzellen werden leider noch zu oft im Hausmüll entsorgt. Dabei lohnt sich das Sammeln: Von den über 28 000 Tonnen zurückgegebenen Altbatterien wurden im Jahr 2021 100 % stofflich verwertet. Es wurden damit keine zum Recycling abgegebenen Altbatterien einer Deponierung oder Verbrennung zugeführt.

1) Erstellen Sie ein Plakat oder ein Faltblatt, indem Sie an Ihrer Schule über die Notwendigkeit und Sinnhaftigkeit des Batterierecyclings informieren. Recherchieren Sie dazu weitergehende Informationen.

Beim Ladevorgang sind Donator- und Akzeptorhalbzelle vertauscht, da nun durch die erzwungene Reaktion am Minuspol Elektronen aufgenommen und am Pluspol abgegeben werden (↑ **03**).
Entladen und Laden der Zelle lassen sich demnach folgendermaßen formulieren:

$$Pb(s) + PbO_2(s) + 4\,H^+(aq) + 2\,SO_4^{2-}(aq) \underset{\text{Laden}}{\overset{\text{Entladen}}{\rightleftarrows}} 2\,PbSO_4(s) + 2\,H_2O(l)$$

Der Bleiakku wird meist als Autobatterie eingesetzt, wo er zum Starten des Motors sehr hohe Ströme bereitstellen muss. Hierzu werden mehrere Blei- und Blei(IV)-oxidplatten parallel geschaltet und zu einem Plattenblock zusammengefasst. Die Platten bestehen bei einer Autobatterie aus einem Metallgitter, das mit porösem Blei (Bleischwamm) bzw. feinverteiltem Bleioxid beschichtet ist. Auf diese Weise wird die Oberfläche der Platten stark vergrößert, sodass große Stromstärken und Kapazitäten erreicht werden können. Separatoren zwischen den Platten verhindern, dass sie sich berühren und ein Kurzschluss entsteht. In einer Autobatterie mit einer Gesamtspannung von 12 V werden sechs solcher Plattenblöcke in Reihe geschaltet (↑ **02**).

Für die Anwendung in vielen mobilen Geräten wie in Handys oder in Laptops kommen Bleiakkus wegen ihres hohen Gewichts, ihrer Maße und der stark ätzenden Schwefelsäure nicht infrage.

1) Erläutern Sie die Vorgänge beim Laden des Bleiakkus. Formulieren Sie die Reaktionsgleichungen für die jeweiligen Halbzellen.

2) Beim Laden des Bleiakkus können sich an den Platten auch Wasserstoff und Sauerstoff bilden. Formulieren Sie die Redoxgleichungen für die Bildung der Gase. Geben Sie an, an welcher Elektrode welches Gas entsteht.

3) Erläutern Sie, wie sich die Dichte der Schwefelsäurelösung beim Laden bzw. Entladen verändert (↑ **03**).

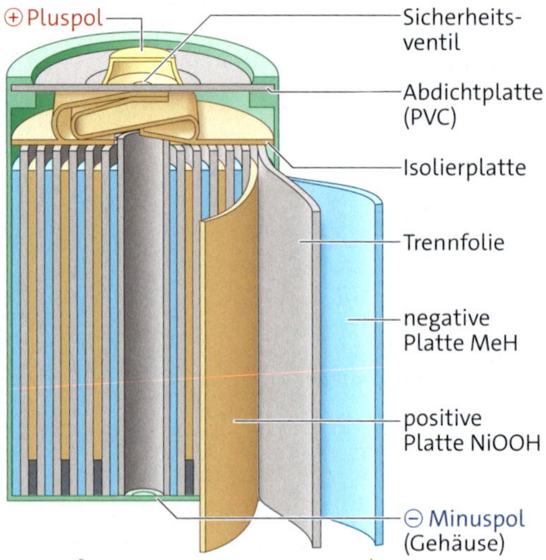

$\ominus$: $Me\overset{0}{H}(s) + OH^-(aq) \rightleftharpoons Me(s) + \overset{I}{H}_2O(l) + e^-$

$\oplus$: $\overset{III}{Ni}OOH(s) + H_2O(l) + e^- \rightleftharpoons \overset{II}{Ni}(OH)_2(s) + OH^-(aq)$

01 Aufbau eines Nickel-Metallhydrid-Akkumulators und ablaufende Elektrodenreaktionen

NICKEL-METALLHYDRID-AKKUMULATOR Der Nickel-Metallhydrid-Akku (NiMH-Akku) gehört neben dem Lithium-Ionen-Akku zu den weitverbreiteten wiederaufladbaren Energiespeichern. Es gibt ihn in allen gängigen Bauformen und -größen für die mobile Energieversorgung von schnurlosen Telefonen, MP3-Playern, Digitalkameras, Elektrowerkzeugen wie „Akkuschraubern" usw.

P **EXP 9.08** Modellakku

3 7

Materialien Becherglas (50 mL), Spannungsquelle, Verbindungskabel, Krokodilklemmen, 2 dicke Graphitminen (*d* = 3,15 mm, Härtegrad 6B), LED-Diode, Lithiumperchlorat (3, 7), gelöst in Propylencarbonat (c = 1 mol · L^{-1}; 7)

Durchführung Glühen Sie die Graphitminen in der Brennerflamme aus. Füllen Sie das Becherglas so weit mit der Lithiumperchloratlösung, dass die Graphitminen etwa 2 cm tief eintauchen können (Abstand etwa 1 cm). Verbinden Sie die Graphitminen über die Krokodilklemmen mit der Spannungsquelle und laden Sie den Modellakku mit 4 V für etwa 3 min auf. Tauschen Sie das Ladegerät gegen die LED-Diode. *Achtung:* Beim Anschluss der Diode auf die richtige Polung achten!
Wiederholen Sie den Ladevorgang mehrmals.
Entsorgung: Lösungsmittel aufheben, kann wiederverwendet werden.

Auswertung Erläutern Sie mithilfe der elektrochemischen Spannungsreihe, warum keine wässrige Lithiumperchloratlösung als Elektrolyt verwendet werden darf.

Im geladenen Zustand wird der Pluspol des Akkus aus Nickel(III)-oxidhydroxid NiOOH gebildet. Der Minuspol besteht aus einer Legierung verschiedener Metalle. In eine solche Legierung können Wasserstoff-Atome in das Metallgitter eingebaut werden, was als **Metallhydrid** (kurz: MeH) bezeichnet wird. Als Elektrolyt dient eine Kaliumhydroxidlösung.

Beim Entladen werden am Minuspol die im Metall gebundenen H-Atome zu H^+-Ionen oxidiert. Die Elektronen fließen zum Pluspol und reduzieren dort Ni^{3+}-Ionen zu Ni^{2+}-Ionen. Beim Laden wird diese Reaktion umgekehrt. Die Zellspannung beträgt etwa 1,2 V. Vereinfacht lassen sich Laden und Entladen durch folgende Zellreaktion ausdrücken:

$$Me\overset{0}{H}(s) + \overset{III}{Ni}OOH(s) \underset{\text{Laden}}{\overset{\text{Entladen}}{\rightleftharpoons}} Me(s) + \overset{II}{Ni}(O\overset{I}{H})_2(s)$$

Bei den im Handel erhältlichen Akkus bestehen die Elektroden häufig aus sehr dünnen Folien, die aufgewickelt und mit einem Metallzylinder ummantelt werden (↑ **01**). Die Verwendung spezieller Separatoren verhindert die sonst übliche Selbstentladung von etwa 25 % pro Monat. Heute werden vorgeladene Akkus verkauft, die sofort einsatzbereit sind.

LITHIUM-IONEN-AKKUMULATOREN Lithium-Ionen-Akkumulatoren (Li-Ion-Akkus) sind momentan die leistungsfähigsten und zugleich sehr flexibel einsetzbaren mobilen Energiespeicher. Aus dem Alltag sind sie hauptsächlich aus der Verwendung in Smartphones, Tablets und Notebooks bekannt. Ihre Zellspannung beträgt etwa 3,6 bis 3,8 Volt.

In den meisten Li-Ion-Akkus besteht der Minuspol aus Graphit. Der Pluspol wird aus einem Lithium-Metalloxid gebildet. Als Elektrolyt werden polare organische Lösungsmittel, z. B. Propylencarbonat, verwendet, in denen Lithiumsalze wie Lithiumperchlorat ($LiClO_4$) gelöst sind, um die elektrische Leitfähigkeit herzustellen. Der Einsatz von elektrisch besser leitenden wässrigen Salzlösungen ist nicht möglich, weil sich wegen des großen negativen Elektrodenpotenzials der Graphitelektrode sofort gasförmiger Wasserstoff bilden würde. Schon Spuren von Wasser reichen aus, um den Akku zu zerstören. Zudem würde sich bei einer Ladespannung von über 4 Volt eine wässrige Lösung elektrolytisch zersetzen und damit den Akku zum Explodieren bringen. Bei der Herstellung der Akkus müssen deshalb das Elektrodenmaterial und der Elektrolyt aufwendig getrocknet und unter einer Schutzgasatmosphäre verarbeitet werden.

ENTLADEN UND LADEN Im geladenen Zustand sind zwischen den einzelnen Graphitschichten Li^{+}-Ionen eingelagert. Sie gleichen die negative Ladung von Elektronen aus, mit denen das Graphit aufgeladen wurde.
Im vollständig geladenen Zustand beträgt im Graphit das Teilchenanzahlverhältnis von Kohlenstoff-Atomen zu Lithium-Ionen etwa 6 : 1, sodass man für die Graphitelektrode formal eine Verhältnisformel LiC_6 angeben kann.

Beim **Entladen** fließen die im Graphit eingeschlossenen Elektronen über den angeschlossenen Verbraucher zur Lithium-Metalloxidelektrode. Gleichzeitig wandert eine entsprechende Anzahl an Lithium-Ionen aus dem Graphit in den Elektrolyten. Das Lithium-Metalloxid besteht z. B. aus Lithiumcobaltoxid. Im geladenen Zustand des Akkus liegen im Ionengitter des Oxids die Hälfte der Cobalt-Ionen als Co^{3+}-Ionen, die andere Hälfte als Co^{4+}-Ionen vor. Daraus ergibt sich für das Lithiumcobaltoxid die Verhältnisformel: $LiCoO_2CoO_2$.
Beim Entladen werden durch die Elektronenaufnahme am Pluspol die Co^{4+}-Ionen zu Co^{3+}-Ionen reduziert. Dabei wandern Lithium-Ionen vom Elektrolyten in das Ionengitter, um die Ladung der Oxid-Ionen O^{2-} auszugleichen (↑ **02**).

Zum **Laden** des Akkus werden durch Anlegen einer Ladespannung von etwa 4 Volt die Elektrodenreaktionen umgekehrt: Co^{3+}-Ionen werden zu Co^{4+}-Ionen oxidiert, wodurch Li^{+}-Ionen wieder freigesetzt werden. Sie wandern zurück zum Minuspol und lagern sich erneut im Graphitgitter ein (↑ **02**).

$$Li\overset{-I}{C}_6(s) + Li\overset{III}{Co}O_2\overset{IV}{Co}O_2(s) \underset{\text{Laden}}{\overset{\text{Entladen}}{\rightleftharpoons}} \overset{0}{C}_6(s) + 2\,Li\overset{III}{Co}O_2(s)$$

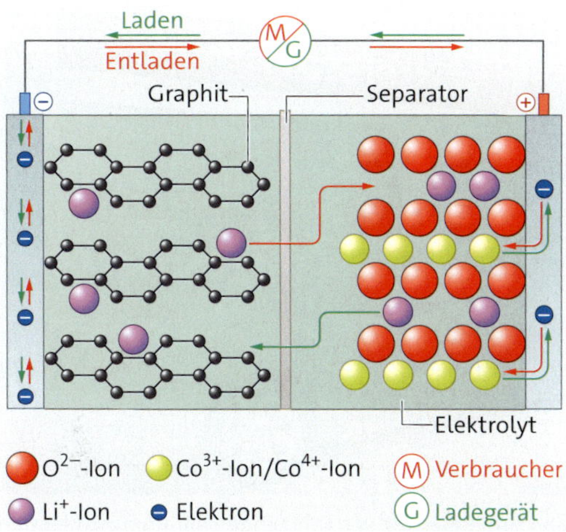

02 Vorgänge beim Entladen und Laden des Li-Ion-Akkus

Die Lithium-Ionen werden beim Laden und Entladen weder reduziert noch oxidiert, sondern stellen durch ihr Wandern lediglich den Ladungsausgleich in den Elektroden her.

Prinzipiell haben Li-Ion-Akkus eine sehr lange Lebensdauer und können weit über 1000-mal aufgeladen und wieder entladen werden. Neben Lithium-Ionen können aber vereinzelt auch Lösungsmittelmoleküle in das Graphitgitter eingelagert werden. Dies führt zu einer langsamen Ausweitung der Graphitschichten und verhindert die Einlagerung von Lithium-Ionen. Mit jedem Ladezyklus verliert der Akku so an Kapazität und kann irgendwann gar nicht mehr geladen werden.

1 〉 Vergleichen Sie die Vorgänge beim Entladen und Laden im NiMH-Akku mit den Vorgängen im Li-Ion-Akku.

Typ	Bleiakku	Nickel-Metallhydrid-Akku	Lithium-Ionen-Akku
Minuspol (–)	Blei (Pb)	Metallhydrid (MeH)	Graphit
Pluspol (+)	Blei(IV)-oxid (PbO_2)	Nickel(III)-oxidhydroxid (NiOOH)	Lithiumcobaltoxid
Elektrolyt	Schwefelsäurelösung (H_2SO_4)	Kaliumhydroxidlösung (KOH)	Lithiumsalz/organisches Lösungsmittel
Zellspannung	2,0 V	1,2 V	3,6 V
Eigenschaften	lange Lebensdauer, preiswert, hohe Belastbarkeit, umweltschädlich	gute Umweltverträglichkeit, hohe Belastbarkeit, selbstentladend	hohe Zellspannung, geringes Gewicht, sehr teuer, empfindlich gegenüber Überladung/Tiefentladung
Anwendungen	Starterbatterie im Auto, Notstromversorgung, Solartechnik	Akkuschrauber, schnurlose Telefone, Videokameras	mobile Elektrogeräte, Antriebsbatterien für (E-Auto/E-Fahrrad)

03 Vergleich verschiedener Akkumulatoren

9.6 Brennstoffzellen

01 Wasserstofftankstelle zum Betanken von Fahrzeugen mit Brennstoffzellen

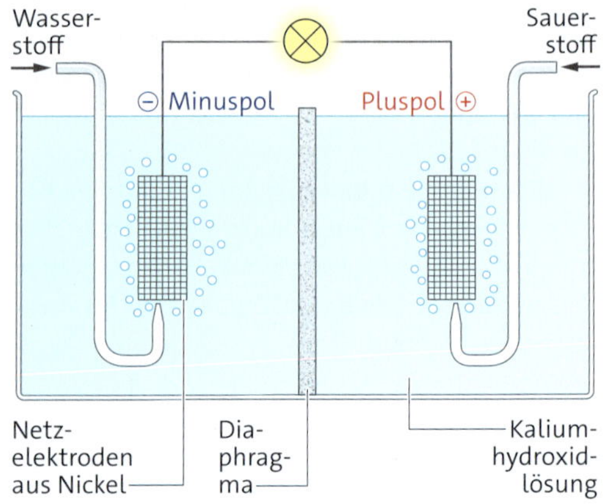

02 Aufbau einer Wasserstoff-Sauerstoff-Brennstoffzelle

FAHREN OHNE AUTOABGASE Allein in Deutschland sind 2023 über 55 Mio. Kraftfahrzeuge zugelassen. Sie sind für rund 19 % der jährlichen Treibhausgasemissionen verantwortlich, die maßgeblich als Verursacher der globalen Erderwärmung gelten. In Deutschland und weltweit werden daher alternative Antriebskonzepte entwickelt, um zukünftig Fahrzeuge ohne Verbrennungsmotor auf die Straße bringen zu können. Eine Möglichkeit ist die Verwendung von Brennstoffzellen.

Eine **Brennstoffzelle** ist eine galvanische Zelle, bei der Oxidations- und Reduktionsmittel kontinuierlich von außen zugeführt werden müssen. Durch die Redoxreaktionen an den Elektroden wird chemische Energie in elektrische Energie umgewandelt. Sie kann beispielsweise genutzt werden, um den Elektromotor in einem Fahrzeug antreiben zu können.

Video: Modellversuch Brennstoffzellenauto

P **EXP 9.09** Prinzip einer Brennstoffzelle

Materialien U-Rohr, 2 Graphitelektroden, Gleichspannungsquelle, Kabel, Krokodilklemmen, Voltmeter, Kaliumhydroxidlösung (w = 10 %; 5)

Durchführung Befüllen Sie das U-Rohr mit der 10%igen Kaliumhydroxidlösung. Setzen Sie in jeden Schenkel jeweils eine Graphitelektrode ein und messen Sie die Spannung mit dem Voltmeter. Legen Sie mithilfe der Gleichspannungsquelle für etwa 3 bis 5 min eine Spannung von etwa 5 V an. An den Elektroden sollte jeweils eine deutliche Gasentwicklung zu beobachten sein. Klemmen Sie die Spannungsquelle vorsichtig ab, ohne das U-Rohr zu erschüttern. Messen Sie erneut die Spannung an den Elektroden.
Entsorgung: Elektroden einsammeln, Kaliumhydroxidlösung in den Behälter für saure und alkalische Abfälle geben.

Auswertung Erläutern Sie, wie die Spannung zwischen den Elektroden entsteht.

AUFBAU UND FUNKTION Schließt man ein Voltmeter an zwei Graphitelektroden an, die in eine Kaliumhydroxidlösung eintauchen, kann man keine Spannung messen. Wiederholt man aber die Messung, nachdem man an die Elektroden so lange eine Gleichspannung angelegt hat, bis diese von Gasbläschen besetzt sind, kann man eine Spannung von etwas weniger als 1 V messen (↑ Exp 6.14). Durch die Gasbildung ist eine galvanische Zelle entstanden, die am Minuspol aus einer Wasserstoff- und am Pluspol aus einer Sauerstoffhalbzelle besteht (↑ **02**). Bei der Wasserstoff-Sauerstoff-Brennstoffzelle werden die Elektroden kontinuierlich von den beiden Gasen umspült. Wird ein elektrischer Verbraucher angeschlossen, laufen folgende Reaktionen ab:

Minuspol: $H_2 + 2\,OH^- \longrightarrow 2\,H_2O + 2\,e^-$
Pluspol: $O_2 + 2\,H_2O + 4\,e^- \longrightarrow 4\,OH^-$

Gesamtreaktion: $2\,H_2 + O_2 \longrightarrow 2\,H_2O$

Letztendlich läuft in der Brennstoffzelle die Knallgasreaktion ab, bei der Wasserstoff und Sauerstoff zu Wasser reagieren. Durch die räumliche Trennung von Oxidation und Reduktion kann die chemische Energie in elektrische Energie umgesetzt werden (↑ **03**).

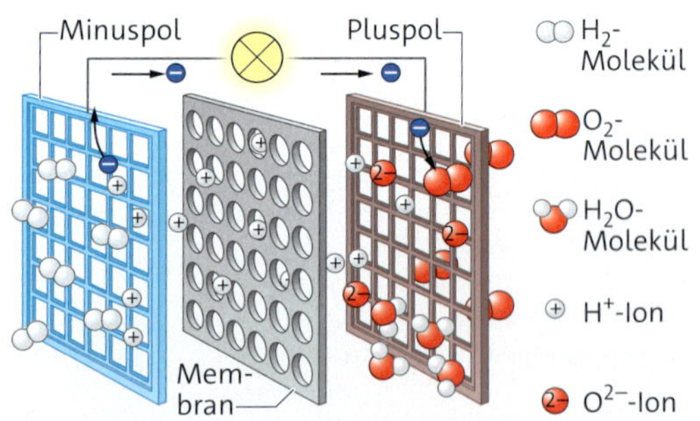

03 Vorgänge in der Brennstoffzelle

POLYMERELEKTROLYT-BRENNSTOFFZELLE Eine häufig verwendete Brennstoffzelle ist die **PEMFC** (engl. *Proton Exchange Membrane Fuel Cell*, ↑ **04**). Entsprechend ihrem Namen besteht das wesentliche Bauteil aus einer nur etwa 0,1 mm dicken protonenleitenden Polymermembran (Handelsname: Nafion), die als Elektrolyt dient. Sie sorgt außerdem dafür, dass sich Wasserstoff und Sauerstoff nicht mischen. Beide Seiten der Polymermembran sind mit porösen Kohlenstoffmatten beschichtet, die als Elektroden dienen. In den Poren der Kohlenstoffschicht befindet sich feinverteiltes Platin als Katalysator. Die Elektroden sind über einen äußeren Stromkreis miteinander verbunden.

Auch in der PEMFC läuft wiederum die (kontrollierte) Knallgasreaktion ab: Wasserstoff wird am Minuspol mithilfe des Platinkatalysators in Protonen H^+ und Elektronen gespalten. Die freigesetzten Elektronen gelangen über den äußeren Stromkreis zum Pluspol, während die Protonen durch die Membran zum Pluspol diffundieren. Dort reagieren sie mit Sauerstoffmolekülen und Elektronen zu Wasser-Molekülen. Da die PEMFC klein und robust sind, kommen sie als mobile Akkuladegeräte zum Einsatz. Hauptsächlich werden sie jedoch für den Fahrzeugantrieb bei Pkws und Bussen genutzt, wobei für die benötigte Leistung mehrere PEMFC hintereinandergeschaltet werden. Allerdings sind der Transport und die Speicherung von Wasserstoff aufwendig und nicht ohne Risiko.

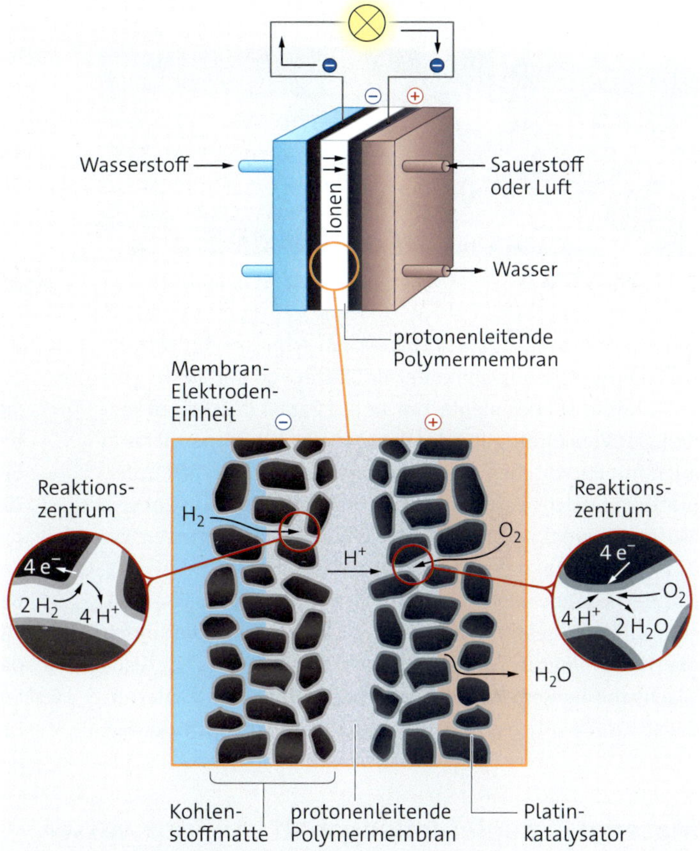

04 Aufbau einer PEMFC

DIREKTMETHANOL-BRENNSTOFFZELLE Methanol lässt sich einfacher als Wasserstoff speichern. **DMFC** (engl. *Direct Methanol Fuel Cells*) nutzen eine wässrige Methanollösung als Brennstoff. Auch hier wird eine protonenleitende Polymermembran verwendet, die allerdings auch für Methanol durchlässig ist. Methanol wird am Minuspol oxidiert, wobei Kohlenstoffdioxid als Abgas entsteht. Dies führt zu einem geringeren elektrischen Potenzial als bei der PEMFC. DMFC werden z. B. zur autarken Energieversorgung von Wohnmobilen verwendet – aber auch kleine elektrische Geräte könnten auf diese Weise betrieben werden.

ANWENDUNG Obwohl die Brennstoffzelle seit über 150 Jahren bekannt ist (und damit länger als der Ottomotor), steht ihre Verbreitung erst am Anfang. Das Brennstoffzellenauto ist ein absolutes Nischenprodukt und auch Busse und andere Fahrzeuge mit Brennstoffzellenantrieb sind noch nicht weit verbreitet. Das liegt vor allem am Brennstoff Wasserstoff, dessen Handhabung umständlich und gefährlich ist. In Deutschland gibt es rund 100 Wasserstofftankstellen (↑ **01**). Zum Vergleich: Benzin und Diesel sind an über 14 000 Tankstellen tankbar und für batteriebetriebene E-Autos gibt es inzwischen mehr als 150 000 Ladepunkte (Stand 2024).

Brennstoffzellen werden auch im stationären Bereich betrieben. Sie dienen als kleine Kraftwerke zur Erzeugung von Strom und Wärme. Meist werden sie indirekt mit Erdgas betrieben, aus dem der Wasserstoff erzeugt wird.

Brennstoffzellen sind galvanische Zellen, bei denen die Ausgangsstoffe kontinuierlich von außen zugeführt werden müssen. Chemische Energie wird direkt in elektrische Energie umgewandelt.

1 › Vergleichen Sie die Wasserstoff-Sauerstoff-Brennstoffzelle mit dem Bleiakku.

2 › Vergleichen Sie PEMFC und DMFC. Stellen Sie für beide Brennstoffzellen die Teil- und Gesamtreaktionen auf.

3 › Begründen Sie, ob die Verwendung von Brennstoffzellen in Fahrzeugen aus ökologischen Gründen sinnvoll ist.

Klausurtraining

Material B Von der Kupferradierung zur Leiterplatte

B1.1 Leiterplatte

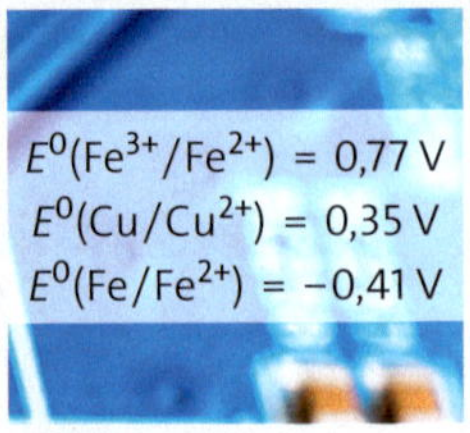

B1.2 Standardpotenziale

Der Maler ALBRECHT DÜRER (1471–1528) schuf im 16. Jahrhundert bahnbrechende Gemälde wie „Ritter, Tod und Teufel", die er als Kupferstiche anlegte, um sie auf Papier drucken zu können. Zur Vervielfältigung der Kunstdrucke experimentierte er auch mit chemischen Ätztechniken, bei denen er die Kupferplatte mit Wachs beschichtete. Darin konnte der Künstler sein Motiv mit wenig Kraftaufwand seitenverkehrt einritzen, bis das Kupfer unter dem Wachs sichtbar wurde.

Das frei liegende Kupfer wurde durch Einwirkung von Eisen(III)-chloridlösung geätzt, damit sich das Motiv tiefer in die Kupferoberfläche eingrub. Zum Schluss entfernte DÜRER das restliche Wachs mit heißem Wasser. Dabei entstanden Kupferplatten, die als Druckvorlagen für Kupferradierungen genutzt wurden. Auch wenn die Qualität der Drucke nicht ganz mit denen eines Kupferstichs mithalten konnte, so ließen sie sich doch aufgrund der einfachen Herstellung gewinnbringend verkaufen. Heute werden Leiterplatinen für elektronische Geräte noch auf ähnliche Weise durch redoxchemisches Ätzen von Kupfer mit Eisen(III)-chloridlösung hergestellt (↑ B1.1).

AUFGABEN ZU B

1 › **a** Begründen Sie anhand der Standardpotenziale, dass bei der „Radierung" eine Redoxreaktion abläuft. Geben Sie die Reaktionsgleichungen an (↑ B1.2).

b Erklären Sie, was passieren würde, wenn statt Eisen(III)-chloridlösung versehentlich Eisen(II)-chloridlösung zum Ätzen eingesetzt würde (↑ B1.2).

c Erläutern Sie die Auswirkung der Bildung von Kupfer(II)-Ionen auf das Elektrodenpotenzial $E(Cu/Cu^{2+})$. Berechnen Sie, wie groß die Stoffmengenkonzentration $c(Cu^{2+})$ an Kupfer(II)-Ionen werden müsste, um das Standardpotenzial von 0,77 V zu erreichen.

2 › Entwickeln Sie einen Vorschlag zur Herstellung einer Leiterplatine aus Kunststoffharz mit Kupferleitungen.

Material C Kupfer-Ionengehalt von Trinkwasser

C1.1 Empfindliche Fische

Aquarianer halten Zierfische, Schnecken und kultivieren Pflanzen, die empfindlich auf chemische Verunreinigungen im Wasser reagieren können. Fische und Algen werden schon durch geringe Konzentrationen an Kupfer(II)-Ionen geschädigt, sodass das Aquariumwasser eine Massenkonzentration von $\beta(Cu^{2+}) = 0{,}03\ mg \cdot L^{-1}$ nicht überschreiten sollte. Wasserleitungen bestehen jedoch häufig aus Kupfer und geben je nach Härtegrad und pH-Wert des Wassers Kupfer(II)-Ionen ins Trinkwasser ab, die dann beim Wasseraustausch in das Aquarium gelangen. Nach der Neuinstallation einer Kupferleitung kann die Kupfer(II)-Ionenkonzentration sogar den Grenzwert der Trinkwasserverordnung von $\beta(Cu^{2+}) = 2\ mg \cdot L^{-1}$ überschreiten.

Um sicherzugehen, dass die Kupfer(II)-Ionenkonzentration nicht zu groß wird, überprüfen manche Aquarianer das Wasser mit einer Kupferkonzentrationszelle. Zur Messung tauchen sie einen Kupferdraht in eine Probe des Aquariumwassers ein. Als Bezugshalbzelle dient eine Kupferhalbzelle, die mit dem Zellsymbol Cu/Cu^{2+} ($c = 0{,}1\ mol \cdot L^{-1}$) beschrieben werden kann.

	U in V	$c(Cu^{2+})$ in $mol \cdot L^{-1}$	$\beta(Cu^{2+})$ in $g \cdot L^{-1}$	Überschreitung
Meier	0,101			
Schulz	0,116			

C1.2 Überwachung der Kupfer(II)-Ionenkonzentration

AUFGABEN ZU C

1 › **a** Vergleichen Sie die Grenzwerte für Kupfer(II)-Ionen für Trinkwasser und für Aquariumwasser. Leiten Sie eine Schlussfolgerung ab.

b Berechnen Sie die Spannung der Konzentrationszelle für eine Stoffmengenkonzentration $c(Cu^{2+})$ an Kupfer(II)-Ionen, die für Fische bereits schädlich sein kann.

2 › **a** Skizzieren und beschriften Sie den Aufbau der Konzentrationszelle, mit der die Kupfer(II)-Ionenkonzentration im Aquariumwasser gemessen wird.

b Erläutern Sie, wie es zu einer messbaren Spannung kommt.

c Ermitteln Sie, ob das Aquariumwasser der Aquarianer den Kupfer(II)-Ionengrenzwert überschreitet. Ergänzen Sie hierzu die fehlenden Werte in der Tabelle (↑ C1.2).

d Entwickeln Sie Vorschläge zur möglichen Verringerung des Kupfer(II)-Ionengehalts im Wasser.

Material D Knopfzellen für Hörgeräte

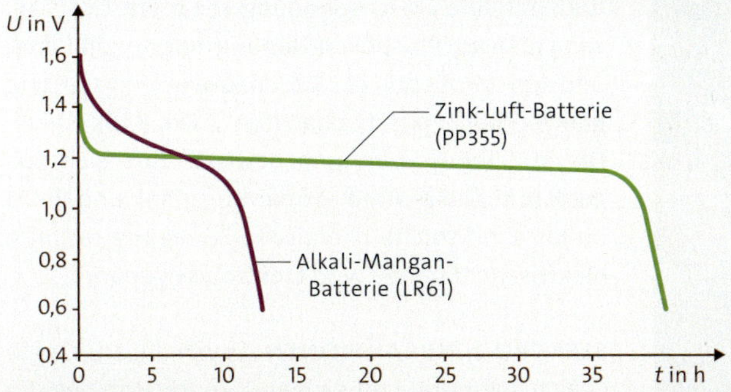

D1.1 Entladekurven verschiedener Batterien

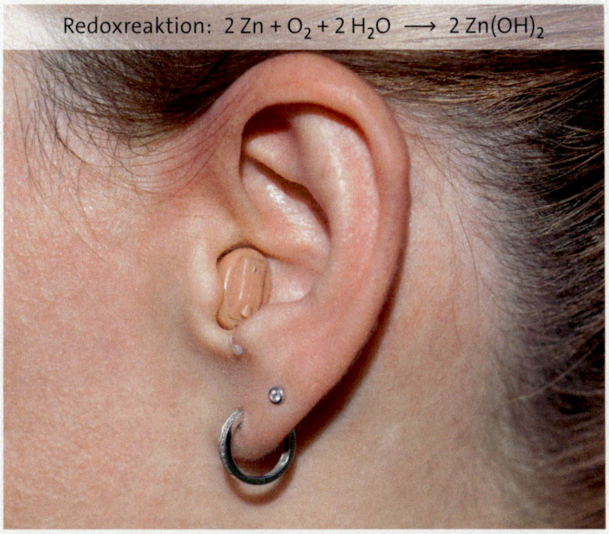

D1.2 Redoxreaktion von Zink-Luft-Batterien in Hörgeräten

Donator ⇄ Akzeptor + $z\,e^-$		E^0 in V	pH
$Zn(s)$ ⇄	$Zn^{2+}(aq) + 2\,e^-$	−0,76	0
$Zn(s) + 4\,OH^-(aq)$ ⇄	$[Zn(OH)_4]^{2-}(aq) + 2\,e^-$	−1,23	14
$2\,H_2O(l)$ ⇄	$O_2(g) + 4\,H^+(aq) + 4\,e^-$	1,23	0
$4\,OH^-(aq)$ ⇄	$O_2(g) + 2\,H_2O(l) + 4\,e^-$	0,40	14

D1.3 Standardpotenziale verschiedener Redoxpaare

Batterie-typ	U in V	Elektronen-übergang (Anzahl)	M in $g \cdot mol^{-1}$		Energie-dichte in $Wh \cdot kg^{-1}$
			Donator	Akzeptor	
Zn/MnO_2	1,5	$2\,e^-$	65,4	86,9	200–450
Zn/O_2	1,6	$4\,e^-$	65,4	32,0	650–800
Li/MnO_2	3,2	$1\,e^-$	6,9	86,9	650–800
Pb/PbO_2	2,0	$2\,e^-$	207,2	239,2	30–80

D1.4 Batterietypen im Vergleich

Moderne Hörgeräte werden immer kleiner und leistungsfähiger. Daraus ergeben sich zwangsläufig hohe Anforderungen an die zur Stromversorgung eingesetzte Batterie. Zum einen muss sie eine besonders hohe Energiedichte haben, d. h., aus möglichst geringer Masse muss sie möglichst viel elektrische Energie bereitstellen können. Zum anderen fordert die hochentwickelte Hörgerätetechnologie eine sehr hohe Leistung der Batterie. Schließlich soll das Hörgerät auch dann noch optimal arbeiten, wenn die Batterie bereits längere Zeit in Betrieb ist. Das bedeutet, die Spannung der Batterie muss auch bei relativ hohen Strömen bis zum Ende der Entladung nahezu konstant bleiben (↑ **D1.1**).

Früher wurden oft Quecksilberoxid-Zink-Batterien in Hörgeräte eingesetzt, die aber heute wegen der Toxizität des Quecksilbers nicht mehr zulässig sind. Deshalb werden moderne Hörgeräte mit Zink-Luft-Batterien betrieben (↑ **D1.2**). Am Minuspol der Zelle werden Zink-Atome oxidiert, während am Pluspol aus Aktivkohle Sauerstoffmoleküle aus der Luft zu Hydroxid-Ionen reduziert werden. In alkalischer Lösung bilden Zink-Ionen mit Hydroxid-Ionen sehr stabile $[Zn(OH)_4]^{2-}$-Ionen, die im weiteren Verlauf zu festem Zinkhydroxid $Zn(OH)_2$ reagieren. Daher beträgt die Konzentration der freien Zink-Ionen nur ca. $10^{-16}\,mol \cdot L^{-1}$, sodass sich ein Elektrodenpotenzial der Zinkelektrode von $E(Zn/Zn^{2+}) = -1{,}23\,V$ ergibt. Das Elektrodenpotenzial am Pluspol beträgt $E(OH^-/O_2) = 0{,}40\,V$.
Bei längerem Betrieb bildet sich in der Zink-Luft-Batterie durch die ständige Luftzufuhr Kaliumcarbonat, wodurch die Leistungsfähigkeit der Batterie reduziert wird.

AUFGABEN ZU D

1) **a** Skizzieren Sie den prinzipiellen Aufbau einer Zink-Luft-Batterie und beschriften Sie die einzelnen Bestandteile der galvanischen Zelle.
b Formulieren Sie die Elektrodenreaktionen der Zink-Luft-Batterie. Ordnen Sie den Teilreaktionen die Begriffe Pluspol, Minuspol, Anode, Kathode, Donator- bzw. Akzeptorhalbzelle zu.
c Berechnen Sie die theoretisch maximale Zellspannung mithilfe der gegebenen Elektrodenpotenziale.
d Erklären Sie die Bildung von Kaliumcarbonat im Langzeitbetrieb der Zink-Luft-Batterie.

2) **a** Vergleichen Sie die Energiedichten der Batterietypen in ↑ **D1.4** und diskutieren Sie, von welchen Faktoren diese abhängen.
b Bewerten Sie die Leistungsfähigkeit der Zink-Luft-Batterie im Vergleich zu den anderen Batterien. Leiten Sie eine Schlussfolgerung ab.
c Begründen Sie, warum Zink-Luft-Batterien gemeinhin als umweltfreundlich gelten.

9.7 Elektrolysen

01 Verchromt: Glänzt nicht nur, sondern hält auch länger

In galvanischen Zellen wird durch die an den Elektroden ablaufenden Redoxreaktionen chemische Energie in elektrische Energie umgewandelt. Umgekehrt können chemische Reaktionen aber auch mithilfe des elektrischen Stroms erzwungen werden. So kann durch elektrischen Strom ein Metallüberzug auf einem Gegenstand abgeschieden werden, der nicht nur schön glänzt, sondern auch vor Umwelteinflüssen schützt (↑ **01**).

P EXP 9.10 Elektrolyse von Zinkbromidlösung

Materialien Spannungsquelle, Elektromotor, U-Rohr, 2 Graphitelektroden, Krokodilklemmen, Kabel, Stativmaterial, Zinkbromidlösung (c = 1 mol · L^{-1}; 5, 7, 9)

Durchführung Befüllen Sie das U-Rohr mit der Zinkbromidlösung und tauchen Sie eine Graphitelektrode in jeden Schenkel des U-Rohrs. Verbinden Sie die Graphitelektroden mit den Krokodilklemmen mit der Spannungsquelle. Stellen Sie eine Spannung von 2 Volt ein. Sobald Sie eine Veränderung an den Elektroden beobachten, ersetzen Sie die Spannungsquelle durch einen Elektromotor.

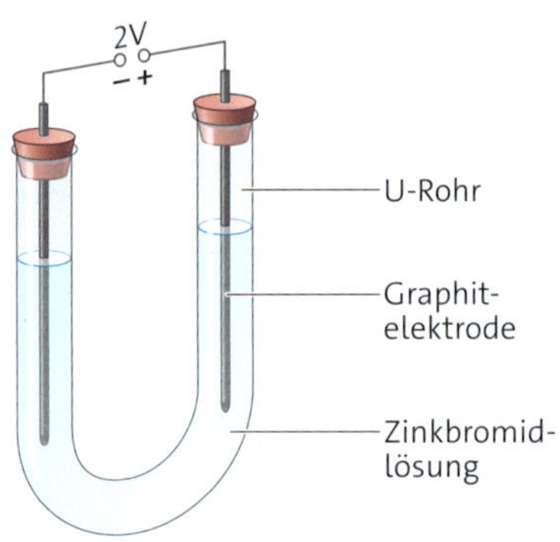

Entsorgung: Lösungen in den Behälter für giftige anorganische Abfälle geben.

Auswertung Deuten Sie die Beobachtungen. Beschreiben Sie jeweils eine Möglichkeit, die Reaktionsprodukte an den Elektroden nachzuweisen.

ELEKTROLYSE VON LÖSUNGEN Taucht man in eine Lösung aus Zinkbromid zwei Graphitelektroden ein und legt eine Gleichspannung von etwa 2 Volt an, kann man am Pluspol die Bildung brauner Schlieren und am Minuspol die Abscheidung eines silbrig glänzenden Belags beobachten (↑ Exp 8.10).
Die angelegte Spannung bewirkt, dass sich aus gelöstem Zinkbromid elementares Zink und Brom bildet. Eine solche chemische Zerlegung mithilfe elektrischer Energie wird **Elektrolyse** genannt.

ELEKTRODENREAKTIONEN Durch die angelegte Gleichspannung lädt sich ein Graphitstab negativ auf. Er bildet den Minuspol, zu dem die positiv geladenen Zink-Ionen aus der Lösung wandern. Dort nehmen sie jeweils zwei Elektronen auf und werden zu Zink-Atomen reduziert. Mit der Zeit scheidet sich auf der Elektrode genug Zink ab, sodass es als metallischer Belag sichtbar wird.
Der andere Graphitstab lädt sich positiv auf. Er bildet den Pluspol, zu dem die negativ geladenen Bromid-Ionen wandern. Sie geben dort je ein Elektron ab und werden zu Bromatomen oxidiert, die zu Brom-Molekülen weiterreagieren (↑ **02**). In der Lösung verteilt sich das flüssige Brom als braune Schlieren.

Minuspol: $Zn^{2+}(aq) + 2\,e^- \longrightarrow Zn(s)$ (Reduktion)
Pluspol: $2\,Br^-(aq) \longrightarrow Br_2(l) + 2\,e^-$ (Oxidation)

$Zn^{2+}(aq) + 2\,Br^-(aq) \longrightarrow Zn(s) + Br_2(l)$ (Redoxreaktion)

Bei der Elektrolyse der Zinkbromidlösung findet eine Redoxreaktion statt, bei der Elektronen von den Bromid-Ionen auf die Zink-Ionen übertragen wurden. Es handelt sich um eine erzwungene Reaktion, die nur so lange abläuft, wie eine ausreichend große Spannung an den Elektroden anliegt.

EINE GALVANISCHE ZELLE ENTSTEHT Ersetzt man die Spannungsquelle bei der Elektrolyse nach einiger Zeit durch einen Elektromotor, wird dieser für einen kurzen Moment angetrieben.
Durch die Bildung von Zink-Atomen und Brom-Molekülen hat sich an der Oberfläche der beiden Graphitstäbe jeweils eine elektrochemische Doppelschicht ausgebildet. Es ist eine galvanische Zelle entstanden, bei der das Redoxpaar Zn/Zn^{2+} die Donatorhalbzelle und das Redoxpaar $2\,Br^-/Br_2$ die Akzeptorhalbzelle bilden. Es findet eine freiwillige Redoxreaktion statt, bei der sich die Vorgänge der Elektrolyse umkehren (↑ **03**).

Minuspol: $Zn(s) \longrightarrow Zn^{2+}(aq) + 2\,e^-$ (Oxidation)
Pluspol: $Br_2(l) + 2\,e^- \longrightarrow 2\,Br^-(aq)$ (Reduktion)

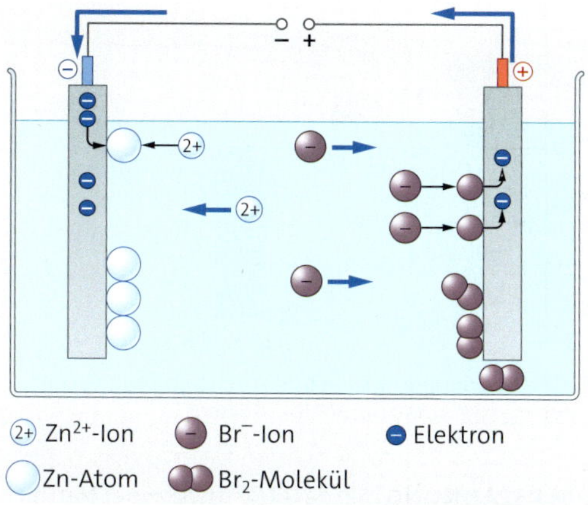

02 Vorgänge bei der Elektrolyse von Zinkbromidlösung

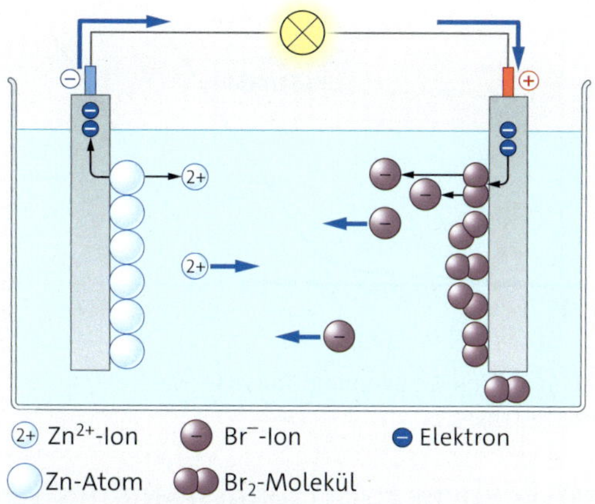

03 Vorgänge in der galvanischen Zelle mit den Halbzellen Zn/Zn^{2+} // $2\,Br^-/Br_2$

Zn/Zn^{2+} // $2\,Br^-/Br_2$ ist die Kurzschreibweise für eine galvanische Zelle. ↑ S. 278 f.

ZERSETZUNGSSPANNUNG Die zur Elektrolyse einer Verbindung erforderliche Spannung wird **Zersetzungsspannung U_Z** genannt. Sie kann theoretisch aus den Elektrodenpotenzialen der beteiligten Redoxpaare von Pluspol und Minuspol berechnet werden. Für das Beispiel der Elektrolyse von Zinkbromid ergibt sich somit:

$$U_Z = E^0(\text{Pluspol/Anode}) - E^0(\text{Minuspol/Kathode})$$
$$U_Z = E^0(2\,Br^-/Br_2) - E^0(Zn/Zn^{2+}) = 1{,}83\ V$$

Die *theoretische Zersetzungsspannung* entspricht damit genau der Spannung, die eine galvanische Zelle aus diesen Redoxpaaren liefern würde. In der Praxis muss aber meistens eine deutlich höhere Spannung angelegt werden.

VERGLEICH ZWISCHEN ELEKTROLYSEZELLE UND GALVANISCHER ZELLE Vergleicht man die Elektrolyse mit den Vorgängen in einer galvanischen Zelle, so stellt man fest, dass Anode und Kathode jeweils vertauscht sind. Während bei der Elektrolyse am Minuspol eine erzwungene Reduktion stattfindet, läuft in einer galvanischen Zelle eine freiwillige Oxidation ab. Am Pluspol findet hingegen bei der Elektrolyse eine erzwungene Oxidation und in der galvanischen Zelle eine freiwillig ablaufende Reduktion statt. Aber nicht nur der Ort der Oxidation (Anode) und der Reduktion (Kathode) sind vertauscht. Bei der Elektrolyse kehrt sich auch die Richtung des Elektronenflusses um: Er verläuft vom Plus- zum Minuspol.
Wie in einer galvanischen Zelle finden auch bei der Elektrolyse Oxidation und Reduktion zwar räumlich getrennt, aber gleichzeitig statt. Die Vorgänge lassen sich mithilfe des Donator-Akzeptor-Konzepts beschreiben und verstehen.

	Elektrolysezelle	Galvanische Zelle
Minuspol (–)	Kathode (Reduktion)	Anode (Oxidation)
	Akzeptorhalbzelle (Elektronenakzeptor)	Donatorhalbzelle (Elektronendonator)
Pluspol (+)	Anode (Oxidation)	Kathode (Reduktion)
	Donatorhalbzelle (Elektronendonator)	Akzeptorhalbzelle (Elektronenakzeptor)
Stromfluss	vom Plus- zum Minuspol	vom Minus- zum Pluspol

04 Vergleich zwischen galvanischer Zelle und Elektrolysezelle

Elektrolysen sind durch elektrische Energie erzwungene Redoxreaktionen. Die Elektrolyse ist die Umkehrung der Vorgänge in einer galvanischen Zelle.

1 › Eine Kupfer(II)-chloridlösung wird elektrolysiert.
a Skizzieren und beschriften Sie einen Aufbau zur Elektrolyse der Lösung.
b Geben Sie die chemischen Reaktionen an den Elektroden an.
c Erklären Sie, warum man nach dem Ausschalten der Gleichspannung für kurze Zeit eine elektrische Spannung an den Elektroden messen kann.

Video: Kathodenreaktion

2 › **a** Vergleichen Sie die Vorgänge bei der Elektrolyse einer Zinkiodidlösung mit den Vorgängen in folgender galvanischer Zelle:
Zn/Zn^{2+} // $2\,I^-/I_2$.
b Geben Sie jeweils die Zersetzungsspannung dieser Elektrolyse und die Spannung der galvanischen Zelle an.

Zersetzungs- und Überspannung LK

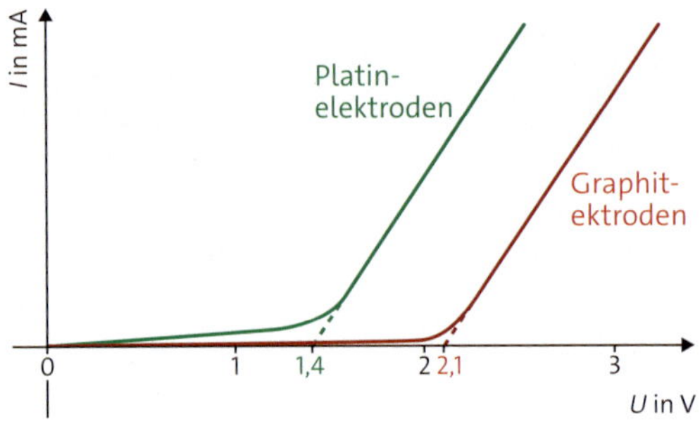

01 Stromstärke-Spannungs-Kurve für die Elektrolyse von Salzsäure

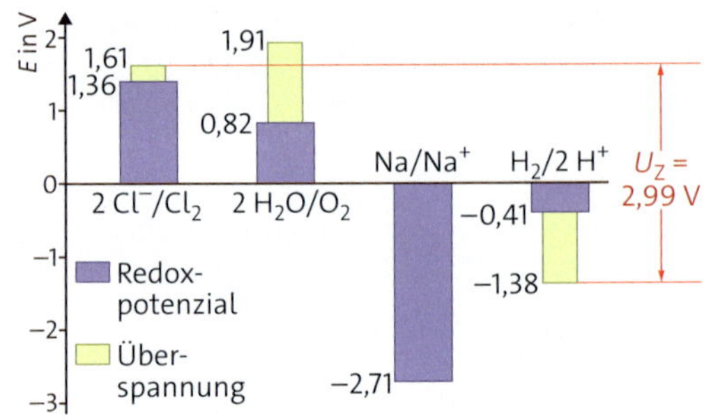

02 Elektrodenpotenziale und Überspannung bei der Elektrolyse von Natriumchloridlösung

TATSÄCHLICHE ZERSETZUNGSSPANNUNG Versucht man eine Salzsäurelösung mit einer Spannung von 1,36 Volt zu elektrolysieren, kann man keine merklichen Reaktionen an den Graphitelektroden beobachten, obwohl sich dieser Wert aus den Elektrodenpotenzialen der beteiligten Redoxpaare ergibt:

$U_Z = E^0(2\,Cl^-/Cl_2) - E^0(H_2/2\,H^+) = 1{,}36\,V$

Erst beim Anlegen einer Spannung von über 2 Volt ist eine Gasentwicklung an den Elektroden bemerkbar. Die **tatsächliche Zersetzungsspannung** ist deutlich größer als die aus den Elektrodenpotenzialen berechnete. Um sie zu ermitteln, wird die gemessene Stromstärke gegen die angelegte Spannung in einem Diagramm aufgetragen. Bei schrittweiser Erhöhung der Spannung ergibt sich ein Verlauf ähnlich wie in Bild ↑ **01**. Zu Beginn ist nur eine geringe Stromstärke messbar, sodass auch keine Elektrolyse stattfindet. Erst ab einer bestimmten Spannung steigt die Stromstärke steil an. Verlängert man diesen Teil der Kurve zur x-Achse, kann man die tatsächlich benötigte Zersetzungsspannung grafisch ermitteln. Für die Elektrolyse von Salzsäure an Graphitelektroden ergibt sich ein Wert von etwa 2,1 Volt.

Ersetzt man die Graphitelektroden im Versuchsaufbau durch Platinelektroden, so sinkt die Zersetzungsspannung auf 1,4 Volt. Sie entspricht damit in etwa der aus den Elektrodenpotenzialen ermittelten *theoretischen Zersetzungsspannung*.

Theoretische Zersetzungsspannung (↑ vorige Seite)

Ein Grund für eine höhere Zersetzungsspannung liegt darin, dass vor allem die Bildung von Gasen durch eine hohe Aktivierungsenergie gehemmt ist. Diese Hemmung ist stark vom Elektrodenmaterial abhängig und kann z. B. durch die Verwendung von Platinelektroden verringert werden.
Weitere Faktoren, die die Zersetzungsspannung beeinflussen können, sind die Temperatur, die Konzentration des Elektrolyten und die Beschaffenheit der Elektrodenoberfläche.

ÜBERSPANNUNG Bei der Elektrolyse einer Natriumchloridlösung sind mehrere Elektrodenreaktionen denkbar:

Minuspol:

$Na^+(aq) + e^- \longrightarrow Na(s) \qquad E^0 = -2{,}71\,V$

$2\,H_2O(l) + 2\,e^- \longrightarrow H_2(g) + 2\,OH^-(aq)$
$E = -0{,}41\,V\ (pH = 7)$

Pluspol:

$2\,Cl^-(aq) \longrightarrow Cl_2(g) + 2\,e^- \qquad E^0 = 1{,}36\,V$

$2\,H_2O(l) \longrightarrow O_2(g) + 4\,H^+(aq) + 4\,e^-$
$E = 0{,}82\,V\ (pH = 7)$

Vergleicht man die Elektrodenpotenziale der jeweils möglichen Reaktionen an den Elektroden, so müsste am Minuspol Wasserstoff und am Pluspol Sauerstoff entstehen, da bei diesen Reaktionen der Betrag des Elektrodenpotenzials jeweils geringer ist. Tatsächlich kann man aber nur die Bildung von Wasserstoff beobachten. Am Pluspol entsteht stattdessen Chlor.

Die Bildung von Sauerstoff – aber auch von anderen Gasen – ist bei der Elektrolyse stark gehemmt. Die Hemmung führt zu einer sogenannten **Überspannung**, die die Beträge der Elektrodenpotenziale vergrößert. Sie ist bei Sauerstoff so groß, dass die Abscheidung von Chlor bevorzugt abläuft (↑ **03**).

Bei einer Elektrolyse läuft zuerst die Redoxreaktion ab, die die geringste Zersetzungsspannung erfordert. Die Zersetzungsspannung ergibt sich aus den Elektrodenpotenzialen und möglichen Überspannungen.

1 › Kupfer(II)-chloridlösung wird elektrolysiert. Ermitteln Sie auch mithilfe von Bild ↑ **02** die tatsächliche Zersetzungsspannung und geben Sie die Elektrodenreaktionen an.
Hinweis: Metalle haben keine Überspannung.

Faraday'sche Gesetze LK

Elektrolysen haben eine große technische Bedeutung bei der Herstellung wichtiger Grundchemikalien. Jährlich werden auf diese Weise mehrere Millionen Tonnen an Chlor oder Aluminium produziert. Hierzu müssen die quantitativen Zusammenhänge zwischen der abgeschiedenen Masse eines Stoffs und der dazu notwendigen Ladungsmenge, dem „Stromverbrauch", bekannt sein.

FARADAY-GESETZE Schon um 1833/34 führte MICHAEL FARADAY quantitative Experimente zur Elektrolyse durch. Er untersuchte u. a. den Zusammenhang zwischen abgeschiedener Masse verschiedener Metalle und geflossener Ladungsmenge. Wiederholt man ähnliche Versuche, so kann man grundsätzlich feststellen, dass die abgeschiedene Masse m eines Stoffs an der Elektrode proportional zur geflossenen Ladungsmenge Q ist (**1. Faraday Gesetz**, ↑ **03**). Zur Abscheidung von 108 g Silber ist dabei die gleiche Ladungsmenge notwendig wie zur Abscheidung von 23 g Natrium. Beide Massen entsprechen einer Stoffmenge von 1 mol.

Um ein 1 mol Zink (m = 65 g) abzuscheiden, ist aber eine doppelt so große Ladungsmenge notwendig, für 1 mol Aluminium (m = 27 g) sogar eine dreimal so große Ladungsmenge (↑ **03**). Daraus kann man folgern, dass die Ladungsmenge von der Ladungszahl des Metall-Ions abhängen muss (**2. Faraday Gesetz**). Zur Berechnung der elektrolytischen Abscheidung einer beliebigen Masse eines Stoffs ergibt sich folgender Zusammenhang:

$$m(\text{Stoff}) = \frac{Q}{z \cdot F} \cdot M(\text{Stoff}) = \frac{I \cdot t}{z \cdot F} \cdot M(\text{Stoff})$$

Hierbei ist die Konstante F genau die Ladungsmenge, die notwendig ist, um 1 mol Silber abzuscheiden. Sie wird **Faraday-Konstante F** genannte.

$F = 96\,485 \text{ A} \cdot \text{s} \cdot \text{mol}^{-1}$

z ist eine dimensionslose Zahl. Sie entspricht der Anzahl der beteiligten Elektronen in der Reaktionsgleichung:

$Ag^+ + e^- \longrightarrow Ag$	$z = 1$
$Na^+ + e^- \longrightarrow Na$	$z = 1$
$Zn^{2+} + 2\,e^- \longrightarrow Zn$	$z = 2$
$Al^{3+} + 3\,e^- \longrightarrow Al$	$z = 3$

Wird die Elektrolyse mit konstanter Stromstärke I durchgeführt, ergibt sich die Ladungsmenge Q aus dem Produkt der Zeitdauer t der Elektrolyse und der gemessenen Stromstärke I:

$Q = I \cdot t$

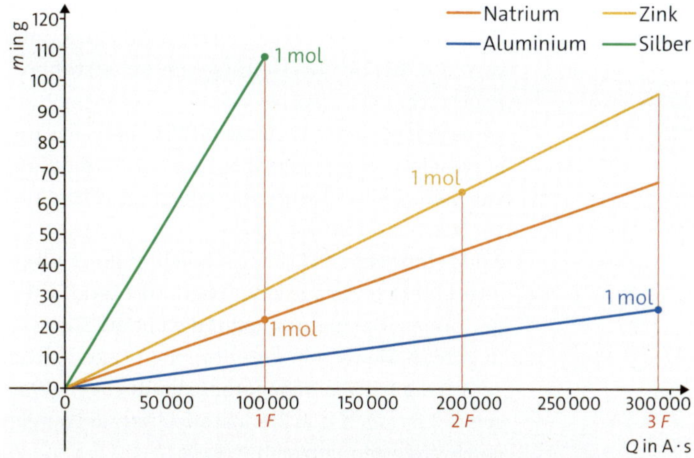

03 Abgeschiedene Massen verschiedener Metalle bei der Elektrolyse

Elektrolyse einer Lithiumchloridschmelze

Aufgabe: Berechnen Sie die Masse an abgeschiedenem Lithium und das Volumen an Chlor (unter Normbedingungen), die bei der Elektrolyse einer Lithiumchloridschmelze mit einer Stromstärke von 3 A innerhalb von zwei Stunden entstehen.

Gegeben: $I = 3 \text{ A}$; $t = 2 \text{ h} = 7200 \text{ s}$; $F = 96\,485 \text{ A} \cdot \text{s} \cdot \text{mol}^{-1}$;
$M(\text{Li}) = 6{,}9 \text{ g} \cdot \text{mol}^{-1}$; $V_m = 22{,}4 \text{ l} \cdot \text{mol}^{-1}$

Gesucht: $m(\text{Li})$, $V(Cl_2)$

Lösung:
1. Aufstellen der Reaktionsgleichungen für Minus- und Pluspol:
Minuspol: $Li^+ + e^- \longrightarrow Li$ $z = 1$
Pluspol: $2\,Cl^- \longrightarrow Cl_2 + 2\,e^-$ $z = 2$

2. Berechnen von $m(\text{Li})$:

$$m(\text{Li}) = \frac{I \cdot t}{z \cdot F} \cdot M(\text{Li}) = \frac{3 \text{ A} \cdot 7200 \text{ s}}{1 \cdot 96\,485 \text{ A} \cdot \text{s} \cdot \text{mol}^{-1}} \cdot 6{,}9 \text{ g} \cdot \text{mol}^{-1} = 1{,}54 \text{ g}$$

3. Berechnen von $V(Cl_2)$:

$$V(Cl_2) = \frac{I \cdot t}{z \cdot F} \cdot V_m = \frac{3 \text{ A} \cdot 7200 \text{ s}}{2 \cdot 96\,485 \text{ A} \cdot \text{s} \cdot \text{mol}^{-1}} \cdot 22{,}4 \text{ l} \cdot \text{mol}^{-1} = 2{,}51 \text{ l}$$

Antwort: Bei der Elektrolyse einer Lithiumchloridschmelze mit einer Stromstärke von 3 A bilden sich in zwei Stunden 1,54 g Lithium und 2,51 l Chlor.

1› Berechnen Sie die Silbermasse, die in 3 min bei einer Stromstärke von 2,5 A an einer Kathode abgeschieden wird.

2› Eine Kupfer(II)-sulfatlösung wird mit einer Stromstärke von 1 A elektrolysiert.
a Berechnen Sie die Zeitdauer, um 150 g Kupfer an einer Elektrode abzuscheiden.
b Berechnen Sie die Stromstärke, um die gleiche Masse Kupfer in nur einer Stunde zu erzeugen.

9.8 Chloralkali-Elektrolyse

Chlor und Natronlauge sind zwei der wichtigsten Grundchemikalien der chemischen Industrie. Chlor wird z. B. bei der Herstellung von Kunststoffen – hauptsächlich PVC (Polyvinylchlorid) –, Arzneimitteln, Farbstoffen, Papier, Lösungsmitteln und Salzsäure eingesetzt. Natronlauge dient u. a. zur Herstellung von Seifen, als industrielles Reinigungsmittel und zur Neutralisation von Säuren.
Beide Stoffe werden fast ausschließlich durch Chloralkali-Elektrolyse aus einer Natriumchloridlösung gewonnen. Das Natriumchlorid steht als Steinsalz in großen Mengen in unterirdischen Lagerstätten zur Verfügung. Als Nebenprodukt fällt zudem Wasserstoff an, der z. B. in Brennstoffzellen zur Energiegewinnung genutzt werden kann.

Obwohl industriell verschiedene Verfahren der Chloralkali-Elektrolyse durchgeführt werden, sind grundsätzlich immer die folgenden chemischen Reaktionen bei der Elektrolyse möglich:

Minuspol (Kathode):

$Na^+ + e^- \longrightarrow Na$ $\quad E^0 = -2{,}71\,V$

$2\,H_2O + 2\,e^- \longrightarrow H_2 + 2\,OH^-$ $\quad E = -0{,}41\,V$ (bei pH = 7)

Pluspol (Anode):

$2\,Cl^- \longrightarrow Cl_2 + 2\,e^-$ $\quad E^0 = 1{,}36\,V$

$2\,H_2O \longrightarrow O_2 + 4\,H^+ + 4\,e^-$ $\quad E = 0{,}82\,V$ (bei pH = 7)

Aus den Elektrodenpotenzialen ist ersichtlich, dass sich am Minuspol Wasserstoff und am Pluspol Sauerstoff bilden müsste. Durch Verwendung von beschichteten Titananoden als Pluspol kann aber die Abscheidung von Sauerstoff sehr stark gehemmt werden, sodass am Pluspol hauptsächlich Chlor entsteht.

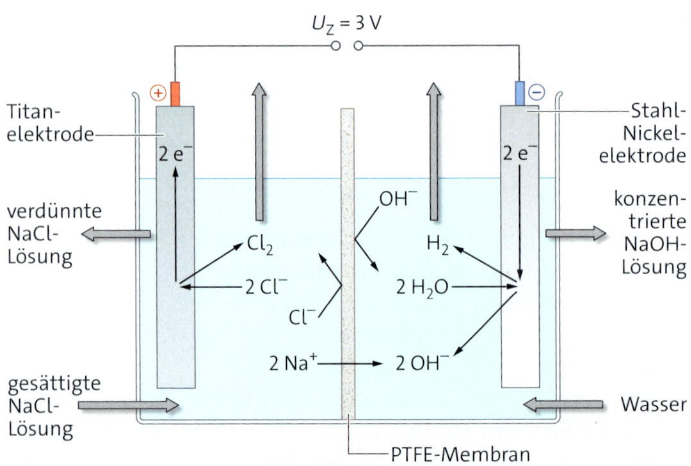

01 Membranverfahren (Schema)

MEMBRANVERFAHREN Beim Membranverfahren sind Anode (Pluspol) und Kathode (Minuspol) durch eine spezielle Membran voneinander getrennt, sodass sich die beiden Lösungen nicht miteinander vermischen können (↑ 01). Die Membran ist aus dem Kunststoff Polytetrafluorethen (PTFE) aufgebaut. Durch Poren, die mit negativ geladenen Sulfonatgruppen $-SO_3^-$ besetzt sind, können nur die positiv geladenen Natrium-Ionen Na^+ von einem Elektrodenraum in den anderen gelangen. Für negativ geladene Ionen ist sie dagegen undurchlässig.

Die Anode aus Titan ist von einer gesättigten Natriumchloridlösung umgeben, an der sich Chlor bildet. Die Kathode aus Nickel oder Edelstahl wird von einer verdünnten Natronlauge (NaOH-Lösung) umspült. Durch die bei der Bildung von Wasserstoff entstehenden OH^--Ionen erhöht sich deren Konzentration in der Lösung. Na^+-Ionen aus der Kochsalzlösung wandern durch die Membran zum Ladungsausgleich ein. Die so gewonnene Natronlauge ist hochkonzentriert sowie sehr rein und kann direkt weiterverarbeitet werden, da die negativ geladenen Chlorid-Ionen Cl^- nicht durch die Membran wandern können.
In Deutschland werden rund 58 % des Chlors mithilfe des Membranverfahrens erzeugt.

DIAPHRAGMAVERFAHREN Das Diaphragmaverfahren kann als Vorläufer des Membranverfahrens angesehen werden. Mit etwa 24 % hat es aber immer noch einen großen Anteil an der Chloralkali-Elektrolyse in Deutschland. Statt der speziellen Membran sind Kathode und Anode nur durch ein Diaphragma getrennt, das auch für negativ geladene Ionen durchlässig ist. Die so gewonnene Natronlauge enthält deshalb noch Cl^--Ionen. Um das Diffundieren von OH^--Ionen in den Anodenraum zu verhindern, wird die Kochsalzlösung durch das Diaphragma gepresst (↑ 02).

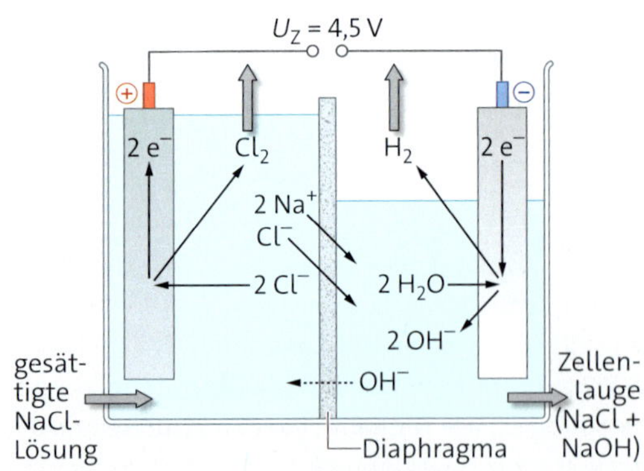

02 Diaphragmaverfahren (Schema)

AMALGAMVERFAHREN Ein drittes Verfahren, das auf der Chloralkali-Elektrolyse beruht, ist das Amalgamverfahren. Aufgrund des Einsatzes von hochgiftigem Quecksilber findet aber der Bau neuer Anlagen in der EU und in anderen Ländern nicht mehr statt. Lag zu Beginn des Jahrtausends der Anteil des Amalgamverfahrens noch bei 60 %, ist er durch die Modernisierung vieler Anlagen auf das Membranverfahren auf heute unter 20 % gesunken.
Beim Amalgamverfahren sind Kathode und Anode nicht räumlich voneinander getrennt. Titananoden tauchen in eine konzentrierte Natriumchloridlösung. Als Kathode dient eine dünne Schicht flüssiges Quecksilber, das durch Neigung der Elektrolysezelle über den Boden fließt (↑ **03**).

Durch die Verwendung von Quecksilber bildet sich an der Kathode Natrium und kein Wasserstoff. Dies liegt zum einen daran, dass die Abscheidung von Wasserstoff an Quecksilber stark gehemmt ist. Außerdem bildet das Natrium mit dem Quecksilber eine Legierung, das **Amalgam**, und kann so aus der Elektrolysezelle abgeführt werden.
Erst in einem weiteren Schritt reagiert das Natrium mit Wasser im Amalgamzersetzer zu Natronlauge und Wasserstoff. Das Quecksilber kann so in einem geschlossenen Kreislauf wieder eingesetzt werden.

VERFAHREN IM VERGLEICH Weltweit werden fast 100 Millionen Tonnen Chlor im Jahr produziert. Unabhängig vom Verfahren ist die Chloralkali-Elektrolyse sehr energieintensiv. In Deutschland können mit den drei gängigen Verfahren jährlich etwa 5,5 Millionen Tonnen Chlor erzeugt werden. Nimmt man einen durchschnittlichen Energiebedarf von 2700 kWh pro Tonne an, so müssen für die Gesamterzeugung rund 13,5 Milliarden kWh elektrische Energie aufgewandt werden. Zum Vergleich: 2020 lag der Stromverbrauch aller 40 Millionen privaten Haushalte in Deutschland bei knapp 130 Milliarden kWh.

Aus diesem Grund wird bei der Modernisierung von Anlagen und bei Neubau fast ausschließlich das weniger energieintensive Membranverfahren realisiert. Ein weiterer Vorteil: Beim Membranverfahren werden keine umweltgiftigen Stoffe wie Quecksilber oder Asbest verwendet, deren Emissionen gesetzlich stark begrenzt sind. Ein großer Nachteil des Membranverfahrens ist allerdings die aufwendige Reinigung der Kochsalzlösung. Schon Spuren anderer Kationen wie Magnesium- oder Calcium-Ionen führen zur irreparablen Beschädigung der teuren PTFE-Membran.

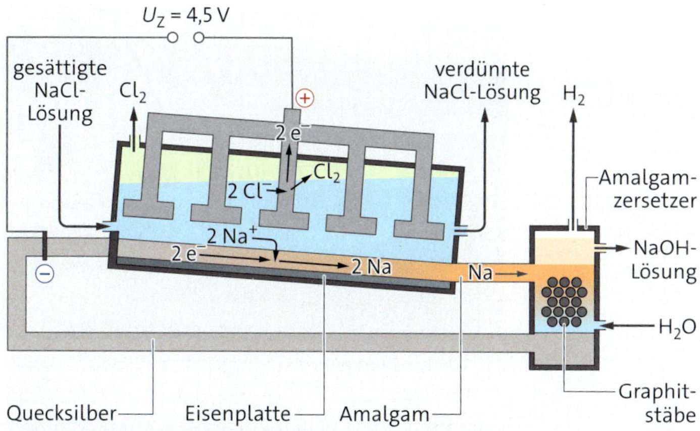

03 Amalgamverfahren (Schema)

	Membran-verfahren	Diaphragma-verfahren	Amalgam-verfahren
Anode	speziell beschichtetes Titan		
Kathode	Nickel oder Edelstahl	Nickel oder Edelstahl	flüssiges Quecksilber
Trennung von Anode und Kathode	ionenselektive PTFE-Membran	Diaphragma aus Asbest oder Teflon	keine Trennung erforderlich
Energiebedarf pro Tonne Chlor	2500 bis 2700 kWh	2800 bis 3000 kWh	3300 bis 3600 kWh
Reinheit des Chlors	bis zu 2 % Sauerstoff	bis zu 2 % Sauerstoff	<0,3 % Sauerstoff
Natronlauge	30- bis 33%ig, praktisch rein	10- bis 12%ig, ca. 1 % NaCl	ca. 50%ig, praktisch rein
Vorteile	sauber, energiesparend	günstig	konz. NaOH, reines Cl_2
Nachteile	aufwendige Reinigung der NaCl-Lösung, teure Membran	umweltgiftiges Asbest, Nachbehandlung der Natronlauge nötig	umweltgiftiges Quecksilber, hoher Energiebedarf

04 Vergleich der Verfahren der Chloralkali-Elektrolyse

1 In einer Fabrik wird Chlor mithilfe des Membranverfahrens hergestellt (U = 3 V, I = 400 kA).
a Berechnen Sie die stündliche Produktion an Chlor und den Verbrauch an Kochsalz (NaCl).
b Berechnen Sie den Energiebedarf (in kWh) für die Produktion von 1 t Chlor. Vergleichen Sie den Wert mit Tabelle ↑ **04** und stellen Sie Vermutungen für die Abweichung auf.

2 Diskutieren Sie die ökonomischen und ökologischen Vor- und Nachteile der Verfahren der Chloralkali-Elektrolyse.

9.9 Korrosion

01 Rostige Brücke im Hamburger Hafen (Speicherstadt)

02 Glücksbringer?!

ROSTEN Rost begnet uns überall im Alltag. Das neue Fahrrad behält nicht lange seinen metallischen Glanz. Schon ein- oder zweimal im Regen stehen gelassen, überziehen sich unlackierte Stellen mit rotbraunen Flecken – das Metall rostet. Auch die Oberfläche einer Bahnbrücke aus Stahl oder Eisen überzieht sich mit der Zeit mit einer Rostschicht (↑ 01). Der Vorgang kann sich so lange fortsetzen, bis das Metall vollständig zerstört ist.

Nicht nur Eisen verändert sich durch Umwelteinflüsse: Auf einem neuen rot glänzenden Kupferdach bildet sich mit der Zeit eine mattgrünliche Schicht, die Patina genannt wird. Im Gegensatz zu Rost hat sie sogar eine Schutzfunktion, da sie das Kupferblech darunter vor weiterer Veränderung bewahrt. Auch Skulpturen aus Bronze, einer Kupfer-Zinn-Legierung, sehen matt und schwarz aus. Nur Stellen, die z. B. aus Aberglauben häufig berührt oder gerieben werden, glänzen golden (↑ 03).

Jede Veränderung von metallischen Werkstoffen durch Umwelteinflüsse wie das Rosten und die Bildung einer Patina werden als **Korrosion** (lat. *corrodere:* zernagen, zerfressen) bezeichnet.

LOKALELEMENT Tauchen ein Kupferstab und ein Zinkstab isoliert voneinander in ein Gefäß mit verdünnter Salzsäure, so tritt nur am Zinkstab eine Gasentwicklung von Wasserstoff auf (↑ 02**A**; ↑ Exp. 9.11, S. 304).

Die Protonen der sauren Lösung oxidieren das Zink, indem sie Elektronen der Zink-Atome aufnehmen, und werden selbst zu Wasserstoff reduziert. Die Zink-Atome gehen als Zink-Ionen in Lösung:

Anode: $Zn(s) \longrightarrow Zn^{2+}(aq) + 2\,e^-$ (Oxidation)

Kathode: $2\,H^+(aq) + 2\,e^- \longrightarrow H_2(g)$ (Reduktion)

Das Kupfer wird von der Salzsäure zunächst nicht angegriffen. Sobald sich aber die beiden Metallstäbe berühren, ist die Gasentwicklung am Kupferstab zu erkennen, während sie am Zinkstab zurückgeht (↑ 03**B**). Es hat sich ein **Lokalelement** zwischen Zink als Anode und Kupfer als Kathode gebildet. Bei dieser *kurzgeschlossenen galvanischen* Zelle geben Zink-Atome unter Bildung von Zink-Ionen Elektronen an das Kupfer ab (↑ 03**C**). Weil am Kupfer eine im Vergleich zum Zink weniger stark ausgeprägte elektrochemische Doppelschicht vorliegt, reduzieren die Elektronen dort bevorzugt Protonen zu Wasserstoffmolekülen. Kupfer nimmt also lediglich die Rolle eines Elektronenüberträgers ein.

Lokalelemente können selbst aus kleinsten Partikeln edlerer Metalle entstehen, die z. B. im Stahl oder Eisen eingeschlossen sind. Kommen sie mit Feuchtigkeit in Kontakt, beginnt das Eisen an dieser Stelle zu korrodieren. Da das edle Metall bei dieser **Kontaktkorrosion** nicht aufgelöst wird, kann es das Werkstück großflächig zerstören. Das edlere Metall wirkt wie ein *Katalysator*, der die Korrosion beschleunigt.

03 **A** Kupfer- und Zinkstab tauchen in verdünnte Salzsäure. **B** Die Stäbe berühren sich. **C** Modelldarstellung

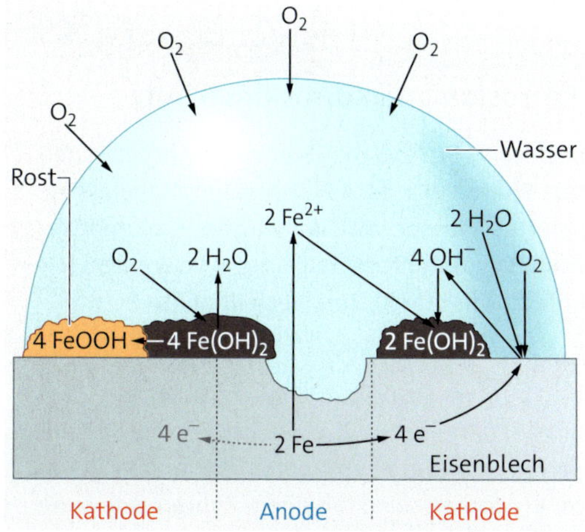

04 Sauerstoffkorrosion von Eisen (Schema)

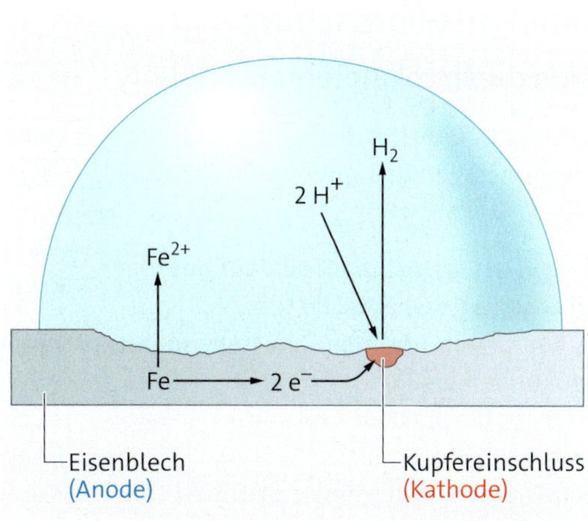

05 Säurekorrosion an einem Lokalelement (Schema)

SAUERSTOFFKORROSION VON EISEN Untersucht man die Korrosion von Eisennägeln systematisch, stellt man fest, dass sowohl Wasser als auch der Sauerstoff der Luft am Rostvorgang von Eisen beteiligt sind (↑ Exp. 9.12, 9.13, S.304).

Ist die Oberfläche von Eisen an einer Stelle mit Feuchtigkeit oder Wasser benetzt, führt der im Wasser gelöste Sauerstoff zu einer elektrochemischen Reaktion. Eisen-Atome an der Oberfläche lösen sich als Eisen(II)-Ionen Fe^{2+} im Wasser und lassen Elektronen auf der Oberfläche zurück. Gleichzeitig nehmen Sauerstoff- und Wasser-Moleküle diese Elektronen auf und reagieren zu Hydroxid-Ionen OH^-. Durch die Reaktion sinkt die Konzentration der Sauerstoffmoleküle im Wasser – an der Grenzfläche zur Luft allerdings nicht so stark, da hier Sauerstoff-Moleküle aus der Luft nachdiffundieren können. Es entsteht eine kurzgeschlossene Konzentrationszelle (↑ **04**). Diese Vorgänge werden auch als **Sauerstoffkorrosion** bezeichnet.

Anode: $Fe \longrightarrow Fe^{2+} + 2\,e^-$ (Oxidation)
Kathode: $O_2 + 2\,H_2O + 4\,e^- \longrightarrow 4\,OH^-$ (Reduktion)

Gesamtreaktion: $2\,Fe + O_2 + 2\,H_2O \longrightarrow 2\,Fe^{2+} + 4\,OH^-$

Die Fe^{2+}- und OH^--Ionen reagieren zum schwerlöslichen Eisen(II)-hydroxid $Fe(OH)_2$. In einer Folgereaktion bildet sich daraus Eisen(III)-oxidhydroxid FeOOH, das sich auf der Metalloberfläche als Rost absetzt.

$Fe^{2+} + 2\,OH^- \longrightarrow Fe(OH)_2$
$4\,Fe(OH)_2 + O_2 \longrightarrow 4\,FeOOH + 2\,H_2O$

Der Rost ist blättrig, porös und löst sich leicht von der Oberfläche. Das darunter liegende Eisen ist nicht vor weiterer Korrosion geschützt, sodass mit der Zeit das komplette Metall reagieren kann.

SÄUREKORROSION VON EISEN Auch durch saure Lösungen wird Eisen korrodiert. An der Oberfläche eines Eisennagels, der in Salzsäure getaucht wird, bilden sich Gasblasen. Es ist bekannt, dass unedle Metalle von Oxonium-Ionen (vereinfacht: H^+) angegriffen werden. Bei der **Säurekorrosion** werden in einer Redoxreaktion Fe-Atome zu Fe^{2+}-Ionen oxidiert und H^+-Ionen zu H_2-Molekülen reduziert.

Umwickelt man den Eisennagel im Versuch an einer Stelle mit einem Kupferdraht, bildet sich der Wasserstoff nur am Kupfer, und die Gasentwicklung ist viel stärker. Eisennagel und Kupferdraht bilden mit der sauren Lösung eine galvanische Zelle, die durch den direkten Kontakt der Metalle kurzgeschlossen ist. Das edlere Kupfer bildet die Kathode, an der die Reduktion der H^+-Ionen ungestört ablaufen kann (↑ **05**).

Anode: $Fe \longrightarrow Fe^{2+} + 2\,e^-$ (Oxidation)
Kathode: $2\,H^+ + 2\,e^- \longrightarrow H_2$ (Reduktion)

Gesamtreaktion: $Fe + 2\,H^+ \longrightarrow Fe^{2+} + H_2$

Korrosion ist die Zerstörung eines Metalls durch elektrochemische Reaktionen mit Sauerstoff oder sauren Lösungen. Die Bildung von Lokalelementen mit edleren Metallen beschleunigt die Korrosion.

1 Erklären Sie, warum sich bei der Kontaktkorrosion die Metalle berühren müssen, obwohl sie doch über die Lösung leitend verbunden sind.

2 Erläutern Sie anhand einer Skizze, warum die Bildung von Lokalelementen auch die Sauerstoffkorrosion beschleunigt.

3 Erläutern Sie, warum Gegenstände aus Eisen in Meeresnähe schnell Rost ansetzen (↑ **01**).

Praktikum

P Korrosion und Korrosionsschutz

EXP 9.11 Korrosion durch Lokalelementbildung

Materialien Becherglas (100 mL), Kabel mit zwei Klemmen, Zinkstab, Strommessgerät, Kupferstab, Salzsäure (c = 0,1 mol·L^{-1})

Durchführung *Vor dem Versuch:* Achten Sie darauf, dass der Zinkstab eine möglichst glatte Oberfläche hat.

a) Stellen Sie den Kupferstab und den Zinkstab isoliert voneinander in die Salzsäurelösung.

b) Bringen Sie den Kupferstab mit dem Zinkstab in der Salzsäurelösung in Kontakt.

c) Stellen Sie den Kupferstab und den Zinkstab isoliert voneinander in die Salzsäurelösung und verbinden Sie beide Stäbe elektrisch leitend mit dem Kabel und dem Strommessgerät.

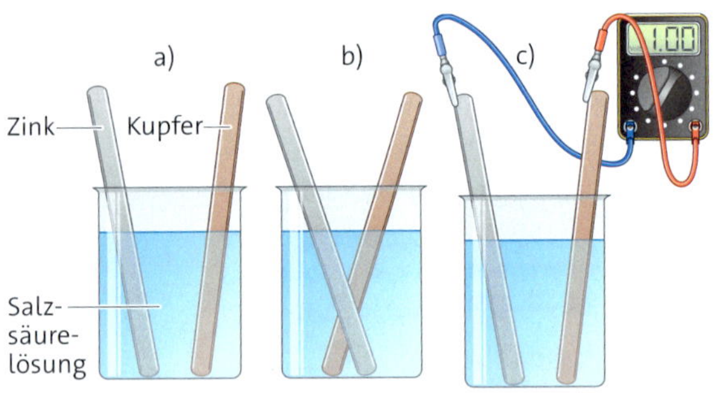

Entsorgung: Lösungen ins Abwasser, Metallstäbe in die Sammlung geben.

Auswertung Deuten Sie die Beobachtungen der Teilversuche **a** bis **c**.

EXP 9.12 Untersuchen der Korrosion von Eisen

Materialien Becherglas, Sandpapier, 4 Reagenzgläser, Wasser, verdünnte Salzsäure (5, 7), 4 Eisennägel

Durchführung Schmirgeln Sie die Eisennägel mit dem Sandpapier ab, bis diese glänzen. Geben Sie je einen Nagel in ein Reagenzglas, das Sie jeweils füllen: mit Wasser, mit Wasser, das Sie zuvor abgekocht haben, sowie mit verdünnter Salzsäure. In ein Reagenzglas geben Sie nur einen Nagel. Verschließen Sie die Reagenzgläser mit einem Stopfen. Lassen Sie den Versuchsaufbau für ein bis zwei Tage stehen und notieren Sie regelmäßig Ihre Beobachtungen.

Entsorgung: Lösungen in das Abwasser, Nägel in den Hausmüll geben.

Auswertung Erläutern Sie den Unterschied zwischen dem abgekochten und dem nicht abgekochten Wasser. Deuten Sie das unterschiedliche Aussehen der Nägel.

EXP 9.13 Korrosion und Korrosionsschutz

Materialien Becherglas (250 mL), Brenner, Drahtnetz, Dreifuß, Glasstab, Spatel, Waage, 4 Petrischalen, Tiegelzange, Agar, destilliertes Wasser, Natriumchlorid, Kaliumhexacyanoferrat(III), Thymolphthaleinlösung, 4 Eisennägel (l = 50 mm), Kupferdraht (blank), Zinkblech (blank)

Durchführung

a) Stellen Sie aus etwa 2 g Agar, 100 mL destilliertem Wasser, einem Spatel Natriumchlorid, einer Spatelspitze Kaliumhexacyanoferrat(III) und einigen Tropfen Thymolphthaleinlösung unter Erwärmen und ständigem Rühren eine klare Agarlösung her.

b) Gießen Sie die noch heiße Agarlösung in Petrischalen, in denen sich je einer der folgenden Gegenstände befindet:
- ein unbehandelter Eisennagel
- ein Eisennagel, dessen vordere Hälfte in der Brennerflamme oxidiert wurde
- ein Eisennagel, der in der Mitte fest mit einem blanken Kupferdraht umwickelt ist
- ein Eisennagel, der in der Mitte mit einem blanken Zinkblech umwickelt ist

c) Lassen Sie die Petrischalen bis zum Festwerden der Agarlösung stehen.

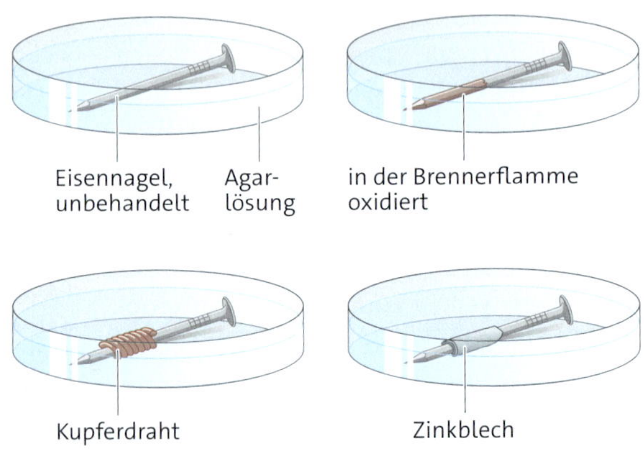

Entsorgung: Agar in den Hausmüll geben, Feststoffe einsammeln.

Auswertung

1 Beschreiben Sie Ihre Beobachtungen.

2 Erklären Sie Ursachen der rötlichen und der dunkelblauen Färbung.
Hinweis: Eisen(II)-Ionen bilden mit Hexacyanoferrat(III)-Ionen einen tiefblauen Komplex (Turnbulls Blau, $Fe_4[Fe(CN)_6]_3$).

3 Erläutern Sie korrosionsfördernde und korrosionshemmende Maßnahmen am Eisennagel.

Aluminium und das Eloxalverfahren

01 Aluminium im Alltag

03 Die Fassade des Selfridges-Einkaufszentrums in Birmingham ist mit 15 000 Aluminiumscheiben verkleidet.

BEDEUTUNG VON ALUMINIUM Aluminium ist vor allem als Verpackungsmaterial kaum wegzudenken (↑ **01**). Das ist aber bei Weitem nicht die einzige Einsatzmöglichkeit. Mit einer Jahresproduktion von etwa 40 Millionen Tonnen ist es nach Eisen das zweitwichtigste Gebrauchsmetall. Aufgrund seiner geringen Dichte von 2,7 g · cm^{-3} wird es überall dort eingesetzt, wo es auf das Gewicht ankommt: Bei der Konstruktion von Fahrzeugen, Flugzeugen und Schienenfahrzeugen kann durch die Verwendung von Aluminium Treibstoff und Energie im Betrieb gespart werden. Flugzeuge bestehen zu mehr als der Hälfte aus Aluminium. Das gleiche Flugzeug aus Stahl würde etwa 50 % mehr wiegen. Auch im Automobilbau kommt es immer häufiger zum Einsatz. In einem modernen Pkw sind über 100 kg Aluminium verbaut, sogar Motoren bestehen aus dem Metall. Aluminium ist zudem sehr korrosionsbeständig, da es auf seiner Oberfläche eine dünne, undurchlässige Oxidschicht bildet, die das Metall schützt.

ELOXALVERFAHREN Aluminium ist mit seinem negativen Standardpotenzial von $E^0 = -1{,}66$ V ein sehr unedles Metall. An der Luft oder von schwach sauren Lösungen wird es aber nicht angegriffen. Das liegt an einer fest haftenden, undurchlässigen Schicht aus Aluminiumoxid Al_2O_3, die sich auf der Oberfläche bildet. Natürlicherweise ist diese Schicht etwa 0,05 µm dick (1 µm = 1/1000 mm).

Beim **Eloxalverfahren**, einer **el**ektrolytischen **Ox**idation von **Al**uminium, wird die Schicht technisch verstärkt. Hierzu wird das Werkstück aus Aluminium in verdünnte Schwefelsäurelösung getaucht und als Anode geschaltet (↑ **02**). Die Kathode besteht aus Aluminium, Kohle oder Blei. Legt man eine Gleichspannung an, so werden die H^+-Ionen der Säure unter Elektronenaufnahme zu Wasserstoff und Wasser reduziert. Am Aluminiumwerkstück oxidieren Alumminiumatome zu Al^{3+}-Ionen, die mit Wasser-Molekülen aus der Lösung zu Aluminiumoxid weiterreagieren. Durch das Eloxieren erreicht man Schichtdicken von bis zu 25 µm. Poren in der Oxidschicht ermöglichen das Einlagern von Farbstoffen zum Einfärben des Metalls. Durch Behandlung mit Wasserdampf werden anschließend die Poren dauerhaft verschlossen. Eloxiertes Aluminium wird z. B. zur Fertigung von Gehäusen für hochwertige Elektronikgeräte oder für Fassadenelemente im Bau verwendet (↑ **03**).

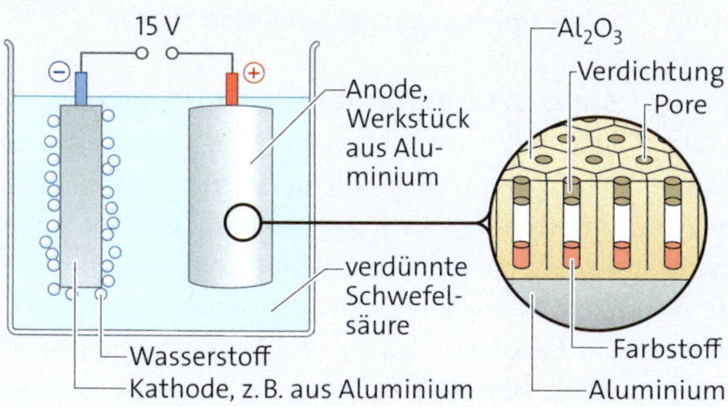

02 Eloxalverfahren

1) Formulieren Sie die Reaktionsgleichungen für die Vorgänge an Kathode und Anode sowie eine Gesamtgleichung für das Eloxalverfahren.

2) Planen Sie einen Versuch zum Eloxalverfahren.

3) Erläutern Sie die folgende Abbildung:

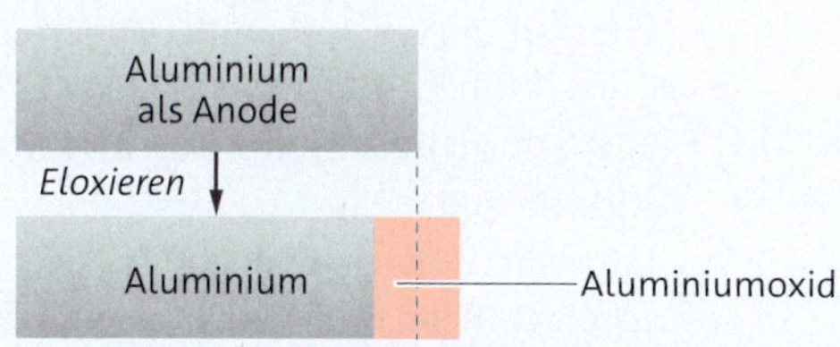

4) Das Eloxalverfahren verbessert die Beständigkeit von Aluminium. Erklären Sie, warum sich dieses Verfahren nicht zum Korrosionsschutz von Eisen eignet.

9.10 Korrosionsschutz

01 Feuerverzinkung einer Autokarosserie

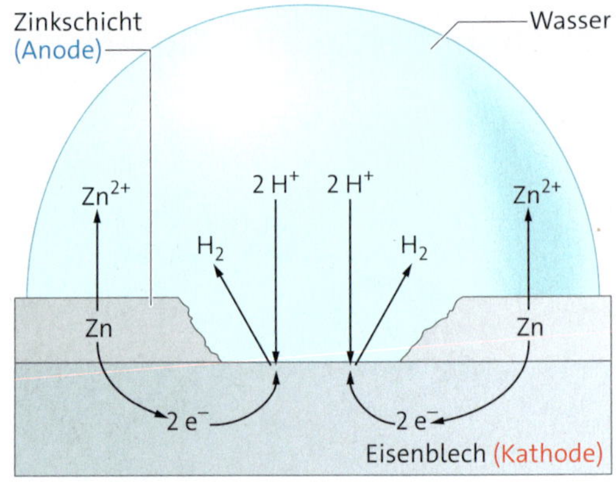

02 Kontaktkorrosion bei verzinktem Eisen

SCHÄDEN DURCH KORROSION Korrosionsschäden verursachen jährlich Kosten in Milliardenhöhe. Man schätzt, dass Industrieländer etwa 3 bis 4 % ihres Bruttoinlandsprodukts für die Beseitigung von Korrosionsschäden aufwenden müssen. Das sind allein in Deutschland etwa 120 Milliarden Euro jährlich. Zum Vergleich: 2022 umfassten die Ausgaben des Bundes etwa 480 Milliarden Euro. Effektive Maßnahmen zum Schutz vor Korrosion haben deshalb eine große wirtschaftliche Bedeutung.

SCHUTZ DURCH PASSIVIERUNG Im Gegensatz zu Eisen bilden viele andere unedle Metalle auf ihrer Oberfläche eine fest haftende, undurchlässige Oxidschicht. So sind Werkstoffe aus Aluminium, Titan, Chrom oder Zink durch diese Schicht vor weiterer Korrosion geschützt. Bei Gegenständen aus Aluminium wird diese **Passivierung** durch technische Verfahren künstlich verstärkt (↑ Eloxalverfahren, S. 233). Auch die Bildung einer Patina wie bei Kupfer oder Bronze stellt eine wirksame Passivierung des Metalls dar.
Bei Eisen funktioniert diese Form des Korrosionsschutzes nicht, da die gebildete Rostschicht porös und schlecht haftend ist. Durch Legieren mit bestimmten Metallen wie Chrom und Nickel beim Nirosta-Stahl kann aber auch hier eine gewisse Passivierung erfolgen, die vor weiterer Oxidation schützt.

SCHUTZ DURCH ÜBERZÜGE AUS METALLEN Die passivierenden Eigenschaften einiger unedler Metalle nutzt man, um auch Eisen vor Korrosion zu schützen. Beim Feuerverzinken wird das Werkstück, z. B. eine Autokarosserie, in eine 450 °C heiße Zinkschmelze getaucht und vollständig mit einer etwa 0,1 mm dicken Zinkschicht überzogen (↑ **01**). Die Schicht verhindert so den Kontakt von Wasser und Sauerstoff mit dem Eisen.

Aber selbst wenn die Zinkschicht beschädigt wird, bietet sie einen aktiven Schutz vor Korrosion. An der beschädigten Stelle entsteht ein *Lokalelement*, bei dem das edlere Eisen die Kathode bildet. Die Zinkschicht löst sich zwar weiter auf, aber das darunter liegende Eisen wird nicht angegriffen (↑ **02**).

Metallische Überzüge werden auch elektrolytisch erzeugt. Bei diesem **Galvanotechnik** genannten Verfahren wird das Werkstück als Kathode geschaltet. Als Anode dient das Metall, mit dem der Gegenstand überzogen werden soll. Beide werden in eine Salzlösung getaucht, die Metall-Ionen der Anode enthält. Durch Anlegen einer Spannung scheidet sich auf dem Werkstück der metallische Überzug ab, während sich die Anode langsam auflöst. Beispiel dafür ist das *Verchromen* von Eisenwerkstücken.
Auf diese Weise lassen sich auch Überzüge aus edleren Metallen wie Kupfer, Silber und Gold erzeugen, die den Gegenstand nicht nur schützen, sondern auch wertvoller erscheinen lassen.
Konservendosen sind häufig aus Weißblech. So bezeichnet man dünne Stahlbleche mit einem Zinnüberzug. Zinn ist edler als Eisen. Im Gegensatz zu Zink wird es von sauren Lösungen nicht angegriffen, sodass Dosen aus Weißblech zur Aufbewahrung von Lebensmitteln gut geeignet sind.

SCHUTZ DURCH ÜBERZÜGE AUS NICHTMETALLEN Schrauben und andere Teile aus Metall werden häufig eingeölt. So wird der Zutritt von Feuchtigkeit unterbunden. Farbiger Lack oder ein Überzug mit Kunststoff versiegelt nicht nur die Oberfläche des Metalls, sondern dient auch ästhetischen Zwecken. Ein besonders harter und beständiger Schutz ist Email. Der glasartige Überzug kann durch Pigmente angefärbt werden und wird z. B. bei Küchenutensilien angewandt.

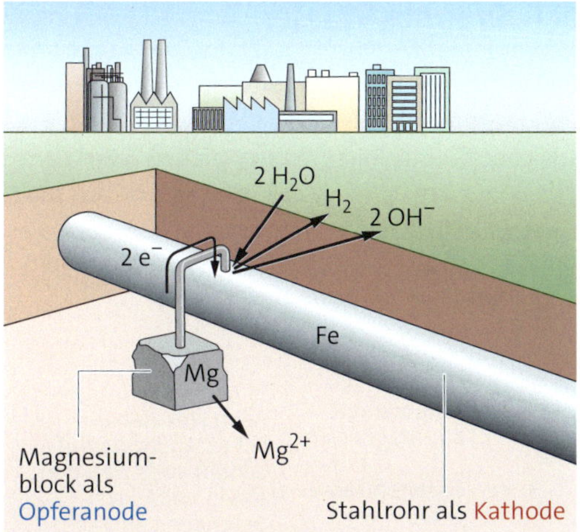

03 Kathodischer Korrosionsschutz: Opferanode

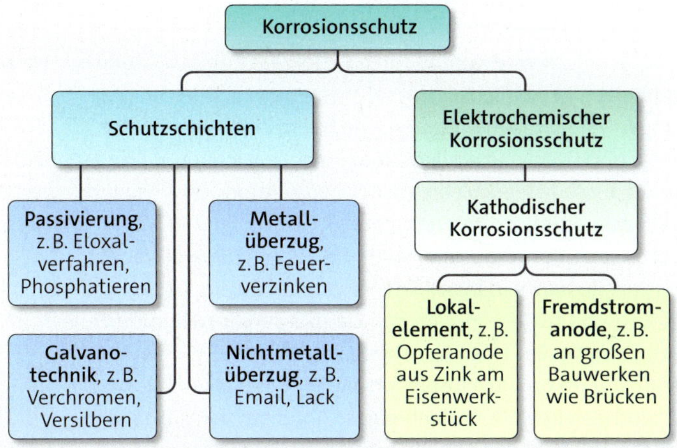

05 Verfahren des Korrosionsschutzes

KATHODISCHER KORROSIONSSCHUTZ Metallische Gegenstände, die ständig in Kontakt mit Wasser oder Feuchtigkeit stehen, müssen besonders vor Korrosion geschützt sein. Auf dem Rumpf von Schiffen werden hierzu Zinkplatten angebracht (↑ **04**). Im Wasser bilden sie mit dem Eisen des Rumpfs ein Lokalelement. Da Zink ein geringeres Elektrodenpotenzial als Eisen hat, bildet es die Anode, an der die Oxidation von Zink-Atomen zu Zink-Ionen stattfindet. Am Eisen finden hingegen Reduktionsvorgänge statt, bei denen das Metall unverändert bleibt. Mit der Zeit lösen sich die Zinkplatten auf – sie werden geopfert, weshalb man sie auch **Opferanoden** nennt. Metallrohre im Boden werden häufig mit Opferanoden aus Magnesium verbunden (↑ **03**).
Eine besonders wirksame Form des kathodischen Korrosionsschutzes ist die Verwendung von *Fremdstromanoden*. Hierbei wird an das Stahlgerüst von Stahlbetonbauten wie Brücken eine elektrische Spannung angelegt. Sie ist so gepolt, dass ein Stromfluss die Oxidation des Eisens verhindert. Der Vorteil ist, dass die verwendeten Anoden dabei nicht verbraucht und nicht ausgetauscht werden müssen.

04 Opferanoden aus Zink an einem Schiffsrumpf

Um auf einem Eisenwerkstück eine Passivierungsschicht aufzubringen, nutzt man das Verfahren des Phosphatierens. Dabei werden die Werkstücke in eine Lösung, die Phosphorsäure und Zinkphosphat enthält, eingetaucht. Durch chemische Reaktion befindet sich anschließend auf dem Eisen eine fest haftende Eisenphosphatschicht von bis zu 1 Mikrometer Schichtdicke. Sie gewährleistet zwar keinen dauerhaften Korrosionsschutz, allerdings haftet die Phosphatschicht sehr gut auf dem Untergrund und erlaubt durch die mikroporöse Schichtstruktur eine gute Verankerung für nachfolgende Beschichtungen, z. B. Lacküberzüge.

Video: Opferanode

Durch Überzüge kann Eisen vor Korrosion geschützt werden. Sie verhindern den Kontakt der Oberfläche mit Feuchtigkeit und dem Sauerstoff der Luft. Opferanoden aus unedlen Metallen bieten einen aktiven Korrosionsschutz.

1 › Erläutern Sie die chemischen Vorgänge, wenn die Zinnschicht des Weißblechs einer Sauerkrautkonservendose verletzt wird.

2 › Erklären Sie, warum in stählernen Heizkesseln zur Warmwasserbereitung Magnesiumstäbe eingebracht werden.

3 › Durch Galvanotechnik lassen sich auch Gegenstände aus Kunststoff verchromen. Erläutern Sie, warum diese vorher mit einem Metalllack z. B. aus Nickel behandelt werden.

4 › Recherchieren Sie die chemischen Reaktionen, die beim Phosphatieren ablaufen. Erläutern Sie das Verfahren.

5 › Diskutieren Sie die verschiedenen Arten des Korrosionsschutzes unter ökonomischen und ökologischen Gesichtspunkten.

Klausurtraining

Material E Kupferraffination

Großtechnisch wird Kupfer durch Redoxreaktion aus Kupfersulfiderzen gewonnen. Es enthält noch bis zu 2 % Verunreinigungen von anderen Metallen, wie Eisen, Zink, Nickel, Silber, Platin und Gold, und wird als Rohkupfer bezeichnet.
Bei der anschließenden elektrolytischen Kupferraffination wird der Kupferanteil auf 99,98 % erhöht. Hierzu werden Metallplatten aus Rohkupfer gefertigt, die als Anoden verwendet werden. Zusammen mit Platten aus hochreinem Kupfer, die als Kathode fungieren, tauchen sie in eine saure Kupfer(II)-sulfatlösung. Bei einer Spannung von etwa 0,3 V und einer Stromstärke von 100 A lösen sich die Anodenplatten langsam auf und es scheidet sich hochreines Kupfer auf den Kathodenplatten ab. Unter den Anoden lagert sich Anodenschlamm ab, der aus den Edelmetallen Silber, Platin und Gold besteht.

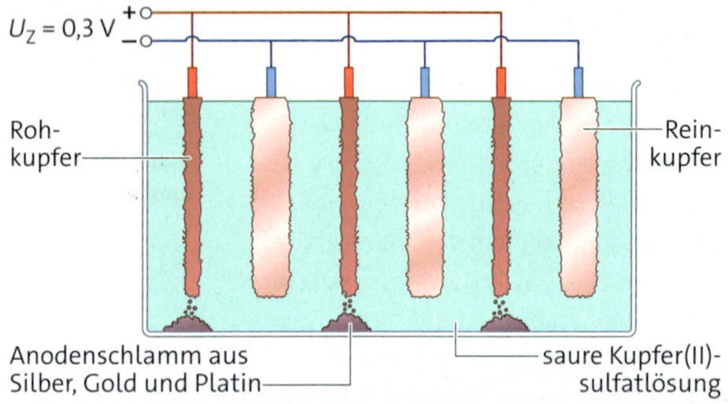

E1.1 Leiterplatte

Redoxpaar	Standard-potenzial E^0	Redoxpaar	Standard-potenzial E^0
Au/Au^{3+}	1,50 V	$H_2/2\,H^+$	0 V
Pt/Pt^{2+}	1,19 V	Zn/Zn^{2+}	−0,76 V
Ag/Ag^+	0,80 V	Fe/Fe^{2+}	−0,41 V
Cu/Cu^{2+}	0,35 V	Ni/Ni^{2+}	−0,23 V

E1.2 Standardpotenziale einiger Redoxpaare

AUFGABEN ZU E

1 › **a** Berechnen Sie die theoretische Zersetzungsspannung der Elektrolysezelle der Kupferraffination (↑ **E1.1**, **E1.2**).
b Erläutern Sie, warum tatsächlich mit 0,3 V elektrolysiert wird.

2 › Formulieren Sie die Reaktionsgleichungen für die Vorgänge an den Elektroden (↑ **E1.1**).

3 › Begründen Sie, warum sich an der Kathode nur Kupfer abscheidet (↑ **E1.2**).

4 › Berechnen Sie, wie lange das Auflösen einer Rohkupferplatte mit den Maßen 60 cm · 60 cm · 4 cm dauert.
Hinweis: ϱ(Kupfer) = 8,92 g · cm^{-3}

Material F Braunes Wasser

Heizungsanlagen und Warmwasseraufbereiter in Häusern verfügen häufig über große Kessel aus verzinktem Stahl, die als Zwischenspeicher für das heiße Wasser dienen. Zum Korrosionsschutz sind die Kessel mit einer Schutzanode aus Magnesium ausgestattet. Das ist ein langer Metallstab, der in den Kessel hineinragt und mit der Außenwand verschraubt ist.

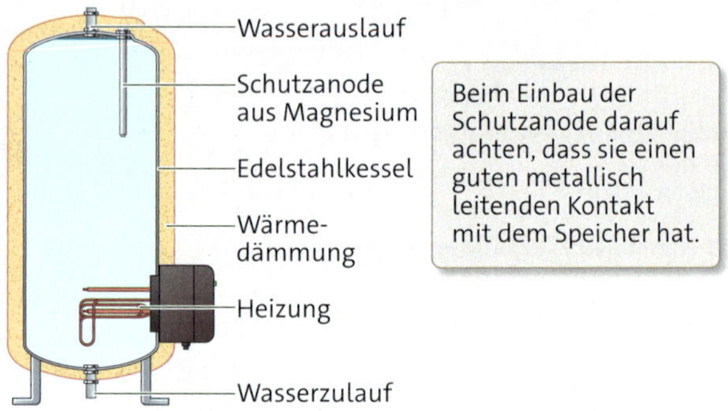

F1.1 Montagehinweis aus einer Bedienungsanleitung

Braunes Wasser aus dem Wasserhahn

12.11.2017, 12:53 Uhr
User A (Mitglied): Hallo Leute,
ich habe ein Haus ca. 15 Jahre alt, früher ist alles ok gewesen und jetzt kommt das Warmwasser braun aus dem Hahn.
Was kann es sein?

12.11.2017, 14:17 Uhr
User B (Admin): Scheint irgendwo im System eine starke Korrosion zu herrschen.
Schutzanoden gehören zur regelmäßigen Inspektion.
Sind hier sicher länger nicht mehr angeschaut worden.

13.11.2017, 09:22 Uhr
User A (Mitglied): Nee, lass eigentlich alles von meinem Kumpel machen.
Der weiß aber auch nicht weiter.

F1.2 Aus einem Handwerkerforum im Internet

AUFGABEN ZU F

1 › **a** Skizzieren Sie eine experimentelle Anordnung, mit der die Funktionsweise einer Schutzanode aus Magnesium demonstriert werden kann (↑ **F1.1**).
b Beschriften Sie Ihre Skizze mit folgenden Begriffen: Kathode, Anode, Pluspol, Minuspol, Donatorhalbzelle und Akzeptorhalbzelle.
c Stellen Sie die Reaktionsgleichungen für die dabei ablaufenden chemischen Vorgänge auf.

2 › **a** Begründen Sie den Hinweis des Forummitglieds, den Zustand der Schutzanode regelmäßig durch Begutachtung zu kontrollieren (↑ **F1.2**).
b Erläutern Sie, worauf die Braunfärbung des Warmwassers wahrscheinlich zurückzuführen ist. Beziehen Sie dazu auch den Hinweis aus der Montageanleitung ein. Formulieren Sie mögliche Reaktionsgleichungen (↑ **F1.1**, **F1.2**).

Material G Reinigung von Silber

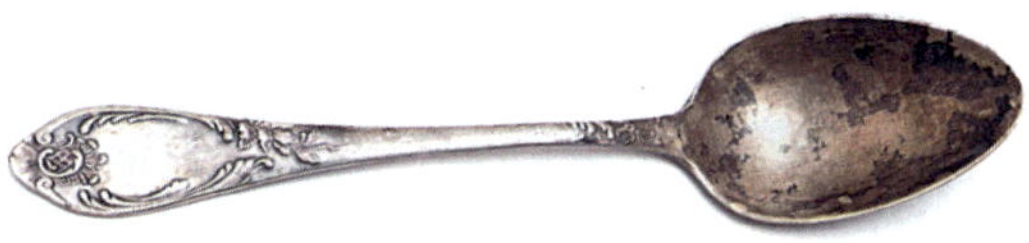

G1.1 Angelaufener Silberlöffel

Silberbesteck wird seit Langem als edles Essbesteck genutzt, hat aber einen großen Nachteil: Bei längerer Lagerung läuft es schwarz an und wird unansehnlich. Obwohl Silber ein edles Metall ist, reagiert es in Anwesenheit von Sauerstoff bereits mit Spuren von Schwefelwasserstoff (H_2S), wie sie in der Luft vorhanden sind, zu schwarzem Silbersulfid (Ag_2S). Früher musste „angelaufenes" Silberbesteck daher regelmäßig poliert werden.

$$4\,Ag(s) + 2\,H_2S(g) + O_2(g) \longrightarrow 2\,Ag_2S(s) + 2\,H_2O(l)$$

Heute finden sich im Internet eine Vielzahl von Tipps zur Reinigung von Silber. Dazu gehört auch das folgende elektrochemische Verfahren: „Geben Sie 1 Liter Wasser und 6 Esslöffel Kochsalz in einen Topf und bringen Sie die Lösung zum Kochen. Fügen Sie einige locker zusammengeknüllte Stücke Alufolie hinzu. Stellen Sie einen angelaufenen Silberlöffel so in die Lösung, dass er Kontakt zum Aluminium hat."

Redoxpaar	Standardpotenzial E^0	Redoxpaar	Standardpotenzial E^0
Ag/Ag^+	0,80 V	$4\,OH^-/O_2 + 2\,H_2O$	0,40 V (pH = 14)
Cu/Cu^{2+}	0,35 V	Fe/Fe^{2+}	−0,41 V

G1.2 Standardpotenziale einiger Redoxpaare

AUFGABEN ZU G

1 › **a** Zeigen Sie mithilfe der Oxidationszahlen, dass es sich bei der Bildung von Silbersulfid um eine Oxidation des Silbers durch Sauerstoff handelt.
b Stellen Sie die Reaktionsgleichungen für Oxidation und Reduktion auf.
c Begründen Sie mithilfe der Redoxreihe, warum Silber von Sauerstoff nicht direkt oxidiert werden kann (↑ G1.2).

2 › **a** Skizzieren und beschriften Sie einen Versuchsaufbau, mit dem die elektrochemische Reinigung von angelaufenem Silberbesteck demonstriert werden kann.
b Erläutern Sie den Verlauf der Redoxreaktion mithilfe des Donator-Akzeptor-Konzepts. Geben Sie die Reaktionsgleichungen für die Vorgänge an den Elektroden an.
c Bewerten Sie die beiden Reinigungsmethoden hinsichtlich selbst gewählter Kriterien.

Material H Batterie im Mund

Viele Menschen tragen unbewusst ein kleines Elektrizitätswerk im Mund, weil ihnen Ärzte Zahnfüllungen, Kronen oder Brücken aus unterschiedlichen Metalllegierungen eingesetzt haben. Unvermeidlich kommen die Metalle mit Speichel in Kontakt und können so elektrochemisch miteinander reagieren. Selbst wenn man nur eine einzige Zahnfüllung aus Dentalamalgam (↑ H1.1) im Mund trägt, kann dies unangenehme Folgen haben. Beißt man damit versehentlich auf ein Stück Alufolie, dann verursacht die elektrochemische Reaktion einen stechenden Schmerz.

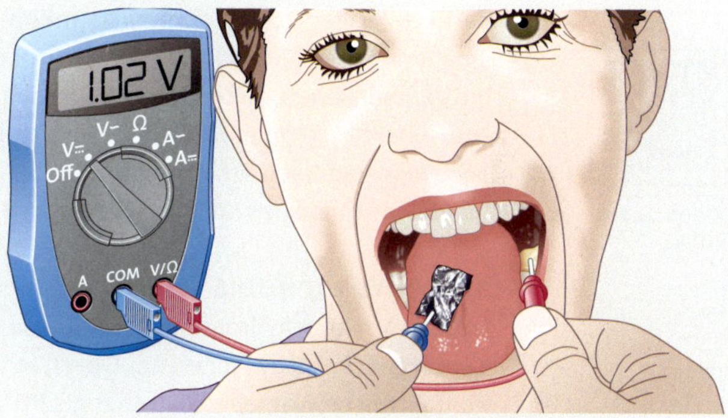

H1.1 Elektrochemischer Batterieeffekt im Mund

Massenanteile	Zahngold	Dentalamalgam
	58 % Au, 24 % Ag, 12 % Cu, 6 % Pd	50 % Hg, 35 % Ag, 9 % Sn, 6 % Cu

H1.2 Zusammensetzung von Zahnfüllungen

Standardpotenziale einiger Metalle							
Redoxpaar	Au/Au^{3+}	Pd/Pd^{2+}	Hg/Hg^{2+}	Ag/Ag^+	Cu/Cu^{2+}	Sn/Sn^{2+}	Al/Al^{3+}
E^0 in V	1,50	0,95	0,85	0,80	0,35	−0,14	−1,66

H1.3 Standardpotenziale der beteiligten Metalle

AUFGABE ZU H

1 › **a** Erklären Sie die Ausbildung der elektrochemischen Doppelschicht für eines der sieben Metalle. Geben Sie das Metall mit dem höchsten Lösungsdruck an (↑ H1.3).
b Begründen Sie, dass Menschen Schmerzen spüren, wenn sie mit einer Goldkrone auf Alufolie beißen.
c Diskutieren Sie, was passiert, wenn sich Goldkrone und Amalgamfüllung im Mund berühren.
d Berechnen Sie die Zellspannung der Mundbatterie unter der Annahme, dass jeweils die Hauptbestandteile der Goldkrone und der Amalgamfüllung an der Zellreaktion beteiligt sind (↑ H1.2, H1.3).

9.11 Lotuseffekt und Nanomaterialien LK

REINHEIT DER LOTUSBLÜTE Die Lotusblüte ist in vielen Ländern ein Symbol der Reinheit. Schmutzpartikel auf den wasserabweisenden Blüten und Blättern der Lotuspflanze werden vom Regen heruntergewaschen. Das Wasser benetzt die Oberfläche nicht, sondern bildet auf ihr fast kugelförmige Tropfen (↑ 01). Sie rollen statt zu fließen und können Schmutzpartikel vom Untergrund aufnehmen und wegtransportieren. Die Ursachen dieses Effekts wurden erst gegen Ende des 20. Jahrhunderts entdeckt. Elektronenmikroskopische Aufnahmen zeigen, dass die Blüten und Blätter eine „mikroraue" Oberfläche haben. Sie wird von winzigen, etwa 10 µm hohen und breiten Wachspartikeln erzeugt, die auch etwa 10 µm Abstand voneinander haben (↑ 03**A**). Sie sind verantwortlich für die geringe Benetzbarkeit einer Oberfläche, was als **Lotuseffekt** bezeichnet wird. Der Lotuseffekt tritt auch bei einigen anderen Pflanzen auf, z. B. beim Frauenmantel und manchen Kohlarten wie dem Brokkoli.

Video: Lotuseffekt

01 Lotusblatt mit fast kugelförmigen Wassertropfen

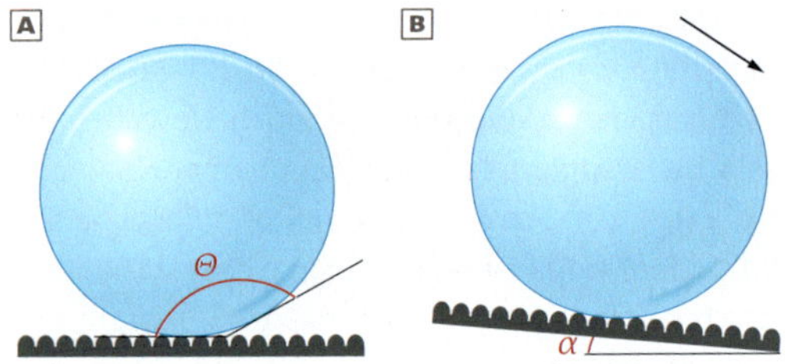

02 Wassertropfen auf superhydrophober Oberfläche (Schema). **A** Kontaktwinkel Θ, **B** Abrollwinkel α

SUPERHYDROPHOBIE Bringt man einen Wassertropfen auf eine hydrophobe Oberfläche, so ist der **Kontaktwinkel** Θ zwischen der Oberfläche und der Kontaktfläche Wasser-Luft größer als 90°. Das liegt an der Oberflächenspannung des Wassers, die versucht, eine möglichst kleine Kontaktfläche zur hydrophoben Oberfläche herzustellen (↑ 02).

Im Vergleich zu einer glatten Wachsoberfläche verstärken Mikro-Wachspartikel diesen Effekt und vergrößern den Kontaktwinkel. Sehr stark wasserabweisende Oberflächen haben Kontaktwinkel größer als 150°, und der Tropfen hat näherungsweise Kugelform. Außerdem ist der **Abrollwinkel** α, ab dem der Tropfen von der Oberfläche rollt, kleiner als 5°. Oberflächen mit solchen Eigenschaften werden als **superhydrophobe Oberflächen** bezeichnet.

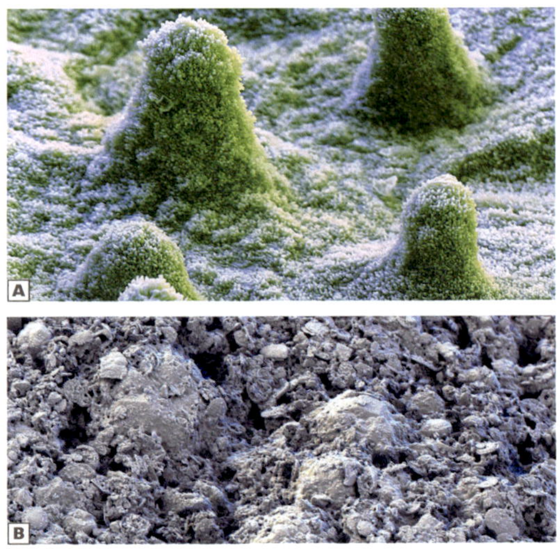

03 Elektronenmikroskopische Aufnahmen. **A** Oberfläche eines Lotusblatts mit Wachspartikeln, **B** Fassadenfarbe mit Lotuseffekt

> **Auf einer superhydrophoben Oberfläche bildet Wasser nahezu kugelförmige Tropfen, die auf ihr rollen.**

LOTUSEFFEKT IN DER TECHNIK Die Übertragung eines Funktionsprinzips aus der belebten Natur auf eine technische Anwendung wird als **Bionik** bezeichnet. Ein Beispiel dafür ist Fassadenfarbe mit Lotuseffekt. Zu ihrer Herstellung wird Diatomeen-Erde, die aus fossilen Kieselalgen besteht, chemisch modifiziert, damit aus der hydrophilen eine superhydrophobe Oberfläche wird. Ihre Mikrostruktur ähnelt der von Lotusblättern (↑ 03**B**). Nach dem gleichen Prinzip funktionieren eine Vielzahl von Produkten: Imprägnierspray für Kleidung nutzt ebenso den Lotuseffekt wie Versiegelungen für Scheiben und Smartphones. Da Schmutzpartikel besser an Wassertropfen haften als an nanoskaligen Oberflächen, werden Verunreinigungen auf diesen Oberflächen von Regenwasser genauso entfernt wie solche auf einem Lotusblatt. Durch das Abperlen der Wassertropfen wird außerdem die Korrosion gehemmt, was bei Beschichtungen für KfZ-Teile wie Felgen und Spiegel eingesetzt wird. Häufig sind die Erhebungen, die für den superhydrophoben Effekt verantwortlich sind, auf den technisch erzeugten Oberflächen sogar noch kleiner als in der Natur, sie befinden sich im Nanometerbereich.

MILLI, MIKRO, NANO Das Wort „nano“ ist griechischen Ursprungs und heißt „Zwerg“. Als Vorsilbe vor einer Einheit bedeutet *nano*, dass es sich um ein Milliardstel davon handelt. Ein Nanometer (1 nm) ist ein milliardstel Meter (10^{-9} m; ↑ **07**). Das entspricht etwa der Länge einer Reihe aus vier Gold-Atomen. **Nanopartikel** haben in keiner Richtung eine Ausdehnung von mehr als 100 nm. Sie sind selbst für lichtmikroskopische Aufnahmen zu klein, man benötigt ein Elektronenmikroskop, um sie sichtbar zu machen (↑ **04**).

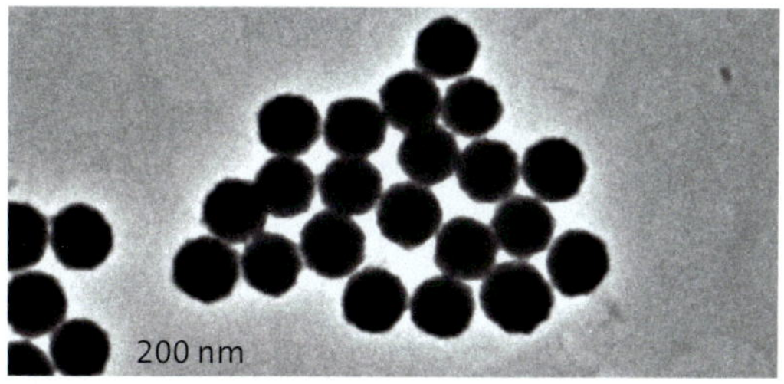

04 Elektronenmikroskopische Aufnahme von Quecksilbertellurid-Nanopartikeln (HgTe)

05 Tyndall-Effekt

Video: Tyndall-Effekt

NANOPARTIKEL – ZWISCHEN ATOM UND KRISTALL Lösungen, die Nanopartikel enthalten, sind schon seit Langem als **kolloidale Lösungen** bekannt. Es handelt sich um Suspensionen oder Emulsionen. Die dispergierten Tröpfchen oder Mikrokristalle haben Durchmesser von wenigen Nanometern bis hin zu einigen Mikrometern. Die größeren Partikel lassen sich mit einem Lichtmikroskop beobachten, sie zeigen das als Brown'sche Bewegung bekannte „Zittern“. Im Gegensatz zu „echten“ Lösungen zeigen kolloidale Lösungen den **Tyndall-Effekt**, d. h., sie streuen Licht senkrecht zu dessen Einfallsrichtung (↑ **05**).

Nanopartikel sind Aggregate von Atomen oder Ionen. Sie haben einen Durchmesser kleiner als 100 nm.

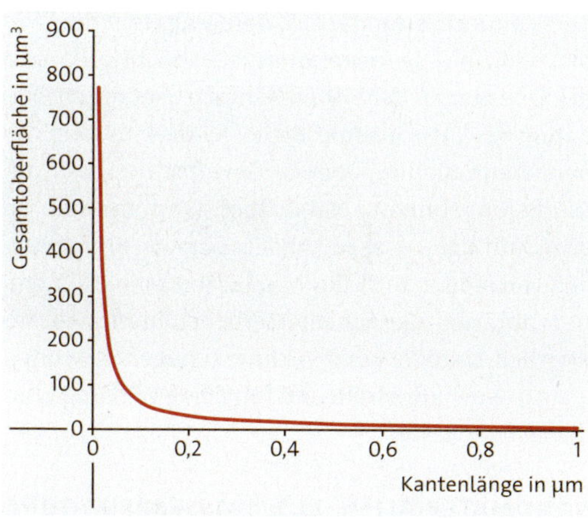

06 Partikelgröße und Oberfläche der Stoffportion

Die Forschung an Nanopartikeln ist ein junger Wissenschaftszweig, der sich seit Ende des 20. Jahrhunderts rasant entwickelte. Sie zielt darauf ab, Materialien mit neuen oder verbesserten Eigenschaften herzustellen. Diese Materialien werden als **Nanomaterialien** bezeichnet. Nanopartikel bilden den Übergang von einzelnen Stoffteilchen hin zu mikroskopisch sichtbaren Aggregaten. Es sind hauptsächlich zwei Effekte, die nanostrukturierte Materie zum interessanten Forschungsgegenstand machen: die Oberfläche und die Größe der Aggregate.

„NANO-EFFEKTE“ DURCH OBERFLÄCHE Verkleinert man einen Würfel, indem die Kantenlänge a halbiert wird, so vermindert sich das Volumen V auf ein Achtel ($V = a^3$), die Oberfläche O aber nur auf ein Viertel ($O = 6\,a^2$). Verteilt man also ein bestimmtes Volumen eines gegebenen Stoffs auf immer mehr und kleinere Würfel, dann steigt die Gesamtoberfläche. So verdoppelt sich die gesamte Oberfläche, wenn ein Würfel in acht kleinere Würfel mit halber Kantenlänge zerteilt wird, d. h., $O \sim \frac{1}{a}$ (↑ **06**). Gleiches gilt auch für die Kugeloberfläche und den Durchmesser von Kugeln. Damit verdoppelt sich die Zahl der Atome bzw. Ionen direkt an der Oberfläche, was auch eine Verdopplung der Kontaktmöglichkeiten zu Teilchen anderer Stoffe bedeutet. Dadurch steigt die Reaktionsgeschwindigkeit, wenn Nanopartikel als Edukte oder als Katalysatoren fungieren. Katalysatoren aus Nanopartikeln sind oft effizienter als solche aus mikro- oder millimetergroßen Kristallen.

Bezeichnung	Millimeter	Mikrometer	Nanometer	Pikometer
Einheit	1 mm	1 µm	1 nm	1 pm
in Meter	10^{-3} m	10^{-6} m	10^{-9} m	10^{-12} m
typisches Objekt, Durchmesser	Rohrzuckerkristall, ca. 1 mm	dünnes Kopfhaar, 40–60 µm	Nanopartikel, bis 100 nm	Wasserstoff-Atom, 60 pm

07 Längeneinheiten

Chancen und Risiken LK

01 In Sonnencreme sorgen z. B. Zinkoxid-Nanopartikel für den Schutz der Haut vor UV-Strahlung.

ANWENDUNG VON NANOMATERIALIEN Nanoskopisch strukturierte Materie ist nicht nur von wissenschaftlichem Interesse. Schätzungen zufolge ist der globale Markt für nanotechnologie-basierte Produkte 2023 bereits rund 70 Milliarden US-Dollar groß gewesen und wächst stetig weiter. Von Nanomaterialien erhoffen sich Technik und Wirtschaft Verbesserungen bestehender Produkte, z. B. die Vergrößerung der Kapazität magnetischer Informationsspeicher. Auch die Entwicklung neuer Produkte steht im Fokus, welche unter anderem die einzigartigen optischen Eigenschaften von halbleitenden Quantum Dots (Quantenpunkten) nutzen. Sie ermöglichen Fortschritte in Bereichen wie Display-Technologie und medizintechnischen Anwendungen (↑ 02).

NANOMATERIALIEN IN SONNENCREME Neben zahlreichen anderen Komponenten ist in Sonnenschutzmitteln Titandioxid oder Zinkoxid enthalten (↑ 01). Sie sind die wirksamen Bestandteile und werden verwendet, um UV-Strahlung zu absorbieren (↑ 04). Die UV-Strahlung regt zunächst Elektronen in den Oxiden an. Bei der Rückkehr in den Grundzustand wird Licht größerer Wellenlänge emittiert. Die entsprechenden Photonen haben eine kleinere Energie als die aus dem UV-Licht und schädigen biologisch aktive Moleküle nicht. Im Gegensatz zu größeren Titandioxid- bzw. Zinkoxidpartikeln führen die entsprechenden Nanopartikel nicht zur Bildung einer kosmetisch störenden weißen Schicht auf der Haut. Dadurch wurde die Akzeptanz der Sonnenschutzmittel erhöht. In mehreren Studien wurde belegt, dass diese Nanopartikel auf der Hautoberfläche verbleiben und nicht in die Haut eindringen. Die häufig anzutreffende Unterscheidung zwischen physikalischen und chemischen UV-Filtern ist übrigens nicht sinnvoll. Die entsprechenden Stoffe wurden in chemischen Synthesen gewonnen, die UV-Absorption ist ein physikalischer Vorgang.

Bereich	Anwendungsbeispiel
Gebrauchsgegenstände	Nichtbeschlagende Spiegel mit Titanoxid-Nanopartikeln
Medizin	Antibakterielle Wundauflagen mit Silber-Nanopartikeln
Energie/ Verkehr	Autoabgaskatalysator mit Platinmetall-Nanopartikeln
Elektronik	Mechanisches Polieren mit Aluminiumoxid-Nanopartikeln

02 Bereiche und konkrete Anwendungsbeispiele für Nanomaterialien

NANOSILBER IN DER MEDIZIN Die antibakterielle Wirkung von Silber-Ionen wurde schon im 18. Jahrhundert zur Behandlung von Geschwüren genutzt. Das Gewebe wurde dazu mit Silbernitratlösung betupft. In den letzten Jahren hat sich die Verwendung von Nanosilber in vielen medizinischen Produkten etabliert. Die Herstellung von Silber-Nanopartikeln ist vergleichsweise einfach und gelingt z. B. beim Erhitzen einer sehr verdünnten Silbernitratlösung mit einer Natriumcitratlösung (↑ Exp. 9.14, S. 315). Die Citrat-Ionen agieren dabei nicht nur als Reduktionsmittel für die Silber-Ionen. Sie binden auch an die Oberfläche der Silber-Nanopartikel und verhindern so deren Aggregation. Für die medizinische Anwendung ist es wichtig, dass an der Oberfläche der Silber-Nanopartikel durch Oxidation der Silber-Atome wieder Silber-Ionen entstehen, die in die umgebende Gewebsflüssigkeit diffundieren können. Nanosilber wird deshalb in Wundauflagen u. a. zur Abdeckung von Brandwunden verwendet. In Kleidungsstücken kann es Bakterien abtöten, die für die Geruchsbildung verantwortlich sind. Es wirkt nicht nur gegen Bakterien – auch seine antivirale und fungizide Wirkung wurde nachgewiesen.

NANOMATERIALIEN ZUR WASSERREINIGUNG Verschiedene Nanomaterialien wurden bislang erfolgreich zur Reinigung von Wasser bzw. zur Aufbereitung von Trinkwasser eingesetzt. Dabei werden mehrere Mechanismen genutzt. Kohlenstoff-Nanotubes *adsorbieren* organisch-chemische Verunreinigungen besser als die sonst häufig verwendete Aktivkohle. Ihre dem Graphit ähnliche Oberfläche begünstigt die Wechselwirkung mit unpolaren Molekülen (↑ 03). Eine gänzlich andere Art der Abwasserreinigung ist mit nanokristallinem Titandioxid durch *Photokatalyse* möglich. Durch UV-Licht wird

ein Elektron im Titandioxid-Nanopartikel angeregt und auf ein höheres Energieniveau gehoben (↑ **04**). Das angeregte Elektron kann ein H_2O-Molekül zu einem OH^--Ion und einem H-Atom reduzieren (↑ **04** oben). Aus diesem H-Atom bildet sich durch Kombination mit einem anderen H-Atom ein H_2-Molekül. Die „Elektronenlücke" sorgt durch Aufnahme eines Elektrons für die Oxidation eines H_2O-Moleküls (↑ **04** unten).
In der Folge bilden sich sehr reaktive Protonen und O-Atome. Organisch-chemische Moleküle, die mit ihnen in Kontakt treten, werden oxidiert und schließlich in CO_2- und H_2O-Moleküle umgewandelt. Da auch Biomoleküle oxidativ abgebaut werden, können Titandioxid-Nanopartikel zur Desinfektion von Trinkwasser durch Sonnenlicht eingesetzt werden.

FREISETZUNG VON NANOMATERIALIEN IN DIE UMWELT In den vergangenen Jahren hat die Anzahl von Produkten, die Nanomaterialien enthalten, stark zugenommen. Produktion und Verwendung von Nanopartikeln führen dazu, dass neben den überwiegend natürlichen Nanopartikeln auch synthetische Nanopartikel in Luft, Gewässern und Böden gefunden werden. Verlässliche Daten über die Konzentration von Nanopartikeln in der Umwelt sind häufig nicht oder nur mit großer Unsicherheit zu erhalten. Bekannt ist, dass Oberflächenreaktionen, Stabilität, Mobilität und Löslichkeit den Verbleib und das Verhalten von Nanopartikeln in wässriger Umgebung bestimmen.
Die aus Siliciumdioxid, Titandioxid und Eisenoxid bestehenden Nanopartikel haben die größten Produktionsmengen, ihre geschätzten Konzentrationen im Oberflächenwasser liegen im Bereich von $1\,\mu g \cdot L^{-1}$. Damit sind allerdings noch keine Aussagen über die Wirkung auf lebende Organismen möglich. Aufgrund ihrer geringen Größe können Nanopartikel Zellmembranen durchdringen und sich so in Organismen verteilen bzw. anreichern. Die im Vergleich zu makrokristallinen Stoffen erhöhte Oberflächenreaktivität von Nanopartikeln kann sie zu unerwünschten Reaktionspartnern für Biomoleküle machen.
Über die spezifische Auswirkung der charakteristischen Eigenschaften von Nanopartikeln auf Organismen ist trotz zahlreicher Studien bislang noch wenig bekannt. Gesichert erscheint der durch Titandioxid-Nanopartikel in Kombination mit UV-Strahlung ausgelöste oxidative Stress für lebende Zellen, d. h. eine relativ hohe Konzentration reaktiver, sauerstoffhaltiger Moleküle im Organismus. Der bei der Abwasserreinigung mit nanokristallinem

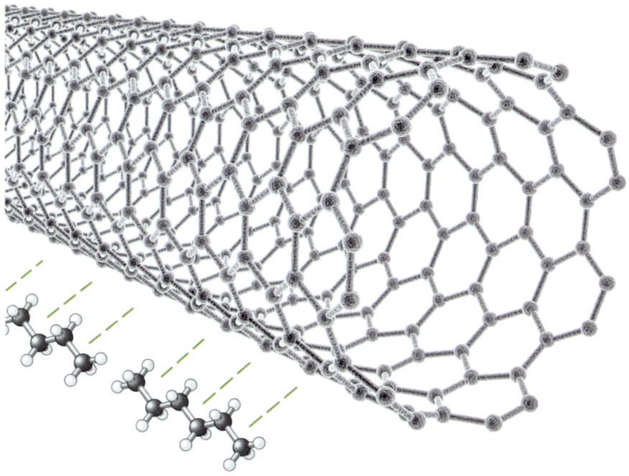

03 Wechselwirkung von Carbon Nanotube mit unpolaren Hexan-Molekülen

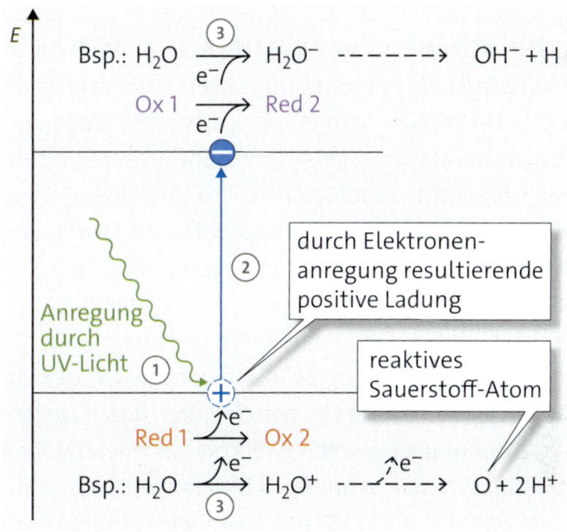

04 Photokatalyse (Schema): Anregung durch UV-Licht ermöglicht „Sprung" von Elektron in höheres Energieniveau (① und ②) und nachfolgende Redoxreaktionen ③.

Titandioxid genutzte Effekt tritt auch dann auf, wenn er unerwünscht ist. Hier sollte der kosmetische Aspekt gegenüber umweltschädigender Wirkung abgewogen werden. Gleiches gilt für Silber-Nanopartikel: Ihre antibakterielle Wirkung entfalten sie nicht nur gegenüber Mikroorganismen im Schweiß. Beim Waschen gelangen sie von der Kleidung ins Abwasser und aus dem kurz dauernden, gewünschten Effekt kann so langfristiger Schaden für Süßwasserbakterien werden.

1 › **a** Vergleichen Sie die Wirkungen von Carbon Nanotubes und von Titandioxid-Nanopartikeln auf in Wasser gelöste organische Moleküle.
b Stellen Sie anhand von Bild ↑ **04** und den entsprechenden Reaktionsgleichungen dar, wie es gelingt, Wasser mithilfe der Photokatalyse in Wasserstoff und Sauerstoff zu spalten.

Herstellung LK

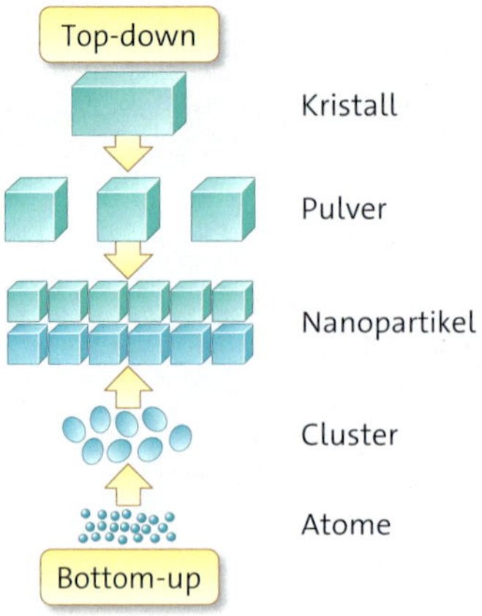

01 „Bottom-up"- und „Top-down"-Verfahren zur Herstellung von Nanomaterialien

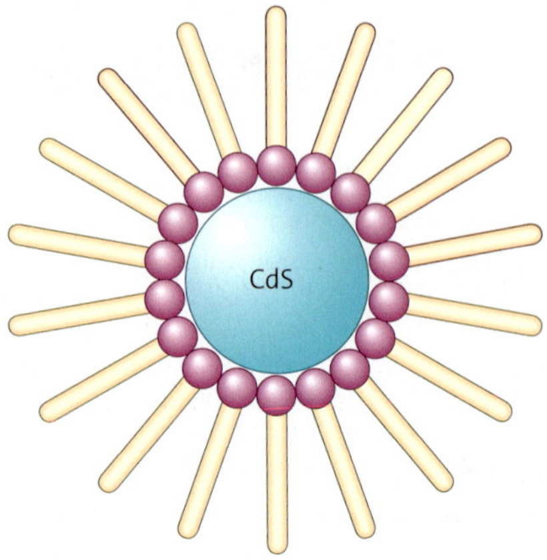

02 Stabilisierung eines CdS-Nanopartikels durch Emulgator-Moleküle (Schema)

„TOP-DOWN" – VOM KRISTALL ZUM NANOMATERIAL Die Herstellung von Nanomaterialien kann auf zwei prinzipiell verschiedenen Wegen erfolgen, die als „Top-down"- bzw. „Bottom-up"-Verfahren bezeichnet werden (↑ **01**). Im „Top-down"-Weg werden Nanomaterialien aus größeren Strukturen hergestellt.

Info: Struktur und Eigenschaften von Tensid-Molekülen

Im einfachsten Fall werden Makro- oder Mikrokristalle dazu z. B. in Kugelmühlen mechanisch zerkleinert. Kohlenstoff-Nanoröhren konnten durch elektrische Entladung zwischen zwei Kohlenstoffelektroden erzeugt werden. Schließlich lassen sich nanoskopische Schaltkreise z. B. mit Laserlicht lithografisch auf Makro- oder Mikrokristallen aufbringen.

„BOTTOM-UP" – VOM MOLEKÜL ZUM NANOMATERIAL Der „Bottom-up"-Ansatz zu Nanomaterialien geht von Atomen oder Molekülen aus. Um wenige Nanometer dicke Schichten herzustellen, werden z. B. Atome aus Metalldämpfen im Hochvakuum auf einer Oberfläche abgeschieden. Hat das Metall dafür einen zu geringen Dampfdruck, lassen sich molekulare Verbindungen des Metalls als Ausgangsstoffe verwenden, die sich auf einer heißen Oberfläche zersetzen. Dabei kondensiert das Metall auf der Oberfläche, flüchtige Nebenprodukte bleiben in der Gasphase und werden abgepumpt.

Durch chemische Reaktionen in Lösung können Nanopartikel einheitlicher Größe synthetisiert werden. Nanohalbleiter wie Cadminumsulfid (CdS) können beispielsweise durch eine Fällungsreaktion gewonnen werden:

$$Cd^{2+}(aq) + S^{2-}(aq) \longrightarrow CdS(s)$$

EIN KERN-HÜLLE-MODELL FÜR NANOPARTIKEL Wenn Nanopartikel in Lösung hergestellt werden sollen, dann ist es wichtig, ihre Aggregation zu größeren Kristallen zu verhindern. Dazu müssen die Nanopartikel von einer Hülle aus *Emulgator-Molekülen* umgeben sein (↑ **02**). Deren Funktion ist mit der von *Tensid-Molekülen* vergleichbar. An einem Ende haben sie eine funktionelle Gruppe, die eine starke Wechselwirkung zu den Atomen bzw. Ionen im Nanopartikel hat. Am anderen Ende sind sie so beschaffen, dass sie gut mit Lösungsmittel-Molekülen wechselwirken. Ist dieses Ende zusätzlich elektrisch geladen, verhindert die Abstoßung zwischen den Nanopartikeln ebenfalls die Entstehung größerer Aggregate. Über das Anzahlverhältnis der Teilchen, die den Kern bilden, zu denen sie die Hülle bilden, lässt sich die Größe der Nanopartikel gezielt beeinflussen.

„DOTS AND RODS" Nanopartikel aus halbleitenden Materialien werden als **Quantum Dots** (Quantenpunkte) bezeichnet. Die Beschränkung ihrer Ausdehnung auf den Nanometerbereich führt dazu, dass die Ladungsträger in ihnen Energie nicht kontinuierlich, sondern nur als definierte Energiebeträge aufnehmen können. Bei den Quantum Dots handelt es sich um „nulldimensionale Nanomaterialien". Eindimensionale Nanomaterialien sind die **Nanorods** bzw. **Nanotubes** („Nanoröhren") mit einem Durchmesser kleiner als 100 nm. Ihre prominentesten Vertreter sind die Carbon-Nanotubes, d. h. „aufgerollte" Graphenschichten (↑ S. 313). Sie entstehen, indem Graphit mit einem Laser bestrahlt oder Graphit im Lichtbogen verdampft wird. Für die Synthese erhielten die russischen Wissenschaftler Konstantin Novoselov und Andre Geim im Jahr 2010 den Physik-Nobelpreis.

Praktikum

P Herstellung und Nachweis von Nanopartikeln

2 3 5 7 8 9

EXP 9.14 Synthese und Nachweis von Silber-Nanopartikeln

Materialien Analysenwaage, Erlenmeyerkolben (300 mL), Erlenmeyerkolben (50 mL), Uhrglas, Magnetrührer mit Heizplatte und Magnetrührstäbchen, roter Laser, Tiegelzange, Silbernitrat (3, 5, 9), Trinatriumcitrat-Dihydrat

Durchführung Silbernitrat (34 mg, 0,2 mmol) wird im Erlenmeyerkolben (300 mL) in 200 mL demineralisiertem Wasser gelöst und auf der Heizplatte unter Rühren zum Sieden erhitzt. Trinatriumcitrat-Dihydrat (0,206 g, 0,7 mmol) werden im Erlenmeyerkolben (50 mL) in 20 mL demineralisiertem Wasser gelöst. Die Lösung wird zügig unter starkem Rühren zur siedenden Silbernitratlösung gegeben. Danach wird die heiße Lösung mithilfe einer Tiegelzange von der Heizplatte genommen und mit einem Uhrglas abgedeckt. Nun werden die Veränderungen im Erlenmeyerkolben über mehrere Minuten beobachtet.
Mit dem Licht des roten Lasers wird mehrfach für jeweils kurze Zeit seitlich durch den Kolben gestrahlt und beobachtet. *Vorsicht beim Umgang mit dem Laser!* Nicht ins Licht hineinschauen und niemandem in die Augen strahlen!

Entsorgung: Lösungen in den Behälter für giftige anorganische Abfälle geben.

Auswertung

1) **a** Beschreiben Sie die Veränderungen, die sich im Erlenmeyerkolben nach Zugabe der Natriumcitratlösung beobachten lassen.
b Geben Sie an, ob sich beim Durchstrahlen der Flüssigkeit mit dem Laserlicht ein Tyndall-Effekt beobachten lässt.

2) Deuten Sie die Beobachtungen mithilfe chemischer Reaktionsgleichungen.

Hinweis: Das Citrat-Ion (**A**) ist ein dreifach geladenes Anion, das sich von der Citronensäure ableitet. Es wird unter den Reaktionsbedingungen zum 3-Ketopentandisäuredianion (**B**) oxidiert. (**A**) und (**B**) können als Emulgatoren für Silber-Nanopartikel fungieren.

Oxidation des Citrat-Anions:

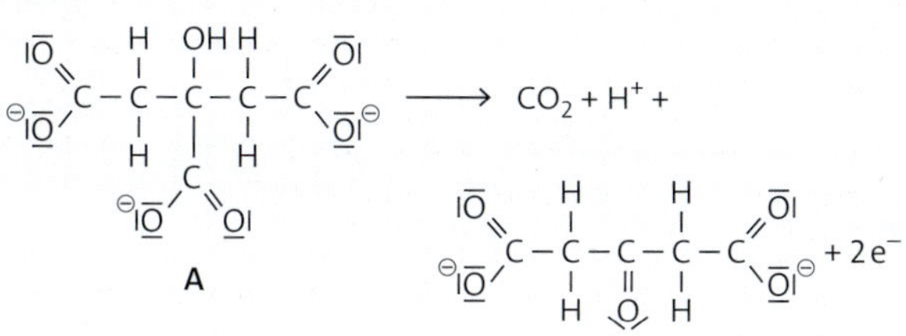

A B

EXP 9.15 Superhydrophobe Beschichtung

Materialien 2 Bechergläser, Waage, 3 Spatellöffel, Messzylinder, Pinzette, Pipette, Magnetrührer mit Rührfisch, Schleifpapier, Papiertuch, Kupferblech (ca. 2x2,5 cm), 2-Propanol (2, 7), Ethanol (2, 7), Natriumhydroxid (5), Kaliumperoxidisulfat (3, 7, 8), Dodecansäure (5)

Durchführung

- Schmirgeln Sie das Kupferblech mit dem Sandpapier ab, bis es glänzt. Entfernen Sie den Staub mit 2-Propanol.
- Geben Sie den Rührfisch in ein Becherglas mit 50 mL Wasser. Geben Sie unter kontinuierlichem Rühren langsam 4 g Natriumhydroxid und 1,35 g Kaliumperoxidisulfat hinzu. Lassen Sie den Magnetrührer rühren, bis die Feststoffe vollständig gelöst sind. Entfernen Sie anschließend den Rührfisch.
- Stellen Sie das Kupferblech in die Lösung und warten Sie 20-30 min, bis das Kupferblech einen schwarzen Überzug hat. Nehmen Sie es dann aus der Lösung und legen Sie es zum Trocknen auf das Papiertuch.
- Lösen Sie in dem zweiten Becherglas 40 g Dodecansäure in 40 mL Ethanol. Stellen Sie das Kupferblech mit der schwarzen Seite für 15 Minuten in die entstandene Lösung. Legen Sie es dann zum Trocknen auf das Papiertuch.
- Tropfen Sie mithilfe der Pipette Wasser sowohl auf die behandelte (schwarze) als auch die unbehandelte (kupferfarbene) Seite des Blechs.

Entsorgung: Kupfer in den Feststoffabfall geben. Reste der Lösung aus dem ersten Becherglas in den Behälter für giftige anorganische Abfälle geben. Reste der Lösung aus dem zweiten Becherglas in den Behälter für halogenfreie organische Lösemittelabfälle geben.

Auswertung

1) Erläutern Sie mithilfe einer Reaktionsgleichung die Reinigung von Kupfer mit 2-Propanol.

2) Beschreiben Sie Ihre Beobachtungen.

3) Stellen Sie Hypothesen auf, die die Beobachtungen erklären.

Auf einen Blick

Elektrochemische Doppelschicht

An der Phasengrenze zwischen Metalloberfläche und Lösung stellt sich ein chemisches Gleichgewicht ein, das zur Bildung einer elektrochemischen Doppelschicht führt.

$Me \rightleftarrows Me^{+} + e^{-}$

An der Doppelschicht entsteht ein elektrisches Potenzial (Elektrodenpotenzial) E.

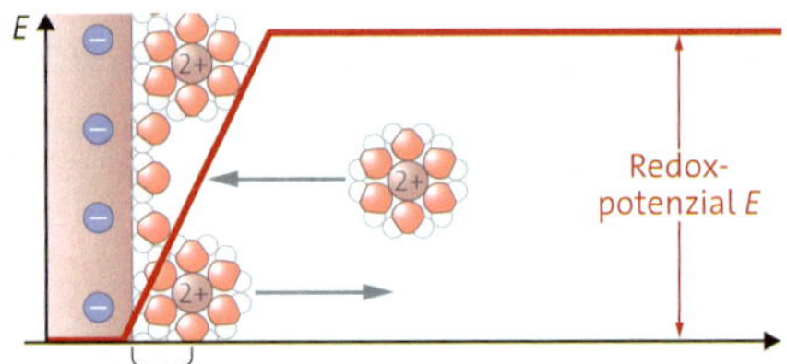

Galvanische Zelle
Galvanisches Element

Kombination zweier Halbzellen (Metall/Metallsalzlösung). Beide Halbzellen müssen durch ein Diaphragma oder Stromschlüssel leitend verbunden sein. Galvanische Zellen sind elektrochemische Spannungsquellen, bei denen Oxidation und Reduktion freiwillig und räumlich voneinander getrennt ablaufen. Galvanische Zellen können durch eine Kurzschreibweise dargestellt werden.
Kurzschreibweise für das Daniell-Element:
$Zn/Zn^{2+} // Cu^{2+}/Cu$

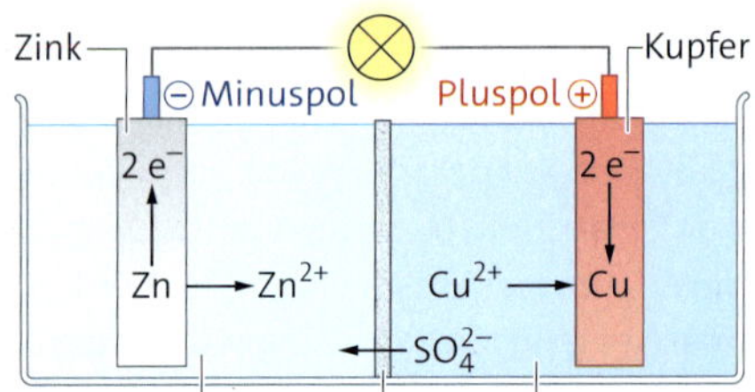

Zellspannung einer galvanischen Zelle

Aus der Differenz der Elektrodenpotenziale E der beiden Halbzellen einer galvanischen Zelle ergibt sich die Zellspannung U:

$U = E(\text{Akzeptorhalbzelle}) - E(\text{Donatorhalbzelle})$

oder

$U = E(\text{Reduktion}) - E(\text{Oxidation})$

Das Elektrodenpotenzial $\boldsymbol{E}$ ist dabei eine stoffspezifische Größe, die von der Art des Stoffs, von der Stoffmengenkonzentration der Ionen im Elektrolyten, von der Temperatur und bei Gasen vom Druck abhängt. Das Elektrodenpotenzial selbst ist nicht direkt messbar.

Begriffe zur galvanischen Zelle

Halbzelle	Elektrode (Teilreaktion)	Pol
Akzeptorhalbzelle	Kathode (Reduktion)	Pluspol
Donatorhalbzelle	Anode (Oxidation)	Minuspol

Standardelektrodenpotenzial E0 (Standardpotenzial)

Elektrodenpotenzial einer Halbzelle, das unter Standardbedingungen (T = 298 K, p = 101,3 kPa, $c = 1\ mol \cdot l^{-1}$) durch Kombination mit der Standardwasserstoffhalbzelle ermittelt wurde.
Der Betrag des Standardpotenzials E^0 entspricht dabei der gemessenen Zellspannung.

Standardwasserstoffhalbzelle

Bezugshalbzelle zur Bestimmung von Elektrodenpotenzialen unter Standardbedingungen.
Ihr Standardelektrodenpotenzial ist dabei willkürlich auf $E^0(H_2/2\,H^+) = 0\ V$ festgelegt.

Nernst-Gleichung LK

Mithilfe der Nernst-Gleichung kann das Elektrodenpotenzial einer Halbzelle in Abhängigkeit von der Stoffmengenkonzentration der Ionen berechnet werden.
Für Metalle gilt:
$Me \rightleftarrows Me^{z+} + z\,e^{-}$

$$E(Me/Me^{z+}) = E^0(Me/Me^{z+}) + \frac{0{,}059\ V}{z} \cdot \lg c(Me^{z+})$$

Allgemein gilt für ein Redoxpaar der Form:
$Red \rightleftarrows Ox + z\,e^{-}$

$$E(Red/Ox) = E^0(Red/Ox) + \frac{0{,}059\ V}{z} \cdot \lg \frac{c(Ox)}{c(Red)}$$

Elektrochemische Spannungsreihe

nach ihrem Standardpotenzial sortierte Reihenfolge der Redoxpaare. Mit ihrer Hilfe kann eine Vorhersage über die Richtung einer freiwillig ablaufenden Redoxreaktion getroffen werden. Der Elektronendonator (Reduktionsmittel) in einer Redoxreaktion muss ein kleineres Standardpotenzial haben als der Elektronenakzeptor (Oxidationsmittel).
Unterscheidung edler Metalle: $E^0 > 0{,}0$ V und unedler Metalle: $E^0 < 0{,}0$ V

Batterie und Akkumulator

Batterien und Akkumulatoren sind (mobile) galvanischen Zellen, bei denen in einer freiwillig verlaufenden Redoxreaktion chemische Energie in elektrische Energie umgewandelt wird.
Akkumulatoren unterscheiden sich von Batterien dadurch, dass sie wieder aufgeladen werden können. Mithilfe einer elektrischen Spannung werden die beim Entladen ablaufenden Reaktionen umgekehrt. Elektrische Energie wird in chemische Energie umgewandelt.

Beispiel für:

Batterien	Akkumulatoren
• Zink-Kohle-Batterie • Alkali-Mangan-Batterie • Lithium-Batterie • Silberoxid-Zink-Batterie	• Bleiakku • Nickelmetallhydrid-Akku (NiMH) • Lithium-Ionen-Akku

Brennstoffzelle

galvanische Zelle, bei der Reduktions- und Oxidationsmittel beständig zugeführt werden müssen. Sie kann im Gegensatz zu Batterien und Akkumulatoren dauerhaft betrieben werden.
Beispiel: Wasserstoff-Sauerstoff-Brennstoffzelle

Elektrolyse

Bei der Elektrolyse wird durch eine elektrische Spannung die freiwillig ablaufende Redoxreaktion einer galvanischen Zelle umgekehrt.

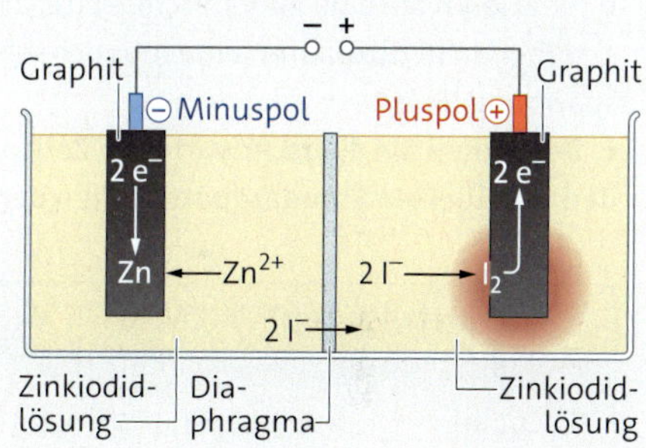

Zersetzungs- und Überspannung LK

Die Zersetzungsspannung U_Z ist die Mindestspannung, unter der die Elektrolyse merklich abläuft. Sie kann aus den Standardpotenzialen der beteiligten Redoxpaare und möglichen Überspannungen ermittelt werden.
$U_Z = E(\text{Pluspol/Anode}) - E(\text{Minuspol/Kathode})$

Faraday-Gesetze LK

Aus der geflossenen Ladungsmenge $Q = I \cdot t$ lassen sich die abgeschiedenen Massen bei einer Elektrolyse berechnen. Dabei muss jeweils die Anzahl z der übertragenen Elektronen aus der Reaktionsgleichung berücksichtigt werden.

Faraday-Konstante: $F = 96\,485\ \text{A} \cdot \text{s} \cdot \text{mol}^{-1}$ $\quad m(\text{Stoff}) = \frac{I \cdot t}{z \cdot F} \cdot M(\text{Stoff})$

Technische Elektrolysen

Chloralkali-Elektrolyse: großtechnische Verfahren zur Gewinnung von Chlor, Natronlauge und Wasserstoff durch Elektrolyse einer Natriumchloridlösung. Wichtige Verfahren sind Membranverfahren, Diaphragmaverfahren und Almalgamverfahren.

Korrosion und Korrosionsschutz

Korrosion: elektrochemische Reaktionen, die an metallischen Oberflächen stattfinden. Sie können zur Zerstörung des Gegenstands führen. Die Bildung von Lokalelementen (kurzgeschlossene galvanische Zellen) beschleunigt Korrosionsvorgänge.

Korrosionsschutz: Maßnahmen zum Schutz von Metallen vor Korrosion, z. B. durch Versiegeln der Oberfläche mit Metallüberzügen, Lacken, Kunststoffen und Ölen sowie durch Verwenden von Opferanoden aus unedleren Metallen

Nanopartikel LK

bestehen aus Partikeln mit einem Durchmesser von 1 bis 100 nm. Nanomaterialien weisen eine besonders große Oberfäche auf. Darauf beruhen ihre besonderen Eigenschaften und ihre hohe chemischen Reaktivität.

Übungsaufgaben

1〉 Ein Silberblech taucht in eine Silbernitratlösung, ein Kupferblech in eine Kupfer(II)-nitratlösung. Beide Lösungen sind durch ein Diaphragma getrennt, um eine Vermischung zu vermeiden. Mit einem Spannungsmessgerät wird an den Blechen eine Spannung von etwa 0,4 V gemessen.

a Erläutern Sie die Vorgänge an den Metallblechen, die zur Entstehung der elektrischen Spannung führen.

b Skizzieren Sie den Aufbau der galvanischen Zelle. Ordnen Sie jeweils die Begriffe Donator- und Akzeptorhalbzelle sowie Minus- und Pluspol zu.

c Die Zelle wird mit einer LED-Diode verbunden. Entwickeln Sie die Reaktionsgleichungen für die Vorgänge in den jeweiligen Halbzellen.

2〉 Vier Metallstäbe werden jeweils in eine wässrige Lösung von Salzen ($c = 0{,}1\ \text{mol} \cdot \text{L}^{-1}$) getaucht. Der unten stehenden Tabelle können Sie entnehmen, ob sich dabei an den Metallstäben ein anderes Metall abgeschieden hat (+) oder nicht (–).

a Ordnen Sie die Metalle begründet nach steigender Reduktionswirkung.

b Skizzieren Sie eine galvanische Zelle, die mit den gegebenen Redoxpaaren eine möglichst hohe Zellspannung liefert.

c Berechnen Sie die zu erwartende Zellspannung aus den tabellierten Standardpotenzialen der Redoxpaare.

Lösung \ Metall	Fe(s)	Au(s)	Cu(s)	Al(s)
$FeSO_4$(aq)	(–)	(–)	(–)	(+)
$AuCl_3$(aq)	(+)	(–)	(+)	(+)
$CuSO_4$(aq)	(+)	(–)	(–)	(+)
$AlCl_3$(aq)	(–)	(–)	(–)	(–)

3〉 Batterien sind galvanische Zellen zur mobilen Stromerzeugung.

a Schlagen Sie mindestens drei galvanische Zellen vor, deren Zellspannung größer als 1,5 V ist.

b Beschreiben Sie den prinzipiellen Aufbau und die Funktionsweise einer Batterie.

4〉 In einer Coincell, einer besonders flachen Knopfzelle, sind Lithium, Mangandioxid und ein geeigneter Elektrolyt verarbeitet. Beim Entladen werden Lithium-Ionen in das Gitter von Mangandioxid eingelagert, Mn^{4+}-Ionen dabei zu Mn^{3+}-Ionen reduziert.

a Erläutern Sie die Vorgänge in der Coincell.

b Begründen Sie die Verwendung von Lithium.

c Geben Sie an, welche besondere Anforderung der Elektrolyt erfüllen muss und welche Schlussfolgerungen sich daraus für den Preis der Coincell ergeben.

5〉 Lasagne ist eine schmackhafte Speise, die sich auch für interessante chemische Entdeckungen eignet. Lasagne mit Tomatensoße wird einige Tage in einer Stahlpfanne mit Alufolie abgedeckt im Kühlschrank gelagert. Bei der Entnahme befinden sich kleine Löcher in der Alufolie.

a Erklären Sie, wie die Löcher in der Alufolie entstanden sind.

b Erläutern Sie, ob bei der Benutzung einer Keramikform oder einer Kunstofffolie eine ähnliche Beobachtung gemacht werden kann.

c Diskutieren Sie, ob die Lasagne noch gegessen werden sollte.

6〉 Die Begriffspaare Halbzelle und Elektrode, Redoxpotenzial und Elektrodenpotenzial sowie Kathode und Pluspol werden in der Chemie häufig als Synonyme verwendet. Erarbeiten Sie eine tabellarische Übersicht über diese und zwei weitere Synonyme, die in der Elektrochemie verwendet werden. Bewerten Sie die Nutzung der einzelnen synonymen Begriffe kritisch.

7〉 Zink-Kohle- und Alkali-Mangan-Batterien unterscheiden sich im Wesentlichen durch die Art des verwendeten Elektrolyten. In der Zink-Kohle-Batterie wird mit Ammoniumchlorid ein saurer Elektrolyt verwendet, während in der Alkali-Mangan-Batterie ein zinkhaltiges Kaliumhydroxidgel eingesetzt wird. Zudem besteht der Mantel der Zink-Kohle-Batterie häufig aus Zink.

a Skizzieren Sie den prinzipiellen Aufbau einer Zink-Kohle-Batterie und formulieren Sie die Elektrodenreaktionen.

b Erklären Sie, warum im Betrieb die Stoffmengenkonzentration der Zink-Ionen Zn^{2+} im Elektrolyten ansteigt, und erläutern Sie, welche Folgen dies für die Zellspannung hat.

c Begründen Sie, warum die Zink-Kohle-Batterie nicht auslaufsicher ist.

d Diskutieren Sie, welche der beiden Batterien Sie für umweltverträglicher halten.

8〉 Berechnen Sie die Zellspannungen in folgenden galvanischen Zellen bei Standardbedingungen:

a Zn/Zn^{2+} // Ni^{2+}/Ni

b Cu/Cu^{2+} // Ag^{+}/Ag

c Erklären Sie, wie sich das elektrische Potenzial ändert, wenn die Stoffmengenkonzentration der Metall-Ionen in den wässrigen Lösungen jeweils nur $0{,}1\ \text{mol} \cdot \text{L}^{-1}$ beträgt.

9〉 Das elektrische Potenzial der Bildung von Sauerstoff-Molekülen aus Wasser-Molekülen hängt vom pH-Wert der wässrigen Lösung ab.

a Entwickeln Sie die Nernst-Gleichung für das Redoxpaar und erläutern Sie daran die pH-Abhängigkeit des Potenzials.

b Diskutieren Sie, warum in Tabellen zwei verschiedene Standardpotenziale für das Redoxpaar O_2/H_2O angegeben sind.

10 〉 Die großtechnische Herstellung von Kalilauge (KOH-Lösung) erfolgt aus wässrigen Lösungen von Kaliumchlorid mithilfe der Chloralkali-Elektrolyse.

a Geben Sie alle Produkte an, die bei der Chloralkali-Elektrolyse von Kaliumchlorid gewonnen werden können.

b Erläutern Sie das Membranverfahren anhand der Herstellung von Kalilauge. Entwickeln Sie die Reaktionsgleichungen für die Vorgänge an den Elektroden.

c Berechnen Sie die Tagesproduktion an reinem Kaliumhydroxid einer Elektrolysezelle, die mit einer Stromstärke von I = 250 kA betrieben wird.

11 〉 In Autos werden Bleiakkumulatoren als Starterbatterien verwendet. Die galvanische Zelle des Bleiakkus hat eine Spannung von 2 V. Eine Starterbatterie liefert 12 V. Dazu sind sechs solcher Zellen in Reihe geschaltet.

a Skizzieren Sie schematisch die galvanische Zelle des Bleiakkumulators.

b Geben Sie die Elektrodenreaktionen an, die beim Entladen bzw. Laden des Bleiakkus stattfinden.

c Eine Starterbatterie kann eine Ladungsmenge (Kapazität) von Q = 52 A·h bereitstellen. Berechnen Sie die Masse an Blei, die mindestens zum Bau dieses Akkus verwendet werden musste. Berechnen Sie auch den Verbrauch an Schwefelsäure zum vollständigen Entladen.

12 〉 Eine Lithiumbromidlösung wird elektrolysiert.

a Berechnen Sie aus den Elektrodenpotenzialen die theoretische Zersetzungsspannung.

b Erklären Sie, warum es nicht gelingt, auf diese Weise Lithium herzustellen.

13 〉 Wasserstoff-Sauerstoff-Brennstoffzellen sind wie Batterien galvanische Zellen.

a Skizzieren Sie schematisch den Aufbau einer Wasserstoff-Sauerstoff-Brennstoffzelle und geben Sie die Reaktionen an den jeweiligen Elektroden an.

b Vergleichen Sie die Brennstoffzelle mit einer Zink-Braunstein-Batterie (Alkali-Mangan-Batterie).

c Begründen Sie, warum die Brennstoffzellentechnologie der regenerativen Energie zum Durchbruch verhelfen könnte.

14 〉 Im Handel sind Bleistiftanspitzer aus Metall erhältlich. Sie bestehen aus einem Magnesiumgehäuse, in das eine Stahlklinge eingesetzt ist.

a Erläutern Sie, warum die Stahlklinge durch das Magnesiumgehäuse gegen Korrosion geschützt ist.

b Entwickeln Sie die Reaktionsgleichungen für die ablaufenden chemischen Vorgänge, wenn der Bleistiftanspitzer nass wird. *Hinweis:* Es bildet sich u. a. schwerlösliches Magnesiumhydroxid $Mg(OH)_2$.

15 〉 Nachbar Schulz weiß, dass Kupfer ein korrosionsbeständiges Metall ist. Er hat deshalb seine neue Regenrinne aus verzinktem Stahlblech mit verkupferten Schrauben befestigt.

a Erläutern Sie, warum Kupfer korrosionsbeständig ist.

b Klären Sie Nachbar Schulz über seinen Irrtum auf. Erläutern Sie dazu die chemischen Vorgänge, die ablaufen, wenn es regnet und die Rinne mit der Befestigung nass wird.

Mithilfe dieses Kapitels können Sie:	Aufgabe	Hilfe finden Sie auf Seite
▸ elektrochemische Reaktionen in einer galvanischen Zelle auf der Basis des Donator-Akzeptor-Konzepts erklären	*1, 2, 4, 5, 11, 13*	*276-277, 278–79*
▸ das Batterieprinzip als Nutzung der Umwandlung von chemischer in elektrische Energie in einer galvanischen Zelle deuten	*3, 4, 7, 11, 13*	*276–277*
▸ die elektrochemische Spannungsreihe zur Vorhersage von Redoxreaktionen und zur Berechnung von Zellspannungen anwenden	*2, 3, 4, 5, 8, 9, 10, 12*	*278–279*
▸ die Konzentrationsabhängigkeit des Elektrodenpotenzials erklären und mithilfe der Nernst-Gleichung berechnen LK	*7, 8, 9*	*282–283*
▸ die Vorgänge der Elektrolyse erläutern und als Umkehrung der Vorgänge in der galvanischen Zelle deuten	*10, 12*	*296–297*
▸ ökonomische und ökologische Aspekte des Einsatzes von elektrochemischen Spannungsquellen ableiten	*4, 7, 11, 13*	*286–887, 288–290, 292–293*
▸ die Vorgänge bei der elektrochemischen Korrosion und wirksame Maßnahmen zum Korrosionsschutz erläutern	*14, 15*	*302–303, 306–307*

Überall auf der Welt wird ständig durch die Fotosynthese der grünen Pflanzen die Energie des Lichts in chemische Energie umgewandelt. Die dabei entstehende Glucose ist Energiespeicher und Baustein für viele weitere Vertreter der großen Stoffgruppe der Kohlenhydrate. Kohlenhydrate wie Glucose und Saccharose sind wie auch die Fette wichtige Energielieferanten für den menschlichen Körper.

Erweitertes inhaltliches Angebot 10

weitere Naturstoffe

Kohlenhydrate

- Monosaccharide, z. B. Glucose und Fructose
- Glykosidische Bindung
- Disaccharide, z. B. Saccharose
- Polysaccharide, z. B. Stärke und Cellulose
- Kohlenhydrate als Energielieferanten
- Polysaccharide als Bau- und Speicherstoffe

Fette

- Gesättigte und ungesättigte Fettsäuren
- Bildung und Spaltung von Fetten
- Bedeutung und Charakterisierung von Fetten

01 Die Nahrung sollte die für den Körper notwendigen Nährstoffe in ausreichender Menge, im richtigen Verhältnis und in der richtigen Form enthalten. Die Anordnung der Lebensmittel in der Ernährungspyramide spiegelt die empfohlene Aufnahme der Nährstoffe bei der täglichen Ernährung wider.

10.1 Klassifizierung der Kohlenhydrate

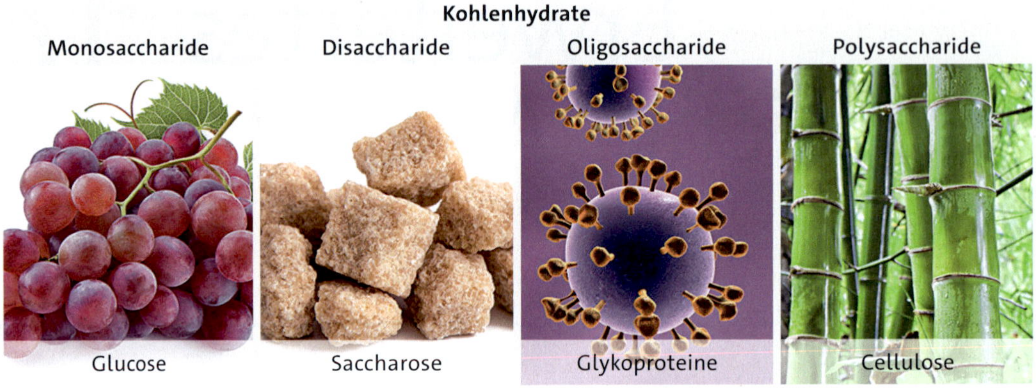

01 Einteilung der Kohlenhydrate

02 Glucose wird durch Erhitzen in Kohlenstoff und Wasser zersetzt.

Video: Erhitzen von Glucose

ZUSAMMENSETZUNG DER KOHLENHYDRATE Traubenzucker, *Glucose*, Haushaltszucker, *Saccharose*, und *Cellulose* sind **Kohlenhydrate** – eine große und weitverbreitete Gruppe von Naturstoffen, die ihren Namen der Zusammensetzung ihrer Moleküle verdanken: Sie enthalten neben Kohlenstoff-Atomen auch Wasserstoff- und Sauerstoff-Atome meist im Verhältnis 2:1, sodass für viele Kohlenhydrate die **allgemeine Molekülformel $C_x(H_2O)_y$** lautet.
Zersetzt man Kohlenhydrate durch starkes Erhitzen, so entstehen elementarer Kohlenstoff und Wasser (↑ 02). Darauf begründete sich historisch die Benennung als Kohlen**hydrate**, wobei chemisch gesehen die Verwendung der Endung -hydrat unzutreffend ist, da in ihnen keine Wasser-Moleküle gebunden sind.

EINTEILUNG DER KOHLENHYDRATE Zur Gruppe der Kohlenhydrate gehören sehr vielfältige Verbindungen, die anhand ihrer Struktur in verschiedene Gruppen eingeteilt werden (↑ 01).
Die einfachsten Vertreter sind die **Monosaccharide** oder **Einfachzucker**, deren Moleküle aus einem Kohlenstoffgerüst mit drei bis sieben Kohlenstoff-Atomen bestehen. Ihre Moleküle enthalten alle eine **Carbonylgruppe** >C=O, die endständig oder am zweiten Kohlenstoff-Atom (C–2-Atom) liegen kann, sowie jeweils eine **Hydroxygruppe** –OH an jedem weiteren Kohlenstoff-Atom.

Aldehyde und Ketone ↑ *S. 266 f.*

> **Schon gewusst?** Inzwischen kennt man auch Kohlenhydrate, die nicht nach der allgemeinen Molekülformel $C_x(H_2O)_y$ aufgebaut sind, aber aufgrund ihrer chemischen Eigenschaften zu den Kohlenhydraten gehören. Das bekannteste Beispiel ist Desoxyribose $C_5H_{10}O_4$, die als Baustein in DNA-Molekülen vorkommt.

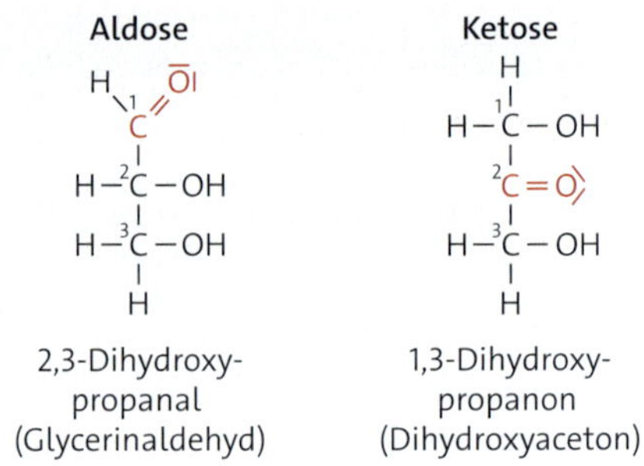

03 Strukturformeln der beiden einfachsten Zucker

Am Beispiel der kleinstmöglichen Kohlenhydrat-Moleküle, 2,3-Dihydroxypropanal (Glycerinaldehyd) und 1,3-Dihydroxypropanon (Dihydroxyaceton), lassen sich diese Strukturmerkmale erkennen (↑ 03). Weil ihre Moleküle *drei* Kohlenstoff-Atome aufweisen, zählt man sie zu den *Triosen*. Allgemein wird abhängig von der Anzahl der Kohlenstoff-Atome weiterhin zwischen Tetrosen (4 C-Atome), Pentosen (5 C-Atome) und Hexosen (6 C-Atome) usw. unterschieden.
Bei allen Monosacchariden handelt es sich um Polyalkoholderivate, bei denen eine der Hydroxygruppen zur *Aldehydgruppe* oder zur *Ketogruppe* oxidiert ist. Entsprechend zählt man sie zu den **Aldosen**, wenn ihre Moleküle außer den Hydroxygruppen eine Aldehydgruppe besitzen. Wenn dagegen eine Ketogruppe vorhanden ist, gehören sie zu den **Ketosen**.

Die Moleküle der Monosaccharide sind die Grundbausteine aller weiteren Kohlenhydrate. Sie lassen sich unter Wasserabspaltung (Kondensation) zu größeren Einheiten miteinander verknüpfen. Dabei bilden sich **Disaccharide** (Zweifachzucker, ↑ S. 332 f.), **Oligosaccharide** (Mehrfachzucker, ↑ S. 334) und *Polysaccharide* (Vielfachzucker, ↑ S. 338 ff.).

Praktikum

Eigenschaften von Monosacchariden

EXP 10.01 Optische Aktivität von Glucose

Materialien Polarimeter, Messzylinder (100 mL), Wasser, α-D-Glucosemonohydrat

Durchführung Messen Sie genau 90 mL Wasser im Messzylinder ein und lösen Sie darin genau 10 g α-D-Glucosemonohydrat. Geben Sie aus der so hergestellten Glucoselösung eine Probe in die Messzelle des Polarimeters und beginnen Sie mit der Messung des Drehwinkels. Innerhalb der ersten Stunde bestimmen Sie alle 5 min den Drehwinkel, nach mindestens 24 h den Endwert.
Entsorgung: Lösung ins Abwasser geben.

Auswertung
1) Erstellen Sie ein Diagramm aus den Messwerten.
2) Erklären Sie den Kurvenverlauf.

EXP 10.02 Löslichkeit

Materialien 9 Reagenzgläser, Wasser, Heptan (2, 8, 7, 9), Ethanol (2, 7), Glucose, Fructose, Saccharose

Durchführung Füllen Sie von jedem Lösungsmittel 3 mL jeweils in 3 Reagenzgläser. Geben Sie jeweils 1 Spatelspitze von jedem Zucker zu einem der Lösungsmittel und schütteln Sie. Prüfen Sie, ob sich die drei Zucker lösen.
Entsorgung: Heptan in den Behälter für halogenfreie organische Abfälle, übrige Lösungen ins Abwasser geben.

Auswertung Erklären Sie Ihre Beobachtungen mithilfe der Struktur der jeweiligen Zucker- und Lösungsmittel-Moleküle.

EXP 10.03 Nachweis reduzierender Zucker

Materialien 4 Reagenzgläser, Reagenzglasständer, Becherglas (250 mL), Tropfpipette, Heizplatte, 10%ige Glucoselösung, 10%ige Fructoselösung, Fehling-Lösung I (5, 9), Fehling-Lösung II (5), Tollens-Reagenz (5, 7, 9)

Durchführung I) *Fehling-Probe:* Geben Sie je 2 mL Fehling-Lösung I und Fehling-Lösung II in ein Reagenzglas und schütteln Sie, bis eine tiefblaue Lösung entsteht. Fügen Sie einige Tropfen Glucoselösung hinzu und erwärmen Sie die Mischung im Wasserbad bei 80 °C. Wiederholen Sie den Versuch mit Fructoselösung.
II) *Tollens-Probe:* Geben Sie 2 mL frisch bereitetes Tollens-Reagenz in ein sauberes (neues) Reagenzglas. Fügen Sie einige Tropfen Glucoselösung hinzu und erwärmen Sie die Mischung im Wasserbad bei 80 °C. Wiederholen Sie den Versuch mit Fructoselösung.
Entsorgung: Fehling-Probe: Reste in giftige anorganische Abfälle, Tollens-Probe: in Behälter für Silberabfälle geben.

Auswertung
1) Deuten Sie Ihre Beobachtungen. Begründen Sie bei den positiv verlaufenden Reaktionen den vorliegenden Reaktionstyp.
2) Formulieren Sie eine verallgemeinernde Schlussfolgerung für die beiden Nachweise.

EXP 10.04 Nachweis der Hydroxygruppen

Materialien 2 Bechergläser (150 mL), 2 Bechergläser (250 mL), Kristallisierschale, Reagenzglas, Heizplatte, Messpipette, Tropfpipette, Glasstab, Waage, Siedesteinchen, Glucose, Essigsäureanhydrid (2, 6, 5), konz. Schwefelsäure (w = 96 %; 5), Eiswürfel

Durchführung Im Abzug arbeiten! Schutzbrille! Handschuhe! Bereiten Sie in 2 Bechergläsern (150 mL) jeweils 100 mL eiskaltes Wasser vor und stellen Sie sie in die Kristallisierschale mit Eiswürfeln.
Geben Sie in das Reagenzglas 1 g Glucose und übergießen Sie sie mit 4 mL Essigsäureanhydrid. Fügen Sie 1 Tropfen Schwefelsäure und ein Siedesteinchen hinzu. Erhitzen Sie das Reaktionsgemisch 5 bis 10 min im siedenden Wasserbad.
Gießen Sie danach das Reaktionsgemisch in 100 mL eisgekühltes Wasser. Rühren Sie mit einem Glasstab um, bis sich das Reaktionsprodukt auf dem Boden des Becherglases konzentriert hat.

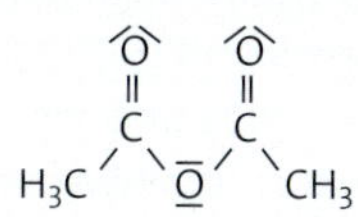

Essigsäureanhydrid

Gießen Sie das Wasser vorsichtig ab, sodass nur das Reaktionsprodukt im Becherglas zurückbleibt. Geben Sie zum Reinigen kaltes Wasser zum Reaktionsprodukt hinzu und dekantieren Sie es wieder ab. Wiederholen Sie diesen Vorgang noch einmal.
Prüfen Sie den Geruch des Reaktionsprodukts.
Fügen Sie einige Tropfen Schwefelsäure hinzu und machen Sie erneut eine Geruchsprobe.
Entsorgung: Lösungen in den Behälter für halogenfreie organische Abfälle geben.

Auswertung
1) Vergleichen Sie die Eigenschaften des Reaktionsprodukts mit denen der Glucose.
2) Erläutern Sie die Reaktion zwischen Glucose und Essigsäureanhydrid und stellen Sie die Strukturformel des Reaktionsprodukts auf.
3) Erläutern Sie, inwiefern diese Reaktion als Nachweis für Hydroxygruppen in den Glucose-Molekülen geeignet ist.

Optische Aktivität

POLARISIERTES LICHT Bei Licht einer Glühlampe oder Sonnenlicht schwingen die elektromagnetischen Wellen in allen Ebenen senkrecht zur Ausbreitungsrichtung des Lichts. Spezielle Polarisationsfilter lassen nur *eine* Schwingungsebene des Lichts durch. Die Lichtwellen des **linear polarisierten Lichts** breiten sich in der durch den Filter vorgegebenen Schwingungsebene aus. Alle anderen Schwingungsebenen werden nicht durchgelassen (↑ **01**).
Das menschliche Auge kann polarisiertes Licht von unpolarisiertem nicht unterscheiden. Deshalb wird ein zweiter Polarisationsfilter, der Analysator, in den Strahlengang gebracht. Bei gleicher Ausrichtung lassen beide Filter das Licht durch und das Blickfeld ist hell. Dreht man jedoch den Analysator um 90° zum Polarisationsfilter, so wird das Licht vollständig absorbiert und das Blickfeld erscheint dunkel (↑ **02**).

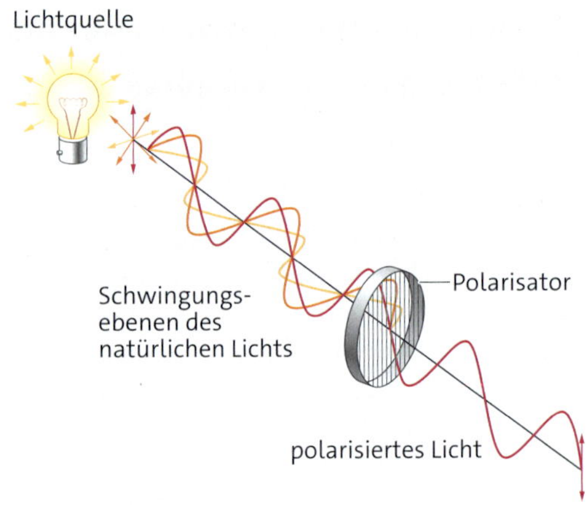

01 Erzeugung von polarisiertem Licht einer Schwingungsebene

OPTISCH AKTIVE STOFFE Wird nun eine Verbindung aus chiralen Molekülen wie Glycerinaldehyd in den Strahlengang gebracht, so dreht sie die Schwingungsebene des Lichts: Sie ist **optisch aktiv**. Man erkennt dies am Polarimeter, indem das Blickfeld hinter dem Analysator heller wird. Nun dreht man den Analysator, bis das Blickfeld wieder dunkel wird, und bestimmt so den Drehwinkel α der Lösung. Verbindungen, die eine nach rechts weisende Drehrichtung besitzen, erhalten zur Kennzeichnung ein (+) vor den Namen gestellt, diejenigen mit einer Drehrichtung nach links erhalten ein (–), beispielsweise D(+)-Glycerinaldehyd und L(–)-Glycerinaldehyd. Zwischen der Drehrichtung und der Zuordnung der Enantiomere zur D- oder L-Konfiguration besteht kein Zusammenhang.

Der Drehwinkel α ist von der Massenkonzentration β der Lösung, der Länge l der Messzelle sowie der Wellenlänge des verwendeten Lichts abhängig.
Enantiomere drehen die Ebene des polarisierten Lichts um den gleichen Betrag in die entgegengesetzte Richtung. Deshalb zeigt ein 1:1-Gemisch zweier Enantiomere keinerlei optische Aktivität, da sich die Drehwinkel gegenseitig aufheben. Ein derartiges Isomerengemisch wird **Racemat** genannt.

1 › Für D(+)-Glucose wird ein Drehwinkel von +52,7°, und für D(–)-Fructose ein Drehwinkel von –92,4° gemessen. Erläutern Sie, ob es sich bei den Namen der Zucker und den Drehwinkeln um einen Widerspruch handelt.

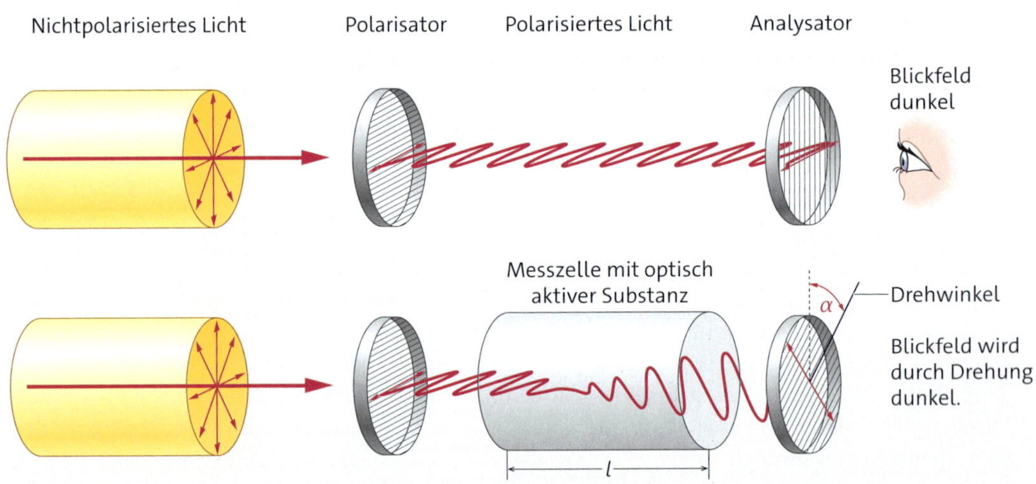

02 Messung einer optisch aktiven Verbindung mit einem Polarimeter

Gleich und doch verschieden – chirale Verbindungen in der Natur

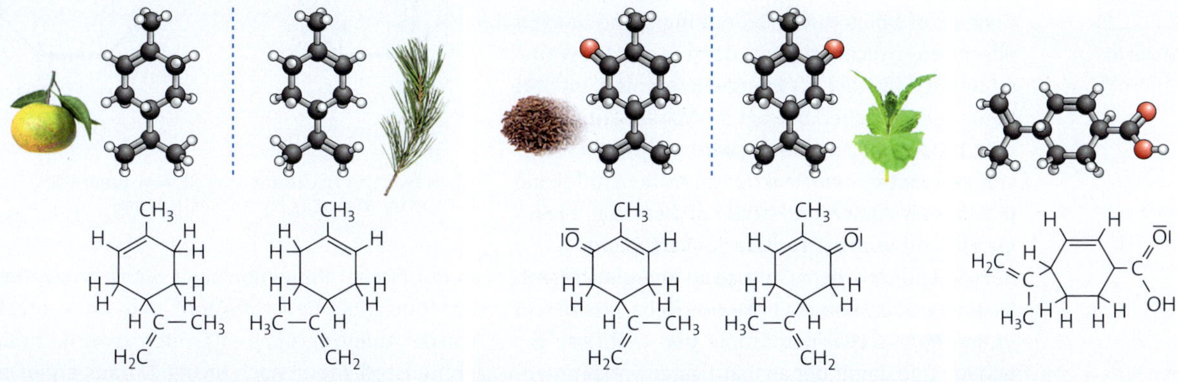

A D(+)-Limonen L(−)-Limonen B D(+)-Carvon L(−)-Carvon C D(+)-Perillasäure

01 **A** Limonen: Orangen- und Fichtennadelölgeruch, **B** Carvon: Kümmel- und Minzgeruch, **C** Struktur von D(+)-Perillasäure

LIMONEN Die Moleküle von D(+)- und L(−)-Limonen sind in jeder Hinsicht identisch – bis auf die Tatsache, dass sie nicht zur Deckung zu bringende Spiegelbilder zueinander haben. Trotzdem ist der Geruchsunterschied sehr deutlich: D(+)-Limonen riecht nach Orangen und L(−)-Limonen nach Fichtennadelöl bzw. Terpentin. Unser Körper ist in der Lage, diesen minimalen Strukturunterschied in bemerkenswerter Weise zu erkennen: Verantwortlich dafür sind die in der Nasenschleimhaut befindlichen chiralen Rezeptoren für chirale Duftmoleküle. Die unterschiedlichen Gerüche entstehen, weil sich Rezeptor und Duftmolekül nach dem Schlüssel-Schloss-Prinzip miteinander verbinden.
Beide Enantiomere findet man in der Natur: D(+)-Limonen ist als Hauptaromastoff in den Schalen von Zitrusfrüchten enthalten. Außerdem findet man es in Kümmel, Dill, Koriander und Rosmarin. L(−)-Limonen kommt in den ätherischen Ölen im Harz und Holz von Nadelbäumen vor.

Rund 90 % des ätherischen Öls aus Orangenschalen besteht aus D(+)-Limonen. Da viele Orangenschalen als Abfall bei der Saftproduktion anfallen, ist es als nachwachsender Rohstoff für die Industrie interessant. Aufgrund der großen produzierten Mengen wird es zur Herstellung von Reinigungsmitteln und als Lösungsmittel in Lacken genutzt, aber auch als preiswerter natürlicher Duftstoff in Kosmetika. Seine Verwendung ist trotz der natürlichen Herkunft problematisch, da es hautreizend und allergieauslösend wirkt und außerdem giftig für Wasserorganismen ist.

Interessant ist ein Oxidationsprodukt des D(+)-Limonens, die **D(+)-Perillasäure**. Sie kann mithilfe von Bakterien aus D(+)-Limonen gewonnen werden. Durch sie lassen sich gesundheitsgefährdende Konservierungsmittel beispielsweise in Kosmetikprodukten ersetzen.

CARVON Minze und Kümmel unterscheiden sich sehr deutlich in Geruch und Geschmack. Bei beiden ist Carvon dafür der bestimmende Bestandteil. Minze enthält L(−)-Carvon und Kümmel D(+)-Carvon.
Minzöl wird beispielsweise in Kaugummi und Zahnpasta eingesetzt. Kümmel gilt als eines der ältesten Gewürze und wird für deftige Speisen gebraucht, weil es deren Verdauung erleichtert.

SPIEGELSYMMETRISCHE SYNTHESE Chirale Verbindungen spielen für den Menschen nicht nur bei Duftstoffen eine entscheidende Rolle. Auch bei der Herstellung von Medikamenten kann das eine Enantiomer wirksam, das andere jedoch unwirksam oder sogar extrem schädlich sein. Im Jahr 2001 erhielten WILLIAM S. KNOWLES, RYOJI NOYORI und BARRY SHARPLESS den Chemie-Nobelpreis für die „Molekulare spiegelsymmetrische Katalyse". Den drei Forschern gelang es, mithilfe von chiralen Katalysatoren chemische Reaktionen so zu steuern, dass als Ergebnis nur eine von zwei möglichen spiegelbildlichen Varianten des Produkts gebildet wird. Damit können beispielsweise die linksdrehende Aminosäure L(−)-Thyroxin als Schilddrüsenhormon, die rechtsdrehende Form D(+)-Thyroxin zur Senkung des Cholesterinspiegels selektiv synthetisiert werden.

1. Zeichnen Sie das Enantiomer von D(+)-Perillasäure.
2. Sowohl Kümmel als auch Minze enthalten Limonen, allerdings überdeckt das dominante Carvon dessen Geruch und Geschmack.
   a Vergleichen Sie die Molekülstruktur von Limonen mit Carvon. Identifizieren Sie funktionelle Gruppen.
   b Ordnen Sie Minze und Kümmel jeweils ein Enantiomer des Limonens zu. Begründen Sie Ihre Entscheidung.

10.2 Glucose – ein Monosaccharid

3D-Molekül:
α-D-Glucose

VORKOMMEN UND BEDEUTUNG Die zu den Monosacchariden gehörende **Glucose** (Traubenzucker) besitzt durch eine Vielzahl an physiologischen Funktionen große biologische Bedeutung: Ohne sie kann unser Gehirn nicht arbeiten, denn es nutzt fast ausschließlich Glucose als Energielieferanten. Im Blut gesunder Menschen beträgt ihr Massenanteil 0,08 bis 0,1 %. Bei der Zellatmung wird sie in einer mehrstufigen exothermen Reaktion zu Kohlenstoffdioxid und Wasser oxidiert und stellt auf diese Weise Energie für Stoffwechselprozesse zur Verfügung.
Auch in Pflanzen dient Glucose als Energielieferant. Sie ist darüber hinaus als Monosaccharidbaustein in den Polysacchariden Stärke und Cellulose gebunden und damit der am häufigsten vorkommende Zucker überhaupt.

MOLEKÜLSTRUKTUR Die Struktur des kettenförmigen Glucose-Moleküls wurde von EMIL FISCHER aufgeklärt, der 1902 dafür den Nobelpreis für Chemie erhielt. Mit der Molekülformel $C_6H_{12}O_6$ gehört Glucose zu den Hexosen. Die Aldehydgruppe weist sie als Aldose aus. Vier der sechs Kohlenstoff-Atome im Glucose-Molekül sind asymmetrisch substituierte C*-Atome.

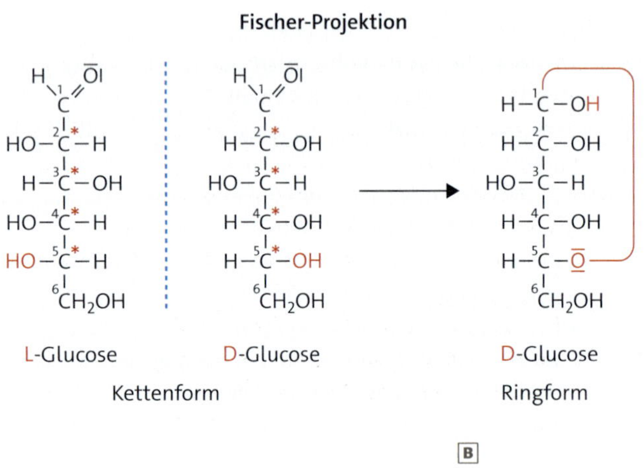

01 A Die beiden Enantiomere der Glucose, **B** Ringform

P EXP 10.05 Struktur des Glucose-Moleküls

Durchführung Konstruieren Sie mithilfe des Molekülbaukastens die Kettenform und die Ringform eines Glucose-Moleküls.

Auswertung Vergleichen Sie Ihre Molekülmodelle innerhalb des Kurses. Leiten Sie aus den Vergleichsergebnissen eine Schlussfolgerung ab.

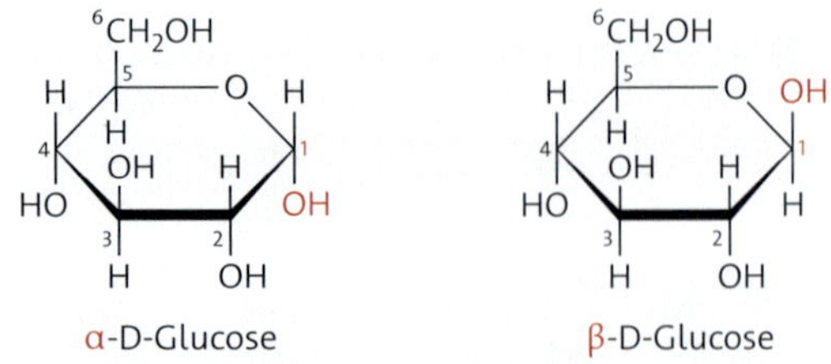

02 Haworth-Projektionen der Stereoisomere des D-Glucose-Moleküls (Pyranosestruktur)

In der Fischer-Projektion zeigt die Hydroxygruppe am fünften Kohlenstoff-Atom, dem am weitesten von der Aldehydgruppe entfernten asymmetrischen Kohlenstoff-Atom, nach rechts. Daraus ergibt sich der Name D-Glucose (↑ **01A**). In der Natur kommt ausschließlich die D-Glucose vor, die L-Glucose kann nur synthetisch hergestellt werden.
Weitere Strukturuntersuchungen zeigen, dass die Kettenform alleine das Glucose-Molekül nicht vollständig beschreibt: Weniger als 0,1 % der Glucose-Moleküle liegen in wässrigen Lösungen in Kettenform vor. Dagegen überwiegen Glucose-Moleküle in der **Ringform** (↑ **01B**). Sie bildet sich aus der Kettenform durch die intramolekulare Reaktion der Hydroxygruppe am C–5-Atom mit der Aldehydgruppe des C–1-Atoms der Kohlenstoffkette. Der zugrunde liegende Reaktionsmechanismus ist eine *nucleophile Addition*, bei der als Reaktionsprodukt ein **Halbacetal** entsteht (↑ **03**). Auf diese Weise wird ein Sechsring aus fünf Kohlenstoff-Atomen und einem Sauerstoff-Atom gebildet. Solche Sechsringzucker heißen **Pyranosen**.
Die Ringstruktur der Glucose wird häufig mithilfe der **Haworth-Projektion** dargestellt (↑ **02**). Atome und Atomgruppen, die in der Fischer-Projektion auf der rechten Seite stehen, zeigen in der Haworth-Projektion nach unten, die nach links weisen, nach oben.

Glucose ist eine Aldose mit sechs Kohlenstoff-Atomen im Molekül. Glucose-Moleküle liegen überwiegend in der Ringform als Halbacetal vor.

EIN NEUES CHIRALITÄTSZENTRUM Das C–1-Atom der Aldehydgruppe des kettenförmigen Glucose-Moleküls wird durch Ringbildung zu einem weiteren asymmetrisch substituierten Kohlenstoff-Atom. Es wird als **anomeres Kohlenstoff-Atom** bezeichnet (↑ **03**).
Die Hydroxygruppe am anomeren Kohlenstoff-Atom ist besonders reaktiv, sodass Glucose-Moleküle dort mit weiteren Zucker-Molekülen reagieren können.

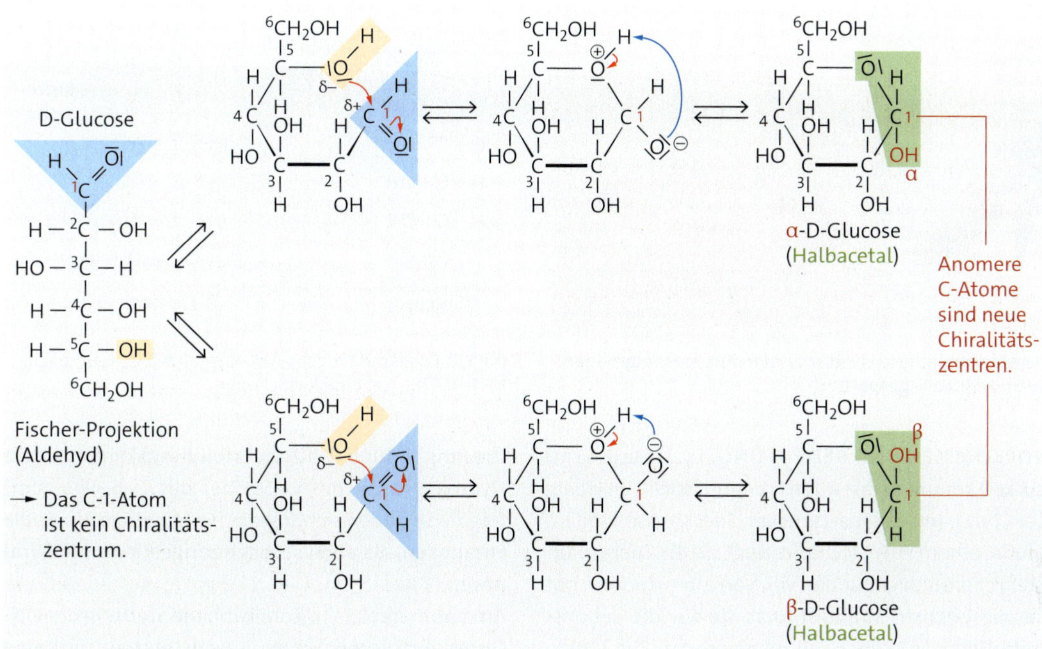

Animation: Bildung der Ringform der D-Glucose aus der Kettenform

03 Bildung der Ringform von α- und β-D-Glucose aus der Kettenform durch intramolekulare nucleophile Addition

Je nach räumlicher Anordnung der Hydroxygruppe am anomeren Kohlenstoff-Atom unterscheidet man zwei Diastereomere, die als **α-D-Glucose** und **β-D-Glucose** bezeichnet werden (↑ Exp. 10.05, S.323). Man nennt diese Isomere auch Anomere. Sie zeigen unterschiedliche optische Aktivität.

Zeigt die Hydroxygruppe am anomeren Kohlenstoff-Atom in der Haworth-Formel nach unten, so spricht man von α-Glucose, steht sie oben, so handelt es sich um β-Glucose.

MUTAROTATION Eine wässrige Lösung von D-Glucose ist aufgrund der Chiralität der Moleküle optisch aktiv. Allerdings verändert sich mit der Zeit der Drehwinkel einer frisch bereiteten Glucoselösung kontinuierlich, bis sich ein konstanter Wert einstellt (↑ Exp. 10.01,). Diese zeitliche Veränderung des Drehwinkels heißt Mutarotation (lat. *mutare*: ändern).

Das Phänomen beruht darauf, dass sich in wässrigen Lösungen die α-D-Glucose über die Kettenform in die β-D-Glucose umwandelt. Im Verlauf der Isomerisierung bildet sich ein chemisches Gleichgewicht aus, in dem etwa 36 % α-D-Glucose und 64 % β-D-Glucose vorliegen. Der Anteil der Kettenform ist vernachlässigbar gering.

Neben den unterschiedlichen spezifischen Drehungen unterscheiden sich die Anomere auch in ihren Schmelztemperaturen.

Frische Glucoselösung verändert ihren Drehwinkel, bis sich ein konstanter Wert einstellt. Dieser Effekt wird Mutarotation genannt. Er beruht auf dem chemischen Gleichgewicht zwischen α-D-Glucose und β-D-Glucose.

EIGENSCHAFTEN Die chemischen Eigenschaften von Glucose werden durch die Hydroxygruppen und die Aldehydgruppe bestimmt:

Chiralität ↑ S. 40 f.

Die vielen Hydroxygruppen im Molekül verursachen nicht nur den süßen Geschmack, sondern sorgen auch dafür, dass sich Glucose sehr gut in Wasser löst, was eine wichtige Voraussetzung für seine biologische Funktion bedeutet.

Glucose wirkt reduzierend. Die Reaktion kann mit unterschiedlichen Oxidationsmitteln wie Fehling-Lösung und Tollens-Reagenz durchgeführt werden und ergibt einen positiven Nachweis, der jedoch nicht spezifisch für Glucose ist (↑ Exp. 10.03, S. 323).

1 › Zeichnen Sie drei unterschiedliche Fischer-Projektionen für Kohlenhydrat-Moleküle mit vier Kohlenstoff-Atomen.

2 › Zeichnen Sie die Fischer-Projektion der zur D-Glucose isomeren Ketose.

3 › Erklären Sie, warum ein Gemisch aus D- und L-Glucose im Verhältnis 1:1 optisch inaktiv ist.

4 › Erläutern Sie den Unterschied zwischen den Enantiomeren und Anomeren der Glucose.

Fructose

01 Der von den Bienen gesammelt Blütennektar wird in ihrem Honigmagen enzymatisch in Fructose und Glucose gespalten.

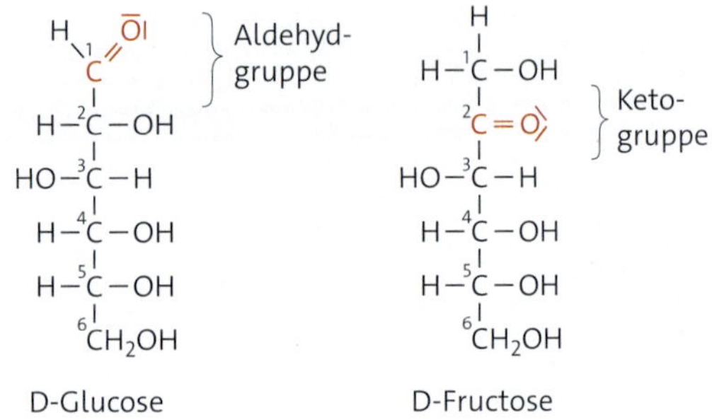

03 Glucose und Fructose im Vergleich: Das Fructose-Molekül besitzt eine Ketogruppe.

VORKOMMEN UND BEDEUTUNG Fructose (Fruchtzucker) kommt in fast allen Früchten sowie im Honig vor (↑ **01**). Im Haushaltszucker, Saccharose, und im Inulin, einem Polysaccharid, liegt sie als Zuckerbaustein chemisch gebunden vor. Von allen Zuckern hat sie die höchste Süßkraft, was sie für die Lebensmittelindustrie sehr bedeutsam macht (↑ S. 330).

STRUKTUR Fructose hat die Molekülformel $C_6H_{12}O_6$. Ihre Moleküle sind somit Konstitutionsisomere der Glucose-Moleküle (↑ **03**). Als Hexosen haben sie eine Kohlenstoffkette mit sechs C-Atomen, weisen aber im Unterschied zu Glucose-Molekülen am C–2-Atom eine Ketogruppe auf und gehören folglich zu den **Ketosen**.

Wie bei den D-Glucose-Molekülen stehen auch bei den D-Fructose-Molekülen Ketten- und Ringformen in wässrigen Lösungen im Gleichgewicht, wobei die Kettenform zu etwa 1 % in einer Fructoselösung vorliegt.

3D-Molekül: Fructose

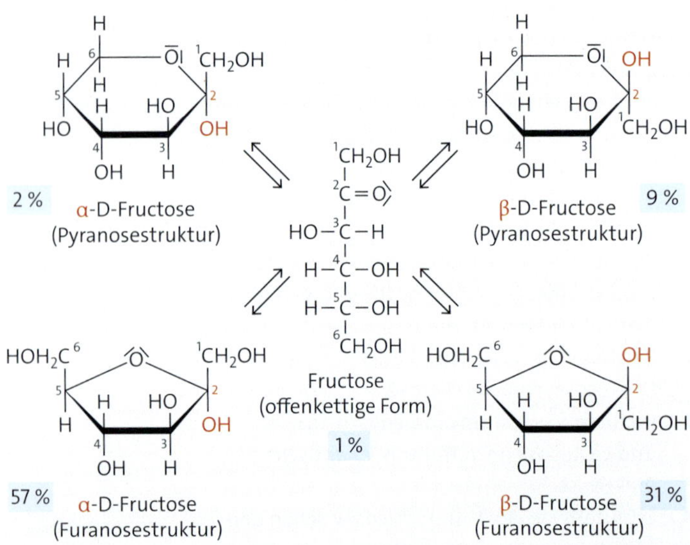

02 Die fünf Formen der Fructose in wässriger Lösung

Die Ringbildung (Halbacetalbildung) kann über die Hydroxygruppe des C–5- oder des C–6-Atoms erfolgen. So bilden sich sowohl fünfgliedrige Ringe, die **Furanosen**, als auch sechsgliedrige Ringe, die **Pyranosen** (↑ **02**).

Am anomeren C–2-Atom kann die Stellung der OH-Gruppe variieren, wobei jeweils eine α- und eine β-Form bei der Furanose und der Pyranose gebildet werden. Alle vier Anomere liegen in unterschiedlichen Anteilen in einer Fructoselösung vor (↑ **02**).

Fructose-Moleküle kommen sowohl als Fünfring (Furanosestruktur) als auch als Sechsring (Pyranosestruktur) vor.

EIGENSCHAFTEN Neben der D-Fructose existiert auch die spiegelbildliche L-Form. Beide Formen unterscheiden sich in ihrer optischen Aktivität: Die natürlich vorkommende D-Fructose dreht die Schwingungsebene des polarisierten Lichts nach links und die L-Fructose nach rechts.

Der Drehwinkel einer frisch zubereiteten Lösung aus D-Fructose ändert sich allmählich, bis sich das Gleichgewicht zwischen allen fünf Formen und damit ein konstanter Drehwinkel einstellt. Fructose zeigt also wie die Glucose das Phänomen der *Mutarotation* (↑ S.327).

Fructose wirkt in alkalischer Lösung reduzierend, d. h., sie reagiert wie Glucose mit Fehling-Lösung (Reduktion der Cu^{2+}- zu Cu^{+}-Ionen im Kupfer(I)-oxid) und Tollens-Reagenz (Reduktion der Ag^{+}-Ionen zu Silber-Atomen). Das ist erstaunlich, da ihre Moleküle keine Aldehydgruppe, sondern eine Ketogruppe aufweisen. Zu erklären ist sowohl die Reaktivität der Glucose als auch der Fructose mit der Bildung einer neuen Struktur, der *Endiolform*. Der Mechanismus der Oxidation beider Zucker ist dabei noch nicht vollständig aufgeklärt (↑ Schon gewusst?).

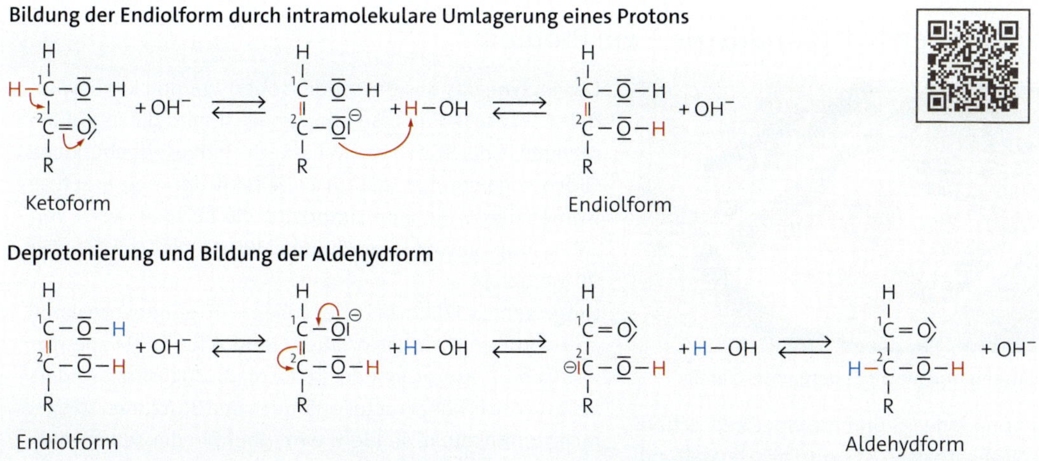

04 Isomerisierung: Die Keto-Enol-Tautomerie

KETO-ENOL-TAUTOMERIE Das Fructose-Molekül besitzt am C–1-Atom eine der Ketogruppe benachbarte, besonders reaktionsfähige Hydroxygruppe. Sie ermöglicht, dass über mehrere Reaktionsschritte die Ketogruppe am C–2-Atom verschwindet und eine Aldehydgruppe am C–1-Atom gebildet wird (↑ **04**). Dazu sind katalytisch wirkende OH^--Ionen notwendig, die bewirken, dass am C–1-Atom ein Proton abgespalten und zwischen dem C–1- und C–2-Atom eine Doppelbindung gebildet wird. Das abgespaltene Proton kann nun an das Sauerstoff-Atom der Ketogruppe binden. Das bei dieser *intramolekularen Umlagerung* entstandene Zwischenprodukt ist ein **Endiol**; En- steht dabei für die Doppelbindung, -diol für die beiden Hydroxygruppen. Die Endiolform ist nicht sehr stabil. Jeweils eine der Hydroxygruppen kann wieder deprotoniert und dadurch eine Carbonylgruppe zurückgebildet werden. Wird dabei das Proton der Hydroxygruppe am C–2-Atom abgespalten und an die Doppelbindung addiert, bildet sich wieder die Fructose zurück. Wird aber das Proton der Hydroxygruppe am C–1-Atom abgespalten, bildet sich die Aldehydgruppe am C–1-Atom und es entsteht ein Aldehyd – die Glucose. Durch diese **Isomerisierung** der Fructose wird Glucose gebildet (↑ Exp. 10.07, S. 330).

Da alle beteiligten Reaktionen Gleichgewichtsreaktionen sind, stellt sich mit der Zeit ein Gleichgewicht zwischen der Ketoform (Fructose) und der Aldehydform (Glucose) ein. Das Gleichgewicht zwischen der Aldehyd- und der Ketoform wird als **Keto-Enol-Tautomerie** bezeichnet.

In alkalischen Lösungen wird das Keton Fructose über eine Keto-Enol-Tautomerie in den Aldehyd Glucose umgewandelt.

Schon gewusst? Warum reagiert bei der Fehling-Probe Fructose schneller als Glucose (↑ Exp. 10.03, S. 323)?
Man könnte meinen, dass die bei der Isomerisierung entstehende Glucose mit Fehling-Lösung reagiert. Tatsächlich kann man experimentell nachweisen, dass die reduzierende Wirkung des Glucose-Moleküls nicht von der Aldehydgruppe ausgeht, sondern von der Endiolform, dem Zwischenprodukt der Keto-Enol-Tautomerie. Dabei wird am C–2-Atom die Hydroxygruppe oxidiert und es entsteht vermutlich D-Glucoson, das weiter oxidiert wird. Die experimentell feststellbare schnellere Umsetzung von Fructose mit Fehling-Lösung im Vergleich zu Glucose beruht vermutlich darauf, dass die für die Keto-Enol-Tautomerie notwendige Kettenform der Fructose um den Faktor 100 häufiger in Lösung vorkommt als die Kettenform der Glucose.

1 Vergleichen Sie die Struktur von Fructose- und Glucose-Molekülen.

2 Erklären Sie die gute Löslichkeit von Fructose in Wasser.

3 Erklären Sie auf Teilchenebene, warum sich der Drehwinkel einer frisch bereiteten Fructoselösung von −133,5° auf −92,4° ändert.

4 Erklären Sie, warum die Ketose Fructose mit Fehling-Lösung positiv reagiert.

5 Die Desoxyribose (Haworth-Projektion ↑ **05**) ist ein zentraler Bestandteil der DNA.
a Zeichnen Sie die Fischer-Projektion der D-Desoxyribose.
b Vergleichen Sie sie mit D-Fructose und diskutieren Sie Ihre Zuordnung zu den Zuckern.

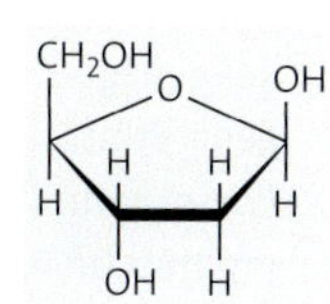

05 D-Desoxyribose

Fructose in der Lebensmittelindustrie – ein Problem?

01 Fructose süßt Speiseeis und macht es besonders cremig.

Fructose macht Limonaden süß und das Speiseeis schön cremig. Wegen ihrer Eigenschaften ist sie bei der Herstellung von Lebensmitteln von großer Bedeutung. Sie

- hat eine mehr als doppelt so starke Süßkraft wie Haushaltszucker (Saccharose),
- löst sich sehr gut in Wasser,
- kristallisiert in Lebensmitteln nur wenig aus,
- verstärkt den Geschmack von Früchten und Schokolade,
- überdeckt den bitteren Nachgeschmack von Süßstoffen,
- setzt die Gefriertemperatur von Speiseeis herab.

Weltweit werden etwa zehn Millionen Tonnen Fructosesirup produziert, die hauptsächlich für die industrielle Herstellung von Lebensmitteln verwendet werden. Doch wo kommen diese großen Mengen Fructose her?
Die in Früchten und Honig natürlicherweise enthaltenen Mengen reichen dafür nicht aus. Erst die Entdeckung des Enzyms Glucose-Isomerase machte die industrielle Produktion von Fructose in großen Mengen möglich.
Das Enzym, das aus Bakterien isoliert werden kann, wandelt Glucose in Fructose um. Zunächst wird die in großen Mengen in der Stärke von Mais, Kartoffeln usw. gebundene Glucose gewonnen, die anschließend dann zu Fructose isomerisiert wird. Eine Limonade, die beispielsweise mit „Maissirup" gesüßt ist, enthält bei 100 g Maissirup pro Liter 90 g Fructose.
Lange genoss Fructose in der Lebensmittelindustrie einen guten Ruf und wurde vor allem Produkten für Diabetiker wie Gebäck, Konfitüre oder Schokolade zugesetzt. Anders als Glucose erhöht Fructose nämlich den Blutzuckerspiegel nicht unmittelbar, sondern wird direkt in der Leber abgebaut. Dort entstehen allerdings aus den Fructose-Molekülen Vorstufen von Molekülen, die der Speicherung von Fett dienen und damit Übergewicht begünstigen. Außerdem wurde bei gesunden Versuchspersonen ermittelt, dass bei erhöhter Fructosezufuhr die Körperzellen weniger empfindlich auf das Hormon Insulin reagieren. Das bedeutet, dass die Zellen weniger Glucose aufnehmen, was wiederum zu einem Anstieg des Blutzuckerspiegels führt – eine Entwicklung, die langfristig eine Diabeteserkrankung überhaupt erst entstehen lässt. Deshalb wird von Ernährungswissenschaftlern empfohlen, auf Lebensmittel zu verzichten, die zugesetzte Fructose enthalten – jedoch nicht auf Obst, das vergleichsweise wenig Fructose enthält. Diabetiker müssen natürlich die in Früchten enthaltenen Zucker in ihrer Diät berücksichtigen.

1 Diskutieren Sie die Verwendung von Fructose in der Lebensmittelindustrie aus Verbrauchersicht.

Fructose

8 5 7 9

EXP 10.06 Unterscheidung von Fructose und Glucose

Materialien 2 Reagenzgläser, Becherglas, Wasserbad, Brenner, Stoppuhr; 10%ige Fructoselösung, 10%ige Glucoselösung, Resorcin (8, 7, 9), konz. Salzsäure (w = 32 %; 5, 7)

Durchführung *Herstellen von Seliwanow-Reagenz für etwa 10 Ansätze:* Lösen Sie 0,2 g Resorcin in 40 mL konzentrierter Salzsäure. Geben Sie die Lösung vorsichtig in 80 mL Wasser. Füllen Sie jeweils 2 mL Fructose- und Glucoselösung in ein Reagenzglas. Versetzen Sie diese mit 5 mL Seliwanow-Reagenz. Erhitzen Sie die Lösungen im siedenden Wasserbad.
Entsorgung: Lösungen in den Behälter für halogenfreie organische Abfälle geben.

Auswertung Beschreiben und deuten Sie die Beobachtung.

EXP 10.07 Isomerisierung

Materialien 2 Reagenzgläser, Tropfpipetten, Messpipette, Wasserbad, Brenner, Glucoseteststreifen, Indikatorpapier, Natronlauge (c = 0,1 mol · L^{-1}; 7), Essigsäure (c = 0,1 mol · L^{-1}), Fructose

Durchführung Lösen Sie 1 g Fructose in 10 mL Wasser. Prüfen Sie die Lösung mit einem Glucoseteststreifen. Fügen Sie nun 1 mL Natronlauge hinzu und erhitzen Sie die Flüssigkeit 5 min im siedenden Wasserbad. Lassen Sie das Reaktionsgemisch abkühlen und neutralisieren Sie dann durch Zugabe von Essigsäure in kleinen Portionen. Untersuchen Sie die neutralisierte Lösung mit einem Glucoseteststreifen.
Entsorgung: Lösungen ins Abwasser geben.

Auswertung Beschreiben und deuten Sie die Beobachtung.

10.3 Vielfalt der Monosaccharide

HOMOLOGE REIHE DER D-ALDOSEN Die Monosaccharide bilden ähnlich den Alkanen eine homologe Reihe. Die kleinste Aldose ist das Glycerinaldehyd. Durch den Einbau jeweils einer weiteren H–C–OH-Gruppe zwischen dem C–1- und C–2-Atom erfolgt die Verlängerung zu längerkettigen Aldosen. Da die neu eingeschobenen C-Atome asymmetrisch substituiert sind, gibt es für die Stellung der OH-Gruppen in der Fischer-Projektion jeweils zwei Möglichkeiten. Somit verdoppelt sich auf jeder Verlängerungsstufe die Anzahl der Diastereomere. Bei einer Kettenlänge von sechs Kohlenstoff-Atomen ergeben sich für die Reihe der D-Aldosen bereits acht mögliche Zucker (↑ **01**) – zusammen mit den L-Aldosen entsprechend 16 verschiedene Zucker.

VORKOMMEN UND BEDEUTUNG Nicht nur die bekannte D-Glucose, sondern viele weitere Zucker aus der Reihe der D-Aldosen kommen in der Natur verbreitet vor. *Beispiele (jeweils D-Form):*

- Glycerinaldehyd ist ein Zwischenprodukt des Energiestoffwechsels bei Tieren und Menschen.
- Erythrose kommt ebenfalls beim Energiestoffwechsel vor und in einigen Synthesewegen von Bakterien, Pflanzen und Pilzen.
- Ribose ist ein Baustein der bei der Proteinbiosynthese beteiligten Ribunucleinsäure (RNA) sowie des Energieträgers Adenosintriphosphat (ATP). Sie kommt damit bei allen Stoffwechselvorgängen und bei der Zellteilung vor.
- Arabinose ist Bestandteil von Kautschuksaft (Gummi), Harzen und Schleimen.
- Xylose findet man in Holz, Samen und Früchten chemisch gebunden. Aus ihr wird das Süßungsmittel Xylit hergestellt, das vom menschlichen Stoffwechsel nicht verwertet werden kann.
- Mannose kommt in gebundener Form in den Wurzeln von Korbblütlern wie Löwenzahn vor.
- Galactose ist neben der Glucose ein Zuckerbaustein im Milchzucker (Lactose). Sie ist auch in höheren Kohlenhydraten chemisch gebunden und kommt in der Schleimhaut vor.

HOMOLOGE REIHE DER KETOSEN Auch bei den Ketosen erhält man durch die Verlängerung der Kette weitere Zucker (↑ **01**). Die Kettenverlängerung erfolgt zwischen dem C–2- und C–3-Atom. Von Bedeutung sind die D-Ribulose als Zwischenprodukt des Calvinzyklus der Pflanzen. D-Sorbose kommt in Vogelbeeren der Eberesche vor und ist außerdem ein Zwischenprodukt bei der Vitamin-C-Synthese. Die D-Tagatose liegt in geringen Mengen in der Milch vor. Sie kann aus D-Galactose gewonnen werden.

Die Zuordnung zur D- oder L-Reihe der Monosaccharide erfolgt immer aufgrund der Konfiguration des chiralen Kohlenstoff-Atoms, das am weitesten von der Aldehyd- oder Ketogruppe entfernt ist (↑ S. 326).

1) Zeichnen Sie die zur D-Mannose enantiomere Form der L-Mannose sowie die zur D-Galactose enantiomere Form der L-Galactose. Kennzeichnen Sie alle asymmetrischen Kohlenstoff-Atome C*.

2) Vergleichen Sie D-Galactose und D-Tagatose. Erläutern Sie die Möglichkeit, D-Tagatose aus D-Galactose zu gewinnen.

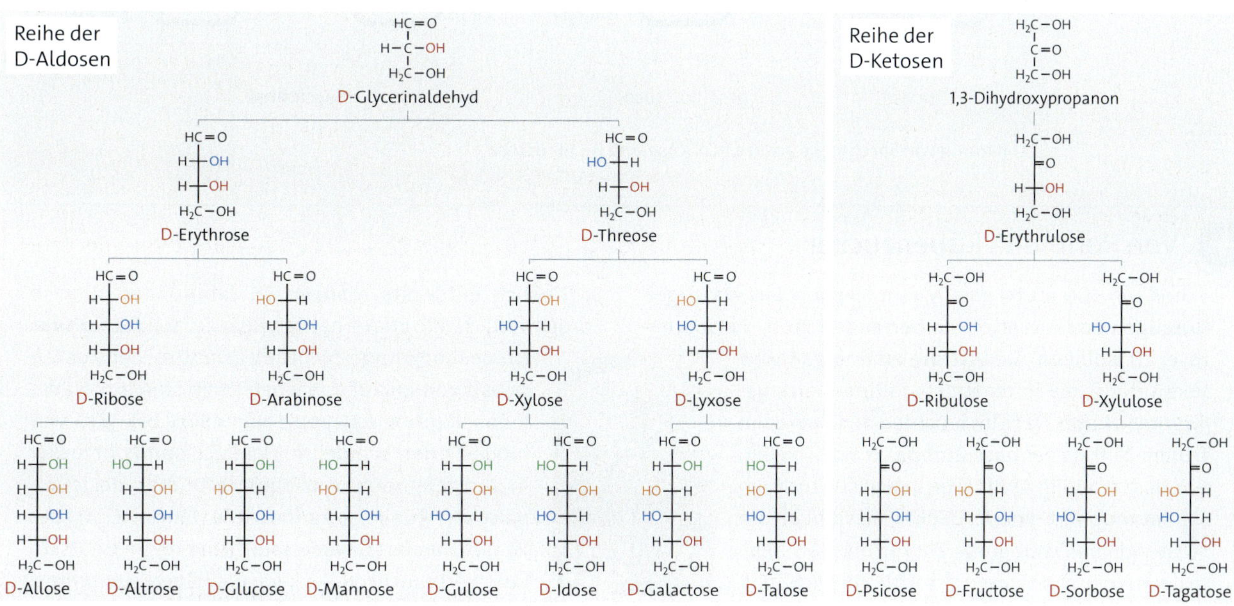

01 Reihe der D-Aldosen und D-Ketosen

10.4 Disaccharide

01 Einige Pflanzen enthalten hohe Anteile an Saccharose.

3D-Molekül: Saccharose

SACCHAROSE – ROHRZUCKER Die in den grünen Pflanzenteilen bei der Fotosynthese erzeugte Glucose wird häufig umgewandelt, wobei als ein möglicher Speicherstoff die **Saccharose** entsteht. In bestimmten Pflanzen ist sie in hohen Anteilen enthalten und kann so für die Gewinnung unseres Haushaltszuckers genutzt werden (↑ **01**).

Saccharose wird durch die Reaktion von α-D-Glucose mit β-D-Fructose gebildet. Dabei wird Wasser in einer Kondensationsreaktion abgespalten (↑ **02**). Saccharose gehört zu den **Disacchariden** (lat. *di:* zwei, *saccharum:* Zucker), den Zweifachzuckern.

Die Moleküle der Disaccharide bestehen aus zwei Monosaccharidbausteinen, die über ein Sauerstoff-Atom verbunden sind. Diese Bindung wird durch die Reaktion je einer OH-Gruppe der beiden Monosaccharid-Moleküle gebildet.

Voraussetzung für diese Reaktion sind *besonders reaktionsfähige OH-Gruppen*. Im Fall des Glucose-Moleküls ist dies die OH-Gruppe am C–1-Atom, beim Fructose-Moleküls die OH-Gruppe am C–2-Atom. Diese OH-Gruppen sind jeweils durch die Ringbildung aus der Kettenform entstanden und werden **glykosidische OH-Gruppen** genannt. Entsprechend wird die aus ihnen entstandene Bindung als **glykosidische Bindung** bezeichnet.

Im Saccharose-Molekül liegt eine *α-1,β-2-glykosidische Bindung* vor. Dies besagt, dass ein α-D-Glucose-Molekül über sein C–1-Atom mit dem C–2-Atom des β-D-Fructose-Moleküls verbunden ist.

Durch verdünnte saure Lösungen kann Saccharose hydrolytisch zu D-Glucose und D-Fructose im Verhältnis 1:1 gespalten werden (↑ Exp. 10.09, S. 335).

Saccharose ist ein Disaccharid. Ihre Moleküle bestehen aus einem D-Glucosebaustein und einem D-Fructosebaustein, die α-1, β-2-glykosidisch verbunden sind.

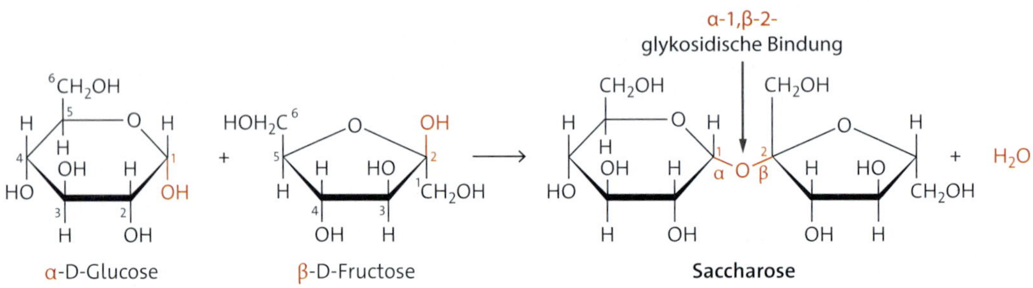

02 Bildung von Saccharose aus α-D-Glucose und β-D-Fructose

Von Rohr- und Rübenzucker

Schon um 600 n. Chr. gelang es in Persien, aus wässrigen Auszügen des Zuckerrohrs einen süßen Stoff, die Saccharose, zu isolieren. Sie war die erste organische Verbindung, die in reiner, kristalliner Form gewonnen wurde. Händler brachten den Zucker im frühen Mittelalter nach Europa. Er war so kostbar, dass er nur in Apotheken verkauft wurde. Im 16. Jahrhundert wurde Zucker allmählich erschwinglicher, weil große Zuckerrohrplantagen in der Karibik von Sklaven aus Afrika bewirtschaftet wurden. Er blieb aber ein Privileg für Wohlhabende.

Schließlich entdeckte man im 18. Jahrhundert eine in Europa wachsende zuckerhaltige Pflanze, die Zuckerrübe. Durch langjährige Züchtung gelang es, den Zuckergehalt von 1,6 auf zunächst 5 % zu steigern. Napoleons Kontinentalsperre von 1806 bis 1813 verhinderte den Handel mit karibischem Rohrzucker in Zentraleuropa, was zum Aufblühen der europäischen Rübenzuckerindustrie führte. Ende des 19. Jahrhunderts wurde sämtlicher des in Deutschland verbrauchten Zuckers aus Rüben gewonnen. Zucker wurde preiswert und für jedermann erschwinglich.

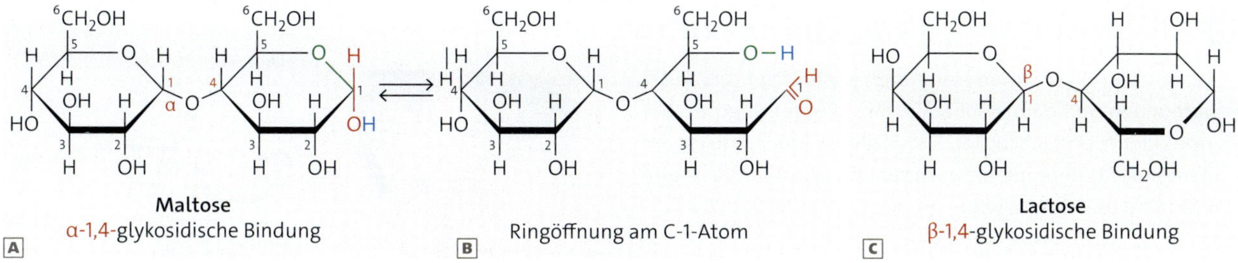

03 **A** Maltose (Haworth-Projektion), **B** Ringöffnung des Maltose-Moleküls, **C** Lactose (Haworth-Projektion)

MALTOSE – MALZZUCKER Bei der Hydrolyse von Maltose, dem Malzzucker, entsteht nur D-Glucose: Die Maltose-Moleküle sind aus zwei α-D-Glucosebausteinen aufgebaut, die α-1,4-glykosidisch verbunden sind (↑ **03A**).

Maltose kommt als Hydrolyseprodukt von Stärke in Getreide vor und dient dort als Energielieferant der Pflanze. Für die Bierherstellung wird sie gezielt in keimender Gerste erzeugt und mithilfe von Hefen zu Ethanol vergoren.

REDUZIERENDE WIRKUNG Disaccharide wirken dann reduzierend, wenn durch Ringöffnung der cyclischen Struktur am reaktiven (anomeren) C–1-Atom eines der beiden Monosaccharidbausteine eine offenkettige Form entstehen kann.

Bei *Saccharose* verläuft die Fehling-Probe negativ, weil im Saccharose-Molekül keine glykosidischen OH-Gruppen mehr vorhanden und die reaktiven C-Atome beider Monosaccharidbausteine glykosidisch gebunden sind. Somit ist eine Ringöffnung zur Kettenform unter diesen Bedingungen nicht möglich, und Saccharose wirkt nicht reduzierend.

Beim *Maltose-Molekül* ist jedoch das C–1-Atom des zweiten Glucosebausteins frei, sodass dort eine Ringöffnung erfolgen kann (↑ **03B**). Maltose wirkt deshalb reduzierend und die Fehling-Probe fällt positiv aus (↑ Exp. 10.08, S.335).

LACTOSE – MILCHZUCKER Die Milch aller Säugetiere enthält Lactose als Zucker, Kuhmilch beispielsweise 4,8 %. Sie schmeckt deutlich weniger süß als Saccharose. Im Milchzucker ist β-D-Galactose mit D-Glucose β-1,4-glykosidisch verknüpft (↑ **03C**).

Während Babys durch das Enzym Lactase in der Lage sind, die Lactose zu spalten, fehlt bei etwa 15 % der Erwachsenen dieses Enzym. Sie leiden an einer Lactoseintoleranz mit Symptomen wie Bauchschmerzen und Durchfällen, weil die nicht abgebaute Lactose im Darm zu Milchsäure vergoren wird.

Noch gewusst? Der Mechanismus der Bildung eines Disaccharids ist eine nucleophile Addition.

Halbacetale wie die Glucose (A) können in Gegenwart von Säuren mit der OH-Gruppe eines weiteren Monosaccharid-Moleküls (B) zu einem Acetal reagieren: Das Sauerstoff-Atom einer OH-Gruppe des Monosaccharid-Moleküls B greift nucleophil das Kohlenstoff-Atom des Halbacetals (Monosaccharid A) an. Dabei bildet sich ein Disaccharid oder allgemein formuliert: ein Acetal.

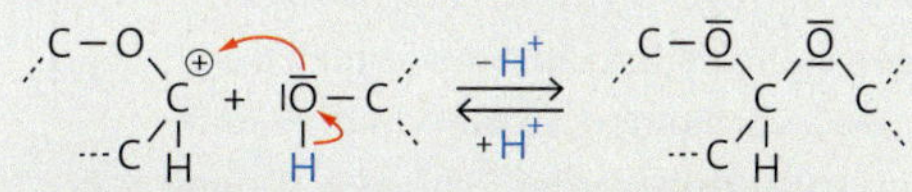

Solche Zuckeracetale werden allgemein als *Glykoside* bezeichnet. Daher rührt auch der Name der reaktiven OH-Gruppe am Halbacetal, der *glykosidischen OH-Gruppe*, sowie der Name der *glykosidischen Bindung*.

1) Entwickeln Sie einen Versuchsansatz, der zeigt, dass Saccharose aus den Monosaccharidbausteinen D-Glucose und D-Fructose besteht.

2) Ordnen Sie die Lactose begründet den nichtreduzierenden bzw. reduzierenden Zuckern zu.

3) Zeichnen Sie die Haworth-Projektionsformeln der Monosaccharidbausteine der Lactose.

4) Ein weiteres Disaccharid ist die Cellobiose. Sie besteht aus zwei β-D-Glucosebausteinen, die β-1,4-glykosidisch verknüpft sind.

a Zeichnen Sie die Haworth-Projektionsformel dieses Zuckers.

b Stellen Sie eine Hypothese auf, ob Cellobiose mit Fehling-Lösung nachgewiesen werden kann.

c Erklären Sie die Begriffe Halbacetal und Acetal am Cellobiose-Molekül.

Oligosaccharide – die besonderen Zucker

Wenn drei bis zehn Monosaccharidbausteine miteinander verbunden sind, dann nennt man diese Zucker **Oligosaccharide** oder Mehrfachzucker. Sie sind eine biochemisch bedeutende Stoffgruppe, die auch zunehmend für industrielle Produkte interessant wird.

BEDEUTUNG IN DER BIOCHEMIE Oligosaccharide sind häufig an Proteine und Lipide gebunden und kommen als **Glykoproteine** und **Glykolipide** in den Zellmembranen vor. Als individuelle Markierungen dienen sie dort der Zellerkennung oder bestimmen als **Blutgruppenantigene** die Blutgruppen nach dem AB0-System.
Eine weitere, erst 2012 erforschte biochemische Funktion der Oligosaccharide spielt schon am Beginn unseres Lebens eine wichtige Rolle. So enthält Muttermilch 5 bis 10 g/L der sogenannten **humanen Muttermilch Oligosaccharide** (HMO). Sie dienen nicht der Ernährung, sondern der Abwehr von Krankheitserregern im Darm von Säuglingen, die mit Muttermilch gestillt werden. HMO weisen eine ähnliche Struktur auf, wie jene glykosidischen Rezeptoren, die sich an der Oberfläche der Darmepithelzellen befinden. Bei einer Infektion binden Krankheitserreger an diese Zellerkennungsstrukturen und dringen in die Zellen ein. Sind jedoch durch das Stillen im Darm HMO vorhanden, so binden die Krankheitserreger bevorzugt an sie und werden schließlich, ohne krank zu machen, mit den unverdaulichen Oligosacchariden wieder ausgeschieden. So kann heute erklärt werden, warum noch vor 100 Jahren gestillte Säuglinge eine 7-mal geringere Sterblichkeit aufwiesen als nicht gestillte.

ANWENDUNG IN DER INDUSTRIE Eine weitere Gruppe von Oligosacchariden sind **Cyclodextrine** – wasserlösliche Abbauprodukte der Stärke, die nicht in der Natur vorkommen. Ihre Moleküle bestehen aus α-1,4-glykosidisch verknüpften Glucosebausteinen. Nach ihrer Anzahl unterscheidet man unterschiedlich große Ringmoleküle: α-Cyclodextrin besitzt sechs, β-Cyclodextrin sieben und γ-Cyclodextrin acht Glucosebausteine. In den Cyclodextrin-Molekülen sind die Glucosebausteine so angeordnet, dass sich eine hydrophile Außenseite und in ihrem Innern ein lipophiler Hohlraum ergibt, in dem weitere Moleküle eingelagert werden können. Diese besondere Struktur ermöglicht viele Anwendungen: In der Lebensmittelindustrie dienen sie als Emulgatoren oder Stabilisatoren für Geschmacksstoffe, in Luftauffrischern eliminieren sie unangenehme Gerüche, in der Pharmazeutik verbessern sie die Löslichkeit von Arzneistoffen.

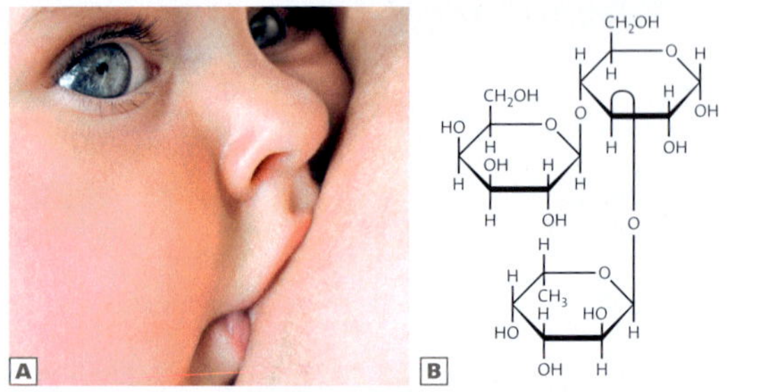

01 **A** Die in der Muttermilch enthaltenen Oligosaccharide schützen den Säugling vor Infektionen. **B** Strukturformel eines HMO-Moleküls aus drei Monosaccharidbausteinen

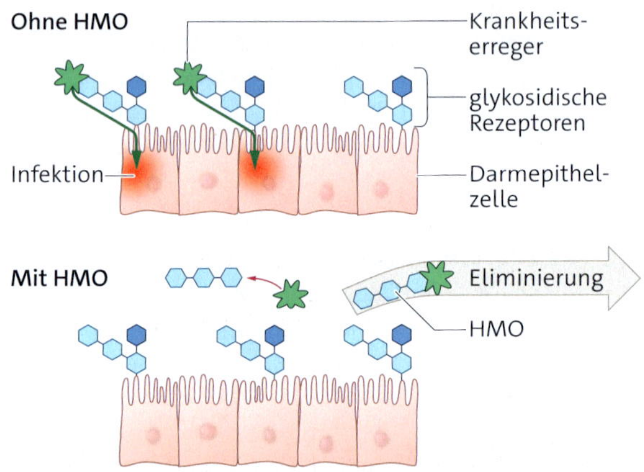

02 Modell der Funktion von HMO zum Schutz vor Infektionen im Darm eines Säuglings

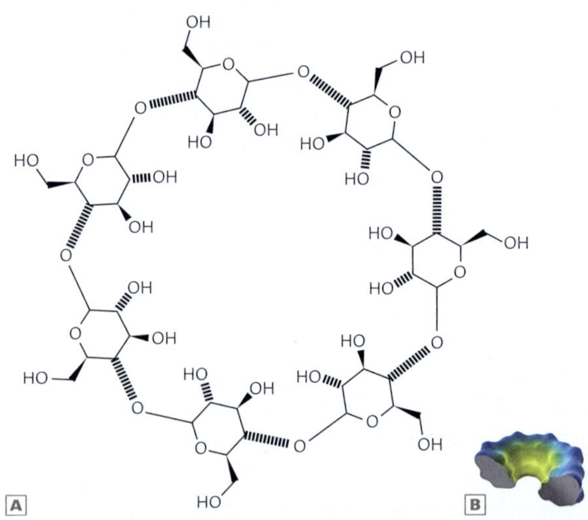

03 **A** Strukturformel eines Cyclodextrin-Moleküls, **B** Raummodell

1 Beschreiben Sie die am Aufbau des 2'-Fucosyllactose-Moleküls (↑ 01B) beteiligten Monosaccharidbausteine und die glykosidischen Bindungen.

2 Erläutern Sie anhand der Struktur des Cyclodextrin-Moleküls, warum diese Stoffgruppe als Emulgatoren, z. B. in veganer Margarine, eingesetzt werden kann.

Praktikum

P Eigenschaften von Disacchariden und Oligosacchariden

8 5 7 9

EXP 10.08 Reduzierende Eigenschaften von Disacchariden

Materialien 3 Reagenzgläser, Reagenzglasständer, Wasserbad, Saccharose, Maltose, Lactose, Fehling-Lösung I (5, 9) und Fehling-Lösung II (5)

Durchführung Führen Sie mit Saccharose, Maltose und Lactose die Fehling-Probe durch (↑ Exp. 10.03, S. 323).
Entsorgung: Lösungen in den Behälter für giftige anorganische Abfälle geben.

Auswertung
1 › Beschreiben Sie die Beobachtungen.
2 › Erklären Sie das unterschiedliche Verhalten der Zucker.

EXP 10.09 Hydrolyse von Saccharose

Materialien Reagenzglas, Reagenzglasständer, Gasbrenner, Wasserbad, Messpipette, Siedesteinchen, Wasser, Glucoseteststreifen, Seliwanow-Reagenz (↑ Exp. 10.06; 8, 5, 7, 9), Saccharose, Salzsäure (c = 1 mol · L^{-1}; 7), Natronlauge (c = mol · L^{-1}; 5)

Durchführung 1. Geben Sie zu 5 mL einer 5%igen Saccharoselösung 1 mL Salzsäure. Fügen Sie ein Siedesteinchen hinzu und erhitzen Sie das Reaktionsgemisch 10 min in einem siedenden Wasserbad, dann abkühlen lassen.
2. Geben Sie 1 mL Natronlauge zum Reagenzglasinhalt.
3. Prüfen Sie die neutralisierte Lösung mit einem Glucoseteststreifen.
4. Untersuchen Sie anschließend die Lösung mit Seliwanow-Reagenz (↑ Exp. 10.06, S. 330).

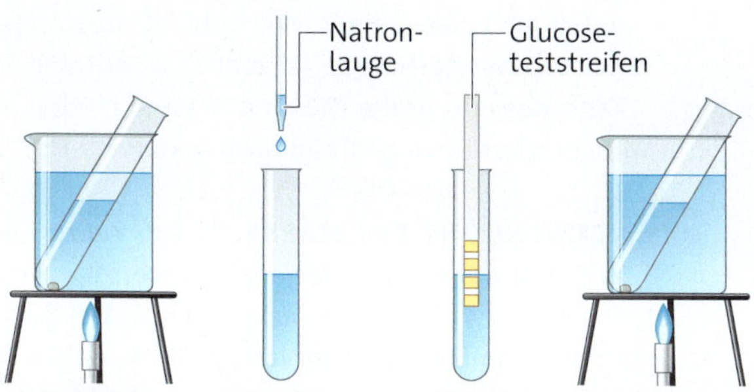

Entsorgung: Lösungen in den Behälter für saure und alkalische Abfälle, Teststreifen in den Hausmüll geben.

Auswertung
1 › Beschreiben Sie Ihre Beobachtungen.
2 › Erklären Sie das Versuchsergebnis.
3 › Bewerten Sie die Nachweise der Reaktionsprodukte kritisch, führen Sie eventuell ein zusätzliches Experiment durch.

EXP 10.10 Glucosenachweis in Cyclodextrin

Materialien Reagenzglas, Becherglas (50 mL), Wasserbad, Brenner, Waage, 2 Messpipetten, Siedesteinchen, Cyclodextrin, Glucoseteststreifen, Salzsäure (c = 1 mol · L^{-1}; 7), Natronlauge (c = 1 mol · L^{-1}; 5)

Durchführung Stellen Sie 4 mL einer 10%igen wässrigen Cyclodextrinlösung her. Prüfen Sie diese mit einem Glucoseteststreifen. Versetzen Sie jetzt 1 mL der Cyclodextrinlösung mit 1 ml Salzsäure und geben Sie ein Siedesteinchen hinzu. Erhitzen Sie das Gemisch für 10 min im siedenden Wasserbad. Neutralisieren Sie die Lösung nach dem Abkühlen mit 1 mL Natronlauge und prüfen Sie sie dann mit einem Glucoseteststreifen.
Entsorgung: Lösungen ins Abwasser geben.

Auswertung
1 › Beschreiben Sie die Beobachtungen.
2 › Erklären Sie das Versuchsergebnis.
3 › Diskutieren Sie, ob die Nutzung der Fehling-Probe anstelle der Glucoseteststreifen sinnvoll wäre.

EXP 10.11 Emulgatorwirkung von Cyclodextrin

Materialien 2 Reagenzgläser, Messzylinder, Tropfpipette, Wasser, Cyclodextrin, Speiseöl

Durchführung Geben Sie 3 mL einer 10%igen Cyclodextrinlösung (↑ Exp. 10.10) in ein Reagenzglas. In ein weiteres Reagenzglas füllen Sie 3 mL Wasser. Geben Sie in beide Reagenzgläser wenige Tropfen Speiseöl.
Schütteln Sie beide Reagenzgläser kräftig.
Entsorgung: Lösungen ins Abwasser geben.

Auswertung Beschreiben und deuten Sie das Ergebnis.

EXP 10.12 Cyclodextrin im Lufterfrischungsspray

Materialien Becherglas (250 mL), 3 Reagenzgläser, Wasserbad, Brenner, 2 Messpipetten, Siedesteinchen, Lufterfrischungsspray, Glucoseteststreifen, Salzsäure (c = 1 mol · L^{-1}; 7), Natronlauge (c = 1 mol · L^{-1}; 5), Wasser, Speiseöl

Durchführung Erhitzen Sie 50 mL Raumerfrischungsspray mit einigen Siedesteinchen in einem Becherglas so lange, bis das Volumen auf die Hälfte reduziert ist.
Verfahren Sie mit der gewonnenen Lösung wie in ↑ Exp. 10.10 und Exp. 10.11 beschrieben.
Entsorgung: Lösungen ins Abwasser geben.

Auswertung Vergleichen Sie das Ergebnis mit den Beobachtungen aus den Experimenten ↑ 10.10 und 10.11.

10.5 Polysaccharide als Speicherstoffe

01 Einige Pflanzen enthalten hohe Anteile an Stärke.

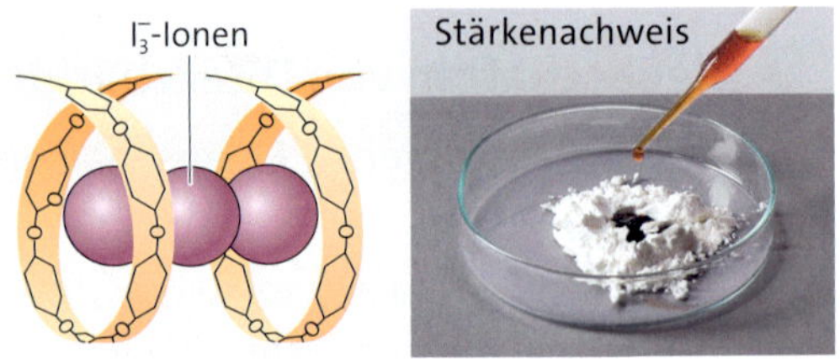

03 Einlagerung von I_3^--Ionen in Amylose-Moleküle

Weitere natürliche polymere Stoffe: ↑ Proteine, S. 46 f.

Synthetisch hergestellte polymere Stoffe: ↑ Kunststoffe, S. 56 ff.

PFLANZLICHER SPEICHERSTOFF Viele Pflanzen speichern großen Mengen an **Stärke**, beispielsweise in Getreidekörnern, Früchten und Knollen (↑ **01**). Dort dient sie als Speicherstoff für Glucose, die die Pflanzen für die Erhaltung des Energiestoffwechsels ständig zur Verfügung haben müssen.

STÄRKE – EIN POLYMER Kohlenhydrate wie Stärke, aber auch Glykogen und Cellulose zählen zu den **natürlichen polymeren Stoffen**. Kennzeichnend für diese Stoffe ist ihr Aufbau aus **Makromolekülen** oder **Polymeren**. Sie bestehen aus einer großen Anzahl von sich wiederholenden Grundeinheiten. Bei den Makromolekülen der Stärke sind es sehr viele D-Glucosebausteine, die miteinander verknüpft sind.

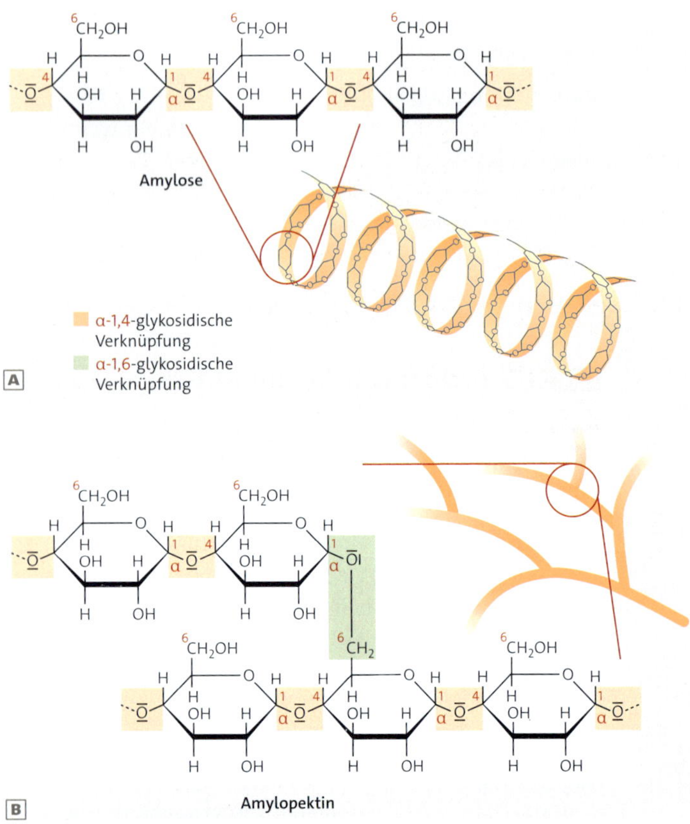

02 Struktur (Ausschnitte) von: **A** Amylose, **B** Amylopektin

STRUKTUR UND EIGENSCHAFTEN Die natürlich vorkommende Stärke ist ein Gemisch aus den **Polysacchariden** *Amylose* (ca. 25 %) und *Amylopektin* (ca. 75 %). **Amylose-Moleküle** bestehen aus unverzweigten Makromolekülen von 500 bis 1200 D-Glucosebausteinen, die α-1,4-glykosidisch verknüpft sind (↑ **02A**). Sie bilden eine Spirale, bei der auf jede Windung etwa sechs D-Glucosebausteine entfallen. Die Struktur wird durch Wasserstoffbrücken stabilisiert. In das Innere der Spirale können sich Triiodid-Ionen I_3^- einlagern, die in *Lugol'scher Lösung* enthalten sind. Die Einlagerungsverbindung wird wegen ihrer typischen blauen Farbe als **Nachweis für Stärke** genutzt (↑ **03**). Amylose ist in heißem Wasser löslich und heißt deshalb auch *lösliche Stärke*.

Amylopektin-Moleküle besitzen eine verzweigte Struktur. Die in der Kette gebundenen D-Glucosebausteine sind ebenfalls α-1,4-glykosidisch verknüpft. Im Abstand von etwa 25 Glucosebausteinen befindet sich zusätzlich eine Verzeigung. Verzweigungspunkt ist die Hydroxygruppe am C–6-Atom. Hier bildet sich eine α-1,6-glykosidische Bindung (↑ **02B**). Amylopektin-Moleküle sind sehr groß, sie bestehen aus bis zu 1 000 000 Glucosebausteinen. Bedingt durch die Größe seiner Moleküle ist Amylopektin nicht wasserlöslich. Es ist jedoch quellfähig und kann deshalb große Mengen Wasser binden. Mit Lugol'scher Lösung färbt es sich braunviolett.

VERWENDUNG DER STÄRKE Die aus Weizen, Roggen und Mais gewonnenen stärkereichen Mehle stellen ein wichtiges Grundnahrungsmittel zur Versorgung mit Kohlenhydraten in Brot, Backwaren und Nudeln dar. Außerdem wird die Quellfähigkeit der Stärke beim Kochen z. B. von Pudding und Soße genutzt. Amylopektin findet z. B. in der Industrie als Zusatzstoff bei der Papierherstellung Verwendung. Dadurch wird der Glanz des Papiers erhöht und Farben können besser aufgenommen werden.

> **Stärke besteht aus Makromolekülen, in denen sehr viele Glucosebausteine verknüpft sind. Natürliche Stärke ist ein Gemisch aus Amylose und Amylopektin.**

GLYKOGEN Auch die Moleküle des Polysaccharids Glykogen bestehen wie bei der Stärke ausschließlich aus α-D-Glucosebausteinen. Sie sind jedoch stärker verzweigt als Amylopektin-Moleküle: Alle acht bis zehn Glucosebausteine befindet sich eine Verzweigungsstelle (↑ **04**). Insgesamt können mehrere 100 000 Glucosebausteine enthalten sein.

Glykogen kommt in der Leber und in den Muskeln von Säugetieren vor. Dort dient es als schnell aktivierbarer Energiespeicher.

INULIN Der Name des Inulins leitet sich von dem Korbblütler *Inula helenium* (Echter Alant) ab. Es kommt als Speicherstoff in Korbblütengewächsen wie Löwenzahn, Schwarzwurzeln, Topinambur und Pastinaken vor. Industriell wird es aus der Zichorienwurzel (Wegwarte) gewonnen.

Inulin ist ein Gemisch aus Poylsacchariden, deren Makromoleküle aus bis zu 100 D-Fructosebausteinen bestehen, die β-1,2-glykosidisch verknüpft sind sowie einen endständigen D-Glucosebaustein besitzen (↑ **05**).

In der Lebensmittelindustrie wird es beispielsweise in fettarmen Joghurts eingesetzt, da es einen cremigen, sahnigen Geschmackseindruck vermittelt. Außerdem findet es Verwendung als Verdickungsmittel in Backwaren, Brotaufstrichen und Salatsoßen.

Inulin gelangt unverdaut in den Dickdarm und wird dort von speziellen Bakterien zersetzt.

GALACTOMANNANE Die Samen des indischen Guarstrauchs und des Johannisbrotbaums der Mittelmeerländer enthalten Polysaccharide, die aus D-Mannose- und D-Galactosebausteinen aufgebaut sind. **Galactomannane** besitzen ein Grundgerüst aus β-1,4-glykosidisch gebundenen D-Mannosebausteinen. In unregelmäßigen Abständen finden sich als Seitenketten einzelne D-Galactosebausteine, die α-1,6-glykosidisch an Mannosebausteine gebunden sind (↑ **06**).

Galactomannane gelten in der Lebensmittelindustrie als Alleskönner und sind als Zusatzstoff E 412 in Nahrungsmitteln zugelassen. In Suppen, Soßen, Konfitüren und Gelees bilden sie mit Wasser viskose Lösungen, was sie als Verdickungs-, Geliermittel und Füllstoff geeignet macht. Weitere Einsatzgebiete sind die Abwasseraufbereitung, bei der sie als Fällungsmittel dienen. Die Erdgasförderung aus Tonschiefer durch *Fracking* wird mit einer Sand-Galactomannan-Emulsion weniger umweltschädigend. Außerdem werden flüssige Sprengstoffe mithilfe Galactomannanlösungen hergestellt.

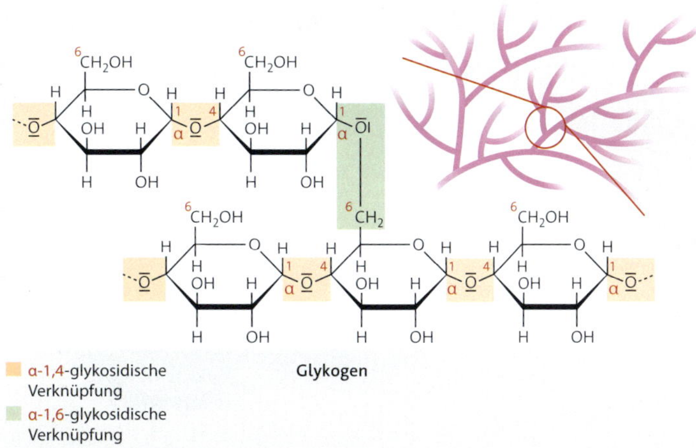

04 Struktur von Glykogen (Ausschnitt)

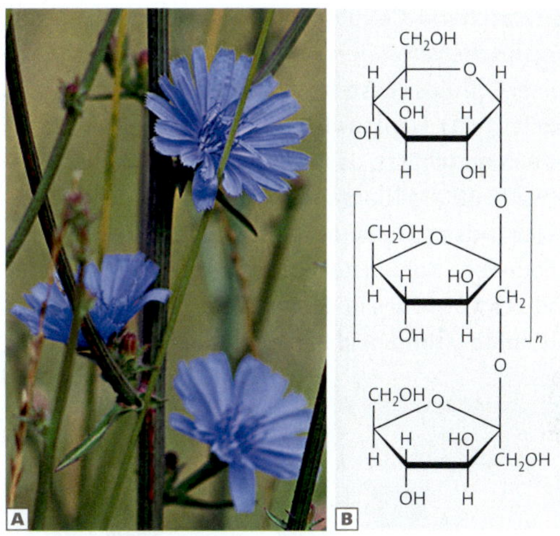

05 **A** Zichorie, **B** Struktur von Inulin (Ausschnitt)

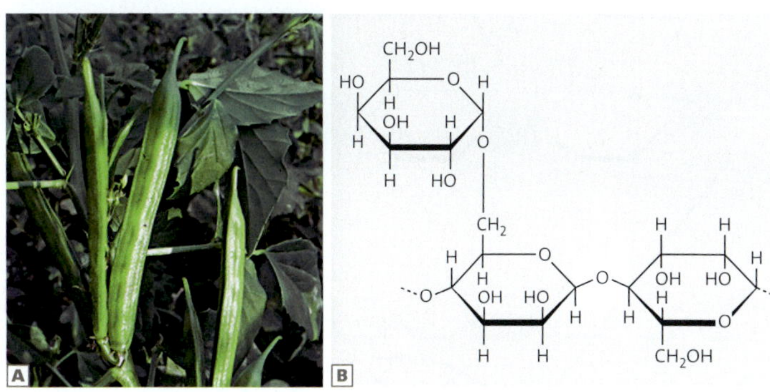

06 **A** Guarbohnen, **B** Struktur von Galactomannan (Ausschnitt)

1 › Erklären Sie die Quellfähigkeit der Stärke anhand ihrer molekularen Struktur.

2 › Beim enzymatischen Stärkeabbau entstehen zunächst Disaccharide. Vergleichen Sie die Abbauprodukte der Amylose und des Amylopektins.

10.6 Polysaccharide als Baustoffe

01 Die Samenhaare der Baumwolle bestehen aus Cellulose.

CELLULOSE Holz besteht etwa zur Hälfte aus dem Polysaccharid **Cellulose**, die damit die häufigste organische Verbindung auf der Erde ist. Aus nahezu reiner Cellulose bestehen Pflanzenfasern wie Baumwolle (↑ **01**), Hanf und Flachs.

Es wird geschätzt, dass Pflanzen jährlich weltweit etwa 10 000 Milliarden Tonnen (10^{13} t) dieses Polysaccharids produzieren. Der in Form von Cellulose gebundene Kohlenstoff der Pflanzen entspricht damit etwa 50 % des in der gesamten Erdatmosphäre als Kohlenstoffdioxid vorliegenden Kohlenstoffs.

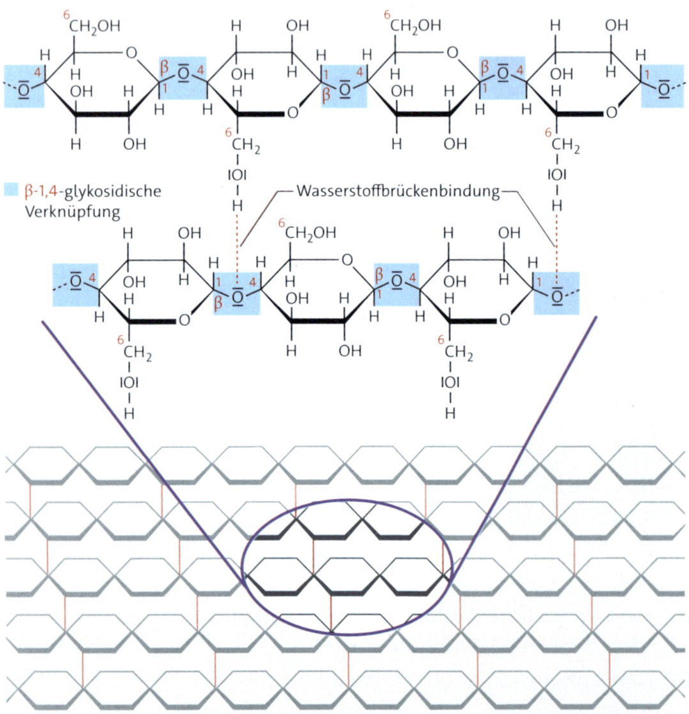

02 Struktur von Cellulose-Molekülen (Ausschnitt)

STRUKTUR Die linearen Makromoleküle der Cellulose bestehen aus 1000 bis 15 000 D-Glucosebausteinen, die β-1,4-glykosidisch verknüpft sind. Die einzelnen Makromoleküle lagern sich parallel zu Fasern aneinander, die durch Wasserstoffbrücken zusammengehalten werden. Mehrere dieser Fasern bilden Bündel, die netzartig miteinander verflochten sind. Dadurch entstehen sehr stabile, wasserunlösliche Strukturen.

In den Zellwänden von Pflanzen dient Cellulose als Gerüstsubstanz. Im Verbund mit Lignin, einem makromolekularen Naturstoff, bildet sich daraus Holz.

VERWENDUNG Cellulose ist ein wichtiger nachwachsender Rohstoff und wird in großen Mengen aus Holz gewonnen. Dazu muss das Lignin chemisch abgetrennt werden, beispielsweise durch das **Sulfatverfahren**: Das zerkleinerte Holz wird mit Natronlauge, Natriumsulfat und Natriumsulfid unter Druck gekocht. Das Lignin geht dabei in Lösung und die Cellulose kann abgetrennt werden. Aus einem großen Teil der so gewonnenen Cellulose werden Papier und Kartonagen hergestellt.

CELLULOSEESTER Die Hydroxygruppen der Cellulose-Moleküle ermöglichen die Reaktion zu Celluloseestern. So reagiert Cellulose mit Salpetersäure sowie mit Schwefelsäure als Katalysator zu dem Ester **Cellulosenitrat** (*Nitrocellulose*, auch als Schießbaumwolle bekannt). Daraus konnte 1869 der erste Kunststoff, das **Celluloid**, hergestellt werden. Celluloid ist schmelzbar und deshalb leicht formbar. Es diente früher u. a. zur Herstellung von Filmmaterial. Eine nachteilige Eigenschaft ist jedoch seine sehr leichte Entflammbarkeit, sodass heute andere Verwendungen, z. B. in der Pyrotechnik, üblich sind.

Für Textilfasern werden Essigsäureester der Cellulose, die **Celluloseacetate** (Acetylcellulose), verwendet. Aus ihr werden Fasern für leichte, weiche und knitterarme Gewebe, aber auch Filmmaterial und Brillengestelle hergestellt.

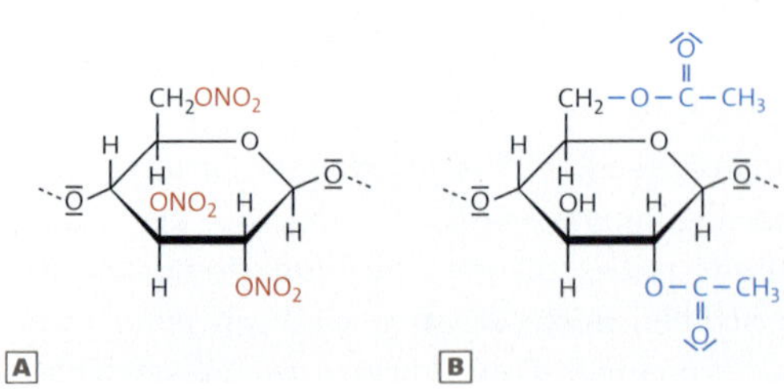

03 Strukturformel von: **A** Cellulosenitrat, **B** Celluloseacetat (Ausschnitt)

Jeans aus Holz

Obwohl jährlich rund 30 Millionen Tonnen Baumwolle geerntet werden, lässt sich damit der Bedarf für die Herstellung von Kleidung mit Naturfasern noch nicht decken. Die Textilindustrie hat deshalb Verfahren zur Gewinnung von Cellulosefasern aus Holz entwickelt – auch, um sich von Baumwollimporten unabhängig zu machen.

Um spinnbare Fasern zu erhalten, muss die aus Holz gewonnene Cellulose gelöst werden. Dazu nutzte man schon seit den 1930er Jahren Natriumhydroxid (NaOH) und Kohlenstoffdisulfid (CS_2). Dadurch entsteht Cellulosexanthogenat, die **Viskose** (↑ S. 315). Allerdings fallen bei diesem Verfahren sehr giftige Abwässer an.

Durch Zufall entdeckte man ein ungiftiges, biologisch abbaubares Lösungsmittel für Cellulose, das N-Methylmorpholin-N-oxid (kurz: NMO). Damit kann die Cellulose direkt aus dem Holzbrei gelöst und zu Fasern versponnen werden, die die Bezeichnung **Lyocell** oder **Tencel** tragen. Allerdings ist NMO in der Herstellung viel teurer als Natriumhydroxid und Kohlenstoffdisulfid. Ein in den 1990er Jahren entwickeltes Verfahren nutzt das Lösungsmittel in einem geschlossenen Kreislaufsystem (↑ **04**). Der umweltschonende Prozess liefert feuchtigkeitsbeständige, hochwertige Fasern, die vielfältig einsetzbar sind.

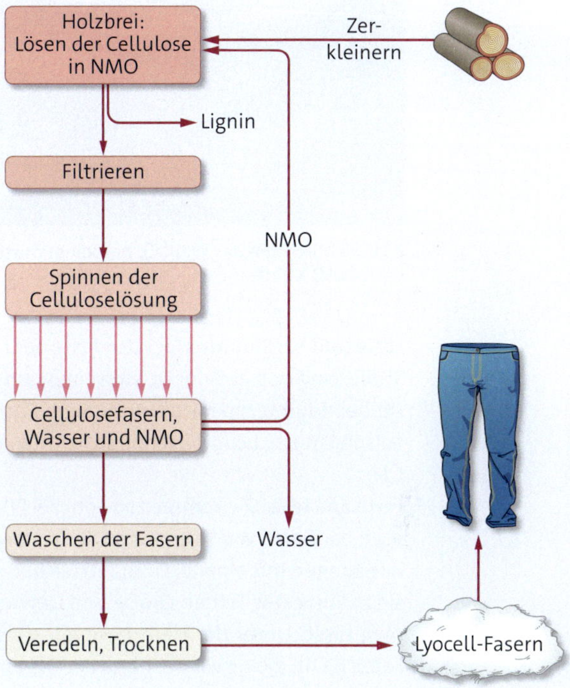

04 Lyocellverfahren (Schema)

CHITIN Bei Krebsen und Insekten besteht ihr Außenskelett aus dem Polysaccharid **Chitin**. Davon entstehen in der Natur geschätzt 10 Millionen Tonnen pro Jahr – nach Cellulose der zweithäufigste organische Stoff auf der Erde. Industriell wird es aus Abfällen der Krabbenfischerei gewonnen und ist somit als nachwachsender Rohstoff interessant.

Bei den Chitin-Molekülen ist die Hydroxygruppe am C–2-Atom des Zuckerbausteins durch eine Acetamidogruppe ersetzt (↑ **05**). Die Bindung der Monomere ist β-glykosidisch. Chitin ähnelt also in seiner Struktur der Cellulose.

Chitin ist ein farbloser Feststoff, der biologisch gut abbaubar ist. Im Gegensatz zu Cellulose ist es von Wasser nicht benetzbar und löst sich nicht in gängigen organischen Lösungsmitteln. Es kann für abbaubare Fasern für Wundverbände genutzt werden.

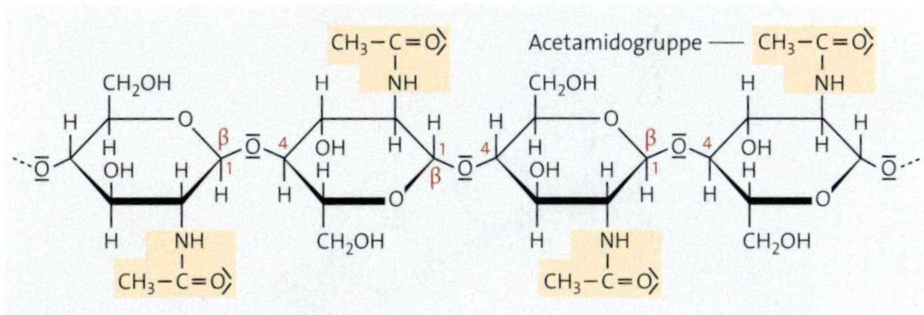

05 Strukturformel von Chitin

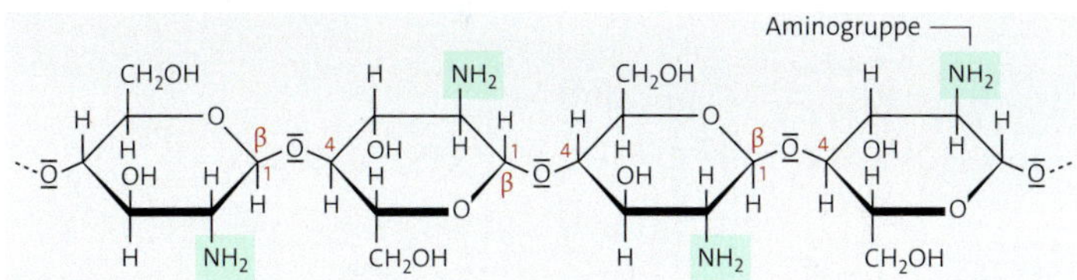

06 Strukturformel von Chitosan

CHITOSAN Ein Großteil des produzierten Chitins wird durch alkalische Hydrolyse zu **Chitosan** weiterverarbeitet (↑ **06**). In verdünnter Essigsäure bildet es viskose Lösungen und kann zur Herstellung von biologisch abbaubaren Folien genutzt werden. Wegen seiner Fähigkeit, Schwermetall-Ionen zu binden, wird es bei der Abwasserreinigung eingesetzt.

1) Aus Cellulose kann Ethanol gewonnen werden. Nennen Sie die notwendigen Reaktionsschritte.

2) Cellulose quillt in Wasser auf, Nitro- und Acetatcellulose hingegen nicht. Erklären Sie diesen Sachverhalt.

3) Chitosan ist in sauren Lösungen löslich, in Laugen nicht. Erklären Sie diesen Sachverhalt.

10.7 Struktur und Eigenschaften der Fette

01 Die Milch, die das Walkalb bei seiner Mutter trinkt, enthält 50 % Fett.

Fette sind bei Raumtemperatur feste oder halbfeste Stoffe, ein Beispiel dafür ist Schweineschmalz. Liegen sie bei Raumtemperatur in flüssiger Form vor wie beispielsweise beim Olivenöl, so nennt man sie *fette Öle*.

Fette und fette Öle kommen sowohl bei Pflanzen wie auch bei Tieren vor. So ernähren beispielsweise Wale ihre Jungen mit einer extrem fettreichen Milch, die sie in kürzester Zeit an Größe und Gewicht zunehmen lässt. Unter der Haut besitzen sie eine dicke Fettschicht, die sie vor der Kälte der Ozeane schützt.

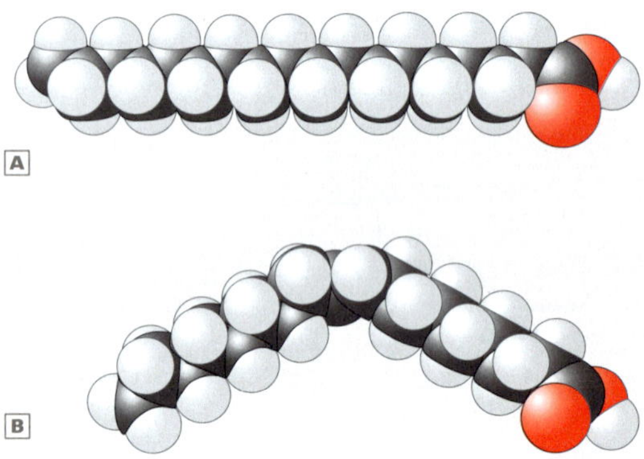

Stearinsäure

A

Ölsäure

B

02 Modell einer **A** gesättigten Fettsäure und **B** ungesättigten Fettsäure

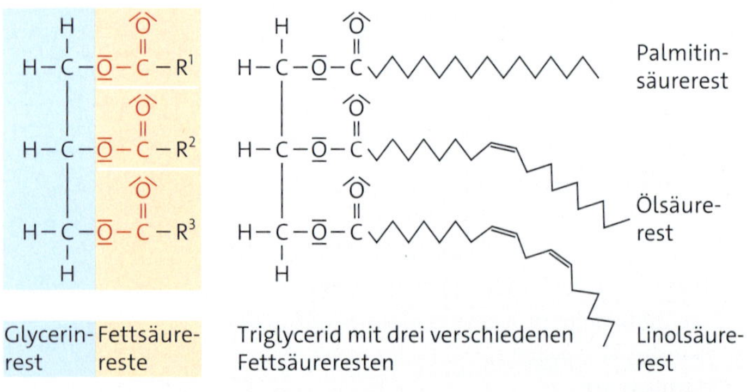

A B

03 **A** Allgemeiner Bau eines Fett-Moleküls, **B** Beispiel eines Fett-Moleküls

STRUKTUR VON FETTEN Fette sind **Ester des dreiwertigen Alkohols Glycerin** (Propan-1,2,3-triol) mit meist drei langkettigen Carbonsäuren, die als **Fettsäuren** bezeichnet werden (↑ **02**). Mit systematischem Namen heißen Fette auch **Triglyceride** oder **Triacylglycerine**. In Fett-Molekülen können drei gleiche Fettsäure-Moleküle, aber auch verschiedenartige Fettsäure-Moleküle gebunden sein (↑ **03**).

FETTSÄUREN Die in den Fett-Molekülen gebundenen Fettsäure-Moleküle weisen Kettenlängen von 4 bis 24 Kohlenstoff-Atomen auf. Natürlich vorkommende Fettsäuren besitzen in der Regel eine gerade Anzahl an Kohlenstoff-Atomen. Ihre Moleküle weisen wie alle Carbonsäuren eine Carboxygruppe auf, bei der die Zählung der Kohlenstoff-Atome der Kette beginnt.
In der Natur kommen etwa 500 verschiedene Fettsäuren vor. Längerkettige Fettsäuren sind geschmack- und geruchlos, farblos und wasserunlöslich.

GESÄTTIGTE UND UNGESÄTTIGTE FETTSÄUREN Die Moleküle der **gesättigten Fettsäuren** besitzen in der Kohlenstoffkette nur Einfachbindungen (↑ **02A**), während die **ungesättigten Fettsäure-Moleküle** mindestens eine Doppelbindung in der Kohlenstoffkette enthalten (↑ **02B**). Weisen Fettsäuren mehrere Doppelbindungen auf, spricht man von **mehrfach ungesättigten Fettsäuren** (↑ **04**).

Die Schmelztemperatur nimmt mit der Länge der Kohlenstoffkette zu, weil die zwischen den Molekülen wirkenden Van-der-Waals-Kräfte stärker werden. Ungesättigte Fettsäuren haben dagegen niedrigere Schmelztemperaturen als die gesättigten, weil zwischen den ungesättigten Fettsäure-Molekülen wegen ihrer gewinkelten Struktur (↑ **02B**) schwächere Van-der-Waals-Kräfte herrschen.

Einige Fettsäuren kann der menschliche Körper nicht selbst herstellen und müssen mit der Nahrung zugeführt werden. Sie werden als **essenzielle Fettsäuren** bezeichnet. Dazu gehören alle ungesättigten Fettsäuren, die eine oder mehrere Doppelbindungen an einer höheren Position als dem neunten Kohlenstoff-Atom besitzen (↑ **04**).

ZUSAMMENSETZUNG UND EIGENSCHAFTEN DER FETTE Natürlich vorkommende Fette sind keine Reinstoffe, sondern fast ausnahmslos **Stoffgemische**, die aus verschiedenen Glycerinestern bestehen können (↑ **05**). Deshalb haben sie keine definierte Schmelztemperatur, sondern weisen einen **Schmelzbereich** auf, der für jedes Fett typisch ist.

	Fettsäure (* essenziell)	Anzahl der C-Atome im Molekül	Skelettformel	Schmelztemperatur in °C
gesättigt	Laurinsäure	12		44
	Palmitinsäure	16		62
	Stearinsäure	18		69
ungesättigt	* Ölsäure	18		16
	* Linolsäure	18		−5
	* Linolensäure	18		−11

04 Ausgewählte Fettsäuren

Je höher der Gehalt an gebundenen kurzen oder ungesättigten Fettsäuren ist, desto niedriger liegt der Schmelzbereich. Dies liegt daran, dass sich die Schmelztemperaturen der Fette analog zu denen der Fettsäuren verhalten.
So können sich beispielsweise Fett-Moleküle mit gewinkelten Fettsäureresten (↑ **02B**) nicht so dicht aneinanderlegen und es wirken geringere Van-der-Waals-Kräfte als bei Fetten mit geraden, gesättigten Fettsäureresten (↑ **02A**). Fette mit gesättigten Fettsäureresten sind deswegen bei Raumtemperatur fest und es erfordert thermische Energie, um die Anziehungskräfte zu überwinden und das Fett zum Schmelzen zu bringen (↑ **05**).
Fette und fette Öle sind geruch- und geschmacklos. Sie haben eine geringe Flüchtigkeit und bilden auf Papier einen charakteristischen Fettfleck (Fettfleckprobe). Dies unterscheidet sie von den ätherischen Ölen (Duft- und Aromastoffe in Pflanzen) und Mineralölen (Kohlenwasserstoffen). Es sind lipophile Stoffe, die sich wenig bis gar nicht in hydrophilen Lösungsmitteln wie Ethanol oder Wasser lösen. Sie lösen sich aber in lipophilen Lösungsmitteln wie Heptan und Aceton.

Fette sind Ester des dreiwertigen Alkohols Glycerin mit meist verschiedenen gesättigten und ungesättigten Fettsäuren.

1〉 Zeichnen Sie die Strukturformel eines Fetts, das zwei Laurinsäurereste und einen Ölsäurerest enthält (Fettsäurereste als Skelettformel).

Fett oder fettes Öl		Schweinefett	Butter	Olivenöl	Kokosfett	Leinöl	Sonnenblumenöl
Im Fett gebundene Fettsäuren (* essenziell)	**Anzahl C-Atome**						
Buttersäure, Capronsäure, Caprylsäure, Caprinsäure	4, 6, 8, 10	0 %	9 %	0 %	16 %	0 %	0 %
Laurinsäure	12	0 %	4 %	0 %	48 %	0 %	0 %
Myristinsäure	14	2 %	8 %	1 %	16 %	0 %	0 %
Palmitinsäure	16	27 %	22 %	10 %	9 %	5 %	8 %
Stearinsäure	18	14 %	10 %	2 %	3 %	4 %	8 %
* Ölsäure	18	45 %	37 %	78 %	6 %	22 %	27 %
* Linolsäure	18	8 %	10 %	9 %	2 %	17 %	57 %
* Linolensäure	18	0 %	0 %	0 %	0 %	50 %	0 %
Schmelzbereich des Fetts		36 bis 42 °C	31 bis 36 °C	−3 bis 0 °C	23 bis 28 °C	−20 bis −16 °C	−18 bis −11 °C

05 Zusammensetzung tierischer und pflanzlicher Fette

10.7 Bedeutung und Charakterisierung der Fette

01 Das Fruchtfleisch der Avocado enthält 15 % Fett.

Brennwert ↑ *S. 112 f.*

FETTE SIND ENERGIESPEICHER Fette sind neben Kohlenhydraten und Proteinen wichtige Energielieferanten für unseren Organismus. Dabei ist Fett der Nährstoff mit dem größten *Brennwert*: Fett enthält 37 $kJ \cdot g^{-1}$, Kohlenhydrate und Proteine dagegen nur 17 $kJ \cdot g^{-1}$. Bei gleicher Masse liefern Fette also doppelt so viel Energie wie die anderen Nährstoffe. Das macht sie nicht nur in der Ernährung, sondern auch als Speicherstoffe für Menschen und Tiere bedeutsam, da wir unsere Energiespeicher buchstäblich mit uns herumtragen.

Pflanzen speichern Fette vor allem im Gewebe reifer Früchte (↑ **01**). Zur Gewinnung von Speiseölen kann es durch Auspressen oder nach Zerkleinerung durch Extraktion mit organischen Lösungsmitteln gewonnen werden. Die Pressrückstände nutzt man als energiereiches Viehfutter.

KÄLTESCHUTZ BEI TIEREN Tiere müssen bei jeder Witterung ihren Stoffwechsel aufrechterhalten. Dies ist nur unter Energieverbrauch möglich. Das in der Unterhaut eingelagerte Fett dient zur Wärmeisolation, da es selbst ein schlechter Wärmeleiter ist.

KENNZAHLEN VON FETTEN Tierische und pflanzliche Fette haben je nach Herkunft eine unterschiedliche Zusammensetzung. Zur Unterscheidung der zahlreichen Fette verwendet man verschiedene *Kennzahlen:*

Die **Säurezahl** gibt an, wie viel mg Kaliumhydroxid benötigt wird, um freie Fettsäuren in 1 g Fett zu neutralisieren. Sie nimmt zu, wenn sich lange gelagerte Fette zersetzen.

Die **Iodzahl** gibt die Masse von Iod in g an, die von 100 g eines Fetts addiert wird. Sie kennzeichnet also die Zahl der Doppelbindungen, die die im Fett gebundenen Fettsäurereste enthalten (↑ Exp. 10.14).

Die **Verseifungszahl** gibt an, wie viel mg Kaliumhydroxid benötigt wird, um 1 g Fett vollständig zu spalten (↑ Exp. 10.15). Dabei gilt: Je höher die Verseifungszahl ist, desto höher ist der Anteil kurzkettiger Fettsäuren. Die Bestimmung erfasst auch die freien Fettsäuren, die im Fett als Verunreinigung enthalten sind.

Beim Vorgang der *Verseifung* werden Fette durch alkalische Hydrolyse in ihre Bestandteile zerlegt. Dabei entstehen neben Glycerin die Alkalisalze der Fettsäuren, die Seifen.

Die Bedeutung der chemischen Kennzahlen ist mit der Entwicklung der Gaschromatografie zurückgegangen. Denn heute werden Fette mit Methanol zu Fettsäuremethylester umgesetzt und mit der Gaschromatografie quantitativ bestimmt.

> **Die Iodzahl und die Verseifungszahl sind charakteristische Kennzahlen eines Fetts.**

FETTE WERDEN RANZIG Wenn Fette lange Zeit Licht, Luft und Feuchtigkeit ausgesetzt sind, dann altern sie. Man sagt, sie werden **ranzig**. Dabei kann es zu einer Spaltung der Ester in Glycerin und freie Fettsäuren kommen, indem die Bindung zwischen Glycerin und den Fettsäuren unter Anlagerung von Wasser gespalten wird (hydrolytische Spaltung). Der Sauerstoff in der Luft greift dagegen die ungesättigten Fettsäuren in einer mehrstufigen Reaktion bevorzugt an ihren Doppelbindungen an. Dabei tritt eine stufenweise Oxidation des Fetts auf, in deren Folge es zu Verkürzung der Kohlenstoffketten der Fettsäurereste kommt. Die resultierenden kurzkettigen Fettsäurereste besitzen einen charakteristischen ranzigen Geruch, den man beispielsweise von Buttersäure kennt.

1 〉 Zu einem Fett, das drei Linolsäurereste gebunden hat, wird Iod gegeben. Die braune Farbe des Iods verschwindet nach einer Weile. Formulieren Sie die zugehörige Reaktionsgleichung (Fettsäuren als Skelettformel schreiben).

2 〉 Erläutern Sie den Zusammenhang zwischen der Verseifungszahl und der Kettenlänge der in den Fetten enthaltenen Fettsäuren.

3 〉 Peter behauptet: „Alte Fette haben eine hohe Säurezahl." Nehmen Sie Stellung zu dieser Behauptung.

4 〉 Experimentell lässt sich feststellen, dass Fette, die eine hohe Iodzahl besitzen, einen niedrigen Schmelzbereich aufweisen. Erklären Sie diesen Befund.

Praktikum

P Eigenschaften und Reaktionen von Fetten

2 8 5 7 9

EXP 10.13 Löslichkeit von Fetten

Materialien 3 Reagenzgläser, Pipetten, Wasserbad, Speiseöl, Wasser, Heptan (2, 8, 7, 9), Ethanol (2, 7)

Durchführung In jedes Reagenzglas werden etwa 4 Tropfen Speiseöl und jeweils etwa 5 Tropfen von einem der oben genannten Lösungsmittel gegeben. Alle Proben werden kräftig geschüttelt. Erwärmen Sie anschließend alle drei Reagenzgläser im Wasserbad.
Entsorgung: Lösungen mit Heptan und Ethanol in Behälter für halogenfreie organische Abfälle geben.

Auswertung
1) Notieren Sie Ihre Beobachtungen.
2) Stellen Sie eine Rangfolge der Eignung als Lösungsmittel für Fett auf. Begründen Sie die unterschiedlich gute Eignung.

EXP 10.14 Bestimmung der Iodzahl

Materialien Waage, Spatel, Erlenmeyerkolben (100 mL), Wasserbad, Bürette, Stativmaterial, Magnetrührer mit Rührfisch, Iod (8, 7, 9), Propan-1-ol (2, 5, 7), Stärke, Natriumthiosulfatlösung (c = 0,1 mol · L^{-1}), Speiseöl

Durchführung *Herstellung Iodlösung (für 8 Ansätze):* 8,5 g Iod werden in 50 ml Propan-1-ol im Wasserbad bei etwa 50 °C gelöst. Nach dem Erkalten wird mit Propan-1-ol auf 100 mL aufgefüllt.
Herstellung Stärkelösung (für 8 Ansätze): 0,5 g Stärke werden in 50 mL Wasser gelöst und aufgekocht. Die Lösung wird heiß filtriert.
Lösen Sie im Erlenmeyerkolben 150 mg Speiseöl (6–7 Tropfen) in 10 mL Propan-1-ol und erwärmen Sie die Lösung im Wasserbad bei 50 °C. Geben Sie nach dem Erkalten 10 mL der Iodlösung dazu und lassen Sie den Ansatz abgedeckt für 10 min stehen. Anschließend fügen Sie 20 mL Wasser dazu und titrieren diese Lösung mit Thiosulfatlösung, bis eine blassgelbe Färbung erkennbar wird. Geben Sie dann 2 mL Stärkelösung in den Ansatz und titrieren Sie weiter, bis sich die Lösung wieder entfärbt (wenige Tropfen genügen).
Blindprobe: 10 mL Iodlösung werden mit 40 mL Wasser vermischt und mit Thiosulfatlösung bis zu einer blassgelben Färbung titriert. Nach Zugabe von 2 mL Stärkelösung wird bis zur Entfärbung weitertitriert.
Entsorgung: Lösungen ins Abwasser geben.

Auswertung
1) Berechnen Sie die Iodzahl des titrierten Fetts.
2) Erläutern Sie, wozu der Blindversuch dient.

Auswertungshinweise:

$$\text{Iodzahl} = \frac{[V(\text{Blind}) - V(\text{Probe})] \cdot 1{,}269}{m(\text{Fett})}$$

V(Blind): Verbrauch an Thiosulfatlösung beim Blindversuch in ml; V(Probe): Verbrauch an Thiosulfatlösung bei Titration der Probe in ml

EXP 10.15 Bestimmung der Verseifungszahl

Materialien Heizplatte, Erlenmeyerkolben (100 mL), Ölbad (Kristallisierschale mit Speiseöl), Bürette, Stativmaterial, Kaliumhydroxid in Diethylenglycol (c = 0,5 mol · L^{-1}), Speiseöl, Salzsäure (c = 0,1 mol · L^{-1}), Thymolphthaleinlösung

Durchführung Geben Sie 0,5 g Speiseöl in 10 mL Kaliumhydroxidlösung und erhitzen Sie für 20 min bei 130 °C im Ölbad. Nach vollständiger Verseifung des Fetts verdünnen Sie die abgekühlte Lösung mit Wasser auf 30 mL. Geben Sie einige Tropfen Thymolphthaleinlösung als Indikator hinzu und titrieren Sie mit Salzsäure bis zur Entfärbung der Lösung.
Blindprobe: Geben Sie zu 10 mL Kaliumhydroxidlösung einige Tropfen Thymolphthaleinlösung als Indikator hinzu und titrieren Sie mit Salzsäure bis zur Entfärbung der Lösung.
Entsorgung: Lösungen in den Behälter für saure und alkalische Abfälle geben.

Auswertung
1) Berechnen Sie die Verseifungszahl des titrierten Fetts.
2) Erläutern Sie, wozu der Blindversuch dient.

Auswertungshinweise:

$$\text{Verseifungszahl} = \frac{[V(\text{Blind}) - V(\text{Probe})] \cdot 5600}{m(\text{Fett})}$$

V(Blind): Verbrauch an Salzsäure beim Blindversuch in ml
V(Probe): Verbrauch an Salzsäure bei Titration der Probe in ml

EXP 10.16 Fetthärtung

Materialien Reagenzglas, Becherglas, Messpipette, Speiseöl, konz. Schwefelsäure (w = 96 %; 5), Wasser, Zinkpulver (9)

Durchführung Geben Sie in ein Reagenzglas 0,5 mL Wasser und dazu langsam 1,5 mL Schwefelsäure. Überschichten Sie die warme Lösung mit 1,5 mL Speiseöl. Dann wird eine Spatelspitze Zinkpulver zugegeben. Kühlen Sie nach dem Ende der Gasentwicklung das Reagenzglas mit kaltem Wasser.
Entsorgung: Lösungen in den Behälter für saure und alkalische Abfälle geben.

Auswertung Notieren und deuten Sie Ihre Beobachtungen.

Wichtige Größen und Daten in der Chemie

Größen in der Chemie		
Größe	**Formelzeichen**	**Einheit**
Masse	m	kg, g
Volumen	V	m^3, L
Stoffmenge	n	mol
molare Masse	M	g/mol
molares Volumen	V_m	L/mol
Teilchenanzahl	N	1
Dichte	ϱ	g/cm^3, g/L
Massenanteil	w	1, %
Massenkonzentration	β	g/L
Stoffmengenkonzentration	c	mol/L
Temperatur	T, ϑ	K, °C

Vorsätze von Einheiten (Auswahl)			
Vorsatz	**Kurzzeichen**	**Faktor, mit dem die Einheit multipliziert wird**	
Giga	G	1 000 000 000	(10^9)
Mega	M	1 000 000	(10^6)
Kilo	k	1 000	(10^3)
Dezi	d	0,1	(10^{-1})
Zenti	c	0,01	(10^{-2})
Milli	m	0,001	(10^{-3})
Mikro	µ	0,000 001	(10^{-6})
Nano	n	0,000 000 001	(10^{-9})

Größengleichungen in der Chemie	
Dichte	$\varrho = \frac{m}{V}$ $\varrho = \frac{M}{V_m}$
molare Masse	$M = \frac{m}{n}$
molares Volumen	$V_m = \frac{V}{n}$
Massenanteil	$w(\text{Stoff}) = \frac{m(\text{Stoff})}{m(\text{Stoffgemisch})}$
Volumenanteil	$\varphi(\text{Stoff}) = \frac{V(\text{Stoff})}{V(\text{Stoffgemisch})}$
Massenkonzentration	$\beta(\text{Stoff}) = \frac{m(\text{Stoff})}{V(\text{Stoffgemisch})}$
Stoffmengenkonzentration	$c(\text{Stoff}) = \frac{n(\text{Stoff})}{V(\text{Stoffgemisch})}$

Konstanten in der Chemie	
Normdruck p_n	p_n = 1013 hPa
Normtemperatur T_n	T_n = 273,15 K
Molares Volumen eines idealen Gases im Normzustand $V_{m,n}$	$V_{m,n}$ = 22,4 L/mol
Avogadro-Konstante N_A	$N_A = 6{,}022\,1367 \cdot 10^{23}\ mol^{-1}$

Thermodynamische Daten ausgewählter Stoffe									
Formel	**M in $g \cdot mol^{-1}$**	**$\Delta_f H_m^0$ in $kJ \cdot mol^{-1}$**	**S_m^0 in $J \cdot K^{-1} \cdot mol^{-1}$**	**$\Delta_f G_m^0$ in $kJ \cdot mol^{-1}$**	**Formel**	**M in $g \cdot mol^{-1}$**	**$\Delta_f H_m^0$ in $kJ \cdot mol^{-1}$**	**S_m^0 in $J \cdot K^{-1} \cdot mol^{-1}$**	**$\Delta_f G_m^0$ in $kJ \cdot mol^{-1}$**
$H_2O(l)$	18	−286	70	−237	$Cl_2(g)$	71	0	223	0
$H_2O(g)$	18	−244	189	−229	$CaCO_3(s)$	100	−1207	93	−1129
$CO_2(g)$	44	−394	214	−394	$Cu(s)$	63,5	0	33	0
$NaCl(s)$	58,5	−411	72	−384	$Cu^{2+}(aq)$	63,5	65	−100	66
$CaCl_2(s)$	111	−796	105	−748	$Na^+(aq)$	23	−240	59	−262
$C_4H_{10}(g)$	58	−126	310	−17	$Ca^{2+}(aq)$	40	−543	−53	−554
$Na(s)$	23	0	51	0	$Cl^-(aq)$	35,5	−167	56	−131
$Zn(s)$	65	0	42	0	$OH^-(aq)$	17	−230	−11	−157
$Zn^{2+}(aq)$	65	−154	−112	−147	$NH_4^+(aq)$	18	−132	113	−79

Elektrodenpotenziale E^0 verschiedener Verbindungen in wässriger Lösung bei Standardbedingungen (p = 1,013 bar, T = 25 °C)			
Donator		Akzeptor + z e⁻	Standardpotenzial E^0 in V
Li	⇄	$Li^+ + e^-$	−3,04
K	⇄	$K^+ + e^-$	−2,94
Sr	⇄	$Sr^{2+} + 2\,e^-$	−2,90
Ca	⇄	$Ca^{2+} + 2\,e^-$	−2,87
Na	⇄	$Na^+ + e^-$	−2,71
Mg	⇄	$Mg^{2+} + 2\,e^-$	−2,36
Al	⇄	$Al^{3+} + 3\,e^-$	−1,68
Mn	⇄	$Mn^{2+} + 2\,e^-$	−1,18
$H_2 + 2\,OH^-$	⇄	$2\,H_2O + 2\,e^-$	−0,81
Zn	⇄	$Zn^{2+} + 2\,e^-$	−0,76
Cr	⇄	$Cr^{3+} + 3\,e^-$	−0,74
S^{2-}	⇄	$S(s) + 2\,e^-$	−0,45
Fe	⇄	$Fe^{2+} + 2\,e^-$	−0,44
$H_2 + 2\,OH^-$	⇄	$2\,H_2O + 2\,e^-$	−0,41 (bei pH = 7)
$Pb + SO_4^{2-}$	⇄	$PbSO_4(s) + 2\,e^-$	−0,36
Co	⇄	$Co^{2+} + 2\,e^-$	−0,28
Ni	⇄	$Ni^{2+} + 2\,e^-$	−0,24
Pb	⇄	$Pb^{2+} + 2\,e^-$	−0,13
Fe	⇄	$Fe^{3+} + 3\,e^-$	−0,04
H_2	⇄	$2\,H^+ + 2\,e^-$	0,00
Cu	⇄	$Cu^{2+} + 2\,e^-$	0,34
$4\,OH^-$	⇄	$O_2 + 2\,H_2O + 4\,e^-$	0,40
$2\,I^-$	⇄	$I_2 + 2\,e^-$	0,54
H_2O_2	⇄	$O_2 + 2\,H^+ + 2\,e^-$	0,68
Ag	⇄	$Ag^+ + e^-$	0,80
$4\,OH^-$	⇄	$O_2 + 2\,H_2O + 4\,e^-$	0,82 (bei pH = 7)
$2\,Br^-$	⇄	$Br_2 + 2\,e^-$	1,10
Pt	⇄	$Pt^{2+} + 2\,e^-$	1,18
$2\,H_2O$	⇄	$O_2 + 4\,H^+ + 4\,e^-$	1,23
$2\,Cl^-$	⇄	$Cl_2 + 2\,e^-$	1,36
Au	⇄	$Au^{3+} + 3\,e^-$	1,50
Au	⇄	$Au^+ + e^-$	1,69
$PbSO_4(s) + 2\,H_2O$	⇄	$PbO_2(s) + SO_4^{2-} + 4\,H^+ + 4\,e^-$	1,69
$2\,H_2O$	⇄	$H_2O_2 + 2\,H^+ + 2\,e^-$	1,76
$2\,F^-$	⇄	$F_2 + 2\,e^-$	2,89

zunehmende reduzierende Wirkung (↑)

zunehmende oxidierte Wirkung (↓)

Einstufung von Gefahrstoffen nach dem GHS-System

Seit 2009 erfolgt die Einstufung von Chemikalien nach dem GHS (*Globally Harmonised System of Classification and Labelling of Chemicals*). Dabei werden Gefahrstoffe mit international einheitlichen Gefahrenpiktogrammen, Gefahrenhinweisen (H-Sätze) und Sicherheitshinweisen (P-Sätze) versehen. Die Übergangsfristen für die bisherigen Verordnungen sind seit dem 1. Juni 2017 ausgelaufen.

Gefahrenpiktogramm und Piktogrammcode		Mit dem Gefahrenpiktogramm gekennzeichnete Stoffe und Gemische	Signalwort	Zugehörige Gefahrenhinweise (H-Sätze)
	GHS01	explosive und sehr gefährliche selbstzersetzliche Stoffe und Gemische sowie sehr gefährliche organische Peroxide	Gefahr	H200, H201, H202, H203, H240, H241 (mit GHS02)
			Achtung	H204
	GHS02	entzündbare, selbsterhitzungsfähige und gefährliche selbstzersetzliche Stoffe und Gemische, pyrophore Stoffe sowie Stoffe und Gemische, die bei Berührung mit Wasser entzündbare Gase entwickeln	Gefahr	H220, H222, H229, H224, H225, H228 (Kat. 1), H250, H251, H260, H261 (Kat. 2)
			Achtung	H221, H223, H229, H226, H228 (Kat. 2), H252, H261 (Kat. 3)
	GHS02	selbstzersetzliche Stoffe und Gemische sowie gefährliche organische Peroxide	Gefahr oder Achtung	H242
	GHS03	Stoffe und Gemische mit oxidierender Wirkung	Gefahr	H270, H271, H272 (Kat. 2)
			Achtung	H272 (Kat. 3)
	GHS04	Gase unter Druck	Achtung	H280, H281
	GHS05	Stoffe und Gemische, die korrosiv auf Metalle wirken	Achtung	H290
	GHS05	Stoffe und Gemische, die schwere Verätzungen der Haut und/oder schwere Augenschäden verursachen	Gefahr	H314, H318
	GHS07	Stoffe und Gemische, die Haut- und/oder schwere Augenreizungen verursachen können	Achtung	H315, H319
	GHS06	lebensgefährliche und giftige Stoffe und Gemische	Gefahr	H300, H310, H330, H301, H311, H331
	GHS07	gesundheitsschädliche Stoffe und Gemische	Achtung	H302, H312, H332
	GHS08	Stoffe und Gemische, die bei Verschlucken und Eindringen in die Atemwege tödlich sein können und/oder eine Gefahr für die Gesundheit darstellen. Diese Stoffe und Gemische schädigen bestimmte Organe und/oder können Krebs erzeugen, die Fruchtbarkeit beeinträchtigen, das Kind im Mutterleib schädigen und/oder genetische Defekte und/oder beim Einatmen Allergien, asthmaartige Symptome oder Atembeschwerden verursachen.	Gefahr	H304, H334, H340, H350, H350i, H360, H360F, H360D, H360FD, H370, H372
			Achtung	H341, H351, H361, H361f, H361d, H361fd, H371, H373
	GHS07	Stoffe oder Gemische, die allergische Hautreaktionen, Reizungen der Atemwege und/oder Schläfrigkeit und Benommenheit verursachen können	Achtung	H317, H335, H336
	GHS09	Stoffe und Gemische, die sehr giftig oder giftig für Wasserorganismen sind	Achtung	H400, H410, H411 (kein Signalwort)

* Die in den Experimenten verwendeten Gase stehen meist nicht unter Druck, daher wird dort in der Regel auf diese Kennzeichnung verzichtet. In der Gefahrstoffliste sind alle Gase auch mit GHS04 gekennzeichnet.

Gefahrenhinweise (H-Sätze)

Gefahrenhinweise für physikalische Gefahren

- **H200** Instabil, explosiv.
- **H201** Explosiv, Gefahr der Massenexplosion.
- **H202** Explosiv; große Gefahr durch Splitter, Spreng- und Wurfstücke.
- **H203** Explosiv; Gefahr durch Feuer, Luftdruck oder Splitter, Spreng- und Wurfstücke.
- **H204** Gefahr durch Feuer oder Splitter, Spreng- und Wurfstücke.
- **H205** Gefahr der Massenexplosion bei Feuer.
- **H220** Extrem entzündbares Gas.
- **H221** Entzündbares Gas.
- **H222** Extrem entzündbares Aerosol.
- **H223** Entzündbares Aerosol.
- **H224** Flüssigkeit und Dampf extrem entzündbar.
- **H225** Flüssigkeit und Dampf leicht entzündbar.
- **H226** Flüssigkeit und Dampf entzündbar.
- **H228** Entzündbarer Feststoff.
- **H229** Behälter steht unter Druck: kann bei Erwärmung bersten.
- **H230** Kann auch in Abwesenheit von Luft explosionsartig reagieren.
- **H231** Kann auch in Abwesenheit von Luft bei erhöhtem Druck und/oder erhöhter Temperatur explosionsartig reagieren.
- **H240** Erwärmung kann Explosion verursachen.
- **H241** Erwärmung kann Brand oder Explosion verursachen.
- **H242** Erwärmung kann Brand verursachen.
- **H250** Entzündet sich in Berührung mit Luft von selbst.
- **H251** Selbsterhitzungsfähig; kann in Brand geraten.
- **H252** In großen Mengen selbsterhitzungsfähig; kann in Brand geraten.
- **H260** In Berührung mit Wasser entstehen entzündbare Gase, die sich spontan entzünden können.
- **H261** In Berührung mit Wasser entstehen entzündbare Gase.
- **H270** Kann Brand verursachen oder verstärken; Oxidationsmittel.
- **H271** Kann Brand oder Explosion verursachen; starkes Oxidationsmittel.
- **H272** Kann Brand verstärken; Oxidationsmittel.
- **H280** Enthält Gas unter Druck; kann bei Erwärmung explodieren.
- **H281** Enthält tiefkaltes Gas; kann Kälteverbrennungen oder -verletzungen verursachen.
- **H290** Kann gegenüber Metallen korrosiv sein.

Gefahrenhinweise für Gesundheitsgefahren

- **H300** Lebensgefahr bei Verschlucken.
- **H301** Giftig bei Verschlucken.
- **H302** Gesundheitsschädlich bei Verschlucken.
- **H304** Kann bei Verschlucken und Eindringen in die Atemwege tödlich sein.
- **H310** Lebensgefahr bei Hautkontakt.
- **H311** Giftig bei Hautkontakt.
- **H312** Gesundheitsschädlich bei Hautkontakt.
- **H314** Verursacht schwere Verätzungen der Haut und schwere Augenschäden.
- **H315** Verursacht Hautreizungen.
- **H317** Kann allergische Hautreaktionen verursachen.
- **H318** Verursacht schwere Augenschäden.
- **H319** Verursacht schwere Augenreizung.
- **H330** Lebensgefahr bei Einatmen.
- **H331** Giftig bei Einatmen.
- **H332** Gesundheitsschädlich bei Einatmen.
- **H334** Kann bei Einatmen Allergie, asthmaartige Symptome oder Atembeschwerden verursachen.
- **H335** Kann die Atemwege reizen.
- **H336** Kann Schläfrigkeit und Benommenheit verursachen.
- **H340** Kann genetische Defekte verursachen *<Expositionsweg angeben, sofern schlüssig belegt ist, dass diese Gefahr bei keinem anderen Expositionsweg besteht>*.
- **H341** Kann vermutlich genetische Defekte verursachen *<Expositionsweg angeben, sofern schlüssig belegt ist, dass diese Gefahr bei keinem anderen Expositionsweg besteht>*.
- **H350** Kann Krebs erzeugen *<Expositionsweg angeben, sofern schlüssig belegt ist, dass diese Gefahr bei keinem anderen Expositionsweg besteht>*.
- **H350i** Kann beim Einatmen Krebs erzeugen.
- **H351** Kann vermutlich Krebs erzeugen *<Expositionsweg angeben, sofern schlüssig belegt ist, dass diese Gefahr bei keinem anderen Expositionsweg besteht>*.
- **H360** Kann die Fruchtbarkeit beeinträchtigen oder das Kind im Mutterleib schädigen *<konkrete Wirkung angeben, sofern bekannt> <Expositionsweg angeben, sofern schlüssig belegt ist, dass die Gefahr bei keinem anderen Expositionsweg besteht>*.
- **H360F** Kann die Fruchtbarkeit beeinträchtigen.
- **H360D** Kann das Kind im Mutterleib schädigen.
- **H360FD** Kann die Fruchtbarkeit beeinträchtigen. Kann das Kind im Mutterleib schädigen.
- **H360Fd** Kann die Fruchtbarkeit beeinträchtigen. Kann vermutlich das Kind im Mutterleib schädigen.
- **H360Df** Kann das Kind im Mutterleib schädigen. Kann vermutlich die Fruchtbarkeit beeinträchtigen.
- **H361** Kann vermutlich die Fruchtbarkeit beeinträchtigen oder das Kind im Mutterleib schädigen *<konkrete Wirkung angeben, sofern bekannt> <Expositionsweg angeben, sofern schlüssig belegt ist, dass die Gefahr bei keinem anderen Expositionsweg besteht>*.
- **H361f** Kann vermutlich die Fruchtbarkeit beeinträchtigen.
- **H361d** Kann vermutlich das Kind im Mutterleib schädigen.
- **H361fd** Kann vermutlich die Fruchtbarkeit beeinträchtigen. Kann vermutlich das Kind im Mutterleib schädigen.
- **H362** Kann Säuglinge über die Muttermilch schädigen.
- **H370** Schädigt die Organe *<oder alle betroffenen Organe nennen, sofern bekannt> <Expositionsweg angeben, sofern schlüssig belegt ist, dass diese Gefahr bei keinem anderen Expositionsweg besteht>*.
- **H371** Kann die Organe schädigen *<oder alle betroffenen Organe nennen, sofern bekannt> <Expositionsweg angeben, sofern schlüssig belegt ist, dass diese Gefahr bei keinem anderen Expositionsweg besteht>*.
- **H372** Schädigt die Organe *<alle betroffenen Organe nennen> bei längerer oder wiederholter Exposition <Expositionsweg angeben, wenn schlüssig belegt ist, dass diese Gefahr bei keinem anderen Expositionsweg besteht>*.
- **H373** Kann die Organe schädigen *<alle betroffenen Organe nennen, sofern bekannt> bei längerer oder wiederholter Exposition <Expositionsweg angeben, wenn schlüssig belegt ist, dass diese Gefahr bei keinem anderen Expositionsweg besteht>*.

Gefahrenhinweise für Umweltgefahren

- **H400** Sehr giftig für Wasserorganismen.
- **H410** Sehr giftig für Wasserorganismen, mit langfristiger Wirkung.
- **H411** Giftig für Wasserorganismen, mit langfristiger Wirkung.
- **H412** Schädlich für Wasserorganismen, mit langfristiger Wirkung.
- **H413** Kann für Wasserorganismen schädlich sein, mit langfristiger Wirkung.
- **H420** Schädigt die öffentliche Gesundheit und die Umwelt durch Ozonabbau in der äußeren Atmosphäre.

Ergänzende Gefahrenmerkmale

Physikalische Eigenschaften

- **EUH001** In trockenem Zustand explosionsgefährlich.
- **EUH014** Reagiert heftig mit Wasser.
- **EUH018** Kann bei Verwendung explosionsfähige/entzündbare Dampf/Luft-Gemische bilden.
- **EUH019** Kann explosionsfähige Peroxide bilden.
- **EUH044** Explosionsgefahr bei Erhitzen unter Einschluss.

Gesundheitsgefährliche Eigenschaften

- **EUH029** Entwickelt bei Berührung mit Wasser giftige Gase.
- **EUH031** Entwickelt bei Berührung mit Säure giftige Gase.
- **EUH032** Entwickelt bei Berührung mit Säure sehr giftige Gase.
- **EUH066** Wiederholter Kontakt kann zu spröder oder rissiger Haut führen.
- **EUH070** Giftig bei Berührung mit den Augen.
- **EUH071** Wirkt ätzend auf die Atemwege.

Ergänzende Kennzeichnungselemente/Informationen über bestimmte Stoffe und Gemische

EUH201 Enthält Blei. Nicht für den Anstrich von Gegenständen verwenden, die von Kindern gekaut oder gelutscht werden könnten.
EUH201A Achtung! Enthält Blei.
EUH202 Cyanacrylat. Gefahr. Klebt innerhalb von Sekunden Haut und Augenlider zusammen. Darf nicht in die Hände von Kindern gelangen.
EUH203 Enthält Chrom (VI). Kann allergische Reaktionen hervorrufen.
EUH204 Enthält Isocyanate. Kann allergische Reaktionen hervorrufen.
EUH205 Enthält epoxidhaltige Verbindungen. Kann allergische Reaktionen hervorrufen.
EUH206 Achtung! Nicht zusammen mit anderen Produkten verwenden, da gefährliche Gase (Chlor) freigesetzt werden können.
EUH207 Achtung! Enthält Cadmium. Bei der Verwendung entstehen gefährliche Dämpfe. Hinweise des Herstellers beachten. Sicherheitsanweisungen einhalten.
EUH208 Enthält <*Name des sensibilisierenden Stoffes*>. Kann allergische Reaktionen hervorrufen.
EUH209 Kann bei Verwendung leicht entzündbar werden.
EUH209A Kann bei Verwendung entzündbar werden.
EUH210 Sicherheitsdatenblatt auf Anfrage erhältlich.
EUH401 Zur Vermeidung von Risiken für Mensch und Umwelt die Gebrauchsanleitung einhalten.

Sicherheitshinweise (P-Sätze)

Sicherheitshinweise – Allgemeines

P101 Ist ärztlicher Rat erforderlich, Verpackung oder Kennzeichnungsetikett bereithalten.
P102 Darf nicht in die Hände von Kindern gelangen.
P103 Vor Gebrauch Kennzeichnungsetikett lesen.

Sicherheitshinweise – Prävention

P201 Vor Gebrauch besondere Anweisungen einholen.
P202 Vor Gebrauch alle Sicherheitshinweise lesen und verstehen.
P210 Von Hitze/Funken/offener Flamme/heißen Oberflächen fernhalten. Nicht rauchen.
P211 Nicht gegen offene Flamme oder andere Zündquelle sprühen.
P220 Von Kleidung/.../brennbaren Materialien fernhalten/entfernt aufbewahren.
P221 Mischen mit brennbaren Stoffen/... unbedingt verhindern.
P222 Kontakt mit Luft nicht zulassen.
P223 Kontakt mit Wasser wegen heftiger Reaktion und möglichem Aufflammen unbedingt verhindern.
P230 Feucht halten mit ...
P231 Unter inertem Gas handhaben.
P232 Vor Feuchtigkeit schützen.
P233 Behälter dicht verschlossen halten.
P234 Nur im Originalbehälter aufbewahren.
P235 Kühl halten.
P240 Behälter und zu befüllende Anlage erden.
P241 Explosionsgeschützte elektrische Betriebsmittel/Lüftungsanlagen/Beleuchtung/... verwenden.
P242 Nur funkenfreies Werkzeug verwenden.
P243 Maßnahmen gegen elektrostatische Aufladungen treffen.
P244 Druckminderer frei von Fett und Öl halten.
P250 Nicht schleifen/stoßen/.../reiben.
P251 Behälter steht unter Druck: Nicht durchstechen oder verbrennen, auch nicht nach der Verwendung.
P260 Staub/Rauch/Gas/Nebel/Dampf/Aerosol nicht einatmen.
P261 Einatmen von Staub/Rauch/Gas/Nebel/Dampf/Aerosol vermeiden.
P262 Nicht in die Augen, auf die Haut oder auf die Kleidung gelangen lassen.
P263 Kontakt während der Schwangerschaft und der Stillzeit vermeiden.
P264 Nach Gebrauch ... gründlich waschen.
P270 Bei Gebrauch nicht essen, trinken oder rauchen.
P271 Nur im Freien oder in gut belüfteten Räumen verwenden.
P272 Kontaminierte Arbeitskleidung nicht außerhalb des Arbeitsplatzes tragen.
P273 Freisetzung in die Umwelt vermeiden.
P280 Schutzhandschuhe/Schutzkleidung/Augenschutz/Gesichtsschutz tragen.
P282 Schutzhandschuhe/Gesichtsschild/Augenschutz mit Kälteisolierung tragen.
P283 Schwer entflammbare/flammhemmende Kleidung tragen.
P284 Atemschutz tragen.
P231 + P232 Unter inertem Gas handhaben. Vor Feuchtigkeit schützen.
P235 + P410 Kühl halten. Vor Sonnenbestrahlung schützen.

Sicherheitshinweise – Reaktion

P301 BEI VERSCHLUCKEN:
P302 BEI BERÜHRUNG MIT DER HAUT:
P303 BEI BERÜHRUNG MIT DER HAUT (oder dem Haar):
P304 BEI EINATMEN:
P305 BEI KONTAKT MIT DEN AUGEN:
P306 BEI KONTAMINIERTER KLEIDUNG:
P308 BEI Exposition oder falls betroffen:
P310 Sofort GIFTINFORMATIONSZENTRUM oder Arzt anrufen.
P311 GIFTINFORMATIONSZENTRUM oder Arzt anrufen.
P312 Bei Unwohlsein GIFTINFORMATIONSZENTRUM oder Arzt anrufen.
P313 Ärztlichen Rat einholen/ärztliche Hilfe hinzuziehen.
P314 Bei Unwohlsein ärztlichen Rat einholen/ärztliche Hilfe hinzuziehen.
P315 Sofort ärztlichen Rat einholen/ärztliche Hilfe hinzuziehen.
P320 Besondere Behandlung dringend erforderlich (siehe ... auf diesem Kennzeichnungsetikett).
P321 Besondere Behandlung (siehe ... auf diesem Kennzeichnungsetikett).
P330 Mund ausspülen.
P331 KEIN Erbrechen herbeiführen.
P332 Bei Hautreizung:
P333 Bei Hautreizung oder -ausschlag:
P334 In kaltes Wasser tauchen/nassen Verband anlegen.
P335 Lose Partikel von der Haut abbürsten.
P336 Vereiste Bereiche mit lauwarmem Wasser auftauen. Betroffenen Bereich nicht reiben.
P337 Bei anhaltender Augenreizung:
P338 Eventuell Vorhandene Kontaktlinsen nach Möglichkeit entfernen. Weiter ausspülen.
P340 Die betroffene Person an die frische Luft bringen und in einer Position ruhig stellen, die das Atmen erleichtert.
P342 Bei Symptomen der Atemwege:
P351 Einige Minuten lang behutsam mit Wasser ausspülen.
P352 Mit viel Wasser und Seife waschen.
P353 Haut mit Wasser abwaschen/duschen.
P360 Kontaminierte Kleidung und Haut sofort mit viel Wasser abwaschen und danach Kleidung ausziehen.
P361 Alle kontaminierten Kleidungsstücke sofort ausziehen.
P362 Kontaminierte Kleidung ausziehen und vor erneutem Tragen waschen.
P363 Kontaminierte Kleidung vor erneutem Tragen waschen.
P364 Und vor erneutem Tragen waschen.
P370 Bei Brand:
P371 Bei Großbrand und großen Mengen:
P372 Explosionsgefahr bei Brand.
P373 KEINE Brandbekämpfung, wenn das Feuer explosive Stoffe/Gemische/Erzeugnisse erreicht.
P374 Brandbekämpfung mit üblichen Vorsichtsmaßnahmen aus angemessener Entfernung.
P375 Wegen Explosionsgefahr Brand aus der Entfernung bekämpfen.
P376 Undichtigkeit beseitigen, wenn gefahrlos möglich.
P377 Brand von ausströmendem Gas: Nicht löschen, bis Undichtigkeit gefahrlos beseitigt werden kann.
P378 ... zum Löschen verwenden.
P380 Umgebung räumen.
P381 Alle Zündquellen entfernen, wenn gefahrlos möglich.
P390 Verschüttete Mengen aufnehmen, um Materialschäden zu vermeiden.
P391 Verschüttete Mengen aufnehmen.
P301 + P310 BEI VERSCHLUCKEN: Sofort GIFTINFORMATIONSZENTRUM oder Arzt anrufen.
P301 + P312 BEI VERSCHLUCKEN: Bei Unwohlsein GIFTINFORMATIONSZENTRUM oder Arzt anrufen.
P301 + P330 + P331 BEI VERSCHLUCKEN: Mund ausspülen. KEIN Erbrechen herbeiführen.
P302 + P334 BEI KONTAKT MIT DER HAUT: In kaltes Wasser tauchen/nassen Verband anlegen.
P302 + P352 BEI KONTAKT MIT DER HAUT: Mit viel Wasser und Seife waschen.
P303 + P361 + P353 BEI KONTAKT MIT DER HAUT (oder dem Haar): Alle kontaminierten Kleidungsstücke sofort ausziehen. Haut mit Wasser abwaschen/duschen.

P304 + P340 BEI EINATMEN: An die frische Luft bringen und in einer Position ruhig stellen, die das Atmen erleichtert.
P305 + P351 + P338 BEI KONTAKT MIT DEN AUGEN: Einige Minuten lang behutsam mit Wasser spülen. Vorhandene Kontaktlinsen nach Möglichkeit entfernen. Weiter spülen.
P306 + P360 BEI KONTAKT MIT DER KLEIDUNG: Kontaminierte Kleidung und Haut sofort mit viel Wasser abwaschen und danach Kleidung ausziehen.
P308 + P311 Bei Exposition oder falls betroffen: GIFTINFORMATIONSZENTRUM, Arzt oder ... anrufen.
P308 + P313 BEI Exposition oder falls betroffen: Ärztlichen Rat einholen/ärztliche Hilfe hinzuziehen.
P332 + P313 Bei Hautreizung: Ärztlichen Rat einholen/ärztliche Hilfe hinzuziehen.
P333 + P313 Bei Hautreizung oder -ausschlag: Ärztlichen Rat einholen/ärztliche Hilfe hinzuziehen.
P335 + P334 Lose Partikel von der Haut abbürsten. In kaltes Wasser tauchen/nassen Verband anlegen.
P337 + P313 Bei anhaltender Augenreizung: Ärztlichen Rat einholen/ärztliche Hilfe hinzuziehen.
P342 + P311 Bei Symptomen der Atemwege: GIFTINFORMATIONSZENTRUM oder Arzt anrufen.
P361 + P364 Alle kontaminierten Kleidungsstücke sofort ausziehen und vor erneutem Tragen waschen.
P362 + P364 Kontaminierte Kleidung ausziehen und vor erneutem Tragen waschen.
P370 + P376 Bei Brand: Undichtigkeit beseitigen, wenn gefahrlos möglich.
P370 + P378 Bei Brand: ... zum Löschen verwenden.
P370 + P380 Bei Brand: Umgebung räumen.
P370 + P380 + P375 Bei Brand: Umgebung räumen. Wegen Explosionsgefahr Brand aus der Entfernung bekämpfen.
P371 + P380 + P375 Bei Großbrand und großen Mengen: Umgebung räumen. Wegen Explosionsgefahr Brand aus der Entfernung bekämpfen.

Sicherheitshinweise – Aufbewahrung

P401 ... aufbewahren.
P402 An einem trockenen Ort aufbewahren.
P403 An einem gut belüfteten Ort aufbewahren.
P404 In einem geschlossenen Behälter aufbewahren.
P405 Unter Verschluss aufbewahren.
P406 In korrosionsbeständigem/... Behälter mit korrosionsbeständiger Auskleidung aufbewahren.
P407 Luftspalt zwischen Stapeln/Paletten lassen.
P410 Vor Sonnenbestrahlung schützen.
P411 Bei Temperaturen von nicht mehr als ... °C aufbewahren.
P412 Nicht Temperaturen von mehr als 50 °C aussetzen.
P413 Schüttgut in Mengen von mehr als ... kg bei Temperaturen von nicht mehr als ... °C aufbewahren.
P420 Von anderen Materialien entfernt aufbewahren.
P422 Inhalt in/unter ... aufbewahren.
P402 + P404 In einem geschlossenen Behälter an einem trockenen Ort aufbewahren.
P403 + P233 Behälter dicht verschlossen an einem gut belüfteten Ort aufbewahren.
P403 + P235 Kühl an einem gut belüfteten Ort aufbewahren.
P410 + P403 Vor Sonnenbestrahlung geschützt an einem gut belüfteten Ort aufbewahren.
P410 + P412 Vor Sonnenbestrahlung schützen und nicht Temperaturen von mehr als 50 °C aussetzen.
P411 + P235 Kühl und bei Temperaturen von nicht mehr als ... °C aufbewahren.

Sicherheitshinweise – Entsorgung

P501 Inhalt/Behälter ... zuführen.

Entsorgungsratschläge (E-Sätze)

E1 Verdünnen, in den Ausguss geben (WGK 0 bzw. 1)
E2 Neutralisieren, in den Ausguss geben
E3 In den Hausmüll geben, gegebenenfalls im Polyethylenbeutel (Stäube)
E4 Als Sulfid fällen
E5 Mit Calcium-Ionen fällen, dann E 1 oder E 3
E6 Nicht in den Hausmüll geben
E7 Im Abzug entsorgen
E8 Der Sondermüllbeseitigung zuführen (Adresse zu erfragen bei der Kreis- oder Stadtverwaltung), Abfallschlüssel beachten
E9 Unter größter Vorsicht in kleinsten Portionen reagieren lassen (z. B. offen im Freien verbrennen)
E10 In gekennzeichneten Behältern sammeln:
1. „Organische Abfälle – halogenhaltig"
2. „Organische Abfälle – halogenfrei", dann E 8

E11 Als Hydroxid fällen (pH = 8), den Niederschlag zu E 8
E12 Nicht in die Kanalisation gelangen lassen
E13 Aus der Lösung mit unedlem Metall (z. B. Eisen) als Metall abscheiden (E 14, E 3)
E14 Recycling-geeignet (Redestillation oder einem Recyclingunternehmen zuführen)
E15 Mit Wasser **vorsichtig** umsetzen, frei werdende Gase absorbieren oder ins Freie ableiten
E16 Entsprechend den speziellen Ratschlägen für die Beseitigungsgruppen beseitigen

Entsorgung von Chemikalienabfällen

Nach dem Experimentieren werden die Reste in die dafür vorgesehenen Sammelbehälter gegeben:

nicht gefährliche und wasserlösliche Chemikalien	nicht gefährliche und feste Chemikalien	Säuren und Laugen	giftige anorganische Chemikalien	halogenfreie organische Chemikalien	halogenhaltige organische Chemikalien
z. B. Natriumchlorid, Natriumcarbonat, Wasserstoffperoxidlösung	z. B. Eisen, Indikatorpapier	z. B. Salzsäure, Natronlauge	z. B. Kupfersulfat	z. B. Petroleumbenzin, Methanol	z. B. Trichlormethan

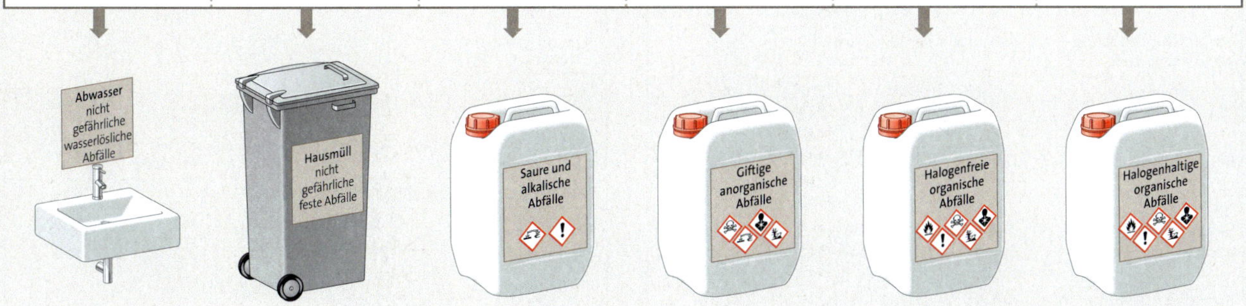

Die weitere Behandlung und Entsorgung bzw. Übergabe der Abfälle zur Sondermüllentsorgung erfolgt durch die Lehrkraft.

Liste der Gefahrstoffe nach der GHS-Verordnung

Gefahrstoff	Signalwort	Piktogrammcode	H-Sätze und EUH-Sätze	E-Sätze
A				
Aceton (Propanon)	Gefahr	GHS02 GHS07	H225 H319 H336 EUH066	1-10-14
Acetaldehyd s. Ethanal				
Acetylsalicylsäure	Achtung	GHS07	H302 H315 H319 H335	10-12
Aluminium, Pulver (stabilisiert)	Gefahr	GHS02	H261 H228	6-9
Aluminiumchlorid, wasserfrei	Gefahr	GHS05	H314	2
Aluminiumchloridlösung $5\,\% \leq w < 10\,\%$	Achtung	GHS07	H315 H319	2
Ameisensäure (Methansäure) $w \geq 85\,\%$	Gefahr	GHS02 GHS06 GHS05	H314 H226 H302 H331 EUH071	1-10
$25\,\% \leq w < 85\,\%$	Gefahr	GHS06 GHS05	H314 H226 H302 H331 EUH071	1-10
$2\,\% \leq w < 25\,\%$	Achtung	GHS07	H315 H319	1-10
Ammoniak, wasserfrei	Gefahr	GHS04 GHS06 GHS05 GHS09	H221 H280 H331 H314 H400 EUH071	2-7
Ammoniaklösung $w \geq 30\,\%$	Gefahr	GHS05 GHS07 GHS09	H314 H290 H335 H400	2
$10\,\% \leq w < 30\,\%$	Gefahr	GHS05 GHS07 GHS09	H314 H335 H400	2
$5\,\% \leq w < 10\,\%$	Gefahr	GHS05 GHS07	H314 H335	2
Ammoniumcarbonat	Achtung	GHS07	H302	2
Ammoniumchlorid	Achtung	GHS07	H302 H319	2
Ammoniumthiocyanat	Achtung	GHS05 GHS07	H302 + H312 + H332 H412 H318 EUH032	2
B				
Bariumchlorid	Gefahr	GHS06	H301 H332	1-3
Bariumchloridlösung $10\,\% \leq w < 18\,\%$	Achtung	GHS07	H302	1
Bariumhydroxid	Gefahr	GHS05 GHS07	H302 H314 H318	1-3
Bariumhydroxid-8-Wasser	Gefahr	GHS05 GHS07	H302 H314 H318	1-3
Benzoesäure	Gefahr	GHS05 GHS08	H315 H318 H372	10-12
Brennspiritus (Ethanol)	Gefahr	GHS02 GHS07	H225 H319	1-10
Brenzcatechin (1,2-Dihydroxybenzol)	Gefahr	GHS06 GHS08 GHS05	H301 + H311 + H332 H315 H317 H318 H341	10-12
Brom	Gefahr	GHS06 GHS05 GHS09	H330 H314 H400	16
Bromwasser $w = 3\,\%$	Gefahr	GHS05 GHS07	H332 H314	16
n-Butan	Gefahr	GHS02 GHS04	H220 H280	2
Butandisäure (Bernsteinsäure)	Gefahr	GHS05	H318	10-12
Butan-1-ol	Gefahr	GHS02 GHS05 GHS07	H226 H302 H335 H315 H318 H336	10
tert-Butanol (2-Methylpropan-2-ol)	Gefahr	GHS02 GHS07	H225 H332 H319 H335	10-12
Butansäure (Buttersäure)	Gefahr	GHS05 GHS07	H314 H302	10
C				
Calciumcarbid	Gefahr	GHS02 GHS05 GHS07	H260 H315 H318 H335	15-16
Calciumchlorid	Achtung	GHS07	H319	1
Calciumchlorid-6-Wasser	Achtung	GHS07	H319	1
Capronsäure s. Hexansäure				
Chlor	Gefahr	GHS06 GHS03 GHS04 GHS09	H270 H280 H330 H315 H319 H335 H400 EUH071	16
Chlorwasserstoff	Gefahr	GHS04 GHS06 GHS05	H331 H314 H280 EUH071	2
Citronensäure	Achtung	GHS07	H319	1-10
Cyclohexan	Gefahr	GHS02 GHS08 GHS07 GHS09	H225 H304 H315 H336 H410	10-12
Cyclohexen	Gefahr	GHS02 GHS08 GHS07 GHS09	H225 H304 H302 H411	10-12
D				
n-Decan	Gefahr	GHS02 GHS08	H226 H304 EUH066	10-12
Decansäuredichlorid s. Sebacinsäuredichlorid				
Dibenzoylperoxid	Gefahr	GHS01 GHS02 GHS07 GHS09	H241 H319 H317 H410	10-12
Dichlormethan s. Methylenchlorid				

Gefahrstoff	Signalwort	Piktogrammcode	H-Sätze und EUH-Sätze	E-Sätze
Diethylether (Ether)	Gefahr	GHS02 GHS07	H224 H302 H336 EUH019 EUH066	9-10-12
1,2-Dihydroxyolbenzol s. Brenzcatechin				
1,3-Dihydroxyolbenzol s. Resorcin				
1,4-Dihydroxyolbenzol s. Hydrochinon				
N,N-Dimethylanilin	Gefahr	GHS06 GHS08 GHS09	H351 H331 H311 H301 H411	10-12
Dimethylglyoximlösung, gesättigt in Ethanol	Gefahr	GHS02 GHS07	H225 H319	1-10
Distickstofftetraoxid	Gefahr	GHS04 GHS03 GHS06 GHS05	H280 H270 H330 H314 EUH071	7
E				
Eisen(III)-chlorid	Gefahr	GHS05 GHS07	H302 H315 H318 H290	2
Eisen(III)-nitrat-9-Wasser	Achtung	GHS03 GHS07	H272 H315 H319	2
Essigessenz	Achtung	GHS05	H319 H315	2-10
Essigsäure (Ethansäure) $w \geq 90\,\%$	Gefahr	GHS02 GHS05	H226 H290 H314	2-10
$w \geq 60\,\%$	Gefahr	GHS05	H314 H318	2-10
$10\,\% \leq w < 60\,\%$	Achtung	GHS07	H319 H315	2-10
Essigsäureanhydrid	Gefahr	GHS02 GHS06 GHS05	H226 H302 H331 H314 H335	2-10
Essigsäureethylester (Ethylacetat)	Gefahr	GHS02 GHS07	H225 H319 H336 EUH066	10-12
Ethan	Gefahr	GHS02 GHS04	H220 H280	7
Ethanal (Acetaldehyd)	Gefahr	GHS02 GHS08 GHS07	H224 H351 H319 H335	9-10-12-16
Ethanallösung (Acetaldehydlösung) $w = 1\,\%$	Gefahr	GHS02 GHS08	H224 H351	9-10-12-16
Ethanol (Brennspiritus)	Gefahr	GHS02 GHS07	H225 H319	1-10
Ethan-1,2-diol s. Glykol				
Ethen (Ethylen)	Gefahr	GHS02 GHS04 GHS07	H220 H280 H336	7
Ethin (Acetylen)	Gefahr	GHS02 GHS04	H220 H230 H280	7
F				
Fehling-Lösung I	Gefahr	GHS05 GHS09	H318 H410	2

Gefahrstoff	Signalwort	Piktogrammcode	H-Sätze und EUH-Sätze	E-Sätze
Fehling-Lösung II	Gefahr	GHS05	H290 H314	2
G				
Glykol (Ethan-1,2-diol)	Achtung	GHS07 GHS08	H302 H373	10-12
H				
n-Heptan	Gefahr	GHS02 GHS08 GHS07 GHS09	H225 H304 H315 H336 H410	10-12
n-Hexan	Gefahr	GHS02 GHS08 GHS07 GHS09	H225 H361f H304 H373 H315 H336 H411	10-12
Hexan-1,6-diamin	Gefahr	GHS05 GHS07	H312 H302 H335 H314	10-12
Hexan-1-ol	Achtung	GHS02 GHS07	H226 H302 + H312 H319	1-10
Hexansäure (Capronsäure)	Gefahr	GHS06 GHS05	H302 H311 H314	2-10
Hex-1-en	Gefahr	GHS02 GHS08	H225 H304 EUH066	10-12
Hydrochinon (1,4-Dihydroxybenzol)	Gefahr	GHS08 GHS05 GHS07 GHS09	H351 H341 H302 H318 H317 H400	10-12
I				
Iod	Achtung	GHS08 GHS07 GHS09	H312 + H332 + H315 H319 H335 H372 H400	1-16
2-Iodbutan (sek-Butyliodid)	Gefahr	GHS02	H225	10-12
K				
Kaliumcyanat	Achtung	GHS07	H302 H319	1
Kaliumhydrogensulfat	Gefahr	GHS05 GHS07	H314 H335	2
Kaliumhydroxid (Ätzkali)	Gefahr	GHS05 GHS07	H290 H302 H314	2
Kaliumhydroxidlösung (Kalilauge) $w \geq 47\,\%$	Gefahr	GHS05 GHS07	H290 H302 H314	2
$0{,}5\,\% \leq w < 47\,\%$	Gefahr	GHS05	H290 H314	2
Kaliumnitrat	Gefahr	GHS03	H272	1
Kaliumpermanganat	Gefahr	GHS03 GHS05 GHS07 GHS09	H272 H302 H314 H410	1-6

Gefahrstoff	Signalwort	Piktogrammcode	H-Sätze und EUH-Sätze	E-Sätze
Kohlenstoffdisulfid	Gefahr	GHS02 GHS08 GHS07	H225 H302 H315 H319 H361 H372 H412	9-10-12
Kupfer(II)-oxid	Achtung	GHS07 GHS09	H302 H410	8-16
Kupfer(II)-sulfat, wasserfrei	Gefahr	GHS07 GHS05 GHS09	H302 H315 H318 H410	11
Kupfer(II)-sulfat-5-Wasser	Achtung	GHS07 GHS05 GHS09	H302 H315 H318 H410	11
L				
Lithiumchlorid	Achtung	GHS07	H302 H319 H315	1
M				
Magnesium, Späne	Gefahr	GHS02	H228 H251 H261	3
Mangan(IV)-oxid (Braunstein)	Gefahr	GHS08 GHS07	H302 + H332 H373	3
Methan	Gefahr	GHS02 GHS04	H220 H280	7
Methanol	Gefahr	GHS02 GHS06 GHS08	H225 H331 H311 H301 H370	1-10
Methansäure s. Ameisensäure				
Methansäuremethylester (Methylformiat)	Gefahr	GHS02 GHS07	H224 H302 + H332 H319 H335	10-12
Methylenchlorid (Dichlormethan)	Achtung	GHS08	H351	10-12
Methylmethacrylat (Methacrylsäuremethylester)	Gefahr	GHS02 GHS07	H225 H335 H315 H317	10-12
Milchsäure (2-Hydroxypropansäure)	Gefahr	GHS05	H318 H315	10-12
N				
Naphthalin	Gefahr	GHS02 GHS08 GHS07 GHS09	H228 H351 H302 H410	10-12
2-Naphthol (2-Hydroxynaphthalin)	Achtung	GHS07 GHS09	H332 H302 H400	10-12
Natrium	Gefahr	GHS02 GHS05	H260 H314 EUH014	6-12-16
Natriumcarbonat	Achtung	GHS07	H319	1
Natriumcarbonat-10-Wasser	Achtung	GHS07	H319	1
Natriumdithionit	Gefahr	GHS02 GHS07	H251 H302 EUH031	1
Natriumfluorid	Gefahr	GHS06	H301 H319 H315 EUH032	5
Natriumhydroxid (Ätznatron)	Gefahr	GHS05	H290 H314	2
Natriumhydroxidlösung (Natronlauge) $w \geq 2\,\%$	Gefahr	GHS05	H290 H314	2
Natriumnitrat	Achtung	GHS03 GHS07	H271 H319	1
Natriumnitrit	Gefahr	GHS03 GHS06 GHS09	H272 H301 H400	1-16
Nicotin	Gefahr	GHS06 GHS09	H301 H310 H315 H400 H411	10-16
Ninhydrin	Achtung	GHS07	H302 H315 H319 H335	10-12
Ninhydrin-Sprühlösung (ethanolisch) $w \geq 25\,\%$	Gefahr	GHS02	H325	1-10
Nonan-1-ol	Achtung	GHS07	H319	3
O				
n-Octan	Gefahr	GHS02 GHS08 GHS07 GHS09	H225 H304 H315 H336 H410	10-12
Oxalsäure	Achtung	GHS05 GHS07	H302 H312 H318	5
P				
n-Pentan	Gefahr	GHS02 GHS08 GHS07 GHS09	H225 H304 H336 H411 EUH066	10-12
Pentan-1-ol	Achtung	GHS02 GHS07	H226 H315 H319 H332 H335	10-14
Pentansäure (Valeriansäure)	Gefahr	GHS05	H314 H412	2-10
Perchlorsäure $w \geq 0{,}7\,\%$	Gefahr	GHS03 GHS08 GHS05 GHS07	H271 H290 H302 H314 H373	2
Petroleumbenzin, Siedebereich 60 °C bis 80 °C	Gefahr	GHS02 GHS08 GHS07 GHS09	H225 H304 H315 H336 H411	10-12
Phenol (Hydroxybenzol)	Gefahr	GHS06 GHS08 GHS05	H301 + H311 + H331 H314 H341 H373 H411	10-12
Phenollösung $1\,\% \leq w < 3\,\%$	Achtung	GHS07	H319 H315	10-12

Gefahrstoff	Signalwort	Piktogrammcode	H-Sätze und EUH-Sätze	E-Sätze
Phenolphthaleinlösung (ethanolisch, w = 1 %)	Gefahr	GHS02 GHS08 GHS07	H225 H319 H341 H350	1-10
Phthalsäureanhydrid	Gefahr	GHS08 GHS05 GHS07	H302 H335 H315 H318 H334 H317	10
Propan	Gefahr	GHS02 GHS04	H220 H280	7
Propanal	Gefahr	GHS02 GHS05 GHS07	H225 H302 + H332 H315 H318 H335	9-10-12-16
Propan-1-ol	Gefahr	GHS02 GHS05 GHS07	H225 H318 H336	10
Propan-2-ol	Gefahr	GHS02 GHS07	H225 H319 H336	10
Propanon s. Aceton				
R				
Resorcin (1,3-Dihydroxybenzol)	Gefahr	GHS08 GHS07 GHS09	H302 H315 H319 H317 H370 H410	10
S				
Salpetersäure $w \geq 65\,\%$	Gefahr	GHS03 GHS05	H272 H290 H314 EUH071	2
$3{,}5\,\% \leq w < 65\,\%$	Gefahr	GHS05	H314 H290	2
Salzsäure $w \geq 10\,\%$	Gefahr	GHS05 GHS07	H314 H335 H290	2
$5\,\% \leq w < 10\,\%$	Achtung	GHS05	H290 H314	2
Schwefel	Achtung	GHS07	H315	3
Schwefeldioxid	Gefahr	GHS04 GHS06 GHS05	H331 H314 H280 EUH071	7
Schwefelsäure $w \geq 5\,\%$	Gefahr	GHS05	H290 H314	2
Schwefelwasserstoff	Gefahr	GHS02 GHS04 GHS06 GHS09	H220 H280 H330 H335 H400	2-7
Sebacinsäuredichlorid (Decansäuredichlorid)	Gefahr	GHS05 GHS07	H302 H314 H335	10-12
Silbernitrat	Gefahr	GHS03 GHS05 GHS09	H272 H290 H314 H410	12-13-14
Silbernitratlösung w = 1 %	Achtung	GHS07	H319 H315 H412	12-13-14
Silbernitratlösung, ammoniakalisch	Achtung	GHS05 GHS07 GHS09	H314 H400 H335	2

Gefahrstoff	Signalwort	Piktogrammcode	H-Sätze und EUH-Sätze	E-Sätze
Stickstoffdioxid	Gefahr	GHS04 GHS03 GHS06 GHS05	H280 H270 H330 H314 EUH071	7
Stickstoffmonooxid	Gefahr	GHS04 GHS03 GHS06 GHS05	H280 H270 H314 H330 EUH071	7
Strontiumchlorid-6-Wasser	Gefahr	GHS05 GHS07	H315 H318 H335	1-3
Styrol	Gefahr	GHS02 GHS08 GHS07	H226 H332 H315 H319 H361d H372	10-12
Sulfanilsäure	Achtung	GHS07	H319 H315 H317	10-16
T				
Toluol	Gefahr	GHS02 GHS08 GHS07	H225 H361d H304 H373 H315 H336	10-12
1,1,1-Trichlor-2-methyl-2-propanol	Achtung	GHS07	H302	10
V				
Valeriansäure s. Pentansäure				
W				
Wasserstoff	Gefahr	GHS02 GHS04	H220 H280	7
Wasserstoffperoxidlösung $w \geq 30\,\%$	Gefahr	GHS03 GHS05 GHS07	H272 H302 H318 H412	1
$10\,\% \leq w < 30\,\%$	Gefahr	GHS03 GHS05	H272 H318	1
$5\,\% \leq w < 10\,\%$	Achtung	GHS07	H319	1
Weinsäure	Gefahr	GHS05	H318	2-10
X				
Xylol (Dimethylbenzol; o-, m-, p-)	Gefahr	GHS02 GHS08 GHS07	H226 H303 H319 H312 H332 H335 H373 H315	10-12
Z				
Zink, Pulver, Staub (stabilisiert)	Achtung	GHS09	H410	3
Zink, Pulver, Staub (pyrophor)	Gefahr	GHS02 GHS09	H260 H250 H410	3
Zinkchlorid	Gefahr	GHS05 GHS07 GHS09	H302 H314 H410	1-11
Zinkchloridlösung $5\,\% \leq w < 10\,\%$	Achtung	GHS07	H315 H319	1-11
Zinkoxid	Achtung	GHS09	H410	3
Zinn(II)-chlorid	Gefahr	GHS05 GHS07	H302 H314 H317	1-11

Bildnachweis

Cover
Foto: Shutterstock.com/Africa Studio

Illustrationen

Cornelsen/Birgit Janisch: S. 62/o.r., S. 245/1.-3.+5.u.l. + 1.+2.u.r., S. 250/01, S. 295/D1.1;

Cornelsen/Detlef Seidensticker: S. 17/Molekül o.r., S. 66/Formel m.r., S. 102/01;

Cornelsen/Hannes von Goessel: S. 10, S. 11, S. 18/l. + 2.u.5.v.r.o., S. 19/o.l., S. 20/2.v.u.l. + m.r., S. 21, S. 27/l.u., S. 30/02, S. 31/l. 1 + 3.a, S. 37/l., S. 40/01+03, S. 41, S. 45/02-04, S. 53, S. 57/m.r., S. 60/02+03, S. 63/04 l.+m., S. 64/01+02, S. 66/02, S. 68, S. 69/04+o.m.+o.r., S. 70/Formeln, S. 72/01, S. 74, S. 75/03+04+06+07, S. 76/01, S. 77/04, S. 78, S. 79/alles außer m.m., S. 80/B1.1, S. 81/l.m., S. 83, S. 84/03, S. 85/01 C +02, S. 87/03 A, S. 93, S. 94/o.r., S. 95, S. 96/o.r., S. 97, S. 98/l., S. 99, S. 103, S. 111/01, S. 116/02, S. 117/03, S. 132/02, S. 134, S. 139/04, S. 140/03, S. 141, S. 142/02, S. 143, S. 154, S. 155/03, S. 156/01, S. 162/01, S. 164, S. 166/B1.1, S. 167/D1.1, S. 173/03+04, S. 176/02, S. 178, S. 179/04, S. 180/03, S. 181, S. 187/04, S. 194/02, S. 195/04, S. 196/02+03+r.o., S. 197, S. 198/B1.1, S. 201, S. 202/04+05, S. 204/02, S. 205/04+05+u.r., S. 206, S. 207, S. 209, S. 210, S. 211, S. 221/02, S. 222/l.m.+r.m., S. 224/01+03, S. 225/l. + 3.v.o.r., S. 228/01+03, S. 229/04+05, S. 231/m. + 05, S. 232/Formel m.r., S. 238/o. + 3.v.o. + 4.v.o., S. 242/02+03, S. 243/m.l., S. 244/02, S. 245/o.l. + 4.+6.u.l., S. 249/m.l., S. 251, S. 257, S. 264/Formeln + 03, S. 265/02, S. 266/01+02, S. 267/Formeln, S. 269/m.l. + o.r. + u., S. 270/Formeln + C1.3, S. 272/Formeln, S. 293, S. 302/C, S. 304/m., S. 305/u., S. 307/03, S. 310/05, S. 311/03, S. 313/03 l., S. 313/04, S. 314/01+02, S. 322/Formeln, S. 323/m.r., S. 325/Strukturformeln, S. 326, S. 327, S. 328/02+03, S. 329, S. 329, S. 331, S. 332/02, S. 333, S. 334/01 B+ 03 A, S. 336/02+03 l., S. 337/04+ 05 B+ 06 B, S. 338/02+03, S. 339/05+06, S. 340/02+03, S. 341;

Cornelsen/Hannes von Goessel, Hans Wunderlich: S. 272/m.r.;

Cornelsen/Karin Mall bearbeitet von newVision!GmbH, Bernhard A. Peter: S. 52/u.;

Cornelsen/Oxana Rödel: S. 16/m.l.;

Cornelsen/Oxana Rödel, bearbeitet von Hannes von Goessel: S. 27/01+02, S. 28/01;

Cornelsen/Tom Menzel: S. 14/u.l., S. 15/u.m., S. 16/Moleküle, S. 17/r.m.-u., S. 18/3.-4.v.r.o., S. 19/o.r., S. 30/01, S. 31/r. + u.l., S. 33/04 r., S. 35/06, S. 40/02, S. 46/02+03, S. 47/05, S. 48/02 A, S. 51/D1.1, S. 62/03, S. 65/03, S. 71/m.r., S. 72/02, S. 79/m.m., S. 82/01, S. 84/01 B, S. 86/02, S. 87/03 B +04, S. 88/03, S. 89/05, S. 90/02, S. 91, S. 92/02, S. 96/m., S. 102/02, S. 104, S. 105/m.r., S. 106, S. 107, S. 108, S. 109/01 C +02, S. 128/u.l., S. 129, S. 130, S. 131/04+05, S. 136, S. 138/02+03 B, S. 139/05, S. 142/01, S. 145/05, S. 146, S. 147, S. 148, S. 152/02, S. 153/04, S. 156/02, S. 157, S. 159/01 B, S. 160, S. 161, S. 162/02, S. 167/C1.1, S. 168, S. 174, S. 175, S. 176/01, S. 177, S. 179/03, S. 180/01, S. 186, S. 200, S. 217, S. 218/01, S. 227/03, S. 232/02, S. 233/l., S. 234/02, S. 237/C2.2, S. 248/m.r., S. 250/02+03, S. 253/04, S. 260/02+03, S. 261, S. 262/02, S. 277/03+04, S. 278, S. 279/03, S. 280, S. 281, S. 282, S. 283, S. 284, S. 285, S. 286, S. 287, S. 288/02+03, S. 289/05, S. 290/01, S. 291, S. 292/02+03, S. 296/u.l., S. 297, S. 297, S. 298, S. 299, S. 300, S. 301, S. 303/04+05, S. 306/02, S. 308, S. 309/H1.1, S. 316, S. 317, S. 324, S. 334/02, S. 335/u.l., S. 339/04; S.349

Cornelsen/Tom Menzel, bearbeitet von Hannes von Goessel: S. 58/01, S. 59/03, S. 86/01, S. 89/04, S. 96/o.l.-m.;

Fotos

S. 4: PEFC Deutschland e.V.; S. 24: stock.adobe.com/Walter_D; S. 26/01 3.v.l.: Shutterstock.com/nnattalli; S. 26/01 l.: stock.adobe.com/Klaus Eppele; S. 26/01 r.: stock.adobe.com/JOANNA; S. 26/02: Shutterstock.com/Leonid Andronov; S. 26/02 2.v.l.: stock.adobe.com/mimagephotos; S. 33/04 l.: Cornelsen/Volker Döring; S. 34/01: Cornelsen/Volker Döring; S. 36: Herman Bergwerf, MolView.org; S. 37/r.: Herman Bergwerf, MolView.org; S. 42/04: mauritius images/DGDImages/Alamy Stock Photos; S. 48/01 A: stock.adobe.com/ponlayut; S. 48/01 B: Cornelsen/Sven Wilhelm, inhouse; S. 48/01 C: stock.adobe.com/kunertus; S. 48/01 D: Shutterstock.com/schankz; S. 48/02 B+C: Cornelsen/Volker Döring; S. 50/B1.1 l.: stock.adobe.com/kozorog; S. 50/G1.1 l.: stock.adobe.com/Africa Studio; S. 50/G1.1 r.: Cornelsen/Stephan Röhl; S. 51/C1.1: stock.adobe.com/petarg; S. 54: Shutterstock.com/Chones; S. 55: stock.adobe.com/euthymia; S. 56/01 m.: Shutterstock.com/Standard Studio; S. 56/01 o.l.: stock.adobe.com/Birgit Reitz-Hofmann; S. 56/01 o.r.: stock.adobe.com/grafikplusfoto; S. 56/01 u.l.: Shutterstock.com/Reel2Reel; S. 56/01 u.r.: stock.adobe.com/jollier_; S. 56/02 l.: stock.adobe.com/chatchawan; S. 56/02 r.: stock.adobe.com/charupha; S. 56/03: stock.adobe.com/zaharov43; S. 57/04: stock.adobe.com/sasamihajlovic; S. 57/05: stock.adobe.com/Xuejun li; S. 57/06: interfoto e.k./Sammlung Dieter Meinhardt; S. 62/01 A: Shutterstock.com/Red_Baron; S. 62/01 B: Shutterstock.com/Dmitry Markov152; S. 62/01 C: Shutterstock.com/Maryna Pleshkun; S. 62/01 D: Imago Stock & People GmbH/CHROMORANGE; S. 62/02: Science Photo Library/MARTYN F. CHILLMAID; S. 69/m.m.: Shutterstock.com/daizuoxin; S. 69/m.r.: stock.adobe.com/amirul syaidi; S. 69/u.m.+u.r.: Shutterstock.com/Standard Studio; S. 70/Backform: stock.adobe.com/PhotoSG; S. 70/Brille: Shutterstock.com/Ronnachai Palas; S. 70/DVD-Hüllen: stock.adobe.com/amnachphoto; S. 70/EC-Karten: Shutterstock.com/Solomin Andrey; S. 70/Handtücher: stock.adobe.com/aerostato; S. 70/Helm: stock.adobe.com/tukda; S. 70/Joghurtbecher: Shutterstock.com/Zelenskaya; S. 70/Kabel: Shutterstock.com/sydeen; S. 70/Möbelrolle: stock.adobe.com/amnach; S. 70/Schuh: Shutterstock.com/Engin Sezer; S. 70/Styropor: Shutterstock.com/xpixel; S. 72/03 l.: stock.adobe.com/Smileus; S. 72/03 r.: Shutterstock.com/Arkadi Bulva; S. 73/06: Shutterstock.com/Zoltan Major; S. 76/Flaschen: Shutterstock.com/Scanrail1; S. 77/o.r.: stock.adobe.com/Taweesak Thiprod; S. 80/B1.2: Cornelsen/Sven Wilhelm, inhouse; S. 80/m.l.: Shutterstock.com/JDiPierro; S. 81/l.o.: Shutterstock.com/johnfoto18; S. 82/02 A: stock.adobe.com/karepa; S. 82/02 B: Shutterstock.com/Devenorr; S. 82/02 C: Q-Brick Service, Creazzo, Italy; S. 84/01 A: Shutterstock.com/Olga Sapegina; S. 85/01 A+B: stock.adobe.com/xiaoliangge; S. 87/05: Deutsche Institute für Textil- und Faserforschung Denkendorf; S. 88/01 A: Shutterstock.com/Rich Carey; S. 88/01 B: Shutterstock.com/Visharo; S. 88/02: Shutterstock.com/Standard Studio; S. 92/01 A: stock.adobe.com/djama; S. 92/01 B: stock.adobe.com/Gerhard; S. 92/01 C: stock.adobe.com/prakasitlalao; S. 94/Becher: stock.adobe.com/TANYA_R/PerfectLazybones; S. 94/o.l.: Shutterstock.com/Preeda Soyraya; S. 100: Shutterstock.com/Eugene Onischenko; S. 110/l.o.: Cornelsen/Volker Döring; S. 116/o.2.v.l.: Shutterstock.com/Egoreichenkov Evgenii; S. 116/o.3.v.l.: Cornelsen/Volker Minkus; S. 116/o.l.: Shutterstock.com/Steve Heap; S. 116/o.r.: Shutterstock.com/Africa Studio; S. 117/r.2.v.o.: Shutterstock.com/Mariyana M; S. 117/r.o.: Shutterstock.com/givaga; S. 118/01: Cornelsen/Volker Minkus; S. 126: stock.adobe.com/indy1227; S. 128/01 A: Cornelsen/Volker Minkus; S. 128/01 B: CV Inhouse/Deutsche Bundesbank/Luc Luycx aus Belgien; S. 128/02: NASA; S. 131/03 l.: stock.adobe.com/kosmos111; S. 131/03 r.: stock.adobe.com/Bernd Kröger; S. 132/01: Doriano Thiele; S. 135/o.r.: Courtesy BIRA-IASB/Christophe Lerot; S. 138/01: Cornelsen/Volker Minkus; S. 138/03 A: Dr. Holger Fleischer; S. 140/01: stock.adobe.com/Yozhik; S. 142/03: Birger Pistohl; S. 144/01 l.: stock.adobe.com/jflatman; S. 144/01 r.: Cornelsen/Steffen Wilhelm; S. 144/02 A + 03: Cornelsen/Volker Döring; S. 144/02 B: Thomas Seilnacht; S. 145/04: Dr. Holger Fleischer; S. 152/01+03: Cornelsen/Volker Minkus; S. 153/05: Cornelsen/Volker Minkus; S. 158/01 A: akg-images/Science Photo Library, Portrait of Fritz Haber, 1868–1934; S. 158/01 B: dpa

Picture-Alliance/dpa - Report/Rainer Jensen; S. 158/02 A: akg-images/Science Photo Library; S. 158/02 B: akg-images; S. 159/01 A: MARUM - Zentrum für Marine Umweltwissenschaften, Universität Bremen; S. 162/03: stock.adobe.com/contrastwerkstatt; S. 170: stock.adobe.com/Dudarev Mikhail; S. 172/01: mauritius images/Kim Taylor/nature picture library; S. 172/02: Cornelsen/Volker Döring; S. 173/05: Cornelsen/Volker Minkus; S. 182: stock.adobe.com/istetiana; S. 184: Shutterstock.com/josefkubes; S. 187/03: stock.adobe.com/rusteax; S. 188/01 A: Shutterstock.com/Konstantin Novikov; S. 188/01 B: Shutterstock.com/Ethan Daniels; S. 189: stock.adobe.com/checker; S. 190/01: Cornelsen/Volker Döring; S. 191/02: Cornelsen/Volker Döring; S. 192/01: mauritius images/Science Source; S. 194/01 r.: Shutterstock.com/Nata Naumovec; S. 194/01 l.: Shutterstock.com/Neonn; S. 196/01 o.l.: Shutterstock.com/Winai Pantho; S. 196/01 o.r.: Shutterstock.com/mama_mia; S. 196/01 u.l.: Shutterstock.com/Ekaterina SU; S. 196/01 u.r.: stock.adobe.com/Mariusz Blach; S. 198/A1.1: stock.adobe.com/gertrudda; S. 202/03: Shutterstock.com/royaltystockphoto.com; S. 204/01: mauritius images/Phil Boorman/Cultura; S. 208/E1.1: stock.adobe.com/Kadmy; S. 208/F1.1: stock.adobe.com/Angela Shirinov; S. 214: stock.adobe.com/neirfy; S. 216/01 l.o.: stock.adobe.com/Gunnar Assmy; S. 216/01 l.u.: stock.adobe.com/Fiedels; S. 216/01 r.o.: stock.adobe.com/Christian Müller; S. 216/01 r.u.: stock.adobe.com/karandaev; S. 216/02 A: mauritius images/alamy stock photo/Gari Wyn Williams; S. 216/02 B: interfoto e.k./Science & Society; S. 218/02: stock.adobe.com/pit24; S. 218/03 r.: T. Neubacher-Riens; S. 221/01 r.o. stock.adobe.com/nikesidoroff; S. 221/01 l.o.: stock.adobe.com/Antonioguillem; S. 221/01 l.u.: stock.adobe.com/Petair; S. 221/01 r.u.: stock.adobe.com/doris_bredow; S. 221/m.r.: Cornelsen/Volker Döring; S. 222/01: Cornelsen/Volker Minkus; S. 223/Esel: stock.adobe.com/megastocker; S. 223/Maultier: stock.adobe.com/FreeReinDesigns; S. 223/Pferd: Shutterstock.com/Marry Kolesnik; S. 224/02: Imago Stock & People GmbH/R. Wittek; S. 226/01: T. Neubacher-Riens; S. 228/02: Cornelsen/Steffen Wilhelm; S. 228/m.l.: mauritius images/Science Source; S. 230/A: Image Professionals/Winters, Charles D.; S. 230/B: Shutterstock.com/CHONLATHEE MEEKHAMNIN; S. 230/C: Shutterstock.com/Ange P; S. 230/D: stock.adobe.com/dhallcaballero; S. 232/01: Cornelsen/Volker Döring; S. 234/01: Shutterstock.com/Rattiya Thongdumhyu; S. 234/m.l.: Cornelsen/Volker Döring; S. 234/o.l.: Shutterstock.com/Rattiya Thongdumhyu; S. 236/B1.1: Cornelsen/Steffen Wilhelm; S. 237/Blüte m.r.: Shutterstock.com/Andreas Zerndl; S. 237/Blüte o.l.: stock.adobe.com/Pixelmixel; S. 237/Blüte o.r.: stock.adobe.com/DmyTo; S. 237/Blüte u.l.: stock.adobe.com/Birgitt. Bautze; S. 237/Blüte u.r.: stock.adobe.com/Phoenixpix; S. 237/C2.1: Thomas Seilnacht; S. 237/Erdbeere: stock.adobe.com/Mushy; S. 240: Shutterstock.com/rawf8; S. 242/A: Cornelsen/Volker Döring; S. 242/B: Shutterstock.com/Kapuska; S. 244/01: Shutterstock.com/Kletr; S. 246/01: stock.adobe.com/Sandy1983; S. 256: stock.adobe.com/sinhyu; S. 258: Shutterstock.com/draganica; S. 259/m.r.: ClipDealer GmbH/Andrea Soziaghi; S. 259/o.r.: stock.adobe.com/Erwin Wodicka; S. 259/u.r.: Shutterstock.com/Love Silhouette; S. 260/01: VISUM/Thomas Pflaum; S. 262/01: www.coulorbox.de/Bruev; S. 263/03: Colourbox. com; S. 263/04: stock.adobe.com/Peter de Kievith; S. 263/05: mauritius images/United Archives; S. 264/01: Thomas Seilnacht; S. 267/o.r.+m.r.: Cornelsen/Volker Döring; S. 269/01 l.: stock.adobe.com/David San Segundo; S. 269/01 r.: stock.adobe.com/deijaen; S. 270/C1.2: ClipDealer GmbH/Bastian Kienitz; S. 270/D1.1: Imago Stock & People GmbH/blickwinkel; S. 271/E2.1: Dr. Thomas Kappel und Falk-Holger Helbing; S. 271/E2.2: Cornelsen/Volker Minkus; S. 271/E2.3: Dr. Frank Orlik; S. 271/o.l.: stock.adobe.com/Achira22; S. 274: Shutterstock.com/Tom Wang; S. 275: stock.adobe.com/sarawuth; S. 276/01: Cornelsen/Volker Döring; S. 276/02: Cornelsen/Volker Minkus; S. 288/01: dpa Picture-Alliance/Tobias Hase; S. 289/04: Shutterstock/Standard Studio; S. 292/01: Imago Stock & People GmbH/photothek; S. 294/ B1: Shutterstock.com/Karynav; S. 294/C1.1: Shutterstock.com/Chaikom; S. 295/D1.2: stock.adobe.com/Yuli; S. 296/01: stock.adobe.com/spuno; S. 302/01: Shutterstock.com/Croutchou; S. 302/02: ddp images/G Fischer; S. 302/A+B: Thomas Seilnacht; S. 305/01: Cornelsen/Volker Minkus; S. 305/03: stock.adobe.com/Weina Li; S. 306/01: Didier Maillac/REA/laif; S. 307/04: Shutterstock.com/3523studio; S. 309/G1.1: mauritius images/alamy/Zoonar; S. 310/06: sciencephotolibrary/EYE OF SCIENCE; S. 310/04: Shutterstock.com/siriwat wongchana; S. 311/01: Dr. Holger Fleischer; S. 311/02: Cornelsen/Volker Döring; S. 312: Shutterstock.com/Romolo Tavani; S. 313/03 r.: stock.adobe.com/Tyler Boyes; S. 320: Shutterstock.com/ESB Professional; S. 322/01 2.v.l.: stock.adobe.com/emuck; S. 322/01 3.v.l.: Shutterstock.com/Kateryna Kon; S. 322/01 r.: stock.adobe.com/enjoynz; S. 322/01 r.: stock.adobe.com/Tim UR; S. 322/02: Science Photo Library/MARTYN F. CHILLMAID; S. 325/Fichte: Shutterstock.com/Lukas Gojda; S. 325/Kümmel: stock.adobe.com/romantsubin; S. 325/Minze: stock.adobe.com/Tamara Kulikova; S. 325/Orange: stock.adobe.com/Andrey Khritin; S. 328/01 l.: Shutterstock.com/kojihirano; S. 328/01 r.: stock.adobe.com/abet; S. 330/01: stock.adobe.com/mizina; S. 332/01 l.: stock.adobe.com/bdshaheen; S. 332/01 m.: stock.adobe.com/ra3rn; S. 332/01 r.: stock.adobe.com/ณัฐวุฒิ เงินสันเทียะ; S. 332/u.: ddp images; S. 334/01 A: stock.adobe.com/Cherry-Merry; S. 334/03 B: Wacker Chemie AG; S. 336/01 l.: Shutterstock.com/onair; S. 336/01 m.: Shutterstock.com/Volosina; S. 336/01 r.: Shutterstock.com/raksina; S. 336/03 r.: Cornelsen/Boris Mahler; S. 337/05 A: stock.adobe.com/Jeanette Dietl; S. 337/06 A: Shutterstock.com/yogesh more; S. 338/01: stock.adobe.com/mates; S. 340/01: Shutterstock.com/Christopher Meder; S. 342: stock.adobe.com/nata vkusidey

A

B

C

F

G

H

I

T

U

V

W

Periodensystem der Elemente

Metall
Halbmetall
Nichtmetall

schwarz Feststoff
blau Flüssigkeit
rot Gas

* radioaktives Element

[ ] Atommasse des stabilsten Isotops

[1] Nummerierung nach IUPAC: Gruppennummern 1 bis 18

Ordnungszahl: 7 — mittlere relative Atommasse in u: 14,01
Elektronegativität nach Pauling: 3,0 — Symbol: N
Name: Stickstoff — Elektronenkonfiguration: $[He]2s^2 2p^3$

Periode	1[1] I. Hauptgruppe	2 II. Hauptgruppe	3 III. Nebengruppe	4 IV. Nebengruppe	5 V. Nebengruppe	6 VI. Nebengruppe	7 VII. Nebengruppe	8 VIII. Nebengruppe	9 VIII. Nebengruppe
1	1 1,01 2,2 **H** Wasserstoff $1s^1$								
2	3 6,94 1,0 **Li** Lithium $[He]2s^1$	4 9,01 1,6 **Be** Beryllium $[He]2s^2$							
3	11 22,99 0,9 **Na** Natrium $[Ne]3s^1$	12 24,31 1,3 **Mg** Magnesium $[Ne]3s^2$							
4	19 39,10 0,8 **K** Kalium $[Ar]4s^1$	20 40,08 1,0 **Ca** Calcium $[Ar]4s^2$	21 44,96 1,4 **Sc** Scandium $[Ar]3d^1 4s^2$	22 47,87 1,5 **Ti** Titan $[Ar]3d^2 4s^2$	23 50,94 1,6 **V** Vanadium $[Ar]3d^3 4s^2$	24 51,996 1,7 **Cr** Chrom $[Ar]3d^5 4s^1$	25 54,94 1,6 **Mn** Mangan $[Ar]3d^5 4s^2$	26 55,85 1,8 **Fe** Eisen $[Ar]3d^6 4s^2$	27 58,93 1,9 **Co** Cobalt $[Ar]3d^7 4s^2$
5	37 85,47 0,8 **Rb** Rubidium $[Kr]5s^1$	38 87,62 0,9 **Sr** Strontium $[Kr]5s^2$	39 88,91 1,2 **Y** Yttrium $[Kr]4d^1 5s^2$	40 91,22 1,3 **Zr** Zirconium $[Kr]4d^2 5s^2$	41 92,91 1,6 **Nb** Niob $[Kr]4d^4 5s^1$	42 95,95 2,2 **Mo** Molybdän $[Kr]4d^5 5s^1$	43 97,91 1,9 **Tc*** Technetium $[Kr]4d^6 5s^1$	44 101,07 2,2 **Ru** Ruthenium $[Kr]4d^7 5s^1$	45 102,91 2,3 **Rh** Rhodium $[Kr]4d^8 5s^1$
6	55 132,91 0,8 **Cs** Caesium $[Xe]6s^1$	56 137,33 0,9 **Ba** Barium $[Xe]6s^2$	57–71 ●	72 178,49 1,3 **Hf** Hafnium $[Xe]4f^{14}5d^2 6s^2$	73 180,95 1,5 **Ta** Tantal $[Xe]4f^{14}5d^3 6s^2$	74 183,84 2,4 **W** Wolfram $[Xe]4f^{14}5d^4 6s^2$	75 186,21 1,9 **Re** Rhenium $[Xe]4f^{14}5d^5 6s^2$	76 190,23 2,2 **Os** Osmium $[Xe]4f^{14}5d^6 6s^2$	77 192,22 2,2 **Ir** Iridium $[Xe]4f^{14}5d^7 6s^2$
7	87 223,02 0,7 **Fr*** Francium $[Rn]7s^1$	88 226,03 0,9 **Ra*** Radium $[Rn]7s^2$	89–103 ●●	104 [267] **Rf*** Rutherfordium $[Rn]5f^{14}6d^2 7s^2$	105 [270] **Db*** Dubnium $[Rn]5f^{14}6d^3 7s^2$	106 [269] **Sg*** Seaborgium $[Rn]5f^{14}6d^4 7s^2$	107 [270] **Bh*** Bohrium $[Rn]5f^{14}6d^5 7s^2$	108 [270] **Hs*** Hassium $[Rn]5f^{14}6d^6 7s^2$	109 [278] **Mt*** Meitnerium $[Rn]5f^{14}6d^7 7s^2$

● Elemente der Lanthanreihe (Lanthanoide)

●● Elemente der Actiniumreihe (Actinoide)

Periode							
6	57 138,91 1,1 **La** Lanthan $[Xe]5d^1 6s^2$	58 140,12 1,1 **Ce** Cer $[Xe]4f^1 5d^1 6s^2$	59 140,91 1,1 **Pr** Praseodym $[Xe]4f^3 6s^2$	60 144,24 1,1 **Nd** Neodym $[Xe]4f^4 6s^2$	61 146,92 1,2 **Pm*** Promethium $[Xe]4f^5 6s^2$	62 150,36 1,2 **Sm** Samarium $[Xe]4f^6 6s^2$	63 151,96 1,2 **Eu** Europium $[Xe]4f^7 6s^2$
7	89 227,03 1,1 **Ac*** Actinium $[Rn]6d^1 7s^2$	90 232,04 1,3 **Th*** Thorium $[Rn]6d^2 7s^2$	91 231,04 1,5 **Pa*** Protactinium $[Rn]5f^2 6d^1 7s^2$	92 238,05 1,7 **U*** Uran $[Rn]5f^3 6d^1 7s^2$	93 237,05 1,3 **Np*** Neptunium $[Rn]5f^4 6d^1 7s^2$	94 244,06 1,3 **Pu*** Plutonium $[Rn]5f^6 7s^2$	95 243,06 1,3 **Am*** Americium $[Rn]5f^7 7s^2$